Numerik für Ingenieure und Naturwissenschaftler

Wolfgang Dahmen · Arnold Reusken

Numerik für Ingenieure und Naturwissenschaftler

Methoden, Konzepte, Matlab-Demos, E-Learning

3., vollständig überarbeitete Auflage

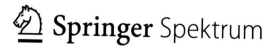 Springer Spektrum

Wolfgang Dahmen
Mathematics Department
University of South Carolina
Columbia, TN, USA

Arnold Reusken
Institut für Geometrie und Praktische
Mathematik, RWTH Aachen University
Aachen, Deutschland

ISBN 978-3-662-65180-3   ISBN 978-3-662-65181-0   (eBook)
https://doi.org/10.1007/978-3-662-65181-0

Die Deutsche Nationalbibliothek verzeichnet diese Publikation in der Deutschen Nationalbibliografie;
detaillierte bibliografische Daten sind im Internet über http://dnb.d-nb.de abrufbar.

Planung/Lektorat: Iris Ruhmann
Springer Spektrum ist ein Imprint der eingetragenen Gesellschaft Springer-Verlag GmbH, DE und ist
ein Teil von Springer Nature.
Die Anschrift der Gesellschaft ist: Heidelberger Platz 3, 14197 Berlin, Germany

Für Therese und Monique

Vorwort

Vorwort zur dritten Auflage

Dieses Buch ist aus einer Vorlesung hervorgegangen, die sich an Studierende des Maschinenwesens und der Elektrotechnik an der RWTH Aachen richtet. Es wird in den Numerik-Vorlesungen im Maschinenbau und in der Elektrotechnik aber auch in den Numerik-Grundvorlesungen für die Fachrichtungen Computational Engineering Science und Mathematik verwendet.

Mathematik wird von vielen Studierenden des Ingenieurwesens vorwiegend als lästige Pflicht angesehen, die man nicht gewählt hat und deren tatsächlicher Nutzen für den eigenen Beruf im Grundstudium als außerordentlich gering eingeschätzt wird. Angesichts der drastisch steigenden Bedeutung numerischer Simulationswerkzeuge in den Ingenieurtätigkeiten stellen wir dieser Ansicht den ganz anderen Anspruch gegenüber, dass mit dieser Vorlesung weit über den „intellektuellen Trainingsgesichtspunkt" hinaus Ausbildungsinhalte von höchster beruflicher Praxisrelevanz geboten werden. Dies verlangt allerdings eine etwas andere Gewichtung bei der Stoffaufbereitung, vor allem aber eine andere „Denkweise". Vom Inhalt her befasst sich das Buch mit der Vermittlung der Grundbausteine numerischer Algorithmen etwa in der Form von Methoden zur Lösung von linearen oder nichtlinearen Gleichungssystemen, zur Behandlung von Ausgleichsproblemen, Eigenwertberechnungen, numerischen Integrationsverfahren, Verfahren zur Behandlung von Differentialgleichungen, etc. Es liegt also keine tragende gemeinsame Problemstellung in Projektform vor, so dass man formal von einer Rezeptsammlung sprechen könnte. Diesem möglichen Eindruck setzen wir bewusst folgenden Anspruch gegenüber. Das Ziel ist einerseits die Vermittlung eines Grundverständnisses der Wirkungsweise der grundlegenden numerischen Bausteine, so dass diese unter wechselnden Anwendungshintergründen intelligent und flexibel eingesetzt werden können. Dazu reicht es eben nicht, das Newton-Verfahren in eindimensionaler Form zu formulieren und über den Satz von Newton- Kantorovich abzusichern, der eben aus Sicht der Praxis mit völlig ungeeigneten Voraussetzungen arbeitet. Darüber hinaus sind zum Verständnis des Verfahrens Aufwandsbetrachtungen beispielsweise ebenso wichtig wie Methoden zur Beschaffung geeigneter Startwerte bzw. konvergenzfördernde Maßnahmen. Eng damit verknüpft ist vor allem die Vermittlung der Fähigkeit, die Ergebnisse numerischer Rechnungen vernünftig beurteilen zu können. In dieser *Beurteilungskompetenz* liegt die eigentliche Klammer, die wir der Aufbereitung des Stoffes zugrunde gelegt haben. Abgesehen von Effizienzgesichtspunkten liefern zwei Begriffe den roten Faden zur Diskussion und Entwicklung numerischer Werkzeuge, nämlich die Begriffe *Kondition des Problems* und *Stabilität des Algorithmus,* wobei gerade die Zuordnung Problem ↔ Algorithmus von Anfang an deutlich hervorgehoben wird. Das zweite Kapitel mit vielen Beispielen ist gerade dem Verständnis dieser Konzepte gewidmet, um sie dann später bei den unterschiedlichen Themen immer wieder abzurufen. Das Verständnis, wie sehr Datenstörungen das Ergebnis selbst bei exakter Rechnung beeinträchtigen (Kondition des Problems) bzw. wie man durch konkrete algorithmische Schritte die Akkumulation von Störungen möglichst gering hält (Stabilität des Verfahrens), ist eben für die Bewertung eines Ergebnisses bzw. für den intelligenten Einsatz von Methoden im konkreten Fall unabdingbar. Vor allem im Verlauf der Diskussion des Konditionsbegriffs werden im zweiten Kapitel zudem einige einfache funktionalanalytische Grundlagenaspekte angesprochen, die einen geeigneten Hintergrund für den späteren Umgang mit Normen, Abbildungen, Stetigkeit, etc. bereitstellen. Der zwar durch zahlreiche konkrete und zunächst elementare Beispiele verdeutlichte Rahmen ist bewusst so abstrakt gewählt, dass diese Konzepte später nicht nur auf diskretisierte Probleme, sondern auch auf die oft dahinter stehenden kontinuierlichen Probleme angewandt werden können.

Die Struktur der Stoffaufbereitung ist dem vorhin skizzierten Ziel im folgenden Sinne untergeordnet. Wir bieten Beweise nur in dem Umfang, wie sie dem gewünschten Methoden- und Beurteilungsverständnis dienlich sind und verweisen ansonsten auf entsprechende Quellen in Standardreferenzen. Wir haben versucht, bei jedem Thema so stromlinienförmig wie möglich zu den „minimalen" Kernaussagen zu kommen und diese deutlich hervorzuheben. Wir bieten dann zu mehreren Themen eine sich anschließende, gestaffelte Vertiefung mit teils anspruchsvollerer Begründungsstruktur, die zunehmend auf Querverbindungen und Hintergrundverständnis abzielt, siehe Abschn. 1.1. Diese Vertiefungen sind für die Verarbeitung des Basisstoffs nicht notwendig, können also je nach Anspruch übersprungen werden. Beispiele dafür sind etwa ausgehend vom linearen Ausgleichsproblem die Diskussion der (orthogonalen) Projektion aus einer allgemeineren Sicht sowie anschließend die Behandlung der Pseudoinversen in Zusammenhang mit der Singulärwertzerlegung. Dies geschieht jeweils mit einem Blick auf spätere Querverbindungen (teilweise in weiteren Vertiefungsteilen), etwa zwischen Interpolation, Projektion und Fourier-Entwicklungen. Die Abschnitte mit Vertiefungsstoff werden mit einem Superskript * gekennzeichnet, zum Beispiel: §4.2 Orthogonale Projektion auf einen Teilraum*. Jeder Themenabschnitt schließt mit einer Sammlung von Übungsaufgaben und in den meisten Fällen auch mit zusammenfassenden Hinweisen zur weiteren Orientierungshilfe.

Die dritte Auflage dieses Buches ist eine Überarbeitung der vorigen Auflage mit umfangreichen Anpassungen. Neben einer Reihe kleinerer Korrekturen und Verbesserungen in der Darstellung gibt es mehrere wesentliche Änderungen, die hierunter erläutert werden.

In allen Kapiteln, außer den Kap. 1 und 2, ist am Anfang ein Abschnitt *Orientierung: Strategien, Konzepte, Methoden* aufgenommen worden, in dem die im Kapitel behandelten Methoden sowie entsprechende methodenübergreifenden Begriffe und Konzepte eingeordnet werden. Am Ende jedes Kapitels wird im Abschnitt *Zusammenfassung* auf diese Einordnung zurückgegriffen und der Stoff zusammengefasst. Außerdem haben wir versucht, die Stoffaufbereitung noch etwas besser zu strukturieren, siehe hierzu Abschn. 1.1 und Tab. 1.1.

Die wesentlichen Änderungen in den einzelnen Kapiteln lassen sich folgendermaßen zusammenfassen:

- Kap. 2 (Fehleranalyse: Kondition, Rundungsfehler, Stabilität): Die benötigten mathematischen Grundlagen (z. B. Normen, Taylorentwicklungen) werden jetzt gesammelt am Anfang des Kapitels behandelt. Wir haben ferner neue Beispiele aufgenommen und insbesondere das Thema der Kondition einer Basis ausführlicher behandelt.
- Kap. 3 (Lineare Gleichungssysteme): Am Anfang des Kapitels wird ein weiteres Spektrum allgemeiner Anwendungshintergründe diskutiert. Zum Beispiel umfasst dies lineare Gleichungssysteme mit einer Gram-Matrix, die sich bei der Bestimmung einer orthogonalen Projektion ergeben, die den Kern vielfältiger Anwendungsszenarien bilden. Wir haben zudem eine etwas ausführlichere Stabilitätsanalyse der Gauß-Elimination und des Cholesky-Verfahrens aufgenommen und die Methode der Nachiteration eingehender behandelt.
- Kap. 4 (Lineare Ausgleichsrechnung): Der Inhalt und die Darstellung in diesem Kapitel haben sich wesentlich geändert. Wir unterscheiden jetzt systematisch zwischen Methoden, die einen vollen Rang der Systemmatrizen voraussetzen und solchen, die dies nicht erfordern. Die Singulärwertzerlegung wird nun ausführlicher behandelt und wir haben einen Abschnitt *Vergleich von Matrixfaktorisierungen* aufgenommen, in dem diese Zerlegung mit anderen Matrixfaktorisierungen verglichen wird. Außerdem werden mehr Anwendungen der Singulärwertzerlegung behandelt. Dies betrifft zum Beispiel die Regularisierung schlecht konditionierter Ausgleichsprobleme oder die Niedrigrangapproximation einer Matrix.
- Kap. 5 (Nichtlineare Gleichungssysteme): In der Einleitung dieses Kapitels haben wir eine umfassendere Einordnung der Thematik aufgenommen. Die Behandlung der Kondition eines Nullstellenproblems ist eingehender und mathematisch genauer als in den vorherigen Auflagen.
- Kap. 6 (Nichtlineare Ausgleichsrechnung): Beim Levenberg-Marquardt-Verfahren wird die Parameterwahl genauer erklärt und eine Analyse der Konvergenzeigenschaften des Verfahrens behandelt.
- Kap. 7 (Eigenwertprobleme): Am Anfang dieses Kapitels wird ausführlicher auf Eigenwertabschätzungen eingegangen. Insbesondere wird auch die Eigenwertapproximation mit Hilfe des Rayleigh-Quotienten erklärt. Wir haben einen neuen Abschnitt *Eigenwerte als Nullstellen des charakteristischen Polynoms* eingefügt, in dem Zusammenhänge zwischen Nullstellen eines Polynoms und

Eigenwerten der Begleitmatrix behandelt werden. Außerdem haben wir versucht, die mathematische Analyse der Vektoriteration zu vereinfachen.

- Kap. 8 (Interpolation): Das Thema Kondition von Interpolationsaufgaben haben wir in diesem Kapitel neu aufgenommen und die Behandlung der (diskreten) Fourier-Transformation etwas umstrukturiert. Den Abschnitt *Beispiel einer Splineinterpolation* haben wir in Kap. 9 verschoben.
- Kap. 9 (Splinefunktionen): Als Einleitung wird in diesem Kapitel jetzt das Beispiel der kubischen Splineinterpolation behandelt. Ansonsten gibt es in diesem Kapitel nur kleinere Anpassungen.
- Kap. 10 (Numerische Integration): Die Darstellung hat jetzt eine etwas andere Struktur, wobei zuerst die allgemeine interpolatorische Quadratur eingeführt wird. Im Anschluss daran erfolgen die Spezialisierungen auf Newton-Cotes-Formeln und Gauß-Quadratur.
- Kap. 11 (Gewöhnliche Differentialgleichungen): In diesem Kapitel gibt es nur kleinere Änderungen.

Damit der Gesamtumfang des Buches im vertretbaren Rahmen bleibt, haben wir uns entschlossen, die Kap. 12 (Partielle Differentialgleichungen), 13 (Große dünnbesetzter linearer Gleichungssysteme, iterative Lösungsverfahren) und 14 (Numerische Simulationen: Vom Pendel bis zum Airbus) der vorherigen Auflagen in diese Überarbeitung nicht aufzunehmen. Dieses Buch ist in erster Linie für Numerik-Grundvorlesungen in den Fachrichtungen Ingenieurwesen, Naturwissenschaften, Informatik und Mathematik bestimmt. In diesen Grundvorlesungen werden in der Regel die Numerik partieller Differentialgleichungen und numerische Methoden zur Lösung großer dünnbesetzter Gleichungssysteme nicht behandelt.

Um unnötige Verwirrung zu vermeiden, weisen wir hier schon auf folgende Anpassung der Einheit beim Messen des Rechenaufwandes von Algorithmen hin. In den vorherigen Auflagen wird dazu die „Operation" verwendet, womit eine Multiplikation oder Division gemeint ist. Die in einem Algorithmus auftretenden Additionen/Subtraktionen werden dann vernachlässigt. In dieser Neuauflage verwenden wir stattdessen als Einheit „Flop" (floating point operation), wobei neben Multiplikation und Division auch die Addition/Subtraktion gezählt wird. So kostet zum Beispiel das Skalarprodukt zweier n-Vektoren im Format der vorigen Auflagen n Operationen und im Format dieser Neuauflage $2n - 1$ Flop.

Schon bei den ersten beiden Auflagen des Buches standen den Dozenten *Folien* zur Verfügung, die in gestraffter Form Beispiele, zentrale Sätze und Algorithmen sowie Kernkonzepte des Buches enthalten. Ferner wurde eine Sammlung von *Multiple-Choice-Aufgaben* (E-learning) angeboten. Diese Folien und Multiple-Choice-Aufgaben wurden eingehend überarbeitet und an die dritte Auflage des Buches angepasst.

Als zusätzliches neues Hilfsmittel zur Förderung eines besseren Verständnisses der wichtigsten Methoden und Konzepte sind *Matlab-Demos* entwickelt worden. Diese Demos enthalten Matlab Live Scripts, in denen der Bezug zum Stoff erklärt wird und die so gestaltet sind, dass die Studierenden hiermit den Stoff üben und besser verstehen können. In den Matlab-Demos werden grundlegende Eigenschaften eines Problems (z. B. hinsichtlich Kondition) oder eines numerischen Verfahrens (z. B. hinsichtlich Stabilität, Konvergenzgeschwindigkeit oder Diskretisierungsgenauigkeit) illustriert. Die Demos können auch in der Vorlesung oder Übung verwendet werden, um zum Beispiel die Wirkungsweise einer Methode interaktiv zu illustrieren oder das Interesse der Studierenden zu wecken. Kurze Beschreibungen der etwa 50 Matlab-Demos sind nun im Text des Buches aufgenommen.

Die neuen Folien, Multiple-Choice-Aufgaben und die Matlab-Demos stehen auf der Webseite

www.igpm.rwth-aachen.de/DahmenReusken

zur Verfügung.

Der gesamte Stoffumfang dieser Neuauflage geht natürlich erheblich über den Rahmen einer einsemestrigen Numerikvorlesung hinaus. Im folgenden „Flussdiagramm" werden Zusammenhange zwischen den Kapiteln angegeben. Ebenso kann man dieser Übersicht einige mit * gekennzeichneten Vertiefungsthemen entnehmen. Diese Themen haben einen relativ hohen Schwierigkeitsgrad und können ggf. ohne große nachteilige Konsequenzen für das Verständnis des restlichen Stoffes übersprungen werden.

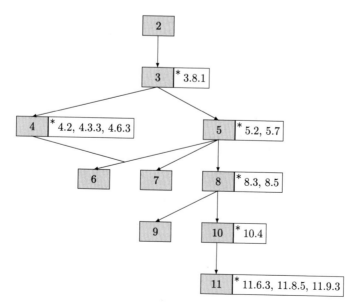

Wir mochten uns ganz herzlich bei unseren Kollegen und Mitarbeitern am Institut für Geometrie und Praktische Mathematik bedanken, die auf vielfache Weise wesentlich zum Zustandekommen dieser Überarbeitung beigetragen haben. Im Hinblick auf die Schlussphase gilt dies besonders für die Herren K.-H. Brakhage, P. Brandner, S. Groß, Th. Jankuhn, H. Saß und P. Schwering.

Aachen   Wolfgang Dahmen
Januar 2022   Arnold Reusken

Inhaltsverzeichnis

Einleitung

Naturwissenschaftlich/technisch–physikalische Anwendungsgebiete verzeichnen eine zunehmende Mathematisierung – insbesondere im Zusammenhang mit der *numerischen Simulation* realer Prozesse, die auch die Tätigkeit des Ingenieurs eigentlich jeder Sparte betrifft. Einige wenige Beispiele sind:

- Freiformflächenmodellierung im Karosserieentwurf,
- Robotersteuerung,
- Flugbahnberechnung in der Raumfahrt,
- Berechnung von Gas- oder Flüssigkeitsströmungen,
- Netzwerkberechnung,
- Halbleiter-Design,
- Berechnung von Schwingungsvorgängen und Resonanz,
- Berechnung elektromagnetischer Felder,
- Prozess-Simulation und -Steuerung verfahrenstechnischer Anlagen,
- Numerische Simulation von Materialverformung,
- Numerische Verfahren für *Inverse Probleme* z. B. im Zusammenhang mit bildgebenden Verfahren bei der Computer-Tomographie, der Materialprüfung mit Hilfe von Ultraschall oder NMR (nuclear magnetic resonance), …

Das Streben, das Verständnis der „realen Welt" auf virtuellem Wege zu vertiefen und zu erweitern, ist nicht nur ökonomisch motiviert, sondern resultiert auch aus Möglichkeiten, bisweilen in Bereiche vorstoßen zu können, die etwa experimentell nicht mehr zugänglich sind. Heutzutage gibt es deshalb wohl kaum einen Bereich der Wissenschaft oder des Ingenieurwesens, in dem keine Modellrechnungen betrieben werden. Die *Numerische Mathematik* liefert die Grundlagen zur Entwicklung entsprechender Simulationsmethoden, insbesondere zur Bewertung ihrer Verlässlichkeit und Genauigkeit. Am Ende möchte man möglichst verlässlich wissen,

© Der/die Autor(en), exklusiv lizenziert an Springer-Verlag GmbH, DE, ein Teil von Springer Nature 2022
W. Dahmen und A. Reusken, *Numerik für Ingenieure und Naturwissenschaftler*,
https://doi.org/10.1007/978-3-662-65181-0_1

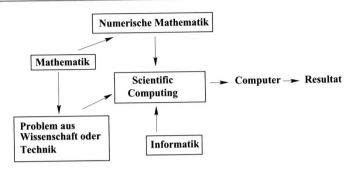

Abb. 1.1 Scientific Computing

innerhalb welcher Toleranz das Ergebnis einer Rechnung von der Realität abweichen kann.

Die Numerische Mathematik ist somit Teil des Gebietes *Scientific Computing* (Wissenschaftliches Rechnen), einer Disziplin, die relativ jung ist, sich sehr dynamisch entwickelt und aus der Schnittstelle der Bereiche Mathematik, Informatik, Natur- und Ingenieurwissenschaften erwächst (vgl. Abb. 1.1).

Beim wissenschaftlichen Rechnen werden die für eine bestimmte Problemstellung relevanten Phänomene mit Hilfe eines mathematischen Modells beschrieben. Das Modell liefert die Grundlage für die Entwicklung von Algorithmen, die dann wiederum die *numerische Simulation* des zu untersuchenden Prozesses gestatten. Die Entwicklung und Analyse solcher Algorithmen ist eine zentrale Thematik der Numerischen Mathematik (oder „Numerischen Analysis" oder „Numerik"). Bei der Durchführung einer numerischen Simulation auf großen Rechenanlagen spielt die Informatik eine wichtige Rolle, z. B. bei der Implementierung (ggf. Parallelisierung) komplexer numerischer Methoden, bei der Verwaltung großer Datenmengen oder bei der Visualisierung.

Einige Orientierungsbeispiele:
Die etwas nähere Betrachtung folgender sehr vereinfachter Beispiele soll die Spanne zwischen konkreter Anwendung und numerischer Simulation andeuten. Die Beispiele erheben nicht den Anspruch, besonders repräsentativ für den Einsatz numerischer Methoden im Ingenieurbereich zu sein. Ihre Auswahl ist vielmehr dadurch bedingt, dass man sie hier ohne große Hintergrundvertiefung anführen kann. Dennoch werden sie es uns erlauben, einige im Verlauf dieses Buches behandelte Kernfragestellungen zu identifizieren und später auch das Zusammenspiel verschiedener Numerikbausteine verdeutlichen zu können.

Beispiel 1.1 Problemstellung: Bestimmung des Abraums bei der Braunkohleförderung im Tagebau.

1) Mathematisches Modell: Statt mühsam zu verfolgen, was über die verschiedenen Förderbänder im Laufe der Zeit transportiert wurde, nutzt man aus, dass der bis zu einem gegebenen Zeitpunkt aufgekommene Abraum gerade der Inhalt

des bis dahin entstandenen Lochs ist. Es gilt also, das Volumen des Lochs zu bestimmen. Interpretiert man die Berandung dieses Lochs als den Graphen einer Funktion (von zwei Ortsvariablen), lässt sich das Problem auf die *Berechnung eines Volumenintegrals* zurückführen.

2) Messung, Experiment: Besagte „Loch-Funktion" ist natürlich nicht als analytischer Ausdruck oder in irgendeiner Weise explizit gegeben. Denkt man an einzelne Erdklumpen, ist sie sicherlich sehr kompliziert. Das Anliegen, den Abraum nur innerhalb einer sinnvollen Fehlertoleranz ermitteln zu wollen (bzw. zu können), wird es natürlich erlauben, die Funktion etwas zu vereinfachen. In jedem Fall liegt die einzige Möglichkeit, quantitative Information über die zu integrierende Funktion zu erhalten, in geeigneten Messungen. In diesem Fall bieten sich Tiefenmessungen durch Stereofotoaufnahmen vom Flugzeug aus zur Bestimmung der benötigten Problemdaten – Funktionswerte – an.

3) Konstruktiver numerischer Ansatz: Sind aufgrund solcher Messungen die Werte der Loch-Funktion an genügend vielen „Stützstellen" (zumindest innerhalb gewisser, schon durch die Bodenbeschaffenheit bedingter Fehlertoleranzen) bekannt, kann man daran gehen, daraus das Integral der (nur an diskreten Stellen gegebenen) Funktion zumindest innerhalb der gewünschten Toleranz näherungsweise zu bestimmen. Nach der üblichen Strategie teilt man das gesamte Integrationsgebiet – die Deckelfläche über dem Loch – in kleinere Parzellen auf und bestimmt auf jeder Parzelle eine *einfache, explizit integrierbare* Funktion, z. B. ein Polynom, die an den Messstellen dieselben Werte wie die Loch-Funktion hat. Das exakte Integral dieser lokalen Ersatzfunktion nennt man eine *Quadraturformel*. Durch Summation der lokalen Integrale erhält man dann eine Näherung für das Integral der Loch-Funktion und damit für den gegenwärtigen Abraum. Aus der Differenz dieser Werte zu verschiedenen Zeitpunkten erhält man dann auch Aufschluss über die *Förderrate*. Hier sollte der Leser übrigens den Zusammenhang mit Differentiation in Erinnerung rufen.

4) Realisierung über Algorithmus: Die einzelnen, bei obiger Vorgehensweise angedeuteten Schritte, nämlich die Aufteilung des Integrationsgebiets in Parzellen, die Ausrechnung der Quadraturformeln, müssen als Sequenz von Anweisungen an den Rechner – als Algorithmus – programmiert werden. △

Die im obigen Beispiel verwendeten numerischen Bausteine sind *Polynom-Interpolation* bzw. darauf aufbauend *Numerische Integration*. Der am Ende berechnete Wert weicht natürlich vom tatsächlichen Abraum ab. Das skizzierte Vorgehen birgt, wie bereits angedeutet wurde, Fehlerquellen verschiedener Art. Die Verwertung des Ergebnisses setzt somit das Verständnis dieser Fehler, ihrer Auswirkungen und gegebenenfalls ihre Eingrenzbarkeit voraus. Sie sollen deshalb noch einmal kurz beleuchtet werden, da sich daraus zentrale Fragestellungen dieses Buches ergeben.

zu 1) *Modellfehler:* Zunächst beruht das mathematische Modell meist auf einer Idealisierung unter vereinfachenden Annahmen und führt damit zu Ergebnissen, die die Realität nicht exakt wiedergeben können. In Beispiel 1.1 ist auf kleiner Skala in Anbetracht der Bodenporosität und des Gerölls die Lochberandung nicht wirklich der Graph einer punktweise definierten Funktion. Das verwendete Modell der Loch-Funktion entspricht also bereits einer Mittelung auf einer Makroskala, die unter anderem im Verhältnis zu den Abständen der Messpunkte zu rechtfertigen ist.

zu 2) *Datenfehler:* Im mathematischen Modell werden oft Daten eingesetzt (z. B. Parameter), die aus physikalischen Messungen oder empirischen Untersuchungen stammen. Diese Daten sind in der Regel, z. B. durch Messungenauigkeiten, mit Fehlern behaftet. Im vorliegenden Beispiel 1.1 liegen Messungenauigkeiten in der Bildauflösung und in der Bodenbeschaffenheit.

zu 3) *Verfahrensfehler:* Ein numerisches Lösungsverfahren produziert selbst bei exakter Rechnung die Lösung häufig nur *näherungsweise*. Eine Quadraturformel wie in Beispiel 1.1 liefert nicht den exakten Wert des Integrals, sondern nur eine Näherung, deren Genauigkeit vom Typ der Quadraturformel und vom Integranden abhängt. Derartige Fehler nennt man *Diskretisierungsfehler* oder *Verfahrensfehler*.

zu 4) Bei der Realisierung eines numerischen Verfahrens, d. h. bei der Durchführung einer Sequenz von Rechneroperationen (Algorithmus), treten schließlich *Rundungsfehler* auf.

Bei einer numerischen Simulation gilt es, diese Fehlertypen zu kontrollieren und (möglichst) zu minimieren. Im folgenden Beispiel werden die typischen Bestandteile einer numerischen Simulation sowie entsprechende Fehlerquellen nochmals angedeutet.

Beispiel 1.2 Problemstellung: Als „technische Aufgabe" geht es um die Konstruktion eines *Taktmechanismus* zu einer vorgegebenen Taktzeit $T > 0$. Ein möglicher Ansatz ist, dies mit Hilfe eines Pendels zu realisieren. Dabei geht es um die Bestimmung der erforderlichen *Anfangsauslenkung* eines Pendels zu einer vorgegebenen Schwingungsdauer T. Mit T ist also die Zeit gemeint, die das Pendel braucht, um in die Ausgangslage zurück zu schwingen.

Ein mathematisches Modell: Wir untersuchen dazu ein um eine feste Achse drehbares Pendel mit der Pendellänge $\ell = 0.6$ m. Als *Modell* nehmen wir das sogenannte mathematische Pendel, wobei folgende Idealisierungen gemacht werden: Die Schwingung verläuft ungedämpft (keine Reibungskräfte), die Aufhängung ist massefrei, und die gesamte Pendelmasse ist in einem Punkt konzentriert. Es ist klar, dass es aufgrund dieser Idealisierungen *Modellfehler* gibt. Mit Hilfe der Newtonschen Gesetze (Actio gleich Reactio – Kraft = Masse × Beschleunigung) kann die Dynamik des mathematischen Pendels durch die nichtlineare gewöhnliche Differentialgleichung

$$\phi''(t) = -c\sin(\phi(t)), \qquad c := \frac{g}{\ell}, \tag{1.1}$$

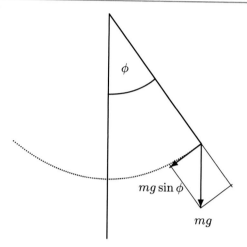

Abb. 1.2 Mathematisches Pendel

mit den Anfangsbedingungen

$$\phi(0) = x, \quad \phi'(0) = 0, \tag{1.2}$$

beschrieben werden (s. Abb. 1.2). Wie weiter unten etwas genauer erklärt wird, kennzeichnen die Anfangsbedingungen gerade die Ruhelage des Pendels zu Beginn des Schwingungsprozesses. Die Parameter g, ℓ, x sind die Fallbeschleunigung ($g = 9.80665 \, \text{ms}^{-2}$, in den Formeln verzichten wir jedoch auf die Angabe der Einheiten), die Pendellänge ($\ell = 0.6 \, \text{m}$) und die Anfangsauslenkung x als Winkelmaß. Im allgemeinen sind diese Parameter bereits mit *Datenfehlern* behaftet.

„Differentialgleichung" bedeutet hier, dass die gesuchte unbekannte Funktion $\phi(t)$ dadurch gekennzeichnet ist, dass sie mit ihrer zweiten Ableitung nach t über die Relation (1.1) verknüpft ist. Man redet hier speziell von einer *Anfangswertaufgabe*, da die Differentialgleichung (1.1) durch sogenannte *Anfangsbedingungen* (1.2) ergänzt wird. Ohne diese Anfangsbedingungen (1.2) kann man keine *eindeutige* Lösung erwarten, da mit $\phi(t)$ auch $\eta(t) := \phi(t + a)$ für jedes feste $a \in \mathbb{R}$ (1.1) erfüllt. Man sagt, die Differentialgleichung hat die Ordnung zwei, da die zweite Ableitung als höchste auftritt. Die Anfangsbedingungen legen die Ausgangssituation des dynamischen Vorgangs fest. Die erste Anfangsbedingung $\phi(0) = x$ gibt an, welchen Winkel das Pendel zum Zeitpunkt $t = 0$ mit der Vertikalen bildet. Die Geschwindigkeit des Pendels ist durch die erste Ableitung nach der Zeit t gegeben. Die zweite Anfangsbedingung $\phi'(0) = 0$ in (1.2) besagt also gerade, dass sich das Pendel zum Zeitpunkt $t = 0$ in Ruhelage befindet. Man beachte, dass die Vorgabe von zwei Anfangsbedingungen der Ordnung der Differentialgleichung entspricht. Die Theorie gewöhnlicher Differentialgleichungen liefert Aussagen, unter welchen Bedingungen und auf welchem Zeitintervall Anfangswertaufgaben des Typs (1.1), (1.2) eine eindeutige Lösung besitzen. Dazu wird in einem späteren Kapitel etwas mehr zu sagen sein. Die Lösung $\phi(t)$ (falls sie existiert) gibt also den Winkel an, den das Pendel zum Zeitpunkt t mit der vertikalen Achse bildet. Es ist klar, dass bei

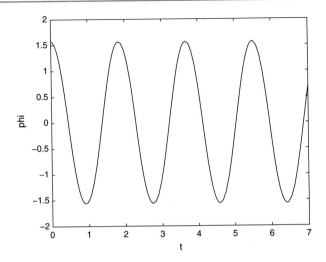

Abb. 1.3 Bewegung des Pendels für $x = \frac{\pi}{2}$

Änderung der Anfangsauslenkung x sich auch die Winkelposition zum Zeitpunkt t ändert, d. h., die Lösungsfunktion ϕ hängt auch von der Anfangsbedingung ab. Wir drücken dies aus, indem wir schreiben $\phi(t) = \phi(t; x)$ – der Winkel, der sich zur Zeit t bei einer Anfangsauslenkung $\phi(0, x) = x$ einstellt.

Das Ausgangsproblem als Nullstellenproblem: Nun wird in unserer Aufgabe nicht primär nach der Lösungsfunktion $\phi(t, x)$ sondern nach einem geeigneten Anfangswert x^* gefragt, der gerade eine vorgegebene Schwingungsdauer T, zum Beispiel $T = 1.8$, realisiert. Für kleine x-Werte, also kleine Werte für den Winkel $\phi(t)$, kann man wegen $\sin\phi \approx \phi$ die Differentialgleichung (1.1) durch die lineare Differentialgleichung $\hat{\phi}''(t) = -c\,\hat{\phi}(t)$ annähern. Die Lösung dieser Differentialgleichung mit Anfangsbedingungen $\hat{\phi}(0) = x$, $\hat{\phi}'(0) = 0$ ist

$$\hat{\phi}(t) = x \cos(\sqrt{c}\,t).$$

Die Dauer einer Schwingung ist in diesem Fall $T = 2\pi c^{-\frac{1}{2}} \approx 1.55$ (Sekunden), unabhängig von x. Für große x-Werte ist die Linearisierung $\sin\phi \approx \phi$ nicht mehr sinnvoll. Für $x = \frac{\pi}{2}$ (horizontale Ausgangsposition des Pendels) wurde die Aufgabe (1.1)–(1.2) mit einer numerischen Methode mit hoher Genauigkeit gelöst. Das Ergebnis wird in Abb. 1.3 gezeigt.

Man stellt fest, dass die Schwingungsdauer in diesem Fall etwa $T = 1.9$ beträgt. Man kann zeigen, dass für $x \in (0, \pi)$, die Funktion $x \to T(x)$ monoton ist. Wegen $T(x) \approx 1.55$ für kleines x und $T(\frac{\pi}{2}) \approx 1.9$ gibt es ein eindeutiges $x^* \in (0, \frac{\pi}{2})$, wofür $T(x^*) = 1.8$ gilt. Unsere Aufgabe ist es, dieses x^* zu bestimmen. Aufgrund der Symmetrie der Bewegung ist die gesamte Schwingungsdauer T, wenn das Pendel zum Zeitpunkt $T/4$ gerade senkrecht steht, also $\phi(T/4, x) = 0$ gilt. Definiert man

also

$$f(x) := \phi(T/4, x) = \phi(0.45, x), \tag{1.3}$$

so läuft unser Problem der Takterkonstruktion auf die Bestimmung der *Nullstelle* $x^* \in (0, \frac{\pi}{2})$ dieser (nur implizit gegebenen) Funktion f hinaus

$$f(x^*) = 0. \tag{1.4}$$

Dies nennt man ein *Nullstellenproblem*. Nullstellenprobleme treten in vielfältigen Zusammenhängen auf und bilden eine zentrale Thematik dieses Buches.

Struktur einer numerischen Lösungsmethode: Die gängigen, in späteren Abschnitten zu behandelnden numerischen Verfahren zur Lösung von Nullstellenproblemen haben die gemeinsame Eigenschaft, dass sie (mindestens) auf *Funktionswerte* (bisweilen auf Ableitungswerte) der Funktion f zurückgreifen. f ist aber im vorliegenden Fall *nicht* explizit bekannt. Der Wert $f(x)$ ist wegen (1.3) die Lösung der Differentialgleichung zum Zeitpunkt $T/4 = 0.45$ bei Anfangsauslenkung x, d. h., die Auswertung von f an der Stelle x, verlangt selbst wieder als Unteraufgabe die Lösung der Anfangswertaufgabe (1.1), (1.2). Diese Lösung ist wiederum nicht explizit über einen analytischen Ausdruck darstellbar. Sie kann nur numerisch und damit selbst nur *näherungsweise* ermittelt werden. Ein Algorithmus zum Entwurf des Taktmechanismus könnte also so angelegt werden, dass als Unterroutine ein numerisches Verfahren zur Lösung von Anfangswertaufgaben gegebenenfalls wiederholt aufgerufen wird, um darüber die eigentliche Aufgabe, das Nullstellenproblem (1.4), zumindest näherungsweise zu lösen. *Numerische Lösungsmethoden für Anfangswertaufgaben* werden ebenfalls in diesem Buch vorgestellt. Neben der Konstruktion derartiger Verfahren wird wieder die Fehlerschätzung eine wichtige Rolle spielen, deren Bedeutung im vorliegenden Beispiel evident ist.

Fehlerquellen: Solch ein Lösungsverfahren produziert im vorliegenden Fall eine *Näherung* $\tilde{\varphi}(T/4, x)$ der exakten Lösung $\phi(T/4, x)$, wobei die Abweichungen von der exakten Lösung durch *Diskretisierungsfehler* (im Verfahren zur numerischen Lösung der Anfangswertaufgabe (1.1), (1.2)) sowie durch *Rundungsfehler* bei der Ausführung der betreffenden Algorithmen hervorgerufen werden.

Einige berechnete Näherungslösungen $\tilde{\phi}(0.45, x)$ für 41 äquidistante Anfangswerte x zwischen 0 und 1.6 werden in Abb. 1.4 gezeigt. Mit numerischen Methoden, die in diesem Buch behandelt werden, kann man die Nullstelle x^* der Funktion $f(x)$ annähern. Sofern die berechneten Werte die exakten Verhältnisse hinreichend genau wiedergeben, wäre die gesuchte Anfangsauslenkung etwa $x^* = 1.48$.

Bewertung der Ergebnisse: Abgesehen von der Frage nach der Existenz und Eindeutigkeit der Lösung von (1.1), (1.2), stellen sich in Bezug auf die angesprochene Genauigkeit und damit Aussagekraft des berechneten Resultats folgende Fragen. Besagte Nullstellenverfahren zur Lösung von (1.4) produzieren eine Folge von Näherungen x_i für x^*, die über fehlerbehaftete Auswertungen von f gewonnen werden,

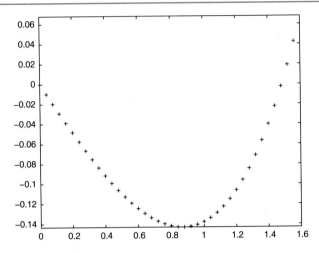

Abb. 1.4 Berechnete Werte $\tilde{\phi}(0.45, x) \approx f(x)$

und man fragt sich, wie sich dies weiter auf die Nullstellenbestimmung auswirkt. Offensichtlich wäre eine Rechnung sinnlos, wenn selbst bei exakter Rechnung kleine (unvermeidbare) Störungen zum Beispiel im Problemparameter c oder im Anfangswert x in (1.2) unkontrollierbare Variationen im Ergebnis bewirken würden. Diese Frage nach der Quantifizierung des Einflusses von Störungen der Eingabedaten (bei exakter Rechnung) ist die Frage nach der *Kondition* des betreffenden Problems. Sich ein Bild von der Kondition eines Problems zu machen, sollte also der gesamten Fehleranalyse eines speziellen Algorithmus vorausgehen, da die Kondition eine Aussage darüber trifft, welche Ergebnisschwankungen *unvermeidbar sind.* Insofern liefert die Kondition die Messlatte für den Genauigkeitsrahmen, den dann ein konkreter Algorithmus einhalten sollte. Es macht keinen Sinn, vom Algorithmus Fehlertoleranzen zu verlangen, die deutlich unterhalb der durch die Kondition markierten Schranken liegen. Es wäre andererseits natürlich schön, wenn der durch den Algorithmus verursachte Fehler in etwa dieser Größenordnung bliebe. Dies ist die Frage nach der *Stabilität* eines Verfahrens. Die Konzepte *Kondition eines Problems* und *Stabilität eines Algorithmus* werden im folgenden Kapitel eingehender diskutiert. Sie ziehen sich dann als Grundlage für die Bewertung der Ergebnisse numerischer Simulationen durch die gesamten Entwicklungen in diesem Buch.

Konzepthierarchie: Zum Schluss noch ein wichtiger Hinweis. Die wiederholt notwendige Lösung der Anfangswertaufgabe (1.1), (1.2) bei *gegebenen* Anfangsdaten $(x, 0)$ spielt hier insofern nur eine mittelbare Rolle, da eigentlich der Anfangswert x^* selbst, also ein *Modellparameter* gesucht wird. Über die Verwertung der Ergebnisse der „Vorwärtsrechnungen" zur Lösung von (1.1), (1.2) (im Verlauf des Nullstellenverfahrens) wird erst auf den richtigen Anfangswert x^* „zurückgeschlossen". Man spricht deshalb auch von einem *inversen Problem.* Inverse Probleme sind häufig deshalb delikat, da sie aufgrund der häufigen Vorwärtsrechnungen aufwendig sind und (anders als im vorliegenden Fall) meist extrem schlecht konditioniert sind, also höchst sensibel auf Datenstörungen reagieren. Ist ein Modell *kalibriert,* d. h. sind die Modellparameter identifiziert, erlauben die Vorwärtssimulationen Vorhersagen über den Prozess, deren Genauigkeit natürlich von der Genauigkeit der geschätzten Parameter abhängt. Zusammenfassend illustriert dieses Beispiel eine gerade im Ingenieurbereich typische Hierarchie von Konzeptebenen:

- Inverse Fragestellung: Nullstellenproblem (1.4) zur Bestimmung eines „optimalen" Parameterwertes x^*;
- Approximation der Lösung des Nullstellenproblems über f-Auswertungen, siehe (1.3);
- Vorwärtsrechnung: Berechnung der Funktionswerte über die näherungsweise Lösung von Anfangswertproblemen (1.1)–(1.2). △

Wie in diesen Beispielen nur knapp angedeutet wird, geht der eigentlichen numerischen Behandlung die geeignete mathematische *Modellierung* physikalisch-technischer Prozesse voraus, die oft die Ausgestaltung numerischer Methoden enorm prägen können.

1.1 Struktur der Stoffaufbereitung: Methoden und Konzepte

Ein wichtiges Ziel des Buches ist die Vermittlung von *Grundideen und Wirkungsweisen grundlegender numerischer Methoden.* Diese numerischen Methoden sind anhand von Problemstellungen, wie z. B. dem Lösen linearer Gleichungssysteme, Daten-Approximation oder Berechnung von Integralen, klassifiziert und den entsprechenden Kapiteln zugeordnet. Für jede dieser Problemklassen werden grundlegende numerische Methoden hergeleitet und ausführlich erklärt. Anhand von theoretischen Analysen und numerischen Beispielen werden wichtige Eigenschaften der Methoden behandelt.

Darüber hinaus besteht das zweite zentrale Ziel des Buches in der Behandlung von *Begriffen und Konzepten,* die *methodenübergreifend* sind und für die Entwicklung einer breiteren Expertise im Bereich Numerik erforderlich sind. Das Buch zielt keineswegs nur auf spätere *Entwickler* numerischer Methoden ab, sondern spricht durchaus den weitaus größeren – und ständig wachsenden – Kreis von *Anwendern* numerischer Methoden an. Auch für diese Zielgruppe ist die Fähigkeit, Ergebnisse numerischer Rechnungen angemessen bewerten und gegebenenfalls in einen weiteren Simulationskontext einordnen zu können, von wesentlicher Bedeutung. Insbesondere die beiden in Kap. 2 ausführlich behandelten allgemeinen Konzepte *Kondition eines Problems* und *Stabilität einer Methode* spielen hierfür eine grundlegende Rolle. Sie werden deshalb im Zuge der nachfolgenden Methodenentwicklung immer wieder aufgegriffen und in den entsprechenden Zusammenhang gestellt. Weitere Beispiele allgemeiner verfahrensorientierter Konzepte sind Matrixfaktorisierung, Linearisierung sowie Konvergenzgeschwindigkeit eines iterativen Verfahrens. Aus einem guten Verständnis dieser methodenübergreifenden Konzepte resultiert eine

Tab. 1.1 Struktur der Stoffaufbereitung

Problemklasse	Grundlegende Methoden	Allgemeine math./numerische Konzepte
Lineare Gleichungs-systeme (Kap. 3)	Gauß-Elimination (mit Pivotisierung) Cholesky-Verfahren Givens-Methode Householder-Methode	Problemtransformation Matrixfaktorisierung: LR, LDL^T, QR Ausnutzung spezieller Struktur (z. B. Symmetrie) Stabilisierung
Lineare Ausgleichs-probleme (Kap. 4)	Lösen über Normalgleichungen Lösen über QR-Zerlegung Singulärwertzerlegung	Minimierung quadratischer Zielfunktionale Orthogonale Projektion auf Unterraum Matrixfaktorisierung Regularisierung Datenkomprimierung
Nichtlineare Gleichungssysteme (Kap. 5)	Fixpunktiteration Newton-Verfahren Sekanten-Verfahren Dämpfungstechnik Fehlerschätzungsverfahren	Problemtransformation Linearisierung Iteratives Vorgehen Einzugsbereich Konvergenzgeschwindigkeit/-ordnung
Nichtlineare Ausgleichsprobleme (Kap. 6)	Gauß-Newton-Verfahren Levenberg-Marquardt-Verfahren Dämpfungstechnik	Linearisierung Iteratives Vorgehen Einzugsbereich Konvergenzgeschwindigkeit/-ordnung Regularisierung
Eigenwertprobleme (Kap. 7)	Vektoriteration Unterraumiteration QR-Verfahren	Iteratives Vorgehen Matrixfaktorisierung: Schurzerlegung Problemtransformation Ausnutzung spezieller Struktur Konvergenzgeschwindigkeit/-ordnung
Daten-Interpolation und -Approximation (Kap. 8, 9)	Polynominterpolation: Neville-Aitken und Newtonsche Formel Trigonometrische Interpolation, FFT Spline-Interpolation Spline-Approximation	Wahl einer Basis Stabilität einer Basis Projektionseigenschaft Rekursive Auswertung Fourier-Reihe Lokalisierung
Integralbestimmung/ Quadratur(Kap. 10)	Newton-Cotes-Quadratur Gauß-Quadratur Fehlerschätzungsverfahren Romberg-Quadratur	Problemzerlegung/-lokalisierung Exaktheitsgrad Extrapolation
Gewöhnliche Diffe-rentialgleichung (Kap. 11)	Euler-Verfahren Trapezmethode Runge-Kutta-Verfahren Lineare Mehrschrittverfahren Fehlerschätzungsverfahren Schrittweitensteuerung	Fehlerakkumulation Konsistenz- und Konvergenzordnung Nullstabilität Steife Probleme Explizite vs. implizite Verfahren A-Stabilität

tiefergreifende Expertise im Bereich numerischer Simulation, die über eine naive rezeptbasierte Methodenanwendung hinausgeht.

Um diese zentralen Themen hervorzuheben, werden in der Einleitung zu jedem Kapitel die in dem Kapitel behandelten Methoden und die damit zusammenhängenden allgemeinen Konzepte eingeordnet (Abschnitt *Orientierung: Strategien, Konzepte, Methoden*). Am Ende jedes Kapitels wird auf diese Einordnung zurückgegriffen und der damit zusammenhängende Stoff zusammengefasst (Abschn. *Zusammenfassung*). Eine Übersicht der Stoffaufbereitung wird in Tab. 1.1 gezeigt.

Fehleranalyse: Kondition, Rundungsfehler, Stabilität

2.1 Einleitung

Die Durchführung von Algorithmen auf digitalen Rechenanlagen führt fast immer zu Fehlern. Fehler im Ergebnis resultieren sowohl aus den *Datenfehlern* (oder Eingabefehlern) als auch aus den Fehlern im Algorithmus *(Verfahrensfehlern* und *Rundungsfehlern)*. Gegenüber Datenfehlern sind wir im Prinzip machtlos, sie gehören zum gegebenen Problem und können oft nicht vermieden werden. Bei den Fehlern im Algorithmus haben wir jedoch die Möglichkeit, sie zu vermeiden oder zu verringern, indem wir das Verfahren verändern. Die Unterscheidung dieser beiden Arten von Fehlern wird uns im Folgenden zu den Begriffen *Kondition eines Problems* und *Stabilität eines Algorithmus* führen.

In diesem Kapitel werden diese zwei für die Numerik zentralen Begriffe behandelt. Im nächsten Abschnitt werden einige relevante Fakten in Erinnerung gerufen, die aus der Höheren Mathematik bekannt sind und in diesem und folgenden Kapiteln vielfach verwendet werden. Hierzu eine kurze Orientierung: Es ist ein inhärentes Anliegen der Mathematik, mit zentralen Begriffen möglichst viele, äußerlich durchaus unterschiedliche Szenarien erfassen zu können, anstatt in jedem konkreten Anwendungsfall einen neuen Anlauf zu machen. Entsprechend wichtig ist die Formulierung eines geeigneten mathematischen Rahmens zur Diskussion des Begriffs der Kondition eines Problems und der Stabilität eines Algorithmus (Abb. 2.1).

Wir beginnen deshalb im folgenden Abschnitt mit der Vorstellung einiger bewusst sehr einfacher Beispiele, die zunächst verdeutlichen, weshalb sich die Diskussion der Kondition eines Problems auf die Frage reduzieren lässt, wie sehr das Ergebnis einer Abbildung unter Störung der Eingabe im relativen oder absoluten Sinne schwankt.

Da man nun solche Schwankungen quantifizieren muss, benötigt man geeignete mathematische Werkzeuge, die dies bewerkstelligen. Deshalb rufen wir im Abschn. 2.3.1 die wesentlichen Fakten über *Normen* in Erinnerung, die in Verallgemeinerung des *Absolutbetrages* reeller Zahlen erlauben, Abweichungen,

W. Dahmen und A. Reusken, *Numerik für Ingenieure und Naturwissenschaftler*, https://doi.org/10.1007/978-3-662-65181-0_2

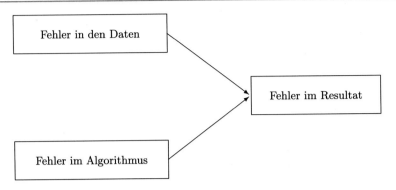

Abb. 2.1 Arten von Fehlern

Unterschiede zwischen komplexeren mathematischen Objekten – im folgenden Rahmen Elemente *linearer normierter Räume* – zu bemessen. Die Analyse der Kondition eines Problems hängt im Detail letztlich vom konkreten Problem ab. Dennoch bieten wir auf allgemeiner Ebene zwei wichtige Analysekonzepte an, die eine weite Palette von Anwendungsfällen abdecken. Entsprechende Szenarien werden durch die Eingangsbeispiele schon angedeutet, nämlich einerseits relativ allgemeine Abbildungen, deren Wertebereich allerdings die reellen Zahlen sind und andererseits speziellere Abbildungen, nämlich lineare Abbildungen, mit einem vektorwertigen Bildbereich. Im ersteren Fall ist das zentrale Hilfsmittel die *Taylorentwicklung.*

Die sich anschließende Diskussion des Stabilitätsbegriffs für Algorithmen verlangt ein Mindestverständnis der Realisierung arithmetischer Operationen auf digitalen Rechnern. Auf dieser Grundlage wird abschließend ein wichtiges Analyseprinzip der *Fehlerfortpflanzung* in Algorithmen vorgestellt und exemplarisch angewandt.

2.2   Einige Orientierungsbeispiele

Die mathematische Analyse des Effekts von Datenfehlern bei der Behandlung eines mathematischen Problems beruht auf dem Konzept der *Kondition* eines Problems. Dieses ist zunächst *unabhängig* von einem speziellen Lösungsweg (Algorithmus) und gibt nur an, welche Genauigkeit man bestenfalls (bei exakter Rechnung) bei gestörten Eingangsdaten erwarten kann.

Um dies einerseits etwas präziser beschreiben zu können und andererseits auf eine möglichst weite Palette mathematischer Aufgabenstellungen anwenden zu können, fassen wir den „mathematischen Prozess" oder das „Problem" abstrakt als Aufgabe auf, eine gegebene Funktion

$$f : X \to Y \tag{2.1}$$

an einer Stelle $x \in X$ *auszuwerten.* X und Y repräsentieren hier die Menge der Eingabe- bzw. Ausgabedaten. Eine solche Auswertung kann eine komplexe Struktur haben, z. B. die Lösung einer Differentialgleichung verlangen (siehe Beispiel 1.2). Um aber zu verdeutlichen, dass die Formulierung (2.1) überhaupt sinnvoll und hilfreich ist, werden zunächst bewusst einfache Beispiele diskutiert, anhand derer sich allerdings bereits grundlegende Mechanismen identifizieren und analysieren lassen. Entsprechend wird in den nachfolgenden Abschnitten mehrfach auf diese Beispiele zurück verwiesen werden.

Beispiel 2.1 Die Berechnung der Multiplikation von reellen Zahlen x_1 und x_2 führt auf die Auswertung der Funktion $f(x_1, x_2) = x_1 x_2$, wobei hier $X = \mathbb{R}^2$, $Y = \mathbb{R}$ ist. △

Beispiel 2.2 Die Berechnung der Summe von reellen Zahlen x_1 und x_2 führt auf die Auswertung der Funktion $f(x_1, x_2) = x_1 + x_2$, wobei hier $X = \mathbb{R}^2$, $Y = \mathbb{R}$ ist. △

Beispiel 2.3 Man bestimme die kleinere der Nullstellen der Gleichung

$$y^2 - 2x_1 y + x_2 = 0,$$

wobei $x_1^2 > x_2$ gelten soll. Die Lösung y^* lässt sich dann mit Hilfe der Formel

$$y^* = f(x_1, x_2) = x_1 - \sqrt{x_1^2 - x_2}$$

darstellen. In diesem Fall gilt $X = \{ (x_1, x_2) \in \mathbb{R}^2 \mid x_1^2 > x_2 \}$, $Y = \mathbb{R}$. △

In obigen Beispielen ist die Menge der Ausgabedaten jeweils die Menge der reellen Zahlen $\mathbb{R}$. In diesem Fall wird sich die Taylor-Entwicklung als einfaches Mittel erweisen, die Kondition zu analysieren, vgl. Abschn. 2.3.3.

Im folgenden Beispiel hat die Funktion f eine einfache Struktur, nämlich einer *linearen* Abbildung, jedoch ist die Menge der Ausgabedaten ein höher dimensionaler Vektorraum.

Beispiel 2.4 Bestimmung des Schnittpunktes zweier Geraden:

$$G_1 = \{ (y_1, y_2) \in \mathbb{R}^2 \mid a_{1,1} y_1 + a_{1,2} y_2 = x_1 \}$$
$$G_2 = \{ (y_1, y_2) \in \mathbb{R}^2 \mid a_{2,1} y_1 + a_{2,2} y_2 = x_2 \},$$

wobei $x = (x_1, x_2)^T \in \mathbb{R}^2$ und die Koeffizienten $a_{i,j}$ für $i, j = 1, 2$ gegeben seien. Der Schnittpunkt $y = (y_1, y_2)^T$ von G_1 und G_2 ist also durch das *Gleichungssystem*

$$a_{1,1} y_1 + a_{1,2} y_2 = x_1$$
$$a_{2,1} y_1 + a_{2,2} y_2 = x_2 \tag{2.2}$$

bestimmt. Schreibt man kurz

$$A = \begin{pmatrix} a_{1,1} & a_{1,2} \\ a_{2,1} & a_{2,2} \end{pmatrix},$$

so lässt sich (2.2) kompakt als

$$Ay = x$$

schreiben. Mit der durch die linke Seite von (2.2) definierten „Matrix-Vektor Multiplikation" Ay spielt die Matrix A also hier die Rolle einer *Abbildung* von $\mathbb{R}^2$ nach $\mathbb{R}^2$, siehe Beispiel 2.13. Nun ist in diesem Fall die rechte Seite x, also das Bild der Abbildung, gegeben, während das Urbild y gesucht wird. Aus der Höheren Mathematik ist bekannt, dass eine Matrix A mit nichtverschwindender Determinante eine Inverse (Matrix) A^{-1} besitzt, d. h., $AA^{-1} = A^{-1}A = I$. Somit ist das gesuchte Urbild y durch

$$y = A^{-1}x \qquad (2.3)$$

gegeben. Mathematisch ist also die Lösung eines linearen Gleichungssystems äquivalent zur Anwendung der Inversen auf die rechte Seite. Es sei hier schon betont, dass, wie später ausführlich gezeigt wird, numerische Verfahren zur Lösung linearer Gleichungssysteme in den meisten Fällen *nicht* auf der Berechnung der Inversen A^{-1} beruhen. Wie gesagt, verlangt die eindeutige Lösbarkeit von (2.2), dass die Determinante von A nicht verschwindet. In diesem Fall bedeutet dies geometrisch gerade, dass die beiden Geraden G_1 und G_2 nicht parallel sind und somit einen eindeutigen Schnittpunkt haben. Man kann sich jetzt schon vorstellen, dass die Kondition dieses Problems dadurch bestimmt wird „wie sehr die Lage der beiden Geraden von der Parallelität abweicht". Falls also A nichtsingulär ist (Determinante det $A \neq 0$), d. h., die beiden Geraden sind nicht parallel, so ist y gerade durch (2.3) gegeben. Hier besteht das Problem also in der Auswertung der Funktion

$$f(x) = A^{-1}x,$$

d. h. $X = Y = \mathbb{R}^2$. Selbstverständlich müsste man gegebenenfalls auch die Einträge der Matrix A als möglicherweise fehlerbehaftete Problemdaten einbeziehen. Diesen allgemeinen Fall werden wir später in Abschn. 3.2 betrachten.   △

Während das vorige Beispiel in erster Linie dazu dient, anhand eines einfachen Falles die wesentlichen Begrifflichkeiten im Zusammenhang mit linearen Gleichungssystemen in Erinnerung zu rufen, deutet das folgende Beispiel auf einen wichtigen Ursprung für das Auftreten linearer Gleichungssysteme, nämlich die *Diskretisierung* kontinuierlicher Probleme, und damit verbundener weiterer Gesichtspunkte, hin, die insbesondere von der variablen Größe solcher Gleichungssysteme herrühren.

Beispiel 2.5 Als vereinfachtes Modell für die Biegung eines Balkens betrachten wir folgende Differentialgleichung vierter Ordnung. Für eine gegebene Kraftverteilung $k(t)$ wird eine Biegungsfunktion $u(t)$, $t \in [0, 1]$ gesucht, so dass

$$
\begin{aligned}
u''''(t) &= k(t), \quad t \in [0, 1], \\
u(0) &= u(1) = 0, \\
u''(0) &= u''(1) = 0
\end{aligned}
\qquad (2.4)
$$

gilt. Statt der Randbedingung $u''(0) = u''(1) = 0$ (aufliegender Balken) wird auch oft die Bedingung $u'(0) = u'(1) = 0$ (eingespannter Balken) verwendet. Zur numerischen Lösung dieser Aufgabe wird die Differentialgleichung *diskretisiert*. Dazu wählt man auf $[0, 1]$ ein äquidistantes Gitter: $t_i = ih$, $i = 0, \ldots, n$, $h = \frac{1}{n}$ und $n \in \mathbb{N}$. Mit Hilfe der in Abschn. 2.3.3 diskutierten *Taylorentwicklung,* siehe auch Beispiel 3.2 in Kap. 3, kann man, für $2 \le i \le n - 2$, folgende *Differenzenformel* herleiten:

$$u''''(t_i) = \frac{1}{h^4} \left[u(t_{i-2}) - 4u(t_{i-1}) + 6u(t_i) - 4u(t_{i+1}) + u(t_{i+2}) \right] + \mathcal{O}(h^2). \quad (2.5)$$

Für $i = 1$ und $i = n - 1$ kann man mit Hilfe der Randbedingungen für u eine ähnliche Formel herleiten. Diese sogenannte Finite Differenzen Diskretisierung obiger Differentialgleichung führt auf ein lineares Gleichungssystem für die Annäherungen $u_i \approx u(t_i)$, $i = 1, \ldots, n - 1$:

$$\frac{1}{h^4}
\begin{pmatrix}
5 & -4 & 1 & & & & \\
-4 & 6 & -4 & 1 & & \varnothing & \\
1 & -4 & 6 & -4 & 1 & & \\
 & \ddots & \ddots & \ddots & \ddots & \ddots & \\
 & & 1 & -4 & 6 & -4 & 1 \\
\varnothing & & & 1 & -4 & 6 & -4 \\
 & & & & 1 & -4 & 5
\end{pmatrix}
\begin{pmatrix}
u_1 \\ u_2 \\ u_3 \\ \vdots \\ u_{n-3} \\ u_{n-2} \\ u_{n-1}
\end{pmatrix}
=
\begin{pmatrix}
k(t_1) \\ k(t_2) \\ k(t_3) \\ \vdots \\ k(t_{n-3}) \\ k(t_{n-2}) \\ k(t_{n-1})
\end{pmatrix}
\Leftrightarrow A_h u_h = b_h.$$

Nach dieser Diskretisierung liegt die Aufgabe der Auswertung der Funktion $f(x) = A_h^{-1} x$ vor. Hierbei ist $x \in X = \mathbb{R}^{n-1}$ der bekannte Kraftverteilungsvektor $x = b_h = (k(t_1), \ldots k(t_{n-1}))^T$ und A_h obige Matrix. Beachte, dass in dieser Aufgabe die Inverse der Matrix A_h auftritt.

Wie der Restterm in (2.5) zeigt, ist der Ersatz der Ableitung vierter Ordnung durch einen Differenzenausdruck desto genauer, je kleiner die Gitterweite $h = \frac{1}{n}$ ist. Größere Genauigkeit wird also damit bezahlt, dass die zu lösenden Gleichungssysteme – also auch der zu erwartende Rechenaufwand – größer werden. Numerische Probleme werden zwar letztlich stets in einem *endlich-dimensionalen* Rahmen formuliert, erben aber in vieler Hinsicht wesentliche Eigenschaften eines zugrunde liegenden *unendlich-dimensionalen* Problems, hier einer Differentialgleichung, deren Lösung in einem Funktionenraum, also einem unendlich-dimensionalen Raum, zu suchen ist. Auch dieser Punkt wird im Verlauf dieses Kapitels behandelt.   △

Die Lösung *linearer Gleichungssysteme* ist eine zentrale Aufgabenstellung in der Numerik. Um in einem solchen Zusammenhang Ein- und Ausgabefehler zu quantifizieren, muss man Unterschiede zwischen Vektoren bemessen können. Zu diesem Zweck verwendet man, sozusagen als Verallgemeinerung des Absolutbetrages zur Bemessung der Differenz zweier reeller Zahlen, sogenannte *Normen,* die im folgenden Abschn. 2.3.1 behandelt werden. Man ist dann insbesondere in der Lage, die Kondition einer speziellen Funktionenklasse, der *linearen Abbildungen,* mit Hilfe des wichtigen Begriffs der *Konditionszahl* zu beschränken, siehe Abschn. 2.3.2.

Im weiteren Verlauf dieses Kapitels werden nun die relevanten mathematischen Werkzeuge bereitgestellt, die in obigen Beispielen teilweise schon benannt wurden.

2.3 Mathematische Grundlagen: Normen und Taylorentwicklung

2.3.1 Normen

An vielen Stellen in diesem Buch, z. B. bei der Konditionsanalyse in Abschn. 2.4, wollen wir Vektoren oder Funktionen, allgemein Elemente von Vektorräumen bemessen können, ihre „Größe" also durch eine nichtnegative Zahl ausdrücken. Kurz, man braucht einen Ersatz für den Absolutbetrag. Die Rolle des Absolutbetrages in diesem allgemeineren Rahmen wird von den Normen übernommen. Hier seien kurz die Definition sowie einige elementare Fakten dazu in Erinnerung gerufen.

Es sei V ein $\mathbb{K}$-Vektorraum, d. h. ein Vektorraum über dem Körper $\mathbb{K}$. Wir werden stets nur $\mathbb{K} = \mathbb{R}$ oder $\mathbb{K} = \mathbb{C}$ benutzen. Ohne Spezifikation ist stets $\mathbb{K} = \mathbb{R}$ gemeint.

Definition 2.6 *Eine Abbildung* $\| \cdot \| : V \to \mathbb{R}$ *heißt* Norm *auf V, falls*

(N1) $\|v\| \geq 0, \forall\, v \in V$ *und* $\|v\| = 0$ *impliziert* $v = 0$;

(N2) *Für alle* $a \in \mathbb{K}$, $v \in V$ *gilt* $\|av\| = |a|\, \|v\|$;

(N3) *Für alle* $v, w \in V$ *gilt die* Dreiecksungleichung

$$\|v + w\| \leq \|v\| + \|w\|.$$

Wenn eine Norm auf V definiert ist, nennt man V einen *linearen normierten Raum*. Wie beim Absolutbetrag folgt nun insbesondere aus (N3), dass

$$\big| \|v\| - \|w\| \big| \leq \|v - w\|, \quad v, w \in V, \tag{2.6}$$

gilt, vgl. Übungsaufgabe 2.1. Dies besagt, dass die Normabbildung $\| \cdot \| : V \to \mathbb{R}$ eine Lipschitz-stetige Abbildung mit Lipschitz-Konstante eins ist.

Wegen $v = v - 0$ kann man $\|v\|$ auch als „*Abstand*" von v zum Nullelement in V interpretieren. In der Tat hat dist$(v, w) := \|v - w\|$ die Eigenschaften einer „*Distanz*" von zwei Elementen. Der Begriff der Distanz ist allerdings allgemeiner und Normen liefern spezielle Distanzbegriffe.

Für eine gegebene Norm $\| \cdot \|$ auf V kann man dann mit

$$K_{\| \cdot \|}(v, \epsilon) := \{w \in V : \|v - w\| < \epsilon\}$$

(offene) $\| \cdot \|$-„Kugeln" um v mit Radius $\epsilon > 0$ definieren.

Nun kann man ein und denselben Vektorraum durchaus mit *unterschiedlichen* Normen ausstatten. Verschiedene Normen können dann geometrisch unterschiedlich geformte Kugeln induzieren, siehe Übungsaufgabe 2.2.

Beispiel 2.7 Wir definieren die ∞- oder Max-Norm

$$\|x\|_\infty := \max_{i=1,\ldots,n} |x_i|, \quad x \in \mathbb{K}^n, \tag{2.7}$$

und auf dem Vektorraum $C(I)$ aller auf I stetigen Funktionen, wobei im Folgenden I stets eine abgeschlossene Teilmenge von $\mathbb{R}$ bedeutet (z. B. $I = [a, b]$):

$$\|f\|_\infty := \|f\|_{L_\infty(I)} := \max_{t \in I} |f(t)|, \quad f \in C(I). \tag{2.8}$$

Man bestätigt mit Hilfe der Dreiecksungleichung für den Absolutbetrag leicht, dass damit Normen auf den Vektorräumen $\mathbb{K}^n$ bzw. $C(I)$ definiert sind. $\triangle$

Es kostet etwas mehr Mühe zu zeigen, dass für $1 \le p < \infty$ auch mit

$$\|x\|_p := \left(\sum_{i=1}^n |x_i|^p \right)^{1/p}, \quad x \in \mathbb{K}^n,$$

$$\|f\|_p = \|f\|_{L_p(I)} := \left(\int_I |f(t)|^p \, dt \right)^{1/p}, \quad f \in C(I), \tag{2.9}$$

Normen auf $\mathbb{K}^n$ bzw. $C(I)$ – die sogenannten p-Normen – gegeben sind. Die Gültigkeit von (N1) und (N2) ist leicht einzusehen. Für $p = 1$ folgt (N3) ebenfalls sofort aus der Dreiecksungleichung für den Absolutbetrag. Für $1 < p < \infty$ ist (N3) nicht offensichtlich, sondern entspricht gerade der *Minkowski-Ungleichung,* die wiederum mit Hilfe der *Hölder-Ungleichung* hergeleitet werden kann. Diese Hölder-Ungleichung ist wie folgt: Für (stückweise) stetige Funktionen f und g gilt

$$\int_I |f(t)g(t)| \, dt \le \|f\|_{L_p(I)} \|g\|_{L_{p^*}(I)}, \tag{2.10}$$

wobei p^* der zu $p \in [1, \infty]$ konjugierte Index ist, d. h., $\frac{1}{p} + \frac{1}{p^*} = 1$ (wobei $1/\infty :=$ 0). Aus dieser Ungleichung kann man einfach ein diskretes Analogon herleiten, siehe Übung 2.3.

Der Spezialfall $p = 2$, $V = \mathbb{R}^n$ verdient besondere Beachtung, da die sogenannte *Euklidische Norm* genau die Euklidische Distanz eines n-Vektors vom Ursprung angibt. Die entsprechenden Kugeln $K_2(x, \epsilon) = K_{\|\cdot\|_2}(x, \epsilon)$ sind dann (für $n = 3$) Kugeln im eigentlichen Sinne, siehe Übung 2.2. Zudem wird die Euklidische Norm (oder 2-Norm) $\|\cdot\|_2$ für $\mathbb{K} = \mathbb{R}$ durch das kanonische Skalarprodukt

$$\|x\|_2 = (x, x)^{1/2}, \quad (x, y) := x^T y = \sum_{i=1}^n x_i y_i, \tag{2.11}$$

induziert. Für $\mathbb{K} = \mathbb{C}$ wird die 2-Norm analog über die schiefsymmetrische Variante des Skalarprodukts

$$\|z\|_2 = (z, z)^{1/2}, \quad (z, w) := w^* z := \sum_{i=1}^{n} z_i \overline{w}_i, \quad z, w \in \mathbb{C}^n, \tag{2.12}$$

definiert, wobei für $v = x + iy \in \mathbb{C}$ (i die imaginäre Einheit, d. h. $i^2 = -1$) $\overline{v} := x - iy$ die komplex Konjugierte bedeutet. Dann gilt nämlich gerade $z\overline{z} = |z|^2$. Analog behandelt man die 2-Norm für komplexwertige Funktionen.

Bemerkung 2.8 Es sei V ein linearer Raum (über $\mathbb{R}$) mit einem Skalarprodukt $(\cdot, \cdot)_V : V \times V \to \mathbb{R}$. Dann ist

$$\|v\|_V := (v, v)_V^{1/2} \tag{2.13}$$

stets eine Norm auf V. Beispielsweise ist $\int_a^b f(t)g(t)\,dt$ ein Skalarprodukt auf $C([a, b])$, das die Norm $\|f\|_2 = \left(\int_a^b f(t)^2\,dt\right)^{1/2}$ als kontinuierliches Analogon zu (2.11) induziert. Die Eigenschaften (N1), (N2) sind für (2.13) wiederum leicht zu verifizieren. Lediglich (N3) verlangt eine zusätzliche Überlegung. Dies folgt allgemein für (2.13) aus der *Cauchy-Schwarzschen Ungleichung:*

$$|(v, w)_V| \leq \|v\|_V \|w\|_V, \quad v, w \in V, \tag{2.14}$$

die für jedes Skalarprodukt gilt und wohlbekannt sein sollte. Damit ergibt sich nämlich

$$\begin{aligned}
\|v + w\|_V^2 &= (v + w, v + w)_V = (v, v)_V + 2(v, w)_V + (w, w)_V \\
&= \|v\|_V^2 + 2(v, w)_V + \|w\|_V^2 \overset{(2.14)}{\leq} \|v\|_V^2 + 2\|v\|_V \|w\|_V + \|w\|_V^2 \\
&= \left(\|v\|_V + \|w\|_V\right)^2,
\end{aligned}$$

woraus (N3) folgt. $\triangle$

Bemerkung 2.9 Man sollte beim Begriff „endlich-dimensionaler Vektorraum" nicht nur an $\mathbb{R}^n$ denken. Die Menge

$$\Pi_m := \Big\{ \sum_{i=0}^{m} a_i t^i \mid a_i \in \mathbb{R} \Big\}$$

der reellen Polynome in t vom Grade höchstens m ist ebenfalls ein $\mathbb{R}$-Vektorraum der Dimension $m + 1$. Die *Monome* $m_i(t) := t^i$, $i = 0, \ldots, m$, dienen hier als *Basis:* ein System von Elementen, deren Linearkombinationen den ganzen Raum ausfüllen und die *linear unabhängig* sind. Π_m lässt sich z. B. folgendermaßen normieren. Man fixiere ein Intervall, z.b. $I = [0, 1]$, und verwende die Max-Norm für Funktionen

$$\|P\| := \|P\|_{L_\infty(I)} = \max_{t \in I} |P(t)|, \quad P \in \Pi_m.$$

$\triangle$

Wozu braucht man überhaupt unterschiedliche Normen? Nun, zum Beispiel um bei der Bemessung unterschiedliche Effekte zu priorisieren. Bei der Max-Norm $\|\cdot\|_\infty$ für Vektoren wird die betragsmäßig größte Komponente gemessen. Reskaliert man die p-Normen, indem man die Summe über die Anzahl der Komponenten mittelt, sieht man, dass dann ein Mittelungseffekt stattfindet, der umso stärker wird, je kleiner p wird. Betrachtet man für eine gegebene Toleranz $\epsilon > 0$

$$\|x\|_\infty \leq \epsilon, \quad \frac{1}{n}\|x\|_1 = \frac{1}{n}\sum_{i=1}^{n} |x_i| \leq \epsilon, \quad \frac{1}{\sqrt{n}}\|x\|_2 = \left(\frac{1}{n}\sum_{i=1}^{n} x_i^2\right)^{\frac{1}{2}} \leq \epsilon, \quad x \in \mathbb{R}^n,$$

könnten bei $\|\cdot\|_1$ und $\|\cdot\|_2$ einzelne Komponenten „Ausreißer" enthalten, also einzeln die Zielschranke überschreiten, wobei für die Norm als gemittelte Größe die Zieltoleranz immer noch eingehalten wird.

Unter Umständen ist es jedoch für viele qualitative Aussagen unerheblich, welche Norm man verwendet. In solchen Fällen werden wir den Bezug in der Notation oft unterdrücken. Hierzu trägt insbesondere folgendes Ergebnis bei, das aus der „Höheren Mathematik" vertraut sein sollte. Es benutzt wesentlich, dass abgeschlossene und beschränkte Mengen in endlich-dimensionalen Räumen kompakt sind, was für *un*endlich-dimensionale Räume *nicht* gilt.

Satz 2.10 *Auf einem endlich-dimensionalen Vektorraum V sind alle Normen äquivalent. Das heißt, zu je zwei Normen $\|\cdot\|_*$, $\|\cdot\|_{**}$ existieren beschränkte, positive Konstanten c, C, so dass*

$$c\|v\|_* \leq \|v\|_{**} \leq C\|v\|_* \quad \textit{für alle } v \in V. \tag{2.15}$$

Man beachte, dass die beiden Normen in (2.15) quantitativ umso ähnlicher sind, je kleiner der Quotient der Äquivalenzkonstanten C/c ist. Man bestätigt nun leicht, dass z. B.

$$\|x\|_\infty \leq \|x\|_2 \leq \sqrt{n}\|x\|_\infty, \quad x \in \mathbb{R}^n, \tag{2.16}$$

gilt und dass man diese Abschätzung nicht verbessern kann. Die obere Konstante C hängt also in diesem Fall von der Dimension n ab und die Konstante C/c wächst mit der Wurzel der Dimension. Die Normen driften also bei größer werdender Dimension auseinander. Weitere Abschätzungen für p-Normen werden in Übung 2.5 behandelt.

Matlab-Demo 2.11 (Vektornormen) Wir untersuchen Effekte beim Messen mit den Normen

$$\|x\|_1 = \sum_{i=1}^{n} |x_i|, \quad \|x\|_{1,n} := \frac{1}{n}\|x\|_1,$$

$$\|x\|_2 = \left(\sum_{i=1}^{n} |x_i|^2\right)^{\frac{1}{2}}, \quad \|x\|_{2,n} := \frac{1}{\sqrt{n}}\|x\|_2, \quad \|x\|_\infty = \max_{1 \leq i \leq n} |x_i|.$$

Als Beispielvektor wird eine Linearkombination $x = z + \beta e_2$ der Vektoren $z, e_2 \in \mathbb{R}^n$ gewählt, wobei die Komponenten z_i von z Realisierungen einer auf $[0, 1]$ gleichverteilten Zufallsvariable sind und e_2 der zweite Basisvektor in $\mathbb{R}^n$. Der Parameter $\beta \in \mathbb{R}$ beeinflusst die Gewichtung der beiden Vektoren z und e_2 in der Linearkombination. Die Experimente zeigen, dass diese Normen sehr unterschiedlich auf große Änderungen der Parameter n und β reagieren.

Bemerkung 2.12 Die quantitative Abhängigkeit der Normäquivalenz von der Dimension des zugrunde liegenden Vektorraums hat in all den Bereichen weitreichende Konsequenzen, in denen das zu behandelnde Problem aus der *Diskretisierung* eines kontinuierlichen Problems entsteht, siehe Beispiel 2.5. Die Dimension entspricht dann der Feinheit der Diskretisierung, wächst also, wenn man genauere Ergebnisse erzielen will. Der Einfluss der Wahl der Norm ist dann erheblich und hat beispielsweise unter dem Begriff „Vorkonditionierung" ganze Forschungsrichtungen hervorgebracht. △

2.3.2 Lineare Abbildungen und Operatornormen

Im Folgenden seien X und Y lineare normierte Räume (über $\mathbb{R}$) mit Normen $\|\cdot\|_X, \|\cdot\|_Y$. Zunächst können damit z. B. Euklidische Räume, Polynomräume oder allgemeinere Funktionenräume gemeint sein. Eine Abbildung $\mathcal{L} : X \to Y$ heißt bekanntlich *linear*, falls für $x, z \in X$ und $\alpha, \beta \in \mathbb{R}$ gilt

$$\mathcal{L}(\alpha x + \beta z) = \alpha \mathcal{L}(x) + \beta \mathcal{L}(z). \tag{2.17}$$

Matrizen bilden den Prototyp linearer Abbildungen auf endlich-dimensionalen Räumen.

Beispiel 2.13 Der Raum $\mathbb{R}^{m \times n}$ der $(m \times n)$-Matrizen besteht aus Objekten der Form

$$B = (b_{i,j})_{i,j=1}^{m,n} = \begin{pmatrix} b_{1,1} & \cdots & b_{1,n} \\ \vdots & & \vdots \\ b_{m,1} & \cdots & b_{m,n} \end{pmatrix}, \quad b_{i,j} \in \mathbb{R},$$

mit denselben Verknüpfungsregeln wie bei n-Tupeln (komponentenweise Addition, Multiplikation mit skalaren Faktoren). Insofern kann man $\mathbb{R}^{m \times n}$ als Vektorraum wie $\mathbb{R}^n$ auffassen und mit ganz analogen Normen versehen. Im Folgenden interessieren wir uns für Matrizen jedoch nicht in erster Linie als Vektoren in der Form von mn-Tupeln sondern in einer ganz anderen Rolle, nämlich als *Abbildungen* zwischen Vektorräumen. Dies wird an der Form des Matrix-Vektor-Produkts $B : x \in \mathbb{R}^n \to Bx \in \mathbb{R}^m$ deutlich, das bekanntlich einen Vektor in $\mathbb{R}^m$ produziert, dessen i-te Komponente durch $(Bx)_i = \sum_{j=1}^n b_{i,j} x_j$ gegeben ist. Wenn man mit $b_1, \ldots, b_n \in \mathbb{R}^m$, die Spalten von B bezeichnen, ergibt sich gerade

$$Bx = \sum_{j=1}^n x_j b_j, \tag{2.18}$$

d. h., das Bild Bx is gerade die Linearkombination der Spalten von B, die somit den *Bildraum* von B erzeugen. Da für $x, y \in \mathbb{R}^n$ und $\alpha, \beta \in \mathbb{K}$

$$B(\alpha x + \beta y) = \sum_{j=1}^n (\alpha x_j + \beta y_j) b_j = \alpha Bx + \beta By$$

gilt, sieht man sofort, dass $B : \mathbb{R}^n \to \mathbb{R}^m$ in der Tat eine lineare Abbildung definiert. Die (durch B induzierte) Abbildung ist injektiv genau dann, wenn die Spalten b_j linear unabhängig sind. Folglich kann diese Abbildung nur injektiv sein, wenn $m \geq n$ gilt. Um *Abbildungseigenschaften* einer Matrix zu bemessen benötigt man den weiter unten definierten Begriff der *Operatornorm*. △

Beispiel 2.14 Es seien $Y = \Pi_m$ der Raum der Polynome vom Grade $\leq m$ über $\mathbb{R}$, siehe Beispiel 2.9 und $\{\phi_0, \ldots, \phi_m\}$ eine Basis für Π_m, z. B. $\phi_j(t) = t^j$, $j = 0, \ldots, m$. Die Abbildung

$$\mathcal{L} : \mathbb{R}^{m+1} \to \Pi_m, \quad \text{definiert durch} \quad \mathcal{L}(a) := \sum_{i=0}^m a_i \phi_i, \quad a \in \mathbb{R}^{m+1},$$

ist eine lineare Abbildung von $\mathbb{R}^{m+1}$ in Π_m, die jedem $(m+1)$-Tupel eine entsprechende Linearkombination der Monome zuordnet. Weil die Monome linear unabhängig sind, ist die Abbildung injektiv. Da $\mathbb{R}^{m+1}$ und Π_m die gleiche Dimension haben, ist $\mathcal{L}$ auch surjektiv, also bijektiv. △

Seien allgemein X, Y n- bzw. m-dimensionale Vektorräume (über $\mathbb{K}$) mit Basen $\psi_1, \ldots, \psi_n$, bzw. $\phi_1, \ldots, \phi_m$. Dann lässt sich jedes $x \in X$ nach derselben Überlegung wie in Beispiel 2.14 *eindeutig* als Linearkombination $x = \sum_{j=1}^n a_j \psi_j$ darstellen. In diesem Sinne kann man $x \in X$ mit dem Koeffizienten-Tupel $a = (a_1, \ldots, a_n)^T \in \mathbb{K}^n$ in dieser Darstellung identifizieren, d. h., die Abbildung

$$\mathcal{C}_X : \mathbb{K}^n \to X, \quad \mathcal{C}_X(a) = \sum_{j=1}^n a_j \psi_j$$

ist *bijektiv* und Analoges gilt für Y und die dort gewählte Basis. Sei ferner $\mathcal{L} : X \to Y$ eine beliebige lineare Abbildung. Wir zeigen jetzt, dass sich $\mathcal{L}$ mit einer Matrix identifizieren lässt. Dazu kann man zunächst das Bild $\mathcal{L}(\psi_j)$ jedes Basiselementes ψ_j von X als Linearkombination

$$\mathcal{L}(\psi_j) = \sum_{i=1}^{m} b_{i,j} \phi_i$$

der Basis von Y darstellen. Wegen der Linearität von $\mathcal{L}$ erhält man folglich

$$\mathcal{L}(x) = \mathcal{L}\Big(\sum_{j=1}^{n} a_j \psi_j \Big) = \sum_{j=1}^{n} a_j \mathcal{L}(\psi_j) = \sum_{j=1}^{n} a_j \Big(\sum_{i=1}^{m} b_{i,j} \phi_i \Big)$$

$$= \sum_{j=1}^{n} \sum_{i=1}^{m} b_{i,j} a_j \phi_i = \sum_{i=1}^{m} \Big(\sum_{j=1}^{n} b_{i,j} a_j \Big) \phi_i.$$

Der Koeffizientenvektor c von $y = \mathcal{L}(x) = \sum_{i=1}^{m} c_i \phi_i \in Y$ ist also gerade durch

$$c = \mathcal{C}_Y^{-1}(\mathcal{L}(x)) = Ba$$

gegeben. Sobald man also Basen in X und Y fixiert wird die lineare Abbildung $\mathcal{L} : X \to Y$ eindeutig durch eine Matrix $B \in \mathbb{R}^{m \times n}$ (über dem entsprechenden Körper $\mathbb{K}$) *dargestellt*, genauer

$$\mathcal{L}(x) = \mathcal{C}_Y(Ba) = \mathcal{C}_Y(B\mathcal{C}_X^{-1}(x)), \quad \text{d.h. } \mathcal{L} = \mathcal{C}_Y \circ B \circ \mathcal{C}_X^{-1}.$$

Wenn man die Basen ändert, ändert sich natürlich die Darstellung. Dies reproduziert den aus der Höheren Mathematik bekannten Satz, dass sich *jede lineare Abbildung von einem n-dimensionalen in einen m-dimensionalen Vektorraum durch eine Matrix $B \in \mathbb{R}^{m \times n}$ repräsentieren lässt*. In diesem Sinne sind die Räume der linearen Abbildungen und entsprechender Matrizen äquivalent.

Beispiel 2.15 Es seien $I = [a, b] \subseteq \mathbb{R}$ und $t_0 \in I$ fest. $C^k(I)$ bezeichne den Raum der k mal stetig differenzierbaren Funktionen auf I (ein $\mathbb{R}$-Vektorraum). Die Abbildung

$$\delta_{t_0}^{(k)} : C^k(I) \to \mathbb{R}, \quad \text{definiert durch} \quad \delta_{t_0}^{(k)}(f) := f^{(k)}(t_0)$$

ist für jedes $t_0 \in I$ linear, wie man leicht überprüft. Solche lineare Abbildungen, deren Bildbereich $\mathbb{R}$ ist, nennt man auch *lineare Funktionale*.   △

Beispiel 2.16 In Beispiel 2.5 wird eine Funktion $u \in C^4(I)$ für $I = [0, 1]$ gesucht. Die Zuordnung $u \to u^{(4)}$ die jeder Funktion in $C^4(I)$ seine 4te Ableitung in $C(I)$ zuordnet, ist wegen der Linearität der Differentiation ebenfalls eine lineare Abbildung $\mathcal{L} = \frac{d^4}{dt^4} : u \in C^4(I) \to u^{(4)} \in C(I)$. Lineare Abbildungen zwischen Funktionenräumen werden auch lineare *Operatoren* genannt. Betrachtet man den Teilraum

$$X := \{u \in C^4(I) : u(0) = u(1) = u''(0) = u''(1) = 0\},$$

so kann man die Randwertaufgabe (2.4) auch äquivalent als *lineare Operator-Gleichung* darstellen: finde $u \in X$, für das

$$\mathcal{L}(u) = k \tag{2.19}$$

gilt. In diesem Falle sind Definitionsbereich $X \subset C^4(I)$ und Bildbereich $Y = C(I)$ *unendlich-dimensional*. Die eindeutige Lösbarkeit bedeutet, dass $\mathcal{L} : X \to C(I)$ invertierbar ist. Betrachtet man $\mathcal{L}$ auf ganz $C^4(I)$ dann ist der Operator nicht injektiv weil zum Bespiel $\mathcal{L}(u) = 0$ für jede konstante Funktion u gilt. Die in Beispiel 2.5 betrachtete Diskretisierung ersetzt das unendlich-dimensionale Problem näherungsweise durch ein endlich-dimensionales, welches sich dann wieder über eine Matrix als lineares Gleichungssystem formulieren lässt. △

Zurück zum allgemeinen Fall. Die Menge der linearen Abbildungen $X \to Y$, die mit $\mathrm{Lin}(X, Y)$ angedeutet wird, bildet bezüglich der üblichen additiven Verknüpfung wieder einen $\mathbb{R}$-Vektorraum. Diesen kann man wieder mit einer Norm ausstatten. Hier interessieren wir uns nun für eine Norm, die das *Abbildungsverhalten* von $\mathcal{L}$ bewertet. Legt man zunächst wieder eine Norm $\| \cdot \|_X$ für X und eine Norm $\| \cdot \|_Y$ für Y fest, so gibt die sogenannte *Abbildungs-* oder *Operatornorm* von $\mathcal{L}$ an, wie die Abbildung $\mathcal{L}$ die Einheitskugel $K_{\|\cdot\|_X}(0, 1)$ verformt, wenn man die Bilder unter dieser Abbildung in der Bildnorm $\| \cdot \|_Y$ misst:

$$\|\mathcal{L}\|_{X \to Y} := \sup_{\|x\|_X = 1} \|\mathcal{L}(x)\|_Y. \tag{2.20}$$

Man sagt, $\mathcal{L}$ ist *beschränkt*, wenn $\|\mathcal{L}\|_{X \to Y}$ endlich ist. Für ein beliebiges $x \in X$ ($x \neq 0$) gilt $\tilde{x} = x/\|x\|_X \in K_{\|\cdot\|_X}(0, 1)$. Wegen (N2) in Definition 2.6 gilt aber $\|\mathcal{L}(\tilde{x})\|_Y = \|\mathcal{L}(x)\|_Y / \|x\|_X$. Deshalb ist die Definition (2.20) äquivalent zu

$$\|\mathcal{L}\|_{X \to Y} := \sup_{x \neq 0} \frac{\|\mathcal{L}(x)\|_Y}{\|x\|_X}. \tag{2.21}$$

Daraus wiederum folgt sofort folgende wichtige Eigenschaft

$$\|\mathcal{L}(x)\|_Y \leq \|\mathcal{L}\|_{X \to Y} \|x\|_X, \quad \text{für all } x \in X. \tag{2.22}$$

Bemerkung 2.17 Für die *Identität* $I : X \to X$ gilt bei Verwendung *gleicher* Normen für Bild und Urbild stets

$$\|I\|_X := \|I\|_{X \to X} = \sup_{\|x\|_X = 1} \|Ix\|_X = 1. \tag{2.23}$$

$\triangle$

Bemerkung 2.18 Für lineare Abbildungen gibt es folgenden wichtigen Zusammenhang zwischen Beschränktheit und Stetigkeit:

Eine lineare Abbildung ist beschränkt genau dann, wenn sie stetig ist.

Es sei daran erinnert, was „*stetig*" in diesem allgemeinen Rahmen heißt: Zu $x \in X$ und $\varepsilon > 0$ gibt es ein $\varepsilon' = \varepsilon'(x, \varepsilon) > 0$, so dass $\|\mathcal{L}(x) - \mathcal{L}(x')\|_Y \leq \varepsilon$, für alle $\|x - x'\|_X \leq \varepsilon'$. Wegen der Linearität gilt

$$\|\mathcal{L}(x) - \mathcal{L}(x')\|_Y = \|\mathcal{L}(x - x')\|_Y \leq \|\mathcal{L}\|_{X \to Y} \|x - x'\|_X, \tag{2.24}$$

d. h., wenn $\mathcal{L}$ beschränkt ist, ist $\mathcal{L}$ sogar Lipschitz-stetig mit Lipschitz-Konstante $\|\mathcal{L}\|_{X \to Y}$. $\triangle$

Wenn eine lineare Abbildung in Form einer Matrix gegeben ist, lassen sich die Operatornormen, die dann auch *Matrixnormen* genannt werden, oft explizit ausrechnen.

Bemerkung 2.19 Sei wieder speziell $X = \mathbb{R}^n$, $Y \in \mathbb{R}^m$ und $B \in \mathbb{R}^{m \times n}$ eine $(m \times n)$-Matrix. Stattet man sowohl X als auch Y mit der p-Norm für $1 \leq p \leq \infty$ aus (siehe (2.7), (2.9)), bezeichnet man die entsprechende Operatornorm kurz als $\|B\|_p := \|B\|_{X \to Y}$.
Man kann folgende Identitäten zeigen:

$$\|B\|_\infty = \max_{i=1,\dots,m} \sum_{k=1}^n |b_{i,k}|, \tag{2.25}$$

$$\|B\|_1 = \max_{i=1,\dots,n} \sum_{k=1}^m |b_{k,i}|, \tag{2.26}$$

(siehe Übung 2.20). Ferner gilt für $A \in \mathbb{R}^{n \times n}$

$$\|A\|_2 = \sqrt{\lambda_{\max}(A^T A)}, \tag{2.27}$$

wobei A^T die Transponierte von A ist, (d. h. $\left(A^T\right)_{i,j} = a_{j,i}$) und $\lambda_{\max}(A^T A)$ der größte Eigenwert von $A^T A$ ist. $\triangle$

Beispiel 2.20 Für $A = \begin{pmatrix} 2 & -3 \\ 1 & 1 \end{pmatrix}$ ergibt sich $\|A\|_\infty = 5$ und $\|A\|_1 = 4$. Die Eigenwerte der Matrix $A^T A = \begin{pmatrix} 5 & -5 \\ -5 & 10 \end{pmatrix}$ kann man über

$$\det \begin{pmatrix} 5 - \lambda & -5 \\ -5 & 10 - \lambda \end{pmatrix} = 0 \iff (5 - \lambda)(10 - \lambda) - 25 = 0$$

bestimmen. Also

$$\lambda_1 = \frac{1}{2}(15 - 5\sqrt{5}), \quad \lambda_2 = \frac{1}{2}(15 + 5\sqrt{5}),$$

und damit $\|A\|_2 = \sqrt{\frac{1}{2}(15 + 5\sqrt{5})}$. △

Wie im Anschluss an Beispiel 2.14 bereits gezeigt wurde, lässt sich jede lineare Abbildung von einem n-dimensionalen in einen m-dimensionalen Vektorraum (über Basisdarstellungen in diesen Räumen) durch eine ($m \times n$)-Matrix darstellen. Aus der Äquivalenz von Normen auf endlich-dimensionalen Räumen (Satz 2.10) und (2.25) kann man schließlich ableiten, dass *jede lineare Abbildung von einem endlich-dimensionalen linearen Raum* in einen endlich- oder unendlich-dimensionalen linearen Raum *beschränkt und damit stetig ist.*

Dass für letztere Aussage die Endlichdimensionalität des Urbildraumes wesentlich ist, zeigt folgendes Beispiel.

Beispiel 2.21 Den Raum $C^1(I)$, mit $I = [a, b]$, kann man mit der Norm $\|f\|_{C^1(I)} :=$ $\max_{0 \leq j \leq 1} \|f^{(j)}\|_{L_\infty(I)}$ ausstatten. Man überprüft leicht, dass die lineare Abbildung (Funktional) $\delta_{t_0}^{(1)} : C^1(I) \to \mathbb{R}$ aus Beispiel 2.15 beschränkt und damit stetig ist, wenn man $C^1(I)$ mit dieser Norm ausstattet. Das Funktional ist *nicht* beschränkt (und deshalb nicht stetig), wenn man $C^1(I)$ nur mit der Norm $\|\cdot\|_{L_\infty(I)}$ versieht, vgl. Übung 2.6. Analoges gilt für Beispiel 2.16, wenn man den Raum X mit der Norm $\|\cdot\|_X := \|\cdot\|_{C^4(I)}$ ausstattet, ist der Operator $\mathcal{L}$ in (2.19) beschränkt also stetig, nicht aber wenn für X eine Norm $\|\cdot\|_{C^k(I)}, k < 4$, gewählt wird. Im Falle *un*endlich-dimensionaler Räume – und solche tauchen immer auf, wenn z. B. Differential- oder Integralgleichungen im Spiel sind – ist also die Wahl der Norm wesentlich. △

2.3.3 Taylorentwicklung

In diesem Abschnitt wird ein weiteres, bereits angekündigtes wichtiges Hilfsmittel eingeführt, nämlich die Taylorentwicklung, die bei der Konditionsanalyse im nächsten Abschnitt und an vielen anderen Stellen in diesem Buch verwendet wird. Hierzu und im Folgenden ist folgende Darstellungskonvention sehr bequem.

Landau-Symbol
Wir betrachten zwei Funktionen $g, h : \mathbb{R}^n \to \mathbb{R}^m$. Es seien $\| \cdot \|_{\mathbb{R}^n}$ und $\| \cdot \|_{\mathbb{R}^m}$ Normen auf $\mathbb{R}^n$ bzw. $\mathbb{R}^m$. Es sei $x_0 \in \mathbb{R}^n$. Wenn es Konstanten $C > 0$, $\delta > 0$ gibt, so dass für alle x mit $\|x - x_0\|_{\mathbb{R}^n} < \delta$ die Abschätzung

$$\|g(x)\|_{\mathbb{R}^m} \leq C \|h(x)\|_{\mathbb{R}^m} \tag{2.28}$$

gilt, sagt man „g *ist von der Ordnung groß* $\mathcal{O}$ *von* h *für* x *gegen* x_0". Dafür wird oft die Notation

$$g(x) = \mathcal{O}(h(x)) \qquad (x \to x_0) \tag{2.29}$$

verwendet. Um festzustellen ob (2.29) (also (2.28)) gilt, ist folgendes hinreichende Kriterium nützlich. Seien g, h wie oben. Wenn

$$\lim_{x \to x_0} \frac{\|g(x)\|_{\mathbb{R}^m}}{\|h(x)\|_{\mathbb{R}^m}} \text{ existiert } (< \infty),$$

dann gilt (2.29).

Beispiel 2.22 Für $n = m = 1$ gilt

$$\sin x = \mathcal{O}(x) \quad (x \to a) \text{ für alle } a \in \mathbb{R},$$
$$x^2 + 3x = \mathcal{O}(x) \quad (x \to 0),$$
$$x^2 - x - 6 = \mathcal{O}(x - 3) \quad (x \to 3).$$

Für $n = 2, m = 1, g(x_1, x_2) = x_1^2(1 - x_2) + (x_2^3 + x_1)(1 - x_1^2)$ gilt

$$g(x_1, x_2) = \mathcal{O}(|x_1| + |x_2|^3) \quad ((x_1, x_2) \to (0, 0)),$$
$$g(x_1, x_2) = \mathcal{O}(|1 - x_1| + |1 - x_2|) \quad ((x_1, x_2) \to (1, 1)).$$

$\triangle$

Wir kommen nun zum zentralen Begriff dieses Abschnitts:

Taylorentwicklung
Wir betrachten zunächst den Fall einer einzigen Variablen. Für hinreichend oft differenzierbares $f : \mathbb{R} \to \mathbb{R}$ und ein fest gewähltes $x_0 \in \mathbb{R}$ gilt

$$f(x) = f(x_0) + f'(x_0)(x - x_0) + \frac{f^{(2)}(x_0)}{2}(x - x_0)^2 + \dots$$
$$+ \frac{f^{(k-1)}(x_0)}{(k-1)!}(x - x_0)^{k-1} + \frac{f^{(k)}(\xi)}{k!}(x - x_0)^k,$$

wobei ξ eine Zahl zwischen x und x_0 ist. Für $k = 1$ erhält man als Spezialfall den *Mittelwertsatz*

$$\frac{f(x) - f(x_0)}{x - x_0} = f'(\xi),$$

wobei ξ eine Zahl zwischen x und x_0 ist. Das Polynom

$$p_n(x) := f(x_0) + f'(x_0)(x - x_0) + \frac{f^{(2)}(x_0)}{2}(x - x_0)^2 +$$
$$\dots + \frac{f^{(n)}(x_0)}{n!}(x - x_0)^n \tag{2.30}$$

wird das *Taylorpolynom* vom Grad n in x_0 genannt.
Oft wird die Darstellung

$$f(x) = p_{k-1}(x) + \mathcal{O}(|x - x_0|^k) \quad (x \to x_0)$$

verwendet.

Für eine skalarwertige, hinreichend oft differenzierbare Funktion $f : \mathbb{R}^n \to \mathbb{R}$ von n Variablen und fest gewähltes $x^0 \in \mathbb{R}^n$ gilt, mit $x_j^0 := (x^0)_j$,

$$f(x) = f(x^0) + \sum_{j=1}^{n} \frac{\partial f}{\partial x_j}(x^0)(x_j - x_j^0)$$
$$+ \sum_{i,j=1}^{n} \frac{1}{2} \frac{\partial^2 f(x^0)}{\partial x_i \partial x_j}(x_i - x_i^0)(x_j - x_j^0) + \mathcal{O}(\|x - x^0\|_2^3), \quad x \to x^0. \tag{2.31}$$

Setzt man kurz

$$\nabla f(x) = \left(\frac{\partial f(x)}{\partial x_1}, \dots, \frac{\partial f(x)}{\partial x_n} \right)^T \quad \text{(Gradient)},$$

$$f''(x) = \left(\frac{\partial^2 f(x)}{\partial x_i \partial x_j} \right)_{i,j=1}^{n} \quad \text{(Hesse-Matrix)},$$

lässt sich (2.31) kompakt auch folgendermaßen schreiben:

$$f(x) = f(x^0) + \left(\nabla f(x^0)\right)^T (x - x^0) + \frac{1}{2}(x - x^0)^T f''(x^0)(x - x^0) + \mathcal{O}(\|x - x^0\|_2^3).$$

Bei der Taylorentwicklung wird lokal, in einer Umgebung eines fest gewählten Punktes, die Funktion f mit einem Polynom approximiert. Die Approximationsgüte wird im Allgemeinen (für hinreichend oft differenzierbare Funktionen) besser, wenn man den Grad des Taylorpolynoms höher wählt oder, wie man am Restterm sieht, wenn man die Umgebung des Entwicklungspunktes x_0 verkleinert.

Matlab-Demo 2.23 (Taylorentwicklung). In diesem Programm wird die Approximation einer skalaren Funktionen f mit dem Taylorpolynom p_n vom Grad n in x_0 in einer Grafik gezeigt. Als Beispielfunktionen sind $f(x) = e^x$, $f(x) = \sin x$ und $f(x) = \frac{x^3}{2+x^4}$ vorgegeben, aber auch andere Funktionen können einfach eingegeben werden. Man betrachtet die Funktion f auf einem Intervall $I = [c, d]$, in dem die Stelle x_0 gewählt werden soll. Auch der Grad n des Polynoms soll gewählt werden. Das Taylorpolynom p_n in x_0 wird auf dem Intervall I gezeigt, und der Fehler $\max_{t \in I} |f(t) - p_n(t)|$ wird angegeben. Welche Effekte beobachtet man, wenn n und die Länge von I variiert werden? Untersuchen Sie eine Funktion, deren höheren Ableitungen (an der Stelle x_0) „sehr groß" sind, z. B. $f(x) = \sqrt{x}$, $I = [0, 0.1]$, $x_0 = 0.01$.

2.4 Kondition eines Problems

Wie bereits angedeutet beruht die Analyse der Fehlerverstärkung bei Datenfehlern auf dem Konzept der *Kondition* eines Problems. Dies ist zunächst *unabhängig* von einem speziellen Lösungsweg (Algorithmus) und gibt nur an, welche Genauigkeit man bestenfalls (bei exakter Rechnung) bei gestörten Eingangsdaten erwarten kann.

Anhand der Beispiele 2.1 – 2.5 wurde bereits dargelegt, dass sich ein „mathematischer Prozess" oder ein „Problem" als Aufgabe auffassen lässt, eine gegebene Funktion

$$f : X \to Y \tag{2.32}$$

an einer Stelle $x \in X$ *auszuwerten*, wobei die auftretenden Funktionen oder Abbildungen f ganz unterschiedliche Strukturen haben können.

Schematisch hat man also folgenden Rahmen:

Es geht nun darum, den Ausgabefehler Δy ins Verhältnis zum Eingabefehler Δx zu setzen (Abb. 2.2).

Wodurch dieses Verhältnis im Beispiel 2.4 geprägt ist, kann man sich auf intuitiver Ebene folgendermaßen klar machen. Dazu nimmt man an, dass die rechte Seite x des Systems $Ay = x$, also die Problemdaten, mit Fehlern behaftet ist. Variation von x wird die Geraden G_1 und G_2 etwas verändern, siehe Abb. 2.3.

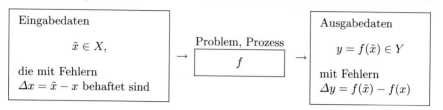

Abb. 2.2 Absolute Kondition

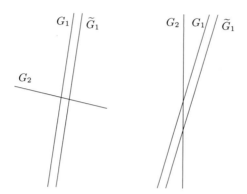

Abb. 2.3 Kondition bei der Bestimmung des Schnittpunktes

Falls sich die Geraden fast senkrecht schneiden, ist der Fehler im Ergebnis Δy von der Größenordnung der Eingabefehler Δx. Sind die Geraden jedoch fast parallel, d. h., ist A fast singulär, wird der Fehler im Ergebnis relativ zu dem Eingabefehler beliebig groß. Der linke Fall ist also gut konditioniert, während der rechte Fall schlecht konditioniert ist.

Wie man derartige Überlegungen mit den bereitgestellten Werkzeugen mathematisch genauer und damit quantifizierbar formuliert, wird im nächsten Abschnitt behandelt.

2.4.1 Relative und Absolute Kondition

Wir betrachten eine Funktion $f : X \to Y$ („Prozess" oder „Problem") wie in (2.1), und bezeichnen die zugehörigen Normen in X bzw. Y mit $\| \cdot \|_X$, $\| \cdot \|_Y$. Für eine Fehleranalyse und die Quantifizierung des Konditionsbegriffs sind dann die (absoluten) Größen $\|\Delta x\|_X$ und $\|\Delta y\|_Y$ von Interesse. Sehr oft sind aber *relative* Fehler aussagekräftiger. Es seien δ_x und δ_y Maße für die relativen Fehler in x bzw. y.

Bemerkung 2.24 Ein kanonisches Maß für den relativen Fehler in x ist $\delta_x := \frac{\|\Delta x\|_X}{\|x\|_X}$ (analog für y). Es gibt aber auch andere vernünftige Möglichkeiten um den relativen Fehler zu messen. Betrachten wir zum Beispiel $x \in X = \mathbb{R}^n$, dann ist neben

$\delta_x = \frac{\|\Delta x\|_p}{\|x\|_p}$, mit einer p-Norm wie in (2.9), auch die Komponentenweise Definition

$$\delta_x = \left\| \left(\frac{\tilde{x}_1 - x_1}{x_1}, \frac{\tilde{x}_2 - x_2}{x_2}, \ldots, \frac{\tilde{x}_n - x_n}{x_n} \right)^T \right\|_p \qquad (2.33)$$

(unter der Annahme $x_i \neq 0$ für alle i) durchaus brauchbar.   △

Mit der *relativen/absoluten Kondition* eines (durch f beschriebenen) Problems bezeichnet man nun das Verhältnis

$$\frac{\delta_y}{\delta_x} \quad \text{bzw.} \quad \frac{\|\Delta y\|_Y}{\|\Delta x\|_X}$$

des relativen/absoluten Ausgabefehlers zum relativen/absoluten Eingabefehler – also die *Sensitivität* des Problems unter Störung der Eingabedaten. Wenn man über die Kondition eines Problems spricht, wird meistens die *relative* Kondition gemeint. Ein Problem ist umso besser konditioniert, je kleinere Schranken für δ_y/δ_x (mit $\delta_x \to 0$) existieren. Offensichtlich ist die absolute Kondition eng mit dem Begriff der Ableitung verknüpft, die gerade die Sensitivität einer Funktion in Bezug auf Änderungen des Arguments misst.

Bemerkung 2.25 Die Kondition beschreibt eine Eigenschaft des Problems selbst und *nicht* die Qualität einer speziellen Lösungsmethode, da *exakte* Auswertung von f vorausgesetzt wird (in Beispiel 2.2: exakte Summenbildung). Die Kondition sagt also, mit welchen *unvermeidlichen Fehlern* man bei Störung der Daten in jedem Fall (selbst bei exakter Rechnung) rechnen muss.   △

2.4.2 Relative Konditionszahlen skalarwertiger Probleme

Wir kommen nun zur quantitativen Präzisierung des Konditionsbegriffes, d. h. zu berechenbaren Größen für die Kondition. Falls die ein gegebenes Problem beschreibende Funktion f *skalarwertig* ist, d. h.

$$f : \mathbb{R}^n \to \mathbb{R},$$

und eine explizite Formel für f vorliegt (wie in den Beispielen 2.1, 2.2, 2.3), lässt sich die Fehlerverstärkung relativ einfach abschätzen. Da $Y = \mathbb{R}$, nehmen wir natürlich $\| \cdot \|_Y = |\cdot|$, während wir die Norm $\| \cdot \|$ für $X = \mathbb{R}^n$ unspezifiziert lassen, da im vorliegenden Zusammenhang n fest ist und somit alle Normen sich gegenseitig mit einer uniformen Konstanten abschätzen lassen.

Wir werden die Taylorentwicklung für eine quantitative Präzisierung der Kondition einer zweimal differenzierbaren Funktion $f : \mathbb{R}^n \to \mathbb{R}$ verwenden. Aus der Taylorentwicklung ergibt sich

$$f(\tilde{x}) = f(x) + \big(\nabla f(x) \big)^T (\tilde{x} - x) + \mathcal{O}(\|\tilde{x} - x\|^2), \quad (\tilde{x} \to x).$$

Ist insbesondere $\|\tilde{x} - x\|$ klein, d. h., liegen $\tilde{x}$ und x nahe beieinander, vernachlässigt man häufig die Terme zweiter Ordnung und schreibt

$$f(\tilde{x}) \doteq f(x) + \big(\nabla f(x)\big)^T (\tilde{x} - x), \tag{2.34}$$

um anzudeuten, dass beide Seiten nur in den Anteilen nullter und erster Ordnung übereinstimmen. Aus (2.34) folgt dann

$$\frac{f(\tilde{x}) - f(x)}{f(x)} \doteq \sum_{j=1}^{n} \frac{\partial f(x)}{\partial x_j} \cdot \frac{x_j}{f(x)} \cdot \frac{\tilde{x}_j - x_j}{x_j}.$$

Definiert man also die *Verstärkungsfaktoren*

$$\phi_j(x) = \frac{\partial f(x)}{\partial x_j} \cdot \frac{x_j}{f(x)}, \tag{2.35}$$

erhält man

$$\underbrace{\frac{f(\tilde{x}) - f(x)}{f(x)}}_{\substack{\text{rel. Fehler} \\ \text{der Ausgabe}}} \doteq \sum_{j=1}^{n} \underbrace{\phi_j(x)}_{\substack{\text{Fehler-} \\ \text{verstärkung}}} \cdot \underbrace{\frac{\tilde{x}_j - x_j}{x_j}}_{\substack{\text{rel. Fehler} \\ \text{der Eingabe}}} \tag{2.36}$$

und damit einen Zusammenhang zwischen (komponentenweise) *relativem* Eingabefehler

$$\mathrm{rel}(x) := \left(\frac{\tilde{x}_1 - x_1}{x_1}, \dots, \frac{\tilde{x}_n - x_n}{x_n} \right)^T$$

und *relativem* Ausgabefehler. Wir definieren $\phi(x) := \big(\phi_1(x), \dots, \phi_n(x)\big)^T$, und erhalten mit der diskreten Hölder-Ungleichung (Übung 2.3)

$$\left| \frac{f(\tilde{x}) - f(x)}{f(x)} \right| \overset{\cdot}{\leq} \|\phi(x)\|_p \|\mathrm{rel}(x)\|_{p^*} \quad \left(\frac{1}{p} + \frac{1}{p^*} = 1 \right).$$

Im Weiteren wählen wir beispielhaft $p = \infty$, also $p^* = 1$. Damit ergibt sich

$$
\left| \frac{f(\tilde{x}) - f(x)}{f(x)} \right| \,\dot{\leq}\, \kappa_{\mathrm{rel}}(x)\delta_x,
$$

$$
\text{mit} \quad \kappa_{\mathrm{rel}}(x) = \kappa_{\mathrm{rel}}^{\infty}(x) := \max_j \left| \frac{\partial f(x)}{\partial x_j} \frac{x_j}{f(x)} \right|, \qquad (2.37)
$$

$$
\delta_x := \sum_{j=1}^{n} \left| \frac{\tilde{x}_j - x_j}{x_j} \right|.
$$

Würde man $p \in [1, \infty)$ wählen, müsste man

$$
\kappa_{\mathrm{rel}}^{p}(x) := \left(\sum_{j=1}^{n} |\phi_j(x)|^p \right)^{1/p} = \|\phi(x)\|_p
$$

definieren und erhielte

$$
\left| \frac{f(\tilde{x}) - f(x)}{f(x)} \right| \,\dot{\leq}\, \kappa_{\mathrm{rel}}^{p}(x) \|\mathrm{rel}(x)\|_{p^*}. \qquad (2.38)
$$

Der Einfachheit halber konzentrieren wir uns im Folgenden auf die Variante $\kappa_{\mathrm{rel}}(x) = \kappa_{\mathrm{rel}}^{\infty}(x)$.

Das Problem ist umso besser konditioniert, je kleiner $\kappa_{\mathrm{rel}}(x)$ ist. Die Zahl $\kappa_{\mathrm{rel}}(x)$ heißt die *(relative) Konditionszahl* des Problems f an der Stelle x und beschreibt in erster Näherung die maximale Verstärkung des relativen Eingabefehlers.

Ein besonders einfacher Fall ergibt sich noch, wenn $n = 1$ ist, die Funktion f also nur von einer Variablen abhängt, $X = Y = \mathbb{R}$. (2.36) erhält dann die Form

$$
\left| \frac{f(\tilde{x}) - f(x)}{f(x)} \right| \doteq \kappa_{\mathrm{rel}}(x) \left| \frac{\tilde{x} - x}{x} \right|,
$$

$$
\text{mit } \kappa_{\mathrm{rel}}(x) := \left| f'(x) \frac{x}{f(x)} \right|. \qquad (2.39)
$$

Beispiel 2.26 Gegeben sei die Funktion

$$
f : \mathbb{R} \to \mathbb{R}, \quad f(x) = e^{3x^2}.
$$

Für die relative Konditionszahl erhält man

$$\kappa_{\text{rel}}(x) = \left| f'(x) \frac{x}{f(x)} \right| = 6x^2.$$

Daraus folgt, dass diese Funktion für $|x|$ klein (groß) gut (schlecht) konditioniert ist.
Zum Beispiel:

$$
\begin{array}{l}
x = 0.1, \ \tilde{x} = 0.10001 \\
\left| \frac{x - \tilde{x}}{x} \right| = 10^{-4}
\end{array}
\quad \xrightarrow{f} \quad
\left| \frac{f(x) - f(\tilde{x})}{f(x)} \right| = 6.03 \cdot 10^{-6}
$$

$$
\begin{array}{l}
x = 4, \ \tilde{x} = 4.0004 \\
\left| \frac{x - \tilde{x}}{x} \right| = 10^{-4}
\end{array}
\quad \xrightarrow{f} \quad
\left| \frac{f(x) - f(\tilde{x})}{f(x)} \right| = 9.65 \cdot 10^{-3}
$$

Im ersten Fall hat man Fehlerdämpfung, im zweiten dagegen Fehlerverstärkung. An
diesen Resultaten sieht man, dass tatsächlich

$$\left| \frac{f(x) - f(\tilde{x})}{f(x)} \right| \Bigg/ \left| \frac{x - \tilde{x}}{x} \right| \approx \kappa_{\text{rel}}(x) = 6x^2 \tag{2.40}$$

gilt. Ist $|x - \tilde{x}|$ „zu groß", dann gilt das Resultat (2.40) i. A. nicht mehr, z. B. für
$x = 4, \tilde{x} = 4.04$ gilt $\left| \frac{x - \tilde{x}}{x} \right| = 10^{-2}$ und

$$\left| \frac{f(x) - f(\tilde{x})}{f(x)} \right| \Bigg/ \left| \frac{x - \tilde{x}}{x} \right| = 162.4,$$

aber $\kappa_{\text{rel}}(x) = 96$. $\triangle$

Wir erinnern uns, dass auch die elementaren Rechenoperationen in diesen Rahmen
fallen und diskutieren als nächstes deren Kondition. Dazu bezeichne δ_x, δ_y die relativen Fehler der Größen $\tilde{x}, \tilde{y}$ gegenüber den exakten Werten x, y, d. h.,

$$\frac{\tilde{x} - x}{x} = \delta_x, \quad \frac{\tilde{y} - y}{y} = \delta_y,$$

bzw.

$$\tilde{x} = x(1 + \delta_x), \quad \tilde{y} = y(1 + \delta_y).$$

Ferner nehmen wir an, dass $|\delta_x|, |\delta_y| \leq \epsilon \ll 1$. Für die Beispiele 2.1, 2.2, 2.3 erhalten wir folgende Resultate:

Beispiel 2.27 (Multiplikation)

$$x = (x_1, x_2)^T, \quad f(x) = x_1 x_2, \quad \frac{\partial f(x)}{\partial x_1} = x_2, \quad \frac{\partial f(x)}{\partial x_2} = x_1,$$

$$\phi_j(x) = \frac{x_1 x_2}{f(x)} = 1, \quad j = 1, 2.$$

Daraus folgt, dass $\kappa_{rel}(x) = 1$ (von x unabhängig!). Die Multiplikation ist also für alle Eingangsdaten gut konditioniert. Für die Multiplikation $f(x_1, x_2) = x_1 x_2$ ergibt sich aus (2.37) dann

$$\left| \frac{\tilde{x}_1 \tilde{x}_2 - x_1 x_2}{x_1 x_2} \right| = \left| \frac{f(\tilde{x}_1, \tilde{x}_2) - f(x_1, x_2)}{f(x_1, x_2)} \right| \leq \kappa_{rel} \left(\left| \frac{\tilde{x}_1 - x_1}{x_1} \right| + \left| \frac{\tilde{x}_2 - x_2}{x_2} \right| \right)$$

$$\leq 1 \cdot \left(|\delta_{x_1}| + |\delta_{x_2}| \right) \leq 2\epsilon.$$

$\triangle$

Für die Division gilt ein ähnliches Resultat, wobei nur eine Verstärkung des relativen Fehlers um einen beschränkten Faktor auftritt ($\kappa_{rel} \leq 1$: Übung 2.7).

Beispiel 2.28 (Addition)

$$x = (x_1, x_2)^T, \quad f(x) = x_1 + x_2, \quad \frac{\partial f(x)}{\partial x_1} = 1, \quad \frac{\partial f(x)}{\partial x_2} = 1,$$

$$\phi_j(x) = \frac{\partial f(x)}{\partial x_j} \cdot \frac{x_j}{f(x)} = \frac{x_j}{x_1 + x_2}, \quad j = 1, 2.$$

Daraus folgt

$$\kappa_{rel}(x) = \max \left\{ \left| \frac{x_1}{x_1 + x_2} \right|, \left| \frac{x_2}{x_1 + x_2} \right| \right\}. \tag{2.41}$$

Mit $f(x_1, x_2) = x_1 + x_2$ gilt dann

$$\left| \frac{(\tilde{x}_1 + \tilde{x}_2) - (x_1 + x_2)}{x_1 + x_2} \right| = \left| \frac{f(\tilde{x}_1, \tilde{x}_2) - f(x_1, x_2)}{f(x_1, x_2)} \right|$$

$$\leq \kappa_{rel} \left(\left| \frac{\tilde{x}_1 - x_1}{x_1} \right| + \left| \frac{\tilde{x}_2 - x_2}{x_2} \right| \right) \leq \kappa_{rel} 2\epsilon.$$

Für die Addition zweier Zahlen mit *gleichem* Vorzeichen ergibt sich $\kappa_{rel} \leq 1$. Hingegen zeigt sich, dass die *Subtraktion* zweier annähernd gleicher Zahlen schlecht konditioniert ist. In diesem Fall gilt nämlich $|x_1 + x_2| \ll |x_i|$ für $i = 1, 2$, so dass $\kappa_{rel}(x) \gg 1$ ist. Der Faktor κ_{rel} lässt sich dann *nicht* mehr durch eine Konstante abschätzen. Insbesondere kann dieser Faktor sehr groß werden, wenn $x_1 \approx -x_2$ ist. In diesem Beispiel wird auch klar, dass die Kondition des Problems stark von der Stelle x, an der die Funktion ausgewertet wird (Wert der Eingangsdaten), abhängen kann. Im Gegensatz zur Multiplikation und Division ist also die Addition (von Zahlen entgegengesetzten Vorzeichens) problematisch, da die relativen Fehler enorm verstärkt werden können. Diese Tatsache wird sich später im Phänomen der sogenannten *Auslöschung* niederschlagen.   △

Beispiel 2.29 (Nullstelle) Bestimmung der kleineren Nullstelle y^* der quadratischen Gleichung $y^2 - 2x_1 y + x_2 = 0$ unter der Voraussetzung $x_1^2 > x_2$:

$$x = (x_1, x_2)^T, \quad f(x) = x_1 - \sqrt{x_1^2 - x_2} = y^*.$$

$$\frac{\partial f(x)}{\partial x_1} = \frac{\sqrt{x_1^2 - x_2} - x_1}{\sqrt{x_1^2 - x_2}} = \frac{-y^*}{\sqrt{x_1^2 - x_2}}, \quad \frac{\partial f(x)}{\partial x_2} = \frac{1}{2\sqrt{x_1^2 - x_2}}$$

$$\phi_1(x) = \frac{-y^*}{\sqrt{x_1^2 - x_2}} \frac{x_1}{y^*} = \frac{-x_1}{\sqrt{x_1^2 - x_2}}$$

$$\phi_2(x) = \frac{x_2}{2y^*\sqrt{x_1^2 - x_2}} = \frac{x_1 + \sqrt{x_1^2 - x_2}}{2\sqrt{x_1^2 - x_2}} = \frac{1}{2} - \frac{1}{2}\phi_1(x);$$

bei der vorletzten Umformung wurde $y^*(x_1 + \sqrt{x_1^2 - x_2}) = x_2$ verwendet. Bei diesem Problem hängt die Kondition stark von der Stelle (x_1, x_2) ab. Beschränkt man sich z. B. auf den Fall $x_2 < 0$, so sieht man sofort, dass $|\phi_1(x)| \leq 1$ und $\kappa_{rel}(x) \leq 1$. Werden dagegen Eingangsdaten $x_2 \approx x_1^2$ angenommen, so erhalten wir $|\phi_1(x)| \gg 1$ und damit $\kappa_{rel} \gg 1$.   △

In den bisher betrachteten Fällen galt für den Bildbereich stets $Y = \mathbb{R}$. In den Beispielen 2.4 und 2.5 – im letzteren für möglicherweise sehr großer Dimension n – ist nun das Problem durch eine Funktion $f : \mathbb{R}^2 \to \mathbb{R}^2$ (also nicht $\mathbb{R}^n \to \mathbb{R}$) charakterisiert. Trotzdem ist in diesen beiden Beispielen die Kondition relativ einfach zu analysieren, weil f eine *lineare* Abbildung ist. Eine allgemeine Konditionsanalyse solcher linearer Abbildungen wird im nächsten Abschnitt behandelt.

2.4.3 Konditionszahlen linearer Abbildungen

Die Ungleichung (2.24) zeigt, dass die *absolute* Kondition einer linearen Abbildung $\mathcal{L} : X \to Y$ durch die entsprechende Abbildungsnorm $\|\mathcal{L}\|_{X \to Y}$ gegeben ist. Wir wenden uns jetzt der relativen Kondition linearer Abbildungen zu. Dies verlangt eine Abschätzung von

$$\underbrace{\frac{\|\mathcal{L}(\tilde{x}) - \mathcal{L}(x)\|_Y}{\|\mathcal{L}(x)\|_Y}}_{\text{rel. Ausgabefehler}} \quad \text{durch} \quad \underbrace{\frac{\|\tilde{x} - x\|_X}{\|x\|_X}}_{\text{rel. Eingabefehler}}.$$

Man sieht sofort, dass die linke Seite unendlich werden kann (die Kondition also unendlich und somit mehr als miserabel ist), wenn es ein $x \neq 0$ gibt, so dass $\mathcal{L}(x) = 0$ ist. Wir müssen dies also ausschließen. Deshalb wird verlangt, dass die Abbildung *injektiv* sein muss, damit eine endliche Kondition vorliegen kann, was wir von nun an annehmen wollen. Die Injektivität bedeutet dass $\inf_{\|x\|_X=1} \|\mathcal{L}(x)\|_Y > 0$ gilt.

Satz 2.30
Es sei $\mathcal{L}$ injektiv. Dann gilt

$$\frac{\|\mathcal{L}(\tilde{x}) - \mathcal{L}(x)\|_Y}{\|\mathcal{L}(x)\|_Y} \leq \kappa(\mathcal{L}) \frac{\|\tilde{x} - x\|_X}{\|x\|_X}, \tag{2.42}$$

wobei

$$\kappa(\mathcal{L}) = \frac{\sup_{\|x\|_X=1} \|\mathcal{L}(x)\|_Y}{\inf_{\|x\|_X=1} \|\mathcal{L}(x)\|_Y} = \frac{\|\mathcal{L}\|_{X \to Y}}{\inf_{\|x\|_X=1} \|\mathcal{L}(x)\|_Y}. \tag{2.43}$$

$\kappa(\mathcal{L})$ *wird (relative)* Konditionszahl *von $\mathcal{L}$ (bezüglich der Normen $\|\cdot\|_X$, $\|\cdot\|_Y$) genannt. Offensichtlich gilt stets*

$$\kappa(\mathcal{L}) \geq 1. \tag{2.44}$$

Wenn insbesondere $\mathcal{L} : X \to Y$ bijektiv ist, also die Umkehrabbildung $\mathcal{L}^{-1}$ von Y nach X existiert, dann erhält man

$$\kappa(\mathcal{L}) = \|\mathcal{L}\|_{X \to Y} \|\mathcal{L}^{-1}\|_{Y \to X}. \tag{2.45}$$

Beweis Wegen der Linearität und (2.22) erhält man (vgl. Bemerkung 2.18)

$$\|\mathcal{L}(\tilde{x}) - \mathcal{L}(x)\|_Y = \|\mathcal{L}(\tilde{x} - x)\|_Y \leq \|\mathcal{L}\|_{X \to Y} \|\tilde{x} - x\|_X. \tag{2.46}$$

Andererseits ergibt sich aus (N2) und (2.17)

$$\frac{1}{\|\mathcal{L}(x)\|_Y} = \frac{1}{\|x\|_X} \frac{\|x\|_X}{\|\mathcal{L}(x)\|_Y} = \frac{1}{\|x\|_X} \frac{1}{\|\mathcal{L}(x/\|x\|_X)\|_Y}$$

$$\leq \frac{1}{\|x\|_X} \frac{1}{\inf_{\|x\|_X=1} \|\mathcal{L}(x)\|_Y}. \tag{2.47}$$

Multipliziert man die linke bzw. rechte Seite von (2.46) mit der linken bzw. rechten Seite von (2.47), ergibt sich die Abschätzung (2.42).

Falls nun $\mathcal{L}^{-1}$ existiert, gilt

$$\|\mathcal{L}^{-1}\|_{Y \to X} = \sup_{y \neq 0} \frac{\|\mathcal{L}^{-1}(y)\|_X}{\|y\|_Y} \overset{y=\mathcal{L}(x)}{=} \sup_{x \neq 0} \frac{\|x\|_X}{\|\mathcal{L}(x)\|_Y}$$

$$= \left(\inf_{x \neq 0} \frac{\|\mathcal{L}(x)\|_Y}{\|x\|_X} \right)^{-1} = \left(\inf_{\|x\|_X=1} \|\mathcal{L}(x)\|_Y \right)^{-1},$$

woraus die Behauptung folgt. □

Bemerkung 2.31 Man kann natürlich formal den Wert $\kappa(\mathcal{L}) = \infty$ in (2.43) zulassen, um die Konditionszahl auch für lineare Abbildungen zu definieren, die nicht beschränkt oder nicht injektiv sind. Für $\kappa(\mathcal{L}) = \infty$ ist das Problem *schlecht gestellt*. △

Folgende Konsequenzen obiger Überlegungen sollte man sich einprägen.

Bemerkung 2.32

(i) Die Zahl $\kappa(\mathcal{L})$ ist eine *obere Schranke* für die relative Kondition des Problems der Auswertung der Funktion $\mathcal{L}(x)$. Sie ist (aufgrund der Linearität von $\mathcal{L}$) *unabhängig* vom speziellen Auswertungspunkt x und wird oft *(relative) Konditionszahl* von $\mathcal{L}$ (bzgl. $\| \cdot \|_X, \| \cdot \|_Y$) genannt.

(ii) Die Zahl $\kappa(\mathcal{L})$ hängt von den gewählten Normen $\| \cdot \|_X, \| \cdot \|_Y$ ab.

(iii) Für beschränktes $\mathcal{L}$ ist $\kappa(\mathcal{L})$ schon endlich, wenn $\mathcal{L}$ nur injektiv ist. Eine wichtige Anwendung wird rechteckige Matrizen $B \in \mathbb{R}^{m \times n}$ betreffen, wenn $m \geq n$ gilt. B ist dann injektiv, genau dann wenn B *vollen Rang* hat, d. h., wenn die Spalten von B *linear unabhängig sind*.

(iv) Falls $\mathcal{L}$ bijektiv ist, also $\mathcal{L}^{-1}$ existiert, haben $\mathcal{L}$ und $\mathcal{L}^{-1}$ wegen (2.45) *dieselbe Konditionszahl* !

(v) Eine Hilfe für die Anschauung bietet folgende

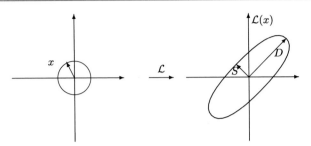

Abb. 2.4 Geometrische Interpretation: $\kappa(\mathcal{L}) = \frac{D}{S}$

Geometrische Interpretation:

(2.43) sagt, dass $\kappa(\mathcal{L})$ das Verhältnis von *maximaler Dehnung* zur *stärkstmöglichen Stauchung* der Einheitskugel $K_{\|\cdot\|_X}(0, 1)$ unter der Abbildung $\mathcal{L} : x \rightarrow \mathcal{L}(x)$ ist, jeweils gemessen in der Bild-Norm $\|\cdot\|_Y$, siehe Abb. 2.4.

Matrizen

Wie bereits in den Beispielen 2.13, 2.14 angedeutet wurde, bilden Matrizen eine wichtige Klasse von linearen Abbildungen und obige Konzepte werden vornehmlich auf Matrizen angewandt werden. Es lohnt sich also, einige Spezialisierungen hervorzuheben. Falls $A \in \mathbb{R}^{n \times n}$ eine quadratische invertierbare Matrix ist, werden wir für die p-Normen, $1 \leq p \leq \infty$, folgende Kurzschreibweisen benutzen:

$$\kappa_p(A) = \|A\|_p \|A^{-1}\|_p. \tag{2.48}$$

Der Ausgangspunkt der Diskussion war das lineare Gleichungssystem in Beispiel 2.4, das in folgenden allgemeineren Rahmen passt.

Bemerkung 2.33 (Lineares Gleichungssystem) Ein System von n linearen Gleichungen

$$a_{i,1}x_1 + a_{i,2}x_2 + \cdots + a_{i,n}x_n = b_i, \quad i = 1, 2, \ldots, n,$$

in den Unbekannten $x = (x_1, \ldots, x_n)^T$ lässt sich in kompakter Form als $Ax = b$ schreiben, wobei $A = (a_{i,j})_{i,j=1}^n \in \mathbb{R}^{n \times n}$ die Koeffizientenmatrix und $b = (b_1, \ldots, b_n)^T \in \mathbb{R}^n$ der Vektor der „rechten Seite" ist. Falls $\det A \neq 0$ gilt, ist die Lösung durch $x = A^{-1}b$ gegeben, wobei $A^{-1} \in \mathbb{R}^{n \times n}$ die Inverse von A ist. Bei gestörten Daten $\tilde{b}$ erhält man die gestörte Lösung $\tilde{x} = A^{-1}\tilde{b}$. Wendet man Satz 2.30 auf $\mathcal{L} = A^{-1}$ an und beachtet, dass $\kappa(A^{-1}) = \kappa(A)$ gilt, ergibt sich aus (2.42) die Abschätzung

$$\frac{\|\tilde{x} - x\|}{\|x\|} \leq \kappa(A) \frac{\|\tilde{b} - b\|}{\|b\|}. \tag{2.49}$$

Wendet man Satz 2.30 auf $\mathcal{L} = A$, ergibt sich aus (2.42) die Abschätzung

$$\frac{\|\tilde{b} - b\|}{\|b\|} \leq \kappa(A) \frac{\|\tilde{x} - x\|}{\|x\|}. \tag{2.50}$$

Achtung! Wegen Bemerkung 2.32 (iv) lässt sich sowohl die relative Kondition der Anwendung einer invertierbaren Matrix $A \in \mathbb{R}^{n \times n}$ auf einen Vektor, $y \to Ay$, als auch die relative Kondition der Lösung des Gleichungssystems $Ax = b$, also der Anwendung von A^{-1}, bei Störungen der rechten Seite durch *dieselbe* Konditionszahl $\kappa(A)$ (bzgl. der entsprechenden Norm) abschätzen. △

Wir illustrieren die Ungleichung (2.49) anhand von Beispiel 2.4.

Beispiel 2.34 Die Bestimmung des Schnittpunktes der (fast parallelen) Geraden

$$3u_1 + 1.001u_2 = 1.999$$
$$6u_1 + 1.997u_2 = 4.003,$$

ergibt das Problem $u = A^{-1}b$ mit

$$A = \begin{pmatrix} 3 & 1.001 \\ 6 & 1.997 \end{pmatrix}, \quad b = \begin{pmatrix} 1.999 \\ 4.003 \end{pmatrix}.$$

Die Lösung ist $u = (1, -1)^T$. Wir berechnen den Effekt einer Störung in b:

$$\tilde{b} = \begin{pmatrix} 2.002 \\ 4 \end{pmatrix}, \quad \tilde{u} := A^{-1}\tilde{b}.$$

Man rechnet einfach nach, dass

$$A^{-1} = \frac{-1}{0.015} \begin{pmatrix} 1.997 & -1.001 \\ -6 & 3 \end{pmatrix}, \quad \tilde{u} = \begin{pmatrix} 0.4004 \\ 0.8 \end{pmatrix}.$$

Als Norm wird die Maximumnorm genommen: $\|x\| = \|x\|_\infty := \max_i |x_i|$. Es gilt

$$\frac{\|\tilde{b} - b\|_\infty}{\|b\|_\infty} = \frac{3 \cdot 10^{-3}}{4.003} \approx 7.5 \cdot 10^{-4} \quad \text{(Störung der Daten)}$$

und

$$\frac{\|\tilde{u} - u\|_\infty}{\|u\|_\infty} = \frac{1.8}{1} = 1.8 \qquad \text{(Änderung des Resultats)}.$$

Die relative Änderung des Resultats ist also viel größer als die relative Störung in den Daten. Diese schlechte Kondition des Problems wird quantifiziert durch die große Konditionszahl der Matrix A:

$$\|A\|_\infty \|A^{-1}\|_\infty = 4798.2. \qquad\qquad\qquad \triangle$$

Im obigen Beispiel wurden lediglich die Komponenten der rechten Seite als Daten betrachtet, die Störungen unterworfen sind. Im Allgemeinen wird man auch mit Störungen in den Einträgen der Matrix A zu tun haben. Auch dabei wird die Konditionszahl $\kappa(A)$ eine zentrale Rolle spielen. Dies wird in Abschn. 3.2 näher diskutiert.

Bemerkung 2.35 Bei der Ermittlung von Konditionszahlen kommt es meist weniger auf den genauen Zahlenwert an, sondern mehr auf die Größenordnung. Man will ja wissen, welche Genauigkeit man beim Ergebnis einer numerischen Aufgabe erwarten kann, wenn die Daten mit einer, nur ungefähr bestimmten, Genauigkeit vorliegen. $\triangle$

2.4.4 Kondition einer Basis

Eine wichtige Spezifikation ist die *Kondition einer Basis*. Dazu sei V ein linearer n-dimensionaler Raum mit Basis $\Phi = \{\phi_1, \ldots, \phi_n\}$. Dies könnte zum Beispiel $V = \mathbb{R}^n$ mit $\phi_i \in \mathbb{R}^n$, $1 \le i \le n$, unabhängige Vektoren, sein. In späteren Anwendungen wird V ein Funktionenraum sein und ϕ_i Polynome oder sogenannte Spline-Funktionen. Wie in Beispiel 2.14 gezeigt wurde, ist die *Koordinaten-Abbildung*

$$\mathcal{L} : \mathbb{R}^n \to V, \qquad \mathcal{L}(a) = \sum_{i=1}^n a_i \phi_i, \qquad\qquad (2.51)$$

die jedem n-Tupel $a \in \mathbb{R}^n$ die entsprechende Linearkombination bezüglich der gegebenen Basis Φ in V zu ordnet, eine *lineare bijektive Abbildung*, siehe auch Übung 2.21. Die Abbildung stellt $\mathcal{L}$ gerade einen eindeutigen Zusammenhang zwischen Funktionen in V, also Objekten, mit denen der Rechner nicht unmittelbar umgehen kann, und Tupeln von Zahlen her, also Objekten, die der Rechner verarbeiten kann. Aus praktischer Sicht ist es dann aber wichtig, zu wissen, wie sich eine Störung der Koeffizienten a_i auf die Funktion $\mathcal{L}(a)$ auswirkt und umgekehrt.

Es seien $\|\cdot\|_V$ eine Norm für V und $\|\cdot\|$ eine Norm für $\mathbb{R}^n$, z.B. eine p-Norm, siehe (2.9). Unter der *Kondition* der Basis Φ (bezüglich der Normen $\|\cdot\|, \|\cdot\|_V$) versteht man dann die Konditionszahl der Koordinatenabbildung

$$\kappa(\Phi) := \kappa(\mathcal{L}). \qquad\qquad (2.52)$$

Bemerkung 2.36 Sei für Φ und V wie oben $\mathcal{L}$ durch (2.51) gegeben. Dann ist die relative Konditionszahl der Koordinaten-Abbildung $\mathcal{L}$ (bzgl. der gewählten Normen für $\mathbb{R}^n$ und V) gerade durch

$$\kappa(\mathcal{L}) = \min\{\, C/|c| \;\mid\; |c|\,\|a\| \leq \|\sum_{j=1}^{n} a_j \phi_j\|_V \leq C\|a\| \;\forall\, a \in \mathbb{R}^n\} \tag{2.53}$$

charakterisiert (vgl. Übung 2.25). Die Kondition einer Basis ist also der *minimale* Quotient von Konstanten, die die Koeffizientennorm mit der Norm für V koppeln. Je kleiner $\kappa(\Phi)$ ist umso stärker ist die Kopplung zwischen Koeffizienten und Funktion, also umso besser ist die Kondition der Basis. $\triangle$

Wir nehmen an, dass die Norm $\|\cdot\|_V$ einem Skalarprodukt $(\cdot,\cdot)_V$ entspricht und wählen die 2-Norm $\|\cdot\| = \|\cdot\|_2$ auf $\mathbb{R}^n$. Die sogenannte *Gram-Matrix* $G \in \mathbb{R}^{n\times n}$ ist durch

$$G_{i,j} = (\phi_i, \phi_j)_V, \quad 1 \leq i,j \leq n, \tag{2.54}$$

definiert. Mit Hilfe der Identität $(\mathcal{L}(a), \mathcal{L}(a))_V = a^T G a$ für alle $a \in \mathbb{R}^n$ lässt sich folgendes Resultat (Übung 2.22) zeigen:

$$\kappa(\mathcal{L}) = \sqrt{\kappa_2(G)}. \tag{2.55}$$

Beispiel 2.37

a) Es sei Φ ist eine *Orthonormalbasis* in V, d.h.

$$(\phi_j, \phi_k)_V = \delta_{j,k}, \quad j,k = 1,\ldots,n. \tag{2.56}$$

Wegen $G = I$ gilt $\kappa(\mathcal{L}) = \kappa_2(G) = 1$, d.h., Orthonormalbasen sind *optimal konditioniert.*

b) Es seien $V = \mathbb{R}^2$ und $(\cdot,\cdot)_V$ das Euklidische Skalarprodukt. Wir wählen, für $0 < \epsilon \ll 1$, die Basisvektoren $\phi_1 = (\sqrt{1-\epsilon^2}, \epsilon)^T$ und $\phi_2 = (\sqrt{1-\epsilon^2}, -\epsilon)^T$. Die zugehörige Gram-Matrix ist

$$G = \begin{pmatrix} 1 & 1-2\epsilon^2 \\ 1-2\epsilon^2 & 1 \end{pmatrix}.$$

Diese symmetrische Matrix hat Eigenwerte $\lambda_1 = 2\epsilon^2$, $\lambda_2 = 2(1-\epsilon^2)$. Daraus ergibt sich $\kappa_2(G) = \frac{1-\epsilon^2}{\epsilon^2}$, $\sqrt{\kappa_2(G)} \doteq \frac{1}{\epsilon}$. Diese Basis ist also für $\epsilon \downarrow 0$ sehr schlecht konditioniert. Zum Beispiel für den Koeffizientenvektor $a = (1, -1)^T$ mit Störung $\Delta a = (\delta, \delta)^T$, für beliebiges $\delta > 0$, ergibt sich

$$\mathcal{L}(a) = \phi_1 - \phi_2 = \begin{pmatrix} 0 \\ 2\epsilon \end{pmatrix}, \quad \mathcal{L}(\Delta a) = \delta(\phi_1 + \phi_2) = \delta \begin{pmatrix} 2\sqrt{1-\epsilon^2} \\ 0 \end{pmatrix},$$

$$\frac{\|\mathcal{L}(a)\|_2}{\|a\|_2} = \sqrt{2}\,\epsilon, \quad \frac{\|\mathcal{L}(\Delta a)\|_2}{\|\Delta a\|_2} \doteq \sqrt{2}.$$

Hieraus erhält man

$$\frac{\|\mathcal{L}(\Delta a)\|_2}{\|\mathcal{L}(a)\|_2} \doteq \frac{1}{\epsilon} \frac{\|\Delta a\|_2}{\|a\|_2}.$$

Also wird eine (kleine) relative Störung im Koeffizientenvektor a mit einem Faktor $\frac{1}{\epsilon} \gg 1$ multipliziert und hat eine sehr große relative Änderung von $\mathcal{L}(a)$ zur Folge.

c) Es sei $V = \Pi_m = \left\{ \sum_{i=0}^{m} a_i t^i \mid a_i \in \mathbb{R} \right\}$ der Raum der reellen Polynome vom Grade höchstens m, siehe Bemerkung 2.9. Die Dimension dieses Raumes ist $n := m + 1$. Wir wählen das Skalarprodukt $(f, g)_V := \int_0^1 f(t)g(t)\,dt$ und als Basis dieses Raumes die Monome $\phi_i(t) = t^{i-1}$, $i = 1, \ldots n$. Die Gram-Matrix hat Einträge $G_{i,j} = \int_0^1 \phi_i(t)\phi_j(t)\,dt = \int_0^1 t^{i+j-2}\,dt = \frac{1}{i+j-1}$. Diese Matrix wird Hilbert-Matrix genannt:

$$G = \begin{pmatrix} 1 & \frac{1}{2} & \frac{1}{3} & \cdots & \frac{1}{n} \\ \frac{1}{2} & \frac{1}{3} & \frac{1}{4} & \cdots & \frac{1}{n+1} \\ \vdots & \vdots & \vdots & & \vdots \\ \frac{1}{n} & \frac{1}{n+1} & \frac{1}{n+2} & \cdots & \frac{1}{2n-1} \end{pmatrix}. \tag{2.57}$$

Sie hat eine (sehr) große Konditionzahl, siehe Abb. 2.5.

Hieraus folgt, dass die *monomiale Basis schlecht konditioniert ist*. In den Kap. 8 und 9 werden wir sehen, dass es andere Basisfunktionen gibt, die für die Numerik viel besser geeignet sind und insbesondere eine bessere Kondition haben.   △

Matlab-Demo 2.38 (Kondition einer Basis) Wir zeigen die schlechte Kondition der monomialen Basis: kleine Störungen in den Koeffizienten können große Änderungen in den entsprechenden Polynomen bewirken. Als Beispiel betrachten wir das Polynom $p(t) = \sum_{i=0}^{m} a_i t^i$, mit $a_i = (i+1)^{-4}$, $i = 0, \ldots, m$, auf einem Intervall $[0, b]$, $b > 0$. Wir wählen gestörte Koeffizienten $\tilde{a}_i = a_i + \delta z_i$, wobei die Komponenten z_i des Störungsvektors $z \in \mathbb{R}^{m+1}$ Realisierungen einer standardnormalverteilten Zufallsvariable sind. Der Vektor z wird so skaliert dass $\|z\|_\infty = 1$ gilt. Der Parameter δ bestimmt die Größe der (absoluten) Störung. Voreingestellte Werte sind $m = 5$, $b = 4$, $\delta = 0.01$. Gezeigt werden die Polynome $p(t)$ und $\tilde{p}(t) = \sum_{i=1}^{m} \tilde{a}_i t^i$ für

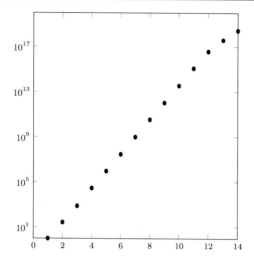

Abb. 2.5 Die Funktion $n \to \kappa_2(G)$, $n = 1, 2, \ldots, 14$

$t \in [0, b]$. Führen Sie Experimente mit diesen und anderen Parameterwerten durch. Welche Effekte werden beobachtet?

Bemerkung 2.39 Abschließend sei betont, dass die Einstufung eines Problems als „gut konditioniert" nicht im strengen Sinne mathematisch definiert ist, da dies nicht wirklich quantifiziert wird sondern „Bewertungsspielräume" bietet. Diese Begriffsbildung dient insofern nicht zur eindeutigen Klassifizierung von Problemen als gut oder schlecht konditioniert sondern vielmehr zur Orientierung für eine grundsätzliche Einstufung der zu erwartenden Ergebnisse. △

2.5 Rundungsfehler und Gleitpunktarithmetik

Neben Fehlern bei der Datenaufnahme resultieren Datenstörungen bereits aus Rundungseffekten beim Einlesen in digitale Rechenanlagen. Auch die Durchführung von Rechenoperationen auf digitalen Rechenanlagen führt meistens zu weiteren Rundungsfehlern. In diesem Abschnitt sollen einige elementare Fakten diskutiert werden, mit deren Hilfe sich derartige Fehler und ihre Auswirkungen auf die Ergebnisse numerischer Algorithmen einschätzen lassen.

2.5.1 Zahlendarstellungen

Auf fast allen Rechnern werden Zahlen gemäß dem international festgelegten IEEE 754 Standard (siehe auch IEEE Std 754-2019) dargestellt. Dieser Standard legt nicht nur die Zahlendarstellung sondern auch genaue Verfahren für die Durchführung elementarer Rechenoperationen, insbesondere für die dabei verwendeten Rundungen, fest. In diesem Abschnitt wird die sogenannte normalisierte Gleitpunktdarstellung, die im Prinzip auch im IEEE 754 Standard verwendet wird, erklärt. Im nächsten Abschn. 2.5.2 wird auf die Rundung kurz eingegangen.

Man kann zeigen, dass für jedes feste $b \in \mathbb{N}$, $b > 1$, jede beliebige reelle Zahl $x \neq 0$ sich in der Form

$$x = \pm\left(\sum_{j=1}^{\infty} d_j b^{-j}\right) \cdot b^e \qquad (2.58)$$

darstellen lässt, wobei der ganzzahlige Exponent e so gewählt werden kann, dass $d_1 \neq 0$ gilt. Diese Darstellung bildet die Grundlage für die *normalisierte Gleitpunktdarstellung* (floating point representation). Sie ergibt sich, grob gesagt, aus (2.58), indem man in der Summe nur eine endliche feste Anzahl von Stellen zulässt und den Wertebereich des Exponenten e beschränkt.

$$x = f \cdot b^e, \qquad (2.59)$$

wobei

- $b \in \mathbb{N} \setminus \{1\}$ die *Basis* (oder Grundzahl) des Zahlensystems ist,
- der *Exponent* e eine ganze Zahl innerhalb gewisser fester Schranken ist:

$$r \leq e \leq R,$$

- die *Mantisse* f eine feste Anzahl m (die *Mantissenlänge*) von Stellen hat:

$$f = \pm 0.d_1 \ldots d_m, \quad d_j \in \{0, 1, \ldots, b-1\} \quad \text{für all} \quad j.$$

Um die Eindeutigkeit der Darstellung zu erreichen, wird für $x \neq 0$ die Forderung $d_1 \neq 0$ gestellt (Normalisierung).

Mit dieser Darstellung erhält man somit die normalisierte Gleitpunktzahl

$$x = \pm\left(\sum_{j=1}^{m} d_j b^{-j}\right) \cdot b^e.$$

Wegen der Normalisierung gilt

$$b^{-1} \leq |f| < 1. \qquad (2.60)$$

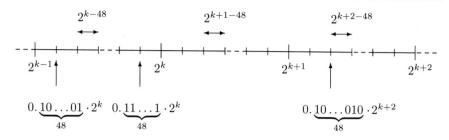

Abb. 2.6 $\mathbb{M}(2, 48, -1024, 1024)$

Beispiel 2.40 Wir betrachten als Beispiel die Zahl

$$123.75 = 1\cdot 2^6 + 1\cdot 2^5 + 1\cdot 2^4 + 1\cdot 2^3 + 0\cdot 2^2 + 1\cdot 2^1 + 1\cdot 2^0 + 1\cdot 2^{-1} + 1\cdot 2^{-2}$$
$$= 2^7(1\cdot 2^{-1} + 1\cdot 2^{-2} + 1\cdot 2^{-3} + 1\cdot 2^{-4} + 0\cdot 2^{-5} +$$
$$1\cdot 2^{-6} + 1\cdot 2^{-7} + 1\cdot 2^{-8} + 1\cdot 2^{-9}).$$

Diese Zahl wird in einem sechsstelligen dezimalen Gleitpunkt-Zahlensystem ($b = 10, m = 6$) als

$$0.123750 \cdot 10^3$$

dargestellt. In einem 12-stelligen binären Gleitpunkt-Zahlensystem ($b = 2, m = 12$) wird sie als

$$0.111101111000 \cdot 2^{111}$$

dargestellt. △

Die Menge aller normalisierten Gleitpunktzahlen zu den Parametern b (Grundzahl), m (Mantisselänge), r und R (Exponentenbereich), wird die Menge der *Maschinenzahlen* genannt und mit $\mathbb{M}(b, m, r, R)$ bezeichnet.

Mit $x_{\mathrm{MIN}}, x_{\mathrm{MAX}}$ sei die betragsmäßig kleinste ($\neq 0$) bzw. größte Zahl in $\mathbb{M}(b, m, r, R)$ bezeichnet. Wegen der Definition der Menge $\mathbb{M}(b, m, r, R)$ gilt (vgl. Übung 2.16)

$$x_{\mathrm{MIN}} = 0.100\ldots 0 \cdot b^r = b^{r-1}$$
$$x_{\mathrm{MAX}} = 0.aaa\ldots a \cdot b^R = (1 - b^{-m})b^R, \text{ wobei } a = b - 1.$$

Beispiel 2.41 Die Menge $\mathbb{M}(2, 48, -1024, 1024)$ enthält $2^{47} \cdot 2049$ strikt positive Zahlen, also ist die Anzahl der Zahlen in dieser Menge insgesamt $2 \cdot 2^{47} \cdot 2049 + 1 \approx 5.8 \cdot 10^{17}$. Die betragsmäßig kleinste bzw. größte Zahl in dieser Menge ist $x_{\mathrm{MIN}} = 2^{-1025} \approx 2.8 \cdot 10^{-309}$, $x_{\mathrm{MAX}} = (1 - 2^{-48}) \cdot 2^{1024} \approx 1.8 \cdot 10^{308}$. Schematisch kann diese endliche Teilmenge der reellen Zahlen wie in Abb. 2.6 dargestellt werden.

△

Im IEEE 754 Standard wird als Grundzahl $b = 2$ festgelegt und werden die Mengen der Gleitpunktzahlen mit einfacher bzw. doppelter Genauigkeit (single/double precision) genau definiert. Eine Gleitpunktzahl mit einfacher Genauigkeit hat einen 32 bit Speicherbedarf: Ein bit wird für das Vorzeichen verwendet, 23 bits für die Mantisse und 8 bits für den Exponenten. Beim Exponenten werden die zwei Extremalwerte 00000000 und 11111111 zur Kodierung von Sonderfällen (z. B. NaN) verwendet und wird nicht der Exponent e sondern der immer nichtnegative Wert $e + 127$ gespeichert. Es gibt weitere technische Feinheiten, die man der Literatur zum IEEE 754 Standard entnehmen kann. So braucht man zum Bespiel im Fall $b = 2$ wegen der Normalisierungsbedingung die erste Mantissezahl $d_1 = 1$ nicht zu speichern und es kann deshalb die effektive Mantisselänge um eins erhöht werden. Es stellt sich heraus, dass die im IEEE 754 Standard definierte Menge der Gleitpunktzahlen mit einfacher Genauigkeit der oben definierten Maschinenzahlenmenge $\mathbb{M}(2, 24, -126, 127)$ ähnelt, aber eine etwas kompliziertere Struktur hat. Ähnliches gilt für die Menge der Gleitpunktzahlen mit doppelter Genauigkeit (64 bit Speicherbedarf: 52 bits für die Mantisse und 11 bits für den Exponenten) und die Maschinenzahlenmenge $\mathbb{M}(2, 53, -1022, 1023)$.

Zum Einlesen von Dezimalzahlen in ein Maschinenzahlensystem mit $b = 2$ stehen entsprechende Konvertierungsprogramme zur Verfügung. Man beachte, dass diese Konvertierung fast immer (kleine) Fehler verursacht. Im folgenden Abschnitt wird sich die Größenordnung dieser Fehler klären.

2.5.2 Rundung, Maschinengenauigkeit

Da die Menge der Maschinenzahlen, d. h. der auf einem Rechner exakt darstellbaren Zahlen, endlich ist, muss man i. A. Eingabedaten durch Maschinenzahlen approximieren. Dazu wird eine sogenannte *Reduktionsabbildung*

$$\mathrm{fl} : \ \mathbb{R} \to \mathbb{M}(b, m, r, R) \cup \{\pm\infty\}$$

eingeführt. Wir definieren eine Partition $\mathbb{R} = \mathbb{D} \cup \mathbb{D}_{\min} \cup \mathbb{D}_{\max}$ der Menge aller reellen Zahlen, mit

$$\mathbb{D} := [-x_{\mathrm{MAX}}, -x_{\mathrm{MIN}}] \cup [x_{\mathrm{MIN}}, x_{\mathrm{MAX}}], \quad \mathbb{D}_{\min} = (-x_{\mathrm{MIN}}, x_{\mathrm{MIN}}),$$
$$\mathbb{D}_{\max} := (-\infty, -x_{\mathrm{MAX}}) \cup (x_{\mathrm{MAX}}, \infty).$$

Für die betragsmäßig „sehr großen" Zahlen $x \in \mathbb{D}_{\max}$ wird $\mathrm{fl}(x) := \mathrm{sign}\,(x)\infty$ definiert. Für die „sehr kleinen" Zahlen $x \in \mathbb{D}_{\min}$ wird eine Rundung auf eine der 3 Maschinenzahlen $-x_{\mathrm{MIN}}, x_{\mathrm{MIN}}$ oder 0 wie folgt definiert:

$$\mathrm{fl}(x) := 0 \quad \text{falls } |x| < \tfrac{1}{2} x_{\mathrm{MIN}}$$
$$\mathrm{fl}(x) := \mathrm{sign}(x) x_{\mathrm{MIN}} \quad \text{falls } |x| \geq \tfrac{1}{2} x_{\mathrm{MIN}}.$$

Für $x \in \mathbb{D}$ verwendet man eine geeignete *Rundungsstrategie* auf eine Maschinenzahl. Es soll kurz die *Standardrundung* erläutert werden. Wir nehmen an, dass die Grundzahl b gerade ist.

Standardrundung

Die reelle Zahl $x \in \mathbb{D}$ habe die Darstellung

$$x = \pm \left(\sum_{j=1}^{\infty} d_j b^{-j} \right) \cdot b^e.$$

Die Reduktionsabbildung wird definiert durch

$$\text{fl}(x) := \pm \begin{cases} \left(\sum_{j=1}^{m} d_j b^{-j} \right) \cdot b^e & \text{falls } d_{m+1} < \frac{b}{2}, \\ \left(\sum_{j=1}^{m} d_j b^{-j} + b^{-m} \right) \cdot b^e & \text{falls } d_{m+1} \geq \frac{b}{2}, \end{cases} \tag{2.61}$$

d. h., die letzte Stelle der Mantisse wird um eins erhöht bzw. beibehalten, falls die Ziffer in der nächsten Stelle $\geq \frac{b}{2}$ bzw. $< \frac{b}{2}$ ist.

Im IEEE 754 Standard werden für die Mengen der Gleitpunktzahlen mit einfacher bzw. doppelter Genauigkeit ähnliche Reduktionsabbildungen (Rundungsvorschriften) definiert.

Beispiel 2.42 In einem Gleitpunkt-Zahlensystem mit Basis $b = 10$ und Mantissenlänge $m = 6$ erhält man folgende gerundete Resultate: Im Fall $b = 2, m = 10$ erhält

x	$\text{fl}(x)$	$\left\lvert \frac{\text{fl}(x)-x}{x} \right\rvert$
$\frac{1}{3} = 0.33333333\ldots$	$0.333333 \cdot 10^0$	$1.0 \cdot 10^{-6}$
$\sqrt{2} = 1.41421356\ldots$	$0.141421 \cdot 10^1$	$2.5 \cdot 10^{-6}$
$e^{-10} = 0.000045399927\ldots$	$0.453999 \cdot 10^{-4}$	$6.6 \cdot 10^{-7}$
$e^{10} = 22026.46579\ldots$	$0.220265 \cdot 10^5$	$1.6 \cdot 10^{-6}$
$\frac{1}{10} = 0.1$	$0.100000 \cdot 10^0$	0.0

man:

x	$\text{fl}(x)$	$\left\lvert \frac{\text{fl}(x)-x}{x} \right\rvert$
$\frac{1}{3}$	$0.1010101011 \cdot 2^{-1}$	$4.9 \cdot 10^{-4}$
$\sqrt{2}$	$0.1011010100 \cdot 2^1$	$1.1 \cdot 10^{-4}$
e^{-10}	$0.1011111010 \cdot 2^{-1110}$	$3.3 \cdot 10^{-4}$
e^{10}	$0.1010110000 \cdot 2^{1111}$	$4.8 \cdot 10^{-4}$
$\frac{1}{10}$	$0.1100110011 \cdot 2^{-11}$	$2.4 \cdot 10^{-4}$

$\triangle$

Aus (2.61) (siehe auch Abb. 2.6) erhält man leicht folgende Abschätzung für den *absoluten Rundungsfehler* (Übung 2.17)

$$\lvert \text{fl}(x) - x \rvert \leq \frac{b^{-m}}{2} b^e. \tag{2.62}$$

Da die Mantisse aufgrund der Normalisierung stets dem Betrage nach größer oder gleich b^{-1} ist, folgt für den *relativen Rundungsfehler*

$$\left| \frac{\mathrm{fl}(x) - x}{x} \right| \leq \frac{\frac{b^{-m}}{2} b^e}{b^{-1} b^e} = \frac{b^{1-m}}{2} =: \mathrm{eps} \quad \text{für } x \in \mathbb{D}. \quad (2.63)$$

Die Zahl

$$\mathrm{eps} = \frac{b^{1-m}}{2} \quad (2.64)$$

wird (relative) *Maschinengenauigkeit* genannt. Diese Zahl charakterisiert das *Auflösungsvermögen* des Rechners. Es gilt nämlich, dass eps gerade die untere Grenze (Infimum) all der positiven reellen Zahlen ist, die zu 1 addiert von der Rundung noch wahrgenommen werden, d. h.,

$$\mathrm{eps} = \inf\{\delta > 0 \mid \mathrm{fl}(1 + \delta) > 1\}. \quad (2.65)$$

Die Abschätzung (2.63) besagt ferner, dass für eine Zahl ϵ mit $|\epsilon| \leq \mathrm{eps}$, nämlich $\epsilon = \frac{\mathrm{fl}(x)-x}{x}$,

$$\mathrm{fl}(x) = x(1 + \epsilon) \quad (2.66)$$

gilt.

Beispiel 2.43 Für die Zahlensysteme in Beispiel 2.42 ergibt sich:

$$b = 10, m = 6 \rightarrow \mathrm{eps} = \tfrac{1}{2} \cdot 10^{-5}$$
$$b = 2, m = 10 \rightarrow \mathrm{eps} = \tfrac{1}{2} \cdot 2^{-9} = 9.8 \cdot 10^{-4}.$$

Die Werte für den relativen Rundungsfehler $|\epsilon|$, mit ϵ wie in (2.66), findet man in der dritten Spalte der Tabellen in Beispiel 2.42.   △

2.5.3 Gleitpunktarithmetik und Fehlerverstärkung bei elementaren Rechenoperationen

Ein Algorithmus besteht aus einer Folge arithmetischer Operationen, mit denen Maschinenzahlen zu verknüpfen sind. Ein Problem liegt nun darin, dass die Verknüpfung von Maschinenzahlen durch eine *exakte* elementare arithmetische Operation nicht notwendig eine Maschinenzahl liefert.

Beispiel 2.44 $b = 10, m = 3$:
$$0.346 \cdot 10^2 + 0.785 \cdot 10^2 = 0.1131 \cdot 10^3 \neq 0.113 \cdot 10^3 \qquad \triangle$$

Ähnliches passiert bei Multiplikation und Division.

Die üblichen arithmetischen Operationen müssen also durch geeignete Gleitpunktoperationen $\overline{\nabla}$, $\nabla \in \{+, -, \times, \div\}$, ersetzt werden (Pseudoarithmetik). Dies wird i. A. dadurch realisiert, dass man über die vereinbarte Mantissenlänge hinaus weitere Stellen mitführt, nach Exponentenausgleich mit diesen Stellen genau rechnet, dann normalisiert und schließlich rundet. Das Anliegen dieser Manipulationen ist die Erfüllung folgender

Forderung:
Für $\nabla \in \{+, -, \times, \div\}$ gelte

$$x \overline{\nabla} y = \mathrm{fl}(x \nabla y) \quad \text{für } x, y \in \mathbb{M}(b, m, r, R). \qquad (2.67)$$

Wegen (2.66) werden wir also stets annehmen, dass für $\nabla \in \{+, -, \times, \div\}$

$$x \overline{\nabla} y = (x \nabla y)(1 + \epsilon) \quad \text{für } x, y \in \mathbb{M}(b, m, r, R) \qquad (2.68)$$

und ein ϵ mit $|\epsilon| \le \mathrm{eps}$ gilt.

Konsequenzen:
Nichtsdestoweniger hat die Realisierung einer solchen Pseudoarithmetik eine Reihe unliebsamer Konsequenzen: Zum Beispiel geht die *Assoziativität* der Addition verloren, d. h., im Gegensatz zur exakten Arithmetik spielt es eine Rolle, welche Zahlen zuerst verknüpft werden. Insbesondere wird sich eine Eigenschaft wie (2.67) nicht für eine Sequenz *mehrerer* arithmetischer Operationen aufrecht erhalten lassen.

Beispiel 2.45 Man betrachte ein Zahlensystem mit $b = 10$, $m = 3$, und die Maschinenzahlen

$$\begin{aligned} x &= 6590 = 0.659 \cdot 10^4 \\ y &= 1 \quad = 0.100 \cdot 10^1 \\ z &= 4 \quad = 0.400 \cdot 10^1. \end{aligned}$$

Bei exakter Rechnung erhält man $(x+y)+z = (y+z)+x = 6595$. Pseudoarithmetik liefert

$$x \oplus y = 0.659 \cdot 10^4 \quad \text{und} \quad (x \oplus y) \oplus z = 0.659 \cdot 10^4,$$

aber

$$y \oplus z = 0.500 \cdot 10^1 \quad \text{und} \quad (y \oplus z) \oplus x = 0.660 \cdot 10^4.$$

Das zweite Resultat entspricht dem, was man durch Rundung nach exakter Rechnung erhält.   △

Entsprechend gilt auch das Distributivgesetz nicht mehr:

Beispiel 2.46 Für $b = 10$, $m = 3$, $x = 0.156 \cdot 10^2$ und $y = 0.157 \cdot 10^2$ gilt

$$(x - y) \cdot (x - y) = 0.01$$
$$(x \ominus y) \otimes (x \ominus y) = 0.100 \cdot 10^{-1},$$

aber

$$(x \otimes x) \ominus (x \otimes y) \ominus (y \otimes x) \oplus (y \otimes y) = -0.100 \cdot 10^1. \qquad \triangle$$

Bisher haben wir beschrieben, wie Zahlen auf einem Rechner dargestellt werden und daraus einige Konsequenzen für eine Rechnerarithmetik abgeleitet. Insbesondere sieht man, dass typische Eigenschaften der exakten Arithmetik (z. B. Assoziativität, Distributivität) nicht mehr gelten. Nun besagte die Modellannahme (2.67), dass der relative Fehler einer einzelnen Rechneroperation wegen (2.63) im Rahmen der Maschinengenauigkeit bleibt. In einem Programm (Algorithmus) sind aber im Allgemeinen eine Vielzahl solcher Operationen durchzuführen, so dass man sich nun weiter fragen muss, in welcher Weise eingeschleppte Fehler von einer nachfolgenden Operation weiter verstärkt oder abgeschwächt werden. Dies betrifft die Frage der *Stabilität* von Algorithmen, die wir im nächsten Abschnitt etwas eingehender diskutieren werden. Als ersten Schritt in diese Richtung werden wir hier zunächst einige einfache aber wichtige Konsequenzen aus der Kondition der elementaren Rechenoperationen und der Tatsache ableiten, dass die entsprechenden Gleitpunktoperationen nicht exakt sind.

Dazu bezeichne wieder δ_x, δ_y die relativen Fehler der Größen $\tilde{x}$, $\tilde{y}$ gegenüber den exakten Werten x, y, d. h. $\tilde{x} = x(1 + \delta_x)$, $\tilde{y} = y(1 + \delta_y)$. Ferner nehmen wir an, dass $|\delta_x|, |\delta_y| \leq \epsilon < 1$.

In Beispiel 2.27 hatten wir bereits gesehen, dass die relative Konditionszahl κ_{rel} für die Multiplikation $f(x, y) = xy$ den Wert $\kappa_{\text{rel}} = 1$ hat. Falls insbesondere $|\delta_x|, |\delta_y| \leq \epsilon \leq \text{eps}$, bleibt bei der Multiplikation der relative Fehler im Rahmen der Maschinengenauigkeit, denn aus Beispiel 2.27 folgt

$$\left| \frac{\tilde{x}\tilde{y} - xy}{xy} \right| \leq 2 \, \text{eps} \, .$$

Für die Division gilt ein ähnliches Resultat.

Wie die Analyse in Beispiel 2.28 gezeigt hat, gilt bei der Addition $\kappa_{\text{rel}} = \max\left\{ \left| \frac{x}{x+y} \right|, \left| \frac{y}{x+y} \right| \right\}$, d. h., der Faktor κ_{rel} lässt sich *nicht* mehr durch eine Konstante abschätzen. Im Gegensatz zur Multiplikation und Division ist also die Addition (von Zahlen entgegengesetzten Vorzeichens) problematisch, da die relativen Fehler enorm verstärkt werden können. Wenn diese Fehler in x und y durch Rundung entstehen und κ_{rel} groß ist, wird die entsprechende Fehlerverstärkung *Auslöschung* genannt. Diesen Effekt werden wir etwas genauer untersuchen.

Auslöschung

Wir zeigen den Auslöschungseffekt zunächst an einem konkreten Zahlenbeispiel.

Beispiel 2.47 Betrachte

$$x = 0.73563, \quad y = 0.73441, \quad x - y = 0.00122.$$

Bei 3-stelliger Rechnung ($b = 10, m = 3, \text{eps} = \frac{1}{2} \cdot 10^{-2}$) ergibt sich

$$\tilde{x} = \text{fl}(x) = 0.736, \quad |\delta_x| = 0.50 \cdot 10^{-3},$$
$$\tilde{y} = \text{fl}(y) = 0.734, \quad |\delta_y| = 0.56 \cdot 10^{-3}.$$

Die relative Störung im Resultat der Subtraktion ist hier

$$\left| \frac{(\tilde{x} - \tilde{y}) - (x - y)}{x - y} \right| = \left| \frac{0.002 - 0.00122}{0.00122} \right| = 0.64,$$

also sehr groß im Vergleich zu δ_x, δ_y. △

Wir untersuchen jetzt die Auslöschung in einem allgemeinerem Rahmen, nämlich in dem dezimalen Zahlensystem $\mathbb{M}(10, m, r, R)$. Es seien x und y reelle Zahlen, deren ersten p Nachkommastellen übereinstimmen

$$x = 0.d_1 \ldots d_p d_{p+1} \ldots \cdot 10^e, \quad y = 0.d_1 \ldots d_p \tilde{d}_{p+1} \tilde{d}_{p+2} \ldots \cdot 10^e, \tag{2.69}$$

wobei $\tilde{d}_{p+1} \neq d_{p+1}$. Für die gerundeten Zahlen $\tilde{x} = \text{fl}(x)$, $\tilde{y} = \text{fl}(y)$ gilt

$$\left| \frac{\tilde{x} - x}{x} \right| \leq \text{eps}, \quad \left| \frac{\tilde{y} - y}{y} \right| \leq \text{eps}, \quad \text{eps} = \frac{1}{2} \cdot 10^{1-m}.$$

Wir untersuchen den relativen Fehler in $\tilde{x} - \tilde{y}$ im Vergleich zur exakten Subtraktion $x - y$. Dazu betrachten wir erst den Fall $p \geq m$, und nehmen dabei für $p = m$ an, dass $d_{p+1} < 5, \tilde{d}_{p+1} < 5$ gilt. Die gerundeten Zahlen stimmen dann überein, $\tilde{x} = \tilde{y}$, und somit ergibt sich

$$\left| \frac{(\tilde{x} - \tilde{y}) - (x - y)}{x - y} \right| = 1 = 2 \cdot 10^{m-1} \text{eps}, \tag{2.70}$$

also ist der relative Fehler in $\tilde{x} - \tilde{y}$ sehr viel größer als die Maschinengenauigkeit eps. Nun betrachten wir den Fall $p < m$, mit x und y wofür $d_{m+1} = 4, \tilde{d}_{m+1} = 2$, $d_{p+1} = 2, \tilde{d}_{p+1} = 1$ gilt. Für die gerundeten Zahlen ergibt sich

$$\tilde{x} = \text{fl}(x) = 0.d_1 \ldots d_m \cdot 10^e, \quad \tilde{y} = \text{fl}(y) = 0.d_1 \ldots d_p \tilde{d}_{p+1} \ldots \tilde{d}_m \cdot 10^e,$$
$$x - \tilde{x} = 0.d_{m+1} d_{m+2} \ldots \cdot 10^{e-m}, \quad y - \tilde{y} = 0.\tilde{d}_{m+1} \tilde{d}_{m+2} \ldots \cdot 10^{e-m},$$

und wegen $d_{m+1} = 4$, $\tilde{d}_{m+1} = 2$ erhält man

$$|(\tilde{x} - \tilde{y}) - (x - y)| = |(x - \tilde{x}) - (y - \tilde{y})| \geq 0.1 \cdot 10^{e-m}.$$

Es gilt $x - y = (0.d_{p+1}d_{p+2}\ldots - 0.\tilde{d}_{p+1}\tilde{d}_{p+2}\ldots) \cdot 10^{e-p}$ und wegen $d_{p+1} = 2$, $\tilde{d}_{p+1} = 1$, erhalt man

$$|x - y| \leq 0.2 \cdot 10^{e-p}.$$

Insgesamt ergibt sich für den Fall $p < m$

$$\left| \frac{(\tilde{x} - \tilde{y}) - (x - y)}{x - y} \right| \geq \frac{0.1 \cdot 10^{e-m}}{0.2 \cdot 10^{e-p}} = \tfrac{1}{2} \cdot 10^{p-m} = 10^{p-1} \, \text{eps}. \qquad (2.71)$$

Wir schließen, dass für diese Wahl von x und y eine Rundungsfehlerverstärkung mit mindestens dem Faktor 10^{p-1} auftritt. Beachte, dass dieser Faktor von der Anzahl p der übereinstimmenden Nachkommastellen abhängt. Obige Analyse zeigt, dass bei Zahlen der Form (2.69) in bestimmten Fällen der relative Fehler in $\tilde{x} - \tilde{y}$ sehr viel größer als eps sein wird. Weil bei der Subtraktion die p übereinstimmenden Nachkommastellen ausgelöscht werden, wird dieser Rundungsfehlerverstärkungseffekt Auslöschung genannt. Es sei noch bemerkt, dass eine große Fehlerverstärkung nicht für alle Zahlen der Form (2.69) auftritt. Dazu folgendes Beispiel. Seien x und y wie in (2.69) mit $p < m - 1$, $\tilde{d}_{p+1} = d_{p+1} - 1$, $\tilde{d}_s = d_s$ für $s \geq p + 2$ und $d_{m+1} < 5$:

$$x = 0.d_1 \ldots d_p d_{p+1} \ldots d_m d_{m+1} \ldots \cdot 10^e,$$

$$\text{fl}(x) = 0.d_1 \ldots d_p d_{p+1} \ldots d_m \cdot 10^e,$$

$$y = 0.d_1 \ldots d_p \tilde{d}_{p+1} d_{p+2} \ldots d_m d_{m+1} \ldots \cdot 10^e,$$

$$\text{fl}(y) = 0.d_1 \ldots d_p \tilde{d}_{p+1} d_{p+2} \ldots d_m \cdot 10^e.$$

In diesem Fall gilt $x - y = 0.1 \cdot 10^{e-p}$, $\text{fl}(x) - \text{fl}(y) = 0.1 \cdot 10^{e-p}$, also ist der relative Fehler in der Subtraktion $\text{fl}(x) - \text{fl}(y)$ im Vergleich zu $x - y$ gleich Null.

Es stellt sich heraus, dass die (sehr) große Fehlerverstärkung, wie in (2.70) und (2.71), bei Zahlen der Form (2.69) kein Ausnahmefall, sondern eher der Regelfall ist.

Folgendes Beispiel zeigt, wie in einem sehr einfachen Algorithmus das Resultat von Rundungsfehlern dominiert wird, nur wegen Auslöschungseffekte.

Beispiel 2.48 Wir betrachten eine einfache Methode zur Approximation der irrationalen Zahl π. Es sei $a_1 := 3\sqrt{3}$ und

$$a_{k+1} := \sqrt{12 \cdot 2^{k-1} \cdot \left(6 \cdot 2^{k-1} - \sqrt{(6 \cdot 2^{k-1})^2 - a_k^2} \right)}, \quad k \geq 1.$$

Man kann zeigen, dass a_k der Umfang des im Einheitskreis eingeschriebenen regelmäßigen $3 \cdot 2^{k-1}$-Eckes ist, siehe Abb. 2.7. Deshalb konvergiert die Folge $(a_k)_{k\geq 1}$ monoton gegen 2π.

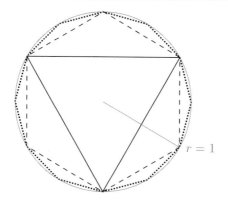

Abb. 2.7 $3 \cdot 2^{k-1}$-Eck mit Umfang a_k, $k = 1, 2, 3$

Es sei $b_1 = a_1$ und

$$b_{k+1} = \sqrt{\frac{12 \cdot 2^{k-1} \cdot b_k^2}{6 \cdot 2^{k-1} + \sqrt{(6 \cdot 2^{k-1})^2 - b_k^2}}}, \quad k \geq 1.$$

Mit Induktion zeigt man: $a_k = b_k$ für alle k.

In der Tab. 2.1 stehen einige berechnete Werte für $\frac{1}{2}a_k$ und $\frac{1}{2}b_k$.

Man beobachtet, dass für größere k-Werte die a_k-Annäherungen von Rundungsfehlern dominiert werden und keine genaue Approximationen für den Grenzwert 2π sind. Die großen Fehler werden durch einen Auslöschungseffekt verursacht. Für

Tab. 2.1 Berechnete Approximationen $\frac{1}{2}a_k$, $\frac{1}{2}b_k$ der Zahl π

k	$\frac{1}{2}a_k$	$\frac{1}{2}b_k$
1	2.598076211353316	2.598076211353316
2	3.000000000000000	3.000000000000000
3	3.105828541230249	3.105828541230249
4	3.132628613281236	3.132628613281239
⋮	⋮	⋮
20	3.141586839655041	3.141592653587705
21	3.141557697325485	3.141592653589271
⋮	⋮	⋮
25	3.152380053229623	3.141592653589791
26	3.122498999199199	3.141592653589793
27	3.000000000000000	3.141592653589793
28	3.464101615137754	3.141592653589793
29	0.000000000000000	3.141592653589793
30	0.000000000000000	3.141592653589793

große k-Werte gilt $6 \cdot 2^{k-1} \approx \sqrt{(6 \cdot 2^{k-1})^2 - a_k^2}$ und bei Subtraktion der beiden Größen in der Formel für a_k werden relative Fehler enorm verstärkt. Bei der Berechnung von b_{k+1} treten keine Auslöschungseffekte auf. $\triangle$

Matlab-Demo 2.49 (Auslöschung) In diesem Programm sind die zwei Berechnungsverfahren aus Beispiel 2.48 implementiert.

Zusammenfassend:

$$\left| \frac{(x \, \text{\textcircled{∇}} \, y) - (x \nabla y)}{(x \nabla y)} \right| \leq \text{eps} \quad \textit{für} \ \ x, y \in \mathbb{M}(b, m, r, R), \ \ \nabla \in \{+, -, \times, \div\},$$

d. h., die relativen Rundungsfehler bei den elementaren Gleitpunktoperationen sind betragsmäßig kleiner als die Maschinengenauigkeit, wenn die Eingangsdaten x, y Maschinenzahlen *sind.*

Es sei $f(x, y) = x \nabla y$, $x, y \in \mathbb{R} \setminus \{0\}$, $\nabla \in \{+, -, \times, \div\}$ *und* κ_{rel} *die relative Konditionszahl von* f. *Es gilt*

$$\nabla \in \{\times, \div\} : \ \kappa_{\text{rel}} \leq 1 \quad \textit{für alle} \ \ x, y,$$
$$\nabla \in \{+, -\} : \ \kappa_{\text{rel}} \gg 1 \quad \textit{wenn} \ \ |x \nabla y| \ll \max\{|x|, |y|\}.$$

Also liegt keine große Fehlerverstärkung bei der Multiplikation und Division vor, während bei der Addition und Subtraktion eine sehr große Fehlerverstärkung auftreten kann: Auslöschung.

2.6   Stabilität eines Algorithmus

Die tatsächliche numerische Lösung des Problems, d. h., die numerische Auswertung der Funktion f in (2.32), besteht natürlich letztlich aus einer Folge elementarer Rechenoperationen (Gleitpunktoperationen). Dabei werden in jedem Schritt Fehler fortgepflanzt bzw. neue Fehler erzeugt. Zur Einschätzung der Genauigkeit des Resultats muss man dies in Betracht ziehen (*Fehlerakkumulation*). Nun lässt sich ein und dieselbe Funktion f meist über *verschiedene* Wege – Algorithmen – auswerten. Beim Entwurf von Algorithmen geht es neben Effizienzgesichtspunkten auch darum, solche Wege, also Sequenzen von Gleitpunktoperationen zu bevorzugen, die eine möglichst geringe Fehlerakkumulation bewirken.

▶ *Stabilität* Ein Algorithmus heißt *gutartig* oder *stabil*, wenn die durch ihn im Laufe der Rechnung erzeugten Fehler in der Größenordnung des durch die Kondition des Problems bedingten unvermeidbaren Fehlers bleiben.

Beispiel 2.50 (Fortsetzung Beispiel 2.3, 2.29) Die Bestimmung der kleineren Nullstelle, $u^* = f(a_1, a_2) = a_1 - \sqrt{a_1^2 - a_2}$ lässt sich mit folgendem Algorithmus bewerkstelligen:
Algorithmus I:

$$y_1 = a_1 \cdot a_1$$
$$y_2 = y_1 - a_2$$
$$y_3 = \sqrt{y_2}$$
$$u^* = y_4 = a_1 - y_3.$$

Für $a_1 = 6.000227$, $a_2 = 0.01$ in einem Gleitpunkt-Zahlensystem mit $b = 10, m = 5$ bekommt man das Ergebnis

$$\tilde{u}^* = 0.90000 \cdot 10^{-3}.$$

Man sieht, dass in Schritt 4 Auslöschung auftritt. Rechnet man mit sehr hoher Genauigkeit, so ergibt sich als exakte Lösung

$$u^* = 0.83336 \cdot 10^{-3}.$$

Da das Problem für diese Eingangsdaten a_1, a_2, wie in Beispiel 2.29 oben gezeigt wurde, gut konditioniert ist, ist der durch den Algorithmus erzeugte Fehler sehr viel größer als der unvermeidbare Fehler. Algorithmus I ist also *nicht* stabil.

Eine Alternative bietet die Tatsache, dass die Nullstelle u^* sich äquivalent als

$$u^* = \frac{a_2}{a_1 + \sqrt{a_1^2 - a_2}}$$

schreiben lässt.
Algorithmus II:

$$y_1 = a_1 \cdot a_1$$
$$y_2 = y_1 - a_2$$
$$y_3 = \sqrt{y_2}$$
$$y_4 = a_1 + y_3$$
$$u^* = y_5 = \frac{a_2}{y_4}.$$

Hiermit ergibt sich mit $b = 10, m = 5$

$$\tilde{u}^* = 0.83333 \cdot 10^{-3}.$$

Hier tritt keine Auslöschung auf. Der Gesamtfehler bleibt im Rahmen der Maschinengenauigkeit. Algorithmus II ist somit stabil.   △

Matlab-Demo 2.51 (Stabilität 1) Es seien $I_\delta := [\delta, 10\delta]$, mit $0 < \delta \le 10^{-2}$, und

$$f(x) = \frac{\sin^2(x)}{x^2}, \quad g(x) = \frac{1 - \cos^2(x)}{x^2}, \quad x \in I_\delta.$$

Die Funktion f ist auf I_δ gut konditioniert, und es ist $f(x) = g(x)$ sowie $0 \le f(x) \le 1$, für alle $x \in I_\delta$. Die Funktionen f und g werden in Matlab ausgewertet und graphisch dargestellt. Wie lassen sich die für kleine δ-Werte beobachteten Unterschiede in den Darstellungen erklären?

Matlab-Demo 2.52 (Stabilität 2) Wir betrachten die Aufgabe der Bestimmung des Integrals $I := \int_0^1 f(x)\,dx$, $f(x) := \frac{x^{30}}{x+5}$. Diese Aufgabe hat im folgenden Sinne eine gute absolute Kondition. Es seien $\tilde{f}$ ein gestörter Integrand mit $\|\tilde{f} - f\|_\infty = \max_{x \in [0,1]} |\tilde{f}(x) - f(x)| \le \epsilon$ und $\tilde{I} := \int_0^1 \tilde{f}(x)\,dx$. Dann gilt

$$|\tilde{I} - I| \le \int_0^1 |\tilde{f}(x) - f(x)|\,dx \le \|\tilde{f} - f\|_\infty \le \epsilon.$$

Zur numerischen Bestimmung von I betrachten wir zwei Verfahren. Dazu definieren wir

$$I_n := \int_0^1 \frac{x^n}{x+5}\,dx, \quad n = 0, 1, 2, \dots$$

und somit $I_0 = \ln\left(\frac{6}{5}\right)$, $I = I_{30}$. Es gilt die Rekursionsformel

$$I_n + 5I_{n-1} = \int_0^1 \frac{x^n + 5x^{n-1}}{x+5}\,dx = \int_0^1 x^{n-1}\,dx = \frac{1}{n}.$$

Hieraus ergibt sich folgendes Verfahren zur Bestimmung von $I = I_{30}$:
Algorithmus 1:

$$I_0 = \ln\left(\frac{6}{5}\right), \quad I_n = \frac{1}{n} - 5I_{n-1} \text{ für } n = 1, \dots, 30, \quad I := I_{30}.$$

Obige Rekursionformel gilt auch rückwärts: $I_{n-1} = \frac{1}{5}\left(\frac{1}{n} - I_n\right)$. Man benötigt dann aber einen (künstlichen) Startwert J_N als Annäherung für den unbekannten Wert I_N, $N > 30$. Wegen $\lim_{n \to \infty} I_n = 0$ wählen wir $J_N := 0$. Damit erhalten wir folgendes alternative Verfahren:

Algorithmus 2. Wähle $N \in \mathbb{N}$, $N > 30$. Man bestimme

$$J_N := 0, \quad J_{n-1} = \tfrac{1}{5}\left(\tfrac{1}{n} - J_n\right) \text{ für } n = N, \ldots, 31, \quad J := J_{30},$$

und nehme $J = J_{30}$ als Approximation für I. Für den Fehler dieser Approximation gilt (siehe Übung 2.26) $|J - I| \leq \frac{1}{N+1}(\tfrac{1}{5})^{N-29}$.

Variieren Sie den Wert für N (z. B. $N = 35, 40, 50, 60$) und vergleichen Sie die mit den beiden Algorithmen (in Matlab) berechneten Ergebnisse. Beschreiben Sie die Stabilitätseigenschaften der beiden Algorithmen.

Um auch in komplexeren Situationen die durch einen Algorithmus bedingte Fehlerakkumulation abschätzen zu können, bedient man sich häufig des Prinzips der

Rückwärtsstabilität

Eine sogenannte Rückwärtsfehleranalyse eines Algorithmus hat folgende Grundstruktur (siehe Abb. 2.8):

- Interpretiere sämtliche im Laufe der Rechnung auftretenden Fehler als Ergebnis *exakter* Rechnung zu geeignet *gestörten Daten*.
- Abschätzungen für diese Störung der Daten, verbunden mit Abschätzungen für die Kondition des Problems, ergeben dann Abschätzungen für den Gesamtfehler.
- ▶ Ein Algorithmus heißt *rückwärtsstabil*, falls das berechnete Ergebnis mit einem exakten (d. h., ohne Rundungsfehler) Ergebnis zu ungefähr richtigen Eingabedaten übereinstimmt, oder genauer formuliert:

$$\tilde{f}(x) = f(\tilde{x}) \text{ für gestörte Daten } \tilde{x} \text{ mit}$$
$$\|\tilde{x} - x\| = \mathcal{O}(\text{eps})\|x\|. \tag{2.72}$$

Beispiel 2.53 Es seien x_1, x_2, x_3 Maschinenzahlen in einer Maschine mit Maschinengenauigkeit eps.

Aufgabe: Berechne mit dieser Maschine die Summe $S(x) = S(x_1, x_2, x_3) = (x_1 + x_2) + x_3$. Man erhält wegen (2.68)

$$\tilde{S} = ((x_1 + x_2)(1 + \epsilon_2) + x_3)(1 + \epsilon_3),$$

mit $|\epsilon_i| \leq \text{eps}$, $i = 2, 3$. Daraus folgt

$$\begin{aligned}
\tilde{S} &= x_1(1 + \epsilon_2)(1 + \epsilon_3) + x_2(1 + \epsilon_2)(1 + \epsilon_3) + x_3(1 + \epsilon_3) \\
&\doteq x_1(1 + \epsilon_2 + \epsilon_3) + x_2(1 + \epsilon_2 + \epsilon_3) + x_3(1 + \epsilon_3) \\
&= x_1(1 + \delta_1) + x_2(1 + \delta_2) + x_3(1 + \delta_3) \tag{2.73} \\
&=: \tilde{x}_1 + \tilde{x}_2 + \tilde{x}_3, \tag{2.74}
\end{aligned}$$

wobei

$$|\delta_1| = |\delta_2| = |\epsilon_2 + \epsilon_3| \leq 2\,\text{eps}, \quad |\delta_3| = |\epsilon_3| \leq \text{eps}. \tag{2.75}$$

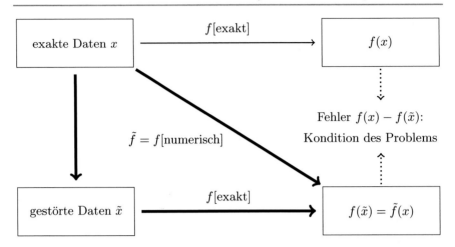

Abb. 2.8 Rückwärtsanalyse

Die Notation $\doteq$ bedeutet, dass Terme höherer Ordnung (in ϵ) vernachlässigt werden. Wir sehen, dass das fehlerbehaftete Resultat $\tilde{S}$ als *exaktes* Ergebnis zu gestörten Eingabedaten $\tilde{x}_i = x_i(1 + \delta_i)$ aufgefasst werden kann, mit einem Fehler $|\tilde{x}_i - x_i| \le |\delta_i||x_i| \le 2\,\mathrm{eps}\,|x_i|$. Somit ist diese Summenbildung ein *rückwärtsstabiler Algorithmus*. Wegen der Konditionsanalyse (2.37) erhält man

$$\left| \frac{\tilde{S}(x) - S(x)}{S(x)} \right| \doteq \left| \frac{S(\tilde{x}) - S(x)}{S(x)} \right| \le \kappa_{\mathrm{rel}}(x) \sum_{j=1}^{3} \left| \frac{\tilde{x}_j - x_j}{x_j} \right| \le \kappa_{\mathrm{rel}}(x)\, 5\,\mathrm{eps}.$$

Man sieht, dass der Fehler bei der Berechnung der Summe S höchstens in der Größenordnung des (wegen der Kondition des Problems) unvermeidbaren Fehlers ist. Deshalb ist die Berechnung von S ein *stabiler* Algorithmus. Man beachte, dass wegen der möglicherweise schlechten Kondition der Addition ($\kappa_{\mathrm{rel}}(x) \gg 1$ für bestimmte Werte von x) der relative Fehler bei der Summenbildung sehr viel größer als eps sein kann. Die schlechte Qualität des Ergebnisses ist in dem Fall jedoch eine Folge der schlechten Kondition des Problems und nicht einer Instabilität des Algorithmus. $\triangle$

Aufgrund des vielfältigen Auftretens der Summenbildung (Skalarprodukte, Matrix/Vektor-Multiplikation, numerische Integration) lohnt es sich, dies allgemeiner zu untersuchen.

Beispiel 2.54 (Summenbildung) Aufgabe: Berechne $S_m = \sum_{j=1}^{m} x_j$. Dazu gelte:

- $x_1, \ldots, x_m$ seien Maschinenzahlen (d. h., es liegen keine Eingabefehler vor),
- $S_i := \sum_{j=1}^{i} x_j$, $i = 1, \ldots, m$ seien Teilsummen,
- $\tilde{S}_i$ seien die tatsächlich berechneten Teilsummen,

- ϵ_i sei der neu erzeugte relative Fehler bei der Berechnung von $\tilde{S}_i$ aus $\tilde{S}_{i-1}$, d. h.,

$$\tilde{S}_i = \tilde{S}_{i-1} \oplus x_i = (\tilde{S}_{i-1} + x_i)(1 + \epsilon_i).$$

Man erhält dann:

$$\tilde{S}_1 = S_1 = x_1, \quad \epsilon_1 = 0,$$
$$\tilde{S}_2 = \tilde{S}_1 \oplus x_2 = (\tilde{S}_1 + x_2)(1 + \epsilon_2) = (x_1 + x_2)(1 + \epsilon_2)$$

$$\vdots$$

$$\tilde{S}_m = \tilde{S}_{m-1} \oplus x_m = (\tilde{S}_{m-1} + x_m)(1 + \epsilon_m)$$
$$= \left(\left(\tilde{S}_{m-2} + x_{m-1} \right)(1 + \epsilon_{m-1}) + x_m \right)(1 + \epsilon_m)$$
$$= \sum_{i=1}^{m} x_i \prod_{j=i}^{m} (1 + \epsilon_j)$$
$$\doteq \sum_{i=1}^{m} x_i \left(1 + \sum_{j=i}^{m} \epsilon_j \right). \tag{2.76}$$

Definiert man jetzt

$$\delta_i = \sum_{j=i}^{m} \epsilon_j, \tag{2.77}$$

so ergibt sich durch Einsetzen in (2.76)

$$\tilde{S}_m \doteq \sum_{i=1}^{m} x_i (1 + \delta_i), \tag{2.78}$$

d. h., die Rechenfehler werden uminterpretiert als relative Fehler δ_i der Eingabedaten x_i, und $\tilde{S}_m$ ist das Ergebnis *exakter* Rechnung mit entsprechend gestörten Eingabedaten $\tilde{x}_i = x_i(1 + \delta_i)$. Als nächstes muss man die Störungen δ_i abschätzen. Nimmt man an, dass $|\epsilon_j| \leq$ eps, so folgt aus (2.77)

$$|\delta_i| \leq (m - i + 1) \, \text{eps} \,. \tag{2.79}$$

Fazit:
Diese Überlegungen eröffnen zwei Arten von Schlussfolgerungen. Beachte zunächst, dass die Schranken für $|\delta_i|$ in (2.79) mit wachsendem i *fallen*, d. h., die sich aus (2.78) ergebende Schranke für den (absoluten) Fehler

$$|\tilde{S}_m - S_m| \leq \sum_{i=1}^{m} |x_i| \, |\delta_i| \leq \text{eps} \sum_{i=1}^{m} (m - i + 1)|x_i| \tag{2.80}$$

wird dann am kleinsten, wenn man die *betragsgrößten Summanden zuletzt aufsummiert*. Dies legt eine konkrete Maßnahme nahe, die die Stabilität des Algorithmus verbessert.

Ferner zeigt sich wie das Ergebnis von der Kondition der Summation abhängt. Die relative Konditionszahl $\kappa_{rel}(x)$ der Funktion $f(x) = f(x_1, \ldots, x_m) = \sum_{j=1}^{m} x_j$ ist durch

$$\kappa_{rel}(x) = \max_{j=1,\ldots,m} \left\{ \frac{|x_j|}{\left| \sum_{i=1}^{m} x_i \right|} \right\}$$

gegeben. Aus der Rückwärtsfehleranalyse folgt:

$$\frac{|\tilde{S}_m - S_m|}{|S_m|} \doteq \frac{|f(\tilde{x}) - f(x)|}{|f(x)|} \leq \kappa_{rel}(x) \sum_{i=1}^{m} \frac{|\tilde{x}_i - x_i|}{|x_i|}$$

$$\leq \kappa_{rel}(x) \operatorname{eps} \sum_{i=1}^{m} (m - i + 1) = \kappa_{rel}(x) \frac{m(m+1)}{2} \operatorname{eps} . \tag{2.81}$$

Offensichtlich ist der durch Rechnung bedingte Fehler höchstens nur ein von den Daten *unabhängiges* konstantes Vielfaches des durch die Kondition bedingten unvermeidbaren Fehlers, wobei die Konstante nur von der Anzahl der Summanden abhängt. Insofern ist das obige Summationsverfahren für eine nicht zu große Anzahl von Summanden stabil.   △

Bemerkung 2.55 Obige Beispiele deuten an, dass „Stabilität" (wie die „Kondition") kein im mathematisch rigorosen Sinne exakt quantifizierbarer Begriff ist. Da ist stets die Rede von „Größenordnung" mit entsprechenden Ermessensspielräumen, die durchaus vom jeweiligen Anwendungsfall abhängen können. Dennoch bleibt das Konzept eine wesentliche Bewertungsgrundlage.   △

Bemerkung 2.56 Die Diskussion obiger Konzepte sollte eine Grundlage für eine vernünftige Einschätzung typischer Verfahrenskomponenten bieten. Sie bedeutet nicht, dass man stets beim Entwurf eines Algorithmus jeden Schritt „sezieren" muss. Zusammenfassend lassen sich als Leitlinien einige einfache Grundregeln formulieren:

- Kenntnisse über die Kondition eines Problems sind oft für die Interpretation oder Bewertung der Ergebnisse von entscheidender Bedeutung.
- Multiplikation und Division sind Operationen die für alle Eingangsdaten gut konditioniert sind. Die Subtraktion zweier annähernd gleicher Zahlen ist eine Operation die schlecht konditioniert ist. Dadurch können bei einer solchen Subtraktion Rundungsfehler enorm verstärkt werden. Diesen Effekt nennt man Auslöschung.
- In einem Algorithmus sollen Auslöschungseffekte möglichst vermieden werden.
- Bei einem stabilen Lösungsverfahren bleiben die im Laufe der Rechnung erzeugten Rundungsfehler in der Größenordnung der durch die Kondition des Problems bedingten unvermeidbaren Fehler.

- Im Rahmen der Gleitpunktarithmetik sollen Abfragen, ob eine Größe gleich Null ist oder ob zwei Zahlen gleich sind, vermieden werden. Aufgrund der Auflösbarkeit bis auf Maschinengenauigkeit ist diese Frage nicht entscheidbar im Sinne einer essentiellen Voraussetzung für weitere Entscheidungen und Schritte.
- Vorteilhafte Reihenfolgen bei der Summenbildung sollen berücksichtigt werden. △

2.7 Übungen

Übung 2.1 Beweisen Sie die „untere Dreiecksungleichung" (2.6).

Übung 2.2 Skizzieren Sie die Einheitskugeln $K_{\|\cdot\|}(0, 1)$ im $\mathbb{R}^2$ für die Normen $\|\cdot\|_\infty, \|\cdot\|_2, \|\cdot\|_1$.

Übung 2.3 Es seien $x, y \in \mathbb{R}^n$, $p \in [1, \infty]$ und p^* der konjugierte Index, d. h., $\frac{1}{p} + \frac{1}{p^*} = 1$. Zeigen Sie mit Hilfe der Hölder-Ungleichung (2.10) dass die diskrete Hölder-Ungleichung

$$\sum_{j=1}^{n} |x_j y_j| \leq \left(\sum_{j=1}^{n} |x_j|^p \right)^{1/p} \left(\sum_{j=1}^{n} |y_j|^{p^*} \right)^{1/p^*} \tag{2.82}$$

gilt. (Hinweis: wähle $I = [0, n]$, $f(t) = x_j$ für $t \in [j - 1, j)$.)

Übung 2.4 Beweisen Sie die Ungleichungen in (2.16).

Übung 2.5 Beweisen Sie die Ungleichungen:

$$\|x\|_\infty \leq \|x\|_1 \leq n\|x\|_\infty, \quad x \in \mathbb{R}^n,$$
$$\|x\|_2 \leq \|x\|_1 \leq \sqrt{n}\|x\|_2, \quad x \in \mathbb{R}^n.$$

Zeigen Sie dass diese Ungleichungen scharf sind.

Übung 2.6 Es seien $I = [a, b]$, $x_0 \in I$ fest und $\delta_{x_0}^{(1)} : C^1(I) \to \mathbb{R}$

$$\delta_{x_0}^{(1)}(f) := f'(x_0).$$

Für $f \in C^1(I)$ sei $\|f\|_{C^1(I)} := \max\{ \|f\|_\infty, \|f'\|_\infty \}$. Beweisen Sie:

a) $|\delta_{x_0}^{(1)}(f)| \leq \|f\|_{C^1(I)}$ für alle $f \in C^1(I)$.

b) Für alle $c > 0$ existiert ein $f \in C^1(I)$, so dass $|\delta_{x_0}^{(1)}(f)| \geq c\|f\|_\infty$.

Übung 2.7 Bestimmen Sie die relative Konditionszahl $\kappa_{rel}(x)$, $x := (x_1, x_2)$, der Funktion

$$f(x_1, x_2) = \frac{x_1}{x_2} \quad (x_2 \neq 0)$$

und zeigen Sie, dass $\kappa_{rel}(x) \leq 1$ für alle x gilt.

Übung 2.8 Sie haben eine Größe $x \in \mathbb{R}$ zu $x = 1.01 \pm 0.005$ gemessen. Nun benötigen Sie den Wert $y := x^2 - 1$ mit einer relativen Genauigkeit von 1 %. Ist Ihre Messung von x schon genau genug, um y mit der erforderlichen Genauigkeit zu berechnen? Falls nicht, welche relative Genauigkeit von x würden Sie (in erster Näherung) fordern, um y mit einer relativen Genauigkeit von 1 % zu berechnen?

Übung 2.9 Die Fläche eines Dreiecks mit den Eckpunkten (x_1, y_1), (x_2, y_2) und (x_3, y_3) beträgt

$$T = \frac{1}{2} \left| \det \begin{pmatrix} x_1 & y_1 & 1 \\ x_2 & y_2 & 1 \\ x_3 & y_3 & 1 \end{pmatrix} \right|.$$

Man nehme an, dass die Koordinaten mit einem Fehler, der absolut kleiner ist als ϵ, gegeben sind. Bestimmen Sie eine gute obere Schranke für den absoluten Fehler in T.

Übung 2.10 Eine Zahl $x \in \mathbb{R}$, $x > 0$, wird mit einem relativen Fehler von maximal 5 % gemessen. Was können Sie über den relativen Fehler (in erster Näherung) von

$$f(x) = \frac{1}{\ln(x+1) + x}$$

sagen? Liegt dieser ebenfalls unter 5 %?

Übung 2.11 Es sei $\tilde{x}$ ein Näherungswert für $x = 2$, der mit einem relativen Fehler von maximal 5 % behaftet ist.

a) Wie groß ist in erster Näherung der relative Fehler in $f(x) = \frac{1}{x^2+1}$?
b) Wie groß dürfte die relative Abweichung in x maximal sein, damit in erster Näherung der relative Fehler in f maximal 1 % beträgt?

Übung 2.12 Die Funktion $f(x) := \sqrt{x+1} - \sqrt{x}$ soll für große x (etwa $x \approx 10^4$) ausgewertet werden. Betrachten Sie die beiden folgenden Algorithmen zur Auswertung von f:

$$
\begin{array}{ll}
s := x + 1 & s := x + 1 \\
t := \sqrt{s} & t := \sqrt{s} \\
u := \sqrt{x} & u := \sqrt{x} \\
v := t + u & f_2 := t - u \\
f_1 := \frac{1}{v} &
\end{array}
$$

a) Zeigen Sie, dass bei exakter Rechnung $f_1 = f(x)$ gilt.
b) Welcher Algorithmus ist vorzuziehen? Begründen Sie Ihre Antwort.

Übung 2.13 Man möchte den Ausdruck

$$f = f_1 = (\sqrt{2} - 1)^6$$

mit dem Näherungswert $\sqrt{2} \approx 1.4$ berechnen. Man kennt für f noch die Darstellungen

$$f = f_2 = \frac{1}{(\sqrt{2} + 1)^6},$$
$$f = f_3 = 99 - 70\sqrt{2},$$
$$f = f_4 = \frac{1}{99 + 70\sqrt{2}}.$$

Welche der Darstellungen führt zu dem besten Resultat? Begründen Sie Ihre Antwort ohne die Berechnung der einzelnen f_i.

Übung 2.14 Berechnen Sie die folgenden drei Ausdrücke für die angegebenen Werte von x. Welches Phänomen ist zu beobachten? Bringen Sie die Ausdrücke auf eine numerisch stabilere Form.

a) $\frac{1}{1+2x} - \frac{1-x}{1+x}$ für $x = 10^{-7}$.
b) $\ln(x - \sqrt{x^2 - 1})$ für $x = 29.999$.
c) $1 - \exp(x^{-3})$ für $|x| > 10$.

Übung 2.15 Führen Sie eine Rückwärtsanalyse für die Berechnung des Skalarprodukts

$$S_N = \sum_{i=1}^{N} x_i y_i = x^T y \quad \text{über}$$
$$S_0 := 0; \ S_j := S_{j-1} + x_j \cdot y_j, \quad j = 1, \ldots, N.$$

durch. Die Zahlen $x_1, \ldots, x_N, y_1, \ldots, y_N$ seien Maschinenzahlen.

Übung 2.16 Es seien $\mathbb{M}(b, m, r, R)$ die Menge der Maschinenzahlen, wie in Abschn. 2.5.1 beschrieben, und x_{MIN}, x_{MAX} die betragsmäßig kleinste ($\neq 0$) bzw. größte Zahl in $\mathbb{M}(b, m, r, R)$. Zeigen Sie, dass

$$x_{\text{MIN}} = b^{r-1}$$
$$x_{\text{MAX}} = (1 - b^{-m})b^R$$

gilt.

Übung 2.17 Beweisen Sie die Abschätzung (2.62).

Übung 2.18 Berechnen Sie für $x = 125.75$ die Darstellung im binären Zahlensystem und bestimmen Sie $\mathrm{fl}(x)$ in der Menge $\mathbb{M}(2, 10, -64, 63)$.

Übung 2.19 Bestimme die Anzahl der Zahlen in der Menge $\mathbb{M}(16, 6, -64, 63)$.

Übung 2.20 Beweisen Sie (2.25) und (2.26).

Übung 2.21 Die lineare Abbildung $\mathcal{L} : X \to Y$ sei bijektiv. Zeigen Sie, dass die Umkehrabbildung $\mathcal{L}^{-1}$ ebenfalls linear ist.

Übung 2.22 Beweisen Sie (2.55).

Übung 2.23 Es seien $A, B \in \mathbb{R}^{n \times n}$ und bezeichne $\|\cdot\|$ die Operatornorm bezüglich irgendeiner Vektornorm für $\mathbb{R}^n$. Zeigen Sie, dass $\|AB\| \leq \|A\|\|B\|$ gilt.

Übung 2.24 Die sogenannte Frobenius-Norm einer Matrix $A \in \mathbb{R}^{n \times n}$ ist durch $\|A\|_F := \left(\sum_{i,j=1}^{n} a_{i,j}^2 \right)^{1/2}$ definiert. Zeigen Sie, dass

$$\|Ax\|_2 \leq \|A\|_F \|x\|_2, \qquad \|AB\|_F \leq \|A\|_F \|B\|_F$$

gilt. $\|\cdot\|_F$ ist jedoch nicht die zu $\|\cdot\|_2$ gehörige Operatornorm.

Übung 2.25 Beweisen Sie (2.53) in Bemerkung 2.36.

Übung 2.26 Es seien I, I_n und J wie in Matlab-Demo 2.52. Zeigen Sie folgende Resultate:

a) $0 \leq I_n \leq \frac{1}{5(n+1)}$ für alle $n = 1, 2, \ldots$.

b) $|J - I| = |J_{30} - I_{30}| \leq (\frac{1}{5})^{N-30}|J_N - I_N| = (\frac{1}{5})^{N-30} I_N \leq (\frac{1}{5})^{N-29} \frac{1}{N+1}$.

c) $|J - I| \leq 10^{-16}$ für alle $N \geq 50$.

Lineare Gleichungssysteme

3

3.1 Einleitung

3.1.1 Problemstellung

In diesem Kapitel werden wir uns mit der Lösung von linearen Gleichungssystemen befassen. Wir werden dazu auf einige Begriffe und Ergebnisse aus dem Bereich der linearen Algebra zurück greifen, die teilweise schon in Abschn. 2.4.3 vorgekommen sind.

Aus Beispiel 2.13 sei erinnert, dass $\mathbb{R}^{m \times n}$ die Menge der Matrizen

$$A = \begin{pmatrix} a_{1,1} & \cdots & a_{1,n} \\ \vdots & & \vdots \\ a_{m,1} & \cdots & a_{m,n} \end{pmatrix}$$

mit Einträgen $a_{i,j} \in \mathbb{R}$ bezeichnet.

Die zentrale Aufgabenstellung dieses Kapitels lässt sich allgemein folgendermaßen formulieren.

Aufgabe

Zu $A \in \mathbb{R}^{n \times n}$ und $b = (b_1, \ldots, b_n)^T \in \mathbb{R}^n$ bestimme ein $x = (x_1, \ldots, x_n)^T \in \mathbb{R}^n$, das

$$a_{1,1}x_1 + \ldots + a_{1,n}x_n = b_1$$
$$\vdots \qquad\qquad \vdots \qquad \vdots$$
$$a_{n,1}x_1 + \ldots + a_{n,n}x_n = b_n$$

© Der/die Autor(en), exklusiv lizenziert an Springer-Verlag GmbH, DE, ein Teil von Springer Nature 2022
W. Dahmen und A. Reusken, *Numerik für Ingenieure und Naturwissenschaftler*, https://doi.org/10.1007/978-3-662-65181-0_3

bzw. kurz

$$Ax = b \qquad (3.1)$$

erfüllt.

Das Gleichungssystem (3.1) heißt *linear*, da A eine lineare Abbildung definiert, vgl. Beispiel 2.13. Das System $Ax = b$ hat für $A \in \mathbb{R}^{m \times n}$, $b \in \mathbb{R}^m$ trivialerweise genau dann (mindestens) eine Lösung, wenn b sich als Linearkombination der Spalten von A darstellen lässt, also im Erzeugnis der Spalten von A liegt. Somit gibt es also genau dann eine Lösung wenn der Rang von A gleich dem Rang der durch die Spalte b erweiterten Matrix (A, b) ist. Lösbarkeit hängt also insbesondere auch von der rechten Seite b ab und impliziert im Allgemeinen keine Eindeutigkeit.

In diesem Kapitel werden wir uns auf den Fall $m = n$ beschränken, d. h., die Anzahl der Gleichungen entspricht der Anzahl der Unbekannten. Wir interessieren uns dann für den Fall, dass für *jede* rechte Seite $b \in \mathbb{R}^n$ eine Lösung existiert, die wie sich zeigt dann auch eindeutig sein muss. In Kap. 4 betrachten wir den Fall $m \neq n$. Wir können dann nicht mehr generell erwarten, dass für jedes b eine Lösung existiert. Eine Abschwächung des Lösungsbegriffs führt dann auf das Konzept der „Ausgleichsrechnung".

Zur Frage, wann (3.1) eine *eindeutige* Lösung hat, sei an folgende einfache Aussagen aus der linearen Algebra erinnert:

Bemerkung 3.1 Folgende Aussagen sind äquivalent:

(i) Das System (3.1) hat für jedes $b \in \mathbb{R}^n$ eine eindeutige Lösung $x \in \mathbb{R}^n$.
(ii) Die Matrix A in (3.1) hat vollen Rang n.
(iii) Für A in (3.1) hat das *homogene* System $Ax = 0$ nur die triviale Lösung $x = 0$.
(iv) Es gilt

$$\det A \neq 0. \qquad (3.2)$$

A heißt *regulär* oder *nichtsingulär*, wenn (3.2) und damit die Eigenschaften (i) – (iv) gelten. $\triangle$

(i) besagt gerade dass jede rechte Seite eine eindeutige Darstellung als Linearkombination der Spalten von A hat, was bedeutet, dass die Spalten von A eine Basis des $\mathbb{R}^n$ bilden, was wiederum zu (ii) äquivalent ist. Ebenso besagt (iii), dass die Spalten von A linear unabhängig sind und somit als maximal unabhängige Teilmenge des $\mathbb{R}^n$ eine Basis bilden müssen.

Die in diesem Kapitel vorgestellten Lösungsmethoden haben weitgehend „Black Box" Charakter, nutzen also keine zusätzliche Information über einen gegebenenfalls speziellen Problemhintergrund aus. Dennoch sollen im folgenden Abschnitt zunächst einige typische Anwendungshintergründe beleuchtet werden, die andeuten, welche besonderen Anforderungen auftreten können. Insbesondere unterstreichen die Beispiele zwei unterschiedliche Strukturmerkmale, die auch im vorliegenden allgemeinen Rahmen berücksichtigt werden sollen, nämlich Positiv Definitheit und Dünnbesetztheit von Matrizen.

3.1.2 Anwendungshintergründe und Beispiele

Die mathematische Behandlung einer Vielzahl technisch/physikalischer Probleme verlangt letztlich die Lösung eines Gleichungssystems, insbesondere eines *linearen* Gleichungssystems. Folgende Beispiele unterstreichen einerseits die zentrale Bedeutung dieses Themas. Andererseits sollen sie unterschiedliche Problemspezifikationen andeuten, deren jeweilige Anforderungen beim Entwurf einer numerischen Lösungsmethode zu berücksichtigen sind.

Beispiel 3.2 Nehmen wir an wir können einen Prozess in Form einer stetigen Funktion $f : D \subset \mathbb{R}^d \to \mathbb{R}$ an gewissen Stellen $t_i \in D, i = 1, \ldots, n$, messen, das heißt wir haben die Messwerte

$$b_i = f(t_i), \quad i = 1, \ldots, n,$$

zur Verfügung. Wir möchten nun den Prozesszustand an irgendeinem anderen Punkt $t \in D$ zumindest näherungsweise bestimmen. Die sogenannte *Interpolation* bietet dazu folgende Möglichkeit. Man wähle ein Basis-System $\Phi = \{\phi_1, \ldots, \phi_n\}$, das einen Teilraum $X_n \subset C(D)$ aufspannt und suche diejenige Linearkombination

$$I_n(f) = \sum_{j=1}^{n} x_j \phi_j \in C(D)$$

der Basisfunktionen, die gerade dieselben Messwerte wie f liefert, welche also die *n* Interpolationsbedingungen

$$I_n(f)(t_i) = b_i = f(t_i), \quad i = 1, \ldots, n, \tag{3.3}$$

erfüllen. Definiert man in diesem Fall die *Kollokationsmatrix*

$$K := \left(\phi_j(t_i)\right)_{i,j=1}^{n} \in \mathbb{R}^{n \times n}, \tag{3.4}$$

so ist (3.3) zum Gleichungssystem

$$Kx = b \tag{3.5}$$

äquivalent. Wie erwähnt, ist das Problem (3.3) genau dann für beliebige Daten b eindeutig lösbar, wenn K invertierbar ist (det $K \neq 0$). K hängt offensichtlich von Φ und von den Stützstellen t_i ab.

Die Wahl des Interpolationsraumes X_n hängt meist vom speziellen Anwendungshintergrund ab. Den Fall einer *polynomialen* Basis, d. h., X_n ist der Raum der Polynome vom Grade höchstens $n - 1$, wird in Kap. 8 ausführlich behandelt, da Polynominterpolation ein wichtiger Baustein für viele numerische Verfahren wie z. B. numerische Integration oder Differentiation ist. In Kap. 8 wird auch die Interpolation im Raum X_n der trigonometrischen Polynome untersucht, welcher in der Signalverarbeitung verwendet wird („Fourieranalyse"). Kap. 9 diskutiert den Fall, dass X_n ein sogenannter *Splineraum* ist. Splines sind stückweise Polynome mit bestimmten Glattheitseigenschaften an den Teilintervall-Endpunkten und spielen ebenfalls eine wichtige Rolle. Die Splines werden zum Beispiel bei „Daten Fitting" oder im „Computer-Unterstützten Geometrischen Entwurf" etwa in der Automobilindustrie verwendet. Andere häufig verwendete Basissysteme sind sogenannte *Radiale Basis Funktionen*. In diesem Fall haben die ϕ_i die Form

$$\phi_i(t) = \varphi(\|t - t_i\|), \quad i = 1, \ldots, n, \tag{3.6}$$

wobei $\varphi : \mathbb{R} \to \mathbb{R}$ fest gewählt wird und $\| \cdot \|$ irgendeine feste Norm auf $\mathbb{R}^d$ ist. Man spricht von einer radialen Basis, da ϕ_i nur vom Abstand $\|t - t_i\|$ abhängt. Aus praktischer Sicht bieten radiale Basen viele Vorteile. Insbesondere kann man bequem Probleme in *hohen Ortsdimensionen, $d \gg 1$,* behandeln. Deswegen spielen derartige Ansätze im *maschinellen Lernen* eine zunehmend wichtige Rolle. Allerdings ist die Frage der Invertierbarkeit der entsprechenden Kollokationsmatrizen meist schwieriger als etwa bei Polynomen oder Splines. Eine beliebte Wahl des Generators φ ist $\varphi(t) = e^{-t^2/\sigma^2}$, womit insbesondere Zusammenhänge mit Gaußschen Mischverteilungen hergestellt werden können. $\triangle$

Beispiel 3.3 Sei H ein linearer normierter und vollständiger Raum, dessen Norm durch ein Skalarprodukt $\langle \cdot, \cdot \rangle_H$ induziert wird, d. h. $\| \cdot \|_H = \sqrt{\langle \cdot, \cdot \rangle_H}$. Beispiele sind $H = \mathbb{R}^n$ mit $\| \cdot \|_H = \| \cdot \|_2 = \sqrt{\sum_{j=1}^n x_j^2}$ oder $H = L_2(D)$ der Raum der (im Lebesgue Sinne) quadrat-integrablen Funktionen, d. h., $\langle f, g \rangle_H = \int_D f(x)g(x)dx$. Solche *vollständige* Räume H mit einem Skalarprodukt werden *Hilbert-Räume* genannt. Sei $U_n \subset H$ ein n-dimensionaler Unterraum mit Basis $\Phi = \{\phi_1, \ldots, \phi_n\}$. Die *orthogonale Projektion* eines Elementes $v \in H$ auf den Unterraum U_n ist dasjenige Element $P_{U_n} v = u_n \in U_n$, für das der Fehler $v - u_n$ orthogonal zu U_n ist, d. h.

$$\langle v - P_{U_n} v, u \rangle_H = 0, \quad u \in U_n. \tag{3.7}$$

Man veranschauliche sich dies für den Fall $H = \mathbb{R}^2$, $U_1 := \{(y_1, y_2) \in \mathbb{R}^2 : y_2 = ay_1, y_1 \in \mathbb{R}\}$. Die Berechnung von u_n ist gleichbedeutend mit der Bestimmung der Entwicklungskoeffizienten $(x_j)_{j=1}^n$ der Darstellung

$$u_n = \sum_{j=1}^n x_j \phi_j$$

von u_n bezüglich der gegebenen Basis. Da die Gültigkeit von (3.7) schon durch „Testen" mit allen Basiselementen gegeben ist, ist (3.7) äquivalent zu $\langle v-u_n, \phi_i \rangle_H = 0$, $i = 1, \ldots, n$, d. h.,

$$\langle v, \phi_i \rangle_H - \sum_{j=1}^{n} x_j \langle \phi_j, \phi_i \rangle_H = 0, \quad i = 1, \ldots, n. \tag{3.8}$$

Mit der Gram-Matrix, vgl. (2.54),

$$G = \left(\langle \phi_j, \phi_i \rangle_H \right)_{j,i=1}^{n} \in \mathbb{R}^{n \times n}, \tag{3.9}$$

und $b := \left(\langle v, \phi_i \rangle_H \right)_{i=1}^{n} \in \mathbb{R}^n$, lässt sich (3.8) als lineares Gleichungssystem

$$Gx = b \tag{3.10}$$

ausdrücken. Man beachte dass G *symmetrisch* ist, d. h.,

$$G = G^T, \tag{3.11}$$

und dass für jedes $u = \sum_{i=1}^{n} a_i \phi_i \in U_n$

$$a^T G a = \left\langle \sum_{i=1}^{n} a_i \phi_i, \sum_{j=1}^{n} a_j \phi_j \right\rangle_H = \langle u, u \rangle_H = \|u\|_H^2$$

gilt. Weil Φ eine Basis ist, gilt $\|u\|_H = 0$ genau dann wenn $a = 0$, so dass

$$a^T G a > 0 \quad \text{für alle } a \in \mathbb{R}^n \setminus \{0\}. \tag{3.12}$$

Matrizen mit den Eigenschaften (3.11) und (3.12) werden *symmetrisch positiv definit* genannt. Diese Klasse von Matrizen und eine entsprechende Lösungsmethode für das Gleichungssystem (3.10) werden in Abschn. 3.6 eingehend behandelt.

Ferner bestätigt man leicht, dass die Abbildung $P_{U_n} : H \rightarrow U_n$ *idempotent* ist, d.h., $P_{U_n}^2 v = P_{U_n}(P_{U_n} v) = P_{U_n} v$ für jedes $v \in H$, und reproduziert deshalb insbesondere jedes $u \in U_n$, d.h., $P_{U_n} u = u$ für alle $u \in U_n$. Wie man sich geometrisch veranschaulichen kann, realisiert die orthogonale Projektion die *beste Approximation* aus dem Teilraum an das projezierte Element, d. h.,

$$\|v - P_{U_n} v\|_H = \min_{u \in U_n} \|v - u\|_H. \tag{3.13}$$

Diese Eigenschaft orthogonaler Projektionen und ihre Rolle in der sogenannten Ausgleichsrechnung werden in diesem Abschnitt weiter unten kurz angedeutet und später eingehend in Kap. 4 diskutiert. △

Beispiel 3.4 Sei V ein n-dimensionaler Vektorraum mit Basis $\Phi = \{\phi_1, \ldots, \phi_n\}$ und Skalarprodukt $(\cdot, \cdot)_V$. Wir betrachten die Koordinaten-Abbildung $\mathcal{L}$ aus (2.51) in Abschn. 2.4.4 und wollen für ein (beliebiges) Element $v \in V$ den zugehörigen Koordinaten-Vektor bezüglich der Basis $\Phi = \{\phi_1, \ldots, \phi_n\}$ bestimmen. Gesucht ist also der Vektor $x \in \mathbb{R}^n$ so dass

$$\mathcal{L}(x) = \sum_{j=1}^{n} x_j \phi_j = v$$

gilt. Da, wie im vorherigen Beispiel gezeigt, die orthogonale Projektion auf V jedes Element in V reproduziert, ist der Koeffizienten-Vektor x wiederum durch $Gx = b$ gegeben. $\triangle$

Beispiel 3.5 In modernen Anwendungen des *maschinellen Lernens* geht es darum, aus möglicherweise riesigen Datensätzen funktionale Zusammenhänge zu extrahieren. Interpolation im obigen Sinne ist dann aus mindestens zwei Gründen nicht unbedingt sinnvoll. Zum Einen sind oft die Datensätze so groß, dass entsprechende Interpolationsräume eine zu große Dimension aufweisen müssten. Zum Anderen sind solche Daten meist (und teilweise stark) fehlerbehaftet, so dass eine Interpolation letztlich statistisches Rauschen reproduzieren würde. Das vielleicht wichtigste Konzept beim „Fitting" solcher Datensätze ist die auf Karl Friedrich Gauß zurück gehende Methode der *linearen Ausgleichsrechnung,* die bereits oben angeklungen war und allgemein in Kap. 4 behandelt wird. Insbesondere kann man darin im folgenden Sinne eine Verallgemeinerung der Interpolation sehen. Angenommen man habe einen Datensatz $d = (d_i)_{i=1}^m \in \mathbb{R}^m$, wobei d_i zumindest näherungsweise Funktionswerte $d_i \approx f(t_i)$, $t_i \in D$ repräsentieren sollen. Wählt man zur Approximation der Daten einen Ansatzraum X_n mit Basis $\Phi = \{\phi_1, \ldots, \phi_n\}$ der Dimension $n < m$, kann man nicht alle Daten gleichzeitig „treffen". Stattdessen sucht man dann diejenige Linearkombination

$$LS_n(d) = \sum_{j=1}^{n} x_j \phi_j \in X_n,$$

die den „Missfit", den Defekt, an den Stellen $t_i \in D$, $i = 1, \ldots, m$, im *quadratischen Mittel* minimiert, d. h.

$$\sum_{i=1}^{m} (LS_n(d)(t_i) - d_i)^2 = \min_{y \in \mathbb{R}^n} \sum_{i=1}^{m} \left(\sum_{j=1}^{n} y_j \phi_j(t_i) - d_i \right)^2. \tag{3.14}$$

Wie gesagt ist das typische Szenario $m \gg n$, d. h. die Kollokationsmatrix $K = (\phi_j(t_i))_{i,j=1}^{m,n} \in \mathbb{R}^{m \times n}$ ist nun rechteckig und hat viel mehr Zeilen als Spalten. Man hat also viel weniger Freiheitsgrade in Form der Unbekannten x_j ($1 \le j \le n$) als Bedingungen in Form der Daten d_i ($1 \le i \le m$). Man sieht nun sofort, dass

$$\min_{x \in \mathbb{R}^n} \sum_{i=1}^{m} \left(\sum_{j=1}^{n} x_j \phi_j(t_i) - d_i \right)^2 = \min_{x \in \mathbb{R}^n} \|Kx - d\|_2^2,$$

was die Bezeichnung „Methode der kleinsten Fehlerquadrate" - auf englisch: Least Squares Method - erklärt. Für $m > n$ wird natürlich $\min_{x \in \mathbb{R}^n} \| Kx - d \|_2^2$ im Allgemeinen strikt positiv sein.

Nun fragt man sich, wie man die Minimierungsaufgabe (3.14) löst. Da man die beste Approximation aus dem linearen Teilraum $U_n := \text{span}\{Kx : x \in \mathbb{R}^n\} \subset \mathbb{R}^m$ an das Element $b \in \mathbb{R}^m = H$ bezüglich der Euklidischen Norm sucht, die durch ein Skalarprodukt auf $\mathbb{R}^m$ induziert wird, wissen wir aus Beispiel 3.3, dass die beste Approximation durch die orthogonale Projektion auf den Teilraum realisiert wird. Nehmen wir der Einfachheit halber an, dass die Matrix K vollen Rang hat, dass also die Spalten k_j, $j = 1, \ldots, n$, von K eine Basis für U_n bilden, dann ist die entsprechende Gram-Matrix in (3.10) gerade durch $G = K^T K$ gegeben während die rechte Seite b die Form $b = K^T d$ annimmt. Das quadratische Minimierungsproblem reduziert sich also auf die Lösung des linearen Gleichungssystems

$$K^T K x = K^T d. \tag{3.15}$$

In Beispiel 3.3 wurde gezeigt dass jede Gram-Matrix symmetrisch positiv definit ist. Somit ist die Matrix $A := K^T K$ im Gleichungssystem (3.15) symmetrisch positiv definit. Weil aufgrund der orthogonalen Projektion das Residuum $Kx - d$ gerade orthogonal zu U_n steht, nennt man (3.15) auch *Normalgleichungen* . Die in (3.14) gesuchte Ausgleichslösung ist also durch

$$LS_n(d)(t) = \sum_{j=1}^{n} x_j^* \phi_j(t), \quad \text{mit } K^T K x^* = K^T d,$$

gegeben. $\triangle$

In den obigen Beispielen wurde erläutert wie *lineare Gleichungssysteme als Unteraufgaben in sehr unterschiedlichen Bereichen der Numerik auftreten*, zum Beispiel bei der Interpolation (Kollokationsmatrix), in Projektionsmethoden (Gram-Matrix) und in der linearen Ausgleichsrechnung (Normalgleichungen). Ein weiterer wichtiger Hintergrund für das Auftreten von Gleichungssystemen ist die *Diskretisierung von Differentialgleichungen und Integralgleichungen*, die wieder ein wichtiges Hilfsmittel zur mathematischen Modellierung physikalisch-technischer Prozesse bilden. Folgende Beispiele sollen dieses Prinzip verdeutlichen. Wir begnügen uns dabei der Einfachheit halber mit Problemen einer Ortsvariablen.

Beispiel 3.6 Betrachtet man die Auslenkung eines elastischen Fadens über dem Intervall $[0, 1]$, der an den Stellen 0 und 1 eingespannt ist, erfüllt die Auslenkung $u(x)$ als Funktion des Ortes $x \in [0, 1]$ (nach Wegskalierung von Materialkonstanten) das *Randwertproblem*

$$-u''(x) = f(x), \quad x \in [0, 1], \quad u(0) = u(1) = 0, \tag{3.16}$$

für eine vorgebene Funktion f (Kraftverteilung). Dieses einfache Problem lässt sich analytisch lösen. Das Analogon einer eingespannten elastischen Membran in zwei Ortsvariablen erlaubt allerdings eine solche explizite Lösung nicht mehr. Man muss sich dann mit einer näherungsweisen Lösung begnügen, die man möglichst für jede gewünschte Lösungsgenauigkeit mit Hilfe geeigneter *Diskretisierungen* bestimmen kann. Bevor wir anhand des einfachen Falls (3.16) ein mögliches Diskretisierungs-prinzip erläutern, betrachten wir ein verwandtes Problem in der Form einer zeitab-hängigen *partiellen Differentialgleichung*.

Diese Differentialgleichung ergibt sich bei der Modellierung der zeitlichen Ent-wicklung der Temperatur $v(x, t)$ in einem durch das Intervall $[0, 1]$ repräsentierten dünnen Draht der Länge eins. Bei konstanter Vorgabe der Temperatur 0 an den Enden des Drahtes genügt diese Funktion $v(x, t)$ von Ort und Zeit dem *Anfangs-Randwertproblem* (wieder nach geeigneter Skalierung)

$$\frac{\partial v(x, t)}{\partial t} = \frac{\partial^2 v(x, t)}{\partial x^2}, \quad x \in [0, 1], \ t \in [0, T],$$
$$v(0, t) = v(1, t) = 0, \quad t \in [0, T], \tag{3.17}$$
$$v(x, 0) = v_0(x), \quad x \in [0, 1],$$

wobei v_0 die zum Zeitpunkt $t = 0$ gegebene Anfangstemperatur ist. Ersetzt man in (3.17) die partielle Zeitableitung $\frac{\partial v}{\partial t}$ durch einen *Differenzenquotienten* $(v(x, t + \Delta t) - v(x, t))/\Delta t$, mit $\Delta t = T/m$, kann man nach der (näherungswei-sen) Temperaturverteilung $v_k(x) \approx v(x, t_k)$ auf den diskreten Zeitleveln $t_k = k\Delta t$, $k = 0, \dots, m$ fragen, die durch das (semidiskrete) Näherungsmodell

$$\frac{v_{k+1}(x) - v_k(x)}{\Delta t} = v_{k+1}''(x), \quad x \in [0, 1], \quad v_{k+1}(0) = v_{k+1}(1) = 0, \tag{3.18}$$

gegeben sind. Man könnte im Prinzip den Term $v_{k+1}''(x)$ auf der rechten Seite von (3.18) durch $v_k''(x)$ ersetzen. Beginnt man mit $k = 0$, kann man aus der Anfangs-bedingung $v(x, 0) = v_0(x)$ den Term $v_0''(x)$ bestimmen und somit $v_1(x)$ einfach ermitteln. Wiederholt man dies, kann man sich bis zum Zeitlevel $T = m\Delta t$ vor-hangeln. In Übung 3.1 wird gezeigt, dass dieses Vorgehen allerdings wesentliche Nachteile bietet. Diese Nachteile lassen sich am besten im Kontext der numeri-schen Lösung von Systemen gewöhnlicher Differentialgleichungen in Kap. 11 ver-stehen. Deshalb ist obiger Ansatz (3.18) vorzuziehen. Dann ergibt sich allerdings bei bereits bekanntem $v_k(x)$ eine Differentialgleichung für $u(x) := v_{k+1}(x)$, nämlich wegen (3.18)

$$-u''(x) + \frac{1}{\Delta t} u(x) = \frac{1}{\Delta t} v_k(x), \quad x \in [0, 1], \ u(0) = u(1) = 0. \tag{3.19}$$

Man sieht also, dass in den Beispielen (3.16) und (3.19) jeweils diejenige Funktion $u(x)$ gesucht wird, die das Randwertproblem

$$-u''(x) + \lambda(x)u(x) = f(x), \quad x \in [0, 1], \ u(0) = u(1) = 0, \tag{3.20}$$

erfüllt. Hierbei ist $\lambda(x) \geq 0$ eine bekannte Funktion. In den obigen Beispielen ist $\lambda(x) = 0, \lambda(x) = (\Delta t)^{-1}$ für alle $x \in [0, 1]$ und somit eine konstante Funktion, aber in anderen Fällen (zum Beispiel wenn vor der Zeitableitung in (3.17) eine variable Dichtefunktion $\rho(x) > 0$ steht) könnte λ eine Ortsabhängige Funktion sein.

Im Allgemeinen kann man die Lösung nicht als analytisch geschlossenen Ausdruck angeben. Eine Möglichkeit (3.20) *numerisch approximativ* zu lösen, besteht darin, auf $[0, 1]$ verteilte Gitterpunkte

$$x_j = jh, \quad j = 0, \ldots, n, \quad h = \frac{1}{n}, \tag{3.21}$$

zu betrachten, die für große n immer dichter zusammenrücken. Mit Hilfe der Taylor-Entwicklung setzt man dann Ableitungen mit *Differenzenquotienten* in Beziehung. Aus den Taylor-Entwicklungen

$$u(x_j + h) = u(x_j) + hu'(x_j) + \frac{h^2}{2}u''(x_j) + \frac{h^3}{6}u'''(x_j) + \mathcal{O}(h^4),$$

$$u(x_j - h) = u(x_j) - hu'(x_j) + \frac{h^2}{2}u''(x_j) - \frac{h^3}{6}u'''(x_j) + \mathcal{O}(h^4),$$

folgt sofort

$$u(x_j + h) - 2u(x_j) + u(x_j - h) = h^2 u''(x_j) + \mathcal{O}(h^4),$$

und somit die Beziehung

$$u''(x_j) = \frac{1}{h^2}[u(x_{j+1}) - 2u(x_j) + u(x_{j-1})] + \mathcal{O}(h^2). \tag{3.22}$$

D.h., bis auf Terme 2. Ordnung in der Schrittweite h entspricht die 2. Ableitung einem Differenzenquotient. Es liegt daher nahe zu erwarten, dass diejenigen Werte u_j, die die Beziehung

$$-\frac{u_{j+1} - 2u_j + u_{j-1}}{h^2} + \lambda(x_j)u_j = f(x_j) \tag{3.23}$$

für die *inneren* Gitterpunkte $j = 1, \ldots, n - 1$ zusammen mit den Randbedingungen

$$u_0 = u_n = 0 \tag{3.24}$$

erfüllen, für kleine h, also große n, eine gute Approximation für die Werte $u(x_j)$ der exakten Lösung von (3.20) liefern. (3.23) ist ein *System* von $n - 1$ linearen

Gleichungen in den $n-1$ Unbekannten u_j. In Matrixform erhält man mit $\lambda_j := \lambda(x_j)$, $f_j := h^2 f(x_j)$ das System

$$
\begin{pmatrix}
2+h^2\lambda_1 & -1 & 0 & \cdots & 0 \\
-1 & 2+h^2\lambda_2 & -1 & \ddots & \vdots \\
0 & -1 & 2+h^2\lambda_3 & \ddots & 0 \\
\vdots & \ddots & \ddots & \ddots & -1 \\
0 & \cdots & 0 & -1 & 2+h^2\lambda_{n-1}
\end{pmatrix}
\begin{pmatrix}
u_1 \\ u_2 \\ \vdots \\ u_{n-2} \\ u_{n-1}
\end{pmatrix}
=
\begin{pmatrix}
f_1 \\ f_2 \\ \vdots \\ f_{n-2} \\ f_{n-1}
\end{pmatrix}.
\qquad (3.25)
$$

Hierbei wurde berücksichtigt, dass wegen (3.24) in der ersten und letzten Gleichung nur zwei Unbekannte vorkommen, während in allen übrigen Gleichungen drei Unbekannte auftreten. Derartige Matrizen heißen *Tridiagonalmatrizen*. Man kann zeigen, dass bei einem nichtnegativen λ wie in (3.16), (3.19), die resultierende symmetrische Tridiagonalmatrix sogar symmetrisch positiv definit ist.

Bei obigen Überlegungen wurden mehrere Näherungsschritte durchgeführt, die zunächst nur als plausibel begründet wurden. Eine rigorose und quantitative Abschätzung der Abweichung der so berechneten Näherungen von den exakten Lösungen der betrachteten Differentialgleichungen ist nicht offensichtlich und stellt eine prototypische Fragestellung der numerischen Analysis dar.   △

Beispiel 3.7 Anhand eines einfachen Beispiels wird nun die Diskretisierung von *Integralgleichungen* verdeutlicht. Gesucht sei diejenige Funktion $u(x)$, die die Integralgleichung

$$
u(x) + 2 \int_0^1 \cos(xt)u(t)\, dt = 2, \quad x \in [0, 1], \qquad (3.26)
$$

erfüllt. Eine Möglichkeit, (3.26) numerisch zu lösen, besteht darin, auf $[0, 1]$ verteilte Gitterpunkte

$$
t_j = \left(j - \frac{1}{2}\right)h, \quad j = 1, \ldots, n, \quad h = \frac{1}{n},
$$

zu betrachten, die für große n immer dichter zusammenrücken. Wie in Beispiel 3.6 Ableitungen müssen nun Integrale über Punktwerte des Integranden approximiert werden. Dies ist die Thematik der *numerischen Integration* oder Quadratur, die in Kap. 10 behandelt wird. Speziell wird für die Annäherung des Integrals in (3.26) hier die Mittelpunktsregel

$$
\int_0^1 f(t)\, dt \approx h \sum_{j=1}^{n} f(t_j) \qquad (3.27)
$$

eingesetzt (siehe Abb. 3.1). In Kap. 10 wird gezeigt, dass, wenn f zweimal stetig differenzierbar ist,

$$
\left| \int_0^1 f(t)\, dt - h \sum_{j=1}^{n} f(t_j) \right| \le \frac{h^2}{24} \max_{x \in [0,1]} |f''(x)|
$$

gilt.

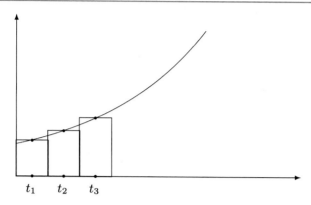

Abb. 3.1 Mittelpunktsregel

Im zweiten Annäherungsschritt wird die Gl. (3.26) für $u(x)$ nur in den Punkten $x = t_i$ betrachtet. Man erhält dann die Gleichungen

$$u_i + 2h \sum_{j=1}^{n} \cos(t_i t_j) u_j = 2, \quad i = 1, 2, \ldots, n, \tag{3.28}$$

für die Unbekannten $u_i \approx u(t_i)$, $i = 1, 2, \ldots, n$. Man darf erwarten, dass für kleine h, also große n, u_i eine gute Approximation für den Wert $u(x_i)$ der exakten Lösung von (3.26) liefert. (3.28) ist ein System von n linearen Gleichungen in den n Unbekannten u_i. In Matrixform ergibt sich

$$\begin{pmatrix} \frac{1}{2h} + \cos(t_1 t_1) & \cos(t_1 t_2) & \cdots & \cos(t_1 t_n) \\ \cos(t_2 t_1) & \frac{1}{2h} + \cos(t_2 t_2) & & \vdots \\ \vdots & & \ddots & \vdots \\ \cos(t_n t_1) & \cdots & \cdots & \frac{1}{2h} + \cos(t_n t_n) \end{pmatrix} \begin{pmatrix} u_1 \\ u_2 \\ \vdots \\ u_n \end{pmatrix} = \frac{1}{h} \begin{pmatrix} 1 \\ 1 \\ \vdots \\ 1 \end{pmatrix}.$$

Abb. 3.2 zeigt das berechnete Resultat $(u_i)_{1 \le i \le n}$ für $n = 30$.

$\triangle$

Zum Schluss sei bemerkt, dass in dem umfangreichen Gebiet der Modellierung diskreter Netzwerksysteme lineare Gleichungssysteme eine zentrale Rolle spielen. Beispiele solcher Netzwerksysteme sind Verkehrsnetzwerke, Gasnetzwerke und Stromkreise.

Beispiel 3.8 In einem System von verzweigten linearen Leitern kann man die Stärke quasistationärer Ströme I_i mit Hilfe der beiden Kirchhoffschen Sätze für Stromverzweigungen bestimmen. Punkte, an denen mehrere Leiter zusammentreffen, werden Knoten genannt. Ein „Kreis" von Leitersegmenten heißt Masche. Der erste Satz

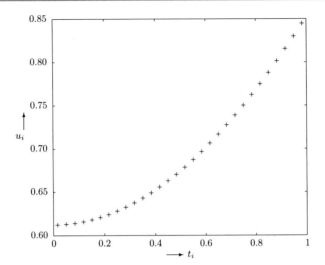

Abb. 3.2 Berechnete Lösung der Integralgleichung

besagt, dass (im stationären Fall) der Gesamtstrom durch einen Knoten verschwinden muss, d. h., wenn an einem Knoten von n Leitersegmenten durch $n_1 < n$ Leiter Strom in den Knoten fließt, während durch $n_2 := n - n_1$ Leiter Strom aus dem Knoten abfließt, muss gelten

$$\sum_{i=1}^{n_1} I_i = \sum_{i=n_1+1}^{n} I_i.$$

Mit I_i ist also stets der Absolutwert der Stromstärke gemeint. Der zweite Kirchhoffsche Satz besagt, dass die Summe der Spannungen U_j in einer Masche Null sein muss:

$$\sum_{j} U_j = 0,$$

wobei hier die Spannungswerte positiv oder negativ sein können. Betrachtet man einen einfachen Stromkreis wie in Abb. 3.3 mit einem Knoten und aufgeprägten Spannungen U_A, U_B, in dem drei Widerstände R_1, R_2, R_3 geschaltet sind, ergeben sich unter Ausnutzung des Ohmschen Gesetzes $R_j I_j = U_j$ folgende Bedingungen

$$I_1 + I_3 = I_2$$
$$R_1 I_1 + R_2 I_2 = U_A \qquad\qquad (3.29)$$
$$R_3 I_3 + R_2 I_2 = U_B.$$

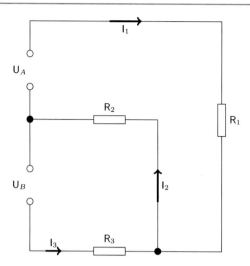

Abb. 3.3 Stromkreis

Somit erhält man bei bekannten Widerständen R_i und gegebenen Spannungen U_A, U_B, ein System von drei linearen Gleichungen in den drei Unbekannten I_1, I_2, I_3. △

Einige Bemerkungen zu prinzipiellen Unterschieden zwischen den Gleichungssystemen, die in den obigen Beispielen auftreten, sind angebracht. Zur Unterscheidung lassen sich folgende Gesichtspunkte anführen:

(a) algebraische Struktur.
(b) Größe der Matrix, fest oder variabel;
(c) spezielles Eintragsmuster;

In den Beispielen 3.3, 3.4, 3.5 sowie 3.6 treten Gleichungssysteme mit Matrizen möglicherweise ganz unterschiedlicher Größe oder Eintragsmuster auf, die jedoch alle als gemeinsame algebraische Struktur *Positiv Definitheit und Symmetrie* (siehe (a)) haben. Ersteres sieht man rein äußerlich einer Matrix meist nicht an. Positiv Definitheit lässt sich jedoch signifikant ausnutzen um die Effizienz und Stabilität der Lösungsmethode gegenüber einer für allgemeine reguläre Matrizen zu verbessern. In Abschn. 3.6 wird das Cholesky-Verfahren als entsprechende Spezifikation der Gauß-Elimination vorgestellt.

In Beispiel 3.8 geht es um Systeme *fester* Größe, wobei die Matrizen je nach Beschaffenheit des Leiternetzwerks ganz unterschiedliche Struktur und Größe haben können. Im Sinne eines festen Belegungsmusters für nichtverschwindende Beiträge sind derartige Matrizen also strukturlos. Letzteres gilt auch für viele Typen von Interpolationsproblemen in Beispiel 3.2. Bei der Verwendung von radialen

Basisfunktionen sind die Matrizen *voll besetzt,* d. h., alle Einträge sind von null verschieden. Bei der Interpolation mit Splines hingegen treten typischer Weise wie auch im Beispiel 3.6 *Bandmatrizen* auf, d. h., die von null verschiedenen Einträge liegen in wenigen Nebendiagonalen. Solche Matrizen sind Spezialfälle von *dünn besetzten* oder *sparsen* Matrizen, bei denen pro Zeile und Spalte nur eine kleine feste maximale Anzahl von Einträgen von null verschieden sind. Es wird nicht verwundern, dass Sparsität einen wesentlichen Einfluss auf den Rechenaufwand hat, der zur Lösung des betreffenden Systems notwendig ist. Ebenso stellt sich die Frage, wie man solche Strukturen am besten zur Reduktion des Aufwands ausnutzen kann.

In den Beispielen 3.6 und 3.7 ergibt sich aus der Problemstellung kein System fester Größe. Die *Größe* des jeweiligen Systems ist hingegen *variabel* und hängt davon ab, wie fein die Diskretisierung und damit wie klein der Diskretisierungsfehler sein soll. Die Lösung des Gleichungssystems kann in der Regel nur eine Approximation der kontinuierlichen Lösung der ursprünglichen Differential- oder Integralgleichung sein. Bei analogen Problemen mit mehreren Ortsvariablen können dadurch sehr große Zahlen – mehrere hunderttausend bis zu Millionen – von Unbekannten auftreten. Allerdings bleiben die Matrizen stets *dünnbesetzt.* Bei sehr großen Problemen wird man diese Struktur ausnutzen müssen. Die in diesem Kapitel vorgestellten Methoden eignen sich bei wirklich großen Problemen nur dann, wenn eine enge Bandstruktur wie bei Tridiagonalmatrizen vorliegt. Analoge Diskretisierungen für partielle Differentialgleichungen mit mehreren Ortsvariablen sind zwar auch dünnbesetzt, haben aber die besetzten Bänder nicht mehr unmittelbar nebeneinander. Zur Lösung solcher großen dünnbesetzten Gleichungssysteme werden oft *iterative Lösungsverfahren* eingesetzt. Bei solchen Methoden werden lediglich Matrix-Vektor-Multiplikationen ausgeführt, wobei Sparsität in natürlicher Weise ausgenutzt werden kann. Diese iterative Lösungsverfahren werden nicht behandelt, weil es über den Rahmen dieses Buches hinausgeht.

Man beachte, dass in Beispiel 3.7 auch ein unendlich dimensionales Problem näherungsweise gelöst werden soll, im Prinzip also wieder sehr große Systeme auftreten können. Die angegebene Diskretisierung liefert allerdings in diesem Fall ein *vollbesetztes* System. Bei moderater Problemgröße würde man deshalb (zumindest im ersten Anlauf) die eher als Allzweckwerkzeuge anzusehenden Methoden dieses Kapitels anwenden. Dies trifft weitgehend auch auf diejenigen Situationen zu, in denen lineare Gleichungssysteme erst mittelbar auftreten, wie bei der iterativen Lösung nichtlinearer Probleme.

Beispiel 3.9 Die Lösung eines *nichtlinearen* Gleichungssystems ist im Allgemeinen nur mit Hilfe von iterativen Methoden möglich. Das nichtlineare Problem wird auf eine *Sequenz linearer Probleme* reduziert, die so anzulegen sind, dass in jedem Schritt die Genauigkeit der momentanen Approximation strikt verbessert wird. Das klassische Beispiel einer solchen Linearisierungsstrategie ist das *Newton-Verfahren* (siehe Kap. 5). Da in diesem Zusammenhang möglicherweise viele lineare Gleichungssysteme zu lösen sind, ist der Effizienzgesichtspunkt offensichtlich von Bedeutung. △

3.1.3 Orientierung: Strategien, Konzepte, Methoden

Wie bereits erwähnt, unterscheiden wir zwei Klassen von Lösungsmethoden, sogenannte *direkte Verfahren* und *iterative Verfahren*. Direkte Verfahren würden bei exakter Arithmetik die exakte Lösung liefern. Iterative Verfahren begnügen sich grundsätzlich mit einer Näherungslösung, deren Genauigkeit allerdings steuerbar sein soll. Ein Vorteil der klassischen direkten Verfahren liegt darin, dass sie mehr oder weniger als Allzweck-Löser eingesetzt werden können. Ein Nachteil ist, dass man sehr große Probleme damit nur bedingt behandeln kann.

Alle im folgenden betrachteten direkten Verfahren benutzen wiederholt folgende triviale Beobachtung:

$$Ax = b \iff CAx = Cb \quad \text{für alle } C \in \mathbb{R}^{n \times n} \text{ mit } \det C \neq 0. \qquad (3.30)$$

In der Tat bedeutet $CAx = Cb$ gerade $C(Ax - b) = 0$. Da C regulär ist, ist dies zu $Ax - b = 0$ äquivalent. Dies legt die Strategie nahe, nach möglichst effizienten Wegen zu suchen, zunächst das gegebene Gleichungssystem in ein äquivalentes System

$$Rx = \tilde{b}, \quad R = CA, \quad \tilde{b} = Cb,$$

umzuformen, das dann „leichter" lösbar ist. Eine solche Umformung gelingt im Allgemeinen nicht in einem einzigen Schritt. Alle nachfolgenden Verfahren beruhen darauf, ein solches „leicht invertierbares" R in mehreren Teilschritten zu erzeugen, d. h., man generiert sukzessive eine Folge von regulären Transformationsmatrizen C_j, $j = 1, \ldots, m$, für die dann die Zielmatrix R und transformierte rechte Seite $\tilde{b}$ durch

$$R = C_m \cdots C_1 A, \quad \tilde{b} = C_m \cdots C_1 b \qquad (3.31)$$

gegeben sind.

Um über diese Strategie ein konkretes Verfahren zu gewinnen, muss man spezifizieren, was „R sei leicht invertierbar" bedeuten soll. Bei allen Methoden in diesem Kapitel ist R eine obere (oder rechte) Dreiecksmatrix, d. h., nichtverschwindende Einträge tauchen nur auf der Diagonalen oder oberhalb der Diagonalen auf. Diese Dreiecksstruktur erlaubt die schrittweise Elimination der Unbekannten in der Form von „Rückwärtseinsetzen" (siehe Abschn. 3.4).

Die unterschiedlichen Methoden ergeben sich dann aus der Wahl der Transformationsmatrizen C_j. Klassische *Gauß-Elimination* liefert die C_j in der Form sogenannter Frobenius-Matrizen, siehe Abschn. 3.5.

In Abschn. 3.6 wird sich zeigen, dass sich diese Umformung in Dreiecksgestalt für positiv definite Matrizen mit dem *Cholesky-Verfahren* sehr effizient realisieren lässt.

Eine weitere wichtige Verfahrensklasse, die später in anderen Zusammenhängen wie Ausgleichsrechnung oder Eigenwertberechnung von zentraler Bedeutung ist, beruht darauf, die Transformationsmatrizen C_j als *orthogonale Matrizen* zu wählen. Bei einer orthogonalen Matrix bilden die Spalten und Zeilen jeweils eine *Orthonormalbasis,* so dass die Inverse der Matrix einfach durch die *Transponierte* der Matrix explizit angebbar ist ($C_j^{-1} = C_j^T$).

In allen Fällen sind insbesondere die Transformationsmatrizen C_j „einfach" in dem Sinne, dass die Inversen C_j^{-1} explizit bestimmbar sind. Dies hat als ganz wesentliche Konsequenz, dass aus (3.31) sofort eine *Faktorisierung*

$$A = BR, \quad B = C_1^{-1} \cdots C_M^{-1} = C^{-1} \tag{3.32}$$

folgt. Der Schrittweise Transformationsprozess liefert sozusagen als Nebenprodukt eine *Faktorisierung* der Ausgangsmatrix in ein Produkt von zwei regulären Matrizen B, R, für die jeweils entsprechende Gleichungssysteme „leicht lösbar" sind.

Die Gauß-Elimination erzeugt in diesem Sinne gerade die sogenannte *LR-Zerlegung,* da in diesem Fall B eine *untere* Dreiecksmatrix ist, während sich bei orthogonalen Transformationsmatrizen die sogenannte *QR-Zerlegung* mit einer orthogonalen Matrix B ergibt, siehe Abschn. 3.9.

Insbesondere wird in Abschn. 3.5.3 gezeigt, welche weitreichenden Vorteile die Verfügbarkeit einer solchen Faktorisierung der Ausgangsmatrix A bietet. Insofern liegt ein gemeinsames Kernkonzept der betrachteten direkten Lösungsmethoden in der effizienten Bestimmung einer geeigneten Matrixfaktorisierung über schrittweise Problemtransformationen.

Neben der Effizienz ist die Stabilität ein wesentliches Kriterium zur Bewertung der auf obige Weise erhaltenen Verfahren. Da idealerweise die vom Verfahren eingebrachten Fehler maximal von der Größenordnung des durch die Kondition des Problems bedingten unvermeidbaren Fehler bleiben sollen, ist die Quantifizierung der Kondition eines Gleichungssystems von zentraler Bedeutung. Wie in Abschn. 2.4.3 erklärt wird (siehe Bemerkung 2.33), leistet dies gerade die *Konditionszahl* einer Matrix, deren zentrale Bedeutung im nächsten Abschnitt hervorgehoben wird.

Annahme

In den Abschn. 3.2–3.8 wird stets angenommen, dass det $A \neq 0$ *gilt.*

3.2   Kondition und Störungssätze

Bevor in den folgenden Abschnitten die verschiedenen Lösungsverfahren behandelt werden, wird in diesem Abschnitt wie üblich zuerst das Thema der Kondition des vorliegenden Problems diskutiert. Dies klang ja bereits in Abschn. 2.4.3 an, siehe Satz 2.30 und Bemerkung 2.33. Folgende Betrachtungen lassen sich als weitere

Spezialisierung bzw. Vertiefung dieser Ergebnisse ansehen. Die Problemdaten sind in diesem Fall die Einträge der rechten Seite b, aber darüber hinaus auch die Einträge der Matrix A.

Sei im Folgenden x stets die exakte Lösung von (3.1) und $\| \cdot \|$ eine Vektornorm auf $\mathbb{R}^n$. In Abschn. 2.3.1 haben wir als Beispiele die *Max-Norm* $\|x\|_\infty :=$ $\max_{i=1,\dots,n} |x_i|$ oder die p-Normen $\|x\|_p := \left(\sum_{i=1}^n |x_i|^p\right)^{1/p}$ für $1 \leq p < \infty$ kennengelernt. Für $p = 2$ erhält man insbesondere die *Euklidische Norm*, die den Abstand eines Punktes $x \in \mathbb{R}^n$ vom Ursprung misst. Die zu $\| \cdot \|$ gehörige Operatornorm (2.20) (bei Verwendung der gleichen Vektornorm für Bild und Urbild) wird auch mit $\| \cdot \|$ bezeichnet, d. h. $\|A\| := \max\{\|Ax\| \mid \|x\| = 1\}$. Es wurde bereits in (2.22) gezeigt, dass stets $\|Ax\| \leq \|A\|\,\|x\|$ für alle $x \in \mathbb{R}^n$ gilt.

Wir betrachten zunächst den einfachsten Fall, dass *nur* die rechte Seite b gestört ist. Dieser Fall ist schon in Bemerkung 2.33 diskutiert worden, siehe (2.49), sei aber hier noch einmal formal hervorgehoben.

Satz 3.10
Es seien $b \neq 0$ und $x + \Delta x$ die Lösung von $A(x + \Delta x) = b + \Delta b$. Dann gilt

$$\frac{\|\Delta x\|}{\|x\|} \leq \|A^{-1}\|\,\|A\|\frac{\|\Delta b\|}{\|b\|}. \tag{3.33}$$

Beweis Die Behauptung folgt sofort aus Satz 2.30 für $\mathcal{L} = A^{-1}$. Es mag nicht schaden, das Argument im „hiesigen Gewand" kurz zu wiederholen. Es gilt

$$A(x + \Delta x) = b + \Delta b \iff A\Delta x = \Delta b \iff \Delta x = A^{-1}\Delta b,$$

und deshalb

$$\|\Delta x\| = \|A^{-1}\Delta b\| \leq \|A^{-1}\|\,\|\Delta b\|. \tag{3.34}$$

Andererseits gilt wegen

$$\|b\| = \|Ax\| \leq \|A\|\,\|x\|$$

auch

$$\frac{1}{\|x\|} \leq \frac{\|A\|}{\|b\|}. \tag{3.35}$$

Aus (3.34) und (3.35) folgt die Behauptung. $\qquad\square$

Der relative Fehler der Lösung lässt sich also durch das Vielfache

$$\kappa(A) = \kappa_{\|\cdot\|}(A) := \|A^{-1}\|\,\|A\| \tag{3.36}$$

des relativen Fehlers der rechten Seite (Eingabedaten) abschätzen. Die Größe $\kappa(A)$ heißt *(relative) Konditionszahl* (bzgl. der Norm $\|\cdot\|$) der Matrix A, vgl. Abschn. 2.4.3. Die Konditionszahlen hängen natürlich von der jeweiligen Norm $\|\cdot\|$ ab. Bei den Normen $\|\cdot\|_\infty$, $\|\cdot\|_2$, $\|\cdot\|_1$ schreiben wir wie in Abschn. 2.4.3 kurz κ_∞, κ_2, κ_1. Es sei auch daran erinnert, dass stets gilt

$$1 \le \kappa(A), \tag{3.37}$$

d. h., Konditionszahlen von Matrizen sind stets größer oder gleich 1, vgl. (2.44). Auch folgende Tatsache wurde bereits in allgemeinerer Form diskutiert, vgl. Bemerkungen 2.32, 2.33.

Bemerkung 3.11 $\kappa(A) = \kappa(A^{-1})$, d. h., die Berechnung von Ax und die Lösung des Systems $Ax = b$ (also die Auswertung von $A^{-1}b$) sind gleich konditioniert. $\triangle$

Dies war soweit im Wesentlichen eine Auffrischung bzw. Spezialisierung des Stoffs von Abschn. 2.4.3. Es wird sich nun zeigen, dass $\kappa(A)$ auch maßgeblich die Störungen in den übrigen Eingabedaten beschreibt.

Satz 3.12

Es gelte $b \ne 0$ und $\kappa(A)\frac{\|\Delta A\|}{\|A\|} < 1$. Es sei $x + \Delta x$ die Lösung von

$$(A + \Delta A)(x + \Delta x) = b + \Delta b. \tag{3.38}$$

Dann gilt:

$$\frac{\|\Delta x\|}{\|x\|} \le \frac{\kappa(A)}{1 - \kappa(A)\frac{\|\Delta A\|}{\|A\|}} \left(\frac{\|\Delta A\|}{\|A\|} + \frac{\|\Delta b\|}{\|b\|} \right).$$

Beweis Die Voraussetzung besagt, dass die gestörte Matrix immer noch regulär ist. Angenommen es sei $(A + \Delta A)z = 0$, also $z = -A^{-1}\Delta A z$. Falls $z \ne 0$, erhält man aus den Voraussetzungen des Satzes,

$$\|z\| = \|A^{-1}\Delta A z\| \le \|A^{-1}\| \|\Delta A\| \|z\| = \kappa(A)\frac{\|\Delta A\|}{\|A\|}\|z\| < \|z\|,$$

also einen Widerspruch. Deshalb muss $z = 0$ gelten, woraus folgt, dass das lineare Gleichungssystem (3.38) eindeutig lösbar ist. Aus (3.38) und $Ax = b$ folgt

$$A\,\Delta x + \Delta A\,x + \Delta A\,\Delta x = \Delta b,$$

also

$$\Delta x = A^{-1} \left(-\Delta A\, x - \Delta A\, \Delta x + \Delta b \right)$$
$$= -A^{-1} \Delta A\, x - A^{-1} \Delta A\, \Delta x + A^{-1} \Delta b.$$

Damit ergibt sich

$$\| \Delta x \| \le \| A^{-1} \| \, \| \Delta A \| \, \| x \| + \| A^{-1} \| \, \| \Delta A \| \, \| \Delta x \| + \| A^{-1} \| \, \| \Delta b \|,$$

und daher, mit $\kappa := \kappa(A) = \| A \| \, \| A^{-1} \|$,

$$\left(1 - \kappa \frac{\| \Delta A \|}{\| A \|} \right) \| \Delta x \| \le \kappa \frac{\| \Delta A \|}{\| A \|} \| x \| + \kappa \frac{\| \Delta b \|}{\| A \|}. \qquad (3.39)$$

Da

$$\| b \| = \| Ax \| \le \| A \| \, \| x \|,$$

erhält man aus (3.39)

$$\left(1 - \kappa \frac{\| \Delta A \|}{\| A \|} \right) \| \Delta x \| \le \kappa \left(\frac{\| \Delta A \|}{\| A \|} + \frac{\| \Delta b \|}{\| b \|} \right) \| x \|,$$

was der behaupteten Abschätzung entspricht.   □

Man beachte, dass in Satz 3.12 nach Voraussetzung

$$\kappa(A) \frac{\| \Delta A \|}{\| A \|} = \| A^{-1} \| \, \| \Delta A \| < 1 \qquad (3.40)$$

gelten soll, d. h., der relative Fehler in A darf im Verhältnis zur Kondition von A nicht zu groß sein, damit die Abschätzung gültig ist. Falls also $\| A^{-1} \| \, \| \Delta A \| \ll 1$, besagt obige Abschätzung, dass die Konditionszahl $\kappa(A)$ im Wesentlichen die Verstärkung der relativen Eingabefehler sowohl der rechten Seite als auch der Matrixeinträge beschreibt.

Bemerkung 3.13 In einer Maschine mit Maschinengenauigkeit eps sind die Daten A, b mit relativen Fehlern $\le$ eps behaftet. Aufgrund des Satzes 3.12 sagt man, dass es wegen der Kondition des Problems $(A, b) \to x = A^{-1} b$ einen für die Bestimmung von x *unvermeidlichen Fehler* in der Größenordnung

$$\kappa(A) \text{ eps} \qquad (3.41)$$

gibt.   △

Beispiel 3.14 Es seien

$$A = \begin{pmatrix} 3 & 1.001 \\ 6 & 1.997 \end{pmatrix}, \quad b = \begin{pmatrix} 1.999 \\ 4.003 \end{pmatrix}.$$

Dann gilt

$$A^{-1} = \frac{1}{-0.015} \begin{pmatrix} 1.997 & -1.001 \\ -6 & 3 \end{pmatrix}, \quad \|A^{-1}\|_\infty = 600,$$

$$\|A\|_\infty = 7.997, \quad \kappa_\infty(A) = 4798.2.$$

Für

$$\tilde{A} = \begin{pmatrix} 3 & 1 \\ 6 & 1.997 \end{pmatrix}, \quad \tilde{b} = \begin{pmatrix} 2.002 \\ 4 \end{pmatrix}$$

hat man

$$\Delta A = \begin{pmatrix} 0 & -0.001 \\ 0 & 0 \end{pmatrix}, \quad \|\Delta A\|_\infty = 0.001,$$

$$\Delta b = \begin{pmatrix} 0.003 \\ -0.003 \end{pmatrix}, \quad \|\Delta b\|_\infty = 0.003.$$

Aus Satz 3.12 ergibt sich somit

$$\frac{\|\Delta x\|_\infty}{\|x\|_\infty} \le 10.49$$

als Abschätzung für den relativen Fehler der Lösung $\tilde{x}$ von $\tilde{A}\tilde{x} = \tilde{b}$. Da die exakte Lösung $x = (1, -1)^T$ das System $Ax = b$ und $\tilde{x} = (0.2229, 1.3333)^T$ das System $\tilde{A}\tilde{x} = \tilde{b}$ löst, ist der tatsächliche relative Fehler

$$\frac{\|\Delta x\|_\infty}{\|x\|_\infty} \approx 2.333$$

also kleiner, als die im obigen Satz 3.12 hergeleitete obere Schranke, aber immer noch groß.   △

Um die Genauigkeit einer Annäherung $\tilde{x}$ der Lösung eines Gleichungssystems $Ax = b$ zu messen, wird oft als Maß die Größe des Residuums $\tilde{r} = b - A\tilde{x}$ genommen, welches man ohne Kenntnis der exakten Lösung x berechnen kann. Beachte, dass das Residuum $\tilde{r} = 0$ wäre, wenn $\tilde{x}$ die exakte Lösung x darstellen würde. Wie aussagekräftig allerdings die Größe des Residuums in Bezug auf den tatsächlichen Fehler ist, hängt wieder von der Kondition ab. Für die Norm des Residuums im Vergleich zu der des Fehlers gilt nämlich:

$$\kappa(A)^{-1} \frac{\|\tilde{r}\|}{\|b\|} \le \frac{\|x - \tilde{x}\|}{\|x\|} \le \kappa(A) \frac{\|\tilde{r}\|}{\|b\|}. \tag{3.42}$$

Um die Vertrautheit mit diesen Größen zu steigern, leiten wir die untere Abschätzung her:

$$\frac{\|\tilde{r}\|}{\|b\|} \leq \frac{\|A\|\|x - \tilde{x}\|}{\|Ax\|} \leq \|A\|\|A^{-1}\|\frac{\|x - \tilde{x}\|}{\|x\|},$$

wobei in der zweiten Ungleichung $\|x\| = \|A^{-1}Ax\| \leq \|A^{-1}\|\|Ax\|$ verwendet wurde. Die Ungleichungen in (3.42) sind scharf. Folglich kann, wenn A schlecht konditioniert ist, die Größe des Residuums $\|\tilde{r}\|$ ein schlechtes Maß für den Fehler in $\tilde{x}$ sein.

Beispiel 3.15 Sei A die Matrix aus Beispiel 3.14 und $b = (3, 6)^T$. Die exakte Lösung des Gleichungssystems $Ax = b$ ist $x = (1, 0)^T$. Für die Annäherungen

$$\tilde{x} = \begin{pmatrix} 0.99684 \\ 0.00949 \end{pmatrix}, \quad \hat{x} = \begin{pmatrix} 1.000045 \\ 0.000089 \end{pmatrix},$$

gilt

$$\|\tilde{r}\|_\infty = \|b - A\tilde{x}\|_\infty = 1.95 \cdot 10^{-5}$$

$$\|\hat{r}\|_\infty = \|b - A\hat{x}\|_\infty = 4.48 \cdot 10^{-4}.$$

Die Norm des Residuums für $\tilde{x}$ ist also viel kleiner als für $\hat{x}$, $\|\tilde{r}\|_\infty \ll \|\hat{r}\|_\infty$. Der Fehler in $\tilde{x}$ ist aber viel größer als in $\hat{x}$: $\|\tilde{x} - x\|_\infty = 9.49 \cdot 10^{-3} \gg \|\hat{x} - x\|_\infty = 8.90 \cdot 10^{-5}$. △

Matlab-Demo 3.16 (Hilbert-Matrix). Wir betrachten ein Gleichungssystem $Ax = b$ mit einer $n \times n$ Hilbert-Matrix, siehe (2.57). Es seien e^j der j-te Basisvektor und a_j die j-te Spalte der Matrix A. Es gilt also $Ae^j = a_j$, $j = 1, \ldots, n$. In diesem Matlabexperiment wird als rechte Seite des Gleichungssystems $b = a_j$ genommen. Zur Berechnung der (bereits bekannten) Lösung $x = e^j$ wird das Gleichungssystem mit einer stabilen Methode (welche später in Abschn. 3.6 behandelt wird) gelöst. Für die berechnete Lösung $\tilde{x}$ werden die relative Größe des Residuums $\frac{\|A\tilde{x}-b\|_\infty}{\|b\|_\infty}$ und der relative Fehler $\frac{\|\tilde{x}-x\|_\infty}{\|x\|_\infty} = \|\tilde{x} - x\|_\infty$ berechnet. Variieren Sie j, n und erklären Sie die Ergebnisse.

Bemerkung 3.17 Im Allgemeinen ist es schwierig, die Konditionszahl $\kappa(A)$ zu berechnen. Es existieren Methoden, die im Laufe der Lösung eines linearen Gleichungssystems eine Schätzung der Konditionszahl liefern. In manchen Fällen ist eine Schätzung der Konditionszahl relativ einfach. So gilt für eine symmetrische Matrix A, dass ihre Konditionszahl bezüglich der 2-Norm mit dem Quotient des betragsmäßig größten und kleinsten Eigenwertes übereinstimmt: $\kappa_2(A) = |\lambda_{\max}/\lambda_{\min}|$. Näherungen für diese extremen Eigenwerte liefern dann eine Schätzung für die Konditionszahl. △

3.2.1 Zeilenskalierung

Offensichtlich ist es günstig wenn in einem linearen Gleichungssystem die Matrix von vornherein eine möglichst kleine Konditionszahl hat. Wir betrachten jetzt eine einfache Transformation, wobei eine vorliegende Matrix A in eine andere Matrix $\hat{A}$, mit einer in der Regel kleineren Konditionszahl als die der Matrix A, umgeformt wird.

Unter einer Zeilenskalierung, auch Zeilenäquilibrierung genannt, versteht man die Multiplikation der i-ten Zeile mit einer Zahl $d_i \neq 0$ ($1 \leq i \leq n$). Die Matrix A wird dadurch in eine Matrix $D_z A$ umgeformt, wobei D_z die Diagonalmatrix $D_z = \mathrm{diag}(d_1, \ldots, d_n)$ bezeichnet. Man kann nun versuchen, die Skalierung D_z so zu wählen, dass die Konditionszahl (wesentlich) verbessert wird. Nicht für jede Norm ist eine sichere allgemeine Vorgehensweise bekannt, wie die Skalierung vorzunehmen ist. Wir behandeln hier eine einfache und gebräuchliche Skalierungsmethode, die die Konditionszahl der sich ergebenden Matrix bezüglich der Maximumnorm minimiert. Sei D_z die Diagonalmatrix mit Diagonaleinträgen definiert durch

$$d_i = \Big(\sum_{j=1}^{n} |a_{i,j}| \Big)^{-1}.$$

Für die skalierte Matrix gilt $\sum_{j=1}^{n} |(D_z A)_{i,j}| = 1$ für alle i, also sind die Betragssummen aller Zeilen gleich eins. Eine Matrix mit dieser Eigenschaft heißt *zeilenweise äquilibriert*.

Die Skalierung mit D_z hat folgende Optimalitätseigenschaft:

$$\kappa_\infty(D_z A) \leq \kappa_\infty(DA) \quad \text{für jede reguläre Diagonalmatrix } D \in \mathbb{R}^n, \qquad (3.43)$$

d. h., diese Zeilenskalierung liefert die minimale Konditionszahl bezüglich der Maximumnorm. Die Gültigkeit von (3.43) lässt sich folgendermaßen einsehen. Nimmt man an, dass A bereits äquilibriert ist, d. h., $D_z = I$, dann gilt $\sum_{j=1}^{n} |a_{i,j}| = 1$ für alle i, $\|A\|_\infty = 1$ und somit $\kappa_\infty(A) = \|A^{-1}\|_\infty$. Es sei D eine beliebige Diagonalmatrix. Dann gilt

$$\|DA\|_\infty = \max_{1 \leq i \leq n} \sum_{j=1}^{n} |d_i a_{i,j}| = \max_{1 \leq i \leq n} \{|d_i| \sum_{j=1}^{n} |a_{i,j}|\} = \max_{1 \leq i \leq n} |d_i| = \|D\|_\infty$$

und

$$\|A^{-1}\|_\infty = \|(DA)^{-1} D\|_\infty \leq \|(DA)^{-1}\|_\infty \|D\|_\infty$$

woraus $\kappa_\infty(DA) = \|DA\|_\infty \|(DA)^{-1}\|_\infty = \|D\|_\infty \|(DA)^{-1}\|_\infty \geq \|A^{-1}\|_\infty = \kappa_\infty(A)$ und somit die Behauptung folgt.

Beispiel 3.18 Für

$$A = \begin{pmatrix} 8 & 10000 \\ 50 & -60 \end{pmatrix}$$

erhält man $\kappa_\infty(A) = 201.2$ und

$$D_z A = \begin{pmatrix} 0.799 \cdot 10^{-3} & 0.999 \\ 0.455 & -0.545 \end{pmatrix}, \qquad \kappa_\infty(D_z A) = 3.40.$$

Hierbei wurde die erste Zeile mit $\frac{1}{10008}$, die zweite Zeile mit $\frac{1}{110}$ multipliziert. $\triangle$

Wendet man diese Skalierungsmethode auf das Gleichungssystem $Ax = b$ an, erhält man bei entsprechender Skalierung der rechten Seite, siehe (3.30), das transformierte (oder skalierte) System $D_z Ax = D_z b$. Die Fehlerverstärkung bzgl. Störungen in den Daten b, A ist für die Probleme $(b, A) \to x = A^{-1}b$ und $(D_z b, D_z A) \to x = (D_z A)^{-1} D_z b$ dieselbe, d. h.,

die Äquilibrierung lässt die Kondition des Problems selbst unverändert,

da das resultierende neue System äquivalent zum Ausgangsproblem bleibt. Äquilibrierung beeinflusst zwar die Konditionszahl der Systemmatrix in günstiger Weise ($\kappa_\infty(D_z A) \leq \kappa_\infty(A)$), lässt aber die Kondition des Problems selbst unverändert. In Abschn. 3.8 (Bemerkung 3.51) wird erklärt dass die Verstärkung von Rundungsfehlern in den in diesem Kapitel behandelten Faktorisierungsverfahren direkt mit der Konditionszahl der vorliegenden Matrix zusammenhängt. Eine *kleinere Konditionszahl hat einen günstigen Effekt auf die Verstärkung von Rundungsfehlern bei der Weiterverarbeitung der Matrix.*

3.3 Wie man es nicht machen sollte

Eine prinzipielle Möglichkeit, (3.1) zu lösen, bietet die *Cramersche Regel.* Danach lautet die j-te Komponente x_j der Lösung von (3.1)

$$x_j = \frac{\det A_j}{\det A},$$

wobei $A_j \in \mathbb{R}^{n \times n}$ diejenige Matrix ist, die aus A entsteht, wenn man die j-te Spalte durch b ersetzt. Dazu muss man also $n + 1$ Determinanten $\det A_1, \ldots, \det A_n, \det A$ berechnen.

Beispiel 3.19 (siehe auch Beispiel 3.24)

$$A = \begin{pmatrix} 2 & -1 & -3 & 3 \\ 4 & 0 & -3 & 1 \\ 6 & 1 & -1 & 6 \\ -2 & -5 & 4 & 1 \end{pmatrix}, \qquad b = \begin{pmatrix} 1 \\ -8 \\ -16 \\ -12 \end{pmatrix}$$

liefert

$$\det A = 2 \cdot \det \begin{pmatrix} 0 & -3 & 1 \\ 1 & -1 & 6 \\ -5 & 4 & 1 \end{pmatrix} - 4 \cdot \det \begin{pmatrix} -1 & -3 & 3 \\ 1 & -1 & 6 \\ -5 & 4 & 1 \end{pmatrix}$$

$$+ 6 \cdot \det \begin{pmatrix} -1 & -3 & 3 \\ 0 & -3 & 1 \\ -5 & 4 & 1 \end{pmatrix} + 2 \cdot \det \begin{pmatrix} -1 & -3 & 3 \\ 0 & -3 & 1 \\ 1 & -1 & 6 \end{pmatrix}$$

$$= 2 \cdot 92 - 4 \cdot 115 + 6 \cdot (-23) + 2 \cdot 23 = -368.$$

Mit ähnlichen Berechnungen erhält man

$$\det A_1 = \det \begin{pmatrix} 1 & -1 & -3 & 3 \\ -8 & 0 & -3 & 1 \\ -16 & 1 & -1 & 6 \\ -12 & -5 & 4 & 1 \end{pmatrix} = 1656,$$

$$\det A_2 = -736, \quad \det A_3 = 1104, \quad \det A_4 = -368.$$

Die Cramersche Regel ergibt dann die Lösung

$$x = \frac{1}{-368}(1656, -736, 1104, -368)^T = (-4\tfrac{1}{2}, 2, -3, 1)^T. \qquad \triangle$$

Berechnet man die Determinante einer $(n \times n)$-Matrix nach dem Laplaceschen Entwicklungssatz (wie in Beispiel 3.19), so benötigt man i. A. $n!$ Operationen. Insgesamt ergibt sich ein Aufwand von $(n + 1)!$ Operationen. Ganz abgesehen von den numerischen Effekten aufgrund von Auslöschung, würde dieses Vorgehen die Geduld eines jeden Anwenders überstrapazieren. Bei Verwendung eines Rechners mit 10^{11} Gleitpunktoperationen pro Sekunde (100 GFlops) ergäben sich folgende Rechenzeiten:

n	10	12	14	16	18	20
Rechenzeit	0.0004 s	0.06 s	13 s	59 Min	14 Tage	16 Jahre

Da die damit erfassten Größen in bezug auf praktische Anwendungen lächerlich gering sind, wird klar, dass man grundsätzlich andere Ansätze benötigt, um realistische Probleme behandeln zu können.

Ziel der folgenden Abschnitte ist die Vorstellung *verschiedener* Lösungsverfahren. Der Grund für die Vielfalt liegt in der unterschiedlichen Eignung der Verfahren für unterschiedliche Problemmerkmale. Neben der Vermittlung algorithmischer Abläufe (Rezepte) wird es also insbesondere darum gehen, zu klären, in welchen Situationen welches Verfahren angemessen ist.

Dabei werden vor allem die Gesichtspunkte Effizienz (Rechenaufwand, Speicherbedarf) und Stabilität betrachtet. Je größer ein Problem, d. h., je mehr Unbekannte es beinhaltet, umso mehr muss man spezielle Struktureigenschaften ausnutzen. Dies deutet schon an, dass bei der Beurteilung von Verfahren die Größe des Problems keine *statische*, sondern eine *variable* Größe ist, an deren Änderung oder Wachsen die Eigenschaften der Lösungsmethode zu messen sind.

Wie bereits in Abschn. 3.1.3 angedeutet wurde, geht es im Folgenden darum, möglichst effiziente Wege zu finden, das gegebene Gleichungssystem zunächst in ein äquivalentes System umzuformen, das dann „leichter" lösbar ist.

3.4 Dreiecksmatrizen, Rückwärtseinsetzen

Sogenannte Dreiecksmatrizen ergeben leicht lösbare Systeme. Eine Matrix $R = (r_{i,j})_{i,j=1}^n \in \mathbb{R}^{n \times n}$ heißt *obere Dreiecksmatrix*, falls

$$r_{i,j} = 0 \quad \text{für } i > j \tag{3.44}$$

gilt, d. h., wenn unterhalb der Diagonalen nur Null-Einträge stehen. Analog definiert man *untere Dreiecksmatrizen*, die meist mit L bezeichnet werden. Insbesondere ist R^T eine untere Dreiecksmatrix. Eine Dreiecksmatrix, deren sämtliche Diagonaleinträge eins sind, heißt *normierte Dreiecksmatrix*. Die einzigen Matrizen, die sowohl obere als auch untere Dreiecksmatrizen sind, sind *Diagonalmatrizen*, für die man meist schreibt

$$D = \text{diag}(d_{1,1}, \dots, d_{n,n}).$$

Ihre einzigen (möglicherweise) von Null verschiedenen Einträge sind $(d_{i,i})_{1 \le i \le n}$ auf der Diagonalen.

Falls A eine (nichtsinguläre) Diagonalmatrix ist, so ist (3.1) natürlich trivial lösbar, da alle Gleichungen entkoppelt sind. Da die Reduktion eines allgemeinen Systems auf Diagonalgestalt im Wesentlichen bereits die Lösung liefert, wird man sich bei der Reduktionsstrategie mit dem „nächstleichteren" Systemtyp begnügen. Die avisierte „leichte Lösbarkeit" lässt sich am Beispiel einer oberen Dreiecksmatrix illustrieren:

$$
\begin{aligned}
r_{1,1}x_1 + r_{1,2}x_2 + \quad \cdots \quad + r_{1,n}x_n &= b_1 \\
r_{2,2}x_2 + \quad \cdots \quad + r_{2,n}x_n &= b_2 \\
\ddots \qquad\qquad &\;\vdots \\
r_{n-1,n-1}x_{n-1} + r_{n-1,n}x_n &= b_{n-1} \\
r_{n,n}x_n &= b_n.
\end{aligned}
\tag{3.45}
$$

Da bekanntlich

$$\det R = r_{1,1}r_{2,2} \cdots r_{n,n}, \tag{3.46}$$

ist (3.45) genau dann stets eindeutig lösbar, wenn alle Diagonaleinträge $r_{j,j}$, $j = 1, \dots, n$, von Null verschieden sind. Dies erlaubt folgendes Vorgehen: Aus der letzten Gleichung in (3.45) erhält man sofort

$$x_n = b_n/r_{n,n}.$$

Einsetzen von x_n in die zweitletzte Gleichung erlaubt die Auflösung nach x_{n-1}:

$$x_{n-1} = (b_{n-1} - r_{n-1,n}x_n)/r_{n-1,n-1}.$$

Allgemein sieht dies wie folgt aus:

Rückwärtseinsetzen
Für $j = n, n-1, \dots, 2, 1$, berechne

$$x_j = \left(b_j - \sum_{k=j+1}^{n} r_{j,k}x_k\right)\Big/r_{j,j}, \tag{3.47}$$

wobei obige Summe für $j = n$ leer ist und als Null interpretiert wird.

Beispiel 3.20

$$R = \begin{pmatrix} 3 & -1 & 2 \\ 0 & 1 & 3 \\ 0 & 0 & 2 \end{pmatrix}, \quad b = \begin{pmatrix} 0 \\ 1 \\ 4 \end{pmatrix}$$

$$x_3 = 4/2 = 2, \quad x_2 = 1 - 3 \cdot 2 = -5, \quad x_1 = \frac{1}{3}(0 - (-1)(-5) - 2 \cdot 2) = -3. \quad \triangle$$

Aus (3.47) ermittelt man leicht folgenden

Rechenaufwand 3.21
Für jedes $j = n - 1, \dots, 1$:

   $n - j$ Multiplikationen / Additionen,
   eine Division,
   und für $j = n$ eine Division. Also insgesamt

- $\sum\limits_{j=1}^{n-1}(n-j) = \dfrac{n(n-1)}{2}$ Multiplikationen / Additionen,   (3.48)

- $\qquad n \qquad$ Divisionen.

Im Folgenden bezeichnen wir

> *jede in der Rechnerarithmetik realisierte elementare Rechenoperation wie Addition, Multiplikation, Division mit dem zusammenfassenden Begriff* **Flop** *(Floating Point Operation).*

In einem Resultat wie in (3.48) wird nur der Term höchster Ordnung berücksichtigt, was mit $n(n-1) \doteq n^2$ Flop angedeutet wird.

Der Rechenaufwand für Rückwärtseinsetzen ist also ca. n^2 Flop.

Diese Terminologie folgt dem in der Informatik und im wissenschaftlichen Rechnen (HPC, „High Performance Computing") verwendeten Begriff des *Flops* (Floating Point Operations Per Second) als Maß für die Leistungsfähigkeit von Rechnern. Diese Einheit bezeichnet die Anzahl der Gleitpunktzahl-Operationen – Flop – die vom Rechner pro Sekunde ausgeführt werden können. Abhängig vom Rechnersystem wird die Leistungsfähigkeit z. B. in MFlops (MegaFlops$= 10^6$ Flops), GFlops (GigaFlops$= 10^9$ Flops), TFlops (TeraFlops$= 10^{12}$ Flops) oder PFlops (PetaFlops$= 10^{15}$ Flops) angegeben.

Bemerkung 3.22 Früher konnte in einer Maschine eine Addition im Allgemeinen wesentlich schneller berechnet werden als eine Multiplikation oder Division. Deshalb wurden oft die Multiplikationen und Divisionen als wesentliche, ins Gewicht fallende Operationen angesehen und die Additionen vernachlässigt. In manchen Lehrbüchern (auch in den vorigen Auflagen dieses Buches!) werden traditionsgemäss bei der Zählung der Rechenoperationen in einem Algorithmus nur die Multiplikationen und Divisionen gezählt.   △

Analog zum Rückwärtseinsetzen für eine obere Dreiecksmatrix kann das *Vorwärtseinsetzen* für eine untere Dreiecksmatrix formuliert werden. Als Strategie bietet sich nun an, (3.1) auf Dreiecksgestalt zu transformieren. Bevor wir verschiedene Möglichkeiten dazu aufzeigen, seien einige Eigenschaften von Dreiecksmatrizen erwähnt, die häufig (zumindest implizit) benutzt werden.

Eigenschaften 3.23

- *Das Produkt von oberen (unteren) Dreiecksmatrizen ist wieder eine obere (untere) Dreiecksmatrix.*
- *Die Inverse einer oberen (unteren) nichtsingulären Dreiecksmatrix ist wieder eine obere (untere) nichtsinguläre Dreiecksmatrix.*
- *Die Determinante einer Dreiecksmatrix ist gerade das Produkt aller Diagonaleinträge.*

Die erste und dritte Eigenschaft sind einfach überprüfbar, die Zweite wird in Übung 3.4 erklärt.

Um den Rechenaufwand für Rückwärtseinsetzen und für die in den folgenden Abschnitten behandelten Verfahren besser einstufen zu können, betrachten wir die Kosten von einigen elementaren Matrix-Vektor-Operationen. Es seien $x, y \in \mathbb{R}^n$ beliebige Vektoren und $A, B \in \mathbb{R}^{n \times n}$ (vollbesetzte) Matrizen. Für den Aufwand der Standardverfahren zur Berechnung folgender Größen ergibt sich

$$x^T y \text{ (Skalarprodukt)} \rightsquigarrow \text{ ca. } 2n \text{ Flop,}$$

$$Ax \text{ (Matrix mal Vektor)} \rightsquigarrow \text{ ca. } 2n^2 \text{ Flop,}$$

$$AB \text{ (Matrix mal Matrix)} \rightsquigarrow \text{ ca. } 2n^3 \text{ Flop,}$$

wobei wir hier sehr viel tiefer liegende Methoden zur Bestimmung von Matrix-Matrix Produkten mit einem reduzierten Aufwand außer Acht lassen.

3.5   Gauß-Elimination, LR-Zerlegung

Die bekannteste Methode, das System

$$Ax = b \quad (\det A \neq 0) \tag{3.49}$$

auf Dreiecksgestalt zu bringen, ist die *Gauß-Elimination*. Man verändert die Lösung von (3.49) nicht, wenn man Vielfache einer der Gleichungen von anderen Gleichungen subtrahiert. Speziell sei $a_{1,1}^{(1)} := a_{1,1} \neq 0$. Dann kann man geeignete Vielfache der 1. Zeile von A von den übrigen Zeilen so subtrahieren, dass die resultierenden Einträge der ersten Spalte zu 0 werden. Falls nun auch der linke obere Eintrag $a_{2,2}^{(2)}$ von $\tilde{A}^{(2)}$ ungleich Null ist, kann man dies für die zweite Spalte wiederholen etc. und so Schritt für Schritt obere Dreiecksgestalt erlangen:

$$A = A^{(1)} \qquad A^{(2)} \qquad A^{(3)}$$

(3.50)

Die Einträge der Matrix $A^{(k)}$ werden mit $a_{i,j}^{(k)}$ notiert. Der Eintrag $a_{k,k}^{(k)}$ (⊛) in (3.50)) heißt *Pivotelement*. In entsprechender Weise ist natürlich auch die rechte Seite b umzuformen. Dabei ist es zweckmäßig, nicht das lineare Gleichungssystem aufzuschreiben, sondern nur die Matrix A und die Spalte b, die beide zu einer Matrix $(A \ b)$ zusammengefasst werden. Es ergibt sich das folgende Verfahren:

Gauß-Elimination
Gegeben $A \in \mathbb{R}^{n \times n}$, $b \in \mathbb{R}^n$, (det $A \neq 0$).

Für $j = 1, 2, \ldots, n-1$
  und falls $a_{j,j}^{(j)} \neq 0$ ist   (3.51)
  für $i = j+1, j+2, \ldots, n$
  subtrahiere in $(A \ b)$ Zeile j mit
  Faktor $\ell_{i,j} := \dfrac{a_{i,j}^{(j)}}{a_{j,j}^{(j)}}$ von Zeile i.   (3.52)

Das Resultat hat die Form

$$(R \ c),   \tag{3.53}$$

wobei $R \in \mathbb{R}^{n \times n}$ eine obere Dreiecksmatrix ist. Der Algorithmus versagt, falls ein $a_{j,j}^{(j)}$ im Laufe der Rechnung verschwindet (siehe (3.51)). Dieser Fall wird später diskutiert.

Beispiel 3.24 Das Gleichungssystem

$$\begin{pmatrix} 2 & -1 & -3 & 3 \\ 4 & 0 & -3 & 1 \\ 6 & 1 & -1 & 6 \\ -2 & -5 & 4 & 1 \end{pmatrix} x = \begin{pmatrix} 1 \\ -8 \\ -16 \\ -12 \end{pmatrix}.$$

wird kompakt zusammengefasst:

$$(A \mid b) = \begin{pmatrix} 2 & -1 & -3 & 3 & | & 1 \\ 4 & 0 & -3 & 1 & | & -8 \\ 6 & 1 & -1 & 6 & | & -16 \\ -2 & -5 & 4 & 1 & | & -12 \end{pmatrix}.$$

Durch die Gauß-Elimination ohne Pivotisierung wird dieses System überführt in

$$\begin{array}{c} j=1 \\ \longrightarrow \\ \ell_{2,1}=\frac{4}{2} \\ \ell_{3,1}=\frac{6}{2} \\ \ell_{4,1}=\frac{-2}{2} \end{array} \begin{pmatrix} 2 & -1 & -3 & 3 & | & 1 \\ 0 & 2 & 3 & -5 & | & -10 \\ 0 & 4 & 8 & -3 & | & -19 \\ 0 & -6 & 1 & 4 & | & -11 \end{pmatrix} \begin{array}{c} j=2 \\ \longrightarrow \\ \ell_{3,2}=\frac{4}{2} \\ \ell_{4,2}=\frac{-6}{2} \end{array} \begin{pmatrix} 2 & -1 & -3 & 3 & | & 1 \\ 0 & 2 & 3 & -5 & | & -10 \\ 0 & 0 & 2 & 7 & | & 1 \\ 0 & 0 & 10 & -11 & | & -41 \end{pmatrix}$$

$$\begin{array}{c} j=3 \\ \longrightarrow \\ \ell_{4,3}=\frac{10}{2} \end{array} \begin{pmatrix} 2 & -1 & -3 & 3 & | & 1 \\ 0 & 2 & 3 & -5 & | & -10 \\ 0 & 0 & 2 & 7 & | & 1 \\ 0 & 0 & 0 & -46 & | & -46 \end{pmatrix} = (R \mid c).$$

Wegen $Ax = b \Leftrightarrow Rx = c$ liefert Rückwärtseinsetzen die Lösung $x = (-\frac{9}{2}, 2, -3, 1)^T$. $\triangle$

Der Prozess

- Bestimme $(A \mid b) \to (R \mid c)$ gemäß (3.51), (3.52).
- Löse $Rx = c$.

heißt *Gauß-Elimination ohne Pivotisierung* . Letzterer Zusatz wird später erläutert.

Gauß-Elimination als Matrixfaktorisierung
Zunächst sei angedeutet, wie obige Manipulationen in die Transformationsstrategie von (3.30) passen. Dazu ist lediglich zu zeigen, dass sich der Übergang von $A^{(j)}$ nach $A^{(j+1)}$, also die Elimination der Einträge unterhalb von $a_{j,j}^{(j)}$ durch Subtraktion des $\ell_{i,j}$-fachen der j-ten Zeile von der i-ten Zeile (bei gleichzeitiger Umformung von der rechten Seite), sich als Multiplikation des Systems mit einer regulären Matrix interpretieren lässt (vgl. Übung 3.10). Derartige Matrizen heißen *Frobenius-Matrizen* und haben folgende Gestalt:

$$L_k = \begin{pmatrix} 1 & & & & & \\ & \ddots & & & & \emptyset \\ & & 1 & & & \\ & & -\ell_{k+1,k} & 1 & & \\ & \emptyset & \vdots & & \ddots & \\ & & -\ell_{n,k} & \emptyset & & 1 \end{pmatrix},$$

mit $\ell_{k+1,k}, \ldots, \ell_{n,k} \in \mathbb{R}$ beliebig. Wählt man insbesondere $\ell_{i,j} = \dfrac{a_{i,j}^{(j)}}{a_{j,j}^{(j)}}$, überprüft man leicht, dass solange $a_{j,j}^{(j)} \neq 0$

$$L_j A^{(j)} = A^{(j+1)}. \tag{3.54}$$

Als untere Dreiecksmatrix mit nichtverschwindenden Diagonalelementen ist L_k regulär. Genauer bestätigt man, dass L_k folgende Eigenschaften hat (Übung 3.10): Sei $e^k = (0, \ldots, 0, 1, 0, \ldots)^T$ der k-te Basisvektor in $\mathbb{R}^n$. Dann gilt

$$L_k = I - (0, \ldots, 0, \ell_{k+1,k}, \ldots, \ell_{n,k})^T (e^k)^T$$
$$\det L_k = 1 \tag{3.55}$$
$$L_k^{-1} = I + (0, \ldots, 0, \ell_{k+1,k}, \ldots, \ell_{n,k})^T (e^k)^T. \tag{3.56}$$

Iteriert man (3.54), ergibt sich

$$\underbrace{L_{n-1} L_{n-2} \cdots L_1 A}_{= A^{(n)} =: R} x = \underbrace{L_{n-1} L_{n-2} \cdots L_1 b}_{=: c}, \tag{3.57}$$

(vgl. (3.53)). x löst $Ax = b$ unter obiger Voraussetzung an die $a_{j,j}^{(j)}$ also genau dann, wenn $Rx = c$ gilt, wie wir bereits gesehen haben.

Der Grund, den Prozess der Gauß-Elimination noch einmal als Abfolge von Matrixoperationen (3.54), (3.57) zu interpretieren, liegt jedoch in folgender wichtiger Beobachtung. Da die L_k invertierbar sind, besagt (3.57)

$$A = L_1^{-1} L_2^{-1} \cdots L_{n-1}^{-1} R =: LR, \tag{3.58}$$

wobei $L := L_1^{-1} L_2^{-1} \cdots L_{n-1}^{-1}$ als Produkt unterer Dreiecksmatrizen wieder eine untere Dreiecksmatrix ist. Mehr noch: L lässt sich sofort explizit angeben. Dazu überprüft man wiederum per Rechnung, dass

$$L_1^{-1} L_2^{-1} \ldots L_{n-1}^{-1} = \begin{pmatrix} 1 & & & \\ \ell_{2,1} & \ddots & \emptyset & \\ \vdots & \ddots & \ddots & \\ \ell_{n,1} & \cdots & \ell_{n,n-1} & 1 \end{pmatrix}, \tag{3.59}$$

wobei die Einträge $\ell_{i,j}$ die Faktoren aus (3.52) sind.

Bemerkung 3.25 Formal ergibt sich die normierte untere Dreiecksmatrix L, indem man den Eliminationsfaktor $\ell_{i,j} = \dfrac{a_{i,j}^{(j)}}{a_{j,j}^{(j)}}$ an die Position (i, j) setzt. Wir werden darauf im Zusammenhang mit der numerischen Umsetzung zurück kommen.   △

Ein bemerkenswertes „Nebenprodukt" der Gauß-Elimination ist also eine *Faktorisierung* von A in das Produkt einer normierten unteren Dreiecksmatrix L und einer oberen Dreiecksmatrix R.

Satz 3.26
Gilt im Gauß-Algorithmus stets (3.51), dann erhält man

$$A = LR, \tag{3.60}$$

wobei R durch (3.53) definiert ist und L die durch (3.52) definierte normierte untere Dreiecksmatrix ist.

Beispiel 3.27 Es sei

$$A = \begin{pmatrix} 2 & -1 & -3 & 3 \\ 4 & 0 & -3 & 1 \\ 6 & 1 & -1 & 6 \\ -2 & -5 & 4 & 1 \end{pmatrix}$$

die Matrix aus Beispiel 3.24 und

$$L = \begin{pmatrix} 1 & 0 & 0 & 0 \\ 2 & 1 & 0 & 0 \\ 3 & 2 & 1 & 0 \\ -1 & -3 & 5 & 1 \end{pmatrix}, \quad R = \begin{pmatrix} 2 & -1 & -3 & 3 \\ 0 & 2 & 3 & -5 \\ 0 & 0 & 2 & 7 \\ 0 & 0 & 0 & -46 \end{pmatrix}$$

die bei der Gauß-Elimination berechneten Dreiecksmatrizen. Es gilt $A = LR$. △

Wie bereits das einfache Beispiel $A = \begin{pmatrix} 0 & 1 \\ 1 & 1 \end{pmatrix}$ zeigt, ist im Allgemeinen die Voraussetzung (3.51) in Satz 3.26 nicht erfüllt. Natürlich kann eine Verletzung von (3.51) auch in irgendeinem späteren Stadium des Eliminationsprozesses eintreten. Dieses Beispiel deutet schon an, wie man dieser Schwierigkeit begegnen kann. Vertauscht man die beiden Zeilen, hat man schon eine obere Dreiecksmatrix. Eine Vertauschung der Gleichungen ändert natürlich auch nichts an der Lösungsmenge. Eine spezielle Vertauschungsstrategie führt auf eine für die Praxis sehr wichtige Variante der Gauß-Elimination, die im nächsten Abschnitt behandelt wird.

3.5.1 Gauß-Elimination mit Spaltenpivotisierung

Vertauschung von Zeilen ist sicherlich notwendig, wenn man auf ein verschwindendes Pivotelement trifft. Das folgende Beispiel zeigt, dass das Vertauschen von Zeilen sehr vorteilhaft sein kann, auch wenn die Pivotelemente nicht Null sind, wenn man Rundungsfehler mit einbezieht.

Beispiel 3.28 Wir betrachten folgendes lineare Gleichungssystem:

$$\begin{pmatrix} 0.00031 & 1 \\ 1 & 1 \end{pmatrix} \begin{pmatrix} x_1 \\ x_2 \end{pmatrix} = \begin{pmatrix} -3 \\ -\frac{22}{3} \end{pmatrix}$$

Wir lösen dieses System auf einem Rechner mit 4-stelliger Rechnung, d. h., $b = 10$, $m = 4$, eps $= \frac{1}{2} \cdot 10^{-3}$. Die Einträge der Matrix A sind dann Maschinenzahlen und der Eintrag $-7\frac{1}{3}$ wird beim Einlesen gerundet. Für die Konditionszahl der Matrix A ergibt sich $\kappa_\infty(A) = 4.00$ und aus (2.49) erhält man als Schranke für den *unvermeidbaren* Fehler:

$$\frac{\|x - \tilde{x}\|_\infty}{\|x\|_\infty} \le 4 \cdot \text{eps} = 2 \cdot 10^{-3}. \tag{3.61}$$

Als Lösungsverfahren verwenden wird die Gauß-Elimination, d. h., wir ziehen die erste Gleichung mit dem Faktor $1/0.00031$ multipliziert von der zweiten ab. In kompakter Notation erhält man

$$\left(\begin{array}{cc|c} 0.00031 & 1 & -3 \\ 0 & 1 - \frac{1}{0.00031} & -\frac{22}{3} - \frac{-3}{0.00031} \end{array} \right).$$

Bei 4-stelliger Rechnung würde sich daraus

$$\left(\begin{array}{cc|c} 0.31 \cdot 10^{-3} & 1 & -0.3 \cdot 10^1 \\ 0 & -0.3225 \cdot 10^4 & 0.9670 \cdot 10^4 \end{array} \right)$$

ergeben. Lösen der zweiten Gleichung nach x_2 und der ersten nach x_1 (jeweils mit 4-stelliger Rundung nach jedem Rechenschritt) liefert dann

$$\tilde{x}_1 = -0.6452 \cdot 10^1, \quad \tilde{x}_2 = -0.2998 \cdot 10^1.$$

Exakte Rechnung ergibt allerdings

$$x_1 = -4.334677\ldots, \quad x_2 = -2.998656\ldots,$$

d. h., $\tilde{x}_1$ ist auf keiner Stelle korrekt. Dieses Ergebnis ist im Hinblick auf (3.61) unakzeptabel. Wir schließen, dass die Gauß-Eliminationsmethode (in diesem Beispiel) *nicht* stabil ist.

Als Alternative zur oben verwendeten Gauß-Elimination betrachten wir folgende einfache Variante. Wir vertauschen die Zeilen der Matrix und führen dann den Eliminationsschritt durch, so ergibt sich bei 4-stelliger Arithmetik

$$\left(\begin{array}{cc|c} 1 & 1 & -0.7333 \cdot 10^1 \\ 0 & 0.9997 & -0.2998 \cdot 10^1 \end{array} \right),$$

und nach Lösen der zweiten Gleichung nach x_2 und der ersten nach x_1:

$$\tilde{x}_1 = -4.334, \quad \tilde{x}_2 = -2.999,$$

also völlig akzeptable Werte. $\triangle$

Obwohl in diesem Beispiel $a_{1,1} \neq 0$ gilt, ist hier offensichtlich eine Vertauschung von Zeilen angebracht. Es liegt also nahe, als Pivotelement stets eins der *betragsgrößten* Elemente der jeweiligen Spalte zu nehmen.

Man könnte nun auf die Idee kommen, zuerst die erste Gleichung des Systems mit dem Faktor 10000 zu multiplizieren. Dann stünde wieder das betragsgrößte Element oben links, man müsste also nicht pivotisieren. Eine erneute numerische Überprüfung würde allerdings wieder unzureichende Genauigkeit liefern. Der Grund liegt nun darin, dass nach dieser Multiplikation die *Kondition* der Matrix viel schlechter geworden ist (ca. 20000), so dass Arithmetikfehler nun dadurch verstärkt werden. In Abschn. 3.2.1 wurde bereits gezeigt, dass Äquilibrierung die Kondition bezüglich der ∞-Norm günstig beeinflusst (vgl. (3.43)), *Zeilenvertauschung sollte also nur auf eine (ungefähr) äquilibrierte Matrix aufsetzen.*

Nach obigen Überlegungen ist es also nicht sinnvoll, nur dann Gleichungen (Zeilen in der Matrix) zu vertauschen. wenn ein Null-Eintrag dies erzwingt. Stattdessen setzt man *stets* bei der Berechnung der Matrix $A^{(j+1)}$ aus $A^{(j)}$ ein *betragsgrößtes* Element in der ersten Spalte der verbleibenden $(n-j+1) \times (n-j+1)$-Untermatrix an die (j,j)-Pivotposition. Da man das j-te Pivotelement in der j-ten Spalte sucht, nennt man diesen Vertauschungsvorgang *Spaltenpivotisierung*. Die Matrix sollte zuvor äquilibriert werden.

Matlab-Demo 3.29 (Gauß-Elimination). In diesem Matlab-Programm wird die schrittweise Berechnung der Gauß-Elimination gezeigt. Unter anderem werden Beispiele betrachtet, bei denen signifikante Unterschiede zwischen den Varianten mit und ohne Spaltenpivotisierung auftreten.

Gauß-Elimination mit Spaltenpivotisierung als Matrixfaktorisierung

Um zu sehen, dass die Gauß-Elimination mit Spaltenpivotisierung in die Strategie von (3.30) passt, reicht es, auch die Zeilenvertauschungen als Matrixoperation interpretieren. Dazu benötigen wir den Begriff der *Permutation*. Eine bijektive Abbildung einer endlichen Menge in sich nennt man Permutation. Mit S_n (symmetrische Gruppe) bezeichnet man oft die Menge aller Permutationen auf der Menge $\{1, \ldots, n\}$. Die Abbildung $\pi : \{1, 2, 3\} \rightarrow \{1, 2, 3\}$ mit $\pi(1) = 3, \pi(2) = 1, \pi(3) = 2$ ist also eine Permutation in S_3. Werden in $\{1, 2, \ldots, n\}$ nur zwei Elemente vertauscht, spricht man von einer *Transposition*.

Bezeichnet man wieder mit e^i den i-ten Basisvektor, so lässt sich jeder Permutation $\pi \in S_n$ folgendermaßen eine Matrix zuordnen

$$P_\pi := \left(e^{\pi(1)} \ e^{\pi(2)} \ldots e^{\pi(n)} \right)^T.$$

Die *Permutationsmatrix* P_π entsteht also aus der Einheitsmatrix durch Vertauschung der Zeilen gemäß der Permutation $\pi \in S_n$. Jede Spalte und jede Zeile von P_π enthält also genau eine Eins und sonst nur Nullen.

Mit $P_{i,k}$ bezeichnen wir insbesondere die (durch eine Transposition erzeugte) elementare Permutationsmatrix, die durch Vertauschen der i-ten und k-ten Zeile von I entsteht. Zum Beispiel, für $n = 4$, $i = 2$, $k = 4$ erhält man:

$$P_{2,4} = \begin{pmatrix} 1 & 0 & 0 & 0 \\ 0 & 0 & 0 & 1 \\ 0 & 0 & 1 & 0 \\ 0 & 1 & 0 & 0 \end{pmatrix}.$$

Später benötigen wir das Resultat

$$\det P_{i,k} = 1 \text{ für } i = k, \quad \det P_{i,k} = -1 \text{ für } i \neq k. \tag{3.62}$$

Ein paar weitere Nebenbemerkungen zur Einordnung: Wenn man zwei Permutationen hintereinander ausführt, erhält man wieder eine Permutation. Ebenso ist das Produkt von Permutationsmatrizen eine Permutationsmatrix (Achtung! die Reihenfolge spielt eine Rolle). Der Verknüpfung „Komposition" von Permutationen entspricht also auf der Matrizenseite die Matrixmultiplikation. Die Identität ist eine spezielle Permutation, die nichts verändert – das neutrale Element. Jede Permutation lässt sich rückgängig machen (Bijektion), besitzt also eine Inverse. Insbesondere sieht man leicht

$$P_\pi^{-1} = P_\pi^T. \tag{3.63}$$

Der folgende für uns wichtige Punkt lässt sich durch Rechnen leicht bestätigen.

Bemerkung 3.30 Für $A \in \mathbb{R}^{n \times m}$ und $\pi \in S_n$ ist das Produkt $P_\pi A$ diejenige Matrix, die man aus A durch Vertauschen der Zeilen gemäß π erhält. $\triangle$

Gauß-Elimination *mit* Spaltenpivotisierung ist für *jede* nichtsinguläre Matrix durchführbar und es gilt folgende Verallgemeinerung von Satz 3.26.

Satz 3.31
Zu jeder nichtsingulären Matrix A existiert eine (im Allgemeinen nicht eindeutige) Permutationsmatrix P, eine (zu jedem P) eindeutige untere normierte Dreiecksmatrix L, deren Einträge sämtlich betragsmäßig durch eins beschränkt sind, und eine eindeutige obere Dreiecksmatrix R, so dass

$$PA = LR.$$

Die Matrizen P, L und R ergeben sich aus der Gauß-Elimination mit Spaltenpivotisierung.

Die Permutationsmatrix P würde eindeutig sein, wenn man bei der Pivotisierung in jeder Spalte jeweils das erste betragsgrößte Element auf oder unterhalb der Diagonalen nehmen würde.

Der Beweis dieses Satzes ist konstruktiv und verläuft im Prinzip genauso wie bei Satz 3.26. Der einzige Unterschied liegt darin, dass etwa im Schritt von $A^{(j)}$ nach $A^{(j+1)}$ vor der Elimination - also vor der Multiplikation mit einer Frobenius-Matrix L_j - gegebenenfalls die j-te Zeile mit einer Zeile $i > j$ vertauscht wird, so dass danach an der Position (j, j) ein anderes Pivotelement erscheint.

Im Einzelnen sei $A^{(j)}$ die sich nach $j - 1$ Schritten der Gauß-Elimination mit Spaltenpivotisierung ergebende Matrix ($A^{(1)} = A$). Diese Matrix hat die Struktur

$$A^{(j)} = \begin{pmatrix} * & & * & \\ & \ddots & & * \\ \varnothing & & * & \\ \hline & \varnothing & & \tilde{A}^{(j)} \end{pmatrix}, \quad \tilde{A}^{(j)} \in \mathbb{R}^{(n-j+1)\times(n-j+1)}. \tag{3.64}$$

Die Matrix A ist nichtsingulär. Da $A^{(j)}$ aus A durch Multiplikationen mit nichtsingulären Matrizen (Frobenius-Matrizen und Permutationsmatrizen) entstanden ist, ist $A^{(j)}$ auch nichtsingulär. Daraus folgt, dass die erste Spalte der $(n-j+1) \times (n-j+1)$ Matrix $\tilde{A}^{(j)}$ in (3.64) mindestens einen Eintrag ungleich Null enthält. Also lässt sich eine Transposition τ_j von j mit einem $i \geq j$ finden, so dass für $\hat{A}^{(j)} := P_{\tau_j} A^{(j)}$ das *Pivotelement* $\hat{a}_{j,j}^{(j)}$ von Null verschieden ist und die Eigenschaft

$$|\hat{a}_{j,j}^{(j)}| \geq \max_{i>j} |\hat{a}_{i,j}^{(j)}| \tag{3.65}$$

hat. Es kann dann der Eliminationsschritt $A^{(j+1)} = L_j \hat{A}^{(j)} = L_j P_{\tau_j} A^{(j)}$ mit $\ell_{i,j} = \hat{a}_{i,j}^{(j)}/\hat{a}_{j,j}^{(j)}$ folgen. Wegen (3.65) gilt

$$|\ell_{i,j}| \leq 1 \quad \text{für alle } i \geq j.$$

Insgesamt erhält man also für die Gauß-Elimination mit Spaltenpivotisierung angewendet auf die Matrix A die Umformungskette

$$L_{n-1} P_{\tau_{n-1}} L_{n-2} \cdots P_{\tau_2} L_1 P_{\tau_1} A = A^{(n)} =: R. \tag{3.66}$$

Nach Konstruktion ist R eine obere Dreiecksmatrix. Man erinnere sich, dass die P_{τ_k} die oben erwähnten Permutationsmatrizen sind, die die Zeilenvertauschungen vor dem k-ten Eliminationsschritt realisieren, also nur die Zeilenindizes *größer oder gleich* k betreffen. Die zentrale Beobachtung ist nun, dass man im gewissen Sinne alle Permutationen „sammeln" kann, nämlich „durch die Frobenius-Matrizen durchziehen" kann. Genauer liegt dies an folgender Eigenschaft. Es seien π eine Permutation, die nur Zahlen größer gleich $k + 1$ vertauscht und L_k eine Frobenius Matrix. Dann gilt

$$
P_\pi L_k P_\pi^{-1} = P_\pi L_k P_\pi^T =
\begin{pmatrix}
1 & & & & & \\
 & \ddots & & & \emptyset & \\
 & & 1 & & & \\
 & & -\ell_{\pi(k+1),k} & 1 & & \\
 & \emptyset & \vdots & & \ddots & \\
 & & -\ell_{\pi(n),k} & \emptyset & & 1
\end{pmatrix}
=: \hat{L}_k \qquad (3.67)
$$

ist wieder eine Frobenius-Matrix, bei der gegenüber der ursprünglichen lediglich die Einträge $\ell_{i,k}$ gemäß π vertauscht sind. Aus (3.67) folgt $P_\pi L_k = \hat{L}_k P_\pi$, also kann man P_π in diesem Sinne „durch L_k ziehen". In (3.66) kann man P_{τ_2} durch L_1 ziehen und erhält

$$
R = L_{n-1} P_{\tau_{n-1}} L_{n-2} P_{\tau_{n-2}} \cdots P_{\tau_3} L_2 \hat{L}_1 P_{\tau_2} P_{\tau_1} A, \quad \hat{L}_1 := P_{\tau_2} L_1 P_{\tau_2}^T \qquad (3.68)
$$

Jetzt kann man P_{τ_3} durch L_2 und $\hat{L}_1$ ziehen, also

$$
\begin{aligned}
R &= L_{n-1} P_{\tau_{n-1}} L_{n-2} P_{\tau_{n-2}} \cdots L_3 \hat{L}_2 P_{\tau_3} \hat{\hat{L}}_1 P_{\tau_2} P_{\tau_1} A \\
&= L_{n-1} P_{\tau_{n-1}} L_{n-2} P_{\tau_{n-2}} \cdots L_3 \hat{L}_2 \hat{\hat{L}}_1 P_{\tau_3} P_{\tau_2} P_{\tau_1} A \\
&\quad \text{mit } \hat{L}_2 := P_{\tau_3} L_2 P_{\tau_3}^T, \quad \hat{\hat{L}}_1 := P_{\tau_3} P_{\tau_2} L_1 P_{\tau_2}^T P_{\tau_3}^T.
\end{aligned}
$$

Man sieht nun das Muster, wie man durch analoge Wiederholung das Produkt der Transpositionen vor A sammelt. Man erhält schließlich

$$
R = \tilde{L}_{n-1} \cdots \tilde{L}_1 P_{\pi_0} A, \quad \text{mit } \tilde{L}_k = P_{\pi_k} L_k P_{\pi_k}^T, \qquad (3.69)
$$

und $\pi_{n-1} = I, \pi_k = \tau_{n-1} \cdots \tau_{k+1}, k = 0, \ldots, n - 2$. Aus (3.69) folgt wieder

$$
\tilde{L}_1^{-1} \cdots \tilde{L}_{n-1}^{-1} R = P_{\pi_0} A. \qquad (3.70)
$$

Da die $\tilde{L}_k$ wieder Frobenius-Matrizen sind, folgt aus (3.59) die behauptete Faktorisierung.

Die Eindeutigkeit, bei gegebenem P, sieht man folgendermaßen ein. Annahme es sei $PA = L'R' = LR$. Dies impliziert $L^{-1}L' = R(R')^{-1}$. Da auf der linken Seite dieser Gleichung eine untere, und auf der rechten Seite eine obere Dreiecksmatrix steht, muss $L^{-1}L'$ diagonal sein. Da aber die Inverse einer normierten Dreiecksmatrix wieder normiert ist und das Produkt normierter unterer Dreiecksmatrizen wieder eine normierte untere Dreiecksmatrix ist, folgt $L^{-1}L' = I$ und damit $L = L'$ also auch $R = R'$. Damit ist der Beweis von Satz 3.31 vollständig. $\qquad \square$

Man beachte ferner, wie sich Symmetrie in der Matrix A auf die LR-Zerlegung auswirkt.

Bemerkung 3.22 Falls A symmetrisch ($A = A^T$) und regulär ist und eine LR-Zerlegung von A ohne Spaltenpivotisierung existiert, d.h. $A = LR$, dann gilt $A = LDL^T$ wobei D eine reelle Diagonalmatrix ist.

Beweis Wenn eine LR-Zerlegung $A = LR$ (ohne Pivotisierung) existiert, muss insbesondere R regulär sein, so dass man auch

$$R = D\tilde{R}, \quad \tilde{R} := D^{-1}R, \quad D := \text{diag}(r_{1,1}, \ldots, r_{n,n}),$$

schreiben kann, d.h., $\tilde{R}$ ist eine *normierte* obere Dreiecksmatrix. Wegen $A^T = A$ folgt aber dann $A = LD\tilde{R} = \tilde{R}^T D^T L^T$. Aufgrund der Eindeutigkeit der Zerlegung (siehe Satz 3.31) folgt dann sofort $\tilde{R}^T = L$ und somit $L^T = \tilde{R}$, was wiederum $A = LDL^T$ impliziert. □

Matlab-Demo 3.23 (LR-**Zerlegung**) In diesem Matlab-Programm wird die schrittweise Berechnung einer LR-Zerlegung (ohne Zeilenäquilibrierung) mit Spaltenpivotisierung gezeigt ($PA = LR$).

3.5.2 Numerische Durchführung der LR-Zerlegung und Implementierungshinweise

Aus den obigen Überlegungen ergibt sich für die Praxis folgende Vorgehensweise. Zuerst wird die vorliegende Matrix skaliert (z. B. über die Methode aus Abschn. 3.2.1) und danach wird die LR-Zerlegung dieser skalierten Matrix über Gauß-Elimination *mit* Spaltenpivotisierung berechnet.

Skalierung und Gauß-Elimination mit Spaltenpivotisierung

- Bestimme die Diagonalmatrix

$$D = \text{diag}(d_1, \ldots, d_n),$$

  so dass DA zeilenweise äquilibriert ist, d.h.

$$d_i = \left(\sum_{k=1}^{n} |a_{i,k}|\right)^{-1}, \quad i = 1, \ldots, n.$$

- Wende die Gauß-Elimination mit Spaltenpivotisierung auf DA an. Im j-ten Schritt der Gauß-Elimination wählt man eine Zeile als Pivotzeile, die das betragsmäßig größte Element in der ersten Spalte der $(n+1-j) \times (n+1-j)$ rechten unteren Restmatrix hat. Falls diese Pivotzeile und die j-te Zeile verschieden sind, werden sie vertauscht.

Speicherverwaltung und Programmentwurf

Hinsichtlich der tatsächlichen Implementierung dieses Verfahrens ist es wichtig zu beachten, dass durch geeignetes *Überspeichern* der Einträge von A der ursprünglich durch A beanspruchte Speicherplatz *nicht* erweitert werden muss. Insbesondere kann man die $\ell_{i,j}$ auf den unterhalb der Diagonalen freiwerdenden Stellen von A ablegen. Der folgende Programmablauf soll dies verdeutlichen.

Ein Programmentwurf zur Berechnung der LR-Zerlegung über *Gauß-Elimination mit Skalierung und Spaltenpivotisierung* lautet folgendermaßen:

LR-Zerlegung mit Skalierung und Spaltenpivotisierung

Für $i = 1, 2, \ldots, n$:
  $d_i \leftarrow 1/\left(\sum_{k=1}^{n} |a_{i,k}|\right)$;
  Für $j = 1, 2, \ldots, n$:
    $a_{i,j} \leftarrow d_i a_{i,j}$;   (Skalierung)
Für $j = 1, 2, \ldots, n-1$:
  Bestimme p mit $j \leq p \leq n$, so dass $|a_{p,j}| = \max_{j \leq i \leq n} |a_{i,j}|$;
  Falls $|a_{p,j}| > |a_{j,j}|$: $r_j = p$ und
  vertausche Zeile j mit Zeile p;   (Spaltenpivotisierung)
  Für $i = j+1, j+2, \ldots, n$:
    $a_{i,j} \leftarrow \dfrac{a_{i,j}}{a_{j,j}}$ (neue Einträge in L)
    Für $k = j+1, j+2, \ldots, n$:
      $a_{i,k} \leftarrow a_{i,k} - a_{i,j} a_{j,k}$;   (neue Einträge in R)

Die Werte d_i ergeben die Diagonalmatrix $D = \text{diag}(d_1, \ldots, d_n)$. Die Zahlen r_j entsprechen den elementaren Permutationsmatrizen $P_{\tau_j} = P_{j,r_j}$ in der Herleitung der LR-Zerlegung, Satz 3.31. Das Produkt aller elementaren Permutationen wird mit

$$P = P_{n-1,r_{n-1}} P_{n-2,r_{n-2}} \cdots P_{2,r_2} P_{1,r_1}$$

angedeutet. Gemäß Satz 3.31 produziert obiger Algorithmus die Zerlegung

$$PDA = LR \tag{3.71}$$

(siehe auch Beispiel 3.37). Man beachte, dass die Matrizen P und D in der Praxis nicht explizit berechnet werden. Von D z. B. werden nur die Diagonaleinträge in einem Vektor $(d_1, d_2, \ldots, d_n)$ gespeichert.

Bemerkung 3.34 Wenn die Betragssummen der Zeilen von A bereits etwa die gleiche Größenordnung haben, kann man auf die Skalierung verzichten. $\triangle$

Bemerkung 3.35 Man kann bei der Pivotisierung nicht nur die Zeilen, sondern auch die Spalten vertauschen (d. h., die Reihenfolge der Unbekannten ändern), um noch günstigere Pivotelemente $a_{j,j}$ zu finden. Dies nennt man *Totalpivotisierung*. Wegen des erhöhten Aufwands und begrenzter Verbesserung der Ergebnisse verzichtet man allerdings meist darauf.   △

Aus obigem Programmentwurf lässt sich der Aufwand (nur Gleitpunkt-Operationen) des Verfahrens ablesen:

- Zeilensummenberechnung: $n(n-1)$ Additionen;
- Berechnung der Skalierung: n Divisionen und n^2 Multiplikationen;
- Für $j = 1, 2, \ldots, n-1$
  - Berechnung der neuen Einträge in L: $(n-j)$ Divisionen;
  - Berechnung der neuen Einträge in R: $(n-j)^2$ Mult. und Additionen

Der dominierende Aufwand (höchste Potenz von n) ist also $2\sum_{j=1}^{n-1}(n-j)^2 = 2\sum_{j=1}^{n-1} j^2 \sim 2n^3/3$ Flop. Der Aufwand für die Skalierung ist ebenso wie das Vorwärts- und Rückwärtseinsetzen (vgl. Aufwand 3.21) von der Ordnung n^2. Insgesamt ergibt sich also:

Rechenaufwand 3.36
Der Rechenaufwand für die LR-Zerlegung über Gauß-Elimination mit Spaltenpivotisierung beträgt ca.

$$\frac{2}{3}n^3 \text{ Flop.} \tag{3.72}$$

Die Skalierung (falls nötig) kostet nur $\mathcal{O}(n^2)$ Flop.

Beispiel 3.37

$$A = \begin{pmatrix} 1 & 5 & 0 \\ 2 & 2 & 2 \\ -2 & 0 & 2 \end{pmatrix}, \text{ dann } D = \begin{pmatrix} \frac{1}{6} & 0 & 0 \\ 0 & \frac{1}{6} & 0 \\ 0 & 0 & \frac{1}{4} \end{pmatrix} \text{ und } DA = \begin{pmatrix} \frac{1}{6} & \frac{5}{6} & 0 \\ \frac{1}{3} & \frac{1}{3} & \frac{1}{3} \\ -\frac{1}{2} & 0 & \frac{1}{2} \end{pmatrix} \text{ (Skalierung)}.$$

Gauß-Elimination mit Spaltenpivotisierung:

$j = 1$:

$$DA \xrightarrow{Vertauschung} \left[\begin{array}{ccc} -\frac{1}{2} & 0 & \frac{1}{2} \\ \frac{1}{3} & \frac{1}{3} & \frac{1}{3} \\ \frac{1}{6} & \frac{5}{6} & 0 \end{array}\right] \xrightarrow{Elimination} \left[\begin{array}{cc|c} -\frac{1}{2} & 0 & \frac{1}{2} \\ \hline -\frac{2}{3} & \frac{1}{3} & \frac{2}{3} \\ -\frac{1}{3} & \frac{5}{6} & \frac{1}{6} \end{array}\right],$$

$j = 2$:

$$\xrightarrow{Vertauschung} \left[\begin{array}{c|cc} -\frac{1}{2} & 0 & \frac{1}{2} \\ \hline -\frac{1}{3} & \frac{5}{6} & \frac{1}{6} \\ -\frac{2}{3} & \frac{1}{3} & \frac{2}{3} \end{array}\right] \xrightarrow{Elimination} \left[\begin{array}{c|cc} -\frac{1}{2} & 0 & \frac{1}{2} \\ \hline -\frac{1}{3} & \frac{5}{6} & \frac{1}{6} \\ -\frac{2}{3} & \frac{2}{5} & \frac{3}{5} \end{array}\right].$$

$$\text{Also } L = \begin{pmatrix} 1 & 0 & 0 \\ -\frac{1}{3} & 1 & 0 \\ -\frac{2}{3} & \frac{2}{5} & 1 \end{pmatrix}, \quad R = \begin{pmatrix} -\frac{1}{2} & 0 & \frac{1}{2} \\ 0 & \frac{5}{6} & \frac{1}{6} \\ 0 & 0 & \frac{3}{5} \end{pmatrix}.$$

Man rechnet einfach nach, dass

$$LR = PDA$$

gilt, wobei $P = \begin{pmatrix} 0 & 0 & 1 \\ 1 & 0 & 0 \\ 0 & 1 & 0 \end{pmatrix} = \begin{pmatrix} 1 & 0 & 0 \\ 0 & 0 & 1 \\ 0 & 1 & 0 \end{pmatrix} \begin{pmatrix} 0 & 0 & 1 \\ 0 & 1 & 0 \\ 1 & 0 & 0 \end{pmatrix}$ eine Permutationsmatrix ist. Die
Matrix P ist das Produkt der elementaren Permutationsmatrizen $P_{1,3}$ und $P_{2,3}$. P
erhält man auch einfacher, indem man die durchgeführten Zeilenvertauschungen
nacheinander auf die Einheitsmatrix anwendet. Beachte, dass bei einer effizienten
Implementierung der LR-Zerlegung mit Pivotisierung die Matrix P nicht berechnet
wird. Man speichert dann nur einen Zeilenvertauschungsvektor. $\triangle$

Merke

• Skalierung/Äquilibrierung beeinflusst die *Kondition:* die vorliegende
  Matrix wird in eine skalierte Matrix mit einer im Allgemeinen kleineren
  Konditionszahl umgeformt.
• Pivotisierung verbessert die *Stabilität* der Gauß-Elimination/LR-
  Zerlegung. Letzteres wird in Abschn. 3.8 näher untersucht.

3.5.3 Einige Anwendungen der LR-Zerlegung

Die LR-Zerlegung ist ja nur eine geeignete „Organisation" der Gauß-Elimination. Dass diese Organisation erhebliche praktische Vorteile bieten kann, zeigen folgende Beispiele. Sei dazu $A \in \mathbb{R}^{n \times n}$ eine Matrix die schon zeilenweise äquilibriert ist. Weiter sei für diese Matrix die LR-Zerlegung $PA = LR$ bekannt.

Lösen eines Gleichungssystems
Die Lösung von

$$Ax = b$$

ergibt sich über die Lösung zweier Dreieckssysteme

$$Ax = b \iff PAx = Pb \iff LRx = Pb$$
$$\iff Ly = Pb \text{ und } Rx = y. \tag{3.73}$$

Zuerst bestimmt man also y durch Vorwärtseinsetzen aus $Ly = Pb$, um danach x aus $Rx = y$ durch Rückwärtseinsetzen zu berechnen.

Mehrere rechte Seiten
Hat man mehrere Gleichungssysteme mit derselben Matrix A, aber verschiedenen rechten Seiten b, so benötigt man nur *einmal* den dominierenden Aufwand zur Bestimmung der LR-Zerlegung ($\sim \frac{2}{3}n^3$ Flop). Für jede rechte Seite fällt dann nur die Lösung von $Ly = Pb$, $Rx = y$ für die verschiedenen rechten Seiten b an. Die dazu benötigte Anzahl der Operationen ist jeweils $\sim 2n^2$ Flop, also von geringerer Ordnung.

Berechnung der Inversen
In den meisten Fällen ist es weder notwendig noch angebracht, die Inverse einer Matrix explizit zu berechnen. Dennoch gibt es Situationen, wo dies sinnvoll ist. Man kann dann folgendermaßen vorgehen. Sei $x^i \in \mathbb{R}^n$ die i-te Spalte der Inverse von A:

$$A^{-1} = \left(x^1 \, x^2 \, \ldots \, x^n \right).$$

Aus $AA^{-1} = I$ folgt

$$Ax^i = e^i, \quad i = 1, \ldots, n. \tag{3.74}$$

Zur Berechnung der Inverse bietet sich folgende Strategie an:

- Bestimme die LR-Zerlegung $PA = LR$ über Gauß-Elimination mit Spaltenpivotisierung,
- Löse die Gleichungssysteme

$$LRx^i = Pe^i, \quad i = 1, \ldots, n.$$

Die Berechnung der Inversen A^{-1} ist also aufwendiger als die Lösung eines Gleichungssystems. Andererseits ist der Aufwand dieser Methode zur Berechnung der Inversen A^{-1} in gewissem Sinne erstaunlich niedrig. Der Aufwand für die Zerlegung ist $\sim \frac{2}{3}n^3$ Flop, und der Aufwand für n Vorwärts- und Rückwärtssubstitutionen ist etwa $n(n^2 + n^2) = 2n^3$ Flop. Insgesamt benötigt man also etwa $\frac{8}{3}n^3$ Flop, was den Aufwand einer Matrix-Matrix-Multiplikation nur geringfügig übersteigt!

Beachte:
Der Ausdruck $x = A^{-1}b$ ist in der Numerik immer so (prozedural) zu interpretieren, dass x die Lösung des Systems $Ax = b$ ist, die man praktisch *ohne* die explizite Berechnung von A^{-1} bestimmt.

Berechnung von Determinanten
Aus $PA = LR$ folgt

$$\det P \, \det A = \det L \, \det R = \det R.$$

Da wegen (3.62)

$$\det P = \det P_{n,r_n} \det P_{n-1,r_{n-1}} \dots \det P_{1,r_1} = (-1)^{\# \text{ Zeilenvertauschungen}},$$

folgt

$$\det A = (-1)^{\# \text{ Zeilenvertauschungen}} \prod_{j=1}^{n} r_{j,j}. \tag{3.75}$$

Gegenüber dem Laplaceschen Entwicklungssatz ($\sim n!$ Operationen) werden nun lediglich $\sim \frac{2}{3}n^3$ Flop benötigt. Für $n = 20$ ergibt dies bei Verwendung eines 100 GFlops-Rechners eine Laufzeit von 50 Nanosekunden gegenüber 16 Jahren, siehe Abschn. 3.3.

3.6 Cholesky-Zerlegung

Die oben beschriebene Gauß-Elimination bzw. die LR-Zerlegung ist prinzipiell für beliebige Gleichungssysteme mit nichtsingulären Matrizen anwendbar. In vielen Anwendungsbereichen treten jedoch Matrizen auf, die zusätzliche Struktureigenschaften haben. Zum Beispiel ist die Matrix (3.25) *symmetrisch*. In vielen Fällen ist die Matrix nicht nur symmetrisch, sondern auch *positiv definit*.

Positiv definite Matrizen

Definition 3.38.
$A \in \mathbb{R}^{n \times n}$ *heißt symmetrisch positiv definit (s. p. d.), falls*

$$A^T = A \qquad \text{(symmetrisch)}$$

und

$$x^T A x > 0 \qquad \text{(positiv definit)}$$

für alle $x \in \mathbb{R}^n, x \neq 0$, *gilt.*

In Abschn. 3.1.2 werden bereits Beispiele für das Auftreten symmetrisch positiv definiter Matrizen diskutiert. Zur Erinnerung eine kurze Zusammenfassung:

Beispiel 3.39 1. $A = I$ (Identität) ist s. p. d. Die Symmetrie ist trivial und

$$x^T I x = x^T x = \|x\|_2^2 > 0,$$

falls $x \neq 0$.
2. Es sei $B \in \mathbb{R}^{m \times n}, m \geq n$, und B habe vollen Rang, d. h., die Spalten von B seien linear unabhängig. Dann ist $A := B^T B \in \mathbb{R}^{n \times n}$ s. p. d., denn:

$$A^T = (B^T B)^T = B^T (B^T)^T = B^T B = A.$$

Es sei $x \in \mathbb{R}^n, x \neq 0$. Dann gilt

$$x^T A x = x^T B^T B x = (Bx)^T (Bx) = \|Bx\|_2^2 \geq 0.$$

Es gilt $x^T A x = \|Bx\|_2^2 = 0$ nur falls $Bx = 0$ gilt. Da B vollen Rang hat, muss daher $x = 0$ sein. Also gilt $x^T A x > 0$ für $x \neq 0$, woraus die Behauptung folgt.
3. Die Matrix in (3.25) ist s. p. d.
4. Es sei G die Gram-Matrix, also $G_{i,j} = (\phi_i, \phi_j)_V, 1 \leq i, j \leq n$, wobei die ϕ_i ($1 \leq i \leq n$) eine Basis des Vektorraumes V bilden. Die Matrix G ist s. p. d., denn für $x \in \mathbb{R}^n, x \neq 0$ folgt $v := x_1\phi_1 + \cdots + x_n\phi_n \in V, v \neq 0$, und es gilt

$$x^T G x = \Big(\sum_{j=1}^{n} x_j \phi_j, \sum_{j=1}^{n} x_j \phi_j \Big)_V = (v, v)_V > 0,$$

da $(\cdot, \cdot)_V$ ein Skalarprodukt ist. Die Symmetrie ist offensichtlich wegen $(\phi_i, \phi_j)_V = (\phi_j, \phi_i)_V$. △

Speziell führt die Diskretisierung gewisser Randwertaufgaben für partielle Differentialgleichungen (Elastizitätsprobleme, Diffusionsprobleme) auf lineare Gleichungssysteme mit symmetrisch positiv definiten Matrizen (vgl. (3.25)). Auch lineare Ausgleichsprobleme (siehe Kap. 4) führen auf Systeme mit s. p. d. Matrizen.

Einige wichtige, häufig verwendete Eigenschaften von s. p. d. Matrizen werden
im folgenden Satz formuliert.

Satz 3.40 *Es sei $A \in \mathbb{R}^{n \times n}$ symmetrisch positiv definit. Dann gelten folgende Aussagen:*

(i) A ist invertierbar, und A^{-1} ist s. p. d.

(ii) A hat nur strikt positive (insbesondere reelle) Eigenwerte.

(iii) Jede Hauptuntermatrix $A_k := (a_{i,j})_{1 \le i,j \le k}$, $k = 1, \ldots, n$, von A ist s. p. d.

*(iv) Die Determinante von A ist positiv (und damit die Determinante aller Haupt-
untermatrizen von A).*

*(v) A hat nur strikt positive Diagonaleinträge und der betragsgrößte Eintrag von
A liegt auf der Diagonalen.*

*(vi) Bei der Gauß-Elimination ohne Pivotisierung sind alle Pivotelemente strikt
positiv.*

Beweis Ausführliche Beweise dieser Aussagen finden sich z. B. in [DH]. Die
Behauptungen (i) – (iii) sind relativ einfache Konsequenzen der Definition. (iv)
folgt aus (ii), wenn man weiß, dass die Determinante von A gleich dem Produkt
der Eigenwerte von A ist. Aus $a_{i,i} = (e^i)^T A e^i > 0$ folgt, dass A nur strikt positive
Diagonaleinträge hat. Für die zweite Aussage in (v) wird auf Übung 3.24 verwiesen.
Lediglich (vi) verlangt etwas eingehendere Überlegungen.

Die Gültigkeit von (vi) kann man folgendermaßen einsehen. Es sei L_1 die zur
ersten Spalte von A gehörende Frobenius-Matrix, d. h., die normierte untere Dreiecksmatrix, die sich von der Einheitsmatrix nur in der ersten Spalte unterscheidet,
deren Einträge gerade durch $(L_1)_{i,1} = -\ell_{i,1}$, $i = 2, \ldots, n$, gegeben sind. Da $a_{1,1}$
wegen (v) (oder (iii)) positiv ist, ist L_1 wohldefiniert. Da die erste Zeile von $L_1 A$
mit der ersten Zeile von A übereinstimmt, gilt

$$
L_1 A = \begin{pmatrix} a_{1,1} & a_{1,2} & \ldots & a_{1,n} \\ 0 & & & \\ \vdots & & \tilde{A}^{(2)} & \\ 0 & & & \end{pmatrix}, \quad L_1 A L_1^T = \begin{pmatrix} a_{1,1} & \emptyset \\ \emptyset & \tilde{A}^{(2)} \end{pmatrix} \tag{3.76}
$$

wobei $\tilde{A}^{(2)}$ eine symmetrische $(n - 1) \times (n - 1)$ Matrix ist. Da für beliebiges
$y \in \mathbb{R}^{n-1} \setminus \{0\}$ und $x^T := (0, y^T)$

$$
y^T \tilde{A}^{(2)} y = x^T L_1 A L_1^T x = (L_1^T x)^T A (L_1^T x) > 0 \quad \text{wegen } L_1^T x \ne 0,
$$

ist $\tilde{A}^{(2)}$ s. p. d. Also ist das nächste Pivotelement $(\tilde{A}^{(2)})_{1,1} > 0$, und man kann obigen
Vorgang wiederholen. $\square$

Aus obigen Überlegungen ergibt sich schon das folgende Hauptergebnis dieses Abschnitts.

Satz 3.41

Jede s. p. d. Matrix $A \in \mathbb{R}^{n \times n}$ besitzt eine eindeutige Zerlegung

$$A = LDL^T, \tag{3.77}$$

wobei L eine normierte untere Dreiecksmatrix und D eine Diagonalmatrix mit Diagonaleinträgen

$$d_{i,i} > 0, \quad i = 1, \dots, n, \tag{3.78}$$

ist. Umgekehrt ist jede Matrix der Form LDL^T, wobei D eine Diagonalmatrix ist, die (3.78) erfüllt, und L eine normierte untere Dreiecksmatrix ist, symmetrisch positiv definit.

Beweis Aus obigem Beweis zu Satz 3.40 (vi) (vgl. (3.76)) folgt, dass

$$L_{n-1} \cdots L_1 A L_1^T \cdots L_{n-1}^T = D,$$

wobei D eine Diagonalmatrix mit strikt positiven Diagonaleinträgen ist. Aus der Definition der L_k und (3.59) folgt daraus sofort die Darstellung (3.77).

Dass jede Matrix der Form (3.77) s. p. d. ist, folgt sofort: Symmetrie ist offensichtlich. Ferner ist für $y := L^T x$ gerade

$$x^T LDL^T x = (L^T x)^T D(L^T x) = y^T Dy = \sum_{j=1}^{n} d_{j,j} |y_j|^2 > 0,$$

wenn immer $y \neq 0$. Letzteres ist aber für $x \neq 0$ wegen der Regularität von L der Fall. $\qquad \square$

Die Zerlegung in (3.77) heißt *Cholesky-Zerlegung*. Im Prinzip lässt sich das Resultat (3.77) als LR-Zerlegung der Matrix A mit $R = DL^T$ interpretieren (siehe Satz 3.31, wo die Eindeutigkeit bereits sichergestellt wird). Aufgrund von Satz 3.40 (vi) ist bei s. p. d. Matrizen Gauß-Elimination *ohne Pivotisierung* durchführbar. Damit wäre auch eine numerische Realisierung von (3.77) gegeben.

Der Kernpunkt dieses Abschnitts ist jedoch die Tatsache, dass man die Faktorisierung (3.77) mit einer alternativen Methode bestimmen kann, die die Symmetrie von A direkt ausnutzt und dadurch insgesamt effizienter ist, nämlich nur etwa den halben Aufwand der allgemeinen LR-Zerlegung benötigt.

Den Ausgangspunkt bildet folgende Beobachtung. Da $A = A^T$, ist A bereits durch die $n(n + 1)/2$ Einträge $a_{i,j}$, $i \geq j$ vollständig bestimmt. Dies sind genau soviel Parameter, wie man zur Bestimmung der Einträge von L und D braucht. Insofern kann man (3.77) als (nichtlineares) Gleichungssystem von $n(n + 1)/2$ Gleichungen in $n(n + 1)/2$ Unbekannten auffassen. Wir werden jetzt zeigen, dass man diese Gleichungen so anordnen kann, dass man die Unbekannten $\ell_{i,j}$, $i > j$, $d_{i,i}$ Schritt für Schritt durch Einsetzen vorher berechneter Werte bestimmen kann. Dies ist gerade das sogenannte *Cholesky-Verfahren*.

Konstruktion der Cholesky-Zerlegung
Das Vorgehen sei zunächst anhand eines kleinen Beispiels illustriert.

Beispiel 3.42

$$A = \begin{pmatrix} 2 & 6 & -2 \\ 6 & 21 & 0 \\ -2 & 0 & 16 \end{pmatrix}, L = \begin{pmatrix} 1 & 0 & 0 \\ \ell_{2,1} & 1 & 0 \\ \ell_{3,1} & \ell_{3,2} & 1 \end{pmatrix}, D = \begin{pmatrix} d_{1,1} & 0 & 0 \\ 0 & d_{2,2} & 0 \\ 0 & 0 & d_{3,3} \end{pmatrix}.$$

Es gilt

$$LDL^T = \begin{pmatrix} 1 & 0 & 0 \\ \ell_{2,1} & 1 & 0 \\ \ell_{3,1} & \ell_{3,2} & 1 \end{pmatrix} \begin{pmatrix} d_{1,1} & 0 & 0 \\ 0 & d_{2,2} & 0 \\ 0 & 0 & d_{3,3} \end{pmatrix} \begin{pmatrix} 1 & \ell_{2,1} & \ell_{3,1} \\ 0 & 1 & \ell_{3,2} \\ 0 & 0 & 1 \end{pmatrix}$$

$$= \begin{pmatrix} d_{1,1} & 0 & 0 \\ \ell_{2,1}d_{1,1} & d_{2,2} & 0 \\ \ell_{3,1}d_{1,1} & \ell_{3,2}d_{2,2} & d_{3,3} \end{pmatrix} \begin{pmatrix} 1 & \ell_{2,1} & \ell_{3,1} \\ 0 & 1 & \ell_{3,2} \\ 0 & 0 & 1 \end{pmatrix}.$$

Die elementweise Auswertung der Gleichung $LDL^T = A$, die man aufgrund der Symmetrie auf den unteren Dreiecksteil beschränken kann, ergibt

$j = 1$: (1,1)-Element: $d_{1,1} = a_{1,1} = 2 \implies \boxed{d_{1,1} = 2}$

(2,1)-Element: $\ell_{2,1}d_{1,1} = a_{2,1} = 6 \implies \ell_{2,1} = 6/2 \implies \boxed{\ell_{2,1} = 3}$

(3,1)-Element: $\ell_{3,1}d_{1,1} = a_{3,1} = -2 \implies \ell_{3,1} = -2/2$

$\implies \boxed{\ell_{3,1} = -1}$

$j = 2$: (2,2)-Element: $\ell_{2,1}^2 d_{1,1} + d_{2,2} = a_{2,2} = 21 \implies d_{2,2} = 21 - 3^2 \cdot 2$

$\implies \boxed{d_{2,2} = 3}$

(3,2)-Element: $\ell_{3,1}d_{1,1}\ell_{2,1} + \ell_{3,2}d_{2,2} = a_{3,2} = 0$

$\implies \ell_{3,2} = -(-1) \cdot 2 \cdot 3/3 \implies \boxed{\ell_{3,2} = 2}$

$j = 3$: (3,3)-Element: $\ell_{3,1}^2 d_{1,1} + \ell_{3,2}^2 d_{2,2} + d_{3,3} = a_{3,3} = 16$

$\implies d_{3,3} = 16 - (-1)^2 \cdot 2 - 2^2 \cdot 3 \implies \boxed{d_{3,3} = 2}$

$$\implies \quad L = \begin{pmatrix} 1 & 0 & 0 \\ 3 & 1 & 0 \\ -1 & 2 & 1 \end{pmatrix}, \quad D = \begin{pmatrix} 2 & 0 & 0 \\ 0 & 3 & 0 \\ 0 & 0 & 2 \end{pmatrix}.$$

$\triangle$

Wir betrachten nun den allgemeinen Fall. Die Gleichung

$$A = LDL^T,$$

beschränkt auf den unteren Dreiecksteil, ergibt

$$a_{i,k} = \sum_{j=1}^{n} \ell_{i,j} d_{j,j} \ell_{k,j} = \sum_{j=1}^{k-1} \ell_{i,j} d_{j,j} \ell_{k,j} + \ell_{i,k} d_{k,k}, \quad i \geq k. \tag{3.79}$$

Hierbei wurde $\ell_{k,j} = 0$ für $j > k$ und $\ell_{k,k} = 1$ benutzt. Damit gilt

$$\ell_{i,k} d_{k,k} = a_{i,k} - \sum_{j=1}^{k-1} \ell_{i,j} d_{j,j} \ell_{k,j}, \quad i \geq k. \tag{3.80}$$

Für $k = 1$ ist die Summe leer. Da $\ell_{1,1} = 1$, gilt für $k = 1$ (erste Spalte):

$$\ell_{1,1} d_{1,1} = a_{1,1} \implies d_{1,1} = a_{1,1}$$
$$\ell_{i,1} = a_{i,1}/d_{1,1} \text{ für } i > 1.$$

Wir haben hier benutzt, dass wegen Satz 3.40 (v) $d_{1,1} = a_{1,1}$ strikt positiv ist und die $\ell_{i,1}$ somit wohl definiert sind.

Wir setzen nun voraus, dass die Spalten $1, \ldots, k - 1$ der Matrix L (d.h. $\ell_{i,j}$, $i \geq j \leq k - 1$) und der Matrix D (d.h. $d_{i,i}, i \leq k - 1$) schon berechnet sind. Es ist einfach nachzuprüfen, dass dann alle Terme in der Summe in (3.80) bekannt sind. Die k-te Spalte von L und von D kann nun mit der Formel (3.80) berechnet werden:

$$i = k : \quad \ell_{k,k} d_{k,k} = a_{k,k} - \sum_{j=1}^{k-1} \ell_{k,j}^2 d_{j,j}$$

$$\implies \quad d_{k,k} = a_{k,k} - \sum_{j=1}^{k-1} \ell_{k,j}^2 d_{j,j}, \tag{3.81}$$

$$i > k : \quad \ell_{i,k} = \left(a_{i,k} - \sum_{j=1}^{k-1} \ell_{i,j} d_{j,j} \ell_{k,j} \right)/d_{k,k}, \tag{3.82}$$

wobei wir hier benutzt haben, dass die $d_{k,k}$ wegen Satz 3.40 (vi) ungleich null sind. Insgesamt ergibt sich also folgende Methode zur Berechnung der Zerlegung $A = LDL^T$:

Cholesky-Verfahren

Für die aufeinanderfolgenden Spalten, $k = 1, 2, \ldots, n$, hat man explizite Formeln für $d_{k,k}$ und $\ell_{i,k}$ $(i > k)$:

$$d_{k,k} = a_{k,k} - \sum_{j=1}^{k-1} \ell_{k,j}^2 d_{j,j},$$

$$\ell_{i,k} = \left(a_{i,k} - \sum_{j=1}^{k-1} \ell_{i,j} d_{j,j} \ell_{k,j} \right) / d_{k,k}.$$

Bei der tatsächlichen Implementierung werden die Einträge von A überschrieben: $\ell_{i,j}$ kommt in den Speicherplatz des Elements $a_{i,j}$ $(i > j)$ und $d_{i,i}$ kommt in den Speicherplatz des Elements $a_{i,i}$. Außerdem wird aus Effizienzgründen der Term $c_{j,k} := d_{j,j} \ell_{k,j}$, der in beiden Summen auftritt und nicht von i abhängt, zwischengespeichert.

Programmentwurf Cholesky-Verfahren

```
Für  k = 1, 2, ..., n:
     für  j = 1, ..., k − 1:  c_{j,k} ← a_{k,j}a_{j,j}
     diag ← a_{k,k} − ∑_{j<k} a_{k,j}c_{k,j};
     falls diag < 10^{−5}a_{k,k} Abbruch
     a_{k,k} ← diag,
     für  i = k + 1, ..., n
          a_{i,k} ← (a_{i,k} − ∑_{j<k} a_{i,j}c_{k,j}) /a_{k,k};
```

Rechenaufwand 3.43
Das Cholesky-Verfahren kann mit ca. $\frac{1}{3}n^3$ Flop realisiert werden. Der Rechenaufwand beträgt also etwa die Hälfte des Aufwands der Standard-LR-Zerlegung.

Bemerkung 3.44

- Für eine s.p.d. Matrix ist das Cholesky-Verfahren *immer durchführbar*. In Abschn. 3.8 wird gezeigt, dass das Verfahren (rückwärts) *stabil* ist.
- LDL^T entspricht der LR-Zerlegung für $R = DL^T$. Bei s.p.d. Matrizen ist Pivotisierung weder nötig noch sinnvoll. Das Cholesky-Verfahren ist ohne Pivotisierung durchführbar und stabil. Pivotisierung würde die Symmetrie der Matrix zerstören.
- Die Lösung des Problems $Ax = b$ reduziert sich nach Satz 3.41 wieder auf

$$Ly = b, \quad DL^T x = y, \quad \text{d. h. } L^T x = D^{-1}y.$$

- In obiger Version enthält das Verfahren die Abfrage diag $< 10^{-5}a_{k,k}$. Falls dies gilt, kann nicht mehr gewährleistet werden, dass das entsprechende Pivotelement strikt positiv ist. In diesem Sinne *testet* das Verfahren Positiv-Definitheit. Die Toleranz 10^{-5} wird bei mehr fortgeschrittenen Implementierungen des Verfahrens durch eine eps und n-abhängige Toleranz ersetzt.
- In der früher üblichen Form lautete die Cholesky-Zerlegung

$$A = L_1 L_1^T$$

für eine (nicht normierte) Dreiecksmatrix L_1. Hier ergibt sich

$$L_1 = LD^{1/2}, \quad D^{1/2} = \text{diag}(\sqrt{d_{1,1}}, \dots, \sqrt{d_{n,n}}).$$

$\triangle$

Matlab-Demo 3.45 (Cholesky-Verfahren) In diesem Matlab-Programm wird die schrittweise Berechnung einer Cholesky-Zerlegung mit dem Cholesky-Verfahren gezeigt.

3.7 Bandmatrizen

Wie bereits in Beispiel 3.6 angedeutet wurde, treten in Anwendungen oft Matrizen auf, die *dünnbesetzt* sind, d.h., bis auf eine gleichmäßig beschränkte Anzahl sind alle Einträge pro Zeile und Spalte gleich Null. Insbesondere gilt dies für sogenannte

Bandmatrizen. So nennt man Matrizen der Form

$$
A = \begin{pmatrix}
a_{1,1} & \cdots & a_{1,p} & 0 & \cdots & \cdots & 0 \\
\vdots & \ddots & & \ddots & 0 & & \vdots \\
a_{q,1} & & \ddots & & \ddots & 0 & \vdots \\
0 & \ddots & & \ddots & & \ddots & 0 \\
\vdots & 0 & \ddots & & \ddots & & a_{n-p+1,n} \\
\vdots & & 0 & \ddots & & \ddots & \vdots \\
0 & \cdots & \cdots & 0 & a_{n,n-q+1} & \cdots & a_{n,n}
\end{pmatrix}.
$$

Man sagt dann, A hat Bandbreite $p + q - 1$. Bandmatrizen modellieren Umstände, bei denen nur (meist geometrisch) benachbarte Größen miteinander gekoppelt sind wie etwa bei der Diskretisierung von Differentialgleichungen.

Unter gewissen Voraussetzungen erlaubt die Bandstruktur eine erhebliche Reduktion des Rechen- und Speicheraufwands:

- Bei Gauß-Elimination *ohne* Pivotisierung bleibt die Bandbreite erhalten.
- Es sei $A = LR$ die entsprechende LR-Zerlegung. Dann hat L die Bandbreite q und R die Bandbreite p.
- Der Rechenaufwand bei der LR-Zerlegung ist von der Ordnung pqn, beim Vor- und Rückwärtseinsetzen von der Ordnung $(p+q)n$. Falls die Bandbreiten kleine Konstanten sind, wird der Aufwand also im wesentlichen durch n bestimmt, so dass sich nach vorherigen Bemerkungen insgesamt ein Rechenaufwand ergibt, der *proportional* zur Anzahl n der Unbekannten ist. Der Aufwand skaliert dann linear mit der Größe des Problems.

Tridiagonalmatrizen
Ein wichtiger Spezialfall ergibt sich mit $p = q = 2$ – sogenannte *Tridiagonalmatrizen*. Die Matrix in (3.25) ist eine Tridiagonalmatrix. Die allgemeine Form ist

$$
\begin{pmatrix}
a_{1,1} & a_{1,2} & 0 & \cdots & & 0 \\
a_{2,1} & a_{2,2} & a_{2,3} & \ddots & & \vdots \\
0 & a_{3,2} & a_{3,3} & \ddots & & 0 \\
\vdots & \ddots & \ddots & \ddots & & a_{n-1,n} \\
0 & \cdots & 0 & & a_{n,n-1} & a_{n,n}
\end{pmatrix}.
$$

Falls Gauß-Elimination ohne Pivotisierung möglich ist (etwa wenn A s. p. d. ist), ergibt die elementweise Auswertung der Gleichung $LR = A$ (wie bei der Herleitung des Cholesky-Verfahrens) folgenden einfachen Algorithmus zur Bestimmung der LR-Zerlegung:

Algorithmus 3.46 (LR-Zerlegung einer Tridiagonalmatrix).

```
Setze r₁,₁ := a₁,₁.
Für  j = 2, 3, ..., n:
```
$$\ell_{j,j-1} = a_{j,j-1}/r_{j-1,j-1}$$
$$r_{j-1,j} = a_{j-1,j}$$
$$r_{j,j} = a_{j,j} - \ell_{j,j-1}r_{j-1,j}.$$

Rechenaufwand 3.47 In dieser Rekursion zur Bestimmung der LR-Zerlegung einer Tridiagonalmatrix ist der Rechenaufwand etwa $3n$ Flop. Will man mit der berechneten LR-Zerlegung ein System lösen, dann sind zudem noch ca. $2n$ Flop in der Vorwärtssubstitution und $3n$ Flop in der Rückwärtssubstitution nötig. Insgesamt ergibt sich ein Aufwand von ca. $8n$ Flop.

Kompakte Speicherung
Zum Speichern einer Tridiagonalmatrix wird man kein Feld der Größe n^2 benötigen. Selbst wenn das Muster der von Null verschiedenen Einträge weniger regelmäßig ist, kann man folgendermaßen den Speicheraufwand gering halten. Als Beispiel betrachten wir eine symmetrische Matrix

$$A = \begin{pmatrix} 10 & 2 & & & & 6 & \\ 2 & 20 & & 4 & & & \\ & & 30 & & & & \\ & 4 & & 40 & 5 & 6 & \\ & & & 5 & 50 & & 7 \\ 6 & & & 6 & & 60 & 7 \\ & & & & 7 & 7 & 70 \end{pmatrix}.$$

Man kodiert die durch die von Null verschiedenen Einträge definierte Skyline der oberen Hälfte (Skyline-Speicherung, SKS-Format). Dabei werden die Spalten nacheinander behandelt. In jeder Spalte werden die Einträge ab dem Diagonalelement nach oben hin bis zum letzten von Null verschiedenen Element gespeichert. In der sechsten Spalte zum Beispiel werden dann die Einträge $(60, 0, 6, 0, 0, 6)$ gespeichert. Außerdem wird ein Vektor IND angelegt, wobei $\text{IND}(1) := 1$ und $\text{IND}(j+1) - \text{IND}(j)$ $(1 \leq j \leq n)$ gerade die effektive Höhe der j-ten Spalte ab der Diagonalen ist. Also in dem Beispiel: $\text{IND}(7) - \text{IND}(6) = 6$.

$$A := (10, 20, 2, 30, 40, 0, 4, 50, 5, 60, 0, 6, 0, 0, 6, 70, 7, 7),$$

$$\text{IND} := (1, 2, 4, 5, 8, 10, 16, 19).$$

Für eine Übersicht der wichtigsten Speicherformate wird auf [U] Teil 2 verwiesen.

3.8 Stabilitätsanalyse bei der LR- und Cholesky-Zerlegung

Um die Stabilität der Methoden zur Berechnung der LR- und Cholesky-Zerlegung zu untersuchen, versucht man, nach dem Prinzip der Rückwärtsanalyse (vgl. Abschn. 2.6) das Ergebnis der Rechnung als Ergebnis exakter Rechnung zu gestörten Eingabedaten $A + \Delta A$ zu interpretieren. Kann man ΔA abschätzen, so liefert der Störungssatz 3.12 über die Kondition Abschätzungen über die Genauigkeit $\| \Delta x \| / \| x \|$ der errechneten Lösung.

Falls die Matrix A im System

$$Ax = b \qquad (3.83)$$

symmetrisch positiv definit ist, wird für die Berechnung der Cholesky-Zerlegung $A = LDL^T$ das Cholesky-Verfahren eingesetzt (vgl. §3.6). Eine Vorwärts- und Rückwärtssubstitution liefert dann die Lösung x. Aufgrund der Rundungsfehler können bei einer tatsächlichen Realisierung auf einem Rechner weder die Zerlegung noch die Vorwärts- und Rückwärtssubstitution exakt durchgeführt werden. Stattdessen wird eine angenäherte Lösung $\tilde{x}$ berechnet. Man kann zeigen, dass die *berechnete* Lösung $\tilde{x}$ die *exakte* Lösung eines *gestörten* Systems

$$(A + \Delta A)\tilde{x} = b \qquad (3.84)$$

ist, wobei man die relative Größe der Störung durch

$$\delta_A := \frac{\| \Delta A \|_2}{\| A \|_2} \leq c_n \, \text{eps} \qquad (3.85)$$

abschätzen kann. Hierbei ist eps die Maschinengenauigkeit und c_n eine Konstante, welche nur von der Dimension n der Matrix A abhängt. Man kann zeigen (Kap. 10 in [Hi]), dass $c_n \leq 4n(3n + 1)$ gilt. Diese obere Schranke ist aber pessimistisch und fast immer ist $\delta_A \sim \text{eps}$, d. h., die Datenstörung δ_A ist in der Größenordnung der Datenrundungsfehler. Somit ist das Cholesky-Verfahren ein *rückwärts stabiler* Algorithmus, siehe (2.72). Das berechnete Resultat $\tilde{x}$ ist mit einem Fehler behaftet, der in der Größenordnung des durch die Kondition des Problems bedingten *unvermeidbaren* Fehlers bleibt:

$$
\begin{aligned}
\frac{\| x - \tilde{x} \|_2}{\| x \|_2} &\leq \frac{\kappa_2(A) \frac{\| \Delta A \|_2}{\| A \|_2}}{1 - \kappa_2(A) \frac{\| \Delta A \|_2}{\| A \|_2}} \\
&\leq \frac{\kappa_2(A)\delta_A}{1 - \kappa_2(A)\delta_A} \approx \kappa_2(A)\delta_A \qquad \text{wenn } \kappa_2(A)\delta_A \ll 1.
\end{aligned}
\qquad (3.86)
$$

Damit kann wegen $\delta_A = \mathcal{O}(\text{eps})$ das Lösen eines s. p. d. Systems mit Hilfe des Cholesky-Verfahrens als *stabil* eingestuft werden.

Falls A nicht symmetrisch positiv definit ist, kann man zur Lösung des Problems (3.83) die Gauß-Elimination verwenden. Auch diese Methode kann mit einer Rückwärtsfehleranalyse untersucht werden (siehe z. B. Kap. 10 in [Hi]). In dieser

Analyse ist es bequemer mit der Maximumnorm statt mit der Euklidischen Norm zu arbeiten. Man kann zeigen, dass die berechnete Lösung $\tilde{x}$ die exakte Lösung eines gestörten Problems $(A + \Delta A)\tilde{x} = b$ ist, wobei sich die relative Größe der Störung (in der Maximumnorm) durch

$$\delta_A := \frac{\|\Delta A\|_\infty}{\|A\|_\infty} \leq \hat{c}_n \, \text{eps} \qquad (3.87)$$

abschätzen lässt. Hierbei ist eps die Maschinengenauigkeit und $\hat{c}_n$ eine Größe, welche von der Dimension n der Matrix A und von dem sogenannten *Wachstumsfaktor*

$$\rho_n(A) := \frac{\max_{i,j,k} |a_{i,j}^{(k)}|}{\max_{i,j} |a_{i,j}|} \qquad (3.88)$$

abhängt. Die $a_{i,j}^{(k)}$ Terme in diesem Faktor sind die Einträge der Matrizen $A^{(k)}$ ($1 \leq k \leq n$), welche in den Zwischenschritten des Gauß-Eliminationsprozesses entstehen, siehe (3.64). Man kann zeigen (Kap. 9 in [Hi]) dass

$$\hat{c}_n \leq n^2(3n + 1)\rho_n(A)$$

gilt. Dieses Resultat gilt sowohl für die Methode *mit Pivotisierung* als auch für die *ohne Pivotisierung*. Einfache Beispiele (wie in Beispiel 3.28) zeigen, dass im Fall *ohne* Pivotisierung der Wachstumsfaktor $\rho_n(A)$ (auch für kleines n) beliebig groß werden kann. Dies bestätigt die bereits gemachte Beobachtung, dass *die Methode ohne Pivotisierung nicht stabil ist*. Für das Gauß-Eliminationsverfahren *mit Spaltenpivotisierung* gilt die (scharfe) Schranke

$$\rho_n(A) \leq 2^{n-1} \quad \text{für alle } A \in \mathbb{R}^{n \times n}. \qquad (3.89)$$

Die Tatsache, dass die Schranke für $\rho_n(A)$ *nicht* von der Matrix A abhängt begründet die enorme Stabilitätsverbesserung der Gauß-Elimination wenn Pivotisierung verwendet wird. Diese Schranke wächst aber exponentiell in n und wenn die obere Schranke $n^2(3n + 1)2^{n-1}$ eps in (3.87) in vielen Fällen die korrekte Größenordnung von δ_A beschreiben würde, hätte die Gauß-Elimination mit Spaltenpivotisierung eine (sehr) schlechte Stabilität. Folgende Beobachtung ist von zentraler Bedeutung für die Stabilität der Gauß-Elimination mit Spaltenpivotisierung:

Es existieren Matrizen $A \in \mathbb{R}^{n \times n}$ für die der Wachstumsfaktor $\rho_n(A)$ (sehr) groß ist, zum Beispiel polynomiell in n oder sogar $\sim 2^{n-1}$. *Für fast alle Matrizen A ist aber bei Gauß-Elimination mit Pivotisierung der Wachstumsfaktor klein* (höchstens 10).

Eine befriedigende Erklärung hierfür zu finden ist ein offenes Problem im Bereich Numerik. Eine Matrix mit $\rho_n(A) = 2^{n-1}$ wird in Beispiel 3.50 behandelt.

Bemerkung 3.48 Für bestimmte Klassen von Matrizen A gibt es gleichmäßige (in A und n) Schranken für $\rho_n(A)$. Falls A symmetrisch positiv definit ist, gilt $\rho_n(A) \leq 1$ für die Gauß-Elimination *ohne* Pivotisierung. Wenn A Diagonaldominant ist, d. h., $\sum_{j \neq i} |a_{i,j}| \leq |a_{i,i}|$ für alle i oder $\sum_{i \neq j} |a_{i,j}| \leq |a_{j,j}|$ für alle j, gilt $\rho_n(A) \leq 2$ für die Gauß-Elimination ohne Pivotisierung. Die Gauß-Elimination ohne Pivotisierung ist ein stabiles Lösungsverfahren für Gleichungssysteme mit solchen Matrizen. $\triangle$

Bei der Gauß-Elimination mit Spaltenpivotisierung tritt nur in extrem seltenen Fällen $\delta_A \gg$ eps auf. Fast immer ist $\delta_A = \mathcal{O}(\text{eps})$, woraus dann die Rückwärtsstabilität dieser Methode zur Lösung des Gleichungssystems $Ax = b$ folgt.

In den sehr seltenen Fällen wobei $\delta_A \gg$ eps auftritt, kann das (nicht stabile) Gauß-Eliminationsverfahren (mit Pivotisierung) mit einem sehr billigen Korrekturschritt, der sogenannten *Nachiteration*, kombiniert werden, so dass eine viel stabilere Methode entsteht. Diese Nachiteration wird in Abschn. 3.8.1 erklärt.

Um sicherzustellen, ob für ein vorliegendes Gleichungssystem $Ax = b$ die Gauß-Elimination (mit Pivotisierung) ein rückwärts stabiles Verfahren ist, ist die Größenordnung der relativen Störung $\delta_A = \frac{\|\Delta A\|_\infty}{\|A\|_\infty}$ entscheidend. Es sind sehr effiziente Verfahren entwickelt worden, mit denen zuverlässige Schätzungen von δ_A bestimmt werden können (siehe z. B. [Hi]).

Beispiel 3.49 (siehe auch Matlab-Demo 3.16). Wenn ein Problem schlecht konditioniert ist, wird auch ein sehr stabiles numerisches Verfahren zur Lösung dieses Problems im Allgemeinen ein Resultat liefern, dass mit einem großen Fehler – dem konditionsbedingten unvermeidbaren Fehler – behaftet ist. Ein derartiges Beispiel bietet das lineare Gleichungssystem

$$Ax = b,$$

wobei $A \in \mathbb{R}^{n \times n}$ die *Hilbert-Matrix* (2.57) ist:

$$A = \begin{pmatrix} 1 & \frac{1}{2} & \frac{1}{3} & \cdots & \frac{1}{n} \\ \frac{1}{2} & \frac{1}{3} & \frac{1}{4} & \cdots & \frac{1}{n+1} \\ \vdots & \vdots & \vdots & & \vdots \\ \frac{1}{n} & \frac{1}{n+1} & \frac{1}{n+2} & \cdots & \frac{1}{2n-1} \end{pmatrix}.$$

Wir wählen $b = \left(\frac{1}{n}, \frac{1}{n+1}, \ldots, \frac{1}{2n-1}\right)^T$, d. h.,

$$x = (0, 0, \ldots, 0, 1)^T \tag{3.90}$$

ist die Lösung. Von dieser Matrix ist bekannt, dass sie symmetrisch positiv definit ist. Wir nehmen $n = 12$ und lösen das Gleichungssystem über das sehr stabile Cholesky-Verfahren auf einer Maschine mit eps $\approx 10^{-16}$. Das berechnete Resultat $\tilde{x}$ ist mit einem Fehler

$$\frac{\|x - \tilde{x}\|_\infty}{\|x\|_\infty} \approx 1.6 \cdot 10^{-2}$$

behaftet! Das schlechte Resultat lässt sich durch die sehr große Konditionszahl der Matrix A erklären:

$$\kappa_\infty(A) = \|A\|_\infty \|A^{-1}\|_\infty \approx 10^{16} \quad \text{für } n = 12. \qquad \triangle$$

Beispiel 3.50 Wir betrachten die sogenannte Wilkinson-Matrix

$$A = \begin{pmatrix} 1 & 0 & \ldots & 0 & 1 \\ -1 & \ddots & & \emptyset & 1 \\ \vdots & \ddots & \ddots & & \vdots \\ \vdots & & -1 & \ddots & 1 \\ -1 & \ldots & \ldots & -1 & 1 \end{pmatrix} \in \mathbb{R}^{n \times n}.$$

Man kann zeigen $\|A^{-1}\|_\infty = 1$ und somit $\kappa_\infty(A) = \|A\|_\infty \|A^{-1}\|_\infty = n$. Bei der Durchführung der Gauß-Elimination *mit* Spaltenpivotisierung zur Lösung eines Gleichungssystems $Ax = b$ werden keine Zeilen vertauscht, weil ein betragsgrößtes Pivotelement bereits auf der Diagonale steht. Die sich ergebenden Matrizen der LR-Zerlegung sind

$$L = \begin{pmatrix} 1 & & & & \\ -1 & \ddots & & \emptyset & \\ \vdots & \ddots & \ddots & & \\ \vdots & & -1 & \ddots & \\ -1 & \ldots & \ldots & -1 & 1 \end{pmatrix} \quad \text{und} \quad R = \begin{pmatrix} 1 & 0 & \ldots & 0 & 1 \\ & 1 & & \emptyset & 2 \\ & & \ddots & 0 & 4 \\ & \emptyset & & 1 & \vdots \\ & & & & 2^{n-1} \end{pmatrix}.$$

In diesem Fall wird der Maximalwert für den Wachstumsfaktor, siehe (3.89), angenommen: $\rho_n(A) = 2^{n-1}$. Als konkretes Beispiel betrachten wir ein Gleichungssystem $Ax = b$, mit Lösung $x_i = (\sqrt{2})^i$, $i = 1, \ldots, n$. Auf einem Rechner mit Maschinengenauigkeit eps $\approx 10^{-16}$ wird $b = Ax$ berechnet. Das Gleichungssystem mit dieser rechten Seite wird mit Gauß-Elimination mit Pivotisierung (was in diesem Fall mit der Methode ohne Pivotisierung übereinstimmt) gelöst. Der relative Fehler der berechneten Lösung $\tilde{x}$ ist:

$$\frac{\|x - \tilde{x}\|_\infty}{\|x\|_\infty} = 1.21 \cdot 10^{-8} \text{ für } n = 30, \quad \frac{\|x - \tilde{x}\|_\infty}{\|x\|_\infty} = 1.96 \cdot 10^{-2} \text{ für } n = 50.$$

Offenbar ist die Gauß-Elimination (mit Pivotisierung) in diesem Beispiel *nicht stabil*. Die großen relativen Fehler lassen sich aus den großen Wachstumsfaktoren $\rho_{30}(A) \approx 5.4 \cdot 10^8$ und $\rho_{50}(A) \approx 5.6 \cdot 10^{14}$ erklären. $\qquad\qquad$ $\triangle$

Bemerkung 3.51 Fehlerschätzungen wie in (3.86) (Cholesky-Verfahren) oder in (3.91) (Gauß-Elimination) zeigen, dass die Verstärkung von Rundungsfehlern in diesen Faktorisierungsverfahren direkt mit der Konditionszahl der vorliegenden Matrix zusammenhängt. Eine kleinere Konditionszahl hat deshalb einen günstigen Effekt auf die Verstärkung von Rundungsfehlern bei diesen Verfahren.

3.8.1 Nachiteration*

Sei $\tilde{x}$ die mit der Gauß-Elimination mit Pivotisierung berechnete Approximation der Lösung des Gleichungssystems $Ax = b$. Aufgrund der Rechnerarithmetik ist es nicht möglich L und R exakt zu berechnen sondern man erhält Näherungen $\tilde{L}, \tilde{R}$. Entsprechend ist der berechnete Vektor $\tilde{x}$ *nicht* die exakte Lösung von $Ax = b$. Eine Rückwärtsfehleranalyse zeigt, dass $\tilde{x}$ die exakte Lösung eines gestörten Problems $(A + \Delta A)\tilde{x} = b$ ist, mit einer Störungsmatrix ΔA wofür eine Schranke wie in (3.87) gilt. Für den relativen Fehler in der Lösung erhält man

$$
\begin{aligned}
\frac{\|x - \tilde{x}\|_\infty}{\|x\|_\infty} &\leq \frac{\kappa_\infty(A) \frac{\|\Delta A\|_\infty}{\|A\|_\infty}}{1 - \kappa_\infty(A) \frac{\|\Delta A\|_\infty}{\|A\|_\infty}} \\
&\leq \frac{\kappa_\infty(A)\delta_A}{1 - \kappa_\infty(A)\delta_A} \leq 2\kappa_\infty(A)\delta_A, \quad \text{wenn } \kappa_\infty(A)\delta_A \leq \frac{1}{2}.
\end{aligned}
\tag{3.91}
$$

Wie im vorigen Abschnitt erklärt (siehe auch Beispiel 3.50), kann es (in seltenen Fällen) passieren, dass $\delta_A \gg$ eps ist. In so einem Fall ist der Fehler bei der Gauß-Elimination mit Pivotisierung viel größer als der unvermeidbare Fehler. Daher muss die Methode als *nicht* stabil eingestuft werden. In der Regel ist aber $\delta_A = \mathcal{O}(\text{eps})$ und somit die Methode stabil. Wenn $\kappa_\infty(A)$ extrem groß ist, zum Beispiel $\kappa_\infty(A) \sim \text{eps}^{-1}$, ist das berechnete Resultat wegen des großen unvermeidbaren Fehlers sehr ungenau. In diesem Abschnitt wird eine Methode behandelt, die dazu dient die Genauigkeit der berechneten Lösung (erheblich) zu verbessern. Dieses Korrekturverfahren, die sogenannte *Nachiteration,* hat folgende zwei Eigenschaften (siehe auch Folgerung 3.55):

a) die Kombination „Gauß-Elimination mit Pivotisierung + Nachiteration" hat eine bessere Stabilität als (nur) die Gauß-Elimination mit Pivotisierung;

b) es bietet eine effiziente Möglichkeit, um in Fällen mit einer extrem großen Konditionszahl die Genauigkeit der berechneten Lösung erheblich zu verbessern.

Die der Nachiteration zugrunde liegende einfache Idee ist wie folgt. Es seien $x^0 := \tilde{x}$ und $r = r^0 := b - Ax^0$ das zugehörige Residuum. Man beachte, dass der Fehler $e^0 := x - x^0$ gerade die Lösung des *Defektsystems*

$$Ae^0 = Ax - Ax^0 = b - Ax^0 = r^0 \tag{3.92}$$

ist. Könnte man r^0 exakt berechnen und (3.92) exakt lösen, bekäme man mittels $x^0 + e^0$ die exakte Lösung. Da dies nicht möglich ist, lösen wir (3.92) wieder näherungsweise über die *bereits berechnete* approximative Zerlegung $PA \approx \tilde{L}\tilde{R}$, d. h. $\tilde{L}\tilde{R}\hat{e}^0 = Pr^0$. Die *berechnete* Korrektur $\tilde{e}^0 \approx \hat{e}^0$ definiert eine neue Näherung $x^1 := x^0 + \tilde{e}^0$, die hoffentlich besser ist. Etwas genauer formuliert lautet das Verfahren:

Gegeben $x^0 = \tilde{x}$. Für $k = 0, 1, 2, \ldots$, berechne:
1. Residuumauswertung $r^k := b - Ax^k$; *das Ergebnis ist* $\tilde{r}^k$.
2. Lösen der Gleichung $\tilde{L}\tilde{R}\hat{e}^k = P\tilde{r}^k$; *das Ergebnis ist* $\tilde{e}^k$.
3. Korrekturschritt $x^{k+1} := x^k \oplus \tilde{e}^k$.

Dies ist ein Beispiel des in der Numerik häufig verwendeten Prinzips der *Iteration*. Hierbei wird eine Lösung schrittweise angenähert. Natürlich stellt sich die Frage, ob diese Iteration tatsächlich eine Qualitätsverbesserung bringt, oder besser gesagt, gegen die exakte Zielgröße konvergiert. Prinzipien solcher Konvergenzanalysen werden später in Kap. 5 allgemein vorgestellt. Hier behandeln wir nur eine relativ einfache Analyse speziell für die Nachiteration. Dazu werden erst die in den drei Schritten der Iteration auftretenden Fehler untersucht.

Der Schritt 3 ist am einfachsten. Bei der Vektoraddition $\oplus$ werden auf dem Rechner zwei Vektoren bestehend aus Maschinenzahlen addiert. Der relative Rundungsfehler dabei ist höchstens die Maschinengenauigkeit eps:

$$\frac{\|(x^k + \tilde{e}^k) - x^{k+1}\|_\infty}{\|x^k + \tilde{e}^k\|_\infty} \leq \text{eps}. \tag{3.93}$$

Im Schritt 2 treten (nur) Rundungsfehler der Gauß-Elimination mit Spaltenpivotisierung auf. Aufgrund der im vorigen Abschnitt diskutierten Rückwärtsfehleranalyse gilt für das berechnete Ergebnis $\tilde{e}^k$:

$$(A + \Delta A)\tilde{e}^k = \tilde{r}^k, \quad \text{mit } \delta_A := \frac{\|\Delta A\|_\infty}{\|A\|_\infty} \leq \hat{c}_n \, \text{eps}, \tag{3.94}$$

und $\hat{c}_n \leq n^2(3n + 1)\rho_n(A)$ (Abschn. 3.8).

Wir wollen im Schritt 1 zwei Möglichkeiten zulassen, nämlich die Berechnung des Residuums in der (standard) Rechnerarithmetik mit Maschinengenauigkeit eps und die Berechnung des Residuums in der viel genaueren Rechnerarithmetik mit Maschinengenauigkeit eps^2 („doppelte Genauigkeit"). Diese beide Varianten nennen wir *Nachiteration mit fester Genauigkeit* bzw. *Nachiteration mit variabler Genauigkeit*.

Wir formulieren ein einfaches Resultat zur Fehlerverstärkung bei einer approximativen Residuumauswertung. Wir verwenden die Notation $F(y) := b - Ay = Ax - Ay$ für das Residuum. Es gilt also $F(x) = 0$ für die exakte Lösung x (wir nehmen an: $x \neq 0$).

Lemma 3.52 *Es sei* $\tilde{F} : \mathbb{R}^n \to \mathbb{R}^n$ *eine Approximation von* F, *so dass*

$$\|\tilde{F}(y) - F(y)\| \leq \delta_r \|A\| (\|x\| + \|y\|) \quad \text{für alle } y \in \mathbb{R}^n, \qquad (3.95)$$

mit einer Konstante δ_r *unabhängig von* y. *Es sei* $\tilde{x}$ *so dass* $\tilde{F}(\tilde{x}) = 0$. *Dann gilt:*

$$\frac{\|x - \tilde{x}\|}{\|x\| + \|\tilde{x}\|} \leq \|A\| \|A^{-1}\| \delta_r = \kappa_{\|\cdot\|}(A)\delta_r. \qquad (3.96)$$

Beweis Aus

$$\tilde{F}(\tilde{x}) - F(\tilde{x}) = F(x) - F(\tilde{x}) = A(\tilde{x} - x)$$

folgt

$$\|\tilde{x} - x\| = \|A^{-1}(\tilde{F}(\tilde{x}) - F(\tilde{x}))\| \leq \|A^{-1}\| \delta_r \|A\| (\|x\| + \|\tilde{x}\|),$$

und damit die Behauptung.   □

Bemerkung 3.53 Das Resultat in diesem Lemma kann man als eine *Konditions*aussage im folgenden Sinne interpretieren. Wir betrachten die Aufgabe der Bestimmung der Nullstelle von F, d. h., $F(y) = 0$ (äquivalent zur Aufgabe $Ax = b$). Die Empfindlichkeit der Lösung dieses Problems bezüglich Störungen in der Auswertung von F wird in (3.96) quantifiziert. Beachte, dass wegen $F(x) = 0$, bei den Störungen in F in (3.95) der absolute Fehler verwendet wird. In diesem Kontext ist der *unvermeidbare Fehler* bei dieser Aufgabe von der Ordnung $\kappa_{\|\cdot\|}(A)\delta_r$.   △

Im Schritt 1 wird (nur) ein Residuum berechnet. Diese Berechnung setzt sich aus einer Matrix-Vektor-Multiplikation $A \cdot x^k$ und einer Vektorsubtraktion $b - (Ax^k)$ zusammen. Eine elementare Fehleranalyse (vgl. [Hi]) zeigt, dass für das berechnete Ergebnis $\tilde{r}^k =: \tilde{F}(x^k)$ folgende Ungleichung gilt:

$$\|\tilde{F}(x^k) - F(x^k)\|_\infty \leq (n + 1) \operatorname{eps}^j \|A\|_\infty (\|x\|_\infty + \|x^k\|_\infty), \qquad (3.97)$$

mit $j = 1$ für Nachiteration mit *fester* Genauigkeit und $j = 2$ für Nachiteration mit *variabler* Genauigkeit. Im Hinblick hierauf definieren wir $\delta_r^{(j)} := (n + 1) \operatorname{eps}^j$, $j = 1, 2$.

   Mit diesen Vorbereitungen können wir die Genauigkeit der mit der Nachiteration berechneten Annäherungen analysieren.

Lemma 3.54 *Es seien* x^{k+1}, $k = 0, 1, \ldots$, *die mit der Nachiteration mit fester oder variabler Genauigkeit berechneten Annäherungen,* δ_A *wie in* (3.94) *und* $\delta_r := \delta_r^{(j)} = (n + 1)\,\mathrm{eps}^j$, *mit* $j = 1, 2$, *für die Methode mit fester bzw. variabler Genauigkeit. Wir setzen voraus:*

$$\kappa_\infty(A)\delta_A \le \frac{1}{2}. \tag{3.98}$$

Dann gilt

$$\frac{\|x^{k+1} - x\|_\infty}{\|x\|_\infty} \le \mathrm{eps} + (1 + \mathrm{eps})2\kappa_\infty(A)\Big(2\delta_r + (\delta_A + \delta_r)\frac{\|x^k - x\|_\infty}{\|x\|_\infty}\Big). \tag{3.99}$$

Beweis Aus (3.94) folgt

$$\begin{aligned}
\tilde{e}^k &= A^{-1}\tilde{r}^k - A^{-1}\Delta A\tilde{e}^k = A^{-1}\tilde{F}(x^k) - A^{-1}\Delta A\tilde{e}^k \\
&= A^{-1}F(x^k) + A^{-1}\big(\tilde{F}(x^k) - F(x^k)\big) - A^{-1}\Delta A\tilde{e}^k \\
&= x - x^k + A^{-1}\big(\tilde{F}(x^k) - F(x^k)\big) - A^{-1}\Delta A\tilde{e}^k.
\end{aligned}$$

Mit (3.94) und (3.97) erhält man

$$\begin{aligned}
\|x^k + \tilde{e}^k - x\|_\infty &\le \kappa_\infty(A)\delta_r(\|x\|_\infty + \|x^k\|_\infty) + \kappa_\infty(A)\delta_A\|\tilde{e}^k\|_\infty \\
&\le \kappa_\infty(A)\big[\delta_r(2\|x\|_\infty + \|x^k - x\|_\infty) + \delta_A(\|x^k + \tilde{e}^k - x\|_\infty + \|x^k - x\|_\infty)\big].
\end{aligned}$$

Die zwei Terme $\|x^k + \tilde{e}^k - x\|_\infty$ werden zusammen genommen und wegen $1 - \kappa_\infty(A)\delta_A \ge \frac{1}{2}$ ergibt sich

$$\|x^k + \tilde{e}^k - x\|_\infty \le 2\kappa_\infty(A)\big(2\delta_r\|x\|_\infty + (\delta_A + \delta_r)\|x^k - x\|_\infty\big). \tag{3.100}$$

Wir verwenden (3.93) und erhalten

$$\begin{aligned}
\|x^{k+1} - x\|_\infty &\le \|x^{k+1} - (x^k + \tilde{e}^k)\|_\infty + \|x^k + \tilde{e}^k - x\|_\infty \\
&\le \mathrm{eps}\,\|x^k + \tilde{e}^k\|_\infty + \|x^k + \tilde{e}^k - x\|_\infty \\
&\le \mathrm{eps}\,\|x\|_\infty + (1 + \mathrm{eps})\|x^k + \tilde{e}^k - x\|_\infty.
\end{aligned} \tag{3.101}$$

Die Kombination von (3.100) und (3.101) beweist die Ungleichung (3.99). □

Folgerung 3.55 Um die wesentlichen Konsequenzen der Ungleichung (3.99) zu erläutern, werden ein paar weitere Vereinfachungen gemacht. Wir machen die plausible Annahme $\delta_r \le \delta_A$ und beschränken uns auf den Fall $\kappa_\infty(A)\delta_A \le \frac{1}{8}$. Mit den Bezeichnungen $c_0 := \mathrm{eps} + 4\kappa_\infty(A)\delta_r$, $c_1 := 4\kappa_\infty(A)\delta_A$, $\xi_k := \frac{\|x^k - x\|_\infty}{\|x\|_\infty}$ erhält man

$$\xi_{k+1} \dot{\le} c_0 + c_1\xi_k \le c_0(1 + c_1 + \ldots + c_1^k) + c_1^{k+1}\xi_0 \le 2c_0 + c_1^{k+1}\xi_0,$$

also

$$\frac{\|x^{k+1} - x\|_\infty}{\|x\|_\infty} \dot{\leq} 2\,\text{eps} + 8\kappa_\infty(A)\delta_r + \left(4\kappa_\infty(A)\delta_A\right)^k \frac{\|\tilde{x} - x\|_\infty}{\|x\|_\infty}. \qquad (3.102)$$

Wir diskutieren ein paar konkrete Fälle. Dazu betrachten wir erst den Fall, bei dem $\kappa_\infty(A)\delta_A \ll 1$, aber wegen eines großen Wachstumsfaktors, wie in Beispiel 3.50, $\delta_A \gg$ eps gilt. Demzufolge kann der Fehler $\frac{\|\tilde{x}-x\|_\infty}{\|x\|_\infty}$ unakzeptabel groß sein (siehe Beispiel 3.50). Dieser Fehler wird in jeder Iteration mit einem Faktor (mindestens) $4\kappa_\infty(A)\delta_A$ reduziert. Falls die Nachiteration mit fester Genauigkeit verwendet wird gilt $2\,\text{eps} + 8\kappa_\infty(A)\delta_r = \mathcal{O}(\kappa_\infty(A)\,\text{eps})$ und nach wenigen Iterationen wird der Fehler in x^{k+1} diese Größenordnung haben. Oft wird bereits nach *einem* Nachiterationsschritt diese Größenordnung des unvermeidbaren Fehlers $\mathcal{O}(\kappa_\infty(A)\,\text{eps})$ erreicht. Dieser Effekt wird in Beispiel 3.56 gezeigt und kann grob wie in der oben erwähnten Eigenschaft a) zusammengefasst werden: *die Kombination „Gauß-Elimination mit Pivotisierung + Nachiteration" hat eine bessere Stabilität als (nur) die Gauß-Elimination mit Pivotisierung.*

Ein anderer relevanter konkreter Fall ist wenn $\delta_A = \mathcal{O}(\text{eps})$ gilt (die Gauß-Elimination mit Pivotisierung ist stabil), der Fehler $\frac{\|\tilde{x}-x\|_\infty}{\|x\|_\infty}$ aber „groß" ($\gg$ eps) ist wegen einer sehr großen Konditionszahl. In so einem Fall wird die Nachiteration mit fester Genauigkeit kein sehr viel genaueres Resultat liefern können, weil der *unvermeidbare* Fehler $\mathcal{O}(\kappa_\infty(A)\,\text{eps})$ groß ist. Mit der Nachiteration mit variabler Genauigkeit hingegen kann eine enorme Genauigkeitsverbesserung erreicht werden. Bei der Methode ist $\delta_r = \mathcal{O}(\text{eps}^2)$ und deswegen $2\,\text{eps} + 8\kappa_\infty(A)\delta_r = \mathcal{O}(\text{eps})$ wenn $\kappa_\infty(A) \lesssim \text{eps}^{-1}$. Betrachten wir mal als Beispiel den Fall mit $\kappa_\infty(A) \sim \text{eps}^{-\frac{1}{2}}$ und dementsprechend $\frac{\|\tilde{x}-x\|_\infty}{\|x\|_\infty} \sim \sqrt{\text{eps}}$. Bereits nach einer Nachiteration hat die Annäherung x^1 eine relative Genauigkeit der Größenordnung Maschinengenauigkeit eps. Dass hierbei der unvermeidbare Fehler der Größenordnung $\mathcal{O}(\kappa_\infty(A)\,\text{eps})$ der Nachiteration mit fester Genauigkeit „umgangen" wird, hängt direkt damit zusammen, dass die Residuumauswertung einen unvermeidbaren Fehler der Größenordnung $\mathcal{O}(\kappa_\infty(A)\delta_r)$ hat, siehe Bemerkung 3.53. Diese Eigenschaft der Nachiteration mit *variabler* Genauigkeit wurde oben unter b) bereits angedeutet: *diese Methode bietet eine effiziente Möglichkeit um in Fällen mit einer extrem großen Konditionszahl die Genauigkeit der mit der Gauß-Eliminationsmethode berechneten Lösung erheblich zu verbessern.*

Beispiel 3.56 Wir betrachten das lineare Gleichungssystem mit der Wilkinson-Matrix aus Beispiel 3.50 und wenden *eine* Nachiteration mit *fester* Genauigkeit an. Der relative Fehler der berechnete Lösung x^1 ist:

$$\frac{\|x - x^1\|_\infty}{\|x\|_\infty} = 1.11 \cdot 10^{-16} \text{ für } n = 30, \qquad \frac{\|x - x^1\|_\infty}{\|x\|_\infty} = 1.11 \cdot 10^{-16} \text{ für } n = 50.$$

Der zusätzliche Aufwand zur Berechnung von x^1 ist nur $\mathcal{O}(n^2)$ Flop (Matrix-Vektor Berechnung und Vorwärts- und Rückwärtseinsetzen). Diese Ergebnisse zeigen, dass die Kombination der Gauß-Elimination mit der Nachiteration ein (in diesem Beispiel) stabiles Verfahren ist. $\triangle$

Die oben vorgestellte elementare Analyse gibt eine grobe Erklärung für die erwähnten Eigenschaften a) und b). In der Literatur (z. B. [Hi]) findet man viel detailliertere Analysen der Nachiteration. Diese verwenden insbesondere das (hier nicht behandelte) Konzept der *komponentenweise Rückwärtsfehleranalyse*. Diese Analysen brauchen schwächere Voraussetzungen als (3.98) und liefern stärkere Aussagen als die hier oben hergeleitete. Ein wichtiges Resultat besagt im Wesentlichen Folgendes:

Unter milden Bedingungen an $\kappa_\infty(A)$ sichert ein einziger Nachiterationsschritt mit fester Genauigkeit Rückwärts-Stabilität der Gauß-Elimination mit Pivotisierung.

Zum Schluß sei noch bemerkt, dass das Prinzip der Nachiteration nicht auf die Gauß-Elimination (LR-Zerlegung) beschränkt ist, sondern analog für die Weiteren zu betrachtenden Faktorisierungen funktioniert.

3.9 QR-Zerlegung

Eine Alternative zur LR-Zerlegung bietet die QR-Zerlegung einer Matrix, die in diesem Abschnitt diskutiert wird. Bei der QR-Zerlegung soll A wieder in zwei Faktoren zerlegt werden, die im Falle der Invertierbarkeit der faktorisierten Matrix jeweils *leicht* invertierbar sind. Neben Dreiecksmatrizen spielen hierbei *orthogonale* Matrizen eine zentrale Rolle. Die QR-Zerlegung wird in der Praxis häufig als Baustein bei der Ausgleichsrechnung (Kap. 4) und bei der Berechnung von Eigenwerten (Kap. 7) eingesetzt. Wir werden die zwei wichtigsten Methoden zur Berechnung einer QR-Zerlegung behandeln. Damit man diese Methoden von der Gauß-Elimination mit Spaltenpivotisierung (zur Berechnung der LR-Zerlegung) abgrenzen kann, seien folgende Bemerkungen vorausgeschickt:

a) Die LR-Zerlegung ist nur für $(n \times n)$-Matrizen sinnvoll, während eine QR-Zerlegung für allgemeine rechteckige $(m \times n)$-Matrizen konstruiert werden kann.
b) Die Methoden zur Berechnung der QR-Zerlegung einer $(n \times n)$-Matrix A sind im Allgemeinen stabiler als die Gauß-Elimination mit Pivotisierung zur Berechnung einer LR-Zerlegung von A.
c) Der Aufwand zur Berechnung der QR-Zerlegung einer $(n \times n)$-Matrix A ist im Allgemeinen höher als bei der Berechnung einer LR-Zerlegung von A über Gauß-Elimination mit Pivotisierung.

Im Hinblick auf a) muss man insbesondere den Begriff der Konditionszahl auf recht-eckige Matrizen $A \in \mathbb{R}^{m \times n}$ erweitern, da die Definition (3.36) für $n \neq m$ nicht anwendbar ist. Da A eine lineare Abbildung von $\mathbb{R}^n$ nach $\mathbb{R}^m$ definiert, bietet sich natürlich die allgemeinere Definition der Konditionszahl (2.43) aus Satz 2.30 in Abschn. 2.4.3 für lineare Abbildungen an. Spezialisiert man die Definition (2.43) auf $\mathcal{L} = A$ und wählt die Euklidische Norm für den Definitions- und Bildbereich, ergibt sich als sinnvolle Definition der (spektralen) Konditionszahl der Matrix A

$$\kappa_2(A) := \max_{x \neq 0} \frac{\|Ax\|_2}{\|x\|_2} \bigg/ \min_{x \neq 0} \frac{\|Ax\|_2}{\|x\|_2} = \frac{\max_{\|x\|_2 = 1} \|Ax\|_2}{\min_{\|x\|_2 = 1} \|Ax\|_2}. \tag{3.103}$$

Wir lassen hier formal $\kappa_2(A) = \infty$ zu, wenn der Nenner der rechten Seite von (3.103) verschwindet (vgl. Bemerkung 2.31). Dies ist genau dann der Fall, wenn die Spalten von A *linear abhängig* sind, also immer wenn $m < n$ aber auch für $m \geq n$, wenn A keinen vollen Spaltenrang hat. Die lineare Abhängigkeit der Spalten bedeutet ja gerade, dass es ein $x \in \mathbb{R}^n$, $x \neq 0$ mit $Ax = 0$ gibt, also A nicht injektiv ist. Für die in (3.103) definierte Konditionszahl gilt

$$\kappa_2(A) = \left(\frac{\lambda_{\max}(A^T A)}{\lambda_{\min}(A^T A)} \right)^{\frac{1}{2}},$$

wobei $\lambda_{\max}(A^T A)$, $\lambda_{\min}(A^T A)$, der größte bzw. kleinste Eigenwert der Matrix $A^T A$ bezeichnet, siehe (2.27).

Orthogonale Matrizen
Eine Matrix $Q \in \mathbb{R}^{n \times n}$ heißt *orthogonal*, falls

$$Q^T Q = I, \tag{3.104}$$

d. h., falls die Spalten von Q eine Orthonormalbasis des $\mathbb{R}^n$ bilden. Die Inverse einer solchen Matrix ist also unmittelbar über Transposition gegeben: $Q^{-1} = Q^T$. Natürlich ist insbesondere die Identität I eine orthogonale Matrix. Ferner sind Permutationsmatrizen orthogonal (vgl. Abschn. 3.5).

Zunächst sollen einige Fakten zu orthogonalen Matrizen gesammelt werden, die im Folgenden eine wichtige Rolle spielen.

Satz 3.57 *Es sei $Q \in \mathbb{R}^{n \times n}$ orthogonal. Dann gilt:*

(i) Q^T ist orthogonal.
(ii) $\|Qx\|_2 = \|x\|_2$ für alle $x \in \mathbb{R}^n$.
(iii) $\kappa_2(Q) = 1$.
(iv) Für beliebiges $A \in \mathbb{R}^{n \times m}$ bzw. $A \in \mathbb{R}^{m \times n}$, $m \in \mathbb{N}$ beliebig, gilt $\|A\|_2 = \|QA\|_2 = \|AQ\|_2$.
(v) Es gilt (für A wie vorhin) $\kappa_2(A) = \kappa_2(QA) = \kappa_2(AQ)$.
(vi) Es sei $\tilde{Q} \in \mathbb{R}^{n \times n}$ orthogonal, dann ist $Q\tilde{Q}$ orthogonal.

Beweis Um diese im Folgenden häufig verwendeten Eigenschaften einzuprägen, skizzieren wir den Beweis.

Zu (i): Aus $Q^T = Q^{-1}$ folgt $(Q^T)^T Q^T = Q Q^T = Q Q^{-1} = I$.

Zu (ii): $\|Qx\|_2^2 = (Qx)^T Qx = x^T Q^T Qx = x^T x = \|x\|_2^2$.

Zu (iii): Aus (ii) folgt $\|Q\|_2 = 1$. Aus (i) ergibt sich daraus auch $\|Q^T\|_2 = 1$ und somit $\kappa_2(Q) = \|Q\|_2 \|Q^{-1}\|_2 = \|Q\|_2 \|Q^T\|_2 = 1$.

Zu (iv):

$$\|QA\|_2 = \max_{\|x\|_2=1} \|QAx\|_2 \overset{(ii)}{=} \max_{\|x\|_2=1} \|Ax\|_2 = \|A\|_2,$$

$$\|AQ\|_2 = \max_{\|x\|_2=1} \|AQx\|_2 \overset{(ii)}{=} \max_{\|Qx\|_2=1} \|AQx\|_2 = \max_{\|y\|_2=1} \|Ay\|_2 = \|A\|_2.$$

Hierbei haben wir benutzt, dass wegen (ii) $\{x : \|x\|_2 = 1\} = \{x : \|Qx\|_2 = 1\}$ gilt. Zu (v): Bei quadratischen Matrizen A folgt die Behauptung sofort aus (iv) und der Definition (3.36) für die Konditionszahl. Bei nicht-quadratischen Matrizen müssen wir die allgemeinere Definition (3.103) heran ziehen. Ist $m < n$ oder hat A für $m \geq n$ keinen vollen Spaltenrang, so sind die durch Matrizen A, QA, AQ dargestellten linearen Abbildungen *nicht* injektiv. Die Konditionszahlen in (v) sind deshalb alle unendlich (vgl. Bemerkung 2.31), so dass in diesem Fall nichts zu zeigen ist. Für den Fall endlicher Konditionszahlen erhält man gemäß (3.103)

$$\kappa_2(QA) = \frac{\max_{\|x\|_2=1} \|QAx\|_2}{\min_{\|x\|_2=1} \|QAx\|_2} \overset{(ii)}{=} \frac{\max_{\|x\|_2=1} \|Ax\|_2}{\min_{\|x\|_2=1} \|Ax\|_2} = \kappa_2(A)$$

und ebenso

$$\kappa_2(AQ) = \frac{\max_{\|x\|_2=1} \|AQx\|_2}{\min_{\|x\|_2=1} \|AQx\|_2} \overset{(ii)}{=} \frac{\max_{\|Qx\|_2=1} \|AQx\|_2}{\min_{\|Qx\|_2=1} \|AQx\|_2} = \kappa_2(A).$$

Zu (vi): $(\tilde{Q}Q)^T \tilde{Q}Q = Q^T \tilde{Q}^T \tilde{Q}Q = Q^T Q = I$. $\square$

Orthogonale Transformationen (d. h., die Anwendung orthogonaler Matrizen) erhalten also die Euklidische Länge eines Vektors, bilden somit Euklidische Sphären auf sich ab. Hinter Drehungen und Spiegelungen stehen orthogonale Transformationen. Diese geometrische Interpretation wird später zur Konstruktion numerischer Verfahren zur Berechnung von QR-Zerlegungen ausgenutzt.

Die Grundlage der in diesem Abschnitt zu entwickelnden Verfahren ist folgende einfache Beobachtung: Gelingt es, $A \in \mathbb{R}^{n \times n}$ als Produkt

$$A = QR \tag{3.105}$$

zu schreiben, wobei Q orthogonal und R eine obere Dreiecksmatrix ist, so gilt wegen (3.104)

$$Ax = b \iff QRx = b \iff Rx = Q^T b, \tag{3.106}$$

d. h., das Problem reduziert sich wieder auf Rückwärtseinsetzen, falls R, also A, invertierbar ist. Dies passt also wieder in die Strategie (3.30) mit $C = Q^T$. Es bleibt nun, konkrete Methoden zur Bestimmung von Q und R zu entwickeln. Im folgenden bezeichnet $\mathcal{O}_m(\mathbb{R})$ die Menge der orthogonalen $(m \times m)$-Matrizen. Wir diskutieren zwei Verfahren, die in der Praxis häufig eingesetzt werden, um eine Zerlegung der Form (3.105) zu bestimmen. Bei diesen Verfahren verfolgt man dieselbe Grundidee wie bei der LR-Zerlegung. Gemäß der allgemeinen Strategie aus Abschn. 3.1.3 wird die Matrix A Schritt für Schritt auf obere Dreiecksform transformiert, indem man sie mit geeigneten Matrizen $Q_i \in \mathcal{O}_n(\mathbb{R})$ multipliziert. Das Produkt der Q_i ergibt wegen Satz 3.57 (vi) wieder eine orthogonale Matrix. Schreibt man diese in der Form Q^T, so ist $R := Q^T A$ eine obere Dreiecksmatrix und man erhält mit Q den gewünschten orthogonalen Faktor. Die einzelnen Faktoren Q_i werden meist nach zwei unterschiedlichen Prinzipien konstruiert, nämlich als *Householder-Spiegelungen* oder *Givens-Rotationen*.

Im Allgemeinen ist das auf Householder-Spiegelungen basierende Verfahren am effizientesten. Da die Givens-Rotationen etwas einfacher zu beschreiben sind und sich bereits vorhandene Null-Einträge in A leicht und flexibel ausnutzen lassen, soll diese Methode hier als erstes näher vorgestellt werden. Eingehende Literatur zum gesamten Problemkreis findet sich in [GL].

3.9.1 Givens-Rotationen

Das Prinzip der Givens-Rotationen beruht darauf, die Spalten von A über *ebene* Drehungen sukzessiv in senkrechte Position zu mehr und mehr Achsenrichtungen zu bringen, also entsprechende Einträge zu eliminieren. Diese ebenen Drehungen lassen sich folgendermaßen beschreiben:

Grundaufgabe:
Gegeben sei $(a, b)^T \in \mathbb{R}^2 \setminus \{0\}$. Finde $c, s \in \mathbb{R}$ mit

$$\begin{pmatrix} c & s \\ -s & c \end{pmatrix} \begin{pmatrix} a \\ b \end{pmatrix} = \begin{pmatrix} r \\ 0 \end{pmatrix} \tag{3.107}$$

und

$$c^2 + s^2 = 1. \tag{3.108}$$

Offensichtlich ist die Matrix in (3.107) dann orthogonal.

Bemerkung 3.58 Man kann wegen (3.108)

$$c = \cos\phi, \quad s = \sin\phi$$

für ein $\phi \in [0, 2\pi]$ setzen, d. h., (3.107) stellt eine Drehung im $\mathbb{R}^2$ um den Winkel ϕ dar, vgl. Abb. 3.4. Für die tatsächliche Rechnung wird ϕ allerdings *nie benötigt*. △

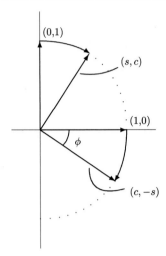

Abb. 3.4 Rotation

Da eine Drehung die Euklidische Länge eines Vektors unverändert lässt, gilt natürlich

$$|r| = \|(r,0)^T\|_2 = \|(a,b)^T\|_2 = \sqrt{a^2 + b^2}. \qquad (3.109)$$

Die Grundaufgabe hat genau zwei Lösungen, die sich nur im Vorzeichen unterscheiden:

$$c := \frac{a}{r}, \quad s := \frac{b}{r}, \quad r := \pm\sqrt{a^2 + b^2}. \qquad (3.110)$$

Die Givens-Rotationsmatrizen erhält man nun durch „Einbettung" obiger ebener Drehungen in $(m \times m)$-Matrizen. Dazu definiere

$$
G_{i,k} =
\begin{pmatrix}
1 & & & & & & & & & & \\
 & \ddots & & & & & & & & & \\
 & & 1 & & & & & & & & \\
 & & & c & 0 & \cdots & 0 & s & & & \\
 & & & 0 & 1 & & & 0 & & & \\
 & & & \vdots & & \ddots & & \vdots & & & \\
 & & & 0 & & & 1 & 0 & & & \\
 & & & -s & 0 & \cdots & 0 & c & & & \\
 & & & & & & & & 1 & & \\
 & & & & & & & & & \ddots & \\
 & & & & & & & & & & 1
\end{pmatrix}
\in \mathcal{O}_m(\mathbb{R}), \quad (3.111)
$$

mit den Pfeilen $i \downarrow$, $k \downarrow$ oben und $i \rightarrow$, $k \rightarrow$ links.

wobei c, s wieder (3.108) genügen. $G_{i,k}$ bedeutet also eine Rotation in der durch die Koordinatenvektoren e^i, e^k aufgespannten Ebene. Insbesondere gilt:

$$G_{i,k}\begin{pmatrix} x_1 \\ \vdots \\ x_m \end{pmatrix} = \begin{matrix} \\ \\ i \to \\ \\ \\ k \to \\ \\ \\ \\ \end{matrix}\begin{pmatrix} x_1 \\ \vdots \\ x_{i-1} \\ r \\ x_{i+1} \\ \vdots \\ x_{k-1} \\ 0 \\ x_{k+1} \\ \vdots \\ x_m \end{pmatrix} \qquad (3.112)$$

für

$$r = \pm\sqrt{x_i^2 + x_k^2}, \quad c = \frac{x_i}{r}, \quad s = \frac{x_k}{r}. \qquad (3.113)$$

Die Transformation beeinflusst nur den i-ten und k-ten Eintrag des Ergebnisses, wobei der k-te Eintrag den Wert Null und der i-te Eintrag den Wert r erhält. Man beachte, dass aufgrund der freien Wahl des Vorzeichens von r in (3.113) die Rotationsmatrix nur bis auf das Vorzeichen eindeutig bestimmt ist. Die gewünschte Elimination des k-ten Eintrages ist in jedem Fall gewährleistet.

Beispiel 3.59

$$\begin{pmatrix} 4 \\ -3 \\ 1 \end{pmatrix} \overset{G_{1,2}}{\rightsquigarrow} \begin{pmatrix} 5 \\ 0 \\ 1 \end{pmatrix} \overset{G_{1,3}}{\rightsquigarrow} \begin{pmatrix} \sqrt{26} \\ 0 \\ 0 \end{pmatrix}$$

$$\text{mit } G_{1,2} = \begin{pmatrix} \frac{4}{5} & -\frac{3}{5} & 0 \\ \frac{3}{5} & \frac{4}{5} & 0 \\ 0 & 0 & 1 \end{pmatrix}, \quad G_{1,3} = \begin{pmatrix} \frac{5}{\sqrt{26}} & 0 & \frac{1}{\sqrt{26}} \\ 0 & 1 & 0 \\ -\frac{1}{\sqrt{26}} & 0 & \frac{5}{\sqrt{26}} \end{pmatrix}. \qquad \triangle$$

Bemerkung 3.60 Wir weisen kurz auf folgenden Implementierungsaspekt hin. Dabei wird die Fallunterscheidung $|a| \geq |b|$ oder $|b| > |a|$ gemacht. Wir betrachten $|a| \geq |b|$ (der andere Fall geht analog). Es sei $q := \frac{b}{|a|} \in [-1, 1]$. Wir wählen das

Vorzeichen $\text{sign}(a)$ in (3.110). Die benötigten Koeffizienten c und s der Givens-Rotation (3.110) kann man als

$$s = \text{sign}(a)\frac{q}{\sqrt{1+q^2}}, \quad c = \sqrt{1-s^2}, \tag{3.114}$$

darstellen. Die Auswertung dieser Formel für s ist immer stabil. Wegen $q \in [-1, 1]$ gilt $s^2 \in [0, \frac{1}{2}]$ und deshalb tritt bei der Berechnung von c keine Auslöschung auf und ist die Auswertung der Formel für c ebenfalls immer stabil. Weiterer Vorteil hierbei ist, dass die Givens-Rotation durch eine *einzige* Zahl kodiert werden kann. Man braucht nur die Zahl s zu speichern, weil c sich daraus direkt bestimmen lässt. Beachte, das Letzteres für die c und s Formeln in (3.110) nicht gilt. $\triangle$

Reduktion auf obere Dreiecksgestalt

Eine gegebene Matrix A wird nun auf obere Dreiecksgestalt reduziert, indem man hintereinander geeignete $G_{i,k}$ anwendet, um im unteren „Dreieck" Null-Einträge zu erzeugen. Wenn A keine quadratische Matrix ist, muss man „obere Dreiecksgestalt" geeignet interpretieren. Z. B. hat R für $A \in \mathbb{R}^{m \times n}$, $m > n$, die Form

$$R = \begin{pmatrix} \overbrace{\tilde{R}}^{n} \\ \emptyset \end{pmatrix} \begin{matrix} \}n \\ \}m-n \end{matrix}, \quad \text{mit } \tilde{R} = \begin{pmatrix} * & * & \cdots & * \\ & * & \cdots & * \\ & & \ddots & \vdots \\ & & & * \end{pmatrix} \in \mathbb{R}^{n \times n}. \tag{3.115}$$

Falls $m < n$, hat R die Form

$$R = \left. \begin{pmatrix} & & * & \cdots & * \\ \tilde{R} & \vdots & & \vdots \\ & & * & \cdots & * \end{pmatrix} \right\} m, \quad \text{mit } \tilde{R} = \begin{pmatrix} * & * & \cdots & * \\ & * & \cdots & * \\ & & \ddots & \vdots \\ & & & * \end{pmatrix} \in \mathbb{R}^{m \times m}. \tag{3.116}$$

Je nach Struktur von A ergibt sich dann eine Folge von Givens-Rotationen G_{i_j,k_j}, $j = 1, \ldots, N$, so dass

$$G_{i_N,k_N} \ldots G_{i_1,k_1} A = R. \tag{3.117}$$

Bei der Anwendung der $G_{i,k}$ ist natürlich die Reihenfolge wichtig. Vorher erzeugte Nullen dürfen hinterher nicht wieder aufgefüllt werden. Zu beachten ist, wie gesagt, dass $G_{i,k}$ nur die i-te und k-te Zeile von A verändern kann. Befinden sich bei einer Spalte in der i-ten und k-ten Komponente schon Null-Einträge, so bleiben diese wegen (3.112)–(3.113) bei der Anwendung von $G_{i,k}$ auf diese Spalte erhalten. Eine typische Anordnung der Rotationen illustriert das folgende schematische Beispiel.

Beispiel 3.61

$$
\begin{pmatrix} * & * & * \\ * & * & * \\ * & * & * \\ * & * & * \end{pmatrix}
\xrightarrow{G_{1,2}}
\begin{pmatrix} \circledast & \circledast & \circledast \\ 0 & \circledast & \circledast \\ * & * & * \\ * & * & * \end{pmatrix}
\xrightarrow{G_{1,3}}
\begin{pmatrix} \circledast & \circledast & \circledast \\ 0 & * & * \\ 0 & \circledast & \circledast \\ * & * & * \end{pmatrix}
\xrightarrow{G_{2,3}}
\begin{pmatrix} * & * & * \\ 0 & \circledast & \circledast \\ 0 & 0 & \circledast \\ * & * & * \end{pmatrix}
$$

$$
\xrightarrow{G_{1,4}}
\begin{pmatrix} \circledast & \circledast & \circledast \\ 0 & * & * \\ 0 & 0 & * \\ 0 & \circledast & \circledast \end{pmatrix}
\xrightarrow{G_{2,4}}
\begin{pmatrix} * & * & * \\ 0 & \circledast & \circledast \\ 0 & 0 & * \\ 0 & 0 & \circledast \end{pmatrix}
\xrightarrow{G_{3,4}}
\begin{pmatrix} * & * & * \\ 0 & * & * \\ 0 & 0 & \circledast \\ 0 & 0 & 0 \end{pmatrix}.
$$

Mit $\circledast$ werden die Einträge angedeutet, die bei der Anwendung von $G_{i,k}$ neu berechnet werden müssen. Die Reihenfolge des Eliminationsprozesses ist nicht eindeutig. Eine Reihenfolge $(1, 2)$, $(1, 3)$, $(1, 4)$, $(2, 3)$, $(2, 4)$, $(3, 4)$, der Indizes (i, k) wäre zum Beispiel auch möglich. $\triangle$

Beispiel 3.62 In einem einfachen konkreten Beispiel sehen die Transformationen wie folgt aus:

$$
\begin{pmatrix} 3 & 5 \\ 0 & 2 \\ 0 & 0 \\ 4 & 5 \end{pmatrix}
\xrightarrow{G_{1,4}}
\begin{pmatrix} 5 & 7 \\ 0 & 2 \\ 0 & 0 \\ 0 & -1 \end{pmatrix}
\xrightarrow{G_{2,4}}
\begin{pmatrix} 5 & 7 \\ 0 & \sqrt{5} \\ 0 & 0 \\ 0 & 0 \end{pmatrix},
$$

wobei

$$
G_{1,4} = \begin{pmatrix} \frac{3}{5} & 0 & 0 & \frac{4}{5} \\ 0 & 1 & 0 & 0 \\ 0 & 0 & 1 & 0 \\ -\frac{4}{5} & 0 & 0 & \frac{3}{5} \end{pmatrix}, \quad
G_{2,4} = \begin{pmatrix} 1 & 0 & 0 & 0 \\ 0 & \frac{2}{\sqrt{5}} & 0 & -\frac{1}{\sqrt{5}} \\ 0 & 0 & 1 & 0 \\ 0 & \frac{1}{\sqrt{5}} & 0 & \frac{2}{\sqrt{5}} \end{pmatrix}. \qquad \triangle
$$

Aus (3.117) folgt die Zerlegung

$$
A = G_{i_1,k_1}^T \dots G_{i_N,k_N}^T R = Q R \tag{3.118}
$$

mit orthogonalem $Q = G_{i_1,k_1}^T \dots G_{i_N,k_N}^T$.

Beachte:
Wie man in den Beispielen 3.61 und 3.62 sieht, kann A durchaus eine *rechteckige* Matrix sein, die Faktorisierung ist also keineswegs auf quadratische Matrizen begrenzt. Insbesondere spielt es zunächst *keine* Rolle, ob A invertierbar ist. Diese Konstruktion mit Givens-Rotationen zeigt, dass für *jede* Matrix $A \in \mathbb{R}^{m \times n}$ eine *QR-Zerlegung existiert:*

Satz 3.63

Es sei $A \in \mathbb{R}^{m \times n}$. Dann existiert ein $Q \in \mathcal{O}_m(\mathbb{R})$ und eine obere Dreiecksmatrix $R \in \mathbb{R}^{m \times n}$ mit

$$A = QR,$$

wobei R im Sinne von (3.115), (3.116) zu verstehen ist.

Bemerkung 3.64 Es sei $m > n$. Die orthogonale Matrix $Q \in \mathbb{R}^{m \times m}$ der QR-Zerlegung $A = QR$ wird in Teilblöcke $Q = (Q_1 \; Q_2)$, mit $Q_1 \in \mathbb{R}^{m \times n}$, $Q_2 \in \mathbb{R}^{m \times (m-n)}$ aufgeteilt. Dann ergibt sich, siehe (3.115), $A = Q_1 \tilde{R}$, wobei $\tilde{R}$ eine $n \times n$ obere Dreiecksmatrix ist. Die Matrix Q_1, mit denselben Dimensionen wie A, ist nicht orthogonal im Sinne von (3.104), weil sie nicht quadratisch ist. Alle Spalten der Matrix Q_1 sind aber orthogonal zu einander und es gilt $Q_1^T Q_1 = I$. Die Zerlegung $A = Q_1 \tilde{R}$ wird als „vereinfachte" QR-Zerlegung bezeichnet. Wenn die Matrix A den Rang n hat, dann ist die Matrix $\tilde{R}$ regulär und bilden die Spalten der Matrix Q_1 eine orthogonale Basis des Bildraumes von A.

Es sei $m < n$. Eine QR-Zerlegung $A = QR$ mit R wie in (3.116) wird fast nie verwendet. Viel nützlicher ist die oben erklärte vereinfachte QR-Zerlegung $A^T = \tilde{Q}_1 \tilde{R}$ der Matrix $A^T \in \mathbb{R}^{n \times m}$. Hierbei ist $\tilde{R} \in \mathbb{R}^{m \times m}$ eine obere Dreiecksmatrix und $\tilde{Q}_1 \in \mathbb{R}^{n \times m}$ eine Matrix mit orthogonalen Spalten. Dies liefert die entsprechende Zerlegung $A = \tilde{R}^T \tilde{Q}_1^T$. Für $x \in \text{Bild}(\tilde{Q}_1) \subset \mathbb{R}^n$ gilt $x = \tilde{Q}_1 z$ für ein eindeutiges $z \in \mathbb{R}^m$ und $Ax = \tilde{R}^T \tilde{Q}_1^T \tilde{Q}_1 z = \tilde{R}^T z$. Für $x \in \text{Bild}(\tilde{Q}_1)^{\perp} \subset \mathbb{R}^n$ gilt $Ax = 0$. △

Hinsichtlich der Implementierung der QR-Zerlegung über Givens-Rotationen bemerken wir, dass die Matrizen $G_{i,k}$ *nie explizit berechnet werden.* Wie vorher in Bemerkung 3.60 erklärt wurde, können die Einträge c, s in $G_{i,k}$ durch eine einzige Zahl gespeichert werden. Eine Transformation mit $G_{i,k}$, d. h. die Berechnung von $G_{i,k} A$, verlangt lediglich die Berechnung von zwei Linearkombinationen der i-ten und k-ten Zeilen von A, kann also tatsächlich ausgeführt werden, ohne $G_{i,k}$ explizit zu berechnen. Bei der Berechnung der QR-Zerlegung wird oft analog zur LR-Zerlegung die Matrix A mit den Einträgen in R überschrieben.

Bei einem Gleichungssystem $Ax = b$ führt die QR-Zerlegung, wie bei der LR-Zerlegung, auf die Lösung eines Gleichungssystems mit einer oberen Dreiecksmatrix R, vgl. (3.106). Für die Fehlerentwicklung im gesamten Lösungsprozess ist daher in beiden Verfahren die Kondition von R von Bedeutung. Bei der LR-Zerlegung kann R durchaus eine größere Kondition als A haben, was sich quantitativ in der gesamten Stabilitätsabschätzung negativ auswirken kann. Bei der QR-Zerlegung liegen die Dinge anders:

Bemerkung 3.65 Es seien $A \in \mathbb{R}^{n \times n}$ regulär und $A = QR$ eine QR-Zerlegung. Da dann $R = Q^T A$, gilt wegen Satz 3.57 (v), $\kappa_2(R) = \kappa_2(A)$. Das obere Dreieckssystem in (3.106) hat also noch dieselbe Kondition wie das Ausgangssystem. Wegen Satz

3.57 hat die Anwendung von Q^T auf die rechte Seite b die Kondition eins. Die Implementierung einer Givens-Rotation kann so angelegt werden, dass Auslöschung vermieden wird, siehe Bemerkung 3.60. Insgesamt liefert daher die QR-Zerlegung mit Hilfe von Givens-Rotationen eine *sehr stabile Methode* zur Lösung linearer Gleichungssysteme. △

Wir fassen einige Hinweise zur praktischen Anwendung und Einstufung des Verfahrens zusammen:

QR-Zerlegung über Givens-Rotationen

- Wie in Bemerkung 3.65 erläutert wird, ist das Verfahren *sehr stabil* (siehe auch [GL]). Pivotisierung ist *nicht* erforderlich.
- Etwa durch Berücksichtigung von schon vorhandenen Null-Einträgen bei dünnbesetzten Matrizen lässt sich das Verfahren flexibel und sehr einfach an die Struktur einer Matrix anpassen.
- Dennoch haben die Vorzüge ihren Preis. Der Aufwand für die QR-Zerlegung einer vollbesetzten $m \times n$-Matrix über Givens-Rotationen beträgt, für den Fall $m \geq n$, etwa $3n^2(m - \frac{1}{3}n)$ Flop, also $2n^3$ Flop falls $m = n$, und etwa $3mn^2$ Flop, falls $m \gg n$. Zu beachten ist aber, dass für dünnbesetzte Matrizen der Aufwand wesentlich niedriger ist.
- Bei sogenannten *schnellen* Givens-Rotationen wird der Aufwand etwa ein Drittel geringer ($\sim \frac{4}{3}n^3$ Flop, falls $n = m$; $\sim 2mn^2$ Flop, falls $m \gg n$, siehe [GL]).

3.9.2 Householder-Transformationen

Statt mit ebenen Drehungen arbeitet das Householder-Verfahren mit *Spiegelungen* an $(n-1)$-dimensionalen Hyperebenen durch den Ursprung.

Solche Hyperebenen lassen sich durch ihre Normale v festlegen. Zur Bestimmung der Matrixdarstellung der Spiegelung kann man folgendermaßen vorgehen. Zu $v = (v_1, \ldots, v_n)^T \in \mathbb{R}^n$, $v \neq 0$, definiert man die *Dyade*

$$vv^T := \begin{pmatrix} v_1 \\ \vdots \\ v_n \end{pmatrix} (v_1, \ldots, v_n) = \begin{pmatrix} v_1 v_1 & \cdots & v_1 v_n \\ \vdots & & \vdots \\ v_n v_1 & \cdots & v_n v_n \end{pmatrix}.$$

Dyaden sind stets *Rang-1*-Matrizen (alle Spalten sind Vielfache von v). Man definiert nun die *Householder-Transformation*

$$Q_v = I - 2\frac{vv^T}{v^T v}. \tag{3.119}$$

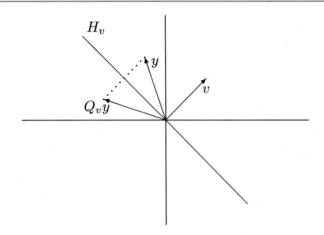

Abb. 3.5 Householder-Spiegelung

Da das Skalarprodukt $v^T v$ eine Zahl ergibt, und $vv^T vv^T = (v^T v)(vv^T)$ gilt, überprüft man leicht folgende Eigenschaften (Übung 3.34).

Eigenschaften 3.66 *Die Householder-Transformation Q_v hat folgende Eigenschaften:*

(i) $Q_v = Q_v^T$.
(ii) $Q_v^2 = I$.
(iii) $Q_{\alpha v} = Q_v$, $\alpha \in \mathbb{R}$, $\alpha \neq 0$.
(iv) $Q_v y = y \iff y^T v = 0$.
(v) $Q_v v = -v$.

Aus diesen Eigenschaften folgt sofort, dass die Householder Transformation Q_v orthogonal ist:

$$Q_v^{-1} = Q_v^T.$$

Geometrische Interpretation
Sei

$$H_v = \{x \in \mathbb{R}^n \mid x^T v = 0\}$$

die Hyperebene aller Vektoren in $\mathbb{R}^n$, die zu v orthogonal sind. Aufgrund der letzten beiden Eigenschaften in 3.66 bewirkt Q_v tatsächlich eine Spiegelung an H_v, d. h., für jedes $y \in \mathbb{R}^n$ ist $Q_v y$ die Spiegelung von y an H_v (vgl. Abb. 3.5).
Diese Eigenschaft kann man folgendermaßen zur Reduktion auf obere Dreiecksgestalt ausnutzen.

Grundaufgabe:
Zu $y \in \mathbb{R}^n$, $y \notin \text{span}(e^1)$, finde $v \in \mathbb{R}^n$, so dass y an H_v gespiegelt gerade in Richtung e^1 zeigt, dass also

$$Q_v y = \pm \|y\|_2 e^1 \qquad (3.120)$$

gilt.

Die gewünschte Spiegelebene lässt sich folgendermaßen ermitteln. Aus dem Ansatz

$$Q_v y = \left(I - 2 \frac{v v^T}{v^T v} \right) y = y - 2 \frac{v^T y}{v^T v} v = \pm \|y\|_2 e^1 \qquad (3.121)$$

folgt, dass v eine lineare Kombination von y und e^1 sein muss. Die Skalierung von v kann frei gewählt werden, deshalb können wir

$$v = y + \alpha e^1$$

ansetzen. Durch Einsetzen dieses Ausdrucks in (3.121) erhält man

$$Q_v y = \left(1 - 2 \frac{y^T y + \alpha y_1}{y^T y + 2\alpha y_1 + \alpha^2} \right) y - 2 \frac{v^T y}{v^T v} \alpha e^1.$$

Der Koeffizient

$$1 - 2 \frac{y^T y + \alpha y_1}{y^T y + 2\alpha y_1 + \alpha^2} = \frac{-y^T y + \alpha^2}{y^T y + 2\alpha y_1 + \alpha^2}$$

von y muss wegen (3.121) Null sein. Daraus folgt

$$\alpha = \pm \|y\|_2.$$

Somit erhält man als Lösung der Grundaufgabe:

$$v = y \pm \|y\|_2 e^1.$$

Um Auslöschung bei der Berechnung von

$$v = (y_1 \pm \|y\|_2, y_2, \ldots, y_n)^T$$

zu vermeiden, wählt man das Vorzeichen wie folgt: $v = y + \text{sign}(y_1)\|y\|_2 e^1$, wobei $\text{sign}(0) := 1$. Mit dieser Wahl erhält man insgesamt

$$\alpha = \text{sign}(y_1)\|y\|_2$$
$$v = y + \alpha e^1 \qquad (3.122)$$
$$Q_v y = -\alpha e^1.$$

Beispiel 3.67 Zu $y = (2, 2, 1)^T$ wird $v \in \mathbb{R}^3$ gesucht, so dass

$$Q_v y = \pm \|y\|_2 e^1 = \pm 3 \begin{pmatrix} 1 \\ 0 \\ 0 \end{pmatrix}$$

gilt. Aufgrund von (3.122) ergibt sich $\alpha = 3$ und $v = y + \alpha e^1 = (5\ 2\ 1)^T$, so dass

$$Q_v y = \begin{pmatrix} -3 \\ 0 \\ 0 \end{pmatrix}. \qquad (3.123)$$

Man beachte, dass zur Berechnung von (3.123) die explizite Form von Q_v

$$Q_v = I - 2\frac{vv^T}{v^T v} = \begin{pmatrix} 1 & 0 & 0 \\ 0 & 1 & 0 \\ 0 & 0 & 1 \end{pmatrix} - 2\frac{\begin{pmatrix} 5 \\ 2 \\ 1 \end{pmatrix}(5\ 2\ 1)}{(5\ 2\ 1)\begin{pmatrix} 5 \\ 2 \\ 1 \end{pmatrix}} = \frac{1}{15}\begin{pmatrix} -10 & -10 & -5 \\ -10 & 11 & -2 \\ -5 & -2 & 14 \end{pmatrix}$$

nicht benötigt wird. $\triangle$

Reduktion auf obere Dreiecksform
Der Reduktionsprozess lässt sich nun folgendermaßen skizzieren. Sei a^1 die erste
Spalte der Matrix $A \in \mathbb{R}^{m \times n}$. Man wendet die Grundaufgabe mit $y = a^1$ an, d. h.,
man setzt

$$v^1 = a^1 + \text{sign}(a_{1,1})\|a^1\|_2 e^1, \quad Q_1 := Q_{v^1} \in \mathcal{O}_m(\mathbb{R}), \qquad (3.124)$$

so dass sich

$$Q_1 A = \begin{pmatrix} * & * & \cdots & * \\ 0 & & & \\ \vdots & & \tilde{A}^{(2)} & \\ 0 & & & \end{pmatrix} = A^{(2)}$$

mit $\tilde{A}^{(2)} \in \mathbb{R}^{(m-1)\times(n-1)}$ ergibt. Dies wiederholt man, um Spalte für Spalte Nullen
unterhalb der Diagonale zu erzeugen. Genauer gesagt, bestimmt man in analoger
Weise ein $\tilde{Q}_2 = Q_{v^2} \in \mathcal{O}_{m-1}(\mathbb{R})$ für die erste Spalte von $\tilde{A}^{(2)}$ und setzt

$$Q_2 = \begin{pmatrix} 1 & 0 & \cdots & 0 \\ 0 & & & \\ \vdots & & \tilde{Q}_2 & \\ 0 & & & \end{pmatrix} \in \mathcal{O}_m(\mathbb{R}).$$

Dann erhält man

$$Q_2 Q_1 A = \begin{pmatrix} * & * & * & \cdots & * \\ 0 & * & * & \cdots & * \\ 0 & 0 & & & \\ \vdots & \vdots & & \tilde{A}^{(3)} & \\ 0 & 0 & & & \end{pmatrix} = A^{(3)}$$

usw. So ergibt sich eine Folge von Householder-Transformationen Q_1, Q_2 bis Q_{p-1}, $p := \min\{m, n\}$, deren Produkt A auf obere Dreiecksgestalt transformiert

$$Q_{p-1} \ldots Q_2 Q_1 A = R.$$

Da die Q_k orthogonal und symmetrisch sind, erhält man hieraus

$$A = Q_1 Q_2 \ldots Q_{p-1} R = QR.$$

Die praktische Durchführung der Householder-Transformation wirft wieder die Frage nach einer ökonomischen Speicherverwertung auf. Wie in den vorher diskutierten Verfahren kann man die freiwerdenden Stellen unterhalb der Diagonalen von A benutzen, um die wesentliche Information ($v^1 \in \mathbb{R}^m$, $v^2 \in \mathbb{R}^{m-1}, \ldots$) über die Transformationsmatrizen Q_1, $Q_2, \ldots$ zu speichern. Da der Vektor $v^j \in \mathbb{R}^{m-j+1}$ $m - j + 1$ Komponenten besitzt, aber unterhalb der Diagonalen nur $m - j$ Plätze frei werden, speichert man gewöhnlich die Diagonalelemente der Matrix R in einem Vektor $d \in \mathbb{R}^p$. Wie bereits vorher angemerkt wurde, wird eine Transformation mit Q_j ausgeführt, *ohne* Q_j explizit aufzustellen. Man braucht für $Q_1 = I - 2\frac{v^1 (v^1)^T}{(v^1)^T v^1}$ lediglich das Matrix-Vektor Produkt $w^T := (v^1)^T A$ zu berechnen, um dann von A ein Vielfaches der Dyade $v^1 w^T$ zu subtrahieren:

$$Q_1 A = A - \frac{2 v^1 w^T}{(v^1)^T v^1}.$$

Ein konkretes Beispiel mag dies illustrieren.

Beispiel 3.68

$$A = \begin{pmatrix} 1 & 1 \\ 2 & 0 \\ 2 & 0 \end{pmatrix}, \quad v^1 = \begin{pmatrix} 1 \\ 2 \\ 2 \end{pmatrix} + 3e^1 = \begin{pmatrix} 4 \\ 2 \\ 2 \end{pmatrix},$$

$$Q_1 := Q_{v^1}, \quad Q_1 A = \begin{pmatrix} Q_1 \begin{pmatrix} 1 \\ 2 \\ 2 \end{pmatrix} & Q_1 \begin{pmatrix} 1 \\ 0 \\ 0 \end{pmatrix} \end{pmatrix}.$$

Für die zwei Spalten der Matrix $Q_1 A$ ergibt sich

$$Q_1 \begin{pmatrix} 1 \\ 2 \\ 2 \end{pmatrix} = \begin{pmatrix} -3 \\ 0 \\ 0 \end{pmatrix} \quad \text{(siehe ((3.122))},$$

$$Q_1 \begin{pmatrix} 1 \\ 0 \\ 0 \end{pmatrix} = \begin{pmatrix} 1 \\ 0 \\ 0 \end{pmatrix} - \frac{2}{(v^1)^T v^1} v^1 (v^1)^T \begin{pmatrix} 1 \\ 0 \\ 0 \end{pmatrix} = \begin{pmatrix} 1 \\ 0 \\ 0 \end{pmatrix} - \frac{1}{3} v^1 = \begin{pmatrix} -\frac{1}{3} \\ -\frac{2}{3} \\ -\frac{2}{3} \end{pmatrix}.$$

Daraus folgt

$$Q_1 A = \begin{pmatrix} -3 & -\frac{1}{3} \\ 0 & -\frac{2}{3} \\ 0 & -\frac{2}{3} \end{pmatrix},$$

$$v^2 = \begin{pmatrix} -\frac{2}{3} \\ -\frac{2}{3} \end{pmatrix} - \frac{2}{3}\sqrt{2} \begin{pmatrix} 1 \\ 0 \end{pmatrix} = \begin{pmatrix} -\frac{2}{3}(1 + \sqrt{2}) \\ -\frac{2}{3} \end{pmatrix},$$

$$\tilde{Q}_2 = \tilde{Q}_{v^2}; \quad \tilde{Q}_2 \begin{pmatrix} -\frac{2}{3} \\ -\frac{2}{3} \end{pmatrix} = \begin{pmatrix} \frac{2}{3}\sqrt{2} \\ 0 \end{pmatrix} \quad \text{(siehe (3.122))}.$$

Insgesamt erhält man

$$\begin{pmatrix} 1\ 0\ 0 \\ 0 \quad \tilde{Q}_2 \\ 0 \end{pmatrix} Q_1 A = \begin{pmatrix} -3 & -\frac{1}{3} \\ 0 & \frac{2}{3}\sqrt{2} \\ 0 & 0 \end{pmatrix}.$$

Das Resultat der QR-Zerlegung wird dann als

$$\left(\begin{array}{c|c} \boxed{4} & -\frac{1}{3} \\ 2 & \boxed{\begin{array}{c} -\frac{2}{3}(1 + \sqrt{2}) \\ -\frac{2}{3} \end{array}} \\ 2 & \end{array} \right), \quad d = (-3, \frac{2}{3}\sqrt{2})^T$$

$$v^1 \uparrow \qquad\quad v^2 \uparrow$$

gespeichert.

$\triangle$

QR-Zerlegung über Householder-Spiegelung

- Aufgrund der geschilderten Vermeidung von Auslöschung treffen sämtliche Ausführungen in Bemerkung 3.65 auch auf diese Variante der QR-Zerlegung zu. Dieses Verfahren ist deshalb ebenfalls *sehr stabil* (siehe auch [GL]). Gesonderte Pivotisierung ist wiederum *nicht* erforderlich.

- Der Aufwand für die QR-Zerlegung einer vollbesetzten $m \times n$-Matrix, mit $m \geq n$, über Householder-Transformationen ist etwa $2n^2(m - \frac{1}{3}n)$ Flops, also $\frac{4}{3}n^3$ Flop, falls $m = n$, und etwa $2mn^2$ Flop, falls $m \gg n$.

Der Aufwand bei der QR-Zerlegung einer quadratischen Matrix über Householder-Spiegelungen ist etwa doppelt so hoch wie bei der LR-Zerlegung über Gauß-Elimination (mit Spaltenpivotisierung).

Für eine vollbesetzte Matrix ist der Aufwand bei der QR-Zerlegung über Givens-Rotationen etwa 50 % mehr als bei QR-Zerlegung über Householder-Spiegelungen. Givens-Rotationen können aber bei dünnbesetzten Matrizen wesentlich effizienter sein.

Wir haben vorher schon betont bzw. aufgezeigt, dass die Bestimmung der QR-Zerlegung einer Matrix A weder voraussetzt, dass A nichtsingulär ist, noch dass A eine quadratische Matrix ist. Tatsächlich gibt es ein sehr wichtiges Anwendungsfeld, bei dem gerade letztere Tatsache wesentlich ist, nämlich die *lineare Ausgleichsrechnung* (Kap. 4).

Darüber hinaus spielt die QR-Zerlegung eine zentrale Rolle bei der Berechnung von Eigenwerten (vgl. Kap. 7).

Matlab-Demo 3.69 (*QR-Zerlegung*) In diesem Matlab-Programm wird die schrittweise Durchführung der Givens- und Householder-Methoden zur Berechnung der QR-Zerlegung gezeigt.

3.10 Zusammenfassung

Wir fassen die wichtigsten Ergebnisse dieses Kapitels zusammen und greifen dabei auf Abschn. 3.1.3 zurück.

Mit der *Gauß-Elimination*, falls durchführbar, wird eine LR-Zerlegung einer regulären $n \times n$-Matrix berechnet. Die Variante mit (Spalten-)Pivotisierung ist immer durchführbar und hat, im Gegensatz zur Methode ohne Pivotisierung, sehr gute Stabilitätseigenschaften. Der Aufwand dieser Methode beträgt ca. $\frac{2}{3}n^3$ Flop. Ausgehend von der LR-Zerlegung der Matrix kann ein Gleichungssystem mit dieser Matrix über *Vorwärts- und Rückwärtseinsetzen* (Aufwand jeweils n^2 Flop) gelöst werden. Weitere Anwendungen der LR-Zerlegung sind die Bestimmung der Determinante oder der Inverse einer Matrix.

Falls eine Matrix symmetrisch positiv-definit ist, kann mit der *Cholesky-Methode* die Cholesky-Zerlegung $A = LDT^T$ bestimmt werden. Diese Methode ist, auch ohne Pivotisierung, stabil und der Aufwand beträgt ca. $\frac{1}{3}n^3$ Flop. Wie bei der *LR*-Zerlegung kann diese Cholesky-Zerlegung zur Lösung eines Gleichungssystems, Bestimmung der Determinante oder der Inverse einer Matrix eingesetzt werden.

Die *Householder- und Givens-Verfahren* können zur Bestimmung einer QR-Zerlegung einer $m \times n$ Matrix eingesetzt werden. Diese Methoden sind stabil und falls $m = n$ beträgt der Aufwand ca. $\frac{4}{3}n^3$ Flop (Householder) oder $2n^3$ Flop (Givens). Bemerkungen zu den allgemeinen Begriffen und Konzepten:

- *Kondition eines linearen Gleichungssystems.* Dies wird in den Sätzen 3.10 und 3.12 quantifiziert. Eine entscheidende Größe ist dabei die Konditionszahl $\kappa(A) = \|A\| \|A^{-1}\|$ der Matrix A. Die Zeilenskalierung einer Matrix sorgt im Allgemeinen für eine Verkleinerung der Konditionszahl: $\kappa_\infty(D_z A) \leq \kappa_\infty(A)$.

- *Effizienz und Stabilität eines Lösungsverfahrens.* Die Gauß-Elimination ohne Pivotisierung ist nicht stabil. Die Pivotisierung ist eine *Stabilisierung* dieser Methode und die Gauß-Elimination mit (Spalten-)Pivotisierung ist für „fast alle Matrizen A" (siehe Abschn. 3.8) ein stabiles Verfahren. Kombiniert mit einem (oder wenigen) Schritt(en) der Nachiteration ist dieses Verfahren immer stabil. Das Cholesky-Verfahren und die Givens- und Householder-Methoden sind stabile Verfahren. Für das Lösen eines Gleichungssystems mit einer regulären Matrix A ist die Methode über die Gauß-Elimination (Aufwand ca. $\frac{2}{3}n^3$ Flop) effizienter als über Givens-Transformationen (Aufwand ca. $2n^3$ Flop) oder über Householder-Transformationen (Aufwand ca. $\frac{4}{3}n^3$ Flop).

- *Matrixfaktorisierung.* Die Gauß-Elimination mit Pivotisierung, das Cholesky-Verfahren und die Givens- und Householder-Methoden erzeugen Faktorisierungen (oder Zerlegungen) der Matrix A:

$$PA = LR, \quad A = LDL^T, \quad A = QR.$$

Die Komponenten der Faktorisierung (L, R, D, Q) sind „einfacher" als die Ausgangsmatrix A. Diese „Vereinfachung" kann man nutzen, um ein vorliegendes Problem effizient zu lösen, zum Beispiel ist im Allgemeinen $LDL^T x = b$ mit wesentlich weniger Aufwand zu Lösen als $Ax = b$.

- *Ausnutzung spezieller Problemstruktur.* Wenn eine Matrix symmetrisch positiv definit ist, wird diese Eigenschaft von der Cholesky-Methode ausgenutzt. Deshalb kann diese Methode effizienter als die (allgemeinere) Gauß-Elimination durchgeführt werden. Wenn eine $m \times n$-Matrix viele Null-Einträge hat (d. h., dünnbesetzt ist), kann die Givens-Methode zur Bestimmung einer QR-Zerlegung flexibel und einfach an das Muster der Nicht-Null-Einträge angepasst werden. Falls eine Matrix eine Bandstruktur hat (z. B. tridiagonal), kann man diese Eigenschaft ausnutzen, um eine effiziente Variante der Gauß-Elimination oder der Cholesky-Methode zu entwickeln.

- *Problemtransformation.* Bei der Zeilenskalierung wird das Ausgangsproblem $Ax = b$ in ein äquivalentes Problem $D_z Ax = D_z b$ transformiert. Die Matrix

$D_z A$ kann man mit geringem Aufwand (n^2 Flop) bestimmen, und die Konditionszahl von $D_z A$ (bzgl. $\| \cdot \|_\infty$) ist im Allgemeinen (erheblich) kleiner als die von A, falls A stark unterschiedliche Zeilensummen hat. Deshalb ist es im Bezug auf Stabilität vorteilhaft, das transformierte Problem numerisch zu lösen (siehe Bemerkung 3.51). Die oben erwähnten Matrixfaktorisierungen haben entsprechende Problemtransformationen, wie zum Beispiel $Ax = b \Leftrightarrow LRx = Pb$. Letzteres Problem ist einfacher zu lösen als das Ausgangsproblem $Ax = b$.

3.11 Übungen

Übung 3.1 Wir betrachten das Anfangs-Randwertproblem in (3.17) mit Anfangswert $v_0(x) = \sin(\mu \pi x)$, $\mu \in \mathbb{N}$.

a) Zeigen Sie, dass $v(x, t) = e^{-\mu^2 \pi^2 t} \sin(\mu \pi x)$ die Lösung dieses Problems ist. Bestimmen Sie $\lim_{T \to \infty} v(x, T)$.

b) Es sei $v_k(x) \approx v(x, t_k)$, $k = 1, \ldots, m$, die diskrete Annäherung wie in (3.18) definiert. Zeigen Sie

$$v_k(x) = (1 + \Delta t \mu^2 \pi^2)^{-k} \sin(\mu \pi x),$$

und bestimmen Sie $\lim_{m \to \infty} v_m(x)$.

c) Wir betrachten folgende sogenannte explizite Variante von (3.18):

$$\frac{v_{k+1}(x) - v_k(x)}{\Delta t} = v_k''(x), \quad x \in [0, 1], \quad v_{k+1}(0) = v_{k+1}(1) = 0.$$

Zeigen Sie, dass

$$v_k(x) = (1 - \Delta t \mu^2 \pi^2)^k \sin(\mu \pi x), \quad k = 1, \ldots, m,$$

die Lösung hiervon ist, und bestimmen Sie $\lim_{m \to \infty} v_m(x)$.

Übung 3.2 Beweisen Sie die obere Abschätzung in (3.42)

$$\frac{\|x - \tilde{x}\|}{\|x\|} \leq \kappa(A) \frac{\|A\tilde{x} - b\|}{\|b\|},$$

wobei $\| \cdot \|$ irgendeine Norm für $\mathbb{R}^n$ ist.

Übung 3.3 Gegeben seien die Matrix

$$A = \begin{pmatrix} 4 & 2 & 3 \\ 2 & 2 & 1 \\ 2 & 2 & 2 \end{pmatrix}$$

und die Vektoren $b^{(1)} = (2, 1, 2)^T$ und $b^{(2)} = (3, 7, 8)^T$. Lösen Sie die Gleichungssysteme $Ax^{(i)} = b^{(i)}$, $i = 1, 2$, mittels LR-Zerlegung (ohne Pivotisierung).

Übung 3.4 Es sei $R \in \mathbb{R}^{n \times n}$ eine invertierbare obere Dreiecksmatrix. Die j-Spalte von R^{-1} wird mit c^j bezeichnet. Zeigen Sie folgende Eigenschaften:

a) Es gilt $Rc^j = e^j$, wobei e^j der j-te Basisvektor ist.
b) Es gilt $c^j = (* \ldots * \underbrace{0 \ldots 0}_{n-j})^T$.

c) R^{-1} ist eine obere Dreiecksmatrix.

Übung 3.5 Gegeben seien die Matrix

$$A = \begin{pmatrix} 0 & 0 & 10 \\ 1 & 0 & 2 \\ 0 & 3 & 5 \end{pmatrix}$$

und der Vektor $b = (1, 2, 3)^T$. Bestimmen Sie elementare Permutationsmatrizen P_1 und P_2, die jeweils nur eine Zeilenvertauschung bewirken, so dass das Produkt $P_2 P_1 A = R$ eine obere Dreiecksmatrix ist. Lösen Sie das Gleichungssystem $Ax = b$.

Übung 3.6 Gegeben seien die Matrix

$$A = \begin{pmatrix} 3 & 2 & 1 & 0 \\ -6 & -5 & 2 & -3 \\ 15 & 14 & -16 & 14 \\ 9 & 8 & -10 & 9 \end{pmatrix}, \quad \text{die Vektoren } b^{(1)} = \begin{pmatrix} 5 \\ -5 \\ -3 \\ -2 \end{pmatrix}, \quad b^{(2)} = \begin{pmatrix} -4 \\ 10 \\ -29 \\ -15 \end{pmatrix}.$$

Lösen Sie die Gleichungssysteme $Ax^{(i)} = b^{(i)}$, $i = 1, 2$, mittels LR-Zerlegung ohne Pivotisierung.

Übung 3.7 Gegeben sind

$$A = \begin{pmatrix} 2 & -4 & -6 \\ -2 & 4 & 5 \\ 1 & -1 & 3 \end{pmatrix} \quad \text{und} \quad b = \begin{pmatrix} -2 \\ 0 \\ 10 \end{pmatrix}.$$

Lösen Sie die Gleichung $Ax = b$ durch LR-Zerlegung mit Spaltenpivotisierung, und geben Sie auch die Permutationsmatrix P mit $LR = PA$ an.

Übung 3.8 Es seien Matrizen $A \in \mathbb{R}^{n \times n}$, $B \in \mathbb{R}^{m \times n}$ gegeben. Skizzieren Sie unter Verwendung von Unterprogrammen zur

- Matrixmultiplikation,
- Matrixtransponierung,
- LR-Zerlegung

einen Algorithmus, der den Ausdruck

$$BA^{-1}$$

berechnet, ohne die Matrix A zu invertieren. Vergleichen Sie den Aufwand, wenn m sehr viel kleiner als n ist, mit der Alternative, zunächst A^{-1} explizit zu berechnen.

Übung 3.9 Es sei

$$A = \begin{pmatrix} -1 & 0 & 3 & -1 \\ 1 & 2 & 10 & -1 \\ 2 & 1 & 2 & 4 \\ 0 & 1 & 3 & 1 \end{pmatrix}.$$

a) Berechnen Sie eine LR-Zerlegung mit Spaltenpivotisierung. Wie lauten die Matrizen P, L, R der Zerlegung $PA = LR$?
b) Lösen Sie mit Hilfe der Zerlegung aus a) das Gleichungssystem

$$A^2 x = AAx = \begin{pmatrix} -1 \\ 9 \\ 3 \\ 2 \end{pmatrix}.$$

Übung 3.10 Eine Matrix der Gestalt

$$L_k = \begin{pmatrix} 1 & & & & & \\ & \ddots & & & & \emptyset \\ & & 1 & & & \\ & & -\ell_{k+1,k} & 1 & & \\ & \emptyset & \vdots & & \ddots & \\ & & -\ell_{n,k} & \emptyset & & 1 \end{pmatrix}$$

mit $\ell_{k+1,k}, \dots, \ell_{n,k} \in \mathbb{R}$ beliebig, heißt *Frobenius-Matrix*. Sei e^k der k-te Basisvektor in $\mathbb{R}^n$.

a) Zeigen Sie, dass die Frobenius-Matrizen folgende Eigenschaften haben:

$$L_k = I - (0, \ldots, 0, \ell_{k+1,k}, \ldots, \ell_{n,k})^T (e^k)^T,$$

$$\det L_k = 1,$$

$$L_k^{-1} = I + (0, \ldots, 0, \ell_{k+1,k}, \ldots, \ell_{n,k})^T (e^k)^T,$$

$$L_1^{-1} L_2^{-1} \ldots L_k^{-1} = \begin{pmatrix} 1 & & & & & \\ \ell_{2,1} & \ddots & & \varnothing & & \\ \vdots & \ddots & 1 & & & \\ \vdots & & \ell_{k+1,k} & 1 & & \\ \vdots & & \vdots & 0 & \ddots & \\ \ell_{n,1} & \cdots & \ell_{n,k} & 0 & \varnothing & 1 \end{pmatrix}.$$

b) Es sei angenommen, dass die Gauß-Elimination ohne Pivotisierung komplett durchführbar ist. Im j-ten Schritt ($1 \le j \le n-1$) des Gauß-Eliminationsalgorithmus wird $A^{(j)}$ in $A^{(j+1)}$ umgeformt. (vgl. (3.50)). Zeigen Sie, dass man diesen Schritt in Matrixnotation als

$$A^{(j+1)} = L_j A^{(j)},$$

formulieren kann. Hierbei ist L_j die Frobenius-Matrix mit den Einträgen $\ell_{j+1,j}, \ldots, \ell_{n,j}$ wie in (3.52).

c) Zeigen Sie: Falls die Gauß-Elimination ohne Pivotisierung komplett durchführbar ist, erhält man $A^{(n)} = R$, wofür gilt

$$R = L_{n-1} L_{n-2} \ldots L_1 A.$$

d) Zeigen Sie: Wenn die Gauß-Elimination ohne Pivotisierung komplett durchführbar ist, dann erhält man

$$A = LR,$$

wobei R durch (3.53) definiert ist und L die durch (3.52) definierte normierte untere Dreiecksmatrix ist.

Übung 3.11 Lösen Sie das lineare Gleichungssystem $Ax = b$ mit

$$A = \begin{pmatrix} 1 & 4 & & & & & & \\ 4 & 1 & & & & & & \\ & & 1 & 4 & & & & \\ & & 4 & 1 & & & & \\ & & & & 1 & 4 & & \\ & & & & 4 & 1 & & \\ 1 & 0 & & & & & 1 & 4 \\ 0 & 1 & & & & & 4 & 1 \end{pmatrix} \in \mathbb{R}^{8 \times 8}, \quad b = (2, 4, 6, 8, 10, 12, 14, 16)^T,$$

wobei die fehlenden Elemente von A mit 0 besetzt sind. Hinweis: Benutzen Sie die Blockstruktur von A.

Übung 3.12 Es sei

$$A = \begin{pmatrix} 2 & 1 & 3 \\ 4 & 3 & 6 \\ -2 & 3 & 6 \end{pmatrix}.$$

Berechnen Sie eine LR-Zerlegung dieser Matrix ohne Pivotisierung. Berechnen Sie mittels der LR-Zerlegung det A und A^{-1}.

Übung 3.13 Geben Sie eine vollbesetzte, nicht singuläre 3×3-Matrix an, bei der das Gauß-Eliminationsverfahren ohne Pivotisierung versagt.

Übung 3.14 Gegeben sind

$$A = \begin{pmatrix} 2 & 0 \\ 0 & 3 \end{pmatrix}, \quad b = \begin{pmatrix} 2 \\ 3 \end{pmatrix}, \quad \tilde{A} = \begin{pmatrix} 2 & \pm\epsilon \\ 0 & 3 \end{pmatrix}.$$

Sie lösen statt $Ax = b$ das Gleichungssystem $\tilde{A}x = b$. Wie groß darf ϵ höchstens sein, damit der relative Fehler in x kleiner als 10^{-2} in der 2-Norm ist? Geben Sie die Antwort, ohne x zu berechnen.

Übung 3.15 Betrachten Sie das lineare Gleichungssystem $Ax = b$ mit

$$A = \begin{pmatrix} 1/7 & 1/8 \\ 1/8 & 1/9 \end{pmatrix} \quad \text{und} \quad b = \begin{pmatrix} 45/56 \\ 25/36 \end{pmatrix}$$

sowie die Approximation $\tilde{A}\tilde{x} = \tilde{b}$ mit

$$\tilde{A} = \begin{pmatrix} 0.143 & 0.125 \\ 0.125 & 0.111 \end{pmatrix} \quad \text{und} \quad \tilde{b} = \begin{pmatrix} 0.804 \\ 0.694 \end{pmatrix}.$$

a) Geben Sie die exakte Lösung von $Ax = b$ und von $\tilde{A}\tilde{x} = \tilde{b}$ an.
b) Schätzen Sie $\frac{\|\tilde{x}-x\|}{\|x\|}$ mit Hilfe von Satz 3.12 ab, und vergleichen Sie mit dem exakten Wert von $\frac{\|\tilde{x}-x\|}{\|x\|}$.

Übung 3.16 Gegeben sei die Matrix

$$A = \begin{pmatrix} 0.005 & 1 & 0.005 \\ 1 & 1 & 0.005 \\ 0.005 & 0.005 & 1 \end{pmatrix} \quad \text{und der Vektor} \quad b = \begin{pmatrix} 0.5 \\ 1 \\ -2 \end{pmatrix}.$$

Die Lösung des Gleichungssystems $Ax = b$ ist

$$x = \begin{pmatrix} 0.50251 2563\ldots \\ 0.50751 2687\ldots \\ -2.00505012\ldots \end{pmatrix}.$$

Berechnen Sie die LR-Zerlegung von A in zweistelliger Gleitpunktarithmetik einmal mit und einmal ohne Spaltenpivotisierung. Lösen Sie anschließend das Gleichungssystem $Ax = b$ in zweistelliger Gleitpunktarithmetik mit den beiden erhaltenen LR-Zerlegungen, und vergleichen Sie die Ergebnisse mit der oben angegebenen Lösung x.

Übung 3.17 Betrachten Sie das lineare Gleichungssystem $Ax = b$

$$A = \begin{pmatrix} 2.1 & 2512 & -2516 \\ -1.3 & 8.8 & -7.6 \\ 0.9 & -6.2 & 4.6 \end{pmatrix} \quad \text{und} \quad b = \begin{pmatrix} -6.5 \\ 5.3 \\ -2.9 \end{pmatrix}.$$

a) Lösen Sie $Ax = b$ zunächst exakt und dann in fünfstelliger Gleitpunktarithmetik (mit Spaltenpivotisierung). Geben Sie die Matrizen L und R an. Wodurch entstehen die großen Abweichungen?

b) Skalieren Sie das Gleichungssystem mit Hilfe einer Äquilibrierung, und berechnen Sie die Lösung des skalierten Systems mit Gauß-Elimination mit Spaltenpivotisierung in fünfstelliger Gleitpunktarithmetik.

Übung 3.18 Wir betrachten die Nachiteration und nehmen an, dass für die näherungsweise LR-Zerlegung $\tilde{L}\tilde{R} = A + \Delta A =: \tilde{A}$ die Bedingung

$$\|A^{-1}\|\|\Delta A\| < \frac{1}{2}$$

für irgendeine Norm auf $\mathbb{R}^n$ erfüllt ist.

a) Zeigen Sie, dass $\tilde{A}$ nichtsingulär ist.

b) Zeigen Sie (mit Hilfe der Neumann Reihe), dass $\|I - \tilde{A}^{-1}A\| < 1$ gilt.

c) Zeigen Sie, dass für den Fehler $e^k := x^k - x$ bei der Nachiteration (bei exakter Rechnung) folgende Beziehung gilt

$$e^{k+1} = (I - \tilde{A}^{-1}A)e^k.$$

d) Beweisen Sie, dass bei exakter Rechnung der Fehler bei der Nachiteration gegen Null konvergiert: $\lim_{k \to \infty} e^k = 0$.

Übung 3.19 Es sei

$$A = \begin{pmatrix} 2 & -1 & 0 \\ -1 & 2 & -1 \\ 0 & -1 & 2 \end{pmatrix}.$$

Bestimmen Sie die Cholesky-Zerlegung $A = LDL^T$ dieser Matrix, und zeigen Sie, dass A s. p. d. ist.

Übung 3.20 Bestimmen Sie alle reellen Werte von a, für die die Matrix

$$A = \begin{pmatrix} 2 & -1 & 0 & 0 \\ -1 & 2 & -a & 0 \\ 0 & -a & 2 & -1 \\ 0 & 0 & -1 & 2 \end{pmatrix}$$

positiv definit ist. Ziehen Sie zur Analyse den Algorithmus der Cholesky-Zerlegung heran.

Übung 3.21 Formulieren Sie einen Algorithmus zur Cholesky-Zerlegung für Tridiagonalmatrizen (ähnlich zu Algorithmus 3.46 für die LR-Zerlegung).

Übung 3.22 Bestimmen Sie die Cholesky-Zerlegung der Matrix

$$A = \begin{pmatrix} 2 & 6 & -2 \\ 6 & 21 & 0 \\ -2 & 0 & 16 \end{pmatrix},$$

falls sie existiert.

Übung 3.23

a) Berechnen Sie die Cholesky-Zerlegung der Matrix

$$A = \begin{pmatrix} 10 & 2 & 5 \\ 2 & \frac{12}{5} & 3 \\ 5 & 3 & \frac{17}{2} \end{pmatrix},$$

also $A = LDL^T$.

b) Ist die Matrix A positiv definit?

c) Lösen Sie mit Hilfe der Cholesky-Zerlegung von A die drei Gleichungssysteme

$$Ax^{(1)} = (1, 0, 0)^T,$$
$$Ax^{(2)} = (0, 1, 0)^T,$$
$$Ax^{(3)} = (0, 0, 1)^T.$$

d) Berechnen Sie die Konditionszahl $\kappa_\infty(A) = \|A\|_\infty \|A^{-1}\|_\infty$.

Übung 3.24 Es seien $A \in \mathbb{R}^{n \times n}$ eine symmetrisch positiv definite Matrix und e^j der j-te Basisvektor in $\mathbb{R}^n$. Wir nehmen an, dass ein Eintrag $a_{k,\ell}$ mit $k \neq \ell$ existiert, so dass $|a_{k,\ell}| > \max_{1 \leq i \leq n} a_{i,i}$ gilt.

a) Zeigen Sie, dass für alle $\alpha \in \mathbb{R}$

$$\left(e^k + \alpha e^\ell\right)^T A \left(e^k + \alpha e^\ell\right) = a_{k,k} + 2\alpha\, a_{k,\ell} + \alpha^2\, a_{\ell,\ell}.$$

b) Zeigen Sie, dass $x^T A x < 0$ gilt für $x := e^k - \frac{a_{k,\ell}}{a_{\ell,\ell}} e^\ell$.

c) Weshalb ist obige Annahme falsch?

Übung 3.25 Man gebe die approximative Anzahl der Flop an, die man braucht, um folgende Probleme zu lösen:

a) Lösung von $Ax = b$, $A \in \mathbb{R}^{n \times n}$, $\det A \neq 0$, $b \in \mathbb{R}^n$.
b) Wie (a), aber A symmetrisch und positiv definit.
c) Lösung von $Rx = b$, R obere Dreiecksmatrix.
d) Berechnung von A^{-1}.
e) Lösung von $Ax = b_i$, $i = 1, \ldots, p$, wenn die Faktorisierung $A = LR$ bekannt ist.
f) Lösung von $Ax = b$, wenn A eine Bandmatrix mit der Bandbreite drei ist.

Übung 3.26 Es sei $x = (2, 2, 1)^T$. Bestimmen Sie Givens-Rotationen G_1 und G_2, so dass

$$G_2 G_1 x = \alpha(1, 0, 0)^T \quad \text{mit } \alpha \in \mathbb{R}$$

gilt.

Übung 3.27 Lösen Sie das Gleichungssystem

$$\begin{pmatrix} -3 & \frac{32}{5} & 4 \\ 4 & \frac{24}{5} & 3 \\ 5 & 6\sqrt{2} & 5\sqrt{2} \end{pmatrix} x = \begin{pmatrix} 5 \\ 10 \\ 5 \end{pmatrix}$$

mit Hilfe der QR-Zerlegung der Matrix. Verwenden Sie dazu Givens-Rotationen.

Übung 3.28 Seien $A \in \mathbb{R}^{3 \times 3}$ und $b \in \mathbb{R}^3$ gegeben durch

$$A = \begin{pmatrix} 3 & -9 & 7 \\ -4 & -13 & -1 \\ 0 & -20 & -35 \end{pmatrix}, \quad b = \begin{pmatrix} 1 \\ 2 \\ 3 \end{pmatrix}.$$

Bestimmen Sie die Lösung $x \in \mathbb{R}^3$ des linearen Gleichungssystems $Ax = b$. Berechnen Sie dazu die QR-Zerlegung von A mittels Givens-Rotationen.

Übung 3.29 Bestimmen Sie die QR-Zerlegung $A = QR$ von

$$A = \begin{pmatrix} 3 & 7 \\ 0 & 12 \\ 4 & 1 \end{pmatrix}$$

a) mittels Householder-Spiegelungen,
b) mittels Givens-Rotationen.

Q und R sind explizit anzugeben.

Übung 3.30 Bestimmen Sie mit Hilfe von Householder-Spiegelungen eine QR-Zerlegung der Matrix

$$A = \begin{pmatrix} -1 & 1 \\ 2 & 4 \\ -2 & -1 \end{pmatrix}.$$

Übung 3.31 Es sei

$$A = \begin{pmatrix} 1 & 1 & 1 \\ 2 & -1 & -1 \\ 2 & -4 & 5 \end{pmatrix}.$$

Bestimmen Sie mit Hilfe von Householder-Spiegelungen eine QR-Zerlegung dieser Matrix.

Übung 3.32 Es sei $A \in \mathbb{R}^{n \times n}$ nichtsingulär und $A = Q_1 R_1$, $A = Q_2 R_2$ seien QR-Zerlegungen für A, d. h., $Q_1, Q_2 \in \mathcal{O}_n(\mathbb{R})$ und R_1, R_2 sind obere Dreiecksmatrizen. Können diese Zerlegungen verschieden sein, wenn ja, in welchem Zusammenhang müssen R_1 und R_2 zueinander stehen?

Übung 3.33 Zeigen Sie, dass für alle $n \in \mathbb{N}$, $A \in \mathbb{R}^{n \times n}$ gilt:

a) $\|A\|_2 \leq \sqrt{\|A\|_1 \|A\|_\infty}$
b) $\frac{1}{\sqrt{n}} \|A\|_2 \leq \|A\|_1 \leq \sqrt{n} \|A\|_2$
c) $\frac{1}{\sqrt{n}} \|A\|_\infty \leq \|A\|_2 \leq \sqrt{n} \|A\|_\infty$
d) $\frac{1}{n} \|A\|_\infty \leq \|A\|_1 \leq n \|A\|_\infty$

Übung 3.34 Leiten Sie die Eigenschaften 3.66 her.

Übung 3.35 Bestimmen Sie die Eigenvektoren, Eigenwerte und die Determinante einer Householder-Matrix

$$Q = I - 2\frac{vv^T}{v^T v}, \quad v \in \mathbb{R}^n.$$

Übung 3.36 Was hat die QR-Zerlegung mit der (Gram-Schmidt) Orthogonalisierung einer Menge linear unabhängiger Vektoren zu tun?

Übung 3.37 Gegeben seien dünnbesetzte Matrizen mit folgender Belegungsstruktur (Tridiagonalmatrix bzw. Pfeilmatrix):

$$(i) \quad \begin{pmatrix} * & * & & & & & \\ * & * & * & & & & \\ & * & * & * & & & \\ & & \ddots & \ddots & \ddots & & \\ & & & * & * & * \\ & & & & * & * \end{pmatrix} \qquad (ii) \quad \begin{pmatrix} * & * & * & * & * & * & * \\ * & * & & & & & \\ * & & * & & & & \\ * & & & * & & & \\ * & & & & * & & \\ * & & & & & * & \\ * & & & & & & * \end{pmatrix}$$

Überlegen Sie sich den Speicherplatzbedarf und den Rechenaufwand bei

a) LR-Zerlegung ohne Pivotisierung,
b) LR-Zerlegung mit Pivotisierung,
c) QR-Zerlegung mit Householder-Spiegelungen,
d) QR-Zerlegung mit Givens-Rotationen.

Lineare Ausgleichsrechnung

4

4.1 Einleitung

4.1.1 Anwendungshintergründe

Die mathematische Beschreibung physikalischer und technischer Prozesse beinhaltet typischerweise Parameter, die beispielsweise ein spezifisches Materialverhalten beschreiben, jedoch oft nicht bekannt sind. Sie müssen daher aus (notgedrungen fehlerbehafteten) *Messungen* ermittelt werden. In einer Vielzahl von Anwendungen geht es darum, aus einzelnen Messdaten auf zugrunde liegende funktionale Zusammenhänge zu schließen. Dies soll sozusagen die Gesetzmäßigkeit eines beobachteten Prozesses erklären, um dann Vorhersagen über Zustände an anderen Messpunkten machen zu können.

Allgemeiner liegt häufig folgende Situation vor: Aus theoretischen Überlegungen ist bekannt, dass eine bestimmte Größe $b(t)$ über einen gewissen funktionalen Zusammenhang von einigen Parametern $x_1, \ldots, x_n$ abhängt:

$$b(t) = y(t; x_1, \ldots, x_n). \tag{4.1}$$

Es geht nun darum, aus einer Reihe von Beobachtungen (Messungen) diejenigen Parameter $x_1, \ldots, x_n$ zu ermitteln, die den gegebenen Prozess (möglichst gut) beschreiben. Wenn mehr Messungen

$$b_i \approx b(t_i), \quad i = 1, \ldots, m, \tag{4.2}$$

als unbekannte Parameter x_i, $i = 1, \ldots, n$, vorliegen, also $m > n$, so hat man im Prinzip ein *überbestimmtes* Gleichungssystem, welches aufgrund von Messfehlern (oder auch Unzulänglichkeiten des Modells) im Allgemeinen nicht konsistent ist.

W. Dahmen und A. Reusken, *Numerik für Ingenieure und Naturwissenschaftler*,
https://doi.org/10.1007/978-3-662-65181-0_4

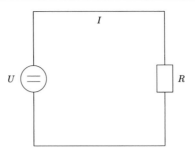

Abb. 4.1 Gleichstromkreis

Deshalb versucht man, diejenigen Parameter $x_1, \ldots, x_n$ zu bestimmen, die

$$f(x_1, \ldots, x_n) := \sum_{i=1}^{m} w_i \left(y(t_i; x_1, \ldots, x_n) - b_i \right)^2 \qquad (4.3)$$

minimieren. Hierbei können die w_i als positive Gewichte verschieden von 1 gewählt werden, wenn man einigen der Messungen mehr oder weniger Gewicht beimessen möchte. Dieses Vorgehen bezeichnet man als *Gaußsche Fehlerquadratmethode*. In zahlreichen Varianten bildet dieses Prinzip der *Ausgleichsrechnung* die Grundlage für eine immense Vielfalt von Schätzaufgaben in Naturwissenschaften, Technik, Statistik, maschinellem Lernen und künstlicher Intelligenz.

Der Schlüssel zur Entwicklung numerischer Verfahren zur Behandlung von Ausgleichsproblemen liegt im Verständnis der Fälle, in denen der Ansatz bzw. das Modell *linear* in den Parametern ist, d. h.

$$y(t_i; x_1, \ldots, x_n) = a_{i,1}x_1 + \ldots + a_{i,n}x_n, \quad i = 1, \ldots, m, \qquad (4.4)$$

wobei die Koeffizienten $a_{i,k}$ gegeben sind.

Zum einen sind in vielen praktischen Anwendungsfällen – wie in nachfolgenden Beispielen – bereits Ansätze des Typs (4.4) angemessen. Zum anderen wird sich später (in Kap. 6) zeigen, dass sich auch allgemeinere nichtlineare Fälle auf die Lösung (mehrerer) linearer Probleme reduzieren lassen.

Beispiel 4.1 Man betrachte einen einfachen Stromkreis, wobei I die Strom-stärke, U die Spannung und R den Widerstand bezeichnet (Abb. 4.1).

Das Ohmsche Gesetz besagt, dass (zumindest in einem gewissen Temperaturbereich) diese Größen über

$$U = I R \qquad (4.5)$$

gekoppelt sind. Man nehme nun an, dass eine Messreihe von Daten (I_i, U_i) (Stromstärke, Spannung), $i = 1, \ldots, m$, angelegt wurde. Die Aufgabe bestehe darin, aus

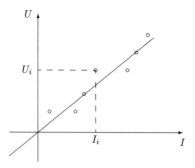

Abb. 4.2 Gerade $U = RI$ und Messdaten (I_i, U_i)

diesen Messdaten den Widerstand R im Stromkreis zu bestimmen. Theoretisch müsste der gesuchte Wert *alle* Gleichungen

$$U_i = I_i R, \quad i = 1, \ldots, m, \tag{4.6}$$

erfüllen, aber aufgrund von Messfehlern gilt im Allgemeinen $U_i \approx I_i R$ (siehe Abb. 4.2).

Mit den Bezeichnungen $t = I$, $x_1 = R$, $y(t; x_1) = tx_1$, $b_i = U_i$, $i = 1, \ldots, m$, haben wir einen Zusammenhang der Form (4.1) und die Gaußsche Fehlerquadratmethode (4.3), mit Gewichten $w_i = 1$ für alle i, ergibt das lineare Ausgleichsproblem

$$\min_R f(R), \quad f(R) := \sum_{i=1}^{m} (I_i R - U_i)^2. \tag{4.7}$$

Da f eine quadratische Funktion ist, kann nur ein Extremum vorliegen, das durch die Nullstelle der Ableitung gegeben ist:

$$0 = f'(R) = \sum_{i=1}^{m} 2(I_i R - U_i) I_i = 2R \left(\sum_{i=1}^{m} I_i^2 \right) - 2 \sum_{i=1}^{m} U_i I_i. \tag{4.8}$$

Hier ergibt sich diese Nullstelle R^* als

$$R^* = \left(\sum_{i=1}^{m} U_i I_i \right) \bigg/ \left(\sum_{i=1}^{m} I_i^2 \right). \tag{4.9}$$

Da $f''(R^*) = 2 \sum_{i=1}^{m} I_i^2 > 0$, nimmt f an der Stelle R^* aus (4.9) tatsächlich das (eindeutige) Minimum an. Man würde R^* aus (4.9) als Wert für den Widerstand akzeptieren. $\triangle$

Beispiel 4.2 Wir betrachten nochmals die in Beispiel 3.5 skizzierte Grundidee des maschinellen Lernens. Dabei geht es im Kern darum, aus möglicher-weise riesigen Datensätzen funktionelle Zusammenhänge zu extrahieren. Wie bereits in Beispiel 3.5 angedeutet, kann man dafür als Ansatz eine Linearkombination von geeignet erscheinenden „Basis-Funktionen" suchen. Die (unbekannten) Koeffizienten in einer solchen Linearkombination sind so zu bestimmen, dass eine Auswertung an den Messpunkten möglichst gut mit den gemessenen Daten übereinstimmt. Genauer formuliert, man verwendet einen Ansatz („Modell") $y(t; x_1, \ldots, x_n) = \sum_{j=1}^{n} x_j \phi_j(t)$, mit bekannten Basisfunktionen ϕ_j, um vorliegende Daten $d_i \approx y(t_i; x_1, \ldots, x_n)$, $i = 1, \ldots, m$, zu approximieren. Die Gaußsche Fehlerquadratmethode, mit Gewichten $w_i = 1$, führt dann auf ein lineares Ausgleichsproblem der Form

$$\min_x \sum_{i=1}^{m} \left(\sum_{j=1}^{n} x_j \phi_j(t_i) - d_i \right)^2,$$

$x := (x_1, \ldots, x_n)$, wie auch bereits in Abschn. 3.1.2 in Beispiel 3.5 formuliert. Die Lösung dieser Minimierungsaufgabe liefert die im Sinne der Gaußschen Fehlerquadratmethode optimalen Koeffizienten x_j der gesuchten Linearkombination. △

4.1.2   Problemstellung: lineare Ausgleichsprobleme

Im Fall eines *linearen* Modells (4.4) lässt sich die Minimierungsaufgabe (4.3), mit Gewichten $w_i = 1$ für alle i, relativ leicht lösen. Um dies systematisch zu untersuchen, ist es hilfreich, das entsprechende Minimierungsproblem

$$\min_x \sum_{i=1}^{m} (y(t_i; x_1, \ldots, x_n) - b_i)^2$$

$$\Leftrightarrow \min_x \sum_{i=1}^{m} (a_{i,1}x_1 + \ldots + a_{i,n}x_n - b_i)^2 \tag{4.10}$$

in Matrixform zu schreiben. Setzt man

$$A = (a_{i,j})_{i,j=1}^{m,n} \in \mathbb{R}^{m \times n}, \quad b \in \mathbb{R}^m,$$

nimmt das Minimierungsproblem (4.10) die äquivalente kompakte Form

$$\min_{x \in \mathbb{R}^n} \|Ax - b\|_2^2 \tag{4.11}$$

an. Die Wahl der *Euklidischen* Norm bei der Minimierung des Residuums in (4.11), die gerade dem Fehler*quadrat*ansatz von Gauß entspricht, hat mehrere schlagende Vorteile, siehe Bemerkung 4.7.

Es wird sich herausstellen, dass die Minimierungsaufgabe (4.11) immer eine Lösung hat, welche aber *nicht eindeutig* sein muss. Deshalb ist es zweckmäßig folgende Fallunterscheidung zu machen. Der Normalfall in Anwendungen ist, dass alle n Spalten der Matrix A linear unabhängig sind (daraus folgt, dass $m \geq n$ gilt). Wir werden zeigen (in Abschn. 4.3.1) dass in diesem Fall Aufgabe (4.11) eine eindeutige Lösung hat. Im anderen Fall, d. h., Rang(A) $\neq n$, ist die Lösung von (4.11) nicht eindeutig. Anhand der Singulärwertzerlegung wird begründet (Abschn. 4.6.1), weshalb es natürlich ist (um Eindeutigkeit zu gewährleisten), von der gesuchten Minimallösung x von (4.42) zu fordern, dass sie eine minimale Euklidische Norm hat. Vor diesem Hintergrund formulieren wir die zwei unterstehenden Problemstellungen.

Aufgabe 4.3 (Gewöhnliches lineares Ausgleichsproblem)
Zu gegebenem $A \in \mathbb{R}^{m \times n}$, mit $\mathrm{Rang}(A) = n$, und $b \in \mathbb{R}^n$ bestimme $x^* \in \mathbb{R}^n$, für das

$$\|Ax^* - b\|_2 = \min_{x \in \mathbb{R}^n} \|Ax - b\|_2 \qquad (4.12)$$

gilt.

Aufgabe 4.4 (Allgemeines lineares Ausgleichsproblem)
Zu gegebenem $A \in \mathbb{R}^{m \times n}$ und $b \in \mathbb{R}^n$ bestimme $x^* \in \mathbb{R}^n$ mit minimaler Euklidischer Norm, für das

$$\|Ax^* - b\|_2 = \min_{x \in \mathbb{R}^n} \|Ax - b\|_2 \qquad (4.13)$$

gilt.

Der Einfachheit halber ist in (4.12) und (4.13) im Vergleich zu (4.11) das Quadrieren der Norm weggelassen. Dies ist erlaubt, weil $x \to \|Ax - b\|_2^2$ genau dieselben Minima wie $x \to \|Ax - b\|_2$ hat.

Wie oben bereits erwähnt, ist Aufgabe 4.3 *eindeutig* lösbar. Die Lösung x^* hat somit automatisch die minimale Euklidische Norm und löst Aufgabe 4.4.

Beachte
Beim linearen Ausgleichsproblem ist m – die Anzahl der „Messungen", sprich Bedingungen – im Allgemeinen (viel) größer als n – die Anzahl der zu schätzenden Parameter. Im Allgemeinen gilt daher $Ax^* \neq b$! Sollte zufällig dennoch eine Lösung von $Ax = b$ existieren, etwa wenn im Idealfall ein exaktes Modell (4.4) mit exakten Daten vorliegt, würde diese Lösung (bei exakter Rechnung) durch (4.12) automatisch erfasst, da dann der minimale Wert Null des Zielfunktionals $\|Ax - b\|_2$

angenommen wird. Man bezeichnet die Lösung x^* von (4.4) in nicht ganz korrekter Weise manchmal als „Lösung" des *überbestimmten* Gleichungssystems $Ax = b$. Der im Allgemeinen nicht verschwindende Vektor $Ax - b$ wird das *Residuum* (von x) genannt.

Beispiel 4.5 Man vermutet, dass die Messdaten

$$\begin{array}{c|cccc} t & 0 & 1 & 2 & 3 \\ \hline y & 3 & 2.14 & 1.86 & 1.72 \end{array}$$

einer Gesetzmäßigkeit der Form

$$y = f(t) = \alpha \frac{1}{1+t} + \beta$$

mit noch zu bestimmenden Parametern $\alpha, \beta \in \mathbb{R}$ unterliegen. Das zugehörige lineare Ausgleichsproblem hat die Gestalt (4.12), mit

$$x = \begin{pmatrix} \alpha \\ \beta \end{pmatrix}, \quad A = \begin{pmatrix} 1 & 1 \\ \frac{1}{2} & 1 \\ \frac{1}{3} & 1 \\ \frac{1}{4} & 1 \end{pmatrix}, \quad b = \begin{pmatrix} 3 \\ 2.14 \\ 1.86 \\ 1.72 \end{pmatrix}.$$

$\triangle$

Matlab-Demo 4.6 (Lineares Ausgleichsproblem) In diesem Programm wird ein Beispiel eines linearen Ausgleichsproblems ausgearbeitet.

Bemerkung 4.7 Einige Besonderheiten der Ansätze (4.3) und (4.11) lohnen herausgestellt zu werden. Die durch (4.3) definierte skalarwertige Abbildung $f : \mathbb{R}^n \to \mathbb{R}$ ist offensichtlich nichtlinear und wird oft *Zielfunktion* genannt. Falls die Minimierung nicht über Elemente eines Euklidischen Raums geschieht, sondern über allgemeinere Klassen wie Mengen von Funktionen, nennt man solche Abbildungen *Funktionale*. Oft verwendet man diese Bezeichnung auch im vorliegenden speziellen Fall. Die Minimierung von Funktionalen ist eine in zahllosen unterschiedlichen Anwendungsbereichen auftretende Fragestellung, die ein eigenes umfangreiches Forschungsgebiet begründet. Je nach Struktur von y in (4.3) kann f viele *lokale* Minima besitzen, was wiederum die Bestimmung eines *globalen* Minimums erschwert. Ein wichtiger Spezialfall ist die Minimierung *konvexer* Funktionale. Ein Funktional $f : X \to \mathbb{R}$ heißt konvex falls für jedes $t \in [0, 1]$, und für alle $x, y \in X$ gilt: $f(tx + (1-t)y) \leq tf(x) + (1-t)f(y)$. Diese Problemklasse ist deshalb besonders wichtig, da bei einem konvexen Funktional ein lokales Minimum auch ein globales ist. Wenn das Modell $y(t_i; x_1, \ldots, x_n)$ in (4.3) wie in den obigen Beispielen*linear* von den Parametern $(x_1, \ldots, x_n) = x$ abhängt, ist das Funktional f quadratisch in diesen Parametern und deswegen insbesondere als Funktion von $x = (x_1, \ldots, x_n)$

konvex. Die Aufgabe der Minimierung eines solchen quadratischen Funktionals, was gerade das lineare Ausgleichsproblem (4.11) ist, ist wiederum besonders einfach und numerische Methoden zur Lösung dieser Aufgabe sind Gegenstand dieses Kapitels. Der allgemeine Fall, wobei das Modell $y(t_i; x_1, \ldots, x_n)$ nichtlinear von den Parametern $(x_1, \ldots, x_n)$ abhängt, wird in Kap. 6 behandelt. Generell beschränken wir uns in diesem Buch auf die Minimierung von Funktionalen der Struktur (4.3), die für die vorgestellten Lösungsverfahren essentiell ist. Methoden zur Minimierung von anderen Klassen von Funktionalen findet man in der Literatur zur numerischen Optimierung, z. B. in [Ke]. Prinzipiell könnte man im linearen Fall auch

$$\min_x \|Ax - b\|$$

für irgendeine *andere* Norm $\| \cdot \|$ betrachten. Da wegen der Dreiecksungleichung jede Norm $\| \cdot \|$ ein konvexes Funktional definiert, sieht man leicht, dass auch $x \mapsto \|Ax - b\|$ konvex ist. Man hätte es also immer noch mit einem konvexen Optimierungsproblem zu tun, was die Bestimmung eines globalen Minimums erheblich erleichtert. Insbesondere die Fälle $\| \cdot \|_1, \| \cdot \|_\infty$ sind in der Tat auch durchaus von Interesse. Eine entsprechende eingehende Diskussion würde den Rahmen dieses Textes allerdings sprengen. Die Beschränkung auf die Euklidische Norm $\| \cdot \|_2$ hat jedoch mindestens zwei gewichtige Gründe. Zum einen entspricht die lineare Ausgleichsrechnung einer *Schätzmethode* zur linearen *Regression* bei verrauschten Daten, die aus statistischer Sicht vorteilhafte Eigenschaften hat, vgl. Abschn. 4.3.3. Zum anderen ist die dem linearen Ausgleichsproblem entsprechende Funktion f quadratisch, somit differenzierbar, und ein globales Minimum ist die Nullstelle des Gradienten. Da bei einer quadratischen Funktion der Gradient linear ist, führt dies auf die Lösung eines *linearen Gleichungssystems*, wie wir als Nächstes (Abschn. 4.3.1) sehen werden. In diesem Sinne lässt sich die Minimierungsaufgabe für die Wahl $\| \cdot \| = \| \cdot \|_2$ besonders leicht lösen. Man beachte, dass z. B. die Maximum-Norm *keine* differenzierbare Funktion liefert, so dass Gradienten-basierte Minimierungsverfahren (abgesehen davon, dass sie auf kein lineares Problem führen) generell nicht ohne Weiteres anwendbar sind. △

4.1.3 Orientierung: Strategien, Konzepte, Methoden

Wir heben vorbereitend stichwortartig die wesentlichen mathematischen Konzepte und Themen hervor, die in diesem Kapitel eine zentrale Rolle spielen.

- *Kondition des linearen Ausgleichsproblems:* Insbesondere ist es wichtig zu verstehen, wovon die Kondition des Ausgleichsproblems im Vergleich zur Lösung linearer Gleichungssysteme abhängt.
- *Orthogonale Projektion auf einen Unterraum.* Das lineare Ausgleichsproblem ist ein Beispiel einer Best-Approximation-Aufgabe (siehe Aufgabe 4.8). Ähnliche Aufgaben kommen in der Numerik sehr häufig vor. Die wesentlichen Eigenschaften solcher Problemstellungen können mit dem Kernkonzept der orthogonalen Projektion auf einen Teilraum analysiert werden.

- *Matrixfaktorisierung: die Singulärwertzerlegung (SVD).* Diese Matrixfaktorisierung ist für Matrizen beliebiger Dimension immer durchführbar und entspricht der klassischen Hauptachsentransformation in der linearen Algebra. Es gibt einen direkten Zusammenhang dieser Zerlegung mit dem linearen Ausgleichsproblem. Die Anwendungen der SVD gehen allerdings weit über den Einsatz bei linearen Ausgleichsproblemen hinaus.
- *Datenkompression, Dimensionsreduktion.* Viele Anwendungsbereiche der SVD haben im Kern mit Datenkompression oder Dimensionsreduktion zu tun. Einige Beispiele davon werden am Ende des Kapitels kurz skizziert.

Neben diesen konzeptionellen Bausteinen werden wir unterschiedliche numerische Verfahren zur Lösung linearer Ausgleichsprobleme behandeln:

- Lösen des gewöhnlichen linearen Ausgleichsproblems über Normalgleichungen,
- Lösen des gewöhnlichen linearen Ausgleichsproblems über die QR-Zerlegung,
- Lösen des allgemeinen linearen Ausgleichsproblems über die SVD.

Eine Behandlung effizienter Methoden zur Bestimmung der Singulärwertzerlegung würde den Rahmen dieses Textes sprengen. Wir beschränken uns auf ein Verfahren zur Berechnung der Singulärwerte (Abschn. 4.5.1), die einen Bestandteil der SVD bilden. Aus dem umfangreichen Anwendungsspektrum der SVD werden folgende zwei relativ einfache aber grundlegende Beispiele etwas ausführlicher vorgestellt:

- Die abgebrochene Singulärwertzerlegung („Truncated Singular Value Decomposition"; TSVD) zur Regularisierung schlecht konditionierter linearer Ausgleichsprobleme. Wie wir sehen werden, wird bei dieser Methode ein sehr schlecht konditioniertes Ausgleichsproblem durch ein „in der Nähe liegendes" besser konditioniertes Problem ersetzt.
- Die SVD zur Identifikation der besten Niedrigrangapproximation einer beliebigen Matrix. Das Konzept einer Niedrigrangapproximation ist grundlegend für Datenkompression und Dimensionsreduktion.

4.2   Orthogonale Projektion auf einen Teilraum*

Das lineare Ausgleichsproblem ist ein Beispiel einer Best-Approximation-Aufgabe. Aufgabe (4.11) lässt sich nämlich folgendermaßen interpretieren: Man finde diejenige Linearkombination Ax der Spalten von $A \in \mathbb{R}^{m \times n}$, die ein gegebenes $b \in \mathbb{R}^m$ bzgl. der Euklidischen Norm $\| \cdot \|_2$ *am besten approximiert.* Anders ausgedrückt: Man bestimme dasjenige y^* in

$$U = \text{Bild}(A) = \{Ax \mid x \in \mathbb{R}^n\} \subset \mathbb{R}^m, \qquad (4.14)$$

das

$$\|y^* - b\|_2 = \min_{y \in U} \|y - b\|_2 \qquad (4.15)$$

erfüllt. Aufgaben von diesem Typ kommen auch in anderen Bereichen der Numerik vor und deshalb werden wir in diesem Abschnitt diese Aufgabe in einer etwas allgemeineren Formulierung untersuchen.

Es sei dazu ein Vektorraum V über $\mathbb{R}$ mit einem Skalarprodukt $\langle \cdot, \cdot \rangle : V \times V \to \mathbb{R}$ gegeben. Durch

$$\|v\| := \langle v, v \rangle^{\frac{1}{2}} \tag{4.16}$$

wird eine Norm auf V definiert. Wir betrachten folgende allgemeine *Best-Approximation-Aufgabe:*

Aufgabe 4.8
Es sei $U \subset V$ ein n-dimensionaler Teilraum von V. Zu $v \in V$ bestimme $u^* \in U$, für das

$$\|u^* - v\| = \min_{u \in U} \|u - v\| \tag{4.17}$$

gilt.

Im Falle des linearen Ausgleichsproblems ist $U = \text{Bild}(A)$, $A \in \mathbb{R}^{m \times n}$, $V = \mathbb{R}^m$, $\langle u, v \rangle = \sum_{j=1}^{m} u_j v_j$, d. h. $\|\cdot\| = \|\cdot\|_2$.

Bemerkung 4.9 Weil U in Aufgabe 4.8 ein endlich-dimensionaler Teilraum ist, existiert ein Element in U mit minimalem Abstand zu v, d. h. es existiert $u^* \in U$, für das $\|u^* - v\| = \min_{u \in U} \|u - v\|$ gilt.   △

Beweis Zu gegebenem $v \in V$ definiere die Kugel $K := \{ u \in U \mid \|u\| \le 2\|v\| \}$. Die Abstande von v zu K und U sind $d_K := \inf_{u \in K} \|u - v\|$, $d_U := \inf_{u \in U} \|u - v\|$. Wegen $K \subset U$ gilt $d_U \le d_K$. Für $u \in K$ gilt $\|u - v\| \ge d_K$ und für $u \in U \setminus K$ gilt

$$\|u - v\| \ge \|u\| - \|v\| > 2\|v\| - \|v\| = \|0 - v\| \ge \inf_{u \in K} \|u - v\| = d_K,$$

also $d_U \ge d_K$. Hieraus schließt man $d_K = d_U$. Die Norm ist eine stetige Abbildung $V \to \mathbb{R}$ (vgl. (2.6)). Die Menge K ist abgeschlossen und beschränkt und folglich kompakt, da U endlich dimensional ist. Bekanntlich nimmt eine stetige Funktion ihre Extrema auf einer kompakten Menge an. Folglich nimmt die stetige Funktion $F(u) := \|u - v\|$ ihr Minimum über der kompakten Menge K in einem Element $u^* \in K \subset U$ an. Also existiert $u^* \in U$, wofür

$$\|u^* - v\| = \min_{u \in K} \|u - v\| = d_K = d_U$$

gilt.   □

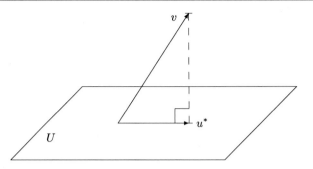

Abb. 4.3 Orthogonale Projektion

Bemerkung 4.10 Für die Existenz einer solchen Best-Approximation ist unerheblich, dass die Norm durch ein Skalarprodukt induziert wird. Die Aussage gilt für beliebige Normen. △

Die Lösung obiger Aufgabe lässt sich folgendermaßen geometrisch interpretieren (vgl. Abb. 4.3):

Satz 4.11
Unter den Bedingungen von Aufgabe 4.8 existiert ein eindeutiges $u^* \in U$, das

$$\|u^* - v\| = \min_{u \in U} \|u - v\| \tag{4.18}$$

erfüllt. Ferner gilt (4.18) *genau dann, wenn*

$$\langle u^* - v, u \rangle = 0 \quad \forall u \in U, \tag{4.19}$$

d. h., $u^* - v$ senkrecht (bzgl. $\langle \cdot, \cdot \rangle$) zu U ist. Das Element u^* ist somit die orthogonale Projektion (bzgl. $\langle \cdot, \cdot \rangle$) von v auf U.

Beweis Die Existenz einer Best-Approximation in (4.18) wurde bereits gezeigt. Der Rest des Beweises ist im Kern ein „Störungsargument".
($\Rightarrow$) Es sei u^* eine Lösung von (4.18) (existiert wegen Bemerkung 4.9). Man nehme an, (4.19) gelte nicht. Dann existiert ein $u' \in U$, so dass

$$\alpha := \langle u^* - v, u' \rangle \neq 0$$

gilt. Mit $\tilde{u} := u^* - \frac{\alpha}{\|u'\|^2} u' \in U$ gilt dann

$$
\begin{aligned}
\|\tilde{u} - v\|^2 &= \left\| u^* - v - \frac{\alpha}{\|u'\|^2} u' \right\|^2 \\
&= \|u^* - v\|^2 - 2\frac{\alpha}{\|u'\|^2} \langle u^* - v, u' \rangle + \frac{\alpha^2}{\|u'\|^4} \|u'\|^2 \\
&= \|u^* - v\|^2 - \frac{\alpha^2}{\|u'\|^2},
\end{aligned}
$$

also $\|u^* - v\| > \|\tilde{u} - v\|$, ein Widerspruch (vgl. (4.18)).
($\Leftarrow$) Es seien $u^* \in U$ so, dass (4.19) gilt, und $u \in U$ beliebig. Wegen $u - u^* \in U$ und (4.19) gilt

$$
\begin{aligned}
\|u - v\|^2 &= \|(u - u^*) + (u^* - v)\|^2 \\
&= \|u - u^*\|^2 + 2\langle u^* - v, u - u^* \rangle + \|u^* - v\|^2 \\
&= \|u - u^*\|^2 + \|u^* - v\|^2.
\end{aligned}
$$

Daraus folgt $\|u - v\| > \|u^* - v\|$ genau dann, wenn $u \neq u^*$. Somit gilt (4.18) für ein *eindeutiges* u^*. $\square$

Die Lösung der Aufgabe 4.8 ist also die *orthogonale Projektion* (bzgl. $\langle \cdot, \cdot \rangle$) *von v auf den Unterraum U*.

Der Begriff der orthogonalen Projektion ist offensichtlich der Schlüssel zur Lösung von (4.17). Die genaue Definition ist wie folgt:

▶ **Definition 4.12** *Es seien, wie in Satz 4.11, V ein Vektorraum mit Skalarprodukt $\langle \cdot, \cdot \rangle$ und dadurch induzierter Norm $\| \cdot \| = \langle \cdot, \cdot \rangle^{1/2}$ und U ein endlichdimensionaler Unterraum von V. Zu $v \in V$ existiert ein eindeutiges $P_U(v) \in U$, so dass $v - P_U(v) \perp U$, d. h.,*

$$
\langle v - P_U(v), u \rangle = 0 \quad \forall\ u \in U. \tag{4.20}
$$

Die Abbildung $P_U : V \to U$ ist die orthogonale Projektion *(auf U).*

Das Element u^* in (4.19) ist das Ergebnis der Abbildung P_U angewandt auf v. Die wichtigsten Eigenschaften der Abbildung P_U lauten wie folgt:

(i) Die Abbildung $P_U : V \to U$ ist linear.
(ii) P_U ist ein *Projektor*, d. h. $P_U(u) = u$ für alle $u \in U$ (oder kurz $P_U^2 = P_U$).
(iii) Die Abbildung P_U ist symmetrisch, d. h.

$$
\langle P_U(v), w \rangle = \langle v, P_U(w) \rangle, \quad \forall\ v, w \in V. \tag{4.21}
$$

(iv) P_U ist beschränkt und zwar gilt

$$\|P_U\| = \sup_{\|v\|=1} \|P_U(v)\| = 1. \tag{4.22}$$

Beweis Die Eindeutigkeit von $P_U(v)$ gemäß (4.20) wurde schon in Satz 4.11 gezeigt. Man kann sich auch direkt folgendermaßen davon überzeugen. Angenommen, es gäbe $u_1, u_2 \in U$ mit $\langle v - u_i, u \rangle = 0$ für alle $u \in U, i = 1, 2$. Dann gilt

$$\|u_1 - u_2\|^2 = \langle u_1 - u_2, u_1 - u_2 \rangle$$
$$= \langle u_1 - v, u_1 - u_2 \rangle + \langle v - u_2, u_1 - u_2 \rangle \overset{(4.20)}{=} 0,$$

da $u_1 - u_2 \in U$. Also gilt $u_1 = u_2$.

Zu (i): Da $\langle v - P_U(v), u \rangle = 0$ für alle $u \in U$, genau dann, wenn $\langle cv - cP_Uv, u \rangle = 0$, $u \in U$, folgt $cP_U(v) = P_U(cv)$ für alle $c \in \mathbb{R}$.

Ferner gilt für $v, w \in V$ wegen der Bilinearität des Skalarprodukts und der Definition 4.12 von P_U

$$\langle P_U(v+w) - (P_U(v) + P_U(w)), u \rangle$$
$$= \langle P_U(v+w) - (v+w) + (v+w) - (P_U(v) + P_U(w)), u \rangle$$
$$= \langle P_U(v+w) - (v+w), u \rangle + \langle (v+w) - (P_U(v) + P_U(w)), u \rangle$$
$$= \langle (v+w) - (P_U(v) + P_U(w)), u \rangle$$
$$= \langle v - P_U(v), u \rangle + \langle w - P_U(w), u \rangle = 0,$$

für alle $u \in U$, d.h. $P_U(v+w) = P_U(v) + P_U(w)$.

Zu (ii): Für $v \in U$ ist $u' := v - P_U(v) \in U$. Wegen der Orthogonalitätseigenschaft (4.20) von P_U gilt

$$0 = \langle v - P_U(v), u' \rangle = \langle v - P_U(v), v - P_U(v) \rangle = \|v - P_U(v)\|^2,$$

und somit $P_U(v) = v$ für $v \in U$.

Zu (iii): Man hat

$$\langle P_U(v), w \rangle = \langle P_U(v), w - P_U(w) \rangle + \langle P_U(v), P_U(w) \rangle$$
$$\overset{(4.20)}{=} \langle P_U(v), P_U(w) \rangle = \langle P_U(v) - v, P_U(w) \rangle + \langle v, P_U(w) \rangle$$
$$\overset{(4.20)}{=} \langle v, P_U(w) \rangle.$$

Zu (iv): Da $v - P_U(v) \perp P_U(v)$ gilt

$$\|v\|^2 = \|P_U(v)\|^2 + \|v - P_U(v)\|^2 \geq \|P_U(v)\|^2$$

und somit $\|P_U\| \leq 1$. Wegen (ii) folgt dann $\|P_U\| = 1$. $\square$

Es stellt sich nun die Frage, wie man $P_U(v)$ *berechnet*. Diese Frage wurde in Beispiel 3.3 bereits angesprochen. Es sei $\{\phi_1, \ldots, \phi_n\}$ eine *Basis* für U. Dann hat $\hat{u} = P_U(v)$ eine eindeutige Darstellung

$$P_U(v) = \sum_{j=1}^{n} c_j \phi_j, \qquad (4.23)$$

mit von v abhängigen Koeffizienten $c_j = c_j(v)$. Wegen (4.20) gilt

$$0 = \langle v - P_U(v), \phi_k \rangle = \langle v, \phi_k \rangle - \sum_{j=1}^{n} c_j \langle \phi_j, \phi_k \rangle, \quad k = 1, \ldots, n. \qquad (4.24)$$

Definiert man die Gram-Matrix $G := \left(\langle \phi_k, \phi_j \rangle \right)_{j,k=1}^{n}$ und die Vektoren $c = (c_1, \ldots, c_n)^T$, $\hat{v} = (\langle v, \phi_1 \rangle, \ldots, \langle v, \phi_n \rangle)^T$ so lässt sich (4.24) als

$$Gc = \hat{v} \qquad (4.25)$$

schreiben. In Beispiel 3.39 wurde gezeigt, dass G symmetrisch positiv definit, also insbesondere invertierbar ist. Die gesuchten Koeffizienten c ergeben sich also als Lösung des linearen Gleichungssystems (4.25).

Die Berechnung einer orthogonalen Projektion läuft also im Allgemeinen auf die Lösung eines Gleichungssystems mit einer symmetrisch positiv definiten Matrix hinaus.

In einem wichtigen Spezialfall lässt sich Aufgabe 4.8 besonders bequem lösen, nämlich wenn man eine *Orthonormalbasis* von U (bzgl. $\langle \cdot, \cdot \rangle$) zur Verfügung hat. Zur Erinnerung: Elemente $\phi_1, \ldots, \phi_n \in U$ bilden eine Orthonormalbasis von U, falls

$$\langle \phi_i, \phi_j \rangle = \delta_{ij}, \quad i, j = 1, \ldots, n, \qquad (4.26)$$

gilt. In diesem Fall ist die Gram-Matrix G gerade die Identität. Wegen (4.25) sind die gesuchten Koeffizienten gerade die inneren Produkte

$$c_j = \langle v, \phi_j \rangle, \quad j = 1, \ldots, n,$$

die manchmal (verallgemeinerte) *Fourier-Koeffizienten* von v genannt werden. Insbesondere kann man folgenden Sachverhalt als unmittelbare Konsequenz obiger Betrachtungen festhalten.

Folgerung 4.13
Es sei $\{\phi_1, \dots, \phi_n\}$ *eine Orthonormalbasis von* $U \subset V$. *Für jedes* $v \in V$ *löst dann*

$$P_U(v) := \sum_{j=1}^{n} \langle v, \phi_j \rangle \phi_j \qquad (4.27)$$

Aufgabe 4.8.

Beispiel 4.14 Das klassische Beispiel für die in Folgerung 4.13 geschilderte Situation liefern die *Fourier-Koeffizienten*. Mit

$$\langle f, g \rangle := \int_0^{2\pi} f(t)g(t)\, dt$$

ist ein Skalarprodukt auf $V = C([0, 2\pi])$ gegeben (vgl. Bemerkung 2.8). Die dadurch induzierte Norm lautet

$$\|f\|_{L_2} := \left(\int_0^{2\pi} f(t)^2 dt \right)^{1/2} = \langle f, f \rangle^{1/2}.$$

Es ist leicht nachzuprüfen, dass die trigonometrischen Funktionen $\cos(kt), k = 0, \dots, N$, $\sin(\ell t), \ell = 1, \dots, N$, ein Orthogonalsystem bezüglich des obigen Skalarprodukts bilden. Es sei U der von diesen $2N + 1$ trigonometrischen Funktionen aufgespannte Raum. Mit der geeigneten Normierung lauten die entsprechenden Fourier-Koeffizienten

$$a_k = \langle f, \pi^{-1}\cos(k\cdot) \rangle = \frac{1}{\pi} \int_0^{2\pi} f(t)\cos(kt)\, dt \quad (k = 0, \dots, N),$$

$$b_k = \langle f, \pi^{-1}\sin(k\cdot) \rangle = \frac{1}{\pi} \int_0^{2\pi} f(t)\sin(kt)\, dt \quad (k = 1, \dots, N).$$

Die trigonometrische Funktion

$$g_N(t) := \frac{1}{2}a_0 + \sum_{k=1}^{N} a_k \cos(kt) + b_k \sin(kt)$$

löst nach Satz 4.13 die Aufgabe

$$\|g_N - f\|_{L^2}^2 = \int_0^{2\pi} (g_N(t) - f(t))^2 \, dt = \min_{g \in U} \|g - f\|_{L^2}^2. \tag{4.28}$$

△

4.3 Eigenschaften des gewöhnlichen linearen Ausgleichsproblems

In diesem Abschnitt werden einige grundlegende Eigenschaften des gewöhnlichen linearen Ausgleichsproblems 4.3 behandelt. *Wir setzen also voraus, dass die Matrix A vollen Spaltenrang hat.*

4.3.1 Die Normalgleichungen

Das lineare Ausgleichsproblem (4.11) ist eine Best-Approximation-Aufgabe 4.8, mit $U = \text{Bild}(A)$, $A \in \mathbb{R}^{m \times n}$, $V = \mathbb{R}^m$, $\|\cdot\| = \|\cdot\|_2$. Wegen Satz 4.11 gibt es ein *eindeutiges* Element $b^* = P_U(b) \in U = \text{Bild}(A)$, welches den Abstand von b zu $\text{Bild}(A)$ minimiert und die Eigenschaft $b^* - b \perp \text{Bild}(A)$ hat (Abb. 4.3). Wegen der Voraussetzung, dass A vollen Spaltenrang hat, existiert ein *eindeutiges* $x^* \in \mathbb{R}^n$ mit

$$Ax^* = b^* = P_U(b). \tag{4.29}$$

Die geometrische Interpretation dieses x^*, welches die *eindeutige Lösung des gewöhnlichen linearen Ausgleichsproblems* 4.3 ist, wird in Abb. 4.4 gezeigt.

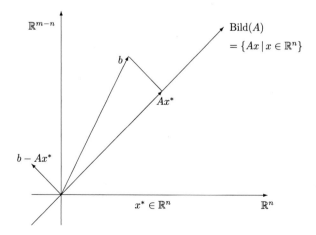

Abb. 4.4 Geometrische Interpretation des linearen Ausgleichsproblems

Die Orthogonalitätsrelation $Ax^* - b \perp \text{Bild}(A)$ kann man wie folgt umformen:

$$
\begin{aligned}
Ax^* - b \perp \text{Bild}(A) &\iff w^T(Ax^* - b) = 0 \quad \text{für alle } w \in \text{Bild}(A) \\
&\iff (Ay)^T(Ax^* - b) = 0 \quad \text{für alle } y \in \mathbb{R}^n \\
&\iff y^T(A^TAx^* - A^Tb) = 0 \quad \text{für alle } y \in \mathbb{R}^n \\
&\iff A^TAx^* - A^Tb = 0. \quad\quad\quad\quad\quad\quad\quad (4.30)
\end{aligned}
$$

Die sich ergebende Matrix A^TA ist *symmetrisch positiv definit,* siehe Beispiel 3.39(2). Insgesamt ist folgender wichtiger Satz bewiesen:

Satz 4.15
Der Vektor $x^* \in \mathbb{R}^n$ ist genau dann Lösung des gewöhnlichen linearen Ausgleichsproblems 4.3, wenn x^* Lösung der sogenannten Normalgleichungen

$$A^TAx = A^Tb \qquad (4.31)$$

ist. Die Systemmatrix A^TA ist symmetrisch positiv definit.

In Beispiel 4.1 haben wir diesen Sachverhalt schon im Spezialfall $n = 1, x = x_1 = R$ beobachtet. Die Bestimmung der Nullstelle der Ableitung der quadratischen Funktion f aus (4.7) führte auf eine lineare Gl. (4.8) in R, was sich als Spezialfall von (4.31) erkennen lässt. Im Grunde genommen lässt sich das gleiche Argument auch im allgemeinen Fall verwenden. Da die Euklidische Norm über ein Skalarprodukt definiert ist, ist die Funktion

$$f(x) := \|Ax - b\|_2^2 = x^T A^T A x - 2b^T A x + b^T b$$

eine quadratische Funktion in $x \in \mathbb{R}^n$. Die Funktion f nimmt daher ein Extremum genau dort an, wo der Gradient $\nabla f(x) = 2(A^TAx - A^Tb)$ verschwindet, was gerade an der Lösung von (4.31) passiert.

Bemerkung 4.16 Die Normalgleichungen sind nichts anderes als das im vorigen Abschnitt hergeleitete Gleichungssystem $Gc = \hat{v}$, siehe (4.25). Um dies genauer zu erklären nehmen wir als Basis für $U = \text{Bild}(A)$ die Funktionen $\phi_j = a_j, j = 1, \ldots, n$, wobei a_j die j-Spalte der Matrix A ist. Diese Spalten sind, wegen der Annahme Rang$(A) = n$, linear unabhängig. Die orthogonale Projektion $b^* = P_U(b)$ stellt man, wie in (4.23), in dieser Basis als $b^* = \sum_{j=1}^n c_j a_j = Ac$ dar. Für die Gram-Matrix G und rechte Seite $\hat{v}$ in (4.25) erhält man

$$G = (\langle a_j, a_k \rangle)_{j,k=1}^n = (a_j^T a_k)_{j,k=1}^n = A^TA,$$

(A^TA ist also die Gram-Matrix) und

$$\hat{v} = (\langle b, a_1 \rangle, \ldots, \langle b, a_n \rangle)^T = (a_1^T b, \ldots, a_n^T b)^T = A^T b.$$

Somit nimmt (4.25) bei dem gewöhnlichen linearen Ausgleichsproblem die Form $A^TAc = A^T b$ an. Aus $Ax^* = b^* = Ac$ folgt $c = x^*$ und damit haben wir gezeigt, dass die Normalgleichungen in Satz 4.15 sich auch in natürlicher Weise über den in Abschn. 4.2 behandelten allgemeineren Zugang ergeben. △

Bemerkung 4.17
Die Abbildung $b \mapsto x^*$, die den Daten b die Lösung

$$x^* = (A^TA)^{-1}A^T b \qquad (4.32)$$

des gewöhnlichen linearen Ausgleichsproblems zuordnet, ist *linear*. Da im Falle $m = n$ gerade $(A^TA)^{-1}A^T = A^{-1}$ gilt, kann man die Matrix $(A^TA)^{-1}A^T$ als eine Verallgemeinerung der Inversen betrachten.

4.3.2 Kondition des gewöhnlichen linearen Ausgleichsproblems

Vor der Diskussion konkreter numerischer Verfahren behandeln wir wiederum die Frage der Kondition. Für die Konditionsanalyse wird erwartungsgemäß die (relative) Konditionszahl der Matrix $A \in \mathbb{R}^{m \times n}$ eine wichtige Rolle spielen. Da im Allgemeinen $m > n$ ist, muss man also auf den erweiterten Begriff der Konditionszahl (3.103) zurückgreifen, der folgendermaßen lautet

$$\kappa_2(A) := \max_{x \neq 0} \frac{\|Ax\|_2}{\|x\|_2} \bigg/ \min_{x \neq 0} \frac{\|Ax\|_2}{\|x\|_2}. \qquad (4.33)$$

Insbesondere ist $\kappa_2(A) < \infty$, wenn A vollen Spaltenrang hat. Weitere Eigenschaften dieser Konditionszahl findet man in Lemma 4.30. Hier machen wir lediglich von der Abschätzung

$$\frac{\|y\|_2}{\|x\|_2} \leq \kappa_2(A) \frac{\|Ay\|_2}{\|Ax\|_2} \qquad (4.34)$$

Gebrauch, die sofort folgt, wenn man im Zähler und im Nenner der rechten Seite von (4.33) jeweils ein beliebiges x fixiert.

Wir untersuchen nun, wie die Lösung x^* des gewöhnlichen linearen Ausgleichsproblems 4.3 von Störungen in A und b abhängt. Dies entspricht der Frage nach der *Kondition* des Problems 4.3. Der bemerkenswerte Punkt hierbei ist, dass die Kondition des linearen Ausgleichsproblems, wie sich erweisen wird, nicht nur von

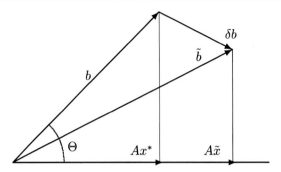

Abb. 4.5 Störung in den Daten b

der Konditionszahl $\kappa_2(A)$ abhängt, sondern auch vom Winkel Θ, der von den Vektoren b und Ax^* eingeschlossen wird, siehe Abb. 4.5. Etwas präziser formuliert, wegen $b - Ax^* \perp Ax^*$ (siehe (4.30)) besagt der Satz von Pythagoras, dass $\|Ax^*\|_2^2 + \|b - Ax^*\|_2^2 = \|b\|_2^2$ gilt. Somit existiert ein eindeutiges $\Theta \in [0, \frac{\pi}{2}]$, so dass

$$\cos \Theta = \frac{\|Ax^*\|_2}{\|b\|_2}, \quad \sin \Theta = \frac{\|b - Ax^*\|_2}{\|b\|_2}. \tag{4.35}$$

Um die Rolle von $\kappa_2(A)$ und Θ zu verstehen, betrachten wir zunächst den einfachen Fall, dass nur b gestört ist. Es sei wie bisher x^* stets die exakte Lösung von 4.3 und $\tilde{x}$ die des gestörten Problems

$$\|A\tilde{x} - \tilde{b}\|_2 = \min_{x \in \mathbb{R}^n} \|Ax - \tilde{b}\|_2.$$

Stünde nun b senkrecht zum Bild von A, d. h. $\Theta = \pi/2$ und somit $\cos \Theta = 0$, wäre $x^* = 0$ die Lösung. Da jede (Richtungs-)Störung von b, die die Orthogonalität zerstört, eine von Null verschiedene Minimallösung hervorbringen würde, wird der *relative* Fehler der Näherungslösung und somit die Kondition unendlich. Sei nun andererseits $\Theta = 0$, d. h. b im Bild von A. Dann ist das überbestimmte System konsistent, und es gilt $Ax^* = b$. Man erwartet, dass in diesem Fall die Kondition des Problems nur durch $\kappa_2(A)$ charakterisiert wird. Beide Extremfälle werden durch den folgenden Satz erklärt und abgedeckt.

Satz 4.18
Für die Kondition des gewöhnlichen linearen Ausgleichsproblems bezüglich Störungen in b gilt

$$\frac{\|\tilde{x} - x^*\|_2}{\|x^*\|_2} \leq \frac{\kappa_2(A)}{\cos \Theta} \frac{\|\tilde{b} - b\|_2}{\|b\|_2}.$$

Beweis Wir verwenden die Darstellung der Lösung des gewöhnlichen linearen Ausgleichsproblem aus (4.29). Für die Störung $A(\tilde{x} - x^*)$ erhält man damit

$$\|A(\tilde{x} - x^*)\|_2 = \|A\tilde{x} - Ax^*\|_2 = \|P_U(\tilde{b}) - P_U(b)\|_2$$
$$= \|P_U(\tilde{b} - b)\|_2 \le \|\tilde{b} - b\|_2.$$

Wegen der Definition $\cos\Theta = \frac{\|Ax^*\|_2}{\|b\|_2}$ ergibt sich

$$\frac{\|A(\tilde{x} - x^*)\|_2}{\|Ax^*\|_2} \le \frac{1}{\cos\Theta} \frac{\|\tilde{b} - b\|_2}{\|b\|_2}.$$

Hieraus und aus (4.34) (mit $y = \tilde{x} - x^*$, $x = x^*$) folgt die Behauptung. $\square$

Obiger Sachverhalt wird durch folgendes Beispiel illustriert.

Beispiel 4.19 Es seien

$$A = \begin{pmatrix} 1 & 1 \\ 0 & 0 \\ 0 & 1 \end{pmatrix}, \quad b = \begin{pmatrix} 0.01 \\ 1 \\ 0 \end{pmatrix}.$$

Man kann einfach nachrechnen, dass $\kappa_2(A) = \sqrt{\kappa_2(A^TA)} = \left(\frac{\lambda_{\max}(A^TA)}{\lambda_{\min}(A^TA)}\right)^{\frac{1}{2}} \approx 2.62$ und

$$x^* = (A^TA)^{-1}A^Tb = \begin{pmatrix} 0.01 \\ 0 \end{pmatrix}$$

gilt. Für $\tilde{b} = (0.01, 1, 0.01)^T$ erhält man

$$\tilde{x} = (A^TA)^{-1}A^T\tilde{b} = \begin{pmatrix} 0 \\ 0.01 \end{pmatrix}.$$

Daraus folgt

$$\frac{\|\tilde{x} - x^*\|_2}{\|x^*\|_2} \approx 100\frac{\|\tilde{b} - b\|_2}{\|b\|_2},$$

also ist dieses lineare Ausgleichsproblem schlecht konditioniert, obwohl die Konditionszahl $\kappa_2(A)$ klein ist. In diesem Beispiel gilt

$$\cos\Theta = \frac{\|Ax^*\|_2}{\|b\|_2} = 0.01.$$

$\triangle$

Auch in dem Fall, dass die Matrix A gestört ist, lassen sich Konditionsschranken über $\kappa_2(A)$ und Θ ausdrücken. Da das Prinzip ähnlich ist, sei auf einen Beweis des folgenden Satzes verzichtet (siehe z. B. [DH]).

Satz 4.20
Für die Kondition des gewöhnlichen linearen Ausgleichsproblems bezüglich Störungen in A gilt

$$\frac{\|\tilde{x} - x^*\|_2}{\|x^*\|_2} \leq \left(\kappa_2(A) + \kappa_2(A)^2 \tan\Theta\right) \frac{\|\tilde{A} - A\|_2}{\|A\|_2}.$$

Wir fassen die wesentlichen Punkte zusammen: Ist die Norm des Residuums des gewöhnlichen linearen Ausgleichsproblems klein gegenüber der Norm der Eingabe b, also $\Theta \ll 1$ (siehe Abb. 4.5), so gilt $\cos\Theta \approx 1$ und $\tan\Theta \ll 1$. In diesem Fall, der den *Normalfall für lineare Ausgleichsprobleme darstellt*, verhält sich das Problem konditionell wie ein lineares Gleichungssystem. Falls der Winkel Θ nicht (sehr) klein ist, treten Effekte auf, die man bei einem linearen Gleichungssystem nicht hat, wie die Terme $\frac{1}{\cos\Theta}$ (in Satz 4.18) und $\kappa_2(A)^2 \tan\Theta$ (in Satz 4.20) zeigen. In dem Fall verhält sich das gewöhnliche lineare Ausgleichsproblem konditionell deshalb wesentlich anders als ein reguläres lineares Gleichungssystem.

Matlab-Demo 4.21 (Kondition des Ausgleichsproblems) Wir betrachten folgendes gewöhnliches lineares Ausgleichsproblem (mit $\delta > 0$):

$$A = \begin{pmatrix} 1 & 0 \\ 0 & 1 \\ 0 & 0 \end{pmatrix}, \quad b = \begin{pmatrix} 1 \\ 1 \\ \delta \end{pmatrix}, \quad \|Ax - b\|_2 \to \min.$$

Es gilt (siehe Abb. 4.5) $\cos^2\Theta = \frac{2}{2+\delta}$. Es wird gezeigt wie der Winkel Θ die Kondition des Ausgleichsproblems bezüglich Störungen des Datenvektors b beeinflusst (Satz 4.18).

4.3.3   Zum statistischen Hintergrund – lineare Regression*

Abgesehen davon, dass die Wahl der Euklidischen Norm die Lösung des resultierenden Minimierungsproblems erheblich erleichtert, liegt ein weiterer wichtiger Grund für diese Wahl in folgendem *statistischen Interpretationsrahmen*. Eine umfassende Darstellung würde den Rahmen sprengen. Es muss stattdessen selbst in Bezug auf Terminologie auf entsprechende Fachliteratur verwiesen werden. Hier geht es lediglich um die grundsätzliche Anknüpfung, die gegebenenfalls als Brückenverweis dienen kann. Gegeben seien Daten $(t_1, y_1), \ldots, (t_m, y_m)$, wobei die t_i feste (deterministische) Messpunkte und die y_i Realisierungen von *Zufallsvariablen* Y_i seien. *Lineare Regression* basiert auf einem Ansatz der Form

$$Y_i = \sum_{k=1}^{n} a_k(t_i)x_k + F_i, \quad i = 1, \ldots, m, \tag{4.36}$$

wobei die $a_k(t)$ geeignete Ansatzfunktionen (wie z. B. Polynome, trigonometrische Funktionen, radiale Basisfunktionen oder Splines) sind und Modell- bzw. Messfehler durch die Zufallsvariablen F_i dargestellt werden. Dadurch wird $Y = (Y_1, \ldots, Y_m)^T$ ein Vektor von Zufallsvariablen, deren Realisierungen die gegebenen Messdaten $y = (y_1, \ldots, y_m)^T$ zu den Messpunkten t_i sind.

Wir wollen nun aus dem Messdatensatz eine *Schätzung* $\hat{x} = (\hat{x}_1, \ldots, \hat{x}_n)^T$ für den unbekannten Parametersatz $x = (x_1, \ldots, x_n)^T \in \mathbb{R}^n$ in (4.36) bestimmen. Einen solchen Schätzer liefert die lineare Ausgleichsrechnung. Für $A := (a_k(t_i))_{i,k=1}^{m,n} \in \mathbb{R}^{m \times n}$ (mit Rang$(A) = n$), sei nämlich $\hat{x}$ die Lösung des gewöhnlichen linearen Ausgleichsproblems

$$\|A\hat{x} - y\|_2 = \min_{x \in \mathbb{R}^n} \|Ax - y\|_2.$$

Dann ist $\hat{x}$ ebenfalls eine Zufallsvariable. Aus Satz 4.15 bzw. (4.32) folgt

$$\hat{x} = (A^TA)^{-1}A^Ty. \tag{4.37}$$

Wir werden hierunter zwei grundlegende statistische Eigenschaften dieses Schätzers herleiten, nämlich dass a) $\hat{x}$ ist der „Best Linear Unbiased Estimator" (BLUE) und b) $\hat{x}$ ist der „Maximum-Likelihood-Schätzer" ist.

a) $\hat{x}$ als *Best Linear Unbiased Estimator*

Der Schätzer $\hat{x}$ ist *linear*, weil der Zusammenhang $\hat{x} = By$ (oder $\hat{x} = BY$ als Zufallsvariable) mit einer Matrix $B \in \mathbb{R}^{n \times m}$, nämlich $B := (A^TA)^{-1}A^T$, gilt. Man kann sich fragen, wie der *Erwartungswert* $\mathbb{E}(\hat{x})$ mit dem Parametersatz x und die *Varianz* $V(\hat{x}) = \mathbb{E}((\hat{x} - x)(\hat{x} - x)^T) = (\mathbb{E}((\hat{x}_i - x_i)(\hat{x}_j - x_j)))_{i,j=1}^{n}$ mit der Varianz von F zusammenhängen. Dies lässt sich unter geeigneten Annahmen an die stochastischen Eigenschaften der Fehler F_i beantworten. Sind die F_i *unabhängig, identisch verteilt* mit Erwartungswert $\mathbb{E}(F_i) = 0$ – das Modell hat keinen systematischen Fehler – und einer Varianz-Kovarianzmatrix

$$V(F) := \mathbb{E}(FF^T) = (\mathbb{E}(F_iF_j))_{i,j=1}^{m} = \sigma^2 I$$

– der *Rauschlevel* (Varianz) ist σ^2 –, so gilt gerade

$$\mathbb{E}(\hat{x}) = x, \quad V(\hat{x}) = \mathbb{E}((\hat{x} - x)(\hat{x} - x)^T) = \sigma^2(A^TA)^{-1}. \tag{4.38}$$

D. h., der Schätzer $\hat{x}$ ist *erwartungstreu* und hat eine Varianz-Kovarianzmatrix
$V(\hat{x}) = \sigma^2 (A^T A)^{-1}$.

Beweis von (4.38) Für einen Zufallsvektor ξ und eine nicht zufällige Matrix M gilt
$\mathbb{E}(M\xi) = M\mathbb{E}(\xi)$. Hiermit ergibt sich wegen $\mathbb{E}(F) = 0$

$$\mathbb{E}(\hat{x}) = (A^T A)^{-1} A^T \mathbb{E}(Y) = (A^T A)^{-1} A^T \mathbb{E}(Ax + F)$$
$$= (A^T A)^{-1} (A^T Ax + A^T \mathbb{E}(F)) = x.$$

Der Schätzer $\hat{x}$ ist also (unabhängig von der Struktur der Varianz) stets erwartungstreu. Hinsichtlich der Varianz folgt aus $\hat{x} = (A^T A)^{-1} A^T y$, $x = (A^T A)^{-1} A^T (y - F)$
gerade

$$(\hat{x} - x)(\hat{x} - x)^T = (A^T A)^{-1} A^T F F^T A (A^T A)^{-1}$$

und wegen der Linearität des Erwartungswertes wiederum

$$\mathbb{E}\big((\hat{x} - x)(\hat{x} - x)^T\big) = (A^T A)^{-1} A^T \mathbb{E}(F F^T) A (A^T A)^{-1} = \sigma^2 (A^T A)^{-1}, \quad (4.39)$$

da $V(F) = \mathbb{E}(F F^T) = \sigma^2 I$. Dies verifiziert den zweiten Teil von (4.38). □
Eine weitere wichtige Eigenschaft ist die *minimale Varianz* von $\hat{x}$ im folgenden
Sinne. Es sei $\tilde{x}$ ein (beliebiger) linearer erwartungstreuer Schätzer für x, d. h. $\tilde{x} = Cy$
mit einer Matrix $C \in \mathbb{R}^{n \times m}$ und $\mathbb{E}(\tilde{x}) = x$. Aus

$$x = \mathbb{E}(\tilde{x}) = \mathbb{E}(CY) = \underbrace{\mathbb{E}(CAx)}_{=CAx} + \underbrace{\mathbb{E}(CF)}_{=0} = CAx$$

folgt $CA = I$, d. h. $A^T C^T = I$. Die spezielle Wahl $C^T = B^T = A(A^T A)^{-1}$
erfüllt dies. Sei nun $C^T = (\hat{c}^1 \ldots \hat{c}^n)$, mit $\hat{c}^j \in \mathbb{R}^m$, die j-te Spalte von C^T,
$1 \leq j \leq n$. Die Bedingung $A^T C^T = I$ ist äquivalent zu den linearen Gleichungs-
systemen $A^T \hat{c}^j = e^j$, $j = 1, \ldots, n$, wobei $e^j \in \mathbb{R}^n$ der j-te Basisvektor ist. Wegen
$m \geq n$ ist $A^T \hat{c}^j = e^j$ im Allgemeinen ein unterbestimmtes Gleichungssystem. Es
sei $d^j = A(A^T A)^{-1} e^j$ eine *spezielle* Lösung dieses Gleichungssystems. Aus der
linearen Algebra ist bekannt, dass jede Lösung $\hat{c}^j$ sich als $\hat{c}^j = d^j + w^j$ mit einem
homogenen Anteil $w^j \in \text{Kern}(A^T)$ darstellen lässt. Jede Matrix C, die $A^T C^T = I$
löst, ist deswegen von der Form $C^T = A(A^T A)^{-1} + W$, wobei W eine Matrix ist,
für die $A^T W = 0$ gilt. Wie vorhin rechnet man nun nach, dass

$$V(\tilde{x}) = \mathbb{E}\big((\tilde{x} - x)(\tilde{x} - x)^T\big) = \sigma^2 C C^T$$
$$= \sigma^2 \big((A^T A)^{-1} A^T + W^T\big)\big(A(A^T A)^{-1} + W\big) = \sigma^2 (A^T A)^{-1} + \sigma^2 W^T W$$

gilt. Die Matrix $W^T W$ ist symmetrisch positiv semidefinit und die Varianz $V(\tilde{x})$
wird deshalb minimal wenn $W = 0$ gilt, also $C = B$ und $\tilde{x} = \hat{x}$. Wegen dieser
Eigenschaften von $\hat{x}$ spricht man von einem *Best Linear Unbiased Estimator*
(BLUE).

b) $\hat{x}$ *als Maximum-Likelihood-Schätzer*
Ein zweiter statistischer Hintergrund der Zufallsvariable $\hat{x}$ hängt mit der Maximum-Likelihood-Methode zusammen. Wie im obigen BLUE-Rahmen nehmen wir dazu an, dass die Zufallsvariablen F_i, $1 \le i \le m$, unabhängig, identisch verteilt sind, mit Erwartungswert 0 und Varianz-Kovarianzmatrix $V(F) = \sigma^2 I$. Zusätzlich wird angenommen, dass die F_i *normalverteilt* sind. Die Zufallsvariablen Y_i sind dann auch normalverteilt, wobei $\mathbb{E}(Y) = Ax$ und $V(Y) = \mathbb{E}\big((Y - \mathbb{E}(Y)(Y - \mathbb{E}(Y))^T\big) = \mathbb{E}(FF^T) = V(F) = \sigma^2 I$. Somit hat Y_i die Dichtefunktion

$$f_i(z) = \frac{1}{\sigma\sqrt{2\pi}} e^{-\frac{1}{2}\left(\frac{z - (Ax)_i}{\sigma}\right)^2}.$$

Für die Messreihe $y_1, \ldots, y_m$ ist die Likelihood-Funktion durch

$$L(x; y_1, \ldots, y_m) := \prod_{i=1}^{m} f_i(y_i) = \left(\frac{1}{2\pi\sigma^2}\right)^{\frac{m}{2}} e^{-\frac{1}{2\sigma^2}\|y - Ax\|_2^2} \tag{4.40}$$

definiert. Ein Parameterwert $\tilde{x}$ heißt *Maximum-Likelihood-Schätzwert*, wenn

$$L(\tilde{x}; y_1, \ldots, y_m) \ge L(x; y_1, \ldots, y_m) \quad \text{für alle } x \in \mathbb{R}^n$$

gilt. Aus (4.40) folgt, dass das Maximum der Likelihood-Funktion an der Stelle angenommen wird, an der $\|y - Ax\|_2$ minimal ist, also

$$\|y - A\tilde{x}\|_2 = \min_{x \in \mathbb{R}^n} \|y - Ax\|_2.$$

Der Maximum-Likelihood-Schätzer ist deshalb gerade der Schätzer $\hat{x}$ aus dem linearen Ausgleichsproblem.

4.4 Numerische Lösung des gewöhnlichen linearen Ausgleichsproblems

In diesem Abschnitt werden numerische Verfahren zur Lösung des gewöhnlichen linearen Ausgleichsproblems 4.3 behandelt. *Wir setzen also voraus, dass die Matrix A vollen Spaltenrang hat.*

4.4.1 Lösung der Normalgleichungen

Satz 4.15 liefert Informationen über die Charakterisierung der Lösung von Aufgabe 4.3. Darüber hinaus legt Satz 4.15 eine Methode nahe, diese Lösung auch zu berechnen:

- Berechne $A^T A$, $A^T b$.
- Berechne die Cholesky-Zerlegung

$$LDL^T = A^T A$$

von $A^T A$.
- Löse

$$Ly = A^T b, \quad L^T x = D^{-1} y$$

durch Vorwärts- bzw. Rückwärtseinsetzen.

Nach Satz 4.15 ist das Ergebnis x^* die Lösung des gewöhnlichen linearen Aus-gleichsproblems 4.3. Bei dieser Methode kann man die Normalgleichungen $A^T A x = A^T b$ als ein „verfahrensbedingtes" Ersatzproblem für das Ausgleichsproblem 4.12 betrachten.

Beispiel 4.22 Für das Ausgleichsproblem in Beispiel 4.5 ergibt sich

$$A^T A = \begin{pmatrix} \frac{205}{144} & \frac{25}{12} \\ \frac{25}{12} & 4 \end{pmatrix}, \quad A^T b = \begin{pmatrix} 5.12 \\ 8.72 \end{pmatrix}.$$

Das Lösen des Gleichungssysteme $A^T A x = A^T b$ liefert die optimalen Parameter

$$\begin{pmatrix} \alpha \\ \beta \end{pmatrix} = \begin{pmatrix} 1.708 \\ 1.290 \end{pmatrix}.$$

$\triangle$

Rechenaufwand 4.23 Für den Aufwand dieser Methode ergibt sich:

- Berechnung von $A^T A$, $A^T b$: ca. mn^2 Flop,
- Cholesky-Zerlegung von $A^T A$: ca. $\frac{1}{3} n^3$ Flop,
- Vorwärts- und Rückwärtssubstitution: ca. $2n^2$ Flop.

Für $m \gg n$ überwiegt der erste Anteil.

Diese an sich einfache Methode hat allerdings folgendes *prinzipielle Defizit:*
Der (maximale) relative Fehler in der Lösung des Gleichungssystems $A^T A x = A^T b$ bei gestörten Eingangsdaten, d. h. bei Störungen in der Matrix $A^T A$ und der rechten Seite $A^T b$, wird von der Konditionszahl der betreffenden Matrix $\kappa_2(A^T A)$ bestimmt. Somit können die Rundungsfehler bei der Berechnung von $A^T A$ und $A^T b$ (im ersten Schritt des Verfahrens) mit einem Faktor $\kappa_2(A^T A)$ verstärkt werden. Beim Lösen des (gestörten) Gleichungssystems $A^T A x = A^T b$ über das Cholesky-Verfahren (Schritte 2 und 3 des Verfahrens) werden die in der Durchführung entste-henden Rundungsfehler mit (höchstens) $\kappa_2(A^T A)$ verstärkt. Aus Lemma 4.30 folgt,

dass $\kappa_2(A) = (\lambda_{\max}(A^TA))^{1/2}/(\lambda_{\min}(A^TA))^{1/2}$ eine zu (3.103) äquivalente Definition der (spektralen) Konditionszahl nichtquadratischer Matrizen mit vollem Rang ist. Daraus folgt sofort die Identität

$$\kappa_2(A^TA) = \kappa_2(A)^2. \tag{4.41}$$

Folglich wird die (maximale) Rundungsfehlerverstärkung beim oben beschriebenen Lösungsverfahren durch $\kappa_2(A)^2$ beschrieben. Falls $\cos \Theta \approx 1$ (siehe (4.35)), wird die Kondition des gewöhnlichen linearen Ausgleichsproblems jedoch durch $\kappa_2(A)$ gekennzeichnet (siehe Abschn. 4.3.2). Wenn $\kappa_2(A) \gg 1$ und $\cos \Theta \approx 1$, muss man also damit rechnen, dass die im Laufe dieses Verfahrens erzeugten Fehler wesentlich größer sind als die durch die Kondition des Problems bedingten unvermeidbaren Fehler. In diesem Fall ist dieses Verfahren also *nicht stabil*.
    Diese Effekte werden im folgenden Beispiel quantifiziert.

Beispiel 4.24

$$A = \begin{pmatrix} \sqrt{3} & \sqrt{3} \\ \delta & 0 \\ 0 & \delta \end{pmatrix}, \quad b = \begin{pmatrix} 2\sqrt{3} \\ \delta \\ \delta \end{pmatrix}, \quad 0 < \delta \ll 1.$$

Wegen $A\binom{1}{1} = b$ hat das lineare Ausgleichsproblem $\min_x \|Ax - b\|_2$ die Lösung $x^* = (1, 1)^T$ (für alle $\delta > 0$). Außerdem gilt $\Theta = 0$, also $\cos \Theta = 1$, $\tan \Theta = 0$. Daher wird die Kondition dieses Problems durch $\kappa_2(A)$ beschrieben. Man rechnet einfach nach, dass

$$\kappa_2(A) = \sqrt{\kappa_2(A^TA)} = \left(\frac{\lambda_{\max}(A^TA)}{\lambda_{\min}(A^TA)}\right)^{\frac{1}{2}} \approx \frac{\sqrt{6}}{\delta}$$

gilt. Ein stabiles Verfahren zur Lösung dieses linearen Ausgleichsproblems sollte ein Resultat $\tilde{x}$ liefern, das mit einem relativen Fehler

$$\frac{\|\tilde{x} - x^*\|_2}{\|x^*\|_2} \lesssim \kappa_2(A) \text{ eps} \tag{4.42}$$

behaftet ist. Hierbei ist eps die Maschinengenauigkeit. Die Lösung dieses Problems über die Normalgleichungen und das Cholesky-Verfahren auf einer Maschine mit eps $\approx 10^{-16}$ ergibt:

$$\delta = 10^{-4}: \quad \frac{\|\tilde{x} - x^*\|_2}{\|x^*\|_2} \approx 2 \cdot 10^{-8} \approx \frac{1}{3}\kappa_2(A)^2 \text{ eps} \tag{4.43}$$

$$\delta = 10^{-6}: \quad \frac{\|\tilde{x} - x^*\|_2}{\|x^*\|_2} \approx 2 \cdot 10^{-4} \approx \frac{1}{3}\kappa_2(A)^2 \text{ eps}. \tag{4.44}$$

Aus dem Vergleich der Resultate (4.43), (4.44) mit (4.42) ersieht man, dass die Lösung über die Normalgleichungen in diesem Beispiel kein stabiles Verfahren ist. △

Trotz dieser Nachteile wird obiges Verfahren in der Praxis oft benutzt, insbesondere bei Problemen mit gut konditioniertem A. Im Allgemeinen aber ist die im nächsten Abschnitt behandelte Alternative vorzuziehen, da sie stabiler ist und der Rechenaufwand nur wenig höher ist.

4.4.2 Lösung über QR-Zerlegung

Wegen Satz 3.57 verändert die Multiplikation mit orthogonalen Matrizen die Euklidische Norm eines Vektors nicht. Die Minimierung von $\|Ax - b\|_2$ ist also für *jede* orthogonale Matrix $Q \in \mathcal{O}_m(\mathbb{R})$ *äquivalent* zur Aufgabe

$$\min_{x \in \mathbb{R}^n} \|Q(Ax - b)\|_2.$$

Die Idee ist nun, eine geeignete Matrix $Q \in \mathcal{O}_m(\mathbb{R})$ zu finden, die letztere Aufgabe leicht lösbar macht. Wie dies geschieht, erklärt der folgende Satz.

Satz 4.25
Es seien $A \in \mathbb{R}^{m \times n}$ mit $\mathrm{Rang}(A) = n$ und $b \in \mathbb{R}^m$. Weiter seien $Q \in \mathbb{R}^{m \times m}$ eine orthogonale Matrix und $\tilde{R} \in \mathbb{R}^{n \times n}$ eine obere Dreiecksmatrix, so dass

$$QA = R := \begin{pmatrix} \tilde{R} \\ \emptyset \end{pmatrix} \begin{matrix} \} n \\ \} m - n \end{matrix}. \tag{4.45}$$

Dann ist die Matrix $\tilde{R}$ regulär. Schreibt man

$$Qb = \begin{pmatrix} b_1 \\ b_2 \end{pmatrix} \begin{matrix} \} n \\ \} m - n \end{matrix},$$

dann ist $x^* = \tilde{R}^{-1} b_1$ die Lösung des gewöhnlichen linearen Ausgleichsproblems 4.3. Die Norm des Residuums $\|Ax^* - b\|_2$ ist gerade durch $\|b_2\|_2$ gegeben.

Beweis Weil Q regulär ist und A den Rang n hat, folgt aus (4.45), dass $\tilde{R}$ den Rang n hat. Also ist $\tilde{R}$ invertierbar.

Die Multiplikation mit orthogonalen Matrizen ändert die Euklidische Norm eines Vektors nicht. Aufgrund der Zerlegung in (4.45) erhält man

$$\|Ax - b\|_2^2 = \|QAx - Qb\|_2^2 = \|Rx - Qb\|_2^2 = \|\tilde{R}x - b_1\|_2^2 + \|b_2\|_2^2. \tag{4.46}$$

Der Term $\|b_2\|_2^2$ hängt *nicht* von x ab. Also wird $\|Ax - b\|_2^2$ (und damit auch $\|Ax - b\|_2$) genau dann minimal, wenn $\|\tilde{R}x - b_1\|_2^2$ minimal wird. Da $b_1 \in \mathbb{R}^n$ und $\tilde{R} \in$

$\mathbb{R}^{n \times n}$ regulär ist, ist Letzteres genau dann der Fall, wenn

$$\tilde{R}x = b_1 \tag{4.47}$$

gilt. Aus (4.46) folgt nun $\|Ax^* - b\|_2 = \|b_2\|_2$. $\qquad\qquad\qquad\qquad$ □

Es sei bemerkt, dass die Zerlegung in (4.45) äquivalent zur QR-Zerlegung $A = Q^T R$ ist (hier weichen wir etwas von der Notation in Abschn. 3.9 ab).

Aus Satz 4.25 ergibt sich nun folgende Methode:

• Bestimme von A die QR-Zerlegung

$$QA = \begin{pmatrix} \tilde{R} \\ \emptyset \end{pmatrix} \quad (\tilde{R} \in \mathbb{R}^{n \times n}),$$

z. B. mittels Givens-Rotationen oder Householder-Spiegelungen und berechne $Qb = \binom{b_1}{b_2}$.

• Löse

$$\tilde{R}x = b_1$$

mittels Rückwärtseinsetzen.

Die Norm des Residuums $\min_{x \in \mathbb{R}^n} \|Ax - b\|_2 = \|Ax^* - b\|_2$ ist gerade durch $\|b_2\|_2$ gegeben. Bei einer effizienten Implementierung dieser Methode wird in der QR-Zerlegung die Matrix Q *nicht* explizit bestimmt und werden die Matrix $\tilde{R}$ und der transformierte Datenvektor Qb schrittweise berechnet, siehe Beispiel 4.27.

Rechenaufwand 4.26 Für den Aufwand dieser Methode ergibt sich:

• QR-Zerlegung mittels Householder-Transformationen: falls $m \gg n$ ca. $2mn^2$ Flop,
• Berechnung von Qb: ca. $4mn$ Flop,
• Rückwärtssubstitution (4.47): ca. n^2 Flop.

Offensichtlich überwiegt der erste Anteil. Der Aufwand dieser Methode ist also um etwa einen Faktor 2 höher als der Aufwand bei der Lösung über die Normalgleichungen.

Beispiel 4.27 Es seien

$$A = \begin{pmatrix} 3 & 7 \\ 0 & 12 \\ 4 & 1 \end{pmatrix}, \quad b = \begin{pmatrix} 10 \\ 1 \\ 5 \end{pmatrix},$$

d. h. $m = 3, n = 2$. Man bestimme die Lösung $x^* \in \mathbb{R}^2$ von

$$\min_{x \in \mathbb{R}^2} \|Ax - b\|_2.$$

Wir benutzen Givens-Rotationen zur Reduktion von A auf obere Dreiecksgestalt (QR-Zerlegung wie in (4.45)):

- Annullierung von $a_{3,1}$:

$$A^{(2)} = G_{1,3}A = \begin{pmatrix} 5 & 5 \\ 0 & 12 \\ 0 & -5 \end{pmatrix}, \qquad b^{(2)} = G_{1,3}b = \begin{pmatrix} 10 \\ 1 \\ -5 \end{pmatrix}.$$

In der Praxis werden die Transformationen $G_{1,3}A$ und $G_{1,3}b$ ausgeführt, *ohne* dass $G_{1,3}$ explizit berechnet wird.

- Annullierung von $a_{3,2}^{(2)}$:

$$A^{(3)} = G_{2,3}A^{(2)} = \begin{pmatrix} 5 & 5 \\ 0 & 13 \\ 0 & 0 \end{pmatrix} = \begin{pmatrix} \tilde{R} \\ \emptyset \end{pmatrix}, b^{(3)} = G_{2,3}b^{(2)} = \begin{pmatrix} 10 \\ \frac{37}{13} \\ -\frac{55}{13} \end{pmatrix}.$$

Lösung von

$$\begin{pmatrix} 5 & 5 \\ 0 & 13 \end{pmatrix} \begin{pmatrix} x_1 \\ x_2 \end{pmatrix} = \begin{pmatrix} 10 \\ \frac{37}{13} \end{pmatrix}$$

durch Rückwärtseinsetzen:

$$x^* = \left(\frac{301}{169}, \frac{37}{169} \right)^T.$$

Als Norm des Residuums ergibt sich:

$$\|b_2\|_2 = \frac{55}{13}.$$

$\triangle$

Worin liegt nun der Vorteil dieses Verfahrens, wenn schon der Aufwand höher ist? Wie bei der Lösung von Gleichungssystemen liegt der Gewinn in einer besseren Stabilität aufgrund der günstigeren Kondition des sich ergebenden Dreieckssystems.

Wegen Satz 3.57 gilt

$$\kappa_2(\tilde{R}) = \kappa_2(A), \qquad (4.48)$$

d. h., das *Quadrieren der Kondition,* das bei den Normalgleichungen auftritt, wird *vermieden.* Außerdem ist die *Berechnung der QR-Zerlegung* über Givens- oder Householder-Transformationen ein *sehr stabiles Verfahren,* wobei die Fehlerverstärkung durch $\kappa_2(A)$ (und nicht $\kappa_2(A)^2$) beschrieben wird.

Es ergibt sich also, dass die Methode über die QR-Zerlegung ein stabiles Verfahren ist und insbesondere (viel) bessere Stabilitätseigenschaften hat als die Methode über die Normalgleichungen.

Beispiel 4.28 Wir nehmen A und b wie in Beispiel 4.24. Die Methode über die QR-Zerlegung von A, auf einer Maschine mit eps $\approx 10^{-16}$, ergibt

$$\delta = 10^{-4} : \frac{\|\tilde{x} - x^*\|_2}{\|x^*\|_2} \approx 2.2 \cdot 10^{-16},$$

$$\delta = 10^{-6} : \frac{\|\tilde{x} - x^*\|_2}{\|x^*\|_2} \approx 1.6 \cdot 10^{-16}.$$

Wegen der sehr guten Stabilität dieser Methode sind diese Resultate viel besser als die Resultate in Beispiel 4.24. △

In allen obigen Überlegungen wurde vorausgesetzt, dass $A \in \mathbb{R}^{m \times n}$ vollen Spaltenrang hat, Rang$(A) = n$, da nur dann die obere Dreiecksmatrix $\tilde{R}$ in (4.47) invertierbar ist und somit eine eindeutige Lösung liefert.

Im Fall Rang$(A) < n$ hat das Minimierungsproblem $\min_{x \in \mathbb{R}^n} \|Ax - b\|_2$ unendlich viele Lösungen, es ist also nicht mehr korrekt gestellt. Eine mögliche Regularisierung, also das Auswählen einer speziellen Lösung auf stabile Weise, lässt sich am besten über eine weitere Zerlegung einer beliebig dimensionierten Matrix erklären, der sogenannten *Singulärwertzerlegung,* die im nächsten Abschnitt behandelt wird. Insbesondere führt sie auf das allgemeine lineare Ausgleichsproblem 4.4 und liefert eine (nicht unbedingt die effizienteste) Möglichkeit, dieses Problem zu lösen, wie ebenfalls in Abschn. 4.6.1 erklärt wird.

4.5   Die Singulärwertzerlegung (SVD)

In diesem Abschnitt behandeln wir eine weitere Zerlegung einer (beliebigen) Matrix $A \in \mathbb{R}^{m \times n}$. Diese *Singulärwertzerlegung* („Singular Value Decomposition", SVD) kann insbesondere zur Analyse und Lösung des allgemeinen linearen Ausgleichsproblems 4.4 verwendet werden. Sie spielt aber weit über diese spezielle Verwendung hinaus eine so wichtige Rolle in vielen Bereichen der Numerik, des Wissenschaftlichen Rechnens und in modernen Methoden der Künstlichen Intelligenz, dass wir ihr einen eigenen Abschnitt widmen. In Abschn. 4.5.2 zeigen wir insbesondere, wie sich diese Matrixfaktorisierung zu den anderen Zerlegungen, wie zum Beispiel der LR-Zerlegung, der Cholesky-Zerlegung und der QR-Zerlegung, verhält. In Abschn. 4.6 werden einige Anwendungen der SVD, unter anderem eben in der Ausgleichsrechnung, behandelt.

Satz 4.29 (Singulärwertzerlegung)

Zu jeder Matrix $A \in \mathbb{R}^{m \times n}$ existieren orthogonale Matrizen $U \in \mathbb{R}^{m \times m}$, $V \in \mathbb{R}^{n \times n}$ und eine Diagonalmatrix

$$\Sigma := \operatorname{diag}(\sigma_1, \ldots, \sigma_p) \in \mathbb{R}^{m \times n}, \quad p = \min\{m, n\},$$

mit

$$\sigma_1 \geq \sigma_2 \geq \ldots \geq \sigma_p \geq 0, \tag{4.49}$$

so dass

$$U^T A V = \Sigma. \tag{4.50}$$

Wir zeigen einen Beweis dieses Satzes, weil der (erstaunlich) einfach ist. Im Wesentlichen verwenden wir im Beweis nur die Eigenschaft $\|QA\|_2 = \|A\|_2$ für jede orthogonale Matrix Q, und ein Induktionsargument.

Beweis Wenn $A = 0$, ist die Aussage trivial. Es sei

$$\sigma_1 := \|A\|_2 = \max_{\|x\|_2 = 1} \|Ax\|_2 > 0.$$

Es seien $v \in \mathbb{R}^n$, mit $\|v\|_2 = 1$, ein Vektor für den das Maximum angenommen wird und $u := \frac{1}{\sigma_1} A v \in \mathbb{R}^m$. Für u gilt dann $\|u\|_2 = \|Av\|_2 / \sigma_1 = 1$. Die Vektoren v und u können zu orthonormalen Basen $\{v, \tilde{v}_2, \ldots, \tilde{v}_n\}$ bzw. $\{u, \tilde{u}_2, \ldots, \tilde{u}_m\}$ des $\mathbb{R}^n$ bzw. $\mathbb{R}^m$ erweitert werden. Wir fassen die Elemente dieser Orthonormalbasen als Spalten entsprechender orthogonaler Matrizen $V_1 \in \mathcal{O}_n(\mathbb{R})$, $U_1 \in \mathcal{O}_m(\mathbb{R})$ auf:

$$V_1 = \begin{pmatrix} v & \tilde{V}_1 \end{pmatrix} \in \mathbb{R}^{n \times n}, \quad \text{orthogonal,}$$

$$U_1 = \begin{pmatrix} u & \tilde{U}_1 \end{pmatrix} \in \mathbb{R}^{m \times m}, \quad \text{orthogonal.}$$

Wegen $\tilde{u}_i^T A v = \sigma_1 \tilde{u}_i^T u = 0$, $i = 2, \ldots, m$, hat die Matrix $U_1^T A V_1$ die Form

$$A_1 := U_1^T A V_1 = \begin{pmatrix} \sigma_1 & w^T \\ \emptyset & B \end{pmatrix} \in \mathbb{R}^{m \times n},$$

mit $w \in \mathbb{R}^{n-1}$. Aus

$$\left\| A_1 \begin{pmatrix} \sigma_1 \\ w \end{pmatrix} \right\|_2 = \left\| \begin{pmatrix} \sigma_1^2 + w^T w \\ Bw \end{pmatrix} \right\|_2 \geq \sigma_1^2 + w^T w = \left\| \begin{pmatrix} \sigma_1 \\ w \end{pmatrix} \right\|_2^2$$

und $\|A\|_2 = \|A_1\|_2$ folgt

$$\sigma_1 = \|A_1\|_2 \geq \frac{\left\| A_1 \begin{pmatrix} \sigma_1 \\ w \end{pmatrix} \right\|_2}{\left\| \begin{pmatrix} \sigma_1 \\ w \end{pmatrix} \right\|_2} \geq \sqrt{\sigma_1^2 + w^T w},$$

also muss $w = 0$ gelten. Es folgt, dass

$$U_1^T A V_1 = \begin{pmatrix} \sigma_1 & \emptyset \\ \emptyset & B \end{pmatrix} \in \mathbb{R}^{m \times n}.$$

Für $m = 1$ oder $n = 1$ folgt die Behauptung damit bereits. Für $m, n > 1$ kann man nun Induktion verwenden und annehmen, dass $U_2^T B V_2 = \Sigma_2$ mit $U_2 \in \mathcal{O}_{m-1}(\mathbb{R})$, $V_2 \in \mathcal{O}_{n-1}(\mathbb{R})$ und einer Diagonalmatrix $\Sigma_2 \in \mathbb{R}^{(m-1) \times (n-1)}$. Zunächst gilt wieder für den größten Diagonaleintrag σ_2 von Σ_2 gerade $\sigma_2 := \|B\|_2 \leq \|U_1^T A V_1\|_2 = \|A\|_2 = \sigma_1$. Ferner ergibt sich nun mit den orthogonalen Matrizen $U = U_1 \begin{pmatrix} 1 & \emptyset \\ \emptyset & U_2 \end{pmatrix}$, $V = V_1 \begin{pmatrix} 1 & \emptyset \\ \emptyset & V_2 \end{pmatrix}$ die Zerlegung

$$U^T A V = \begin{pmatrix} \sigma_1 & 0 \\ 0 & \Sigma_2 \end{pmatrix}$$

und damit die Behauptung per Induktion. $\square$

Die σ_i heißen *Singulärwerte* von A (singular values). Die Spalten der Matrizen U, V nennt man die *Links-* bzw. *Rechtssingulärvektoren*.

Die Singulärwertzerlegung liefert nun eine explizite Darstellung der sogenannten *Pseudoinversen*, die man sich folgendermaßen plausibel machen kann. Für den speziellen Fall, dass $A \in \mathbb{R}^{n \times n}$ eine quadratische, invertierbare Matrix ist, liefert die Singulärwertzerlegung gemäß (4.50) die Darstellung $A = U \Sigma V^T$, wobei nun Σ eine quadratische Diagonalmatrix mit nichtverschwindenden Diagonaleinträgen ist. Insbesondere existiert Σ^{-1}, während die Orthogonalmatrizen U, V ohnehin invertierbar sind. Folglich gilt $A^{-1} = V \Sigma^{-1} U^T$. Im allgemeinen Fall hat die Pseudoinverse $A^\dagger$

folgende ganz analoge Darstellung. Es sei $U^T A V = \Sigma$ eine Singulärwertzerlegung von $A \in \mathbb{R}^{m \times n}$ wie in (4.50) mit Singulärwerten

$$\sigma_1 \geq \ldots \geq \sigma_r > \sigma_{r+1} = \ldots = \sigma_p = 0, \quad p = \min\{m, n\}. \tag{4.51}$$

Wir definieren $A^\dagger \in \mathbb{R}^{n \times m}$ durch

$$A^\dagger := V \Sigma^\dagger U^T \quad \text{mit} \quad \Sigma^\dagger = \text{diag}(\sigma_1^{-1}, \ldots, \sigma_r^{-1}, 0, \ldots, 0) \in \mathbb{R}^{n \times m}. \tag{4.52}$$

Zur *Eindeutigkeit* der Singulärwertzerlegung und Pseudoinverse sei Folgendes bemerkt. Man kann zeigen, dass die Diagonalmatrix Σ in der Singulärwertzerlegung (4.50) eindeutig ist, die orthogonalen Matrizen U und V aber nicht. Die in (4.52) definierte Pseudoinverse ist eindeutig (siehe Übung 4.16).

Einige wichtige Eigenschaften der Singulärwertzerlegung werden im folgenden Lemma formuliert.

Lemma 4.30 *Es sei $U^T A V = \Sigma$ eine Singulärwertzerlegung von $A \in \mathbb{R}^{m \times n}$ mit Singulärwerten $\sigma_1 \geq \ldots \geq \sigma_r > \sigma_{r+1} = \ldots = \sigma_p = 0$, $p = \min\{m, n\}$. Die Spalten der Matrizen U und V werden mit u_i bzw. v_i bezeichnet. Dann gilt:*

(i) $A v_i = \sigma_i u_i$, $A^T u_i = \sigma_i v_i$, $i = 1, \ldots, p$.
(ii) $\text{Rang}(A) = r$.
(iii) $\text{Bild}(A) = \text{span}\{u_1, \ldots, u_r\}$, $\text{Kern}(A) = \text{span}\{v_{r+1}, \ldots, v_n\}$.
(iv) $\|A\|_2 = \sigma_1$.
(v) *Man kann den Begriff der Konditionszahl auch auf Matrizen erweitern, die keine injektiven Abbildungen mehr definieren, also nicht unbedingt vollen Spaltenrang haben. Analog zu (3.36) setzt man $\kappa_2^*(A) := \|A\|_2 \|A^\dagger\|_2 = \frac{\sigma_1}{\sigma_r}$. Falls $\text{Rang}(A) = n \leq m$, so gilt*

$$\kappa_2^*(A) = \kappa_2(A) = \frac{\max_{\|x\|_2 = 1} \|Ax\|_2}{\min_{\|x\|_2 = 1} \|Ax\|_2} \tag{4.53}$$

(vgl. (3.103)).
(vi) *Die strikt positiven Singulärwerte sind gerade die Wurzeln der strikt positiven Eigenwerte von $A^T A$:*

$$\{\sigma_i \mid i = 1, \ldots, r\} = \left\{ \sqrt{\lambda_i(A^T A)} \mid i = 1, \ldots, n \right\} \setminus \{0\}. \tag{4.54}$$

Hierbei sind $\lambda_i(A^T A)$ die Eigenwerte von $A^T A$.

Beweis Die Beweise von (i)-(iv) sind einfache Übungen.

(v): Aus $A^\dagger = V \Sigma^\dagger U^T$ folgt $\|A^\dagger\|_2 = \|V \Sigma^\dagger U^T\|_2 = \|\Sigma^\dagger\|_2 = \frac{1}{\sigma_r}$ und deshalb $\kappa_2^*(A) = \|A\|_2 \|A^\dagger\|_2 = \frac{\sigma_1}{\sigma_r}$.

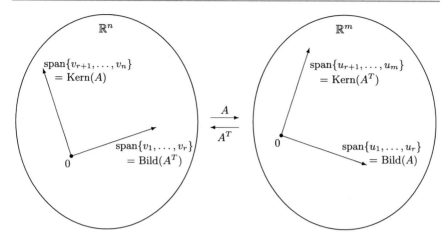

Abb. 4.6 Orthogonale Basis in $\mathbb{R}^n$ und $\mathbb{R}^m$

Nach Definition ist

$$\|A\|_2 = \max_{\|x\|_2=1} \|Ax\|_2. \qquad (4.55)$$

Wenn Rang$(A) = n$, dann ist $r = p = n$ und

$$\sigma_r = \min_{x \neq 0} \frac{\|\Sigma x\|_2}{\|x\|_2} = \min_{x \neq 0} \frac{\|U^T A V x\|_2}{\|x\|_2} = \min_{\|x\|_2=1} \|Ax\|_2. \qquad (4.56)$$

Aus (4.55) und (4.56) folgt das Resultat in (4.53).

(vi): Aus $A = U \Sigma V^T$ folgt $A^T A = V \Sigma^T \Sigma V^T = V \Sigma^T \Sigma V^{-1}$. Also sind die Eigenwerte der Matrix $A^T A$ gerade die Eigenwerte der Matrix $\Sigma^T \Sigma$. □

Die Eigenschaften (i) und (iii) aus Lemma 4.30 kann man wie in Abb. 4.6 illustrieren. Im Vektorraum $\mathbb{R}^n$ hat man also die orthogonale Zerlegung $\mathbb{R}^n = \mathrm{Kern}(A) \oplus \mathrm{Bild}(A^T)$ und das analoge Resultat für $A^T : \mathbb{R}^m \to \mathbb{R}^n$ ist $\mathbb{R}^m = \mathrm{Kern}(A^T) \oplus \mathrm{Bild}(A)$ (wegen $A^{T^T} = A$).

Eine andere Veranschaulichung der Singulärwertzerlegung wird in Abb. 4.7 gezeigt. Die geometrische Interpretation in Abb. 4.7 entspricht folgender Darstellung der Abbildung $x \to Ax$. Die Links- bzw. Rechtssingulärvektoren bilden eine Orthonormalbasis in $\mathbb{R}^m$ bzw. $\mathbb{R}^n$. Den Vektor $x \in \mathbb{R}^n$ kann man in dieser Orthonormalbasis als $x = \sum_{i=1}^n (v_i^T x) v_i$ darstellen und wegen Eigenschaften (i) und (iii) aus Lemma 4.30 gilt $A v_i = \sigma_i u_i$, $i = 1, \dots, r$, $A v_i = 0$ für $i > r$. Daraus ergibt sich

$$Ax = \sum_{i=1}^r \sigma_i (v_i^T x) u_i. \qquad (4.57)$$

In dieser Darstellung der Abbildung $x \to Ax$ sieht man wie die unterschiedlichen Koordinaten in einem gedrehten orthogonalen Koordinatensystem (die V-Basis in

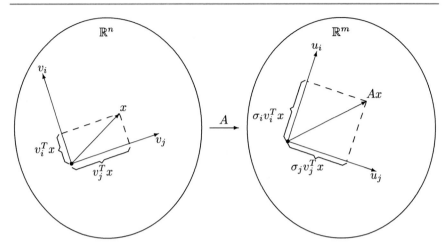

Abb. 4.7 Geometrische Interpretation der Singulärwertzerlegung

$\mathbb{R}^n$) gemäß der Singulärwerte gewichtet werden und dann unmittelbar die Koordinaten in einem anderen gedrehten orthogonalen Koordinatensystem (die U-Basis in $\mathbb{R}^m$) liefern.

Die zu den kleinsten (oder verschwindenden) Singulärwerten gehörenden Koordinatenrichtungen liefern einen entsprechend geringen Anteil in dem durch U gegebenen Koordinatensystem. Man kann U als ein an den durch die Spalten von A gegebenen „Datensatz" angepasstes „natürliches" orthogonales Koordinatensystem betrachten, welches insbesondere herausfiltert, wie gut sich dieser Datensatz gegebenenfalls in einen niedrigerdimensionalen Raum einbetten lässt. Diese Beobachtung bildet die Grundlage für die in den Abschn. 4.6.2 und 4.6.4 behandelten Anwendungen der SVD.

Analog zu (4.57) kann man auch die Abbildung $b \to A^\dagger b$ in den gedrehten orthogonalen Koordinatensystemen darstellen:

$$A^\dagger b = \sum_{i=1}^{r} \sigma_i^{-1}(u_i^T b)v_i. \tag{4.58}$$

Aus Lemma 4.30 geht hervor, dass Singulärwerte zur Gewinnung unterschiedlicher Strukturinformationen über die Matrix A benutzt werden können, wie etwa zur Bestimmung des Ranges, der Euklidischen Norm und der Konditionszahl (bzgl. $\|\cdot\|_2$) einer Matrix.

Matlab-Demo 4.31 (Singulärwertzerlegung) Für Beispielmatrizen $A \in \mathbb{R}^{3 \times 2}$ wird die Singulärwertzerlegung $A = U\Sigma V^T$ in Matlab berechnet. Für $x \in \mathbb{R}^2$ wird die schrittweise Berechnung $Ax = U(\Sigma(V^T x))$ visualisiert.

4.5.1 Berechnung von Singulärwerten

Effiziente Methoden zur Bestimmung der Singulärwertzerlegung werden in diesem Buch nicht behandelt; dafür wird auf die Literatur, z. B. [GL], verwiesen. Wir beschränken uns auf die Behandlung eines numerischen Verfahrens zur Berechnung der *Singulärwerte*. Eine Möglichkeit liefert die Charakterisierung der Singulärwerte als die Wurzeln der Eigenwerte der Matrix $A^T A$. Man könnte also die Matrix $A^T A$ berechnen und über eine Methode zur Bestimmung von Eigenwerten (dieses Thema wird in Kap. 7 behandelt) die Singulärwerte berechnen. Es gibt aber Techniken zur Bestimmung der Singulärwerte, deren arithmetischer Aufwand sehr viel geringer ist als bei dieser Methode über die Eigenwerte der Matrix $A^T A$. Ein effizientes und stabiles Verfahren zur Singulärwertberechnung wird im Folgenden skizziert. Dazu bemerken wir zunächst, dass die Singulärwerte unter Multiplikationen der Matrix A mit orthogonalen Matrizen invariant bleiben:

Lemma 4.32 *Es sei* $A \in \mathbb{R}^{m \times n}$. *Es seien* $Q_1 \in \mathbb{R}^{m \times m}$, $Q_2 \in \mathbb{R}^{n \times n}$ *orthogonale Matrizen. Dann haben* A *und* $Q_1 A Q_2$ *die gleichen Singulärwerte.*

Beweis Übung.

Wir werden nun die Householder-Transformationen benutzen, um die Matrix A auf eine wesentlich einfachere Gestalt zu bringen. Im Allgemeinen ist es nicht möglich, eine Matrix A über Multiplikationen mit Householder-Transformationen auf Diagonalgestalt zu bringen. Wir werden zeigen, dass aber die sogenannte *Bidiagonalgestalt* immer erreichbar ist. Wir betrachten den Fall einer 5×4-Matrix A. Es sei a^1 die erste Spalte der Matrix A. Eine Householder-Transformation Q_1, mit $Q_1 a^1 = (* \ 0 \ 0 \ 0 \ 0)^T$ liefert

$$Q_1 A = \begin{pmatrix} * & * & * & * \\ 0 & * & * & * \\ 0 & * & * & * \\ 0 & * & * & * \\ 0 & * & * & * \end{pmatrix} = \begin{pmatrix} * & v_1^T \\ \emptyset & * \end{pmatrix},$$

mit einem Vektor $v_1 \in \mathbb{R}^3$. Es sei $\tilde{Q}_1 \in \mathbb{R}^{3 \times 3}$ eine Householder-Transformation, so dass $\tilde{Q}_1 v_1 = (* \ 0 \ 0)^T$, also $v_1^T \tilde{Q}_1^T = v_1^T \tilde{Q}_1 = (* \ 0 \ 0)$. Mit der orthogonalen Matrix $\hat{Q}_1 := \begin{pmatrix} 1 & \emptyset \\ \emptyset & \tilde{Q}_1 \end{pmatrix} \in \mathbb{R}^{4 \times 4}$ erhält man

$$Q_1 A \hat{Q}_1 = \begin{pmatrix} * & v_1^T \\ \emptyset & * \end{pmatrix} \begin{pmatrix} 1 & \emptyset \\ \emptyset & \tilde{Q}_1 \end{pmatrix} = \begin{pmatrix} * & * & 0 & 0 \\ 0 & * & * & * \\ 0 & * & * & * \\ 0 & * & * & * \\ 0 & * & * & * \end{pmatrix}.$$

Mit geeigneten Householder-Transformationen können auf ähnliche Weise Nulleinträge in der 2. Spalte, 2. Zeile, 3. Spalte und 4. Spalte erzeugt werden:

$$
Q_1 A \hat{Q}_1 \rightsquigarrow Q_2 Q_1 A \hat{Q}_1 =
\begin{pmatrix}
* & * & 0 & 0 \\
0 & * & * & * \\
0 & 0 & * & * \\
0 & 0 & * & * \\
0 & 0 & * & *
\end{pmatrix}
\rightsquigarrow Q_2 Q_1 A \hat{Q}_1 \hat{Q}_2 =
\begin{pmatrix}
* & * & 0 & 0 \\
0 & * & * & 0 \\
0 & 0 & * & * \\
0 & 0 & * & * \\
0 & 0 & * & *
\end{pmatrix}
$$

$$
\rightsquigarrow Q_3 Q_2 Q_1 A \hat{Q}_1 \hat{Q}_2 =
\begin{pmatrix}
* & * & 0 & 0 \\
0 & * & * & 0 \\
0 & 0 & * & * \\
0 & 0 & 0 & * \\
0 & 0 & 0 & *
\end{pmatrix}
\rightsquigarrow Q_4 Q_3 Q_2 Q_1 A \hat{Q}_1 \hat{Q}_2 =
\begin{pmatrix}
* & * & 0 & 0 \\
0 & * & * & 0 \\
0 & 0 & * & * \\
0 & 0 & 0 & * \\
0 & 0 & 0 & 0
\end{pmatrix}.
$$

Mit dieser Technik kann man eine beliebige Matrix $A \in \mathbb{R}^{m \times n}$ auf Bidiagonalgestalt transformieren. Für $m \geq n$ ergibt sich

$$
Q_{m-1} \ldots Q_1 A \hat{Q}_1 \ldots \hat{Q}_{n-2} = B =
\begin{pmatrix}
* & * & & & \emptyset \\
& * & * & & \\
& & * & \ddots & \\
& & & \ddots & * \\
\emptyset & & & & * \\
& & & & \emptyset
\end{pmatrix}. \tag{4.59}
$$

Die Matrix B hat obere Bidiagonalgestalt. Einträge $*$ der Matrix B können Null sein. Wenn $m < n$, kann man mit der ersten Zeile anfangen, und dann dieselbe Technik verwenden, um A auf untere Bidiagonalgestalt zu transformieren.

Bemerkung 4.33 Der Aufwand zur Berechnung der oberen Bidiagonalmatrix B in (4.59) beträgt $2mn^2 + \mathcal{O}(mn)$ Flop. $\triangle$

Aufgrund des Resultats in Lemma 4.32 haben die Matrix A und die sich ergebende Bidiagonalmatrix B die gleichen Singulärwerte. Die Matrix B hat obere oder untere Bidiagonalgestalt, wenn $m \geq n$ bzw. $m < n$. Wir betrachten nur den Fall $m \geq n$ (den Fall $m < n$ kann man analog behandeln). Die Singulärwerte der Matrix A sind dann die Wurzeln der Eigenwerte der *Tridiagonalmatrix* $B^T B$. Für die Berechnung der Eigenwerte dieser Matrix werden im Allgemeinen sehr viel weniger arithmetische Operationen benötigt als für die Berechnung der Eigenwerte der (vollbesetzten) Matrix $A^T A$. Bei der Behandlung von numerischen Methoden für Eigenwertbestimmung wird ein effizientes Verfahren zur Berechnung der Eigenwerte der Tridiagonalmatrix $B^T B$ vorgestellt. Insgesamt ergibt sich folgende Methode zur effizienten Berechnung der Singulärwerte der Matrix A: Zuerst wird die Matrix über Householder-Transformationen in eine Matrix B mit Bidiagonalgestalt umgeformt;

danach werden die Eigenwerte der *Tridiagonalmatrix* $B^T B$ berechnet. Für eine ausführliche Behandlung von Varianten dieser Methode wird auf [GL] verwiesen.

4.5.2 Vergleich von Matrixfaktorisierungen

Inzwischen haben wir mehrere Matrixfaktorisierungen kennengelernt, nämlich in Kap. 3 die LR-Zerlegung, Cholesky-Zerlegung und QR-Zerlegung und im Abschn. 4.5 die Singulärwertzerlegung. In diesem Anschnitt werden wir die wichtigsten Eigenschaften dieser Faktorisierungen zusammenfassen und einen Vergleich vorstellen. Damit eine vollständige Übersicht der für die numerische lineare Algebra grundlegenden Matrixfaktorisierungen erstellt werden kann, greifen wir auf die in Kap. 7 behandelte (reelle) Schur-Faktorisierung vor. Bei all diesen Faktorisierungen wird die Matrix $A \in \mathbb{R}^{m \times n}$ in „einfachere" Faktoren zerlegt. Diese einfacheren Faktoren sind Dreiecksmatrizen, (Block-)Diagonalmatrizen oder orthogonale Matrizen. Die einzelnen Strukturen werden hierunter aufgelistet. Dabei sind L, R immer Dreiecksmatrizen, wobei für $m \neq n$ diese Dreiecksgestalt geeignet interpretiert werden soll (Abschn. 3.9.1), D, Σ sind $n \times n$ bzw. $m \times n$ Diagonalmatrizen und Q bzw. Q_i sind orthogonale Matrizen.

1) LR-Zerlegung (Abschn. 3.5.1). Für jede reguläre Matrix $A \in \mathbb{R}^{n \times n}$ existiert eine Zerlegung

$$PA = LR, \quad \text{oder äquivalent} \quad A = P^T LR,$$

wobei P eine orthogonale Permutationsmatrix ist. Diese Zerlegung kann mit der Gauss-Elimination mit Spaltenpivotisierung stabil und effizient bestimmt werden. Die Annahme dass A regulär ist, ist nicht essentiell (nur der Einfachheit halber).

2) Cholesky-Zerlegung (Abschn. 3.6). Für jede *symmetrisch positiv definite* Matrix $A \in \mathbb{R}^{n \times n}$ existiert eine Zerlegung

$$A = LDL^T.$$

Diese Zerlegung kann mit dem Cholesky-Verfahren stabil und effizient bestimmt werden.

3) Orthogonale Eigenvektorzerlegung Für jede *symmetrische* Matrix $A \in \mathbb{R}^{n \times n}$ existiert eine Zerlegung

$$A = QDQ^T.$$

Die Spalten der orthogonalen Matrix Q sind Eigenvektoren der Matrix A und die Diagonaleinträge der Matrix D die zugehörigen Eigenwerte. Diese Zerlegung sollte aus der Linearen Algebra bekannt sein (Satz über Hauptachsentransformation). Die Zerlegung ist ein Spezialfall der unter 4) angegebenen Schur-Zerlegung. Methoden zur Berechnung dieser orthogonalen Eigenvektorzerlegung (QR-Algorithmus) werden in Kap. 7 behandelt.

4) Reelle Schur-Zerlegung (Abschn. 7.2). Für jede Matrix $A \in \mathbb{R}^{n \times n}$ existiert eine Zerlegung

$$A = Q \tilde{R} Q^T.$$

Die Matrix $\tilde{R}$ hat eine Quasi-Dreiecksgestalt:

$$\tilde{R} = \begin{pmatrix} R_{11} & & & \\ & R_{22} & & * \\ & & \ddots & \\ & \emptyset & & \ddots \\ & & & & R_{mm} \end{pmatrix}.$$

Dabei sind alle Matrizen $R_{ii}, i = 1, \ldots, m$, reell und besitzen entweder die Ordnung eins (d.h. $R_{ii} \in \mathbb{R}$) oder die Ordnung zwei d.h. $R_{ii} \in \mathbb{R}^{2 \times 2}$. Im letzten Fall hat R_{ii} ein Paar von konjugiert komplexen Eigenwerten. Die Menge aller Eigenwerte der Matrizen $R_{ii}, i = 1, \ldots, m$, ist gerade das Spektrum der Matrix A. Methoden zur Berechnung dieser reellen Schur-Zerlegung (QR-Algorithmus) werden in Kap. 7 behandelt. Falls die Matrix A symmetrisch ist, stimmt die reelle Schur-Zerlegung mit der orthogonalen Eigenvektorzerlegung aus 3) überein.

5) QR-Zerlegung (Abschn. 3.9). Für jede Matrix $A \in \mathbb{R}^{m \times n}$ existiert eine Zerlegung

$$A = QR.$$

Diese Zerlegung kann mit dem Householder-Verfahren und mit der Givens-Methode stabil und effizient bestimmt werden.

6) Singulärwertzerlegung (SVD) (Abschn. 4.5). Für jede Matrix $A \in \mathbb{R}^{m \times n}$ existiert eine Zerlegung

$$A = Q_1 \Sigma Q_2.$$

Eine Methode zur Berechnung der Diagonalmatrix Σ (d.h. der Singulärwerte) wird in Abschn. 4.5.1 behandelt. Eine weitere Vertiefung hierzu findet man in [GL]. Wenn A symmetrisch positiv definit ist, stimmt die Singulärwertzerlegung mit der reellen Schur-Zerlegung aus 4) und mit der orthogonalen Eigenvektorzerlegung aus 3) überein.

Bei einem Vergleich dieser Zerlegungen ergeben sich folgende Beobachtungen, siehe auch Tab. 4.1. Die Zerlegungen 1)–4) beziehen sich auf *quadratische* Matrizen, während bei 5) und 6) $m \neq n$ erlaubt ist. Die Zerlegung 4) gilt für *jede* $n \times n$-Matrix, während bei 3) und 2) die Matrix *symmetrisch* bzw. *symmetrisch positiv definit* sein muss. Die Zerlegungen in 1) und 2) können mit wesentlich weniger Aufwand ($\frac{2}{3}n^3$ Flop für die Gauss-Elimination mit Spaltenpivotisierung und $\frac{1}{3}n^3$ Flop für das Cholesky-Verfahren) als die Zerlegungen 3) und 4) bestimmt werden. Die Zerlegungen 3) und 4) können (für $n \geq 4$) nur über *iterative* Verfahren (im Gegensatz zu den

Tab. 4.1 Matrixzerlegungen

Zerlegung	Annahmen $A \in \mathbb{R}^{m \times n}$	Methoden	Aufwand (Flop)
LR	$m = n$, (regulär)	Gauss-Elimination	$\frac{2}{3}n^3$
Cholesky	$m = n$, s.p.d.	Cholesky-Verf.	$\frac{1}{3}n^3$
Eigenvektor	$m = n$, symmetrisch	QR-Alg. (Kap. 7)	$\mathcal{O}(n^3)$ (iterativ)
Schur	$m = n$	QR-Alg. (Kap. 7)	$\mathcal{O}(n^3)$ (iterativ)
QR	–	HH, Givens	$2mn^2$, $3mn^2$ ($m \gg n$)
SVD	–	siehe [GL]	$O(mn^2 + n^3)$ (iterativ)

bei 1) und 2) verwendeten *direkten* Methoden) näherungsweise bestimmt werden. Die Zerlegung 5) kann mit einer *direkten* Methode (z. B. Householder) berechnet werden. Für $m = n$ ist der Aufwand zur Bestimmung dieser QR-Zerlegung im Allgemeinen höher als der zur Bestimmung der LR-Zerlegung. Die Zerlegung 6) kann nur über ein *iteratives* Verfahren näherungsweise bestimmt werden. Bei den Zerlegungen 3), 4), 5) wird nur *eine* orthogonale Matrix benötigt, während bei 6) *zwei* orthogonale Matrizen involviert sind.

Bemerkung 4.34 Der Vollständigkeit halber werden noch zwei weitere Matrixzerlegungen erwähnt, welche in bestimmten Bereichen der Mathematik und Ingenieurwissenschaften verwendet werden, die für die Numerik aber weniger relevant sind. Die *Jordan-Zerlegung* einer Matrix $A \in \mathbb{R}^{n \times n}$ hat die Form $A = VJV^{-1}$, wobei die Matrix J eine obere Dreiecksmatrix ist, die zusätzlich Bidiagonalgestalt hat (nur auf der Diagonale und der oberen Nebendiagonale können Einträge ungleich Null stehen). Die Einträge auf der Diagonalen sind die Eigenwerte der Matrix A. Die Spalten der Matrix V sind die Eigenvektoren und sogenannten Hauptvektoren der Matrix A. Die Matrizen J und V sind im Allgemeinen komplex (auch wenn A nur reelle Einträge hat). Die Matrix V ist im Allgemeinen nicht unitär oder orthogonal. Falls A symmetrisch ist, stimmt die Jordan-Zerlegung mit der orthogonalen Eigenvektorzerlegung aus 3) überein.

Die sogenannte *Polarzerlegung* wird in der Kontinuumsmechanik oft verwendet. Dies ist eine Zerlegung einer Matrix $A \in \mathbb{R}^{n \times n}$ der Form $A = QS$, wobei Q eine orthogonale und S eine symmetrisch positiv semidefinite Matrix ist. △

4.6 Anwendungen der Singulärwertzerlegung

Wie bereits oben angedeutet wird die SVD in vielen Bereichen des maschinellen Lernens oder der Bild- und Datenanalyse verwendet. Typische Aufgabenstellungen betreffen Dimensionsreduktion, Extraktion gemeinsamer Strukturmerkmale in großen Datensätzen, oder Regularisierung bei schlecht konditionierten Schätzproblemen. Andererseits kann die SVD auch als abstraktes „Analyse-Hilfsmittel" dienen, detaillierte Strukturen einer gegebenen Matrix zu erkennen. In diesem Abschnitt behandeln wir exemplarisch einige Problemstellungen bei deren Lösung die Singulärwertzerlegung eine wichtige Rolle spielt. Die erste Anwendung der SVD betrifft das *allgemeine lineare Ausgleichsproblem* 4.4, wobei wir die in den Abschn. 4.3 und 4.4 wesentliche Voraussetzung Rang(A) = n fallen lassen. Die zweite Anwendung betrifft die Regularisierung schlecht konditionierter Ausgleichsprobleme. Zum Schluss wird ein sehr umfangreiches Anwendungsgebiet der SVD kurz angerissen, nämlich das der Datenkompression.

4.6.1 Das allgemeine lineare Ausgleichsproblem

In Abschn. 4.3.1 (siehe (4.29)) wurde die Äquivalenz

$$\|Ax^* - b\|_2 = \min_{x \in \mathbb{R}^n} \|Ax - b\|_2 \text{ genau dann, wenn } Ax^* = P_U(b) \qquad (4.60)$$

erklärt, wobei P_U die orthogonale Projektion auf $U = \text{Bild}(A)$ ist. Eine *eindeutige* Lösung x^* von $Ax^* = P_U(b)$ gibt es genau dann, wenn Rang(A) = n gilt. Dieser Fall, der genau dem gewöhnlichen linearen Ausgleichsproblem entspricht, wurde in Abschn. 4.3 untersucht. Jetzt lassen wir die Voraussetzung Rang(A) = n fallen und werden die SVD verwenden, um den allgemeinen Fall zu analysieren. Dabei werden mehrere Resultate aus Lemma 4.30 verwendet. Aus (ii), (iii) in diesem Lemma folgt dim(Kern(A)) = $n - $Rang($A$), d. h., Kern($A$) $\neq$ {0} genau dann wenn Rang(A) < n gilt. Wegen $Ax = 0$ für $x \in$ Kern(A) sollten solche Vektoren aus dem Kern von A in der Minimierungsaufgabe (4.60) außer Betracht gelassen werden, und somit ergibt sich folgende Aufgabe:

$$\text{Gesucht } x^* \in \mathbb{R}^n, \text{ so dass } Ax^* = P_U(b) \text{ und } x^* \perp \text{Kern}(A). \qquad (4.61)$$

Mit der SVD lässt sich diese Aufgabe wie folgt lösen. Aus Lemma 4.30 ergibt sich r = Rang(A), U = Bild(A) = span$\{u_1, \ldots, u_r\}$ und, mit (4.27), $P_U(b) = \sum_{i=1}^{r} (u_i^T b) u_i$. Wir verwenden für das (gesuchte) x^* die Darstellung $x^* = \sum_{i=1}^{n} \alpha_i v_i$, mit Koeffizienten $\alpha_i \in \mathbb{R}$ (siehe Lemma 4.30). Aus

$$Ax^* = \sum_{i=1}^{n} \alpha_i A v_i = \sum_{i=1}^{r} \alpha_i \sigma_i u_i$$

folgt, dass die Bedingung $Ax^* = P_U(b)$ in (4.61) äquivalent zu $\sum_{i=1}^{r} \alpha_i \sigma_i u_i = \sum_{i=1}^{r} (u_i^T b) u_i$ ist, welche die Koeffizienten

$$\alpha_i = \sigma_i^{-1} (u_i^T b), \quad i = 1, \ldots, r,$$

eindeutig festlegt. Die gesuchte Lösung x^* ist deshalb von der Form

$$x^* = \sum_{i=1}^{r} \sigma_i^{-1} (u_i^T b) v_i + \sum_{i=r+1}^{n} \alpha_i v_i =: x_0^* + y.$$

Wegen $x_0^* = \sum_{i=1}^r \sigma_i^{-1}(u_i^T b)v_i \perp \text{Kern}(A)$, $y = \sum_{i=r+1}^n \alpha_i v_i \in \text{Kern}(A)$ (siehe Abb. 4.6) folgt aus der zusätzlichen Bedingung $x^* \perp \text{Kern}(A)$ in (4.61), dass $y = 0$ gelten muss. Für beliebiges $y \in \text{Kern}(A)$ gilt $\|x^*\|_2^2 = \|x_0^*\|_2^2 + \|y\|_2^2$, und diese Norm ist minimal genau dann, wenn $y = 0$ gilt. Wenn man also die Bedingung $x^* \perp \text{Kern}(A)$ durch die Bedingung „$\|x^*\|_2$ mit minimaler Euklidischer Norm" ersetzt, erhält man dieselbe Lösung $x^* = x_0^*$. Unter Verwendung der Darstellungsformel (4.58) für die Pseudoinverse haben wir jetzt folgenden Satz bewiesen:

Satz 4.35
Es sei $b \in \mathbb{R}^m$, $A \in \mathbb{R}^{m \times n}$. Das allgemeine lineare Ausgleichsproblem 4.4 ist äquivalent zur Aufgabe (4.61). Die eindeutige Lösung dieser Aufgabe ist

$$x^* = \sum_{j=1}^r \sigma_j^{-1}(u_j^T b)v_j = A^\dagger b. \tag{4.62}$$

Matlab-Demo 4.36 (Allgemeines lineares Ausgleichsproblem) Es sei $A = \begin{pmatrix} 1 & 3 & 2 \\ 2 & -1 & 4 \\ 1 & 2 & 2 \end{pmatrix}$, mit $\text{Rang}(A) = 2$. Wir betrachten das allgemeine lineare Ausgleichsproblem mit einem frei wählbaren Vektor $b \in \mathbb{R}^3$. Wir visualisieren (in den orthogonalen U- und V-Basen) die Bestimmung der Lösung $x^* = \sum_{j=1}^2 \sigma_j^{-1}(u_j^T b)v_j$.

Bemerkung 4.37 In Satz 4.35 wird nicht mehr verlangt, dass $m \geq n$ gilt. Der Fall eines *unterbestimmten* Gleichungssystems ist also eingeschlossen. Für den Fall $\text{Rang}(A) = n$ gilt (Bemerkung 4.17) $x^* = (A^T A)^{-1} A^T b$. Aus der Singulärwertzerlegung ergibt sich

$$(A^T A)^{-1} A^T = (V \Sigma^T U^T U \Sigma V^T)^{-1} V \Sigma^T U^T$$
$$= V(\Sigma^T \Sigma)^{-1} \Sigma^T U^T = V \Sigma^\dagger U^T = A^\dagger,$$

was also konsistent zum Ergebnis für den allgemeinen Fall in (4.62) ist. △

Bemerkung 4.38 Für die Kondition des allgemeinen linearen Ausgleichsproblems bezüglich Störungen in den Daten b gilt eine Aussage analog zur der in Satz 4.18. Es seien $x^* = A^\dagger b$, $\tilde{x}^* = A^\dagger \tilde{b}$ und $\cos \Theta = \frac{\|P_U b\|_2}{\|b\|_2}$ (mit $U = \text{Bild}(A)$) wie in Abb. 4.5. Es gilt

$$\|x^*\|_2^2 = \|A^\dagger b\|_2^2 = \sum_{j=1}^r \sigma_j^{-2}(u_j^T b)^2 \geq \sigma_1^{-2} \sum_{j=1}^r (u_j^T b)^2 = \sigma_1^{-2} \|P_U b\|_2^2.$$

Hieraus und mit $\|x^* - \tilde{x}^*\|_2 \le \|A^\dagger\|_2 \|b - \tilde{b}\|_2 = \sigma_r^{-1} \|b - \tilde{b}\|_2$ erhält man

$$\frac{\|x^* - \tilde{x}^*\|_2}{\|x^*\|_2} \le \frac{\sigma_1}{\sigma_r} \frac{\|b\|_2}{\|P_U b\|_2} \frac{\|b - \tilde{b}\|_2}{\|b\|_2} = \frac{\kappa_2^*(A)}{\cos \Theta} \frac{\|b - \tilde{b}\|_2}{\|b\|_2},$$

also eine Ungleichung wie in Satz 4.18. $\triangle$

Das allgemeine lineare Ausgleichsproblem 4.4 kann ebenfalls über eine allerdings involvierte Variante der QR–Zerlegung gelöst werden. Für diesbezügliche Einzelheiten sei auf [DH] verwiesen.

Aus der Darstellung der Lösung als $x^* = A^\dagger b$ ergibt sich eine alternative konstruktive Methode zur Bestimmung der Lösung des allgemeinen linearen Ausgleichsproblems. Dazu sollte aber die Singulärwertzerlegung der Matrix A berechnet werden, was mit erheblich mehr Aufwand verbunden ist als die Lösung des gewöhnlichen linearen Ausgleichsproblems 4.3 über die in Abschn. 4.4 beschriebenen Methoden. Für numerische Methoden zur Berechnung dieser Zerlegung wird auf [GL] verwiesen. In Abschn. 4.5.1 wurde das Thema der Berechnung von Singulärwerten kurz behandelt.

4.6.2 Regularisierung schlecht konditionierter Ausgleichsprobleme

Wir betrachten das allgemeine lineare Ausgleichsproblem 4.4:

$$\begin{cases} \text{Bestimme } x^* \in \mathbb{R}^n \text{ mit minimaler Euklidischer Norm,} \\ \text{für das } \|Ax^* - b\|_2 = \min_{x \in \mathbb{R}^n} \|Ax - b\|_2 \text{ gilt,} \end{cases} \tag{4.63}$$

und nehmen an, dass die (verallgemeinerte) Konditionszahl der Matrix A sehr groß ist: $\kappa_2^*(A) = \frac{\sigma_1}{\sigma_r} \gg 1$. Die eindeutige Lösung dieses Problems ist $x^* = A^\dagger b$. Wir werden den Effekt von Störungen in den Daten b etwas genauer analysieren. Die Daten b und die zugehörige Lösung x^* werden als *exakte* Daten bzw. Lösung bezeichnet. Wir nehmen an, dass *gestörte* Daten $\tilde{b} = b + \Delta b$ vorliegen. Die zugehörige gestörte Lösung ist $\tilde{x}^* := A^\dagger \tilde{b}$. Aus der Darstellungsformel für die Pseudoinverse $A^\dagger$ (4.58) ergibt sich

$$A^\dagger b = x^* = \sum_{j=1}^r \sigma_j^{-1} (u_j^T b) v_j, \tag{4.64a}$$

$$A^\dagger \tilde{b} = \tilde{x}^* = \sum_{j=1}^r \sigma_j^{-1} (u_j^T \tilde{b}) v_j. \tag{4.64b}$$

Daraus folgt $x^* - \tilde{x}^* = \sum_{j=1}^r \sigma_j^{-1} \big(u_j^T (b - \tilde{b}) \big) v_j$, also

$$\|x^* - \tilde{x}^*\|_2 = \left(\sum_{j=1}^r \sigma_j^{-2} \big(u_j^T (b - \tilde{b}) \big)^2 \right)^{\frac{1}{2}}. \tag{4.65}$$

Der Datenfehler lässt sich als $b - \tilde{b} = \sum_{j=1}^m \big(u_j^T (b - \tilde{b}) \big) u_j$ darstellen, also

$$\|b - \tilde{b}\|_2 = \left(\sum_{j=1}^m \big(u_j^T (b - \tilde{b}) \big)^2 \right)^{\frac{1}{2}}.$$

O. b. d. A. können wir $\sigma_1 = 1$ setzen. Wegen $\kappa_2^*(A) \gg 1$ gibt es einige, sagen wir s, strikt positive aber „sehr kleine" Singulärwerte $\sigma_j \ll 1$, $j = r - s + 1, \ldots, r$. Wir betrachten den Fall, in dem die zu den sehr kleinen Singulärwerten gehörenden Datenfehlerkomponenten $|u_j^T (b-\tilde{b})| \gg |u_j^T b|$ erfüllen. Demzufolge kann $|\sigma_j^{-1} u_j^T (b - \tilde{b})|$ in (4.65) extrem groß sein, während $|\sigma_j^{-1} u_j^T b|$ in (4.64a) eine vernünftige Größe hat. In so einem Fall wird *wegen der Division durch den sehr kleinen Singulärwert σ_j eine enorme Fehlerverstärkung auftreten.*

Um den Effekt zu unterdrücken sind sogenannte Regularisierungsmethoden entwickelt worden. Die Grundidee dabei ist, dass man das ursprüngliche (sehr schlecht konditionierte) Problem *durch ein approximatives, aber besser konditioniertes Problem* ersetzt. In der Entwicklung solcher Regularisierungsmethoden geht es dann darum, einen guten Kompromiss zwischen der Konditionsverbesserung und der Problemgenauigkeit zu bestimmen. In diesem Abschnitt werden wir eine grundlegende, auf der Singulärwertzerlegung basierende, Regularisierungsmethode vorstellen.

Bei dieser Methode werden einige der sehr kleinen Singulärwerte durch Null ersetzt. Es ist bequem diese Methode mit folgender Filterfunktion darzustellen:

$$g_\alpha(z) := \begin{cases} 0 & \text{for } z \in [0, \alpha] \\ 1 & \text{for } z \in (\alpha, \infty). \end{cases} \tag{4.66}$$

Hierbei ist $\alpha > 0$ ein noch zu wählender *Regularisierungsparameter.* Bei der *Abgebrochenen Singulärwertzerlegung* („Truncated SVD"; TSVD) wird statt der Lösung $\tilde{x}^* = A^\dagger \tilde{b}$ folgende Annäherung $\tilde{x}_\alpha$ bestimmt:

$$\tilde{x}_\alpha = R_\alpha \tilde{b} := \sum_{j=1}^r g_\alpha(\sigma_j) \sigma_j^{-1} (u_j^T \tilde{b}) v_j. \tag{4.67}$$

Offensichtlich werden in der Annäherung $\tilde{x}_\alpha$ die Komponenten $\sigma_j^{-1}(u_j^T \tilde{b})v_j$ die zu den Singulärwerten $\sigma_j \leq \alpha$ gehören nicht berücksichtigt. Für die Berechnung von $\tilde{x}_\alpha$ wird die Singulärwertzerlegung von A benötigt, was die Methode für Probleme mit hochdimensionalem A unattraktiv macht, siehe Bemerkung 4.46.

Bemerkung 4.39 Es seien $A = U \Sigma V^T$ eine Singulärwertzerlegung und α in (4.67) so gewählt dass $\alpha > \sigma_r$ gilt. Es seien $\hat{r} < r$ so, dass $\sigma_1 \geq \ldots \geq \sigma_{\hat{r}} > \alpha \geq \sigma_{\hat{r}+1} \geq \ldots \geq \sigma_r$, und $\Sigma_\alpha \in \mathbb{R}^{m \times n}$ die Diagonalmatrix mit $(\Sigma_\alpha)_{i,i} = \sigma_i$ für $i \leq \hat{r}$, $(\Sigma_\alpha)_{i,i} = 0$ sonst. Für $\tilde{x}_\alpha$ aus (4.67) gilt $\tilde{x}_\alpha = V \Sigma_\alpha^\dagger U^T \tilde{b} = A_\alpha^\dagger \tilde{b}$, für die Matrix $A_\alpha := U \Sigma_\alpha V^T$. Die Annäherung $\tilde{x}_\alpha$ ist also die Lösung des allgemeinen linearen Ausgleichsproblems mit der Matrix A_α (statt A) und dem Datenvektor $\tilde{b}$. Die Matrix A_α hat eine kleinere Konditionszahl als A: $\kappa_2^*(A_\alpha) = \frac{\sigma_1}{\sigma_{\hat{r}}} < \frac{\sigma_1}{\sigma_r} = \kappa_2^*(A)$. Diese Beobachtung zeigt, dass $\tilde{x}_\alpha$ die Lösung eines approximativen, aber besser konditionierten Problems ist. $\triangle$

Bemerkung 4.40 Die TSVD ist ohne Anpassung für die Spezialfälle, bei denen A vollen Rang hat (dann braucht man die zusätzliche Bedingung „mit minimaler Euklidischer Norm" nicht) oder A sogar invertierbar ist, also $m = n = \text{Rang}(A)$, anwendbar. Im letzteren Fall vereinfacht sich das Ausgleichsproblem zum linearen Gleichungssystem $Ax = b$ (mit einer extrem schlecht konditionierten Matrix A) $\triangle$

Wir zeigen zwei Beispiele, in denen die große Fehlerverstärkung wegen der schlechten Kondition und Effekte der TSVD-Regularisierung verdeutlicht werden.

Beispiel 4.41 Wir betrachten ein lineares Parameterschätzproblem für die Funktion

$$g(t) = x_1 t + x_2 e^t + x_3 t^3 + x_4 \sin t.$$

Die exakten Parameterwerte sind $(x_1^*, x_2^*, x_3^*, x_4^*) = (1.2, 0.6, 1.6, 0.9)$. Beachte, dass in einem Schätzproblem aus der Praxis die exakten Parameterwerte nicht bekannt sind. Für diskrete Punkte $t_i = i \Delta t$, $i = 1, \ldots, 6$, $\Delta t = 0.15$, sind die „perfekten" Daten durch $b_i = g(t_i)$, $i = 1, \ldots, 6$, gegeben. Die Matrix $A \in \mathbb{R}^{6 \times 4}$ des Ausgleichsproblems ist

$$A = \begin{pmatrix} t_1 & e^{t_1} & t_1^3 & \sin t_1 \\ \vdots & \vdots & \vdots & \vdots \\ \vdots & \vdots & \vdots & \vdots \\ t_6 & e^{t_6} & t_6^3 & \sin t_6 \end{pmatrix}. \tag{4.68}$$

Diese Matrix hat vollen Spaltenrang. Das Lösen des gewöhnlichen linearen Ausgleichsproblems mit dem Datenvektor b liefert die exakten Parameterwerte x^* und es gilt sogar $Ax^* = b$ („perfektes Modell"), und deshalb $\Theta = 0$ in dem Konditionsresultat in Satz 4.18. In Matlab wird aus einer Normalverteilung ein Vektor $\delta b = (1.5877 \ -0.8045 \ 0.6966 \ 0.8351 \ -0.2437 \ 0.21570)^T$ bestimmt und wir wählen die Datenstörung $\Delta b := 10^{-2}\delta b$. Es gilt $\|\Delta b\|_2 = 0.021$. Das Lösen des linearen Ausgleichsproblems mit den gestörten Daten $\tilde{b} = b + \Delta b$ liefert die gestörte Lösung $\tilde{x}^* = A^\dagger \tilde{b} = (13.6140\ 0.6209\ -0.3583\ -11.6058)^T$. Obwohl der absolute Datenfehler nur 0.021 ist, ist der Fehler in der Lösung viel größer, nämlich $\|x^* - \tilde{x}^*\|_2 = 17.73$. Weil zur Berechnung der Lösung eine stabile Methode verwendet wurde, muss die Kondition des vorliegenden Ausgleichsproblems schlecht sein. Die (mit Matlab berechneten) Singulärwerte der Matrix A sind $\sigma_1 = 4.8656$, $\sigma_2 = 0.5347$, $\sigma_3 = 0.1784$, $\sigma_4 = 2.81 \cdot 10^{-4}$, und daraus ergibt sich die Konditionszahl $\kappa_2^*(A) = \sigma_1/\sigma_4 = 1.73 \cdot 10^4$. Der (relativ zu den anderen) sehr kleine Singulärwert σ_4 hat wegen $|u_4^T \Delta b| = 5.0 \cdot 10^{-3} \gg |u_4^T b| = 8.7 \cdot 10^{-6}$ einen viel größeren Einfluss auf den Datenfehler als auf die exakten Daten.

Wenden wir jetzt die TSVD-Regularisierung an, wobei (nur) der kleinste Singulärwert σ_4 ignoriert wird, d. h., wir wählen einen Parameterwert $\alpha \in (\sigma_3, \sigma_4)$ und bestimmen $\tilde{x}_\alpha$ aus (4.67). Die berechnete Parameterschätzung ist $\tilde{x}_\alpha = (1.1589\ 0.6129\ 1.6083\ 0.9015)^T$ mit einem Fehler $\|x^* - x_\alpha\|_2 = 0.044$, also ein befriedigendes Resultat. $\triangle$

Matlab-Demo 4.42 (TSVD-Regularisierung) Wir betrachten das Parameterschätzproblem aus Beispiel 4.41. In diesem Matlabexperiment werden der Datenstörungsvektor Δb variiert und Ergebnisse der Methoden ohne und mit Regularisierung verglichen.

Beispiel 4.43 Wir betrachten ein stark vereinfachtes „Entfaltungsproblem". Entfaltungsprobleme („deblurring") treten im Bereich der Bildverarbeitung oft auf. Solche Fragestellungen lassen sich häufig als eine sogenannte Fredholm-Integralgleichung (siehe (4.69)) formulieren und ein elementares mathematisches Modell in diesem Bereich sieht etwa wie folgt aus. Gegeben seien ein Gebiet $\Omega \in \mathbb{R}^d$, eine Funktion $b : \Omega \to \mathbb{R}$ und ein sogenannter Integralkern $k : \Omega \times \Omega \to \mathbb{R}$. Es soll eine Funktion $g : \Omega \to \mathbb{R}$ bestimmt werden, die die Gleichung

$$\int_\Omega k(t, z)g(z)\, dz = b(t), \quad t \in \Omega \qquad (4.69)$$

löst. In der Regel ist der Integralkern eine glatte, strikt positive Funktion, die eine lokale Mittelung (Glättung) der Funktion g bewirkt. Ein typisches Beispiel ist die Gauß-Verteilung $k(t, z) = c \exp\left(-\dfrac{\|t-z\|_2^2}{\sigma}\right)$. In diesem Beispiel betrachten wir die eindimensionale Variante:

$$\int_0^1 e^{-(t-z)^2} g(z)\, dz = b(t) \quad \text{für alle } t \in [0, 1].$$

Diese Gleichung wird mit einer einfachen Methode diskretisiert, siehe Beispiel 3.7. Dazu werden Gitterpunkte $z_j = \left(j - \frac{1}{2}\right)h$, $j = 1, \ldots, n$, $h = \frac{1}{n}$, eingeführt und wir verwenden die Mittelpunktsregel zur Approximation des Integrals:

$$h \sum_{j=1}^{n} e^{-(t-z_j)^2} g_j = b(t) \quad t \in [0, 1],$$

wobei $g_j \approx g(z_j)$, $j = 1, \ldots n$, eine diskrete Annäherung der gesuchten Funktion g ist. Diese diskrete Annäherung soll aus (Mess-)Daten für die Funktion b konstruiert werden. Diese Aufgabe führt auf ein lineares Ausgleichsproblem. Dazu nehmen wir an, dass Daten $b_i = b(t_i)$ auf einem äquidistanten Gitter vorliegen. Dieses Gitter ist nicht notwendigerweise dasselbe wie das für die Integraldiskretisierung verwendete Gitter. Wir wählen in diesem Beispiel ein Gitter $t_i = (i - 1)\tilde{h}$, $i = 1, \ldots, m$, $\tilde{h} = \frac{1}{m-1}$, wobei $m \in \mathbb{N}$ und $m > n$ angenommen wird. Für die unbekannten Annäherungen der Funktionswerte $g(z_j)$ wird die Notation $x_j := g_j$, $j = 1, \ldots, n$, verwendet. Das sich ergebende Gleichungssystem $h \sum_{j=1}^{n} e^{-(t_i-z_j)^2} x_j = b_i$, $1 \leq j \leq n$, $1 \leq j \leq m$, ist überbestimmt. Deshalb wird das lineare Ausgleichsproblem

$$\min_{x \in \mathbb{R}^n} \|Ax - b\|_2, \quad \text{mit } a_{i,j} := h\, e^{-(t_i-z_j)^2}, \ 1 \leq j \leq n, \ 1 \leq j \leq m, \tag{4.70}$$

formuliert. Man kann zeigen dass die Matrix A vollen Rang n hat. Es stellt sich heraus, dass dieses gewöhnliche lineare Ausgleichsproblem extrem schlecht konditioniert ist. Um dies zu illustrieren betrachten wir beispielsweise den konkreten Fall mit $n = 24, m = 50$. Mit Matlab wird die Singulärwertzerlegung der Matrix $A \in \mathbb{R}^{50 \times 24}$ berechnet. In Abb. 4.8 werden die berechneten Singulärwerte $\sigma_1 \geq \sigma_2 \geq \ldots \geq \sigma_{24}$ gezeigt.

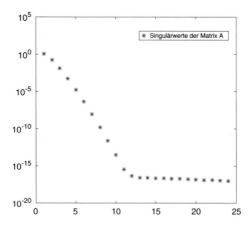

Abb. 4.8 Singulärwerte σ_j, $1 \leq j \leq 24$, der Matrix A

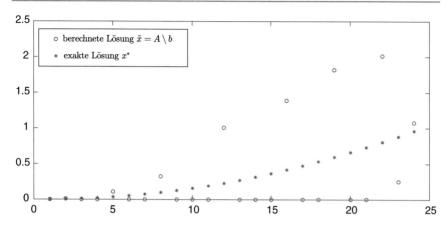

Abb. 4.9 Exakte Lösung x^* und $\tilde{x} = A\backslash b$

Man sieht dass die Singulärwerte σ_j, $j \geq 11$, im Bereich der Maschinengenauigkeit eps $\approx 2 \cdot 10^{-16}$ liegen. Als Schätzung für die Konditionszahl der Matrix A liefert Matlab $\kappa_2^*(A) = \sigma_1/\sigma_{24} = 1.49 \cdot 10^{17}$. Die Abbildung $b \to A^\dagger b$ ist also sehr empfindlich gegenüber Störungen. Dazu folgendes Experiment. Als exakte Lösung g wird die Funktion $g(t) = t^2$ gewählt, was auf die Gitterfunktion $x_j^* = z_j^2$, $1 \leq j \leq 24$ führt, siehe Abb. 4.9. Als Datenvektor nehmen wir den in Matlab berechneten Vektor $b := A \cdot x^*$. Wir betrachten das Ausgleichsproblem (4.70) mit diesem Datenvektor b und lösen es mit einer der in Matlab zur Verfügung stehenden (stabilen) Methoden $(A\backslash b)$. Die berechnete Lösung $\tilde{x} = A\backslash b$ wird in Abb. 4.9 gezeigt und ist wegen der sehr schlechten Kondition des Problems weit von der Lösung x^* entfernt.

Noch viel schlimmer wird es, wenn der Datenvektor $b = A \cdot x^*$ mit einer kleinen Störung versehen wird. Dazu definieren wir $\delta b \in \mathbb{R}^{50}$, mit $(\delta b)_i = (-1)^i$, $1 \leq i \leq 50$, und $\tilde{b} := b + 10^{-4}\delta b$. Der relative Datenfehler hat die Größe $\frac{\|\Delta b\|_2}{\|b\|_2} = 3.5 \cdot 10^{-4}$. Das Lösen des Ausgleichsproblems $\min_{x \in \mathbb{R}^{24}} \|Ax - \tilde{b}\|_2$ mit der stabilen Matlab Methode ($\tilde{x} = A\backslash\tilde{b}$) liefert eine numerische Approximation $\tilde{x}$ mit der Norm $\|\tilde{x}\|_2 = 4.4 \cdot 10^9$, also unsinnige Werte. Um ein (hoffentlich) besseres Ergebnis zu ermitteln verwenden wir die TSVD-Regularisierung. Für unterschiedliche Werte für α wird die regularisierte Lösung $\tilde{x}_\alpha$ aus (4.67) berechnet. Einige Ergebnisse werden in Abb. 4.10 gezeigt. Die relativen Fehler in den berechneten Lösungen, $\frac{\|\tilde{x}_\alpha - x^*\|_2}{\|x^*\|_2}$, sind 0.22 ($\alpha = 10^{-1}$), 0.040 ($\alpha = 10^{-3}$), 0.032 ($\alpha = 10^{-4}$) und 46.9 ($\alpha = 10^{-7}$). Man stellt fest, dass für *geeignet gewähltes* α eine befriedigende Genauigkeit der berechneten Annäherung $\tilde{x}_\alpha$ erreicht werden kann. Ähnliche Effekte beobachtet man wenn ein Fehlervektor $\delta b \in \mathbb{R}^{50}$ mit jeder Komponente aus der Standard-Normalverteilung, $(\delta b)_i \in N(0,1)$, $i = 1, \ldots, 50$, gewählt wird, siehe Matlab-Demo 4.44. Wie in Anwendungen ein „geeigneter Wert" für den Regularisierungsparameter α bestimmt werden kann, ist eine nicht-triviale Frage, die unter Satz 4.45 kurz diskutiert wird. △

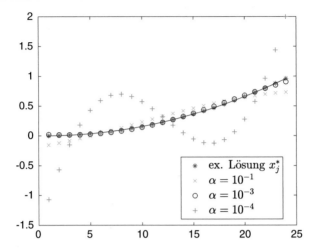

Abb. 4.10 Mit der TSVD-Regularisierung berechnete Annäherung $\tilde{x}_\alpha$

Matlab-Demo 4.44 (**TSVD für Entfaltungsproblem**) Wir betrachten das gewöhnliche lineare Ausgleichsproblem aus Beispiel 4.43. Bei diesem Matlabexperiment wird der Datenstörungsvektor Δb variiert und der Wert für α in der TSVD-Regularisierung kann angepasst werden. Berechnete Ergebnisse für die Fälle ohne und mit Regularisierung werden gezeigt.

Wir leiten für die TSVD-Regularisierung eine Fehlerschranke her, in der der Dämpfungseffekt der Methode erkennbar ist. Dazu wird die Größe

$$A^{\dagger\dagger}b := \sum_{j=1}^{r} \sigma_j^{-2}(u_j^T b)v_j \tag{4.71}$$

eingeführt, welche in Anwendungen oft mit der Glattheit der *exakten* Daten b zusammenhängt.

Satz 4.45
Für die TSVD-Annäherung $\tilde{x}_\alpha$ aus (4.67) gilt:

$$\|\tilde{x}_\alpha - x^*\|_2 \le \min\left\{\frac{1}{\sigma_r}, \frac{1}{\alpha}\right\} \|\Delta b\|_2 + \alpha \|A^{\dagger\dagger}b\|_2. \tag{4.72}$$

Beweis Wir verwenden die Fehleraufspaltung

$$\|\tilde{x}_\alpha - x^*\|_2 = \|(R_\alpha \tilde{b} - R_\alpha b) + (R_\alpha b - A^\dagger b)\|_2$$
$$\leq \|R_\alpha \Delta b\|_2 + \|(R_\alpha - A^\dagger)b\|_2. \qquad (4.73)$$

Wir untersuchen erst den Term $\|R_\alpha \Delta b\|_2$. Aus der Definition der Filterfunktion folgt $g_\alpha(z)z^{-1} \leq \alpha^{-1}$ für alle $z > 0$. Außerdem gilt $g_\alpha(\sigma_j)\sigma_j^{-1} \leq \sigma_r^{-1}$ für alle $j = 1, \ldots, r$. Damit ergibt sich

$$\|R_\alpha \Delta b\|_2^2 = \sum_{j=1}^r g_\alpha(\sigma_j)^2 \sigma_j^{-2}(u_j^T \Delta b)^2 \leq \min\left\{\frac{1}{\sigma_r^2}, \frac{1}{\alpha^2}\right\} \sum_{j=1}^r (u_j^T \Delta b)^2$$
$$\leq \min\left\{\frac{1}{\sigma_r^2}, \frac{1}{\alpha^2}\right\} \|\Delta b\|_2^2.$$

Für den zweiten Term auf der rechten Seite in (4.73) erhält man wegen $|g_\alpha(z) - 1|z \leq \alpha$ für alle $z \geq 0$

$$\|(R_\alpha - A^\dagger)b\|_2^2 = \sum_{j=1}^r \left(g_\alpha(\sigma_j) - 1\right)^2 \sigma_j^{-2}(u_j^T b)^2$$
$$= \sum_{j=1}^r \left[(g_\alpha(\sigma_j) - 1)\sigma_j\right]^2 \sigma_j^{-4}(u_j^T b)^2 \leq \alpha^2 \|A^{\dagger\dagger}b\|_2^2.$$

Kombiniert man die Schranken für die zwei Terme dann ergibt sich das Resultat (4.72). □

Die Schranke (4.72) zeigt: Wenn der Parameter $\alpha > \sigma_r$ gewählt wird, wird der Datenfehler höchstens mit „nur" dem Faktor α^{-1} statt mit σ_r^{-1} vergrößert. Es ist auf der anderen Seite auch klar, dass für zunehmendes α der zweite Term in der Fehlerschranke wächst. Bei der TSVD-Regularisierung wird ein *approximatives* Problem mit einer *besseren Kondition* gelöst. Diese bessere Kondition wird im ersten Term der Fehlerschranke widergespiegelt, während der zweite Term dem Approximationsfehler entspricht. Bei der Wahl eines geeigneten Wertes für den Regularisierungsparameter α geht es im Wesentlichen darum einen guten Kompromiss zwischen der Konditionsverbesserung und der Problemgenauigkeit zu finden. Es gibt sogenannte *Parameterwahlverfahren* (L-Kurve, Diskrepanzprinzip) mit denen solche Parameterwerte bestimmt werden können [Han]. Diese Methoden werden hier aber nicht behandelt.

Bemerkung 4.46 Für die TSVD-Regularisierung eines (schlecht konditionierten) Ausgleichsproblems mit einer Matrix A muss die Singulärwertzerlegung dieser Matrix bestimmt werden. Insbesondere für große Dimensionen ist das ein Nachteil dieser Methode. Es sind Regularisierungsverfahren entwickelt worden bei denen die Bestimmung der SVD vermieden wird. Eine sehr leistungsfähige Methode aus dieser Klasse von Regularisierungsverfahren ist das *Tikhonov-Verfahren*. In Zusammenhang mit der TSVD-Regularisierung kann diese Methode einfach erklärt werden. Statt der Filterfunktion in (4.66) wird eine Funktion

$$\hat{g}_\alpha(z) := \frac{z^2}{z^2 + \alpha^2}, \quad \alpha > 0, \tag{4.74}$$

definiert, welche als geglättete Variante der Funktion in (4.66) betrachtet werden kann. Mit dieser Filterfunktion ist die Tikhonov-Methode wie in (4.67) definiert:

$$\tilde{x}_\alpha = R_\alpha \tilde{b} := \sum_{j=1}^{r} \hat{g}_\alpha(\sigma_j) \sigma_j^{-1} (u_j^T \tilde{b}) v_j. \tag{4.75}$$

Dieses Verfahren hat Regularisierungseigenschaften die sehr ähnlich zu denen der TSVD-Regularisierung sind. Eine sehr wichtige zusätzliche Eigenschaft ist aber folgende. Die Filterfunktion (4.74) der Tikhonov-Methode ist genau so gewählt, dass das Ergebnis $\tilde{x}_\alpha$ der Tikhonov-Regularisierung die Lösung eines gewöhnlichen linearen Ausgleichsproblems ist:

$$\min_x \left\| \begin{pmatrix} A \\ \alpha I \end{pmatrix} x - \begin{pmatrix} \tilde{b} \\ \emptyset \end{pmatrix} \right\|_2 = \left\| \begin{pmatrix} A \\ \alpha I \end{pmatrix} \tilde{x}_\alpha - \begin{pmatrix} \tilde{b} \\ \emptyset \end{pmatrix} \right\|_2. \tag{4.76}$$

Das Resultat (4.76) kann man mit Hilfe der SVD der Matrix A beweisen (Übung 4.19). Die Lösung $\tilde{x}_\alpha$ dieses Ausgleichsproblems kann mit den in Abschn. 4.4 behandelten Verfahren sehr effizient bestimmt werden. Hierbei wird also *die Berechnung der Singulärwertzerlegung vermieden*.   △

4.6.3 Niedrigrangapproximation einer Matrix*

Falls eine Matrix $A \in \mathbb{R}^{m \times n}$ mit sehr großen Werten für die Dimensionen m und n einen niedrigen Rang hat, $r = \text{Rang}(A) \ll \min\{m, n\}$, gibt es im Prinzip Möglichkeiten für eine erhebliche Komplexitätsreduktion im folgenden Sinne. Ausgehend von der Singulärwertzerlegung $A = U \Sigma V^T$, mit Singulärwerten $\sigma_j = 0$ für $j > r$, gilt offensichtlich auch $A = U_r \Sigma_r V_r^T$, wenn U_r, V_r die $(m \times r)$, bzw. $(n \times r)$ Matrizen bezeichnen, die man aus den jeweils ersten r Spalten von U bzw. V bekommt, und $\Sigma_r = \text{diag}(\sigma_1, \ldots, \sigma_r) \in \mathbb{R}^{r \times r}$. Die Anzahl der Einträge der Matrizen U_r, V_r und $\text{diag}(\Sigma_r)$ ist insgesamt $mr + nr + r \approx r(m + n)$, und ist wegen $r \ll \min\{m, n\}$ vieler kleiner als mn (Anzahl der Einträge in A). Die der Matrix A entsprechende lineare Abbildung kann man also in der zerlegten Form $U_r \Sigma_r V_r^T$ viel effizienter darstellen als in der (ursprünglichen) Form A. Direkt hiermit zusammenhängend, folgt aus der Formel (4.57)

$$Ax = U_r \Sigma_r V_r^T x = \sum_{i=1}^{r} \sigma_i (v_i^T x) u_i,$$

dass das Matrix-Vektor Produkt mit dem Aufwand $2r(m+n)$ Flop berechnet werden kann, was viel geringer ist als die direkte Berechnung über $A \cdot x$, welche $2mn$ Flop kostet. Hierbei wird davon ausgegangen, dass die Faktoren U_r, V_r, diag(Σ_r) der SVD bekannt sind. Ein sehr einfaches Beispiel haben wir bei der Householder-Transformation $Q_v := I - 2\frac{vv^T}{v^T v}$, $v \in \mathbb{R}^n \setminus \{0\}$, bereits gesehen. Für die Matrix (Dyade)

$$A = vv^T = \begin{pmatrix} v_1 \\ \vdots \\ v_n \end{pmatrix} (v_1 \ldots v_n) = \begin{pmatrix} v_1 v_1 & \cdots & v_1 v_n \\ \vdots & & \vdots \\ v_n v_1 & \cdots & v_n v_n \end{pmatrix}$$

gilt Rang$(A) = 1$. Es ist evident dass die Matrix A sehr effizient mit nur dem Vektor v dargestellt werden kann und das Matrix-Vektor Produkt Ax sich effizient über $x - 2\frac{v^T x}{v^T v} v$ berechnen lässt.

Wegen dieses Potentials der Komplexitätsreduktion spielen Niedrigrangmatrizen eine wichtige Rolle im Bereich der Datenkompression, siehe Abschn. 4.6.4. Eine direkt hiermit zusammenhängende Frage ist:

Wie gut ist eine Matrix $A \in \mathbb{R}^{m \times n}$ mit einer Matrix niedrigen Ranges approximierbar?

Folgender Satz gibt eine genaue Antwort auf diese Frage. Dazu definieren wir die Menge aller $m \times n$-Matrizen mit Rang höchstens k:

$$\mathcal{R}_k := \{ B \in \mathbb{R}^{m \times n} \mid \text{Rang}(B) \leq k \}, \quad 0 \leq k \leq p = \min\{m, n\}.$$

Es gilt $\{0\} =: \mathcal{R}_0 \subsetneq \mathcal{R}_1 \subsetneq \ldots \subsetneq \mathcal{R}_p = \mathbb{R}^{m \times n}$. Seien U_k, V_k die $(m \times k)$, bzw. $(n \times k)$ Matrizen, die man aus den jeweils ersten k Spalten von U bzw. V bekommt, und $\Sigma_k = \text{diag}(\sigma_1, \ldots, \sigma_k) \in \mathbb{R}^{k \times k}$ $(1 \leq k \leq p)$.

Satz 4.47
Es sei $U^T A V = \Sigma$ eine Singulärwertzerlegung von $A \in \mathbb{R}^{m \times n}$ mit Singulärwerten $\sigma_1 \geq \ldots \geq \sigma_r > \sigma_{r+1} = \ldots = \sigma_p = 0$, $p = \min\{m, n\}$. Für $0 \leq k \leq p - 1$ gilt:

$$\min\{ \|A - B\|_2 \mid B \in \mathcal{R}_k \} = \|A - A_k\|_2 = \sigma_{k+1}, \quad (4.77)$$

mit $A_0 := 0$, $A_k = U_k \Sigma_k V_k$ für $k \geq 1$.

Beweis Für $k \geq r$ gilt $A = A_k$ und $\sigma_{k+1} = 0$. Für $k = 0$ folgt das Resultat aus $\|A\|_2 = \sigma_1$. Wir betrachten nun den Fall $1 \leq k < r$. Die Spalten der Matrizen U und

V werden mit u_i bzw. v_i bezeichnet. Die Matrix A_k hat wegen Lemma 4.30 Rang k, d. h. $A_k \in \mathcal{R}_k$, und

$$\|A - A_k\|_2 = \|U^T(A - A_k)V\|_2$$
$$= \|\operatorname{diag}(\sigma_1, \ldots, \sigma_r, 0, \ldots) - \operatorname{diag}(\sigma_1, \ldots, \sigma_k, 0, \ldots)\|_2 = \sigma_{k+1}.$$
$$(4.78)$$

Es sei nun $B \in \mathcal{R}_k$ beliebig. Dann ist $\dim(\operatorname{Kern}(B)) \geq n - k$, und es muss aufgrund eines Dimensionsarguments

$$\operatorname{Kern}(B) \cap \operatorname{span}\{v_1, \ldots, v_{k+1}\} \neq \{0\}$$

gelten. Es sei $z = \sum_{i=1}^{k+1} \alpha_i v_i$ ein Vektor aus diesem Durchschnitt mit $\|z\|_2 = 1$. Dann ist $\sum_{i=1}^{k+1} \alpha_i^2 = 1$ und $Bz = 0$. Hieraus ergibt sich

$$\|A - B\|_2^2 \geq \|(A - B)z\|_2^2 = \|Az\|_2^2 = \left\| \sum_{i=1}^{k+1} \alpha_i \sigma_i u_i \right\|_2^2$$
$$= \sum_{i=1}^{k+1} \alpha_i^2 \sigma_i^2 \geq \sigma_{k+1}^2 \sum_{i=1}^{k+1} \alpha_i^2 = \sigma_{k+1}^2.$$
$$(4.79)$$

Aus (4.78) und (4.79) folgt die Behauptung. $\qquad\qquad\qquad\qquad\qquad\qquad\square$

Das Resultat (4.77) zeigt, dass $A_k = U_k \Sigma_k V_k$ eine beste Rang-k-Approximation der Matrix A ist und wegen $\|A\|_2 = \sigma_1$

$$\frac{\|A - A_k\|_2}{\|A\|_2} = \frac{\sigma_{k+1}}{\sigma_1} \quad \text{für } 1 \leq k \leq p - 1$$

gilt. In Fällen wobei $\sigma_{k+1} \ll \sigma_1$ und $k \ll p$ ist A_k eine genaue Niedrigrangapproximation der Matrix A.

Matlab-Demo 4.48 (Bildkompression) In diesem Matlabexperiment wird eine Niedrigrangapproximation zur Bildkompression behandelt. Eine Pixelmatrix A der Dimension 450×650 wird mit der besten Rang-k-Approximation A_k aus Satz 4.47 komprimiert. Der Parameter k kann gewählt werden. Das in A_k kodierte komprimierte Bild wird gezeigt und der entsprechende relative Fehler $\frac{\|A - A_k\|_2}{\|A\|_2} = \frac{\sigma_{k+1}}{\sigma_1}$ wird berechnet.

Bemerkung 4.49 Wegen $\kappa_2^*(A_k) = \frac{\sigma_1}{\sigma_k}$ hat für $k < r$ die Approximation $A_k \in \mathcal{R}_k$ im Allgemeinen eine kleinere Konditionszahl als A. Bei sehr schlecht konditionierten Ausgleichsproblemen ist $\kappa_2^*(A)$ extrem groß und wird in der TSVD-Regularisierung, siehe Bemerkung 4.39, die Ausgangsmatrix A durch eine Niedrigrangapproximation A_k ersetzt. Hierbei soll der Wert für k (oder äquivalent für α in (4.66)) „geeignet gewählt" werden, nämlich so, dass ein guter Kompromiss zwischen Verbesserung der Konditionszahl und Approximationsfehler $\|A - A_k\|_2 = \sigma_{k+1}$ erreicht wird.

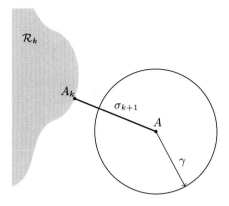

Abb. 4.11 Abstand zwischen $\mathcal{R}_k$ und $K_\gamma(A)$

Es sei $K_\gamma(A) := \{\, B \in \mathbb{R}^{m \times n} \mid \|A - B\|_2 \le \gamma \,\}$ die Kugel im Raum der $m \times n$-Matrizen mit Mittelpunkt A und Radius $\gamma > 0$. Wir formulieren folgende Variante obiger Frage:

Was ist der minimale Rang der Matrizen in $K_\gamma(A)$?

Folgendes Lemma beantwortet diese Frage.

Lemma 4.50 *Es sei $\sigma_{p+1} := 0$. Dann gilt:*

$$\min\{\, \mathrm{Rang}(B) \mid B \in K_\gamma(A) \,\} = \min\{\, 0 \le k \le p \mid \sigma_{k+1} \le \gamma \,\}. \tag{4.80}$$

Beweis Das Resultat (4.77) (das mit $\sigma_{p+1} = 0$ auch für $k = p$ gilt),

$$\min_{B \in \mathcal{R}_k} \|A - B\|_2 = \sigma_{k+1}, \quad 0 \le k \le p,$$

zeigt dass $\mathcal{R}_k \cap K_\gamma(A) \ne \emptyset$ genau dann, wenn $\sigma_{k+1} \le \gamma$ gilt, siehe Abb. 4.11. Der minimale Rang k wird für genau das kleinste k, für das $\sigma_{k+1} \le \gamma$ gilt, erreicht. $\square$

Wir behandeln zwei Folgerungen der Resultate in Satz 4.47 und Lemma 4.50. Das Resultat in Satz 4.47 gibt folgenden Aufschluss über die Kondition der Singulärwerte.

Folgerung 4.51 *Für A und $\tilde{A} = A + \Delta A \in \mathbb{R}^{m \times n}$ mit Singulärwerten $\sigma_1 \ge \ldots \ge \sigma_p$ bzw. $\tilde{\sigma}_1 \ge \ldots \ge \tilde{\sigma}_p$, $p = \min\{m, n\}$, gilt*

$$\frac{|\sigma_k - \tilde{\sigma}_k|}{|\sigma_1|} \le \frac{\|\Delta A\|_2}{\|A\|_2}, \quad \text{für} \quad k = 1, \ldots, p.$$

In diesem Sinne ist das Problem der Singulärwertbestimmung gut konditioniert.

Beweis Aus Satz 4.47 ergibt sich:

$$\tilde{\sigma}_k = \min_{B\in\mathcal{R}_{k-1}} \|\tilde{A} - B\|_2 \le \min_{B\in\mathcal{R}_{k-1}} \|A - B\|_2 + \|\Delta A\|_2 = \sigma_k + \|\Delta A\|_2.$$

Die gleiche Argumentation liefert $\sigma_k \le \tilde{\sigma}_k + \|\Delta A\|_2$. Insgesamt erhält man $|\sigma_k - \tilde{\sigma}_k| \le \|\Delta A\|_2$. $\qquad\Box$

Die zweite Folgerung hängt mit dem Begriff des *numerischen* Rangs einer Matrix zusammen, den wir erst motivieren. In der Praxis wird der Rang einer Matrix in der Regel über die Singulärwerte bestimmt: Falls $\sigma_1 \ge \ldots \ge \sigma_r > \sigma_{r+1} = \ldots = \sigma_p = 0$, so gilt $\mathrm{Rang}(A) = r$. Wenn man also die im Abschn. 4.5.1 behandelte Methode zur Bestimmung der Singulärwerte benutzt, scheint die Aufgabe der Rangbestimmung gelöst zu sein. Es tritt aber folgendes Problem auf: Wenn die Matrix A einen Rang $r < p = \max\{m, n\}$ hat, wird die nach Eingabe in einen Rechner mit Rundungsfehlern behaftete Matrix $\tilde{A}$ fast immer einen Rang $> r$ haben, siehe Beispiel 4.53. Außerdem ist die Abfrage „$\sigma_k = 0$" aufgrund von Rundungsfehlern nicht entscheidbar. Die berechneten Singulärwerte der gestörten Matrix $\tilde{A}$ erlauben aber noch die Bestimmung des sogenannten *numerischen Rangs* der Matrix $\tilde{A}$, d. h. einer Zahl, die man im Hinblick auf Rundung als die Anzahl unabhängiger Spalten von $\tilde{A}$ akzeptiert.

Es seien $A \in \mathbb{R}^{m\times n}$ und $\tilde{A} = (\tilde{a}_{i,j}) = \mathrm{fl}(A) \in \mathbb{R}^{m\times n}$ eine mit Rundungsfehlern behaftete Annäherung von A, wobei $\tilde{a}_{i,j} = a_{i,j}(1 + \epsilon_{i,j})$ mit $|\epsilon_{i,j}| \le$ eps für alle i, j. Daraus folgt $a_{i,j} = \tilde{a}_{i,j}(1 + \tilde{\epsilon}_{i,j})$ mit $|\tilde{\epsilon}_{i,j}| \le$ eps $+\mathcal{O}(\mathrm{eps}^2) \doteq$ eps. Mit $E := (\tilde{a}_{i,j}\tilde{\epsilon}_{i,j}) \in \mathbb{R}^{m\times n}$ ergibt sich

$$\|\tilde{A} - A\|_2 = \|E\|_2 \le \sqrt{m}\|E\|_\infty \le \sqrt{m}\|\tilde{A}\|_\infty \text{ eps}$$
$$\le \sqrt{mn}\|\tilde{A}\|_2 \text{ eps} = \tilde{\sigma}_1\sqrt{mn} \text{ eps} =: \delta_{\mathrm{eps}}.$$

Deswegen definieren wir eine kugelförmige Umgebung von $\tilde{A}$ mit Matrizen, die im Hinblick auf Rundungsfehler nicht von $\tilde{A}$ unterscheidbar sind:

$$K_{\delta_{\mathrm{eps}}}(\tilde{A}) := \{\, B \in \mathbb{R}^{m\times n} \mid \|\tilde{A} - B\|_2 \le \delta_{\mathrm{eps}} \,\}.$$

Die ursprüngliche Matrix A liegt in dieser Kugel. Der *numerische Rang* $\mathrm{Rang}_{\mathrm{num}}(\tilde{A})$ der Matrix $\tilde{A} = \mathrm{fl}(A)$ ist das Minimum aller Ränge der in dieser Kugel enthaltenen Matrizen:

$$\mathrm{Rang}_{\mathrm{num}}(\tilde{A}) := \min\{\, \mathrm{Rang}(B) \mid B \in K_{\delta_{\mathrm{eps}}}(\tilde{A}) \,\}.$$

Das Resultat aus Lemma 4.50 liefert eine Möglichkeit, den numerischen Rang (einfach) zu bestimmen (siehe Abb. 4.12):

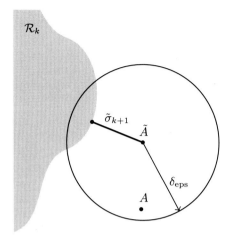

Abb. 4.12 Numerischer Rang: minimales k so dass $\tilde{\sigma}_{k+1} \le \delta_{\mathrm{eps}}$

Folgerung 4.52 *Es sei $\tilde{\sigma}_{p+1} := 0$. Es gilt:*

$$\mathrm{Rang}_{\mathrm{num}}(\tilde{A}) = \min\{\, 0 \le k \le p \mid \tilde{\sigma}_{k+1} \le \tilde{\sigma}_1 \sqrt{mn}\ \mathrm{eps}\,\}. \qquad (4.81)$$

Beispiel 4.53 Es sei $A = \begin{pmatrix} \frac{1}{13} & \frac{1}{7} \\ \frac{2}{13} & \frac{2}{7} \end{pmatrix}$. Auf einem Rechner mit Grundzahl $b = 10$

und Mantissenlänge $m = 4$ (eps $= \frac{1}{2} \cdot 10^{-3}$) wird diese Matrix als $\tilde{A} = \begin{pmatrix} 0.7692 \cdot 10^{-1} & 0.1429 \\ 0.1538 & 0.2857 \end{pmatrix}$ dargestellt. Es gilt Rang$(A) = 1$, Rang$(\tilde{A}) = 2$. Die

(mit Matlab berechneten) Singulärwerte der Matrix $\tilde{A}$ sind $\tilde{\sigma}_1 = 0.3628$, $\tilde{\sigma}_2 = 5.447 \cdot 10^{-6}$. Wegen $\tilde{\sigma}_1 \sqrt{mn}$ eps $= 0.3628 \cdot 10^{-3}$ gilt $\mathrm{Rang}_{\mathrm{num}}(\tilde{A}) = 1$.   △

Beispiel 4.54 Wir betrachten die Matrizen

$$A_1 = \begin{pmatrix} \frac{1}{10} & \frac{1}{3} & 0 \\ \frac{2}{10} & \frac{2}{3} & 3 \\ \frac{3}{10} & \frac{3}{3} & 0 \\ \frac{4}{10} & \frac{4}{3} & 7 \end{pmatrix}, \qquad A_2 = A_1 + 10\ \mathrm{eps} \begin{pmatrix} 1 \\ 0 \\ 0 \\ 0 \end{pmatrix} \begin{pmatrix} 1 & 0 & 0 \end{pmatrix}.$$

Es gilt Rang$(A_1) = 2$, Rang$(A_2) = 3$. Die auf einem Rechner (Maschinengenauigkeit eps $\approx 2 \cdot 10^{-16}$) mit Maschinenzahlen approximierten Versionen werden mit $\tilde{A}_1 = \mathrm{fl}(A_1)$, bzw. $\tilde{A}_2 = \mathrm{fl}(A_2)$ bezeichnet. Die (in Matlab) berechneten Singulärwerte dieser Matrizen sind

$$7.776,\ 1.082,\ 1.731 \cdot 10^{-16}\ \text{für } A_1, \quad 7.776,\ 1.082,\ 2.001 \cdot 10^{-15}\ \text{für } A_2.$$

In beiden Fällen sind die drei berechneten Singulärwerte strikt positiv, jedoch gilt

$$\mathrm{Rang}_{\mathrm{num}}(\tilde{A}_1) = \mathrm{Rang}_{\mathrm{num}}(\tilde{A}_2) = 2.$$

In der Praxis würde man hieraus schließen, dass beide Matrizen den Rang 2 haben.   △

Für eine Matrix $\tilde{A} = \mathrm{fl}(A) \in \mathbb{R}^{n \times n}$ kann also durchaus $\det(\tilde{A}) \neq 0$ gelten obwohl $\mathrm{Rang}_{\mathrm{num}}(\tilde{A}) < n$ ist. In diesem Fall ist die Matrix *numerisch* nicht sinnvoll invertierbar.

Matlab-Demo 4.55 (**Numerischer Rang**) In Matlab wird im Entscheidungskriterium (4.81) statt der Schranke $s_1 := \tilde{\sigma}_1 \sqrt{mn}$ eps die (für $m \neq n$) größere Schranke $s_2 := \tilde{\sigma}_1 \max\{m, n\}$ eps verwendet (siehe Matlab Aufruf HELP RANK). Wir betrachten, für $m \geq 4$, die $m \times 3$-Matrix

$$B = \frac{1}{13} \begin{pmatrix} 1 \\ 2 \\ \vdots \\ m \end{pmatrix} \begin{pmatrix} 1 & 0 & 0 \end{pmatrix} + \frac{1}{7} \begin{pmatrix} 1 \\ 2 \\ \vdots \\ m \end{pmatrix} \begin{pmatrix} 0 & 1 & 0 \end{pmatrix}$$

mit $\mathrm{Rang}(B) = 1$, und die gestörte Matrix

$$A(\delta_1, \delta_2) := B + \mathrm{eps}\, m^{3/2} \big(\delta_1 e_2 \begin{pmatrix} 0 & 1 & 0 \end{pmatrix} + \delta_2 e_3 \begin{pmatrix} 0 & 0 & 1 \end{pmatrix} \big),$$

wobei $e_j \in \mathbb{R}^m$, $1 \leq j \leq m$, den j-ten Basisvektor bezeichnet und die Werte $\delta_1, \delta_2 \in \mathbb{R}$ wählbare Parameter sind. In diesem Matlab Programm wird für die zwei Varianten mit den Schranken s_1, s_2 der numerischer Rang der Matrix A bestimmt. Die Parameterwerte δ_1, δ_2 und die Dimension m kann man variieren.

4.6.4 Datenkompression, Dimensionsreduktion

Dieser Abschnitt dient in erster Linie als eine Sammlung von Hinweisen zu Anwendungen der SVD, die im Kern mit Datenkompression und Dimensionsreduktion zu tun haben. Eine ausführliche Behandlung würde den Rahmen sprengen. Der den nachstehenden Beispielen zugrunde liegende Kerngedanke lässt sich folgendermaßen zusammenfassen: Die Singulärwerte einer Matrix sind alle bis auf wenige sehr klein, wenn die Spalten der Matrix näherungsweise in einem entsprechend niedriger dimensionalen Teilraum liegen, der von den zu den dominanten Singulärwerten gehörenden Spalten der Matrix U aufgespannt wird. Die SVD identifiziert in diesem Sinne den Teilraum, der schon die wesentlichen Informationen enthält.

Effiziente Matrix-Vektor Multiplikation

Dieses Beispiel deutet an, wie die SVD Rechenaufwand reduzieren kann. Bei der Diskretisierung von Integralgleichungen erhält man vollbesetzte Matrizen. Dadurch steigt der Rechenaufwand im Rahmen iterativer Lösungsverfahren enorm. Gerade bei hochdimensionalen Problemen, die nur approximativ (über Iteration) gelöst werden können, kann eine *fehlerkontrollierte näherungsweise* Matrix-Vektor Multiplikation erheblich zur Komplexitätsreduktion beitragen. Satz 4.47 deutet an, wie man eine gegebene Matrix A durch eine Matrix A_k niedrigeren Ranges approximieren kann. Ersetzt man A durch A_k, gilt aufgrund von (4.77) $\|A - A_k\|_2 = \sigma_{k+1}$. Während der Aufwand für Ax von der Ordnung $2mn$ Flop ist, reduziert sich dies bei $A_k x$ auf $2k(n + m)$ Flop, wenn man zuerst $V_k^T x = y$, $\Sigma_k y = z$ und schließlich $U_k z$ berechnet. Der Fehler bleibt dabei von der Größenordnung σ_{k+1}. Dies ist signifikant, wenn $k \ll n \leq m$. Wenn man im (4.80) für γ die Zielgenauigkeitsgröße wählt, zeigt das Resultat in Lemma 4.50, wie man den minimalen k-Wert bestimmen kann.

Nun haben natürlich insbesondere hochdimensionale vollbesetzte Matrizen im Allgemeinen keine sehr gute Niedrigrangapproximationen, so dass dieses Vorgehen generell nicht unbedingt hilft, zumal die Berechnung der SVD bei großen Matrizen sehr teuer ist. Bei vielen vollbesetzten Matrizen, gerade im Bereich der Integralgleichungen, kann man aber zeigen, dass immer größere Teilblöcke immer besser durch Niedrigrangmatrizen angenähert werden können, je weiter man von der Diagonalen wegrückt. Den obigen Effekt kann man dann stückweise bei entsprechenden Matrix-Teilblöcken verwenden, um eine näherungsweise Matrix-Vektor Multiplikation mit fast linearem Aufwand zu realisieren. Dies ist die Grundidee der Methode der *Hierarchischen Matrizen* [Ha2].

Bildkompression

Die schnelle Übertragung eines (Schwarz-weiß-) Bildes verlangt eine Kodierung der Grauwerte in eine möglichst kurze Bit-Sequenz. Jeden Pixel-Grauwert binär darzustellen würde immensen Speicherplatz erfordern. Die Bildkompression sucht nach effizienteren Speicherformaten. Fasst man ein digitales Bild als „Pixel-Matrix" A auf, sind häufig benachbarte Pixel-Spalten ähnlich bzw. stark korreliert. Man kann also erwarten, dass die SVD der Matrix relativ wenig (im Vergleich zur Gesamtdimension) dominante Singulärwerte hat. Nach derselben Argumentation wie im vorherigen Beispiel würde deshalb eine Niedrigrangapproximation von A die Kodierung wesentlich weniger Einträge verlangen. Allerdings ist diese Methode mittlerweile durch moderne Transformationsmethoden (Wavelet-Transforation, Lokale Kosinus-Transformation) verdrängt worden.

Hauptkomponentenanalyse – Principal Component Analysis (PCA)

Zu analysierende, große Datensätze lassen sich als „Punktwolke" $\{a_1, \ldots, a_n\}$ im $\mathbb{R}^m$ auffassen. Die Punktwolke entspricht dann der Matrix $A \in \mathbb{R}^{m \times n}$ mit den Spalten a_i, $i = 1, \ldots, n$. Kernfragen der künstlichen Intelligenz betreffen z. B. die Zuordnung einzelner Punkte der Wolke zu Gruppen mit ähnlichen Eigenschaften (Klassifizierung, Cluster-Analyse). Ein typisches Beispiel ist die Gesichtserkennung. Jedes einzelne Bild wird dabei als „Punkt" im Sinne eines m-Tupels aufgefasst und die Frage ist, ob zwei solcher Punkte dasselbe Gesicht darstellen. In der Bildverarbeitung wird die PCA auch *Karhunen-Loève-Transformation* genannt. Häufig sind diese Punkte auch Stichproben im Rahmen eines statistischen Modells. Dies trägt dem Umstand Rechnung, dass bei der Aufnahme der Daten Fehler entstehen. Das Kernziel der *Hauptkomponentenanalyse* ist es, gegebene Datenpunkte a_i so in einen k-dimensionalen Unterraum $\mathbb{R}^k$ mit $k \ll n$ zu projizieren, dass dabei möglichst wenig Information verloren geht und vorliegende Redundanz in Form von Korrelation in den Datenpunkten zusammengefasst wird. Dabei kann man die PCA zur Analyse solcher Datensätze als schrittweise *beste gleichzeitige Approximation* der Daten durch paarweise orthogonale Geraden durch den Ursprung (also eindimensionale Teilräume) verstehen. Im ersten Schritt wird diejenige Gerade G_1 durch den Ursprung gesucht, die die Summe der Quadrate der Abstände der Punkte zu G_1 minimiert. Da G_1 durch einen Einheitsvektor u ($\|u\|_2 = 1$) festgelegt ist, ist für eine solche gegebene Richtung u der Abstand von a_i zur Geraden in Richtung u gerade durch $\|a_i - P_{U_1}(a_i)\|_2$ gegeben, wobei P_{U_1} die orthogonale Projektion auf den Teilraum $U_1 = \{tu : t \in \mathbb{R}\} \subset \mathbb{R}^m$ ist. Wegen $P_{U_1}(a_i) = (u^T a_i)u$ (siehe Folgerung 4.13) liefert der erste Schritt der PCA also

$$u^1 = \underset{\substack{u \in \mathbb{R}^m \\ \|u\|_2 = 1}}{\operatorname{argmin}} \sum_{i=1}^n \|a_i - (u^T a_i)u\|_2^2. \tag{4.82}$$

Wegen $\operatorname{Spur}(A^T A) = \sum_{i=1}^n (A^T A)_{i,i} = \sum_{i=1}^n \sum_{j=1}^m a_{i,j}^2 = \sum_{i=1}^n \|a_i\|_2^2$ erhält man

$$\sum_{i=1}^n \|a_i - (u^T a_i)u\|_2^2 = \sum_{i=1}^n \|a_i\|_2^2 - 2(a_i)^T (u^T a_i)u + (u^T a_i)^2$$

$$= \sum_{i=1}^n \|a_i\|_2^2 - (u^T a_i)^2$$

$$= \operatorname{Spur}(A^T A) - \|A^T u\|_2^2$$

$$= \operatorname{Spur}(A^T A) - u^T A A^T u.$$

Somit ist die Bestimmung von u^1 äquivalent zur Maximierung von $u^T A A^T u$ unter der Nebenbedingung $u^T u = \|u\|_2^2 = 1$. Das bedeutet aber gerade, dass u^1 ein Eigenvektor der Matrix $A A^T$ zu einem maximalen Eigenwert ist. Nach Lemma 4.30(i) ist $A A^T u_1 = \sigma_1^2 u_1$, und deshalb ist der Eigenvektor u^1 die erste Spalte der Matrix U in der SVD mit maximalem Eigenwert σ_1^2. Wiederholt man nun (4.82) unter der zusätzlichen Maßgabe, dass u^{k+1} senkrecht zu den u^i, $i \leq k$, steht, beschreibt dieses Vorgehen die sukzessive Bestimmung einer Eigenbasis der Matrix $A A^T$ zu Eigenwerten mit absteigender Größe. Nach Lemma 4.30 ist dies aber gerade gleichbedeutend mit der Berechnung der ersten k Spalten der Matrizen U, Σ aus der SVD von A.

Bemerkung 4.56 Eine Abfolge von aufeinander aufbauenden Optimierungsschritten wird oft als „Greedy" Methode bezeichnet. Man kann also die SVD insbesondere über eine solche Greedy Methode generieren und charakterisieren.

Sind insbesondere die a_i Stichproben einer multivariaten Zufallsvariablen mit m Merkmalen, so ist AA^T gerade die entsprechende *Kovarianzmatrix,* die durch die PCA diagonalisiert wird. Die oben beschriebene Optimierung der Geraden kann dann so interpretiert werden, dass die erste Gerade die Varianz in dieser Richtung *maximiert.* Die Richtung u^1 stellt also den größten Anteil an der Gesamtvarianz der Daten. Dies liefert auch die Grundlage der Anwendung der PCA in der *Cluster-Analyse* – die Richtung mit der maximalen Streuung liefert die meiste Information. Bei Normalverteilung mit Erwartungswert 0 sind die so generierten Komponenten u^i unkorreliert und *statistisch unabhängig.* In diesem Fall ist die PCA eine „optimale Methode". Ist die zugrunde liegende Verteilung nicht normal, ist die statistische Unabhängigkeit nicht gewährleistet.

Wendet man beispielsweise die PCA auf das Kaufverhalten von Konsumenten an, enthält a_i die Merkmale der Konsumentenstichprobe wie sozialen Status, Einkommen, Schulden, Eigentumsverhältnisse, Alter, Geschlecht, etc., die möglicherweise latente Faktoren beim Kaufverhalten sind. Hat man sehr viele Merkmale, m ist groß, kann die PCA helfen, die wesentlichen, möglicherweise wenigen, Merkmale herauszufiltern, um so die Werbung zu optimieren. Man redet dann auch von *Faktoranalyse.* In der Bildanalyse wird sie beispielsweise zur Fernerkundung eingesetzt, um so Rückschlüsse aus Satellitenbildern ziehen zu können. Im maschinellen Lernen wird die PCA zur *Merkmalstrennung* und *Mustererkennung* verwendet.

Modellreduktion

Bei Hochtechnologie-Entwicklungen geht es meist um die optimale Auslegung eines komplexen Entwurfs oder um die optimale Steuerung komplexer Prozesse. Derartige Aufgaben lassen sich oft als Optimierungsproblem unter Nebenbedingungen formulieren. Die zu optimierenden „Zustände" y sollen ein Zielfunktional $J(y)$ unter der Nebenbedingung optimieren, dass die Zustände y den Gesetzmäßigkeiten des zugrunde liegenden Prozesses genügen. Diese Gesetzmäßigkeiten lassen sich oft als Differentialgleichungen formulieren, die von *Parametern* $p \in \mathcal{P}$ abhängen. Abstrakt bedeutet dies, dass die zulässigen zu optimierenden Zustände also durch $y = y(p)$ mit

$$F(y(p), p) = 0, \quad p \in \mathcal{P}, \qquad (4.83)$$

gekennzeichnet sind. Optimierungsverfahren können sich nur inkrementell an die Optimallösung herantasten. Dies erfordert typischerweise die Berechnung von $y(p)$ für sehr viele Design-Parameter p. Dies wiederum verlangt jedes mal die hinreichend genaue Lösung von möglicherweise riesigen Gleichungssystemen, die sich bei der Diskretisierung von (4.83) ergeben. Um diesen eventuell inakzeptablen Rechenaufwand zu reduzieren, kann man versuchen, die Zustände $y(p)$, $p \in \mathcal{P}$, durch Elemente eines speziellen, dem Problem angepassten Raumes X_k mit hinreichender Genauigkeit zu approximieren, dessen Dimension k gegebenenfalls viel kleiner ist, als die (riesige) Anzahl der Freiheitsgrade m, die eine generische Diskretisierungsmethode mit vergleichbarer Genauigkeit erfordern würde. Eine Möglichkeit, einen solchen Raum zu generieren, lautet folgendermaßen. Man bestimmt zunächst „offline" mit Hilfe einer (hochgenauen) generischen Methode „Schnappschüsse" $y_i = y(p_i)$ für geeignete Parameter $p_i \in \mathcal{P}, i = 1, \ldots, n$. Dieser Vorbearbeitungsschritt muss nur einmal gemacht werden und verläuft getrennt von der eigentlichen Optimierung. Die y_i bilden wieder eine Punktwolke (im $\mathbb{R}^m$). Die SVD der entsprechenden Matrix $Y = U \Sigma V^T \in \mathbb{R}^{m \times n}$ zeigt dann mit welcher Genauigkeit die Auswahl von der k ersten Spalten U_k von U alle Schnappschüsse in Y approximieren. Dieser Teilraum U_k liefert ein *reduziertes Modell*. Die Projektion der Lösung von (4.83) in U_k verlangt in jedem Optimierungsschritt nur noch die Lösung von Problemen mit $k \ll n \leq m$ Unbekannten. Das skizzierte Vorgehen wird als *Proper Orthogonal Decomposition* (POD) bezeichnet und gehört zu den sicher meist verwendeten Modellreduktionsmethoden.

Hierarchische Tensormethoden
Eine neuere Vorgehensweise, die ebenfalls als Modellreduktion verstanden werden kann, zielt auf möglichst dünnbesetzte Approximationen von tensorwertigen Größen ab. Angenommen man hat eine partielle Differentialgleichung in d Variablen. Bei der elektronischen Schrödinger-Gleichung der Quantenchemie ist d die Anzahl der involvierten Teilchen, kann also sehr groß sein. Bei der Diskretisierung über einem d-dimensionalen Gitter werden die Gitterpunkte mit d-Tupeln indiziert. Die unbekannte Lösung ist dann formal ein Tensor der Ordnung d. Genau wie bei der Niedrigrangapproximation von Matrizen (Tensoren der Ordnung $d = 2$) versucht man analoge „Niedrigrangapproximationen" zu verwenden. Leider gibt es für $d > 2$ kein vollständiges Analogon zur SVD. Eine Möglichkeit, sich zu behelfen liegt in einer *hierarchischen* Anwendung der SVD. Man spaltet die d Variablen in zwei Gruppen und benutzt die kürzeren Multi-Indizes als Spalten- bzw. Zeilenindizierung einer so erhaltenen *Matrizisierung* des ursprünglichen Tensors. Diese Matrix wird dann über eine SVD zerlegt und in entsprechende Unterräume komprimiert. Mit diesen Teilräumen verfährt man analog, bis man die eindimensionale Indizierung erhält. Eine ausführliche Entwicklung solcher Methoden findet man in [Ha3].

4.7   Zusammenfassung

Wir fassen die wichtigsten Ergebnisse dieses Kapitels zusammen und greifen dabei auf Abschn. 4.1.3 zurück. Es seien $A \in \mathbb{R}^{m \times n}$, $b \in \mathbb{R}^m$. Bei dem linearen Ausgleichsproblem $\min_x \| Ax - b \|_2$ wird ein $x \in \mathbb{R}^n$ gesucht, so dass $Ax = P_U(b)$ gilt, wobei $P_U(b)$ die eindeutige orthogonale Projektion von b auf $U = \text{Bild}(A)$ ist. Es gilt $Ax = P_U(b)$ genau dann, wenn x eine Lösung der *Normalgleichungen* $A^T A x = A^T b$ ist. Die Lösung von $Ax = P_U(b)$ ist genau dann eindeutig, wenn A vollen Spaltenrang hat: $\text{Rang}(A) = n$. Eine lineare Ausgleichsaufgabe mit $\text{Rang}(A) = n$ (in Anwendungen der Normalfall) wird eine *gewöhnliche lineare Ausgleichsaufgabe* genannt, siehe Aufgabe 4.3. Im allgemeinen Fall, d. h. ohne Voraussetzungen an die Matrix A, wird aus der Lösungsmenge $\{\, x \mid Ax = P_U(b)\,\}$ mit der *zusätzlichen Bedingung* $x \perp \mathrm{Kern}(A)$ eine eindeutige Lösung festgelegt. Dies entspricht der *allgemeinen linearen Ausgleichsaufgabe* 4.4. Im Zusammenhang mit diesen Problemstellungen wurden folgende Konzepte und Themen behandelt:

- *Kondition.* Die Kondition des linearen Ausgleichsproblems bezüglich Störungen in b (und ggf. A) hängt von der *Konditionszahl der Matrix A* und vom *Winkel zwischen b und* Bild(A) (siehe Abb. 4.5) ab: Sätze 4.18, 4.20 und Bemerkung 4.38.
- *Orthogonale Projektion auf einen Unterraum.* Die orthogonale Projektion liefert die eindeutige Lösung der *Best-Approximation-Aufgabe* 4.8. Die Berechnung der orthogonalen Projektion $P_U(v)$ ($v \in V$, $U \subset V$ ein endlichdimensionaler Unterraum) läuft im Allgemeinen auf die Lösung eines Gleichungssystems mit der symmetrisch positiv definiten Gram-Matrix hinaus. Wenn man eine Orthonormalbasis von U zur Verfügung hat, lässt sich $P_U(v)$ besonders einfach bestimmen, siehe Folgerung 4.13.
- *Matrixfaktorisierung: die Singulärwertzerlegung (SVD).* Jede Matrix $A \in \mathbb{R}^{m \times n}$ lässt sich als

$$A = U \Sigma V^T,$$

mit orthogonalen Matrizen $U \in \mathbb{R}^{m \times m}$, $V \in \mathbb{R}^{n \times n}$ und einer Diagonalmatrix $\Sigma \in \mathbb{R}^{m \times n}$, zerlegen. Wichtige Eigenschaften dieser Zerlegung werden in Lemma 4.30 formuliert (siehe auch Abb. 4.6 und 4.7). Einen Vergleich dieser Faktorisierung mit anderen Matrixfaktorisierungen findet man in Abschn. 4.5.2. Über die Singulärwertzerlegung wird die eindeutige *Pseudoinverse* $A^{\dagger} := V \Sigma^{\dagger} U^T$ definiert. Die *Lösung des allgemeinen linearen Ausgleichsproblems* ist $x^* = A^{\dagger} b$.

Effiziente numerische Verfahren zur Lösung des gewöhnlichen linearen Ausgleichsproblems:

- Über die *Cholesky-Zerlegung* der Matrix $A^T A$ kann die Lösung der Normalgleichungen bestimmt werden. Der Aufwand dieser Methode beträgt für das Householder Verfahren (für den Fall $m \gg n$) ca. mn^2 Flop. Nachteil dieser Vorgehensweise ist, dass die Rundungsfehlerverstärkung durch $\kappa_2(A^T A) = \kappa_2(A)^2$ (statt $\kappa_2(A)$) beschrieben wird.
- Beim *Lösen über die QR-Zerlegung* wird eine QR-Zerlegung $QA = R$ bestimmt und mit dem $n \times n$-Oberteil der Dreiecksmatrix R ein Gleichungssystem gelöst. Der Aufwand dieses Verfahrens beträgt (für den Fall $m \gg n$) ca. $2mn^2$ Flop. Die Methode ist *sehr stabil* und insbesondere wird das „Quadrieren der Konditionszahl" vermieden.

Auf eine Behandlung effizienter Methoden zur Bestimmung der Singulärwertzerlegung haben wir verzichtet. Es wurde nur ein Verfahren zur Berechnung der Singulärwerte einer Matrix behandelt. Über geeignete Links- und Rechtsmultiplikationen mit Householder-Transformationen kann eine (beliebige) Matrix A in eine Matrix B mit oberer (oder unterer) *Bidiagonalgestalt* transformiert werden. Die

Singulärwerte der Matrix A sind die Wurzeln der *Eigenwerte der Tridiagonalmatrix $B^T B$*. Wegen der Tridiagonalstruktur kann man diese Eigenwerte sehr effizient bestimmen und damit ergibt sich eine *effiziente Methode zur Berechnung der Singulärwerte von A*.

Die Singulärwertzerlegung spielt nicht nur bei dem allgemeinen linearen Ausgleichsproblem eine wichtige Rolle, sondern auch in vielen anderen Anwendungsbereichen, zum Beispiel beim maschinellen Lernen oder der Bild- und Datenanalyse. Zwei Beispiele wurden behandelt:

- *Die abgebrochene Singulärwertzerlegung (TSVD) zur Regularisierung schlecht konditionierter linearer Ausgleichsprobleme.* Falls bei so einem Problem gestörte Daten $\tilde{b}$ vorliegen, wird statt der gestörten Lösung $\tilde{x}^* = A^\dagger \tilde{b} = V \Sigma^\dagger U^T \tilde{b}$ eine Annäherung $\tilde{x}_\alpha = V \Sigma_\alpha^\dagger U^T \tilde{b}$ bestimmt. In der Matrix Σ_α werden alle Singulärwerte (Diagonaleinträge) der Matrix Σ mit $0 < \sigma_j \leq \alpha$ auf Null gesetzt. Die Annäherung $\tilde{x}_\alpha$ ist die Lösung eines *approximativen aber besser konditionierten* Problems, siehe Bemerkung 4.39.
- Anhand der Singulärwertzerlegung kann eine *beste Niedrigrangapproximation einer Matrix* identifiziert werden (Satz 4.47). Außerdem ist der minimale Rang aller Matrizen in der Kugel mit Mittelpunkt A und Radius $\gamma > 0$ gerade der kleinste Wert $k \in \{0, 1, \dots, p\}$ für den $\sigma_{k+1} \leq \gamma$ gilt ($p := \min\{m, n\}, \sigma_{p+1} := 0$). Diese Eigenschaft wird verwendet, um den Begriff des *numerischen Ranges* einer Matrix zu definieren.

In einem etwas breiteren Sinne (siehe Abschn. 4.6.4) kann die SVD zur Identifikation eines Teilraumes, in dem schon die „wesentlichen Informationen" enthalten sind, verwendet werden. Deshalb gibt es viele Anwendungen der SVD, die im Kern mit Datenkompression und Dimensionsreduktion zu tun haben. Einige Beispiele davon wurden in Abschn. 4.6.4 kurz skizziert:

- *Effiziente Matrix-Vektor Multiplikation.* Hierbei wird $A \cdot x$ durch $A_k \cdot x$, mit einer Niedrigrangapproximation A_k, ersetzt.
- *Bildkompression.* Die „Pixel-Matrix" A wird durch eine Niedrigrangapproximation A_k ersetzt.
- *Hauptkomponentenanalyse* (auch PCA oder Karhunen-Loève-Transforma-tion genannt). Das Kernziel hierbei ist, gegebene Datenpunkte a_i, $i = 1, \dots, n$ (Vektoren in $\mathbb{R}^m$), so in einen k-dimensionalen Unterraum, mit $k \ll n$, zu projizieren, dass dabei möglichst wenig Information verloren geht und vorliegende Redundanz zusammengefasst wird. Die Methode der Hauptkomponentenanalyse ist gleichbedeutend mit der Berechnung der ersten k Spalten der Matrizen U, Σ aus der SVD.
- *Modellreduktion.* Hierbei wird die SVD verwendet, um ein reduziertes Modell zu bestimmen.
- *Hierarchische Tensormethoden.* Über einen hierarchischen Ansatz kann eine SVD zur Niedrigrangapproximation von Tensoren höherer Ordnung verwendet werden.

4.8 Übungen

Übung 4.1 Es sei $A \in \mathbb{R}^{m \times n}$. Zeigen Sie, dass für alle $x \in \mathbb{R}^n$ die Äquivalenz $A^T A x = 0 \Leftrightarrow A x = 0$ gilt. Beweisen Sie, dass $A^T A$ genau dann nichtsingulär ist, wenn Rang$(A) = n$ gilt.

Übung 4.2 Es sei $A \in \mathbb{R}^{m \times n}$ eine Matrix mit unabhängigen Spalten. Zeigen Sie, dass die Matrix $A^T A$ symmetrisch positiv definit ist.

Übung 4.3 Es sei $A \in \mathbb{R}^{m \times n}$ ($m > n$) eine Matrix mit unabhängigen Spalten, d. h. Rang $A = n$, und

$$QA = R = \begin{pmatrix} \tilde{R} \\ \emptyset \end{pmatrix},$$

wobei $Q \in \mathcal{O}_m(\mathbb{R})$ und $\tilde{R}$ eine obere $n \times n$-Dreiecksmatrix ist. Zeigen Sie, dass $\tilde{R}$ nichtsingulär ist.

Übung 4.4 Es seien $A \in \mathbb{R}^{m \times n}$, $b \in \mathbb{R}^m$ und $\phi : \mathbb{R}^n \to \mathbb{R}$ mit

$$\phi(x) := \frac{1}{2} \|Ax - b\|_2^2$$

gegeben. Zeigen Sie, dass für den Gradienten $\nabla \phi(x)$,

$$\nabla \phi(x) = A^T (Ax - b).$$

gilt.

Übung 4.5 Es seien

$$A = \begin{pmatrix} 1 & 0 \\ 0 & 1 \\ 0 & 0 \end{pmatrix}, \quad b = \begin{pmatrix} 0.01 \\ 0 \\ 1 \end{pmatrix}, \quad \tilde{b} = b + \Delta b = \begin{pmatrix} 0.0101 \\ 0 \\ 1 \end{pmatrix}$$

gegeben.

a) Lösen Sie die Ausgleichsprobleme

$$\|Ax^* - b\|_2 = \min_{x \in \mathbb{R}^2} \|Ax - b\|_2 \quad \text{und}$$

$$\|A\tilde{x} - \tilde{b}\|_2 = \min_{x \in \mathbb{R}^2} \|Ax - \tilde{b}\|_2$$

über die Methode der Normalgleichungen.

b) Berechnen Sie $\kappa_2(A) = \sqrt{\kappa_2(A^T A)}$ und $\cos \Theta = \frac{\|Ax^*\|_2}{\|b\|_2}$.

c) Zeigen Sie, dass in diesem Beispiel

$$\frac{\|x^* - \tilde{x}\|_2}{\|x^*\|_2} \approx \frac{\kappa_2(A)}{\cos \Theta} \frac{\|b - \tilde{b}\|_2}{\|b\|_2} \gg \kappa_2(A) \frac{\|b - \tilde{b}\|_2}{\|b\|_2}$$

gilt.

Übung 4.6 Formulieren Sie die folgenden beiden Probleme (beispielsweise durch Einführung geeigneter Variablen) so um, dass lineare Ausgleichsprobleme entstehen:

a) Gesucht sind die beiden Parameter a und b der Funktion $f(t) := ae^{bt}$, sodass gegebene Datensätze (t_i, y_i) für $i = 1, \ldots, m$ die Gleichung $f(t) = y$ möglichst gut erfüllen.
b) Ein Rechteck wird vermessen. Dabei erhält man für die beiden Seiten die Längen 9 cm bzw. 13 cm und für die Diagonale die Länge 16 cm. Welches Format für das Rechteck lassen diese Messungen vermuten?

Übung 4.7 Gegeben sind die Messwerte

i	1	2	3
t_i	0.5	1	2
y_i	3	1	1

für eine Größe $y(t)$, die einem Bildungsgesetz der Form

$$y(t) = \frac{\alpha}{t} + \beta$$

genügen. Bestimmen Sie $\alpha, \beta \in \mathbb{R}$ optimal im Sinne der Gaußschen Fehlerquadratmethode, indem Sie

a) $\Phi(\alpha, \beta) := \sum_{i=1}^{3} (y(t_i) - y_i)^2$ minimieren,
b) zu den Normalgleichungen übergehen.

Übung 4.8 Stark vereinfacht lässt sich die Lage der vier Städte Zürich, Chur, St. Gallen und Genf zueinander wie folgt angeben:

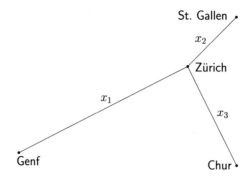

Nach verschiedenen Autofahrten zwischen diesen Städten (über die drei angegebenen Strecken) werden auf dem Tachometer folgende Distanzen abgelesen:

Zürich-Genf	St. Gallen-Genf	Genf-Chur	Chur-St. Gallen	Zürich-Chur
290 km	370 km	400 km	200 km	118 km

Bestimmen Sie mit der Methode der Normalgleichungen die im Sinne der Gaußschen Fehlerquadratmethode ausgeglichenen Werte für die Streckenlängen x_1, x_2, x_3.

Übung 4.9 Sie messen ein Signal $f(t)$, von dem Sie wissen, dass es durch die Überlagerung zweier Schwingungen entsteht:

$$f(t) = \alpha \cos\left(\tfrac{\pi}{4} t\right) + \beta \sin\left(\tfrac{\pi}{3} t\right).$$

Die Parameter α und β sollen aus der Messtabelle

t_i	1	2	3
f_i	1	0	1

nach der Gaußschen Fehlerquadratmethode bestimmt werden.

a) Formulieren Sie das lineare Ausgleichsproblem.
b) Lösen Sie das Problem mittels QR-Zerlegung.

Übung 4.10 Gegeben ist eine Funktion

$$f(x) = \left(-\tfrac{1}{2}x^2 + \tfrac{3}{2}x + 1\right) a + (-2x^2 + 7x - 5)b.$$

Die Parameter a und b sollen nach der Gaußschen Fehlerquadratmethode so bestimmt werden, dass die Wertetabelle

x_i	0	1	2
$f(x_i)$	2	−11	−5

möglichst gut approximiert wird.

a) Formulieren Sie das Ausgleichsproblem.
b) Berechnen Sie a, b sowie die minimale 2-Norm des Residuums mittels QR-Zerlegung.

Übung 4.11 Bestimmen Sie mit Hilfe von Householder-Transformationen die QR-Zerlegung der Matrix

$$A = \begin{pmatrix} -1 & 1 \\ 2 & 4 \\ -2 & -1 \end{pmatrix}.$$

Berechnen Sie die Lösung des Problems $\min_x \| Ax - b \|_2$ mit $b = (1, 1, 2)^T$. Wie groß ist die minimale 2-Norm des Residuums?

Übung 4.12 Man beweise (4.48).

Übung 4.13

a) Berechnen Sie die Pseudoinverse der Matrix $A = \begin{pmatrix} 0 & 1 \\ 2 & 0 \\ 1 & 0 \end{pmatrix}$.

b) Lösen Sie mit Hilfe dieser Pseudoinversen das Ausgleichsproblem

$$\min_{x \in \mathbb{R}^2} \| Ax - b \|_2, \quad \text{mit } b := (4, 1, 0)^T.$$

Übung 4.14 Berechnen Sie die Singulärwerte der Matrix $A = \begin{pmatrix} -1 & 1 \\ 2 & 0 \\ 1 & 0 \end{pmatrix}$ und bestimmen Sie damit $\kappa_2(A)$.

Übung 4.15 Beweisen Sie, dass für die Pseudoinverse $A^\dagger$ Folgendes gilt:

(i) $AA^\dagger \in \mathbb{R}^{m \times m}$ ist die orthogonale Projektion auf Bild$(A) \subset \mathbb{R}^m$.
(ii) $A^\dagger A \in \mathbb{R}^{n \times n}$ ist die orthogonale Projektion auf Kern$(A)^\perp \subset \mathbb{R}^n$.

Übung 4.16 Man sagt, dass zu gegebenem $A \in \mathbb{R}^{m \times n}$ eine Matrix $X \in \mathbb{R}^{n \times m}$ folgende sogenannte *Penrose-Axiome* erfüllt, falls

(i) $(AX)^T = AX$,
(ii) $(XA)^T = XA$,
(iii) $AXA = A$,
(iv) $XAX = X$,

gilt. Mit X bezeichnet man dann die *Moore-Penrose-Inverse*. Zeigen Sie:

a) die Moore-Penrose-Inverse, falls sie existiert, ist eindeutig.
b) $X := A^\dagger$ erfüllt die Bedingungen (i)–(iv).

Übung 4.17 Beweisen Sie das Resultat in Lemma 4.32.

Übung 4.18 Gegeben sei das Ausgleichsproblem

$$\min_{x \in \mathbb{R}^3} \left\| \frac{1}{27} \begin{pmatrix} 16 & 52 & 80 \\ 44 & 80 & -32 \\ -9 & -36 & -72 \\ -16 & -16 & 64 \end{pmatrix} x - \begin{pmatrix} 4 \\ 1 \\ 3 \\ 0 \end{pmatrix} \right\|_2.$$

Von der Matrix A ist die Singulärwertzerlegung $A = U \Sigma V^T$ bekannt:

$$U = \frac{1}{45} \begin{pmatrix} 32 & 5 & 24 & -20 \\ 4 & 40 & 3 & 20 \\ -27 & 0 & 36 & 0 \\ 16 & -20 & 12 & 35 \end{pmatrix}, \quad \Sigma = \begin{pmatrix} 5 & 0 & 0 \\ 0 & 4 & 0 \\ 0 & 0 & 0 \\ 0 & 0 & 0 \end{pmatrix}, \quad V^T = \frac{1}{9} \begin{pmatrix} 1 & 4 & 8 \\ 4 & 7 & -4 \\ -8 & 4 & -1 \end{pmatrix}.$$

Bestimmen Sie

a) die Ausgleichslösung x^* mit kleinster Euklidischer Norm,
b) sämtliche Lösungen des Ausgleichsproblems.

Übung 4.19 Es seien $\tilde{x}_\alpha$ die in (4.75) definierte Tikhonovregularisierung ($\alpha > 0$) und $A = U \Sigma V^T$ eine SVD der Matrix A. Zeigen Sie folgende Aussagen:

a) Die Matrix $A^T A + \alpha^2 I$ ist regulär.
b) Es sei $\hat{x}$ die Lösung des Gleichungssystems

$$(A^T A + \alpha^2 I)\hat{x} = A^T \tilde{b}, \tag{4.84}$$

mit $\tilde{b}$ aus (4.75). Es gilt

$$\hat{x} = V(\Sigma^T \Sigma + \alpha^2 I)^{-1} \Sigma^T U^T \tilde{b} = \tilde{x}_\alpha.$$

c) Die Gleichungen (4.84) sind die Normalgleichungen zu dem gewöhnlichen Ausgleichsproblem (4.76).

Übung 4.20 Gegeben sei die Matrix

$$A = \begin{pmatrix} 0 & 2 & -1 \\ 2 & -6 & 5 \\ -1 & 5 & -3 \end{pmatrix}.$$

Welchen Rang hat die Matrix? Wie groß darf eine Störung ΔA höchstens sein, so dass automatisch $\text{Rang}(A + \Delta A) = \text{Rang}(A)$ garantiert ist?

Übung 4.21 Zeigen Sie, dass die Abbildung $f : \mathbb{R}^{m \times n} \to \mathbb{R}^{n \times m}$, die einer Matrix ihre Pseudoinverse zuordnet, d. h. $f(A) = A^\dagger$, unstetig ist. Betrachten Sie zum Beispiel die Matrix

$$A_c = \begin{pmatrix} 1 & 0 \\ 0 & c \end{pmatrix}$$

für c in einer Umgebung von 0.

Nichtlineare Gleichungssysteme

5

5.1 Einleitung

5.1.1 Motivation, Beispiele und Problemformulierung

In Gleichungssystemen der Form $Ax = b$, mit $A \in \mathbb{R}^{n \times n}$ und $b \in \mathbb{R}^n$, kommen die Unbekannten x *linear* vor, d. h., falls $Ax = b$ und $A\tilde{x} = \tilde{b}$ ist, gilt $A(x + \tilde{x}) = b + \tilde{b}$. Lösungsverfahren machen davon ganz wesentlichen Gebrauch. Nun treten in den Anwendungen allerdings Gleichungssysteme auf, in denen die Unbekannten *nicht* in einfacher linearer Weise verknüpft sind.

Beispiel 5.1 Der Betrag der Gravitationskraft zwischen zwei Punktmassen m_1 und m_2 (in kg) mit Abstand r (in m) ist aufgrund des Newtonschen Gesetzes gegeben durch

$$F = G \frac{m_1 m_2}{r^2}, \tag{5.1}$$

wobei $G = 6.67 \cdot 10^{-11}\,\mathrm{Nm^2/kg}$.

Wir betrachten ein Gravitationsfeld wie in Abb. 5.1 mit drei festen Punktmassen m_i, $i = 1, 2, 3$, und den Koordinaten

$$(x_1, y_1) = (x_1, 0), \quad (x_2, y_2) = (x_2, 0), \quad (x_3, y_3) = (0, y_3).$$

Gesucht ist nun der Punkt (x, y), so dass für eine Punktmasse m an der Stelle (x, y) die Gravitationskräfte $\mathbf{F}_i$ zwischen m und m_i ($i = 1, 2, 3$) im Gleichgewicht sind.

© Der/die Autor(en), exklusiv lizenziert an Springer-Verlag GmbH, DE, ein Teil von Springer Nature 2022
W. Dahmen und A. Reusken, *Numerik für Ingenieure und Naturwissenschaftler*,
https://doi.org/10.1007/978-3-662-65181-0_5

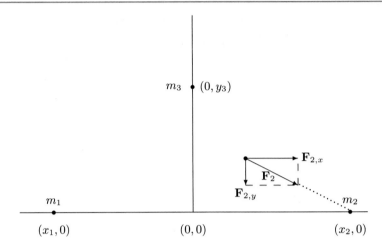

Abb. 5.1 Gravitationsfeld

Mathematisch entspricht die Gleichgewichtsbedingung einem *Gleichungssystem*. Mit den Hilfgrößen

$$r_i := \sqrt{(x - x_i)^2 + (y - y_i)^2},$$

$$F_i := G \frac{m_i m}{r_i^2},$$

$$F_{i,x} := \frac{F_i(x_i - x)}{r_i}, \quad F_{i,y} := \frac{F_i(y_i - y)}{r_i}, \quad i = 1, 2, 3,$$

sollen die Gleichgewichtsbedingungen

$$F_{1,x} + F_{2,x} + F_{3,x} = 0$$
$$F_{1,y} + F_{2,y} + F_{3,y} = 0$$

gelten. Hieraus ergibt sich das System

$$f_1(x, y) = \sum_{i=1}^{3} \frac{m_i(x_i - x)}{((x - x_i)^2 + (y - y_i)^2)^{3/2}} = 0 \qquad (5.2)$$

$$f_2(x, y) = \sum_{i=1}^{3} \frac{m_i(y_i - y)}{((x - x_i)^2 + (y - y_i)^2)^{3/2}} = 0.$$

Offensichtlich hängt dieses System (also auch seine Lösungen) weder von G noch von m ab. Insbesondere kommen die Unbekannten x, y hier in *nichtlinearer* Weise vor. $\triangle$

Wie auch bei linearen Gleichungssystemen, treten praxisrelevante nichtlineare Gleichungssysteme mit *sehr vielen* Unbekannten auf. So lassen sich z. B. Flüssigkeitsströmungen durch Systeme nichtlinearer partieller Differentialgleichungen modellieren. Wie in Abschn. 3.1.2 werden solche Gleichungen zunächst diskretisiert, indem man z. B. Ableitungen durch Differenzenquotienten ersetzt. Die Unbekannten sind dann beispielsweise Näherungen für die Größen Druck und Geschwindigkeit der Strömung an den Gitterpunkten. Da diese Größen (und gegebenenfalls ihre Ableitungen) nichtlinear in den Differentialgleichungen verknüpft sind, kommen auch die diskreten Näherungen nichtlinear in den resultierenden Gleichungssystemen vor. Die Anzahl der Unbekannten, d. h. die Größe der Gleichungssysteme, hängt hierbei natürlich von der Anzahl an Gitterpunkten und damit von der Gitterweite, also von der Feinheit der Diskretisierung ab.

Beispiel 5.2 Statt der *linearen* Integralgleichung im Beispiel 3.7 (siehe (3.26)) soll nun eine *nichtlineare* Integralgleichung gelöst werden: Gesucht ist eine positive Funktion $u(x)$, $x \in [0, 1]$, die die Integralgleichung

$$u(x) + \int_0^1 \cos(xt)u(t)^3 \mathrm{d}t = 2, \quad x \in [0, 1], \tag{5.3}$$

erfüllt (siehe Übung 5.1). Das Problem wird, wie in Beispiel 3.7, auf einem Gitter $t_j = \left(j - \frac{1}{2}\right)h$, $j = 1, \dots, n$, $h = \frac{1}{n}$, diskretisiert. Man erhält dann die Gleichungen (vgl. (3.28))

$$u_i + h \sum_{j=1}^n \cos(t_i t_j)u_j^3 - 2 = 0, \quad i = 1, 2, \dots, n, \tag{5.4}$$

für die Unbekannten $u_i \approx u(t_i)$, $i = 1, \dots, n$. Offensichtlich ergibt sich ein System von n nichtlinearen Gleichungen in den n Unbekannten $u_1, u_2, \dots, u_n$. Man beachte, dass die Größe dieses Gleichungssystems von der Gitterweite h abhängt. Die durchaus komplexen Fragen, ob (5.3) überhaupt eine eindeutige Lösung u besitzt und wie sehr die berechneten u_i von den Werten $u(t_i)$ abweichen, haben wir hier ausgeklammert. △

Hinter dem algebraischen Gleichungssystem (5.4) steht in diesem Fall eine „Operatorgleichung" (5.3) folgender Form:

$$f(u) = 0, \quad \text{mit} \quad f(u)(x) = u(x) + \int_0^1 \cos(xt)u(t)^3 \mathrm{d}t - 2, \quad x \in [0, 1], \tag{5.5}$$

d. h., die „Unbekannte" ist hier weder eine Zahl noch ein Vektor, sondern etwas Komplexeres, nämlich eine Funktion aus einem geeigneten Funktionenraum wie $C([0, 1])$. Wie in Beispiel 3.6 ist das Gleichungssystem in n Unbekannten, hier zum Beispiel die Diskretisierung (5.4), ein Hilfsmittel, um das eigentliche Problem, hier (5.3), annähernd zu lösen. Obgleich einige der vorgestellten Methoden geeignet sind, unmittelbar Gleichungen in Funktionenräumen wie Differential- und Integralgleichungen zu behandeln, befasst sich dieses Kapitel ganz vorwiegend mit der numerischen Lösung von (im Allgemeinen nichtlinearen) Gleichungssystemen im endlichdimensionalen Rahmen, also mit Problemen folgender Form:

Zu gegebenem $f = (f_1, \ldots, f_n)^T : \mathbb{R}^n \to \mathbb{R}^n$ finde man $x^* = (x_1^*, \ldots, x_n^*)^T \in \mathbb{R}^n$, so dass

$$f_1(x_1^*, \ldots, x_n^*) = 0$$
$$\vdots \qquad\qquad\qquad (5.6)$$
$$f_n(x_1^*, \ldots, x_n^*) = 0.$$

Wir werden dies häufig kurz als

$$f(x^*) = 0$$

schreiben.

Der Spezialfall $n = 1$ wird oft als *skalare* Gleichung in *einer* Unbekannten bezeichnet. Bei n Gleichungen in n Unbekannten, wie oben dargestellt, kann man in der Regel eine zumindest lokal eindeutige Lösung erwarten, siehe Bemerkung 5.3. Hat man mehr (nichtlineare) Gleichungen als Unbekannte, d. h., $f : \mathbb{R}^n \to \mathbb{R}^m$ mit $m > n$, muss man im Allgemeinen mit Lösungen im Sinne von (nichtlinearen) Ausgleichsproblemen vorlieb nehmen. Diese werden in Kap. 6 behandelt.

Bemerkung 5.3 Die Frage nach der Existenz und Eindeutigkeit einer Lösung des nichtlinearen Gleichungssystems (5.6) kann man nicht einfach beantworten. Anders als im linearen Fall $Ax = b$ gibt es keine einfachen Kriterien (wie $\det(A) \neq 0$), die ähnlich universell zur Beantwortung dieser Frage verwendet werden können. Es stehen mathematische Werkzeuge zur Verfügung, wie zum Beispiel der Banachscher Fixpunktsatz, der in Abschn. 5.3 behandelt wird, die man für bestimmte Problemklassen einsetzen kann, um Existenz und ggf. auch Eindeutigkeit zu zeigen. Ein weiteres analytisches Hilfsmittel zu Existenz- oder (lokalen) Eindeutigkeitsfragen ist der Satz über Implizite Funktionen, der aber im Gegensatz zu Fixpunktsätzen keinen unmittelbaren konstruktiven Zugang eröffnet. Für kleine Anzahl an Unbekannten n können graphische Veranschaulichungen hilfreich sein, siehe Beispiel 5.59, wo die Existenz von Lösungen des Gleichungssystems (5.2) behandelt wird. Oft kann man den (physikalischen) Hintergrund des Problems heranziehen um zumindest heuristisch die Existenz einer Lösung zu zeigen. Was die *Eindeutigkeit* einer Lösung betrifft, gibt es das folgende nützliche allgemeine Kriterium. Es seien $f : U \subset \mathbb{R}^n \to \mathbb{R}^n$ stetig differenzierbar und $x^* \in U$ eine Lösung des Gleichungssystems, d.h. $f(x^*) = 0$. Falls $\det(f'(x^*)) \neq 0$ gilt, so ist diese Lösung x^* *lokal eindeutig.* Letzteres bedeutet, dass in einer hinreichend kleinen Umgebung $\tilde{U} \subset U$ mit $x^* \in \tilde{U}$ die Lösung x^* eindeutig ist.

Dass die Existenz und Eindeutigkeit von x^* im Allgemeinen schwierig nachzuweisen ist, zeigen bereits „einfache" skalare Beispiele, wie $f(x) = \sin(x)$ (unendliche viele Nullstellen in $\mathbb{R}$), $f(x) = \sin(x) + 4$ (keine Nullstellen in $\mathbb{R}$), $f(x) = \sin(\frac{1}{x})$, $x \neq 0$ (unendlich viele Nullstellen in $(0, 1]$).

Beachte Bei der Behandlung der numerischen Methoden zur Lösung des nichtlinearen Gleichungssystems (5.6) werden wir immer davon ausgehen, dass dieses Problem eine lokal eindeutige Lösung $x^* \in U \subset \mathbb{R}^n$ hat. △

5.1.2 Orientierung: Strategien, Konzepte, Methoden

Bewährte Konzepte wie Eliminationsmethoden bei der Lösung linarer Gleichungssysteme sind bei der Behandlung nichtlinearer Gleichungssysteme im Allgemeinen nicht mehr anwendbar. Man muss auf eine ganz andere Herangehensweise zurück greifen, die zunächst darauf verzichtet, die Lösung *exakt* zu bestimmen. Sie zielt vielmehr darauf ab, *Näherungen* zu berechnen, deren Genauigkeit im Idealfall jedoch kontrollierbar ist. Angesichts der Tatsache, dass im Rahmen der Rechner-Arithmetik der Begriff einer exakten Lösung ohnehin nicht sinnvoll ist, bedeutet die Akzeptanz von Näherungslösungen keine wirklich wesentliche Einschränkung. Das *Grundkonzept,* dem alle vorgestellten Verfahren folgen, ist die *iterative* Erzeugung von Folgen $(x^k)_{k \in \mathbb{N}_0}$, die gegen die Lösung von (5.6) konvergieren. Hochgestellte Indizes werden hier verwendet um für $x^k \in \mathbb{R}^n$ Verwechselungen mit den Komponenten $x_i^k = (x^k)_i$, $i = 1, \ldots, n$, zu vermeiden.

Wir werden in diesem Kapitel verschiedene *Methoden* vorstellen, solche Folgen zu konstruieren. Derartige Methoden lassen sich in zwei Gruppen einteilen. Die erste Gruppe umfasst *adaptive Gebietsunterteilungsverfahren,* die die gesuchte Lösung schrittweise einengen. Wir begnügen uns hierbei mit den einfachsten Repräsentanten für skalare Gleichungen in einer Variablen $n = 1$, nämlich dem *Bisektionsverfahren* und der *Regula Falsi.* Der Vorteil derartiger Verfahren liegt in ihrer Robustheit gegenüber Störungen und in *globalen* Konvergenzeigenschaften. Letzteres heißt, man benötigt keine oder sehr geringe Vorabkenntnisse über einen günstigen Startwert der Folge.

Die zweite Gruppe hat einen wesentlich weiteren Anwendungsrahmen und kann im Prinzip auch auf Operatorgleichungen (Integral- oder Differentialgleichungen) in einem unendlich-dimensionalen Raum angewendet werden. Ein erstes wichtiges Konzept hierbei ist die *Methode* der *Fixpunkt-Iteration.* Dem liegt ein wichtiges Hilfsmittel zugrunde, nämlich das Gleichungssystem zuerst in ein *äquivalentes* jedoch formal anderes *Format* zu transformieren. Solche Problemtransformationen haben wir in vorherigen Kapiteln bereits vielfach verwendet. Im hiesigen Zusammenhang lässt es sich bequem am Beispiel eines linearen Gleichungssystems $Ax = b$

verdeutlichen. Die Lösungsmenge dieses Systems stimmt mit der Lösungsmenge der transformierten Varianten

$$f(x) := Ax - b = 0, \qquad x = \Phi(x) := x + C(b - Ax), \tag{5.7}$$

überein, falls C eine nicht-singuläre Matrix passender Dimension ist. Die Wählbarkeit von C deutet schon an, dass derartige Transformationen nicht eindeutig sind, sondern, wie sich zeigen wird, vielmehr die Wirkungsweise eines darauf aufbauenden Verfahrens begünstigen können. Erstere Variante in (5.7) entspricht (5.6), zweitere ist ein Spezialfall von $x = \Phi(x)$, wobei Φ eine Abbildung ist, die Argumente eines Definitionsbereiches in denselben Bereich abbildet. Dies wird als *Fixpunkt-Problem* bezeichnet, da die Lösung gerade unter dieser Abbildung unverändert bleibt. Insbesondere ist die bereits besprochene Nachiteration (Abschn. 3.8.1) ein Beispiel einer Fixpunkt-Methode.

Ist ein Gleichungssystem in Fixpunkt Form gegeben, ist die Folge durch die einfache *Fixpunkt-Iteration*

$$x^{k+1} = \Phi(x^k), \quad k = 0, 1, 2, \dots, \tag{5.8}$$

gegeben. Wie obige Beispiele zeigen, bietet die konkrete Wahl der Fixpunktfunktion Φ einen gewissen Spielraum beim Verfahrensentwurf. Ein übergeordnetes Leitprinzip liegt dabei in einem weiteren wichtigen Konzept, nämlich der *Linearisierung*. Über den Rahmen der Fixpunkt-Iteration hinaus bedeutet dies generell, das nichtlineare Problem auf eine *Folge linearer Probleme* zu reduzieren. Im Zusammenhang mit dem Fixpunkt-Verfahren kann dies bedeuten, dass die Auswertung von Φ an der Stelle x^k die Lösung eines linearen Gleichungssystems erfordert.

Zurück zu (5.8) ergeben sich als zentrale Fragen:

1. Unter welchen Bedingungen an Φ konvergiert eine solche Folge?
2. Liegt Konvergenz für beliebige Startwerte x^0 vor?
3. Wie schnell konvergiert eine solche Folge?

Eine weitgehende Antwort zu 1. liefert der Banachsche Fixpunktsatz. Zentraler Begriffe in diesem Zusammenhang sind *Selbstabbildung* und *Kontraktion*.

Frage 2. muss im Allgemeinen mit nein beantwortet werden, es liegt meist nur *lokale* Konvergenz vor, d. h. Konvergenz ist nur gesichert, falls der Startwert in einer vom Problem abhängig genügend kleinen Umgebung der Lösung liegt.

Frage 3. führt auf den Begriff der *Konvergenzordnung*. Er ist eng verknüpft mit der Herleitung von *Fehlerschätzern*, die es erlauben, eine Iteration zu beenden, falls eine gewünschte Zielgenauigkeit erreicht ist. Die Konstruktion von Verfahren *höherer Ordnung* ist generell ein zentrales Leitprinzip. Es führt insbesondere auf eines der wichtigsten Verfahren überhaupt, das *Newton-Verfahren*. Es lässt sich einerseits als Fixpunkt-Verfahren auffassen, wobei die Fixpunkt-Funktion gerade so konstruiert wird, dass die Konvergenzordnung steigt. Der vielleicht wichtigere Hintergrund des Newton-Verfahrens liegt jedoch in besagtem Konzept, der *Linearisierung*. Im Falle des Newton-Verfahrens geschieht dies im Rahmen des Nullestellenformats. Falls die nichtlineare Funktion genügend glatt ist, wird sie am gegenwärtigen Iterationspunkt durch ihr lineares Taylor-Polynom approximiert, was dann unter geeigneten Bedingungen lokale Konvergenz zweiter Ordnung begründet.

Wie in allen vorherigen Kapiteln spielt die Frage der Kondition eines (nichtlinearen) Gleichungssystems sowie die Stabilität von Lösungsverfahren eine wichtige Rolle.

5.2 Kondition des Nullstellenproblems*

Bevor konkrete Algorithmen zur Lösung von (5.6) vorgestellt werden, seien einige Aspekte der Kondition des Nullstellenproblems vorausgeschickt. Im Zuge der allgemeinen Behandlung des Konzepts der Kondition in Abschn. 2.4 wurde ein mathematisches Problem mit der Auswertung einer Abbildung oder Funktion identifiziert. Etwas genauer war in allen Beispielen (auch in den Kap. 3 und 4) eine *explizite* Funktionsvorschrift der Abbildung F : „Daten→Ausgabe" vorhanden.

Bei einem nichtlinearen Gleichungssystem hingegen ist die Ausgabe x^* im Allgemeinen nur *implizit* definiert. Außerdem hängt die Wahl der Eingabeparameter vom konkreten vorliegenden nichtlinearen Problem ab. Um resultierende Schwierigkeiten zu erläutern, werden folgende Beispiele, von denen die Beispiele 5.4 und 5.5 bereits in Abschn. 2.4 behandelt wurden, nochmals in folgendem einheitlichen Rahmen dargestellt:

$$\text{Eingabeparameter } p \xrightarrow{F} \text{Ausgabe } x^* = F(p), \text{sodass } f(x^*; p) = 0. \quad (5.9)$$

Beispiel 5.4 (Addition) Die Eingabeparameter sind $p = (p_1, p_2) \in \mathbb{R}^2$. Es sei

$$f : \mathbb{R} \times \mathbb{R}^2 \to \mathbb{R}, \quad f(x; p) := x - (p_1 + p_2).$$

Es gilt: $f(x; p) = 0 \Leftrightarrow x = p_1 + p_2$. △

Beispiel 5.5 (Lösen eines linearen Gleichungssystems) Die Eingabeparameter sind $p = (A, b) \in \mathbb{R}^{n \times n} \times \mathbb{R}^n$, mit $\det(A) \neq 0$. Es sei

$$f : \mathbb{R}^n \times (\mathbb{R}^{n \times n} \times \mathbb{R}^n) \to \mathbb{R}^n, \quad f(x; p) = f\big(x; (A, b)\big) := Ax - b.$$

Es gilt: $f(x; p) = 0 \Leftrightarrow Ax = b$. △

Folgende Beispiele von nichtlinearen Gleichungssystemen lassen sich ebenfalls in diesen Rahmen einfügen.

Beispiel 5.6 (Nullstelle eines Polynoms) Die Eingabeparameter sind $p =$ $(p_0, \dots, p_n) \in \mathbb{R}^{n+1}$. Es sei

$$f : \mathbb{R} \times \mathbb{R}^{n+1} \to \mathbb{R}, \quad f(x; p) := \sum_{i=0}^{n} p_i x^i =: P(x).$$

Es gilt: $f(x; p) = 0 \Leftrightarrow P(x) = 0$. $\qquad\qquad\qquad\qquad\qquad\qquad\qquad\qquad \triangle$

Beispiel 5.7 (Diskretisierte Integralgleichung) Wir betrachten das nichtlineare Gleichungssystem (5.4). Die Koeffizienten $h \cos(t_i t_j)$ sind die Eingabeparameter, d. h., $p = A \in \mathbb{R}^{n \times n}$ mit $a_{i,j} = h \cos(t_i t_j)$. Wir definieren den Vektor $\mathbf{1} \in \mathbb{R}^n$ mit $\mathbf{1}_i = 1$ für alle i. Es sei

$$f : \mathbb{R}^n \times \mathbb{R}^{n \times n} \to \mathbb{R}^n, \quad f(x; p) = f(x; A) := x + A \begin{pmatrix} x_1^3 \\ \vdots \\ x_n^3 \end{pmatrix} - 2 \cdot \mathbf{1}.$$

Der Vektor x^* löst das nichtlineare Gleichungssystem (5.4) genau dann wenn $f(x^*; p) = 0$ gilt. $\qquad\qquad\qquad\qquad\qquad\qquad\qquad\qquad\qquad\qquad \triangle$

Ein weiteres Beispiel wäre das Gleichungssystem (5.2) mit Eingabeparametern (m_i, x_i, y_i), $i = 1, 2$.

Beachte allerdings, dass in den Beispielen 5.6 und 5.7 *keine* explizite Vorschrift für die Funktion (den Prozeß) $p \to F(p) = x^*$ vorliegt. Da eine solche Auswertungsfunktion F bei allgemeinen nichtlinearen Gleichungssystemen der Form (5.6) im Allgemeinen nicht explizit angebbar ist, ist die Lage wesentlich unübersichtlicher.

Hierzu nun einige Vorüberlegungen. Wir sprechen in diesem Abschnitt einige Gesichtspunkte an, die dem interessierten Leser auch in einem solchen allgemeinen Rahmen Anhaltspunkte geben sollen. Eine entsprechende Diskussion ist, wie man schnell einsieht notgedrungen etwas subtil und deshalb als ein Angebot zu verstehen. Wir werden daher die relevanten praktischen Konsequenzen am Ende (in Abschn. 5.2.4) formulieren, damit ein „tieferer Einstieg" vermeidbar bleibt.

Schreibt man das Nullstellenproblem (5.6) wieder in kompakter Form als $f(x) = 0$ für eine stets als hinreichend glatt angenommene Funktion $f : \mathbb{R}^n \to \mathbb{R}^n$, spielt die Lösung x^* die Rolle des „Outputs" während f selbst in irgendeiner Weise die Rolle der „Input-Daten" übernimmt. In Anlehnung an obige Beispiele nehmen wir im Folgenden an, dass f durch einen Satz $p = (p_1, \dots, p_m)^T \in \mathbb{R}^m$ von *Parametern* vollständig beschreibbar ist. Diese Parameter können als Koeffizienten in einer polynomialen oder rationalen Abbildung oder generell in Linearkombinationen anderer Basissysteme auftreten, d. h., $f(x) = f(x; p)$, wobei p jetzt die Input-Daten vertritt. *Die Frage der Kondition des Nullstellenproblems betrifft also die Variation der Lösung x^* in Abhängigkeit von der Variation der Parameter p.* Wir nehmen zunächst an, dass f als Funktion von x und p in einer geeigneten Umgebung von $(x, p) \in \mathbb{R}^{n+m}$ glatt ist, und dass die Jacobi-Matrix $D_x f$ bezüglich x regulär ist.

Der Satz über Implizite Funktionen besagt dann, dass eine eindeutige Abbildung $F : \mathbb{R}^m \to \mathbb{R}^n$ existiert, so dass in einer geeigneten Umgebung $\mathcal{P} \subset \mathbb{R}^m$

$$f(F(p); p) = 0, \quad p \in \mathcal{P}, \tag{5.10}$$

d. h., es gilt $x^* = F(p)$. Die Auswertungsfunktion des Nullstellenproblems, siehe (5.9), ist also gerade die Funktion F. Wir verwenden zur weiteren Diskussion von F folgende Notationen für Jacobimatrizen:

$$D_x f(x; p) \in \mathbb{R}^{n \times n}, \quad \left(D_x f(x; p)\right)_{i,j} = \frac{\partial f_i(x; p)}{\partial x_j}, \ 1 \leq i, j \leq n,$$

$$D_p f(x; p) \in \mathbb{R}^{n \times m}, \quad \left(D_p f(x; p)\right)_{i,j} = \frac{\partial f_i(x; p)}{\partial p_j}, \ 1 \leq i \leq n, \ 1 \leq j \leq m. \tag{5.11}$$

Ableitung von (5.10) nach p ergibt dann

$$D_p F(p) = -D_x f(F(p); p)^{-1} D_p f(F(p); p). \tag{5.12}$$

Somit lässt sich die Kondition des Nullstellenproblems dann wie in Abschn. 2.4 mit Hilfe von F definieren. Allerdings liefert (5.12) keine explizite Information über F sondern nur über die Jacobi-Matrix $D_p F$ von F. Sie entspricht der *Linearisierung* der nichtlinearen Funktion F in p. Schon bei der Definition von Konditionszahlen einer skalaren glatten Funktion hatten wir Linearisierung in Form der Taylor-Entwicklung benutzt um (relative) Konditionszahlen zu definieren. Es liegt also nahe, auch im vorliegenden allgemeineren Fall die Kondition(szahl) der Matrix $D_p F(p^*)$ zur Quantifizierung der Sensitivität der Lösung $x^* = F(p^*)$ unter Störung von p^* heranzuziehen.

Wir konzentrieren uns zunächst auf die Diskussion und Analyse der *absoluten* Kondition. Wir wiederholen dazu unten das schematische Abb. 2.2 aus Abschn. 2.4 mit angepasster Notation. Die *Eingabedaten* werden jetzt mit p („Parameter") statt mit x bezeichnet und das Problem (oder „der Prozess") mit F statt mit f (Abb. 5.2).

In dem Rahmen (5.9) lässt sich die Frage nach der (absoluten) Kondition des Problems genauer wie folgt formulieren. Wir betrachten kleine Störungen in den Parametern, d. h., in einer fest gewählten Norm, $\|p - \tilde{p}\| \ll \|p\|$. Seien x^* und $\tilde{x}^*$

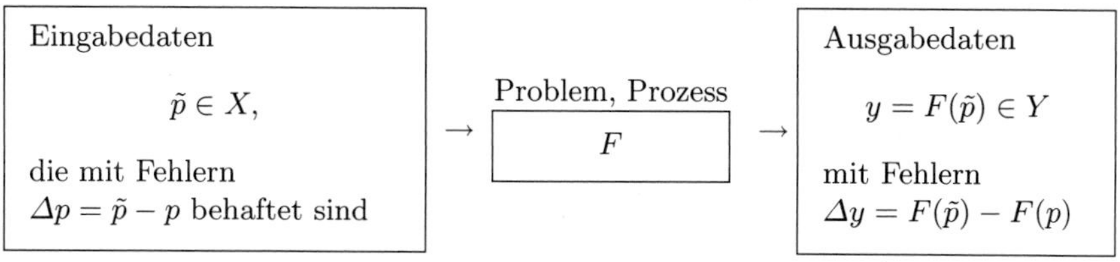

Eingabedaten	Problem, Prozess	Ausgabedaten
$\tilde{p} \in X$,	F	$y = F(\tilde{p}) \in Y$
die mit Fehlern $\Delta p = \tilde{p} - p$ behaftet sind		mit Fehlern $\Delta y = F(\tilde{p}) - F(p)$

Abb. 5.2 Absolute Kondition

so dass $f(x^*; p) = 0$ und $f(\tilde{x}^*; \tilde{p}) = 0$. In der Analyse der *absoluten Kondition des Problems* soll folgende Frage beantwortet werden:

$$wie\ hängt\ \|x^* - \tilde{x}^*\|\ von\ \|p - \tilde{p}\|\ ab? \tag{5.13}$$

Zur Abschätzung der Sensitivität der Lösung x^* im absoluten Sinne kann man auf die Identifikation der Auswertungsfunktion F verzichten. Folgende Herleitung umgeht deshalb auch den Satz über Implizite Funktionen, der ja Eigenschaften der Auswertungsfunktion F angibt, wie z. B. in (5.12), und zieht stattdessen wie bereits in Abschn. 2.4 als probates Mittel die Taylor-Entwicklung heran. Zur Herleitung einer (absoluten) Konditionszahl unterscheiden wir wie oben in (5.11) bei der Ableitung von $f : \mathbb{R}^n \times \mathbb{R}^m \to \mathbb{R}^n$, $(x, p) \to f(x; p)$ Ableitungen nach x und nach p und nehmen wie in (5.12) im Weiteren an, dass folgende Annahme erfüllt ist:

$$\det\left(D_x f(x^*; p)\right) \neq 0. \tag{5.14}$$

Die Lösung x^* ist dann eine *einfache* Nullstelle des Problems $f(x) = 0$. In Abschn. 5.2.1 wird kurz erklärt, was passieren kann, wenn diese Annahme nicht erfüllt ist. Wie in Abschn. 2.4 wird die Notation $\leq$ und $\doteq$ verwendet, um anzudeuten, dass Terme höherer Ordnung vernachlässigt werden.

Seien x^* und $\tilde{x}^*$ so dass $f(x^*; p) = 0$, $f(\tilde{x}^*; \tilde{p}) = 0$. Mit der Taylorentwicklung ergibt sich

$$\begin{aligned}
0 = f(\tilde{x}^*; \tilde{p}) &\doteq f(\tilde{x}^*; p) + D_p f(\tilde{x}^*; p)(\tilde{p} - p) \\
&= f(\tilde{x}^*; p) - f(x^*; p) + D_p f(\tilde{x}^*; p)(\tilde{p} - p) \\
&\doteq D_x f(x^*; p)(\tilde{x}^* - x^*) + D_p f(\tilde{x}^*; p)(\tilde{p} - p) \\
&\doteq D_x f(x^*; p)(\tilde{x}^* - x^*) + D_p f(x^*; p)(\tilde{p} - p).
\end{aligned} \tag{5.15}$$

Hieraus folgt:

$$x^* - \tilde{x}^* \doteq \left(D_x f(x^*; p)\right)^{-1} D_p f(x^*; p)(\tilde{p} - p),$$

also

$$\|x^* - \tilde{x}^*\|_{\mathbb{R}^n} \leq \kappa_{\text{abs}}(x^*, p)\|p - \tilde{p}\|_{\mathbb{R}^m}$$

$$\text{mit } \kappa_{\text{abs}}(x^*, p) := \|\left(D_x f(x^*; p)\right)^{-1} D_p f(x^*; p)\|_{\mathbb{R}^m \to \mathbb{R}^n}. \tag{5.16}$$

Man beachte, dass wegen der Annahme (5.14) und (5.12)

$$\kappa_{\text{abs}}(x^*, p) = \|D_p F(p)\|, \quad x^* = F(p), \tag{5.17}$$

gerade die Norm der *Linearisierung* der Auswertungsfunktion F ist. Die in (5.16) definierte absolute Konditionszahl besagt im Kern, dass wir die Kondition eines Nullstellenproblems *mit einer einfachen Nullstelle* nach der Kondition des *linearisierten Problems* bemessen. In diesem Fall ist die absolute Kondition genau dann endlich, wenn Eingabe- und Ausgabevariation proportional bleiben. Bei nichtlinearen Problemen ist Letzteres aber nicht immer der Fall, wie wir in Abschn. 5.2.1 am Beispiel *mehrfacher* Nullstellen erläutern.

Die absolute Konditionszahl (5.17) ist im folgenden Sinne tatsächlich unabhängig von der Formulierung des Problems. Es seien $B \in \mathbb{R}^{n \times n}$ eine beliebige invertierbare Matrix und $\hat{f}_B(x; p) := Bf(x; p)$. Man prüft leicht nach, dass dann $\hat{f}_B$ dieselbe absolute Konditionszahl $\kappa_{\mathrm{abs}}(x^*, p)$ wie f hat. Diese Invarianzeigenschaft gilt sogar für jede transformierte Funktion $\hat{f}_g(x; p) := g(f(x; p))$ unter der Annahme, dass die Transformation $g : \mathbb{R}^n \to \mathbb{R}^n$ eine invertierbare Jacobimatrix an der Stelle $f(x^*; p)$ hat. Wir illustrieren (5.16) für die Beispiele 5.5–5.7.

Beispiel 5.8 (Lösen eines linearen Gleichungssystems) Der Einfachheit halber beschränken wir uns auf den Fall, dass nur der Eingabevektor b gestört wird, d. h., $f(x; p) = f(x; b) = Ax - b$ und $m = n$. In diesem Fall erhält man $D_x f(x^*; p) = A$, $D_p(x^*; p) = -I$, und (5.16) ergibt $\|x^* - \tilde{x}^*\| \leq \|A^{-1}\| \|b - \tilde{b}\|$. Letzteres (einfache) Resultat folgt auch direkt aus $x^* - \tilde{x}^* = A^{-1}(b - \tilde{b})$, siehe (3.34). △

Beispiel 5.9 (Addition) Für $f(x; p) = x - (p_1 + p_2)$ erhält man $D_x f(x; p) = 1$, $D_p(x; p) = (-1 \ -1)$, und (5.16), mit der Norm $\| \cdot \|_1$ in $\mathbb{R}^2$, ergibt $|(p_1 + p_2) - (\tilde{p}_1 + \tilde{p}_2)| \leq \sum_{j=1}^{2} |p_j - \tilde{p}_j|$. Letzteres (einfache) Resultat folgt auch direkt aus der Dreiecksungleichung. Beachte, dass die *absolute* Kondition der Addition immer gut ist, die *relative* Kondition aber schlecht sein kann (Auslöschung). △

Beispiel 5.10 (Nullstelle eines Polynoms) Für $f(x; p) = \sum_{i=0}^{n} p_i x^i = P(x)$ erhält man $D_x f(x^*; p) = P'(x^*)$, $D_p f(x^*; p) = \left(0 \ x^* \ (x^*)^2 \ \dots \ (x^*)^n\right)$, und (5.16), mit der Norm $\| \cdot \|_1$ in $\mathbb{R}^{n+1}$, ergibt

$$|x^* - \tilde{x}^*| \lesssim |P'(x^*)|^{-1} \max_{1 \leq j \leq n} |x^*|^j \sum_{j=0}^{n} |p_j - \tilde{p}_j|.$$

Die Annahme 5.14 bedeutet hier $P'(x^*) \neq 0$, also x^* ist eine einfache Nullstelle des Polynoms P. Man erwartet eine (sehr) schlechte absolute Kondition in Fällen, in denen $\kappa_{\mathrm{abs}}(x^*, p) = |P'(x^*)|^{-1} \max_{1 \leq j \leq n} |x^*|^j$ (sehr) groß ist. Ein Zahlenbeispiel hierzu findet man in Beispiel 7.21. △

Beispiel 5.11 (Diskretisierte Integralgleichung) Für $f(x; p) = f(x; A) := x + Az - 2 \cdot \mathbf{1}$, mit $z := \left(x_1^3 \ldots x_n^3\right)^T$, erhält man

$$D_x f(x; p) = I + 3A \operatorname{diag}\left(x_1^2, x_2^2, \ldots, x_n^2\right) \in \mathbb{R}^{n \times n},$$

$$D_p f(x; p) = \left(e_1 z^T \; e_2 z^T \; \ldots \; e_n z^T\right) \in \mathbb{R}^{n \times n^2},$$

wobei e_i der i-te Basisvektor in $\mathbb{R}^n$ ist. Für den Fall $n = 60$ wird in Beispiel 5.56 die Lösung x^* dieses nichtlinearen Gleichungssystems numerisch bestimmt, siehe Abb. 5.14. Diese Lösung kann man verwenden um (in Matlab) die Annahme (5.14) zu prüfen und die absolute Konditionszahl $\kappa_{\mathrm{abs}}(x^*, p)$ aus (5.16) zu bestimmen. Wenn man für die Norm in $\mathbb{R}^n$ und in $\mathbb{R}^{n \times n}$ die 2-Norm nimmt, ergibt sich $\kappa_{\mathrm{abs}}(x^*, p) = 9.73$. Wählt man die 1-Norm, erhält man das Ergebnis $\kappa_{\mathrm{abs}}(x^*, p) = 2.75$.   △

Sobald man die (absolute) Kondition analysiert hat, kann man den aufgrund von fehlerbehafteten Eingabedaten unvermeidbaren Fehler genauer quantifizieren. Dazu nehmen wir an, dass die Eingabeparameter nur Rundungsfehler enthalten, d. h., $\tilde{p}_i = p_i(1 + \epsilon_i)$, mit $|\epsilon_i| \leq \mathrm{eps}$. Daraus folgt $\|p - \tilde{p}\|_1 \leq \mathrm{eps}\, \|p\|_1$. Für die Lösung des Problems $f(x) = f(x; p) = 0$ ergibt sich dann ein *aufgrund der Kondition des Problems unvermeidbarer (absoluter) Fehler* der Größenordnung

$$\kappa_{\mathrm{abs}}(x^*, p)\|p\|_1 \, \mathrm{eps}, \quad \kappa_{\mathrm{abs}}(x^*, p) = \left\|\left(D_x f(x^*; p)\right)^{-1} D_p f(x^*; p)\right\|_1. \quad (5.18)$$

Dieser unvermeidbarer Fehler wird bei der Analyse der Effekte der inexakten Auswertung von f in Abschn. 5.2.2 eine Rolle spielen.

Zum Abschluss dieses Abschnitts ein paar kurze Bemerkungen zur *relativen* Kondition. Im Spezialfall $f(x; p) = Ax - p$ ist $D_x f(x; p) = A$, $D_p f(x; p) = -I$, $F(p) = A^{-1}p$ also $D_p F(p) = A^{-1}$. Man beachte ferner, dass wegen (5.12) und (5.17) im allgemeinen Fall

$$\frac{\|x^* - \tilde{x}\|}{\|x^*\|} \; \dot{\leq} \; \frac{\|D_p F(p)\|\|p\|}{\|F(p)\|} \, \frac{\|p - \tilde{p}\|}{\|p\|}$$

gilt, so dass eine sinnvolle Definition der *relativen* Kondition des Nullstellenproblems durch

$$\kappa_{\mathrm{rel}}(F, p) := \frac{\|D_p F(p)\|\|p\|}{\|F(p)\|} \quad (5.19)$$

gegeben ist, was im skalaren Fall mit der Definition aus Kap. 2 übereinstimmt.

Die Auswertbarkeit dieser relativen Konditionszahl hängt stark vom konkreten Problem ab, da sie die Kenntnis der Auswertungsfunktion F voraussetzt.

5.2.1 Kondition bei mehrfachen Nullstellen

Falls die Annahme (5.14) *nicht* erfüllt ist, d. h., falls $\det\big(D_x f(x^*; p)\big) = 0$ gilt, ist das Nullstellenproblem $f(x) = 0$ in der Regel (viel) schwieriger numerisch zu lösen. Die Ursache dafür liegt in der viel schlechteren Kondition des Problems. In diesem Abschnitt wird dies für den Fall $n = 1$ (skalare Gleichung) genauer erklärt. Es seien $f : \mathbb{R} \to \mathbb{R}$ hinreichend oft differenzierbar und x^* eine lokal eindeutige Nullstelle von f. Sei $m \in \mathbb{N}$, $m \geq 1$, die Vielfachheit der Nullstelle x^*:

$$f(x^*) = 0, \quad f'(x^*) = 0, \quad \ldots, \quad f^{(m-1)}(x^*) = 0, \quad f^{(m)}(x^*) \neq 0.$$

Hierbei bedeutet $f^{(k)}(x)$ die k-te Ableitung der skalaren Funktion $x \to f(x; p)$ Sei $\tilde{x}^*$ die Lösung bei gestörten Eingabeparametern: $f(\tilde{x}^*; \tilde{p}) = 0$. Die Taylorentwicklung (5.15) kann man wie folgt anpassen:

$$
\begin{aligned}
0 = f(\tilde{x}^*; \tilde{p}) &\doteq f(\tilde{x}^*; p) + D_p f(\tilde{x}^*; p)^T (\tilde{p} - p) \\
&= f(\tilde{x}^*; p) - f(x^*; p) + D_p f(\tilde{x}^*; p)^T (\tilde{p} - p) \\
&\doteq (\tilde{x}^* - x^*) f'(x^*) + \ldots + \frac{(\tilde{x}^* - x^*)^{m-1}}{(m-1)!} f^{(m-1)}(x^*) \qquad (5.20) \\
&\quad + \frac{(\tilde{x}^* - x^*)^m}{m!} f^{(m)}(x^*) + D_p f(\tilde{x}^*; p)^T (\tilde{p} - p) \\
&\doteq \frac{(\tilde{x}^* - x^*)^m}{m!} f^{(m)}(x^*) + D_p f(x^*; p)^T (\tilde{p} - p).
\end{aligned}
$$

Von der in Abschn. 2.4.2 erwähnten Hölder-Ungleichung verwenden wir dieselbe Spezialisierung wie in jenem Abschnitt, d. h., $|D_p f(x^*; p)^T (\tilde{p} - p)| \leq \max_{1 \leq i \leq m} |(D_p f(x^*; p))_i| \big(\sum_{i=1}^m |\tilde{p}_i - p_i|\big) = \|D_p f(x^*; p)\|_\infty \|\tilde{p} - p\|_1$. Insgesamt erhält man folgendes Resultat:

$$\left| \tilde{x}^* - x^* \right| \;\dot{\leq}\; \left(m! \frac{\|D_p f(x^*; p)\|_\infty}{|f^{(m)}(x^*)|} \right)^{\frac{1}{m}} \|\tilde{p} - p\|_1^{\frac{1}{m}}. \qquad (5.21)$$

Dieses Ergebnis zeigt, dass im Fall $m > 1$ ein Datenfehler $\|\tilde{p} - p\|_1 = \epsilon \ll 1$ wegen des Faktors $\epsilon^{\frac{1}{m}}$ enorm verstärkt werden kann. Probleme mit mehrfachen Nullstellen sind im Allgemeinen hinsichtlich Störungen in den Eingabedaten *sehr schlecht konditioniert*. Dementsprechend wird der unvermeidbare Fehler viel größer sein als im Fall einer einfachen Nullstelle (siehe (5.18)). Somit ist die maximal erreichbare Genauigkeit eines Lösungsverfahrens viel geringer.

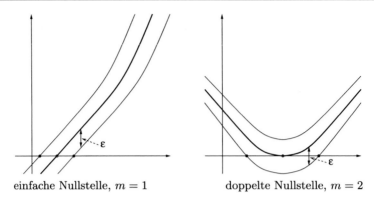

einfache Nullstelle, $m = 1$ doppelte Nullstelle, $m = 2$

Abb. 5.3 Kondition des Nullstellenproblems

Beispiel 5.12 Das Polynom $f(x; p) = \sum_{i=0}^{3} p_i x^i = x^3 - 3x^2 + 3x - 1$ hat eine dreifache Nullstelle $x^* = 1$. Wir betrachten eine Störung (nur) des Eingabeparameters p_0: $\tilde{p}_0 = p_0 - \epsilon = -1 - \epsilon$, $0 < \epsilon \ll 1$. Es gilt

$$f(\tilde{x}^*; \tilde{p}) = 0 \Leftrightarrow f(\tilde{x}^*; p) - \epsilon = 0 \Leftrightarrow (\tilde{x}^* - 1)^3 - \epsilon = 0 \Leftrightarrow \tilde{x}^* = 1 + \epsilon^{\frac{1}{3}}.$$

Zum Beispiel für $\epsilon = 10^{-12}$ ergibt sich $|x^* - \tilde{x}^*| = 10^{-4}$. Dieser Effekt wird, für den Fall einer zweifachen Nullstelle ($m = 2$), in Abb. 5.3 dargestellt.

Es seien $m > 1$ und m gerade, d. h., $m = 2k$, $k \geq 1$. Dann kann aufgrund von Datenstörungen eine reelle Nullstelle x^* „verschwinden". Sei zum Beispiel $f(x; p) = \sum_{i=0}^{4} p_i x^i = x^4 - 4x^3 + 6x^2 - 4x + 1$, mit vierfacher Nullstelle $x^* = 1$. Die gestörte Funktion, mit $\tilde{p}_0 = p_0 + \epsilon$, $f(x; \tilde{p}) = f(x; p) + \epsilon$ hat für jedes $\epsilon > 0$ keine reelle Nullstelle, sondern 4 komplexe Nullstellen $\tilde{x}^* = 1 + \epsilon^{\frac{1}{4}} e^{i\frac{k}{4}\pi}$, $k = 1, 3, 5, 7$. △

5.2.2 Unvermeidbarer Fehler aufgrund der Auswertung von f

Die Auswertung der Funktion $x \to f(x)$ in einer Umgebung U der gesuchten Nullstelle x^* ist zentraler Bestandteil der Verfahren zur Lösung des nichtlinearen Gleichungssystems $f(x) = 0$. Es sei $\tilde{f}(x)$ die mit (Rundungs)fehlern behaftete Auswertung der Funktion f an der Stelle x. Ein auf den $\tilde{f}$-Werten basiertes Verfahren zur Bestimmung der Nullstelle x^* kann *bestenfalls* eine Annäherung $\tilde{x}^*$ bestimmen, die $\tilde{f}(\tilde{x}^*) = 0$ erfüllt. In diesem Abschnitt beschäftigen wir uns mit der Frage welchen Effekt die bei der Auswertung entstandenen Fehler auf die Genauigkeit der gestörten Nullstelle $\tilde{x}^*$ haben. Dazu verwenden wir die in Abschn. 2.6 behandelte Rückwärtsfehleranalyse. In dem Rahmen des in diesem Kapitel vorliegenden Nullstellenproblems $f(x) = f(x; p) = 0$ werden die bei der Auswertung von f auftretenden Rundungsfehler als *Daten*störungen dargestellt:

$$\tilde{f}(x) \doteq f(x; \tilde{p}). \tag{5.22}$$

Man beachte, dass der bei der Auswertung von f an einer Stelle x entstandene Fehler *nicht* als exakte Auswertung von f an einer anderen Stelle $\tilde{x}$ interpretiert wird, sondern als exakte Auswertung von f mit einem gestörten Parameterwert $\tilde{p}$. Der Grund dafür ist die Tatsache, dass die Parameter p die Eingabeparameter („Daten") der Auswertungsfunktion F des Nullstellenproblems sind, siehe (5.9)–(5.10). Das Symbol $\doteq$ in (5.22) hat hier folgende Bedeutung. $\tilde{f}(x) \doteq f(x; \tilde{p})$ genau dann wenn $\tilde{f}(x) = f(x; \tilde{p})(1 + \delta)$ mit $\delta = \mathcal{O}(\text{eps})$ gilt. Weil $\delta = \mathcal{O}(\text{eps})$ und $f(x; \tilde{p})$ in einer hinreichend kleinen Umgebung der Nullstelle „sehr klein" ist, kann der Produktterm $f(x; \tilde{p})\delta$ vernachlässigt werden.

Abschätzungen der Datenstörungen verbunden mit Abschätzungen der Konditionszahl ergeben in einer Rückwärtsfehleranalyse Abschätzungen für den Fehler in der Ausgabe. Eine rückwärtsstabile Auswertung der Funktion f bedeutet im Kontext von (5.22), dass die Datenstörung $p - \tilde{p}$ eine akzeptable Größe hat; etwas genauer formuliert:

Die Auswertung von f ist *rückwärtsstabil* wenn Folgendes gilt:

$$\tilde{f}(x) \doteq f(x; \tilde{p}) \quad \text{und} \quad \|\tilde{p} - p\|_1 \leq c_{aus} \text{ eps } \|p\|_1 \qquad (5.23)$$

mit einer „akzeptabelen" Konstante c_{aus}.

Beispiel 5.13 Wir betrachten die Funktionsauswertungen aus den obenstehenden Beispielen 5.6 und 5.7. Bei der Nullstellenbestimmung eines Polynoms aus Beispiel 5.6 ist $f(x; p) = \sum_{i=0}^{n} p_i x^i$. Der Einfachheit halber wird angenommen, dass $p_i, 0 \leq i \leq n$, Maschinenzahlen sind. Bei der Auswertung werden die Potenzen x^i, $i = 0, \ldots, n$, gebildet und anschliessend die Summe $\sum_{i=0}^{n}$ rückwärts (Anfang bei $i = n$) berechnet. Eine numerisch günstigere Auswertung, das sogenannte Horner-Schema, wird in Kap. 8 behandelt. Rückwärtsfehleranalyse dieser Auswertung (siehe Analyse der Summenbildung (2.79)) ergibt

$$\tilde{f}(x) \doteq \sum_{i=0}^{n} p_i (1 + \delta_i) x^i, \quad |\delta_i| \leq (n + 1) \text{ eps}.$$

Hieraus folgt das Resultat (5.22), mit $\|\tilde{p} - p\|_1 \leq (n + 1) \text{ eps } \|p\|_1$. Für nicht allzugroße Werte von n ist diese Polynomauswertung rückwärtsstabil. Auch die Auswertung der Funktion f aus Beispiel 5.7 kann als rückwärtsstabil eingestuft werden. △

Bei einer rückwärtsstabilen Auswertung stimmen die berechneten f-Werte mit exakten f-Werten zu ungefähr richtigen Eingabeparametern $\tilde{p} \approx p$ überein. Kombination mit der Konditionsanalyse (5.18) liefert folgende Schranke für den *aufgrund der Auswertung von f unvermeidbaren (absoluten) Fehler:*

$$\|\tilde{x}^* - x^*\|_1 \lesssim \kappa_{\text{abs}}(x^*, p)c_{aus}\|p\|_1 \text{ eps},$$

$$\kappa_{\text{abs}}(x^*, p) = \left\|\left(D_x f(x^*; p)\right)^{-1} D_p f(x^*; p)\right\|_1. \tag{5.24}$$

Dieser unvermeidbare Fehler wird im Wesentlichen von der Kondition des Problems $(\kappa_{\text{abs}}(x^*))$ und der Rückwärtsstabilität (c_{aus}) der Auswertung von f bestimmt.

Bemerkung 5.14 Die Auswertung der Funktion f auf einem Rechner bewirkt nicht nur eine Störung der Nullstelle, sondern auch einen anderen Effekt, den wird kurz erläutern wollen. Dazu betrachten wir den Fall einer skalaren stetigen Funktion mit einer lokal eindeutigen Nullstelle $x^* \in (a, b)$:

$$f(x) = 0 \text{ für } x \in (a, b) \iff x = x^*.$$

Beim Lösen dieses Problems auf einem Rechner mit Maschinenzahlen $\mathbb{M}$ wird die Funktion $f : (a, b) \to \mathbb{R}$ ausgewertet. Die mit Rundungsfehlern behaftete Funktion sei mit $\tilde{f} : (a, b) \to \mathbb{R}$ bezeichnet. Auf dem Rechner steht nur die endliche Menge der Maschinenzahlen zur Verfügung und deshalb enthält der Bildbereich der fehlerbehafteten Funktion $\tilde{f}$ nur endliche viele diskrete Werte:

$$\tilde{f} : (a, b) \to \mathbb{M}.$$

Außerdem ist $\tilde{f}$ stückweise konstant: Es sei $\hat{x} \in \mathbb{M}$, dann gilt $\tilde{f}(x) = \tilde{f}(\hat{x})$ für alle $x \in (a, b)$ für die $\text{fl}(x) = \hat{x}$ gilt. Der Begriff „Nullstelle" der gestörten Gleichung $\tilde{f}(x) = 0$ verliert seine gewohnte Bedeutung, weil wegen der Einschränkung auf $\mathbb{M}$ sie möglicherweise keine Lösung besitzt, oder (sehr) viele Lösungen existieren. $\triangle$

Beispiel 5.15 Falls die Kondition des Problems schlecht ist, erwartet man auch bei einer rückwärtsstabilen Auswertung große Fehler in den Nullstellenannäherungen. Dazu folgendes Beispiel. Das Polynom $P(x) = x^3 - 6x^2 + 9x$ hat eine doppelte Nullstelle $x^* = 3$. Deshalb ist die Kondition des Nullstellenproblems schlecht, siehe Abschn. 5.2.1, insbesondere (5.21). Die Auswertung des Polynoms ist rückwärtsstabil (Bespiel 5.13). Die Funktionswerte

$$P(3 + i * 10^{-9}), \quad i = -100, -99, \ldots 99, 100,$$

sind auf einem Rechner mit Maschinengenauigkeit eps $\approx 10^{-16}$ berechnet. Die Resultate sind in Abb. 5.4 dargestellt. Offensichtlich hat die mit Rundungsfehlern behaftete Funktion $\tilde{P}$ viele Nullstellen im Intervall $[3 - 10^{-7}, 3 + 10^{-7}]$. Abb. 5.4 zeigt auch den in Bemerkung 5.14 diskutierten Effekt. $\triangle$

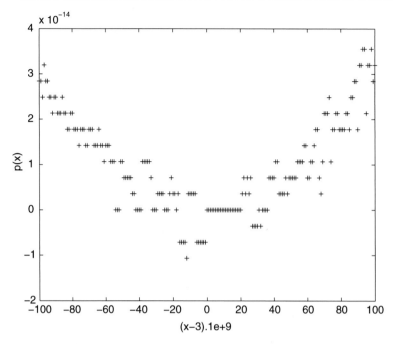

Abb. 5.4 $P(x) = x^3 - 6x^2 + 9x$, ausgewertet im Intervall $[3 - 10^{-7}, 3 + 10^{-7}]$

Matlab-Demo 5.16 (Kondition bei mehrfachen Nullstellen) Wir betrachten $P_m(x) := x(x - 3)^m$, $m = 1, 2, 3$, mit einer m-fachen Nullstelle $x^* = 3$. Hierbei ist m Eingabeparameter. Wir werten auf dem Rechner folgende Darstellungen dieser Polynome aus:

$$P_1(x) = x^2 - 3x$$
$$P_2(x) = x^3 - 6x^2 + 9x$$
$$P_3(x) = x^4 - 9x^3 + 27x^2 - 27x.$$

Sei eps die Maschinengenauigkeit des Rechners. Wir wählen eine Auflösung (Schrittweite) $\delta_k := 10^k$ eps mit Eingabeparameter $k = 0, 1, \ldots 10$, und Stützstellen $x_i := 3 \pm i\delta_k$, $i = 1, \ldots, 100$. Die Funktionsauswertungen $(x_i, p_m(x_i))$ werden in einer Grafik gezeigt.

5.2.3 Problemtransformation und Kondition

Ein wichtiges, oft unterbewusst benutztes Hilfsmittel sowohl für theoretische Zwecke als auch bei der Herleitung numerischer Verfahren ist die *Umformulierung* einer mathematischen Problemstellung je nach Zweck in ein formal anderes Format. Unterschiedliche Formate eines Gleichungssystems – Nullstellen-Format, Fixpunkt-Format – sind einfache Beispiele dafür. Ferner basiert die Gauß-Elimination auf einer

Folgen von *Transformationen* des ursprünglichen Systems in jeweils *äquivalente Systeme* in dem Sinne, dass die Lösung stets unverändert bleibt. Die Lösung eines linearen Ausgleichproblems über die Lösung der Normalgleichungen ist ein Beispiel einer Formulierung in einem anderen Format, dem keine explizite Transformation zugrunde liegt, wobei jedoch die Lösungsmenge unverändert bleibt. Wie sieht es aber mit der Kondition des Problems beim Übergang zu einem formal anderen Problem mit gleicher Lösungsmenge aus? In diesem Abschnitt bieten wir einige Hinweise, die eine angemessene Einordnung dieses Aspektes unterstützen sollen.

Am bekannten Beispiel der Zeilenskalierung (Abschn. 3.2.1)

$$Ax = b \iff D_z Ax = D_z b, \tag{5.25}$$

kann man sehen, dass die Antwort auf die Frage nach dem Verhalten der Kondition unter Umformulierungen oder Problemtransformationen subtil ist. Die *transformierte Matrix* hat im Allgemeinen eine *veränderte Konditionszahl*. Man sollte genau unterscheiden: Der Zweck der Äquilibrierung bestand ja gerade darin, ein äquivalentes lineares Gleichungssystem mit einer Matrix geringerer Kondition zu bekommen, auf das nachfolgend ein Eliminationsprozess angewendet wird, siehe Bemerkung 5.17. Das *transformierte Problem* selbst hat immer noch *dieselbe Kondition*: mit Eingabeparametern $p = (A, b)$ ist für beide Formulierungen die Auswertungsfunktion F: „Daten $\to$ Ausgabe" dieselbe, nämlich $F : (A, b) \to (D_z A)^{-1} D_z b = A^{-1} b$. Würde man nach der Zeilenskalierung als Eingabeparameter des transformierten Problems $\hat{p} := (\hat{A}, \hat{b})$, mit $\hat{A} := D_z A$, $\hat{b} := D_z b$ definieren, ist die zugehörige Auswertungsfunktion $\hat{F} : (\hat{A}, \hat{b}) \to \hat{A}^{-1} \hat{b}$. Es gilt also $\hat{F} = F$, aber bei einem fest vorgegebenen Parameterpaar $p^* = (A, b)$ (für das man die Kondition untersuchen möchte) ist das transformierte Paar anders: $\hat{p}^* = (\hat{A}, \hat{b}) \neq p$. Deshalb stimmt in diesem Fall die Kondition des transformierten Problems nicht mit der des Ausgangsproblems überein.

Bemerkung 5.17 Äquilibriert man ein Gleichungssystem mit einer Matrix A mit stark variierenden Zeilensummen $\sum_{j=1}^{n} |a_{i,j}|$, d.h., $\kappa_\infty(D_z) \gg 1$, erwartet man, dass die skalierte Matrix $\hat{A} = D_z A$ eine kleinere Konditionszahl bzgl. $\| \cdot \|_\infty$ hat. Der Gewinn der durch die Äquilibrierung gegebenen Problemtransformation liegt darin, dass man im weiteren, meist viel aufwendigeren Lösungsverlauf eine (viel) besser konditionierte Matrix $\hat{A}$ zu behandeln hat. Man kann also Zeilenskalierung als Teil des Lösungsverfahrens betrachten. $\triangle$

Wenn bei einer Umformulierung in ein anderes Problem, wie in (5.25), die Auswertungsfunktion F sich nicht ändert und der relevante Parameterwert p^* (der Wert an dem man die Kondition untersuchen möchte) gleich bleibt, haben beide Problemformulierungen trivialerweise dieselbe Kondition. Ein Beispiel dieser Situation ist die Umformulierung des linearen Ausgleichproblems aus Abschn. 4.3.1 in die Normalgleichungen (wobei wir annehmen, dass A vollen Rang hat):

$$\|Ax^* - b\|_2 = \min_{x \in \mathbb{R}^n} \|Ax - b\|_2 \iff A^T Ax^* = A^T b, \tag{5.26}$$

Wenn man in beiden Formulierungen $p = (A, b)$ als die Eingabeparameter des Problems betrachtet ist die Auswertungsfunktion in beiden Fällen $F : (A, b) \rightarrow (A^T A)^{-1} A^T b$. Bei einem vorgegebenen Parameterpaar $p^* = (A, b)$ ist die Kondition der beiden Problemformulierungen dieselbe und im Wesentlichen durch die Kondition der Matrix $(A^T A)^{-1} A^T$ gegeben. Diese Matrix ist aber gerade die Pseudo-Inverse $A^\dagger$ von A. Deren Kondition ist die Kondition der Diagonalmatrix in der Singulärwertzerlegung von $(A^T A)^{-1} A^T$ und damit $\sqrt{\kappa_2(A^T A)} = \kappa_2(A)$. Benutzt man allerdings die Formulierung über die Normalgleichungen als Ausgangspunkt eines Algorithmus, ist man gezwungen, zunächst die „neue Matrix" $\hat{A} := A^T A$ und „neue rechte Seite" $\hat{b} := A^T b$ zu berechnen, um dann das Gleichungssystem $\hat{A} x = \hat{b}$ zu lösen. Als Bestandteil des Algorithmus geht man auf ein „Ersatzproblem" mit Daten $\hat{p} = (\hat{A}, \hat{b})$ über. Wie in Abschn. 4.3.1 gezeigt wird, hat dieses Ersatzproblem in Bezug auf diese (im Algorithmus erzeugten Daten) nun die Kondition $\kappa_2(\hat{A}) = \kappa_2(A^T A) = \kappa_2(A)^2$.

Als Bestandteil des Lösungsverfahrens beeinträchtigt also der Übergang zu den Normalgleichungen die *Stabilität* des Algorithmus, da sie eine durch $\kappa_2(A)^2$ bestimmte Verstärkung des relativen Fehlers bedingt.

Ähnliche Betrachtungen zum Zusammenhang zwischen Problemtransformation und Kondition gelten auch bei allgemeineren nichtlinearen Problemen. Betrachte das Ausgangsproblem $f(x) = f(x; p) = 0$, mit Eingabedaten (Parameter) $p \in \mathcal{P}$. Es sei $M = M(x; p) \in \mathbb{R}^{n \times n}$, mit $p \in \mathcal{P}$ eine reguläre Matrix und $\Phi(x) = \Phi(x; p) := x + M f(x)$. Es gilt

$$f(x) = 0 \iff x = \Phi(x)$$

und $x = \Phi(x)$ ist eine Fixpunkt-Formulierung mit *identischer Lösungsmenge,* denselben Parametern und *derselben Auswertungsfunktion.* Deshalb bleibt neben der Lösungsmenge auch die Kondition erhalten.

Obige Transformation markiert aber nicht die einzige Art, ein Nullstellenformat in ein Fixpunkt-Format zu transformieren. Ein einfaches Beispiel, das wir in den folgenden Abschnitten mehrmals betrachten werden, ist die Bestimmung der eindeutigen positiven Nullstelle der Funktion $f(x) = x^6 - x + 1$. Dieses Polynom wird durch die Koeffizienten in der monomialen Basis dargestellt (siehe Beispiel 5.6): $f(x) = f(x; p) = p_0 + p_1 x + p_2 x^6$. Die Daten sind hier die Parameterwerte $p = (p_0, p_1, p_2) = (1, -1, 1)$. Eine einfache Umformung liefert:

$$f(x) = x^6 - x + 1 = 0 \iff x = \Phi(x) := (x + 1)^{\frac{1}{6}} \quad (\text{für } x > 0). \tag{5.27}$$

Eine natürliche Parametrisierung des transformierten Problems ist $\Phi(x) = \Phi(x; p) = (p_1 x + p_0)^{\frac{1}{6}}$ mit Parameterwert $p = (p_0, p_1) = (1, 1)$. Dieses transformierte Problem hat andere Parameter und eine andere Auswertungsfunktion als das Ausgangsproblem. Daraus folgt, dass die beiden Problemformulierungen in (5.27) im Allgemeinen *nicht* dieselbe Kondition haben.

5.2.4 Resümee zur Kondition

Wir fassen nun einige wesentliche Punkte der vorausgehenden Diskussion zusammen.

Relative vs. absolute Kondition beim Nullstellenproblem Bei nichtlinearen Gleichungssystemen gestaltet sich eine Konditionsanalyse oft deshalb schwieriger, weil eine entsprechende Auswertungsabbildung von den Eingabedaten auf die Ausgabe nicht explizit gegeben ist. Insbesondere beruht die Betrachtung der relativen Kondition typischerweise auf dem Satz für Implizite Funktionen. Zur Abhandlung der absoluten Kondition, auf die wir uns hier konzentriert haben, reicht das einfachere Hilfsmittel der Taylor-Entwicklung. Fasst man die dem Gleichungssystem zugrunde liegende Abbildung f als Funktion eines Parameter-Satzes $p \in \mathbb{R}^m$, der die Daten repräsentiert, auf, lässt sich die absolute Kondition des Nullestellenproblems im Falle einfacher Nullstellen mit Hilfe der Teil-Jacobi-Matrizen bezüglich der Variablen x sowie der Datenparameter p gemäß (5.11) wie folgt beschreiben

$$\|x^* - \tilde{x}^*\|_{\mathbb{R}^n} \le \kappa_{\text{abs}}(x^*, p)\|p - \tilde{p}\|_{\mathbb{R}^m}$$

$$\text{mit } \kappa_{\text{abs}}(x^*, p) := \|\left(D_x f(x^*; p)\right)^{-1} D_p f(x^*; p)\|_{\mathbb{R}^m \to \mathbb{R}^n}.$$

Mehrfache Nullstellen Ein Nullstellenproblem mit einer mehrfachen Nullstelle ist hinsichtlich Störungen in den Eingabedaten sehr schlecht konditioniert. Deswegen ist die numerische Berechnung mehrfacher Nullstellen im Allgemeinen wesentlich schwieriger als die einfacher Nullstellen. Dies wurde für den Fall einer skalaren Gleichung mit einer Nullstelle der Vielfachheit m genauer dargelegt. Die Abschätzung (5.21) zeigt, dass die Genauigkeit der Ausgabe nur noch die Größenordnung der m-ten Wurzel der Eingabedaten hat.

Kondition und unvermeidbarer Fehler wegen f-Auswertung Die Relevanz eines guten Verständnisses der Kondition eines Problems liegt einerseits darin, die Schwierigkeit einer numerischen Fragestellung richtig einschätzen zu können. Andererseits kann man die Kondition zur Untersuchung des aufgrund der (inexakten) Auswertung von f unvermeidbaren Fehlers verwenden. Dazu wird eine Rückwärtsfehleranalyse verwendet in der eine fehlerbehaftete Auswertung $\tilde{f}$ von f als exakte Auswertung von f an gestörten Parameterwerten $\tilde{p}$ interpretiert wird. Diese Parameterwerte p spielen bei der Auswertungsfunktion F eines Nullstellenproblems, siehe (5.9) und (5.10), die Rolle der „Eingabedaten". Falls die Störung der Eingabeparameter proportional zur Rechnergenauigkeit bleibt, wird f rückwärtsstabil genannt. Die Relevanz dieses Stabilitätsbegriffs liegt darin, dass dann die Differenz zwischen der exakten Nullstelle x^* und der Nullstelle $\tilde{x}^*$ der gestörten Funktion $\tilde{f}$ gemäß (5.24) über die Kondition $\kappa_{\text{abs}}(x^*, p)$ des Nullstellenproblems und der Rückwärtsstabilität von f abgeschätzt werden kann.

Problemtransformation und Kondition Ein Problem in eine andere Form zu transformieren, wobei die Lösungsmenge unverändert bleibt, ist gängiger Bestandteil numerischer Verfahren oder eine konzeptionelle Vorbereitung für ein numerisches Verfahren. Wenn im Falle von Gleichungssystemen sowohl der relevante Eingabeparameter als auch die Auswertungsfunktion unverändert bleiben, bleibt auch die Kondition gleich. Wie vorherige Beispiele zeigen, ist dies nicht immer der Fall, da sich Eingabeparameterbereiche und/oder Auswertungsfunktion unter der Umformulierung ändern können.

5.3 Fixpunktiteration

5.3.1 Motivation und Beispiele

Bereits im Beispiel 5.1 scheint keine Möglichkeit zu bestehen, die Unbekannten direkt, etwa über Eliminationstechniken, zu ermitteln. Hier muss man sich einer völlig anderen Lösungsstrategie bedienen, die auf dem Prinzip der *Iteration* beruht. Wie bei der Nachiteration (vgl. Abschn. 3.8.1) kann man versuchen, die Lösung *iterativ*, also schrittweise, immer besser anzunähern. Man versucht also nicht, die Lösung exakt zu bestimmen, sondern gibt sich mit einer Approximation bis auf eine bestimmte Genauigkeit zufrieden. Tatsächlich ist dies jedoch weder theoretisch noch praktisch ein Verzicht oder eine Einschränkung. Auch Eliminationsverfahren bei linearen Gleichungssystemen liefern nur im idealisierten Sinne die „exakte" Lösung. De Facto erlaubt die Rechnerarithmetik lediglich die Bestimmung einer Näherungslösung, deren Genauigkeit zudem von der Kondition des Problems abhängt. Bei iterativen Methoden bestimmt ein *Grenzprozess* die exakte Lösung. Für die Praxis ist es entscheidend, diesen Grenzprozess genau zu verstehen, um bei einem (praktisch unvermeidbaren) Abbruch der Iteration nach endlich vielen Schritten sicher zu stellen, dass die gegenwärtige Annäherung genügend genau ist *(Fehleranalyse/Abschätzungen)*. Dabei sei daran erinnert, dass wiederum aufgrund der Rechnerarithmetik eine *exakte* Bestimmung eines Grenzwertes in der Praxis ohnehin nicht möglich ist.

Beispiel 5.18 Wir betrachten das in Beispiel 2.48 behandelte Verfahren zur Approximation der irrationalen Zahl π. Es sei $b_1 := 3\sqrt{3}$ und

$$b_{k+1} = \sqrt{\frac{12 \cdot 2^{k-1} \cdot b_k^2}{6 \cdot 2^{k-1} + \sqrt{(6 \cdot 2^{k-1})^2 - b_k^2}}}, \quad k \geq 1.$$

Man kann zeigen, dass b_k der Umfang des im Einheitskreis eingeschriebenen regelmäßigen $3 \cdot 2^{k-1}$-Eckes ist (Abb. 2.7). Die Folge $(b_k)_{k \geq 1}$ wird für wachsendes k eine immer bessere Approximation von 2π liefern und es gilt $\lim_{k \to \infty} b_k = 2\pi$ (Grenzprozess). Um mit dieser Folge eine Annäherung von 2π mit gewünschter (absoluter) Genauigkeit $\varepsilon > 0$ zu bestimmen sind die folgenden zwei Aspekte relevant. Man braucht eine (möglichst scharfe) Fehlerschranke um einen geeigneten Abbruch der Iteration festzulegen. Anhand geometrischer Überlegungen kann man zeigen $0 \leq 2\pi - b_k \leq b_{k-1} - b_k + \sqrt{b_k^2 - b_{k-1}^2} =: E_k, k \geq 2$. Die gewünschte Approximationsgenauigkeit wird also erreicht wenn $E_k \leq \varepsilon$ gilt. Ein zweiter Aspekt betrifft die numerische Auswertung der Größe b_k. Man sollte sicherstellen, dass die Auswertung von b_k ein stabiler Algorithmus ist, siehe Beispiel 2.48.   △

Die entscheidende Frage betrifft die *Konstruktion* solcher Iterationsverfahren, welche (möglichst schnell) *konvergieren*, d. h. mit möglichst wenigen Schritten und mit vertretbarem Aufwand pro Schritt eine gewünschte Zielgenauigkeit realisieren, und *stabil* sind.

Wie bereits im vorherigen Abschnitt angedeutet wird, bietet die Transformation auf das Fixpunkt-Format eine Möglichkeit zur Konstruktion von Iterationsverfahren des Typs (5.8).

Bemerkung 5.19 Es sei $f : \mathbb{R}^n \to \mathbb{R}^n$ gegeben mit $f(x^*) = 0$ und für jedes x in einer Umgebung der Nullstelle x^* sei die von x abhängige Matrix $M_x \in \mathbb{R}^{n \times n}$ invertierbar. Dann gilt

$$f(x^*) = 0 \quad \Longleftrightarrow \quad x^* = x^* - M_{x^*} f(x^*), \tag{5.28}$$

d. h., das *Nullstellenproblem* $f(x^*) = 0$ ist *äquivalent* zum *Fixpunktproblem*

$$x^* = \Phi(x^*), \quad \text{mit} \quad \Phi(x) := x - M_x f(x). \tag{5.29}$$

Beweis Die Behauptung folgt aus der Tatsache, dass aufgrund der Invertierbarkeit von M_x gilt $f(x^*) = 0 \iff M_{x^*} f(x^*) = 0$.   □

Das Beispiel (5.27) zeigt, dass es durchaus andere Wege als in (5.28) gibt, ein Nullstellen-Problem in ein Fixpunkt-Problem zu transformieren.

Weshalb eine Umformung in Fixpunkt-Format sinnvoll ist, liegt an zwei Punkten:

(a) Für ein Fixpunktproblem gibt es eine einfache Iteration, die, wie sich zeigen wird, unter geeigneten Umständen konvergiert. Diese sogenannte *Fixpunktiteration* ergibt sich indem man, ausgehend von einem *Startwert,* die Fixpunktfunktion gemäß (5.8) immer wieder an der jeweils vorherigen Iterierten auswertet.

(b) Anhand der Umformung in das Fixpunkt-Format gewinnt man eine gewisse Flexibilität, da man für verschiedene Umformungen auch unterschiedliche Fixpunktfunktionen Φ bekommt. Man kann also versuchen, die Umformung so zu wählen, dass die Fixpunktiteration (5.8) möglichst schnell konvergiert, also wenige Schritte notwendig sind, um eine gewünschte Genauigkeit zu erreichen.

Die „Kunst" liegt also in der Wahl einer „geeigneten" Umformung. Deshalb ist es zunächst wichtig zu verstehen, was eine Fixpunktiteration „konvergent macht". Hierzu hilft ein Hinweis auf die Arbeitsweise eines *technischen Regelkreises*, vgl. Abb. 5.5.

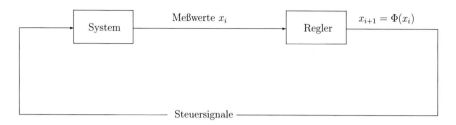

Abb. 5.5 Regelkreis

Dieser Regelkreis hat zwei grundlegende Eigenschaften:

1. Es gibt *genau einen* Sollwert x^*. Befindet sich das System in diesem Zustand, so ändert der Regler nichts, d. h.

$$x^* = \Phi(x^*). \tag{5.30}$$

In diesem Sinne ist der Sollwert x^* ein *Fixpunkt* des Systems.

2. Das Regelsystem versucht, Abweichungen vom Sollwert zu reduzieren, d. h.

$$\|\Phi(x) - x^*\| \leq L\|x - x^*\| \quad \text{mit} \quad L < 1, \tag{5.31}$$

um schließlich den Sollzustand zu erreichen.

Nun ist die Bedingung (5.31) meist schwer nachzuweisen, wenn der Sollwert nicht explizit bekannt ist. Da ja $x^* = \Phi(x^*)$ ist, folgt (5.31) aus der stärkeren Forderung

$$\|\Phi(x) - \Phi(y)\| \leq L\|x - y\| \quad \text{mit} \quad L < 1 \tag{5.32}$$

für alle x, y aus einer geeigneten Umgebung von x^*. Eine Abbildung Φ, die (5.32) erfüllt, wird Kontraktion genannt.

Die Begriffe *Fixpunkt* und *Kontraktion* spielen tatsächlich eine Schlüsselrolle bei sogenannten iterativen Lösungsstrategien zur Behandlung von Gleichungssystemen.

In Analogie zum obigen Regelkreis versucht man nun, x^* iterativ anzunähern, indem man die Kontraktionseigenschaft von Φ ausnutzt. Wie in (5.8) bereits angedeutet wird, führt diese Idee auf folgende Methode:

Fixpunktiteration

- Wähle Startwert x_0 (in einer Umgebung von x^*),
- Bilde

$$x_{k+1} = \Phi(x_k), \quad k = 0, 1, 2, \ldots. \tag{5.33}$$

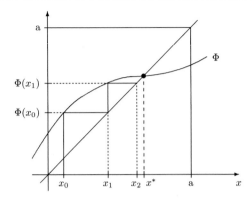

Abb. 5.6 Fixpunktiteration: Konvergenz

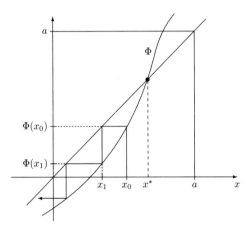

Abb. 5.7 Fixpunktiteration: Divergenz

(Beachte, dass anders als in (5.8), Indizes hier nicht hochgestellt sind.) Ob (5.33) tatsächlich gegen x^* konvergiert, wird von den „Selbstkorrekturqualitäten" von Φ abhängen (die man z. B. über die in gewissem Rahmen freie Wahl von M_x in Bemerkung 5.19 beeinflussen kann). Welche Eigenschaften Φ als geeignete Iterationsfunktion kennzeichnen, deuten folgende Bilder für den Fall einer skalaren Gleichung an. Geometrisch bedeutet (für $n = 1$) $x^* = \Phi(x^*)$, dass die Gerade $y = x$ den Graphen von Φ an der Stelle x^* schneidet. In beiden Fällen besitzt Φ einen Fixpunkt im Intervall $[0, a]$. Während die Iteration (5.33) in Abb. 5.6 offensichtlich gegen x^* konvergiert, liegt in Abb. 5.7 Divergenz von (5.33) vor. Man nennt den Fixpunkt in diesem Fall auch *abstoßend*. Der Grund für das unterschiedliche Verhalten liegt offensichtlich in der *Steigung* von Φ. Es lassen sich folgende zwei Fälle unterscheiden, wobei wir annehmen, dass Φ stetig differenzierbar ist.

<u>Fall a:</u> $\left|\Phi'(x^*)\right| < 1$. Wegen der Stetigkeit von Φ' existiert ein $\delta > 0$, so dass $\left|\Phi'(x)\right| < 1$ für alle x in einer Umgebung $U_\delta := [x^* - \delta, x^* + \delta]$ von x^* gilt. Folglich existiert nach dem Mittelwertsatz für jedes Paar $x, y \in U_\delta$ ein $\xi \in U_\delta$ mit

$$\left|\Phi(x) - \Phi(y)\right| = \left|\Phi'(\xi)(x - y)\right| \leq \max_{z \in U_\delta} \left|\Phi'(z)\right| |x - y| =: L\,|x - y|,$$

und $L = \max_{z \in U_\delta} \left|\Phi'(z)\right| < 1$. Also ist Φ im Sinne von (5.32) *kontrahierend* auf U_δ. Für $x_0 \in U_\delta$ erhält man:

$$|x_{k+1} - x^*| = |\Phi(x_k) - \Phi(x^*)| \leq L|x_k - x^*| \leq L^{k+1}|x_0 - x^*| \quad \text{für alle } k \geq 0,$$

d. h., die Iterationsfolge konvergiert mit $\lim_{k \to \infty} x_k = x^*$.

<u>Fall b:</u> $\left|\Phi'(x^*)\right| > 1$. Wegen der Stetigkeit von Φ' existiert ein $\delta > 0$, so dass $\left|\Phi'(x)\right| > 1$ für alle $x \in U_\delta = [x^* - \delta, x^* + \delta]$. Folglich gilt

$$\left|x_{k+1} - x^*\right| = \left|\Phi(x_k) - \Phi(x^*)\right| = \left|\Phi'(\xi)(x_k - x^*)\right|$$
$$> \left|x_k - x^*\right| \quad \text{für alle } x_k \in U_\delta,$$

d. h., für alle $x_k \in U_\delta$ wird im Iterationsschritt $k \to k + 1$ der Fehler $|x_k - x^*|$ vergrößert.

Der Fall b zeigt, dass eine Funktion Φ mit $\left|\Phi'(x^*)\right| > 1$ als Iterationsfunktion einer Fixpunktiteration 5.33 *nicht* geeignet ist. Der Sonderfall $|\Phi'(x^*)| = 1$ ist nicht eindeutig entscheidbar. Ob in dem Fall die Iteration lokal konvergiert oder divergiert hängt von den Werten der höheren Ableitungen von Φ ab.

Beispiel 5.20 Wir greifen nochmals das Beispiel aus (5.27) auf. Aufgabe: Man berechne die positive Nullstelle der Funktion

$$f(x) := x^6 - x - 1. \tag{5.34}$$

Betrachtet man die Graphen von $x \to x^6$ und $x \to x + 1$, sieht man anhand des Schnittpunktes der Graphen, dass f eine eindeutige positive Nullstelle x^* hat und dass $x^* \in [1, 2]$ gilt. Zum Beispiel lassen sich folgende Iterationsfunktionen verwenden, um (5.34) als Fixpunktproblem zu formulieren:

$$\Phi_1(x) = x^6 - 1$$

oder auch

$$\Phi_2(x) = (x + 1)^{\frac{1}{6}}.$$

Für Φ_1 gilt

$$\left| \Phi_1'(x) \right| = \left| 6x^5 \right| > 1 \quad \text{für } x \in [1, 2].$$

Die Iterationsfunktion Φ_1 ist also nicht geeignet, da die Iteration (5.33), mit $\Phi = \Phi_1$, in der Nähe von x^* divergiert.
Für Φ_2 ergibt sich

$$\left| \Phi_2'(x) \right| = \left| \tfrac{1}{6}(x + 1)^{-\frac{5}{6}} \right| \le \tfrac{1}{6} 2^{-\frac{5}{6}} < 0.1 \quad \text{für } x \in [1, 2]$$

und damit, für geeignetes ξ zwischen x und y,

$$\left| \Phi_2(x) - \Phi_2(y) \right| = \left| \Phi_2'(\xi)(x - y) \right| \le 0.1 \left| x - y \right| \quad \text{für } x, y \in [1, 2]. \tag{5.35}$$

Offensichtlich ist die Iteration Φ_2 eine Kontraktion auf $[1, 2]$. Um das Kontraktionsargument wiederholt anwenden zu können, muss die Folge x_0, $x_{k+1} = \Phi_2(x_k)$, $k \ge 0$, für $x_0 \in [1, 2]$ im Intervall $[1, 2]$ bleiben. Diese Bedingung ist erfüllt, falls Φ_2 eine *Selbstabbildung* auf $[1, 2]$ ist, d. h. $\Phi_2 : [1, 2] \to [1, 2]$. Da $\Phi_2(1) = 2^{\frac{1}{6}}$, $\Phi_2(2) = 3^{\frac{1}{6}}$, $1 < 2^{\frac{1}{6}} < 3^{\frac{1}{6}} < 2$ und Φ_2 auf $[1, 2]$ monoton ist, folgt tatsächlich $\Phi_2 : [1, 2] \to [1, 2]$. Damit erfüllt Φ_2 die Bedingungen die für die Konvergenz der Iteration gefordert werden. Einige Resultate sind in Tab. 5.1 zusammengestellt. $\triangle$

Matlab-Demo 5.21 (Fixpunktiteration) Für Φ_1 und Φ_2 aus Beispiel 5.20 und weitere Beispielfunktionen Φ wird das Verhalten der Fixpunktiteration $x_{k+1} = \Phi(x_k)$ graphisch gezeigt.

Tab. 5.1 Fixpunktiteration

k	$x_0 = 1.2$	$x_0 = 1.135$
	$x_{k+1} = \Phi_2(x_k)$	$x_{k+1} = \Phi_1(x_k)$
0	1.20000000	1.14e+000
1	1.14043476	1.14e+000
2	1.13522949	1.17e+000
3	1.13476890	1.57e+000
4	1.13472810	1.38e+001
5	1.13472448	6.91e+006
6	1.13472416	1.09e+041
7	1.13472414	1.66e+246

5.3.2 Banachscher Fixpunktsatz

Im Banachschen Fixpunktsatz werden (scharfe) hinreichende Bedingungen bezüglich der Iterationsfunktion Φ und des Startwertes x_0 formuliert, damit die Folge der Iterierten der Fixpunktiteration $x_{k+1} = \Phi(x_k)$, $k = 0, 1, 2, \ldots$, gegen einen Fixpunkt x^* konvergiert. Obige Beispiele deuten bereits auf die wesentlichen Bedingungen hin. Wir werden diesen Satz allerdings allgemeiner formulieren, als es obige skalare Beispiele verlangen. Zum einen ist die Argumentation in dieser Allgemeinheit nicht schwieriger, zum anderen lässt sich damit eine entsprechend größere Klasse von Anwendungen abdecken wie etwa Fixpunktprobleme in $\mathbb{R}^n$ oder sogar Operatorgleichungen vom Typ (5.5). Der allgemeinere Anwendungsrahmen verlangt lediglich den Begriff der *Vollständigkeit* einer Teilmenge E eines Banachraums X. E heißt *vollständig* falls jede Cauchyfolge in E einen Grenzwert in E besitzt. Eine Folge $\{x_j\}_{j \in \mathbb{N}} \subset X$ heißt *Cauchy Folge*, falls $\|x_n - x_m\|_X \to 0$ für $n, m \to \infty$. Falls X endlich dimensional ist, impliziert Abgeschlossenheit Vollständigkeit.

Satz 5.22 (Banachscher Fixpunktsatz)
Es sei X ein linear normierter Raum mit Norm $\|\cdot\|$ und es sei $E \subseteq X$ eine vollständige Teilmenge von X. Die Abbildung Φ sei eine Selbstabbildung auf E:

$$\Phi : E \to E. \tag{5.36}$$

Ferner sei Φ eine Kontraktion auf E

$$\|\Phi(x) - \Phi(y)\| \leq L\|x - y\| \quad \text{für alle } x, y \in E, \text{ mit } L < 1. \tag{5.37}$$

Dann gilt:

1. *Es existiert genau ein Fixpunkt x^* von Φ in E.*
2. *Für beliebiges $x_0 \in E$ konvergiert*

$$x_{k+1} = \Phi(x_k), \quad k = 0, 1, 2, \ldots$$

gegen den Fixpunkt x^*.
3. *A-priori-Fehlerabschätzung:*

$$\|x_k - x^*\| \leq \frac{L^k}{1 - L}\|x_1 - x_0\|. \tag{5.38}$$

4. *A-posteriori-Fehlerabschätzung:*

$$\|x_k - x^*\| \leq \frac{L}{1 - L}\|x_k - x_{k-1}\|. \tag{5.39}$$

Beweis Zu beliebigem $x_0 \in E$ definiere $x_{k+1} = \Phi(x_k)$, $k = 0, 1, 2, \ldots$. Nach Voraussetzung (5.36) gilt $x_k \in E$ für alle k. Wegen (5.37) gilt

$$\|x_{k+1} - x_k\| = \|\Phi(x_k) - \Phi(x_{k-1})\| \le L\|x_k - x_{k-1}\|$$
$$\le L^k \|x_1 - x_0\| \quad \text{für alle } k.$$

Hiermit ergibt sich für alle m, k,

$$\begin{aligned}
\|x_{m+k} - x_k\| &= \|x_{m+k} - x_{m+k-1} + x_{m+k-1} + \ldots + x_{k+1} - x_k\| \\
&\le \|x_{m+k} - x_{m+k-1}\| + \ldots + \|x_{k+1} - x_k\| \\
&\le (L^{m+k-1} + \ldots + L^k)\|x_1 - x_0\| \\
&= L^k \frac{1 - L^m}{1 - L} \|x_1 - x_0\| \\
&\le \frac{L^k}{1 - L} \|x_1 - x_0\|.
\end{aligned} \tag{5.40}$$

Wegen $L < 1$ folgt hieraus, dass $\{x_k\}_{k \in \mathbb{N}}$ eine Cauchy-Folge ist. Da E vollständig ist, existiert also ein Grenzwert x^*, so dass

$$\lim_{k \to \infty} x_k = x^*.$$

Für diesen Grenzwert gilt

$$\begin{aligned}
x^* - \Phi(x^*) &= x^* - \Phi(\lim_{k \to \infty} x_k) = x^* - \lim_{k \to \infty} \Phi(x_k) \\
&= x^* - \lim_{k \to \infty} x_{k+1} = x^* - x^* = 0,
\end{aligned}$$

und damit $x^* = \Phi(x^*)$, d. h., x^* ist Fixpunkt von Φ.

Wir beweisen nun die Eindeutigkeit des Fixpunkts. Es seien x^* und x^{**}, so dass $\Phi(x^*) = x^*$ und $\Phi(x^{**}) = x^{**}$ gilt. Dann ist

$$\|x^* - x^{**}\| = \|\Phi(x^*) - \Phi(x^{**})\| \le L\|x^* - x^{**}\| \quad \text{mit} \quad L < 1.$$

Hieraus folgt $\|x^* - x^{**}\| = 0$, also $x^* = x^{**}$.

Zum Schluss werden die Fehlerabschätzungen abgeleitet. Lässt man in (5.40) $m \to \infty$ laufen, ergibt sich das Resultat (5.38).

Weiterhin gilt

$$\begin{aligned}
\|x_k - x^*\| &\le \|x_k - x_{k+1}\| + \|x_{k+1} - x^*\| = \|x_{k+1} - x_k\| + \|\Phi(x_k) - \Phi(x^*)\| \\
&\le \|x_{k+1} - x_k\| + L\|x_k - x^*\|,
\end{aligned}$$

was die a-posteriori-Fehlerschätzung (5.39) impliziert:

$$\|x_k - x^*\| \le \frac{1}{1 - L} \|x_{k+1} - x_k\| \le \frac{L}{1 - L} \|x_k - x_{k-1}\|. \qquad \square$$

Bemerkung 5.23

a) Zu den *Voraussetzungen:* Beispiele sind $X = \mathbb{R}$, mit $\| \cdot \| = |\cdot|$ dem Betrag und (für Systeme) $X = \mathbb{R}^n$, mit $\| \cdot \|$ irgendeiner festen Norm auf $\mathbb{R}^n$. Für $X = \mathbb{R}$ sind z. B. abgeschlossene Intervalle $E = [a, b]$ und $E = \mathbb{R}$ vollständige Teilmengen. Allgemein ist bekannt, dass $\mathbb{R}^n$ und jede *abgeschlossene* Teilmenge in $\mathbb{R}^n$ bzgl. jeder Norm auf $\mathbb{R}^n$ vollständig sind, so dass in den hier typischerweise betrachteten Anwendungen diese Voraussetzungen erfüllt sind. Lediglich bei unendlichdimensionalen Räumen muss man als zusätzliche Voraussetzung Vollständigkeit von E verlangen.

Im Prinzip – und das ist ein Grund für die allgemeinere Formulierung - kann man den Fixpunktsatz auch zum Nachweis der Existenz und Eindeutigkeit z. B. von Integralgleichungen des Typs (5.3) heranziehen. Hier ist die Unbekannte eine Funktion und X z. B. der (unendlichdimensionale) Raum $C([0, 1])$ der auf $[0, 1]$ stetigen Funktionen. In einem solchen Fall ist die Frage der Vollständigkeit nicht mehr so einfach zu beantworten und geht über den Rahmen dieser Abhandlung hinaus.

b) Der Satz garantiert *Existenz* und *Eindeutigkeit* der Lösung der Fixpunktgleichung. Darüberhinaus bietet er einen konstruktiven *Algorithmus,* nämlich die Fixpunktiteration, zur Bestimmung dieser Lösung und liefert *Fehlerabschätzungen,* die angeben, wie lange man iterieren muss, um eine gewünschte Genauigkeit zu erzielen. Um z. B. eine Genauigkeit von $\epsilon > 0$ zu erreichen, genügt es wegen (5.38) k so groß wählen, dass

$$\frac{L^k}{1 - L} \|x_1 - x_0\| \leq \epsilon$$

gilt, also

$$L^k \leq \frac{\epsilon(1 - L)}{\|x_1 - x_0\|},$$

d. h.

$$k \geq \log\left(\frac{\epsilon(1 - L)}{\|x_1 - x_0\|}\right) \Big/ \log L.$$

c) Wegen

$$\|x_k - x_{k-1}\| = \|\Phi(x_{k-1}) - \Phi(x_{k-2})\| \leq L\|x_{k-1} - x_{k-2}\| \leq L^{k-1}\|x_1 - x_0\|$$

ist die Schranke in der a-posteriori-Fehlerabschätzung besser (d. h. nie größer) als die in der a-priori-Fehlerabschätzung. $\triangle$

Wir notieren als Nächstes einige wichtige Spezialfälle von Satz 5.22.

Folgerung 5.24

Es seien $X = \mathbb{R}$, $E = [a, b]$. Zudem sei $\Phi : E \to \mathbb{R}$ stetig differenzierbar und eine Selbstabbildung auf E:

$$\Phi : [a, b] \to [a, b].$$

Weiterhin gelte

$$\max_{x \in [a,b]} |\Phi'(x)| =: L < 1.$$

Dann sind für $\| \cdot \| = |\cdot|$ alle Voraussetzungen aus Satz 5.22 erfüllt.

Beweis Nach dem Mittelwertsatz gilt

$$|\Phi(x) - \Phi(y)| = |\Phi'(\xi)(x - y)| \leq \max_{\xi \in [a,b]} |\Phi'(\xi)| \, |x - y| = L \, |x - y|,$$

d. h., Φ ist eine Kontraktion. Wegen Bemerkung 5.23a) sind alle Voraussetzungen von Satz 5.22 erfüllt, so dass die Behauptung folgt.   □

Folgerung 5.25

Es seien $X = \mathbb{R}^n$, $E \subseteq \mathbb{R}^n$ eine abgeschlossene konvexe Menge. Zudem sei $\Phi : E \to \mathbb{R}^n$ stetig differenzierbar und eine Selbstabbildung auf E:

$$\Phi : E \to E.$$

Weiterhin gelte bzgl. einer Vektornorm $\| \cdot \|$ auf $\mathbb{R}^n$ für die zugehörige Matrixnorm

$$\max_{x \in E} \|\Phi'(x)\| = L < 1. \tag{5.41}$$

Dann sind alle Voraussetzungen aus Satz 5.22 erfüllt.

Die Menge E ist konvex genau dann wenn für jedes Paar $x, y \in E$, $x \neq y$, die Verbindungslinie $\{z = tx + (1 - t)y \mid t \in [0, 1]\}$ in E enthalten ist. In (5.41) bezeichnet

$$\Phi'(x) = \begin{pmatrix} \frac{\partial}{\partial x_1} \Phi_1(x) & \cdots & \frac{\partial}{\partial x_n} \Phi_1(x) \\ \vdots & & \vdots \\ \frac{\partial}{\partial x_1} \Phi_n(x) & \cdots & \frac{\partial}{\partial x_n} \Phi_n(x) \end{pmatrix}$$

die Jacobi-Matrix von Φ an der Stelle x.

Beweis Es genügt wiederum, die Kontraktivität von Φ nachzuweisen. Dazu benutzen wir die Identität

$$\Phi(x) - \Phi(y) = \int_0^1 \Phi'(y + t(x - y))(x - y)\, dt \quad \text{für alle} \quad x, y \in E.$$

Wegen der Konvexität der Menge E ist $y + t(x - y) = tx + (1 - t)y \in E$ für alle $x, y \in E, t \in [0, 1]$. Hiermit ergibt sich

$$\|\Phi(x) - \Phi(y)\| \leq \int_0^1 \max_{\xi \in E} \|\Phi'(\xi)\| \|x - y\|\, dt \leq L\|x - y\| \qquad (5.42)$$

für alle $x, y \in E$. $\qquad\qquad\qquad\qquad\qquad\qquad\qquad\qquad\qquad\qquad\qquad\square$

Folgerung 5.26
Es seien $X = \mathbb{R}^n$ und $x^* \in \mathbb{R}^n$, so dass $\Phi(x^*) = x^*$ und Φ stetig differenzierbar in einer Umgebung von x^*. Bezüglich einer Vektornorm $\|\cdot\|$ auf $\mathbb{R}^n$ gelte für die zugehörige Matrixnorm

$$\|\Phi'(x^*)\| < 1.$$

Es sei $B_\delta := \{ x \in \mathbb{R}^n \mid \|x - x^*\| \leq \delta \}$. Für $E = B_\delta$ mit $\delta > 0$ hinreichend klein sind alle Voraussetzungen aus Satz 5.22 erfüllt.

Für die Situation aus Folgerung 5.25 sei folgendes Beispiel angegeben.

Beispiel 5.27 Man zeige, dass das System

$$6x = \cos x + 2y$$
$$8y = xy^2 + \sin x$$

auf $E = [0, 1] \times [0, 1]$ eine eindeutige Lösung besitzt. Man bestimme diese Lösung approximativ bis auf eine Genauigkeit von 10^{-3} bzgl. der Maximumnorm $\|\cdot\|_\infty$.

Lösung Die Aufgabe kann man als Fixpunktproblem $(x, y)^T = \Phi(x, y)$ formulieren, mit

$$\Phi(x, y) = \begin{pmatrix} \frac{1}{6}\cos x + \frac{1}{3}y \\ \frac{1}{8}xy^2 + \frac{1}{8}\sin x \end{pmatrix}.$$

Für $x \in [0, 1]$ gilt $0 \le \cos x \le 1$ und $0 \le \sin x \le 1$, und daher $\Phi : E \to E$. Ferner gilt

$$\Phi'(x, y) = \begin{pmatrix} -\frac{1}{6}\sin x & \frac{1}{3} \\ \frac{1}{8}y^2 + \frac{1}{8}\cos x & \frac{1}{4}xy \end{pmatrix}.$$

Für die Norm $\| \cdot \|_\infty$ auf $\mathbb{R}^2$ ergibt sich für die zugehörige Matrixnorm

$$\|\Phi'(x, y)\|_\infty = \max\left\{ \frac{1}{6}|\sin x| + \frac{1}{3}, \frac{1}{8}\big(|y^2 + \cos x| + 2|xy| \big) \right\}$$

$$\le \max\left\{ \frac{1}{2}, \frac{1}{2} \right\} = \frac{1}{2}.$$

Wegen Folgerung 5.25 existiert genau eine Lösung in E. Wegen (3) in Satz 5.22 genügt es, für den Startwert

$$(x_0, y_0) = (0, 0),$$

also

$$(x_1, y_1) = \left(\tfrac{1}{6}, 0 \right),$$

$$k \ge \log\left(\frac{0.5 \cdot 10^{-3}}{1/6} \right) \Big/ \log\tfrac{1}{2} = 8.38 \tag{5.43}$$

Iterationen durchzuführen. Wir erhalten für die zugehörige Fixpunktiteration Werte, die in Tab. 5.2 dargestellt sind. In der dritten Spalte werden die Resultate der a-posteriori-Fehlerabschätzung (5.39) gezeigt. Aus der a-posteriori-Fehlerabschätzung ergibt sich, dass schon für $k = 4$ (statt $k = 9$, vgl. (5.43)) die gewünschte Genauigkeit erreicht ist. $\triangle$

Tab. 5.2 Fixpunktiteration

k	$(x_0, y_0) = (0, 0),$ $(x_k, y_k) = \Phi(x_{k-1}, y_{k-1})$	$\frac{0.5}{1-0.5} \cdot \|(x_k, y_k)^T - (x_{k-1}, y_{k-1})^T\|_\infty$
0	(0.00000000, 0.00000000)	–
1	(0.16666667, 0.00000000)	1.67e−01
2	(0.16435721, 0.02073702)	2.07e−02
3	(0.17133296, 0.02046111)	6.98e−03
4	(0.17104677, 0.02132096)	8.60e−04
5	(0.17134151, 0.02128646)	2.95e−04
6	(0.17132164, 0.02132275)	3.63e−05
7	(0.17133430, 0.02132034)	1.27e−05
8	(0.17133314, 0.02132189)	1.56e−06
9	(0.17133369, 0.02132175)	5.52e−07

5.3.3 Lineare Probleme und Fixpunkt-Verfahren

Obwohl nichtlineare Gleichungssysteme sicherlich eine Kernmotivation für iterative Methoden darstellen, sei betont, dass Iterationsverfahren auch für lineare Probleme eine wichtige Rolle spielen. Iterative Verfahren zur Lösung von $Ax = b$ kann man über eine Umformulierung in Fixpunkt-Format

$$Ax = b \iff x = x + C(b - Ax) =: \Phi(x)$$

entwerfen, wobei $C \in \mathbb{R}^{n \times n}$ eine noch frei wählbare reguläre Matrix ist. Die entsprechende Fixpunktiteration ist

$$x^{k+1} = x^k + C(b - Ax^k), \quad k = 0, 1, 2, \dots. \tag{5.44}$$

Die „Kunst" besteht nun einerseits darin, die Matrix C so zu wählen, dass sie effizient anwendbar ist. Andererseits sollte die Fixpunktiteration (möglichst schnell) konvergieren. Um Konvergenz zu untersuchen leiten wir aus (5.44) eine Iteration für den *Fehler* $x^k - x^*$ her:

$$
\begin{aligned}
x^{k+1} - x^* &= x^k + C(b - Ax^k) - x^* \\
&= x^k - x^* - CA(x^k - x^*) \\
&= (I - CA)(x^k - x^*) \\
&\ \vdots \\
&= (I - CA)^{k+1}(x^0 - x^*),
\end{aligned}
$$

wobei im letzten Schritt die Iterationsvorschrift $x^{k+1} - x^* = (I - CA)(x^k - x^*)$ wiederholt angewendet wird. Da für eine durch eine beliebige Vektornorm induzierte Matrixnorm $\|\cdot\|$ und beliebiges $B \in \mathbb{R}^{n \times n}$ die Ungleichung $\|B^k\| \leq \|B\|^k$ gilt, folgt

$$\|x^k - x^*\| \leq \|I - CA\|^k \|x^0 - x^*\|, \quad k = 0, 1, 2, \dots. \tag{5.45}$$

Falls also

$$\|I - CA\| < 1 \tag{5.46}$$

gilt, konvergieren die Iterierten x^k gegen die Lösung x^*, womit die Konvergenz der Fixpunktiteration (5.44) belegt wird. Die Matrix $I - CA$, die die Fehlerfortpflanzung der Iteration (5.44) beschreibt, wird *Iterationsmatrix* des Verfahrens genannt.

Bemerkung 5.28 Nun wurde in (5.46) die verwendete Norm noch nicht spezifiziert. Da auf $\mathbb{R}^n$ alle Normen äquivalent sind, ist Konvergenz bezüglich einer *speziellen* Norm äquivalent zur Konvergenz in *allen* Normen. Die Kontraktivität $\|I - CA\| < 1$ mag aber durchaus von der Wahl der Norm abhängen. Genauer bleibt also festzuhalten, dass die Iteration (5.44) konvergiert, falls (5.46) für *irgendeine* geeignete Norm $\|\cdot\|$ gilt. Man kann zeigen, dass dies genau dann der Fall ist, wenn der *Spektralradius* von $I - CA$ (der betragsgrößte Eigenwert von $I - CA$) strikt kleiner als eins ist.△

Die Effizienz des Fixpunktverfahrens (5.44) hängt wesentlich vom Aufwand pro Iteration und von der Konvergenzgeschwindigkeit $\|x^k - x^*\| \to 0$ ab. Die Konvergenzgeschwindigkeit wird von der sogenannten Kontraktionszahl $\|I - CA\|$ bestimmt, siehe (5.45). Die Forderung $\|I - CA\| < 1$ (möglichst $\ll 1$) ist erfüllt, wenn C in gewissem Sinne eine gute Approximation der Inversen A^{-1} ist. Diese Forderung steht im Allgemeinen im Konflikt mit der effizienten Anwendbarkeit von C. Abhängig von der vorliegenden Problemklasse wird die Wahl von C gewisse Struktureigenschaften von A ausnutzen. Eine solche wichtige Struktureigenschaft ist z. B., dass A dünn besetzt (sparse) ist, d. h., die Anzahl von null verschiedener Einträge der $(n \times n)$-Matrix A hat die Größenordnung n (statt n^2 bei einer vollbesetzten Matrix). Das ist beispielsweise bei der Diskretisierung von Differentialgleichungen der Fall (Beispiel 3.6). In solchen Fällen skaliert der Aufwand zur Berechnung von Ax^k in (5.44) proportional zur Problemgröße n, und nicht zur Komplexität $O(n^2)$ der Matrix-Vektor-Multiplikation bei einer vollbesetzten Matrix. Bei sehr großen dünn besetzten Matrizen verlangen zudem Eliminations- bzw. Faktorisierungsverfahren überproportionalen Speicher- und Rechenaufwand, so dass dann tatsächlich Iterationsverfahren vorteilhaft werden. Wir werden in diesem Buch solche Iterationsverfahren für lineare Gleichungssysteme nicht behandeln. Eine umfassende Behandlung dieses Themas findet man in zum Beispiel [Ha1, Saad]. Wir begnügen uns mit folgenden zwei Beispielen.

Beispiel 5.29 Es seien $A \in \mathbb{R}^{n \times n}$ eine symmetrisch positiv definite Matrix und L die untere Dreiecksmatrix, die mit dem unteren Dreiecksanteil der Matrix A übereinstimmt, also $\ell_{i,j} = a_{i,j}$ falls $i \geq j$, $\ell_{i,j} = 0$ sonst. Wegen $\ell_{i,i} > 0$ für alle i (siehe Satz 3.40(v)) ist die Matrix L regulär. Wir wählen $C := L^{-1}$. Eine Matrix-Vektor Multiplikation $C \cdot y$ kann, wegen $z = C \cdot y \Leftrightarrow Lz = y$, über Vorwärtseinsetzen effizient bestimmt werden. Man kann zeigen, siehe Übung 5.6, dass in einer geeignet gewählten Norm die Kontraktionseigenschaft $\|I - CA\| < 1$ gilt. Wir schließen, dass die Fixpunktiteration (5.44) mit der Wahl $C = L^{-1}$ konvergiert und einen vertretbaren Rechenaufwand pro Iteration hat. Es sei aber bemerkt, dass die Konvergenz (sehr) langsam sein kann und das Verfahren nicht immer konvergiert wenn die Matrix A nicht symmetrisch positiv definit ist, siehe Übung 5.7. Dieses Iterationsverfahren wird in der Literatur das Gauß-Seidel-Verfahren genannt. $\triangle$

Beispiel 5.30 Als Beispiel eines iterativen Verfahrens der Form (5.44) lässt sich die *Nachiteration* aus Abschn. 3.8.1 anführen, die eine wichtige Methode zur Stabilisierung des Gauß-Eliminationsverfahrens ist. Wie dort beschrieben, besteht sie aus einer wiederholten näherungsweisen Lösung des momentanen Defektsystems, siehe (3.92). Die näherungsweisen Lösungen beruhen dabei auf der Verwendung einer näherungsweisen Faktorisierung $PA \approx \tilde{L}\tilde{R}$ der Systemmatrix A. Wichtig ist, dass das Produkt der Faktoren eine Matrix $\tilde{A} = P^T \tilde{L}\tilde{R}$ liefert, die gemäß (3.98) von A „nicht zu stark" abweicht. Für $\Delta A := A - \tilde{A}$ soll gelten

$$\epsilon_A := \|A^{-1}\|_\infty \|\Delta A\|_\infty < \frac{1}{2}. \tag{5.47}$$

Die Nachiteration lässt sich dann folgendermaßen beschreiben: eine gegebene Näherungslösung x^k wird durch die Lösung $\delta^k := \tilde{A}^{-1}(b - Ax^k)$ des Defektproblems
$\tilde{A}\delta^k = b - Ax^k$ aufdatiert:

$$x^{k+1} = x^k + \delta^k = x^k + \tilde{A}^{-1}(b - Ax^k),$$

also ein Verfahren der Form (5.44) mit $C := \tilde{A}^{-1}$. Wir zeigen, dass die Bedingung
(5.47) die Kontraktivität (5.46) der Iterationsmatrix $I - \tilde{A}^{-1}A$ impliziert. Hierzu
schreiben wir zunächst

$$I - \tilde{A}^{-1}A = \tilde{A}^{-1}(\tilde{A} - A) = \tilde{A}^{-1}\Delta A = (\tilde{A}^{-1}A)A^{-1}\Delta A.$$

Dann ist wegen (5.47)

$$\|I - \tilde{A}^{-1}A\|_\infty \leq \|\tilde{A}^{-1}A\|_\infty \|A^{-1}\|_\infty \|\Delta A\|_\infty = \epsilon_A \|\tilde{A}^{-1}A\|_\infty. \qquad (5.48)$$

Andererseits folgt aus der Dreiecksungleichung

$$\|\tilde{A}^{-1}A\|_\infty - 1 \leq \|I - \tilde{A}^{-1}A\|_\infty \leq \epsilon_A \|\tilde{A}^{-1}A\|_\infty,$$

also $(1 - \epsilon_A)\|\tilde{A}^{-1}A\|_\infty \leq 1$ und somit wegen $\epsilon_A < \frac{1}{2}$ und (5.48) auch

$$\|I - \tilde{A}^{-1}A\|_\infty \leq \frac{\epsilon_A}{1 - \epsilon_A} < 1.$$

Bei der Nachiteration ist die Approximation $A \approx \tilde{A}$ in der Regel sehr genau
(Abschn. 3.8.1), insbesondere $\epsilon_A \ll 1$, und somit $\|I - \tilde{A}^{-1}A\|_\infty \ll 1$. Wegen
(5.45) bedeutet dies eine sehr schnelle Konvergenz des Fehlers gegen null.
     Die Praktikabilität des Verfahrens liegt natürlich in dem leichten Lösen des
Defektproblems $\tilde{A}\delta^k = b - Ax^k$, was wegen der Faktorisierung $\tilde{A} = P^T\tilde{L}\tilde{R}$, siehe
Abschn. 3.8.1, gerade mit Hilfe des entsprechenden gestaffelten Systems gegeben
ist.   △

Matlab-Demo 5.31 (Fixpunktiteration für ein lineares Gleichungssystem) Wir
betrachten ein lineares Gleichungssystem $Ax = b$ mit einer Matrix der Form $A =
I + \lambda B$, $\lambda \in \mathbb{R}$, $B \in \mathbb{R}^{n \times n}$, vgl. Aufgabe 5.10. Es gilt $A \approx I$ für $|\lambda|$ hinreichend
klein. In diesem Matlabexperiment wird die Fixpunktiteration (5.44) mit $C = I$ zur
Lösung dieses Gleichungssystems untersucht.

5.3.4 Stabilität der Fixpunktiteration

Sei $x = \Phi(x)$ ein Fixpunktproblem, für das die Voraussetzungen aus Folgerung 5.26 erfüllt sind. Der Notation dort folgend sei $B_\delta = \{\, x \in \mathbb{R}^n \mid \|x - x^*\| \le \delta \,\}$ eine Umgebung, die den eindeutigen Fixpunkt x^* enthält. Es sei $p = (p_1, \ldots, p_m)^T \in \mathbb{R}^m$ ein Satz von Parametern, der die Iterationsfunktion vollständig beschreibt und bezüglich derer Φ zweimal differenzierbar ist. Diese Parameter werden als Eingabedaten des Fixpunktproblems $x = \Phi(x) = \Phi(x; p)$ betrachtet. Um die Stabilität eines Fixpunktverfahrens zu untersuchen, muss man zunächst die Kondition des zugrunde liegenden Fixpunktproblems im Sinne von Abschn. 5.2 verstehen. Mit Hilfe der Kontraktionseigenschaft kann die Konditionsanalyse im Vergleich zu der in Abschn. 5.2 behandelten allgemeineren Analyse vereinfacht werden. Es seien x^* und $\tilde{x}^*$ die Fixpunkte des ursprünglichen bzw. eines Fixpunktproblems mit gestörten Eingabedaten: $x^* = \Phi(x^*; p)$ und $\tilde{x}^* = \Phi(\tilde{x}^*; \tilde{p})$. Insbesondere sei $\tilde{p}$ aus einer hinreichend kleinen Umgebung von p, d. h., $\|p - \tilde{p}\|_{\mathbb{R}^m}$ sei hinreichend klein, so dass $\tilde{x}^* \in B_\delta$ gilt. Wegen der Kontraktionseigenschaft und mit einer Taylorentwicklung, wobei wie in (5.15) Terme höherer Ordnung vernachlässigt werden, erhält man

$$\|x^* - \tilde{x}^*\| = \left\| \big((\Phi(x^*; p) - \Phi(\tilde{x}^*; p) \big) + \big(\Phi(\tilde{x}^*; p) - \Phi(\tilde{x}^*; \tilde{p}) \big) \right\|$$

$$\le L \|x^* - \tilde{x}^*\| + \left\| D_p \Phi(\tilde{x}^*; p) \right\|_{\mathbb{R}^m \to \mathbb{R}^n} \|p - \tilde{p}\|_{\mathbb{R}^m}$$

$$\doteq L \|x^* - \tilde{x}^*\| + \left\| D_p \Phi(x^*; p) \right\|_{\mathbb{R}^m \to \mathbb{R}^n} \|p - \tilde{p}\|_{\mathbb{R}^m}.$$

Somit ergibt sich folgendes Resultat zur absoluten Kondition des Fixpunktproblems:

$$\|x^* - \tilde{x}^*\| \overset{\cdot}{\le} \kappa_{\mathrm{abs}}(x^*, p) \|p - \tilde{p}\|_{\mathbb{R}^m},$$

$$\kappa_{\mathrm{abs}}(x^*, p) := \frac{1}{1 - L} \left\| D_p \Phi(x^*; p) \right\|_{\mathbb{R}^m \to \mathbb{R}^n}. \tag{5.49}$$

Für den Fall $\|p - \tilde{p}\|_{\mathbb{R}^m} \le \mathrm{eps}\, \|p\|_{\mathbb{R}^m}$, d. h., relative Eingabedatenstörungen der Größenordnung Maschinengenauigkeit, ergibt sich folgende Schranke für den aufgrund von diesen fehlerbehafteten Eingabedaten bedingten Fehler in der Lösung

$$\|x^* - \tilde{x}^*\| \overset{\cdot}{\le} \kappa_{\mathrm{abs}}(x^*, p) \|p\|_{\mathbb{R}^m}\, \mathrm{eps} =: E_{\mathrm{kond}}. \tag{5.50}$$

Ein Fehler dieser Größenordnung ist unvermeidbar, da er von der exakten Bestimmung der gestörten Lösung ausgeht.

Das Verfahren der Fixpunktiteration ist die wiederholte Auswertung der Fixpunktfunktion Φ. Ohne Störungen liefert das (exakte) Verfahren mit einem Startwert $x^0 \in B_\delta$ die Folge $x^{k+1} = \Phi(x^k) = \Phi(x^k; p) \in B_\delta, k = 0, 1, \ldots$. Auf einem Rechner implementiert liefert das Verfahren eine Folge $\hat{x}^{k+1} := \tilde{\Phi}(\hat{x}^k; p), k = 0, 1, \ldots$, $\hat{x}^0 = \mathrm{fl}(x^0)$, mit $\tilde{\Phi}(\cdot; p)$, die mit Rundungsfehlern behaftete Auswertung der Funktion $\Phi(\cdot; p)$. Wir nehmen an, dass diese Φ-Auswertung *rückwärtsstabil* ist:

$$\tilde{\Phi}(x; p) = \Phi(x; \tilde{p}), \quad x \in B_\delta, \|\tilde{p} - p\|_{\mathbb{R}^m} \le c_{\mathrm{aus}}\, \mathrm{eps}\, \|p\|_{\mathbb{R}^m} =: c_{\mathrm{eps}}, \tag{5.51}$$

mit einer „akzeptabelen" Konstante c_{aus}. Wie üblich bei einer Rückwärtsfehleranalyse, werden die gestörten Parameterwerte $\tilde{p}$ im Allgemeinen von x abhängen. Es sei jetzt c_Φ das Maximum der Norm der Ableitung $D_p \Phi(\cdot; \cdot)$ in einer Umgebung von (x^*, p): $c_\Phi := \max\{ \left\| D_p \Phi(z; q) \right\|_{\mathbb{R}^m \to \mathbb{R}^n} \mid z \in B_\delta, \|q - p\|_{\mathbb{R}^m} \leq c_{\text{eps}} \}$. Wir nehmen an, dass $c_\Phi c_{\text{eps}} \leq (1 - L)\delta$ gilt. Falls $\hat{x}^k \in B_\delta$, gilt wegen

$$\|\hat{x}^{k+1} - x^*\| = \|\tilde{\Phi}(\hat{x}^k; p) - \Phi(x^*; p)\| = \|\Phi(\hat{x}^k; \tilde{p}^k) - \Phi(x^*; p)\|$$
$$\leq \|\Phi(\hat{x}^k; \tilde{p}^k) - \Phi(\hat{x}^k; p)\| + \|\Phi(\hat{x}^k; p) - \Phi(x^*; p)\|$$
$$\leq c_\Phi \|\tilde{p}^k - p\|_{\mathbb{R}^m} + L \|\hat{x}^k - x^*\| \leq c_\Phi c_{\text{eps}} + L\delta \leq \delta,$$

auch $\hat{x}^{k+1} \in B_\delta$. Für $\hat{x}^0 \in B_\delta$ liegt also die numerisch berechnete Folge $\hat{x}^k$, $k = 1, 2, \ldots$, in der Umgebung B_δ. Nun ergibt sich

$$\|\hat{x}^{k+1} - x^{k+1}\| = \|\tilde{\Phi}(\hat{x}^k; p) - \Phi(x^k; p)\| = \|\Phi(\hat{x}^k; \tilde{p}^k) - \Phi(x^k; p)\|$$
$$\leq \|\Phi(\hat{x}^k; \tilde{p}^k) - \Phi(\hat{x}^k; p)\| + \|\Phi(\hat{x}^k; p) - \Phi(x^k; p)\|$$
$$\leq c_\Phi \|\tilde{p}^k - p\|_{\mathbb{R}^m} + L \|\hat{x}^k - x^k\|$$
$$\leq c_\Phi c_{aus} \, \text{eps} \, \|p\|_{\mathbb{R}^m} + L \|\hat{x}^k - x^k\|$$
$$\leq c_\Phi c_{aus} \, \text{eps} \, \|p\|_{\mathbb{R}^m} \left(1 + L + \ldots + L^k\right) + L^{k+1} \|\hat{x}^0 - x^0\|$$
$$\leq c_\Phi c_{aus} \, \text{eps} \, \|p\|_{\mathbb{R}^m} \frac{1}{1 - L} + L^{k+1} \|x^0\| \, \text{eps} \,.$$

Hieraus folgt, mit $r_k := L^k \|x^0\| \, \text{eps} + \|x^k - x^*\|$, und $c_\Phi \leq \left\| D_p \Phi(x^*; p) \right\|_{\mathbb{R}^m \to \mathbb{R}^n} + \mathcal{O}(\delta + c_{\text{eps}}) = \left\| D_p \Phi(x^*; p) \right\|_{\mathbb{R}^m \to \mathbb{R}^n} + \mathcal{O}(\delta)$:

$$\|\hat{x}^k - x^*\| \leq \|\hat{x}^k - x^k\| + \|x^k - x^*\|$$
$$\leq c_\Phi c_{aus} \, \text{eps} \, \|p\|_{\mathbb{R}^m} \frac{1}{1 - L} + r_k \tag{5.52}$$
$$\leq c_{aus} E_{\text{kond}} + \mathcal{O}(\delta \, \text{eps}) + r_k, \quad \text{mit} \ \lim_{k \to \infty} r_k = 0.$$

Die mit der Fixpunktiteration berechnete Folge $(\hat{x}^k)_{k \geq 0}$ wird im Allgemeinen (wegen Rundungsfehlereffekte) *nicht* konvergieren. Teilfolgen würden vielmehr beliebig viele Grenzwerte in einer Umgebung von x^* haben, die von c_{aus}, E_{kond}, $\mathcal{O}(\delta \, \text{eps})$ abhängt. Das Resultat (5.52) zeigt jedoch, dass *für k hinreichend groß der Fehler $\|\hat{x}^k - x^*\|$ in der berechneten Annäherung $\hat{x}^k$ (maximal) etwa von derselben Größenordnung wie der aufgrund der Kondition des Fixpunktproblems unvermeidbaren Fehler E_{kond} ist.* Kompakt zusammengefasst besagt dies: *Falls die Φ-Auswertung rückwärtsstabil ist (Annahme (5.51)), ist die Fixpunktiteration ein stabiles Verfahren.*

5.4   Konvergenzordnung und Fehlerschätzung

Natürlich möchte man, dass die Iterierten x_k den Grenzwert x^* möglichst *schnell* annähern. Ein Maß für die Konvergenzgeschwindigkeit einer Folge liefert der Begriff der *Konvergenzordnung*.

▶ **Definition 5.32** *Es sei* $\{x_k\}_{k\in\mathbb{N}}$ *eine konvergente Folge in einem Banachraum (z. B.* $\mathbb{R}^n$) *mit Grenzwert* x^* *und mit folgender Eigenschaft: Es existieren* $c \in (0,\infty)$, $p \in [1,\infty)$ *und* $k_0 \in \mathbb{N}$, *so dass*

$$\|x_{k+1} - x^*\| \le c\|x_k - x^*\|^p \qquad (5.53)$$

für alle $k \ge k_0$ *gilt, wobei*

$$0 < c < 1 \; ist, \; falls \; p = 1. \qquad (5.54)$$

Der maximale p-*Wert, für den diese Eigenschaft gilt, wird als* Konvergenzordnung *der Folge bezeichnet.*

Nicht jede konvergente Folge hat eine Konvergenzordnung p, siehe Beispiel 5.33. In der Definition verwenden wir den maximalen p-Wert, da die Ungleichung (5.53), falls sie für einen p-Wert gilt, auch für alle $\tilde{p}$ mit $1 \le \tilde{p} \le p$ erfüllt ist (sofern k hinreichend groß ist).

Beispiel 5.33 Die Folge $x_k = \alpha^k$, mit $0 < \alpha < 1$, $(k \in \mathbb{N})$ konvergiert gegen $x^* = 0$. Die Folge hat Konvergenzordnung $p = 1$ und erfüllt (5.53) für $c = \alpha$.
Die Folge $x_k = 1/(k!)$ $(k \in \mathbb{N})$ konvergiert gegen $x^* = 0$. Die Folge hat Konvergenzordnung $p = 1$ und in (5.54) kann c beliebig klein (aber > 0) gewählt werden.
Die Folge $x_k = \alpha^{\gamma^k}$, mit $0 < \alpha < 1$, $\gamma > 1$, $(k \in \mathbb{N})$ konvergiert gegen $x^* = 0$. Die Folge hat Konvergenzordnung $p = \gamma$.
Die Folge $x_k = \alpha^k$, mit $0 < \alpha < 1$, für k gerade, $x_k = 0$ für k ungerade konvergiert gegen $x^* = 0$. Wegen $|x_{k+1}| > c|x_k|^p$ für k ungerade und für jedes $c \in (0,\infty)$, $p \in [1,\infty)$ hat diese Folge keine Konvergenzordnung p. $\triangle$

Das nächste Beispiel verdeutlicht den großen Geschwindigkeitsunterschied in der Konvergenz zwischen Verfahren der Ordnung $p = 1$ (lineare Konvergenz) und Verfahren der Ordnung $p = 2$ (quadratische Konvergenz).

Beispiel 5.34 Es sei $\|x_0 - x^*\| = 0.2$, $e_k := \|x_k - x^*\|$, $k \in \mathbb{N}$. Für $p = 1$ und $c = \frac{1}{2}$ gilt:

k	1	2	3	4	5	6
$e_k \le$	0.1	0.05	0.025	0.0125	0.00625	0.003125

.

Für $p = 2$ und $c = 3$ gilt:

k	1	2	3	4	5	6
$e_k \leq$	0.12	0.0432	0.0056	0.000094	$3 \cdot 10^{-8}$	$2 \cdot 10^{-15}$

$\triangle$

Wegen der zusätzlichen Bedingung an die Konstante c bei $p = 1$ hängt lineare Konvergenz von der Wahl der Norm $\| \cdot \|$ ab. D. h., wenn eine Folge linear bezüglich einer Vektornorm $\| \cdot \|$ konvergiert, gilt die lineare Konvergenz nicht automatisch für jede andere Vektornorm. Für Konvergenzordnung $p > 1$ spielt, in endlich dimensionalen Räumen (z. B. $\mathbb{R}^n$), die Wahl der Norm hingegen keine Rolle: Hat eine Folge die Konvergenzordnung $p > 1$ bzgl. einer Vektornorm $\| \cdot \|$, dann hat sie diese Konvergenzordnung (ggf. mit einer anderen Konstanten c) bzgl. jeder beliebigen Vektornorm, da in endlich dimensionalen Räumen alle Normen äquivalent sind.

Sei $x^* \in \mathbb{R}^n$ gegeben (z. B. die Nullstelle einer Funktion). Ein allgemeines *iteratives Verfahren* zur Bestimmung von x^* hat die Konvergenzordnung p, wenn es eine Umgebung U von x^* gibt, so dass für alle Startwerte aus $U \setminus \{x^*\}$ die von dem Verfahren erzeugte Folge $\{x_k\}_{k \in \mathbb{N}}$ gegen x^* konvergiert und die Konvergenzordnung p hat.

Einen Hinweis darauf, wann eine Fixpunktiteration schnell konvergiert, gewinnt man bereits aus Abb. 5.6. Je kleiner die Steigung des Graphen der Iterationsfunktion Φ in der Umgebung des Fixpunktes x^* ist, umso schneller scheint die Iteration zu konvergieren. Man erwartet also, dass $\Phi'(x^*) = 0$ die Konvergenz lokal begünstigt.

Bemerkung 5.35 Sei $x_{k+1} = \Phi(x_k)$, $k = 0, 1, \ldots$, eine konvergente Fixpunktiteration mit Fixpunkt x^* und zweimal stetig differenzierbarem Φ. Aus

$$x_{k+1} - x^* = \Phi(x_k) - \Phi(x^*) = \Phi'(x^*)(x_k - x^*) + \mathcal{O}(\|x_k - x^*\|^2) \quad (5.55)$$

folgt, dass im Normalfall, wenn $0 \neq \|\Phi'(x^*)\| < 1$ gilt, die Fixpunktiteration die Konvergenzordnung 1 hat. Quadratische Konvergenz hat man, wenn $\Phi'(x^*) = 0$ und $\Phi''(x^*) \neq 0$ gilt. $\triangle$

Für die meisten in der Praxis benutzten Methoden zur Nullstellenbestimmung gilt $p = 1$ (lineare Konvergenz) oder $p = 2$ (quadratische Konvergenz).

Lokale und globale Konvergenz Konvergiert die Folge $x_{k+1} = \Phi(x_k)$, $k = 0, 1, 2, \ldots$, nur für Startwerte x_0 aus einer Umgebung E des Fixpunktes x^*, so nennen wir die Iteration *lokal* konvergent. Kann x_0 aus dem gesamten Definitionsbereich D von Φ beliebig gewählt werden, so heißt das Verfahren *global* konvergent. Man beachte, dass eine bestimmte Methode für das eine Problem lokal konvergent und für ein anderes Problem global konvergent sein kann. In den allermeisten Fällen liegt nur lokale Konvergenz vor (siehe auch Abschn. 5.6.2).

5.4.1 Fehlerschätzung für skalare Folgen

Die Fehlerschranken (5.38) und (5.39) in Satz 5.22 liefern bereits Kriterien für den Abbruch einer Fixpunktiteration, sofern man die Lipschitzkonstante L kennt. Jede obere Schranke für L, sofern sie noch kleiner als Eins ist, liefert immer noch Fehlerschranken, die aber möglicherweise zu pessimistisch sind und somit unnötig viele Iterationen bedingen. In diesem Abschnitt wird nun gezeigt, wie man ohne derartige Vorkenntnisse über einfach berechenbare, im Laufe der Iteration erzeugte Größen die Differenz (den Fehler) $x^* - x_k$ für eine konvergente *skalare* Folge $\{x_k\}_{k \in \mathbb{N}}$ in $\mathbb{R}$ mit Grenzwert x^* zumindest *schätzen* kann.

Wir verwenden die Notation

$$e_k := x^* - x_k, \quad k = 0, 1, \ldots,$$

$$A_k := \frac{x_k - x_{k-1}}{x_{k-1} - x_{k-2}}, \quad k = 2, 3, \ldots. \tag{5.56}$$

Lemma 5.36 *Sei $\{x_k\}_{k \in \mathbb{N}}$ eine konvergente Folge in $\mathbb{R}$ mit Grenzwert x^* und Konvergenzordnung $p \in [1, \infty)$.*

Für $p > 1$ gilt

$$\lim_{k \to \infty} \frac{e_{k+1}}{e_k} = 0 \quad und \quad \lim_{k \to \infty} \frac{x_{k+1} - x_k}{e_k} = 1. \tag{5.57}$$

Wenn die Bedingung

$$\lim_{k \to \infty} \frac{e_{k+1}}{e_k} = A \neq 0, \tag{5.58}$$

erfüllt ist, gilt:

$$p = 1, \quad |A| < 1, \tag{5.59}$$

$$\lim_{k \to \infty} A_k = A, \tag{5.60}$$

$$\lim_{k \to \infty} \frac{\dfrac{A_k}{1 - A_k}(x_k - x_{k-1})}{e_k} = 1. \tag{5.61}$$

Beweis Wir betrachten zuerst den Fall, wobei die Konvergenzordnung $p > 1$ angenommen wird. Aus Definition 5.32 ergibt sich

$$\left| \frac{e_{k+1}}{e_k} \right| \leq c \, |e_k|^{p-1} \quad \text{für } k \geq k_0,$$

und damit aufgrund der Konvergenz der Folge, also $\lim_{k \to \infty} e_k = 0$,

$$\lim_{k \to \infty} \frac{e_{k+1}}{e_k} = 0.$$

Daraus erhält man

$$\lim_{k\to\infty} \frac{x_{k+1} - x_k}{e_k} = \lim_{k\to\infty} \frac{e_k - e_{k+1}}{e_k} = 1 - \lim_{k\to\infty} \frac{e_{k+1}}{e_k} = 1.$$

Sei nun (5.58) erfüllt. Weil im Fall einer Konvergenzordnung $p > 1$ die Aussage $\lim_{k\to\infty} \frac{e_{k+1}}{e_k} = 0$ bewiesen wurde, siehe (5.57), schließen wir, dass $p = 1$ gelten muss. Weil die Folge konvergiert, gilt $\lim_{k\to\infty} e_k = 0$ und daraus folgt $|A| < 1$. Außerdem erhält man aus (5.58)

$$\lim_{k\to\infty} \frac{x_k - x_{k-1}}{e_k} = \lim_{k\to\infty} \frac{-e_k + e_{k-1}}{e_k} \tag{5.62}$$

$$= -1 + \lim_{k\to\infty} \frac{e_{k-1}}{e_k} = -1 + \frac{1}{A} = \frac{1 - A}{A}$$

und

$$\lim_{k\to\infty} A_k = \lim_{k\to\infty} \frac{e_k - e_{k-1}}{e_{k-1} - e_{k-2}} = \lim_{k\to\infty} \frac{e_k/e_{k-1} - 1}{1 - e_{k-2}/e_{k-1}} = \frac{A - 1}{1 - \frac{1}{A}} = A, \tag{5.63}$$

woraus (5.60) folgt. Die Resultate (5.62), (5.63) ergeben

$$\lim_{k\to\infty} \frac{\frac{A_k}{1 - A_k}(x_k - x_{k-1})}{e_k} = \lim_{k\to\infty} \frac{A_k}{1 - A_k} \lim_{k\to\infty} \frac{x_k - x_{k-1}}{e_k} = \frac{A}{1 - A} \cdot \frac{1 - A}{A} = 1.$$

$\square$

Aus den Resultaten (5.57), (5.61) ergeben sich einfache a-posteriori-Fehlerschätzungen für Folgen, die mit einer Ordnung $p \in [1, \infty)$ konvergieren:

> Wenn $p > 1$ gilt:
>
> $$x^* - x_k \approx x_{k+1} - x_k \quad \text{für } k \text{ hinreichend groß.} \tag{5.64}$$
>
> Wenn die Bedingung (5.58) erfüllt ist, gilt:
>
> $p = 1$, und
>
> $$x^* - x_k \approx \frac{A_k}{1 - A_k}(x_k - x_{k-1}) \quad \text{für } k \text{ hinreichend groß,} \tag{5.65}$$
>
> wobei $A_k = \dfrac{x_k - x_{k-1}}{x_{k-1} - x_{k-2}}$ etwa konstant sein sollte.

Tab. 5.3 Fehlerschätzung

k	$x_0 = 0.5,$ $x_{k+1} = \Phi_2(x_k)$	$A_k = \dfrac{x_k - x_{k-1}}{x_{k-1} - x_{k-2}}$	$\dfrac{A_k}{1 - A_k}(x_k - x_{k-1})$	$x^* - x_k$
0	0.500000000000	–	–	6.35e−01
1	1.069913193934	–	–	6.48e−02
2	1.128908359044	0.1035161	6.81e−03	5.82e−03
3	1.134208317737	0.0898372	5.23e−04	5.16e−04
4	1.134678435924	0.0887022	4.58e−05	4.57e−05
5	1.134720089466	0.0886023	4.05e−06	4.05e−06
6	1.134723779696	0.0885934	3.59e−07	3.59e−07
7	1.134724106623	0.0885926	3.18e−08	3.18e−08
8	1.134724135586	0.0885926	2.82e−09	2.82e−09
9	1.134724138152	0.0885926	2.49e−10	2.49e−10
10	1.134724138379	0.0885925	2.21e−11	2.21e−11

Diese Fehlerschätzungen wurden über ein wichtiges Prinzip hergeleitet, das auch in vielen anderen Bereichen der Numerik verwendet wird: *Aus a-priori Informationen über den Grenzwertprozess* (hier $p > 1$ oder (5.58)) *erhält man eine (einfach) berechenbare Fehlerschätzung,* die allerdings im Allgemeinen keine rigorose Fehlerschranke liefert.

Man beachte, dass für $p = 1$ (lineare Konvergenz) $|x_k - x_{k-1}|$ oder $|x_{k+1} - x_k|$ im Allgemeinen *keine* sinnvolle Schätzung der Größe des Fehlers $|x^* - x_k|$ ist!

Bemerkung 5.37 Bei einer konvergenten skalaren Fixpunktiteration $x_{k+1} = \Phi(x_k)$, $k \in \mathbb{N}$, mit Fixpunkt x^* und $\Phi'(x^*) \neq 0$, ist die Bedingung (5.58) erfüllt, siehe (5.55). △

Beispiel 5.38 Für die Fixpunktiteration $x_{k+1} = \Phi_2(x_k)$ aus Beispiel 5.20 sind einige Ergebnisse in Tab. 5.3 zusammengestellt.

Um zeigen zu können, dass (in diesem Beispiel) die Fehlerschätzung gute Resultate liefert, haben wir $x^* \approx x_{30}$ sehr genau approximiert und hiermit den Fehler $x^* - x_k$ mit hoher Genauigkeit berechnet (letzte Spalte in Tab. 5.3). In der Praxis hat man natürlich den Fehler $x^* - x_k$ nicht zur Verfügung.

Man kann in diesem Beispiel auch sehen, dass $A_k, k = 2, 3, \ldots$, tatsächlich gegen die Konstante $A = \Phi'(x^*)$ konvergiert (vgl. (5.60)):

$$A_{10} = 0.0885925 \approx \Phi_2'(x_{10}) = \tfrac{1}{6}(x_{10} + 1)^{-\frac{5}{6}} = 0.0885926.$$

△

Matlab-Demo 5.39 (**Fehlerschätzung**) Wir betrachten folgende zwei Fixpunktiterationen, die beide einen eindeutigen Fixpunkt $x^* = \sqrt{2}$ haben:

$$x_{k+1} = \frac{1}{2}\left(x_k + \frac{2}{x_k}\right) \quad \text{(Konvergenzordnung } p = 2\text{)},$$

$$x_{k+1} = \frac{1}{x^2} + x - \frac{1}{2} \quad \text{(Konvergenzordnung } p = 1\text{)}.$$

Für diese Verfahren werden die Fehlerschätzungen (5.64), (5.65) untersucht.

5.4.2 Fehlerschätzung für Vektorfolgen

Sei nun $\{x_k\}_{k \in \mathbb{N}}$ eine konvergente Folge in $\mathbb{R}^n$, $n > 1$, mit Grenzwert x^*, und Konvergenzordnung $p \in [1, \infty)$. Wie gehabt bezeichnen $e_k = x^* - x_k, k = 0, 1, \ldots$, die jeweiligen vektorwertigen Fehler.

Wenn die Konvergenzordnung $p > 1$ ist, lässt sich der erste Teil von Lemma 5.36 mit nahezu identischer Argumentation übertragen, wenn man e_k durch $\|e_k\|$ ersetzt.

Lemma 5.40 *Es sei* $\{x_k\}_{k \in \mathbb{N}}$ *eine konvergente Folge in* $\mathbb{R}^n$ *mit Grenzwert* x^* *und Konvergenzordnung* $p > 1$. *Dann gilt*

$$\lim_{k \to \infty} \frac{\|x_{k+1} - x_k\|}{\|e_k\|} = 1. \tag{5.66}$$

Beweis Wegen der Konvergenzordnung $p > 1$ hat man für ein hinreichend großes k_0

$$\frac{\|e_{k+1}\|}{\|e_k\|} \leq c \|e_k\|^{p-1}, \quad k \geq k_0,$$

und damit

$$\lim_{k \to \infty} \frac{\|e_{k+1}\|}{\|e_k\|} = 0. \tag{5.67}$$

Aufgrund von

$$\|x_{k+1} - x_k\| = \|e_k - e_{k+1}\| \leq \|e_k\| + \|e_{k+1}\|$$

und

$$\|x_{k+1} - x_k\| = \|e_k - e_{k+1}\| \geq \|e_k\| - \|e_{k+1}\|$$

gilt

$$1 - \frac{\|e_{k+1}\|}{\|e_k\|} \leq \frac{\|x_{k+1} - x_k\|}{\|e_k\|} \leq 1 + \frac{\|e_{k+1}\|}{\|e_k\|} \quad \text{für alle } k \in \mathbb{N}.$$

Unter Verwendung von (5.67) erhält man

$$\lim_{k \to \infty} \frac{\|x_{k+1} - x_k\|}{\|e_k\|} = 1.$$

□

Aus diesem Resultat ergibt sich folgende Fehlerschätzung für den Fall $p > 1$.

> **Wenn $p > 1$:** $\|x^* - x_k\| \approx \|x_{k+1} - x_k\|$ für k genügend groß.   (5.68)

Es sei nochmals darauf hingewiesen, dass im skalaren Fall (5.64) der Fehler e_k selbst und im vektoriellen Fall (5.68) die Größe des Fehlers $\|e_k\|$ geschätzt wird.

Wenn hingegen die Konvergenzordnung einer vektorwertigen Folge $\{x_k\}_{k \in \mathbb{N}}$ in $\mathbb{R}^n$ lediglich $p = 1$ ist, gibt es keine einfache allgemein brauchbare Technik zur Schätzung des Fehlers e_k oder seiner Norm $\|e_k\|$. Lediglich unter zusätzlichen Strukturannahmen lässt sich, wie in folgender Bemerkung dargelegt, ein Analogon zur Fehlerschätzung (5.65) herleiten.

Bemerkung 5.41 Sei $\{x_k\}_{k \in \mathbb{N}}$ eine konvergente Folge in $\mathbb{R}^n$ mit Grenzwert x^*. Ähnlich zur Bedingung (5.58) nehmen wir für die Fehlerfolge $e_k = x^* - x_k$, $k \geq 1$, an, dass eine Folge beschränkter invertierbarer Matrizen A_k, $k \geq 1$, mit $\|A_k\| \leq c < 1$ und $\|A_k^{-1}\| \leq \tilde{c}$ für alle $k \in \mathbb{N}$ existiert, so dass die Beziehung

$$e_k = A_k e_{k-1} + \mathcal{O}(\|e_{k-1}\|^q) \quad (k \to \infty),$$ (5.69)

mit $q > 1$ erfüllt ist. Diese Annahmen sind zum Beispiel für eine konvergente Fixpunktiteration $x_k = \Phi(x_{k-1})$ erfüllt, falls $A_k := \Phi'(x_k)$ und $\|\Phi'(x_k)\| \leq c < 1$, $\det(\Phi'(x_k)) \neq 0$ und $\|\Phi'(x_k)^{-1}\| \leq \tilde{c}$, für alle k gilt. Ein wichtiger Spezialfall ergibt sich insbesondere für Iterationen des Typs (5.44) für lineare Gleichungssysteme. In diesem Fall gilt $e_{k+1} = (I - CA)e_k$ also eine feste lineare Relation zwischen aufeinanderfolgenden Fehlern und $A_k = I - CA$ in (5.69).

Allgemein folgt aus $\|A_k\| < 1$, dass $I - A_k$ invertierbar ist. Weiter lässt sich aus der Beziehung (5.69) und $\|A_k^{-1}\| \leq \tilde{c}$ die Ungleichung

$$\frac{\|e_{k-1}\|}{\|e_k\|} \leq \hat{c}, \quad \text{für alle } k \geq k_0,$$ (5.70)

schließen, wobei $\hat{c}$ eine geeignete Konstante und k_0 hinreichend groß ist. Aus (5.69) erhält man

$$x_k - x_{k-1} = e_{k-1} - e_k = (I - A_k)e_{k-1} + \mathcal{O}(\|e_{k-1}\|^q) \quad (k \to \infty),$$

und daraus folgt erneut mit (5.69)

$$z_k := (I - A_k)^{-1} A_k (x_k - x_{k-1}) = e_k + \mathcal{O}(\|e_{k-1}\|^q) \quad (k \to \infty).$$

Wegen $q > 1$, (5.70) und $\lim_{k \to \infty} \|e_{k-1}\| = 0$ erhält man hieraus

$$\lim_{k \to \infty} \frac{\|z_k - e_k\|}{\|e_k\|} = 0.$$

Dies entspricht dem Resultat (5.61) der Fehlerschätzung im skalaren Fall (mit $p = 1$). Die Analogie wird besonders deutlich, wenn man das Resultat (5.61) als $\lim_{k \to \infty} \frac{|z_k - e_k|}{|e_k|} = 0$ mit $z_k := \frac{A_k}{1 - A_k}(x_k - x_{k-1})$ umformuliert. Die Größe z_k ist, für k hinreichend groß, eine gute Schätzung des Fehlers e_k. Diese Fehlerschätzung ist aber in den meisten Fällen *nicht* brauchbar, weil der Rechenaufwand zur Bestimmung von z_k viel zu groß ist. Im Beispiel der zuvor bereits betrachteten Fixpunktiteration wird zur Bestimmung von x_k nur die Auswertung von Φ benötigt, während man für die Berechnung von z_k die Jacobi-Matrix $\Phi'(x_k)$ aufstellen und ein lineares Gleichungssystem mit der Matrix $I - \Phi'(x_k)$ lösen muss. $\triangle$

5.5 Berechnung von Nullstellen von skalaren Gleichungen

Angesichts des allgemeinen Problemrahmens von Gleichungen in n Unbekannten oder sogar in Funktionenräumen sieht ein skalares Problem, also eine Gleichung in einer einzigen (reellen) Unbekannten, schon fast trivial aus. In diesem Abschnitt wird das skalare Problem

$$f(x^*) = 0$$

für ein stetig differenzierbares $f : \mathbb{R} \to \mathbb{R}$ (oder $f : U \to \mathbb{R}$, mit $U \subset \mathbb{R}$) betrachtet. Die Beschränkung auf den skalaren Fall geschieht einerseits, um ein besseres Verständnis für das Konvergenzverhalten iterativer Verfahren im technisch einfachen Rahmen zu fördern, andererseits aber auch vor dem Hintergrund, dass auch ein skalares Problem seine Tücken haben kann. Hierzu sei an die im Beispiel 1.2 skizzierte „technische Aufgabe" der Konstruktion eines Taktmechanismus mit Hilfe des mathematischen Pendels erinnert. Die für eine gewünschte Taktzeit T zu bestimmende Anfangsauslenkung x^* des Pendels ergab sich gerade als Nullstelle der Funktion $f(x) = \phi(T/4; x)$. In diesem Fall ist $f(x)$ nicht als analytischer Ausdruck explizit gegeben sondern als Lösung einer Differentialgleichung – genauer eines *Anfangswertproblems* – ausgewertet an der Stelle $T/4$, wobei die Anfangswerte von x abhängen. Die Auswertung der Funktion f an der Stelle x erfordert also die Lösung einer Differentialgleichung mit einem von x abhängigem Anfangswert und ist folglich eine aufwendige Angelegenheit.

Die Anzahl der benötigten Funktionsauswertungen pro Iterationsschritt ist somit ein wichtiger Gesichtspunkt beim Entwurf solcher Verfahren. Andererseits zeigt das Beispiel auch, dass man sich gegebenenfalls bei der Konzeption eines Verfahrens damit begnügen muss, lediglich auf Funktionsauswertungen zugreifen zu können.

5.5.1   Bisektion

Eine vom Prinzip her sehr einfache und robuste Methode, die Lösung einer skalaren Gleichung nur über eine Funktionsauswertung pro Schritt zu bestimmen, ist die *Bisektion*. Diese bildet also grundsätzlich eine für das Nullstellenpoblem aus Beispiel 1.2 geeignete Methode. Man nehme an, es seien Werte $a_0 < b_0$ bekannt, für die

$$f(a_0)f(b_0) < 0$$

gilt, d. h., f nimmt an den Intervallenden Werte mit unterschiedlichen Vorzeichen an. Nach dem Zwischenwertsatz für stetige Funktionen muss dann das offene Intervall (a_0, b_0) mindestens eine Nullstelle von f enthalten. Man berechnet den Mittelpunkt des Intervalls $x_0 := \frac{1}{2}(a_0 + b_0)$ und $f(x_0)$ und wählt ein neues Intervall $[a_1, b_1] = [a_0, x_0]$ oder $[a_1, b_1] = [x_0, b_0]$, so dass erneut $f(a_1)f(b_1) \leq 0$ gilt. Dieses Verfahren wiederholt man nun für das neue Intervall (vgl. Abb. 5.8):

Algorithmus 5.42
Gegeben $a_0 < b_0$ mit $f(a_0)f(b_0) < 0$.
Für $k = 0, 1, 2, \ldots$ berechne:

- $x_k = \frac{1}{2}(a_k + b_k)$, $f(x_k)$.
- Setze

$$a_{k+1} = a_k, \quad b_{k+1} = x_k \quad \text{falls} \quad f(x_k)f(a_k) \leq 0$$
$$a_{k+1} = x_k, \quad b_{k+1} = b_k \quad \text{sonst.}$$

Es gilt die Fehlerabschätzung

$$|x_k - x^*| \leq \frac{1}{2}(b_k - a_k) \leq 2^{-k-1}(b_0 - a_0), \quad k = 0, 1, \ldots. \tag{5.71}$$

Nach etwa zehn Schritten reduziert sich also die Länge des einschließenden Intervalls um etwa den Faktor Tausend ($2^{10} = 1024$). Die Methode ist nicht übermäßig schnell jedoch verlässlich und dient häufig dazu, Startwerte für schnellere, aber weniger robuste Verfahren zu liefern. Der Hauptnachteil liegt darin, dass eine Verallgemeinerung auf Systeme nicht auf offensichtliche Weise möglich ist.

Beispiel 5.43 Zur Illustration wird die Nullstellenaufgabe aus Beispiel 5.20 diskutiert: Man soll die Nullstelle $x^* \in [0, 2]$ der Funktion $f(x) = x^6 - x - 1$ berechnen. Die Bisektion mit $a_0 = 0$, $b_0 = 2$ liefert die Resultate in Tab. 5.4.   △

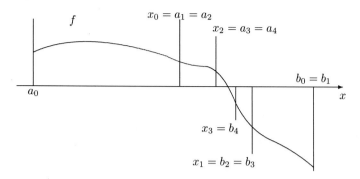

Abb. 5.8 Bisektion

Tab. 5.4 Bisektion

k	a_k	b_k	x_k	$b_k - a_k$	$f(x_k)$
0	1.00000	2.00000	1.50000	1.00000	8.89062
1	1.00000	1.50000	1.25000	0.50000	1.56470
2	1.00000	1.25000	1.12500	0.25000	−0.09771
3	1.12500	1.25000	1.18750	0.12500	0.61665
4	1.12500	1.18750	1.15625	0.06250	0.23327
5	1.12500	1.15625	1.14062	0.03125	0.06158
6	1.12500	1.14062	1.13281	0.01562	−0.01958
7	1.13281	1.14062	1.13672	0.00781	0.02062
8	1.13281	1.13672	1.13477	0.00391	0.00043
9	1.13281	1.13477	1.13379	0.00195	−0.00960

Per Konstruktion halbieren sich die Intervalle, die eine Nullstelle einschließen. Die Folge der Fehlerschranken $(2^{-k-1}(b_0 - a_0))_{k \in \mathbb{N}}$ (siehe (5.71)) konvergiert somit mit der Ordnung $p = 1$ gegen Null. Eine Anwendung des Begriffs der Konvergenzordnung auf die Folge $(x_k)_{k \in \mathbb{N}}$ der Näherungen ist nicht angebracht, da der Fehler (auch für großes k) nicht unbedingt pro Schritt abnimmt und somit die Bedingung $c < 1$ in (5.54) nicht erfüllt ist. Da die Fehlerschranken aber mit der Ordnung eins konvergieren, redet man trotzdem von einem Verfahren der Ordnung $p = 1$.

5.5.2 Das Newton-Verfahren

Zur Lösung des Problem, eine Nullstelle

$$f(x^*) = 0$$

für eine stetig differenzierbare Funktion $f : \mathbb{R} \to \mathbb{R}$ zu finden, sei diesmal auf die Idee aus Bemerkung 5.19 zurückgegriffen. Gemäß der Strategie aus Abschn. 5.3 soll eine *geeignete* Iterationsfunktion Φ so konstruiert werden, dass die Fixpunktiteration

$$x_{k+1} = \Phi(x_k) \tag{5.72}$$

möglichst schnell gegen einen Fixpunkt x^* von Φ konvergiert, welcher gerade Nullstelle von f ist. Um eine Konvergenzordnung $p \geq 2$ zu realisieren, muss Φ wegen (5.55) $\Phi'(x^*) = 0$ erfüllen.

Ansatz
Bemerkung 5.19 folgend sei $\Phi(x) = x - g(x)f(x)$ für eine stetig differenzierbare Funktion g (entspricht M_x aus (5.28)). Wegen

$$\Phi'(x^*) = 1 - g'(x^*)f(x^*) - g(x^*)f'(x^*) = 1 - g(x^*)f'(x^*),$$

ergibt sich falls $f'(x^*) \neq 0$

$$\Phi'(x^*) = 0 \iff g(x^*) = \frac{1}{f'(x^*)}.$$

Falls also $f(x^*) = 0$ und $f'(x^*) \neq 0$ gilt, ist

$$\Phi(x) = x - \frac{f(x)}{f'(x)} \tag{5.73}$$

in einer Umgebung von x^* so konstruiert, dass (5.72) mindestens *lokal quadratisch konvergiert* ($p \geq 2$). Die Iteration (5.72) lautet in diesem Fall

$$x_{k+1} = x_k - \frac{f(x_k)}{f'(x_k)}, \quad k = 0, 1, 2, \ldots. \tag{5.74}$$

Dies ist das klassische *Newton-Verfahren* für eine skalares Nullstellenproblem. Für Φ aus (5.73) gilt $\Phi''(x^*) = \frac{f''(x^*)}{f'(x^*)} \neq 0$ falls zusätzlich $f''(x^*) \neq 0$. Das Newton-Verfahren hat also in diesem Normalfall (genau) die Konvergenzordnung $p = 2$.

Mit Hilfe der Taylorentwicklung kann man eine genaue Spezifikation des Terms $\mathcal{O}(\|x_k - x^*\|^2)$ in (5.55) herleiten.

Satz 5.44
Es sei f zweimal stetig differenzierbar in $U = [a, b]$, $x^* \in (a, b)$, und es gelte
$f(x^*) = 0$, $f'(x) \neq 0$ *für alle $x \in U$. Für $x_k \in U$ sei $x_{k+1} := x_k - \frac{f(x_k)}{f'(x_k)}$.*
Dann gilt:

$$x_{k+1} - x^* = \frac{1}{2} \frac{f''(\xi_k)}{f'(x_k)} (x_k - x^*)^2, \quad \xi_k \in U. \tag{5.75}$$

Also ist das Newton-Verfahren (mindestens) lokal quadratisch konvergent.

Beweis Wir benutzen die Taylorentwicklung

$$f(x) = f(x_k) + (x - x_k) f'(x_k) + \tfrac{1}{2} (x - x_k)^2 f''(\xi_k).$$

Einsetzen von $x = x^*$ liefert

$$0 = f(x^*) = f(x_k) + (x^* - x_k) f'(x_k) + \tfrac{1}{2}(x^* - x_k)^2 f''(\xi_k) \quad (\xi_k \in U),$$

und damit

$$-\frac{f(x_k)}{f'(x_k)} + x_k - x^* = \tfrac{1}{2}(x^* - x_k)^2 \frac{f''(\xi_k)}{f'(x_k)}.$$

Wegen der Definition von x_{k+1} erhält man hieraus

$$x_{k+1} - x^* = \tfrac{1}{2}(x^* - x_k)^2 \frac{f''(\xi_k)}{f'(x_k)}$$

und damit das Resultat in (5.75). Wir zeigen jetzt, dass, wenn man den Startwert x_0 hinreichend nahe an x^* wählt, $x_k \in U$ für alle $k \in \mathbb{N}$ gilt. Es sei $C := \frac{1}{2} \frac{\max_{\xi \in U} |f''(\xi)|}{\min_{x \in U} |f'(x)|}$. Es sei $x_0 \in U_\epsilon := [x^* - \epsilon, x^* + \epsilon]$, mit $\epsilon > 0$ hinreichend klein, so dass $U_\epsilon \subset U$ und $C\epsilon \leq 1$. Aus (5.75) folgt $|x_1 - x^*| \leq \epsilon$, und mit Induktion $x_k \in U_\epsilon \subset U$ für alle $k \in \mathbb{N}$. $\square$

Beispiel 5.45 Im Nullstellenproblem aus Beispiel 5.20 soll die Nullstelle $x^* > 0$ der Funktion $f(x) = x^6 - x - 1$ berechnet werden.

Das Newton-Verfahren (5.74) ergibt in diesem Fall

$$x_{k+1} = x_k - \frac{x_k^6 - x_k - 1}{6x_k^5 - 1}. \tag{5.76}$$

Einige Ergebnisse sind in Tab. 5.5 zusammengestellt (vgl. auch Tab. 5.1 und 5.4). Wegen der *lokalen* Konvergenz des Newton-Verfahrens muss der Startwert x_0 hinreichend gut sein. Die Resultate in der zweiten Spalte zeigen, dass $x_0 = 0.5$ diese

Tab. 5.5 Newton-Verfahren

k	$x_0 = 0.5$ x_k wie in (5.76)	$x_0 = 2$ x_k wie in (5.76)	$x_{k+1} - x_k$ ($x_0 = 2$)
0	0.50000000000000	2.00000000000000	$-3.19\mathrm{e}{-01}$
1	-1.32692307692308	1.68062827225131	$-2.50\mathrm{e}{-01}$
2	-1.10165080870249	1.43073898823906	$-1.76\mathrm{e}{-01}$
3	-0.92567640260338	1.25497095610944	$-9.34\mathrm{e}{-02}$
4	-0.81641531662254	1.16153843277331	$-2.52\mathrm{e}{-02}$
5	-0.78098515830640	1.13635327417051	$-1.62\mathrm{e}{-03}$
6	-0.77810656986872	1.13473052834363	$-6.39\mathrm{e}{-06}$
7	-0.77808959926268	1.13472413850022	$-9.87\mathrm{e}{-11}$
8	-0.77808959867860	1.13472413840152	$0.00\mathrm{e}{+00}$
9	-0.77808959867860	1.13472413840152	$-$

Bedingung nicht erfüllt. In der vierten Spalte sind die Resultate für die Fehlerschätzung (5.64) dargestellt.   △

Das folgende Beispiel beschäftigt sich mit der Frage: Was passiert, wenn man auf einem Taschenrechner die Quadratwurzeltaste drückt?

Beispiel 5.46 Man berechne $\sqrt{a}$ für ein $a > 0$. $\sqrt{a}$ ist offensichtlich Lösung von

$$f(x) := x^2 - a = 0.$$

Das Newton-Verfahren (5.74) ergibt in diesem Fall nach einfacher Umformung

$$x_{k+1} = \frac{1}{2}\left(x_k + \frac{a}{x_k}\right), \quad k \in \mathbb{N}. \tag{5.77}$$

Obgleich bisher im Zusammenhang mit dem Newton-Verfahren stets von *lokaler* Konvergenz die Rede war, stellt man hier fest, dass (5.77) für *jeden* positiven Startwert $x_0 > 0$ konvergiert. Es sei nämlich $x_0 > 0$ beliebig, dann folgt aus

$$x_{k+1} - \sqrt{a} = \frac{1}{2}\left(x_k + \frac{a}{x_k}\right) - \sqrt{a} = \frac{1}{2x_k}\left(x_k - \sqrt{a}\right)^2 \geq 0 \quad \text{falls } x_k > 0,$$

dass $x_k \geq \sqrt{a}$ für alle $k \geq 1$ gilt. Damit ergibt sich

$$0 \leq x_{k+1} - \sqrt{a} = \frac{1}{2}\frac{x_k - \sqrt{a}}{x_k}(x_k - \sqrt{a}) \leq \frac{1}{2}(x_k - \sqrt{a}) \quad \text{für } k \geq 1.$$

Also wird die Größe des Fehlers in jedem Schritt mindestens halbiert. Für $a = 2$ und $x_0 = 100$ erhält man z. B. die Resultate in Tab. 5.6.

Tab. 5.6 Newton-Verfahren

k	x_k	$x_{k+1} - x_k$	$\sqrt{2} - x_k$
0	100.00000000000000	$-5.00\text{e}+01$	$-9.86\text{e}+01$
1	50.01000000000000	$-2.50\text{e}+01$	$-4.86\text{e}+01$
2	25.02499600079984	$-1.25\text{e}+01$	$-2.36\text{e}+01$
3	12.55245804674590	$-6.20\text{e}+00$	$-1.11\text{e}+01$
4	6.35589469493114	$-3.02\text{e}+00$	$-4.94\text{e}+00$
5	3.33528160928043	$-1.37\text{e}+00$	$-1.92\text{e}+00$
6	1.96746556223115	$-4.75\text{e}-01$	$-5.53\text{e}-01$
7	1.49200088968972	$-7.58\text{e}-02$	$-7.78\text{e}-02$
8	1.41624133202894	$-2.03\text{e}-03$	$-2.03\text{e}-03$
9	1.41421501405005	$-1.45\text{e}-06$	$-1.45\text{e}-06$
10	1.41421356237384	$-$	$-7.45\text{e}-13$

Man sieht etwa eine Halbierung des Fehlers $\sqrt{2} - x_k$ bis $k = 6$. Dann setzt die quadratische Konvergenz ein, wobei pro Schritt die Anzahl der korrekten Stellen etwa verdoppelt wird. Erst ab diesem Schritt ist die Fehlerschätzung $x_{k+1} - x_k$ sinnvoll. $\triangle$

Geometrische Deutung und Konvergenz

Zur Frage der *lokalen* oder *globalen* Konvergenz des Newton-Verfahrens sei zunächst auf folgende alternative *geometrische Herleitung des Newton-Verfahrens* verwiesen. Man nehme an, x_k sei eine bereits bekannte Näherung für eine Nullstelle x^* von f. Dann gilt mittels Taylorentwicklung

$$f(x) = f(x_k) + (x - x_k)f'(x_k) + \frac{1}{2}(x - x_k)^2 f''(\xi_k). \tag{5.78}$$

In einer kleinen Umgebung von x_k ist die Tangente

$$T(x) = f(x_k) + (x - x_k)f'(x_k)$$

von f an der Stelle x_k eine gute Näherung von f. Falls x_k eine gute Näherung für x^* ist, erwartet man daher, dass die Nullstelle von $T(x)$ (die existiert, wenn $f'(x_k) \neq 0$ gilt) eine gute Näherung an die Nullstelle x^* von f ist. Die Nullstelle der Tangente wird als neue Annäherung x_{k+1} genommen, siehe Abb. 5.9. Unter der Voraussetzung $f'(x_k) \neq 0$ erhält man

$$T(x_{k+1}) = 0 \quad \Leftrightarrow \quad x_{k+1} = x_k - \frac{f(x_k)}{f'(x_k)},$$

also das Newton-Verfahren (5.74).

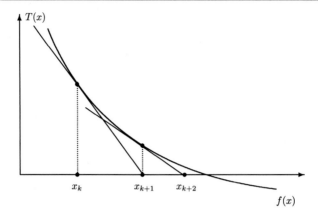

Abb. 5.9 Newton-Verfahren

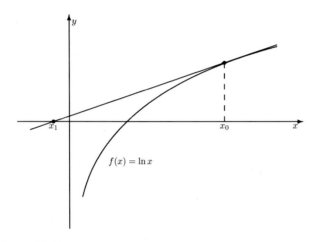

Abb. 5.10 Newton-Verfahren

Dem Motto

„Kannst du das *schwierige* Problem der Bestimmung einer Nullstelle einer *nichtlinearen* Funktion nicht auf Anhieb lösen, ziehe
dich auf die *wiederholte* Lösung *einfacherer* Probleme, der Lösung
linearer Gleichungen, zurück."

werden wir noch häufiger im Zusammenhang mit dem Namen „Newton" begegnen.
Diese geometrische Interpretation gibt einigen Aufschluß über das Konvergenzverhalten. Einerseits zeigt sich, dass man im Allgemeinen *nicht mehr* als *lokale*
Konvergenz erwarten kann. Im Beispiel in Abb. 5.10 wird klar, dass die Methode
divergiert. Andererseits zeigt sich auch in Abb. 5.11, weshalb im Beispiel 5.46 Konvergenz für *alle* positiven Startwerte x_0 vorliegt. Mit der geometrischen Interpretation
lässt sich auch das Konvergenzverhalten in Beispiel 5.45 erklären.

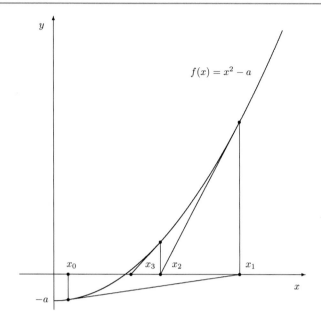

Abb. 5.11 Newton-Verfahren (vgl. Beispiel 5.46)

Bemerkung 5.47 Falls f eine mehrfache Nullstelle hat, d. h.

$$f'(x^*) = \ldots = f^{(m-1)}(x^*) = 0, \quad f^{(m)}(x^*) \neq 0, \quad m \geq 2, \tag{5.79}$$

liegt im Allgemeinen keine quadratische Konvergenz vor. Man kann sie aber durch die Modifikation

$$x_{k+1} = x_k - m \frac{f(x_k)}{f'(x_k)}$$

wieder retten, siehe Übung 5.15. △

Matlab-Demo 5.48 (Newton-Verfahren) In diesem Matlabprogramm wird für mehrere skalare Nullstellenprobleme der Verlauf des Newton-Verfahrens untersucht. Der Startwert x_0 der Iteration kann variiert werden und die berechneten Approximationen x_k, $k \geq 1$, werden in einer Grafik gezeigt.

5.5.3 Newton-ähnliche Verfahren

Sekanten-Verfahren
Für das Takter-Problem in Beispiel 1.2 scheint das Newton-Verfahren zunächst weniger gut geeignet, da es zusätzlich zu der ohnehin in diesem Fall schon aufwendigen Funktionsauswertung auch noch die Auswertung der Ableitung verlangt.

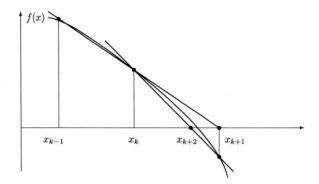

Abb. 5.12 Sekanten-Verfahren

Dem kann man folgendermaßen abhelfen. Beim Newton-Verfahren wird, ausgehend von x_k, die Funktion f durch die Tangente im Punkt $(x_k, f(x_k))$ ersetzt. Beim Sekanten-Verfahren wird, ausgehend von x_k und x_{k-1}, die Funktion f durch die Gerade durch die Punkte $(x_{k-1}, f(x_{k-1}))$, $(x_k, f(x_k))$ (die sogenannte Sekante) ersetzt (Abb. 5.12):

$$S(x) = \frac{x - x_{k-1}}{x_k - x_{k-1}} f(x_k) + \frac{x_k - x}{x_k - x_{k-1}} f(x_{k-1}).$$

Die Nullstelle dieser Geraden, die existiert falls $f(x_k) \neq f(x_{k+1})$ gilt, wird als neue Näherung x_{k+1} genommen:

$$S(x_{k+1}) = 0.$$

Dies ergibt das Sekanten-Verfahren

$$
\begin{aligned}
x_{k+1} &= \frac{x_{k-1} f(x_k) - x_k f(x_{k-1})}{f(x_k) - f(x_{k-1})} \\
&= x_k - f(x_k) \left(\frac{x_k - x_{k-1}}{f(x_k) - f(x_{k-1})} \right), \quad k \geq 1.
\end{aligned}
\tag{5.80}
$$

Man beachte, dass bei diesem Verfahren die *Berechnung von f' vermieden wird*. Man kann zeigen, dass das Sekantenverfahren lokal von der Ordnung

$$p = \tfrac{1}{2}(\sqrt{2} + 1) \approx 1.6$$

Tab. 5.7 Sekanten-Verfahren

k	x_k	$x_{k+1} - x_k$
0	2.00000000000000	$-1.00\text{e}+00$
1	1.00000000000000	$1.61\text{e}-02$
2	1.01612903225806	$1.74\text{e}-01$
3	1.19057776867664	$-7.29\text{e}-02$
4	1.11765583094155	$1.49\text{e}-02$
5	1.13253155021613	$2.29\text{e}-03$
6	1.13481680800485	$-9.32\text{e}-05$
7	1.13472364594870	$4.92\text{e}-07$
8	1.13472413829122	$1.10\text{e}-10$
9	1.13472413840152	$-$

konvergiert. Da es pro Schritt jedoch nur *eine* Funktionsauswertung benötigt, ist es insgesamt *effizienter* als das Newton-Verfahren, falls die Auswertung von f' mindestens so teuer wie die Auswertung von f ist. Allerdings benötigt man *zwei* Startwerte! Außerdem besteht bei der Auswertung der Differenz $f(x_k) - f(x_{k-1})$ in der Sekantenformel die Gefahr der Auslöschung.

Beispiel 5.49 Für das Problem aus Beispiel 5.20 liefert das Sekanten-Verfahren die Resultate in Tab. 5.7. Die Werte in der dritten Spalte ergeben wegen (5.64) eine Fehlerabschätzung. Diese Resultate zeigen, dass die Konvergenz (asymptotisch) wesentlich schneller ist als bei der Fixpunktiteration $x_{k+1} = \Phi_2(x_k)$ (siehe Tab. 5.3), wo $p = 1$ gilt. Andererseits ist die Konvergenz langsamer als beim Newton-Verfahren (siehe Tab. 5.5) mit $p = 2$. $\triangle$

Regula-Falsi-Verfahren

Das Regula-Falsi-Vefahren ist eine Mischung der Bisektion und des Sekanten-Verfahrens. Man nehme wie bei der Bisektion an, es seien Werte $a_0 < b_0$ bekannt, für die

$$f(a_0)f(b_0) < 0$$

gilt. Statt der Mitte des Intervalls (d. h. $x_0 = \frac{1}{2}(a_0 + b_0)$) wird beim Regula-Falsi-Verfahren x_0, wie in (5.80), über die Nullstelle der Sekante durch die Punkte $(a_0, f(a_0))$, $(b_0, f(b_0))$ bestimmt (vgl. Abb. 5.13):

$$x_0 = \frac{a_0 f(b_0) - b_0 f(a_0)}{f(b_0) - f(a_0)}.$$

Man wählt nun ein neues Intervall $[a_1, b_1] = [a_0, x_0]$ oder $[a_1, b_1] = [x_0, b_0]$ für das $f(a_1)f(b_1) \le 0$ gilt, usw.:

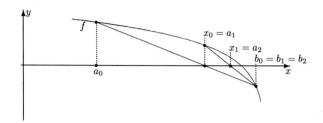

Abb. 5.13 Regula-Falsi

Algorithmus 5.50
Gegeben $a_0 < b_0$ mit $f(a_0)f(b_0) < 0$.
Für $k = 0, 1, 2, \ldots$ berechne:

- $x_k = \frac{a_k f(b_k) - b_k f(a_k)}{f(b_k) - f(a_k)}$, $\quad f(x_k)$.
- Setze

$$a_{k+1} = a_k, \quad b_{k+1} = x_k \quad \text{falls} \quad f(x_k)f(a_k) \le 0$$
$$a_{k+1} = x_k, \quad b_{k+1} = b_k \quad \text{sonst.}$$

Es ergibt sich, dass

$$x^* \in (a_k, b_k) \text{ für alle } k \quad \text{und} \quad a_k \to x^* \text{ oder } b_k \to x^* \text{ für } k \to \infty.$$

Wegen $x^* \in (a_k, b_k)$ ist die Methode sehr zuverlässig. Die Konvergenz ist im Allgemeinen quantitativ besser als bei der Bisektion, obwohl man generell ebenfalls nur die Konvergenzordnung $p = 1$ sichern kann.

5.5.4 Zusammenfassende Hinweise zu den Methoden für skalare Gleichungen

Einige zusammenfassende Bemerkungen:

- Mit der Problemstellung ist oft ein $f : U \to \mathbb{R}$, $U \subset \mathbb{R}$, vorgegeben, für das $f(x) = 0$ zu lösen ist. Ein möglicher Lösungsansatz ist die Fixpunktiteration mit einer dazu *geeignet zu konstruierenden* Iterationsfunktion Φ, etwa gemäß Bemerkung 5.19. Im Allgemeinen hat das Fixpunktverfahren nur die Konvergenzordnung $p = 1$.

- Das Newton-Verfahren ist jedoch ein Beispiel dieses Ansatzes, das, wenn $f'(x^*) \ne 0$ gilt, die Konvergenzordnung $p = 2$ hat.

- Eine Fixpunktiteration (z. B. das Newton-Verfahren) ist im Allgemeinen nur *lokal* konvergent, d. h., der Erfolg der Iteration hängt wesentlich vom Startwert ab. Zur Wahl des Startwertes später mehr.
- Bisektion und Regula-Falsi sind sehr *zuverlässige* Verfahren. Die Konvergenzordnung dieser Methoden ist jedoch nur $p = 1$.
- Das Sekanten-Verfahren ist eine effiziente Variante des Newton-Verfahrens (falls die Auswertung von f' mindestens so teuer wie die von f ist), wobei die Berechnung der Ableitung f' vermieden wird. Die Konvergenzordnung dieser Methode ist $p \approx 1.6$.
- Für den skalaren Fall stehen für $p = 1$ und $p > 1$ einfache Fehlerschätzungsmethoden zur Verfügung, siehe (5.65) bzw. (5.64).

5.6 Das Newton-Verfahren für Systeme

Wie schon in Abschn. 5.1.1 angedeutet wurde, ist der Fall nichtlinearer Gleichungssysteme von besonderer Bedeutung. In diesem Abschnitt geht es also sozusagen um den „Ernstfall", nämlich um das Newton-Verfahren zur Lösung des Gleichungssystems

$$f(x) = 0, \tag{5.81}$$

wobei $f : \mathbb{R}^n \to \mathbb{R}^n$ (für $n > 1$) eine zweimal stetig differenzierbare vektorwertige Funktion ist.

5.6.1 Grundlagen des Newton-Verfahrens

Für Gleichungssysteme leitet man das Newton-Verfahren am bequemsten über eine zu Abschn. 5.5.2 analoge *Linearisierungstechnik* her. Hierzu benötigen wir die Taylorentwicklung der Vektorfunktion f. Um Indizes für Vektorkomponenten vom Iterationsindex zu unterscheiden, sollen im Folgenden hochgestellte Indizes stets den jeweiligen Iterationsschritt anzeigen:

$$x^k = (x_1^k, \ldots, x_n^k)^T \in \mathbb{R}^n.$$

Taylorentwicklung der Komponente f_i um x^k ergibt

$$f_i(x) = f_i(x^k) + \sum_{j=1}^n \frac{\partial f_i(x^k)}{\partial x_j}(x_j - x_j^k) + \mathcal{O}\left(\|x - x^k\|_2^2\right), \quad i = 1, 2, \ldots n. \tag{5.82}$$

Mit der üblichen Bezeichnung $f'(x)$ für die Jacobi-Matrix von f kann man (5.82) in folgender Relation zusammenfassen:

$$f(x) = f(x^k) + f'(x^k)(x - x^k) + \mathcal{O}\left(\|x - x^k\|_2^2\right). \tag{5.83}$$

Statt nach einer Nullstelle von f zu suchen, bestimmt man nun die Nullstelle x^{k+1}
der *linearen Näherung* von f in x^k, d. h. des Taylorpolynoms ersten Grades:

$$0 = f(x^k) + f'(x^k)(x^{k+1} - x^k). \tag{5.84}$$

Falls f' in x^k nicht-singulär ist, erhält man aus (5.84)

$$x^{k+1} = x^k - (f'(x^k))^{-1} f(x^k). \tag{5.85}$$

Dies ist offensichtlich das vektorwertige Analogon zur skalaren Newton-Iteration
(5.74).

Bei der numerischen Durchführung des Newton-Verfahrens für Systeme muss
die Berechnung der *Inversen* von $f'(x^k)$ vermieden werden, weil dies bekanntlich aufwendiger als das Lösen des Gleichungssystems ist! Die Korrektur $s^k =$
$-(f'(x^k))^{-1} f(x^k)$ ist gerade die Lösung des Gleichungssystems $f'(x^k)s^k =$
$-f(x^k)$. Man geht also folgendermaßen vor:

Algorithmus 5.51 (Newton-Iteration)
Gegeben: Startwert x^0.
Für $k = 0, 1, 2, \dots$:

- Berechne $f(x^k), f'(x^k)$
- Löse das lineare Gleichungssystem in s^k

$$f'(x^k)s^k = -f(x^k). \tag{5.86}$$

- Setze (Newton-Korrektur)

$$x^{k+1} = x^k + s^k. \tag{5.87}$$

Zur Lösung von (5.86) verwendet man ein Verfahren aus Kap. 3, etwa LR- oder
QR-Zerlegung.

Bemerkung 5.52 Das Newton-Verfahren für Systeme läßt sich natürlich immer
noch als Fixpunktiteration

$$x^{k+1} = \Phi(x^k), \quad \text{mit} \quad \Phi(x) = x - (f'(x))^{-1} f(x)$$

auffassen. $\triangle$

Beispiel 5.53 (vgl. Beispiel 5.27) Löse

$$f(x) = \begin{pmatrix} f_1(x_1, x_2) \\ f_2(x_1, x_2) \end{pmatrix} := \begin{pmatrix} 6x_1 - \cos x_1 - 2x_2 \\ 8x_2 - x_1 x_2^2 - \sin x_1 \end{pmatrix} = \begin{pmatrix} 0 \\ 0 \end{pmatrix}$$

Man erhält

$$f'(x) = \begin{pmatrix} 6 + \sin x_1 & -2 \\ -x_2^2 - \cos x_1 & 8 - 2x_1 x_2 \end{pmatrix}.$$

Für den Startwert

$$x^0 = \begin{pmatrix} x_1^0 \\ x_2^0 \end{pmatrix} = \begin{pmatrix} 0 \\ 0 \end{pmatrix}$$

ergibt sich $f(x^0) = \begin{pmatrix} -1 \\ 0 \end{pmatrix}$ und

$$f'(x^0) = \begin{pmatrix} 6 & -2 \\ -1 & 8 \end{pmatrix}.$$

Wegen (5.86) gilt es

$$\begin{pmatrix} 6 & -2 \\ -1 & 8 \end{pmatrix} \begin{pmatrix} s_1^0 \\ s_2^0 \end{pmatrix} = -\begin{pmatrix} -1 \\ 0 \end{pmatrix}$$

zu lösen. Dies ergibt

$$s^0 = \frac{1}{46} \begin{pmatrix} 8 \\ 1 \end{pmatrix}$$

und somit als neue Näherung

$$x^1 = x^0 + s^0 = \frac{1}{46} \begin{pmatrix} 8 \\ 1 \end{pmatrix}.$$

Weitere Ergebnisse dieser Newton Iteration werden in Tab. 5.8 gezeigt.   △

Tab. 5.8 Newton-Verfahren

k	x^k	$f(x^k)$
0	$(0, 0)$	$(-1, 0)$
1	$(0.173913043478261, 0.021739130434783)$	$(0.150, 0.008)\mathrm{e}{-01}$
2	$(0.171334222062832, 0.021321946986676)$	$(0.328, 0.050)\mathrm{e}{-05}$
3	$(0.171333648176505, 0.021321814151379)$	$(0.162, 0.022)\mathrm{e}{-12}$
4	$(0.171333648176476, 0.021321814151372)$	$(-0.138, 0.000)\mathrm{e}{-16}$

Wie im skalaren Fall erwartet man, dass das Newton-Verfahren (lokal) *quadratisch* konvergiert. Um diese Konvergenz streng mathematisch zu garantieren, benötigt man allerdings eine Reihe von Voraussetzungen, unter Anderem an den Startwert x^0, die in der Praxis leider meist schwer oder gar nicht überprüfbar sind. Um den Typ solcher Voraussetzungen und das davon abhängige Konvergenzverhalten des Newton-Verfahrens zu verdeutlichen, formulieren wir eine einfache Variante eines solchen Satzes.

Satz 5.54

Es seien $\Omega \subset \mathbb{R}^n$ offen und konvex, $f : \Omega \to \mathbb{R}^n$ eine stetig differenzierbare Funktion mit invertierbarer Jacobimatrix $f'(x)$ für alle $x \in \Omega$. Es sei β, so dass

$$\|(f'(x))^{-1}\| \le \beta \quad \text{für alle } x \in \Omega. \tag{5.88}$$

Ferner sei $f'(x)$ auf Ω Lipschitz-stetig mit einer Konstanten γ, d.h.,

$$\|f'(x) - f'(y)\| \le \gamma \|x - y\|, \quad \text{für alle } x, y \in \Omega. \tag{5.89}$$

Weiterhin existiere eine Lösung x^* von $f(x) = 0$ in Ω. Der Startwert x^0 erfülle $x^0 \in K_\omega(x^*) := \{ x \in \mathbb{R}^n \mid \|x^* - x\| < \omega \}$ mit ω hinreichend klein, so dass $K_\omega(x^*) \subset \Omega$ und

$$\omega \le \frac{2}{\beta\gamma}. \tag{5.90}$$

Dann bleibt die durch das Newton-Verfahren definierte Folge $\{x^k\}_{\in \mathbb{N}}$ innerhalb der Kugel $K_\omega(x^*)$ und konvergiert (mindestens) quadratisch gegen x^*:

$$\|x^{k+1} - x^*\| \le \frac{\beta\gamma}{2}\|x^k - x^*\|^2, \quad k = 0, 1, 2, \dots. \tag{5.91}$$

Beweis Wegen (5.85) und $f(x^*) = 0$ hat man für $x^k \in \Omega$:

$$\begin{aligned}
x^{k+1} - x^* &= x^k - x^* - (f'(x^k))^{-1} f(x^k) \\
&= x^k - x^* - (f'(x^k))^{-1} \left[f(x_k) - f(x^*) \right] \\
&= (f'(x^k))^{-1} [f(x^*) - f(x^k) - f'(x^k)(x^* - x^k)].
\end{aligned} \tag{5.92}$$

Wegen (5.88) gilt somit

$$\|x^{k+1} - x^*\| \le \beta \|f(x^*) - f(x^k) - f'(x^k)(x^* - x^k)\|. \tag{5.93}$$

Man hat also Ausdrücke der Form $\|f(x) - f(y) - f'(y)(x - y)\|$ abzuschätzen. Hierzu setze $\phi(t) = f(y+t(x-y))$ für $x, y \in \Omega, t \in [0, 1]$ und beachte, dass $\phi(1) = f(x), \phi(0) = f(y)$. Nach Voraussetzung ist ϕ ferner auf $[0, 1]$ differenzierbar für alle $x, y \in \Omega$, und die Kettenregel ergibt

$$\phi'(t) = f'(y + t(x - y))(x - y).$$

Also gilt wegen (5.89)

$$\begin{aligned}
\|\phi'(t) - \phi'(0)\| &= \|[f'(y + t(x - y)) - f'(y)](x - y)\| \\
&\leq \|f'(y + t(x - y)) - f'(y)\| \|x - y\| \qquad (5.94) \\
&\leq \gamma t \|x - y\|^2, \quad t \in [0, 1].
\end{aligned}$$

Da ferner

$$f(x) - f(y) - f'(y)(x - y) = \phi(1) - \phi(0) - \phi'(0) = \int_0^1 \phi'(t) - \phi'(0)\, dt$$

gilt, folgt aus (5.94)

$$\|f(x) - f(y) - f'(y)(x - y)\| \leq \gamma \|x - y\|^2 \int_0^1 t\, dt = \frac{\gamma}{2} \|x - y\|^2. \qquad (5.95)$$

Wegen (5.93) ergibt sich hieraus

$$\|x^{k+1} - x^*\| \leq \frac{\beta\gamma}{2} \|x^* - x^k\|^2. \qquad (5.96)$$

Dies belegt bereits die quadratische Konvergenzrate. Man muss noch zeigen, dass für alle $k \in \mathbb{N}$ die Ungleichung $\|x^* - x^k\| < \omega$ gilt. Da dies nach Voraussetzung für $k = 0$ gilt, bietet sich eine vollständige Induktion an. Man nehme also an, dass $\|x^k - x^*\| < \omega$ gilt. Wegen (5.96) folgt dann

$$\|x^{k+1} - x^*\| \leq \frac{\beta\gamma}{2} \|x^* - x^k\| \|x^* - x^k\| < \frac{\beta\gamma\omega}{2} \omega.$$

Da nach (5.90) $\omega \leq \frac{2}{\beta\gamma}$ gilt, folgt die Behauptung. $\qquad \square$

Bemerkung 5.55

a) Die Voraussetzungen (5.88) und (5.89) sind in vielen Fällen erfüllt. Falls f auf dem abgeschlossenen Gebiet $\bar{\Omega}$ zweimal stetig differenzierbar ist mit invertierbarer Jacobimatrix $f'(x)$ für alle $x \in \bar{\Omega}$, gelten die Abschätzungen in (5.88) und (5.89) mit

$$\beta := \max\{ \|(f'(x))^{-1}\| \mid x \in \bar{\Omega} \}$$
$$\gamma := \max\{ \|f''(x)\| \mid x \in \bar{\Omega} \}.$$

b) Die Parameter β und γ sind durch das Problem gegeben. Damit (5.90) gilt und um Konvergenz zu sichern, wird eine *genügend gute* Startnäherung benötigt.

c) Man kann unter obigen Voraussetzungen auch zeigen, dass x^* in der Kugel $K_\omega(x^*)$ sogar die *einzige* Nullstelle ist. Denn angenommen x^{**} ist eine weitere Lösung, so ergibt sich mit (5.95)

$$\|x^{**} - x^*\| = \|(f'(x^*))^{-1}[f(x^{**}) - f(x^*) - f'(x^*)(x^{**} - x^*)]\|$$

$$\leq \underbrace{\frac{\beta\gamma}{2}\|x^{**} - x^*\|}_{<1} \|x^{**} - x^*\|.$$

Da daraus für $\|x^{**} - x^*\| \neq 0$ die Ungleichung $\|x^{**} - x^*\| < \|x^{**} - x^*\|$ folgen würde, schließt man $x^{**} = x^*$. $\triangle$

Es gibt Varianten des obigen Satzes, die schwächere Voraussetzungen benutzen, allerdings auch sehr viel aufwendigere Beweise verlangen. Insbesondere muss man die Existenz einer Lösung x^* nicht voraussetzen, sondern kann sie schließen. Entsprechende Forderungen an f' und den Startwert x^0 sind allerdings stets vom obigen Typ.

Für das Newton-Verfahren für Systeme kann man die Fehlerschätzung (5.68) benutzen. Wie beim skalaren Fall ist dies erst sinnvoll, sobald die quadratische Konvergenz eingesetzt hat.

Beispiel 5.56 Wir lösen das nichtlineare Gleichungssystem aus Beispiel 5.2 mit dem Newton-Verfahren. Für $n = 60$ ergibt sich das Gleichungssystem

$$f_i(x_1, x_2, \ldots, x_{60}) = 0, \quad i = 1, 2, \ldots, 60,$$

wobei

$$f_i(x_1, x_2, \ldots, x_{60}) = x_i + \frac{1}{60}\sum_{j=1}^{60}\cos\left(\frac{\left(i - \frac{1}{2}\right)\left(j - \frac{1}{2}\right)}{3600}\right)x_j^3 - 2.$$

Für die Jacobi-Matrix erhält man

$$\left(f'(x)\right)_{i,j} = \frac{\partial f_i(x)}{\partial x_j} = \begin{cases} 1 + \frac{1}{20}\cos\left(\frac{\left(i - \frac{1}{2}\right)^2}{3600}\right)x_i^2, & \text{für } i = j, \\[2ex] \frac{1}{20}\cos\left(\frac{\left(i - \frac{1}{2}\right)\left(j - \frac{1}{2}\right)}{3600}\right)x_j^2, & \text{für } i \neq j. \end{cases} \quad , \ i, j = 1, \ldots, 60.$$

Tab. 5.9 Newton-Verfahren

k	$\|f(x^k)\|_2$	$\|x^{k+1} - x^k\|_2$
0	5.57e−01	4.59e−01
1	7.53e−02	2.01e−02
2	1.50e−04	3.83e−05
3	5.46e−10	1.40e−10
4	2.49e−15	2.49e−15

In jedem Iterationsschritt des Newton-Verfahrens werden

- die Jacobi-Matrix $f'(x^k)$ und der Funktionswert $f(x^k)$ berechnet,
- das lineare Gleichungssystem $f'(x^k)s^k = -f(x^k)$ über Gauß-Elimination mit Spaltenpivotisierung gelöst,
- $x^{k+1} = x^k + s^k$ berechnet.

Die Ergebnisse für den Startwert $x^0 = (1, 1, \ldots, 1)^T$ (siehe Beispiel 5.60 für eine Begründung dieser Wahl) sind in Tab. 5.9 aufgelistet.

Die dritte Spalte zeigt die Fehlerschätzung (5.68). Das berechnete Resultat x^4 ergibt eine Näherung der Lösung u der Integralgleichung (5.3) in Beispiel 5.2 an den Gitterpunkten t_i:

$$x_i^4 \approx u(t_i) = u\left(\frac{i - \frac{1}{2}}{60}\right), \qquad i = 1, 2, \ldots, 60.$$

Diese Näherung der Funktion $u(x)$, $x \in [0, 1]$, ist in Abb. 5.14 dargestellt.   △

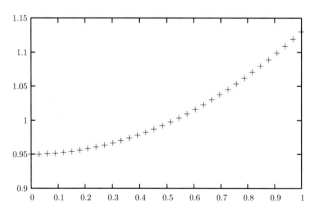

Abb. 5.14 Numerische Lösung der Integralgleichung (5.3)

Bemerkung 5.57 Eine Stabilitätsanalyse des Newton-Verfahrens ist eine schwierige Aufgabe. Das Newton-Verfahren kann als Fixpunktiteration mit Iterationsfunktion $\Phi(x) = x - (f'(x))^{-1} f(x)$ betrachtet werden. In Abschn. 5.3.4 haben wir gesehen, dass falls die Φ-Auswertung rückwärtsstabil ist, die Fixpunktiteration ein stabiles Verfahren ist. Die Schwierigkeit beim Newton-Verfahren liegt in der Untersuchung der Rückwärtsstabilität der Φ-Auswertung. Bei der Newton-Φ-Auswertung muss man eine f-Auswertung berechnen, eine Jacobimatrix bestimmen und ein lineares Gleichungssystem lösen, siehe Algorithmus 5.51. Bei der numerischen Realisierung dieser Schritte gibt es viele Fehlerquellen. Beim Aufstellen der Jacobimatrix werden Rundungsfehler akkumuliert und diese Matrix kann schlecht konditioniert sein, wodurch eine große Fehlerverstärkung beim numerischen Lösen des linearen Gleichungssystems (5.86) auftreten kann. Eine Analyse dieser Effekte geht über den Rahmen dieses Textes hinaus. Wir geben uns stattdessen damit zufrieden, ein grobes Verständnis für die diversen Fehlerquellen und ihrer Auswirkungen geweckt zu haben.   △

5.6.2 Hinweise zur praktischen Durchführung des Newton-Verfahrens

Bei der praktischen Umsetzung des Newton-Verfahrens ergeben sich insbesondere folgende Problemfelder: die oft aufwendige Berechnung der Jacobi-Matrix, die Lösung der dabei entstehenden Gleichungssysteme und schließlich die Wahl eines geeigneten Startwertes. Wir werden im Folgenden diese Punkte kurz ansprechen.

Auswertung der Jacobi-Matrix
In vielen Fällen ist die Jacobi-Matrix nicht oder nur unter großem Aufwand in geschlossener Form berechenbar. Statt der Ableitungen

$$\frac{\partial f_i(x^k)}{\partial x_j}$$

verwendet man daher *numerische* Differentiation, indem man die Ableitungen etwa durch Differenzenquotienten

$$\frac{\partial f_i(x)}{\partial x_j} \approx \frac{f_i(x + he^j) - f_i(x)}{h}, \quad e^j = (0, \ldots, 0, 1, 0, \ldots, 0)^T, \quad (5.97)$$

ersetzt, wobei $h > 0$ „hinreichend klein" ist. Die Größe von h hängt von der speziellen Aufgabe ab. Allgemein wird ein zu großes h die Genauigkeit der Approximation von $f'(x^k)$ und damit ebenfalls die Konvergenz der Newton-Iteration beeinträchtigen. Ein zu kleines h birgt hingegen die Gefahr der Auslöschung. Die Frage, dies abzuwägen, wird in Abschn. 8.4 nochmals aufgegriffen.

Matlab-Demo 5.58 (Newton-Verfahren mit numerischer Differentiation) In diesem Matlabexperiment wird das Problem aus Beispiel 5.1 für die Punktmassen $m_1 = 10$, $m_2 = 13$, $m_3 = 6$, mit den Koordinaten $(x_1, y_1) = (-3, 0)$, $(x_2, y_2) = (2, 0)$ und $(x_3, y_3) = (0, 4)$ untersucht, siehe auch Beispiel 5.59. Die Jacobimatrix wird mit numerischer Differentiation wie in (5.97) approximiert. Hierbei kann die Schrittweite h variiert werden. Effekte dieser Approximation der Jacobimatrix auf die Genauigkeit der mit dem Newton-Verfahren bestimmten Annäherungen werden gezeigt.

Das vereinfachte Newton-Verfahren
In realistischen Anwendungen liegt ein sehr aufwendiger Teil der Rechnung oft in der Auswertung der Jacobi-Matrix $f'(x^k)$. Deshalb hat man eine Reihe von *Aufdatierungstechniken* entwickelt, die ausnützen, dass sich die Jacobi-Matrix nicht zu abrupt ändert. Die Behandlung dieser Methoden würde jedoch den gegenwärtigen Rahmen sprengen. Näheres zu diesem Thema findet man zum Beispiel in [DH].

Wir begnügen uns hier mit einer einfachen Strategie. Falls f' sich nicht stark ändert, kann man folgendermaßen vorgehen:

- Aufstellen der Jacobi-Matrix im ersten Schritt $f'(x^0)$.
- Statt $f'(x^k)$ in (5.86) verwende $f'(x^0)$, d. h.,

$$f'(x^0)s^k = -f(x^k), \quad x^{k+1} = x^k + s^k$$

für $k = 0, 1, 2, \ldots$.

Dadurch geht allerdings die quadratische Konvergenz verloren. In der Praxis verwendet man daher eine Mischform, wobei man f' nach einigen Schritten neu berechnet.

Einzugsbereich und Wahl des Startwertes
Anhand von Satz 5.54 lässt sich bereits erkennen, dass die klassischen theoretischen Ergebnisse keine wirklich praxistaugliche Hilfe bieten, die aufgrund der lokalen Konvergenz notwendigen guten Startwerte zu wählen. Wir deuten im Folgenden kurz drei mögliche Strategien an, Konvergenz zu begünstigen. Bei den ersten zwei Strategien wird versucht, einen „hinreichend guten" Startwert zu bestimmen. Bei der dritten Strategie wird eine Variante des Newton-Verfahrens (Algorithmus 5.51) entwickelt, die einen größeren Einzugsbereich hat.

Die erste Strategie ist fast selbstverständlich. Soweit wie möglich wird man sich bei der Wahl des Startwertes durch Hintergrundinformation leiten lassen. Dies hängt naturgemäß vom konkreten Fall ab, so dass dies anhand von zwei Bespielen erläutert wird.

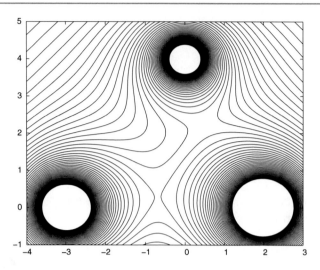

Abb. 5.15 Niveaulinien des Potentials U

Beispiel 5.59 Wir untersuchen das Problem aus Beispiel 5.1 für die Punktmassen $m_1 = 10$, $m_2 = 13$, $m_3 = 6$ mit den Koordinaten $(x_1, y_1) = (-3, 0)$, $(x_2, y_2) = (2, 0)$ und $(x_3, y_3) = (0, 4)$. Zur Analyse der Existenz und Eindeutigkeit einer Lösung des Systems (5.2),

$$f_1(x, y) = \sum_{i=1}^{3} \frac{m_i(x_i - x)}{((x_i - x)^2 + (y_i - y)^2)^{3/2}} = 0$$

$$f_2(x, y) = \sum_{i=1}^{3} \frac{m_i(y_i - y)}{((x_i - x)^2 + (y_i - y)^2)^{3/2}} = 0 \qquad (5.98)$$

lässt sich ausnutzen, dass die Funktion f der Gradient einer skalaren Funktion, des Potentials

$$U(x, y) = \sum_{i=1}^{3} \frac{m_i}{((x_i - x)^2 + (y_i - y)^2)^{1/2}} \qquad (5.99)$$

ist. Für f_1, f_2 aus (5.98) gilt nämlich

$$\begin{pmatrix} f_1(x, y) \\ f_2(x, y) \end{pmatrix} = \nabla U(x, y).$$

Also ist (x^*, y^*) Lösung des Systems (5.98) genau dann, wenn (x^*, y^*) ein lokales Minimum, lokales Maximum oder ein Sattelpunkt des Potentials U ist. In Abb. 5.15 sind einige Niveaulinien (mit Werten zwischen 5 und 20) des Potentials U dargestellt.

Aus diesem Bild erkennt man, dass U zwei Sattelpunkte und keine lokalen Maxima oder Minima hat. Das System (5.98) hat also genau zwei Lösungen.

Tab. 5.10 Newton-Verfahren

k	x^k	y^k	$\|f(x^k, y^k)\|_2$	$\|(x^k, y^k) - (x^{k+1}, y^{k+1})\|_2$
0	-0.800000000000000	0.200000000000000	3.25e−01	1.31e−01
1	-0.697601435074387	0.281666888630281	1.03e−02	4.45e−03
2	-0.694138545697644	0.284468076535443	1.09e−05	4.09e−06
3	-0.694134676058600	0.284469396792393	9.67e−12	4.57e−12
4	-0.694134676055255	0.284469396789285	2.02e−16	−

Tab. 5.11 Newton-Verfahren

k	x^k	y^k	$\|f(x^k, y^k)\|_2$	$\|(x^k, y^k) - (x^{k+1}, y^{k+1})\|_2$
0	0.500000000000000	2.200000000000000	1.87e−01	6.32e−02
1	0.4803549525148845	2.260066598359946	4.51e−03	2.27e−03
2	0.4825811382211886	2.259618040348963	4.01e−06	1.75e−06
3	0.4825819025667199	2.259619618799409	3.13e−12	1.59e−12
4	0.4825819025657873	2.259619618798127	3.33e−16	−

Zur Bestimmung dieser beiden Lösungen mit Hilfe des Newton-Verfahrens können wir der Abb. 5.15 vernünftige Anfangsnäherungen entnehmen, z. B. $(x^0, y^0) =$ $(-0.8, 0.2)$ bzw. $(x^0, y^0) = (0.5, 2.2)$. Mit diesen Startwerten erhält man mit dem Newton-Verfahren die Näherungen in den Tab. 5.10 und 5.11. Die gewählten Startwerte führen also zu schneller Konvergenz. Sie liegen in der Nähe der Lösungen. △

Beispiel 5.60 Wir betrachten das Gleichungssystem aus Beispiel 5.56. Diese Aufgabe ist aus der Diskretisierung der Integralgleichung (5.3) entstanden. Wenn wir als Ansatz für eine (grobe) Approximation der gesuchten Lösung dieser Integralgleichung eine konstante Funktion $u(x) = c$ nehmen, erhält man, wegen $c + c^3 \int_0^1 \cos(xt)\, dt = c + \frac{\sin(x)}{x} c^3$, den Wert $c = 1$ als plausibelen Wert. Deshalb wurde in Beispiel 5.56 als Startwert $x^0 = (1, 1, \ldots, 1)^T$ genommen. Siehe auch Übung 5.1. △

Kann man aus den verfügbaren Informationen keine gute Startnäherung ermitteln, so kann man oft mit *Homotopieverfahren* geeignete Startwerte bestimmen. Dabei wird durch einen Problemparameter oder durch einen künstlich eingeführten reellen Parameter μ aus einem System von nichtlinearen Gleichungen eine Familie von Problemen

$$F(x, \mu) = 0$$

definiert. Im Falle von Beispiel 5.2 kann man z. B. die Familie

$$u_i + h \sum_{j=1}^{n} \cos(t_i t_j) u_j^{\mu} - 2 = 0, \quad i = 1, 2, \ldots, n, \tag{5.100}$$

mit $1 \le \mu \le 3$, definieren. Für $\mu_0 = 1$ ist das Problem (5.100) linear, und man hat keine Schwierigkeiten bezüglich der Wahl des Startwerts. Die berechnete Lösung u_{μ_0} kann dann als Startwert für ein „benachbartes" Problem (5.100) mit $\mu = \mu_1 > \mu_0$ verwendet werden. Wenn man den Abstand $\mu_1 - \mu_0$ „klein genug" wählt, kann man damit rechnen, dass u_{μ_0} ein ausreichend genauer Startwert für das Problem (5.100) mit $\mu = \mu_1$ darstellt. Die berechnete Lösung u_{μ_1} kann dann als Startwert für ein weiteres Problem (5.100) mit $\mu = \mu_2 > \mu_1$ verwendet werden, usw. Auf diese Weise hangelt man sich bis $\mu = 3$ vor. Bei vielen Problemen lässt sich ein natürlicher Problemparameter identifizieren, der als Homotopieparameter verwendet werden kann.

Die dritte Strategie hat einen anderen Charakter, weil man dabei das Newton-Verfahren mit dem Ziel modifiziert, *den Einzugsbereich der Methode zu vergrößern*. Aufgrund der Wichtigkeit dieser Strategie, die in jeder modernen Software mit Implementierung des Newton-Verfahrens enthalten ist, wird sie im folgenden Abschnitt gesondert diskutiert.

Das gedämpfte Newton-Verfahren

Bei dem Newton-Vefahren für eine skalare Gleichung liefert der Korrekturschritt $s^k = -f(x^k)/f'(x^k)$ eine Richtung, in welcher die Funktion abnimmt. Oft ist es günstiger, nur einen Teil des Schrittes in diese Richtung zu machen – manchmal ist Weniger mehr –, d. h., man setzt

$$x^{k+1} = x^k + \lambda s^k \tag{5.101}$$

für ein passendes $\lambda = \lambda_k, 0 < \lambda \le 1$ (siehe Abb. 5.16).
Wir zeigen nun, wie man diesen Grundgedanken auf den Fall $f : \mathbb{R}^n \to \mathbb{R}^n, n > 1$, übertragen kann. Es seien x^k eine bekannte Annäherung einer Nullstelle x^* der

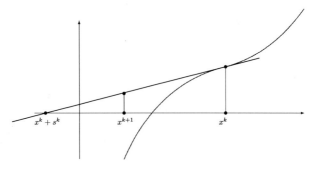

Abb. 5.16 gedämpftes Newton-Verfahren $x^{k+1} = x^k + \lambda s^k, 0 < \lambda \le 1$

Funktion f und $s^k = -f'(x^k)^{-1} f(x^k)$ die Newton-Korrektur. Da man $f(x^*) = 0$ anstrebt, ist ein Maß für die Abweichung von x^k von der Lösung die Größe des Residuums

$$\||f(x^k)\||,$$

wobei $\|| \cdot \||$ eine *geeignete* Norm ist. Man versucht dann in $x^{k+1} := x^k + \lambda s^k$ den Parameter λ so zu wählen, dass

$$\||f(x^{k+1})\|| < \||f(x^k)\|| \qquad (5.102)$$

gilt. Was bedeutet nun „geeignete Norm"? Es sei $A \in \mathbb{R}^{n \times n}$ eine reguläre Matrix. Dann ist das Nullstellenproblem $f(x) = 0$ äquivalent zu

$$\tilde{f}_A(x) := Af(x) = 0. \qquad (5.103)$$

Wenn A eine Diagonalmatrix ist, kann man die Multiplikation mit A als eine Neuskalierung des Gleichungssystems interpretieren. Wie man leicht sieht, ist das Newton-Verfahren *affin-invariant*, d. h.: Für gegebenes $x^0 \in \mathbb{R}^n$ ist die Newtonfolge

$$x^{k+1} = x^k - \tilde{f}'_A(x^k)^{-1} \tilde{f}_A(x^k), \qquad k = 0, 1, 2, \ldots,$$

*un*abhängig von A. Entsprechend verlangen wir, dass der Monotonietest (5.102) affin-invariant ist. Für den einfachen Test

$$\|f(x^{k+1})\|_2 < \|f(x^k)\|_2$$

ist dies *nicht* der Fall. Ein Test von der Form

$$\|f'(\hat{x})^{-1} f(x^{k+1})\|_2 < \|f'(\hat{x})^{-1} f(x^k)\|_2, \qquad (5.104)$$

wobei $\hat{x}$ vorgegeben ist, ist jedoch affin-invariant. Ein einfach ausführbarer Test ergibt sich für $\hat{x} = x^k$. Die rechte Seite in (5.104) enthält dann gerade die Newton-Korrektur s^k. Die linke Seite erfordert die Lösung eines weiteren Gleichungssystems mit der Matrix $f'(x^k)$ und der rechten Seite $f(x^{k+1})$. Dies erfordert nicht viel zusätzlichen Aufwand, falls eine LR- oder QR-Zerlegung von $f'(x^k)$ vorliegt. Man kann das in (5.104) benutzte Maß, mit $\hat{x} = x^k$, als eine *gewichtete* Norm

$$\||z\||_k := \|f'(x^k)^{-1} z\|_2, \qquad z \in \mathbb{R}^n, \ k = 0, 1, \ldots, \qquad (5.105)$$

interpretieren, wobei die Gewichtung von k abhängt.

Das folgende Lemma zeigt, dass mit einem geeigneten Wert des Dämpfungsparameters λ eine Reduktion des Residuums wie in (5.102) realisiert werden kann.

Lemma 5.61 *Es sei* $x^k \in \mathbb{R}^n$, $x^k \neq x^*$, *gegeben,* f *in einer Umgebung von* x^k *zweimal stetig differenzierbar und* $f'(x^k)$ *regulär. Es seien* $s^k = -f'(x^k)^{-1} f(x^k)$, $x^{k+1} = x^k + \lambda s^k$ *und* $||| \cdot |||_k$ *wie in (5.105). Dann existiert ein* $\lambda_0 \in (0, 1)$, *so dass für alle* $\lambda \in (0, \lambda_0]$

$$||| f(x^{k+1}) |||_k < ||| f(x^k) |||_k. \tag{5.106}$$

Beweis Es seien $B := f'(x^k)^{-1}$, $\tilde{f}_B(x) := Bf(x)$ und $g : \mathbb{R}^n \to \mathbb{R}$ definiert durch

$$g(x) = \tilde{f}_B(x)^T \tilde{f}_B(x) = \| f'(x^k)^{-1} f(x) \|_2^2 = ||| f(x) |||_k^2.$$

Die Taylorentwicklung der Funktion g liefert

$$g(x^k + \lambda s^k) = g(x^k) + \lambda \nabla g(x^k)^T s^k + \mathcal{O}(\lambda^2) \quad (\lambda \to 0). \tag{5.107}$$

Wegen $\nabla g(x) = 2 \tilde{f}'_B(x)^T \tilde{f}_B(x)$ und $\tilde{f}'_B(x) = Bf'(x)$ erhält man

$$\begin{aligned}
\nabla g(x^k)^T s^k &= -2 \tilde{f}_B(x^k)^T \tilde{f}'_B(x^k) f'(x^k)^{-1} f(x^k) \\
&= -2 f(x^k)^T B^T B f(x^k) = -2 \| Bf(x^k) \|_2^2 < 0.
\end{aligned}$$

Hieraus zusammen mit (5.107) folgt, dass für $\lambda > 0$ genügend klein $g(x^k + \lambda s^k) < g(x^k)$ gilt. □

Obige Erwägungen begründen das gedämpfte Newton-Verfahren in Abb. 5.17.

Bemerkung 5.62

a) Das Verfahren enthält zwei ineinander geschachtelte Schleifen, eine äußere Schleife bzgl. k wie beim klassischen Newton-Verfahren und eine innere bzgl. $\lambda = 1, \frac{1}{2}, \frac{1}{4}, \ldots$, zur Bestimmung des Dämpfungsparameters. Es ist wichtig, beide Schleifen zu begrenzen. Dazu dienen die Parameter $\lambda_{\min}$ und $k_{\max}$.

b) Es reicht nicht, statt $||| f(x) |||_k < C_\lambda ||| f(x^k) |||_k$, mit $C_\lambda < 1$,

$$||| f(x) |||_k < ||| f(x^k) |||_k$$

zu testen, da dies wegen Rundungsfehlereinflüssen zu Trugschlüssen führen kann.

c) Die Voraussetzungen für das Funktionieren dieser Strategie sind wesentlich schwächer als die Forderungen an den Startwert in Satz 5.54. △

Matlab-Demo 5.63 (Newton-Verfahren mit Dämpfung) Wir betrachten die skalaren Nullstellenprobleme aus Matlab-Demo 5.48. Zur Bestimmung einer Nullstelle kann das Newton-Verfahren mit einer Dämpfungsstrategie wie in Abb. 5.17 verwendet werden. Effekte dieser Dämpfungstrategie auf das Konvergenzverhalten des Verfahrens werden gezeigt.

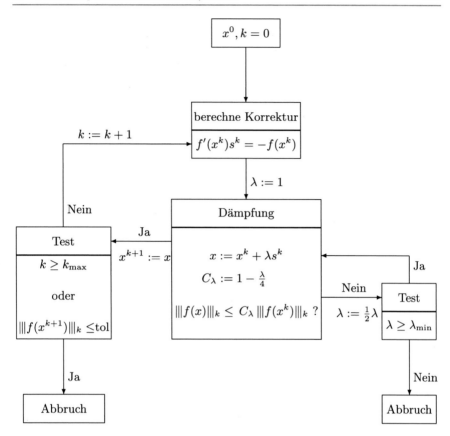

Abb. 5.17 Gedämpftes Newton-Verfahren

5.7 Berechnung von Nullstellen von Polynomen*

Für ein Polynom,

$$P_n(x) = \sum_{j=0}^{n} a_j x^j, \quad a_n \neq 0, \tag{5.108}$$

stellt sich mit der Gleichung $P_n(x) = 0$ das klassische Problem, die Nullstellen eines Polynoms zu bestimmen. In diesem Abschnitt werden kurz einige wichtige Techniken zur Bestimmung von (ggf. komplexen) Nullstellen von Polynomen mit *reellen* Koeffizienten a_j diskutiert. Die Menge aller Polynome vom Grad n mit reellen Koeffizienten wird mit Π_n bezeichnet.

Deflation

Ist eine Nullstelle z von P_n bekannt und möchte man noch weitere Nullstellen von P_n bestimmen, ist es in vielfacher Hinsicht vorteilhaft, den linearen Faktor $(x - z)$ abzuspalten. Dieser Prozess wird *Deflation* genannt. Hat zum Beispiel ein Polynom nur reelle Nullstellen, kann man leicht einsehen, dass für einen genügend groß gewählten Startwert das Newton-Verfahren gegen die größte Nullstelle konvergiert. Nach Abspaltung kann man den Prozess mit garantierter Konvergenz für ein Polynom geringeren Grades wiederholen.

Es seien nun $P_n(x) = \sum_{j=0}^{n} a_j x^j$ und $z \in \mathbb{R}$ gegeben. Aus der Beziehung

$$P_n(x) = (x - z)P_{n-1}(x) + R, \quad P_{n-1}(x) = \sum_{j=0}^{n-1} b_j x^j, \quad R \in \mathbb{R}, \qquad (5.109)$$

folgt durch Koeffizientenvergleich:

$$a_n = b_{n-1},$$
$$a_{n-1} = b_{n-2} - z b_{n-1},$$
$$a_{n-2} = b_{n-3} - z b_{n-2},$$
$$\vdots$$
$$a_1 = b_0 - z b_1,$$
$$a_0 = R - z b_0.$$

Also liefert der folgende Algorithmus eine Faktorisierung wie in (5.109).

Algorithmus 5.64 (Polynomdivision eines linearen Faktors)
Eingabe: Koeffizienten $a_0, \ldots, a_n \in \mathbb{R}$ des Polynoms $P_n, z \in \mathbb{R}$.
$b_{n-1} = a_n$;
Für $j = n - 2, \ldots, 0$: $b_j = a_{j+1} + z b_{j+1}$;
$R = a_0 + z b_0$

Wenn z eine Nullstelle von P_n ist, muss $R = 0$ gelten. Es sei nun z_1 eine reelle Nullstelle des Polynoms P_n. Division von P_n durch den Linearfaktor $(x - z_1)$ (Deflation) liefert ein Quotientenpolynom $P_{n-1}(x) = P_n(x)/(x - z_1)$ vom Grade $n - 1$, dessen Nullstellen die restlichen Nullstellen von P_n sind. Zur Berechnung der Koeffizienten von P_{n-1} kann der Algorithmus 5.64 benutzt werden. Wenn eine reelle Nullstelle z_2 von P_{n-1} bekannt ist, kann dieser Deflationsprozess wiederholt werden.

Allerdings hat man in der Praxis nur eine numerisch berechnete Annäherung $\tilde{z}_1$ der Nullstelle z_1 zur Verfügung, so dass der Algorithmus 5.64 mit $z = \tilde{z}_1$ (statt z_1) durchgeführt wird. Außerdem treten bei der Durchführung des Algorithmus 5.64 Rundungsfehler auf. Aufgrund dieser beiden Effekte sind die berechneten Koeffizienten $\tilde{b}_j$ von P_{n-1} fehlerbehaftet. Der resultierende Rest R ist dann im Allgemeinen ungleich Null und kann als Rechenkontrolle dienen. Aufgrund der oft sensiblen Abhängigkeit der Nullstellen von Störungen der Koeffizienten des Polynoms werden die folgenden Nullstellen zunehmend ungenauer. Man kann die Genauigkeit häufig verbessern, indem man den aus P_{n-1} berechneten Näherungswert $\tilde{z}_2$ von z_2 als *Start-wert* für ein Iterationsverfahren (z. B. das Newton-Verfahren) benutzt, mit dem man das Nullstellenproblem $P_n(x) = 0$ für das Gesamtpolynom P_n löst. Die durch diese *Nachkorrektur* berechnete neue (und hoffentlich bessere) Annäherung $\hat{z}_2$ für z_2 wird dann in der Deflation zur Berechnung von $P_{n-2}(x) = P_{n-1}(x)/(x - \hat{z}_2)$ verwendet. Eine solche Nachkorrektur kann auch zur Verbesserung der weiteren berechneten Nullstellen, $\tilde{z}_3, \tilde{z}_4, \ldots$ eingesetzt werden.

Beim Newton-Verfahren kann das explizite Abspalten von berechneten Nullstellen durch den sogenannten Maehly-Trick vermieden werden (vgl. Aufgabe 5.22).

Newton-Verfahren für komplexe Nullstellen

Das Newton-Verfahren ist auch zur Berechnung von komplexen Nullstellen eines Polynoms verwendbar. Bei einem Polynom mit reellen Koeffizienten muss die Iteration dann natürlich mit einem komplexen, nicht reellen, Startwert begonnen werden.

Beispiel 5.65 Das Polynom $P_3(x) = x^3 - x^2 + x - 1$ hat die Nullstellen 1, i, $-i$. Das Newton-Verfahren

$$x_{k+1} = x_k - \frac{x_k^3 - x_k^2 + x_k - 1}{3x_k^2 - 2x_k + 1} = \frac{2x_k^3 - x_k^2 + 1}{3x_k^2 - 2x_k + 1}, \quad k = 0, 1, \ldots,$$

mit Startwert $x_0 = 0.4 + 0.75\,i$ liefert die Resultate in Tab. 5.12.

Die Resultate in dieser Tabelle zeigen, dass die Iteranden x_k asymptotisch (d. h. für k genügend groß) quadratisch konvergieren und dass die Fehlerschätzung $|i - x_k| \approx |x_{k+1} - x_k|$ sehr gut ist, sobald die quadratische Konvergenz eingesetzt hat.   △

Tab. 5.12 Newton-Verfahren für eine komplexe Nullstelle

k	x_k	$|i - x_k|$	$|x_{k+1} - x_k|$
0	$0.4000000000000 + 0.75000000000000\,i$	4.72e−01	7.74e−01
1	$-0.36104836292270 + 0.61085408548207\,i$	5.31e−01	4.79e−01
2	$0.10267444513356 + 0.72886626636306\,i$	2.90e−01	4.58e−01
3	$-0.01987923527724 + 1{,}17013991538812\,i$	1.71e−01	1.46e−01
4	$0.00377579358344 + 1.02575250192764\,i$	2.60e−02	2.54e−02
5	$0.00048863011493 + 1.00054628083004\,i$	7.33e−04	7.33e−04
6	$0.00000056371102 + 0.99999979344332\,i$	6.00e−07	6.00e−07
7	$-0.0000000000037 + 0.99999999999984\,i$	4.00e−13	4{,}00e−13
8	$0.0000000000000 + 1.00000000000000\,i$	5.55e−17	−

Das Bairstow-Verfahren

Mit dem *Bairstow-Verfahren* kann bei der Bestimmung von komplexen Nullstellen eines reellen Polynoms *das Rechnen mit komplexen Zahlen vermieden werden.* Wir betrachten ein Polynom P_n wie in (5.108) mit reellen Koeffizienten und $a_n = 1$. Ist $z_1 = u_1 + i\, v_1$ $(u_1, v_1 \in \mathbb{R})$ eine komplexe Nullstelle, dann ist auch $\bar{z}_1 = u_1 - i\, v_1$ eine Nullstelle von P_n. Das Produkt

$$(x - z_1)(x - \bar{z}_1) = x^2 - 2u_1 x + u_1^2 + v_1^2 \qquad (5.110)$$

ist ein *quadratischer* Teiler von P_n mit *reellen* Koeffizienten $1, -2u_1$ und $u_1^2 + v_1^2$. Die Grundidee des Bairstow-Vefahrens ist es, statt der komplexen Nullstellen $z_1, \bar{z}_1$ den quadratischen Faktor auf der rechten Seite in (5.110) zu suchen. Dazu braucht man eine Methode zur Berechnung einer Faktorisierung von P_n mit einem quadratischen Polynom. Genauer formuliert, für gegebene $r, s \in \mathbb{R}$ und

$$P_n(x) = x^n + a_{n-1}x^{n-1} + \dots + a_0 \;\; (n \geq 2), \quad q_{r,s}(x) = x^2 - rx - s, \quad (5.111)$$

will man $P_{n-2}(x) = x^{n-2} + b_{n-3}x^{n-3} + \dots + b_0$ und $A, B \in \mathbb{R}$ so bestimmen, dass gilt

$$P_n(x) = q_{r,s}(x)P_{n-2}(x) + Ax + B \quad \text{für alle } x \in \mathbb{R}.$$

Durch Koeffizientenvergleich ergibt sich folgende Methode (vgl. Alg. 5.64):

Algorithmus 5.66 (Polynomdivision eines quadratischen Faktors)
Eingabe: Koeffizienten $a_0, \dots, a_{n-1}$ des Polynoms P_n $(a_n = 1)$
und $r, s \in \mathbb{R}$.
$b_{n-3} = a_{n-1} + r;$
$b_{n-4} = a_{n-2} + rb_{n-3} + s;$
Für $j = n - 5, \dots, 0:$ $b_j = a_{j+2} + rb_{j+1} + sb_{j+2};$
$A = a_1 + rb_0 + sb_1;$
$B = a_0 + sb_0;$

Offensichtlich hängen P_{n-2}, A und B von r und s ab, und $q_{r,s}$ *teilt genau dann* P_n, wenn $A = B = 0$ gilt. Die Aufgabe, solche r und s zu finden, kann man als 2×2-Nullstellenproblem

$$\begin{cases} A(r, s) = 0 \\ B(r, s) = 0 \end{cases}$$

interpretieren. Hierauf lässt sich das Newton-Verfahren anwenden:

$$\begin{pmatrix} r^{k+1} \\ s^{k+1} \end{pmatrix} = \begin{pmatrix} r^k \\ s^k \end{pmatrix} - \begin{pmatrix} \frac{\partial A}{\partial r} & \frac{\partial A}{\partial s} \\ \frac{\partial B}{\partial r} & \frac{\partial B}{\partial s} \end{pmatrix}^{-1}_{|(r^k,s^k)} \begin{pmatrix} A(r^k, s^k) \\ B(r^k, s^k) \end{pmatrix}, \quad k = 0, 1, \dots. \quad (5.112)$$

Nun müssen aber zu gegebenen $r = r^k, s = s^k$ die partiellen Ableitungen für die Jacobi-Matrix bestimmt werden. Dazu folgendes Hilfsresultat, ohne Beweis:

Lemma 5.67 *Es seien* $n \geq 4$ *und* $P_n(x), q_{r,s}(x)$ *wie in* (5.111) *mit* $r, s \in \mathbb{R}$ *beliebig.*
Es seien $P_{n-2} \in \Pi_{n-2}$, $P_{n-4} \in \Pi_{n-4}$ *und* $A = A(r, s), B = B(r, s), \hat{A} =$
$\hat{A}(r, s), \hat{B} = \hat{B}(r, s)$ *so, dass*

$$P_n(x) = q_{r,s}(x) P_{n-2}(x) + Ax + B, \tag{5.113}$$

$$P_{n-2}(x) = q_{r,s}(x) P_{n-4}(x) + \hat{A}x + \hat{B}. \tag{5.114}$$

Dann gilt:

$$\frac{\partial A}{\partial s} = \hat{A}, \quad \frac{\partial B}{\partial s} = \hat{B}, \quad \frac{\partial A}{\partial r} = r\hat{A} + \hat{B}, \quad \frac{\partial B}{\partial r} = s\hat{A}. \tag{5.115}$$

Für den Fall $n \leq 3$ kann man sofort explizite Formeln für $A(r, s)$ und $B(r, s)$
herleiten.
Das Bairstow-Vefahren hat (für $n \geq 4$) folgende Struktur:

Algorithmus 5.68 (Bairstow-Verfahren)
Es seien Startwerte $r^0, s^0 \in \mathbb{R}$ gegeben. Für $k = 0, 1, \ldots$:

- Berechne für $r = r^k, s = s^k$:
  - die Faktorisierung (5.113) mit Algorithmus 5.66
    (Eingabe: P_n, r^k, s^k)
  - die Faktorisierung (5.114) mit Algorithmus 5.66
    (Eingabe: P_{n-2}, r^k, s^k)
- Berechne mit Hilfe von (5.115) die Jacobi-Matrix aus
  (5.112)
- Berechne r^{k+1}, s^{k+1} aus (5.112)

Wenn $|A(r^k, s^k)|$ und $|B(r^k, s^k)|$ hinreichend klein sind, wird q_{r^k, s^k} als quadratischer
Teiler von P_n akzeptiert. Es sei noch bemerkt, dass a-priori nicht klar ist, wie man
einen geeigneten Startwert (r^0, s^0) wählen kann. Ist ein quadratischer Teiler berechnet worden, folgen daraus unmittelbar entweder ein Paar von komplex konjugierten
Nullstellen (vgl. (5.110)) oder zwei reelle Nullstellen des Polynoms. Die gleiche
Idee kann man dann auf das Quotientenpolynom $P_{n-2}(x) = P_n(x)/(x^2 - rx - s)$
anwenden, usw.

5.8 Zusammenfassung

Wir fassen die wichtigsten Ergebnisse dieses Kapitels zusammen und greifen dabei
auf Abschn. 5.1.2 zurück.

Ein nichtlineares Gleichungssystem kann equivalent in unterschiedliche Gleichungssystemsformate umformuliert werden. Eine tragende Rolle spielen das *Fixpunkt-Format* $\Phi(x) = x$ und das *Nullstellen-Format* $f(x) = 0$. Die *Fixpunktiteration* $x_{k+1} = \Phi(x_k)$ kann zur Annäherung einer Lösung des Fixpunktproblems $x^* = \Phi(x^*)$ verwendet werden. Der Banachscher Fixpunktsatz liefert hinreichende Bedingungen für die (lokale) Konvergenz dieses Verfahrens. Außerdem werden in dem Satz einfach berechenbare obere Schranken für den Fehler $\|x_k - x^*\|$ hergeleitet. Die Fixpunktiteration hat in der Regel die *Konvergenzordnung* 1. Das Verfahren ist stabil im Sinne von Abschn. 5.3.4.

Das *Bisektionsverfahren* und das *Sekantenverfahren* nutzen spezielle Eigenschaften eines *skalaren* Nullstellenproblems aus. Das Bisektionsverfahren ist eine sehr zuverlässige Methode mit einem großen Einzugsbereich. Die Konvergenz dieses Verfahrens ist jedoch in der Regel (im Vergleich zu anderen Methoden) relativ langsam. Das Sekantenverfahren ist eine Variante des Newton-Verfahrens, bei dem die Berechnung von Ableitungen der vorliegenden Funktion vermieden wird. Die Methode ist lokal konvergent und die Konvergenzordnung ist $p \approx 1.6$.

Das *Newton-Verfahren* ist ein grundlegendes Verfahren zur Lösung von nichtlinearen Gleichungssystemen. In jeder Iteration dieser Methode muss man die Ableitung (Jacobi-Matrix) der vorliegenden Funktion bestimmen und eine lineare Gleichung lösen. Die Methode ist im Allgemeinen nur lokal konvergent und die Konvergenzordnung ist 2 (quadratische Konvergenz). Bei dem sogenannten *„vereinfachten"* *Newton-Verfahren* wird die Ableitung (Jacobi-Matrix) nicht in jeder Iteration neu bestimmt. Bei dem Newton-Verfahren *mit Dämpfung* verwendet man eine gedämpfte Korrektur, wobei eine geeignete Wahl des Dämpfungsparameters dafür sorgt, dass der Einzugsbereich der Methode vergrößert wird. Die quadratische Konvergenz setzt erst dann ein, wenn der Dämpfungsparameter den Wert 1 (also keine Dämpfung) erreicht hat.

Das *Bairstow-Verfahren* basiert auf einer Kombination von Polynomdivision mit einem maßgeschneiderten Newton-Verfahren und kann zur effizienten Bestimmung aller (auch komplexen) Nullstellen eines reellen Polynoms verwendet werden. Das Rechnen mit komplexen Zahlen wird dabei vermieden.

Bei einer iterativen Methode stellt sich immer die Frage nach einem geeigneten Stoppkriterium. *Fehlerschätzungsmethoden*, d. h., Methoden zur Schätzung (der Norm) des Fehlers $x_k - x^*$, können als Grundlage für ein Stoppkriterium dienen. Für skalarwertige Verfahren gibt es einfache Fehlerschätzungstechniken, siehe (5.65)–(5.64). Für vektorwertige Folgen, die von Verfahren der Ordnung $p > 1$ generiert werden, gibt es ein einfaches Fehlerschätzungsverfahren (5.68).

Bemerkungen zu den allgemeinen Begriffen und Konzepten:

- *Kondition des Nullstellenproblems.* Die Analyse der Kondition eines Nullstellenproblems ist kompliziert weil die (lokale) Lösung x^* im Allgemeinen nur *implizit* definiert ist und die Wahl der Eingabeparameter vom konkreten vorliegenden nichtlinearen Problem abhängt. Eine Zusammenfassung wichtiger Resultate der Konditionsanalyse findet man in Abschn. 5.2.4.

- *Das Prinzip eines iterativen Vorgehens.* Sehr viele numerische Verfahren beruhen auf einem Grenzwertprozess zur Annäherung der gesuchten Lösung (als Grenzwert). Oft besteht der Grenzwertprozess aus der wiederholten Anwendung einer festen Vorschrift. Dies führt zu einem iterativen Verfahren. Wichtige numerische Aspekte hierbei sind die Wahl eines Startwertes, die Konvergenzgeschwindigkeit, der Aufwand pro Iteration und ein Stoppkriterium. Alle in diesem Kapitel behandelte Ansätze zur Lösung nichtlinearer Gleichungen liefern iterative Verfahren. Auch bei vielen anderen Problemstellungen werden iterative numerische Lösungskonzepte eingesetzt.

- *Das Prinzip der Linearisierung eines nichtlinearen Problems.* In einer (kleinen) Umgebung einer fest gewählten Annäherung (an die gesuchte Lösung) kann man, zum Beispiel über eine Taylorentwicklung, eine nichtlineare (mehrdimensionale) Funktion mit einer linearen Funktion annähern. Im skalaren Fall kann man zum Beispiel die Tangente an der Funktion in einem fest gewählten Punkt heranziehen. Neben Funktionsauswertungen kann man diese lokale „Richtungsinformation" zur Lösung des vorliegenden Problems, zum Beispiel die Bestimmung einer Nullstelle, einsetzen. Ein Prototyp bei dem diese Linearisierungsmethode eingesetzt wird, ist das Newton-Verfahren.

- *Die Konvergenzgeschwindigkeit und Konvergenzordnung eines iterativen Verfahrens.* Bei iterativen Verfahren ist neben Aufwand pro Iteration die Konvergenzgeschwindigkeit ein wichtiger Maßstab für die Effizienz des Verfahrens. Die Konvergenzordnung ist eine Kenngröße für die lokale (d. h., in einer kleinen Umgebung des Grenzwertes) Konvergenzgeschwindigkeit des iterativen Verfahrens. Falls bei einem Fixpunktproblem $\Phi'(x^*) \neq 0$, $\|\Phi'(x^*)\| < 1$ gilt, hat die Fixpunktiteration die Konvergenzordnung $p = 1$ (lineare Konvergenz). Das Newton-Verfahren hat die Konvergenzordnung $p = 2$ (quadratische Konvergenz). Verfahren mit $p > 1$ haben (lokal!) eine signifikant höhere Konvergenzgeschwindigkeit als Verfahren mit $p = 1$.

- *Einzugsbereich eines iterativen Verfahrens; lokale und globale Konvergenz.* Ein wichtiger Aspekt bei dem Einsatz iterativer Lösungsverfahren ist die Wahl eines Startwertes. Der Bereich der Startwerte, für die Konvergenz des vorliegenden Verfahrens gegen die gesuchte Lösung eintritt, nennt man Einzugsbereich des Verfahrens. Bei den meisten in diesem Kapitel behandelten Methoden hat man im Normalfall nur lokale Konvergenz, d. h. der Einzugsbereich ist eine (kleine) Umgebung der gesuchten Lösung. In speziellen Fällen liegt sogar globale Konvergenz vor, siehe Beispiel 5.46. Beim Newton-Verfahren kann man mit einer Dämpfungsstrategie den Einzugsbereich des Verfahrens vergrößern.

- *Problemtransformation.* Grundlage für die Fixpunktiteration als Methode zur Lösung eines Nullstellenproblems ist eine Problemtransformation: $f(x^*) = 0 \Leftrightarrow x^* = \Phi(x^*)$. Wenn f gegeben ist, hat man viel Freiheit bei der Wahl von Φ. Diese Freiheit kann man ausnutzen, um eine effiziente Fixpunktiteration zu entwickeln.

5.9   Übungen

Übung 5.1 Wir nehmen an, dass die Integralgleichung (5.3) eine positive Lösung u hat. Zeigen Sie:

a) $u(x) \leq 2$ für alle $x \in [0, 1]$.

b) $u'(x) \geq 0$ und $u''(x) \geq 0$ für alle $x \in [0, 1]$.

c) $\frac{u(1)}{u(0)} \leq 2.8$. (Hinweis: $u(1) - u(0) = \int_0^1 (1 - \cos(t))u(t)^3 dt \leq u(1)^3 \int_0^1 1 - \cos(t) \, dt$).

d) $\int_0^1 u(t)^3 \, dt \leq 11.5 \, u(0)^3$. (Hinweis: für jede auf $[0, 1]$ konvexe positive Funkion g gilt $\int_0^1 g(t)dt \leq \frac{1}{2}(g(0) + g(1))$).

e) $u(x) \geq \frac{1}{2}$ für alle $x \in [0, 1]$. (Hinweis: setze $x = 0$ in (5.3)).

Übung 5.2 Zur Bestimmung von $\sqrt{5}$ wird die positive Nullstelle der Funktion

$$f(x) = x^2 - 5$$

gesucht. Wir untersuchen folgende Fixpunktiterationen:

$I_1 : x_k = \Phi_1(x_{k-1}), \quad \Phi_1(x) = 5 + x - x^2$

$I_2 : x_k = \Phi_2(x_{k-1}), \quad \Phi_2(x) = \frac{5}{x}$

$I_3 : x_k = \Phi_3(x_{k-1}), \quad \Phi_3(x) = 1 + x - \frac{1}{5}x^2$

$I_4 : x_k = \Phi_4(x_{k-1}), \quad \Phi_4(x) = \frac{1}{2}\left(x + \frac{5}{x}\right)$

a) Zeigen Sie, dass für die Funktionen Φ_i ($i = 1, 2, 3, 4$) gilt

$$\Phi_i(x^*) = x^* \iff (x^*)^2 - 5 = 0.$$

b) Berechnen Sie für den Startwert $x_0 = 2.5$ jeweils $x_1, x_2, \ldots, x_6$, für die Fixpunktiterationen Φ_i, $i = 1, \ldots, 4$.

c) Skizzieren Sie für jedes dieser Verfahren die Funktion Φ_i und stellen Sie die Fixpunktiterationen $x_k = \Phi_i(x_{k-1})$ für den Startwert $x_0 = 2.5$ graphisch dar. Erklären Sie anhand dieser Skizzen die Resultate aus b).

d) Zeigen Sie: $\left|\Phi_i'(x^*)\right| \geq 1$ für $i = 1, 2$ und $\left|\Phi_i'(x^*)\right| < 1$ für $i = 3, 4$. Zeigen Sie, dass das Verfahren I_3 lokal linear konvergiert und das Verfahren I_4 lokal quadratisch konvergiert.

e) Zeigen Sie, dass das Verfahren I_4 gerade das Newton-Verfahren angewandt auf die Funktion f ist.

f) Wenden Sie die Fehlerschätzungen aus Abschn. 5.4 auf die Verfahren I_3 und I_4 an, und untersuchen Sie die Qualität dieser Fehlerschätzungen (mit Hilfe von b)).

Übung 5.3 Wir betrachten das Fixpunktproblem $x = \Phi(x) := 1 - e^{-x}$, mit Lösung $x^* = 0$. Es gilt $\Phi'(x^*) = 1$. Für den Startwert x_0 wird die Folge $x_{k+1} = \Phi(x_k)$, $k = 0, 1, \ldots$ definiert.

a) Zeigen Sie: $\Phi(x) \leq x$ für alle $x \in \mathbb{R}$.

b) Es sei $x_0 > 0$. Zeigen Sie, dass $0 < x_{k+1} \leq x_k$ für alle $k \geq 0$ gilt, und dass $\lim_{k \to \infty} x_k = 0$.

c) Es sei $x_0 < 0$. Zeigen Sie, dass $x_{k+1} \leq x_k$ für alle $k \geq 0$ gilt, und dass die Folge $(x_k)_{k \geq 0}$ nicht konvergiert.

Übung 5.4 Gesucht ist eine Näherungslösung der nichtlinearen Gleichung $2x - \tan x = 0$ im Intervall $I = [1, 1.5]$.

a) Überprüfen Sie, welche der beiden Funktionen

$$\varphi_1(x) = \tfrac{1}{2} \tan x$$
$$\varphi_2(x) = \arctan(2x)$$

die Voraussetzungen des Banachschen Fixpunktsatzes erfüllt.

b) Führen Sie ausgehend vom Startwert $x_0 = 1.2$ drei Iterationsschritte für die Funktionen aus a) durch.

c) Wieviele Iterationsschritte sind notwendig, um eine Genauigkeit von 10^{-4} zu erreichen (a-priori-Abschätzung)? Wie genau ist x_3 aus Teil b) (a-posteriori-Abschätzung)?

Übung 5.5 Gesucht ist eine Näherungslösung der Fixpunktgleichung $x = \Phi(x)$ mit

$$\Phi(x) = \frac{e^x(x-1)}{4(x+2)}$$

im Intervall $I = [-1, 0]$.

a) Zeigen Sie, dass Φ auf I die Voraussetzungen des Banachschen Fixpunktsatzes erfüllt.
Es sei

$$x_0 = 0, \quad x_{k+1} = \Phi(x_k), \quad k = 0, 1, \ldots.$$

b) Geben Sie mit Hilfe der a-priori-Abschätzung eine obere Schranke für den Fehler $|x^* - x_5|$ an.

c) Berechnen Sie $x_1, \ldots, x_5$ und schätzen Sie anhand einer Methode aus Abschn. 5.4 die Fehler $x^* - x_k$, $k = 2, 3, 4, 5$, ab.

Übung 5.6 Wir zeigen die Konvergenz des in Beispiel 5.29 definierten Gauß-Seidel Iterationsverfahrens. Es seien $A \in \mathbb{R}^{n \times n}$ symmetrisch positiv definit und $A = QDQ^T$ die orthogonale Eigenvektorzerlegung der Matrix A. Die Diagonaleinträge $d_{i,i}$ der Diagonalmatrix D sind strikt positiv. Definiere $D^{\frac{1}{2}} = \operatorname{diag}(d_{i,i}^{\frac{1}{2}})$ und $A^{\frac{1}{2}} := QD^{\frac{1}{2}}Q^T$, $A^{-\frac{1}{2}} := (A^{\frac{1}{2}})^{-1}$. Die Matrix $A^{\frac{1}{2}}$ ist symmetrisch positiv definit und es gilt $A^{\frac{1}{2}}A^{\frac{1}{2}} = A$. Die A-Norm einer Matrix $C \in \mathbb{R}^{n \times n}$ ist durch

$\|C\|_A := \|A^{\frac{1}{2}} C A^{-\frac{1}{2}}\|_2$ definiert. Für das Euklidische Skalarprodukt verwenden wir die Notation $\langle x, y \rangle = x^T y$, $x, y \in \mathbb{R}^n$. Es seien L die untere Dreiecksmatrix wie in Beispiel 5.29 definiert und $B := A^{\frac{1}{2}} L^{-1} A^{\frac{1}{2}}$. Beweisen Sie folgende Aussagen:

a) L ist regulär.
b) $\langle Ay, y \rangle < \langle (L + L^T)y, y \rangle$ für alle $y \in \mathbb{R}^n$, $y \neq 0$.
c) $\|I - L^{-1}A\|_A = \|I - B\|_2$.
d) $\langle Bx, Bx \rangle < \langle (L+L^T)L^{-1}A^{\frac{1}{2}}x, L^{-1}A^{\frac{1}{2}}x \rangle = 2\langle Bx, Bx \rangle$ für alle $x \in \mathbb{R}^n$, $x \neq 0$.
e) $\|(I - B)x\|_2^2 < \|x\|_2^2$ für alle $x \in \mathbb{R}^n$, $x \neq 0$.
f) $\|I - L^{-1}A\|_A < 1$.

Übung 5.7 Es seien $A = \begin{pmatrix} 1 & 4 \\ 1 & 1 \end{pmatrix}$ und $L = \begin{pmatrix} 1 & 0 \\ 1 & 1 \end{pmatrix}$ der unterer Dreiecksanteil dieser Matrix, wie in Beispiel 5.29.

a) Zeigen Sie, dass $(I - L^{-1}A)^k = 4^k \begin{pmatrix} 0 & -1 \\ 0 & 1 \end{pmatrix}$, $k = 1, 2, \ldots$, gilt.

b) Zeigen Sie, dass es ein $z \in \mathbb{R}^2$ gibt, für das in jeder Norm $\lim_{k \to \infty} \|(I - L^{-1}A)^k z\| = \infty$ gilt. Was kann man hieraus für das in Beispiel 5.29 definierte Gauß-Seidel Iterationsverfahren schließen?

Übung 5.8 Gesucht ist eine Näherungslösung der Gleichung

$$\frac{1}{4} \sin(\pi x) \cos(\pi x) = \frac{3x - 1}{3}$$

im Intervall $[0, 1]$. Zeigen Sie, dass die Lösung der Gleichung im Intervall $[0, 1]$ eindeutig ist, und geben Sie eine Fixpunktiteration an, die gegen diese Lösung konvergiert.

Übung 5.9 Wir betrachten $Ax = b$, mit $A \in \mathbb{R}^{n \times n}$, $\det(A) \neq 0$. Die eindeutige Lösung dieses linearen Gleichungssystems wird mit x^* bezeichnet. Es sei $\tilde{A}$, mit $\det(\tilde{A}) \neq 0$, eine Approximation der Matrix A, und $\Delta A := A - \tilde{A}$. Wir nehmen an, dass $\|\tilde{A}^{-1}\Delta A\| \leq \delta < 1$ gilt (hierbei ist $\| \cdot \|$ eine Matrixnorm), und definieren für $x_0 \in \mathbb{R}^n$ die Fixpunktiteration

$$x_{k+1} = \Phi(x_k), \quad k \geq 0, \qquad \Phi(x) := x + \tilde{A}^{-1}(b - Ax). \tag{5.116}$$

a) Zeigen Sie: $Ax = b \Leftrightarrow x = \Phi(x)$.
b) Zeigen Sie, dass mit $X = E = \mathbb{R}^n$ alle Voraussetzungen des Banachschen Fixpunktsatzes erfüllt sind.
c) Es sei eine Toleranz $\epsilon > 0$ gegeben. Zeigen Sie, dass für $k \geq$ $\log\left(\frac{\epsilon(1-\delta)}{\|x_1-x_0\|}\right) \Big/ \log \delta$ eine Fehlerschranke $\|x_k - x^*\| \leq \epsilon$ gilt.

Übung 5.10 Wir betrachten eine *lineare* Integralgleichung wie in Beispiel 3.7:

$$u(x) + \lambda \int_0^1 \cos(xt)u(t)\,dt = 2, \quad x \in [0,1],$$

mit einem Parameter $\lambda > 0$. Diskretisierung wie in Beispiel 3.7 ergibt ein $n \times n$ lineares Gleichungssystem $Ax = b$, mit

$$A = I + \lambda B, \quad b_{i,j} := h\cos(t_i t_j), \quad t_k := \left(k - \tfrac{1}{2}\right)h, \quad 1 \le i,j \le n, \quad h := \tfrac{1}{n}.$$

Wir betrachten die Fixpunktiteration aus Aufgabe 5.9 mit $\tilde{A} := I$.

a) Es sei $E := A - \tilde{A}$. Beweisen Sie: $\|\tilde{A}^{-1}E\|_\infty \le \lambda$.
b) Zeigen Sie, dass für $\lambda < 1$ die Fixpunktiteration (5.116) gegen die Lösung des Gleichungssystems $Ax = b$ konvergiert.

Übung 5.11

a) Bestimmen Sie mit dem Bisektionsverfahren Näherungen aller Nullstellen des Polynoms

$$p(x) = x^3 - x + 0.3$$

bis auf einen relativen Fehler von höchstens 10%.
b) Skizzieren Sie die ersten drei Iterationen des Sekantenverfahrens für das Nullstellenpoblem $p(x) = 0$. Gehen Sie dabei von Startwerten im Intervall $[-2, -1]$ aus.

Übung 5.12 Gegeben sei die Funktion $f(x) = e^x - 4x^2$.

a) Zeigen Sie, dass $f(x)$ genau zwei positive Nullstellen besitzt.
b) Eine der beiden positiven Nullstellen liegt im Intervall $I = [0,1]$. Zeigen Sie, dass die Iteration

$$x_{k+1} = \tfrac{1}{2}e^{x_k/2}, \quad k = 0,1,\ldots,$$

gegen diese Nullstelle konvergiert, sofern $x_0 \in [0,1]$. Wieviele Iterationsschritte werden höchstens benötigt, wenn der Fehler kleiner als 10^{-5} sein soll? Der Startwert sei $x_0 = 0.5$. Führen Sie die entsprechende Anzahl von Schritten aus. Entscheiden Sie jetzt (nochmal und genauer), wie groß der Fehler höchstens ist.
c) Stellen Sie die Fixpunktiterationen aus b) für den Startwert $x_0 = 0$ grafisch dar.
d) Warum lässt sich die zweite positive Nullstelle nicht mit der unter b) angegebenen Iteration approximieren? Stellen Sie ein geeignetes Iterationsverfahren auf und geben Sie ein Intervall an, so dass das Verfahren zur Approximation der zweiten positiven Nullstelle konvergiert. Bestimmen Sie eine Näherungslösung und geben Sie eine Fehlerabschätzung an.

Übung 5.13 Gesucht ist ein Fixpunkt der Abbildung

$$\Phi(x) := \frac{1}{1 + x^2}.$$

a) Bestimmen Sie ein Intervall $[a, b]$ mit $a \geq 0$ derart, dass die Fixpunktiteration $x_{k+1} := \Phi(x_k)$ für alle $x_0 \in [a, b]$ konvergiert.
b) Skizzieren Sie die Funktion Φ und stellen Sie die Fixpunktiteration für den Startwert $x_0 = 0.3$ graphisch dar.

Übung 5.14 Wenden Sie jeweils drei Schritte der Fixpunkt-Iterationsverfahren

$$\Phi_1(x) = x - \frac{f(x)}{f'(x)} \quad \text{und} \quad \Phi_2(x) = x - 2\frac{f(x)}{f'(x)}$$

zur Approximation der Lösung von $f(x) = \cos(x) + e^{(x-\pi)^2} = 0$ für den Startwert $x_0 = 4$ an und vergleichen Sie die Ergebnisse mit der Lösung $x = \pi$.

Übung 5.15 Gegeben sei eine Funktion $f \in C^{m+1}([a, b])$ mit m-facher Nullstelle $x^* \in (a, b), m \geq 2$ (vgl. Bemerkung 5.47):

$$f(x^*) = f'(x^*) = \ldots = f^{(m-1)}(x^*) = 0, \quad f^{(m)}(x^*) \neq 0.$$

Zeigen Sie:

a) Für $m \geq 2$ konvergiert das Newton-Verfahren für Startwerte $x_0 \in (a, b)$ hinreichend nahe bei x^* linear gegen x^*.
   Für $x_k \in U$ mit $f'(x_k) \neq 0$ sei $x_{k+1} = x_k - m\frac{f(x_k)}{f'(x_k)}$. Zeigen Sie Folgendes:
b) Für geeignetes $\xi, \eta \in (a, b)$ gilt:

$$f(x_k) = \frac{(x_k - x^*)^m}{m!} f^{(m)}(x^*)[1 + R_1], \quad R_1 := \frac{f^{(m+1)}(\xi)}{(m+1)f^{(m)}(x^*)}(x_k - x^*),$$

$$f'(x_k) = \frac{(x_k - x^*)^{m-1}}{(m-1)!} f^{(m)}(x^*)[1 + R_2], \quad R_2 := \frac{f^{(m+1)}(\eta)}{mf^{(m)}(x^*)}(x_k - x^*),$$

$$x_{k+1} - x^* = \frac{(x_k - x^*)(R_2 - R_1)}{1 + R_2}$$

$$= (x_k - x^*)^2 \frac{m^{-1}f^{(m+1)}(\eta) - (m+1)^{-1}f^{(m+1)}(\xi)}{f^{(m)}(x^*)}.$$

Übung 5.16 Zeigen Sie, dass das skalare Newton-Verfahren, bei dem man die Ableitung $f'(x)$ im Nenner durch einen Differenzenquotienten (mit h hinreichend klein und unabhängig von x_k) ersetzt hat,

$$x_{k+1} = x_k - \frac{f(x_k)}{\frac{f(x_k+h)-f(x_k)}{h}}, \quad k = 0, 1, \ldots,$$

im Allgemeinen nur noch Konvergenzordnung 1 hat.

Übung 5.17 Gegeben sei eine Funktion $f \in C^3(\mathbb{R})$ mit einer einfachen Nullstelle x^*. Bestimmen Sie eine skalare Funktion g so, dass das Verfahren $x_{k+1} = \phi(x_k)$, $k = 0, 1, \ldots$, mit

$$\phi(x) := x - \frac{f(x)}{f'(x)} + g(x)\, f^2(x),$$

eine Folge liefert, die lokal gegen x^* konvergiert und die Konvergenzordnung mindestens 3 hat. Testen Sie dieses und das Newton-Verfahren für die Funktion $f(x) = \cos(x)\cosh(x) + 1$ mit dem Startwert $x_0 = 2.25$, d. h., berechnen Sie jeweils die ersten drei Iterationsschritte.

Übung 5.18 Gesucht ist eine Näherungslösung des nichtlinearen Gleichungssystems

$$\ln(1 + x_2) - 2x_1 = 0,$$
$$\sin x_1 \cos x_2 - 4x_2 + 1 = 0,$$

im Gebiet $D = [0, \frac{1}{4}] \times [0, \frac{1}{2}]$.

a) Leiten Sie eine geeignete Fixpunktiteration her und zeigen Sie, dass diese den Voraussetzungen des Banachschen Fixpunktsatzes genügt.
b) Führen Sie ausgehend von $x^{(0)} = (0, 0)^T$ einen Iterationsschritt durch.
c) Wieviele Iterationsschritte sind höchstens notwendig, um in der Maximumnorm eine Genauigkeit von 10^{-2} zu erreichen?

Übung 5.19 Bestimmen Sie Näherungen für eine bei $x^{(0)} = (1, 1)^T$ liegende Lösung des nichtlinearen Gleichungssystems

$$f(x) := \begin{pmatrix} 4x_1^3 - 27x_1x_2^2 + 25 \\ 4x_1^2 - 3x_2^3 - 1 \end{pmatrix} = \begin{pmatrix} 0 \\ 0 \end{pmatrix}.$$

Wenden Sie dazu mit dem Startvektor $x^{(0)}$

a) das Newton-Verfahren an,
b) das vereinfachte Newton-Verfahren an, wobei Sie die Matrix $f'(x^{(0)})$ beim ersten Newton-Schritt LR-zerlegen und in den weiteren Schritten diese LR-Zerlegung benutzen.

Berechnen Sie jeweils zwei Iterationsschritte.

Übung 5.20 Gegeben sei das Gleichungssystem

$$f_1(x, y) = x^2 - y - 1 = 0$$
$$f_2(x, y) = (x - 2)^2 + (y - \frac{1}{2})^2 - 1 = 0.$$

a) Zeigen Sie anhand einer Skizze, dass dieses System genau zwei Lösungen hat.
b) Berechnen Sie, ausgehend vom Startwert $(x_0, y_0) = (1.5, 1.5)$, zwei Schritte des Newton-Verfahrens, und berechnen Sie eine Fehlerschätzung bezüglich der Maximumnorm.

Übung 5.21 Wenden Sie auf das nichtlineare Gleichungssystem

$$e^{1-x_1} + 0.2 - \cos x_2 = 0$$
$$x_1^2 + x_2 - (1 + x_2)x_1 - \sin x_2 - 0.2 = 0$$

einen Schritt des Newton-Verfahrens mit dem Startwert $x^0 = (1, 0)^T$ an.

Übung 5.22 Es seien $P_n(x)$ ein Polynom vom Grad n und $z_j \in \mathbb{R}$, $1 \le j \le r \le n$, so dass

$$P_r(x) := \frac{P_n(x)}{\prod_{j=1}^r (x - z_j)}$$

ein Polynom vom Grad $n - r$ ist. Beweisen Sie:

$$\frac{P_r(x)}{P_r'(x)} = \frac{P_n(x)}{P_n'(x) - P_n(x) \sum_{j=1}^r \frac{1}{x-z_j}}, \quad x \ne z_j, \ 1 \le j \le r.$$

Formulieren Sie das Newton-Verfahren zur Berechnung einer Nullstelle des Quotientenpolynoms $P_r(x)$.

Übung 5.23 Gegeben seien $D := [a, b] \times \mathbb{R}^n$ und die stetige Funktion $f : D \to \mathbb{R}^n$. Weiter sei $K > 0$ eine Konstante mit $K(b - a) < 1$, so dass für alle $t \in \mathbb{R}$ und $z, \tilde{z} \in \mathbb{R}^n$ gilt:

$$\|f(t, z) - f(t, \tilde{z})\| \le K \|z - \tilde{z}\|.$$

Ferner sei $Y_a \in \mathbb{R}^n$ gegeben. Für eine beliebige stetige Funktion $y^i : [a, b] \to \mathbb{R}^n$ definieren wir nun y^{i+1} durch

$$y^{i+1}(t) = Y_a + \int_a^t f(s, y^i(s))\, ds \quad \text{für } t \in [a, b].$$

Zeigen Sie: Durch $y^{i+1} = \Phi(y^i)$ ist eine Abbildung $\Phi : C([a, b], \mathbb{R}^n) \to C([a, b], \mathbb{R}^n)$ definiert, die den Voraussetzungen des Fixpunktsatzes von Banach genügt – dabei sei auf $C([a, b], \mathbb{R}^n)$ die Supremumnorm, $\|y\|_\infty := \sup_{t \in [a,b]} \|y(t)\|$, verwendet.

Nichtlineare Ausgleichsrechnung

6

6.1 Einleitung

6.1.1 Problemstellung

Wie im Abschn. 4.1.1 betrachten wir wieder die Aufgabe, aus gegebenen Daten (Messungen) b_i, $i = 1, \ldots, m$, auf eine von gewissen unbekannten Parametern $x_1, \ldots, x_n$, $m > n$, abhängende Funktion

$$b(t) = y(t; x_1, \ldots, x_n)$$

zu schließen, die als „parametrisierte Schätzung" für den Zusammenhang dient, der über die Messungen beobachtet wird. Die Parameter x_i, $i = 1, \ldots, n$, sind so zu bestimmen, dass in entsprechenden „Messpunkten" t_i, $i = 1, \ldots, m$, eine „optimale" Annäherung $b_i \approx b(t_i), i = 1, \ldots, m$, erzielt wird. Der Begriff „optimal" ist hier wieder im Sinne der Gauß'schen Fehlerquadratmethode zu verstehen. D.h. man versucht, diejenigen Parameter $x_1^*, \ldots, x_n^*$ zu bestimmen, die das Residuum in der Euklidischen Norm minimieren:

$$\sum_{i=1}^{m} (y(t_i; x_1^*, \ldots, x_n^*) - b_i)^2 = \min_{x \in \mathbb{R}^n} \sum_{i=1}^{m} (y(t_i; x_1, \ldots, x_n) - b_i)^2.$$

Falls die Parameter *linear* in y eingehen, so führt dies auf die lineare Ausgleichsrechnung (Kap. 4). Hängt y von einigen (oder sogar allen) Parametern *nichtlinear* ab, so ergibt sich ein *nichtlineares Ausgleichsproblem*. Um eine solche Problemstellung geht es in diesem Kapitel.

© Der/die Autor(en), exklusiv lizenziert an Springer-Verlag GmbH, DE,
ein Teil von Springer Nature 2022
W. Dahmen und A. Reusken, *Numerik für Ingenieure und Naturwissenschaftler*,
https://doi.org/10.1007/978-3-662-65181-0_6

Tab. 6.1 Daten zum Modell einer gedämpften Schwingung

t_i	0.1	0.3	0.7	1.2	1.6	2.2	2.7	3.1	3.5	3.9
b_i	0.558	0.569	0.176	−0.207	−0.133	0.132	0.055	−0.090	−0.069	0.027

Beispiel 6.1 Elektromagnetische Schwingungen spielen eine zentrale Rolle in elektrischen Systemen. Jedes mechanische System unterliegt im Prinzip Schwingungsvorgängen, deren Verständnis beispielsweise im Hinblick auf Resonanzen enorm wichtig ist. Schwingungen sind etwa aufgrund von Widerstands- bzw. Reibungseffekten in der Regel *gedämpft*. Für ein mechanisches System mit rückstellenden Kräften und Dämpfung lautet die entsprechende Differentialgleichung, die die Gesamtbilanz der Kräfte repräsentiert,

$$u'' + \frac{b}{m} u' + \frac{D}{m} u = 0,$$

wobei m die Masse, D die Federkonstante und b eine Dämpfungskonstante ist. Lösungen dieser Differentialgleichung haben die Form

$$u(t) = u_0 e^{-\delta t} \sin(\omega_d t + \varphi_0),$$

wobei u_0 einen Anfangswert, δ die Abklingkonstante, ω_d die sogenannte Kreisfrequenz und φ_0 den Nullphasenwinkel bezeichnen. Wenn diese Parameter nicht bekannt sind, müssen sie zwecks konkreter Beschreibung des Prozesses aus Beobachtungen oder Messungen ermittelt werden.

Dies führt auf den Ansatz einer gedämpften Schwingung

$$y(t; x_1, x_2, x_3, x_4) = x_1 e^{-x_2 t} \sin(x_3 t + x_4),$$

mit Parametern $x_1, \ldots, x_4$. Es seien die Daten in Tab. 6.1 für $b_i \approx y(t_i; x_1, x_2, x_3, x_4)$, $i = 1, \ldots, 10$, gegeben.

Der nach der Methode der kleinsten Fehlerquadrate zu minimierende Ausdruck lautet hier

$$\sum_{i=1}^{10} \left(x_1 e^{-x_2 t_i} \sin(x_3 t_i + x_4) - b_i \right)^2 = \| F(x_1, x_2, x_3, x_4) \|_2^2, \tag{6.1}$$

wobei $F : \mathbb{R}^4 \to \mathbb{R}^{10}$ durch

$$F_i(x) = F_i(x_1, x_2, x_3, x_4) = x_1 e^{-x_2 t_i} \sin(x_3 t_i + x_4) - b_i, \quad i = 1, \ldots, 10, \tag{6.2}$$

gegeben ist. Wir nehmen an, dass aus Hintergrundinformation der Aufgabenstellung ein Teilgebiet $U \subset \mathbb{R}^4$ vorgegeben ist, in dem die gesuchten optimalen Parameterwerte liegen müssen. Die Aufgabe liegt dann in der Bestimmung eines $x^* \in U$ so, dass

$$\|F(x^*)\|_2 = \min_{x \in U \subset \mathbb{R}^4} \|F(x)\|_2 \tag{6.3}$$

gilt, wobei $F : \mathbb{R}^4 \to \mathbb{R}^{10}$ in (6.2) gegeben ist. Die Lösung dieses Problems kann mit den in diesem Kapitel behandelten Methoden bestimmt werden (vgl. Beispiel 6.8) und die resultierende Schätzung wird in Abb. 6.3 gezeigt. △

Definiert man allgemein die Abbildung

$$F : \mathbb{R}^n \to \mathbb{R}^m, \quad F_i(x) := y(t_i; x) - b_i, \quad i = 1, \ldots, m,$$

kann das *nichtlineare Ausgleichsproblem* wie folgt formuliert werden:

Bestimme $x^* \in U \subset \mathbb{R}^n$, so dass

$$\|F(x^*)\|_2 = \min_{x \in U} \|F(x)\|_2, \tag{6.4}$$

oder, äquivalent,

$$\phi(x^*) = \min_{x \in U} \phi(x), \tag{6.5}$$

wobei $\phi : \mathbb{R}^n \to \mathbb{R}$, $\phi(x) := \frac{1}{2}\|F(x)\|_2^2 = \frac{1}{2}F(x)^T F(x)$.

Die Umgebung U bezeichnet eine offene Teilmenge von „akzeptabelen" Parameterwerten, die in Regel aus der zugrunde liegenden Problemstellung hervorgeht. Wir werden im Weiteren annehmen, dass diese Umgebung so gewählt wurde, dass es mindestens ein lokales Minimum x^* in U gibt. Außerdem wird stets angenommen, dass F zweimal stetig differenzierbar ist. Der Faktor $\frac{1}{2}$ in der zweiten Formulierung (6.5) ändert das Extremalproblem natürlich nicht und ist lediglich, wie sich später zeigen wird, der Bequemlichkeit halber so gesetzt.

Zur Behandlung des obigen Minimierungsproblems sei an einige nützliche Fakten erinnert. Die Funktion ϕ in der Formulierung (6.5) hat in einem Punkt x^* genau dann ein lokales Minimum, wenn folgende zwei Bedingungen erfüllt sind:

$$\nabla\phi(x^*) = 0 \quad (\text{d. h., } x^* \text{ ist kritischer Punkt von } \phi), \tag{6.6}$$

$$\phi''(x^*) \in \mathbb{R}^{n \times n} \text{ ist symmetrisch positiv definit.} \tag{6.7}$$

Bezeichnet $F'(x) \in \mathbb{R}^{m \times n}$ die Jacobi-Matrix von F an der Stelle x, und $F_i''(x)$ die Hesse Matrix von F_i an der Stelle x, $F_i''(x) := (\frac{\partial^2 F_i(x)}{\partial x_j \partial x_k})_{1 \le j,k \le n} \in \mathbb{R}^{n \times n}$, $i = 1, \ldots, m$, dann lässt sich durch Nachrechnen bestätigen, dass

$$\nabla \phi(x) = F'(x)^T F(x), \qquad \phi''(x) = F'(x)^T F'(x) + \sum_{i=1}^{m} F_i(x) F_i''(x) \qquad (6.8)$$

gilt. Beachte, dass beim Gradienten der Vorfaktor $\frac{1}{2}$ wegfällt und deshalb so gewählt wurde.

6.1.2 Orientierung: Strategien, Konzepte, Methoden

Die in diesem Kapitel vorliegende Problemstellung (6.4) (oder (6.5)) hat klare Bezüge zu den in den Kap. 4 (Lineare Ausgleichsrechnung) und 5 (Nichtlineare Gleichungssysteme) untersuchten Aufgabenstellungen. Falls die Funktion F in (6.4) affin ist, d. h., $F(x) = Ax - b$ mit $A \in \mathbb{R}^{m \times n}$, $b \in \mathbb{R}^m$, vereinfacht die Aufgabe (6.4) zu einem *linearen* Ausgleichsproblem, welches man mit den in Kap. 4 vorgestellten Methoden lösen kann. Im Allgemeinen ist aber die Funktion $F : \mathbb{R}^n \to \mathbb{R}^m$ nicht affin. Falls $m = n$ gilt, hat das Gleichungssystem $F(x) = 0$ genau soviele Gleichungen wie Unbekannte, und im Normalfall hat so ein Gleichungssytem eine Lösung x^*, welche man mit den Iterationsmethoden aus Kap. 5 approximieren kann. Wenn $F(x^*) = 0$ gilt, ist x^* auch Lösung der Minimierungsaufgabe (6.4). In diesem Kapitel steht jedoch der „Normalfall" $m > n$ im Vordergrund, bei dem mehr Bedingungen als Unbekannte vorliegen, siehe Beispiel 6.1. Solche auf der Gauß'schen Fehlerquadratmethode basierende Ausgleichsaufgaben verlangen dann die Minimierung eines Residuums in der Euklidischen Norm (6.4) statt der Lösung des Gleichungssystems $F(x) = 0$. Wegen dieser Zusammenhänge bilden die in den Kap. 4 und 5 diskutierten Konzepte und Methoden die Grundlage für die in diesem Kapitel behandelten Verfahren zur Lösung von (6.4). Wie in Kap. 5 wird das grundlegende Konzept der *Linearisierung* verwendet: eine Lösung x^* des *nicht*linearen Ausgleichsproblems (6.4) wird über eine wiederholte Lösung *linearer* Ausgleichsprobleme angenähert. Aspekte wie Konvergenzgeschwindigkeit und Einzugsbereich dieser Iterationsmethoden werden diskutiert. Folgende zwei Ausformulierungen solcher Iterationsverfahren werden in diesem Kapitel vorgestellt:

- Gauß-Newton-Verfahren: In dieser grundlegenden Methode wird die (nichtlineare) Funktion F in (6.4) durch eine lineare Approximation (mittels Taylorentwicklung) ersetzt. Wie beim Newton-Verfahren wird diese Linearisierung iterativ angewendet.

- Levenberg-Marquardt-Verfahren: In dieser Variante des Gauß-Newton-Verfahrens wird ein Regularisierungsparameter verwendet. Dies trägt auch dem Umstand Rechnung, dass Parameter-Schätzprobleme den Charakter *inverser Probleme* haben und gegebenenfalls schlecht gestellt sind. Die in dieser Methode auftretenden linearen Ausgleichsprobleme sind besser konditioniert als beim Gauß-Newton-Verfahren. Der Regularisierungsparameter ändert die Richtung der

Korrektur und bewirkt eine Dämpfung der Korrektur, ähnlich wie in dem gedämpften Newton-Verfahren in Abschn. 5.6.2.

6.2 Das Gauß-Newton-Verfahren

Wie beim Newton-Verfahren kann man versuchen, die Lösung des vorliegenden *nichtlinearen* Problems iterativ über eine Reihe geeigneter *linearer* Probleme anzunähern.

Sei $x^k \in \mathbb{R}^n$ eine bekannte Annäherung der gesuchten Lösung x^* des nichtlinearen Ausgleichsproblems (6.4). Statt nun ein Minimum von $\|F(x)\|_2$ in der Umgebung von x^k zu suchen, ersetzt man wie beim Newton-Verfahren F zuerst durch eine lineare Approximation mittels Taylorentwicklung

$$F(x) = F(x^k) + F'(x^k)(x - x^k) + \mathcal{O}(\|x - x^k\|_2^2).$$

Ein Abbruch nach dem linearen Term führt auf das *lineare* Ausgleichsproblem:

Finde $s^k \in \mathbb{R}^n$ (mit minimaler 2-Norm), so dass

$$\|F'(x^k)s^k + F(x^k)\|_2 = \min_{s \in \mathbb{R}^n} \|F'(x^k)s + F(x^k)\|_2. \tag{6.9}$$

Ähnlich zum Newton-Verfahren datiert man dann die gegenwärtige Näherung gemäß

$$x^{k+1} := x^k + s^k \tag{6.10}$$

auf. Natürlich hängt der Erfolg dieser Strategie wieder von der Wahl des Startwertes ab.

Bemerkung 6.2 Das lineare Ausgleichsproblem

$$\|F'(x^k)s^k + F(x^k)\|_2 = \min_{s \in \mathbb{R}^n} \|F'(x^k)s + F(x^k)\|_2$$

hat eine eindeutige Lösung $s^k \in \mathbb{R}^n$ nur dann, wenn die Matrix $F'(x^k)$ vollen Rang n hat. In diesem Fall kann der Zusatz „(mit minimaler 2-Norm)" in (6.9) weggelassen werden und man kann das lineare Ausgleichsproblem (6.9) über die in Abschn. 4.4 behandelten Methoden lösen.

Wenn der Rang der Matrix $F'(x^k) \in \mathbb{R}^{m \times n}$ kleiner als n ist, existiert jedoch immer noch eine eindeutige Lösung *mit minimaler Euklidischer Norm* (siehe Abschn. 4.5). Deren Bestimmung verlangt allerdings eine kompliziertere Herangehensweise, wie

z. B. in d. h. beschrieben, oder die (noch aufwendigere) Singulärwertzerlegung, siehe
Abschn. 4.5. Der numerische Aufwand zur Lösung eines rangdefizienten linearen
Ausgleichsproblems ist wesentlich höher als beim Fall vollen Rangs mit Hilfe der
in Abschn. 4.4 behandelten Methoden. $\triangle$

Insgesamt erhält man folgendes sogenannte Gauß-Newton-Verfahren:

Algorithmus 6.3 (Gauß-Newton)
Wähle Startwert x^0. Für $k = 0, 1, 2, \ldots$:

- Berechne $F(x^k)$, $F'(x^k)$.
- Löse das lineare Ausgleichsproblem (6.9).
- Setze $x^{k+1} = x^k + s^k$.

Als Abbruchkriterium für diese Methode wird häufig

$$\|F'(x^{k+1})^T F(x^{k+1})\|_2 \leq \varepsilon$$

benutzt, wobei ε eine vorgegebene Toleranz ist. Der zugrunde liegende Gedanke
hierbei ist, dass in einem kritischen Punkt x von ϕ (vgl. (6.5)) die Ableitung
$\nabla\phi(x) = F'(x)^T F(x)$ Null sein muss (siehe (6.6)). Es sei jedoch betont, dass
dies ohne Kenntnis der Kondition von $F'(x^k)$ noch keine Schätzung für den Fehler
$\|x^* - x^k\|_2$ liefert.

6.2.1 Analyse des Gauß-Newton-Verfahrens

Zur Analyse der Konvergenz des Gauß-Newton-Verfahrens nehmen wir an, dass x^*
ein in der Umgebung U eindeutiger kritischer Punkt von ϕ ist. Ferner nehmen wir
an, dass

$$\text{Rang}(F'(x)) = n \quad \text{für alle } x \in U \qquad (6.11)$$

gilt. Der kritische Punkt x^* ist entweder ein Minimum, Maximum oder Sattelpunkt
von ϕ. Aufgrund der Problemstellung sind wir nur an einem Minimum interessiert.
Der kritische Punkt x^* ist die lokal eindeutige Lösung des (nichtlinearen) Gleichungssystems

$$\nabla\phi(x) = 0, \quad \nabla\phi : U \subset \mathbb{R}^n \to \mathbb{R}^n. \qquad (6.12)$$

Wie in Abschn. 5.3 erklärt, kann man ein Nullstellenproblem in ein äquivalentes
Fixpunktproblem umformen, zum Beispiel (Bemerkung 5.19):

$$\nabla\phi(x) = 0 \quad \Leftrightarrow \quad x = \Phi(x), \text{ mit } \Phi(x) = x - M_x \nabla\phi(x), \qquad (6.13)$$

wobei $M_x \in \mathbb{R}^{n \times n}$ eine von x abhängige invertierbare Matrix ist. Eine im Hinblick auf schnelle Konvergenz der Fixpunktiteration günstige Wahl wäre $M_x = ((\nabla \phi)'(x))^{-1} = \phi''(x)^{-1}$. Für dieses M_x stimmt die Fixpunktiteration mit dem Newton-Verfahren für das Nullstellenproblem (6.12) überein (Abschn. 5.5.2). Dies verlangt jedoch die in der Praxis of hinderliche oder aufwendige Bestimmung der Ableitungen zweiter Ordnung der Funktion F. Um dies zu vermeiden, wird stattdessen $M_x = (F'(x)^T F'(x))^{-1}$ gewählt, siehe (6.8). Man kann dies als Näherung der Jacobi-Matrix verstehen, was auf eine Variante des vereinfachten Newton-Verfahrens führt. Damit ergibt sich folgende Umformulierung des Nullstellenproblems:

$$\nabla \phi(x) = 0 \quad \Leftrightarrow \quad x = \Phi(x), \quad \text{mit} \quad \Phi(x) = x - (F'(x)^T F'(x))^{-1} \nabla \phi(x). \quad (6.14)$$

Die zugehörige Fixpunktiteration zur Bestimmung des Fixpunktes x^* ist

$$\begin{aligned} x^{k+1} &= x^k - [F'(x^k)^T F'(x^k)]^{-1} \nabla \phi(x^k) \\ &= x^k - [F'(x^k)^T F'(x^k)]^{-1} F'(x^k)^T F(x^k). \end{aligned} \quad (6.15)$$

Jetzt sei daran erinnert, dass das lineare Ausgleichsproblem (6.9) wegen Satz 4.15 die eindeutige Lösung

$$s^k = -[F'(x^k)^T F'(x^k)]^{-1} F'(x^k)^T F(x^k)$$

hat. Hieraus und aus (6.15) schließt man:

Das Gauß-Newton-Verfahren stimmt mit der Fixpunktiteration zur Lösung des Fixpunktproblems in (6.14) überein:

$$x^{k+1} = x^k + s^k = \Phi(x^k),$$
$$\text{mit} \quad \Phi(x) = x - (F'(x)^T F'(x))^{-1} \nabla \phi(x). \quad (6.16)$$

Wie bereits angedeutet wurde, zeigt obige Herleitung, dass das Gauß-Newton-Verfahren auch als ein *modifiziertes* Newton-Verfahren zur Bestimmung einer Nullstelle von $\nabla \phi$ interpretiert werden kann, wobei in $(\nabla \phi)'(x^k) = \phi''(x^k)$ die Terme mit den zweiten Ableitungen von F weggelassen werden. Wegen der Vernachlässigung dieser Terme geht (wenn $F(x^*) \neq 0$) die quadratische Konvergenz des Newton-Verfahrens verloren. Zur Analyse der Konvergenz des Gauß-Newton Verfahrens können wir die Konvergenztheorie zur Fixpunktiteration anwenden. Entscheidend für die lokale Konvergenz der Fixpunktiteration (6.15) ist die Matrix $\Phi'(x^*) \in \mathbb{R}^{n \times n}$. Bevor wir diese Matrix näher charakterisieren, wird im folgenden Beispiel ein konkretes Ausgleichsproblem mit $n = 1$ untersucht.

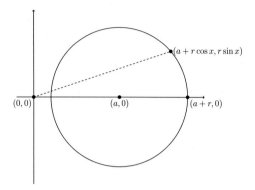

Abb. 6.1 $\|F(x)\|_2$: Abstand von $(a + r\cos x, r\sin x)$ zum Ursprung

Beispiel 6.4 Wir betrachten

$$F(x) := \begin{pmatrix} a + r\cos x \\ r\sin x \end{pmatrix}, \quad \text{mit } a > r > 0, \quad x \in [0, 2\pi).$$

Beim Ausgleichsproblem $\min_{x \in [0, 2\pi)} \|F(x)\|_2$ sucht man $x = x^*$, so dass der Punkt $(a, 0) + r(\cos x^*, \sin x^*)$ auf dem Kreis mit Mittelpunkt $(a, 0)$ und Radius r minimalen Abstand zum Ursprung hat, siehe Abb. 6.1.

Für dieses F gilt

$$\|F(x)\|_2 = \sqrt{a^2 + 2ra\cos x + r^2},$$

$$F'(x) = r \begin{pmatrix} -\sin x \\ \cos x \end{pmatrix}, \quad F'(x)^T F'(x) = r^2,$$

$$\nabla\phi(x) = -ra\sin x.$$

Es gibt zwei kritische Punkte von ϕ:

$$x^* = 0 \quad \text{(lokales Maximum)},$$

$$x^* = \pi \quad \text{(lokales Minimum)}.$$

Die Funktion Φ aus der Fixpunktformulierung (6.16) und ihre Ableitung sind gegeben durch

$$\Phi(x) = x + \frac{a}{r}\sin x$$

$$\Phi'(x^*) = 1 + \frac{a}{r}\cos x^*.$$

Für $x^* = 0$ (lokales Maximum) gilt $|\Phi'(x^*)| = \frac{a+r}{r} > 1$, und für $x^* = \pi$ (lokales Minimum) gilt $|\Phi'(x^*)| = \frac{a-r}{r} = \frac{a}{r} - 1$. Das lokale Maximum ist also immer (d. h. für alle Werte von a und r) abstoßend. Das lokale Minimum ist hingegen nur abstoßend, wenn $a > 2r$. Fazit, das Gauß-Newton Verfahren ist in diesem Fall lokal konvergent in einer Umgebung von $x^* = \pi$, wenn $a < 2r$ gilt. Das Verhalten des Verfahrens in der Nähe des lokalen Minimums wird in Abb. 6.2 gezeigt. △

Matlab-Demo 6.5 (Gauß-Newton-Fixpunktiteration) In diesem Matlabexperiment wird die Fixpunktiteration $x_{k+1} = x_k + \frac{a}{r}\sin x_k$ untersucht, siehe Abb. 6.2. Der Parameter $q := \frac{a}{r}$ und der Startwert x_0 können variiert werden und der Verlauf der Fixpunktiteration wird geplottet.

Zusammenfassend hat das Gauß-Newton-Verfahren in diesem Beispiel folgende Eigenschaften:

1. Das lokale Maximum ist abstoßend.
2. Das Verfahren ist in einer Umgebung des lokalen Minimums (wenn $a < 2r$) linear konvergent, oder
3. das lokale Minimum ist auch abstoßend (wenn $a > 2r$).

Man kann zeigen, dass ähnliche Eigenschaften in einem allgemeinen Rahmen gültig sind. Die zugehörige mathematische Analyse ist ziemlich technisch, und deshalb werden hier einige Resultate teils ohne Beweis dargestellt.

Es wird vorausgesetzt, dass die Annahme (6.11) erfüllt ist und dass $F(x^*) \neq 0$ gilt, also ein nichtverschwindendes Residuum bei der Minimierung bleibt.

Es geht nun zuerst darum, eine Darstellung der Hesseschen $\phi''(x)$ zu finden, aus der man Informationen über die Definitheit gewinnen kann, um daraus wiederum schließen zu können, ob ein Extremum und welches (Maxi-

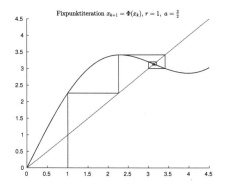
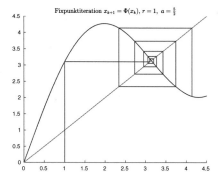

Abb. 6.2 Fixpunkte $x^* = 0$ und $x^* = \pi$. Konvergente (links) und divergente (rechts) Fixpunktiteration für Startwert $x_0 = 1$

mum/Minimum/Sattelpunkt) vorliegt. Hierzu sei daran erinnert, dass eine symmetrisch positiv definite Matrix M diagonalisierbar ist, d. h. $M = T \Lambda T^{-1}$, wobei die Diagonalmatrix Λ die positiven reellen Eigenwerte von M enthält. Mit $T \Lambda^{\alpha} T^{-1} =:$ M^{α} ist dann für beliebiges $\alpha \in (0, \infty)$ die „α-te Potenz" von M definiert. Insbesondere kann man so die Wurzel aus einer symmetrisch positiv definiten Matrix ziehen. Folglich existiert für die symmetrisch positiv definite Matrix $F'(x^*)^T F'(x^*)$ eine (eindeutige) symmetrisch positiv definite Matrix $A \in \mathbb{R}^{n \times n}$, so dass

$$A^2 = F'(x^*)^T F'(x^*). \tag{6.17}$$

Sei nun $K \in \mathbb{R}^{n \times n}$ definiert durch

$$K := -A^{-1} \left(\sum_{i=1}^{m} \frac{F_i(x^*)}{\|F(x^*)\|_2} F_i''(x^*) \right) A^{-1}. \tag{6.18}$$

Weil K eine symmetrische Matrix ist, sind alle Eigenwerte von K reell.

Lemma 6.6
Es gilt

$$\phi''(x^*) = A(I - \|F(x^*)\|_2 K)A, \tag{6.19}$$
$$\Phi'(x^*) = \|F(x^*)\|_2 A^{-1} K A. \tag{6.20}$$

Wenn x^* ein lokales Maximum oder ein Sattelpunkt von ϕ ist, muss

$$\rho(K) \|F(x^*)\|_2 \geq 1$$

gelten, wobei $\rho(K)$ den Spektralradius von K, also den Betrag des betragsgrößten Eigenwertes von K, bezeichnet.

Beweisskizze Die erste Relation (6.19) folgt durch Einsetzen der Definitionen von A und K und Vergleich mit (6.8). Auch die zweite Relation (6.20) bestätigt man durch Nachrechnen, unter Berücksichtigung von $\nabla \phi(x^*) = 0$. Wenn x^* ein lokales Maximum oder ein Sattelpunkt von ϕ ist, kann $\phi''(x^*)$ nicht positiv definit sein. Aus (6.19) folgt dann, dass die Matrix $I - \|F(x^*)\|_2 K$ nicht positiv definit ist, also auch nichtpositive Eigenwerte hat. Deshalb muss das Spektrum von $\|F(x^*)\|_2 K$ Werte ≥ 1 enthalten, also muss $\rho(K) \|F(x^*)\|_2 \geq 1$ gelten. $\square$

Damit die Fixpunktiteration (6.16) (lokal) konvergiert, ist es hinreichend, dass die Jacobi-Matrix im Fixpunkt, gemessen in einer beliebigen Operatornorm, kleiner als eins ist. Als weiteres Hilfsmittel definieren wir die Vektornorm $\|x\|_A := \|Ax\|_2$, mit A aus (6.17), und für beliebiges $B \in \mathbb{R}^{n \times n}$ die zugehörige Matrixnorm

$$\|B\|_A = \max_{\|x\|_A = 1} \|Bx\|_A = \|ABA^{-1}\|_2. \tag{6.21}$$

Aus Lemma 6.6 ergeben sich folgende wichtige Eigenschaften der Matrix $\Phi'(x^*)$:

Folgerung 6.7 *Für die Gauß-Newton-Iterationsfunktion Φ aus* (6.16) *gilt*

$$\|\Phi'(x^*)\|_A = \rho(K)\,\|F(x^*)\|_2, \tag{6.22}$$

$$\|\Phi'(x^*)\| \geq \rho(K)\,\|F(x^*)\|_2 \quad \text{für jede Operatornorm } \|\cdot\|. \tag{6.23}$$

Beweis Aus Lemma 6.6 erhält man

$$\|\Phi'(x^*)\|_A = \|A\Phi'(x^*)A^{-1}\|_2 = \|F(x^*)\|_2\|K\|_2 = \|F(x^*)\|_2\,\rho(K).$$

Für jede Operatornorm $\|\cdot\|$ und jede Matrix $B \in \mathbb{R}^{n\times n}$ gilt $\|B\| \geq \rho(B)$. Hiermit ergibt sich

$$\|\Phi'(x^*)\| \geq \rho(\Phi'(x^*)) = \|F(x^*)\|_2\,\rho(A^{-1}KA) = \|F(x^*)\|_2\,\rho(K).$$

$\square$

Hieraus kann man folgende Eigenschaften Ea)–Ed) schließen:

- Im Normalfall ist $F(x^*) \neq 0$, $K \neq 0$ und deshalb $\Phi'(x^*) \neq 0$.

Ea) Falls das Gauß-Newton-Verfahren konvergiert, ist die Konvergenz im Allgemeinen nicht schneller als linear.

Dies steht im Gegensatz zum Newton-Verfahren, das in der Regel quadratische Konvergenz aufweist. (Oben wurde schon erklärt, dass man das Gauß-Newton-Verfahren als modifiziertes Newton-Verfahren interpretieren kann, und entsprechend quadratische Konvergenz verloren geht.) Wenn das Modell exakt ist, d.h. $F(x^*) = 0$ (was in der Regel nicht der Fall ist), ist $\Phi'(x^*) = 0$ und die Methode hat eine Konvergenzordnung $p \geq 2$.

- Wenn der kritische Punkt x^* von ϕ ein *lokales Maximum oder ein Sattelpunkt* ist, gilt wegen Lemma 6.6 und (6.23) $\rho(K)\,\|F(x^*)\|_2 \geq 1$ und $\|\Phi'(x^*)\| \geq 1$ für jede Operatornorm $\|\cdot\|$.

Eb) Solche kritischen Punkte sind für das Gauß-Newton-Verfahren also abstoßend, was vorteilhaft ist, weil ein (lokales) Minimum gesucht wird.

Das Verfahren bewahrt uns also davor, einen „falschen" kritischen Punkt zu finden.

- Die Größe $\rho(K)\,\|F(x^*)\|_2$ ist entscheidend für die lokale Konvergenz des Gauß-Newton-Verfahrens.

Ec) Für ein lokales Minimum x^* der Funktion ϕ ist die lokale Konvergenz des Gauß-Newton-Verfahrens gesichert, falls das Residuumsnorm $\|F(x^*)\|_2$ und die Größe $\rho(K)$ hinreichend klein sind, so dass die Bedingung $\rho(K)\,\|F(x^*)\|_2 < 1$ erfüllt ist.

- Sei x^* ein lokales Minimum von ϕ, für das $\rho(K)\,\|F(x^*)\|_2 > 1$ gilt. Dann ist $\|\Phi'(x^*)\| > 1$ für jede Operatornorm $\|\cdot\|$. Deshalb:

Ed) Ein lokales Minimum von ϕ *kann* für das Gauß-Newton-Verfahren abstoßend sein.

Beispiel 6.8 Wir wenden das Gauß-Newton-Verfahren auf das Problem in Beispiel 6.1 an. Mit dem Startwert $x^0 = (1\ 2\ 2\ 1)^T$ ergeben sich die Resultate in Tab. 6.2. In der letzten Spalte dieser Tabelle sieht man das lineare Konvergenzverhalten des Gauß-Newton-Verfahrens. Die berechneten Parameterwerte $x^* = x^{12}$ liefern eine entsprechende Lösung $y(t; x^*) = x_1^* e^{-x_2^* t} \sin(x_3^* t + x_4^*)$, die in Abb. 6.3 gezeigt wird. △

Matlab-Demo 6.9 (Gauß-Newton-Verfahren1) In diesem Matlabexperiment wird das Gauß-Newton-Verfahren zur Lösung des nichtlinearen Ausgleichsproblems aus Beispiel 6.8 untersucht. Der Startwert des Verfahrens kann variiert werden und die resultierenden Ergebnisse werden gezeigt.

Tab. 6.2 Gauß-Newton-Verfahren

k	$\|F(x^k)\|_2$	$\|\nabla\phi(x^k)\|_2$	$\|\nabla\phi(x^k)\|_2/\|\nabla\phi(x^{k-1})\|_2$
1	0.343	1.35e−01	0.93
2	0.223	4.87e−02	0.36
3	0.171	1.04e−01	2.13
4	0.0921	1.86e−02	0.18
5	0.0891	1.20e−03	0.065
6	0.0890	3.94e−04	0.32
7	0.0890	1.20e−04	0.31
8	0.0890	4.24e−05	0.35
9	0.0890	1.44e−05	0.34
10	0.0890	5.01e−06	0.35
11	0.0890	1.75e−06	0.35
12	0.0890	6.11e−07	0.35

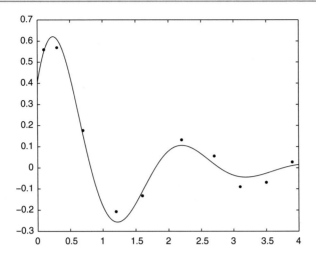

Abb. 6.3 Lösung des nichtlinearen Ausgleichsproblems

Matlab-Demo 6.10 (Gauß-Newton-Verfahren2) In der Ebene sind Punkte $(x_i, y_i), i = 1, \ldots 40$, gegeben, welche näherungsweise auf einem Kreis liegen. Der im Sinne der Gauß'schen Fehlerquadratmethode optimale Kreis soll bestimmt werden. Der Mittelpunkt (a, b) und Radius r des Kreises $(x-a)^2+(y-b)^2 = r^2$ werden über eine Ausgleichsformulierung festgelegt. Die (vorzeichenbehafteten) Abstände der Punkte zum Kreis sind $e_i := \sqrt{(x_i - a)^2 + (y_i - b)^2} - r, \ i = 1, \ldots, 40$. Das Ausgleichsproblem besteht in der Minimierung von $\sum_{i=1}^{40} e_i^2$ über den Tripel $(a, b, r) = z = (z_1, z_2, z_3) \in \mathbb{R}^3$, d. h.

$$\min_{z \in \mathbb{R}^3} \|F(z)\|_2, \quad F_i(z) = \sqrt{(x_i - z_1)^2 + (y_i - z_2)^2} - z_3, \ i = 1, \ldots, 40.$$

Zur Lösung dieses Problems wird das Gauß-Newton-Verfahren verwendet. In diesem Experiment kann der Startvektor und der Datensatz variiert werden. Die resultierenden Ergebnisse des Verfahrens werden gezeigt.

Man kann das Gauß-Newton-Verfahren mit einer Dämpfungsstrategie kombinieren, wie sie in Abschn. 5.6.2 beschrieben wird:

$$x^{k+1} = x^k + \lambda s^k, \quad 0 < \lambda < 1.$$

Statt dieses Gauß-Newton-Verfahrens mit Dämpfung wird in der Praxis viel häufiger eine alternative Technik verwendet. Diese stammt von Levenberg und Marquardt und wird im nächsten Abschnitt behandelt.

6.3   Levenberg-Marquardt-Verfahren

Das im Gauß-Newton-Verfahren auftretende lineare Aussgleichsproblem (6.9) *kann* (sehr) schlecht konditioniert sein. Dies ist zum Beispiel der Fall wenn der kleinste Eigenwert der Matrix A aus (6.17) (= kleinster Singulärwert der Matrix $F'(x^*)$) im Vergleich zu $\|F(x^*)\|_2$ sehr klein ist. Man erwartet dann $\rho(K)\|F(x^*)\|_2 > 1$, und somit ein für das Gauß-Newton-Verfahren abstoßendes Minimum, siehe Abschn. 6.2.1. Für sehr schlecht konditionierte lineare Ausgleichsprobleme wurde die Technik der *Regularisierung* entwickelt, siehe Abschn. 4.6.2. Dabei wird das vorliegende (schlecht konditionierte) Problem durch ein approximatives aber besser konditioniertes Problem ersetzt. Eine sehr leistungsfähige Regularisierungsmethode für lineare Ausgleichsprobleme ist das Tikhonov-Verfahren (Bemerkung 4.46), wobei das lineare Aussgleichsproblem (6.9) durch Folgendes ersetzt wird:

Finde $s^k \in \mathbb{R}^n$, so dass

$$\left\| \begin{pmatrix} F'(x^k) \\ \mu I \end{pmatrix} s^k + \begin{pmatrix} F(x^k) \\ \emptyset \end{pmatrix} \right\|_2 = \min. \tag{6.24}$$

Hierbei ist $\mu > 0$ der *Regularisierungsparameter.* Dieses lineare Ausgleichsproblem definiert die Korrektur beim Levenberg-Marquardt-Verfahren. Als neue Annäherung wird dann

$$x^{k+1} = x^k + s^k$$

genommen. Die Minimierungsaufgabe (6.24) hat folgende äquivalente Formulierung:

$$s^k = \mathrm{argmin}_{s \in \mathbb{R}^n} \left\{ \|F'(x^k)s + F(x^k)\|_2^2 + \mu^2 \|s\|_2^2 \right\}. \tag{6.25}$$

Ein großer Vorteil des linearen Ausgleichsproblems (6.24) im Vergleich zu (6.9) beim Gauß-Newton-Verfahren ist, dass die Matrix $\begin{pmatrix} F'(x^k) \\ \mu I \end{pmatrix}$ für $\mu > 0$ *immer vollen Rang* hat. Es gilt ferner

$$\mu^2 \|s^k\|_2 \leq \|(F'(x^k)s^k + F(x^k)\|_2^2 + \mu^2 \|s^k\|_2^2$$

$$= \min_{s \in \mathbb{R}^n} \left\{ \|F'(x^k)s + F(x^k)\|_2^2 + \mu^2 \|s\|_2^2 \right\} \leq \|F(x^k)\|_2^2,$$

und deshalb

$$\|s^k\|_2 \leq \frac{\|F(x^k)\|_2}{\mu}. \tag{6.26}$$

Also kann man durch eine geeignete Wahl von μ eine „zu große" Korrektur s^k vermeiden. Mit anderen Worten, *der Parameter μ kann eine Dämpfung der Korrektur bewirken.*

Bemerkung 6.11 Das Levenberg-Marquardt-Verfahren $x^{k+1} = x^k + s^k$, mit einer Korrektur s^k wie in (6.24) definiert, kann man alternativ über die Fixpunktdarstellung (6.16) des Gauß-Newton-Verfahrens herleiten. In (6.16) wird statt der dem Newton-Verfahren entsprechenden Matrix $M_x = \phi''(x)^{-1}$ die Annäherung $M_x = (F'(x)^T F'(x))^{-1}$ genommen, siehe (6.13). Dies ist nur möglich wenn die Matrix $F'(x)^T F'(x)$ invertierbar ist, also die Voraussetzung (6.11) erfüllt ist. Man kann die symmetrisch positiv semi-definite Matrix $F'(x)^T F'(x)$ durch einen zusätzlichen Term $\mu^2 I$, für ein $\mu > 0$, „stabilisieren". Es gilt $\det(F'(x)^T F'(x) + \mu^2 I) \neq 0$, auch wenn Voraussetzung (6.11) nicht erfüllt ist, und deshalb ist $M_x := (F'(x)^T F'(x) + \mu^2 I)^{-1}$ in (6.13) immer wohldefiniert. Dies führt auf die Fixpunktiteration

$$x^{k+1} = x^k - [F'(x^k)^T F'(x^k) + \mu^2 I]^{-1} F'(x^k)^T F(x^k) =: x^k + s^k, \quad k \geq 0. \quad (6.27)$$

Die Lösung von (6.24) lässt sich über die Normalgleichungen als

$$s^k = -\left[\begin{pmatrix} F'(x^k) \\ \mu I \end{pmatrix}^T \begin{pmatrix} F'(x^k) \\ \mu I \end{pmatrix} \right]^{-1} \begin{pmatrix} F'(x^k) \\ \mu I \end{pmatrix}^T \begin{pmatrix} F(x^k) \\ \emptyset \end{pmatrix}$$

$$= -[F'(x^k)^T F'(x^k) + \mu^2 I]^{-1} F'(x^k)^T F(x^k)$$

darstellen, was genau der Korrektur in (6.27) entspricht. $\triangle$

Wahl von μ

Um Konvergenz zu gewährleisten, muss μ „hinreichend groß" gewählt werden (siehe Abschn. 6.3.1). Andererseits führt ein sehr großes μ zu einer sehr kleinen Korrektur, und daher ist, wenn x^k noch relativ weit weg vom gesuchten Minimum ist, sehr langsame Konvergenz zu erwarten. In der Praxis werden heuristische Kriterien benutzt, um die Wahl von μ zu steuern. Ein mögliches Kriterium wird nun kurz skizziert.

Sei $x^k \in \mathbb{R}^n$ die aktuelle Annäherung und $s^k = s^k(\mu)$ die Levenberg-Marquardt Korrektur aus (6.24). Mit der Notation $A_k := F'(x^k)$ gilt, siehe (6.27),

$$s^k = -(A_k^T A_k + \mu^2 I)^{-1} F'(x^k) F(x^k) = -(A_k^T A_k + \mu^2 I)^{-1} \nabla \phi(x^k). \quad (6.28)$$

Wir nehmen an, dass $\nabla \phi(x^k) \neq 0$ gilt (x^k sei kein kritischer Punkt). Sei

$$m_k(s) := \phi(x^k) + \nabla \phi(x_k)^T s + \frac{1}{2} s^T (A_k^T A_k + \mu^2 I) s, \quad s \in \mathbb{R}^n, \quad (6.29)$$

eine *quadratische Approximation* (in s) des Funktionals $s \to \phi(x^k + s)$. Eine optimale Korrektur wäre $s^* := \operatorname{argmin}_{s \in \mathbb{R}^n} \phi(x^k + s)$. Die Levenberg-Marquardt Korrektur s^k aus (6.28) is gerade der Minimierer von m_k:

$$m_k(s^k) = \min_{s \in \mathbb{R}^n} m_k(s).$$

Beim Levenberg-Marquardt-Verfahren wird also an der Stelle x^k das lokale „quadratische Modell" (6.29) minimiert. Per Konstruktion, und wegen $\nabla \phi(x^k) \neq 0$, gilt

$$0 < m_k(0) - m_k(s^k) = \frac{1}{2} \nabla \phi(x^k)^T (A_k^T A_k + \mu^2 I)^{-1} \nabla \phi(x^k)$$

$$= -\frac{1}{2} s_k^T \nabla \phi(x^k) = -\frac{1}{2} s_k^T F'(x^k)^T F(x^k).$$

(6.30)

Wir definieren den Quotienten

$$\rho_\mu := \frac{\phi(x^k) - \phi(x^k + s^k)}{m_k(0) - m_k(s^k)}.$$

In ρ_μ wird die Änderung des ϕ-Wertes verglichen mit der Änderung des Wertes im quadratischen Modell m_k. Den Wert ρ_μ kann man einfach und mit sehr wenig Rechenaufwand bestimmen, siehe (6.30). Für eine akzeptable Korrektur muss auf jeden Fall $\phi(x^k + s^k) < \phi(x^k)$, also $\rho_\mu > 0$ gelten. Zur Parametersteuerung könnte man folgendes Kriterium benutzen:

a) Falls $\rho_\mu \leq 0$: s^k wird nicht akzeptiert; μ wird vergrößert (z. B. verdoppelt) und eine neue zugehörige Korrektur s^k wird berechnet. Der neue ρ_μ-Wert wird berechnet.
b) Falls $\rho_\mu > 0$: s^k wird akzeptiert; bei der Berechnung von s^{k+1} wird folgender Anfangswert für μ genommen:
   b1) Falls $\rho_\mu < 0.25$: μ wird vergrößert (z. B. verdoppelt).
   b2) Falls $\rho_\mu \in [0.25, 0.75]$: μ wird nicht geändert.
   b3) Falls $\rho_\mu > 0.75$: μ wird verkleinert (z. B. halbiert).

Zusammenfassend hat das Levenberg-Marquardt-Verfahren folgende Struktur:

Algorithmus 6.12 (Levenberg-Marquardt)
Wähle Startwert x^0 und Anfangswert μ_0 für den Parameter μ. Für $k = 0, 1, 2, \ldots$:

1. Berechne $F(x^k)$, $F'(x^k)$.
2. Löse das lineare Ausgleichsproblem

$$\left\| \begin{pmatrix} F'(x^k) \\ \mu_k I \end{pmatrix} s^k + \begin{pmatrix} F(x^k) \\ \emptyset \end{pmatrix} \right\|_2 = \min.$$

3. Teste, ob die Korrektur s^k akzeptabel ist.
   Wenn nein, dann wird μ_k angepasst und Schritt 2 wiederholt.
   Wenn ja, dann:
4. Setze $x^{k+1} = x^k + s^k$.
5. Bestimme einen geeigneten Wert für μ_{k+1}.

6.3.1 Analyse des Levenberg-Marquardt-Verfahrens

In der Praxis wird das Levenberg-Marquardt-Verfahren fast immer mit einem variierenden adaptiven Paramaterwert $\mu = \mu_k$, wie zum Beispiel in Algorithmus 6.12, verwendet. In der Konvergenzanalyse in diesem Abschnitt beschränken wird uns auf den einfacheren Fall eines *konstanten* Parameterwertes. Analog zum Gauß-Newton-Verfahren kann man die Konvergenz des Levenberg-Marquardt-Verfahrens anhand der Darstellung als Fixpunktiteration

$$x^{k+1} = \Phi_\mu(x^k), \quad \Phi_\mu(x) = x - [F'(x)^T F'(x) + \mu^2 I]^{-1} F'(x)^T F(x)$$
$$= x - [F'(x)^T F'(x) + \mu^2 I]^{-1} \nabla \phi(x)$$

analysieren. Für den Fall eines variierenden Parameterwertes, würde die Iterationsfunktion Φ_{μ_k} von k abhängen und die Analyse etwas komplizierter sein.

Beispiel 6.13 Das Levenberg-Marquardt-Verfahren angewendet auf das Ausgleichsproblem aus Beispiel 6.4 entspricht der Fixpunktiteration

$$x^{k+1} = \Phi_\mu(x^k), \quad \Phi_\mu(x) = x + \frac{ra}{r^2 + \mu^2} \sin x.$$

Daraus folgt

$$|\Phi_\mu'(x^*)| = 1 + \frac{ra}{r^2 + \mu^2} > 1 \quad \text{für } x^* = 0 \text{ (lokales Maximum),} \tag{6.31}$$

$$|\Phi_\mu'(x^*)| = |1 - \frac{ra}{r^2 + \mu^2}| \quad \text{für } x^* = \pi \text{ (lokales Minimum).} \tag{6.32}$$

Man schließt hieraus, dass für beliebige r, a ($a > r > 0$) man im lokalen Minimum $|\Phi_\mu'(\pi)| < 1$ bewirken kann, indem μ hinreichend groß gewählt wird. Man beachte aber auch, dass $\lim_{\mu \to \infty} |\Phi_\mu'(\pi)| = 1$ gilt, also die lokale Konvergenz gegen das Minimum für „sehr großes" μ beliebig langsam wird.   △

Für die Konvergenzanalyse soll jetzt die Größe

$$\Phi_\mu'(x^*) = I - [F'(x^*)^T F'(x^*) + \mu^2 I]^{-1} \phi''(x^*)$$

genauer untersucht werden. Die Analyse lässt sich analog zu der beim Gauß-Newton-Verfahren durchführen. Sei A_μ die eindeutige symmetrisch positiv definite Matrix, so dass $A_\mu^2 = F'(x^*)^T F'(x^*) + \mu^2 I$. Eine einfache Rechnung zeigt folgende Beziehungen, welche analog zu (6.19)–(6.20) sind:

$$\phi''(x^*) = A_\mu \big(I - (\mu^2 A_\mu^{-2} + \| F(x^*) \|_2 K_\mu) \big) A_\mu, \qquad (6.33)$$

$$\text{mit } K_\mu := -A_\mu^{-1} \Big(\sum_{i=1}^{m} \frac{F_i(x^*)}{\| F(x^*) \|_2} F_i''(x^*) \Big) A_\mu^{-1}$$

$$\Phi_\mu'(x^*) = A_\mu^{-1} (\mu^2 A_\mu^{-2} + \| F(x^*) \|_2 K_\mu) A_\mu. \qquad (6.34)$$

Hieraus kann man folgende Eigenschaften Ea)–Ed) schließen (vgl. Ea)–Ed) in Abschn. 6.2.1):

- Im Normalfall ist $\Phi_\mu'(x^*) \neq 0$. Deshalb:

Ea) Falls das Levenberg-Marquardt-Verfahren konvergiert, ist die Konvergenz im Allgemeinen nicht schneller als linear.

- Wenn x^* ein lokales Maximum oder ein Sattelpunkt von ϕ ist, kann $\phi''(x^*)$ nicht positiv definit sein. Aus (6.33) folgt dann, dass die Matrix $I - (\mu^2 A_\mu^{-2} + \| F(x^*) \|_2 K_\mu)$ nicht positiv definit ist, also auch nichtpositive Eigenwerte hat. Deshalb muss das Spektrum von $\mu^2 A_\mu^{-2} + \| F(x^*) \|_2 K_\mu$ Werte ≥ 1 enthalten. Folglich gilt insbesondere $\rho(\mu^2 A_\mu^{-2} + \| F(x^*) \|_2 K_\mu) \geq 1$. Für jede Operatornorm $\| \cdot \|$ ergibt sich:

$$\| \Phi_\mu'(x^*) \| \geq \rho\big(\Phi_\mu'(x^*) \big) = \rho\big(A_\mu \Phi_\mu'(x^*) A_\mu^{-1} \big)$$
$$= \rho(\mu^2 A_\mu^{-2} + \| F(x^*) \|_2 K_\mu) \geq 1.$$

Eb) Die Sattelpunkte und Maxima sind immer abstoßend, was vorteilhaft ist, weil ein (lokales) Minimum gesucht wird.

- Es gilt

$$\| A_\mu^{-1} \|_2 = \rho\big((F'(x^*)^T F'(x^*) + \mu^2 I)^{-\frac{1}{2}} \big) \leq \frac{1}{\mu}.$$

Sei x^* ein lokal eindeutiges Minimum von ϕ, also ist die Hesse-Matrix $\phi''(x^*)$ symmetrisch positiv definit. Wir verwenden die A_μ-Matrixnorm wie in (6.21) und erhalten

$$\|\Phi'_\mu(x^*)\|_{A_\mu} = \|A_\mu \Phi'_\mu(x^*) A_\mu^{-1}\|_2 = \|I - A_\mu^{-1}\phi''(x^*) A_\mu^{-1}\|_2$$
$$= \rho(I - C_\mu), \quad C_\mu := A_\mu^{-1}\phi''(x^*) A_\mu^{-1}.$$

Weil $\phi''(x^*)$ und A_μ symmetrisch positiv definit sind, ist auch C_μ symmetrisch positiv definit. Deshalb hat diese Matrix nur strikt positive Eigenwerte. Für den größten Eigenwert dieser Matrix erhält man

$$\rho(C_\mu) \le \|A_\mu^{-1}\|_2^2 \|\phi''(x^*)\|_2 \le \frac{1}{\mu^2}\|\phi''(x^*)\|_2.$$

Aus diesen Abschätzungen ergibt sich

$$\|\Phi'_\mu(x^*)\|_{A_\mu} = \max\left\{|1 - \lambda_{\min}(C_\mu)|, |1 - \rho(C_\mu)|\right\}$$
$$< 1, \quad \text{wenn} \quad \mu > \tfrac{1}{2}\sqrt{2}\|\phi''(x^*)\|_2^{\frac{1}{2}}.$$

Diese Analyse zeigt Folgendes:

Ec)–Ed) Für ein lokales Minimum der Funktion ϕ ist die lokale Konvergenz des Levenberg-Marquardt-Verfahrens gesichert, wenn man den Parameter μ hinreichend groß wählt.

Über den Parameter μ kann nicht nur lokale Konvergenz in einer Umgebung eines lokalen Minimums x^* erzielt werden, sondern auch der Einzugsbereich der Methode vergrößert werden, ähnlich wie beim in Abschn. 5.6.2 behandelten gedämpften Newton-Verfahren. Dazu sei zum Schluss folgendes „globale" Monotonieresultat (vgl. Lemma 5.61 beim gedämpften Newton-Verfahren) aufgeführt:

Lemma 6.14 *Es seien x^k gegeben mit $\nabla\phi(x^k) \ne 0$, und ϕ in einer Umgebung U von x^k zweimal stetig differenzierbar. Sei s^k die Levenberg-Marquardt Korrektur. Dann existiert ein $\mu_0 > 0$ so, dass für alle $\mu \ge \mu_0$*

$$\phi(x^k + s^k) < \phi(x^k)$$

gilt.

Beweis Wegen (6.26) kann ein $\tilde{\mu}_0 > 0$ so gewählt werden, dass für alle $\mu \ge \tilde{\mu}_0$ das Liniensegment $x^k + ts^k$, $0 \le t \le 1$, in der Umgebung U enthalten ist. Aus der Taylorentwicklung

$$\phi(x^k + s^k) = \phi(x^k) + \nabla\phi(x^k)^T s^k + \mathcal{O}(\|s^k\|_2^2)$$

und $s^k = -B_\mu \nabla \phi(x^k)$, $B_\mu := (F'(x^k)^T F'(x^k) + \mu^2 I)^{-1}$ ergibt sich die Beziehung

$$\phi(x^k + s^k) - \phi(x^k) = -[\nabla \phi(x^k)^T B_\mu \nabla \phi(x^k) + \mathcal{O}(\|s^k\|_2^2)].$$

Die Matrix $B_\mu^{-1} = F'(x^k)^T F'(x^k) + \mu^2 I$ ist symmetrisch positiv definit und für jeden Eigenwert λ dieser Matrix gilt

$$\mu^2 \le \lambda \le \mu^2 + \|F'(x^k)\|_2^2.$$

Hieraus folgt

$$(\mu^2 + \|F'(x^k)\|_2^2)^{-1} \|z\|_2^2 \le z^T B_\mu z \le \mu^{-2} z^T z \quad \text{für alle } z \in \mathbb{R}^n.$$

Hiermit erhält man $\|s^k\|_2^2 = \|B_\mu \nabla \phi(x^k)\|_2^2 \le \dfrac{\|\nabla \phi(x^k)\|_2^2}{\mu^4}$ und, mit einem geeignet gewählten $c > 0$,

$$\nabla \phi(x^k)^T B_\mu \nabla \phi(x^k) + \mathcal{O}(\|s^k\|_2^2) \ge \frac{\|\nabla \phi(x^k)\|_2^2}{\mu^2} \left(\frac{1}{1 + \left(\frac{\|F'(x^k)\|_2}{\mu} \right)^2} - \frac{c}{\mu^2} \right)$$

$$> 0 \quad \text{für alle } \mu \ge \mu_0,$$

falls $\mu_0 \ge \tilde{\mu}_0$ hinreichend groß gewählt wird. $\qquad\qquad\qquad\qquad \Box$

Matlab-Demo 6.15 (Levenberg-Marquardt-Verfahren) In diesem Matlabexperiment wird das Levenberg-Marquardt-Verfahren zur Lösung des nichtlinearen Ausgleichsproblems aus Beispiel 6.8 untersucht, siehe Matlabdemo 6.9. Der Startwert des Verfahrens kann variiert werden und die resultierenden Ergebnisse werden gezeigt. Man beobachtet eine Vergrößerung des Einzugsbereiches dieses Verfahrens im Vergleich zum Gauß-Newton-Verfahren.

6.4   Zusammenfassung

Wir fassen die wichtigsten Ergebnisse dieses Kapitels zusammen.

Das *Gauß-Newton-Verfahren* (Algorithmus 6.3) kann zur Lösung eines nichtlinearen Ausgleichsproblems verwendet werden. In jedem Iterationsschritt dieser Methode muss ein lineares Ausgleichsproblem gelöst werden. Bei diesem Verfahren sind lokale Maxima und Sattelpunkte immer abstoßend. Auch ein lokales Minimum *kann* abstoßend sein. In der Regel wird aber lokale lineare Konvergenz gegen ein lokales Minimum des Ausgleichsfunktionals ϕ vorliegen.

Das *Levenberg-Marquardt-Verfahren* (Algorithmus 6.12) kann ebenfalls zur Lösung eines nichtlinearen Ausgleichsproblems verwendet werden. In jedem Iterationsschritt dieser Methode muss ein lineares Ausgleichsproblem gelöst werden. Anders als beim Gauß-Newton-Verfahren hat die Systemmatrix dieses linearen Ausgleichsproblems immer vollen Rang. Auch bei dieser Methode sind lokale Maxima und Sattelpunkte abstoßend (siehe oben). Über eine geeignete Wahl des in dieser Methode verwendeten Regularisierungsparameters μ kann lokale Konvergenz gegen ein lokales Minimum des Ausgleichsfunktionals ϕ gewährleistet werden. Die Konvergenzgeschwindigkeit wird in der Regel (nur) linear sein. Der Parameter μ bewirkt eine Dämpfung der Korrektur, und mit einem geeigneten Parameterwahlverfahren kann der Einzugsbereich der Methode vergrößert werden.

Bemerkungen zu den allgemeinen Begriffen und Konzepten:

- *Das Prinzip der Linearisierung eines nichtlinearen Problems.* Beim Gauß-Newton-Verfahren wird die im nichtlinearen Ausgleichsproblem auftretende Funktion F an einer bekannten Annäherung x^k der gesuchten Lösung durch eine *lineare* Approximation $F(x) \approx F(x^k) + F'(x^k)(x - x^k)$ ersetzt. Dies führt auf ein lineares Ausgleichsproblem und eine neue Annäherung $x^{k+1} = x^k + s^k$, siehe (6.10). Die Linearisierung wird an der Stelle x^{k+1} wiederholt, usw.
- *Regularisierung.* Beim Levenberg-Marquardt-Verfahren wird das in der Linearisierung auftretende lineare Ausgleichsproblem mit dem Tikhonov-Verfahren regularisiert.
- *Minimierung von Funktionalen.* Das vorliegende Problem, siehe (6.5), ist die Minimierung einer skalaren Funktion (d. h. eines Funkionals) $\phi : \mathbb{R}^n \to \mathbb{R}$. Zur Lösung dieses Problems kann man allgemeine Minimierungsverfahren, wie zum Beispiel die (hier nicht behandelte) Methode des steilsten Abstiegs ([Ke]) verwenden. In den Gauß-Newton- und Levenberg-Marquardt-Verfahren wird die spezielle Struktur von ϕ, nämlich $\phi(x) = \frac{1}{2}F(x)^T F(x)$, wesentlich ausgenutzt.
- *Konvergenzgeschwindigkeit bzw. Konvergenzordnung.* Die Gauß-Newton- und Levenberg-Marquardt-Verfahren haben beide in der Regel die Konvergenzordnung $p = 1$ (lineare Konvergenz).
- *Einzugsbereich; lokale und globale Konvergenz.* Bei den Gauß-Newton- und Levenberg-Marquardt-Verfahren hat man im Normalfall nur lokale Konvergenz gegen ein (lokales) Minimum des Ausgleichsfunktionals ϕ, d. h. der Einzugsbereich ist eine (kleine) Umgebung eines lokalen Minimums. Bei dem Levenberg-Marquardt-Verfahren kann man über die Wahl des Regularisierungsparameters den Einzugsbereich der Methode vergrößern.

6.5   Übungen

Übung 6.1 Sei $f(t) := 2\alpha + \sqrt{\alpha^2 + t^2}$. Um den unbekannten Parameter α zu bestimmen stehen folgende Messwerte $b_i \approx f(t_i)$ zur Verfügung:

t_i	0.2	0.4	0.6	0.8	1.0
b_i	1.55	1.65	1.8	1.95	2.1

a) Formulieren Sie die Aufgabe, den Parameter α zu ermitteln, als nichtlineares Ausgleichsproblem.

b) Nähern Sie die Lösung an, indem Sie, ausgehend vom Startwert $\alpha = 0$, zwei Iterationen des Gauß-Newton-Verfahrens durchführen.

Übung 6.2 In der Ebene sind Meßpunkte (x_i, y_i) für $i = 1, \ldots, n$ gegeben. Es soll ein Kreis gezeichnet werden, so dass alle Meßpunkte möglichst nahe an der Kreislinie liegen.

a) Formulieren Sie diese Aufgabe als nichtlineares Ausgleichsproblem.

b) Geben Sie die Linearisierung für das Gauß-Newton-Verfahren an.

Übung 6.3 Gegeben sei $\phi \in C^2(\mathbb{R}^n, \mathbb{R})$ durch $\phi(x) := \frac{1}{2}\|F(x)\|_2^2$ mit $F \in C^2(\mathbb{R}^n, \mathbb{R}^m)$. Zeigen Sie:

$$\nabla \phi(x) = F'(x)^T F(x), \qquad \phi''(x) = F'(x)^T F'(x) + \sum_{i=1}^{m} F_i(x) F_i''(x).$$

Übung 6.4 Sei $f(t) := C e^{\lambda t} \cos(2\pi t)$. Um die unbekannten Parameter λ und C zu bestimmen stehen folgende Meßwerte $b_i \approx f(t_i)$ zur Verfügung:

t_i	0.1	0.2	0.3
b_i	0.395	0.134	-0.119

a) Formulieren Sie die Aufgabe, die Parameter λ und C zu ermitteln, als nichtlineares Ausgleichsproblem.

b) Nähern Sie die Lösung an, indem Sie, ausgehend vom Startwert $C = 0$, $\lambda = 1$, zwei Iterationen des Gauß-Newton-Verfahrens durchführen.

Übung 6.5 An einem Quader misst man die Kanten der Grundfläche $a = 21$ cm, $b = 28$ cm und die Höhe $c = 12$ cm. Weiter erhält man als Messwerte für die Diagonale der Grundfläche $d = 34$ cm, für die Diagonale der Seitenfläche $b - c$, $e = 24$ cm und für die Körperdiagonale $f = 38$ cm. Zur Bestimmung der Längen der Kanten nach der Methode der kleinsten Fehlerquadrate verwende man das Verfahren von Gauß-Newton.

Übung 6.6 Zeigen Sie, dass man das Levenberg-Marquardt-Verfahren als Fixpunktiteration $x^{k+1} = \Phi_\mu(x^k)$ formulieren kann mit

$$\Phi_\mu(x) = x - [F'(x)^T F'(x) + \mu^2 I]^{-1} F'(x)^T F(x)$$
$$= x - [F'(x)^T F'(x) + \mu^2 I]^{-1} \nabla\phi(x).$$

Übung 6.7 Für $B \in \mathbb{R}^{m \times n}$, $\mu \in \mathbb{R} \setminus \{0\}$, sei $C := \begin{pmatrix} B \\ \mu I \end{pmatrix}$, wobei I die $n \times n$-Identitätsmatrix ist. Beweisen Sie, dass $\text{Rang}(C) = n$ gilt.

Eigenwertprobleme

7

7.1 Einleitung

7.1.1 Problemstellung

In diesem Kapitel beschäftigen wir uns mit folgender Aufgabe:

Es sei $A \in \mathbb{R}^{n \times n}$ eine reelle quadratische Matrix. Man suche eine Zahl $\lambda \in \mathbb{C}$ und einen Vektor $v \in \mathbb{C}^n$, $v \neq 0$, die der *Eigenwertgleichung*

$$Av = \lambda v \qquad (7.1)$$

genügen.

Die Zahl λ heißt *Eigenwert* und der Vektor v *Eigenvektor* zum Eigenwert λ. Nach einigen theoretischen Vorbereitungen wird der Schwerpunkt dieses Kapitels in der Behandlung numerischer Verfahren zur Berechnung von Eigenwerten liegen.

Zunächst seien jedoch einige Beispiele und Bemerkungen zum Problemhintergrund vorausgeschickt.

Beispiel 7.1 Jedes mechanische System hat die Fähigkeit zu schwingen. Analoge Phänomene findet man in elektrischen Systemen etwa in Form von Schwingkreisen. Die Überlagerung von Schwingungsvorgängen kann zu *Resonanzen* führen, die einerseits katastrophale Folgen wie Brückeneinstürze haben können, andererseits aber auch gewollt und ausgenutzt werden. Ein Verständnis derartiger Vorgänge

© Der/die Autor(en), exklusiv lizenziert an Springer-Verlag GmbH, DE, ein Teil von Springer Nature 2022
W. Dahmen und A. Reusken, *Numerik für Ingenieure und Naturwissenschaftler*, https://doi.org/10.1007/978-3-662-65181-0_7

ist also von zentralem Interesse. Ein einfacher mathematischer Modellrahmen zur Beschreibung solcher Schwingungsvorgänge wurde bereits in Beispiel 3.6 skizziert, der auf ein sogenanntes *Sturm-Liouville'sches Problem* hinausläuft: Gesucht seien die Zahl λ und diejenige Funktion $u(x)$, die die Differentialgleichung

$$-u''(x) - \lambda r(x)u(x) = 0, \quad x \in (0, 1), \tag{7.2}$$

mit den Randbedingungen

$$u(0) = u(1) = 0$$

erfüllen. In der Gl. (7.2) ist r eine bekannte stetige Funktion mit $r(x) > 0$ für alle $x \in [0, 1]$. Zum Beispiel erfüllt der Schwingungsverlauf eines Federpendels mit Masse m und Federkonstante D die Differentialgleichung (7.2) mit $\lambda r(x) \equiv D/m$. Die Lösungen haben in diesem Fall die Form $u(x) = \hat{u}\sin(\omega_0 x + \varphi_0)$, wobei φ_0 die *Phase* und $\omega_0 := \sqrt{D/m}$ die *Eigenfrequenz* des Systems bezeichnen. Elektromagnetische Schwingungen in einem Schwingkreis, bestehend aus einem Kondensator mit Kapazität C und einer Spule mit Induktivität L, führen auf eine Differentialgleichung (7.2) mit $\lambda r(x) \equiv \frac{1}{LC}$. Sind die Werte von D oder (L, C) nicht bekannt, muss erst die Eigenfrequenz gefunden werden.

Für den Fall $r(x) \equiv 1$ sind die Lösungen von (7.2) zu obigen Randbedingungen bekannt:

$$\begin{cases} \lambda = (k\pi)^2 \\ u(x) = \sin(k\pi x) \end{cases} \quad k = 0, 1, 2, \ldots.$$

Für den Fall, dass r nicht konstant ist, kann man im Allgemeinen die Lösung dieses Problems nicht mehr in geschlossener Form angeben. Es ist dann zweckmäßig, die Lösung über ein Diskretisierungsverfahren, wie in Beispiel 3.6, numerisch anzunähern. Wir betrachten dazu wieder Gitterpunkte $x_j = jh$, $j = 0, \ldots, n$, $h = \frac{1}{n}$, und ersetzen $u''(x_j)$ durch die Differenz

$$\frac{u(x_j + h) - 2u(x_j) + u(x_j - h)}{h^2}, \quad j = 1, 2, \ldots, n - 1.$$

Auf ähnliche Weise wie in Beispiel 3.6 ergibt sich ein Gleichungssystem

$$Au - \lambda Ru = 0 \tag{7.3}$$

für die Unbekannten λ und $u_i \approx u(x_i)$, $i = 1, 2, \ldots, n - 1$, wobei

$$A := \frac{1}{h^2}\begin{pmatrix} 2 & -1 & & & \\ -1 & 2 & -1 & & \emptyset \\ & \ddots & \ddots & \ddots & \\ \emptyset & & -1 & 2 & -1 \\ & & & -1 & 2 \end{pmatrix}, \quad R := \begin{pmatrix} r(x_1) & & & \\ & r(x_2) & & \emptyset \\ & & \ddots & \\ \emptyset & & & r(x_{n-1}) \end{pmatrix}. \tag{7.4}$$

Mit $R^{1/2} := \text{diag}(\sqrt{r(x_1)}, \ldots, \sqrt{r(x_{n-1})})$, $R^{-1/2} := (R^{1/2})^{-1}$, $v := R^{1/2}u$ und $B := R^{-1/2}AR^{-1/2}$ erhält man aus (7.3) die transformierte Gleichung

$$Bv = \lambda v,$$

also ein Eigenwertproblem. Da die Matrix B symmetrisch positiv definit ist, existiert eine orthogonale Eigenvektorbasis, und alle Eigenwerte sind reell und positiv (vgl. Folgerung 7.11). $\triangle$

Eigensysteme, also Eigenwerte und zugehörige Eigenvektoren, beschreiben nicht nur *technische oder physikalische* Eigenschaften, sondern spielen eine ebenso wichtige Rolle als *mathematische* Bausteine.

Beispiel 7.2 Bei der Berechnung der 2-Norm einer Matrix A, also $\|A\|_2$, oder der Konditionszahl bezüglich der 2-Norm, $\kappa_2(A) = \|A\|_2\|A^{-1}\|_2$, spielen die betragsmäßig extremen Eigenwerte von A eine Rolle:

• Für eine symmetrische Matrix A gilt

$$\|A\|_2 = \rho(A),$$

wobei $\rho(A) = \max\{|\lambda| \mid \lambda$ ist Eigenwert von $A\}$ der *Spektralradius* von A ist.
• Für eine nichtsinguläre symmetrische Matrix A gilt

$$\kappa_2(A) = \rho(A)\rho(A^{-1}).$$

• $\|A\|_2 = \sqrt{\rho(A^T A)}$. $\triangle$

Beispiel 7.3 Wir betrachten ein System linearer gekoppelter gewöhnlicher Differentialgleichungen

$$z' = Az + b, \quad z(0) = z^0, \tag{7.5}$$

wobei $z = z(t)$, $t \in [0, T]$. Es wird angenommen, dass $A \in \mathbb{R}^{n \times n}$ und $b \in \mathbb{R}^n$ nicht von t abhängen. In diesem Fall kann man über eine Eigenvektorbasis der Matrix A die Komponenten entkoppeln, d. h., die einzelnen Differentialgleichungen unabhängig voneinander separieren. Es sei dazu angenommen, dass A diagonalisierbar ist, d. h., es existieren n linear unabhängige Eigenvektoren $v^1, v^2, \ldots, v^n$:

$$Av^i = \lambda_i v^i, \quad i = 1, 2, \ldots, n. \tag{7.6}$$

Es seien $\Lambda = \text{diag}(\lambda_1, \ldots, \lambda_n)$ und $V = (v^1 \ v^2 \ \ldots \ v^n)$ die Matrix mit den Eigenvektoren als Spalten. Die Gl. (7.6) kann man in der Form

$$AV = V\Lambda$$

darstellen. So erhält man aus

$$V^{-1}z' = V^{-1}AVV^{-1}z + V^{-1}b$$

mit, $y := V^{-1}z$, $c := V^{-1}b$, das System

$$y' = \Lambda y + c$$

von *entkoppelten* skalaren Gleichungen der Form

$$y_i' = \lambda_i y_i + c_i, \quad i = 1, 2, \ldots, n. \tag{7.7}$$

Aus (7.7) ergibt sich einfach die Lösung

$$y_i(t) = \tilde{z}_i^0 e^{\lambda_i t} + \frac{c_i}{\lambda_i}\left(e^{\lambda_i t} - 1\right), \quad \text{falls } \lambda_i \neq 0,$$

$$y_i(t) = c_i t + \tilde{z}_i^0, \quad \text{falls } \lambda_i = 0,$$

wobei $\tilde{z}_i^0 := \left(V^{-1}z^0\right)_i$ durch die Anfangsbedingung in (7.5) festgelegt ist. △

Auch wenn die Matrix A nur reelle Einträge hat, können die Eigenwerte (und Eigenvektoren) komplexwertig sein. Ein einfaches Beispiel dafür ist die Matrix

$$A = \begin{pmatrix} 0 & 1 \\ -1 & 0 \end{pmatrix}, \text{ mit Eigenpaaren } (\lambda_1, v^1) = \left(i, \begin{pmatrix} 1 \\ i \end{pmatrix}\right), \quad (\lambda_2, v^2) = \left(-i, \begin{pmatrix} i \\ 1 \end{pmatrix}\right).$$

7.1.2 Orientierung: Strategien, Konzepte, Methoden

Beim Eigenwertproblem (7.1) sind sowohl der Eigenwert λ als auch ein zugehöriger Eigenvektor die unbekannten Größen. Den Eigenvektor v kann man beliebig skalieren: wenn das Paar (λ, v) das Problem (7.1) löst, ist auch $(\lambda, \alpha v)$ für jedes $\alpha \neq 0$ eine Lösung. Mit einer Skalierungsbedingung, wie z. B. $\|v\|_2 = 1$, kann man eine Skalierung festlegen. Die Aufgabe (7.1) ist *nichtlinear*. Im Prinzip könnte man die Aufgabe als ein nichtlineares Gleichungssystem

$$F : \mathbb{C}^{n+1} \to \mathbb{C}^{n+1}, \quad F(\lambda, v) := \begin{pmatrix} Av - \lambda v \\ \|v\|_2^2 - 1 \end{pmatrix} = 0 \tag{7.8}$$

umformulieren und darauf zum Beispiel die Newton-Methode aus Kap. 5 anwenden. Dies ist aber kein geeignetes Vorgehen. Eine grundlegende Schwierigkeit dieser Vorgehensweise ist zum Beispiel, dass im Allgemeinen eine Lösung des nichtlinearen Gleichungssystems (7.8) *nicht* lokal eindeutig ist, siehe Bemerkung 7.7 und Übung 7.1. In diesem Kapitel werden der speziellen Struktur des nichtlinearen Eigenwertproblems angepasste Lösungsverfahren vorgestellt. Diese Verfahren sind, genauo wie die in Kap. 5 behandelten Methoden, alle *iterativ*. Man kann zeigen (siehe auch Bemerkung 7.24), dass für $n > 4$ keine direkte Methode zur Lösung des Problems (7.1) existiert.

Beim Eigenwertproblem (7.1) werden als Unbekannte die Eigen*werte* und Eigen*vektoren* unterschieden.

In diesem Kapitel werden drei aufeinander aufbauende Methoden zur Lösung von Eigenwertproblemen behandelt. Zwei einfache, aber sehr grundlegende Verfahren sind folgende:

- *Die Vektoriteration* (oder Potenzmethode). Dieses Verfahren kann zur Bestimmung des betragsmäßig größten Eigenwertes und eines zugehörigen Eigenvektors einer Matrix verwendet werden.
- *Die inverse Vektoriteration mit Spektralverschiebung*. Dieses Verfahren kann zur Bestimmung eines beliebigen einfachen Eigenwertes und eines zugehörigen Eigenvektors einer Matrix eingesetzt werden.

Diese beide Verfahren dienen als Grundlage für die Herleitung des *wichtigsten Verfahrens zur Lösung von Eigenwertproblemen,* des sogenannten *QR-Verfahrens* zur Bestimmung *aller* Eigenwerte einer Matrix. Dieses Verfahren ist nicht so ganz einfach, weil es auf einer geeigneten Kombination mehrerer numerischer Techniken beruht.

Neben diesen numerischen Verfahren werden allgemeine Konzepte und Themen behandelt, welche wir stichwortartig hervorheben:

- *Zusammenhang zwischen Eigenwerten einer Matrix und Nullstellen eines Polynoms.* Die Aufgabe der Berechnung der Eigenwerte einer Matrix A ist äquivalent zur Bestimmung der Nullstellen des sogenannten charakteristischen Polynoms $p_A(\lambda) := \det(A - \lambda I)$ (Lemma 7.4). Die Bestimmung der Eigenwerte über die Berechnung der Nullstellen dieses Polynoms wird sich als ungeeignet herausstellen. Umgekehrt kann man, basierend auf dieser Äquivalenzeigenschaft, die Nullstellen von Polynomen sehr effizient über das *QR*-Verfahren zur Lösung von Eigenwertproblemen bestimmen.
- *Matrixfaktorisierung.* Wir werden eine in der linearen Algebra sehr grundlegende Matrixfaktorisierung, nämlich die Schur-Faktorisierung (Schursche Normalform), wiederholen, weil es einen direkten Zusammenhang dieser Faktorisierung mit dem *QR*-Verfahren gibt.
- *Kondition des Eigenwertproblems.* Wir werden die Empfindlichkeit der Eigenwerte bezüglich Störungen der Matrix A untersuchen.
- *Eigenwertabschätzungen.* Wir werden zeigen, wie man anhand von Informationen über die Matrix oder über Eigenvektoren nützliche Schätzungen für die Lage der Eigenwerte erhält.

7.2   Einige theoretische Grundlagen

Es seien $A \in \mathbb{R}^{n \times n}$, $\lambda \in \mathbb{C}$ ein Eigenwert der Matrix A und $v \in \mathbb{C}^n$, $v \neq 0$, ein zugehöriger Eigenvektor:

$$Av = \lambda v. \tag{7.9}$$

Folgende Charakterisierung von Eigenwerten ergibt sich bereits aus Bemerkung 3.1 und zeigt, weshalb man auch bei reellen Matrizen komplexe Eigenwerte berücksichtigen muss.

Lemma 7.4
Der Wert $\lambda \in \mathbb{C}$ ist genau dann ein Eigenwert von A, wenn

$$\det(A - \lambda I) = 0.$$

Beweis Offensichtlich besagt (7.9), dass $(A - \lambda I)v = 0$ mit $v \neq 0$ gilt und somit die Matrix $A - \lambda I$ singulär ist. Letzteres ist äquivalent zu $\det(A - \lambda I) = 0$.   □

Die Funktion $\lambda \to \det(A - \lambda I)$ ist bekanntlich ein Polynom vom Grad n, das *charakteristische Polynom* der Matrix A. Lemma 7.4 besagt, dass die Eigenwerte der Matrix A gerade die Nullstellen des charakteristischen Polynoms sind. Im Prinzip reduziert sich also die Berechnung der Eigenwerte auf die Bestimmung der Nullstellen des charakteristischen Polynoms. Hierzu könnte man zum Beispiel die Methoden aus Kap. 5 heranziehen. In Abschn. 7.5 wird erklärt, weshalb dies im Allgemeinen ein *ungeeignetes Vorgehen* ist.

Die Charakterisierung in Lemma 7.4 ist deshalb für die numerische Behandlung von (7.9) wenig hilfreich, liefert aber einige hilfreiche theoretische Grundlagen. Das charakteristische Polynom $p_A(\lambda) := \det(A - \lambda I)$ hat nach dem Fundamentalsatz der Algebra genau n reelle oder komplexe Nullstellen $\lambda_1, \ldots, \lambda_n$, falls sie mit der entsprechenden Vielfachheit gezählt werden. Ist λ_i eine einfache Nullstelle des charakteristischen Polynoms, so spricht man von einem *einfachen* Eigenwert λ_i. Die Menge aller paarweise verschiedenen Eigenwerte

$$\sigma(A) = \{ \lambda \in \mathbb{C} \mid \det(A - \lambda I) = 0 \} \tag{7.10}$$

bezeichnet man als das *Spektrum* von A.

Zunächst werden einige Eigenschaften des Spektrums gesammelt. Die Beweise dieser Eigenschaften werden dem Leser überlassen.

Lemma 7.5

Es seien $A, B \in \mathbb{R}^{n \times n}$. Dann gilt

(i) *Falls A nichtsingulär ist:*

$$\lambda \in \sigma(A) \iff \lambda^{-1} \in \sigma(A^{-1}).$$

(ii) $\lambda \in \sigma(A) \implies \bar{\lambda} \in \sigma(A)$.

(iii) $\sigma(A - \mu I) = \{\lambda - \mu \mid \lambda \in \sigma(A)\}$ *für jedes $\mu \in \mathbb{C}$.*

(iv) $\sigma(A) = \sigma(A^T)$.

(v) $\sigma(AB) = \sigma(BA)$.

(vi) *Falls A eine obere oder untere Dreiecksmatrix ist:*

$$\sigma(A) = \{a_{i,i} \mid 1 \le i \le n\}.$$

(vii) *Es sei A eine obere oder untere Block-Dreiecksmatrix, z. B.*

$$A = \begin{pmatrix} D_{11} & & & \\ & D_{22} & & * \\ & & \ddots & \\ & \emptyset & & \ddots \\ & & & D_{mm} \end{pmatrix}, \text{ mit } D_{ii} \text{ quadratisch für jedes } i.$$

Dann gilt: $\sigma(A) = \cup_{1 \le i \le m} \sigma(D_{ii})$.

All diese Eigenschaften außer (ii) gelten auch für komplexe Matrizen A, B (wobei in (iv) A^T durch die komplexe Matrixspiegelung $A^* := \bar{A}^T$ ersetzt werden muss). Eigenschaft (ii) besagt, dass bei einer reellen Matrix die komplexen Eigenwerte immer als Paare komplex konjugierter Zahlen $\{a + bi, a - bi\}$, $a, b \in \mathbb{R}$, auftreten.

Wir werden ferner folgende Invarianzeigenschaft des Spektrums ausnutzen. Zwei Matrizen A und B heißen *ähnlich*, falls es eine nichtsinguläre $n \times n$-Matrix T gibt, so dass

$$B = T^{-1}AT$$

gilt.

Lemma 7.6

Ähnliche Matrizen haben das gleiche Spektrum, d. h

$$\sigma(A) = \sigma(T^{-1}AT)$$

für beliebiges nichtsinguläres T.

Beweis Das Resultat ist eine Konsequenz aus Lemma 7.4 und der Tatsache, dass ähnliche Matrizen dasselbe charakteristische Polynom haben:

$$\begin{aligned}
\det(T^{-1}AT - \lambda I) &= \det(T^{-1}(A - \lambda I)T) \\
&= \det(T^{-1})\det(A - \lambda I)\det(T) \qquad (7.11) \\
&= \det(A - \lambda I).
\end{aligned}$$

$\square$

Eine Matrix A heißt *diagonalisierbar*, wenn sie zu einer Diagonalmatrix ähnlich ist. Man kann einfach zeigen, dass A genau dann diagonalisierbar ist, wenn A n linear unabhängige Eigenvektoren hat. Sind alle n Eigenwerte der Matrix A voneinander verschieden, so kann man zeigen, dass A diagonalisierbar ist.

Bemerkung 7.7 Die Eigenwerte einer Matrix A sind über die Charakterisierung als Nullstellen des charakteristischen Polynoms *eindeutig* festgelegt. Die Existenz von Eigenvektoren ist per Definition, siehe (7.9), garantiert. Die Eigenvektoren sind aber im Allgemeinen, auch wenn man eine Skalierung $\|v\| = 1$ festlegt, *nicht* eindeutig. Dies sieht man zum Beispiel im einfachen Fall $A = I$, wobei *alle* Vektoren $v \in \mathbb{R}^n$ (sogar $\in \mathbb{C}^n$) Eigenvektoren zum Eigenwert $\lambda = 1$ sind. $\triangle$

Wir schließen diesen Abschnitt mit einer wichtigen Matrixfaktorisierung, der *Schur-Faktorisierung* (Schursche Normalform), ab. In dieser Faktorisierung kommen die Eigenwerte vor.

Diese Faktorisierung spielt beim QR-Verfahren zur Berechnung von Eigenwerten in Abschn. 7.8 eine zentrale Rolle.

Satz 7.8 (Komplexe Schur-Faktorisierung)
Zu jeder Matrix $A \in \mathbb{C}^{n \times n}$ gibt es eine unitäre Matrix $Q \in \mathbb{C}^{n \times n}$, so dass

$$Q^* A Q = \begin{pmatrix} \lambda_1 & & & \\ & \lambda_2 & & * \\ & & \ddots & \\ \emptyset & & & \ddots \\ & & & & \lambda_n \end{pmatrix} =: R \qquad (7.12)$$

gilt. Dabei ist $\{\lambda_1, \ldots, \lambda_n\} = \sigma(A)$.

Besteht man auf reelle Faktoren, ergibt sich nur fast eine Dreiecksgestalt.

Satz 7.9 (Reelle Schur-Faktorisierung)
Zu jeder Matrix $A \in \mathbb{R}^{n \times n}$ gibt es eine orthogonale Matrix $Q \in \mathbb{R}^{n \times n}$, so dass

$$Q^T A Q = \begin{pmatrix} R_{11} & & & \\ & R_{22} & & * \\ & & \ddots & \\ \emptyset & & & \ddots \\ & & & & R_{mm} \end{pmatrix} =: R \qquad (7.13)$$

gilt. Dabei sind alle Matrizen R_{ii} ($i = 1, \ldots, m$) reell und besitzen entweder die Ordnung eins (d. h. $R_{ii} \in \mathbb{R}$) oder die Ordnung zwei (d. h. $R_{ii} \in \mathbb{R}^{2 \times 2}$). Im letzten Fall hat R_{ii} ein Paar komplex konjugierter Eigenwerten. Die Menge aller Eigenwerte der Matrizen R_{ii}, $i = 1, \ldots, m$, ist gerade das Spektrum der Matrix A.

Beweise dieser Sätze findet man in [GL]. Die Matrix R in (7.13) ist eine obere Block-Dreiecksmatrix. Wegen Lemma 7.5 (vii) ist das Spektrum der Matrix A gerade die Menge aller Eigenwerte der Matrizen R_{ii} ($i = 1, \ldots, m$). Es sei noch bemerkt, dass die Faktorisierungen in (7.12) und (7.13) nicht eindeutig sind.

Beispiel 7.10 Es sei

$$A = \begin{pmatrix} 30 & -18 & 5 \\ 15 & 9 & -5 \\ 9 & -27 & 24 \end{pmatrix}.$$

Diese Matrix hat eine komplexe Schur-Faktorisierung $Q_1^* A Q_1 = R_1$, mit

$$Q_1 = \begin{pmatrix} -0.168 + 0.630i & 0.373 + 0.163i & -0.640 \\ 0.153 + 0.319i & 0.380 + 0.567i & 0.640 \\ -0.482 + 0.467i & -0.010 - 0.607i & 0.426 \end{pmatrix},$$

$$R_1 = \begin{pmatrix} 27.00 + 9.00i & -11.07 + 14.43i & 10.05 + 25.87i \\ 0 & 27.00 - 9.00i & -12.81 + 0.27i \\ 0 & 0 & 9.00 \end{pmatrix},$$

und eine reelle Schur-Faktorisierung $Q_2^T A Q_2 = R_2$, mit

$$Q_2 = \begin{pmatrix} 0.744 & -0.192 & -0.640 \\ 0.377 & -0.670 & 0.640 \\ 0.552 & 0.717 & 0.426 \end{pmatrix}, \quad R_2 = \begin{pmatrix} 23.46 & 21.16 & -30.57 \\ -4.42 & 30.54 & 0.32 \\ 0 & 0 & 9 \end{pmatrix}.$$

Aus der komplexen Schur-Faktorisierung ergibt sich

$$\sigma(A) = \{9, \ 27 - 9i, \ 27 + 9i\}.$$

Die Eigenwerte $27 \pm 9i$ sind gerade die Eigenwerte des 2×2-Diagonalblocks $\begin{pmatrix} 23.46 & 21.16 \\ -4.42 & 30.54 \end{pmatrix}$ der Matrix R_2 in der reellen Schur-Faktorisierung. $\triangle$

Folgerung 7.11
Jede reelle symmetrische Matrix $A \in \mathbb{R}^{n \times n}$ lässt sich mittels einer Ähnlichkeitstransformation mit einer orthogonalen Matrix Q auf Diagonalgestalt bringen:

$$Q^{-1} A Q = D = \mathrm{diag}(\lambda_1, \ldots, \lambda_n). \tag{7.14}$$

A besitzt somit nur reelle Eigenwerte und n linear unabhängige, zueinander orthogonale Eigenvektoren (nämlich die Spalten von Q).

Beweis Aus (7.12) erhält man

$$R^* = (Q^* A Q)^* = Q^* A^* Q = Q^* A Q = R,$$

und damit, dass R in (7.12) Diagonalgestalt haben muss und dass $\lambda_i = \bar{\lambda}_i$ gilt, also alle Eigenwerte reell sind. Daraus folgt, dass alle Blöcke R_{ii} in der Faktorisierung

(7.13) die Ordnung eins haben, also $m = n$ und $R_{ii} \in \mathbb{R}$ in (7.13). Aus (7.13) ergibt sich

$$R^T = (Q^T A Q)^T = Q^T A^T Q = Q^T A Q = R,$$

und damit, dass R in (7.13) diagonal sein muss und dass $R = \text{diag}(\lambda_1, \ldots, \lambda_n)$ gilt. Wegen $Q^T = Q^{-1}$ erhält man hieraus das Resultat (7.14). □

7.3 Kondition des Eigenwertproblems

Wie üblich schicken wir der Konzeption numerischer Verfahren eine kurze Diskussion der Frage voraus, wie stark sich die Eigenwerte bei einer Störung in der Matrix A ändern können.

Satz 7.12
Es sei $A \in \mathbb{R}^{n \times n}$ eine diagonalisierbare Matrix:

$$V^{-1} A V = \text{diag}(\lambda_1, \ldots, \lambda_n). \tag{7.15}$$

Es sei μ ein Eigenwert der gestörten Matrix $A + E$, dann gilt

$$\min_{1 \leq i \leq n} |\mu - \lambda_i| \leq \kappa_p(V) \|E\|_p, \tag{7.16}$$

mit $p = 1, 2, \infty$, und $\kappa_p(V) := \|V\|_p \|V^{-1}\|_p$.

Beweis Es sei $\Lambda := \text{diag}(\lambda_1, \ldots, \lambda_n)$. Falls $\mu \in \sigma(A)$ gilt, ist (7.16) trivial. Es sei jetzt $\mu \neq \lambda_i$ für alle $i = 1, \ldots, n$. Dann ist $\det(A - \mu I) \neq 0$ und $\|(\mu I - \Lambda)^{-1}\|_p = \left(\min_{1 \leq i \leq n} |\mu - \lambda_i|\right)^{-1}$. Es sei w mit $\|w\|_p = 1$ ein Eigenvektor von $A + E$, also $(A + E)w = \mu w$. Hieraus ergibt sich

$$Ew = (A + E)w - Aw = (\mu I - A)w, \quad \text{und} \quad w = (\mu I - A)^{-1} Ew.$$

Folglich ist

$$1 = \|w\|_p \leq \|(\mu I - A)^{-1}\|_p \|E\|_p \|w\|_p = \|V(\mu I - \Lambda)^{-1} V^{-1}\|_p \|E\|_p$$

$$\leq \|V\|_p \|V^{-1}\|_p \|E\|_p \frac{1}{\min_{1 \leq i \leq n} |\mu - \lambda_i|}.$$

□

Man beachte, dass offensichtlich die absolute Kondition der Eigenwerte von der Konditionszahl $\kappa_p(V) = \|V\|_p \|V^{-1}\|_p$ der Matrix V abhängt und *nicht* von der Konditionszahl der Matrix A. Da die Spalten von V gerade Eigenvektoren der Matrix A sind (vgl. (7.15)), zeigt das Resultat in Satz 7.12, dass für eine diagonalisierbare Matrix die Kondition der Eigenvektorbasis (hierfür sei $\kappa_p(V)$) das Maß) eine wichtige Rolle für die Empfindlichkeit der Eigenwerte bezüglich Störungen in A spielt.

Für eine *symmetrische* Matrix ist das Problem der Bestimmung der *Eigenwerte* immer *gut konditioniert:*

Satz 7.13
Es sei $A \in \mathbb{R}^{n \times n}$ eine symmetrische Matrix und μ ein Eigenwert der gestörten Matrix $A + E$. Dann gilt

$$\min_{1 \le i \le n} |\lambda_i - \mu| \le \|E\|_2. \tag{7.17}$$

Beweis Folgerung 7.11 impliziert, dass A über eine orthogonale Matrix diagonalisierbar ist:

$$V^{-1}AV = \mathrm{diag}(\lambda_1, \ldots, \lambda_n),$$

mit V orthogonal. Wegen der Orthogonalität von V gilt $\kappa_2(V) = 1$. Das Resultat (7.17) folgt nun unmittelbar aus (7.16) mit $p = 2$. $\square$

Das folgende Beispiel 7.14 zeigt, dass für *nicht*symmetrische Matrizen das Problem der Eigenwertbestimmung schlecht konditioniert sein *kann,* obgleich A selbst eine moderate Konditionszahl hat.

Beispiel 7.14 Es sei

$$A = \begin{pmatrix} 1 & 1 \\ \alpha^2 & 1 \end{pmatrix}, \quad 0 < \alpha \le \frac{1}{2},$$

mit den Eigenwerten und den zugehörigen Eigenvektoren

$$\lambda_1 = 1 - \alpha, \quad v^1 = \begin{pmatrix} 1 \\ -\alpha \end{pmatrix}, \lambda_2 = 1 + \alpha, \quad v^2 = \begin{pmatrix} 1 \\ \alpha \end{pmatrix}.$$

Es gilt

$$V^{-1}AV = \begin{pmatrix} \lambda_1 & 0 \\ 0 & \lambda_2 \end{pmatrix} \quad \text{mit} \quad V = \begin{pmatrix} 1 & 1 \\ -\alpha & \alpha \end{pmatrix}.$$

Für $\|A\|_2$ gilt die Ungleichung $\|A\|_2^2 = \rho(A^T A) \leq \|A^T A\|_\infty \leq \|A^T\|_\infty \|A\|_\infty = \|A\|_1 \, |A\|_\infty$. Also folgt auch $\|A^{-1}\|_2^2 \leq \|A^{-1}\|_1 \|A^{-1}\|_\infty$, woraus sich schließlich

$$\kappa_2(A) = \|A\|_2 \|A^{-1}\|_2 \leq \left(\|A\|_1 \|A\|_\infty \|A^{-1}\|_1 \|A^{-1}\|_\infty \right)^{\frac{1}{2}} = \frac{4}{1 - \alpha^2}$$

ergibt. Die Matrix A ist also für alle $\alpha \in (0, \frac{1}{2}]$ gut konditioniert. Für die Konditionszahl der Matrix V ergibt sich

$$\kappa_2(V) = \|V\|_2 \|V^{-1}\|_2 = \frac{1}{\alpha}, \tag{7.18}$$

also ist die Kondition der Eigenvektorbasis v^1, v^2 für $\alpha \ll 1$ schlecht.

Es sei $E = \begin{pmatrix} 0 & 0 \\ \alpha^3(2 + \alpha) & 0 \end{pmatrix}$, mit $\|E\|_2 = \rho(E^T E)^{\frac{1}{2}} = \alpha^3(2 + \alpha) = \mathcal{O}(\alpha^3)$. Die

gestörte Matrix $A + E = \begin{pmatrix} 1 & 1 \\ \alpha^2(1 + \alpha)^2 & 1 \end{pmatrix}$ hat die Eigenwerte

$$\mu_1 = 1 - \alpha(1 + \alpha) = \lambda_1 - \alpha^2,$$
$$\mu_2 = 1 + \alpha(1 + \alpha) = \lambda_2 + \alpha^2,$$

also gilt (vgl. (7.16))

$$|\mu_i - \lambda_i| = \alpha^2 = \frac{1}{2 + \alpha} \frac{\alpha^3(2 + \alpha)}{\alpha} = \frac{1}{2 + \alpha} \kappa_2(V) \|E\|_2.$$

Für $\alpha \ll 1$ ist die absolute Kondition der Eigenwertbestimmung wegen des Faktors $\kappa_2(V) = \frac{1}{\alpha}$ schlecht. Weil $\|A\|_2$ und $|\lambda_i|$, $i = 1, 2$, in der Größenordnung von eins sind, ist für $\alpha \ll 1$ auch die relative Kondition der Eigenwertbestimmung schlecht. △

Die Konditionsanalyse für Eigenvektoren ist wesentlich schwieriger als die für Eigenwerte und wird in diesem Buch nicht betrachtet. Eine ausführliche Diskussion findet man z. B. in [GL].

7.4 Eigenwertabschätzungen

Zu den theoretischen Vorbereitungen gehören auch einige einfache Abschätzungen für die Eigenwerte einer Matrix, die bei der Berechnung dieser Eigenwerte nützlich sein können.

Satz 7.15

Es sei $\| \cdot \|$ eine beliebige Matrixnorm. Für alle $\lambda \in \sigma(A)$ gilt

$$|\lambda| \leq \|A\|.$$

Beweis Es seien $\lambda \in \sigma(A)$ und v ein zugehöriger Eigenvektor mit $\|v\| = 1$. Aus $Av = \lambda v$ folgt

$$|\lambda| = |\lambda|\,\|v\| = \|\lambda v\| = \|Av\| \leq \max_{\|x\|=1} \|Ax\| = \|A\|.$$

$\square$

Die Größe des Residuums für das Eigenwertproblem $Av = \lambda v$ kann im folgenden Sinne als Maß für die Genauigkeit der Eigenwertannäherung dienen.

Satz 7.16

Es seien $A \in \mathbb{R}^{n \times n}$ eine diagonalisierbare Matrix mit

$$V^{-1}AV = \mathrm{diag}(\lambda_1, \ldots, \lambda_n),$$

und (μ, w) eine Approximation einer Lösung des Eigenwertproblems mit

$$\frac{\|Aw - \mu w\|_p}{\|w\|_p} \leq \varepsilon, \tag{7.19}$$

für $p = 1, 2, \infty$. Dann gilt

$$\min_{1 \leq i \leq n} |\mu - \lambda_i| \leq \kappa_p(V)\,\varepsilon, \tag{7.20}$$

mit $\kappa_p(V) := \|V\|_p \|V^{-1}\|_p$.

Beweis Es sei $\Lambda := \operatorname{diag}(\lambda_1, \ldots, \lambda_n)$. Mit $y := V^{-1}w$ und wegen $\|Vz\| \geq \|V^{-1}\|^{-1}\|z\|$ für alle $z \in \mathbb{R}^n$ ergibt sich

$$
\varepsilon \geq \frac{\|Aw - \mu w\|_p}{\|w\|_p} = \frac{\|V(\Lambda - \mu I)V^{-1}w\|_p}{\|w\|_p} = \frac{\|V(\Lambda - \mu I)y\|_p}{\|Vy\|_p}
$$
$$
\geq \frac{\|(\Lambda - \mu I)y\|_p}{\kappa_p(V)\|y\|_p} \geq \frac{\min_{1 \leq i \leq n}|\mu - \lambda_i|}{\kappa_p(V)}.
$$

Hieraus folgt die Behauptung.   □

Falls A *symmetrisch* ist, gilt für den Fehlerverstärkungsfaktor in (7.20) $\kappa_2(V) = 1$.

Gerschgorin-Kreise
Für eine Matrix A lassen sich die sogenannten *Gerschgorin-Kreise*

$$
K_i := \{ z \in \mathbb{C} \mid |z - a_{i,i}| \leq \sum_{j \neq i} |a_{i,j}| \}, \quad i = 1, 2, \ldots, n,
$$

einfach bestimmen. Diese Kreise liefern folgende Schätzung der Lage des Spektrums der Matrix A:

Satz 7.17
Alle Eigenwerte von A liegen in der Vereinigung aller Gerschgorin-Kreise:

$$
\sigma(A) \subseteq (\cup_{i=1}^n K_i).
$$

Beweis Es seien $\lambda \in \sigma(A)$ und v ein zugehöriger Eigenvektor. Es sei $i \in \{1, \ldots, n\}$ so, dass $|v_i| = \max_{1 \leq j \leq n}|v_j|$. Aus $Av = \lambda v$ folgt

$$
(\lambda - a_{i,i})v_i = \sum_{j \neq i} a_{i,j}v_j,
$$

also

$$
|\lambda - a_{i,i}| |v_i| = |\sum_{j \neq i} a_{i,j}v_j| \leq \sum_{j \neq i} |a_{i,j}| |v_j|
$$

und damit

$$
|\lambda - a_{i,i}| \leq \sum_{j \neq i} |a_{i,j}| \frac{|v_j|}{|v_i|} \leq \sum_{j \neq i} |a_{i,j}|.
$$

□

Folgerung 7.18

Es seien K_i^T die Gerschgorin-Kreise für A^T:

$$K_i^T := \{ z \in \mathbb{C} \mid \left| z - a_{i,i} \right| \le \sum_{j \ne i} \left| a_{j,i} \right| \}, \quad i = 1, 2, \ldots, n,$$

dann folgt aus Eigenschaft (iv) in Lemma 7.5 und Satz 7.17:

$$\sigma(A) \subseteq \left((\cup_{i=1}^n K_i) \cap (\cup_{i=1}^n K_i^T) \right). \tag{7.21}$$

Falls A symmetrisch ist, sind alle Eigenwerte reell, also gilt:

$$\sigma(A) \subset \left(\cup_{i=1}^n (K_i \cap \mathbb{R}) \right). \tag{7.22}$$

Beispiel 7.19 Die Matrix

$$A = \begin{pmatrix} 4 & 1 & -1 \\ 0 & 3 & -1 \\ 1 & 0 & -2 \end{pmatrix}$$

hat das Spektrum $\sigma(A) = \{3.43 \pm 0.14i, -1.86\}$. Das Resultat (7.21) ist in Abb. 7.1 dargestellt. Die Matrix

$$A = \begin{pmatrix} 2 & -1 & 0 \\ -1 & 3 & -1 \\ 0 & -1 & 4 \end{pmatrix}$$

hat das Spektrum $\sigma(A) = \{1.27, 3.00, 4.73\}$. Das Resultat (7.22) liefert

$$\sigma(A) \subset ([1, 3] \cup [1, 5] \cup [3, 5]),$$

also $\sigma(A) \subset [1, 5]$.   △

Die Rayleigh-Quotient-Annäherung eines Eigenwertes

Wir werden jetzt zeigen, wie man ausgehend von einer Annäherung eines Eigen*vektors* unmittelbar eine, in gewissem Sinne optimale, Annäherung des zugehörigen Eigen*wertes* bestimmen kann. Der Einfachheit halber beschränken wir uns dabei auf den reellen Fall, d. h. ein Eigenpaar $(v, \lambda) \in \mathbb{R}^n \times \mathbb{R}$. Es sei $\tilde{v} \ne 0$ eine Approximation eines Eigenvektors v. Um die Genauigkeit dieser Approximation zu

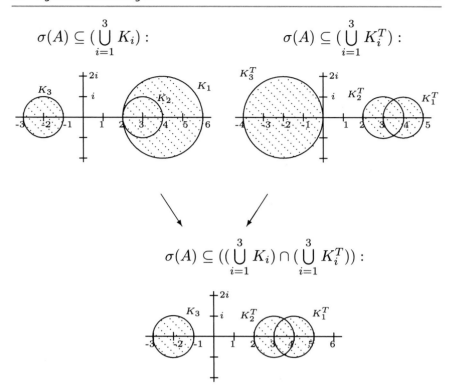

$$\sigma(A) \subseteq (\bigcup_{i=1}^{3} K_i) : \qquad\qquad \sigma(A) \subseteq (\bigcup_{i=1}^{3} K_i^T) :$$

$$\sigma(A) \subseteq ((\bigcup_{i=1}^{3} K_i) \cap (\bigcup_{i=1}^{3} K_i^T)) :$$

Abb. 7.1 Gerschgorin-Kreise

quantifizieren ist es zweckmäßig, einen Abstandsbegriff zu dem vom Eigenvektor v aufgespannten Unterraum $\langle v \rangle := \{\alpha v \mid \alpha \in \mathbb{R}\}$ zu definieren:

$$d(w, \langle v \rangle) := \frac{\min_{\alpha \in \mathbb{R}} \|w - \alpha v\|_2}{\|w\|_2} = \frac{\|w - P_{\langle v \rangle} w\|_2}{\|w\|_2}, \quad w \in \mathbb{R}^n, \; w \neq 0. \quad (7.23)$$

Hierbei ist $P_{\langle v \rangle}$ die *orthogonale Projektion* auf den Unterraum $\langle v \rangle$, siehe Abschn. 4.2. Man erkennt leicht, dass $d(w, \langle v \rangle) = \sin \theta$ gilt, wobei θ der (kleinste) Winkel zwischen den Vektoren w und v ist. Die skalare Funktion

$$\xi \to \|A\tilde{v} - \xi \tilde{v}\|_2^2$$

hat ein eindeutiges globales Minimum an der Stelle

$$\xi_{\min} = r(\tilde{v}) := \frac{\tilde{v}^T A \tilde{v}}{\tilde{v}^T \tilde{v}} = \frac{\tilde{v}^T A \tilde{v}}{\|\tilde{v}\|_2^2}. \quad (7.24)$$

Dieser sogenannte *Rayleigh-Quotient* ist im Sinne der Minimierung des Residuums die optimale Annäherung des Eigenwertes λ. Diese Eigenwertannäherung wird unter anderem in der im Abschn. 7.6 behandelten Vektoriteration verwendet. Die Genauigkeit dieser Annäherung kann man in direkter Beziehung zur Genauigkeit $\tilde{v} \approx v$ setzen, wie im folgenden Lemma gezeigt:

Lemma 7.20

Es seien (v, λ) ein Eigenpaar, $Av = \lambda v$, und $\tilde{v} \neq 0$ eine Approximation des Eigenvektors v, mit

$$d(\tilde{v}, \langle v \rangle) =: \delta < 1.$$

Für den Rayleigh-Quotienten gilt

$$|r(\tilde{v}) - \lambda| \leq \delta \|A\|_2 (1 + 2\delta), \tag{7.25}$$

$$|r(\tilde{v}) - \lambda| \leq 2\delta^2 \|A\|_2, \ falls \ A \ symmetrisch \ ist. \tag{7.26}$$

Beweis Der Rayleigh-Quotient $r(\tilde{v})$ hängt nicht von der Skalierung von $\tilde{v}$ ab. Wir wählen die Skalierung so, dass $\|\tilde{v}\|_2 = 1$ gilt. Wir betrachten die orthogonale Zerlegung von $\tilde{v}$ als $\tilde{v} = P_{\langle v \rangle}\tilde{v} + w = \beta v + w$, mit $w^T v = 0$, $\|v\|_2 = 1$ und $\beta = \tilde{v}^T v$. Es gilt $1 = \|\tilde{v}\|_2^2 = \beta^2 + \|w\|_2^2$. Wegen $d(\tilde{v}, \langle v \rangle) = \delta$ gilt $\|w\|_2 = \delta$, also $\beta^2 = 1 - \delta^2$. Damit ergibt sich

$$r(\tilde{v}) = \frac{\tilde{v}^T A \tilde{v}}{\|\tilde{v}\|_2^2} = \tilde{v}^T A \tilde{v} = (\beta v + w)^T A(\beta v + w) = (\beta v + w)^T (\beta \lambda v + Aw)$$

$$= \lambda \beta^2 + \beta v^T Aw + w^T Aw = \lambda - \lambda \delta^2 + \beta v^T Aw + w^T Aw.$$

Somit gilt, wegen $|\lambda| \leq \|A\|_2$ (Satz 7.15) und $|\beta| \leq 1$:

$$|r(\tilde{v}) - \lambda| \leq \delta^2 \|A\|_2 + |v^T Aw| + \|A\|_2 \|w\|_2^2 = 2\delta^2 \|A\|_2 + |v^T Aw|.$$

Wenn A symmetrisch ist, gilt $v^T Aw = (Av)^T w = \lambda v^T w = 0$. Für den allgemeinen Fall verwendet man $|v^T Aw| \leq \|v\|_2 \|A\|_2 \|w\|_2 = \delta \|A\|_2$. Hieraus folgen die Behauptungen. $\square$

Es sei jetzt $(\tilde{v}^k)_{k \geq 1}$ eine Folge von Annäherungen eines Eigenvektors v, welche zum Beispiel mit der in Abschn. 7.6 behandelten Vektoriteration bestimmt wurde. Aus Lemma 7.20 folgt, dass, falls $d(\tilde{v}_k, \langle v \rangle) =: \delta_k \leq c\gamma^k$, mit $0 < \gamma < 1$ (lineare Konvergenz), gilt, man für die Folge der zugehörigen Rayleigh-Quotienten $(r(\tilde{v}^k))_{k \geq 1}$ etwa eine *lineare Konvergenz mit demselben Faktor γ* erwartet; im *symmetrischen Fall* wird der *Konvergenzfaktor quadriert* (vgl. (7.26)).

7.5 Eigenwerte als Nullstellen des charakterischen Polynoms

Wegen Lemma 7.4 ist die Aufgabe der Berechnung der Eigenwerte einer Matrix A äquivalent zur Bestimmung der Nullstellen des charakteristischen Polynoms

$$p_A(\lambda) := \det(A - \lambda I).$$

Da man jedoch die Koeffizienten dieses Polynoms erst anhand der Matrix A *berechnen* muss, und da bekanntlich Nullstellen oft sehr sensibel von den Koeffizienten abhängen (schlecht konditioniertes Problem), ist dies im Allgemeinen ein *ungeeignetes Vorgehen* und nur für sehr kleine n akzeptabel. Dies wird durch folgende Beispiele belegt.

Beispiel 7.21 Wir betrachten eine Diagonalmatrix

$$A = \mathrm{diag}(a_{1,1}, a_{2,2}, \ldots, a_{n,n}), \quad \text{mit } a_{1,1} > a_{2,2} \geq \ldots \geq a_{n,n} \geq 0.$$

Diese Matrix hat die Eigenwerte $\lambda_i = a_{i,i}$ mit Eigenvektoren $v^i = e^i$, $i = 1, \ldots, n$, wobei e^i der i-te Basisvektor ist. Für diese Matrix ist das (triviale) Eigenwertproblem gut konditioniert: kleine Störungen in den Einträgen $a_{i,i}$ (z. B. Rundungsfehler) bewirken dieselben Störungen in den Eigenwerten. Wir zeigen, was passieren kann, wenn man den größten Eigenwert λ_1 (nur als Beispiel; ähnliche Effekte treten für die anderen Eigenwerte auf) über die Darstellung als größte Nullstelle des charakteristischen Polynoms berechnen möchte. Es sei

$$p_A(\lambda) = \det(A - \lambda I) = \prod_{i=1}^{n} (a_{i,i} - \lambda) =: (\lambda_1 - \lambda) p_{n-1}(\lambda),$$

mit $p_{n-1}(\lambda) = \prod_{i=2}^{n} (\lambda_i - \lambda)$. Es gilt $p'_A(\lambda_1) = -p_{n-1}(\lambda_1)$. Wir nehmen an, dass das charakteristische Polynom in der monomialen Darstellung vorliegt:

$$p_A(\lambda) = (-1)^n \lambda^n + \alpha_{n-1} \lambda^{n-1} + \ldots + \alpha_1 \lambda + \alpha_0, \quad \alpha_0, \ldots, \alpha_{n-1} \in \mathbb{R}.$$

Wir betrachten beispielhaft eine kleine Störung nur in dem Koeffizienten α_{n-1} (z. B. Rundungsfehler bei der Berechnung von α_{n-1}). Dies führt auf ein leicht gestörtes Polynom

$$\tilde{p}_A(\lambda) = (-1)^n \lambda^n + \tilde{\alpha}_{n-1} \lambda^{n-1} + \alpha_{n-2} \lambda^{n-2} + \ldots + \alpha_1 \lambda + \alpha_0$$

mit $\tilde{\alpha}_{n-1} \approx \alpha_{n-1}$. Die größte Nullstelle dieses gestörten Polynoms sei mit $\tilde{\lambda}_1$ bezeichnet. Wir untersuchen die Empfindlichkeit des Fehlers $|\tilde{\lambda}_1 - \lambda_1|$ bezüglich der Koeffizientenänderung $|\tilde{\alpha}_{n-1} - \alpha_{n-1}|$. Dazu definieren wir die Funktion $F : \mathbb{R}^2 \to \mathbb{R}$,

$$F(\lambda, \alpha) := (-1)^n \lambda^n + \alpha \lambda^{n-1} + \alpha_{n-1} \lambda^{n-2} \ldots + \alpha_1 \lambda + \alpha_0,$$

mit den Eigenschaften $F(\lambda, \alpha_{n-1}) = p_A(\lambda)$, $F(\lambda, \tilde{\alpha}_{n-1}) = \tilde{p}_A(\lambda)$. Eine Taylorentwicklung von F ergibt

$$0 = \tilde{p}_A(\tilde{\lambda}_1) = F(\tilde{\lambda}_1, \tilde{\alpha}_{n-1})$$

$$\doteq F(\lambda_1, \alpha_{n-1}) + \frac{\partial F}{\partial \lambda}(\lambda_1, \alpha_{n-1})(\tilde{\lambda}_1 - \lambda_1) + \frac{\partial F}{\partial \alpha}(\lambda_1, \alpha_{n-1})(\tilde{\alpha}_{n-1} - \alpha_{n-1}).$$

Hieraus und aus $F(\lambda_1, \alpha_{n-1}) = p_A(\lambda_1) = 0$, $\frac{\partial F}{\partial \lambda}(\lambda_1, \alpha_{n-1}) = p'_A(\lambda_1) = -p_{n-1}(\lambda_1)$, $\frac{\partial F}{\partial \alpha}(\lambda_1, \alpha_{n-1}) = \lambda_1^{n-1}$ erhält man

$$\left|\tilde{\lambda}_1 - \lambda_1\right| \doteq \frac{\lambda_1^{n-1}}{\prod_{i=2}^{n}(\lambda_1 - \lambda_i)}\left|\tilde{\alpha}_{n-1} - \alpha_{n-1}\right|. \tag{7.27}$$

Der Fehlerverstärkungsfaktor $\frac{\lambda_1^{n-1}}{\prod_{i=2}^{n}(\lambda_1-\lambda_i)}$ kann, insbesondere für große n-Werte, sehr groß sein, zum Beispiel wenn $\lambda_1 \gg 1$ und $\lambda_1 - \lambda_i \le 1, i = 2, \ldots, n$. △

Beispiel 7.22 Es sei $A = \mathrm{diag}(a_{1,1}, a_{2,2}, \ldots, a_{n,n})$ eine Diagonalmatrix mit $a_{1,1} = 3.1$, $a_{i,i} = 3$, $2 \le i \le n$. Die Eigenwerte dieser Matrix sind $\lambda_i = a_{i,i}$. Das charakteristische Polynom $p_A(\lambda) = \det(A - \lambda I)$ in der monomial Darstellung ist

$$p_A(\lambda) = (3.1 - \lambda)(3 - \lambda)^{n-1} = \sum_{k=0}^{n} \alpha_k \lambda^k, \text{ mit } \alpha_0 = 3.1 \cdot 3^{n-1}, \ \alpha_n = (-1)^n,$$

$$\alpha_k = (-1)^k 3^{n-1-k}\left(3.1\binom{n-1}{k} + 3\binom{n-1}{k-1}\right), \ k = 1, \ldots, n-1.$$

Die Nullstellen dieses Polynoms werden mit der Matlab Routine ROOTS berechnet. Dabei sind die (mit Rundungsfehlern behafteten) Koeffizienten $(\alpha_k)_{0 \le k \le n}$ Eingabe der Routine. Der Fehler in der berechneten Annäherung $\tilde{\lambda}_1$ der größten Nullstelle $\lambda_1 = 3.1$ und der Faktor $F_n := \frac{\lambda_1^{n-1}}{\prod_{i=2}^{n}(\lambda_1-\lambda_i)}$ aus (7.27) werden in Tab. 7.1 gezeigt. Für $n = 9$ werden die berechneten Nullstellen in Abb. 7.2 gezeigt.

Man beobachtet, dass bereits für die (sehr kleine) Dimension $n = 9$ die mit diesem Verfahren berechneten Eigenwertannäherungen einen, im Hinblick auf die gute Kondition dieses Eigenwertproblems, inakzeptabel großen Fehler haben. Wir schließen daraus, dass dieses Verfahren *nicht stabil* ist. △

Tab. 7.1 Größter Eigenwert als Nullstelle des charakteristischen Polynoms

n	3	5	7	9
$\left|\lambda_1 - \tilde{\lambda}_1\right|$	2.5e−13	2.3e−8	3.1e−5	4.4e−2
F_n	9.6e+2	9.2 e+5	8.9e+8	8.5e+11

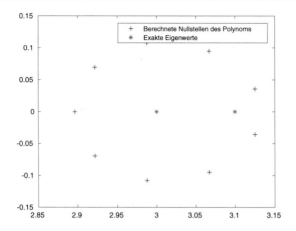

Abb. 7.2 Eigenwerte der Matrix A (∗) und berechnete Nullstellen von $p_A(\lambda)$ (+)

Matlab-Demo 7.23 (Charakteristisches Polynom) In diesem Matlabexperiment wird Beispiel 7.22 weiter untersucht. Die Dimension n kann variiert werden und die berechneten Nullstellen des charakterischen Polynoms werden gezeigt.

Bemerkung 7.24 Für ein Polymon vom Grad 2 gibt es die pq-Formel, um die Nullstellen dieses Polynoms zu bestimmen. Hiermit kann man die Eigenwerte einer (2×2)-Matrix als Nullstellen des charakteristischen Polynoms

$$\det(A - \lambda I) = (a_{1,1} - \lambda)(a_{2,2} - \lambda) - a_{1,2}a_{2,1} = 0$$

über eine *direkte Methode* berechnen. Aus der Algebra ist bekannt, dass für Polynome vom Grad $n > 4$ keine allgemeine explizite Formeln zur Bestimmung der Nullstellen dieser Polynome existieren. Folglich kann das Eigenwertproblem $Av = \lambda v$, mit $A \in \mathbb{R}^{n \times n}$ und $n > 4$, *nicht* mit einer direkten Methode gelöst werden.   △

Nullstellen eines Polynoms als Eigenwerte der Begleitmatrix
Wir können den oben skizzierten ungeeigneten Weg in umgekehrter Richtung gehen und erhalten dann eine *effiziente und stabile* numerische Methode zur Berechnung von Nullstellen eines Polynoms, die in der Praxis oft verwendet wird. Es sei

$$P_n(x) = \sum_{j=0}^{n} a_j x^j, \quad a_j \in \mathbb{R}, \ j = 1, \ldots, n-1, \ a_n := 1, \qquad (7.28)$$

ein Polynom vom Grad n mit reellen Koeffizienten. Ohne Einschränkung der Allgemeinheit haben wir ein Skalierung $a_n = 1$ genommen. Als vorliegende Aufgabe sollen die Nullstellen dieses Polynoms bestimmt werden. Dazu führen wir die sogenannte *Begleitmatrix*

$$
A_{P_n} := \begin{pmatrix}
0 & 1 & & & \\
& 0 & 1 & & \emptyset \\
\emptyset & & \ddots & \ddots & \\
& & & 0 & 1 \\
-a_0 & -a_1 & \ldots\ldots & & -a_{n-1}
\end{pmatrix}
$$

ein. Man kann einfach nachrechen, dass

$$
\det(A_{P_n} - xI) = P_n(x), \quad x \in \mathbb{C},
$$

gilt, also:

$$
x^* \text{ Nullstelle von } P_n \iff x^* \in \sigma(A_{P_n}).
$$

Die Begleitmatrix kann man unmittelbar (effizient und stabil) aus den Koeffizienten a_i des Polynoms P_n bestimmen. Wir werden in diesem Kapitel sehr effiziente Methoden zur Approximation der Eigenwerte einer beliebigen Matrix kennenlernen. Diese Methoden kann man auf die Begleitmatrix A_{P_n} anwenden und *damit Annäherungen für die gesuchten Nullstellen bestimmen.* Diese Vorgehensweise wird in der Praxis oft verwendet, zum Beispiel auch in Matlab, siehe Demo 7.25.

Matlab-Demo 7.25 (Nullstellen über Begleitmatrix) In diesem Matlabexperiment wird eine Methode zur Bestimmung der Nullstellen eines Polynoms über die Eigenwerte der Begleitmatrix untersucht. Dazu seien die Koeffizienten eines Polynoms in der monomial Darstellung $P(x) = \sum_{j=0}^{n} c_j x^j$, mit $c_n = 1$, vorgegeben. Die Begleitmatrix A_P wird aufgestellt und mit der Matlab Routine EIG werden die Eigenwerte dieser Matrix berechnet. (Diese Methode zur Bestimmung der Nullstellen eines Polynoms wird in der Matlab Routine ROOTS verwendet).

7.6   Vektoriteration

Die *Vektoriteration* ist vielleicht das einfachste Verfahren zur Bestimmung des betragsmäßig größten Eigenwertes und eines zugehörigen Eigenvektors einer Matrix. Darüberhinaus liefert diese Vektoriteration (oder *Potenzmethode*) ein wichtiges Grundkonzept für die Entwicklung leistungsfähigerer Methoden zur Eigenwert- und Eigenvektorbestimmung (z. B. der in Abschn. 7.7 und 7.8).

Für die Analyse der Vektoriteration wird der Einfachheit halber angenommen, dass A diagonalisierbar ist, d. h., es existiert eine Basis aus Eigenvektoren von A:

$$v^1, v^2, \ldots, v^n \in \mathbb{C}^n.$$

Die Eigenvektoren v^i werden so skaliert, dass $\|v^i\|_2 = 1, i = 1, \ldots, n$, gilt. Außerdem nehmen wir an, dass der dominante Eigenwert von A, d. h. der betragsmäßig größte Eigenwert, *einfach* ist:

$$|\lambda_1| > |\lambda_2| \geq |\lambda_3| \geq \ldots \geq |\lambda_n|.$$

Da wir uns auf eine reelle Matrix A beschränken, bedeutet die Annahme $|\lambda_1| > |\lambda_2|$ gleichzeitig, dass λ_1 und v_1 reell sind (vgl. Eigenschaft (ii) in Lemma 7.5). Ein beliebiger Startvektor $x^0 \in \mathbb{R}^n$ lässt sich (theoretisch!) als

$$x^0 = c_1 v^1 + c_2 v^2 + \ldots + c_n v^n =: c_1 v^1 + r^0$$

darstellen. Wir nehmen ferner an, dass x^0 so gewählt ist, dass

$$c_1 \neq 0 \qquad (7.29)$$

gilt. Wendet man die k-te Potenz von A auf x^0 an, ergibt sich

$$x^k := A^k x^0 = c_1 \lambda_1^k v^1 + A^k r^0, \quad k = 1, 2, \ldots. \qquad (7.30)$$

Es gilt $A^k r^0 \in \langle v^2, \ldots, v^n \rangle$. Wir werden jetzt die Konvergenz der Folge $(x^k)_{k \geq 1}$ gegen den vom Eigenvektor v^1 aufgespannten Raum analysieren. Diese Analyse wird stark vereinfacht, wenn wir den Abstand „geeignet messen". Dazu wird die Norm $\|x\|_V := \|V^{-1} x\|_2$ definiert, wobei $V := \left(v^1 \ v^2 \ldots v^n \right)$ die Matrix der Eigenvektoren ist. Der zugehörige Abstandsbegriff, siehe (7.23), ist durch

$$d_V(w, \langle v \rangle) := \frac{\min_{\alpha \in \mathbb{R}} \|w - \alpha v\|_V}{\|w\|_V}, \quad v, w \in \mathbb{R}^n, \ w \neq 0, \ v \neq 0$$

gegeben. Falls die Eigenvektorbasis orthogonal ist, gilt $\|x\|_V = \|x\|_2$ und $d_V(w, \langle v \rangle) = d(w, \langle v \rangle)$. Mit Hilfe von $\|x\|_V \leq \|V^{-1}\|_2 \|x\|_2$, $\|x\|_V \geq \|V\|_2^{-1} \|x\|_2$ ergibt sich

$$\frac{1}{\kappa_2(V)} d(w, \langle v \rangle) \leq d_V(w, \langle v \rangle) \leq \kappa_2(V) d(w, \langle v \rangle), \qquad (7.31)$$

mit der Konditionszahl $\kappa_2(V) = \|V\|_2 \|V^{-1}\|_2$. Es sei $A = V \Lambda V^{-1}$, mit $\Lambda = \mathrm{diag}(\lambda_1, \ldots, \lambda_n)$, die Eigenvektorzerlegung der Matrix A. Wegen $r^0 \in \langle v_2, \ldots, v_n \rangle$ gilt für den letzten Term in (7.30)

$$\|A^k r^0\|_V = \|V^{-1} A^k r^0\| = \|\Lambda^k V^{-1} r^0\|_2 \leq |\lambda_2|^k \|r^0\|_V.$$

Hieraus und aus $\|\alpha v^1 + \beta w\|_V^2 = \alpha^2 + \beta^2 \|w\|_V^2$ für beliebiges $w \in \langle v^2, \ldots, v^n \rangle$, $\alpha \in \mathbb{R}$, folgt

$$
\begin{aligned}
d_V(x^k, \langle v^1 \rangle) &= d_V\left(\frac{1}{c_1 \lambda_1^k} x^k, \langle v^1 \rangle\right) = d_V\left(v^1 + \frac{1}{c_1 \lambda_1^k} A^k r^0, \langle v^1 \rangle\right) \\
&= \frac{\frac{1}{|c_1 \lambda_1^k|} \|A^k r^0\|_V}{\left(1 + \left(\frac{1}{|c_1 \lambda_1^k|} \|A^k r^0\|_V\right)^2\right)^{\frac{1}{2}}} \leq \frac{1}{|c_1 \lambda_1^k|} \|A^k r^0\|_V \leq \frac{\|r^0\|_V}{|c_1|} \left|\frac{\lambda_2}{\lambda_1}\right|^k .
\end{aligned}
\tag{7.32}
$$

Folglich strebt der Abstand (gemessen in $\| \cdot \|_V$) zwischen $x^k = A^k x^0$ und $\langle v^1 \rangle$ gegen Null. Dabei ist die Konvergenz linear und wird (für hinreichend großes k) vom Faktor $\left|\frac{\lambda_2}{\lambda_1}\right| < 1$ bestimmt. Wegen (7.31) und $d(x^k, \langle v^1 \rangle) \leq \kappa_2(V) d_V(x^k, \langle v^1 \rangle)$, gilt dasselbe, wenn man den Abstand in der Euklidischen Norm misst. Zusammenfassend haben wir Folgendes gezeigt:

$$
d(x^k, \langle v^1 \rangle) \leq \hat{c} \left|\frac{\lambda_2}{\lambda_1}\right|^k, \quad k = 1, 2, \ldots, \text{ mit } \hat{c} := \kappa_2(V) \frac{\|r^0\|_V}{|c_1|}.
\tag{7.33}
$$

Als Annäherung des betragsmäßig größten Eigenwertes λ_1 kann man den Rayleigh-Quotienten $r(x^k)$ aus (7.24)

$$
\lambda^{(k)} := r(x^k) = \frac{(x^k)^T A x^k}{\|x^k\|_2^2} = \frac{(x^k)^T x^{k+1}}{\|x^k\|_2^2}
\tag{7.34}
$$

verwenden. Wegen Lemma 7.20 erhält man folgende Fehlerschranken mit der Konstante $\hat{c}$ aus (7.33):

$$
|\lambda^{(k)} - \lambda_1| \leq c_1 \left|\frac{\lambda_2}{\lambda_1}\right|^k, \quad c_1 := 3\hat{c} \|A\|_2,
\tag{7.35}
$$

$$
|\lambda^{(k)} - \lambda_1| \leq c_2 \left|\frac{\lambda_2}{\lambda_1}\right|^{2k}, \quad c_2 := 2\hat{c}^2 \|A\|_2, \text{ wenn } A = A^T.
\tag{7.36}
$$

Da $\|x^k\|_2 \to \infty$, falls $|\lambda_1| > 1$, und $\|x^k\|_2 \to 0$, falls $|\lambda_1| < 1$, ist es zweckmäßig, die Iterierten x^k zu skalieren. Damit werden dann starke Änderungen der Größenordnung der Iterierten vermieden. Da der Abstand $d(x^k, \langle v^1 \rangle)$ und der Rayleigh-Quotient $r(x^k)$ in (7.34) *nicht* von der Skalierung von x^k abhängen, bleiben bei einer Neuskalierung von x^k die Resultate (7.33) und (7.35)–(7.36) erhalten.

Insgesamt ergibt sich folgender Algorithmus:

Algorithmus 7.26 (Vektoriteration/Potenzmethode)

Wähle einen Startvektor y^0 mit $\|y^0\|_2 = 1$.
Für $k = 0, 1, 2, \ldots$ berechne
$$\tilde{y}^{k+1} = Ay^k,$$
$$\lambda^{(k)} = (y^k)^T \tilde{y}^{k+1},$$
$$y^{k+1} = \tilde{y}^{k+1} / \|\tilde{y}^{k+1}\|_2.$$

Mit $x^0 := y^0$ kann man über Induktion einfach zeigen, dass

$$y^k = \frac{x^k}{\|x^k\|_2} = \frac{A^k x^0}{\|A^k x^0\|_2}$$

gilt. Also liefert Algorithmus 7.26 bis auf einen Skalierungsfaktor in x^k tatsächlich die oben analysierten Folgen $(x^k)_{k \geq 0}$ und $(\lambda^{(k)})_{k \geq 0}$.

Die Konvergenzgeschwindigkeit und damit die Effizienz der Vektoriteration hängt wesentlich vom Verhältnis zwischen $|\lambda_1|$ und $|\lambda_2|$ ab (vgl. (7.33), (7.35)–(7.36)).

Beispiel 7.27 Die Matrix

$$A = \begin{pmatrix} 5 & 4 & 4 & 5 & 6 \\ 0 & 8 & 5 & 6 & 7 \\ 0 & 0 & 6 & 7 & 8 \\ 0 & 0 & 0 & -4 & 9 \\ 0 & 0 & 0 & 0 & -2 \end{pmatrix} \tag{7.37}$$

hat das Spektrum $\sigma(A) = \{5, 8, 6, -4 - 2\}$, also

$$\lambda_1 = 8, \quad \left|\frac{\lambda_2}{\lambda_1}\right| = \frac{3}{4}.$$

Der Eigenwert λ_1 hat den zugehörigen Eigenvektor $v^1 = (\frac{4}{5}, \frac{3}{5}, 0, 0, 0)^T$. Einige Resultate der Vektoriteration angewandt auf diese Matrix mit Startvektor $y^0 = \frac{1}{\sqrt{5}}(1, 1, 1, 1, 1)^T$ werden in Tab. 7.2 gezeigt.

Tab. 7.2 Vektoriteration

k	$|\lambda^{(k)} - \lambda_1|$	$\frac{|\lambda^{(k)} - \lambda_1|}{|\lambda^{(k-1)} - \lambda_1|}$
0	6.8000	–
1	3.0947	0.46
2	1.3864	0.44
3	1.5412	1.11
4	0.8622	0.56
5	0.7103	0.82
6	0.4758	0.67
7	0.3666	0.77
8	0.2629	0.72
9	0.1992	0.76
10	0.1468	0.74
11	0.1107	0.75

Für die Annäherung des Eigenvektors v^1 ergibt sich (nach 12 Iterationen)

$$y^{12} = (0.7940, 0.6079, 0.0070, -0.0001, 0.0000)^T.$$

Offensichtlich gilt $\lambda^{(k)} \to \lambda_1$, wobei für hinreichend großes k der Konvergenzfaktor (d. h. Fehlerreduktionsfaktor pro Iteration) etwa $\left|\frac{\lambda_2}{\lambda_1}\right|$ ist.   △

In der Praxis ist der Fehler $\left|\lambda^{(k)} - \lambda_1\right|$ nicht bekannt, aber da die Folge $(\lambda^{(k)})_{k \geq 0}$ *linear* konvergent ist, kann man ihn über die in Abschn. 5.4 erklärte Methode schätzen. Es sei dazu

$$q_k := \frac{\lambda^{(k)} - \lambda^{(k-1)}}{\lambda^{(k-1)} - \lambda^{(k-2)}} \quad (k \geq 2),$$

dann ergibt sich die Fehlerschätzung (für hinreichend großes k):

$$\lambda_1 - \lambda^{(k)} \approx \frac{q_k}{1 - q_k}(\lambda^{(k)} - \lambda^{(k-1)}). \tag{7.38}$$

Beispiel 7.28 Wir betrachten die *symmetrische* Matrix

$$A = \begin{pmatrix} -7 & 13 & -16 \\ 13 & -10 & 13 \\ -16 & 13 & -7 \end{pmatrix}$$

mit dem Spektrum $\sigma(A) = \{3, 9, -36\}$, also gilt

$$\lambda_1 = -36, \quad \left|\frac{\lambda_2}{\lambda_1}\right| = \frac{1}{4}.$$

Tab. 7.3 Vektoriteration

k	$|\lambda^{(k)} - \lambda_1|$	$\frac{|\lambda^{(k)} - \lambda_1|}{|\lambda^{(k-1)} - \lambda_1|}$	$q_k = \frac{\lambda^{(k)} - \lambda^{(k-1)}}{\lambda^{(k-1)} - \lambda^{(k-2)}}$	$\left|\frac{q_k}{1-q_k}(\lambda^{(k)} - \lambda^{(k-1)})\right|$
0	29	–	–	–
1	3.97	0.137	–	–
2	2.63e−1	0.066	0.148	6.44e−1
3	1.65e−2	0.063	0.067	1.76e−2
4	1.03e−3	0.062	0.063	1.03e−3
5	6.44e−5	0.062	0.062	6.44e−5
6	4.02e−6	0.062	0.062	4.02e−6

Der Eigenwert λ_1 hat den zugehörigen Eigenvektor $v^1 = \frac{1}{\sqrt{3}}(-1, 1, -1)^T$. In Tab. 7.3 sind einige Resultate der Vektoriteration mit Startvektor $y^0 = (1, 0, 0)^T$ und der Fehlerschätzung (7.38) dargestellt.

Für die Annäherung des Eigenvektors v^1 ergibt sich (nach 7 Iterationen)

$$y^7 = (-0.5773, 0.5774, -0.5774)^T.$$

Die Resultate in der Tabelle zeigen, dass $\lambda^{(k)} \to \lambda_1$, wobei für hinreichend großes k der Konvergenzfaktor etwa $\left|\frac{\lambda_2}{\lambda_1}\right|^2$ ist (vgl (7.36)), und dass die Fehlerschätzung (7.38) befriedigend ist. △

Beispiel 7.29 Wir betrachten das Eigenwertproblem aus Beispiel 7.1 mit $R = I$, also $Ax = \lambda x$ ($A \in \mathbb{R}^{(n-1)\times(n-1)}$ wie in (7.4)). Für die symmetrisch positiv definite Matrix A ist eine explizite Formel für die Eigenwerte bekannt:

$$\lambda_{n-k} = \frac{4}{h^2} \sin^2\left(\tfrac{1}{2}k\pi h\right), \quad k = 1, 2, \ldots, n-1, \quad h := \frac{1}{n}.$$

Die Nummerierung ist hierbei so gewählt, dass $\lambda_1 > \lambda_2 > \ldots > \lambda_{n-1} > 0$ gilt. Wegen

$$\left|\frac{\lambda_2}{\lambda_1}\right| = \frac{\lambda_2}{\lambda_1} = \frac{\sin^2\left(\tfrac{1}{2}(n-2)\pi h\right)}{\sin^2\left(\tfrac{1}{2}(n-1)\pi h\right)} = \frac{\sin^2\left(\tfrac{1}{2}\pi - \pi h\right)}{\sin^2\left(\tfrac{1}{2}\pi - \tfrac{1}{2}\pi h\right)}$$

$$= \frac{\cos^2(\pi h)}{\cos^2(\tfrac{1}{2}\pi h)} = \frac{(1 - \tfrac{1}{2}(\pi h)^2)^2}{(1 - \tfrac{1}{2}(\tfrac{1}{2}\pi h)^2)^2} + \mathcal{O}(h^4) = 1 - \tfrac{3}{4}\pi^2 h^2 + \mathcal{O}(h^4)$$

erwarten wir für $h \ll 1$ eine sehr langsame Konvergenz $\lambda^{(k)} \to \lambda_1$ der Vektoriteration mit einem Konvergenzfaktor von ungefähr $\left|\frac{\lambda_2}{\lambda_1}\right|^2 \doteq 1 - \tfrac{3}{2}\pi^2 h^2$ pro Iteration. Dies wird von den Resultaten der Vektoriteration für den Fall $h = \frac{1}{30}$ mit dem Startvektor $y^0 = \hat{y}^0/\|\hat{y}^0\|_2$, $\hat{y}^0 := (1, 2, 3, 4, \ldots, 29)$, in Tab. 7.4 bestätigt. △

Tab. 7.4 Vektoriteration

k	$\|\lambda^{(k)} - \lambda_1\|$	$\frac{\|\lambda^{(k)}-\lambda_1\|}{\|\lambda^{(k-1)}-\lambda_1\|}$
1	1.79e+3	0.51
5	4.81e+2	0.82
15	1.64e+2	0.93
50	4.36e+1	0.98
100	1.70e+1	0.98
150	8.16	0.99

7.7   Inverse Vektoriteration

In diesem Abschnitt wird stets angenommen, dass die Matrix $A \in \mathbb{R}^{n \times n}$ nichtsingulär und diagonalisierbar ist. Da für

$$Av^i = \lambda_i v^i, \quad i = 1, \ldots, n,$$

auch

$$A^{-1}v^i = \frac{1}{\lambda_i}v^i$$

folgt, würde die Vektoriteration 7.26, angewandt auf A^{-1}, unter der Annahme

$$|\lambda_1| \geq |\lambda_2| \geq \ldots \geq |\lambda_{n-1}| > |\lambda_n|,$$

den *betragsmäßig kleinsten* Eigenwert λ_n von A ermitteln. Um auch noch *andere* Eigenwerte ermitteln zu können, nutzt man aus, dass λ_i genau dann Eigenwert von A ist, wenn $\lambda_i - \mu$ Eigenwert von $A - \mu I$ ist (Eigenschaft (iii) in Lemma 7.5). Angenommen, wir hätten eine Annäherung $\mu \approx \lambda_i$ ($\mu \neq \lambda_i$) eines beliebigen Eigenwertes λ_i der Matrix A zur Verfügung, so dass

$$0 < |\mu - \lambda_i| < \left|\mu - \lambda_j\right| \quad \text{für alle } j \neq i, \tag{7.39}$$

dann ist $(\lambda_i - \mu)^{-1}$ der *betragsgrößte* Eigenwert der Matrix $(A - \mu I)^{-1}$. (Implizit hat man hierbei angenommen, dass λ_i ein *einfacher* und *reeller* Eigenwert ist.) Zur Approximation von $(\lambda_i - \mu)^{-1}$, und damit von λ_i, kann man die Vektoriteration auf $(A - \mu I)^{-1}$ anwenden:

Algorithmus 7.30 (Inverse Vektoriteration mit Spektralverschiebung)

Wähle einen Startvektor y^0 mit $\|y^0\|_2 = 1$.
Für $k = 0, 1, 2, \ldots$:
  Löse $(A - \mu I)\tilde{y}^{k+1} = y^k$, $\qquad\qquad\qquad$ (7.40)

$$\lambda^{(k)} := \frac{1}{(y^k)^T \tilde{y}^{k+1}} + \mu, \qquad\qquad\qquad (7.41)$$

$$y^{k+1} := \tilde{y}^{k+1} / \|\tilde{y}^{k+1}\|_2.$$

In (7.40) ist zu beachten, dass $\tilde{y}^{k+1} = (A - \mu I)^{-1} y^k$ (das Resultat der Vektoriteration angewandt auf $(A - \mu I)^{-1}$) als Lösung des Systems $(A - \mu I)\tilde{y}^{k+1} = y^k$ ermittelt wird. Bestimmt man einmal eine LR- oder QR-Zerlegung von $A - \mu I$, erfordert jeder Iterationsschritt im Algorithmus 7.30 nur die viel weniger aufwendige Durchführung des Einsetzens. Bei der Vektoriteration (Algorithmus 7.26) angewandt auf $(A - \mu I)^{-1}$ strebt $(y^k)^T \tilde{y}^{k+1}$ gegen den betragsmäßig größten Eigenwert von $(A - \mu I)^{-1}$, also gegen $\frac{1}{\lambda_i - \mu}$ (vgl. (7.39)).
Daraus folgt, dass

$$\lambda^{(k)} := \frac{1}{(y^k)^T \tilde{y}^{k+1}} + \mu \to \lambda_i \quad \text{für } k \to \infty \qquad (7.42)$$

gilt. Aus der Konvergenzanalyse der Vektoriteration in Abschn. 7.6 erhält man, dass die Konvergenzgeschwindigkeit in (7.42) durch das Verhältnis zwischen $\frac{1}{|\lambda_i - \mu|}$ und dem betragsmäßig zweitgrößten Eigenwert von $(A - \mu I)^{-1}$, also durch den Faktor

$$\frac{\max_{j \neq i} \frac{1}{|\lambda_j - \mu|}}{\frac{1}{|\lambda_i - \mu|}} = \frac{\frac{1}{\min_{j \neq i} |\lambda_j - \mu|}}{\frac{1}{|\lambda_i - \mu|}} = \frac{|\lambda_i - \mu|}{\min_{j \neq i} |\lambda_j - \mu|}, \qquad (7.43)$$

bestimmt wird. Hieraus schließen wir:

Ist $\mu \approx \lambda_i$ eine besonders gute Approximation, so gilt

$$\frac{|\lambda_i - \mu|}{\min_{j \neq i} |\lambda_j - \mu|} \ll 1, \qquad\qquad\qquad (7.44)$$

und die im Verfahren berechnete Folge $\lambda^{(k)}$, $k = 0, 1, 2, \ldots$, konvergiert sehr rasch gegen λ_i.

Bemerkung 7.31 Die oben beschriebene Technik der Spektralverschiebung kann man auch bei der Potenzmethode, Algorithmus 7.26, anwenden, liefert dann aber keine signifikante Verbesserung. Ein wesentlicher Unterschied zwischen der Vektoriteration und der inversen Vektoriteration ist, dass bei letzterer die Potenzen der *inversen* Matrix genommen werden und damit die Rayleigh-Quotienten gegen den betragsmäßig kleinsten Eigenwert von A (der dem betragsmäßig größten Eigenwert von A^{-1} entspricht) konvergieren. Mit einer geeignet gewählten Verschiebung kann der bei der inversen Vektoriteration relevante Konvergenzfaktor (7.43) sehr klein werden. Dies ist aber bei der Vektoriteration *nicht* möglich. Um dies zu illustrieren betrachten wir die Matrix A aus Beispiel 7.27, mit den Eigenwerten $\lambda_1 = 8$, $\lambda_2 = 6$, $\lambda_3 = 5$, $\lambda_4 = -4$, $\lambda_5 = -2$. Es sei $\mu = 5 + \epsilon \approx \lambda_3$ mit $0 < \epsilon \ll 1$. Die Matrix $A - \mu I$ hat den betragsgrößten Eigenwert $\lambda_4 - \mu$, und deshalb konvergiert bei der Vektoriteration angewandt auf diese Matrix die Folge x^k gegen den Eigenvektor v^4 (und $r(x^k) + \mu \to \lambda_4$) mit Konvergenzfaktor $\left|\frac{\lambda_5-\mu}{\lambda_4-\mu}\right| = \left|\frac{-7-\epsilon}{-9-\epsilon}\right| \approx 0.78 + \mathcal{O}(\epsilon)$. Die Matrix $(A - \mu I)^{-1}$ hat den betragsgrößten Eigenwert $(\lambda_3 - \mu)^{-1}$, und deshalb konvergiert bei der inversen Vektoriteration mit Spektralverschiebung μ die Folge x^k gegen den Eigenvektor v^3 (und $r(x^k)^{-1} + \mu \to \lambda_3$) mit Konvergenzfaktor $\left|\frac{\lambda_3-\mu}{\lambda_2-\mu}\right| = \left|\frac{-\epsilon}{1-\epsilon}\right| \approx \epsilon$. △

Durch geeignete Wahl des Parameters μ kann man also mit der inversen Vektoriteration (Algorithmus 7.30) einzelne Eigenwerte und Eigenvektoren der Matrix A bestimmen. In der Praxis ist aber oft nicht klar, wie man für einen beliebigen Eigenwert λ_i diesen Parameter μ „geeignet" wählen kann.

Die Konvergenzgeschwindigkeit der Methode kann man noch erheblich verbessern, wenn man den Spektralverschiebungsparameter μ nach jedem Schritt auf die jeweils aktuellste Annäherung $\lambda^{(k)}$ von λ_i setzt. Da die LR- bzw. QR-Zerlegung in (7.40) dann in jedem Schritt neu berechnet werden muss, steigt jedoch damit der Rechenaufwand sehr stark an.

Beispiel 7.32 Wir betrachten die Matrix aus Beispiel 7.27 und wenden zur Berechnung des Eigenwerts $\lambda_4 = -4$ dieser Matrix Algorithmus 7.30 mit $\mu = -3.5$ und $y^0 = \frac{1}{\sqrt{5}}(1, 1, 1, 1, 1)^T$ an. Einige Resultate werden in Tab. 7.5 gezeigt.

Tab. 7.5 Inverse Vektoriteration

k	$|\lambda^{(k)} - \lambda_4|$	$\frac{|\lambda^{(k)}-\lambda_4|}{|\lambda^{(k-1)}-\lambda_4|}$
0	5.45	–
1	3.99e−1	0.073
2	1.04e−1	0.26
3	3.83e−2	0.37
4	1.24e−2	0.32
5	4.17e−3	0.34
6	1.39e−3	0.33

Tab. 7.6 Inverse Vektoriteration

k	$|\lambda^{(k)} - \lambda_4|$	$\frac{|\lambda^{(k)} - \lambda_4|}{|\lambda^{(k-1)} - \lambda_4|^2}$	$|\lambda^{(k)} - \lambda^{(k-1)}|$
0	5.45	–	5.93
1	4.84e-1	0.016	7.53e-1
2	2.67e-1	1.15	2.41e-1
3	2.80e-2	0.39	2.76e-2
4	3.86e-4	0.49	2.86e-4
5	7.44e-8	0.50	7.44e-8
6	2.66e-15	0.48	–

Für den Konvergenzfaktor in (7.43) ergibt sich

$$\frac{|\lambda_4 - \mu|}{\min_{j \neq 4} |\lambda_j - \mu|} = \frac{|\lambda_4 + 3.5|}{\min_{j \neq 4} |\lambda_j + 3.5|} = \frac{0.5}{1.5} = \frac{1}{3}.$$

Die Konvergenzresultate in der dritten Spalte der Tab. 7.5 zeigen für hinreichend großes k, auch etwa diesen Faktor $\frac{1}{3}$.

Für die inverse Vektoriteration, wobei man den Parameter μ nach jedem Schritt auf die jeweils aktuellste Annäherung $\lambda^{(k)}$ von $\lambda_4 = -4$ setzt,

$$\mu_0 := -3.5, \quad \mu_k = \lambda^{(k-1)} \quad \text{für } k \geq 1,$$

sind einige Ergebnisse in Tab. 7.6 dargestellt. Die Resultate in der dritten Spalte zeigen, dass die Konvergenzgeschwindigkeit nun wesentlich höher, nämlich *quadratisch* statt linear, ist. In der vierten Spalte kann man sehen, dass die Fehlerschätzung $|\lambda^{(k)} - \lambda_1| \approx |\lambda^{(k)} - \lambda^{(k+1)}|$ (vgl. Abschn. 5.4) befriedigend ist.   △

Matlab-Demo 7.33 (Inverse Vektoriteration) Wir betrachten die inverse Vektoriteration für die Matrix aus Beispiel 7.27. In diesem Matlabexperiment kann man den Spektralverschiebungsparameter variieren. Die mit der Methode berechneten Annäherungen eines Eigenwertes und die Fehlerschätzung aus (7.38) werden gezeigt.

Bemerkung 7.34 Ein augenscheinlich großer Nachteil der inversen Vektoriteration mit Spektralverschiebung ist, dass die Konditionszahl $\kappa_2(A - \mu I) = \kappa_2((A - \mu I)^{-1})$ der vorliegenden Matrix sehr groß wird, wenn $\mu \approx \lambda_i$ gewählt wird. Nehmen wir der Einfachheit halber an, dass A symmetrisch ist. Dann gilt:

$$\kappa_2(A - \mu I) = \frac{\max_j |\lambda_j - \mu|}{|\lambda_i - \mu|} \to \infty \quad \text{für } \mu \to \lambda_i.$$

Mit der Matrix $A - \mu I$ muss (in jeder Iteration) ein Gleichungssystem gelöst werden und wegen der (sehr) großen Konditionszahl kann beim Lösen dieses Gleichungssystems eine große Fehlerverstärkung auftreten. Dieser Effekt ist aber *nicht* problematisch, weil diese große Fehlerverstärkung *hauptsächlich in der gewünschten*

Eigenvektorrichtung v^i *auftritt.* Wir wollen diesen Effekt etwas genauer erläutern. Dazu betrachten wir einen einfachen Fall, mit $A = A^T \in \mathbb{R}^{2 \times 2}$. Die Eigenwerte λ_i, $i = 1, 2$, mit $|\lambda_1| > |\lambda_2| > 0$ haben zugehörige orthogonale Eigenvektoren v_1, v_2, mit $\|v_i\|_2 = 1, i = 1, 2$. Zur Approximation des betragsmäßig kleinsten Eigenwertes λ_2 verwenden wir die inverse Vektoriteration, mit Startvektor $y^0 := \frac{1}{2}\sqrt{2}(v_1 + v_2)$ (also $\|y^0\|_2 = 1$). Das *exakte* Ergebnis einer Iteration ist:

$$y := (A - \mu I)^{-1} y^0 = \frac{1}{2}\sqrt{2}\Big(\frac{1}{\lambda_1 - \mu}v_1 + \frac{1}{\lambda_2 - \mu}v_2\Big) =: \alpha_1 v_1 + \alpha_2 v_2.$$

Auf einem Rechner wird das Gleichungssystem $(A - \mu I)y = y^0$, mit der (sehr) schlecht konditionierten Matrix $A - \mu I$, nur approximativ gelöst. Dazu wird eine stabile Methode verwendet. Die *berechnete* Lösung $\tilde{y}$ kann man als exakte Lösung eines gestörten Problems darstellen (Abschn. 3.8):

$$(A - \mu I + \Delta A)\tilde{y} = y^0,$$
$$\text{mit } \|\Delta A\|_2 \le c_0 \, \text{eps} \, \|A - \mu I\|_2 = c_0 \, \text{eps} \, |\lambda_1 - \mu|. \tag{7.45}$$

Hierbei ist eps die Maschinengenauigkeit, und die Konstante c_0 hat die Größenordnung eins. Der Parameter $\mu \approx \lambda_2$ sei so gewählt, dass Folgendes gilt:

$$10 c_0 \, \text{eps} \le q \ll 1, \quad q := \frac{|\lambda_2 - \mu|}{|\lambda_1 - \mu|} = \frac{|\alpha_1|}{|\alpha_2|}. \tag{7.46}$$

Es gilt $\kappa_2(A - \mu I) = q^{-1} \gg 1$. Das *exakte* Ergebnis y hat den Abstand zum Unterraum $\langle v_2 \rangle$ (siehe (7.23)):

$$d(y, \langle v_2 \rangle) = \frac{|\alpha_1|}{\sqrt{\alpha_1^2 + \alpha_2^2}} = \frac{|\alpha_1|}{|\alpha_2|}\left(1 + \left(\frac{|\alpha_1|}{|\alpha_2|}\right)^2\right)^{-\frac{1}{2}} = q(1 + q^2)^{-\frac{1}{2}} \doteq q. \tag{7.47}$$

Dieser Abstand bestimmt die Konvergenzgeschwindigkeit der iterativen Methode, siehe Abschn. 7.6: $q \ll 1$ bedeutet eine sehr schnelle Konvergenz. Die *berechnete* Lösung kann in der Eigenvektorbasis dargestellt werden, $\tilde{y} = \tilde{\alpha}_1 v_1 + \tilde{\alpha}_2 v_2$, und es gelten folgende Ungleichungen (Übung 7.10):

$$\|\tilde{y}\|_2 \ge \tfrac{10}{11} \|y\|_2, \tag{7.48}$$
$$|\alpha_1 - \tilde{\alpha}_1| \le c_0 \, \text{eps} \, \|\tilde{y}\|_2, \tag{7.49}$$
$$|\alpha_2 - \tilde{\alpha}_2| \le q^{-1} c_0 \, \text{eps} \, \|\tilde{y}\|_2. \tag{7.50}$$

Für den relativen Fehler in der berechneten Lösung gilt

$$\frac{\|y - \tilde{y}\|_2}{\|\tilde{y}\|_2} = \frac{\sqrt{(\alpha_1 - \tilde{\alpha}_1)^2 + (\alpha_2 - \tilde{\alpha}_2)^2}}{\|\tilde{y}\|_2}.$$

Wegen $\kappa_2(A - \mu I) = q^{-1} \gg 1$ kann dieser Fehler sehr groß sein. Die Resultate
(7.49)–(7.50) zeigen, dass die (relative) Fehlerkomponente in Richtung v_1 immer
klein ist und nur die Fehlerkomponente in Richtung v_2 groß sein kann. Eine große
Fehlerkomponente in Richtung v_2 hat aber keine nachteiligen Auswirkungen auf den
Abstand vom berechneten Ergebnis $\tilde{y}$ zum Unterraum $\langle v_2 \rangle$. Es gilt nämlich:

$$d(\tilde{y}, \langle v_2 \rangle) = \frac{|\tilde{\alpha}_1|}{\sqrt{\tilde{\alpha}_1^2 + \tilde{\alpha}_2^2}} = \frac{|\tilde{\alpha}_1|}{\|\tilde{y}\|_2} \leq \frac{|\alpha_1 - \tilde{\alpha}_1|}{\|\tilde{y}\|_2} + \frac{|\alpha_1|}{\|\tilde{y}\|_2}$$

$$\leq c_0 \operatorname{eps} + \frac{11}{10} \frac{|\alpha_1|}{\sqrt{\alpha_1^2 + \alpha_2^2}} = c_0 \operatorname{eps} + \frac{11}{10} d(y, \langle v_2 \rangle).$$

Hieraus folgt, dass (in diesem Beispiel) die große Konditionszahl $\kappa_2(A - \mu I) = q^{-1}$
die schnelle Konvergenz der inversen Iteration $(d(y^k, \langle v_2 \rangle) \to 0$ für $k \to \infty)$ nicht
wesentlich beeinträchtigt. $\triangle$

7.8 QR-Verfahren

Die in den vorigen Abschnitten behandelten Methoden der Vektoriteration und der
inversen Vektoriteration haben allerdings schwerwiegende Nachteile. So kann man
mit der Methode der Vektoriteration nur den betragsmäßig größten Eigenwert bestimmen und bei der Methode der inversen Vektoriteration (mit Spektralverschiebung)
zur Bestimmung eines Eigenwertes λ_i $(1 \leq i \leq n)$ braucht man einen „geeignet
gewählten" Parameterwert $\mu_i \approx \lambda_i$. In diesem Abschnitt werden wir eine alternative Methode behandeln, nämlich das QR-Verfahren. Dieses Verfahren wird in der
Praxis sehr oft zur Berechnung von Eigenwerten benutzt.

Der in Abschn. 7.8.2 behandelte QR-Algorithmus ist eng mit der sogenannten
*Unterraum*iteration verwandt. Letztere Methode, die sich als Verallgemeinerung der
*Vektor*iteration interpretieren lässt, wird in Abschn. 7.8.1 erklärt. In Abschn. 7.8.3
werden zwei Techniken behandelt, die für eine effiziente Durchführung der QR-
Methode berücksichtigt werden müssen.

7.8.1 Die Unterraumiteration

In diesem Abschnitt wird die Grundidee der *Unterraum*iteration erklärt. Diese
Methode ist grundlegend für den QR-Algorithmus in Abschn. 7.8.2. Wir setzen voraus, dass die Matrix $A \in \mathbb{R}^{n \times n}$ nur *einfache* Eigenwerte

$$|\lambda_1| > |\lambda_2| > \ldots > |\lambda_n| > 0 \tag{7.51}$$

hat. Daraus folgt (vgl. Eigenschaft (ii) in Lemma 7.5), dass alle Eigenwerte reell sind,
und weiterhin, dass n linear unabhängige Eigenvektoren $v^1, \ldots, v^n \in \mathbb{R}^n$ zu den

Eigenwerten $\lambda_1, \ldots, \lambda_n$ existieren, die Matrix also insbesondere diagonalisierbar
ist.
Für $w^1, \ldots, w^j \in \mathbb{R}^n$ wird mit

$$\langle w^1, \ldots, w^j \rangle = \Big\{ \sum_{i=1}^{j} \alpha_i w^i \mid \alpha_i \in \mathbb{R} \Big\}$$

der von $w^1, \ldots, w^j$ aufgespannte Unterraum bezeichnet. Es sei weiterhin

$$V_j = \langle v^1, \ldots, v^j \rangle, \quad 1 \le j \le n, \tag{7.52}$$

der von den Eigenvektoren $v^1, \ldots, v^j$ aufgespannte Unterraum. Im Rahmen der
Vektoriteration wird der erste Eigenvektor v^1 angenähert. Zur Berechnung mehrerer
Eigenwerte wäre es entsprechend wünschenswert, höher dimensionale invariante
Unterräume wie V_j annähern zu können.

Ausgangspunkt für die Herleitung des QR-Verfahrens ist folgende *Unterraumiteration*, die, wie wir sehen werden, in gewissem Sinne die Räume V_j approximiert:

Algorithmus 7.35 (Stabile Unterraumiteration)

Wähle eine orthogonale Startmatrix $Q_0 \in \mathbb{R}^{n \times n}$.
Für $k = 0, 1, 2, \ldots$ berechne
 $B = AQ_k$,
 eine QR-Zerlegung von B:
 $B =: Q_{k+1} R_{k+1}$, $\qquad\qquad$ (7.53)
 wobei Q_{k+1} orthogonal und R_{k+1} eine obere
 Dreiecks-matrix ist.

Man beachte, dass bei der QR-Zerlegung in (7.53) die Vorzeichen der Diagonaleinträge der Matrix R_{k+1} frei gewählt werden können. *Für das weitere Vorgehen sei
vereinbart, dass diese Diagonaleinträge stets nichtnegativ gewählt sind.*
Algorithmus 7.35 generiert eine Folge von Matrizen $(Q_k)_{k \ge 0}$, deren Spalten im
Folgenden mit q_k^j, $1 \le j \le n$, bezeichnet werden:

$$Q_k = (q_k^1 \; q_k^2 \; \ldots \; q_k^n).$$

Wir betrachten vor dem Hintergrund der Vektoriteration die Unterräume

$$S_k^j := \langle A^k q_0^1, A^k q_0^2, \ldots, A^k q_0^j \rangle = \text{Bild}\big(A^k(q_0^1 \; q_0^2 \; \ldots \; q_0^j)\big), \quad 1 \le j \le n. \tag{7.54}$$

In der Tat ist der Raum S_k^1 gerade das Resultat der Vektoriteration, angewandt auf den Startvektor q_0^1 (vgl. Abschn. 7.6), während für allgemeines j ($1 \leq j \leq n$) die k-te Potenz von A auf einen Raum der Dimension j angewandt wird. Nun kann man den Zusammenhang der Räume S_k^j zu den Q_k herstellen, indem man per Induktion Folgendes zeigt.

Die ersten j Spalten der Matrix Q_k bilden eine Basis des Raums S_k^j:

$$S_k^j = \langle q_k^1, q_k^2, \ldots, q_k^j \rangle, \quad 1 \leq j \leq n. \tag{7.55}$$

Diese Basis ist *stabil* (d. h. gut konditioniert), da die Spalten von Q_k zueinander orthogonal sind, und deshalb für numerische Zwecke viel besser geeignet als die Basis $A^k q_0^i$, $1 \leq i \leq j$, in (7.54). Aufgrund der Theorie der Vektoriteration strebt $A^k q_0^i$ ($k \to \infty$) für jedes i in die Richtung des ersten Eigenvektors v^1, also ist die Basis $(A^k q_0^i)_{1 \leq i \leq j}$ des Raumes S_k^j schlecht konditioniert (für großes k). Dass uns eine stabile Basis zur Verfügung steht, ist eine Folge der QR-Zerlegung in (7.53). Wegen dieser Orthogonalisierung spricht man von einer *stabilen* Unterraumiteration.

Zusammenhang zwischen Unterraumiteration und Schur-Faktorisierung

Einen ersten Hinweis zur Relevanz der Matrix-Folge Q_k, $k = 0, 1, \ldots$, erhält man, wenn man annimmt, dass die Matrizen Q_k bzw. R_k gegen eine orthogonale Matrix Q bzw. eine obere Dreiecksmatrix R konvergieren. Dies ergibt dann, siehe Algorithmus 7.35, gerade $QR = AQ$, d. h. mit $Q^T A Q = R$ eine Schur-Faktorisierung gemäß Satz 5, anhand derer man die Eigenwerte direkt ablesen kann. Wir wollen dies etwas näher untersuchen. Die wesentliche Eigenschaft von Algorithmus 7.35, nämlich die Beziehung zwischen den Räumen V_j und S_k^j, wird zuerst anhand eines Beispiels illustriert. Dabei wird wieder ein Abstandsbegriff zwischen Räumen verwendet (vgl. (7.23)). Für $w \in S_k^j$ sei

$$d(w, V_j) := \frac{\min_{v \in V_j} \|w - v\|_2}{\|w\|_2} = \frac{\|w - P_{V_j} w\|_2}{\|w\|_2},$$

und

$$d(S_k^j, V_j) := \max_{w \in S_k^j} d(w, V_j) = \max_{w \in S_k^j} \frac{\|w - P_{V_j} w\|_2}{\|w\|_2}. \tag{7.56}$$

In (7.33) wurde bereits

$$d(S_k^1, V_1) \leq \hat{c} \left| \frac{\lambda_2}{\lambda_1} \right|^k,$$

also die Konvergenz $S_k^1 \to V_1$ ($k \to \infty$), gezeigt.

Beispiel 7.36 Wir betrachten die Matrix

$$A = \begin{pmatrix} 1 & 0 & 0 \\ 1 & 2 & 0 \\ 1 & 5 & 3 \end{pmatrix}, \qquad (7.57)$$

mit den Eigenwerten $\lambda_1 = 3$, $\lambda_2 = 2$, $\lambda_3 = 1$ und den zugehörigen Eigenvektoren

$$v^1 = \begin{pmatrix} 0 \\ 0 \\ 1 \end{pmatrix}, \quad v^2 = \begin{pmatrix} 0 \\ 1 \\ -5 \end{pmatrix}, \quad v^3 = \begin{pmatrix} 1 \\ -1 \\ 2 \end{pmatrix}.$$

Die von den Eigenvektoren aufgespannten Unterräume V_j in (7.52) sind

$$V_1 = \langle v^1 \rangle = \{(0, 0, \alpha)^T \mid \alpha \in \mathbb{R}\},$$
$$V_2 = \langle v^1, v^2 \rangle = \{(0, \alpha, \beta)^T \mid \alpha, \beta \in \mathbb{R}\},$$
$$V_3 = \langle v^1, v^2, v^3 \rangle = \mathbb{R}^3,$$

und die Räume S_j^k (vgl. (7.55)) sind wie folgt gegeben:

$$S_k^1 = \langle q_k^1 \rangle,$$
$$S_k^2 = \langle q_k^1, q_k^2 \rangle,$$
$$S_k^3 = \langle q_k^1, q_k^2, q_k^3 \rangle = \mathbb{R}^3.$$

Eine einfache Analyse, wobei die Orthogonalität der Vektoren q_k^j, $j = 1, 2$, eine Rolle spielt, zeigt, dass für den Abstand zwischen S_k^j und V_j gilt:

$$d(S_k^1, V_1) = \sqrt{(q_k^1)_1^2 + (q_k^1)_2^2} \qquad ((q_k^1)_j : j\text{-te Komponente von } q_k^1), \qquad (7.58)$$
$$d(S_k^2, V_2) = \max_{\phi \in [0, 2\pi]} |\cos \phi (q_k^1)_1 + \sin \phi (q_k^2)_1|. \qquad (7.59)$$

Aus (7.59) folgt

$$d(S_k^2, V_2) \geq \max_{\phi \in \{0, \frac{\pi}{2}\}} |\cos \phi (q_k^1)_1 + \sin \phi (q_k^2)_1|$$
$$= \max\{|(q_k^1)_1|, |(q_k^2)_1|\}$$

und

$$d(S_k^2, V_2) \leq |(q_k^1)_1| + |(q_k^2)_1| \leq 2 \max\{|(q_k^1)_1|, |(q_k^2)_1|\}.$$

Also kann man auch aufgrund der „Abstandsäquivalenz"

$$\tilde{d}(S_k^2, V_2) := \max\{|(q_k^1)_1|, |(q_k^2)_1|\} \qquad (7.60)$$

als Maß für den Abstand $d(S_k^2, V_2)$ nehmen.

Bei Anwendung des Algorithmus 7.35 können für die resultierenden Matrizen $Q_k = (q_k^1 \; q_k^2 \; q_k^3)$ die Abstände $d(S_k^1, V_1)$ in (7.58) und $\tilde{d}(S_k^2, V_2)$ in (7.60) einfach berechnet werden. Einige Resultate mit der orthogonalen Startmatrix

$$Q_0 = \frac{1}{3}\begin{pmatrix} 2 & -1 & 2 \\ -1 & 2 & 2 \\ 2 & 2 & -1 \end{pmatrix} \tag{7.61}$$

sind in Tab. 7.7 aufgeführt. Die Ergebnisse in der vierten Spalte dieser Tabelle zeigen das von der Vektoriteration bekannte Konvergenzverhalten (vgl. (7.33)):

$$d(S_k^1, V_1) \le \hat{c}\left|\frac{\lambda_2}{\lambda_1}\right|^k. \tag{7.62}$$

Die Werte in der fünften Spalte zeigen das Konvergenzverhalten

$$d(V_2, S_k^2) \le \tilde{c}\left|\frac{\lambda_3}{\lambda_2}\right|^k. \tag{7.63}$$

Demnach strebt S_k^2, mit einer Konvergenzgeschwindigkeit proportional zu $\left|\frac{\lambda_3}{\lambda_2}\right|^k = \left(\frac{1}{2}\right)^k$, gegen den von den Eigenvektoren v^1 und v^2 aufgespannten Unterraum. Später werden wir sehen, dass die Eigenschaft $S_k^j \to V_j$ ($k \to \infty$) grundlegend für das QR-Verfahren ist.   △

Unter der Annahme (7.51) kann man beweisen (siehe z. B. [GL]), dass Konvergenzresultate wie in (7.62), (7.63) auch in einem entsprechenden, allgemeinerem Rahmen gelten:

Tab. 7.7 Unterraumiteration

k	$d_k^1 := d(S_k^1, V_1)$	$d_k^2 := \tilde{d}(S_k^2, V_2)$	d_k^1/d_{k-1}^1	d_k^2/d_{k-1}^2
0	0.7454	0.6667	–	–
1	0.5547	0.7907	0.74	1.19
2	0.2490	0.8819	0.45	1.12
3	0.1392	0.4859	0.56	0.55
4	0.0844	0.2285	0.61	0.47
5	0.0524	0.1098	0.62	0.48
6	0.0331	0.0540	0.63	0.49
7	0.0213	0.0269	0.64	0.50
8	0.0138	0.0135	0.65	0.50
9	0.0090	0.0068	0.65	0.50
10	0.0059	0.0034	0.66	0.50
11	0.0039	0.0017	0.66	0.50

$$d(S_k^j, V_j) \le c_j \left|\frac{\lambda_{j+1}}{\lambda_j}\right|^k, \quad \text{für } j = 1, 2, \ldots, n-1, \quad k = 1, 2, \ldots, \quad (7.64)$$

wobei V_j der von den Eigenvektoren $v^1, \ldots, v^j$ aufgespannte Unterraum und S_k^j der von den ersten j Spalten der Matrix Q_k aufgespannte Unterraum ist. Die Matrizen Q_k ($k = 0, 1, 2, \ldots$) ergeben sich aus der Unterraumiteration, Algorithmus 7.35.

Das Ergebnis (7.64) werden wir nicht beweisen, aber folgende einfache Überlegungen machen das Resultat plausibel. Wir wählen ein festes j, $1 \le j \le n-1$, und ein beliebiges $w \in \langle q_0^1, \ldots, q_0^j \rangle$, $w \ne 0$. Dieses w kann man in der Eigenvektorbasis zerlegen:

$$w = \sum_{\ell=1}^{j} c_\ell v^\ell + \sum_{\ell=j+1}^{n} c_\ell v^\ell =: w_1 + w_2.$$

Wir nehmen an, dass $w_1 \ne 0$, d. h., mindestens einer der Koeffizienten $c_1, \ldots, c_j$ ungleich Null ist (in der Praxis ist diese Annahme wegen Rundungseffekten immer erfüllt, außer in extrem seltenen Ausnahmefällen). Die Konvergenz von $A^k w \in S_k^j$ (im Sinne von (7.56)) hängt nicht von der Skalierung von $A^k w$ ab. Wir skalieren mit λ_j^{-k} und erhalten

$$\lambda_j^{-k} A^k w = \sum_{\ell=1}^{j} c_\ell \left(\frac{\lambda_\ell}{\lambda_j}\right)^k v^\ell + \sum_{\ell=j+1}^{n} c_\ell \left(\frac{\lambda_\ell}{\lambda_j}\right)^k v^\ell =: w_1^{(k)} + w_2^{(k)}.$$

Hieraus folgt, dass für zunehmendes k, wegen $\left|\frac{\lambda_\ell}{\lambda_j}\right| \ge 1$ für $\ell \le j$, die Koeffizienten in $w_1^{(k)} \in V_j$ wachsen (oder konstant bleiben) und, wegen $\left|\frac{\lambda_\ell}{\lambda_j}\right| < 1$ für $\ell > j$, die Koeffizienten im komplementären Anteil $w_2^{(k)} \in \langle v^{j+1}, \ldots, v^n \rangle$ gegen Null streben. Weil $\|w_2^{(k)}\|_2 \le c \left|\frac{\lambda_{j+1}}{\lambda_j}\right|^k$ gilt, wird der Abstand zwischen $A^k w \in S_k^j$ und V_j mit der Rate $\left|\frac{\lambda_{j+1}}{\lambda_j}\right|^k$ kleiner.

Bemerkung 7.37 Damit das Resultat (7.64) gilt, muss die Startmatrix Q_0 der Unterraumiteration in Algorithmus 7.35 eine gewisse *Konsistenzbedingung* in Bezug auf die vorliegende Matrix A erfüllen. Diese (ziemlich technische) Bedingung, die man als Verallgemeinerung der Bedingung (7.29) für den Startvektor bei der Vektoriteration sehen kann, wird hier nicht konkret formuliert, weil wir in Abschn. 7.8.3 sehen werden, dass bei einer praktischen Variante der QR-Methode diese Bedingung für $Q_0 = I$ erfüllt ist. △

Wir stellen uns nun die Frage: Wie lässt sich dies nun mit der Ausgangsbemerkung zur Schur-Faktorisierung $R = Q^T A Q$ in Beziehung setzen? Für die j-te Spalte q_k^j ($1 \le j \le n - 1$) der Matrix Q_k ergibt sich wegen $\langle q_k^j \rangle \subset S_k^j \to V_j$ ($k \to \infty$):

$$q_k^j = \sum_{\ell=1}^{j} \alpha_{\ell,k} v^\ell + r_k, \quad \text{mit } r_k \to 0 \quad (k \to \infty),$$

und somit

$$A q_k^j = \sum_{\ell=1}^{j} \alpha_{\ell,k} A v^\ell + \tilde{r}_k \quad (\tilde{r}_k := A r_k)$$

$$= \sum_{\ell=1}^{j} \alpha_{\ell,k} \lambda_\ell v^\ell + \tilde{r}_k \quad \text{mit } \tilde{r}_k \to 0 \quad (k \to \infty). \tag{7.65}$$

Wegen $S_k^j \to V_j$ ($k \to \infty$) kann man die Linearkombination $\sum_{\ell=1}^{j} \alpha_{\ell,k} \lambda_\ell v^\ell \in V_j$ in (7.65) mit einer Linearkombination $\sum_{\ell=1}^{j} \beta_{\ell,k} q_k^\ell \in S_k^j$ annähern:

$$A q_k^j = \sum_{\ell=1}^{j} \beta_{\ell,k} q_k^\ell + \hat{r}_k, \quad \text{mit } \hat{r}_k \to 0 \quad (k \to \infty).$$

Für $i > j$ erhält man wegen der Orthogonalität $(q_k^i)^T q_k^\ell = 0, i \ne \ell$:

$$(q_k^i)^T A q_k^j = (q_k^i)^T \hat{r}_k \to 0 \quad (k \to \infty). \tag{7.66}$$

Weil q_k^i, $1 \le i \le n$, die Spalten der Matrix Q_k sind, folgt aus (7.66), dass

> *die Folge $Q_k^T A Q_k$ für $k \to \infty$ tatsächlich gegen*
> *eine obere Dreiecksmatrix konvergiert.*

Wegen $Q_k^T = Q_k^{-1}$ gilt außerdem, dass die Matrizen $Q_k^T A Q_k$ und A für alle k ähnlich sind und somit dasselbe Spektrum haben (Lemma 7.6).

Bemerkung 7.38 Da wir in diesem Abschnitt annehmen, dass die Matrix A nur einfache Eigenwerte besitzt, hat die reelle Schur-Faktorisierung (vgl. Satz 7.9) von A die Form

$$Q^T A Q = R,$$

wobei Q eine orthogonale und R eine obere Dreiecksmatrix ist. Aus der oben diskutierten Analyse der Unterraumiteration folgt, dass diese Methode eine Folge Q_k, $k = 0, 1, 2, \ldots$, von orthogonalen Matrizen mit der Eigenschaft $Q_k^T A Q_k = A_k \to R$ liefert, wobei R eine obere Dreiecksmatrix ist. Offensichtlich *ergibt die Unterraumiteration näherungsweise eine Konstruktion der reellen Schur-Faktorisierung.*

△

Beispiel 7.39 Mit der Startmatrix Q_0 wie in (7.61) wenden wir die Unterraumiteration auf die Matrix aus Beispiel 7.36 an. Für die resultierenden Matrizen Q_k, $k = 1, 2, \ldots$, kann A_k wie in (7.67) berechnet werden. Daraus ergibt sich:

$$A_1 = \begin{pmatrix} 2.8462 & 1.5151 & 3.8814 \\ 1.3423 & 1.8106 & 2.8356 \\ 0.1438 & -0.7700 & 1.3433 \end{pmatrix},$$

$$A_5 = \begin{pmatrix} 3.2620 & 5.0188 & 0.4950 \\ -0.0631 & 1.8341 & 0.8540 \\ -0.0010 & -0.1097 & 0.9039 \end{pmatrix},$$

$$A_{15} = \begin{pmatrix} 3.0038 & 4.9993 & 1.0002 \\ -0.0008 & 1.9963 & 0.9991 \\ -0.0000 & -0.0001 & 0.9999 \end{pmatrix},$$

und $\sigma(A) = \sigma(A_1) = \sigma(A_5) = \sigma(A_{15}) \approx \mathrm{diag}(A_{15}) = \{3.00, 2.00, 1.00\}$. $\triangle$

Zusammenfassend

Es sei $(Q_k)_{k\geq 0}$ die Folge orthogonaler Matrizen aus der Unterraumiteration, Algorithmus 7.35, und

$$A_k := Q_k^T A Q_k. \tag{7.67}$$

Es gilt:

- $\sigma(A_k) = \sigma(A)$ für alle k.
- Wegen (7.66) gilt

$$Q_k^T A Q_k = A_k \to R = \begin{pmatrix} \diagbox{}{} \\ 0 \end{pmatrix} \quad (k \to \infty). \tag{7.68}$$

- Die Diagonaleinträge der Matrix A_k sind Annäherungen für die Eigenwerte der Matrix A.
- Für $k \to \infty$ streben die Fehler in diesen Annäherungen gegen 0, wobei die Konvergenzgeschwindigkeit durch die Faktoren $\left|\frac{\lambda_{j+1}}{\lambda_j}\right|$, $j = 1, 2, \ldots, n-1$, bestimmt ist (vgl. (7.64)).
- Es gilt

$$r_{i,i} = \lambda_i, \quad i = 1, \ldots, n, \tag{7.69}$$

d. h. die Eigenwerte stehen *der Größe nach sortiert* auf der Diagonalen von R.
- Die Unterraumiteration liefert näherungsweise eine Konstruktion der reellen Schur-Faktorisierung.

Bemerkung 7.40
Falls A *symmetrisch* ist, sind auch alle A_k, $k = 0, 1, 2, \ldots$, symmetrisch.
Die A_k streben in diesem Fall für $k \to \infty$ gegen eine *Diagonalmatrix* (vgl.
Folgerung 7.11).

Bemerkung 7.41 Für den Fall, dass A nicht nur einfache Eigenwerte hat, sondern
auch Paare von konjugiert komplexen Eigenwerten derart, dass ihre Beträge und die
Beträge der reellen Eigenwerte paarweise verschieden sind, kann man zeigen, dass
die Matrizen A_k in (7.67) gegen eine Block-Dreiecksmatrix (vgl. (7.13)) konvergieren. Jeder 2×2 „nicht-Null"-Diagonalblock der Matrix A_k liefert Annäherungen für
ein Paar von konjugiert komplexen Eigenwerten der Matrix A (vgl. Beispiel 7.44).
$\triangle$

7.8.2   *QR*-Algorithmus

Wir werden nun zeigen, wie man sehr einfach die über die Unterraumiteration definierten Matrizen A_k in (7.67) *rekursiv* (d. h. A_k aus A_{k-1}) berechnen kann. Dazu
wird angenommen, dass bei der Berechnung einer QR-Zerlegung (z. B. in 7.53) die
Diagonaleinträge der Matrix R immer nichtnegativ gewählt werden. Unter dieser
Normierungsannahme ist *die QR-Zerlegung einer regulären Matrix eindeutig.*

Lemma 7.42
*Es seien $\tilde{A}_0 := Q_0^T A Q_0$, wobei Q_0 die in Algorithmus 7.35 gewählte ortho-
gonale Startmatrix ist, und $\tilde{A}_k$, $k = 1, 2, \ldots$, durch*

$$\tilde{A}_{k-1} =: \tilde{Q}_{k-1} \tilde{R}_{k-1} \text{ (die QR-Zerlegung von } \tilde{A}_{k-1}, \text{ mit } \tilde{r}_{i,i} \geq 0) \quad (7.70)$$
$$\tilde{A}_k := \tilde{R}_{k-1} \tilde{Q}_{k-1}$$

definiert. Dann gilt

$$\tilde{A}_k = A_k, \quad k = 0, 1, 2, \ldots,$$

wobei A_k die in (7.67) definierte Matrix ist.

Beweis Wir führen den Beweis mittels Induktion. Für $k = 0$ ist das Resultat trivial.
Es seien $\tilde{A}_{k-1} = A_{k-1}$ und $\tilde{Q}_{k-1}$, $\tilde{R}_{k-1}$ die eindeutigen Matrizen der entsprechenden
QR-Zerlegung in (7.70). Aus Algorithmus 7.35 folgt

$$A Q_{k-1} = Q_k R_k, \quad (7.71)$$

und damit, dass $A_{k-1} = Q_{k-1}^T A Q_{k-1} = Q_{k-1}^T Q_k R_k$ gilt. Da $Q_{k-1}^T Q_k$ orthogonal und die QR-Zerlegung von $A_{k-1} = \tilde{A}_{k-1}$ eindeutig ist, ergibt sich

$$Q_{k-1}^T Q_k = \tilde{Q}_{k-1}, \quad R_k = \tilde{R}_{k-1}. \tag{7.72}$$

Aus (7.71), (7.72) und den Definitionen von A_k und $\tilde{A}_k$ folgt:

$$\begin{aligned} A_k &= Q_k^T A Q_k = (Q_k^T A Q_{k-1}) Q_{k-1}^T Q_k \\ &= R_k \tilde{Q}_{k-1} = \tilde{R}_{k-1} \tilde{Q}_{k-1} = \tilde{A}_k. \end{aligned}$$

$\square$

Aufgrund von Lemma 7.42 lässt sich folgende einfache Methode zur Berechnung der Matrizen $A_k, k = 1, 2, \ldots$, aus (7.67) formulieren:

Algorithmus 7.43 (QR-Algorithmus)

Gegeben: $A \in \mathbb{R}^{n \times n}$ und eine orthogonale Matrix
$Q_0 \in \mathbb{R}^{n \times n}$ (z. B. $Q_0 = I$).
Berechne $A_0 = Q_0^T A Q_0$.   (7.73)
Für $k = 1, 2, \ldots$ berechne
    $A_{k-1} =: QR$ (QR-Zerlegung von A_{k-1}),
    $A_k := RQ$.

Beispiel 7.44

(a) Für die symmetrische Matrix A aus Beispiel 7.28 mit $\sigma(A) = \{3, 9, -36\}$ liefert der QR-Algorithmus 7.43 mit $Q_0 = I$ folgende Resultate:

$$A_3 = \begin{pmatrix} -35.984 & -0.8601 & -0.0392 \\ -0.8601 & 8.9590 & 0.3826 \\ -0.0392 & 0.3826 & 3.0246 \end{pmatrix}, \quad A_6 = \begin{pmatrix} -36.000 & 0.0135 & -0.0000 \\ 0.0135 & 9.0000 & -0.0143 \\ -0.0000 & -0.0143 & 3.0000 \end{pmatrix}.$$

Dies deutet bereits Konvergenz gegen eine Diagonalmatrix gemäß Bemerkung 7.40 und $\text{diag}(A_k) \approx \sigma(A)$ für hinreichend großes k an.

(b) Für die Matrix A aus Beispiel 7.10 mit $\sigma(A) = \{9, 27 + 9i, 27 - 9i\}$ ergeben sich mit $Q_0 = I$ folgende Resultate:

$$A_3 = \begin{pmatrix} 21.620 & -5.8252 & 15.748 \\ 19.195 & 32.873 & -26.365 \\ -0.2210 & 0.2433 & 8.5070 \end{pmatrix}, \quad A_6 = \begin{pmatrix} 33.228 & -19.377 & 25.450 \\ 6.1735 & 20.779 & 16.971 \\ 0.0038 & -0.0205 & 8.9930 \end{pmatrix},$$

also Konvergenz gegen eine Block-Dreiecksmatrix (vgl. Bemerkung 7.41). Der
2 × 2-Diagonalblock $\begin{pmatrix} 33.228 & -19.377 \\ 6.1735 & 20.779 \end{pmatrix}$ der Matrix A_6 hat die Eigenwerte
$27.004 \pm 8.993i$.   △

Die Konvergenz des QR-Verfahrens wird sehr langsam sein, falls es ein j gibt, für
das $\left| \frac{\lambda_{j+1}}{\lambda_j} \right| \approx 1$ gilt (wie es z. B. für $j = 1$ in Beispiel 7.29 gilt). Der Aufwand
pro Schritt beim QR-Verfahren ist erheblich, da man jedes mal die QR-Zerlegung
einer $n \times n$-Matrix (z. B. mit Householder-Spiegelungen) und das Produkt RQ neu
berechnen muss. Der Aufwand pro Iteration ist im Allgemeinen $\mathcal{O}(n^3)$ Flop. Der QR-
Algorithmus 7.43 ist daher im Allgemeinen *kein effizientes Verfahren*! Im nächsten
Abschnitt wird erklärt, wie man das QR-Verfahren auf eine wesentlich effizientere
Form bringen kann.

Bemerkung 7.45   Es gibt eine alternative Methode um A_k aus A_{k-1} zu berechnen,
anders als im QR-Algorithmus 7.43, die in der Praxis oft verwendet wird. Diese Variante wird in der Literatur als *„implicitly shifted QR-algorithm"* bezeichnet und ist
schwieriger zu erklären als der obige QR-Algorithmus. Die Variante bietet wesentliche Vorteile, wenn man sogenannte *mehrfache* Spektralverschiebungen verwenden
möchte. Diesen Punkt werden wir in Bemerkung 7.54 etwas genauer erklären.   △

7.8.3   Effiziente Varianten des QR-Algorithmus

In diesem Abschnitt werden die zwei wichtigsten Aspekte diskutiert, die bei einer
effizienten Implementierung des QR-Verfahrens zu berücksichtigen sind, nämlich
eine *Transformation auf Hessenbergform* und die *Technik der Spektralverschiebung*.

Transformation auf Hessenbergform
Eine Matrix $B \in \mathbb{R}^{n \times n}$ heißt *obere Hessenberg-Matrix*, falls B die Gestalt

$$B = \begin{pmatrix} * & * & \cdots & * & * \\ * & * & \cdots & * & * \\ & \ddots & \ddots & & \vdots \\ & & & \ddots & * & * \\ 0 & & & & * & * \end{pmatrix} \tag{7.74}$$

hat, also $b_{i,j} = 0$ für $j \geq i + 2$. Ist B eine symmetrische Matrix und hat sie eine
Hessenberg-Gestalt wie in (7.74), dann muss B eine *Tridiagonalmatrix* sein.

In Beispiel 7.46 wird gezeigt, wie man eine Matrix A über eine *orthogonale
Ähnlichkeitstransformation*, d. h.

$$Q^T A Q, \quad \text{mit } Q \text{ orthogonal,} \tag{7.75}$$

auf obere Hessenbergform (7.74) bringen kann.

Beispiel 7.46 Es sei die Matrix

$$A = \begin{pmatrix} 1 & 15 & -6 & 0 \\ 1 & 7 & 3 & 12 \\ 2 & -7 & -3 & 0 \\ 2 & -28 & 15 & 3 \end{pmatrix}$$

gegeben. Um A auf obere Hessenbergform zu bringen, wird zum Eliminieren der Einträge a_{31} und a_{41} eine Householder-Transformation wie in Abschn. 3.9.2 verwendet. Man setze dazu

$$v^1 := \begin{pmatrix} 1 \\ 2 \\ 2 \end{pmatrix} + 3 \begin{pmatrix} 1 \\ 0 \\ 0 \end{pmatrix} = \begin{pmatrix} 4 \\ 2 \\ 2 \end{pmatrix}, \quad Q_{v^1} := I - 2\frac{v^1 (v^1)^T}{(v^1)^T v^1} \in \mathbb{R}^{3 \times 3}$$

und

$$Q_1 := \begin{pmatrix} 1 & 0 & 0 & 0 \\ 0 & & & \\ 0 & & Q_{v^1} & \\ 0 & & & \end{pmatrix}. \tag{7.76}$$

Dann ergibt sich

$$Q_1 A = \begin{pmatrix} 1 & 15 & -6 & 0 \\ -3 & 21 & -9 & -6 \\ 0 & 0 & -9 & -9 \\ 0 & -21 & 9 & -6 \end{pmatrix}.$$

Da Q_1 eine Form wie in (7.76) hat, *bleiben bei der Multiplikation von $Q_1 A$ mit Q_1 die Null-Einträge in der ersten Spalte erhalten:*

$$\tilde{A} := Q_1 A Q_1 = \begin{pmatrix} 1 & -1 & -14 & -8 \\ -3 & 3 & -18 & -15 \\ 0 & 12 & -3 & -3 \\ 0 & 5 & 22 & 7 \end{pmatrix}.$$

(Eine solche Eigenschaft gilt *nicht* für die Householder-Transformation in (3.124), die zur Reduktion auf obere Dreiecksform verwendet wird).

Da für die Householder-Transformation $Q_1 = Q_1^T = Q_1^{-1}$ gilt, sind die Matrizen $\tilde{A}$ und A ähnlich, also $\sigma(\tilde{A}) = \sigma(A)$.

Im nächsten Schritt wird der Eintrag $\tilde{a}_{42}$ mit Hilfe einer geeigneten Householder-Transformation eliminiert. Es seien dazu

$$v^2 := \begin{pmatrix} 12 \\ 5 \end{pmatrix} + 13 \begin{pmatrix} 1 \\ 0 \end{pmatrix} = \begin{pmatrix} 25 \\ 5 \end{pmatrix}, \quad Q_{v^2} := I - 2\frac{v^2 (v^2)^T}{(v^2)^T v^2} \in \mathbb{R}^{2 \times 2},$$

und

$$Q_2 := \begin{pmatrix} 1 & 0 & 0 & 0 \\ 0 & 1 & 0 & 0 \\ 0 & 0 & \boxed{Q_{v^2}} \\ 0 & 0 & \end{pmatrix}. \tag{7.77}$$

Dann ergibt sich

$$Q_2 \tilde{A} = \begin{pmatrix} 1 & -1 & -14 & -8 \\ -3 & 3 & -18 & -15 \\ 0 & -13 & -5.692 & 0.0769 \\ 0 & 0 & 21.462 & 7.615 \end{pmatrix},$$

und wiederum bleiben wegen der Form von Q_2 in (7.77) die Null-Einträge in den ersten beiden Spalten bei der Multiplikation von rechts erhalten:

$$\hat{A} := Q_2 \tilde{A} Q_2 = \begin{pmatrix} 1 & -1 & 16 & -2 \\ -3 & 3 & 22.385 & -6.923 \\ 0 & -13 & 5.225 & 2.260 \\ 0 & 0 & -22.740 & 1.225 \end{pmatrix}. \tag{7.78}$$

Es sei Q die orthogonale Matrix $Q = Q_1 Q_2$, also $Q^T = Q_2^T Q_1^T = Q_2 Q_1$, dann gilt

$$Q^{-1} A Q = Q^T A Q = Q_2 Q_1 A Q_1 Q_2 = \hat{A},$$

mit $\hat{A}$ aus (7.78). Die Matrix A ist also über eine *orthogonale* Transformation *ähnlich zur oberen Hessenberg-Matrix* $\hat{A}$. △

Die im obigen Beispiel für $A \in \mathbb{R}^{n \times n}$ mit $n = 4$ erklärte Methode ist für beliebiges n anwendbar. Also gilt:

Man kann eine Matrix $A \in \mathbb{R}^{n \times n}$ durch Householder-Transformationen auf eine zu A ähnliche Matrix mit oberer Hessenberg-Gestalt bringen.

Rechenaufwand 7.47 Der Rechenaufwand der Ähnlichkeitstransformation auf Hessenbergform über Householder-Transformationen (Methode aus Beispiel 7.46) ist etwa $\frac{8}{3} n^3$ Flop. Hierbei ist angenommen, dass die Householder-Transformationen Q_v nicht explizit berechnet werden, sondern nur implizit (über den Vektor v) gegeben sind (vgl. Beispiel 3.68).

Es sei noch bemerkt, dass man die Transformation auf obere Hessenbergform in (7.75) anstatt über Householder-Transformationen auch mit Givens-Rotationen durchführen kann.

Es sei nun $A \in \mathbb{R}^{n \times n}$ gegeben. Die Matrix wird dann über die oben beschriebene Technik auf obere Hessenberg-Gestalt gebracht, wobei *das Spektrum gleich bleibt*. Der Einfachheit halber wird die resultierende Matrix auch mit A bezeichnet.

Wir nehmen im Weiteren an, dass A eine nichtreduzierbare obere Hessenberg-Matrix ist, d.h., A hat eine obere Hessenbergform mit $a_{i+1,i} \neq 0$ für alle i. Es sei bemerkt, dass, wenn B eine obere Hessenberg-Matrix mit $b_{i+1,i} = 0$ für mindestens ein i ist, man zur Bestimmung der Eigenwerte von B die Matrix in kleinere nichtreduzierbare obere Hessenberg-Matrizen aufspalten kann, vgl. Übung 7.6.

Zur Berechnung der Eigenwerte der oberen Hessenberg-Matrix A benutzen wir den QR-Algorithmus. Man kann zeigen, dass die Hessenberg-Gestalt der Matrix mehrere große Vorteile bringt. Der erste Vorteil ist folgender:

Wenn A eine nichtreduzierbare obere Hessenbergmatrix ist, kann man die Identität als Anfangsmatrix bei der Unterraumiteration (also auch beim QR-Algorithmus) wählen. Diese Anfangsmatrix erfüllt die in Bemerkung 7.37 erwähnte Konsistenzbedingung.

Das folgende Resultat zeigt, dass im QR-Algorithmus die obere Hessenberg-Gestalt erhalten bleibt.

Lemma 7.48
Es sei $A_{k-1} \in \mathbb{R}^{n \times n}$ eine obere Hessenberg-Matrix und

$$A_{k-1} := QR \quad \text{(QR-Zerlegung von } A_{k-1})$$
$$A_k := RQ$$

der Iterationsschritt im QR-Algorithmus 7.43, dann ist auch A_k eine obere Hessenberg-Matrix.

Beweisskizze Die QR-Zerlegung einer $n \times n$-Hessenbergmatrix A_{k-1} kann man über eine Folge von Givens-Rotationen $G_{i,i+1}$, $i = 1, 2, \ldots, n - 1$ (vgl. (3.111)) berechnen. Für den Fall $n = 3$ ergibt sich die Struktur

$$G_{2,3}G_{1,2}A_{k-1} = \begin{pmatrix} 1 & 0 & 0 \\ 0 & * & * \\ 0 & * & * \end{pmatrix} \begin{pmatrix} * & * & 0 \\ * & * & 0 \\ 0 & 0 & 1 \end{pmatrix} \begin{pmatrix} * & * & * \\ * & * & * \\ 0 & * & * \end{pmatrix} = \begin{pmatrix} * & * & * \\ 0 & * & * \\ 0 & 0 & * \end{pmatrix} = R,$$

also eine QR-Zerlegung $A_{k-1} = QR$ mit $Q := G_{1,2}^T G_{2,3}^T$. Für $A_k = RQ = RG_{1,2}^T G_{2,3}^T$ erhält man

$$
A_k = \begin{pmatrix} * & * & * \\ 0 & * & * \\ 0 & 0 & * \end{pmatrix} \begin{pmatrix} * & * & 0 \\ * & * & 0 \\ 0 & 0 & 1 \end{pmatrix} \begin{pmatrix} 1 & 0 & 0 \\ 0 & * & * \\ 0 & * & * \end{pmatrix} = \begin{pmatrix} * & * & * \\ * & * & * \\ 0 & * & * \end{pmatrix},
$$

also wiederum eine obere Hessenberg-Matrix. Für den Fall mit beliebigem n kann man ähnlich argumentieren. $\qquad\square$

Aufgrund dieses Ergebnisses ergibt sich als zweiter Vorteil der Transformation auf Hessenberg-Gestalt eine starke Reduktion des Rechenaufwandes:

Bemerkung 7.49
Dadurch, dass man beim QR-Algorithmus in einer Vorbearbeitungsphase die Matrix auf obere Hessenbergform bringt, braucht man nur die QR-Zerlegung einer *Hessenberg-Matrix* A_{k-1} zu berechnen. Falls man dazu Givens-Rotationen verwendet (vgl. Beweis von Lemma 7.48), ist der Aufwand für die Berechnung $A_{k-1} =: QR$, $A_k := RQ$ nur $\mathcal{O}(n^2)$ Flop. Falls A symmetrisch ist, ist dieser Aufwand nur $\mathcal{O}(n)$ Flop.

Wenn zunächst die Matrix A auf obere Hessenberg-Gestalt gebracht wird, haben die im QR-Algorithmus 7.43 berechneten Matrizen A_k, $k \geq 0$, alle eine obere Hessenberg-Gestalt. Außerdem gilt $\sigma(A_k) = \sigma(A)$ für alle k und $A_k \to R$, ($k \to \infty$), wobei R eine obere Dreiecksmatrix ist. Es sei

$$
A_k = \left(a_{i,j}^{(k)} \right)_{i \leq i, j \leq n}.
$$

Wegen der oberen Hessenberg-Gestalt der Matrizen A_k *zeigt das Konvergenzverhalten der Subdiagonalelemente*

$$
a_{i+1,i}^{(k)} \to 0 \quad \text{für } k \to \infty \quad (i = 1, 2, \ldots n - 1)
$$

gerade die Konvergenzgeschwindigkeit $A_k \to R$ in (7.68). Dies ist ein weiterer Vorteil der Transformation auf Hessenberg-Gestalt.

Beispiel 7.50 Wir betrachten die Matrix

$$
A = A_0 = \begin{pmatrix} 2 & 3 & 4 & 5 & 6 \\ 4 & 4 & 5 & 6 & 7 \\ 0 & 3 & 6 & 7 & 8 \\ 0 & 0 & 2 & 8 & 9 \\ 0 & 0 & 0 & 1 & 10 \end{pmatrix},
$$

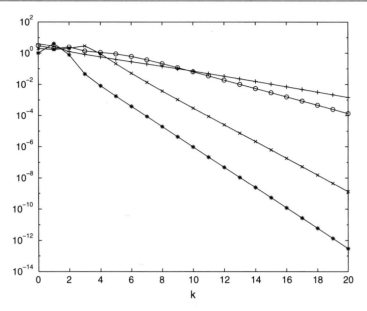

Abb. 7.3 $* : \left|a_{5,4}^{(k)}\right|$, $\times : \left|a_{4,3}^{(k)}\right|$, $\circ : \left|a_{3,2}^{(k)}\right|$, $+ : \left|a_{2,1}^{(k)}\right|$

die schon eine obere Hessenberg-Gestalt hat, und wenden Algorithmus 7.43 auf diese Matrix an. Die Matrizen A_k, $k \geq 1$, haben dann alle eine obere Hessenberg-Gestalt. In Abb. 7.3 wird die Größe der Einträge $a_{i+1,i}^{(k)}$ ($i = 1, 2, 3, 4$) für $k = 0, 1, 2, \ldots, 20$ dargestellt.

Für $k = 20$ ergibt sich das Resultat

$$A_{20} = \begin{pmatrix} 14.149 & -15.700 & 5.804 & 0.943 & 1.730 \\ -1.5\text{e-}3 & 9.530 & -5.487 & 0.162 & -1.013 \\ 0 & -1.4\text{e-}4 & 5.155 & 0.499 & -0.744 \\ 0 & 0 & 1.3\text{e-}9 & 1.501 & 2.006 \\ 0 & 0 & 0 & -3.0\text{e-}13 & -0.335 \end{pmatrix}$$

also

$$\sigma(A) = \sigma(A_{20}) \approx \{14.15, \ 9.53, \ 5.16, \ 1.50, \ -0.34\}.$$

Die Kurven in Abb. 7.3 sind für hinreichend große k etwa Geraden, also ist die Konvergenz $\left|a_{i+1,i}^{(k)}\right| \to 0$ *linear*. Eine genauere Betrachtung der Einträge zeigt, dass für hinreichend großes k

$$\left|a_{2,1}^{(k)}\right| \approx c_1(0.67)^k \approx c_1 \left|\frac{\lambda_2}{\lambda_1}\right|^k, \qquad \left|a_{3,2}^{(k)}\right| \approx c_2(0.54)^k \approx c_2 \left|\frac{\lambda_3}{\lambda_2}\right|^k,$$

$$\left|a_{4,3}^{(k)}\right| \approx c_3(0.29)^k \approx c_3 \left|\frac{\lambda_4}{\lambda_3}\right|^k, \qquad \left|a_{5,4}^{(k)}\right| \approx c_4(0.22)^k \approx c_5 \left|\frac{\lambda_5}{\lambda_4}\right|^k.$$

Das Konvergenzverhalten $\left|a_{i+1,i}^{(k)}\right| \approx c\left|\frac{\lambda_{i+1}}{\lambda_i}\right|^k$ stimmt mit der in Abschn. 7.8.1 diskutierten Analyse (vgl. (7.64)) überein. $\triangle$

QR-Verfahren mit Spektralverschiebung

Da die Konvergenzgeschwindigkeit des *QR*-Algorithmus (und damit seine Effizienz) von den Faktoren $\left|\frac{\lambda_{i+1}}{\lambda_i}\right|$, $i = 1, 2, \ldots, n-1$, bestimmt ist (vgl. Beispiel 7.50), wird die Effizienz des Verfahrens (sehr) schlecht sein, falls $\left|\frac{\lambda_{i+1}}{\lambda_i}\right| \approx 1$ für einen oder mehrere i-Werte gilt. Die Konvergenzgeschwindigkeit der Methode kann erheblich verbessert werden, indem man, wie bei der inversen Vektoriteration, eine Spektralverschiebung mit einem geeignet gewählten Parameter μ durchführt. Wir nehmen an, dass wir eine Annäherung $\mu \approx \lambda_i$ eines Eigenwertes λ_i der Matrix A zur Verfügung haben, so dass

$$|\mu - \lambda_i| \ll |\mu - \lambda_j| \quad \text{für alle } j \neq i \tag{7.79}$$

(vgl. (7.39)). Es seien τ_i, $i = 1, \ldots, n$, mit

$$|\tau_1| > |\tau_2| > \ldots > |\tau_n| > 0$$

die Eigenwerte der Matrix $A - \mu I$, dann ist wegen (7.79) $\tau_n = \lambda_i - \mu$ und

$$\frac{|\tau_n|}{|\tau_{n-1}|} \ll 1. \tag{7.80}$$

Bei Anwendung der *QR*-Methode auf die Matrix $A - \mu I$ wird also der Eigenwert τ_n, und damit auch λ_i, sehr rasch angestrebt. Wie bei der inversen Vektoriteration in Beispiel 7.32 kann der Parameter μ in jedem Schritt des *QR*-Algorithmus neu (besser) gewählt werden. Daraus ergibt sich:

Algorithmus 7.51 (*QR*-Algorithmus mit Spektralverschiebung)

Gegeben: eine nichtreduzierbare Hessenberg-Matrix $A \in \mathbb{R}^{n \times n}$.
$A_0 := A$.
Für $k = 1, 2, \ldots$:
  Bestimme $\mu_{k-1} \in \mathbb{R}$. $\tag{7.81}$
  $A_{k-1} - \mu_{k-1}I =: QR$ (QR-Zerlegung von $A_{k-1} - \mu_{k-1}I$).
  $A_k := RQ + \mu_{k-1}I$.

In diesem Algorithmus wird davon ausgegangen, dass in einer Vorbearbeitungsphase die ursprüngliche Matrix auf obere Hessenberg-Gestalt transformiert wird. Als Startmatrix des *QR*-Algorithmus ist $Q_0 = I$ genommen worden.

Da die Spektralverschiebung in A_{k-1} bei der Berechnung von A_k wieder rückgängig gemacht wird (vgl. letzter Schritt in (7.81)), gilt immer noch $\sigma(A_k) = \sigma(A)$ für alle k.

Zur einfachen Erläuterung einer möglichen Wahl des Parameters μ_{k-1} in (7.81) nehmen wir an, dass die Voraussetzung (7.51) erfüllt ist. Die Matrizen A_k, $k = 0, 1, 2, \ldots$, sollen dann gegen eine obere Dreiecksmatrix streben, wobei die Diagonaleinträge dieser Matrix gerade die Eigenwerte der Matrix A sind. Daher liegt die Wahl des Parameters μ_{k-1} als einer der Diagonaleinträge von A_{k-1}, d. h. $\mu_{k-1} = a_{i,i}^{(k-1)}$ für gewisses i, auf der Hand. Bei Anwendung der QR-Methode mit einer Spektralverschiebung $\mu \approx \lambda_i$ konvergieren die Annäherungen des betragsmäßig *kleinsten* Eigenwertes $\lambda_i - \mu$ der Matrix $A - \mu I$ sehr rasch. Da diese Annäherungen gerade die Einträge $a_{n,n}^{(k)} - \mu$ der Matrizen $A_k - \mu I$ ($k = 0, 1, 2, \ldots$) sind (vgl. (7.69)), ist

$$\mu_{k-1} = a_{n,n}^{(k-1)} \tag{7.82}$$

eine geeignete Wahl für den Verschiebungsparameter.

Falls die Voraussetzung (7.51) nicht erfüllt ist, ist die Strategie (7.82) nicht unbedingt zielführend. Dies sieht man schon am sehr einfachen Bespiel der Matrix $A = \begin{pmatrix} 0 & -1 \\ -1 & 0 \end{pmatrix}$ mit den Eigenwerten $\lambda_1 = 1$, $\lambda_2 = -1$ (d. h., $|\lambda_1| = |\lambda_2|$). Für diese Matrix gilt $A = QR$, mit $Q = A$, $R = I$, und mit der Parameterverschiebung aus (7.82) ergibt sich im QR-Algorithmus 7.51 $A_k = A$ für alle k, also keine Konvergenz gegen eine obere Dreiecksmatrix. Eine bessere und in der Praxis öfter verwendete Parameterwahlmethode ist die folgende (siehe [S,GL]). Es sei $B = B_k$ die 2×2-Matrix mit reellen Einträgen $(a_{i,j}^{(k-1)})_{n-1 \leq i, j \leq n}$. Die zwei Eigenwerte λ_1^B, λ_2^B dieser Matrix kann man sehr einfach bestimmen. Diese Eigenwerte sind beide reell oder beide komplex. Im letzteren Fall gilt $\lambda_2^B = \overline{\lambda_1^B}$. Der Verschiebungsparameter μ_{k-1} wird wie folgt gewählt:

$$\text{Falls } \text{imag}(\lambda_i^B) \neq 0 : \ \mu_{k-1} := \frac{1}{2}(\lambda_1^B + \lambda_2^B).$$
$$\text{Falls } \text{imag}(\lambda_i^B) = 0 : \ \mu_{k-1} := \text{argmin}_{\lambda \in \{\lambda_1^B, \lambda_2^B\}} |\lambda - a_{n,n}^{(k-1)}|. \tag{7.83}$$

(Hierbei bezeichnet imag(z) der Imaginärteil der komplexen Zahl z.) Man beachte, dass der Parameter μ_{k-1} reell ist, auch wenn die zwei Eigenwerte komplex sind. Mit einer geeigneten Spektralverschiebung (wie in (7.82) oder (7.83)) wird das Subdiagonalelement $a_{n,n-1}^{(k)}$ sehr rasch gegen 0 streben. Im Allgemeinen ist die Konvergenzgeschwindigkeit hierbei sogar *quadratisch*, wie bei der inversen Vektoriteration mit Spektralverschiebung in Beispiel 7.32.

Wegen der raschen Konvergenz gegen den betragsmäßig kleinsten Eigenwert $\lambda_i - \mu$ der Matrix $A - \mu I$ liegt das folgende weitere Vorgehen nahe. Nach einigen Schritten hat A_k die Struktur

$$
A_k = \begin{pmatrix} * & \cdots\cdots\cdots & * & * \\ * & \ddots & & \vdots & \vdots \\ & \ddots & \ddots & \vdots & \vdots \\ 0 & & \ddots & \ddots & \vdots & \vdots \\ & & * & * & * \\ 0 & \cdots\cdots & 0 & \varepsilon & \tilde{\lambda}_i \end{pmatrix} = \begin{pmatrix} & & & * \\ & \hat{A} & & \vdots \\ & & & \vdots \\ & & & * \\ 0 & \cdots\cdots & 0 & \varepsilon & \tilde{\lambda}_i \end{pmatrix},
$$

wobei ε „sehr klein" ($\varepsilon \approx$ eps), $\tilde{\lambda}_i$ eine sehr genaue Annäherung eines Eigenwertes λ_i der Matrix A und $\hat{A}$ eine obere Hessenberg-Matrix der Dimension $(n-1) \times (n-1)$ ist, deren Eigenwerte etwa die übrigen Eigenwerte der Matrix A sind. Der QR-Algorithmus 7.51 kann dann mit der Matrix $\hat{A}$ fortgesetzt werden, wobei für die Spektralverschiebung die Methode aus (7.82) oder aus (7.83) auf $\hat{A}_k$ (statt auf A_k) angewendet wird, usw. Mit jedem berechneten Eigenwert reduziert sich also die Dimension der noch weiter zu bearbeitenden Matrizen.

Beispiel 7.52 Wir betrachten die Matrix A aus Beispiel 7.50 und wenden den QR-Algorithmus 7.51 an, wobei μ_{k-1} wie in (7.82) gewählt wird.

Sobald das Subdiagonalelement $a_{5,4}^{(k)}$ die Bedingung $\left| a_{5,4}^{(k)} \right| < 10^{-16}$ erfüllt, wird nur noch die 4×4 Matrix links oben weiter bearbeitet. Sobald $\left| a_{4,3}^{(k)} \right| < 10^{-16}$ gilt, beschränken wir uns auf die 3×3 Matrix links oben, usw. In Abb. 7.4 wird die Größe der Einträge $a_{i+1,i}^{(k)}$, $i = 1, 2, 3, 4$, für $k = 0, 1, \dots, 17$ dargestellt. Für $k = 5$ ist die Bedingung $\left| a_{5,4}^{(k)} \right| < 10^{-16}$ zum ersten Mal erfüllt, und es wird nur noch die 4×4 Matrix links oben bearbeitet, wobei dann die Verschiebungsstrategie in (7.82) auf diese 4×4 obere Hessenberg-Matrix angewandt wird, usw.

In Abb. 7.4 kann man sehen, dass das Konvergenzverhalten deutlich anders ist als in Beispiel 7.50. Statt der linearen Konvergenz in Abb. 7.3 zeigt Abb. 7.4 ein Konvergenzverhalten, bei dem die Einträge $a_{i+1,i}^{(k)}$ nacheinander quadratisch gegen Null streben. Für $k = 17$ ergibt sich

$$
A_{17} = \begin{pmatrix} 14.150 & 1.2371 & 1.5503 & -0.6946 & -0.4395 \\ -1.9\mathrm{e}{-19} & -0.3354 & -2.0037 & -8.5433 & -1.9951 \\ 0 & 2.1\mathrm{e}{-20} & 1.5014 & -1.4294 & -14.8840 \\ 0 & 0 & 1.8\mathrm{e}{-20} & 5.1552 & 3.2907 \\ 0 & 0 & 0 & -4.7\mathrm{e}{-21} & 9.5248 \end{pmatrix}.
$$

Es sei noch bemerkt, dass beim QR-Algorithmus ohne Spektralverschiebung die Eigenwerte der Größe nach geordnet erscheinen, vgl. (7.69) und Beispiel 7.50, während bei Verwendung der Spektralverschiebung dies im Allgemeinen nicht zu erwarten ist. $\triangle$

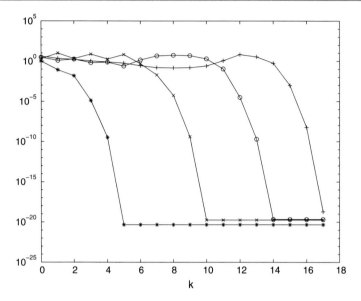

Abb. 7.4 $* : |a_{5,4}^{(k)}|$, $\times : |a_{4,3}^{(k)}|$, $\circ : |a_{3,2}^{(k)}|$, $+ : |a_{2,1}^{(k)}|$

Matlab-Demo 7.53 (**QR-Verfahren**) In diesem Matlabexperiment wird die Konvergenz des QR-Verfahrens untersucht (siehe auch Beispiel 7.52). Es werden Beispielmatrizen mit ausschließlich reellen Eigenwerten betrachtet. Für die Spektralverschiebung wird die Methode (7.83) verwendet.

Bemerkung 7.54 In Bemerkung 7.45 haben wir bereits kurz darauf hingewiesen, dass es eine andere Möglichkeit als im Algorithmus 7.48 (QR ohne Shift) oder Algorithmus 7.51 (QR mit Shift) gibt, um A_k aus A_{k-1} zu berechnen. In diesem *impliziten* QR-Verfahren („implizit", weil in diesem Verfahren keine QR-Zerlegungen explizit berechnet werden) können einfach sogenannte mehrfache Shifts im folgenden Sinne behandelt werden. Es seien A_{k-1}, A_k, A_{k+1} wie im Algorithmus 7.51, d. h.

$$A_{k-1} - \mu_{k-1}I =: QR, \quad A_k := RQ + \mu_{k-1}I,$$
$$A_k - \mu_k I =: \tilde{Q}\tilde{R}, \quad A_{k+1} = \tilde{R}\tilde{Q} + \mu_k I. \tag{7.84}$$

Beim impliziten QR-Verfahren kann man A_{k+1} direkt aus A_{k-1} bestimmen, ohne dass $A_{k-1} - \mu_{k-1}I$ und A_k explizit berechnet werden. Außerdem gilt, dass wenn die Verschiebungsparameter zueinander komplex konjugiert gewählt sind, d. h. $\mu_k = \overline{\mu}_{k-1}$, die Matrix A_{k+1} *reell* ist (A_k aber im Allgemeinen nicht). Mit diesem impliziten QR-Verfahren kann man also für komplex konjugierte Shifts $\mu_k = \overline{\mu}_{k-1}$ *in reeller Arithmetik* die Matrix A_{k+1} aus A_{k-1} berechnen. Diese Eigenschaft ermöglicht eine *effiziente Berechnung der komplexen Eigenwerte einer reellen Matrix in reeller Arithmetik*. Sei zum Beispiel der betragsmäßig kleinste Eigenwert λ_n der reellen nicht-reduzierbaren oberen Hessenberg-Matrix A komplex, dann ist

$\lambda_{n-1} = \bar{\lambda}_n$ (also $|\lambda_{n-1}| = |\lambda_n|$). Wir nehmen an, dass $|\lambda_{n-2}| > |\lambda_{n-1}|$. Die im QR-Algorithmus (oder in der Unterraumiteration) erzeugten Matrizen A_k konvergieren gegen eine *Block*-Dreiecksmatrix (Bemerkung 7.41). Der untere rechte 2×2-Block

$$B_k := \begin{pmatrix} a_{n-1,n-1}^{(k)} & a_{n-1,n}^{(k)} \\ a_{n,n-1}^{(k)} & a_{n,n}^{(k)} \end{pmatrix}$$ der Matrix A_k konvergiert (für $k \to \infty$) gegen die reelle

(2×2)-Matrix R_{mm} der reellen Schur-Faktorisierung (7.13). Die komplexen Eigenwerte λ_n, $\lambda_{n-1} = \bar{\lambda}_n$ der Matrix A sind die zwei Eigenwerte dieser Matrix R_{mm}. Um die Konvergenzgeschwindigkeit der Methode zu verbessern, braucht man einen geeigneten Verschiebungsparameter $\mu \approx \lambda_n$ (also $\bar{\mu} \approx \bar{\lambda}_n$). Dazu werden die zwei komplex konjugierten Eigenwerte der Matrix B_{k-1} berechnet, $\sigma(B_{k-1}) = \{\lambda, \bar{\lambda}\}$, und man nimmt in den zwei aufeinander folgenden Iterationen in (7.84) die Verschiebungen $\mu_{k-1} = \lambda$, $\mu_k = \bar{\lambda} = \bar{\mu}_{k-1}$. Diese Spektralverschiebung bewirkt eine schnelle (quadratische) Konvergenz und mit der impliziten Variante des QR-Verfahrens kann man, in reeller Arithmetik, A_{k+1} aus A_{k-1} bestimmen. $\triangle$

Bestimmung von Eigenvektoren

Die in diesem Abschnitt behandelten Varianten der QR-Methode liefern (sehr genaue) Annäherungen aller Eigen*werte* der Matrix A. Diese Methoden können erweitert werden, so dass gleichzeitig auch Annährungen aller Eigen*vektoren* bestimmt werden. Für solche Erweiterungen wird auf die Literatur verwiesen, z. B. [GL].

Eine einfache und effiziente Methode zur Bestimmung von einem oder wenigen Eigenvektoren, ausgehend von bereits (z. B. mit QR-Algorithmus 7.51) berechneten genauen Eigenwertapproximationen, ist die inverse Vektoriteration mit Spektralverschiebung.

Es sei $\mu \approx \lambda_i$ eine sehr genaue Annäherung eines einfachen Eigenwertes λ_i der Matrix A. Auch bei sehr hoher Genauigkeit dieser Annäherung wird immer noch $\det(A - \mu I) \neq 0$ gelten und das Lösen des Gleichungssystems $(A - \mu I)x = 0$ ergibt (in exakter Arithmetik) $x = 0$. Diese Vorgehensweise ist also nicht brauchbar um den Eigenvektor v^i zu bestimmen. Eine sehr genaue Annäherung $\mu \approx \lambda_i$ impliziert, dass der für die Konvergenz der inversen Vektoriteration (mit Spektralverschiebung μ) entscheidende Faktor q sehr klein ist:

$$q := \frac{|\lambda_i - \mu|}{\min_{j \neq i} |\lambda_j - \mu|} \ll 1,$$

siehe (7.44). Aus $q \ll 1$ folgt eine sehr rasche Konvergenz $d_V(\tilde{y}^k, \langle v^i \rangle) \to 0$ ($k = 0, 1, \ldots$). Man benötigt einen Startvektor y^0 mit einer Komponente in Richtung v^i, welche nicht zu klein ist. In der Praxis wählt man zum Beispiel $y^0 = n^{-\frac{1}{2}}(1, 1, \ldots, 1)^T$. Oft ist *eine* Iteration der Methode hinreichend für eine hohe Genauigkeit $\tilde{y}^k \approx v^i$. In Bemerkung 7.34 wurde erklärt, weshalb die extrem schlechte Kondition der Matrix $A - \mu I$ die sehr rasche Konvergenz $d_V(\tilde{y}^k, \langle v^i \rangle) \to 0$ ($k = 0, 1, \ldots$) nicht beeinträchtigt.

Beispiel 7.55 Wir betrachten die Matrix A aus Beispiel 7.50. Mit der Matlab Routine EIG werden die Eigenwerte dieser Matrix berechnet. Als Beispiel nehmen wir die berechnete Approximation $\tilde{\lambda}_3$ des mittleren Eigenwertes λ_3. Es gilt (Matlab Ausgabe) $\det(A - \tilde{\lambda}_3 I) = 5.3\mathrm{e}{-}12$. Das Lösen des Gleichungssystems

$$(A - \tilde{\lambda}_3 I)\tilde{y}^1 = y^0, \quad y^0 := \frac{1}{\sqrt{5}}(1, \ldots, 1)^T,$$

(mit dem Matlab Befehl $(A - \tilde{\lambda}_3 I) \setminus y^0$) ergibt $\tilde{y}^1$ mit $\|\tilde{y}^1\|_2 = 6.7\mathrm{e}{+}13$. Die Norm des Residuums der skalierten Eigenvektorannäherung $y^1 = \tilde{y}^1/\|\tilde{y}^1\|_2$ ist $\|Ay^1 - \tilde{\lambda}_1 y^1\|_2 = 1.5\mathrm{e}{-}14$. △

7.9 Zusammenfassung

Wir fassen die wichtigsten Ergebnisse dieses Kapitels zusammen.

Mit der *Vektoriteration* werden der betragsmäßig größte Eigenwert und ein zugehöriger Eigenvektor bestimmt. Die lineare Konvergenz der Methode wird vom Quotienten der Beträge des zweitgrößten und größten Eigenwertes bestimmt. Der Aufwand pro Iteration beträgt etwa eine Matrix-Vektor Multiplikation.

Die *inverse Vektoriteration mit Spektralverschiebung* ist eine Methode zur Bestimmung eines beliebigen einfachen Eigenwertes λ_i und eines zugehörigen Eigenvektors. Dazu wird eine hinreichend genaue Annäherung $\mu \approx \lambda_i$ benötigt. Die Konvergenz der Methode ist linear und wird vom Quotienten $\frac{|\lambda_i - \mu|}{\min_{j \neq i} |\lambda_j - \mu|}$ bestimmt. Die Konvergenz wird beschleunigt (sogar quadratisch statt linear), wenn man für den Verschiebungsparameter μ die k-abhängige, aktuellste Annäherung von λ_i nimmt. In jeder Iteration dieser Methode muss ein Gleichungssystem mit der Matrix $A - \mu I$ (ggf. $\mu = \mu_k$) gelöst werden. Die im Allgemeinen sehr große Konditionszahl dieser Matrix hat keine nachteiligen Auswirkungen, weil die beim Lösen des Gleichungssystems auftretenden Fehlerverstärkungen hauptsächlich in der gewünschten Eigenvektorrichtung v^i auftreten. Falls eine mit einer anderen Methode (zum Beispiel dem QR-Verfahren) berechnete sehr genaue Eigen*wert*annäherung bekannt ist, kann mit der inversen Vektoriteration sehr effizient eine genaue Eigen*vektor*approximation ermittelt werden.

Das QR-Verfahren ist eine Methode zur Bestimmung aller Eigenwerte einer (reellen) Matrix. In dieser Methode wird eine approximative reelle Schur-Faktorisierung konstruiert. Für eine effiziente Implementierung wird die vorliegende Matrix erst mit einer orthogonalen Ähnlichkeitstransformation auf obere Hessenberg-Gestalt transformiert. Falls die Matrix symmetrisch ist, hat die transformierte Matrix Tridiagonalgestalt. Die Transformation auf obere Hessenberg-Gestalt erfordert $\mathcal{O}(n^3)$ Flop. Zur Konvergenzbeschleunigung werden Spektralverschiebungsparameter, z. B. wie in (7.82), verwendet. Nacheinander werden die einzelnen Eigenwerte mit quadratischer Konvergenz angenähert. Pro Iteration ist der Rechenaufwand $\mathcal{O}(n^2)$ Flop (sogar nur $\mathcal{O}(n)$, wenn A symmetrisch ist). Insgesamt beträgt der Rechenaufwand zur genauen Bestimmung (etwa Maschinengenauigkeit) *aller* Eigenwerte $\mathcal{O}(n^3)$ Flop. Falls die Matrix komplexe Eigenwerte hat, können mit einer Variante der Methode („implicitly shifted QR-algorithm") mit etwa demselben Rechenaufwand alle Eigenwerte mit reeller Arithmetik bestimmt werden. Die Nullstellen eines Polynoms sind die Eigenwerte der Begleitmatrix. Wegen dieser Eigenschaft können die *Nullstellen eines Polynoms, das in der monomial Darstellung vorliegt, sehr effizient und stabil über das QR-Verfahren* zur Bestimmung von Eigenwerten *berechnet werden.*

Bemerkungen zu den allgemeinen Begriffen und Konzepten:

- *Zusammenhang zwischen Eigenwerten einer Matrix und Nullstellen eines Polynoms.* Wie oben bereits erwähnt: die Nullstellen eines Polynoms sind genau die Eigenwerte der Begleitmatrix.

- *Kondition des Eigenwertproblems.* Entscheidend bei der absoluten Kondition des Eigenwertproblems einer diagonalisierbaren Matrix A ist nicht die Konditionszahl der Matrix A, sondern die Konditionszahl der Eigenvektormatrix, d. h. die Kondition einer Basis aus Eigenvektoren. Falls A symmetrisch ist, existiert eine orthogonale Basis von Eigenvektoren und somit ist in diesem Fall das Problem der Eigenwertbestimmung gut konditioniert.

- *Ähnlichkeitstransformationen.* Bei einer Ähnlichkeitstransformation $A \rightarrow T^{-1}AT$ ändern sich die Eigenwerte der Matrix nicht. In der Unterraumiteration (und im QR-Algorithmus) wird eine Folge $A_k, k = 0, 1, \ldots$, von zu A orthogonal ähnlichen Matrizen bestimmt, siehe (7.67) und Lemma 7.42. Im QR-Verfahren wird die Ausgangsmatrix A vorab mit einer orthogonalen Ähnlichkeitstransformation auf obere Hessenberg-Gestalt transformiert. Die Verwendung *orthogonaler* Transformationsmatrizen im QR-Algorithmus sorgt für eine (sehr) gute Stabilität des Algorithmus.

- *Matrixfaktorisierung.* In der komplexen Schur-Faktorisierung stehen die Eigenwerte der Matrix A auf der Diagonalen der oberen Dreiecksmatrix R. In der reellen Schur-Faktorisierung stehen die reellen Eigenwerte der Matrix A auf der Diagonalen der oberen Block-Dreiecksmatrix R und die Paare der komplex konjugierten Eigenwerte der Matrix A sind die Eigenwerte der (2×2)-Diagonalblöcke der Matrix R. Im QR-Algorithmus (und auch in der Unterraumiteration) wird die reelle Schur-Faktorisierung iterativ approximiert.

- *Eigenwertabschätzungen.* Gerschgorin-Kreise liefern eine einfache Schätzung für die Lage des Spektrums einer Matrix. Falls eine Annäherung eines Eigenvektors v^i vorliegt, ist der Rayleigh-Quotient eine in gewissem Sinne optimale Schätzung des zugehörigen Eigenwertes λ_i.

- *Beschleunigung über Spektralverschiebung.* Es sei μ eine vorgegebene (ggf. komplexe) Zahl. Die Eigenwerte der Matrix A sind die um μ verschobenen Eigenwerte der Matrix $A - \mu I$. Bei der (inversen) Vektoriteration und bei der Unterraumiteration (= QR-Verfahren) hängt die Konvergenzgeschwindigkeit von den Quotienten der Beträge benachbarter Eigenwerte ab. Bei der inversen Vektoritation und bei der Unterraumiteration kann man über geeignet gewählte Verschiebungen μ die Konvergenzgeschwindigkeit enorm verbessern.

7.10 Übungen

Übung 7.1 Es seien $A \in \mathbb{R}^{n \times n}$ eine symmetrische Matrix und $\lambda^* \in \mathbb{R}$ ein Eigenwert dieser Matrix mit geometrischer Vielfachheit mindestens 2, d. h., der Raum $E_{\lambda^*} :=$ span$\{v \in \mathbb{R}^n \mid Av = \lambda^* v\}$ hat mindestens die Dimension 2. Es sei $F(\lambda, v) = 0$ das wie in (7.8) definierte nichtlineare Eigenwertproblem und (λ^*, v^*) eine Lösung dieses Problems. Für $\epsilon > 0$ sei $B_\epsilon = \{(\lambda, v) \in \mathbb{R}^{n+1} \mid |\lambda - \lambda^*|^2 + \|v - v^*\|_2^2 \leq \epsilon^2\}$ die Kugel mit Mittelpunkt (λ^*, v^*) und Radius ϵ. Zeigen Sie Folgendes:

a) Es gilt $v^* \in E_{\lambda^*}$.
b) Für jedes $v \in E_{\lambda^*}$ mit $\|v\|_2 = 1$ gilt $F(\lambda^*, v) = 0$.
c) Für jedes $\epsilon > 0$ existiert $(\lambda, v) \in B_\epsilon$, $(\lambda, v) \neq (\lambda^*, v^*)$, wofür $F(\lambda, v) = 0$ gilt (Hinweis: man wähle $\lambda = \lambda^*$, $v = \cos\theta\, v^* + \sin\theta\, w$ mit $w \in B_\epsilon$, $w \perp v^*$, $\|w\|_2 = 1$).
d) Die Jacobimatrix $F'(\lambda^*, v^*)$ ist singulär.

Übung 7.2 Zeigen Sie, dass $A \in \mathbb{R}^{n \times n}$ genau dann diagonalisierbar ist, wenn A n linear unabhängige Eigenvektoren hat.

Übung 7.3 Beweisen Sie die Eigenschaften in Lemma 7.5.

Übung 7.4 Es sei

$$A = \begin{pmatrix} 3 & 0 & 0 & 0 \\ 1 & 4 & 0 & 0 \\ 1 & 1 & 1 & 0 \\ 0 & 1 & 1 & 2 \end{pmatrix}.$$

a) Bestimmen Sie die Eigenwerte λ_k, $1 \leq k \leq 4$, von A und zugehörigen Eigenvektoren.
b) Konstruieren Sie eine Matrix V, so dass

$$A = V \operatorname{diag}(\lambda_1, \lambda_2, \lambda_3, \lambda_4)\, V^{-1}$$

gilt.

Übung 7.5 Begründen Sie geometrisch, warum die Givens-Rotations-Matrix

$$G(\varphi) = \begin{pmatrix} \cos(\varphi) & \sin(\varphi) \\ -\sin(\varphi) & \cos(\varphi) \end{pmatrix}, \qquad \varphi \in \mathbb{R},$$

für $\varphi \neq \pi k$, $k \in \mathbb{Z}$, keine reellen Eigenwerte hat. Berechnen Sie die komplexen Eigenwerte.

Übung 7.6 Gegeben sei die obere Block-Dreiecksmatrix

$$A = \begin{pmatrix} A_{11} & A_{12} \\ \emptyset & A_{22} \end{pmatrix}$$

mit $A_{11} \in \mathbb{R}^{r \times r}$, $A_{12} \in \mathbb{R}^{r \times s}$ und $A_{22} \in \mathbb{R}^{s \times s}$. Beweisen Sie:

$$\sigma(A) = \sigma(A_{11}) \cup \sigma(A_{22}).$$

Übung 7.7 Schätzen Sie mit Hilfe der Gerschgorin-Kreise möglichst genau ab, wo sich die Eigenwerte der folgenden Matrizen befinden können (Hinweis: $A = A^T$).

$$A = \begin{pmatrix} 6 & 1 & 2 \\ 1 & 3 & 1 \\ 2 & 1 & -4 \end{pmatrix}, \quad B = \begin{pmatrix} 6 & 1 & 1 \\ 3 & 3 & 1 \\ 3 & 1 & -4 \end{pmatrix}, \quad C = \begin{pmatrix} 1 & -1 \\ 0.1 & 2 \end{pmatrix}.$$

Übung 7.8 Es sei $A \in \mathbb{R}^{n \times n}$ eine Tridiagonalmatrix mit $a_{i+1,i} = a$, $a_{i,i} = b$, $a_{i,i+1} = c$ für alle i, wobei $ac > 0$ gilt.

a) Verifizieren Sie durch Einsetzen, dass $Av^k = \lambda_k v^k$, für $k = 1, \ldots, n$, mit

$$\lambda_k = b + 2\,\mathrm{sign}(a)\sqrt{ac}\,\cos\left(\frac{k\pi}{n+1}\right), \qquad (v^k)_i = \left(\frac{a}{c}\right)^{\frac{i-1}{2}} \sin\left(\frac{k\pi i}{n+1}\right)$$

gilt.

b) Es seien $a = c = -1$ und $b = 2$. Bestimmen Sie eine Formel für die Konditionszahl $\kappa(A) = \|A\|_2 \|A^{-1}\|_2$ der Matrix A als Funktion von n. Berechnen Sie $\kappa(A)$ für $n = 10^2$, $n = 10^3$.

Übung 7.9 Wir verwenden die Notation aus Abschn. 7.6. Zeigen Sie, dass $\|A^k r^0\|_V \leq |\lambda_2|^k \|r^0\|_V$ und $\|\alpha v^1 + \beta w\|_V^2 = \alpha^2 + \beta^2 \|w\|_V^2$ für beliebiges $w \in \langle v^2, \ldots, v^n \rangle$ gilt.

Übung 7.10 In dieser Übung werden die Resultate (7.48)–(7.50) aus Bemerkung 7.34 hergeleitet. Wir betrachten die wie in Bemerkung 7.34 beschriebene inverse Vektoriteration und verwenden die Bezeichnungen und Annahmen (7.45)–(7.46) aus dieser Bemerkung. Es gelte insbesondere:

$$y^0 = \tfrac{1}{2}\sqrt{2}(v_1 + v_2), \quad (A - \mu I)y = y^0, \quad y = \alpha_1 v_1 + \alpha_2 v_2,$$
$$(A - \mu I + \Delta A)\tilde{y} = y^0, \quad \tilde{y} = \tilde{\alpha}_1 v_1 + \tilde{\alpha}_2 v_2.$$

a) Zeigen Sie:

$$y - \tilde{y} = (A - \mu I)^{-1} \Delta A \, \tilde{y},$$
$$\|y - \tilde{y}\|_2 \leq q^{-1} c_0 \, \mathrm{eps}\, \|\tilde{y}\|_2,$$
$$\|\tilde{y}\|_2 \geq \tfrac{10}{11} \|y\|_2.$$

b) Zeigen Sie:

$$|\alpha_1 - \tilde{\alpha}_1| = |\langle \Delta A \, \tilde{y}, (A - \mu I)^{-1} v_1 \rangle| \leq c_0 \, \text{eps} \, \|\tilde{y}\|_2,$$
$$|\alpha_2 - \tilde{\alpha}_2| = |\langle \Delta A \, \tilde{y}, (A - \mu I)^{-1} v_2 \rangle| \leq q^{-1} c_0 \, \text{eps} \, \|\tilde{y}\|_2.$$

Hierbei ist $\langle \cdot, \cdot \rangle$ das Euklidische Skalarprodukt.

Übung 7.11 Transformieren Sie die Matrix

$$A = \begin{pmatrix} 3 & 2 & 4 & 1 \\ 1 & 5 & 2 & 3 \\ 5 & 7 & -2 & 3 \\ 6 & 4 & 5 & 9 \end{pmatrix}$$

durch Householder-Spiegelungen auf eine ähnliche obere Hessenberg-Matrix.

Übung 7.12 Führen Sie einen Schritt des QR-Algorithmus mit $Q_0 = I$ und

$$A = \begin{pmatrix} 1 & \frac{1}{2}\sqrt{3} & 0 & 0 \\ \sqrt{3} & 2 & \frac{1}{2}\sqrt{3} & 0 \\ 0 & \sqrt{3} & 2 & \frac{1}{2}\sqrt{3} \\ 0 & 0 & \sqrt{3} & 2 \end{pmatrix}$$

aus.

Übung 7.13 Bestimmen Sie eine Eigenvektorbasis von

$$A = \begin{pmatrix} 3 & 2 & 4 \\ 2 & 0 & 2 \\ 4 & 2 & 3 \end{pmatrix},$$

und berechnen Sie daraus eine explizite Darstellung von $e^A := \sum_{k=0}^{\infty} \frac{A^k}{k!}$.

Interpolation

8

8.1 Einleitung

8.1.1 Vorbemerkungen

Eine klassische Interpolationsaufgabe stellt sich im Zusammenhang mit Tabellenwerten. Eine Logarithmentafel enthält die Werte der Logarithmusfunktion an diskreten Stellen x_i, $i = 0, 1, 2, \ldots$, mit $x_i < x_{i+1}$. Um den Logarithmus dann an einer Stelle y mit $x_i < y < x_{i+1}$ auszuwerten, bestimmt man z. B. die (eindeutig gegebene) Gerade $g(x)$, die an den Stellen x_i und x_{i+1} mit $\log(x_i)$ und $\log(x_{i+1})$ übereinstimmt,

$$g(x_i) = \log(x_i), \quad g(x_{i+1}) = \log(x_{i+1})$$

und erhält so den Näherungswert

$$g(y) = \frac{y - x_i}{x_{i+1} - x_i} \log(x_{i+1}) + \frac{x_{i+1} - y}{x_{i+1} - x_i} \log(x_i) \approx \log(y). \tag{8.1}$$

Man „interpoliert" die log-Funktion (linear). Dies liefert natürlich nur Auswertungen begrenzter Genauigkeit. Man erwartet eine bessere Genauigkeit, wenn man $\log y$ durch den Wert $P(y)$ der (eindeutig bestimmten) Parabel P ersetzt, die an den Stellen x_i, x_{i+1} und x_{i+2} die Werte $\log(x_i)$, $\log(x_{i+1})$ und $\log(x_{i+2})$ annimmt. Man spricht jetzt von quadratischer (Polynom-)Interpolation. Interpolation speziell mit Polynomen hat eine Vielzahl von Anwendungen mit unterschiedlichen Zielen und nimmt daher einen Großteil dieses Kapitels ein.

Nun mag heutzutage die Interpolation von Tabellenwerten keine all zu relevante Rolle mehr spielen. Ein Beispiel vielfältiger anderer Anwendungsmöglichkeiten kann man wieder an Beispiel 1.2 fest machen. Man erinnere sich daran, dass $\phi(t, x)$

© Der/die Autor(en), exklusiv lizenziert an Springer-Verlag GmbH, DE,
ein Teil von Springer Nature 2022
W. Dahmen und A. Reusken, *Numerik für Ingenieure und Naturwissenschaftler*,
https://doi.org/10.1007/978-3-662-65181-0_8

die Winkelposition des mathematischen Pendels zum Zeitpunkt t bei einer Anfangs-auslenkung x angibt und als Lösung des Anfangswertproblems (1.1) gegeben ist. Zur Konstruktion des Taktmechanismus ist diejenige Anfangsauslenkung x^* gesucht, für die zu einer gegebenen Taktzeit T die Bedingung $\phi(T/4, x^*) = 0$ gilt. In Kap. 5 wurde bereits gezeigt, wie sich dieses Problem als Nullstellenaufgabe lösen lässt. Alternativ könnte man auch folgendermaßen vorgehen: Zu einigen wenigen, mög-licherweise geschätzten Anfangsauslenkungen $x_0, \ldots x_n$, berechne man die Werte $\phi(T/4, x_i) =: f(x_i)$. Wie dies numerisch geschehen kann, wird in Kap. 11 beschrie-ben. Dann konstruiere man das Polynom $P_n(x)$ vom Grade n, das $P_n(x_i) = f(x_i)$, $i = 0, \ldots, n$, erfüllt und bestimme die (lokale) Nullstelle $\tilde{x}^*$ der nun konkret gege-benen „Ersatzfunktion" $P_n(x)$. Für $n = 1$ ist dies natürlich ein Schritt des *Sekan-tenverfahrens*. Ob für $n > 1$ das Polynom P_n zu den gegebenen Daten stets existiert und eindeutig ist, ist eine der im Folgenden zu klärenden Fragen.

Allgemein besteht das Interpolationsproblem darin, zu einer Funktion f, die wie in obigen Beispielen nur an diskreten Stellen ausgewertet wird, eine einfachere Funk-tion g zu finden, die mit der gegebenen Funktion f an den besagten Stellen überein-stimmt und sich ansonsten an beliebigen Zwischenstellen auswerten lässt. Allgemein lässt sich dies etwas exakter und abstrakter so formulieren:

Aufgabe 8.1 *Gegeben seien Stützstellen*

$$x_0, \ldots, x_n \in \mathbb{R},$$

mit $x_i \neq x_j$ für $i \neq j$, und Daten

$$f(x_0), \ldots, f(x_n) \in \mathbb{R}.$$

Es sei G_n ein endlich dimensionaler Raum stetiger Funktionen (dessen Dimension von n abhängt). Man bestimme diejenige Funktion $g_n \in G_n$, die

$$g_n(x_i) = f(x_i), \quad i = 0, \ldots, n, \tag{8.2}$$

erfüllt.

Soweit ist natürlich nicht klar, ob solch ein g_n für jeden Datensatz überhaupt existiert. Dazu später mehr.

Die Aufgabe 8.1 heißt *Lagrange-Interpolation*, da in (8.2) Funktionswerte inter-poliert werden. Benutzt man speziell den Raum der Polynome vom Grad (höchstens) n,

$$G_n = \Pi_n = \left\{ \sum_{j=0}^{n} a_j x^j \mid a_0, \ldots, a_n \in \mathbb{R} \right\}, \tag{8.3}$$

spricht man von *Polynominterpolation*. Abgesehen von obigen speziellen Anwen-dungen spielt die Polynominterpolation auch eine wichtige Rolle als *Hilfs-konstruktion*

- zur Beschaffung von Formeln für die *numerische Integration* (Kap. 10), oder
- für die *numerische Differentiation* (Abschn. 8.4), oder
- für die Konstruktion von Verfahren zur *numerischen Lösung von Differentialgleichungen* (Kap. 11).

In verschiedenen Anwendungen, wie etwa beim Entwurf von Karosserieteilen oder Schiffsrümpfen, sind typischerweise sehr viele Daten zu interpolieren, d. h., das n in Aufgabe 8.1 sehr groß ist. Hier verwendet man *keine* Polynome, sondern typischerweise *stückweise Polynome* oder *Splines*. Dabei wird der Ansatzraum G_n in Aufgabe 8.1 aus stückweisen Polynomen mit gewissen Glattheitsanforderungen an den Stützstellen x_i gebildet. Für eine einfache Darstellung dieser Splineräume ist es bequem die Nummerierung der Stützstellen so zu wählen, dass $x_0 < x_1 < \ldots < x_n$ gilt. Ein wichtiges Beispiel ist der Raum der sogenannten kubischen Splines:

$$G_n := \left\{ g \in C^2([x_0, x_n]) \mid g_{|[x_i, x_{i+1}]} \in \Pi_3, \ i = 0, 1, \ldots, n-1 \right\}. \tag{8.4}$$

Eine weitere für die Praxis sehr relevante Klasse von Interpolationsmethoden ist die der *trigonometrischen Interpolation*. Diese Methoden werden zur Interpolation (oder Approximation) periodischer Vorgänge benutzt. Einen wichtigen Anwendungshintergrund stellt hierbei die *Signalverarbeitung* (Zeitreihen) dar, insbesondere im Zusammenhang mit der *Fouriertransformation*, welche eine Zerlegung periodischer Funktionen in „Grundschwingungen" ist. Das verwendete Interpolationssystem besteht hierbei aus den trigonometrischen Funktionen

$$G_n = \left\{ \sum_{j=0}^{n-1} c_j e^{ijx} \mid c_0, \ldots, c_{n-1} \in \mathbb{C} \right\}, \tag{8.5}$$

wobei i die komplexe Einheit mit $i^2 = -1$ ist. Setzt man $z := e^{ix}$, so nimmt jedes $g \in G_n$ die Form eines Polynomes $\sum_{j=0}^{n-1} c_j z^j$ vom Grade höchstens $n-1$ über $\mathbb{C}$ an. Deshalb wird auch die Bezeichnung *trigonometrische Polynome* verwendet.

8.1.2 Orientierung: Strategien, Konzepte, Methoden

Jede der angedeuteten Möglichkeiten (8.3), (8.4), (8.5) für den in der Interpolationsaufgabe 8.1 verwendeten Raum G_n ist relevant für bestimmte Anwendungsbereiche. In diesem Kapitel wird die Interpolationsaufgabe mit den Räumen G_n aus (8.3) und aus (8.5) untersucht. Den Fall eines Raumes mit stückweisen Polynomen (Splines), wie in (8.4), werden wir in Kap. 9 behandeln. Im ersten Teil dieses Kapitels befassen wir uns mit dem Raum der Polynome $G_n = \Pi_n$ wie in (8.3). Wir werden zeigen, dass die Aufgabe 8.1 eindeutig lösbar ist. Die eindeutige Lösung g_n (siehe (8.2)) wird das *Lagrange-Interpolationspolynom* genannt. Bei der Herleitung und Analyse von Methoden zur Bestimmung dieses Lagrange-Interpolationspolynoms werden wir folgende Konzepte und Themen hervorheben:

- *Kondition der Interpolationsaufgabe.* Wir werden die Empfindlichkeit der Interpolationsaufgabe 8.1 bezüglich Störungen in den Daten $f(x_i)$ untersuchen. Es stellt sich heraus, dass diese Kondition im Wesentlichen nur von der Verteilung der Stützstellen abhängt und für den Fall äquidistanter Stützstellen bei größeren n-Werten sehr schlecht ist.
- *Darstellung in unterschiedlichen Basen.* Die Darstellung des Lagrange-Interpolationspolynoms hängt von der Wahl der Basis des Polynomraums Π_n in (8.3) ab. Eine in der Mathematik häufig verwendete Basis dieses Raums is die monomiale Basis $\{1, x, \ldots, x^n\}$. Es wird sich herausstellen, dass diese Basis für die Numerik, insbesondere für die Bestimmung des Lagrange-Interpolationspolynoms, nicht gut geeignet ist. Wir werden Alternativen für diese monomiale Basis vorstellen.
- *Auswertung des Polynoms ohne explizite Darstellung in einer Basis.* Das Lagrange-Interpolationspolynom ist das eindeutige Polynom $g_n \in G_n = \Pi_n$, das die Bedingungen (8.2) erfüllt. Ausgehend von dieser Charakterisierung des Polynoms kann der Wert $g_n(x)$ an einer vorgegebenen Stelle x bestimmt werden, *ohne* dass man das Polynom g_n in einer bestimmten Basis explizit dargestellt hat.
- *Fehleranalyse.* Um die Qualität der Interpolation bewerten zu können, wird folgendes Fehlermaß eingeführt. Die Daten $f_i = f(x_i)$, $i = 0, \ldots, n$, in (8.2) werden als Funktionswerte einer (möglicherweise fiktiven) Funktion $f \in C(I)$ betrachtet, wobei I das kleinste Intervall ist, das alle Stützstellen x_i enthält. Wir werden unter weiteren Glattheitsanforderungen an die Funktion f (scharfe) Schranken für die maximale Abweichung auf dem Intervall I des Lagrange-Interpolationspolynoms von dieser Funktion f herleiten. Ausserdem wird erklärt, wie man diesen Interpolationsfehler verringern kann.

Im Zusammenhang mit der Lagrange-Polynominterpolation werden in diesem Kapitel folgende zwei numerische Verfahren vorgestellt: 1. Ein Verfahren („Neville-Aitken-Schema") zur Bestimmung des Wertes $g_n(x)$ an einer vorgegebenen Stelle x, ohne eine explizite Darstellung des Lagrange-Interpolationspolynoms in einer bestimmten Basis zu nutzen; 2. Ein Verfahren zur effizienten Berechnung der Koeffizienten des Lagrange-Interpolationspoly-noms in einer für die Numerik gut geeigneten Basis.

Eine Variante der Aufgabe 8.1 mit $G_n = \Pi_n$ ist die sogenannte *Hermite-Interpolationsaufgabe.* Bei dieser werden an den Stützstellen nicht nur Funktionswerte, sondern auch erste und ggf. höhere Ableitungen einer Funktion $f \in C^k(I)$ interpoliert. Auch für diese Problemstellung werden wir die eindeutige Lösbarkeit der Aufgabe, die Bestimmung der Lösung in einer geeigneten Basis und eine Fehleranalyse behandeln.

Eine einfache Anwendung der Lagrange-Interpolation findet man bei der numerischen Differentiation. Dabei werden ausgehend von (möglichst wenigen) Funktionsauswertungen in einer Umgebung eines fest gewählten Punktes $x \in \mathbb{R}$, Ableitungen $f^{(k)}(x)$, $k = 1, 2, ..$, approximiert. Numerische Differentiationstechniken werden in vielen Aufgabenstellungen (z. B. numerische Lösung von Differentialgleichungen) verwendet. Ein Aspekt, den wir hervorheben werden, ist die *Gefahr der Auslöschung* bei der Anwendung numerischer Differentiationsformeln.

Im zweiten Teil dieses Kapitels befassen wir uns mit dem Raum der trigonometrischen Polynome G_n wie in (8.5). Wichtige Themen sind:

- *Orthogonalität der Fourier-Basis.* Wir werden zeigen, dass in einem Funktionenraum mit periodischen Funktionen die Grundschwingungen e^{ijx}, $j \in \mathbb{Z}$ eine orthogonale Basis bezüglich eines geeignet gewählten Skalarprodukts bilden. Ein analoges Resultat gilt für die Basisfunktionen e^{ijx}, $j = 0, \ldots, n-1$, des Raums G_n in (8.5). Diese Orthogonalitätseigenschaften sind in dem umfangreichen Bereich der Signalverarbeitung mit Fourier-Analyse von zentraler Bedeutung.
- *Fourier-Transformation.* Die Fourier-Transformation bildet eine periodische Funktion f auf die Folge der Koeffizienten der Darstellung dieser Funktion in der (orthogonalen) Basis der Grundschwingungen e^{ijx}, $j \in \mathbb{Z}$, ab. Diese sogenannten Fourier-Koeffizienten kann man als Koordinaten der Funktion f bezüglich der Basis e^{ijx}, $j \in \mathbb{Z}$, auffassen. Die Fourier-Transformation hat ein diskretes Analogon für den Raum G_n in (8.5). Wir werden einige Kerneigenschaften der Fourier-Tranformation herleiten, wie z. B., dass sich die Fourier-Koeffizienten der Ableitung f' einfach aus den Fourier-Koeffizienten von f bestimmen lassen.

Unter Verwendung der (diskreten) Fourier-Transformation wird ein Verfahren zur Lösung der Interpolationsaufgabe 8.1 mit G_n aus (8.5) vorgestellt. Die Effizienz dieses Verfahrens hängt direkt mit der Effizienz der Auswertung der diskreten Fourier-Transformation zusammen. Wir werden das Verfahren der *schnellen Fourier-Transformation* (FFT: Fast Fourier Transform) erklären, mit dem man eine Fourier-Transformation-Auswertung sehr effizient realisieren kann.

8.2 Lagrange-Interpolationsaufgabe für Polynome

Wir beschränken uns in diesem Abschnitt auf die Lagrange-Interpolation mit Polynomen. Der Raum der Polynome vom Grad höchstens n wird mit Π_n bezeichnet. Es seien $x_0, x_1, \ldots, x_n$, paarweise verschiedene Stützstellen.

Aufgabe 8.2 (Lagrange-Polynominterpolation)

Finde zu Daten $f(x_0), f(x_1), \ldots, f(x_n)$ *ein Polynom* $P_n \in \Pi_n$ *mit*

$$P_n(x_j) = f(x_j), \quad j = 0, 1, \ldots, n.$$

8.2.1 Interpolationspolynom: Existenz und Eindeutigkeit

Die Aufgabe 8.2 hat in ihrer gesamten Allgemeinheit eine erstaunlich einfache Lösung. Sie beruht auf der Wahl einer *problemangepassten Basis* von Π_n. Man beachte nämlich, dass die Funktionen

$$\ell_{jn}(x) = \frac{(x - x_0) \cdots (x - x_{j-1})(x - x_{j+1}) \cdots (x - x_n)}{(x_j - x_0) \cdots (x_j - x_{j-1})(x_j - x_{j+1}) \cdots (x_j - x_n)}, \quad 0 \le j \le n,$$

(8.6)

als Produkt von n linearen Faktoren Polynome in Π_n sind. Sie sind gerade so konstruiert, dass

$$\ell_{jn}(x_i) = \delta_{j,i}, \quad i, j = 0, \ldots, n, \tag{8.7}$$

(wobei $\delta_{i,j} := 1$ wenn $i = j$, $\delta_{i,j} := 0$ sonst), da für $i \ne j$ einer der Faktoren im Zähler an der Stelle x_i verschwindet, während für $i = j$ Zähler und Nenner in (8.6) übereinstimmen. Aufgrund dieser Eigenschaft lassen sich Interpolationspolynome sofort angeben. Dies präzisiert der folgende Satz, der die Grundlage für viele weitere, die Polynominterpolation betreffende Betrachtungen bildet.

Satz 8.3

Das Lagrange-Interpolationsproblem ist stets eindeutig lösbar, d. h., zu beliebigen Daten $f(x_0), f(x_1), \ldots, f(x_n)$ existiert ein eindeutiges Polynom $P_n \in \Pi_n$ mit

$$P_n(x_j) = f(x_j), \quad j = 0, \ldots, n.$$

Insbesondere lässt sich $P_n(x)$ explizit in der Form

$$P_n(x) = \sum_{j=0}^{n} f(x_j)\ell_{jn}(x) \tag{8.8}$$

darstellen, wobei

$$\ell_{jn}(x) = \prod_{\substack{k=0 \\ k \ne j}}^{n} \frac{x - x_k}{x_j - x_k}, \quad j = 0, \ldots, n, \tag{8.9}$$

die sogenannten Lagrange-Fundamentalpolynome sind.

Beweis Wie schon erwähnt wurde, gehören die Polynome ℓ_{jn} tatsächlich zu Π_n, so dass die rechte Seite von (8.8) zu Π_n gehört. Aus (8.7) folgt nun sofort, dass

$$P_n(x_i) = \sum_{j=0}^{n} f(x_j)\ell_{jn}(x_i) = \sum_{j=0}^{n} f(x_j)\delta_{j,i} = f(x_i), \quad i = 0, \ldots, n.$$

Dies zeigt, dass P_n gemäß (8.8) tatsächlich eine Lösung des Lagrange-Interpolationsproblems ist. Es sei $\tilde{P}_n$ eine weitere Lösung dieses Problems. Dann gilt für $Q_n :=$ $\tilde{P}_n - P_n$, dass $Q_n \in \Pi_n$ und $Q_n(x_j) = \tilde{P}_n(x_j) - P_n(x_j) = f(x_j) - f(x_j) = 0$, $j = 0, 1, \ldots, n$. Nach dem Fundamentalsatz der Algebra muss $Q_n(x) = 0$ für alle $x \in \mathbb{R}$ gelten, woraus die Eindeutigkeit der Lösung folgt. $\qquad\square$

Das eindeutige Lagrange-Interpolationspolynom $P_n \in \Pi_n$ zu den Daten $f(x_0), f(x_1), \ldots, f(x_n)$ an den Stützstellen $x_0, x_1, \ldots, x_n$, mit $x_i \neq x_j$ für $i \neq j$, wird mit

$$P_n =: P(f|x_0, \ldots, x_n)$$

bezeichnet.

Die *Eindeutigkeit* des Interpolationspolynoms werden wir des öfteren in folgender Form verwenden:

Für jedes Polynom $Q \in \Pi_n$ und beliebige Stützstellen $x_0, \ldots, x_n$, mit $x_i \neq x_j$ für $i \neq j$, gilt

$$P(Q|x_0, \ldots, x_n) = Q, \qquad (8.10)$$

da sich ja Q insbesondere selbst interpoliert und wegen der Eindeutigkeit damit gleich dem Interpolationspolynom sein muss.

Bemerkung 8.4 Die Abbildung $f \to P(f|x_0, \ldots, x_n)$ ist linear, d. h., für $c \in \mathbb{R}$ und beliebige stetige Funktionen f, g gilt

$$P(cf|x_0, \ldots, x_n) = cP(f|x_0, \ldots, x_n)$$
$$P(f + g|x_0, \ldots, x_n) = P(f|x_0, \ldots, x_n) + P(g|x_0, \ldots, x_n).$$

Dies folgt sofort aus der Darstellung (8.8). Aufgrund der obigen Selbstreproduktionseigenschaft (8.10) ist diese lineare Abbildung insbesondere ein Projektor. Eine weitere grundlegende Eigenschaft ist folgende *Translationsinvarianz:* für jedes $d \in \mathbb{R}$ gilt

$$P(f|x_0, \ldots, x_n)(x) = P(f_d|x_0 + d, \ldots, x_n + d)(x + d), \quad \forall\, x \in \mathbb{R},$$
$$\text{mit } f_d(x_j + d) := f(x_j), \quad j = 0, \ldots, n, \tag{8.11}$$

d.h., das Interpolationspolynom zu den um d verschobenen Daten $(x_j + d, f(x_j)) = (x_j + d, f_d(x_j + d))$ ist gerade das um d verschobene ursprungliche Polynom. $\triangle$

Für den Fall äquidistanter Stützstellen $x_j = x_0 + jh$, $j = 0, 1, \ldots, n$, kann man eine vereinfachte Formel für die Lagrange-Fundamentalpolynome in (8.9) herleiten. Es sei $t := (x - x_0)/h$, d.h. $x = x_0 + th$, dann gilt für das Lagrange-Fundamentalpolynom in der Hilfsvariablen t:

$$\hat{\ell}_{jn}(t) := \ell_{jn}(x_0 + th) = \prod_{\substack{k=0 \\ k \neq j}}^{n} \frac{(x_0 + th) - (x_0 + kh)}{(x_0 + jh) - (x_0 + kh)}$$

$$= \prod_{\substack{k=0 \\ k \neq j}}^{n} \frac{(t - k)}{(j - k)} = \frac{(-1)^{n-j}}{j!(n-j)!} \prod_{\substack{k=0 \\ k \neq j}}^{n} (t - k). \tag{8.12}$$

Die Koeffizienten des Polynoms $\hat{\ell}_{jn}$ hängen nur noch von j und n und nicht mehr von h ab. In Abb. 8.1 sind für $n = 4$ die Polynome $\hat{\ell}_{j4}$, $j = 0, 1, \ldots, 4$, dargestellt.

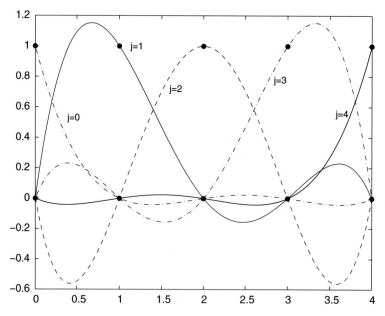

Abb. 8.1 Lagrange-Fundamentalpolynome $\hat{\ell}_{j4}$

Beispiel 8.5 Bei drei äquidistanten Stützstellen $x_0 = -h$, $x_1 = 0$, $x_2 = h$, für ein $h > 0$, erhält man als Lagrange-Darstellung für $P_2 = P(f| - h, 0, h)$ (vgl. (8.9)):

$$P_2(x) = f(-h)\frac{x(x-h)}{2h^2} + f(0)\frac{(x+h)(x-h)}{-h^2} + f(h)\frac{(x+h)x}{2h^2}. \qquad (8.13)$$

Hierbei wird die *Lagrangesche Basis*

$$\ell_{02}(x) = \frac{(x-x_1)(x-x_2)}{(x_0-x_1)(x_0-x_2)}, \quad \ell_{12}(x) = \frac{(x-x_0)(x-x_2)}{(x_1-x_0)(x_1-x_2)},$$

$$\ell_{22}(x) = \frac{(x-x_0)(x-x_1)}{(x_2-x_0)(x_2-x_1)}$$

des Raumes Π_2 verwendet. $\triangle$

Die obigen Betrachtungen zeigen implizit, dass die Fundamentalpolynome ℓ_{jn}, $j = 0, \ldots, n$, eine *Basis* für Π_n bilden. In dieser Lagrange-Basis stehen die für die Darstellung des Interpolationspolynoms benötigten Koeffizienten direkt zur Verfügung:

$$P(f|x_0, \ldots, x_n) = \sum_{j=0}^{n} \alpha_j \ell_{jn}, \quad \text{mit } \alpha_j := f(x_j). \qquad (8.14)$$

Die Auswertung des Polynoms in dieser Darstellung an einer vorgebenen Stelle x kostet $\mathcal{O}(n^2)$ Flop. Wir werden sehen (Abschn. 8.2.4), dass es eine Alternative gibt, die insbesondere bei vielen Auswertungen wesentlich effizienter ist.

Kondition und Lebesgue-Konstanten

Wir untersuchen die Kondition der Lagrange-Interpolationsaufgabe 8.2, insbesondere die Empfindlichkeit des Interpolationspolynoms $P(f|x_0, \ldots, x_n)$ bezüglich Störungen in den Daten $f(x_j)$, $j = 0, \ldots, n$. Es seien $\tilde{f}(x_j)$ Störungen der Daten $f(x_j)$, $j = 0, \ldots, n$, und $[a, b]$ ein Intervall, das die Stützstellen x_j, $j = 0, \ldots, n$, enthält. Aus der Darstellung (8.8) ergibt sich die (scharfe) Ungleichung

$$\max_{x \in [a,b]} \left| P(f|x_0, \ldots, x_n)(x) - P(\tilde{f}|x_0, \ldots, x_n)(x) \right|$$

$$\leq \kappa_{\text{Leb}} \max_{0 \leq j \leq n} |f(x_j) - \tilde{f}(x_j)|, \quad \text{mit } \kappa_{\text{Leb}} := \max_{x \in [a,b]} \sum_{j=0}^{n} \left| \ell_{jn}(x) \right|. \qquad (8.15)$$

Die (absolute) Konditionszahl κ_{Leb} ist die sogenannte *Lebesgue-Konstante*. Diese Konditionszahl hängt, für ein festes n, nur von der *Verteilung der Stützstellen* im Intervall $[a, b]$ ab, und ändert sich nicht wenn die Stützstellen (mit zugehörigen Daten) um d verschoben werden. Diese zu (8.11) konsistente Invarianz sieht man klarer in einer anderen Darstellung der Lebesgue-Konstante. Dazu definieren wir transformierte Stützstellen $t_j := \frac{x_j - a}{b - a} \in [0, 1]$. Aus der Definition der Lagrange-Fundamentalpolynome folgt einfach

$$\kappa_{\text{Leb}} = \max_{t \in [0,1]} \sum_{j=0}^{n} \left| \hat{\ell}_{jn}(t) \right|, \quad \hat{\ell}_{jn} := \prod_{\substack{k=0 \\ k \neq j}}^{n} \frac{t - t_k}{t_j - t_k}.$$

Der Wert der absoluten Konditionszahl κ_{Leb} hängt also (nur) von der Verteilung der (transformierten) Stützstellen t_j in Intervall $[0, 1]$ ab. Es ist bekannt, dass für eine äquidistante Stützstellenverteilung, d. h., $t_j = jh$, $0 \leq j \leq n$, $h = \frac{1}{n}$, die Lebesgue-Konstante exponentiell wächst als Funktion von n:

$$\kappa_{\text{Leb}} \sim \frac{2^{n+1}}{n \log n} \quad \text{für } n \to \infty.$$

Für andere Stützstellenverteilungen kann die Konditionszahl (viel) kleiner sein. Betrachtet man zum Beispiel auf $[0, 1]$ die sogenannten Tschebyscheff-Stützstellen (Nullstellen der Tschebyscheff-Polynome):

$$t_j = \tfrac{1}{2} - \tfrac{1}{2} \cos\left(\tfrac{2j+1}{2n+2}\pi\right), \quad j = 0, \dots, n, \tag{8.16}$$

dann ist die entsprechende Lebesgue-Konstante für größere n-Werte viel kleiner als bei äquidistanten Stützstellen:

$$\kappa_{\text{Leb}} \sim \frac{2}{\pi} \log n \quad \text{für } n \to \infty.$$

Einige konkrete Werte der Lebesgue-Konstante werden in Tab. 8.1 gezeigt.

Aus dem Ergebnis (8.15) für die absolute Kondition folgt sofort ein Resultat für die relative Kondition. Wegen

$$\| P(f|x_0, \dots, x_n) \|_{L_\infty([a,b])} := \max_{x \in [a,b]} |P(f|x_0, \dots, x_n)(x)|$$

$$\geq P(f|x_0, \dots, x_n)(x_j)| = |f(x_j)| \quad \text{für alle } j = 0, \dots, n,$$

Tab. 8.1 Werte der Lebesgue-Konstante κ_{Leb}

n	Äquidistant	Tschebyscheff
5	3.106	2.104
10	29.89	2.489
15	5.121e+2	2.728
20	1.099e+4	2.901

gilt (unter der Annahme $\max_{0 \le j \le n} |f(x_j)| > 0$):

$$\frac{\| P(f | x_0, \ldots, x_n) - P(\tilde{f} | x_0, \ldots, x_n) \|_{L_\infty([a,b])}}{\| P(f | x_0, \ldots, x_n) \|_{L_\infty([a,b])}}$$
$$\le \kappa_{\text{Leb}} \frac{\max_{0 \le j \le n} |f(x_j) - \tilde{f}(x_j)|}{\max_{0 \le j \le n} |f(x_j)|}. \tag{8.17}$$

Diese Ergebnisse zur Kondition kann man wie folgt zusammenfassen:

> Die Konditionszahl κ_{Leb} der Lagrange-Interpolationsaufgabe hängt nur von der Verteilung der Stützstellen ab. Bei einer äquidistanten Stützstellenverteilung ist für große n-Werte diese Konditionszahl sehr groß. Bei der Interpolation mit Tschebyscheff-Stützstellen ist, für große n-Werte, die Konditionszahl viel kleiner.

Matlab-Demo 8.6 (Kondition) In diesem Matlabexperiment wird die Abhängigkeit der Kondition von der Stützstellenverteilung gezeigt. Sowohl eine äquidistante Verteilung der Stützstellen als auch die Tschebyscheff-Verteilung (8.16) werden untersucht.

Die Bedeutung der Lebesgue-Konstante – über Konditionsbetrachtungen hinaus – wird an folgendem einfachen Sachverhalt deutlich. Aus der Darstellung (8.8) folgt direkt, dass

$$\| P(\cdot | x_0, \ldots, x_n) \|_\infty := \sup_{\|f\|_\infty \le 1} \| P(f | x_0, \ldots, x_n) \|_\infty = \kappa_{\text{Leb}} \tag{8.18}$$

gilt. Da die Abbildung $P(\cdot | x_0, \ldots, x_n) : f \mapsto P(f | x_0, \ldots, x_n)$ ein linearer Projektor auf Π_n ist, folgt für jedes beliebige Polynom $P_n \in \Pi_n$

$$\| f - P(f | x_0, \ldots, x_n) \|_\infty \le \| f - P_n \|_\infty + \| P_n - P(f | x_0, \ldots, x_n) \|_\infty$$
$$= \| f - P_n \|_\infty + \| P(P_n - f | x_0, \ldots, x_n) \|_\infty$$
$$\le (1 + \kappa_{\text{Leb}}) \| f - P_n \|_\infty. \tag{8.19}$$

Damit folgt sofort

$$\| f - P(f | x_0, \ldots, x_n) \|_\infty \le (1 + \kappa_{\text{Leb}}) \inf_{P_n \in \Pi_n} \| f - P_n \|_\infty, \tag{8.20}$$

d. h., die Approximationsgüte der Interpolation ist bis auf einen durch die Lebesgue-Konstante gegebenen Proportionalitätsfaktor so gut wie die der *besten Approximation* von Π_n. Die stark anwachsenden Lebesgue-Konstanten bei äquidistanten Stützstellen bedingen eine rapide wachsende Proportionalität, so dass sich sogar Divergenz der Polynominterpolation einstellen kann, wenn der Fehler der besten Approximation nicht schnell genug abfällt. Ein einfaches Beispiel, in dem diese Divergenz auftritt wird in Abschn. 8.2.6 gezeigt. Hingegen ist die Approximationsgüte bei geeignet gewählten Stützstellen (Nullstellen von Tschebyscheff-Polynomen, siehe (8.16)) nur um einen logarithmischen Faktor schlechter als die der besten Approximation. Dieser logarithmische Faktor bietet auch asymptotisch das kleinste Anwachsen der Normen jedweden Projektors auf Π_n (vgl. [DL, Chapter 9]).

Offensichtlich lässt sich (8.20) sofort auf einen sehr viel abstrakteren Rahmen verallgemeinern. Wenn immer man einen linearen beschränkten Projektor von einem linearen normierten Raumes X auf einen Teilraum X_n hat, gewährleistet die Approximation durch einen solchen Projektor eine bis auf seine Norm proportionale Approximationsqualität wie die best mögliche Approximation aus X_n (Übung 8.4).

Approximationsabschätzungen wie (8.20) haben den Vorteil, ohne jegliche Glattheitsvoraussetzungen an f gültig zu sein. Quantitative Abschätzungen bekommt man, wenn man etwas über die beste Approximation aus einem Teilraum sagen kann. Dieses Prinzip wird insbesondere bei der Analyse der Approximationsgüte von Splines (Kap. 9) benutzt.

Hinsichtlich ausführlicher Behandlung der in diesem Abschnitt diskutierten Sachverhalte verweisen wir den Leser auf [DL, Chapter 9], siehe insbesondere [DL, Chapter 9, Theorem 2.4], was das asymptotische Verhalten kleinst-möglicher Lebesgue-Konstanten angeht.

8.2.2 Interpolationspolynom: Auswertung an wenigen Stellen

In manchen Fällen – wie in den eingangs erwähnten Beispielen – interessiert man sich nur für die Werte des Interpolationspolynoms an wenigen oder sogar nur einer Stelle. Dies ist sowohl bei der Interpolation von Tabellenwerten, als auch bei der *Extrapolation* der Fall, welche später im Zusammenhang mit Quadratur und der Lösung von gewöhnlichen Differentialgleichungen wichtig wird. In diesem Fall braucht man das Interpolationspolynom *nicht* explizit zu bestimmen. Insbesondere tritt die Frage der speziellen Darstellung gar nicht auf.

Als Ausgangspunkt für diese Überlegungen kann man die Darstellung der interpolierenden Geraden als *Konvexkombination* der beiden Punkte x_0 und x_1 nehmen

$$P(f|x_0, x_1)(x) = \frac{x - x_0}{x_1 - x_0} f(x_1) + \frac{x_1 - x}{x_1 - x_0} f(x_0). \tag{8.21}$$

Da trivialerweise $f(x_i) = P(f|x_i)(x)$ ist, lässt sich das folgende Lemma als Verallgemeinerung von (8.21) in dem Sinne verstehen, dass sich ein Interpolationspolynom höheren Grades stets als konvexe Kombination von Interpolationspolynomen niedrigeren Grades schreiben lässt.

Lemma 8.7 (Aitken)
Man hat

$$P(f|x_0, \ldots, x_n)(x) = \frac{x - x_0}{x_n - x_0} P(f|x_1, \ldots, x_n)(x)$$

$$+ \frac{x_n - x}{x_n - x_0} P(f|x_0, \ldots, x_{n-1})(x), \tag{8.22}$$

d. h., das Interpolationspolynom an den Stellen $x_0, \ldots, x_n$ ist eine Konvexkombination der Interpolationspolynome niedrigeren Grades an den Teilmengen $\{x_1, \ldots, x_n\}$ und $\{x_0, \ldots, x_{n-1}\}$ der Gesamtstützstellenmenge.

Beweis Für $0 < i < n$ gilt

$$\frac{x_i - x_0}{x_n - x_0} P(f|x_1, \ldots, x_n)(x_i) + \frac{x_n - x_i}{x_n - x_0} P(f|x_0, \ldots, x_{n-1})(x_i)$$

$$= \frac{x_i - x_0}{x_n - x_0} f(x_i) + \frac{x_n - x_i}{x_n - x_0} f(x_i) = f(x_i) = P(f|x_0, \ldots, x_n)(x_i).$$

Ferner erhält man

$$\frac{x_0 - x_0}{x_n - x_0} P(f|x_1, \ldots, x_n)(x_0) + \frac{x_n - x_0}{x_n - x_0} P(f|x_0, \ldots, x_{n-1})(x_0)$$

$$= 0 + P(f|x_0, \ldots, x_{n-1})(x_0) = f(x_0)$$

und ebenso

$$\frac{x_n - x_0}{x_n - x_0} P(f|x_1, \ldots, x_n)(x_n) + \frac{x_n - x_n}{x_n - x_0} P(f|x_0, \ldots, x_{n-1})(x_n)$$

$$= P(f|x_1, \ldots, x_n)(x_n) + 0 = f(x_n).$$

Also stimmen beide Seiten von (8.22) an allen Stützstellen $x_0, \ldots, x_n$ überein. Da beide Seiten Polynome vom Grade höchstens n sind, folgt deren Gleichheit wegen der Eindeutigkeit der Polynominterpolation (siehe Satz 8.3).   □

Die Identität (8.22) führt auf das folgende rekursive Schema. Setze für *festes* $x \in \mathbb{R}$

$$P_{i,k} = P(f|x_{i-k}, \ldots, x_i)(x), \quad 0 \leq k \leq i \leq n,$$

d. h. speziell

$$P_{n,n} = P(f|x_0, \ldots, x_n)(x),$$
$$P_{i,0} = P(f|x_i)(x) = f(x_i).$$

Lemma 8.7 besagt dann

$$P_{i,k} = \frac{x - x_{i-k}}{x_i - x_{i-k}} P_{i,k-1} + \frac{x_i - x}{x_i - x_{i-k}} P_{i-1,k-1}$$

$$= P_{i,k-1} + \frac{P_{i,k-1} - P_{i-1,k-1}}{x_i - x_{i-k}}(x - x_i). \tag{8.23}$$

Dies fasst man im sogenannten *Neville-Aitken-Schema* zusammen.

Neville-Aitken-Schema

$$
\begin{array}{c|cccc}
 & P_{i,0} & P_{i,1} & P_{i,2} & \cdots \\
\hline
x_0 & f(x_0) & & & \\
x_1 & f(x_1) & P_{1,1} & & \\
x_2 & f(x_2) & P_{2,1} & P_{2,2} & \\
x_3 & f(x_3) & P_{3,1} & P_{3,2} & \ddots \\
\vdots & \vdots & & & \ddots \\
x_n & f(x_n) & P_{n,1} & P_{n,2} & \cdots\cdots P_{n,n}
\end{array}
\tag{8.24}
$$

Beispiel 8.8 Es seien

$$n = 2, \quad x = 0.5, \quad f(0) = 1, \quad f(1) = 4, \quad f(2) = 2.$$

Aus (8.23) folgt

$$P_{1,1} = 4 + \frac{4 - 1}{1} \cdot -0.5 = 2.5,$$

$$P_{2,1} = 2 + \frac{2 - 4}{1} \cdot -1.5 = 5,$$

$$P_{2,2} = 5 + \frac{5 - 2.5}{2} \cdot -1.5 = 3\tfrac{1}{8},$$

also $P(f|0, 1, 2)(0.5) = 3\tfrac{1}{8}$.   △

Rechenaufwand 8.9 Der Aufwand zur Auswertung des Lagrange-Interpolations-polynoms vom Grad n an *einer* Stelle x mit dem Neville-Aitken-Schema beträgt etwa

$$6(n - 1) + 6(n - 2) + \ldots + 6 \doteq 3n^2 \text{ Flop.}$$

(Oder sogar $\tfrac{5}{2}n^2$ Flop wenn $x - x_i$ gespeichert und wiederverwendet wird.)

Wir wenden uns nun der zweiten Grundaufgabe zu, das Interpolationspolynom insgesamt zu bestimmen, also sozusagen, analog zu (8.8), einen „Ersatz" für f auf einem Intervall zu bestimmen.

8.2.3   Interpolationspolynom: Darstellung in der monomialen Basis

Wenn man nicht nur an speziellen interpolierten Werten des Interpolationspolynoms sondern am gesamten Polynom selbst interessiert ist, stellt sich die Frage nach einer geeigneten Darstellung. Eine Möglichkeit ist die Darstellung in der Lagrange-Basis, siehe (8.8). Man könnte auch die klassische *monomiale Basis* $\{1, x, \ldots, x^n\}$ benutzen. Ein Polynom $p \in \Pi_n$ hat in dieser Basis die Darstellung

$$p(x) = a_0 + a_1 x + \ldots + a_n x^n. \tag{8.25}$$

Beispiel 8.10 Bei drei äquidistanten Stützstellen $x_0 = -h$, $x_1 = 0$, $x_2 = h$ erhält man folgende Darstellung für $P_2 = P(f \,|\, -h, 0, h)$ in der monomialen Basis $1, x, x^2$ des Raumes Π_2:

$$P_2(x) = f(0) + \frac{f(h) - f(-h)}{2h}\, x + \frac{f(h) - 2f(0) + f(-h)}{2h^2}\, x^2. \tag{8.26}$$

$$\triangle$$

Bevor wir die Aufgabe der Berechnung der Koeffizienten $a_0, \ldots, a_n$, zur Darstellung des Interpolationspolynoms in dieser Basis behandeln, wird erst eine *effiziente Methode zur Auswertung* eines Polynoms in der monomialen Basis erklärt. Es sei $p \in \Pi_n$ ein Polynom, das in der Potenzform (8.25), mit *bekannten* Koeffizienten $a_0, \ldots, a_n$, vorliegt. Man sieht leicht, dass

$$p(x) = a_0 + x\,(a_1 + x\,(a_2 + \ldots + x(a_{n-1} + x a_n)\cdots)). \tag{8.27}$$

Zur Berechnung des Wertes des Polynoms p an der Stelle x bietet sich wegen (8.27) dann folgendes Verfahren, das sogenannte Horner-Schema, an:

Algorithmus 8.11 (Auswertung der monomialen Darstellung; Horner-Schema)
Gegeben seien $a_0, \ldots, a_n, x$.

```
Setze bₙ = aₙ,
        für k = n − 1, n − 2, . . . , 0 berechne
        bₖ = aₖ + xbₖ₊₁.
Dann ist
        p(x) = b₀.
```

Die Anzahl der hierbei verwendeten Operationen ist

$$2n \text{ Flop},$$

also geringer als beim naiven Vorgehen, bei dem zuerst die Potenzen x^i bestimmt werden, die dann mit den a_i multipliziert und zum Schluß aufsummiert werden. Gegenüber dem naiven Vorgehen spart der Horner-Algorithmus etwa n Multiplikationen.

Wir untersuchen jetzt numerische Aspekte der Darstellung des Lagrange-Interpolationspolynoms in der monomialen Basis:

$$P(f|x_0, \ldots, x_n)(x) = a_0 + a_1 x + a_2 x^2 + \ldots a_n x^n. \tag{8.28}$$

Insbesondere erläutern wir zwei Schwierigkeiten dieser Darstellung und begründen damit, dass die Darstellung in der monomialen Basis für numerische Zwecke nicht gut geeignet ist.

1) *Lösen eines Gleichungssystems mit einer schlecht konditionierten Matrix.*
Die Bedingungen $P(f|x_0, \ldots, x_n)(x_i) = f(x_i)$, $i = 0, \ldots, n$, führen auf das Gleichungssystem

$$V_n \begin{pmatrix} a_0 \\ \vdots \\ a_n \end{pmatrix} = \begin{pmatrix} f(x_0) \\ \vdots \\ f(x_n) \end{pmatrix} \tag{8.29}$$

zur Bestimmung der unbekannten Koeffizienten a_i, wobei V_n die *Vandermonde-Matrix*

$$V_n = \begin{pmatrix} 1 & x_0 & x_0^2 & \cdots & x_0^n \\ 1 & x_1 & x_1^2 & \cdots & x_1^n \\ \vdots & & & & \vdots \\ 1 & x_n & x_n^2 & \cdots & x_n^n \end{pmatrix} \tag{8.30}$$

ist. Die Bestimmung der Koeffizienten über Gauss-Elimination mit Pivotisierung erfordert $\frac{2}{3}n^3$ Flop. Beachte, dass dieser Rechenaufwand viel höher ist als bei der Darstellung des Interpolationspolynoms in der Lagrange-Basis (8.8), wobei die Koeffizienten $f(x_j)$, $0 \le j \le n$, direkt verfügbar sind. Eine weiterer Nachteil hängt mit der Kondition des linearen Gleichungssystems (8.29) zusammen. Die Vandermonde-Matrizen V_n haben im Allgemeinen für hohe Dimension n eine sehr große Konditionszahl. Hierzu folgendes Beispiel:

Beispiel 8.12 Wir betrachten das Intervall $[0, 1]$ mit einer äquidistanten Stützstellenverteilung $x_i = 1 + i/n$, $i = 0, 1, \ldots, n$, oder mit den Tschebyscheff-Stützstellen wie in (8.16). Für diese Stützstellenverteilungen hat die entsprechende Vandermonde-Matrix eine Konditionszahl bzgl. der 2-Norm wie in Tab. 8.2 dargestellt.

Tab. 8.2 Konditionszahl $\kappa_2(V_n)$ der Vandermonde-Matrix

n	4	6	8	10
Äquidistant	6.9e+2	3.6e+4	2.0e+6	1.2e+8
Tschebyscheff	6.3e+2	2.1e+4	6.9e+5	2.3e+7

Dementsprechend können große unerwünschte Fehlerverstärkungen auftreten. Sogar bei exakten Daten $f(x_j)$ können die (kleinen) Rundungsfehler bei der Berechnung der Einträge der Matrix V_n große Auswirkungen auf die Koeffizienten a_i haben.

2) *Schlechte Kondition der monomialen Basis.*
Die monomiale Basis hat für nicht all zu kleine n-Werte bekanntlich eine schlechte Kondition, siehe Abschn. 2.4.4. Insbesondere hat die dem Skalarprodukt $(f, g)_V :=$ $\int_0^1 f(t)g(t)\, dt$ entsprechende Gram-Matrix der monomialen Basis (siehe (2.57)) eine (sehr) große Konditionszahl. Ein weiterer ungünstiger Aspekt der monomialen Basis hängt mit der Translationsinvarianz-Eigenschaft (8.11) der Lagrange-Interpolationsaufgabe zusammen. Wegen dieser Eigenschaft bleibt die *Kondition des Problems,* insbesondere die Konditionszahl κ_{Leb} (siehe (8.15)), *unverändert* wenn man statt der Aufgabe auf dem ursprünglichen Intervall $I_0 := [a, b]$, $a :=$ $\min_{0 \le n} x_i$, $b := \max_{0 \le n} x_i$ die Aufgabe auf einem verschobenen Intervall $I_d := [a + d, b + d]$, $d \in \mathbb{R}$, mit Daten $(x_j + d, f(x_j))$ betrachtet. Die beim Lösen der Interpolationsaufgabe verwendete Basis sollte eine ähnliche Invarianzeigenschaft haben. Betrachten wir die Interpolationsaufgabe auf I_d und zur Analyse der Kondition der verwendeten Basis das Skalarprodukt $(f, g)_{I_d} = \int_{a+d}^{b+d} f(t)g(t)\, dt$, dann kann man einfach einsehen, dass die *Kondition der Lagrange-Basis,* im Sinne der Konditionszahl der Gram-Matrix bezüglich $(\cdot, \cdot)_{I_d}$ *unabhängig von d ist.* Die Lagrange-Basis hat also eine Translationsinvarianz-Eigenschaft ähnlich zu der der Lagrange-Interpolationsaufgabe. Für die monomiale Basis gilt diese Invarianzeigenschaft aber *nicht.* Die Monom-Basis ist, im Gegensatz zur Lagrange-Basis, unabhängig vom gewählten Intervall I_d, und die Konditionszahl der Gram-Matrix bezüglich $(\cdot, \cdot)_{I_d}$ wird im Allgemeinen wesentlich von d abhängen. Betrachtet man als sehr einfaches Beispiel die Basis $\{1, x\}$ des Raumes Π_1, stellt man fest (Übung 8.5), dass die entsprechende Gram-Matrix G_0 bezüglich $(f, g)_{I_0}$, mit $I_0 := [0, 1]$, eine Konditionszahl $\kappa(G_0) = \frac{1}{3}(4 + \sqrt{13})^2$ hat. Für ein verschobenes Intervall $I_d := [d, d+1]$, $d \ge 0$, erhält man $\kappa(G_d) \ge 3d^4$. Die Kondition der monialen Basis wird also, auch für kleine n-Werte, beliebig schlecht, wenn man d hinreichend groß nimmt.

Aus diesen Beobachtungen schließen wir:

Für numerische Berechnungen ist die Darstellung des Interpolationspolynoms in der Potenzform nicht gut geeignet.

Matlab-Demo 8.13 (**Darstellung in unterschiedlichen Basen**) In diesem Matlab-experiment werden zur Bestimmung der eindeutigen Lösung der Interpolationsauf-gabe die Darstellungen in der Lagrange-Basis und in der monomialen Basis verwen-det. Effekte von Rundungsfehlern auf die berechneten Lösungen werden gezeigt.

8.2.4 Interpolationspolynom: Darstellung in der Newtonschen Basis

Die praktisch bedeutendste Alternative zur Potenzform bietet die *Newton-Darstellung,* die insbesondere (wie die Lagrange-Darstellung) auskommt ohne ein Gleichungssystem lösen zu müssen. Die Darstellung in der Newtonschen Basis beruht auf folgender Idee. Hat man $P(f|x_0, \ldots, x_{n-1})$ bereits bestimmt, so sucht man nach einem Korrekturterm, durch dessen Ergänzung man $P(f|x_0, \ldots, x_n)$ erhält, also eine weitere Stützstelle einbezieht. Folgendes Resultat reflektiert die-sen Aufdatierungscharakter:

Lemma 8.14
Für die Lagrange-Interpolationspolynome $P_{n-1} = P(f|x_0, \ldots, x_{n-1}) \in \Pi_{n-1}$ *und* $P_n = P(f|x_0, \ldots, x_n) \in \Pi_n$ *gilt*

$$P_n(x) = P_{n-1}(x) + \delta_n(x - x_0) \ldots (x - x_{n-1}) \tag{8.31}$$

mit

$$\delta_n = \frac{f(x_n) - P_{n-1}(x_n)}{(x_n - x_0) \ldots (x_n - x_{n-1})} \in \mathbb{R}. \tag{8.32}$$

Beweis Da $P_{n-1} \in \Pi_{n-1}$ und $(x - x_0) \ldots (x - x_{n-1}) \in \Pi_n$, gilt

$$Q_n(x) := P_{n-1}(x) + \delta_n(x - x_0) \ldots (x - x_{n-1}) \in \Pi_n. \tag{8.33}$$

Da für $i < n$

$$P_{n-1}(x_i) = f(x_i)$$

und

$$(x_i - x_0) \ldots (x_i - x_{n-1}) = 0,$$

ergibt sich

$$Q_n(x_i) = f(x_i) \quad \text{für} \quad i = 0, 1, \ldots, n-1. \tag{8.34}$$

Aus der Definition von δ_n erhält man

$$Q_n(x_n) = f(x_n). \tag{8.35}$$

Aus (8.33), (8.34) und (8.35) ergibt sich, dass Q_n das eindeutige Lagrange-Interpolationspolynom von f an den Stützstellen $x_0, x_1, \ldots, x_n$ ist, d. h. $Q_n = P(f|x_0, \ldots, x_n)$. $\square$

Der Koeffizient δ_n in (8.32) hängt offensichtlich von f und von den Stützstellen x_i, $i = 0, \ldots, n$, ab. Wir führen folgende Notation ein, die sich später als bequem herausstellen wird:

$$\delta_n =: [x_0, \ldots, x_n]f. \tag{8.36}$$

Folgende Beobachtung wird später hilfreich sein.

Bemerkung 8.15 $[x_0, \ldots, x_n]f$ ist offensichtlich (vgl. (8.31)) der *führende Koeffizient* des Interpolationspolynoms $P(f|x_0, \ldots, x_n)(x)$, d.h. der Koeffizient der Potenz x^n.

Wir führen die sogenannten *Knotenpolynome*

$$\omega_0(x) := 1, \quad \omega_k(x) := (x - x_0) \cdots (x - x_{k-1}), \quad k = 1, \ldots, n,$$

ein. Diese bilden, wie man leicht sieht, eine Basis – die *Newton-Basis* – von Π_n. Diese Basis hat dieselbe Translationsinvarianz-Eigenschaft wie die Lagrange-Basis: die Kondition dieser Basis auf einem (verschobenen) Intervall $[a + d, b + d]$ hängt nicht von d ab. Die Formel (8.31) hat mit den oben eingeführten Notationen die Darstellung

$$P(f|x_0, \ldots, x_n)(x) = P(f|x_0, \ldots, x_{n-1})(x) + [x_0, \ldots, x_n]f \cdot \omega_n(x). \tag{8.37}$$

Wendet man dieselbe Argumentation auf $P(f|x_0, \ldots, x_{n-1})(x)$ an, so ergibt sich rekursiv die Darstellung des Interpolationspolynoms in der Newtonschen Basis:

Newtonsche Interpolationsformel

$$P(f|x_0, \ldots, x_n)(x) = \sum_{k=0}^{n} \delta_k \omega_k(x)$$

$$= [x_0]f + [x_0, x_1]f \cdot (x - x_0) + [x_0, x_1, x_2]f \cdot (x - x_0)(x - x_1)$$

$$+ \ldots + [x_0, \ldots, x_n]f \cdot (x - x_0) \cdots (x - x_{n-1}). \tag{8.38}$$

Wir entwickeln jetzt einen systematischen Weg, die Koeffizienten δ_k, die man zur Darstellung des Interpolationspolynoms in der Newtonschen Basis braucht, zu bestimmen. $\delta_0 = [x_0]f = f(x_0)$ ist schon vom Rekursionsanfang her bekannt. Für $n = 1$ zeigt man sofort, dass

$$[x_0, x_1]f = \frac{f(x_1) - f(x_0)}{x_1 - x_0}$$

gilt. Dies deutet schon folgende allgemeine Gesetzmäßigkeit an.

Lemma 8.16
Seien wieder die x_i paarweise verschieden. Dann gilt

$$[x_0, \ldots, x_n]f = \frac{[x_1, \ldots, x_n]f - [x_0, \ldots, x_{n-1}]f}{x_n - x_0}. \tag{8.39}$$

Beweis Der Beweis ist eine unmittelbare Konsequenz von Lemma 8.7. Setzt man die Darstellung (8.38) in beide Seiten von (8.22) ein und vergleicht die führenden Koeffizienten auf beiden Seiten (vgl. Bemerkung 8.15), so ergibt sich gerade (8.39). □

Die Formel (8.39) gilt auch für „allgemeine" Stützstellen, die nicht x_0 bzw. x_n sind, siehe (8.43). Wegen (8.39) heißen die Koeffizienten $[x_0, \ldots, x_n]f$ auch *dividierte Differenzen* der Ordnung n von f.
    Wegen

$$[x_i]f = f(x_i), \tag{8.40}$$

(vgl. Bemerkung 8.15), ergibt sich das folgende rekursive Schema zur Berechnung der dividierten Differenzen und damit des Interpolationspolynoms (8.38), siehe Tab. 8.3.
    Die gewünschten Koeffizienten der Newton-Darstellung treten also am oberen Rand des Tableaus (fettgedruckt) auf.

Beispiel 8.17 Wir interpolieren an den drei Stützstellen $x_0 = -h$, $x_1 = 0$, $x_2 = h$, siehe Beispiel 8.10. Die Koeffizienten $\delta_0 = [-h]f$, $\delta_1 = [-h, 0]f$ und $\delta_2 =$

Tab. 8.3 Dividierte Differenzen

x_i	$[x_i]f$	$[x_i, x_{i+1}]f$	$[x_i, x_{i+1}, x_{i+2}]f$	$[x_i, x_{i+1}, x_{i+2}, x_{i+3}]f$
x_0	$[\mathbf{x_0}]\mathbf{f}$			
		$> \quad [\mathbf{x_0}, \mathbf{x_1}]\mathbf{f}$		
x_1	$[x_1]f$		$> \quad [\mathbf{x_0}, \mathbf{x_1}, \mathbf{x_2}]\mathbf{f}$	
		$> \quad [x_1, x_2]f$		$> \quad [\mathbf{x_0}, \mathbf{x_1}, \mathbf{x_2}, \mathbf{x_3}]\mathbf{f}$
x_2	$[x_2]f$		$> \quad [x_1, x_2, x_3]f$	$\vdots$
		$> \quad [x_2, x_3]f$	$\vdots$	
x_3	$[x_3]f$	$\vdots$		
$\vdots$	$\vdots$			

$[-h, 0, h]f$ kann man einfach über folgendes Schema berechnen:

$$
\begin{array}{c|ccc}
x_i & [x_i]f & [x_i, x_{i+1}]f & [x_i, x_{i+1}, x_{i+2}]f \\
\hline
-h & f(-h) & & \\
 & & > \dfrac{f(0)-f(-h)}{h} & \\
0 & f(0) & & > \dfrac{f(h)-2f(0)+f(-h)}{2h^2} \\
 & & > \dfrac{f(h)-f(0)}{h} & \\
h & f(h) & &
\end{array}
$$

Hieraus ergibt sich die Darstellung des Interpolationspolynoms in der Newtonschen Basis:

$$
P(f\,|-h, 0, h)(x) = f(-h) + \frac{f(0) - f(-h)}{h}(x + h)
$$
$$
+ \frac{f(h) - 2f(0) + f(-h)}{2h^2}(x + h)x.
$$

Wie bereits in Bemerkung 8.15 erwähnt ist der Koeffizient $[-h, 0, h]f = \frac{f(h)-2f(0)+f(-h)}{2h^2}$ gerade der führende Koeffizient, siehe (8.26). △

Beispiel 8.18 Es sei $x_0 = 0$, $x_1 = 0.2$, $x_2 = 0.4$, $x_3 = 0.6$ und $f(x_i) = \cos(x_i)$, $i = 0, \ldots, 3$. Man bestimme die entsprechenden Lagrange-Interpolationspolynome $P(f|x_0, x_1, x_2)$ und $P(f|x_0, x_1, x_2, x_3)$. Die über (8.39) berechneten dividierten Differenzen findet man in Tab. 8.4. Die fettgedruckten Einträge sind die Daten.

Gemäß (8.38) und Tab. 8.3 benötigt man nur den ersten Eintrag jeder Spalte in Tab. 8.4 für das Interpolationspolynom:

$$
P(\cos x|0, 0.2, 0.4)(x) = 1.0000 - 0.0995\, x - 0.4888\, x(x - 0.2),
$$

Tab. 8.4 Dividierte Differenzen

0	1.0000						
		>	−0.0995				
0.2	0.9801			>	−0.4888		
		>	−0.2950			>	0.0480
0.4	0.9211			>	−0.4600		
		>	−0.4790				
0.6	0.8253						

und

$$P(\cos x \,|\, 0, 0.2, 0.4, 0.6)(x)$$
$$= P(\cos x \,|\, 0, 0.2, 0.4)(x) + 0.0480\,x(x - 0.2)(x - 0.4)$$
$$= 1.0000 - 0.0995\,x - 0.4888\,x(x - 0.2) + 0.0480\,x(x - 0.2)(x - 0.4).$$

△

Rechenaufwand 8.19 Der Rechenaufwand zur Berechnung der Koeffizienten in der Newtonschen Interpolationsformel mit dem Schema der dividierten Differenzen beträgt etwa

$$3n + 3(n - 1) + \ldots + 6 + 3 = \tfrac{3}{2}n(n + 1) \doteq \tfrac{3}{2}n^2 \ \text{Flop.}$$

Liegt die Newton-Darstellung vor, d. h., hat man die dividierten Differenzen berechnet, kann man zur Auswertung aufgrund der Produktstruktur der Newton-Basis wieder ein *Horner-artiges* Schema der geschachtelten Multiplikation verwenden. Wir deuten dies an folgendem Beispiel an:

$$P(f \,|\, x_0, x_1, x_2)(x) = \delta_0 + \delta_1(x - x_0) + \delta_2(x - x_0)(x - x_1)$$
$$= \delta_0 + (x - x_0)\left[\delta_1 + \delta_2(x - x_1)\right].$$

Eine offensichtliche Verallgemeinerung liefert folgenden Algorithmus zur Berechnung des Wertes $P(f \,|\, x_0, \ldots, x_n)(x)$:

Algorithmus 8.20 (Auswertung der Newton-Darstellung)
Gegeben seien die dividierten Differenzen $\delta_k = [x_0, \ldots, x_k]f$, $k = 0, \ldots, n$, und ein $x \in \mathbb{R}$.

```
Setze b = δ_n,
      für k = n − 1, n − 2, …, 0 berechne
         b = b(x − x_k) + δ_k.
Dann ist
      P(f|x_0, …, x_n)(x) = b.
```

Tab. 8.5 Lagrange-Interpolation in unterschiedlichen Darstellungen

Basis	Koeffizienten-bestimmung	Aufwand pro Auswertung	Translations-invarianz	Weitere Eigenschaft
Lagrange	Aufwand = 0	$\mathcal{O}(n^2)$	+	Nützlich für theoretische Zwecke
Monome	$\frac{2}{3}n^3$ (Gleichungssystem)	$2n$ (Horner)	–	Nachteile bzgl. Stabilität
Newton	$\frac{3}{2}n^2$	$3n$	+	Einfache Aufdatierung

Hierbei sind nur $3n$ Flop erforderlich, so dass der Gesamtaufwand (für Berechnung der Koeffizienten und Auswertung) mit dem Neville-Aitken-Schema konkurrieren kann.

Zusammenfassend haben wir für die unterschiedlichen Darstellungen die Resultate in Tab. 8.5.

Beim Neville-Aitken-Verfahren verwendet man *keine* Basisdarstellung des Interpolationspolynoms und kostet die Bestimmung eines Wertes dieses Polynoms etwa $\frac{5}{2} n^2$ Flop.

Wir schließen diesen Abschnitt mit einigen nützliche Eigenschaften dividierter Differenzen, die im Folgenden gebraucht werden, ab.

Satz 8.21
Es gelten folgende Eigenschaften:

(i) $[x_0, \ldots, x_n]f$ *ist eine symmetrische Funktion bzgl. der Stützstellen, d. h. hängt nicht von der Reihenfolge der Stützstellen ab (konkret gilt zum Beispiel $[x_0, x_1, x_2]f = [x_1, x_0, x_2]f$).*

(ii) *Die Abbildung $f \mapsto [x_0, \ldots, x_k]f$ ist ein* stetiges lineares Funktional *auf $C(I)$ (solange die4 x_i paarweise verschieden sind), wobei I ein Intervall ist, das die $x_0, \ldots, x_k$ enthält.*

(iii) *Für $Q \in \Pi_{k-1}$ gilt $[x_0, \ldots, x_k]Q = 0$.*

(iv) *Für die Knotenpolynome ω_k gilt*

$$[x_0, \ldots, x_k]\omega_j = \delta_{j,k}, \quad \text{für } j, k = 0, \ldots, n. \tag{8.41}$$

(v) *Sei $a := \min_{0 \le i \le n} x_i$, $b := \max_{0 \le i \le n} x_i$, $I := [a, b]$ und $f \in C^n(I)$. Dann existiert ein $\xi \in I$, so dass*

$$[x_0, \ldots, x_n]f = \frac{f^{(n)}(\xi)}{n!}. \tag{8.42}$$

Beweis (i) Es sei $\pi : \{0, \ldots, n\} \to \{0, \ldots, n\}$ eine Bijektion. Dann ist (Bemerkung 8.15) $[x_{\pi(0)}, \ldots, x_{\pi(n)}] f$ der führende Koeffizient des Interpolationspolynoms $P(f|x_{\pi(0)}, \ldots, x_{\pi(n)})$. Dieses Polynom hängt nicht von π ab.

Zu (ii): Die Linearität folgt sofort aus der Linearität des Interpolationsprojektors, (vgl. Bemerkung 8.4). Nun verwende man wieder Bemerkung 8.15. Die Stetigkeit (d. h. Beschränktheit) folgt induktiv mit (8.39) aus der Stetigkeit von f, sofern die Stützstellen verschieden sind. Man beachte allerdings, dass die Schranke der Beschränktheit wächst, wenn Stützstellen näher zusammenrücken.

Zu (iii): Es gilt $P(Q|x_0, \ldots, x_k) = Q$, siehe (8.10). Der Koeffizient von x^k in $P(Q|x_0, \ldots, x_k)$ stimmt also mit dem Koeffizienten von x^k in Q überein. Wegen $Q \in \Pi_{k-1}$ ist dieser Koeffizient Null.

Zu (iv): Wir betrachten drei Fälle: Falls $j > k$ gilt $\omega_j(x_i) = 0$ für $i \leq k$. Wegen (8.39) ist in diesem Fall $[x_0, \ldots, x_k]\omega_j = 0$. Es sei nun $j < k$. Dann gilt $[x_0, \ldots, x_k]\omega_j = 0$ wegen (iii). Es bleibt der Fall $j = k$. Weil $\omega_k \in \Pi_k$, gilt $P(\omega_k|x_0, \ldots, x_k) = \omega_k$. Der führende Koeffizient von ω_k ist Eins. Wegen Bemerkung 8.15 muss $[x_0, \ldots, x_k]\omega_k = 1$ gelten.

Zu (v): Wird in Folgerung 8.23 bewiesen. □

Wegen der Eigenschaft (i) gilt folgende Verallgemeinerung der Formel (8.39):

$$[x_0, \ldots, x_n]f$$
$$= \frac{[x_0, \ldots, x_{i-1}, x_{i+1}, \ldots, x_n]f - [x_0, \ldots, x_{j-1}, x_{j+1}, \ldots, x_n]f}{x_j - x_i}, \quad (8.43)$$

für $0 \leq i, j \leq n$, $i \neq j$. Die Eigenschaft (v) wird eine wichtige Rolle im nächsten Abschnitt spielen. Man beachte, dass insbesondere auf $C^k(I)$ die Abbildung $D_k : f \to [x_0, \ldots, x_k]f$ ein stetiges lineares Funktional *gleichmäßig* bzgl. der Lage der Stützstellen ist, d. h.,

$$|D_k f| = \frac{|f^{(k)}(\xi)|}{k!} \leq \frac{\max_{x \in I} |f^{(k)}(x)|}{k!} \leq \frac{\|f\|_{C^k(I)}}{k!}, \quad (8.44)$$

mit $\|f\|_{C^k(I)} := \sum_{j=0}^k \|f^{(k)}\|_{L_\infty(I)}$, gilt *unabhängig* von der Lage der Stützstellen.

8.2.5 Restglieddarstellung – Fehleranalyse

Bisher blieb die Frage nach der *Qualität* der Interpolation bzw. geeigneter Bewertungskriterien offen. Ein gängiges und geeignetes Bewertungsmodell ist der *Fehler der Interpolation* im folgenden Sinne. Die Daten f_i werden wieder als Funktionswerte

$$f_i = f(x_i), \quad i = 0, \ldots, n, \quad (8.45)$$

betrachtet, wobei f eine (möglicherweise fiktive) Funktion in $C(I)$ und I ein Intervall ist, das die Stützstellen x_i enthält. Man interessiert sich dann für den Interpolationsfehler, d. h. für die Abweichung zwischen einer solchen Funktion f und dem

Interpolationspolynom $P(f|x_0, \ldots, x_n)$. Da man sich beliebig viele, beliebig stark oszillierende Funktionen vorstellen kann, die die endlich vielen Werte f_i interpolieren, ist klar, dass man über diesen Fehler nichts aussagen kann, ohne eine strukturelle Voraussetzung an f zu stellen. Wie eine solche Voraussetzung aussehen kann, ergibt sich aus folgender *Darstellung des Interpolationsfehlers.*

Satz 8.22
Es seien $I = [a, b]$ und $x_0, \ldots, x_n \in I$ paarweise verschiedene Stützstellen. Für $f \in C^{n+1}(I)$ und $x \in I$ existiert $\xi \in I$, so dass

$$f(x) - P(f|x_0, \ldots, x_n)(x) = (x - x_0) \cdots (x - x_n) \frac{f^{(n+1)}(\xi)}{(n+1)!} \qquad (8.46)$$

gilt. Insbesondere gilt

$$\max_{x \in [a,b]} \left| f(x) - P(f|x_0, \ldots, x_n)(x) \right| \leq \max_{x \in [a,b]} \left| \prod_{j=0}^{n} (x - x_j) \right| \max_{x \in [a,b]} \frac{\left| f^{(n+1)}(x) \right|}{(n+1)!}.$$
$$\qquad (8.47)$$

Beweis Wir benutzen folgende Tatsache (Satz von Rolle): Wenn eine Funktion $g \in C^k([a, b])$, $k \geq 1$, $k + 1$ verschiedene Nullstellen in $[a, b]$ hat, besitzt die Funktion $g^{(k)}$ mindestens eine Nullstelle in $[a, b]$.

Für $x = x_j$ ($j = 0, \ldots, n$) ist das Resultat in (8.46) gültig. Wir nehmen ein festes $x \in [a, b]$ mit $x \neq x_j$ für alle j und definieren

$$R := \frac{f(x) - P(f|x_0, \ldots, x_n)(x)}{\prod_{j=0}^{n}(x - x_j)}. \qquad (8.48)$$

Für die Funktion

$$g(t) := f(t) - P(f|x_0, \ldots, x_n)(t) - R \prod_{j=0}^{n} (t - x_j), \quad t \in [a, b], \qquad (8.49)$$

gilt, dass $g \in C^{n+1}([a, b])$ und

$$g(x_j) = 0, \quad j = 0, \ldots, n, \quad g(x) = 0.$$

Diese Funktion hat also mindestens $n + 2$ verschiedene Nullstellen in $[a, b]$, und deshalb muss ein $\xi \in [a, b]$ existieren, wofür $g^{(n+1)}(\xi) = 0$. Hieraus und aus

$g^{(n+1)}(t) = f^{(n+1)}(t) - R(n+1)!$ folgt

$$R = \frac{f^{(n+1)}(\xi)}{(n+1)!}.$$

Wenn man dieses Resultat in (8.48) einsetzt, ist die Behauptung in (8.46) bewiesen.
Das Resultat in (8.47) folgt unmittelbar aus (8.46).   □

Folgerung 8.23 Aus der Identität (8.46), mit paarweise verschiedenen Stützstellen $x_0, \ldots, x_{n-1}, x := x_n$ und ω_n das Knotenpolynom, folgt

$$f(x_n) - P(f|x_0, \ldots, x_{n-1})(x_n) = \omega_n(x_n) \frac{f^{(n)}(\xi)}{n!}, \tag{8.50}$$

für gewisses $\xi \in [a, b]$. Andererseits ergibt sich aus der Formel (8.37):

$$\begin{aligned}
&f(x_n) - P(f|x_0, \ldots, x_{n-1})(x_n) \\
&= P(f|x_0, \ldots, x_n)(x_n) - P(f|x_0, \ldots, x_{n-1})(x_n) \\
&= [x_0, \ldots, x_{n-1}, x_n]f \cdot \omega_n(x_n).
\end{aligned} \tag{8.51}$$

Aus (8.50) und (8.51) folgt das Resultat (v) in Satz 8.21.   □

Wegen (8.46) ist der Fehler bei linearer Interpolation durch

$$f(x) - P(f|x_0, x_1)(x) = (x - x_0)(x - x_1) \frac{f''(\xi_1)}{2},$$

bei quadratischer Interpolation durch

$$f(x) - P(f|x_0, x_1, x_2)(x) = (x - x_0)(x - x_1)(x - x_2) \frac{f'''(\xi_2)}{6}$$

gegeben.

Beispiel 8.24 Lineare Interpolation von $f(x) = \ln(1+x)$ an $x_0 = 0$ und $x_1 = 1$
ergibt

$$f(x) - P(f|0, 1)(x) = \frac{x(x-1)}{2!} \cdot \frac{-1}{(1+\xi)^2}.$$

Da

$$\max_{x \in [0,1]} |x(1-x)| = \frac{1}{4}$$

und $\xi \geq 0$, folgt

$$|f(x) - P(f|0, 1)(x)| \leq \frac{1}{8} \quad \text{für alle } x \in [0, 1].$$

Quadratische Interpolation an den Punkten 0, $\frac{1}{2}$ und 1 ergibt

$$f(x) - P(f|0, \frac{1}{2}, 1)(x) = \frac{x(x - \frac{1}{2})(x - 1)}{3!} \cdot \frac{2}{(1 + \xi)^3}.$$

Da

$$\max_{x \in [0,1]} \left| x(x - \frac{1}{2})(x - 1) \right| = \frac{\sqrt{3}}{36},$$

folgt

$$\left| f(x) - P(f|0, \frac{1}{2}, 1)(x) \right| \le \frac{1}{36\sqrt{3}} \quad \text{für alle } x \in [0, 1],$$

also eine erheblich bessere Fehlerschranke.   △

Obige Abschätzung drückt etwas sehr Natürliches aus, nämlich, dass man den Unterschied zwischen einem Interpolationspolynom und der interpolierten Funktion nur begrenzen kann, wenn man die Variationsmöglichkeit der Funktion in irgendeiner Weise einschränkt. Dies geschieht durch Schranken für die *Ableitungen* der Funktion. Funktionen mit beschränkten Ableitungen werden deshalb oft als *glatt* bezeichnet.

Die Fehlerabschätzung (8.47) wird bei der Untersuchung folgender zwei Strategien verwendet.

(1) Erhöhung des Polynomgrades bzw. der Stützstellenanzahl
Man betrachte ein *festes* Intervall $I = [a, b]$, in dem stets alle paarweise verschiedenen Stützstellen x_i, $i = 0, \ldots, n$, liegen sollen. Was geschieht, wenn n wächst, also immer mehr Stützstellen in I hinzugefügt werden, und der Polynomgrad n sich entsprechend erhöht? Wird der Fehler dann stets kleiner? Um dies zu untersuchen, setze

$$M_{n+1}(f) := \max_{x \in I} \frac{\left| f^{(n+1)}(x) \right|}{(n + 1)!} \quad \text{und} \quad \omega_{n+1}(x) := \prod_{j=0}^{n} (x - x_j). \qquad (8.52)$$

Wir bemerken, dass $M_{n+1}(f)$ von f, aber nicht von den Stützstellen $x_0, \ldots, x_n$ abhängt und dass ω_{n+1} von den Stützstellen, aber nicht von f abhängt. Das Knotenpolynom ω_{n+1} hat eine Translationsinvarianz-Eigenschaft wie in (8.11): das Knotenpolynom zu den um d verschobenen Knoten ist gerade das um d verschobene ursprungliche Knotenpolynom. Mit diesen Bezeichnungen ergibt sich aus (8.46) die Fehlerschranke

$$\left| f(x) - P(f|x_0, \ldots, x_n)(x) \right| \le |\omega_{n+1}(x)| M_{n+1}(f) \qquad (8.53)$$

für $x \in I$ und $x_j \in I$, $j = 0, 1, 2, \ldots, n$. Die Funktion ω_{n+1} spielt offensichtlich eine wichtige Rolle in der Schranke (8.53) für den Interpolationsfehler. Wir betrachten diese Funktion für den Fall äquidistanter Stützstellen $x_i = x_0 + ih$, $h = \frac{1}{n}$. Eine

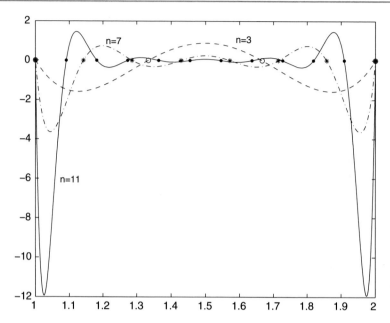

Abb. 8.2 $2^{2n+1}\omega_{n+1}(x)$ mit $x_j = 1 + \frac{j}{n}, j = 0, 1, \ldots, n, n = 3, 7, 11$

Analyse des Verlaufes dieser Funktion zeigt, dass die lokalen Extrema der Funktion $\omega_{n+1}(x)$ gegen die Enden des Intervalls $[x_0, x_n]$ viel größer sind als in der Mitte dieses Intervalls. In Abb. 8.2 wird, für einige n Werte, der Verlauf der Funktion $\alpha_n \omega_{n+1}(x)$ für das Intervall $[x_0, x_n] = [1, 2]$ gezeigt, wobei angesichts einer besseren graphischen Darstellung ein Skalierungsfaktor $\alpha_n = 2^{2n+1}$ benutzt wird (vgl. Bemerkung 8.25).

Bemerkung 8.25 Das Verhalten der Funktion ω_{n+1} kann für eine andere Wahl der Stützstellen wesentlich besser sein, zum Beispiel für die bei der Konditionsanalyse in Abschn. 8.2.1 bereits erwähnten *Tschebyscheff-Stützstellen*. Für das Intervall $I = [1, 2]$ sind diese Stützstellen (siehe (8.16)):

$$x_j = \tfrac{3}{2} + \tfrac{1}{2} \cos\left(\tfrac{2j+1}{2n+2}\pi\right), \quad j = 0, 1, \ldots, n. \tag{8.54}$$

Aus Eigenschaften der Tschebyscheff-Polynome folgt, dass mit diesen Stützstellen für die Funktion $\omega_{n+1}(x) = \prod_{j=0}^{n}(x - x_j)$ gilt:

$$\max_{x \in I} |\omega_{n+1}(x)| = 2^{-2n-1}.$$

In Abb. 8.3 ist die Funktion $2^{2n+1}\omega_{n+1}$ für die Wahl der Stützstellen (8.54) dargestellt. Dieses (skalierte) Knotenpolynom verhält sich wesentlich anders als das Knotenpolynom mit den äquidistanten Stützstellen, siehe Abb. 8.2. $\triangle$

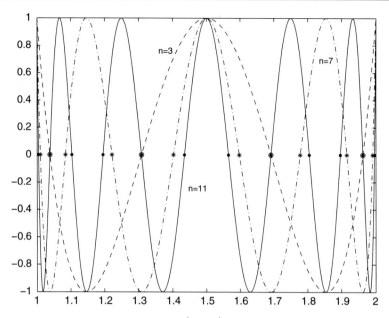

Abb. 8.3 $2^{2n+1}\omega_{n+1}(x)$, mit $x_j = \frac{3}{2} + \frac{1}{2}\cos\left(\frac{2j+1}{2n+2}\pi\right)$, $j = 0, 1, \ldots, n$, $n = 3, 7, 11$

Das Verhalten des Fehlers wird also von der Verteilung der Stützstellen, aber auch vom Anwachsen der Terme $M_{n+1}(f)$ und damit vom Verhalten der höheren Ableitungen von f abhängen. Weiteres zur Wahl der Stützstellen und zum Thema Tschebyscheff-Polynome findet man in fast jedem Standardwerk zur Numerik oder Approximationstheorie. Wir werden in Abschn. 8.2.6 sehen, dass, selbst wenn beliebig hohe Ableitungen auf I beschränkt sind, das Anwachsen von ω_{n+1} den Fehler dominieren und sogar Divergenz der Approximation durch die Interpolationspolynome bewirken kann.

(2) Fester Grad
Statt immer mehr Stützstellen zu benutzen, kann man auch n festhalten und das Gesamtintervall $I = [a, b]$ in Teilintervalle unterteilen. Es seien $J = [c, d]$ ein Teilintervall von I und $x_0, \ldots, x_n \in J$ paarweise verschiedene Stützstellen. Es sei n fest, aber $h := d - c$ stelle man sich als veränderbar vor. Falls $x \in J$, erhält man sofort die grobe Abschätzung

$$|\omega_{n+1}(x)| \le h^{n+1},$$

und somit aus (8.47)

$$\|f - P(f|x_0, \ldots, x_n)\|_{L_\infty(J)} \le \frac{h^{n+1}}{(n+1)!}\|f^{(n+1)}\|_{L_\infty(J)}$$

$$\le \frac{h^{n+1}}{(n+1)!}\|f^{(n+1)}\|_{L_\infty(I)}, \tag{8.55}$$

wobei wieder $\|g\|_{L_\infty(J)} := \max_{x \in J} |g(x)|$ bezeichnet. D. h., sofern f eine beschränkte $(n + 1)$-te Ableitung hat, lässt sich der Interpolationsfehler im Wesentlichen durch die $(n + 1)$-te Potenz der *Schrittweite* h abschätzen. Der Fehler wird also mit dieser Ordnung kleiner, wenn die Teilintervalllänge gemäß h verkleinert wird. Dies ist der Effekt, welcher in den meisten Anwendungen benutzt wird.

Beispiel 8.26 Wir betrachten wieder eine lineare Interpolation der Funktion $f(x) = \log(1 + x)$, diesmal mit $J := [0, h]$, $x_0 = 0$ und $x_1 = h > 0$. Dies ergibt

$$f(x) - P(f|0, h)(x) = -\frac{x(x - h)}{2(1 + \xi)^2}.$$

Da

$$\max_{x \in J} |x(x - h)| = \frac{h^2}{4},$$

und $\xi \geq 0$, folgt

$$|f(x) - P(f|0, h)(x)| \leq \frac{h^2}{8}.$$

Der Fehler der linearen Interpolation auf dem Intervall $J = [0, h]$ strebt also mit der *Ordnung* 2 gegen 0 für $h \to 0$.   △

8.2.6 Grenzen der Polynominterpolation

Die Ausführungen in Abschn. 8.2.5, siehe zum Beispiel Abb. 8.2, zeigen, dass eine Erhöhung der Stützstellenanzahl und damit die Erhöhung des Polynomgrades auf einem festen Intervall, nicht unbedingt eine Verbesserung der Approximationsgenauigkeit bewirkt. Ein klassisches Beispiel von Runge, in dem beliebig hohe Ableitungen der Funktion f auf I beschränkt sind, zeigt, dass man bei äquidistanten Stützstellen mit einer Erhöhung der Stützstellenanzahl keine Konvergenz (bzgl. der Norm $\|\cdot\|_{L_\infty(I)}$) der Approximationen gegen die Funktion f erhält. Die Funktion

$$f(x) = \frac{1}{1 + x^2}$$

ist auf ganz $\mathbb{R}$ beliebig oft differenzierbar. Man kann zeigen, dass für jedes $a > 0$ und mit $I := [-a, a]$ für die Größe $M_{n+1}(f)$ aus (8.52) die (scharfe) Ungleichung $M_{n+1}(f) \leq 1$ gilt, siehe Übung 8.12. Es zeigt sich, dass die Folge der Interpolationspolynome

$$P_n(x) = P(f|x_0, \ldots, x_n)(x), \quad n \in \mathbb{N},$$

für

$$x_j = -5 + \frac{10j}{n}, \quad j = 0, \ldots, n,$$

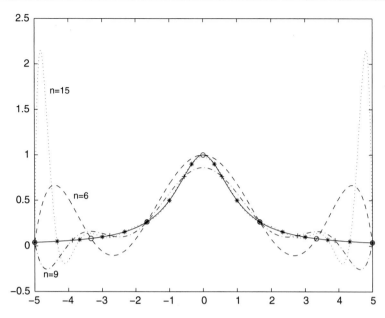

Abb. 8.4 Lagrange-Interpolationspolynome $P_n(x)$ zu $f(x) = \frac{1}{1+x^2}$

auf $[-5, 5]$ divergiert. Insbesondere bilden sich an den Intervallenden immer stärkere Oszillationen für höhere Werte von n aus (vgl. Abb. 8.4).

Dieses Phänomen entspricht den bei Erhöhung von n zunehmenden Oszillationen der Funktion ω_{n+1} an den Intervallenden (s. Abb. 8.2).

Fazit Durch eine Erhöhung der Stützstellenanzahl lässt sich im Allgemeinen keine Verbesserung der Approximationen durch Polynominterpolation garantieren.

Eine geeignete Alternative bietet das folgende Vorgehen: Im Interpolationsintervall $[a, b]$ wird eine Approximation der Funktion f konstruiert, die *stückweise* polynomial ist. Dies ist der Grundgedanke der sogenannten Splinefunktionen. In Kap. 9 findet man eine Behandlung dieser Splinefunktionen.

Matlab-Demo 8.27 (Lagrange-Interpolation) In diesem Matlabexperiment wird die Lagrange-Interpolation auf mehrere Beispiele, unter anderem die Runge-Funktion (siehe Abb. 8.4), angewendet. Effekte einer Erhöhung des Polynomgrades und einer wiederholten Interpolation auf kleineren Teilintervallen werden gezeigt.

8.3   Hermite-Interpolationsaufgabe für Polynome*

Solange f stetig ist, ist die Lagrange-Interpolation bei paarweise verschiedenen Stützstellen wohldefiniert. Was passiert, wenn zwei oder mehrere der Stützstellen sehr nahe beieinander liegen, oder im Grenzfall sogar zusammenfallen? Man erwartet, dass die dividierten Differenzen dann gegen Ableitungen streben. Die Koeffizienten werden deshalb gegebenenfalls unkontrolliert große Werte annehmen, wenn die Funktion an diesen Stellen gar nicht differenzierbar ist. Ein gewisses gleichmäßig kontrolliertes Verhalten der Interpolierenden kann man also nur dann erwarten, wenn die interpolierte Funktion genügend „glatt" – sprich differenzierbar – ist.

Wir untersuchen dies wieder am Beispiel der Interpolation mit einer Geraden. Dazu soll die Funktion f an den Stellen x_0 und $x_0 + h$, mit $h > 0$, linear interpoliert werden. Die Newton-Darstellung der Interpolierenden lautet dann

$$P_{1,h}(x) := P(f|x_0, x_0 + h)(x) = f(x_0) + (x - x_0)\frac{f(x_0 + h) - f(x_0)}{h}.$$

Ist f differenzierbar, und lässt man nun $h \to 0$ gehen, dann geht die Lagrange-Interpolierende $P_{1,h}$ über in

$$P_{1,0}(x) = T(x) = f(x_0) + (x - x_0)f'(x_0), \qquad (8.56)$$

d. h. in das lineare *Taylor-Polynom* an der Stelle x_0.

Man beachte, dass das Taylor-Polynom von f vom Grade Eins in Funktionswert *und* Ableitung an der Stelle x_0 mit f übereinstimmt, d. h.,

$$T(x_0) = f(x_0), \quad T'(x_0) = f'(x_0).$$

Man sagt auch, T *interpoliert* f bzgl. der linearen Funktionale $\mu_0(f) := f(x_0)$, $\mu_1(f) := f'(x_0)$, d. h. *bzgl. Punktauswertung und Ableitung*.

Dies kann man verallgemeinern, was zur *Hermite-Interpolation* führt. Zur Beschreibung dieses allgemeinen Hermite-Interpolationsproblems ist es zweckmäßig, geeignete lineare Funktionale einzuführen, die Ableitungen und Funktionswerte beinhalten. Zu den Stützstellen

$$x_0 \leq x_1 \leq \ldots \leq x_n,$$

definiere für $j = 0, 1, \ldots, n$:

$$\mu_j(f) := f^{(\ell_j)}(x_j), \quad \ell_j := \max\{r \in \mathbb{N} \mid x_j = x_{j-r}\}. \qquad (8.57)$$

Beachte, dass anders als bei der Lagrange-Interpolation die Stützstellen mehrfach vorkommen dürfen. Um die Darstellung zu vereinfachen wird eine monotone Nummerierung der Stützstellen gewählt. Durch die Funktionale μ_j werden, je nach *Vielfachheit der Stützstelle* x_j, mit dieser Stützstelle nacheinander Ableitungen assoziiert.

Beispiel 8.28 Es sei

$$x_0 = 0, \quad x_1 = x_2 = x_3 = \tfrac{1}{2}, \quad x_4 = 1.$$

Die ℓ_j-Werte aus (8.57) sind $\ell_0 = 0, \ \ell_1 = 0, \ \ell_2 = 1, \ \ell_3 = 2, \ \ell_4 = 0$, und

$$\mu_0(f) = f(0),$$
$$\mu_1(f) = f(\tfrac{1}{2}), \quad \mu_2(f) = f'(\tfrac{1}{2}), \quad \mu_3(f) = f''(\tfrac{1}{2}),$$
$$\mu_4(f) = f(1).$$

$\triangle$

Wenn nur Funktionswerte interpoliert werden sollen, muss $x_0 < x_1 < \ldots < x_n$ gelten.

Das allgemeine *Hermite-Interpolationsproblem mit Polynomen* (HIP) lässt sich nun folgendermaßen definieren:

Aufgabe 8.29 (Hermite-Interpolation)
Es seien $f \in C^k([a, b])$ und μ_j wie in (8.57) mit $x_j \in [a, b]$ und $\ell_j \le k$ für alle j. Man bestimme $P_n \in \Pi_n$, so dass

$$\mu_j(P_n) = \mu_j(f), \quad j = 0, 1, \ldots, n. \tag{8.58}$$

Diese Aufgabe ist eindeutig lösbar:

Satz 8.30
Die Hermite-Interpolationsaufgabe 8.29 hat eine eindeutige Lösung.

Beweis Im Kern ist das Argument dasselbe wie bei der Lagrange-Interpolation, indem man ausnutzt, dass ein nichttriviales Polynom vom Grade n höchstens n Nullstellen hat, wobei man jetzt die Vielfachheiten der Nullstellen zählen muss. Dazu definieren wir die lineare Abbildung $L : \Pi_n \to \mathbb{R}^{n+1}$ durch

$$L(P) = (\mu_0(P), \ldots, \mu_n(P))^T.$$

Es sei $b := (\mu_0(f), \ldots, \mu_n(f))^T \in \mathbb{R}^{n+1}$. Die Aufgabe 8.29 kann man nun wie folgt formulieren: Bestimme $P_n \in \Pi_n$, so dass

$$L(P_n) = b. \tag{8.59}$$

Es sei $q_n \in \Pi_n$ so dass $L(q_n) = 0$. Aus

$$q_n^{(\ell_j)}(x_j) = 0, \quad j = 0, \ldots, n,$$

(vgl. (8.57)) folgt, dass q_n mindestens $n + 1$ Nullstellen (mit Vielfachheit gezählt) hat, also muss q_n aufgrund des Fundamentalsatzes der Algebra das Nullpolynom sein. Die Abbildung L ist also injektiv. Wegen $\dim(\Pi_n) = \dim(\mathbb{R}^{n+1})$ ist sie auch surjektiv, so dass die Aufgabe (8.59) eine eindeutige Lösung hat.   □

Die eindeutige Lösung der Aufgabe 8.29 wird mit

$$P_n =: P(f|x_0, \ldots, x_n)$$

bezeichnet.

Die Lagrange-Interpolation ist ein Spezialfall der Hermite-Interpolation, der sich für paarweise verschiedene Stützstellen ergibt, da dann $\mu_i(f) = f(x_i)$ gerade die Punktauswertungen sind.

Ein zweiter interessanter Spezialfall ergibt sich, wenn *alle* Stützstellen zusammenfallen

$$x_0 = \cdots = x_n, \quad \text{also} \quad \mu_i(f) = f^{(i)}(x_0), \quad i = 0, \ldots, n. \tag{8.60}$$

In diesem Fall können wir das Interpolationspolynom direkt angeben, nämlich das *Taylor-Polynom*

$$P_n(x) = \sum_{j=0}^{n} f^{(j)}(x_0) \frac{(x - x_0)^j}{j!}. \tag{8.61}$$

Bestimmung des Hermite-Interpolationspolynoms
Es stellt sich wieder die Frage, wie das Hermite-Interpolationspolynom berechnet werden kann. Der wesentliche Schritt liegt in der richtigen *Erweiterung* des Begriffs der dividierten Differenzen auf den Fall zusammenfallender Stützstellen, wie es schon durch (8.56) nahe gelegt wird.

▶ **Definition 8.31** *Wir bezeichnen für beliebige reelle Stützstellen x_i, $i = 0, \ldots, n$, wieder mit $[x_i, \ldots, x_k]f$ den jeweils führenden* Koeffizienten *des entsprechenden Hermite-Interpolationspolynoms $P(f|x_i, \ldots, x_k) \in \Pi_{k-i}$.*

Wegen Bemerkung 8.15 ist diese Definition konsistent mit dem Lagrange Fall. Aus (8.61) ergibt sich sofort:

Folgerung 8.32 *Für* $x_0 = \cdots = x_k$, $k \geq 0$, *gilt*

$$[x_0, \ldots, x_k]f = \frac{f^{(k)}(x_0)}{k!}. \tag{8.62}$$

(vgl. Satz 8.21 (v)).

Die Darstellung der Lösung der Lagrange-Interpolationsaufgabe in der Newtonschen Basis $(\omega_k)_{0 \leq k \leq n}$ (Knotenpolynome), siehe (8.38), lässt sich auf den Hermite-Fall erweitern. Die Lösung $P(f|x_0, \ldots, x_n)$ der Hermite-Interpolationsaufgabe hat folgende Darstellung:

$$P(f|x_0, \ldots, x_n)(x)$$
$$= [x_0]f + [x_0, x_1]f \cdot (x - x_0) + [x_0, x_1, x_2]f \cdot (x - x_0)(x - x_1)$$
$$+ \ldots + [x_0, \ldots, x_n]f \cdot (x - x_0) \cdots (x - x_{n-1}). \tag{8.63}$$

Zur effizienten Berechnung der Koeffizienten $[x_0, \ldots x_k]f$ in dieser Darstellung kann man dieselbe Technik wie bei der Lagrange-Interpolation verwenden. Dazu folgende Erweiterung von Lemma 8.16 (siehe auch (8.43)).

Lemma 8.33
Gegeben seien $x_0, \ldots, x_k \in \mathbb{R}$. *Dann gilt für* $i, j \in \{0, \ldots, k\}$:

$$[x_0, \ldots, x_k]f = \begin{cases} \frac{[x_0, \ldots, x_{i-1}, x_{i+1}, \ldots, x_k]f - [x_0, \ldots, x_{j-1}, x_{j+1}, \ldots, x_k]f}{x_j - x_i}, & falls \ x_i \neq x_j, \\ \frac{f^{(k)}(x_0)}{k!}, & falls \ x_0 = \cdots = x_k, \end{cases}$$
$$\tag{8.64}$$

Bemerkung 8.34 Die Resultate in Satz 8.21 gelten im Falle zusammenfallender Stützstellen immer noch. Es seien $x_0, \ldots, x_n \in \mathbb{R}$ beliebige Stützstellen. Für die Knotenpolynome $\omega_0(x) = 1$, $\omega_j(x) = (x - x_0) \ldots (x - x_{j-1})$, $j = 1, \ldots, n$, gilt

$$[x_0, \ldots, x_k]\omega_j = \delta_{j,k}, \quad j, k = 0, \ldots, n. \tag{8.65}$$

Für $0 \leq k \leq n$ ist die Abbildung $f \to [x_0, \ldots, x_k]f$ ein *stetiges*, *lineares* Funktional auf $C^n(I)$. Auch die Identität

$$[x_0, \ldots, x_n]f = \frac{f^{(n)}(\xi)}{n!}, \tag{8.66}$$

$\xi \in [a, b]$ mit $a := \min_{0 \leq i \leq n} x_i$, $b := \max_{0 \leq i \leq n} x_i$, bleibt gültig. Man kann sie mit den gleichen Argumenten wie in Folgerung 8.23 beweisen. $\triangle$

Tab. 8.6 Dividierte Differenzen

0	1				
		> 1			
$\frac{1}{2}$	$\frac{3}{2}$		> -1		
		$\frac{1}{2}$		> 2	
$\frac{1}{2}$	$\frac{3}{2}$		0		> 4
		$\frac{1}{2}$		> 6	
$\frac{1}{2}$	$\frac{3}{2}$		> 3		
		> 2			
1	$\frac{5}{2}$				

Aufgrund von (8.64) kann man die dividierten Differenzen auch im Falle zusammenfallender Stützstellen immer noch rekursiv berechnen, die Tab. 8.3 ist also immer
noch anwendbar.

Beispiel 8.35 Es sei $x_0 = 0, x_1 = x_2 = x_3 = \frac{1}{2}, x_4 = 1$. Man bestimme $P_4 = P(f | 0, \frac{1}{2}, \frac{1}{2}, \frac{1}{2}, 1)$, so dass

$$P_4(0) = 1, \quad P_4(\tfrac{1}{2}) = \tfrac{3}{2}, \quad P_4'(\tfrac{1}{2}) = \tfrac{1}{2}, \quad P_4''(\tfrac{1}{2}) = 0, \quad P_4(1) = \tfrac{5}{2}.$$

Die über (8.64) berechneten (verallgemeinerten) dividierten Differenzen findet man
in Tab. 8.6. Die fettgedruckten Einträge sind die Daten. Das gesuchte Hermite-
Interpolationspolynom ist

$$P_4(x) = 1 + x - x(x - \tfrac{1}{2}) + 2x(x - \tfrac{1}{2})^2 + 4x(x - \tfrac{1}{2})^3.$$

$\triangle$

Verfahrensfehler
Wie vorher beim Spezialfall der Lagrange-Interpolation stellt sich die Frage nach
Abschätzungen für den Interpolationsfehler. Dazu folgendes Resultat:

Bemerkung 8.36 Die Fehlerdarstellung und -abschätzung aus Satz 8.22 bleiben
unverändert gültig, d. h., dass die Aussage von Satz 8.22 auch für beliebige,
nicht notwendigerweise paarweise verschiedene Stützstellen $x_i, i = 0, \ldots, n$,
gilt.

Beweisskizze Man kann die im Beweis von Satz 8.22 für die Lagrange-Interpolation
benutzten Argumente auf den allgemeinen Hermite-Fall über-tragen. Um die Beweis-
idee zu erläutern, betrachten wir eine konkrete Hermite-Interpolationsaufgabe: Es

sei $x_0 = x_1 = x_2 < x_3 = x_4 < x_5 < \ldots < x_n$ und $P(f|x_0, \ldots, x_n) \in \Pi_n$ so, dass

$$P(f|x_0, \ldots, x_n)^{(j)}(x_j) = f^{(j)}(x_j), \quad j = 0, 1, 2,$$
$$P(f|x_0, \ldots, x_n)^{(j)}(x_{3+j}) = f^{(j)}(x_{3+j}), \quad j = 0, 1,$$
$$P(f|x_0, \ldots, x_n)(x_j) = f(x_j), \quad j = 5, \ldots, n.$$

Für $x = x_j$ ist das Resultat (8.46) trivial. Wir nehmen $x \neq x_j$. Es sei

$$g(t) := f(t) - P(f|x_0, \ldots, x_n)(t) - R \prod_{j=0}^{n} (t - x_j), \quad t \in [a, b],$$

wie in (8.49) (a, b wie in Satz 8.22). Es gilt $g(x) = 0$ und $g(x_j) = 0$ für $x_0 < x_3 < x_5 < \ldots < x_n$. Deshalb (Satz von Rolle) hat g' mindestens $n - 2$ verschiedene Nullstellen $\neq x_j$ in $[a, b]$. Weil auch $g'(x_0) = 0$ und $g'(x_3) = 0$ hat g' mindestens n verschiedene Nullstellen in $[a, b]$. Also g'' hat mindestens $n - 1$ verschiedene Nullstellen $\neq x_0$ in $[a, b]$. Weil auch $g''(x_0) = 0$, folgt, dass g'' mindestens n verschiedene Nullstellen in $[a, b]$ hat. Wiederholte Anwendung des Satzes von Rolle ergibt, dass $(g'')^{(n-1)} = g^{(n+1)}$ mindestens eine Nullstelle $\xi \in [a, b]$ hat: $g^{(n+1)}(\xi) = 0$. Man kann weiter wie im Beweis von Satz 8.22 fortfahren. $\square$

Da wir nun eine einheitliche Darstellung

$$P(f|x_0, \ldots, x_n)(x) = \sum_{j=0}^{n} [x_0, \ldots, x_j] f \cdot \omega_j(x) \tag{8.67}$$

des Hermite-Interpolationspolynoms haben, die sowohl den Lagrange- als auch den Taylor-Fall abdeckt, ergibt sich sofort wieder mit der Linearität der Funktionale $D_j : f \to [x_0, \ldots, x_j] f$ auf dem Raum $C^n(I)$ und mit der Eigenschaft (8.65), dass

$$D_k\big(P(f|x_0, \ldots, x_n)\big) = [x_0, \ldots, x_k] f, \quad k = 0, \ldots, n, \tag{8.68}$$

also, $D_k(P(f|x_0, \ldots, x_n)) = D_k(f)$. Das heißt, dass unabhängig von der Vielfachheit der Stützstellen das Polynom $P(f|x_0, \ldots, x_n)$ stets nicht nur die Funktionale μ_j, siehe (8.58), sondern auch die Funktionale D_j, $j = 0, \ldots, n$, interpoliert.

Man findet in Anwendungen eine viel größere Liste von Interpolationsproblemen. Auch Integralmittel wie z. B. $\mu(f) := h^{-1} \int_x^{x+h} f(x)dx$ sind lineare Funktionale, die man interpolieren kann. Dies spielt beispielsweise bei der Entwicklung von numerischen Verfahren in der Strömungsmechanik eine wichtige Rolle.

8.4   Numerische Differentiation

Eine erste generelle Anwendung der Polynominterpolation ist die *numerische Differentiation*. Verschiedene Aufgabenstellungen wie etwa Gradientenverfahren bei der Optimierung oder das Newton-Verfahren erfordern die Berechnung von Ableitungen. Auch die Lösung von Differentialgleichungen beinhaltet die näherungsweise Berechnung von Ableitungen. Die Grundidee ist einfach: Man ersetze die gesuchte Ableitung durch die Ableitung eines Interpolationspolynoms.

Ist etwa $f^{(n)}(x)$ für ein festes $x \in \mathbb{R}$ zu berechnen, kann man $P(f|x_0, \ldots, x_n)(x)$ für Stützstellen $x_0, \ldots, x_n$ in der Nähe von x bilden und setzt

$$P(f|x_0, \ldots, x_n)^{(n)}(x) = n!\,[x_0, \ldots, x_n]f \approx f^{(n)}(x),$$

da $[x_0, \ldots, x_n]f$ der führende Koeffizient von $P(f|x_0, \ldots, x_n)$ ist (vgl. Bemerkung 8.15). Speziell erhält man bei äquidistanten Stützstellen $x_j = x_0 + jh$, $j = 0, 1, 2, \ldots$ (in der Nähe von x):

$$f'(x) \approx [x_0, x_1]f = \frac{f(x_1) - f(x_0)}{h}, \tag{8.69}$$

$$f''(x) \approx 2!\,[x_0, x_1, x_2]f = \frac{f(x_2) - 2f(x_1) + f(x_0)}{h^2}, \tag{8.70}$$

$$f'''(x) \approx 3!\,[x_0, x_1, x_2, x_3]f = \frac{f(x_3) - 3f(x_2) + 3f(x_1) - f(x_0)}{h^3}. \tag{8.71}$$

Für festes x können die Stützstellen abhängig von x gewählt werden. Der Fehler in der Approximation kann mit Hilfe der Taylor-Entwicklung dargestellt werden. Zum Beispiel:

- für $x_0 = x$, $x_1 = x + h$ in (8.69) gilt

$$f'(x) = \frac{f(x+h) - f(x)}{h} - \frac{h}{2}f''(\xi) \quad \text{(Vorwärtsdifferenz)},$$

- für $x_0 = x - \frac{1}{2}h$, $x_1 = x + \frac{1}{2}h$ in (8.69) gilt

$$f'(x) = \frac{f(x + \frac{1}{2}h) - f(x - \frac{1}{2}h)}{h} - \frac{h^2}{24}f'''(\xi) \quad \text{(zentrale Differenz)}, \tag{8.72}$$

- für $x_0 = x - h$, $x_1 = x$, $x_2 = x + h$ in (8.70) gilt

$$f''(x) = \frac{f(x+h) - 2f(x) + f(x-h)}{h^2} - \frac{h^2}{12}f^{(4)}(\xi). \tag{8.73}$$

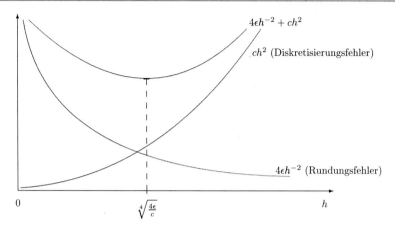

Abb. 8.5 Rundungs- und Diskretisierungsfehler bei numerischer Differentiation

Eine Schwierigkeit bei numerischer Differentiation liegt in der *Auslöschung*. Belaufen sich die absoluten (Rundungs-) Fehler bei der Auswertung von f auf ϵ, d. h. $|\tilde{f}(y) - f(y)| \leq \epsilon$, so ergibt sich z. B. beim Berechnen des Differenzenquotienten in (8.73)

$$\Delta_h := 2![x - h, x, x + h]f = \frac{f(x + h) - 2f(x) + f(x - h)}{h^2}, \quad (8.74)$$

$$\tilde{\Delta}_h := \frac{\tilde{f}(x + h) - 2\tilde{f}(x) + \tilde{f}(x - h)}{h^2},$$

$$\left|\Delta_h - \tilde{\Delta}_h\right| = \frac{1}{h^2}\left|\left(f(x + h) - \tilde{f}(x + h)\right) - 2\left(f(x) - \tilde{f}(x)\right)\right.$$

$$\left. + \left(f(x + h) - \tilde{f}(x + h)\right)\right| \leq \frac{4\epsilon}{h^2}.$$

Des Weiteren gilt für den *Diskretisierungs-* oder *Abbruchfehler* die Abschätzung $\left|\Delta_h - f''(x)\right| \leq ch^2$. Damit ergibt sich ein *Gesamtfehler* (Rundungs- und Diskretisierungsfehler):

$$\left|\tilde{\Delta}_h - f''(x)\right| \leq \left|\tilde{\Delta}_h - \Delta_h\right| + \left|\Delta_h - f''(x)\right| \leq 4\epsilon h^{-2} + ch^2.$$

Beide Anteile sind gegenläufig (s. Abb. 8.5). Offensichtlich wird die Schranke für $h = \sqrt[4]{4\epsilon/c}$ minimal. Bei einem Auswertungsfehler der Größenordnung $\epsilon = 10^{-9}$ lässt sich also $h \approx 10^{-2}$ wählen. Kleineres h bringt nur eine Verschlechterung.

Merke: Man sollte stets dafür sorgen, dass Rundungsfehler einen kleineren Einfluss als Diskretisierungsfehler haben.

Tab. 8.7 Numerische Differentiation

h	$\tilde{\Delta}_h$	$|\tilde{\Delta}_h - f''(x)|$
10^{-2}	5.4353622319	4.71e-06
10^{-3}	5.4353575738	4.72e-08
10^{-4}	5.4353574974	2.92e-08
10^{-5}	5.4353566092	9.17e-07
10^{-6}	5.4352078394	1.50e-04
10^{-7}	5.4400928207	4.74e-03

Beispiel 8.37 Wir betrachten die Aufgabe, die zweite Ableitung der Funktion $f(x) = \sin x + 3x^2$ an der Stelle $x = 0.6$ mit dem Differenzenquotienten

$$\Delta_h = \frac{f(x+h) - 2f(x) + f(x-h)}{h^2}$$

für eine Folge von Schrittweiten h, die gegen Null strebt, zu approximieren. Wir rechnen auf einer Maschine mit eps $\approx 10^{-16}$, also erwartet man, dass für $h \approx 10^{-4}$ der Gesamtfehler minimal ist. Tab. 8.7 bestätigt dies.

Matlab-Demo 8.38 (Numerische Differentiation) In diesem Matlabexperiment wird die Genauigkeit der Approximation der zweiten Ableitung (8.74) untersucht. Die Abhängigkeit des Gesamtfehlers $|\tilde{\Delta}_h - f''(x)|$ von der Schrittweite h wird gezeigt.

8.5   Interpolation mit trigonometrischen Polynomen*

Die zentrale Rolle von Schwingungen in elektrischen, akustischen und mechanischen Systemen ist hinreichend bekannt. Schwingungen lassen sich (im ungedämpften Fall) als *periodische Vorgänge* interpretieren. Es liegt nun nahe, zur Interpolation periodischer Funktionen statt Polynomen deren periodische Gegenstücke – *trigonometrische Funktionen* – als Interpolationssystem zu verwenden. Ein wichtiger Anwendungshintergrund betrifft hierbei die *Signalverarbeitung,* insbesondere im Zusammenhang mit der *Fourier-Transformation,* der Zerlegung periodischer Funktionen in „Grundschwingungen". Da Letztere und speziell die klassischen Fourier-Reihen eine hilfreiche Orientierung bieten, werden im Folgenden hierzu einige Bemerkungen vorausgeschickt. Es ist hierbei bequem, statt mit dem reellen Zahlenkörper $\mathbb{R}$ mit dem komplexen Körper $\mathbb{C}$ zu arbeiten.

8.5.1   Fourier-Reihen und Fourier-Transformation

Das Kernanliegen der *harmonischen Analyse* ist die Zerlegung periodischer Vorgänge in Grundschwingungen etwa des Typs $e_j(x) := e^{ijx}$, wobei i die komplexe

Einheit mit $i^2 = -1$ ist und die Periode der Einfachheit halber als 2π angenommen wird. Im Allgemeinen sind periodische Funktionen Überlagerungen von *unendlich* vielen solcher Grundschwingungen. In der Praxis reduziert man dies auf nur endlich viele, wobei Anteile oberhalb einer Grenzfrequenz vernachlässigt werden. Den dabei entstehenden Fehler kann man zum Beispiel in der Norm

$$\|f\|_2 := \left(\frac{1}{2\pi} \int_0^{2\pi} |f(x)|^2 dx \right)^{1/2} \tag{8.75}$$

messen. Man erinnere sich, dass für eine komplexe Zahl $z = x + iy$, der Betrag durch $|z| = (x^2 + y^2)^{1/2} = (z\bar{z})^{1/2}$ definiert ist, wobei $\bar{z} := x - iy$ die komplex-Konjugierte von z bezeichnet.

Der Vorteil dieser Wahl liegt darin, dass diese Norm durch das Skalarprodukt

$$\langle f, g \rangle := \frac{1}{2\pi} \int_0^{2\pi} f(x)\overline{g(x)}dx \tag{8.76}$$

induziert ist, d. h. $\|f\|_2^2 = \langle f, f \rangle$, und als solches für den Raum $L_2\big((0, 2\pi)\big)$ geeignet ist. Man bestätigt leicht, dass die Grundschwingungen $e_j(x) = e^{ijx}$ (man beachte $\overline{e_j(x)} = e_{-j}(x)$)

$$\langle e_j, e_k \rangle = \frac{1}{2\pi} \int_0^{2\pi} e^{ijx} e^{-ikx} dx = \delta_{j,k}, \quad j, k \in \mathbb{Z}, \tag{8.77}$$

erfüllen, also ein Orthonormalsystem bezüglich $\langle \cdot, \cdot \rangle$ bilden. Wir definieren:

Die *Fourier-Koeffizienten*

$$\hat{f}(k) := \langle f, e_k \rangle = \frac{1}{2\pi} \int_0^{2\pi} f(x)e^{-ikx}dx, \tag{8.78}$$

und die *Fourier-Teilsumme*

$$S_n(f; x) := \sum_{|k| \leq n} \hat{f}(k)e^{ikx}. \tag{8.79}$$

Die Fourier-Koeffizienten geben die „Stärke" der k-ten Grundschwingung in f an und $S_n(f; \cdot)$ stellt als endlicher Teil der gesamten Fourier-Reihe von f eine Näherung an f dar, die nur Frequenzen kleiner gleich n enthält. Die Approximation $S_n(f; \cdot)$ ist eine bezüglich $\langle \cdot, \cdot \rangle$ orthogonale Projektion von f. Definiert man nämlich den $(2n + 1)$-dimensionalen Teilraum von $L_2\big((0, 2\pi)\big)$:

$$U_{2n+1} := \mathrm{span}\{ e_k \mid |k| \leq n \}, \tag{8.80}$$

so ist wegen Folgerung 4.13 $S_n(f; \cdot)$ die beste Approximation aus U_{2n+1} von f bezüglich $\| \cdot \|_2$, d. h.,

$$\| f - S_n(f; \cdot) \|_2 = \min \{ \| f - u \|_2 \mid u \in U_{2n+1} \}. \tag{8.81}$$

Abgesehen von diesem Approximationsresultat lässt sich dies ferner aus dem Blickwinkel der Interpolation interpretieren. $S_n(f)$ ist nämlich diejenige *trigonometrische Funktion*, die dieselben $2n + 1$ ersten Fourier-Koeffizienten wie f hat. Genauso wie bei der Lagrange-Interpolation die Übereinstimmung mit (bestimmten) Funktionswerten an gegebenen Stützstellen gefordert wird, so wird hierbei die Übereinstimmung der ersten Fourier-Koeffizienten gefordert. Im Sinne von Abschn. 8.3 sind die Fourier-Koeffizienten $\mu_k(f) := \langle f, e_k \rangle = \hat{f}(k)$ weitere Beispiele linearer *Funktionale* von f, die interpoliert werden, d. h.,

$$\mu_k(S_n(f; \cdot)) = \mu_k(f), \quad |k| \le n.$$

Da die e_k, $k \in \mathbb{Z}$, ein vollständiges System in $L_{2,2\pi}(\mathbb{R})$ (Raum der quadratisch integrierbaren 2π-periodischen Funktionen) bilden, verbessert sich die Näherung $S_n(f; \cdot)$ von f mit wachsendem n und es gilt

$$\lim_{n \to \infty} \| f - S_n(f; \cdot) \|_2 = 0. \tag{8.82}$$

In diesem Sinne ist die Darstellung

$$f(x) = \sum_{k \in \mathbb{Z}} \hat{f}(k) e^{ikx} \tag{8.83}$$

zu verstehen. Die *Fourier-Reihe* auf der rechten Seite von (8.83) konvergiert in der Norm $\| \cdot \|_2$. Dies bedeutet übrigens *nicht*, dass die Reihe beispielsweise i.A. *gleichmäßig* in x bzgl. $\| \cdot \|_{L_\infty([0,2\pi])}$ konvergiert.

Bemerkung 8.39 Die komplexe Grundschwingung $e_j(x) = e^{ijx}$ lässt sich als (komplexe) Linearkombination von *reellen* Sinus- und Kosinusfunktionen darstellen:

$$e^{ijx} = \cos jx + i \sin jx.$$

Falls $f \in L_{2,2\pi}(\mathbb{R})$ nur reelle Funktionswerte hat, gilt $\hat{f}(k) = \overline{\hat{f}(-k)}$ für alle k und statt mit der komplexen Fourier-Reihe (8.83) kann man auch mit der reellen

Fourier-Reihe

$$f(x) = \sum_{k \in \mathbb{N}} \left(\alpha_k \cos kx + \beta_k \sin kx \right),$$

$$\alpha_0 := \hat{f}(0) = \frac{1}{2\pi} \int_0^{2\pi} f(x) dx,$$

$$\alpha_k := 2 \operatorname{Re} \hat{f}(k) = \frac{1}{\pi} \int_0^{2\pi} f(x) \cos kx \, dx,$$

$$\beta_k := -2 \operatorname{Im} \hat{f}(k) = \frac{1}{\pi} \int_0^{2\pi} f(x) \sin kx \, dx$$

arbeiten. Für fast alle der in diesem Abschnitt behandelten Ergebnisse für die komplexe Fourier-Reihe gibt es analoge Resultate für diese reelle Fourier-Reihe. Wir befassen uns hauptsächlich mit der komplexen Variante, weil dafür die Darstellung der wichtigsten Resultate einfacher ist. In Abschn. 8.5.2, siehe zum Beispiel Satz 8.56, werden auch Resultate in der reellen Darstellung behandelt.   △

Beispiel 8.40 Wir betrachten die charakteristische Funktion zu dem Intervall $[1, 2]$, d. h. $f(x) = 1$ für $x \in [1, 2]$ und $f(x) = 0$ für $x \in [0, 2\pi] \setminus [1, 2]$. Diese Funktion (periodisch fortgesetzt) liegt in $L_{2, 2\pi}(\mathbb{R})$. Für die Fourier-Koeffizienten ergibt sich

$$\hat{f}(k) = \langle f, e_k \rangle = \frac{1}{2\pi} \int_1^2 e^{-ikx} \, dx = \frac{1}{k\pi} \sin(\tfrac{1}{2}k) e^{-i\frac{3}{2}k}, \quad k \in \mathbb{Z}, \ k \neq 0,$$

und $\hat{f}(0) = \frac{1}{2\pi}$. Für die Koeffizienten der reellen Fourier-Reihe (Bemerkung 8.39) erhält man

$$\alpha_0 = \frac{1}{2\pi}, \quad \alpha_k = \frac{2}{k\pi} \sin(\tfrac{1}{2}k) \cos(\tfrac{3}{2}k), \quad \beta_k = \frac{2}{k\pi} \sin(\tfrac{1}{2}k) \sin(\tfrac{3}{2}k),$$

und damit die Fourier-Reihen

$$f(x) = \frac{1}{2\pi} + \sum_{k \in \mathbb{Z} \setminus \{0\}} \frac{1}{k\pi} \sin(\tfrac{1}{2}k) e^{-i\frac{3}{2}k} e^{ikx}$$

$$= \frac{1}{2\pi} + \frac{2}{\pi} \sum_{k=1}^{\infty} \frac{1}{k} \sin(\tfrac{1}{2}k) \left[\cos(\tfrac{3}{2}k) \cos(kx) + \sin(\tfrac{3}{2}k) \sin(kx) \right].$$

Für einige n-Werte ist die Fourier-Teilsumme $S_n(f; \cdot)$ in Abb. 8.6 gezeigt.   △

Matlab-Demo 8.41 (Fourier-Approximation) In diesem Matlabdemo werden Fourier-Teilsummen $S_n(f)$ der charakteristischen Funktion f aus Beispiel 8.40 gezeigt, siehe Abb. 8.6. Hierbei kann der n-Wert variiert werden.

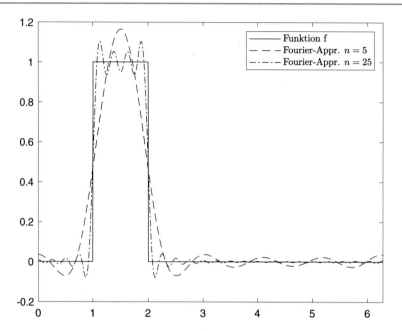

Abb. 8.6 Fourier-Teilsumme ($n = 5$, $n = 25$) der charakteristischen Funktion f zum Intervall $[1, 2]$

Aufgrund der Orthonormalität der e_k (8.77) erhält man sofort (Pythagoras)

$$\| S_n(f; \cdot) \|_2 = \left(\sum_{|k| \leq n} |\hat{f}(k)|^2 \right)^{1/2}. \tag{8.84}$$

Im Grenzwert erhält man die *Plancherel-Identität*

$$\| f \|_2 = \left(\sum_{k \in \mathbb{Z}} |\hat{f}(k)|^2 \right)^{1/2}. \tag{8.85}$$

Daraus schließt man sofort, dass

$$\lim_{|k| \to \infty} \hat{f}(k) = 0. \tag{8.86}$$

Wir führen den „Koordinatenraum"

$$\ell_2 := \left\{ d := (d_k)_{k \in \mathbb{Z}} \mid d_k \in \mathbb{C}, \ \| d \|_2 := \left(\sum_{k \in \mathbb{Z}} |d_k|^2 \right)^{1/2} < \infty \right\},$$

ein. Die Norm $\| \cdot \|_2$ verallgemeinert die Euklidische Norm im $\mathbb{R}^n$.

Die *Fourier-Transformation*

$$F : L_{2,2\pi}(\mathbb{R}) \to \ell_2, \quad F(f) := \left(\hat{f}(k)\right)_{k \in \mathbb{Z}},$$

bildet eine Funktion $f \in L_{2,2\pi}(\mathbb{R})$ auf die Folge der zugehörigen Fourier-Koeffizienten ab, die sich sozusagen als *Koordinaten* von f bezüglich der Basis $\{e_k\}_{k \in \mathbb{Z}}$ auffassen lassen. Diese Transformation bringt f also in eine Form, anhand derer sich sofort die Stärke der verschiedenen Frequenzanteile ablesen lässt und bietet in diesem Sinne eine *Analyse* von f.

Die Plancherel-Identität (8.85) sagt, dass die *Fourier-Transformation eine Isometrie ist*, d. h., dass Funktionennorm und Koordinatennorm gleiche Werte annehmen. Eine Störung in dem Koordinatenvektor $\hat{f}$ bewirkt eine entsprechende Störung der Funktion f derselben Größe und umgekehrt

$$\|\tilde{\hat{f}} - \hat{f}\|_2 = \|\tilde{f} - f\|_2, \tag{8.87}$$

was eine generelle Eigenschaft von Orthonormalbasen ist. Die enorme Bedeutung der Fourier-Transformation in der Analysis und in Anwendungen läßt sich jetzt noch nicht ganz erfassen und wir begnügen uns hier nur mit einigen kurzen Hinweisen. Insbesondere werden wir drei Aspekte betrachten, nämlich das Verhältnis zwischen Ableitung und Fourier-Koeffizienten, die Genauigkeit der Teilsummenapproximation $S_n(f; \cdot)$ und die Anwendung der Fourier-Transfomation auf Faltungen.

Fourier-Transformation und Ableitungen
Eine Kerneigenschaft der Fourier-Transformation ist folgende Beziehung zwischen Ableitung und Fourier-Koeffizienten:

$$\widehat{f'}(k) = \frac{1}{2\pi} \int_0^{2\pi} f'(x) e^{-ikx} dx$$

$$= -\frac{1}{2\pi} \int_0^{2\pi} f(x) \left(\frac{d}{dx} e^{-ikx}\right) dx = (ik)\hat{f}(k), \quad k \in \mathbb{Z}.$$

Merke:

Die Ableitung einer Fourier-Transformierten kann durch Multiplikation dieser mit der Frequenzzahl ik vereinfacht dargestellt werden:

$$\widehat{f'}(k) = (ik)\hat{f}(k), \quad k \in \mathbb{Z}. \tag{8.88}$$

Von den Koordinaten von f – den Fourier-Koeffizienten – kann man wichtige Eigenschaften von f hinsichtlich der Glattheit ablesen. Falls alle Ableitungen von f bis zur Ordnung m wieder zu $L_{2,2\pi}(\mathbb{R})$ gehören, folgt

$$\lim_{|k|\to\infty} |\hat{f}(k)| \, k^m = 0. \qquad (8.89)$$

Je mehr Ableitungen f besitzt, umso schneller streben die Fourier-Koeffizienten $\hat{f}(k)$ mit wachsendem $|k|$ gegen null, d. h. um so schwächer sind hochfrequente Grundschwingungen in der Fourier-Zerlegung von f gewichtet. Dies begründet ja letztlich auch den Begriff „Glattheit" als (grobes) Synonym für Differenzierbarkeit. Ist insbesondere eine Funktion unendlich oft differenzierbar, klingen die Fourier-Koeffizienten mit wachsender Frequenz schneller als *jede* Potenz von $|k|^{-1}$ ab. Bei analytischen Funktionen ist dieses Abklingen sogar exponentiell in $|k|$.

Genauigkeit von $S_n(f; \cdot)$
Glattheit schlägt sich sofort in der Genauigkeit der Teilsummenapproximation nieder.

Lemma 8.42
Falls $f^{(r)} \in L_{2,2\pi}(\mathbb{R})$ gilt, folgt

$$\|f - S_n(f; \cdot)\|_2 \le n^{-r} \|f^{(r)}\|_2. \qquad (8.90)$$

Beweis Wegen (8.79) und (8.85) gilt

$$\begin{aligned}
\|f - S_n(f; \cdot)\|_2^2 &= \sum_{|k|>n} |\hat{f}(k)|^2 \le n^{-2r} \sum_{|k|>n} |k|^{2r} |\hat{f}(k)|^2 \\
&= n^{-2r} \sum_{|k|>n} |(ik)^r \hat{f}(k)|^2 = n^{-2r} \sum_{|k|>n} |\widehat{f^{(r)}}(k)|^2 \\
&\le n^{-2r} \sum_{k\in\mathbb{Z}} |\widehat{f^{(r)}}(k)|^2 = n^{-2r} \|f^{(r)}\|_2^2,
\end{aligned}$$

wobei wir wieder (8.88) benutzt haben.   □

Im Hinblick auf obige Bemerkung zum Abklingen bei analytischen Funktionen, ergibt sich sogar ein exponentielles Konvergenzverhalten $S_n(f; \cdot) \to f$ für $n \to \infty$, wenn f analytisch ist. Andererseits wird bei Funktionen mit geringer Glattheit, zum Beispiel der charakteristischen Funktion in Beispiel 8.40, die Konvergenz (sehr) langsam sein.

Wir wollen einige Konsequenzen der oben behandelten Eigenschaften an folgendem einfachen Beispiel erläutern (vgl. Beispiel 3.6, (3.20)).

Beispiel 8.43 Man bestimme zu einem gegebenen $f \in L_{2,2\pi}(\mathbb{R})$, $\lambda > 0$ die 2π-periodische Lösung der Differentialgleichung

$$-u''(x) + \lambda u(x) = f(x), \quad x \in (0, 2\pi), \quad u(x) = u(x + 2\pi), \quad x \in \mathbb{R}. \qquad (8.91)$$

Multiplikation der beiden Seiten der Differentialgleichung mit e_k und Integration über $(0, 2\pi)$ liefert mit zweimaliger Anwendung von (8.88)

$$- (ik)^2 \hat{u}(k) + \lambda \hat{u}(k) = (k^2 + \lambda)\hat{u}(k) = \hat{f}(k), \quad k \in \mathbb{Z}, \qquad (8.92)$$

also

$$\hat{u}(k) = \frac{\hat{f}(k)}{k^2 + \lambda}, \quad k \in \mathbb{Z}. \qquad (8.93)$$

Die Fourier-Koeffizienten der Lösung u fallen um k^{-2} schneller ab als die der rechten Seite f. Der Grund ist, dass u grob gesagt zwei Ableitungen mehr hat als f. Nach Voraussetzung ist $f \in L_{2,2\pi}(\mathbb{R})$ und somit ist die Folge $F(f) = (\hat{f}(k))_{k \in \mathbb{Z}}$ wegen (8.86) mindestens beschränkt. Folglich gilt auch

$$\sum_{k \in \mathbb{Z}} |\hat{u}(k)| < \infty. \qquad (8.94)$$

Daraus ergibt sich leicht, dass die Fourier-Reihe $\sum_{k \in \mathbb{Z}} \hat{u}(k)e^{ikx}$ (wegen $|e_k(x)| = 1$) sogar gleichmäßig in x (und natürlich erst recht im Sinne von (8.82)) konvergiert. Daraus schließt man, dass mit

$$u(x) := \sum_{k \in \mathbb{Z}} \hat{u}(k)e^{ikx} \qquad (8.95)$$

gerade die Lösung von (8.91) gegeben ist. Im Fourier-transformierten Bereich ist die Differentialgleichung also trivial lösbar. Das kann man folgendermaßen formulieren: Die Fourier-Transformation „diagonalisiert" den Operator

$$\mathcal{L} : u \to \mathcal{L}u := -u'' + \lambda u \qquad (8.96)$$

und seine Inverse im folgenden Sinne:

$$F(\mathcal{L}u) = (\widehat{\mathcal{L}u}(k))_{k \in \mathbb{Z}} = ((k^2 + \lambda)\hat{u}(k)))_{k \in \mathbb{Z}},$$

$$F(\mathcal{L}^{-1}f) = ((\widehat{\mathcal{L}^{-1}f})(k))_{k \in \mathbb{Z}} = ((k^2 + \lambda)^{-1}\hat{f}(k))_{k \in \mathbb{Z}}.$$

Die Lösung (8.95) ist als unendliche Reihe nicht wirklich exakt auswertbar. Eine numerisch eher berechenbare Approximation ist durch die Fourier-Teilsumme

$$u_n(x) = \sum_{|k| \leq n} \hat{u}(k)e^{ikx}$$

gegeben. Da $u'' \in L_{2,2\pi}(\mathbb{R})$, folgt aus Lemma 8.42 sofort, dass $\|u - u_n\|_2 = O(n^{-2})$ gilt. Den Approximationsfehler kann man wegen (8.93) folgendermaßen abschätzen:

$$\|u - u_n\|_2^2 = \sum_{|k| > n} (k^2 + \lambda)^{-2}|\hat{f}(k)|^2 \leq n^{-4} \sum_{|k| > n} |\hat{f}(k)|^2 \leq n^{-4} \sum_{k \in \mathbb{Z}} |\hat{f}(k)|^2$$

$$= n^{-4} \|f\|_2^2,$$

wobei wieder (8.85) benutzt wurde. Wir fassen dies folgendermaßen zusammen: Die Teilsumme

$$u_n(x) = \sum_{|k|\le n} \hat{u}(k)e^{ikx} = \sum_{|k|\le n} \frac{\hat{f}(k)}{k^2 + \lambda}e^{ikx}$$

ist eine Approximation der Lösung u von (8.91) von mindestens zweiter Ordnung, d. h.

$$\|u - u_n\|_2 \le n^{-2}\|f\|_2.$$

Bei einer analytischen rechten Seite ergäbe sich nach obigen Bemerkungen sogar eine exponentielle Konvergenzrate für die Näherungslösungen u_n. Dies ist ein Umstand, der die sogenannten Spektralmethoden zur Lösung von Differentialgleichungen begründet.

Man kann die Näherung u_n auch folgendermaßen interpretieren: $u_n \in U_{2n+1}$ (vgl. (8.80)) ist durch die Bedingungen

$$\langle \mathcal{L}u_n, v\rangle = \langle f, v\rangle, \quad \text{für alle } v \in U_{2n+1}, \tag{8.97}$$

charakterisiert, wobei $\mathcal{L}$ der Operator aus (8.96) ist. Da $U_{2n+1} = \operatorname{span}\{e_k \mid |k| \le n\}$ ist, ist (8.97) dazu äquivalent, dass man nur mit $v = e_k$, $|k| \le n$, „testet". Im Prinzip ist deshalb (8.97) äquivalent zu einem Gleichungssystem mit $2n + 1 = \dim(U_{2n+1})$ Unbekannten und Gleichungen. Wegen (8.88) und (8.92) ist die Systemmatrix in diesem speziellen Fall jedoch diagonal, so dass sich die Lösung sofort angeben lässt. Aus dem angedeuteten allgemeineren Blickwinkel ist dieses Näherungsverfahren ein Beispiel eines *Galerkin-Verfahrens*. Es ist insbesondere das einfachste Beispiel eines sogenannten *Spektralverfahrens*, eine Terminologie, die sich aus der Diagonalisierung des Differentialoperators durch die Fourier-Transformation begründet.

Natürlich bräuchte man zur numerischen Realisierung hinreichend genaue Quadraturverfahren um die Fourier-Koeffizienten $\hat{f}(k)$ der rechten Seite f zu berechnen. Aufgrund des oszillatorischen Charakters der e_k ist dies nicht ganz trivial, wird aber hier nicht näher erläutert.   △

Fourier-Transformation von Faltungen

Differentialgleichungen, wie (8.91), sind Beispiele von Operatorgleichungen. Ein in der Signalverarbeitung häufig auftretender Typ von Operatoren (Filter) hat die Form

$$\mathcal{H} : f \to \mathcal{H}f, \quad (\mathcal{H}f)(x) := (g * f)(x) := \frac{1}{2\pi}\int_0^{2\pi} g(x - y)f(y)dy, \tag{8.98}$$

wobei g eine gegebene 2π-periodische Funktion ist. $g * f$ heißt *Faltung* von f und g.

Bemerkung 8.44 Falls $g, f \in L_{2,2\pi}(\mathbb{R})$, gilt $g * f \in L_{2,2\pi}(\mathbb{R})$, denn

$$(g * f)(x + 2\pi) = \frac{1}{2\pi} \int_0^{2\pi} g(x + 2\pi - y) f(y) dy = \frac{1}{2\pi} \int_0^{2\pi} g(x - y) f(y) dy$$
$$= (g * f)(x)$$

und wegen der Cauchy-Schwarz-Ungleichung gilt

$$|(g * f)(x)| \leq \frac{1}{2\pi} \int_0^{2\pi} |g(x - y)| |f(y)| dy$$
$$\leq \left(\frac{1}{2\pi} \int_0^{2\pi} |g(x - y)|^2 dy \right)^{1/2} \left(\frac{1}{2\pi} \int_0^{2\pi} |f(y)|^2 dy \right)^{1/2}$$
$$= \|g\|_2 \|f\|_2,$$

d. h. $g * f$ ist beschränkt und somit auch in $L_{2,2\pi}(\mathbb{R})$. Die Faltung ist also eine Art „Produkt" auf $L_{2,2\pi}(\mathbb{R})$. $\triangle$

Die Fourier-Transformation „verträgt" sich nicht nur gut mit Ableitungen sondern auch mit Faltungen.

Lemma 8.45
Für $f, g \in L_{2,2\pi}(\mathbb{R})$ gilt

$$\widehat{(g * f)}(k) = \hat{g}(k) \cdot \hat{f}(k), \quad k \in \mathbb{Z}. \tag{8.99}$$

Beweis Es gilt

$$\widehat{(g * f)}(k) = \frac{1}{2\pi} \int_0^{2\pi} (g * f)(x) e^{-ikx} dx$$
$$= \frac{1}{2\pi} \int_0^{2\pi} \left[\frac{1}{2\pi} \int_0^{2\pi} g(x - y) f(y) \, dy \right] e^{-ikx} \, dx$$
$$= \frac{1}{2\pi} \int_0^{2\pi} \left[\frac{1}{2\pi} \int_0^{2\pi} g(x - y) e^{-ik(x-y)} \, dx \right] f(y) e^{-iky} \, dy$$
$$= \frac{1}{2\pi} \int_0^{2\pi} \left[\frac{1}{2\pi} \int_{-y}^{-y+2\pi} g(z) e^{-ikz} \, dz \right] f(y) e^{-iky} \, dy$$
$$= \frac{1}{2\pi} \int_0^{2\pi} \hat{g}(k) f(y) e^{-iky} \, dy = \hat{g}(k) \, \hat{f}(k).$$

$\square$

Das Resultat (8.99) zeigt, dass die Fourier-Transformation ein „kompliziertes" Produkt wie die Faltung in ein einfaches Produkt von (komplexen) Zahlen überführt.
Es sei $g \in U_{2n+1}$ ein trigonometrisches Polynom, was wegen (8.77) bedeutet,
dass $\hat{g}(k) = 0$ für $|k| > n$ gilt. Wegen (8.99) heißt dies aber, dass auch für alle $f \in$
$L_{2,2\pi}(\mathbb{R})$, $\widehat{(g * f)}(k) = 0$ für $|k| > n$ gilt. Die Faltung mit einem trigonometrischen
Polynom ergibt also wieder ein trigonometrisches Polynom. Insbesondere folgt aus
(8.99) auch, dass

$$S_n(f; x) = (D_n * f)(x) \quad \text{mit} \quad D_n(x) := \sum_{|k| \leq n} e^{ikx} \tag{8.100}$$

gilt. Wegen (8.99) werden bei der Faltung von f mit g die Grundschwingungen von
f mit den Fourierkoeffizienten von g gewichtet. Im Beispiel (8.100) ist dies eine
$1 - 0$ Gewichtung (1 für e_k mit $k \leq n$, 0 sonst). Dies erklärt die Bedeutung dieser
Operation in der Signalanalyse sowie die Bezeichnung „Filter".

Wenngleich die Lösung (linearer) Differentialgleichungen eine wesentliche Motivation für die „Erfindung" der Fourier-Analyse war, liegen modernere Anwendungen eben im Bereich Signalverarbeitung und -analyse. Dann allerdings rückt das
folgende *diskrete Analogon* dieses klassischen Rahmens der harmonischen Analyse
in den Vordergrund, da man dort letztlich auf das diskrete Abtasten von Signalen
angewiesen ist.

8.5.2 Trigonometrische Interpolation und diskrete Fourier-Transformation

Für moderne Anwendungen der Daten- und Signalanalyse ist die Handhabung *diskreter* Daten etwa in Form von Abtastsequenzen wichtig, was nicht ganz in den obigen
Rahmen passt. Stattdessen betrachten wir deshalb nun die äquidistanten Stützstellen $x_j := 2\pi j/n$, $j = 0, \ldots, n - 1$ im Intervall $[0, 2\pi]$. Die dadurch induzierte
Zerlegung von $[0, 2\pi]$ in gleichlange Teilintervalle entspricht einer Aufteilung des
Einheitskreises in der komplexen Ebene in gleichlange Bogensegmente entsprechend
dem Winkel $2\pi/n$. Die Zahl

$$\varepsilon_n := e^{-2\pi i/n}$$

ist eine n-te *Einheitswurzel*, das heißt es gilt

$$(\varepsilon_n^j)^n = \varepsilon_n^{jn} = 1, \quad j = 0, \ldots, n - 1. \tag{8.101}$$

Bemerkung 8.46 Es seien $z_k = e^{ix_k} = e^{ik2\pi/n} = \bar{\varepsilon}_n^k$, $k = 0, \ldots, n-1$, die n äquidistanten Stützstellen auf dem Einheitskreis und

$$V_{n-1} := \begin{pmatrix} 1 & z_0 & z_0^2 & \cdots & z_0^{n-1} \\ 1 & z_1 & z_1^2 & \cdots & z_1^{n-1} \\ \vdots & & & & \vdots \\ 1 & z_{n-1} & z_{n-1}^2 & \cdots & z_{n-1}^{n-1} \end{pmatrix} = \overline{\begin{pmatrix} 1 & 1 & \cdots & 1 \\ 1 & \varepsilon_n^1 & \cdots & \varepsilon_n^{n-1} \\ 1 & \varepsilon_n^2 & \cdots & \varepsilon_n^{2(n-1)} \\ \vdots & \vdots & & \vdots \\ 1 & \varepsilon_n^{n-1} & \cdots & \varepsilon_n^{(n-1)^2} \end{pmatrix}} \tag{8.102}$$

die diesen Stützstellen entsprechende Vandermonde-Matrix. Die Matrix V_{n-1} ist symmetrisch. Ein im Weiteren elementares Hilfsmittel ist folgende einfache Identität, die aus der geometrischen Reihe folgt, siehe Übung 8.17. Für $m \in \mathbb{Z}$ gilt

$$\frac{1}{n} \sum_{l=0}^{n-1} e^{-i2\pi ml/n} = \begin{cases} 1, & \text{falls } m = kn, \ k \in \mathbb{Z}, \\ 0, & \text{sonst.} \end{cases} \tag{8.103}$$

Es sei v_j die j-te Spalte der Matrix V_{n-1}. Für das komplexe Skalarprodukt zweier Spalten ergibt sich, mit Hilfe von (8.103):

$$v_j^* v_k = \bar{v}_j^T v_k = \sum_{l=0}^{n-1} \overline{z_l^{j-1}} z_l^{k-1} = \sum_{l=0}^{n-1} e^{-i(j-1)l2\pi/n} e^{i(k-1)l2\pi/n}$$

$$= \sum_{l=0}^{n-1} e^{-i2\pi(j-k)l/n} = n\delta_{j,k}.$$

Hieraus folgt, dass die Matrix V_{n-1} bis auf Skalierung *unitär* ist: $V_{n-1}^* V_{n-1} = nI$, wobei $V_{n-1}^* = \bar{V}_{n-1}^T$ die transponiert-konjugierte der Matrix V_{n-1} ist. Eine einfache Folgerung dieser Eigenschaft ist $\kappa_2(V_{n-1}) = 1$. Man stellt also fest, dass die Konditionszahl der Vandermonde-Matrix den Minimalwert 1 für diese äquidistante Stützstellenverteilung auf dem Einheitskreis annimmt. Dies im Gegensatz zu der in der Regel sehr großen Konditionszahl der Vandermonde-Matrix im Fall von Stützstellenverteilungen auf der reellen Achse (siehe Tab. 8.2)   △

Wir untersuchen jetzt eine Variante der Lagrange-Interpolationsaufgabe, wobei wir als Interpolationssystem statt des Polynomraums (8.3) den Funktionenraum

$$\mathcal{T}_m := \left\{ x \to \sum_{j=0}^{m-1} c_j e^{ijx} \mid c_j \in \mathbb{C} \right\} = \text{span}\left\{ e_j \mid 0 \le j < m \right\} \tag{8.104}$$

der Dimension m verwenden. Setzt man $z := e^{ix}$, so entspricht jedes $T \in \mathcal{T}_m$ einem Polynom

$$T(x) = p(z) = \sum_{j=0}^{m-1} c_j z^j, \quad z := e^{ix}, \tag{8.105}$$

vom Grade $m - 1$ über $\mathbb{C}$. Deshalb werden Elemente aus $\mathcal{T}_m$ auch *trigonometrische Polynome* genannt. Besonders wichtig und einfach lösbar ist das Lagrange-Interpolationsproblem, wenn äquidistante Stützstellen $x_k = 2\pi k/n$ vorliegen, wie im Folgenden stets angenommen sei. In der im Polynom p in (8.105) verwendeten z-Variable sind die entsprechenden Stützstellen $z_k = e^{ix_k}$ äquidistant auf dem Einheitskreis in der komplexen Ebene verteilt.

Aufgabe 8.47 (Trigonometrische Interpolation)
Es sei $x_k = 2\pi k/n$. Finde zu Daten $f_j = f(x_j) \in \mathbb{C}$, $j = 0, \ldots, n - 1$, ein $T_n \in \mathcal{T}_n$, so dass

$$T_n(x_k) = f(x_k), \quad k = 0, \ldots, n - 1. \tag{8.106}$$

Beachte: Anders als in Aufgabe 8.2 werden in Aufgabe 8.47 n (statt $n+1$) Stützstellen verwendet.

Folgendes Ergebnis zeigt, dass das trigonometrische Interpolationspolynom T_n eine einfache Darstellung hat.

Satz 8.48
Zu $x_k = 2\pi k/n$, $k = 0, \ldots, n - 1$, definiere für $0 \leq j \leq n - 1$,

$$d_j(f) := \frac{1}{n} \sum_{l=0}^{n-1} f(x_l)\varepsilon_n^{lj} = \frac{1}{n} \sum_{l=0}^{n-1} f(x_l)e^{-ijx_l}. \tag{8.107}$$

Dann ist das trigonometrische Polynom

$$T_n(f; x) := \sum_{j=0}^{n-1} d_j(f)e^{ijx} \tag{8.108}$$

die eindeutige Lösung der Aufgabe 8.47.

Beweis Es sei $T(x) = \sum_{j=0}^{n-1} c_j e^{ijx}$, siehe (8.105). Wie beim Lösen der Interpolationsaufgabe in der monomialen Basis in Abschn. 8.2.3 werden die Gleichungen (8.106) als lineares Gleichungssystem

$$V_{n-1} \begin{pmatrix} c_0 \\ \vdots \\ c_{n-1} \end{pmatrix} = \begin{pmatrix} f(x_0) \\ \vdots \\ f(x_{n-1}) \end{pmatrix},$$

mit der Vandermonde-Matrix (8.102) umformuliert. Aus $V_{n-1}^{*} V_{n-1} = nI$ und $V_{n-1} = V_{n-1}^{T}$ folgt $V_{n-1}^{-1} = \frac{1}{n} \overline{V}_{n-1}$ und somit ergibt sich für die eindeutige Lösung des Gleichungssystems

$$\begin{pmatrix} c_0 \\ \vdots \\ c_{n-1} \end{pmatrix} = \frac{1}{n} \overline{V}_{n-1} \begin{pmatrix} f(x_0) \\ \vdots \\ f(x_{n-1}) = \end{pmatrix} = \frac{1}{n} \begin{pmatrix} 1 & 1 & \cdots & 1 \\ 1 & \varepsilon_n^1 & \cdots & \varepsilon_n^{n-1} \\ 1 & \varepsilon_n^2 & \cdots & \varepsilon_n^{2(n-1)} \\ \vdots & \vdots & & \vdots \\ 1 & \varepsilon_n^{n-1} & \cdots & \varepsilon_n^{(n-1)^2} \end{pmatrix} \begin{pmatrix} f(x_0) \\ \vdots \\ f(x_{n-1}) \end{pmatrix},$$

also $c_j = d_j(f)$ wie in (8.107) definiert. $\square$

Der Koeffizient $d_j(f)$ aus (8.107) lässt sich als Riemann-Summe von (8.78) auffassen und wird *diskreter Fourier-Koeffizient* von f genannt.

Falls die Daten $f(x_k), k = 0. \ldots, n-1$, alle *reell* sind, folgt aus der Darstellung (8.107) sofort die Symmetrie-Eigenschaft

$$d_{n-j}(f) = \overline{d_j(f)}, \quad 1 \le j \le n-1. \tag{8.109}$$

Man benötigt dann nur die diskreten Fourier-Koeffizienten $d_j(f), 0 \le j \le \frac{1}{2}n$, weil die restlichen sich, wie in (8.109), direkt daraus bestimmen lassen. Falls die Daten Funktionswerte von reellen trigonometrischen Funktionen sind, lassen sich die entsprechenden diskreten Fourier-Koeffizienten einfach bestimmen. Es sei zum Beispiel $f(x_k) = \cos(mx_k), 0 \le k \le n-1$, mit einem fest gewählten $m \in \mathbb{N}$, $1 \le m \le n-1$. Dann sind die entsprechenden diskreten Fourier-Koeffizienten: falls n gerade und $m = \frac{1}{2}n$, dann ist $d_{\frac{1}{2}n}(f) = 1, d_j(f) = 0$ für $j \ne \frac{1}{2}n$, sonst gilt $d_m(f) = d_{n-m}(f) = \frac{1}{2}, d_j(f) = 0$ für $j \notin \{m, n-m\}$. Analog gilt für $f(x_k) = \sin(mx_k), 0 \le m \le n-1$: falls n gerade und $m = \frac{1}{2}n$, dann ist $d_j(f) = 0$ für alle j, sonst gilt $d_m(f) = -\frac{1}{2}i, d_{n-m}(f) = \frac{1}{2}i$ und $d_j(f) = 0$ für $j \notin \{m, n-m\}$. Für das Beispiel der Cosinusfunktion $f(x) = \cos(mx)$ ist die entsprechende trigonometrische Interpolation $T_n(f; x) = \frac{1}{2}(e^{imx} + e^{i(n-m)x})$. Beachte, dass $T_n(f; \cdot)$ nicht auf ganz $[0, 2\pi]$ mit f übereinstimmt. Wegen $e^{inx_k} = e^{i2\pi k} = 1$ gilt aber $T_n(f; x_k) = \frac{1}{2}(e^{imx_k} + e^{-imx_k}) = \cos(mx_k)$.

Die Abbildung

$$F_n : \mathbb{C}^n \to \mathbb{C}^n,$$
$$F_n(f(x_0), \ldots, f(x_{n-1}))^T = (d_0(f), \ldots, d_{n-1}(f))^T, \tag{8.110}$$

wird als *diskrete Fourier-Transformation* (der Länge n) bezeichnet.

Definiert man

$$\langle v, w \rangle_n := \frac{1}{n} \sum_{l=0}^{n-1} v(x_l) \overline{w(x_l)}, \quad \|v\|_{2,n} := \langle v, v \rangle_n^{\frac{1}{2}}, \tag{8.111}$$

erhält man damit in Analogie zu (8.78)

$$d_j(f) = \langle f, e_j \rangle_n = \langle T_n(f; \cdot), e_j \rangle_n. \tag{8.112}$$

Eine weitere Ähnlichkeit zum kontinuierlichen Fall ist das folgende diskrete Analogon zu (8.77).

Lemma 8.49
Für $e_j(x) = e^{ijx}$ gilt

$$\langle e_j, e_k \rangle_n = \delta_{j,k} \quad \text{für } 0 \leq j, k \leq n - 1. \tag{8.113}$$

(8.111) ist ein Skalarprodukt auf T_n und $\| \cdot \|_{2,n}$ ist somit eine Norm dieses Raums.

Beweis Mit $e_j(x) = e^{ijx}$ folgt nämlich aus (8.103)

$$\langle e_j, e_k \rangle_n = \frac{1}{n} \sum_{l=0}^{n-1} e^{ijx_l} e^{-ikx_l} = \frac{1}{n} \sum_{l=0}^{n-1} e^{-i(k-j)2\pi l/n}$$
$$= \delta_{j,k} \quad \text{für } 0 \leq j, k \leq n - 1.$$

Für $q = \sum_{j=0}^{n-1} c_j e_j \in T_n$ gilt

$$\langle q, q \rangle_n = \frac{1}{n} \sum_{j=0}^{n-1} |c_j|^2 > 0 \iff q \not\equiv 0.$$

$\square$

Die Funktionen $(e_j)_{0 \le j \le n-1}$ bilden also ein *Orthonormalsystem* nicht nur bezüglich des kontinuierlichen Standardskalarprodukts $\langle \cdot, \cdot \rangle$ in (8.76), sondern auch bezüglich des diskreten Skalarprodukts $\langle \cdot, \cdot \rangle_n$ für den Raum $\mathcal{T}_n$, vgl. (8.111), so dass

$$\|g\|_{2,n} = \|g\|_2 \quad \text{für alle } g \in \mathcal{T}_n \tag{8.114}$$

gilt. Aus (8.112) folgt, dass $T_n(f; \cdot)$ die orthogonale Projektion von f auf den Raum $\mathcal{T}_n$ bezüglich des Skalarprodukts $\langle \cdot, \cdot \rangle_n$ ist. Der unendlichdimensionale Raum $C_{2\pi}$ der 2π-periodischen stetigen Funktionen enthält nichttriviale Funktionen f, für die $f(x_l) = 0$ für alle $l = 0, \dots, n - 1$, also $\|f\|_{2,n} = 0$ gilt. Deshalb ist $\langle \cdot, \cdot \rangle_n$ *kein* Skalarprodukt auf dem Raum $C_{2\pi}$. Fasst man aber unter f die *Äquivalenzklasse* all der Funktionen in $C_{2\pi}$ zusammen, die an den Stellen x_l, $l = 0, \dots, n - 1$, übereinstimmen, so bilden diese Äquivalenzklassen wieder einen linearen Raum $C_{2\pi}^{\circ}$, für den $\| \cdot \|_{2,n}$ aus (8.111) nun eine Norm ist.

Die diskrete Fourier-Transformation (8.110) $F_n : \mathbf{f} \rightarrow \mathbf{d}$, mit $\mathbf{f} = (f(x_0), \dots, f(x_n))^T \in \mathbb{C}^n$, $\mathbf{d} = (d_0(f), \dots, d_{n-1}(f))^T \in \mathbb{C}^n$ ist offensichtlich linear. Definiert man eine zugehörige Matrix

$$\mathbf{F}_n := \frac{1}{n} \begin{pmatrix} 1 & 1 & \cdots & 1 \\ 1 & \varepsilon_n^1 & \cdots & \varepsilon_n^{n-1} \\ 1 & \varepsilon_n^2 & \cdots & \varepsilon_n^{2(n-1)} \\ \vdots & \vdots & & \vdots \\ 1 & \varepsilon_n^{n-1} & \cdots & \varepsilon_n^{(n-1)^2} \end{pmatrix}, \tag{8.115}$$

ergibt sich sofort

$$\mathbf{F}_n \mathbf{f} = \mathbf{d}. \tag{8.116}$$

Diese diskrete Fourier-Transformationsmatrix $\mathbf{F}_n$ hat folgende Kerneigenschaft.

Satz 8.50
Die diskrete Fourier-Transformationsmatrix $\mathbf{F}_n$ ist bis auf Skalierung unitär:

$$\mathbf{F}_n^* \mathbf{F}_n = \frac{1}{n} I. \tag{8.117}$$

Beweis Die Matrix $\mathbf{F}_n$ stimmt bis auf Skalierung mit der konjugierten Vandermonde-Matrix (8.102) überein, $\mathbf{F}_n = \frac{1}{n} \overline{V}_{n-1}$. Damit erhält man $\mathbf{F}_n^* \mathbf{F}_n = \frac{1}{n^2} \overline{V}_{n-1}^* \overline{V}_{n-1} = \frac{1}{n^2} \overline{V}_{n-1}^* V_{n-1} = \frac{1}{n} I$. $\qquad \square$

Kondition

Wir untersuchen die Kondition der Interpolationsaufgabe 8.47 bezüglich Störungen in den Daten $f(x_k)$, $0 \le k \le n - 1$. Dazu führen wir für die vom Euklischen Skalarprodukt induzierten Norm die Notation $\|\mathbf{y}\|_{\mathbb{C}}^2 = \sum_{i=1}^{n} |y_i|^2$, $\mathbf{y} \in \mathbb{C}$ ein. Wegen der Eigenschaft (8.117) gilt:

$$\|\mathbf{F}_n \mathbf{y}\|_{\mathbb{C}} = \frac{1}{\sqrt{n}} \|\mathbf{y}\|_{\mathbb{C}} \quad \text{für alle } \mathbf{y} \in \mathbb{C}. \tag{8.118}$$

Für das trigonometrische Polynom $T_n(f) = \sum_{j=0}^{n-1} d_j(f) e_j$ gilt wegen der Orthogonalitätseigenschaft (8.77)

$$\|T_n(f)\|_2^2 = \sum_{j=0}^{n-1} |d_j(f)|^2 = \|\mathbf{d}\|_{\mathbb{C}}^2. \tag{8.119}$$

Aus der Kombination beider Eigenschaften erhält man

$$\|T_n(f)\|_2 = \|\mathbf{d}\|_{\mathbb{C}} = \|\mathbf{F}_n \mathbf{f}\|_{\mathbb{C}} = \frac{1}{\sqrt{n}} \|\mathbf{f}\|_{\mathbb{C}} = \left(\frac{1}{n} \sum_{j=0}^{n-1} |f(x_j)|^2 \right)^{\frac{1}{2}}.$$

Es sei jetzt $T_n(\tilde{f})$ das trigonometrische Interpolationspolynom zu gestörten Daten $\tilde{f}(x_k) \approx f(x_k)$, $k = 0, \ldots, n - 1$. Wegen der Linearität ergibt sich

$$\frac{\|T_n(\tilde{f}) - T_n(f)\|_2}{\|T_n(f)\|_2} = \frac{\left(\frac{1}{n} \sum_{j=0}^{n-1} |\tilde{f}(x_j) - f(x_j)|^2 \right)^{\frac{1}{2}}}{\left(\frac{1}{n} \sum_{j=0}^{n-1} |f(x_j)|^2 \right)^{\frac{1}{2}}}. \tag{8.120}$$

Diese gute Kondition (in diesen natürlichen Normen gemessen) ist im Wesentlichen eine Konsequenz der Orthogonalitätseigenschaft (8.113). Beachte, dass in der Aufgabe 8.47 *äquidistante* Stützstellen und *trigonometrische* Polynome verwendet werden. Es stellt sich also heraus, dass die Kondition dieser Aufgabe wesentlich besser ist als die der Lagrange-Interpolationsaufgabe 8.2 mit äquidistanten Stützstellen, siehe Abschn. 8.2 (insbesondere (8.15) und Tab. 8.1).

Für die Konditionszahl der diskreten Fourier-Transformationsmatrix gilt wegen (8.117)

$$\kappa_2(\mathbf{F}_n) = \|\mathbf{F}_n\|_{\mathbb{C}} \|\mathbf{F}_n^{-1}\|_{\mathbb{C}} = 1, \tag{8.121}$$

also hat diese Matrix eine sehr geringe Empfindlichkeit bezüglich Störungen bei der Berechnung der Einträge.

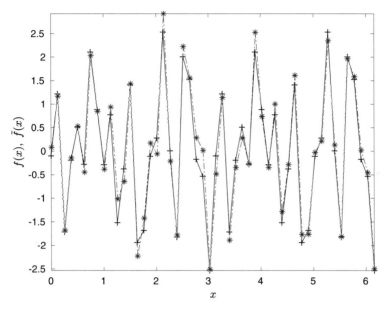

Abb. 8.7 Exakte und verrauschte Daten $f(x_j)$ (+), $\tilde{f}(x_j)$ (∗)

Beispiel 8.51 Wir untersuchen die trigonometrische Interpolation der Funktion

$$f(x) = \sin(10x) + 1.2\sin(18x) + 0.7\cos(12x) - 0.8\cos(4x), \quad x \in [0.2\pi], \quad (8.122)$$

an den Stützstellen $x_j = 2\pi j/n$, $j = 0, \ldots, n-1$, mit $n = 50$. Wir betrachten die verrauschten Daten $\tilde{f}(x_j) = f(x_j) + 0.2r(x_j)$, wobei $r(x_j)$ Realisierungen einer standardnormalverteilten Zufallsvariable (RANDN in Matlab) sind, siehe Abb. 8.7. Die den exakten Daten $(f(x_j))_{0 \le j \le n-1}$ und verrauschten Daten $(\tilde{f}(x_j))_{0 \le j \le n-1}$ entsprechenden Beträge der diskreten Fourier-Koeffizienten $|d_j(f)|$, $|d_j(\tilde{f})|$, $j = 0, \ldots, n-1$, werden in Abb. 8.8 gezeigt. Man beobachtet, dass sowohl für die exakten als für die gestörten Daten $|d_j(\cdot)| = |d_{n-j}(\cdot)|$ gilt, siehe (8.109). Für den Fall mit exakten Daten sind die j-Werte, für die $j \le \frac{1}{2}n$ und $|d_j(f)| > 0$ gilt, die Werte $j \in \{4, 10, 12, 18\}$. Diese Werte stimmen mit den in der Funktion f auftretenden Frequenzen überein. Der Wert $|d_4(f)| + |d_{n-4}(f)| = 2|d_4(f)| = 0.8$ stimmt mit der Amplitude des in (8.122) auftretenden Faktors $-0.8\cos(4x)$ überein. Analoge Beziehungen gelten für die anderen $j \in \{4, 10, 12, 18\}$. Man stellt auch fest, dass die Störungen in den Fourierkoeffizienten $d_j(f)$ von der selben Größenordnung wie die Störungen in den Daten $f(x_j)$ sind.   △

Matlab-Demo 8.52 (Diskrete Fourier-Transformation) In diesem Matlabexperiment werden Eigenschaften der diskreten Fourier-Transformation untersucht. Für eine Funktion wie in (8.122), mit frei wählbaren Frequenzen und Amplituden, werden die diskreten Fourier-Koeffizienten gezeigt. Außerdem werden Effekte von Datenstörungen untersucht.

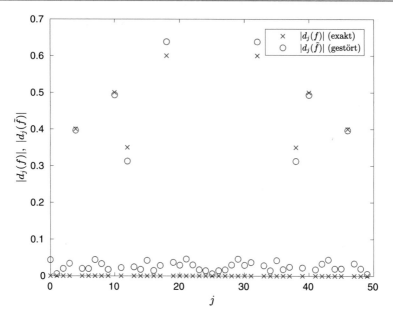

Abb. 8.8 Diskrete Fourier-Koeffizienten zu exakten und verrauschten Daten

Bemerkung 8.53 Die Relevanz der Interpolation erstreckt sich ferner auch beispielsweise auf Differentialgleichungen des Typs (8.91), wie kurz erläutert werden
soll. Wir haben schon die Galerkin-Methode als Näherungsverfahren zur numerischen Lösung von (8.91) diskutiert, wobei allerdings die Fourier-Koeffizienten der
rechten Seite f über numerische Integration zu berechnen waren. Das sogenannte
Kollokationsverfahren vermeidet diese numerische Integration. Im vorliegenden
Fall läßt es sich folgendermaßen formulieren. Gesucht ist dasjenige $u_n \in \mathcal{T}_n$, das die
Differentialgleichung *an den diskreten Gitterpunkten* $x_k = 2\pi k/n$ *erfüllt* („Kollokation"), d. h.

$$-u_n''(x_k) + \lambda u_n(x_k) = f(x_k), \quad k = 0, \ldots, n-1. \tag{8.123}$$

Mit dem Ansatz $u_n(x) = \sum_{j=0}^{n-1} \tilde{u}_j e_j(x)$ ergibt sich

$$\sum_{j=0}^{n-1} (j^2 + \lambda)\tilde{u}_j e^{i2\pi jk/n} = f(x_k), \quad k = 0, \ldots, n-1.$$

Zur Bestimmung der unbekannten Koeffizienten $\tilde{u}_j$ muss man offenbar lediglich das
Interpolationspolynom $T_n(f; \cdot) = \sum_{j=0}^{n-1} d_j(f)e_j$ (vgl. Satz 8.48) zur rechten Seite
bilden, um dann

$$(j^2 + \lambda)\tilde{u}_j = d_j(f), \quad \text{d.h.} \quad \tilde{u}_j = \frac{d_j(f)}{j^2 + \lambda}, \quad j = 0, \ldots, n-1, \tag{8.124}$$

zu setzen. Die Durchführung der Kollokationsmethode erfordert in diesem Fall (aufgrund von (8.124)) lediglich die Berechnung der *diskreten* Fourier-Koeffizienten $d_j(f)$ der rechten Seite. Die effiziente Auswertung der diskreten Fourier-Transformation F_n ist daher von großem Interesse, ein Aspekt, den wir später nochmals aufgreifen werden. $\triangle$

Reelle trigonometrische Interpolation

Wir nehmen nun an, dass die Daten $f(x_k)$, $k = 0, \ldots, n-1$, *reell* sind. Das trigonometrische Interpolationspolynom $T_n(f; x)$ ist dann im Allgemeinen komplex (Beispiel: $n = 2$, $f(0) = 0$, $f(\pi) = 1$, $T_2(f; x) = \frac{1}{2}(1 - e^{ix})$). Wir werden jetzt eine Variante der Interpolationsaufgabe 8.47 behandeln, für welche die Lösung *reell* ist. Der Einfachheit halber nehmen wir an, dass $n = 2p + 1$ *ungerade* ist (vgl. Bemerkung 8.57).

Statt der komplexen Funktionenräume $\mathcal{T}_m = \text{span}\{ e_j \mid 0 \le j < m \}$ benutzen wir den *reellen* Raum

$$\hat{\mathcal{T}}_{2p+1} := \Big\{ \alpha_0 + \sum_{j=1}^{p}(\alpha_j \cos jx + \beta_j \sin jx) \mid \alpha_j, \beta_j \in \mathbb{R} \Big\}, \quad p \in \mathbb{N}.$$

Für $x \in \mathbb{R}$ sei

$$\phi_0(x) := \frac{1}{\sqrt{2}} e_0(x) = \frac{1}{\sqrt{2}}, \quad \left\{ \begin{array}{l} \phi_j(x) := \text{Re}(e_j(x)) = \cos jx, \\ \psi_j(x) := \text{Im}(e_j(x)) = \sin jx, \end{array} \right\} \quad j \ge 1,$$

so dass $\hat{\mathcal{T}}_{2p+1} = \text{span}\{ \phi_0, \phi_1, \psi_1, \ldots, \phi_p, \psi_p \}$. Wir zeigen nun, dass die Menge $\{ \phi_0, \phi_1, \psi_1, \ldots, \phi_p, \psi_p \}$ sogar eine *Basis* für $\hat{\mathcal{T}}_{2p+1}$ ist, so dass $\dim(\hat{\mathcal{T}}_{2p+1}) = 2p + 1 = n$ gilt. Für $v, w \in \hat{\mathcal{T}}_n, n = 2p + 1$, setzen wir $x_k = 2\pi k/n$ und definieren analog zu (8.111)

$$\langle v, w \rangle_n := \frac{2}{n} \sum_{l=0}^{n-1} v(x_l) w(x_l), \quad \|v\|_{2,n} := \langle v, v \rangle_n^{\frac{1}{2}}. \tag{8.125}$$

Lemma 8.54

Die Bilinearform $\langle \cdot, \cdot \rangle_n$ ist ein Skalarprodukt auf $\hat{\mathcal{T}}_n$ und die Menge $\{ \phi_0, (\phi_j)_{1 \le j \le p}, (\psi_j)_{1 \le j \le p} \}$ mit $p := \frac{1}{2}(n-1)$ bildet ein Orthonormalsystem bezüglich dieses Skalarprodukts.

Beweis Erinnert man sich an die Moivre'schen Formeln

$$\cos\alpha = \frac{e^{i\alpha} + e^{-i\alpha}}{2}, \quad \sin\alpha = \frac{e^{i\alpha} - e^{-i\alpha}}{2}, \tag{8.126}$$

so ergibt sich für $n = 2p + 1$ und $1 \le j, l \le p$:

$$
\begin{aligned}
\langle\phi_j, \phi_l\rangle_n &= \frac{2}{n} \sum_{k=0}^{n-1} \cos(jx_k)\cos(lx_k) \\
&= \frac{1}{2n} \sum_{k=0}^{n-1} \left(e^{i2\pi jk/n} + e^{-i2\pi jk/n}\right)\left(e^{i2\pi lk/n} + e^{-i2\pi lk/n}\right) \\
&= \frac{1}{2n} \sum_{k=0}^{n-1} \left\{e^{i2\pi(j+l)k/n} + e^{i2\pi(j-l)k/n} + e^{i2\pi(l-j)k/n} + e^{-i2\pi(j+l)k/n}\right\} \\
&= \frac{1}{2}\left\{2\delta_{0,j+l} + 2\delta_{0,j-l}\right\} = \delta_{j,l}.
\end{aligned}
\tag{8.127}
$$

Ganz analog zeigt man

$$
\begin{aligned}
\langle\phi_0, \phi_l\rangle_n &= \delta_{0,l} \quad \text{für } 0 \le l \le p, \\
\langle\psi_j, \psi_l\rangle_n &= \delta_{j,l}, \quad \text{für } 1 \le j, l \le p, \\
\langle\phi_j, \psi_l\rangle_n &= 0, \quad \text{für } 0 \le j, l \le p,
\end{aligned}
\tag{8.128}
$$

woraus dann die Behauptung folgt. $\square$

Wir betrachten folgende Aufgabe:

Aufgabe 8.55 (Reelle trigonometrische Interpolation)
Es sei $x_k = 2\pi k/n$. Finde zu Daten $f(x_k) \in \mathbb{R}$, $k = 0, \ldots, n-1$, $n = 2p+1$, eine Funktion $\hat{T}_n \in \hat{\mathcal{T}}_n$, so dass

$$\hat{T}_n(x_k) = f(x_k), \quad k = 0, \ldots, n-1. \tag{8.129}$$

Auch diese Variante besitzt eine eindeutige Lösung, die wiederum über eine einfache Darstellung verfügt. Dazu betrachte

$$A_0(f) := \sqrt{2}\langle \hat{T}_n, \phi_0 \rangle_n = \frac{2}{n} \sum_{l=0}^{n-1} f(x_l), \tag{8.130}$$

$$A_j(f) := \langle \hat{T}_n, \phi_j \rangle_n = \frac{2}{n} \sum_{l=0}^{n-1} f(x_l) \cos jx_l, \quad j \geq 1, \tag{8.131}$$

$$B_j(f) := \langle \hat{T}_n, \psi_j \rangle_n = \frac{2}{n} \sum_{l=0}^{n-1} f(x_l) \sin jx_l, \quad j \geq 1. \tag{8.132}$$

Beachte, dass für alle $j \geq 0$ die Identität $A_j(f) = \frac{2}{n} \sum_{l=0}^{n-1} f(x_l) \cos jx_l$ gültig ist, man also nicht zwischen $j = 0$ und $j > 0$ unterscheiden muss.

Satz 8.56
Es sei n ungerade. Die reelle trigonometrische Funktion

$$\hat{T}_n(f;x) := \frac{1}{2}A_0(f) + \sum_{j=1}^{\frac{1}{2}(n-1)} \big(A_j(f)\cos jx + B_j(f)\sin jx\big) \tag{8.133}$$

ist die eindeutige Lösung der Aufgabe 8.55.

Beweis Einsetzen der obigen Ausdrücke für $A_j(f)$, $B_j(f)$ in die rechte Seite von (8.133), Vertauschung der Summation und Anwendung von (8.127) bzw. (8.128) verifiziert die Interpolationsbedingungen (8.129). Es seien $\hat{T}_n, \tilde{T}_n \in \hat{\mathcal{T}}_n$ Lösungen der Aufgabe 8.55. Dann gilt $\hat{T}_n(x_l) = \tilde{T}_n(x_l)$ für $l = 0, \ldots, n-1$. Wegen der Definition des Skalarprodukts $\langle \cdot, \cdot \rangle_n$ folgt $\langle \hat{T}_n - \tilde{T}_n, w \rangle_n = 0$ für alle $w \in \hat{\mathcal{T}}_n$. Hieraus folgt die Eindeutigkeit $\hat{T}_n = \tilde{T}_n$.   □

Bemerkung 8.57 Für gerades n wird der Raum

$$\hat{\mathcal{T}}_n = \text{span}\{\phi_0, \phi_1, \psi_1, \ldots, \phi_{\frac{1}{2}n-1}, \psi_{\frac{1}{2}n-1}, \phi_{\frac{1}{2}n}\}$$

der Dimension n benutzt. Die trigonometrische Funktion $\hat{T}_n \in \hat{\mathcal{T}}_n$

$$\hat{T}_n(f;x) := \frac{1}{2}A_0(f) + \sum_{j=1}^{\frac{1}{2}n-1} \big(A_j(f)\cos jx + B_j(f)\sin jx\big) + \frac{1}{2}A_{\frac{1}{2}n}\cos\frac{1}{2}nx, \tag{8.134}$$

mit $A_j(f)$, $B_j(f)$ wie in (8.130)-(8.132), erfüllt

$$\hat{T}_n(f; x_k) = f(x_k), \quad k = 0, \ldots, n - 1.$$

△

Es gibt einfache, direkte Beziehungen zwischen den Koeffizienten $d_j(f)$ in (8.108) und $A_j(f)$, $B_j(f)$ in (8.133):

Lemma 8.58
Für ungerades n, $p := \frac{1}{2}(n - 1)$ gilt:

$$A_0(f) = 2d_0(f),$$
$$A_j(f) = d_j(f) + d_{n-j}(f), \quad B_j(f) = i(d_j(f) - d_{n-j}(f)), \quad j = 1, \ldots, p.$$

Für gerades n, $p := \frac{1}{2}n - 1$ gilt:

$$A_0(f) = 2d_0(f), \quad A_{\frac{1}{2}n}(f) = 2d_{\frac{1}{2}n}(f),$$
$$A_j(f) = d_j(f) + d_{n-j}(f), \quad B_j(f) = i(d_j(f) - d_{n-j}(f)), \quad j = 1, \ldots, p.$$

Beweis Es gilt

$$
\begin{aligned}
d_j(f) + d_{n-j}(f) &= \frac{1}{n} \sum_{l=0}^{n-1} f(x_l)\left(e^{-ijx_l} + e^{-i(n-j)x_l}\right) \\
&= \frac{1}{n} \sum_{l=0}^{n-1} f(x_l)\left(e^{-ijx_l} + e^{ijx_l}\right) \\
&= \frac{2}{n} \sum_{l=0}^{n-1} f(x_l) \cos jx_l = A_j(f).
\end{aligned}
$$

Die übrigen Beziehungen kann man analog herleiten.   □

Bemerkung 8.59 Die trigonometrischen Funktionen $\hat{T}_n(f)$ (reell) und $T_n(f)$ (komplex) stimmen an den Stützstellen $x_k = 2\pi k/n$, $k = 0, \ldots, n - 1$, überein, im Allgemeinen jedoch *nicht* für $x \neq x_k$. Lemma 8.58 zeigt, dass die komplexe und reelle Interpolationsaufgabe in dem Sinne äquivalent sind, dass die Lösung einer Aufgabe sofort die Lösung der anderen Aufgabe liefert. Um den Hintergrund dieser Äquivalenz besser zu verstehen, betrachten wir die beiden Funktionen $\hat{T}_n(f)$, $T_n(f)$ in der Variable $z = e^{ix}$. Für den komplexen Fall gilt, siehe (8.105),

$$T_n(f; x) = \sum_{j=0}^{n-1} d_j(f) z^j, \tag{8.135}$$

also ein Polynom vom Grad $n - 1$ in z. Der Einfachheit halber nehmen wir wieder n ungerade an. Mithilfe von (8.126) und nach elementaren Umformungen erhält man, mit $p := \frac{1}{2}(n - 1)$,

$$\hat{T}_n(f; x) = q(z) = \frac{1}{2} A_0(f) + \sum_{j=1}^{p} c_j z^j + z^{-n} \sum_{j=p+1}^{n-1} \bar{c}_{n-j} z^j,$$

$$c_j := \frac{1}{2}(A_j(f) - i B_j(f)), \ 1 \leq j \leq p.$$

Die Funktion q is ein sogenanntes Laurent-Polynom (d. h. auch Potenzen von z^{-1} dürfen vorkommen). An den Stützstellen x_k gilt für $z_k = e^{i x_k}$ die Beziehung $z_k^{-n} = e^{-2\pi k i} = 1$. Damit ergibt sich

$$\hat{T}_n(f; x_k) = \frac{1}{2} A_0(f) + \sum_{j=1}^{n-1} c_j z_k^j, \quad c_j = \bar{c}_{n-j} \text{ für } j > \frac{1}{2}(n - 1),$$

also ein Polynom in z_k, wie beim komplexen trigonometrischen Interpolationspolynom $T_n(f)$ in (8.135). Wegen der Eindeutigkeit der Lösung müssen die Beziehungen $d_0(f) = \frac{1}{2} A_0(f)$, $d_j(f) = c_j$, $1 \leq j \leq n - 1$ gelten, welche genau die aus Lemma 8.58 sind (für den Fall n ungerade). △

Beispiel 8.60 Für $n = 15$ und $x_j = 2\pi j/n$, $j = 0, \ldots, n-1$, seien folgende Daten (Abtastsequenz) gegeben:

j	0	1	2	3	4	5	6	7
$f(x_j)$	0.1	0.4	0.75	0.32	0.05	0.25	−0.05	−0.4

j	8	9	10	11	12	13	14
$f(x_j)$	−0.2	−0.65	−0.7	−0.9	−0.7	−0.35	−0.1

In Abb. 8.9 sind diese Daten mit „*" dargestellt. In dieser Abbildung kann man auch den Verlauf der interpolierenden Funktion $\hat{T}_{14}(f; \cdot) \in \hat{\mathcal{T}}_{14}$ aus (8.133) sehen. △

8.5.3 Schnelle Fourier-Transformation (Fast Fourier Transform FFT)

Die diskrete Fourier-Transformation (8.110) lässt sich als Abbildung von n-periodischen Folgen in n-periodische Folgen auffassen. Im obigen Fall entstanden solche Folgen durch *Abtasten* einer periodischen Funktion f. Allgemein sei $y = (y_j)_{j \in \mathbb{Z}}$ eine n-periodische Folge, d. h. $y_{j+n} = y_j$ für alle $j \in \mathbb{Z}$. Es ist bequem, y als Element von $\mathbb{C}^n$ zu betrachten, also die Folge auf einen Abschnitt $(y_j)_{j=0}^{n-1}$ zu beschränken. Betrachte nun die Fourier-Transformation (8.110)

$$F_n : y \rightarrow d = d(y)$$

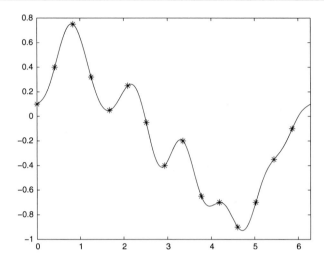

Abb. 8.9 Trigonometrische Interpolation $\hat{T}_{14}$

mit

$$d_j = \frac{1}{n} \sum_{l=0}^{n-1} y_l (\varepsilon_n^j)^l = \frac{1}{n} \sum_{l=0}^{n-1} y_l e^{-2\pi i j l/n}, \quad j = 0, \ldots, n-1. \quad (8.136)$$

Im Falle des Interpolationsproblems hat man insbesondere $y_l = f(x_l) = f\left(\frac{2\pi l}{n}\right)$. Im Folgenden Lemma zeigen wir, dass die Abbildung F_n invertierbar ist mit einer Inverse $F_n^{-1} : d \to y$ vom selben Typ wie F_n.

Lemma 8.61
Die diskrete Fourier-Transformation F_n hat eine Inverse F_n^{-1} definiert durch

$$(F_n^{-1}d)_j = \sum_{k=0}^{n-1} d_k \varepsilon_n^{-jk} = \sum_{k=0}^{n-1} d_k e^{2\pi i j k/n}, \quad j = 0, \ldots, n-1. \quad (8.137)$$

Beweis Bezeichnen wir die rechte Seite von (8.137) mit y_j, dann ist zu zeigen, dass $F_n(y) = d$ gilt. Dies bestätigt man durch einfaches Einsetzen der Definition unter Benutzung von (8.103), siehe Übung 8.19. □

Die Matrix-Darstellung der linearen Abbildung F_n ist $\mathbf{F}_n$, siehe (8.115). Aus (8.117) und aus der Symmetrie der Matrix $\mathbf{F}_n$ folgt $\mathbf{F}_n^{-1} = n\overline{\mathbf{F}}_n$. Somit kann man die Auswertung der inversen diskreten Fourier-Transformation als

$$y = \mathbf{F}_n^{-1}d = n\overline{\mathbf{F}}_n d = n\overline{\mathbf{F}_n \overline{d}}$$

umformulieren, konsistent zur Formulierung der Inversen in (8.137). *Die Auswertung der inversen Fourier-Transformation*, d. h. die Berechnung von $\mathbf{F}_n^{-1}\mathbf{d}$, kann also auf *die Auswertung von* $\mathbf{F}_n\overline{\mathbf{d}}$ *zurückgeführt werden.*

Wir fassen nochmals drei wichtige Anwendungen der diskreten Fourier-Transformation F_n zusammen:

1. Komplexe trigonometrische Interpolation
Zur Bestimmung des trigonometrischen Interpolationspolynoms $T_n(f; \cdot)$ aus Satz 8.48, und damit auch zur Lösung der Kollokationsaufgabe (vgl. Bemerkung 8.53, (8.123) und (8.124)), müssen die Koeffizienten $d_j(f)$ aus (8.107) berechnet werden. Diese Koeffizienten haben die Form (8.136) mit $y_l = f(x_l)$.

2. Reelle trigonometrische Interpolation
Es sei $f(x_k) \in \mathbb{R}$ für $k = 0, \ldots, n - 1$. Zur Bestimmung der reellen trigonometrischen Funktion $\hat{T}_n(f; \cdot)$ aus (8.133) (n ungerade) oder (8.134) (n gerade) müssen die Koeffizienten $A_j(f)$ und $B_j(f)$ berechnet werden. Eine direkte Berechnung über die Auswertung der Formeln (8.131)–(8.132) würde einen Rechenaufwand von etwa n^2 Flop erfordern. Diese Koeffizienten können wesentlich effizienter mit Hilfe der (komplexen) Fourier-Transformation F_n berechnet werden. Dazu bestimmt man, mit der im Folgenden behandelten FFT-Methode, $\mathbf{d} = F_n(\mathbf{y})$ für den Datenvektor $\mathbf{y} = (f(x_0), \ldots, f(x_{n-1}))^T$ und verwendet dann die Beziehungen aus Lemma 8.58 um $A_j(f)$ und $B_j(f)$ zu bestimmen. Es gibt eine noch effizientere Vorgehensweise, wobei man eine diskrete Fourier-Transformation nur der Dimension $m = \frac{1}{2}n$ (für n gerade) statt der Dimension n benötigt. Dieses Vorgehen wird hierunter skizziert, wobei wir der Einfachheit halber annehmen dass $m := \frac{1}{2}n \in \mathbb{N}$, also n gerade ist. Es wird die m-periodische komplexe Folge

$$y_j := f(x_{2j}) + if(x_{2j+1}), \quad j = 0, \ldots, m - 1,$$

eingeführt. Die entsprechende diskrete Fourier-Transformation $F_m : \mathbf{y} \to \mathbf{d}(\mathbf{y})$ wird durch

$$d_j = \frac{1}{m} \sum_{l=0}^{m-1} y_l e^{-2\pi ijl/m}, \quad j = 0, \ldots, m - 1, \tag{8.138}$$

gegeben. Die gesuchten Größen $A_j(f)$, $B_j(f)$ lassen sich einfach aus den komplexen Fouriertransformierten d_j berechnen:

Lemma 8.62
Für $A_j(f)$, $B_j(f)$ *aus (8.134) und* d_j *aus (8.138) gilt die Beziehung:*

$$A_j(f) + iB_j(f) = \frac{1}{2}(d_j + \overline{d}_{m-j}) + i\frac{1}{2}(\overline{d}_{m-j} - d_j)e^{-\pi ij/m}, \quad j = 0, \ldots, m,$$

wobei $d_m := d_0$, $B_0(f) := 0$ *gesetzt werden.*

Deshalb kann die Berechnung der Koeffizienten $A_j(f)$, $B_j(f)$ auf die Auswertung der diskreten Fourier-Transformation $F_m(y)$ zurückgeführt werden.

Analog ließe sich ein reelles Kollokationsverfahren formulieren, dessen Durch-führung wie im komplexen Fall auf die Berechnung der diskreten Fourier-Transformation reduziert wird.

3. Diskrete Faltung

Die diskrete Fourier-Transformation ist in einem weiteren Zusammenhang sehr wichtig, den wir kurz erläutern werden. Die einfachste Möglichkeit um den Einfluss des Übertragungsmediums auf ein Signal zu modellieren, oder auch um ein Signal in Form einer Datensequenz zu *filtern,* bietet die *diskrete Faltung.* Darunter versteht man folgende Operation, die periodische Folgen (Signale) miteinander verknüpft und eine neue periodische Folge erzeugt. Für zwei n-periodische Folgen y, v nennt man $y*v$ die diskrete Faltung von y und v. Ihre Einträge sind folgendermaßen definiert

$$(y * v)_k := \frac{1}{n} \sum_{j=0}^{n-1} y_{k-j} v_j, \quad k \in \mathbb{Z}. \tag{8.139}$$

Dies kann man als diskretes Analogon zur kontinuierlichen Faltung (8.98) auffassen. Man bestätigt leicht, dass $y * v$ wieder n-periodisch ist. Besteht zum Beispiel v nur aus positiven Werten, die sich zu Eins aufsummieren, beschreibt die rechte Seite von (8.139) ein „gleitendes Mittel". Jeder Eintrag von y wird durch einen Mittelwert ersetzt, der mit Hilfe von v gebildet wird. Derartige Faltungen dienen beispielsweise zur Modellierung von Filtern in der Signalverarbeitung.

Die Bedeutung der diskreten Fourier-Transformation in Bezug auf Faltungen liegt in folgender Tatsache, die in völliger Analogie zum kontinuierlichen Fall steht (vgl. Lemma 8.45).

Lemma 8.63
Bezeichnet man mit $F_n(y) \cdot F_n(v)$ die komponentenweise Multiplikation, d. h.
$(F_n(y) \cdot F_n(v))_k = d_k(y)d_k(v)$, *so gilt*

$$F_n(y * v) = F_n(y) \cdot F_n(v). \tag{8.140}$$

Beweis Wegen (8.139) und (8.136) gilt

$$
d_j(\mathbf{y} * \mathbf{v}) = \frac{1}{n} \sum_{l=0}^{n-1} (\mathbf{y} * \mathbf{v})_l e^{-i2\pi jl/n} = \frac{1}{n^2} \sum_{l=0}^{n-1} \left(\sum_{k=0}^{n-1} y_{l-k} v_k \right) e^{-i2\pi jl/n}
$$

$$
= \frac{1}{n^2} \sum_{l=0}^{n-1} \sum_{k=0}^{n-1} y_{l-k} e^{-i2\pi j(l-k)/n} v_k e^{-i2\pi jk/n}
$$

$$
= \left(\frac{1}{n} \sum_{l=0}^{n-1} y_l e^{-i2\pi jl/n} \right) \left(\frac{1}{n} \sum_{k=0}^{n-1} v_k e^{-i2\pi jk/n} \right)
$$

$$
= d_j(\mathbf{y}) d_j(\mathbf{v}),
$$

wobei im vorletzten Schritt die n-Periodizität der Folge $\mathbf{y}$ benutzt wurde. $\square$

Das Resultat (8.140) bedeutet, dass eine „komplizierte" Produktbildung wie die Faltung unter der diskreten Fourier-Transformation zu einer „einfachen" Produktvariante wird.

Um sich den Nutzen dieser Tatsache klar machen zu können, beachte man, dass der Aufwand der Faltung für n-periodische Folgen grob n^2 Flop beträgt, wie man sofort aus (8.139) schließt. Beachte, dass man in (8.139) nur einen Fundamentalabschnitt der Länge n bestimmen muss ($k = 0, \ldots, n - 1$). Ein solcher Fundamentalabschnitt ist das Ergebnis folgender Matrix-Vektor Multiplikation:

$$
\mathbf{y} * \mathbf{v} = \frac{1}{n}
\begin{pmatrix}
y_0 & y_{-1} & \cdots & \cdots & y_{-(n-1)} \\
y_1 & y_0 & \ddots & & \vdots \\
\vdots & \ddots & \ddots & \ddots & \vdots \\
\vdots & & \ddots & \ddots & y_{-1} \\
y_{n-1} & \cdots & \cdots & y_1 & y_0
\end{pmatrix}
\begin{pmatrix}
v_0 \\
v_1 \\
\vdots \\
\vdots \\
v_{n-1}
\end{pmatrix}. \tag{8.141}
$$

Solche Matrizen nennt man *Zirkulanten*. Sie treten, abgesehen von der Interpolation und Kollokation, z. B. auch bei der Diskretisierung linearer partieller Differentialgleichungen mit konstanten Koeffizienten und periodischen Randbedingungen auf.

Statt der Berechnung der diskreten Faltung über obiges Matrix-Vektor Produkt, mit Aufwand etwa n^2 Flop, bietet sich folgende Alternative an.

Schnelle Faltung (Bestimmung von $(\mathbf{y}, \mathbf{v}) \to \mathbf{y} * \mathbf{v}$)

(i) Berechne $F_n(\mathbf{y})$, $F_n(\mathbf{v})$.

(ii) Berechne das komponentenweise Produkt $F_n(\mathbf{y}) \cdot F_n(\mathbf{v})$. Wegen (8.140) gilt $F_n(\mathbf{y}) \cdot F_n(\mathbf{v}) = F_n(\mathbf{y} * \mathbf{v})$.

(iii) Rücktransformation gemäß (8.137):

$$
F_n^{-1} : F_n(\mathbf{y} * \mathbf{v}) \to \mathbf{y} * \mathbf{v}.
$$

Diese Art, die diskrete Faltung zu berechnen, erfordert also drei diskrete Fourier-Transformationen sowie n Multiplikationen. Die Faltung erfordert also im Wesentlichen den gleichen Aufwand (bei wachsender Abtastrate n) wie die diskrete Fourier-Transformation. Man kann daraus einen Effizienzvorteil gewinnen, falls es gelingt, die diskrete Fourier-Transformation besonders schnell auszuführen, d. h. mit einem Aufwand wesentlich geringer als der n^2 Rechenaufwand für die Matrix-Vektor Multiplikation in (8.141). Dies ermöglicht in der Tat das folgende algorithmische Konzept, welches in einer Vielzahl von Anwendungsfeldern enorme Auswirkungen hat.

Schnelle Fourier-Transformation (FFT)

Sowohl im Hinblick auf die Faltung, als auch auf Interpolation und Kollokation ist deshalb eine besonders effiziente Ausführung der diskreten Fourier-Transformation $d = F_n(y)$ von großer praktischer Bedeutung. Auf den ersten Blick erfordert auch die Berechnung der diskreten Fourier-Transformation $2n^2$ Flop ($n - 1$ Additionen und n Multiplikationen pro Eintrag), siehe (8.136). Wir werden jedoch sehen, dass man diesen Aufwand erheblich reduzieren kann. Dies ermöglicht die sogenannte *schnelle („fast") Fourier-Transformation* (FFT), deren Grundprinzip jetzt erläutert werden soll.

Nehmen wir zuerst an, dass die Periodenlänge $n = 2m$ gerade ist. Aus (8.101) folgt dann leicht

$$\varepsilon_{2m}^{2k(m+j)} = \varepsilon_{2m}^{2km}\varepsilon_{2m}^{2kj} = \varepsilon_{2m}^{2km}\varepsilon_m^{kj} = \varepsilon_m^{kj} = \varepsilon_{2m}^{2kj}. \tag{8.142}$$

Für die geraden Koeffizienten erhält man dann

$$d_{2k} = \frac{1}{2m}\sum_{j=0}^{2m-1} y_j\varepsilon_{2m}^{2kj} = \frac{1}{2m}\sum_{j=0}^{m-1}\left(y_j\varepsilon_m^{kj} + y_{m+j}\varepsilon_{2m}^{2k(m+j)}\right)$$

$$= \frac{1}{m}\sum_{j=0}^{m-1}\frac{1}{2}(y_j + y_{j+m})\varepsilon_m^{kj}, \quad 0 \le k \le m. \tag{8.143}$$

Mit Hilfe der Identitäten

$$\varepsilon_{2m}^{(2k+1)(m+j)} = \varepsilon_m^{kj}\varepsilon_{2m}^{m+j} = \varepsilon_m^{kj}\, e^{-2\pi im/2m}e^{-2\pi ij/2m} = -\varepsilon_m^{kj}\varepsilon_{2m}^{j}$$

folgt nun ganz analog durch Aufteilen der Summe für die ungeraden Koeffizienten

$$d_{2k+1} = \frac{1}{m}\sum_{j=0}^{m-1}\frac{1}{2}(y_j - y_{m+j})\varepsilon_{2m}^{j}\,\varepsilon_m^{kj}. \tag{8.144}$$

Die Identitäten (8.143) und (8.144) besagen, dass sich die diskrete Fourier-Transformation der Länge $n = 2m$ auf die Durchführung von *zwei* diskreten Fourier-Transformationen der *halben* Länge m zurückführen lässt. Allerdings erfordert die

Bestimmung der neuen Folgenglieder $\frac{1}{2}(y_j + y_{j+m})$ und $\frac{1}{2}(y_j - y_{m+j})\varepsilon_{2m}^j$ (bei Vor-abberechnung von $\varepsilon_{2m}^j/2$) jeweils $2m$, also insgesamt $4m = 2n$ Flop. Diese Prozedur kann man L mal wiederholen, wenn $n = 2^L$ eine Zweierpotenz ist. Bezeichnet man mit $\mathcal{A}(n)$ den Aufwand zur Durchführung einer diskreten Fourier-Transformation der Länge $n = 2^L$, ergibt sich nach obiger Überlegung die rekursive Beziehung

$$\mathcal{A}(2^L) = 2 \cdot 2^L + 2\mathcal{A}(2^{L-1}). \tag{8.145}$$

Da insbesondere $\mathcal{A}(2) = 4$ gilt, folgt aus der Rekursion (8.145) das folgende Ergebnis, das die berühmte FFT von Cooley und Tuckey begründet.

Satz 8.64
Die diskrete Fourier-Transformation lässt sich für $n = 2^L$, $L \geq 1$, über obige geschachtelte Rekursion mit dem Aufwand von

$$\mathcal{A}(2^L) = L2^{L+1} = 2n \log_2(n) \quad Flop$$

durchführen.

Dieses Aufwandverhalten lässt sich im Wesentlichen auch noch realisieren, wenn n keine Potenz von 2 mehr ist. Statt also beim naiven Vorgehen einen Aufwand von n^2 zu benötigen, wächst der Aufwand nur schwach stärker als *linear in der Anzahl der Daten*, was die enorme Bedeutung der FFT für vielfältige Anwendungen bei großen Datenmengen ausmacht.

8.6 Zusammenfassung

Wir fassen die wichtigsten Ergebnisse dieses Kapitels zusammen. Die *Neville-Aitken-Methode* kann zur Auswertung des Lagrange-Interpolationspolynoms an einer oder wenigen vorgegebenen Stellen verwendet werden. Bei dieser Methode wird eine explizite Bestimmung des Interpolationspolynoms umgangen. Die Methode beruht auf einer rekursiven Formel (Aitken-Formel) für das Interpolationspolynom.

Eine für die Numerik günstige Darstellung des Lagrange-Interpolationspolynoms ist die in der *Newtonschen Basis*. Diese Darstellung führt auf die *Newtonsche Interpolationsformel* (8.38). Die Koeffizienten in dieser Darstellung sind die dividierten Differenzen, welche man effizient rekursiv bestimmen kann (siehe Tab. 8.3). Die Newtonsche Interpolationsformel hat eine Aufdatierungseigenschaft: Man kann sehr einfach und effizient über einen Korrekturterm eine weitere Stützstelle einbeziehen.

Bei der *Hermite-Interpolation* werden an den Stützstellen nicht nur Funktionswerte, sondern auch erste und ggf. höhere Ableitungen interpoliert. Zur effizienten Bestimmung des Hermite-Interpolationspolynoms wird die Darstellung in der New-

tonschen Basis verwendet. Die Koeffizienten in dieser Darstellung sind die (verallgemeinerten) dividierten Differenzen, welche man effizient rekursiv bestimmen kann
(siehe Lemma 8.33 und Tab. 8.6).

Die dividierte Differenz $[x_0, \ldots, x_n]f$ ist der führende Koeffizient des Lagrange-
Interpolationspolynoms $P(f|x_0, \ldots, x_n)$. Deshalb ist die n-te Ableitung dieses
Polynoms die Konstante $n![x_0, \ldots, x_n]f$. Letztere Größe kann man als Annäherung für $f^{(n)}(x)$ verwenden, wobei x fest gewählt ist und die Stützstellen in der
Nähe von x liegen sollten. Somit *ergeben sich aus den dividierten Differenzen Annä-
herungsformeln für Ableitungen.*

Bei der *Fourier-Transformation* wird eine periodische Funktion f in die Folge
der zugehörigen Fourier-Koeffizienten abgebildet. Diese Koeffizienten kann man als
die Koordinaten von f bezüglich der Fourier-Basis $e_j(x) = e^{ijx}$, $j \in \mathbb{Z}$, interpretieren. Eine Kerneigenschaft der Fourier-Transformation ist, dass die Fourier-
Koeffizienten der Ableitung f' direkt und sehr einfach (nämlich über Multiplikation
mit der Frequenzzahl ik) mit den Fourier-Koeffizienten von f zusammenhängen.
Auch bei einer Faltung von Funktionen g und f gibt es einen einfachen Zusammenhang (Lemma 8.45) zwischen Fourier-Koeffizienten der Faltung $g * f$ und Fourier-
Koeffizienten der Funktionen f und g.

Bei der *trigonometrischen Interpolation* werden Daten $f(x_l)$, $l = 0, \ldots, n - 1$,
$x_l = 2\pi l/n$, mit Funktionen aus span$\{e^{ijx} \mid 0 \le j < n\}$ interpoliert. Die Fourier-
Koeffizienten $d_j(f)$ in dem Interpolationspolynom $T_n(f; \cdot)$ definieren die *diskrete
Fourier-Transformation* F_n, siehe (8.110). Diese Fourier-Transformation kann man
sehr effizient, mit nur $2n \log_2(n)$ Flop, mit der schnellen Fourier-Transformation
(*Fast Fourier Transform; FFT*) auswerten. Diese FFT wird auch zur Realisierung
einer schnellen diskreten Faltung eingesetzt. Außerdem verwendet man die FFT zur
effizienten Berechnung der Koeffizienten $A_j(f)$, $B_j(f)$ in der reellen trigonometrischen Interpolation.

Bemerkungen zu den allgemeinen Begriffen und Konzepten:

- *Kondition.* Die Kondition der Lagrange-Interpolationsaufgabe, d. h., die Empfindlichkeit des Lagrange-Interpolationspolynoms bezüglich Störungen in den Daten
  $f(x_j)$, $j = 0, \ldots, n$, hängt im Wesentlichen nur von der Verteilung der Stützstellen im Interpolationsintervall ab. Die Lebesgue-Konstante κ_{Leb} (siehe (8.15))
  ist die absolute Konditionszahl der Aufgabe. Bei einer äquidistanten Stützstellenverteilung wächst diese Lebesgue-Konstante exponentiell als Funktion von
  n. Bei der Tschebyscheff-Stütz-stellenverteilung wächst die Lebesgue-Konstante
  nur sehr langsam, nämlich logarithmisch, als Funktion von n. Die Kondition der
  trigonometrischen Interpolationsaufgabe ist immer gut, siehe (8.120), (8.121).
- *Auswertung eines Polynoms ohne explizite Berechnung des Polynoms.*
  Das durch die Daten $f(x_0), \ldots, f(x_n)$ eindeutig definierte Lagrange-
  Interpolationspolynom $P(f|x_0, \ldots, x_n)$ kann an einer fest gewählten Stelle x
  ausgewertet werden ohne dieses Polynom explizit zu bestimmen.
- *Darstellung eines Polynoms in unterschiedlichen Basen.* Die Darstellung eines
  Polynoms, insbesondere des Lagrange-Interpolationspolynoms, hängt von der
  Wahl der Basis des Raums Π_n ab. Drei öfter verwendete Basen sind die monomiale

Basis, die Lagrange-Basis und die Newtonsche Basis. Die letzten beiden hängen von den Stützstellen $x_0, \dots, x_n$ ab. Für eine effiziente und stabile Bestimmung der Lagrange- und Hermite-Interpolationspolynome ist die Newtonsche Basis sehr gut geeignet.

- *Fehleranalyse bei der Polynominterpolation.* Der Fehler bei der Polynominterpolation hängt im Wesentlichen von zwei Faktoren ab, nämlich von der Lage der Stützstellen und vom Verhalten der (höheren) Ableitungen der zu interpolierenden Funktion f, siehe Satz 8.22. Eine Analyse des Fehlerverhaltens zeigt, dass sogar für sehr glatte Funktionen eine Erhöhung der Stützstellenanzahl und damit des Polynomgrades nicht immer beliebig gute Approximationen (bzgl. der Maximumnorm) liefert. Insbesondere treten bei äquidistanten Stützstellen im Interpolationspolynom oft starke Oszillationen in der Nähe der Endpunkte des Intervalls $[x_0, x_n]$ auf (Abb. 8.4). In den meisten Anwendungen der Polynom-Interpolation arbeitet man mit einem festen (niedrigen) Polynomgrad und bestimmt zugehörige Interpolationspolynome auf hinreichend kleinen Teilintervalle des gesamten Interpolationsintervalls. Es wird also eine *stückweise* polynomiale Approximation konstruiert.

- *Auslöschung bei numerischer Differentiation.* Eine Schwierigkeit bei der numerischen Differentiation liegt in der Auslöschung. Bei der Auswertung einer Differenzenformel zur Annäherung einer Ableitung enthält der Gesamtfehler zwei gegenläufige Komponenten, nämlich eine Diskretisierungsfehlerkomponente und eine Rundungsfehlerkomponente. Letztere Komponente dominiert den Gesamtfehler, wenn die Schrittweite h (Abstand zwischen den in der Differenzenformel verwendeten Stützstellen) gegen Null strebt. Man sollte bei der Wahl von h dafür sorgen, dass Rundungsfehler einen kleineren Einfluss haben als Diskretisierungsfehler.

- *Orthogonalität der (diskreten) Fourier-Basis.* Die Fourier-Funktionen $e_j(x) = e^{ijx}$, $j \in \mathbb{Z}$, bilden eine orthogonale Basis des Raumes $L_{2,2\pi}(\mathbb{R})$ der quadratisch integrierbaren 2π-periodischen Funktionen bezüglich des L_2-Skalarprodukts. Die Fourier-Teilsume $S_n(f : \cdot)$ (8.79) ist die orthogonale Projektion von f auf span$\{e_k \mid |k| \le n\}$. Der Fehler bei dieser Projektion hängt direkt mit der Glattheit von f zusammen, siehe Lemma 8.42. Bei der trigonometrischen Interpolation wird als Interpolationssystem der Raum $\mathcal{T}_n = $ span$\{e_j \mid 0 \le j < n\}$ verwendet, in dem die Funktionen e_j $(0 \le j < n)$ eine orthogonale Basis bezüglich des Skalarprodukts $\langle \cdot, \cdot \rangle_n$ aus (8.111) bilden. Eine mit der Orthogonalität der Fourier-Basis zusammenhängende Eigenschaft ist die optimale Kondition der diskreten Fourier-Transformationsmatrix (8.121).

8.7   Übungen

Übung 8.1 Gegeben sei die Wertetabelle

i	0	1	2	3
x_i	1	3	4	6
f_i	3	7	30	238
.

a) Berechnen Sie die entsprechenden dividierten Differenzen anhand eines Schemas wie in Tab. 8.3.
b) Berechnen Sie das Lagrange-Interpolationspolynom $P(f|x_0, x_1, x_2)$ in der Newtonschen Darstellung.
c) Berechnen Sie das Lagrange-Interpolationspolynom $P(f|x_0, x_1, x_2, x_3)$ in der Newtonschen Darstellung.

Übung 8.2 Gegeben sei die Wertetabelle

i	0	1	2	3
x_i	-1	0	1	3
f_i	0	3	2	60
.

Bestimmen Sie $P(f|x_0, x_1, x_2, x_3)(2)$ nach dem Neville-Aitken-Schema.

Übung 8.3 Gegeben sei die Wertetabelle

i	0	1	2	3
x_i	0	1	2	3
f_i	-3	-3	-1	9
.

a) Bestimmen Sie $P(f|x_0, x_1, x_2, x_3)$ in der Lagrangeschen und in der Newtonschen Darstellung.
b) Berechnen Sie $P(f|x_0, x_1, x_2, x_3)(-1)$ mit dem Algorithmus von Neville-Aitken.
c) Es seien $q(x)$ ein Polynom dritten Grades mit $q(-2) = P(f|x_0, x_1, x_2, x_3)(-2)$ und $q(x_i) = P(f|x_0, x_1, x_2, x_3)(x_i)$, $i = 0, 1, 2$. Welchen Wert hat $q(-1)$?

Übung 8.4 In dieser Übung wird das Resultat (8.19) verallgemeinert. Es seien X ein normierter Vektorraum, $X_n \subset X$ ein Teilraum. Es sei $\mathcal{P}_n : X \to X_n$ ein linearer beschränkter Projektor auf X_n, d. h., $\mathcal{P}_n : X \to X_n = \text{Bild}(\mathcal{P}_n)$ linear, $\mathcal{P}_n^2 x = \mathcal{P}_n x$ für alle $x \in X$ und $\rho_n := \sup_{\|x\|=1} \|\mathcal{P}_n x\| < \infty$. Zeigen Sie folgendes Resultat:

$$\|x - \mathcal{P}_n x\| \le (1 + \rho_n) \inf_{y \in X_n} \|x - y\| \quad \text{für alle } x \in X.$$

Übung 8.5 Es seien $I_d := [d, d+1]$, $d \in [0, \infty)$, und $G_d \in \mathbb{R}^{2 \times 2}$ die Gram-Matrix der Basis $\{1, x\}$ des Raumes Π_1 bezüglich des Skalarproduktes $(f, g)_{I_d} :=$

$\int_d^{d+1} f(t)g(t)\,dt$. Es seien $0 < \lambda_2 \leq \lambda_1$ die Eigenwerte der Matrix G_d. Zeigen Sie folgende Resultate:

a) $G_d = \begin{pmatrix} 1 & d + \frac{1}{2} \\ d + \frac{1}{2} & d^2 + d + \frac{1}{3} \end{pmatrix}$.

b) $\kappa_2(G_0) = \frac{1}{3}(4 + \sqrt{13})^2$.

c) $\lambda_1\lambda_2 = \frac{1}{12}, \lambda_1 + \lambda_2 = d^2 + d + \frac{4}{3}$ für beliebiges $d \geq 0$ (Hinweis: verwenden Sie Zusammenhänge zwischen $\det(A)$, $\mathrm{Spur}(A)$ und den Eigenwerten einer Matrix A).

d) $\lambda_1 \geq \frac{1}{2}d^2, \kappa_2(G_d) \geq 3d^4$ für beliebiges $d \geq 0$.

Übung 8.6 Berechnen Sie das Interpolationspolynom $p \in \Pi_2$ durch die drei Punkte (x_j, f_j), $j = 0, 1, 2$, in den folgenden drei Darstellungen, wobei $(x_0, f_0) = (0, 2)$, $(x_1, f_1) = (2, 3)$ und $(x_2, f_2) = (3, 8)$:

a) $p(x) = \sum_{j=0}^{2} a_j x^j$ (monomiale Darstellung),

b) $p(x) = \sum_{j=0}^{2} b_j \ell_j(x)$ mit den Polynomen $\ell_j(x) = \prod_{k \neq j} \frac{x - x_k}{x_j - x_k}$ (Lagrange-Darstellung),

c) $p(x) = \sum_{j=0}^{2} c_j \omega_j(x)$ mit den Polynomen $\omega_j(x) = \prod_{k < j}(x - x_k)$ (Newton-Darstellung).

Für allgemeine feste Stützstellen ist die Abbildung der Koeffizienten a_j, b_j oder c_j, $j = 0, 1, 2$, auf die Werte f_j, $j = 0, 1, 2$, linear. Bestimmen Sie die Matrizen zu diesen linearen Abbildungen. Um von den f_j auf die Koeffizienten zu kommen, müssen diese Abbildungen invertiert werden. Was fällt auf?

Übung 8.7 Gegeben seien die folgenden Funktionswerte einer Funktion $f(x)$:

i	0	1	2	3
x_i	$\frac{1}{2}$	2	$\frac{9}{2}$	8
$f(x_i)$	1	2	3	4

a) Bestimmen Sie mit Hilfe der ersten drei Daten $(x_i, f(x_i))$, $i = 0, 1, 2$, eine Näherung für $f(1)$. Benutzen Sie dazu das Interpolationspolynom in Lagrange- und Newton-Darstellung und den Neville-Aitken-Algorithmus. Welches der drei Verfahren ist das für diese Aufgabenstellung günstigste Verfahren?

b) Bestimmen Sie das Interpolationspolynom zu allen Daten. Welche Darstellung bietet sich aus Kostengründen an?

c) Die den Daten zugrundeliegende Funktion ist $f(x) = \sqrt{2x}$. Schätzen Sie den Interpolationsfehler des Interpolationspolynoms aus Teil a) an der Stelle $x = \frac{3}{2}$ ab.

Übung 8.8 Die Funktion

$$f(x) = 2\sin(3\pi x)$$

soll polynomiell interpoliert werden, und zwar zu den Stützstellen $x_0 = 0$, $x_1 = \frac{1}{12}$, $x_2 = \frac{1}{6}$.

a) Berechnen Sie das Interpolationspolynom in der Newton-Darstellung, und werten Sie es an der Stelle $x = \frac{1}{24}$ aus.
b) Geben Sie eine Abschätzung für den Fehler $|f(x) - P(f|x_0, x_1, x_2)(x)|$ im Intervall $[0, \frac{1}{6}]$ an, wobei Sie die Extrema von $|(x - x_0)(x - x_1)(x - x_2)|$ bestimmen.

Übung 8.9 Es seien $\{x_0, \dots, x_n\} \subset \mathbb{R}$ beliebige Stützstellen und $\omega_1(x) = 1$, $\omega_j(x) = (x - x_0)(x - x_1) \dots (x - x_{j-1})$, $j = 1, \dots, n$ die Knotenpolynome. Beweisen Sie, dass $\{\omega_j\}_{0 \leq j \leq n}$ eine Basis von Π_n bilden.

Übung 8.10 Gegeben sind die folgenden Daten:

i	0	1	2	3	4
x_i	1	3	4	7	8
f_i	9	19	30	87	254

Es sei $Q_{i,i+k} := P(f|x_i, \dots, x_{i+k})$ das Interpolationspolynom zu den Daten $(x_i, f_i), \dots, (x_{i+k}, f_{i+k})$.

a) Stellen Sie zu den gegebenen Daten (mit der angegebenen Reihenfolge) das vollständige Schema der dividierten Differenzen auf. Geben Sie das Polynom $Q_{0,4}$ explizit an.
b) Begründen Sie unter Zuhilfenahme des Schemas aus a), dass im vorliegenden Fall gilt:

$$Q_{0,2}(x) = Q_{1,3}(x) = Q_{0,3}(x).$$

c) Berechnen Sie die Differenz $Q^+(x) - Q_{0,4}(x)$, wobei Q^+ das Interpolationspolynom bezeichne, welches über $Q^+(x_i) = f_i$, $i = 0, \dots, 4$ hinaus noch $Q^+(2) = 62$ erfüllt. (Verwenden Sie dazu möglichst wenige Rechenoperationen!)

Übung 8.11 Die Funktion $\sin x$ soll im Intervall $I = [0, \frac{\pi}{2}]$ äquidistant so tabelliert werden, dass bei kubischer Interpolation der Interpolationsfehler für jedes $x \in I$ kleiner als $\frac{1}{2} 10^{-4}$ ist. Wie groß darf der Stützstellenabstand h dann höchstens sein?

Übung 8.12 Wir leiten eine (scharfe) Schranke für die höheren Ableitungen der Runge-Funktion $f(x) = \frac{1}{1+x^2}$ her. Aus der Literatur ist folgende Formel für höhere Ableitungen der Arkustangens-Funktion bekannt ($x \in \mathbb{R}$):

$$\arctan^{(k)}(x) = \mathrm{sg}(-x)^{k-1} \frac{(k-1)!}{(1+x^2)^{k/2}} \sin\left(k \arcsin \frac{1}{\sqrt{1+x^2}}\right), \quad k = 1, 2, \dots,$$

wobei $\mathrm{sg}(x) := -1$ für $x < 0$, $\mathrm{sg}(x) := 1$ für $x \geq 0$. Insbesondere ergibt sich die Formel $\arctan'(x) = \frac{1}{1+x^2} = f(x)$.

a) Zeigen Sie, dass $|f^{(n)}(x)| \leq n!$ für alle $x \in \mathbb{R}, n \in \mathbb{N}$, gilt.

b) Es sei I ein Intervall das 0 enthält und sei $n \in \mathbb{N}$ gerade. Zeigen Sie, dass $\|f^{(n)}\|_{L_\infty(I)} = n!$ gilt.

Übung 8.13 Bestimmen Sie eine Differenzenformel zur näherungsweisen Berechnung von $f^{(3)}(x)$, basierend auf (vgl. Abschn. 8.4)

$$P(f|x_0, x_1, x_2, x_3)^{(3)}(x) = 3![x_0, x_1, x_2, x_3]f \approx f^{(3)}(x),$$

wobei die Stützstellen $x_0, \ldots, x_3$ nicht notwendigerweise äquidistant sind.

Übung 8.14 Es seien $x \in \mathbb{R}$, $h > 0$, und f zweimal stetig differenzierbar auf dem Intervall $I = [x - h, x + h]$. Zeigen Sie mit Hilfe der Taylor-Entwicklung:

$$f'(x) = \frac{f(x+h) - f(x)}{h} - \frac{h}{2}f''(\xi), \quad \text{für ein } \xi \in I,$$

$$f'(x) = \frac{f(x + \frac{1}{2}h) - f(x - \frac{1}{2}h)}{h} - \frac{h^2}{24}f'''(\xi), \quad \text{für ein } \xi \in I,$$

$$f''(x) = \frac{f(x+h) - 2f(x) + f(x-h)}{h^2} - \frac{h^2}{12}f^{(4)}(\xi) \quad \text{für ein } \xi \in I.$$

Übung 8.15 Bestimmen Sie das Hermite-Interpolationspolynom $p_5 \in \Pi_5$, das die Bedingungen

$$p_5(1) = -4, \quad p_5'(1) = -7, \quad p_5''(1) = -8, \quad p_5(2) = -14, \quad p_5'(2) = -8, \quad p_5(3) = 14$$

erfüllt.

Übung 8.16 Gegeben seien die Werte $y_0, y_1, z_0 \in \mathbb{R}$.

a) Berechnen Sie das Interpolationspolynom zweiten Grades $f_\varepsilon(x)$ mit $f_\varepsilon(0) = y_0$, $f_\varepsilon(1) = y_1$ und $f_\varepsilon(\varepsilon) = y_0 + \varepsilon z_0$ für $\varepsilon \in (0, 1)$.

b) Berechnen Sie das Hermite-Interpolationspolynom zweiten Grades $f(x)$ mit $f(0) = y_0$, $f(1) = y_1$ und $f'(0) = z_0$.

c) Zeigen Sie, dass f_ε für $\varepsilon \to 0$ gegen f (bzgl. $\|g\|_\infty := \max_{x \in [0,1]} |g(x)|$) konvergiert.

Übung 8.17 Beweisen Sie

$$\frac{1}{n} \sum_{j=0}^{n-1} e^{-i2\pi mj/n} = \begin{cases} 1, & m = 0, \\ 0, & m = 1, \ldots, n - 1, \end{cases}$$

und damit die Formel (8.103).

Übung 8.18 Zeigen Sie, dass die Faltung zweier n-periodischer Folgen wieder n-periodisch ist.

Übung 8.19 Es seien $(d_j)_{j \in \mathbb{Z}}$ eine n-periodische Folge und

$$y_j := \sum_{k=0}^{n-1} d_k e^{2\pi i j k / n}, \quad j \in \mathbb{Z}.$$

Zeigen Sie, dass $\frac{1}{n} \sum_{l=0}^{n-1} y_l e^{-2\pi i j l / n} = d_j$ für $j \in \mathbb{Z}$ gilt.

Übung 8.20 Das folgende Ergebnis ist nützlich, um die Komplexität von rekursiven Algorithmen (z. B. FFT) abzuschätzen:

Sei $k \in \mathbb{N}$ mit $k \geq 2$ fest. Ferner seien $a, b > 0$ gegeben. Sei nun $f : \mathbb{N} \to \mathbb{R}$ eine Funktion, die für $n = k^l$ mit $l \in \mathbb{N}$ der Rekursionsgleichung

$$f(1) = b, \quad f(n) = a \, f\left(\frac{n}{k}\right) + b \, n$$

genügt. Zeigen Sie, dass für $n = k^l$ gilt:

$$\begin{aligned}
f(n) &= \mathcal{O}(n) & \text{, falls } a < k, \\
f(n) &= \mathcal{O}(n \log_k n) & \text{, falls } a = k, \\
f(n) &= \mathcal{O}(n^{\log_k a}) & \text{, falls } a > k.
\end{aligned}$$

(Hinweis: Beweisen Sie zunächst die Formel $f(k^l) = b \sum_{i=0}^{l} a^{l-i} k^i$.)

Splinefunktionen

9

9.1 Einleitung

9.1.1 Vorbemerkungen

Am Anfang des vorigen Kapitels wurde folgende allgemeine Interpolationsaufgabe formuliert (Aufgabe 8.1):

Aufgabe 9.1 *Gegeben seien Stützstellen*

$$x_0, \ldots, x_n \in \mathbb{R},$$

mit $x_i \neq x_j$ *für* $i \neq j$, *und Daten*

$$f(x_0), \ldots, f(x_n) \in \mathbb{R}.$$

Es sei G_n *ein endlich dimensionaler Raum stetiger Funktionen (dessen Dimension von* n *abhängt). Man bestimme diejenige Funktion* $g_n \in G_n$, *die*

$$g_n(x_i) = f(x_i), \quad i = 0, \ldots, n,$$

erfüllt.

Wir haben diese Aufgabe für den Fall $G_n = \Pi_n$ (Raum der Polynome vom Grad n) untersucht und festgestellt, dass bei dieser Interpolationsaufgabe mit vielen äquidistanten Stützstellen das Lagrange-Interpolationspolynom in der Regel keine befriedigende Lösung im Sinne einer guten Approximation einer interpolierten Funktion liefert, weil Polynome hohen Grades zu starken Oszillationen neigen. Die Splinefunktionen, mit denen wir uns in diesem Kapitel beschäftigen werden, bilden ein

W. Dahmen und A. Reusken, *Numerik für Ingenieure und Naturwissenschaftler*, https://doi.org/10.1007/978-3-662-65181-0_9

sehr viel geeigneteres Hilfsmittel als Polynome, um *größere Datenmengen an beliebigen Stützstellen* (äquidistant oder nicht äquidistant) zu interpolieren. Ein wichtiges Beispiel ist der Raum der *kubischen Splines*:

$$G_n := \big\{ g \in C^2([x_0, x_n]) \mid g_{|[x_i, x_{i+1}]} \in \Pi_3 \big\} , \tag{9.1}$$

wobei wir eine Stützstellennummerierung $x_0 < x_1 < \ldots < x_n$ angenommen haben. Die Splinefunktionen sind *stückweise Polynome* mit gewissen *Glattheitsanforderungen an den Stützstellen*. Es sei daran erinnert, dass das Wort „Spline", was so viel wie „dünne Holzlatte" bedeutet, früher im Englischen ein biegsames Lineal benannte, das zum Zeichnen glatter Kurven verwendet wurde. Eine Interpolation bietet bei weitem nicht die einzige Strategie, Daten zu „fitten". In Anwendungen mit sehr großen Datensätzen, die stark fehlerbehaftete „Datenausreißer" enthalten, wird obige Interpolationsaufgabe oft durch eine Ausgleichsaufgabe ersetzt:

$$\min_{g_n \in G_n} \Big(\sum_{i=1}^{n} (g_n(x_i) - f(x_i))^2 + \theta^2 \mathcal{S}(g_n)^2 \Big), \tag{9.2}$$

mit $\dim(G_n) \ll n$ und $\mathcal{S}(g_n)$ ein „Strafterm" der starke Ausschläge unterdrücken soll. Der Parameter θ, der die Gewichtung der Glättungskomponente bestimmt, soll so gewählt werden, dass ein guter Kompromiss zwischen einem genauen Datenfit und einem glatten Kurvenverlauf erreicht wird.

Heutzutage werden Splinefunktionen in zahlreichen industriellen wie technisch/naturwissenschaftlichen Anwendungen verwendet. Die Art der Anwendung reicht von der klassischen Interpolation über Freiformflächendesign im Karosserieentwurf bis zur Datenglättung, Analyse und Kompression. In diesem Kapitel stellen wir einige wichtige Werkzeuge vor, die in all diesen Anwendungen zentrale Bedeutung haben.

9.1.2 Orientierung: Strategien, Konzepte, Methoden

Als einführendes Beispiel wird im nächsten Abschnitt die Interpolationsaufgabe 9.1 mit dem Raum der kubischen Splines (9.1) behandelt. Anschließend werden allgemeine Splineräume eingeführt. Wir befassen uns mit folgenden Aspekten dieser Räume:

- *Fehleranalyse.* Mit welcher Genauigkeit kann man (glatte) Funktionen mit stückweisen Polynomen aus einem Splineraum approximieren?
- *Wahl einer geeigneten Basis.* Wie bei der Lagrange-Interpolation mit Polynomen und der trigonometrischen Interpolation im vorigen Kapitel, ist für die Entwicklung effizienter und stabiler numerischer Verfahren die Wahl einer geeigneten Basis von zentraler Bedeutung. Wir werden die sogenannte *B-Spline-Basis*, die für numerische Zwecke sehr gut geeignet ist, erklären. Insbesondere wird die *gute Kondition* dieser Basis erläutert.

- *Interpolation mit Splinefunktionen.* Wir untersuchen die Interpolationsaufgabe 9.1, wobei G_n nun einen Splineraum bezeichnet. Insbesondere wird die *eindeutige Lösbarkeit* dieser Aufgabe behandelt. Für den Raum der kubischen Splines wird eine *Krümmungsminimierungseigenschaft* hergeleitet.
- *Approximation mit Splinefunktionen.* Wir untersuchen eine Ausgleichsaufgabe wie in (9.2), wobei G_n wieder einen Splineraum bezeichnet. Insbesondere wird erklärt, wie ein Strafterm $S(g_n)$ konstruiert werden kann, der starke Ausschläge unterdrückt. Diese Technik wird „*Smoothing-Splines*" genannt.

Darüber hinaus werden folgende, mehr algorithmische Punkte diskutiert:

- Einfache rekursive Formeln zur *Auswertung der B-Spline-Basisfunktionen* und deren Ableitungen werden hergeleitet.
- Ein effizientes Verfahren zur *Auswertung allgemeiner Splinefunktionen,* dargestellt in der B-Spline-Basis, wird vorgestellt.
- Wir werden ein effizientes Verfahren zur *Bestimmung der Lösung der Interpolationsaufgabe 9.1 im Raum der kubischen Splines* behandeln.
- Ein Verfahren zur *Bestimmung der Smoothing-Spline-Lösung einer Ausgleichsaufgabe* wie in (9.2) wird erklärt.

9.2 Beispiel einer kubischen Splineinterpolation

In diesem Abschnitt wird die Grundidee einer Splineinterpolation kompakt anhand des Beispiels der kubischen Splineinterpolation vorgestellt. In Abschn. 9.5 wird dieses Thema ausführlicher und in einem viel allgemeineren Rahmen behandelt. Eine Interpolation mit *kubischen* Splines ist für die Praxis besonders relevant wegen der in Lemma 9.3 beschriebenen Eigenschaft der (näherungsweisen) Krümmungsminimierung.

Es sei $\tau = \{x_0, \ldots, x_n\}$ eine Stützstellenmenge mit

$$a = x_0 < x_1 < \ldots < x_n = b,$$

und

$$f_j = f(x_j), \quad j = 0, 1, \ldots, n,$$

die entsprechenden Daten an diesen Stützstellen.

Der Raum der *kubischen Splines* ist:

$$\mathbb{P}_{4,\tau} := \left\{ g \in C^2([a,b]) \mid g_{|[x_i,x_{i+1}]} \in \Pi_3, i = 0, 1, \ldots, n-1 \right\}.$$

Eine Funktion in $\mathbb{P}_{4,\tau}$ ist in jedem Teilintervall ein Polynom vom Grad 3 (hat also 4 Freiheitsgrade) und ist an jeder Stützstelle zweimal stetig differenzierbar. Solche Splines sind also stückweise polynomiale Funktionen, die an den Stützstellen noch gewisse Glattheitseigenschaften haben. Man kann zeigen (siehe Lemma 9.7), dass

$$\dim(\mathbb{P}_{4,\tau}) = n + 3 \tag{9.3}$$

gilt. Zur Lösung des Interpolationsproblems wird $S \in \mathbb{P}_{4,\tau}$ gesucht, so dass

$$S(x_j) = f_j, \quad j = 0, \ldots, n, \tag{9.4}$$

gilt. Da $\dim(\mathbb{P}_{4,\tau}) = n + 3$ ist, gibt es noch zwei freie Parameter, wenn man die $n + 1$ Interpolationsforderungen in (9.4) stellt. Zur Festlegung dieser Parameter werden zum Bespiel die „natürlichen" Endbedingungen

$$S''(a) = S''(b) = 0 \tag{9.5}$$

gestellt. Insgesamt erhält man die

Aufgabe 9.2 (Kubische Splineinterpolation)
Finde zu den Daten $f_j = f(x_j)$, $j = 0, \ldots, n$ *eine Funktion* $S \in \mathbb{P}_{4,\tau}$, *so dass*

$$S(x_j) = f_j, \quad j = 0, 1, \ldots, n, \tag{9.6}$$

$$S''(a) = S''(b) = 0. \tag{9.7}$$

Wir werden zeigen, dass diese Aufgabe eine eindeutige Lösung hat. Diese Lösung hat folgende interessante *Extremaleigenschaft* (siehe Satz 9.29):

Lemma 9.3
Es sei g *eine beliebige Funktion aus* $C^2([a, b])$ *mit* $g(x_j) = f_j$, $j = 0, 1, \ldots, n$ *und* $g''(a) = g''(b) = 0$. *Für die eindeutige Lösung* S *der Aufgabe 9.2 gilt*

$$\int_a^b S''(x)^2 \, dx \leq \int_a^b g''(x)^2 \, dx.$$

Diese Eigenschaft bedeutet, dass der kubische Spline S unter allen Funktionen $g \in C^2([a, b])$, die dieselben Interpolationsforderungen erfüllen, *näherungsweise die mittlere quadratische Krümmung minimiert*.

Bemerkung 9.4 Die *Krümmung* einer Kurve

$$g : [a, b] \to \mathbb{R}, \quad g \in C^2([a, b])$$

an der Stelle $x \in [a, b]$ ist durch

$$\kappa(x) = \frac{g''(x)}{\left(1 + g'(x)^2\right)^{3/2}}$$

definiert. Dies liefert die mittlere quadratische Krümmung

$$\|\kappa\|_2 = \left(\int_a^b \kappa(x)^2 \, dx\right)^{\frac{1}{2}}.$$

Unter der Annahme $|g'(x)| \ll 1$ für alle $x \in [a, b]$, wird der Wert $\|\kappa\|_2$ näherungsweise durch den Wert $\left(\int_a^b g''(x)^2 \, dx\right)^{1/2}$ gegeben. $\triangle$

Die Eigenschaft in Lemma 9.3 steht auch hinter der Bezeichnung „Spline". Damit wurde bereits im 18. Jahrhundert in England eine dünne elastische Holzlatte bezeichnet, die von Schiffsbauern als Hilfsmittel zum Zeichnen von Rumpflinien benutzt wurde. Dabei wurde der Spline mit Hilfe sogenannter „Ducks" an bestimmten Punkten – den Interpolationspunkten – fixiert. Die Latte nimmt dann aufgrund des Hamiltonschen Prinzips diejenige Position ein, die ihre Biegeenergie minimiert. Jenseits des ersten und letzten Fixierpunktes läuft dann die Latte linear aus, was den Randbedingungen (9.5) entspricht.

Wie bei der Polynominterpolation (in Abschn. 8.2) hängt die Darstellung der Splinefunktion S von der Wahl der Basis in $\mathbb{P}_{4,\tau}$ ab. Der heutige Erfolg der Splines basiert im Wesentlichen auf der Identifikation einer geeigneten Basis für $\mathbb{P}_{4,\tau}$. In Abschn. 9.3 wird gezeigt, dass die sogenannten B-Splines eine für numerische Zwecke sehr gut geeignete Basis bilden (wie die Newtonsche Basis bei der Berechnung des Lagrange-Interpolationspolynoms).

In diesem Abschnitt wird kurz eine spezielle Methode zur Berechnung der gesuchten Lösung S diskutiert, in der, ähnlich wie beim Neville-Aitken-Verfahren in Abschn. 8.2.2, die Lösung anhand ihrer Struktureigenschaften direkt aus den Bedingungen (9.6) und (9.7) bestimmt wird, ohne die Darstellung in einer Basis zu verwenden. Diese relativ einfach zu erklärende Methode ist zur Berechnung der Lösung in diesem Einführungsbeispiel gut geeignet. Wir beschränken uns auf den Fall äquidistanter Stützstellen und verweisen auf Übung 9.4 für den allgemeinen Fall. Allgemeine effiziente Methoden zur Berechnung von Splineinterpolationen unter Verwendung der B-Spline-Basis werden in Abschn. 9.5 diskutiert.

Es seien x_j, $j = 0, \ldots, n$, *äquidistante* Stützstellen, d.h. $x_{j+1} - x_j = h$, $j = 0, 1, \ldots, n - 1$. Wir führen die Bezeichnungen

$$m_j := S''(x_j), \quad j = 0, 1, \ldots, n,$$

und

$$I_j := [x_j, x_{j+1}], \quad j = 0, 1, \ldots, n - 1,$$

ein. Wegen $S_{|I_j} \in \Pi_3$ ergibt sich, dass $S''_{|I_j}$ linear ist und dass

$$S''_{|I_j}(x) = \frac{(x_{j+1} - x)m_j + (x - x_j)m_{j+1}}{h} \tag{9.8}$$

gilt. Zweifache Integration zusammen mit den Forderungen

$$S(x_j) = f_j, \quad S(x_{j+1}) = f_{j+1}, \tag{9.9}$$

ergibt (nach längerer Rechnung)

$$S_{|I_j}(x) = \frac{(x_{j+1} - x)^3 m_j + (x - x_j)^3 m_{j+1}}{6h} + \frac{(x_{j+1} - x)f_j + (x - x_j)f_{j+1}}{h}$$
$$- \frac{1}{6}h\big[(x_{j+1} - x)m_j + (x - x_j)m_{j+1}\big]. \tag{9.10}$$

(Man kann einfach nachrechnen, dass $S_{|I_j}$ wie in (9.10) definiert tatsächlich (9.8), (9.9) erfüllt.) Für das stückweise Polynom S aus (9.10) gilt

$$S_{|I_j} \in \Pi_3, \tag{9.11}$$

$$S \in C([a, b]), \tag{9.12}$$

$$S''_{|I_j}(x_{j+1}) = m_{j+1} = S''_{|I_{j+1}}(x_{j+1}). \tag{9.13}$$

Die Stetigkeit in (9.12) folgt aus den Interpolationsbedingungen in (9.9). Die Stetigkeit der zweiten Ableitung in (9.13) folgt aus (9.8). Man muss nun die noch unbekannten Größen m_j so wählen, dass die erste Ableitung von S in den Stützstellen x_j stetig ist. Es soll also

$$S'_{|I_{j-1}}(x_j) = S'_{|I_j}(x_j), \quad j = 1, \ldots, n - 1,$$

gelten. Mit Hilfe der Darstellung (9.10) erhält man daraus die Bedingungen

$$m_{j-1} + 4m_j + m_{j+1} = \frac{6}{h^2}(f_{j-1} - 2f_j + f_{j+1}), \quad j = 1, 2, \ldots, n - 1.$$

Wegen (9.7) gilt

$$m_0 = m_n = 0.$$

Insgesamt ergibt sich das System

$$\begin{pmatrix} 4 & 1 & & & \\ 1 & 4 & \ddots & & 0 \\ & \ddots & \ddots & \ddots & \\ & & \ddots & \ddots & \ddots \\ 0 & & & \ddots & \ddots & 1 \\ & & & & 1 & 4 \end{pmatrix} \begin{pmatrix} m_1 \\ m_2 \\ \vdots \\ \vdots \\ \vdots \\ m_{n-1} \end{pmatrix} = \frac{6}{h^2} \begin{pmatrix} f_0 - 2f_1 + f_2 \\ f_1 - 2f_2 + f_3 \\ \vdots \\ \vdots \\ \vdots \\ f_{n-2} - 2f_{n-1} + f_n \end{pmatrix}, \qquad (9.14)$$

das man mit einer Standard-Methode aus Kap. 3 lösen kann. Damit ist S dann über die Darstellung (9.10) festgelegt, und es erfüllt alle an die Lösung der Aufgabe 9.2 gestellten Bedingungen. Die gesuchte Lösung $S \in \mathbb{P}_{4,\tau}$ hat also die Darstellung (9.10), wobei $m_0 = m_n = 0$ und $(m_1, m_2, \ldots, m_{n-1})$ die Lösung des Gleichungssytems (9.14) ist. Diese Konstruktion zeigt, dass Aufgabe 9.2 mit äquidistanten Stützstellen eindeutig lösbar ist.

Beispiel 9.5 Es seien Daten

i	0	1	2	3	4	5	6	7
x_i	3	4	5	6	7	8	9	10
$f(x_i)$	2.5	2.0	0.5	0.5	1.5	1.0	1.125	0.0

gegeben. Das Lagrange-Interpolationspolynom vom Grad 7

$$P_7 = P(f|3, 4, 5, 6, 7, 8, 9, 10)$$

(vgl. Abschn. 8.2) wird in Abb. 9.1 gezeigt. Das Resultat einer stückweise linearen Interpolation wird auch in Abb. 9.1 dargestellt.

Für die Splineinterpolation $S \in \mathbb{P}_{4,\tau}$ mit den Endbedingungen $S''(3) = S''(10) = 0$ wird das zugehörige System

$$\begin{pmatrix} 4 & 1 & 0 & 0 & 0 & 0 \\ 1 & 4 & 1 & 0 & 0 & 0 \\ 0 & 1 & 4 & 1 & 0 & 0 \\ 0 & 0 & 1 & 4 & 1 & 0 \\ 0 & 0 & 0 & 1 & 4 & 1 \\ 0 & 0 & 0 & 0 & 1 & 4 \end{pmatrix} \begin{pmatrix} m_1 \\ m_2 \\ m_3 \\ m_4 \\ m_5 \\ m_6 \end{pmatrix} = 6 \begin{pmatrix} -1 \\ 1.5 \\ 1 \\ -1.5 \\ 0.625 \\ -1.25 \end{pmatrix}$$

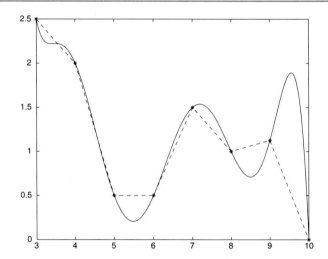

Abb. 9.1 Lagrange-Interpolationspolynom und stückweise lineare Interpolation

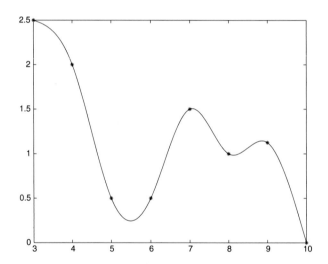

Abb. 9.2 Kubische Splineinterpolation

gelöst. Die berechneten m_j ($1 \leq j \leq 6$) werden, zusammen mit $m_0 = m_7 = 0$, in die Darstellung (9.10) eingesetzt. Das Resultat wird in Abb. 9.2 dargestellt. Man beobachtet dass die kubische Splineinterpolation eine glatte Interpolation der Daten liefert, bei der, wegen der Krümmungsminimierungseigenschaft, die Oszillationen zwischen den Interpolationspunkten viel geringer sind als beim Lagrange-Interpolationspolynom.   △

Matlab-Demo 9.6 (Kubische Splineinterpolation 1) In diesem Matlabexperiment betrachten wir die kubische Splineinterpolation aus Aufgabe 9.2 auf dem Intervall $I = [0, 1]$, mit äquidistanten Stützstellen $x_j = j/n$, $j = 0, \ldots, n$. Die Lösung S wird über die Darstellung (9.10) berechnet. Die Lagrange-Interpolation und die kubische Splineinterpolation S werden gezeigt.

Kondition

Über die Darstellung (9.10) der Lösung der Interpolationsaufgabe kann die Kondition der Aufgabe 9.2, für den Fall äquidistanter Stützstellen analysiert werden. Wir skizzieren die Schritte dieser Analyse und verweisen für die weitere Ausarbeitung auf Übung 9.3. Es seien $\tilde{f}_j$, $j = 0, \ldots, n$, fehlerbehaftete Daten mit $\|\tilde{f} - f\|_\infty := \max_{0 \le j \le n} |\tilde{f}_j - f_j| =: \epsilon$. Die Lösung der Aufgabe 9.2 mit diesen fehlerbehafteten Daten wird mit $\tilde{S} \in \mathbb{P}_{4,\tau}$ bezeichnet. Das Gleichungssystem (9.14) schreiben wir kompakt als $Am = b$, mit $b_i = 6h^{-2}(f_{i-1} - 2f_i + f_{i+1})$, $i = 1, \ldots, n-1$. Mit den gestörten Daten ergibt sich das Gleichungssystem $A\tilde{m} = \tilde{b}$, mit $\tilde{b}_i = 6h^{-2}(\tilde{f}_{i-1} - 2\tilde{f}_i + \tilde{f}_{i+1})$, $i = 1, \ldots, n-1$. Es gilt die scharfe Abschätzung $\|\tilde{b} - b\|_\infty \le \frac{24}{h^2}\epsilon$. Für die Matrix A gilt (siehe Übung 9.3) $\|A^{-1}\|_\infty \le \frac{1}{2}$, und daraus folgt

$$\|\tilde{m} - m\|_\infty = \|A^{-1}(\tilde{b} - b)\|_\infty \le \frac{12}{h^2}\epsilon.$$

Es sei jetzt $x \in I_j = [x_j, x_{j+1}]$. Mit Hilfe der Darstellung (9.10) ergibt sich (Übung 9.3):

$$|\tilde{S}(x) - S(x)| \le 3\tfrac{1}{2}\,\epsilon.$$

Insgesamt erhält man für die absolute Kondition:

$$\|\tilde{S} - S\|_\infty := \max_{x \in [a,b]} |\tilde{S}(x) - S(x)| \le 3\tfrac{1}{2}\|\tilde{f} - f\|_\infty. \tag{9.15}$$

Wegen $\|f\|_\infty = \max_{0 \le j \le n} |f_j| = \max_{0 \le j \le n} |S(x_j)| \le \|S\|_\infty$ ergibt sich für die relative Kondition:

$$\frac{\|\tilde{S} - S\|_\infty}{\|S\|_\infty} \le 3\tfrac{1}{2}\frac{\|\tilde{f} - f\|_\infty}{\|f\|_\infty}.$$

Wir schliessen, dass sowohl die *absolute als auch die relative Kondition der Aufgabe 9.2 , im Falle äquidistanter Stützstellen, gut ist.* Insbesondere hängt die Konditionszahl nicht von der Anzahl der Stützstellen ab. Beachte, dass also die Kondition dieser Splineinterpolation-Aufgabe (sehr) viel besser ist als die der Interpolation mit (globalen) Polynomen an äquidistanten Stützstellen, siehe Tab. 8.1 in Abschn. 8.2.1.

9.3 Splineräume und Approximationsgüte

Nachdem im vorigen Abschnitt beispielhaft die kubischen Splines eingeführt wurden, wollen wir in diesem Abschnitt die Splineräume in einem allgemeinen Rahmen behandeln. Bei der Behandlung von Splines ist es bequemer, statt mit dem Grad von Polynomen, mit der Ordnung $k := \text{Grad} + 1$ zu arbeiten. Splines sind stückweise Polynome mit einer gewissen globalen Differenzierbarkeit. Die Bruchstellen zwischen den polynomialen Abschnitten werden häufig als Knoten bezeichnet. Für eine Knotenmenge $\tau = \{\tau_0, \ldots, \tau_{\ell+1}\}$ mit

$$a = \tau_0 < \tau_1 < \ldots < \tau_\ell < \tau_{\ell+1} = b$$

und $k \geq 1$ definieren wir den *Splineraum* der Splines der Ordnung k durch

$$
\begin{aligned}
\mathbb{P}_{1,\tau} &= \{\, f : [a, b) \to \mathbb{R} \mid f\big|_{[\tau_i, \tau_{i+1})} \in \Pi_0, \ 0 \leq i \leq \ell \,\}, \\
\mathbb{P}_{k,\tau} &= \{\, f \in C^{k-2}([a, b]) \mid f\big|_{[\tau_i, \tau_{i+1})} \in \Pi_{k-1}, \ 0 \leq i \leq \ell \,\}, \ k \geq 2.
\end{aligned}
\tag{9.16}
$$

Für $k = 4$ ergibt sich gerade der Raum der im Abschn. 9.2 eingeführten kubischen Splines. Die Elemente von $\mathbb{P}_{k,\tau}$ sind durch Vorgabe der Knoten τ_i und der Koeffizienten der Polynome auf den Teilintervallen festgelegt. Um praktisch damit umgehen zu können, ist es natürlich wichtig, genau zu wissen, wie viele Freiheitsgrade eine Funktion in $\mathbb{P}_{k,\tau}$ hat, d. h., was die Dimension von $\mathbb{P}_{k,\tau}$ ist.

Lemma 9.7
Es gilt:

$$\dim(\mathbb{P}_{k,\tau}) = k + \ell.$$

Beweis. Für $k = 1$ besteht der Raum $\mathbb{P}_{1,\tau}$ aus allen stückweise konstanten Funktionen auf den $\ell + 1$ Teilintervallen $[\tau_i, \tau_{i+1})$, $i = 0, \ldots, \ell$. Jedes Teilintervall entspricht in diesem Fall einem Freiheitsgrad. Also gilt $\dim(\mathbb{P}_{1,\tau}) = 1 + \ell$. Es sei nun $k \geq 2$. Gibt man auf dem ersten Intervall $[a, \tau_1)$ ein beliebiges Polynom p aus Π_{k-1} vor, lässt dies genau k Freiheitsgrade zu. Das Polynomstück $q \in \Pi_{k-1}$ auf dem nächsten Teilintervall $[\tau_1, \tau_2)$ ist dadurch festgelegt, dass

$$p^{(j)}(\tau_1) = q^{(j)}(\tau_1), \quad j = 0, \ldots, k - 2,$$

gilt. Dies sind genau $k - 1$ Bedingungen, so dass für q noch genau ein zusätzlicher Freiheitsgrad übrig bleibt. Analog zeigt man, dass für jedes weitere Intervall $[\tau_j, \tau_{j+1})$, $j = 2, \ldots, \ell$, genau ein Freiheitsgrad gewonnen wird. Insgesamt erhält man dann $k + \ell$ Freiheitsgrade. $\qquad \square$

Ohne Beweis (siehe z. B. [P], [deB1], [deB2]) geben wir eine Fehlerschranke für eine beste Näherung im Splineraum $\mathbb{P}_{k,\tau}$. Es sei

$$h = \max_{j=0,\dots,\ell} (\tau_{j+1} - \tau_j) \quad \text{und} \quad \|g\|_\infty = \max_{x \in [a,b]} |g(x)| \quad (g \in C([a,b])).$$

Satz 9.8
Für jedes $k \geq 2$ existiert eine positive Konstante $c < \infty$, so dass für jedes $m \leq k$ und jede Funktion $f \in C^m([a,b])$ gilt

$$\min_{S_k \in \mathbb{P}_{k,\tau}} \|f - S_k\|_\infty \leq ch^m \|f^{(m)}\|_\infty. \tag{9.17}$$

Das Resultat in (9.17) kann für den Fall $m = 0$ verbessert werden: Es sei $f \in C([a,b])$ und $k \geq 1$ beliebig, dann existiert für jedes $\varepsilon > 0$ ein $h > 0$, so dass

$$\min_{S_k \in \mathbb{P}_{k,\tau}} \|f - S_k\|_\infty \leq \varepsilon. \tag{9.18}$$

Das Resultat (9.17) besagt, dass je nach Glattheit der zu approximierenden Funktion, der Fehler der besten Splineapproximation an diese Funktion mindestens wie die m-te Potenz der maximalen Schrittweite fällt, wobei $m \leq k$, und k die Ordnung des Splines ist. *Anders als bei der (globalen) Polynomapproximation gewinnt man größere Genauigkeit durch Verfeinerung der Knotenfolge, selbst dann, wenn die Funktion f nur stetig ist.* Ferner gelten lokale Abschätzungen, d. h., dass das Approximationsverhalten in einer gewissen lokalen Umgebung nur von den Knotenabständen und den Eigenschaften der zu approximierenden Funktion in dieser Umgebung abhängt. Dies erlaubt eine an das Problem angepasste Knotenwahl.

Ebenso wie die Newton-Basis günstige „Bausteine" zur Handhabung von Polynominterpolationen liefert, gilt es, gute Bausteine für Splines zu bestimmen. Ein erster natürlicher Ansatz orientiert sich an obigem Dimensionsargument.

Bemerkung 9.5 Da jedes Polynom insbesondere ein stückweises Polynom ist, das zudem sogar unendlich oft differenzierbar ist, gilt natürlich

$$\Pi_{k-1} \subset \mathbb{P}_{k,\tau}.$$

Außerdem sieht man leicht, dass

$$(\tau_i - x)_+^{k-1} \in \mathbb{P}_{k,\tau}, \quad i = 1, \dots, \ell,$$

wobei, für $m \geq 0$,

$$x_+^m = \begin{cases} x^m & \text{für } x > 0, \\ 0 & \text{für } x \leq 0, \end{cases}$$

die sogenannten *abgebrochenen Potenzen* sind. Man prüft leicht nach, dass die $k + \ell$ Funktionen

$$x^i, \quad i = 0, \ldots, k - 1, \quad (\tau_i - x)_+^{k-1}, \quad i = 1, \ldots, \ell, \tag{9.19}$$

linear unabhängig sind (vgl. Übung 9.5). Die Funktionen in (9.19) *bilden also eine Basis für* $\mathbb{P}_{k,\tau}$. $\triangle$

Die Basis in (9.19) ist für praktische Zwecke ungeeignet. Da zum Beispiel das Polynom x^i einen Beitrag zum gesamten Intervall liefert, hat diese Basis nicht die „lokalen" Eigenschaften, die man von einer stückweisen Konstruktion erwartet. Ferner zeigt sich, dass diese Basis schlecht konditioniert ist, d. h., dass Änderungen in den Koeffizienten einer solchen Entwicklung sich nicht über Änderungen der Funktion abschätzen lassen. Eine viel bessere Basis für $\mathbb{P}_{k,\tau}$ wird im nächsten Abschnitt eingeführt.

9.4   B-Splines

In diesem Abschnitt werden die sogenannten B-Splines, *unabhängig* vom Splineraum $\mathbb{P}_{k,\tau}$, eingeführt. In Abschn. 9.4.1 werden wir einen wichtigen Zusammenhang zwischen den B-Splines und dem Splineraum $\mathbb{P}_{k,\tau}$ herstellen. Die B-Splines werden aber auch in anderen Bereichen wie zum Beispiel der Kurvenapproximation in $\mathbb{R}^3$ eingesetzt.

B-Splines sind *stückweise Polynome* bezüglich einer Knotenmenge. Es sei

$$t_1 < t_2 \ldots < t_n \tag{9.20}$$

eine solche Knotenmenge, die mit der in (9.16) verwendeten Knotenmenge $\tau_0, \ldots, \tau_{\ell+1}$ vorläufig nichts zu tun hat. In Abschn. 9.4.1 wird erklärt, wie man die Knotenmenge $t_1, \ldots, t_n$ (abhängig von $\tau_0, \ldots, \tau_{\ell+1}$) wählen soll, damit die B-Splines eine Basis für den Raum $\mathbb{P}_{k,\tau}$ bilden.

Um die allgemeine Definition dieser Funktionen zu motivieren, betrachten wir erst die Fälle der Ordnung $k = 1$ und $k = 2$. Die einfachsten stückweisen Polynomen sind die *charakteristischen Funktionen*

$$N_{j,1}(x) := \chi_{[t_j, t_{j+1})}(x) := \begin{cases} 1 & \text{für } x \in [t_j, t_{j+1}, \\ 0 & \text{sonst}, \end{cases} \quad j = 0, \ldots, n - 1. \tag{9.21}$$

Bemerkung 9.10 Jede stückweise konstante Funktion S bezüglich der Knotenmenge in (9.20) lässt sich als Linearkombination der $N_{j,1}$ schreiben

$$S(x) = \sum_{j=0}^{n-1} c_j N_{j,1}(x).$$

Die Funktion lässt sich auf diese Weise mit einem Koeffizientenvektor identifizieren. Diese Identifikation ist aufgrund folgender Tatsache besonders günstig. Man überzeugt sich leicht, dass für alle Koeffizientenvektoren $\mathbf{c} = (c_j)_{j=0}^{n-1}$

$$\|\mathbf{c}\|_\infty = \|\sum_{j=0}^{n-1} c_j N_{j,1}\|_\infty = \|S\|_\infty \qquad (9.22)$$

gilt. Die *Koeffizienten*norm ist also gleich der *Funktionen*norm. Die Basis ist *gut konditioniert*: Eine kleine Störung in den Koeffizienten bedingt nur eine kleine Störung der Funktion und umgekehrt. Der *Träger* der Funktion $N_{j,1}$ wird durch

$$\operatorname{supp} N_{j,1} := \{x \in \mathbb{R} \mid N_{j,1}(x) \neq 0\}$$

definiert. Die Basis $N_{j,1}, 0 \leq j \leq n - 1$, ist *lokal* in dem Sinne, dass die Träger der Basisfunktionen minimal sind. $\triangle$

Stückweise lineare Funktionen ($k = 2$) (sogenannte Polygonzüge) kann man einfach rekursiv aus den charakteristischen Funktionen konstruieren. Man prüft leicht, dass die Funktion

$$N_{j,2}(x) := \frac{x - t_j}{t_{j+1} - t_j} N_{j,1}(x) + \frac{t_{j+2} - x}{t_{j+2} - t_{j+1}} N_{j+1,1}(x), \quad j = 1, \ldots, n - 2, \quad (9.23)$$

folgende Eigenschaften hat:

1) sie nimmt von Null verschiedene Werte nach Definition von $N_{j,1}$ und $N_{j+1,1}$ nur auf dem Intervall $[t_j, t_{j+2}]$ an;
2) auf jedem der beiden Intervalle $[t_j, t_{j+1}], [t_{j+1}, t_{j+2}]$ ist $N_{j,2}$ linear;
3) $N_{j,2}$ ist stetig.

Da der Graph wie ein spitzer Hut aussieht, werden die $N_{j,2}$ auch *Hutfunktionen* genannt. Beachte, dass die Anzahl der in (9.23) definierten Funktionen eins weniger ist als in (9.21).

Die allgemeinen B-Splines werden rekursiv nach dem Rezept von (9.23) definiert.

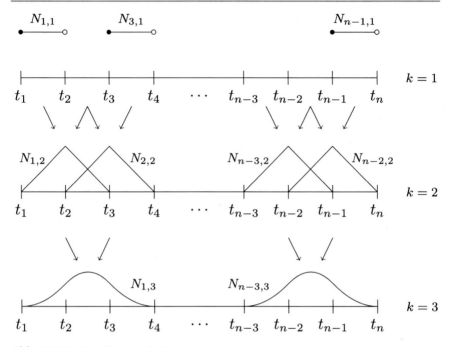

Abb. 9.3 B-Splines für $k = 1, 2, 3$

▶ **Definition 9.11 (B-Splines)** *Es sei $t_1 < t_2 < \ldots < t_n$ eine Menge von paarweise verschiedenen Knoten. Dann werden die B-Splines $N_{j,k}$ der Ordnung k ($1 \leq k < n$) rekursiv definiert durch*

$$N_{j,1}(x) := \chi_{[t_j, t_{j+1})} \quad \text{für } j = 1, \ldots, n-1,$$

$$N_{j,k}(x) := \frac{x - t_j}{t_{j+k-1} - t_j} N_{j,k-1}(x) + \frac{t_{j+k} - x}{t_{j+k} - t_{j+1}} N_{j+1,k-1}(x), \qquad (9.24)$$

$$\text{für } k = 2, \ldots, n-1, \quad \text{und} \quad j = 1, \ldots, n-k.$$

Beachte dass die Anzahl der in (9.24) definierten B-Splines der Ordnung k von k abhängt, siehe Abb. 9.3.

Aus der Rekursion (9.24) lassen sich sofort folgende elementare aber wichtige Eigenschaften der B-Splines ableiten, die im gewissen Rahmen schon von obigen Spezialfällen angedeutet werden.

Lemma 9.12

Für die B-Splines $N_{j,k}$ aus Definition 9.11 gilt:

(i) supp $N_{j,k} \subset [t_j, t_{j+k}]$, *d.h. $N_{j,k}(x)$ verschwindet außerhalb von $[t_j, t_{j+k}]$,*

(ii) $N_{j,k}(x) > 0$ *für alle $x \in (t_j, t_{j+k})$,*

(iii) $(N_{j,k})\big|_{[t_i, t_{i+1})} \in \Pi_{k-1}$,

(iv) $\sum_{j=1}^{n-k} N_{j,k}(x) = 1$ *für alle $x \in [t_k, t_{n-k+1}]$ (siehe Folgerung 9.21).*

Für manche Zwecke ist eine alternative Darstellung der B-Splines von Vorteil. Sie beruht auf dividierten Differenzen. Man erinnere sich, dass für $1 \leq j \leq n - k$ die dividierte Differenz $[t_j, \ldots, t_{j+k}](\cdot - x)_+^{k-1}$ als führender Koeffizient des Lagrange-Interpolations-Polynoms der Funktion $f_{k-1}(s) := (s - x)_+^{k-1}$ an den Stützstellen $t_j, \ldots, t_{j+k}$ definiert ist. Mit Hilfe dieser dividierten Differenz kann man eine explizite Darstellung für die B-Splines herleiten:

Satz 9.13
Die B-Splines $N_{j,k}$ haben folgende Darstellung:

$$N_{j,k}(x) = (t_{j+k} - t_j)[t_j, \ldots, t_{j+k}](\cdot - x)_+^{k-1},$$
$$\text{für } 1 \leq k < n, \ 1 \leq j \leq n - k. \tag{9.25}$$

Insbesondere impliziert dies $N_{j,k} \in C^{k-2}([t_1, t_n])$ für $k \geq 2$.

Dies ist so zu verstehen, dass die dividierte Differenz auf das Argument $\cdot$ wirkt. Zum Beispiel bedeutet

$$[t_j, t_{j+1}](\cdot - x)_+^m = \frac{[t_{j+1}](\cdot - x)_+^m - [t_j](\cdot - x)_+^m}{t_{j+1} - t_j} = \frac{(t_{j+1} - x)_+^m - (t_j - x)_+^m}{t_{j+1} - t_j}.$$

Üblicherweise definiert man die B-Splines mit Hilfe von (9.25) und leitet daraus die Rekursion (9.24) her. Eine ausführlichere Diskussion dieser Zusammenhänge und entsprechende Beweise findet man zum Beispiel in [deB1,deB2].

Beispiel 9.14 Wir betrachten den Fall der Hutfunktionen ($k = 2$). Es sei, für festes x, $g_x(t) := (t - x)_+$ und für $j \leq n - 2$, $P(g_x \mid t_j, t_{j+1}, t_{j+2})$ das Lagrange-Interpolationspolynom von g_x an den Stützstellen t_j, t_{j+1}, t_{j+2}. Dann ist $[t_j, t_{j+1}, t_{j+2}](\cdot - x)_+ = [t_j, t_{j+1}, t_{j+2}]g_x$ der führende Koeffizient dieses Interpolationspolynoms. Wir unterscheiden die Fälle $x \leq t_j$, $x \geq t_{j+2}$, $x \in [t_j, t_{j+1}]$, $x \in [t_{j+1}, t_{j+2}]$:

1. $x \leq t_j$. Dann ist $P(g_x \mid t_j, t_{j+1}, t_{j+2})(t) = t - x$ und somit ist der führende Koeffizient (= Koeffizient der Potenz t^2) Null: $[t_j, t_{j+1}, t_{j+2}]g_x = 0$.
2. $x \geq t_{j+2}$. Dann ist $P(g_x \mid t_j, t_{j+1}, t_{j+2})(t) = 0$, also der führende Koeffizient ist Null: $[t_j, t_{j+1}, t_{j+2}]g_x = 0$.

3. $x \in [t_j, t_{j+1}]$. Dann gilt folgende Tabelle dividierter Differenzen:

$$
\begin{array}{c|cccc}
t_m & [t_m]g_x & [t_m, t_{m+1}]g_x & [t_m, t_{m+1}, t_{m+2}]g_x \\
\hline
t_j & 0 \\
 & & > \frac{t_{j+1}-x}{t_{j+1}-t_j} \\
t_{j+1} & t_{j+1} - x & & > \frac{x-t_j}{(t_{j+2}-t_j)(t_{j+1}-t_j)} \\
 & & > 1 \\
t_{j+2} & t_{j+2} - x
\end{array}
\quad ,
$$

also: $[t_j, t_{j+1}, t_{j+2}]g_x = \frac{x-t_j}{(t_{j+2}-t_j)(t_{j+1}-t_j)}$.

4. $x \in [t_{j+1}, t_{j+2}]$. Wie bei 3 erhält man $[t_j, t_{j+1}, t_{j+2}]g_x = \frac{t_{j+2}-x}{(t_{j+2}-t_j)(t_{j+2}-t_{j+1})}$.
Insgesamt:

$$
(t_{j+2} - t_j)[t_j, t_{j+1}, t_{j+2}]g_x =
\begin{cases}
0 & \text{für } x \leq t_j \\
(x - t_j)/(t_{j+1} - t_j) & \text{für } x \in [t_j, t_{j+1}] \\
(t_{j+2} - x)/(t_{j+2} - t_{j+1}) & \text{für } x \in [t_{j+1}, t_{j+2}] \\
0 & \text{für } x \geq t_{j+2}
\end{cases}
$$

$$
= N_{j,2}(x).
$$

$\triangle$

Durch Differentiation von (9.25) und wegen der Rekursionsformel (8.39) für die dividierten Differenzen ergibt sich:

Folgerung 9.15
Für $k \geq 3$ gilt

$$
N'_{j,k}(x) = (k - 1) \left\{ \frac{N_{j,k-1}(x)}{t_{j+k-1} - t_j} - \frac{N_{j+1,k-1}(x)}{t_{j+k} - t_{j+1}} \right\}, \tag{9.26}
$$

d. h., die Ableitungen von B-Splines sind gewichtete Differenzen von B-Splines niedrigerer Ordnung.

Beweis. Es seien j, k fest gewählt, wie in (9.25), mit $k \geq 3$. Wir definieren $g_{x,k}(t) := (t - x)_+^{k-1}$. Diese Funktion ist differenzierbar nach x und es gilt $\frac{d}{dx} g_{x,k}(t) = -(k - 1)g_{x,k-1}(t)$. Die Abbildung $D : f \to [t_j, \ldots, t_{j+k}]f$ ist ein lineares Funktional.

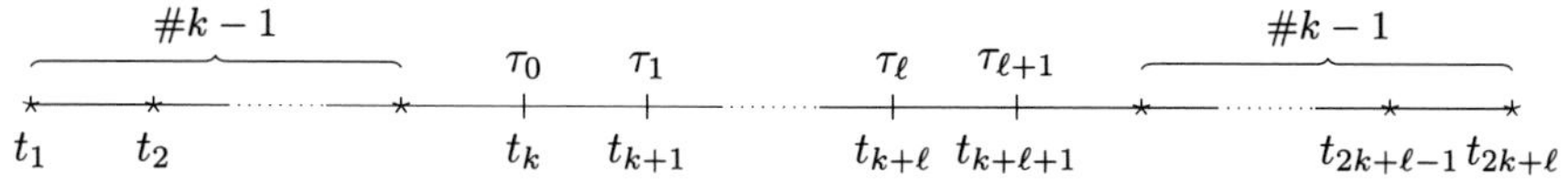

Abb. 9.4 Erweiterte Knotenmenge

Mit (9.25) und der Rekursionsformel (8.39) ergibt sich

$$
\begin{aligned}
\frac{d}{dx} N_{j,k}(x) &= (t_{j+k} - t_j)\frac{d}{dx} D(g_{x,k}) = (t_{j+k} - t_j)D(\frac{d}{dx} g_{x,k}) \\
&= -(k-1)(t_{j+k} - t_j)D(g_{x,k-1}) \\
&= -(k-1)(t_{j+k} - t_j)[t_j, \ldots, t_{j+k}]g_{x,k-1} \\
&= (k-1)\big([t_j, \ldots, t_{j+k-1}]g_{x,k-1} - [t_{j+1}, \ldots, t_{j+k}]g_{x,k-1}\big) \\
&= (k-1)\left\{ \frac{N_{j,k-1}(x)}{t_{j+k-1} - t_j} - \frac{N_{j+1,k-1}(x)}{t_{j+k} - t_{j+1}} \right\},
\end{aligned}
$$

woraus die Behauptung folgt. $\qquad\square$

9.4.1 B-Splines als Basis für den Splineraum

Ziel der bisherigen Überlegungen war, eine für numerische Zwecke gut geeignete Basis für $\mathbb{P}_{k,\tau}$ zu gewinnen. Es sei $\mathbb{P}_{k,\tau}$ der Splineraum wie in (9.16). Zur Knotenmenge $\tau = \{\tau_0, \ldots, \tau_{\ell+1}\}$ mit $a = \tau_0 < \tau_1 < \ldots < \tau_\ell < \tau_{\ell+1} = b$ definieren wir eine *erweiterte Knotenmenge* T (Abb. 9.4):

$$
\begin{aligned}
T &= \{t_1, \ldots, t_n\} \quad \text{mit } n := 2k + \ell, \\
t_1 &< \ldots < t_k = \tau_0, \\
t_{k+j} &= \tau_j \text{ für } j = 1, \ldots, \ell, \\
\tau_{\ell+1} &= t_{k+\ell+1} < \ldots < t_{2k+\ell}.
\end{aligned}
\tag{9.27}
$$

Zu dieser erweiterten Knotenmenge T werden die B-Splines $N_{j,k}$, $1 \le j \le n - k = k + \ell$, wie in (9.24) definiert. Die Funktionswerte $N_{j,k}(x)$ sind für alle $x \in \mathbb{R}$ definiert. Im Splineraum $\mathbb{P}_{k,\tau}$ sind nur die Werte $N_{j,k}(x)$ mit $x \in [a, b] = [\tau_0.\tau_{\ell+1}]$ ($x \in [a, b)$ für $k = 1$) von Interesse. Wir definieren nun

$$
S_{k,T} = \text{span}\{ N_{j,k}\big|_{[a,b]} \mid 1 \le j \le k + \ell \}.
\tag{9.28}
$$

Folgendes Hauptresultat zeigt, dass die (auf $[a, b]$ restringierten) B-Splines $N_{j,k}$
($1 \leq j \leq k + \ell$) eine Basis für den Splineraum $\mathbb{P}_{k,\tau}$ bilden.

Satz 9.16
Es gilt

$$\mathbb{P}_{k,\tau} = S_{k,T}.$$

Beweisskizze: Da der effiziente numerische Umgang mit Splines entscheidend durch
die B-Spline-Basis bedingt ist, hat Satz 9.16 eine große Bedeutung. Wir skizzieren
deshalb einen Beweis. Für $k = 1$ folgt $\mathbb{P}_{1,\tau} = S_{1,T}$ direkt aus den Definitionen
der Räume. Es sei $k \geq 2$. Aufgrund von $(N_{j,k})\big|_{[t_i, t_{i+1})} \in \Pi_{k-1}$ (Lemma 9.12 (iii))
und $N_{j,k} \in C^{k-2}([t_1, t_n])$ (Satz 9.13) folgt sofort $S_{k,T} \subseteq \mathbb{P}_{k,\tau}$. Da einerseits wegen
Lemma 9.7 dim $\mathbb{P}_{k,\tau} = k + \ell$ gilt, andererseits die Anzahl der B-Splines, die $S_{k,T}$
für T gemäss (9.28) erzeugen, auch $k + \ell$ ist, folgt die Behauptung, sobald man die
lineare Unabhängigkeit der B-Splines gezeigt hat. Wir deuten nun eine Möglichkeit
an, die lineare Unabhängigkeit der B-Splines zu verifizieren. Man braucht nämlich
nur zu zeigen, dass sich jedes Polynom in Π_{k-1} auf $[a, b]$ als Linearkombination
von B-Splines schreiben lässt, d. h. dass

$$\Pi_{k-1}|_{[a,b]} \subseteq S_{k,T} \tag{9.29}$$

gilt. Setzen wir nämlich für einen Moment die Gültigkeit von (9.29) voraus, so folgt
aus Lemma 9.12 (i), dass jedes Intervall $I = [\tau_j, \tau_{j+1}]$ von (höchstens) k B-Splines
überlappt wird. Falls (9.29) gilt, müssen diese B-Splines auf I bereits Π_{k-1} also
einen k-dimensionalen Raum aufspannen, was nur möglich ist, wenn entsprechende
k B-Splines linear unabhängig auf I sind. Da dies für jedes Knotenintervall gilt,
sind alle B-Splines sogar *lokal* (d. h. auf jedem Teilintervall I) linear unabhängig,
woraus insbesondere die lineare Unabhängigkeit auf $[a, b]$ folgt. Um den Beweis von
Satz 9.16 abzuschließen, bleibt also (9.29) zu verifizieren. Hierzu reicht es, folgende
Identität (Marsden-Identität) zu zeigen: Für alle $x \in [a, b]$ und $y \in \mathbb{R}$ gilt

$$(x - y)^{k-1} = \sum_{j=1}^{k+\ell} \varphi_{j,k}(y) N_{j,k}(x) \quad \text{mit} \quad \varphi_{j,k}(y) = \prod_{i=1}^{k-1} (t_{j+i} - y). \tag{9.30}$$

Diese Identität wiederum lässt sich mit Induktion über k mit Hilfe der Rekursion
(9.24) beweisen. Differenziert man nun beide Seiten von (9.30) p mal ($0 \leq p \leq
k - 1$) nach y an der Stelle $y = 0$, bekommt man sofort für jedes $0 \leq p \leq k - 1$
eine Darstellung des Monoms x^{k-1-p} als Linearkombination von B-Splines $N_{j,k}$,
$1 \leq j \leq k + \ell$, woraus (9.29) folgt. $\qquad\square$

Bemerkung 9.17 Die Definition in (9.28) ist unabhängig von der Wahl der Hilfsknoten $t_1, \ldots, t_{k-1} < a$ und $t_{k+\ell+2}, \ldots, t_{2k+\ell} > b$. Die Lage der Hilfsknoten außerhalb von (a, b) ist unwichtig. Man lässt sie (wie bei der Hermite-Interpolation) deshalb oft auf den jeweiligen Intervallenden a bzw. b *zusammenfallen*. Am Beispiel der Hutfunktion sieht man, wie dabei am doppelten Knoten eine Sprungstelle am Intervallrand entsteht, die natürlich keinen Einfluß auf das Innere des Intervalls hat. Man beachte, dass die charakteristische Funktion für zusammenfallende Knoten verschwindet:

$$\chi_{[\tau_i, \tau_{i+1})} = 0 \quad \text{wenn} \quad \tau_i = \tau_{i+1}.$$

Die Rekursion (9.24) bleibt auch für zusammenfallende Knoten unter der Konvention gültig, Terme durch Null zu ersetzen, deren Nenner verschwindet. Zum Beispiel erhält man für $k = 2$, $t_0 = t_1 < t_2$,

$$N_{0,2}(x) = \frac{x - t_0}{t_1 - t_0} N_{0,1}(x) + \frac{t_2 - x}{t_2 - t_1} N_{1,1}(x) = \frac{t_2 - x}{t_2 - t_1} \chi_{[t_1, t_2)}(x). \qquad \triangle$$

Beispiel 9.18 Als Beispiel betrachten wir $[a, b] = [0, 1]$, $k = 4$ und Knotenmenge $\tau = \{0, 0.1, 0.3, 0.45, 0.65, 0.8, 1\}$ und somit $\ell = 5$. Die erweiterte Knotenmege ist $t_1 = t_2 = t_3 = t_4 = 0$, $t_5 = 0.1$, $t_6 = 0.3$, $t_7 = 0.45$, $t_8 = 0.65$, $t_9 = 0.8$, $t_{10} = t_{11} = t_{12} = t_{13} = 1$. Für $j = 2, 3, 4, 5$ werden die kubische B-Splines $N_{j,4}$ in Abb. 9.5 gezeigt. $\qquad \triangle$

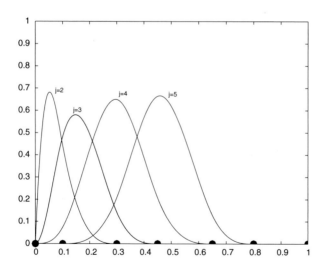

Abb. 9.5 Kubische B-Splines

9.4.2 Kondition der B-Spline-Basis

Ohne Beweis geben wir nun einen der Hauptgründe für die Wichtigkeit der B-Splines an.

Für jedes $k \in \mathbb{N}$ existiert eine Konstante $c > 0$, so dass für alle Knotenmengen $T = \{t_j\}_{j=1}^n$ wie in (9.27) und alle $\{c_j\}_{j=1}^{k+l}$ gilt

$$c \max_{j=1,\ldots,k+l} |c_j| \le \max_{x \in [a,b]} \left| \sum_{j=1}^{k+l} c_j N_{j,k}(x) \right| \le \max_{j=1,\ldots,k+l} |c_j|. \tag{9.31}$$

Das heißt kleine Änderungen in den Koeffizienten bewirken nur kleine Änderungen in der entsprechenden Splinefunktion und umgekehrt und zwar *unabhängig von der Lage der Knoten*. Für den Fall $k = 1$ kann man diese Eigenschaft einfach herleiten, siehe Bemerkung 9.10. Man beachte, dass die obere Abschätzung sofort aus Lemma 9.12 (ii), (iv) folgt. Die untere Abschätzung erfordert Hilfsmittel, die den vorliegenden Rahmen sprengen würden. Einen Beweis dieser Abschätzung findet man in [deB3].

Für spätere Zwecke notieren wir noch eine Verallgemeinerung dieses Ergebnisses, die besagt, dass (9.31) im folgenden Sinne für alle L_p-Normen gültig bleibt. Man erinnere sich, dass für $p \ge 1$:

$$\|f\|_p = \|f\|_{L_p(a,b)} := \left(\int_a^b |f(x)|^p dx \right)^{1/p}, \quad \|f\|_\infty := \max_{x \in [a,b]} |f(x)|,$$

und analog für entsprechende Folgennormen

$$\|(c_j)\|_p := \left(\sum_j |c_j|^p \right)^{1/p}, \quad \|(c_j)\|_\infty := \max_j |c_j|.$$

Dann gilt für jedes $p \ge 1$, mit Konstanten $c > 0$, C, die nur von k, nicht aber von den c_j, t_j abhängen (siehe z. B. [deB2]):

$$c \left\| (c_j \|N_{j,k}\|_p)_{j=1}^{k+\ell} \right\|_p \le \left\| \sum_{j=1}^{k+\ell} c_j N_{j,k} \right\|_p \le C \left\| (c_j \|N_{j,k}\|_p)_{j=1}^{k+\ell} \right\|_p. \tag{9.32}$$

Wenn man die B-Splines auf L_p normiert, d. h. $\hat{N}_{j,k}(x) := N_{j,k}(x)/\|N_{j,k}\|_p$ setzt (also $\hat{N}_{j,k} = N_{j,k}$ für $p = \infty$), nimmt (9.32) die zu (9.31) völlig analoge Form

$$c \left\| (c_j)_{j=1}^{k+\ell} \right\|_p \le \left\| \sum_{j=1}^{k+\ell} c_j \hat{N}_{j,k} \right\|_p \le C \left\| (c_j)_{j=1}^{k+\ell} \right\|_p \tag{9.33}$$

an.

Geeignet skaliert bilden B-Splines also Basen, die im Sinne von (2.53) unabhängig von der Lage der Knoten für alle p-Normen *gleichmäßig gut konditioniert* sind. Allerdings ist mittlerweile bekannt, dass die Kondition etwa wie 2^k mit dem Grad der Splines wächst. Die Korrelation zwischen Koeffizienten und Funktion wird also mit steigendem Polynomgrad lockerer.

9.4.3 Rechnen mit Linearkombinationen von B-Splines

Satz 9.16 besagt, dass man jeden Spline $S \in \mathbb{P}_{k,\tau}$ als Linearkombination von B-Splines in der Form

$$S(x) = \sum_{j=1}^{k+\ell} c_j N_{j,k}(x), \quad x \in [a,b], \tag{9.34}$$

schreiben kann, d. h., dass jeder Spline sich durch eine Koeffizientenfolge $\{c_j\}_{j=1}^{k+\ell}$ kodieren lässt. Wir zeigen nun, wie solche Linearkombinationen effizient und stabil behandelt werden können, und zwar am Beispiel der Berechnung von Funktions- und Ableitungswerten.

Um nun für ein gegebenes $x \in [a,b]$ und eine gegebene Folge $\{c_j\}_{j=1}^{k+\ell}$ die Auswertung $S(x)$ zu berechnen, könnte man die Rekursion (9.24) für jedes $N_{j,k}(x)$ verwenden, dann das Ergebnis mit c_j multiplizieren und schließlich aufsummieren. Es zeigt sich jedoch, dass es eine (viel) effizientere Möglichkeit gibt, die *direkt* mit den Koeffizienten c_j arbeitet. Setzt man die Rekursion (9.24) in (9.34) ein und ordnet die Terme geeignet um, erhält man für $x \in [a,b]$:

$$S(x) = \sum_{j=2}^{k+\ell} c_j^{[1]}(x) N_{j,k-1}(x),$$

mit

$$c_j^{[1]}(x) = \frac{x - t_j}{t_{j+k-1} - t_j} c_j + \frac{t_{j+k-1} - x}{t_{j+k-1} - t_j} c_{j-1},$$

d. h., dass $S(x)$ sich als Linearkombination von B-Splines niedrigerer Ordnung schreiben lässt, wobei die Koeffizienten nun auch von x abhängen und sich als *Konvexkombinationen* der Ausgangskoeffizienten c_j darstellen lassen. Wiederholt man das Argument, ergibt sich für $0 \leq p < k$

$$S(x) = \sum_{j=1+p}^{k+\ell} c_j^{[p]}(x) N_{j,k-p}(x), \tag{9.35}$$

wobei, für $1 + p \leq j \leq k + \ell$,

$$c_j^{[p]}(x) = \begin{cases} c_j, & p = 0 \\ \dfrac{x - t_j}{t_{j+k-p} - t_j} c_j^{[p-1]}(x) + \dfrac{t_{j+k-p} - x}{t_{j+k-p} - t_j} c_{j-1}^{[p-1]}(x) & sonst. \end{cases} \tag{9.36}$$

Es sei nun $x \in [a, b]$ fest gewählt und $m \in \{k, \ldots, k + \ell\}$ so, dass $x \in [t_m, t_{m+1})$. Da $N_{j,1}(x) = \chi_{[t_j, t_{j+1})}(x)$, ergibt sich speziell für $p = k - 1$

$$S(x) = \sum_{j=k}^{k+\ell} c_j^{[k-1]}(x) N_{j,1}(x) = c_m^{[k-1]}(x),$$

d. h.,

$$S(x) = c_m^{[k-1]}(x), \quad \text{für } x \in [t_m, t_{m+1}). \tag{9.37}$$

Beachte dass zur Bestimmung von $c_m^{[k-1]}(x)$ nur die Werte $c_j^{[p]}$ mit $p \leq k - 1$ und $m - k + 1 + p \leq j \leq m$ gebraucht werden, siehe Beispiel 9.20. Es ergibt sich folgender Algorithmus zur Auswertung einer Splinefunktion:

Algorithmus 9.19 (Auswertung von S)
Gegeben: $x \in [a, b]$ und $c_1, \ldots, c_{k+\ell}$ aus der Darstellung (9.34).

- *Bestimme m mit $x \in [t_m, t_{m+1})$. (Es ist $k \leq m \leq k + \ell$.)*
- *Setze*

$$c_j^{[0]}(x) = c_j, \quad j = m - k + 1, \ldots, m.$$

- *Für $p = 1, \ldots, k - 1$ berechne mit* (9.36)

$$c_j^{[p]}(x), \quad j = m - k + 1 + p, \ldots, m.$$

-

$$S(x) = c_m^{[k-1]}(x).$$

Tab. 9.1 Auswertung eines kubischen Splines

c_j	$c_j^{[1]}$	$c_j^{[2]}$	$c_j^{[3]}$
$c_4 = 3$			
	$> \; c_5^{[1]} = -0.6364$		
$c_5 = -1$		$> \; c_6^{[2]} = 1.6234$	
	$> \; c_6^{[1]} = 2.0000$		$> \; c_7^{[3]} = 2.2857$
$c_6 = 4$		$> \; c_7^{[2]} = 2.5065$	
	$> \; c_7^{[1]} = 3.1818$		
$c_7 = 1$			

Beispiel 9.20 Wir betrachten den kubischen Splineraum aus Beispiel 9.18 und $S(x) = \sum_{j=1}^{7} c_j N_{j,4}(x)$ mit Koeffizienten $c_1 = -3$, $c_2 = -2$, $c_3 = 2$, $c_4 = 3$, $c_5 = -1$, $c_6 = 4$, $c_7 = 1$. Wir werten diese Splinefunktion an der Stelle $x = 0.6$ mit Algorithmus 9.19 aus. Wegen $0.6 \in [t_7, t_8]$ ist $m = 7$. Anwendung der rekursiven Beziehung (9.36) liefert die Resultate in Tab. 9.1, also $S(0.6) = c_7^{[3]}$ $= 2.2857$. △

Folgerung 9.21 Wählt man $c_j = 1$, $j = 1, \dots, k + \ell$, erhält man aus (9.36) (als Konvexkombination) $c_j^{[p]}(x) = 1$, $p = 1, \dots, k - 1$, also

$$\sum_{j=1}^{k+\ell} N_{j,k}(x) = 1, \quad \text{für } x \in [a, b], \tag{9.38}$$

d. h., die $N_{j,k}$ bilden eine *Zerlegung der Eins*.

Letztere Eigenschaft ist von entscheidender Bedeutung für Anwendungen im Kurven- und Freiformflächenentwurf, wie etwa im Karosseriedesign. Wegen der Lokalität der B-Splines liegt für $x \in [t_m, t_{m+1}]$ der Wert der Linearkombination $S(x) = \sum_{j=1}^{k+\ell} c_j N_{j,k}(x)$ von B-Splines in der konvexen Hülle der k *Kontrollkoeffizienten* $c_{m-k+1}, \dots, c_m$, siehe (9.37), (9.36). Die Variation der Koeffizienten c_j verändert daher in vorhersehbarer Weise die Lage der Kurve, ein nützliches Design- und Konstruktionswerkzeug.

Beispiel 9.22 Es sei $\mathbb{P}_{4,\tau}$, $\tau := \{0, 0.1, 0.3, 0.45, 0.65, 0.8, 1\}$ der Raum der kubischen B-Splines aus Beispiel 9.18. Es sei $S(x) = \sum_{j=1}^{9} c_j N_{j,4}(x) \in \mathbb{P}_{4,\tau}$, mit

$$(c_j)_{1 \le j \le 9} = (1, 0.5, 0.3, -0.1, c, 0, 0.7, 1.0, 0.2)$$

Für $c_4 = c = -0.3, -0.6, -0.8$ wird der Graph $S(x)$ in Abb. 9.6 gezeigt. Die Änderung von c_4 hat nur einen lokalen Effekt (für $x \in [0, 0.1] \cup [0.8, 1]$ bleiben die Werte $S(x)$ unverändert) und eine Erhöhung des c_4-Wertes bewirkt eine Verschiebung der Kurve nach oben. △

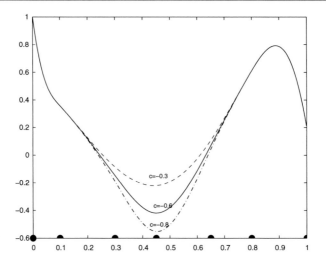

Abb. 9.6 Variation eines Kontrollkoeffizienten

In analoger Weise kann man Ableitungen von Splinefunktionen behandeln. Setzt man (9.26) in $S'(x) = \sum_{j=1}^{k+\ell} c_j N'_{j,k}(x)$ ein, ordnet die Terme um und wiederholt diese Manipulation gegebenenfalls p mal, ergibt sich die folgende Darstellung der p-ten Ableitung von S,

$$S^{(p)}(x) = \sum_{j=1+p}^{k+\ell} c_j^{(p)} N_{j,k-p}(x), \quad x \in [a, b], \tag{9.39}$$

als Linearkombination von B-Splines der Ordnung $k - p$, wobei die neuen Koeffizienten $c_j^{(p)}$ p-te Differenzen der ursprünglichen Koeffizienten sind

$$c_j^{(p)} = \begin{cases} c_j, & p = 0, \\ (k-p)\frac{c_j^{(p-1)} - c_{j-1}^{(p-1)}}{t_{j+k-p} - t_j}, & 0 < p \le k - 2. \end{cases} \tag{9.40}$$

Die Verschiebung der unteren Summationsgrenze in (9.39) rührt wie im Falle der Funktionsauswertungen daher, dass die Verringerung der Splineordnung die Träger der B-Splines verkürzt und dadurch der ursprünglich erste Spline am linken Intervallrand ausfällt. Nach rekursiver Bestimmung der $c_j^{(p)}$ kann zur Auswertung von $S^{(p)}(x)$ wiederum Algorithmus 9.19 auf (9.39) angewandt werden.

Matlab-Demo 9.23 (Splinefunktionen) In diesem Matlabexperiment wird eine Knotenmenge $\tau = \{\tau_0, \ldots, \tau_{\ell+1}\}$ mit $\tau_0 = 0$, $\tau_{\ell+1} = 1$ gewählt. Die kubische

Splinefunktion $S \in \mathbb{P}_{4,\tau}$ wird in der B-Spline-Basis dargestellt, siehe (9.34). Die Koeffizienten c_j, $j = 1, \ldots 4 + \ell$, können gewählt werden und die zugehörige Splinefunktion wird in einer Grafik gezeigt.

9.5 Splineinterpolation

Die Lösung von Interpolationsproblemen war die ursprüngliche Motivation zur Konstruktion von Splines. Wegen $\dim(\mathbb{P}_{k,\tau}) = k + \ell$ erwartet man, mit Splines in $\mathbb{P}_{k,\tau} = S_{k,T}$ insgesamt $k + \ell$ Interpolationsbedingungen erfüllen zu können. Der folgende Satz (von Schoenberg und Whitney) charakterisiert, wann ein Interpolationsproblem eindeutig für alle Daten lösbar ist. Eine Herleitung dieses Resultates wird hier nicht behandelt. Für einen Beweis dieses fundamentalen Resultats verweisen wir auf [DL, Kap. 5, Theorem 9.2].

Satz 9.24
Es sei $T = \{t_j\}_{j=1}^{n}$ wie in (9.27). Es seien $x_1, \ldots, x_{k+\ell} \in [a, b]$ Stützstellen und $f_1, \ldots, f_{k+\ell}$ die zugehörigen Daten. Das Problem der Bestimmung eines $S \in \mathbb{P}_{k,\tau}$, so dass

$$S(x_j) = f_j, \quad j = 1, \ldots, k + \ell \qquad (9.41)$$

gilt, hat genau dann eine eindeutig bestimmte Lösung, wenn

$$x_j \in (t_j, t_{j+k}), \quad j = 1, \ldots, k + \ell, \qquad (9.42)$$

d. h., wenn in den Träger jedes B-Splines mindestens eine Stützstelle fällt. Man kann sogar zeigen, dass die Aussage für Hermite-Interpolation gültig bleibt.

Bemerkung 9.25 In Abweichung von der Notation in Kap. 8 fängt die Numerierung der Stützstellen hier mit 1 (statt 0) an. $\triangle$

Die Matrix

$$A = \left(N_{j,k}(x_i) \right)_{i,j=1}^{k+\ell}$$

ist genau dann regulär, wenn (9.42) gilt. $S(x) = \sum_{j=1}^{k+\ell} c_j N_{j,k}(x)$ löst (9.41) genau dann, wenn für $c = (c_1, \ldots, c_{k+\ell})^T$ und $f = (f_1, \ldots, f_{k+\ell})^T$

$$Ac = f \qquad (9.43)$$

gilt

Bemerkung 9.26 Man kann sogar zeigen, dass, wenn die Bedingung in (9.42) erfüllt ist, das Gleichungssystem in (9.43) durch Gauß-Elimination *ohne* Pivotisierung gelöst werden kann. Da die B-Splines kompakten Träger haben, ist A eine Bandmatrix, so dass sich die LR-Zerlegung effizient durchführen lässt. $\triangle$

Kubische Splineinterpolation
Wir gehen nun nochmals auf den wichtigen Spezialfall der kubischen Splineinterpolation ein. Dies betrifft den Fall, dass $k = 4$ ist und Stützstellen und Knoten übereinstimmen:

$$x_j := t_{j+3} = \tau_{j-1} \quad \text{für} \quad j = 1, \ldots, \ell + 2.$$

Somit gilt insbesondere $t_4 = a$, $t_{\ell+5} = b$. Dies liefert allerdings nur $\ell + 2$ Bedingungen. Man benötigt zwei weitere Bedingungen, da $\dim(\mathbb{P}_{4,\tau}) = 4 + \ell$ gilt. Hierzu gibt es unter anderem folgende Möglichkeiten:

(a) *Vollständige kubische Splineinterpolation*: Als zusätzliche Bedingung wird gefordert, dass an den Intervallenden jeweils noch die ersten Ableitungen interpoliert werden, so dass der vollständige Satz von Interpolationsbedingungen lautet:

$$S(t_j) = f_j, \quad j = 4, \ldots, \ell + 5, \quad S'(a) = \hat{f}_a, \quad S'(b) = \hat{f}_b. \tag{9.44}$$

D. h., man stellt Hermite-Interpolationsbedingungen als zusätzliche Randbedingungen. Neben Daten f_j für die Funktionswerte müssen also auch Daten $\hat{f}_a$ und $\hat{f}_b$ für die Ableitungen in den Randpunkten vorliegen. Falls eine unterliegende Funktion f interpoliert werden soll, können diese Daten durch $f_j = f(t_j)$, $\hat{f}_a = f'(a)$, $\hat{f}_b = f'(b)$ definiert werden.

(b) *Natürliche kubische Splineinterpolation*:

$$S(t_j) = f_j, \quad j = 4, \ldots, \ell + 5, \quad S''(a) = S''(b) = 0. \tag{9.45}$$

Eine weitere Möglichkeit bietet die „not-a-knot" Bedingung. Dabei werden an beiden Intervallenden jeweils zwei der Polynomstücke zu einem einzigen verschmolzen, wodurch man gerade die beiden überzähligen Freiheitsgrade verliert.

Die eindeutige Lösbarkeit der Aufgaben (9.44), (9.45) folgt aus Satz 9.24. Für den Fall der kubischen Splineinterpolation kann die eindeutige Lösbarkeit zusammen mit der in Lemma 9.3 diskutierten Extremaleigenschaft auch direkt bewiesen werden, siehe dazu folgendes Lemma und die Sätze 9.28 und 9.29.

Lemma 9.27
Es sei $g \in C^2([a, b])$ und $S \in \mathbb{P}_{4,\tau}$, so dass

$$g(t_j) = S(t_j) \quad \text{für} \quad j = 4, \ldots, \ell + 5,$$
$$S''(b)\big(g'(b) - S'(b)\big) = S''(a)\big(g'(a) - S'(a)\big). \tag{9.46}$$

Dann gilt

$$\int_a^b S''(x)^2\, dx \le \int_a^b g''(x)^2\, dx.$$

Beweis. Über partielle Integration erhält man, wegen Stetigkeit der Funktion $x \to$
$S''(x)\big(g'(x) - S'(x)\big)$ und Annahme (9.46),

$$\int_a^b S''(x)\big(g''(x) - S''(x)\big)\, dx$$

$$= \sum_{i=4}^{\ell+4} \left[S''(x)\big(g'(x) - S'(x)\big)\big|_{t_i}^{t_{i+1}} - \int_{t_i}^{t_{i+1}} S'''(x)\big(g'(x) - S'(x)\big)\, dx \right]$$

$$= -\sum_{i=4}^{\ell+4} \int_{t_i}^{t_{i+1}} S'''(x)\big(g'(x) - S'(x)\big)\, dx.$$

Weil S ein kubischer Spline ist, muss S''' im jedem Teilintervall konstant sein:

$$S'''(x) = d_i \quad \text{für } x \in (t_i, t_{i+1}), \quad i = 4, \dots, \ell + 4.$$

Hieraus folgt, wegen $g(t_j) = S(t_j)$ für $j = 4, \dots, \ell + 5$,

$$\int_a^b S''(x)\big(g''(x) - S''(x)\big)\, dx = -\sum_{i=4}^{\ell+4} d_i \int_{t_i}^{t_{i+1}} g'(x) - S'(x)\, dx$$

$$= -\sum_{i=4}^{\ell+4} d_i \big[\big(g(t_{i+1}) - S(t_{i+1})\big) - \big(g(t_i) - S(t_i)\big)\big]$$

$$= 0.$$

Insgesamt ergibt sich

$$\int_a^b g''(x)^2\, dx = \int_a^b \big(S''(x) + (g''(x) - S''(x))\big)^2\, dx$$

$$= \int_a^b S''(x)^2\, dx + 2\int_a^b S''(x)(g''(x) - S''(x))\, dx + \int_a^b (g''(x) - S''(x))^2\, dx$$

$$= \int_a^b S''(x)^2\, dx + \int_a^b (g''(x) - S''(x))^2\, dx \ge \int_a^b S''(x)^2\, dx.$$

$\square$

Für die *vollständige kubische Splineinterpolation* ergibt sich folgendes Resultat:

Satz 9.28

Zu den Daten f_j, $j = 4, \ldots, \ell + 5$, $\hat{f}_a$ und $\hat{f}_b$, existiert ein eindeutiger Spline $I_4 f \in \mathbb{P}_{4,\tau}$, so dass

$$(I_4 f)(t_j) = f_j, \quad j = 4, \ldots, \ell + 5,$$
$$(I_4 f)'(a) = \hat{f}_a, \quad (I_4 f)'(b) = \hat{f}_b.$$

Ferner erfüllt $I_4 f$ die Extremaleigenschaft

$$\int_a^b (I_4 f)''(x)^2 \, dx \leq \int_a^b g''(x)^2 \, dx \tag{9.47}$$

für alle Funktionen $g \in C^2([a, b])$, die die gleichen Interpolations- und Randbedingungen wie $I_4 f$ erfüllen.

Beweis. Wir definieren die lineare Abbildung $L : \mathbb{P}_{4,\tau} \to \mathbb{R}^{\ell+4}$:

$$L(S) = (S(t_4), \ldots, S(t_{\ell+5}), S'(a), S'(b))^T.$$

Die Aufgabe der vollständigen kubischen Splineinterpolation kann man wie folgt formulieren: gesucht ist $S \in \mathbb{P}_{4,\tau}$, so dass

$$L(S) = (f_4, \ldots, f_{\ell+5}, \hat{f}_a, \hat{f}_b)^T. \tag{9.48}$$

Es sei $\tilde{S} \in \mathbb{P}_{4,\tau}$, so dass $L(\tilde{S}) = 0$. Für $\tilde{S}$ und $g \equiv 0$ sind die Voraussetzungen in Lemma 9.27 erfüllt und deshalb gilt

$$\int_a^b \tilde{S}''(x)^2 \, dx = 0.$$

Da $\tilde{S}''$ auf $[a, b]$ stetig ist, folgt daraus $\tilde{S}'' \equiv 0$ auf $[a, b]$. Also muss der kubische Spline $\tilde{S}$ auf jedem Teilintervall $[t_i, t_{i+1}]$ ($i = 4, \ldots, \ell + 5$) linear sein. Aus $\tilde{S}(t_i) = 0$ für $i = 4, \ldots, \ell + 5$ folgt, dass $\tilde{S}$ auf $[a, b]$ die Nullfunktion sein muss. Hieraus folgt, dass die Aufgabe (9.48) eine eindeutige Lösung $S =: I_4 f$ hat. Die Extremaleigenschaft in (9.47) folgt einfach aus Lemma 9.27. $\qquad\square$

Völlig analog kann man folgendes Resultat für die *natürliche kubische Spline-interpolation* beweisen:

Satz 9.29

Zu den Daten f_j, $j = 4, \ldots, \ell+5$, existiert ein eindeutiger Spline $\hat{I}_4 f \in \mathbb{P}_{4,\tau}$, so dass

$$(\hat{I}_4 f)(t_j) = f_j, \quad j = 4, \ldots, \ell + 5,$$
$$(\hat{I}_4 f)''(a) = (\hat{I}_4 f)''(b) = 0.$$

Ferner erfüllt $\hat{I}_4 f$ die Extremaleigenschaft

$$\int_a^b (\hat{I}_4 f)''(x)^2 \, dx \leq \int_a^b g''(x)^2 \, dx \tag{9.49}$$

für alle Funktionen $g \in C^2([a, b])$, die die gleichen Interpolations- und Randbedingungen wie $\hat{I}_4 f$ erfüllen.

Bemerkung 9.30 Sei $h = \max_{j=0,\ldots,\ell}(\tau_{j+1} - \tau_j)$ und $f \in C^4([a, b])$. Es sei $I_4 f$ die vollständige kubische Interpolation zu den Daten $f_j = f(t_j)$, $\hat{f}_a = f'(a)$, $\hat{f}_b = f'(b)$. Man kann beweisen (siehe [P]), dass

$$\|f - I_4 f\|_\infty \leq \frac{h^4}{16} \|f^{(4)}\|_\infty \tag{9.50}$$

gilt, wobei $\|\cdot\|_\infty$ die Maximumnorm auf $[a, b]$ ist. Der Vergleich mit Satz 9.8 zeigt, dass die kubische Interpolation (unabhängig von der Lage der Knoten!) die *bestmögliche Approximationsordnung* realisiert. Höhere Genauigkeit gewinnt man durch Verringerung der Schrittweite h bzw. Erhöhung der Knotenzahl, vgl. Abschn. 8.2.5. △

Berechnung der vollständigen kubischen Splineinterpolation

Es sei $I_4 f$ die vollständige Splineinterpolation einer Funktion f. Wegen Satz 9.16 hat $I_4 f$ die Form

$$(I_4 f)(x) = \sum_{j=1}^{\ell+4} c_j N_{j,4}(x).$$

Die Lösung des Interpolationsproblems verlangt nun, die Koeffizienten c_j über die Interpolationsbedingungen (9.44) zu bestimmen.

Da der Träger von $N_{j,4}(x)$ die drei Stützstellen t_{j+1}, t_{j+2} und t_{j+3} enthält, stehen in den meisten Zeilen der zur vollständigen kubischen Splineinterpolation gehörenden Matrix genau drei von Null verschiedene Einträge. Hinsichtlich der Interpolationsbedingungen an den Intervallenden ist folgendes zu beachten. Aus der Rekursion (9.24) schließt man unter Berücksichtigung von

$$t_1 = \ldots = t_4 = a, \quad t_{\ell+5} = \ldots = t_{\ell+8} = b,$$

dass

$$N_{1,4}(t_4) = N_{2,3}(t_4) = N_{3,2}(t_4) = N_{4,1}(t_4) = 1,$$

und wegen (9.38) folgt (siehe auch Abb. 9.5)

$$N_{j,4}(t_4) = 0, \quad j = 2, 3, \ldots, \ell + 4.$$

Auch gilt

$$N_{\ell+4,4}(t_{\ell+5}) = N_{\ell+4,3}(t_{\ell+5}) = N_{\ell+4,2}(t_{\ell+5}) = 1,$$

also

$$N_{j,4}(t_{\ell+5}) = 0, \quad j = \ell + 3, \ell + 2, \ldots, 1.$$

Folglich lassen sich aus den Bedingungen $(I_4 f)(t_4) = f_4$ und $(I_4 f)(t_{\ell+5}) = f_{\ell+5}$ sofort

$$c_1 = f_4, \quad c_{\ell+4} = f_{\ell+5}$$

für die gesuchte Darstellung

$$(I_4 f)(x) = \sum_{j=1}^{\ell+4} c_j N_{j,4}(x)$$

ermitteln, d. h., man muss nur ein Gleichungssystem in den Unbekannten $c_2, \ldots, c_{\ell+3}$ betrachten. Außerdem ist wegen $N_{1,3}(t_4) = 0$ und $N_{2,3}(t_4) = 1$:

$$N_{j,3}(t_4) = 0 \quad \text{für} \quad j = 3, 4, \ldots.$$

Wegen der Formel (9.26) für die Ableitung von $N_{j,4}(x)$ ergibt sich

$$N'_{j,4}(t_4) = 3 \left\{ \frac{N_{j,3}(t_4)}{t_{j+3} - t_j} - \frac{N_{j+1,3}(t_4)}{t_{j+4} - t_{j+1}} \right\} = 0 \quad \text{für} \quad j = 3, \ldots, \ell + 4.$$

Analog kann man zeigen, dass $N'_{j,4}(t_{\ell+5}) = 0$ für $j = \ell + 2, \ell + 1, \ldots, 1$. Damit erhält man aus den Hermite-Bedingungen

$$\hat{f}_a = (I_4 f)'(t_4) = \sum_{j=1}^{\ell+4} c_j N'_{j,4}(t_4) = f_4 N'_{1,4}(t_4) + c_2 N'_{2,4}(t_4),$$

$$\hat{f}_b = (I_4 f)'(t_{\ell+5}) = \sum_{j=1}^{\ell+4} c_j N'_{j,4}(t_{\ell+5}) = f_{\ell+5} N'_{\ell+4,4}(t_{\ell+5}) + c_{\ell+3} N'_{\ell+3,4}(t_{\ell+5}),$$

so dass mit

$$c_2 = \frac{\hat{f}_a - f_4 N'_{1,4}(a)}{N'_{2,4}(a)},$$

$$c_{\ell+3} = \frac{\hat{f}_b - f_{\ell+5} N'_{\ell+4,4}(b)}{N'_{\ell+3,4}(b)},$$

lediglich noch die Koeffizienten $(c_3, \ldots, c_{\ell+2})^T =: c$ zu bestimmen sind. Wegen $S(t_i) = f_i$ für $i = 5, \ldots, \ell + 4$, muss c das Gleichungssystem

$$A_T c = f \tag{9.51}$$

erfüllen, wobei

$$f = (\tilde{f}_5, f_6, f_7, \ldots, f_{\ell+3}, \tilde{f}_{\ell+4})^T$$

mit

$$\tilde{f}_5 = f_5 - c_2 N_{2,4}(t_5),$$
$$\tilde{f}_{\ell+4} = f_{\ell+4} - c_{\ell+3} N_{\ell+3,4}(t_{\ell+4}),$$

und

$$A_T = \begin{pmatrix} N_{3,4}(t_5) & N_{4,4}(t_5) & & & & \\ N_{3,4}(t_6) & N_{4,4}(t_6) & N_{5,4}(t_6) & & & \\ & N_{4,4}(t_7) & N_{5,4}(t_7) & N_{6,4}(t_7) & & \emptyset \\ \emptyset & & \ddots & \ddots & \ddots & \\ & & & N_{\ell,4}(t_{\ell+3}) & N_{\ell+1,4}(t_{\ell+3}) & N_{\ell+2,4}(t_{\ell+3}) \\ & & & & N_{\ell+1,4}(t_{\ell+4}) & N_{\ell+2,4}(t_{\ell+4}) \end{pmatrix}.$$

Diese Matrix $A_T \in \mathbb{R}^{\ell \times \ell}$ ist eine Tridiagonal-Matrix und wegen Bemerkung 9.26 besitzt A_T eine LR-Zerlegung (Gauß-Elimination ohne Pivotisierung), so dass sich das System $A_T c = f$ sehr einfach und effizient lösen lässt.

Hinter der Idee „Splines" stand ja das physikalische Modell der Minimierung der Biegeenergie einer elastischen Latte, wodurch unkontrollierte Oszillationen verhindert werden sollen. Dabei sollte man allerdings nicht vergessen, dass das Modell (aufgrund der Vereinfachung des „Biegefunktionals") nur für kleine Auslenkungen gilt. In der Tat zeigt auch die kubische Splineinterpolation starke Überschwinger bei abrupten Sprüngen in den Daten. Für mögliche Abhilfen in solchen Fällen sei auf [deB1] verwiesen.

Beispiel 9.31 Wir betrachten ein Beispiel mit äquidistanten Stützstellen, $\tau_j := j \cdot 0.1$, $j = 0, \ldots, 14$, und Daten $f_j = 1$ für $j = 0, \ldots, 5$, $f_j = 0.5$ für $j = 6, \ldots, 14$. Die entsprechende natürliche kubische Splineinterpolation ist in Abb. 9.7 dargestellt. Man stellt fest, dass wegen des Sprunges in den Daten Oszillationen auftreten.   △

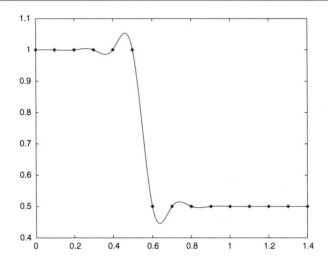

Abb. 9.7 Oszillationen bei einer Spline-Interpolation

Matlab-Demo 9.32 (Kubische Splineinterpolation 2) In diesem Matlabexperiment wird die kubische Splineinterpolation einer stückweisen glatten Funktion bestimmt und grafisch gezeigt. Man beobachtet die an den Unstetigkeitsstellen auftretenden Unter- und Überschwingungen der Splineinterpolation.

9.6   Datenfit: Smoothing-Splines

In vielen Anwendungen ist eine unbekannte Funktion aus einer großen Anzahl von Messungen zu ermitteln. Aufgrund der zu erwartenden Messfehler oder auch wegen des Umfangs der Datenmenge ist Interpolation dann häufig nicht mehr sinnvoll. Liegt ferner keine genaue Kenntnis über die Struktur der gesuchten Funktion vor (etwa über polynomiales, periodisches oder exponentielles Verhalten), muss man einen Ansatz machen, bei dem eine *beliebige* Funktion f mit einer gewünschten Genauigkeit reproduziert werden kann. Dazu sind Splines, insbesondere Linearkombinationen von B-Splines prädestiniert.

Gegeben seien also Messungen f_j, $j = 1, \ldots, m$, die gewissen Abszissen x_j, $j = 1, \ldots, m$, in einem Intervall $[a, b]$ zugeordnet werden. Möchte man die dahinterstehende Funktion f in einem gewissen Genauigkeitsrahmen ϵ ermitteln, geben Fehlerabschätzungen vom Typ (9.17) einen Hinweis über den Umfang einer geeigneten Knotenfolge $\tau = \{\tau_0, \ldots, \tau_{\ell+1}\}$, so dass die Elemente des Splineraumes $\mathbb{P}_{k,\tau}$ diese Genauigkeit liefern können. Eine erweiterte Knotenfolge $T = \{t_1, \ldots, t_n\}$, $n := 2k + \ell$, wird dann wie in (9.27) definiert. Eine Approximation $S \in \mathbb{P}_{k,\tau}$ lässt sich dann folgendermaßen bestimmen: Finde $c = (c_1, \ldots, c_{k+\ell})^T$, so dass

$$S(x) = \sum_{j=1}^{k+\ell} c_j N_{j,k}(x)$$

$$\sum_{j=1}^{m} \left(S(x_j) - f_j\right)^2 = \min_{\tilde{c} \in \mathbb{R}^{k+\ell}} \sum_{j=1}^{m} \left(\sum_{\ell=1}^{k+\ell} \tilde{c}_\ell N_{\ell,k}(x_j) - f_j\right)^2 \qquad (9.52)$$

erfüllt. Hierbei ist im Allgemeinen $m \geq k + \ell$, und die x_j müssen natürlich nicht mit den Knoten t_j übereinstimmen. Die Aufgabe (9.52) ist ein lineares Ausgleichsproblem der Form

$$\|A_T c - f\|_2 = \min_{\tilde{c} \in \mathbb{R}^{k+\ell}} \|A_T \tilde{c} - f\|_2,$$

wobei hier

$$A_T = \left(N_{j,k}(x_i)\right)_{i=1, j=1}^{m, k+\ell} \in \mathbb{R}^{m \times (k+\ell)},$$

$$f = (f_1, \ldots, f_m)^T \in \mathbb{R}^m.$$

Bei der Wahl der Knoten t_j ist darauf zu achten, dass in jeden Träger der B-Splines $N_{j,k}$ mindestens ein x_ℓ fällt (vgl. Satz 9.24). Die Matrix A hat dann vollen Rang, so dass die Methoden aus Abschn. 4.3 zur Lösung dieses Ausgleichsproblems angewandt werden können.

Auch beim obigen Ausgleichsansatz können stark fehlerbehaftete Datensätze und starke „Datenausreißer" ein „Überfitten" mit entsprechenden Oszillationen bewirken. Das Konzept des „Smoothing-Splines" schafft da Abhilfe. Ein „Strafterm" soll starke Ausschläge unterdrücken. Für ein $\theta \geq 0$ sucht man dasjenige $S \in \mathbb{P}_{k,\tau}$, das

$$\sum_{j=1}^{m} (S(x_j) - f_j)^2 + \theta^2 \|S''\|_2^2 = \min_{\tilde{S} \in \mathbb{P}_{k,\tau}} \sum_{j=1}^{m} (\tilde{S}(x_j) - f_j)^2 + \theta^2 \|\tilde{S}''\|_2^2 \qquad (9.53)$$

erfüllt. Aus obigen Gründen hat dieses Problem wieder eine eindeutige Lösung (falls die Schoenberg-Whitney-Bedingung an die Daten aus Satz 9.24 erfüllt ist). Offensichtlich sucht man bei (9.53) einen Kompromiss zwischen gutem Fit, nämlich den ersten Term klein zu machen, und einem glatten Kurvenverlauf, nämlich wieder in Anlehnung an das Biegefunktional die zweite Ableitung zu kontrollieren. Je nach Wahl von θ kann man das eine odere andere stärker betonen, hat also einen zusätzlichen Steuerparameter zur Hand. (9.53) ist ein Beispiel für eine *Regularisierungsmethode*, wie sie bei sogenannten *inversen* oder *schlecht gestellten* Problemen in zahlreichen Anwendungen zum Tragen kommt, siehe Abschn. 4.6.2. Im Prinzip führt auch (9.53) natürlich auf ein Ausgleichsproblem für die gesuchten Koeffizienten des Smoothing-Splines bezüglich der B-Spline-Basis. Dies lässt sich besonders bequem für eine leichte Modifikation von (9.53) realisieren, die nun wesentlich auf der Ableitungsformel (9.39) und der Stabilität der B-Spline-Basis (9.32) beruht. Wegen (9.39) und (9.32) für $p = 2$ gilt ja gerade für $S(x) = \sum_{j=1}^{k+\ell} c_j N_{j,k}(x)$

$$c^2 \sum_{j=3}^{k+\ell} \left(c_j^{(2)} \|N_{j,k-2}\|_2 \right)^2 \le \|S''\|_2^2 \le C^2 \sum_{j=3}^{k+\ell} \left(c_j^{(2)} \|N_{j,k-2}\|_2 \right)^2.$$

Man erhält also im Wesentlichen das qualitativ selbe Funktional, wenn man in (9.53) $\|S''\|_2^2$ durch $\sum_{j=3}^{k+\ell} \hat{c}_j^2$, mit $\hat{c}_j := c_j^{(2)} \|N_{j,k-2}\|_2$, ersetzt, was zu folgendem Minimierungsproblem führt: Finde $S(x) = \sum_{j=1}^{k+\ell} c_j N_{j,k}(x)$, so dass

$$\sum_{j=1}^{m} \left(\sum_{i=1}^{k+\ell} c_i N_{i,k}(x_j) - f_j \right)^2 + \theta^2 \sum_{j=3}^{k+\ell} \hat{c}_j^2$$

$$= \min_{\tilde{c} \in \mathbb{R}^{k+\ell}} \sum_{j=1}^{m} \left(\sum_{i=1}^{k+\ell} \tilde{c}_i N_{i,k}(x_j) - f_j \right)^2 + \theta^2 \sum_{j=3}^{k+\ell} \hat{c}_j^2. \qquad (9.54)$$

Um dies in die Form eines linearen Ausgleichproblems zu bringen, beachte man, dass wegen (9.40)

$$c_j^{(2)} = \frac{(k-1)(k-2)}{t_{j+k-2} - t_j} \left[\frac{1}{t_{j+k-2} - t_{j-1}} c_{j-2} \right.$$

$$\left. - \left(\frac{1}{t_{j+k-1} - t_j} + \frac{1}{t_{j+k-2} - t_{j-1}} \right) c_{j-1} + \frac{1}{t_{j+k-1} - t_j} c_j \right],$$

für $j = 3, \ldots, k + \ell$ gilt. Mit $\hat{c} := (\hat{c}_3, \ldots, \hat{c}_{k+\ell})^T$ ergibt sich $\hat{c} = B_T c$,

$$B_T := \begin{pmatrix} b_{3,1} & b_{3,2} & b_{3,3} & & & \\ & b_{4,2} & b_{4,3} & b_{4,4} & & \emptyset \\ \emptyset & & \ddots & \ddots & \ddots & \\ & & & b_{k+\ell,k+\ell-2} & b_{k+\ell,k+\ell-1} & b_{k+\ell,k+\ell} \end{pmatrix} \in \mathbb{R}^{(k+\ell-2) \times (k+\ell)},$$

$$b_{j,j-2} := \frac{d_j}{t_{j+k-2} - t_{j-1}}, \quad d_j := \frac{(k-1)(k-2)\|N_{j,k-2}\|_2}{t_{j+k-2} - t_j},$$

$$b_{j,j} := \frac{d_j}{t_{j+k-1} - t_j},$$

$$b_{j,j-1} := -\left(b_{j,j-2} + b_{j,j} \right).$$

Die Minimierungsaufgabe (9.54) erhält dann die Form

$$\|A_T c - f\|_2^2 + \theta^2 \|B_T c\|_2^2 = \min_{\tilde{c} \in \mathbb{R}^{k+\ell}} \|A_T \tilde{c} - f\|_2^2 + \theta^2 \|B_T \tilde{c}\|_2^2,$$

was wiederum gleichbedeutend mit

$$\left\| \begin{pmatrix} A_T \\ \theta B_T \end{pmatrix} c - \begin{pmatrix} f \\ 0 \end{pmatrix} \right\|_2 \rightarrow \min \qquad (9.55)$$

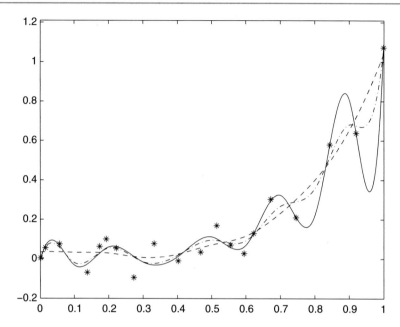

Abb. 9.8 Smoothing-Splines: $\theta = 0$: — ; $\theta = 10^{-3}$: $-\cdot$; $\theta = 10^{-2}$: $--$

und somit ein Standard-Ausgleichsproblem ist. Es kann mit den Methoden aus Abschn. 4.4 behandelt werden kann. Da sowohl A_T als auch B_T dünnbesetzt sind, kann man Givens-Rotationen benutzen. Die Wahl des Smoothing-Parameters θ ist problemabhängig. Systematische (z. B. Statistik-basierte) Parameterwahlen können hier nicht diskutiert werden. Folgendes Experiment soll einen groben Eindruck von der Wirkungsweise bei einfachen Test-Datensätzen verschaffen.

Beispiel 9.33 Gegeben seien Messungen (x_j, f_j), $j = 1, \ldots, 20$, die in Abb. 9.8 mit $*$ dargestellt sind. Zur Approximation (und Glättung) dieser Daten benutzen wir kubische Splines mit äquidistanten Knoten $\tau_j = j \cdot 0.1$, $j = 0, \ldots, 10$, was $m = 20$, $k = 4$, $\ell = 9$ in diesem Beispiel festlegt. Für drei Parameterwerte $\theta = 0$, 10^{-3}, 10^{-2} werden die Splinefunktionen $S(x) = \sum_{j=1}^{13} c_j N_{j,4}(x)$ mit $\mathbf{c} = (c_1, \ldots, c_{13})$ wie in (9.55) in Abb. 9.8 gezeigt. △

Matlab-Demo 9.34 (Smoothing-Spline) In diesem Matlabexperiment wird für den Fall $k = 4$ (kubische Splines) die der Lösung des linearen Ausgleichsproblems (9.55) entsprechende Splinefunktion berechnet und gezeigt. Man kann die Werte von θ (Regularisierungsparameter) und ℓ ($\ell + 4 = \dim(\mathbb{P}_{4,\tau})$) variieren.

9.7   Zusammenfassung

Wir fassen die wichtigsten Ergebnisse dieses Kapitels zusammen und greifen dabei auf Abschn. 9.1.2 zurück. In diesem Kapitel werden Verfahren zur Berechnung oder Auswertung von B-Splines, Splinefunktionen und Splineinterpolationen behandelt. Die Funktionsauswertung $N_{j,k}(x)$ eines B-Splines und die Auswertung der ersten oder einer höheren Ableitung $N_{j,k}^{(p)}(x)$, $p = 1, 2, \ldots$, können *rekursiv* (Formeln (9.24) und (9.26)) *effizient bestimmt werden*.

Ausgehend von den Koeffizienten c_j in der Darstellung einer Splinefunktion in der B-Spline-Basis $S(x) = \sum_{j=1}^{k+\ell} c_j N_{j,k}(x)$ kann für gegebenes $x \in [a, b]$ der Wert $S(x)$ mit *Algortihmus* 9.19 *effizient berechnet werden* (siehe Tab. 9.1).

Die Koeffizienten c_j der vollständigen kubischen Splineinterpolation $I_4 f = \sum_{j=1}^{\ell+4} c_j N_{j,4}$ (Satz 9.28) können anhand expliziter Formeln für $c_1, c_2, c_{\ell+3}, c_{\ell+4}$ und der Lösung des Gleichungssystems (9.51) bestimmt werden.

Bei der Bestimmung einer Smoothing-Splinefunktion $S = \sum_{j=1}^{k+\ell} c_j N_{j,4}$ soll ein Minimierungsproblem der Form (9.54) gelöst werden, welches als lineares Ausgleichsproblem (9.55) umformuliert werden kann. Die Systemmatrix dieses Ausgleichsproblems hat vollen Rang. Die Koeffizienten c_j der gesuchten Lösung können mit den in Abschn. 4.4 behandelten Methoden zur Lösung linearer Ausgleichsprobleme berechnet werden.

Bemerkungen zu den allgemeinen Begriffen und Konzepten:

- *Krümmungsminimierungseigenschaft der kubischen Splineinterpolation.* Die eindeutige Lösung der *kubischen* Spline-Interpolationsaufgabe minimiert näherungsweise die mittlere quadratische Krümmung (Lemma 9.3). Wegen dieser Eigenschaft werden starke Oszillationen der Lösung zwischen den Stützstellen unterdrückt.

- *Die B-Splines bilden eine gut konditionierte Basis des Splineraumes.* Die rekursiv definierten B-Splines (Definition 9.11) bilden eine Basis des Splineraumes $\mathbb{P}_{k,\tau}$. Dazu muss zu der Knotenmenge τ eine geeignete erweiterte Knotenmenge in (9.27) definiert werden. Diese Basisfunktionen sind positiv, bilden eine Zerlegung der Eins und haben einen lokalen Träger (Lemma 9.12). Außerdem ist die B-Spline-Basis gut konditioniert, siehe (9.31), d. h., dass kleine Änderungen in den Koeffizienten nur kleine Änderungen in der entsprechenden Splinefunktion bewirken und umgekehrt, und zwar unabhängig von der Lage der Knoten.

- *Eindeutige Lösbarkeit von Spline-Interpolationsaufgaben.* Das allgemeine Spline-Interpolationsproblem (9.41) hat eine eindeutige Lösung genau dann, wenn in den Träger jeder B-Spline-Basisfunktion mindestens eine Stützstelle fällt. Die vollständige und natürliche kubische Spline-Interpolationsaufgabe (9.44) bzw. (9.45) haben jeweils eine eindeutige Lösung.

- *Smoothing-Splines zur Approximation von fehlerbehafteten Datensätzen.* Grundidee bei den Smoothing-Splines ist die Minimierung eines Funktionals der Form (9.53), in dem man einen Kompromiss zwischen einem guten Datenfit und einem glatten Kurvenverlauf sucht. Damit das Lösen des Minimierungsproblems stark vereinfacht wird, betrachtet man die Annäherung (9.54) des ursprünglichen Funktionals (9.53). Der Regularisierungsparameter θ steuert den Kompromiss zwischen einem guten Datenfit und einem glatten Kurvenverlauf.

9.8 Übungen

Übungen 9.1 Gegeben sei die Wertetabelle

i	0	1	2	3	4
x_i	2	3	4	5	6
f_i	$2\frac{1}{2}$	1	0	$-\frac{1}{6}$	$\frac{1}{6}$

.

Bestimmen Sie den kubischen Spline $S \in \mathbb{P}_{4,\tau}$, so dass

$$S(x_i) = f_i, \quad i = 0, 1, \ldots, 4,$$
$$S''(2) = S''(6) = 0.$$

Übungen 9.2 Es sei $\mathbb{P}_{4,\tau}$ der Raum der kubischen Splines wie in Abschn. 9.2 definiert. Zeigen Sie, dass dim $\mathbb{P}_{4,\tau} = n + 3$ gilt.

Übungen 9.3 In dieser Aufgabe wird das Resultat (9.15) hergeleitet.

a) Zeigen Sie, dass für jede invertierbare Matrix A gilt:

$$\|A^{-1}\|_\infty = \Big(\min_{\|x\|_\infty = 1} \|Ax\|_\infty \Big)^{-1}.$$

Es sei $A = \text{tridiag}(1, 4, 1) \in \mathbb{R}^{(n-1)\times(n-1)}$ die Matrix in dem Gleichungssystem (9.14).

b) Es sei $x \in \mathbb{R}^{n-1}$ mit $\|x\|_\infty = 1$ und $i \in \{1, \ldots, n-1\}$ so, dass $|x_i| = 1$. Zeigen Sie (mit $x_0 = x_n := 0$):

$$\|Ax\|_\infty \geq 4|x_i| - |x_{i-1}| - |x_{i+1}| \geq 2.$$

c) Beweisen Sie: $\|A^{-1}\|_\infty \leq \frac{1}{2}$.

d) Zeigen Sie:

$$\max_{x \in I_j} \big((x_{j+1} - x)^3 + (x - x_j)^3 \big) = \frac{1}{4}h^3,$$

mit $I_j := [x_j, x_{j+1}]$, $h := x_{j+1} - x_j$.

e) Es seien $S \in \mathbb{P}_{4,\tau}$ die Lösung der Aufgabe 9.2 mit äquidistanten Stützstellen und $x \in I_j = [x_j, x_{j+1}]$. Zeigen Sie, mit Hilfe der Darstellung (9.10):

$$
\begin{aligned}
|\tilde{S}(x) - S(x)| &\leq \frac{1}{6h} \left((x_{j+1} - x)^3 |\tilde{m}_j - m_j| + (x - x_j)^3 |\tilde{m}_{j+1} - m_{j+1}| \right) \\
&\quad + \frac{1}{h} \left((x_{j+1} - x)|\tilde{f}_j - f_j| + (x - x_j)|\tilde{f}_{j+1} - f_{j+1}| \right) \\
&\quad + \frac{h}{6} \left((x_{j+1} - x)|\tilde{m}_j - m_j| + (x - x_j)|\tilde{m}_{j+1} - m_{j+1}| \right) \\
&\leq \tfrac{5}{24} h^2 \|\tilde{m} - m\|_\infty + \|\tilde{f} - f\|_\infty \leq 3\tfrac{1}{2}\epsilon,
\end{aligned}
$$

mit $\epsilon := \|\tilde{f} - f\|_\infty := \max_{0 \leq j \leq n} |\tilde{f}_j - f_j|$.

Übungen 9.4   In dieser Aufgabe wird die für äquidistante Stützstellen in Abschn. 9.2 behandelte Methode zur Bestimmung einer Splineinterpolation auf den Fall *nicht-äquidistanter* Stützstellen erweitert. Wir betrachten die Aufgabe 9.2. Es seien $h_{i+1} = x_{i+1} - x_i$, $i = 0, \ldots, n-1$, und $m_j := S''(x_j)$, $j = 0, \ldots, n$ (beachte: S'' stetig). Die m_j heißen „Momente". Eine Möglichkeit, die Lösung der Aufgabe 9.2 zu bestimmen, wird im folgenden vorgestellt. Zeigen Sie:

a) Für $x \in [x_j, x_{j+1}]$ gilt: $S''(x) = m_j \dfrac{x_{j+1} - x}{h_{j+1}} + m_{j+1} \dfrac{x - x_j}{h_{j+1}}$.

b) Für $x \in [x_j, x_{j+1}]$ gilt: $S(x) = \alpha_j + \beta_j (x - x_j) + \gamma_j (x - x_j)^2 + \delta_j (x - x_j)^3$ mit

$$
\alpha_j = f_j, \quad \beta_j = \frac{f_{j+1} - f_j}{h_{j+1}} - \frac{2m_j + m_{j+1}}{6} h_{j+1},
$$

$$
\gamma_j = m_j/2, \quad \delta_j = \frac{m_{j+1} - m_j}{6h_{j+1}}.
$$

c) Die Momente $\{m_i\}$ lösen die Gleichungen $\mu_i m_{i-1} + 2m_i + \lambda_i m_{i+1} = d_i$, $i = 1, \ldots, n-1$, wobei

$$
d_i = \frac{6}{h_i + h_{i+1}} \left(\frac{f_{i+1} - f_i}{h_{i+1}} - \frac{f_i - f_{i-1}}{h_i} \right),
$$

$$
\lambda_i = \frac{h_{i+1}}{h_i + h_{i+1}}, \quad \mu_i = \frac{h_i}{h_i + h_{i+1}}, \quad i = 1, \ldots, n-1.
$$

Wie man in Aufg. a) bzw. c) erkannt hat, fehlen zur eindeutigen Bestimmung der Momente und damit des gesamten Splines noch genau 2 Bedingungen. Diese stellt man üblicherweise an den Rand des Splines. Dabei treten folgende drei (sinnvolle) Varianten auf:

(1) $S''(a) = S''(b) = 0$ (natürliche Randbedingungen, wie in Aufgabe 9.2).

(2) $S'(a) = S'(b)$, $S''(a) = S''(b)$; nur sinnvoll, wenn $f_0 = f_n$ (periodische Randbedinungen).

(3) $S'(a) = w_0$, $S'(b) = w_1$, für vorgegebene Werte $w_0, w_1 \in \mathbb{R}$.

d) Geben Sie in allen drei Fällen die zwei Gleichungen für die Momente $m_0, \ldots, m_n$ an, die sich aus den Randbedingungen ergeben.

e) Leiten Sie in allen drei Fällen das gesamte Gleichungssystem für die Momente $m_0, \ldots, m_n$ in Matrixschreibweise her.

f) Wie sehen diese Gleichungssysteme im Falle $h_i = h$, für alle i, aus?

Übungen 9.5 Für $k \geq 1$, $m \geq 0$, betrachte die $k + l$ Funktionen (vgl. (9.19)):

$$x^i, \quad i = 0, \ldots, k - 1, \quad (\tau_i - x)_+^{k-1}, \quad i = 1, \ldots, \ell.$$

Zeigen Sie Folgendes:

a) Diese Funktionen sind Elemente des Raumes $\mathbb{P}_{k,\tau}$.
b) Diese Funktionen sind linear unabhängig.

Übungen 9.6 Für $h = 1/n$ sei $t_j := (j - 1)h$, $j = 1, \ldots, n$. Berechnen Sie die quadratischen B-Splines $N_{j,3}$, $j = 1, \ldots, n - 3$, aus Definition 9.11.

Übungen 9.7 Beweisen Sie die Resultate (i) − (iii) in Lemma 9.12.

Übungen 9.8 Approximieren Sie die Sinusfunktion über eine Periode durch

(i) vollständige kubische Splineinterpolation,
(ii) natürliche kubische Splineinterpolation,

zu den Stützstellen $-\frac{\pi}{2}$, 0, $\frac{\pi}{2}$, π, $\frac{3\pi}{2}$.

Übungen 9.9 Erstellen Sie ein Programm zur Auswertung einer Splinefunktion nach dem Algorithmus 9.19.

Übungen 9.10 Erstellen Sie ein Programm zur Berechnung der vollständigen kubischen Splineinterpolation nach der in Abschn. 9.5 behandelten Methode.

Numerische Integration

10

10.1 Einleitung

Integrale sind in den seltensten Fllen analytisch direkt berechenbar. Die numerische Berechnung von Integralen (auch *Quadratur* genannt) ist eine der ältesten Aufgaben in der numerischen Mathematik. In diesem Kapitel werden Methoden zur Lösung dieser Aufgabe diskutiert. Wir konzentrieren uns zunächst auf einige wichtige Grundprinzipien der Konstruktion von Näherungsformeln für ein *eindimensionales* Integral

$$I = \int_a^b f(x)\,dx$$

einer stetigen Funktion $f \in C([a, b])$. Die Aufgabe der Bestimmung dieses Integrals kann man als die Aufgabe der Auswertung des linearen Funktionals

$$L : C([a, b]) \to \mathbb{R}, \quad L(f) = \int_a^b f\,x)\,dx \tag{10.1}$$

auffassen. Insbesondere ist die gesuchte Lösung eine *skalare* Größe.

10.1.1 Orientierung: Strategien, Konzepte, Methoden

Das wichtigste Konzept bei der Herleitung von Quadraturformeln ist sehr einfach zu erklären. Es stehen mehrere Methoden zur Verfügung, um eine Funktion f mit einem Polynom $p_m \in \Pi_m$ mittels Interpolation zu approximieren, siehe Kap. 8. Falls p_m eine „gute" Approximation von f ist, z. B. $\| f - p_m \|_\infty = \max_{x \in [a,b]} |f(x) - p_m(x)| \le \epsilon$, für ein hinreichend kleines ϵ, liefert $L(p_m)$ eine gute Approximation des Integrals $L(f)$:

W. Dahmen und A. Reusken, *Numerik für Ingenieure und Naturwissenschaftler*, https://doi.org/10.1007/978-3-662-65181-0_10

$$|L(p_m) - L(f)| \leq \int_a^b |p_m(x) - f(x)|\, dx \leq (b-a)\epsilon. \tag{10.2}$$

Die Auswertung von $L(p_m)$ ist *einfach*, weil p_m ein *Polynom* ist. Verfahren die auf diesem grundlegenden Konzept basieren, werden *interpolatorische Quadraturformeln* genannt. Bei der Interpolation mit Polynomen in Kap. 8 hat sich herausgestellt, dass die Anzahl und Verteilung der Stützstellen die Qualität eines Interpolationspolynoms wesentlich beeinflussen. Vor diesem Hintergrund ist es nicht erstaunlich dass die Genauigkeit interpolatorischer Quadraturformeln signifikant von der Wahl der Stützstellen abhängt. Wir werden zwei Klassen von Quadraturformeln behandeln (die sogenannten *Newton-Cotes-Methoden* und die *Gauß-Quadratur*), welche sich unterscheiden in der Wahl der Stützstellen. Ausgehend von Resultaten für den Interpolationsfehler $|p_m(x) - f(x)|$, $x \in [a, b]$, erhält man Schranken für den maximalen Interpolationsfehler ϵ in (10.2) und damit für die Genauigkeit der Integralapproximation.

Ein zweites zentrales Konzept im Bereich der Quadraturverfahren ist das der wiederholten Quadratur, welches auf folgender Eigenschaft basiert: Sei $a = t_0 < t_1 < \ldots < t_n = b$ eine Unterteilung des Intervalls $[a, b]$, dann gilt

$$L(f) = L_{[a,b]}(f) = \int_a^b f(x)\, dx = \sum_{k=1}^n \int_{t_{k-1}}^{t_k} f(x)\, dx = \sum_{k=1}^n L_{[t_{k-1}, t_k]}(f).$$

Dies bedeutet, dass zur Approximation des Gesamtintegrals $L_{[a,b]}(f)$ eine Quadraturformel zur Approximation von $L_{[t_{k-1}, t_k]}(f)$, zum Beispiel eine interpolatorische Quadraturformel $L_{[t_{k-1}, t_k]}(p_m)$, wiederholt (für $k = 1, \ldots, n$) angewendet werden kann. Diese Strategie führt auf die sogenannten *wiederholten* oder *summierten* Quadraturformeln.

Das Wiederholen auf einer systematisch feiner werdenden Unterteilung führt auf eine skalare Folge die gegen die gesuchte Lösung $I \in \mathbb{R}$ konvergiert. Betrachten wir beispielhaft den einfachen Fall einer äquidistanten Unterteilung mit Halbierung der Schrittweite, d. h., $t_k - t_{k-1} = h_i = 2^{-i}(b-a)$, für $k = 1, \ldots, n = 2^i$, $i = 1, 2, \ldots$, und einer interpolatorischen Quadratur der Form $L_{[t_{k-1}, t_k]}(p_1)$ mit p_1 das lineare Interpolationspolynom auf $[t_{k-1}, t_k]$. Dann liefert die summierte Quadraturformel Approximationen $I_i = \sum_{k=1}^{2^i} L_{[t_{k-1}, t_k]}(p_1)$, $i = 1, 2, \ldots$, mit $\lim_{i \to \infty} I_i = I$. Es stellt sich heraus, dass unter bestimmten Annahmen der Fehler $I - I_i$ gewisse Struktureigenschaften hat die man, ähnlich wie bei den in Abschn. 5.4.1 behandelten Fehlerschätzungsverfahren für skalare Folgen, ausnutzen kann um diesen Fehler zu schätzen. Diese Schätzung kann als Korrektur verwendet werden um das vorliegende Ergebnis I_i zu verbessern. Diesen Korrekturschritt kann man sogar wiederholen und dies führt auf die allgemeine Technik der *Extrapolation,* welche wir genauer erklären werden.

Die interpolatorische Quadraturformeln und die Extrapolation werden für das *ein*dimensionale Integral I erklärt. Am Ende des Kapitels wird kurz ein einfacher Ansatz zur näherungsweisen Berechnung von *zwei*dimensionalen Integralen diskutiert.

10.1.2 Kondition des Problems

Es seien

$$I = \int_a^b f(x)\,dx, \quad \tilde{I} = \int_a^b \tilde{f}(x)\,dx, \quad f, \tilde{f} \in C([a, b]),$$

wobei $\tilde{f}$ ein gestörter Integrand ist. Mit $\|f - \tilde{f}\|_\infty := \max\limits_{a \le x \le b} |f(x) - \tilde{f}(x)|$ erhält man

$$|I - \tilde{I}| = \left| \int_a^b f(x) - \tilde{f}(x)\,dx \right| \le \int_a^b |f(x) - \tilde{f}(x)|\,dx \le (b - a)\|f - \tilde{f}\|_\infty.$$

(10.3)

Dies zeigt, dass die *absolute* Kondition des Integrationsproblems (bezüglich der Maximum-Norm) gut ist. Für die relative Kondition ergibt sich hingegen

$$\frac{|I - \tilde{I}|}{|I|} \le (b - a)\frac{\|f - \tilde{f}\|_\infty}{|\int_a^b f(x)\,dx|} = \frac{\int_a^b \|f\|_\infty\,dx}{|\int_a^b f(x)\,dx|} \cdot \frac{\|f - \tilde{f}\|_\infty}{\|f\|_\infty} =: \kappa_{\mathrm{rel}} \frac{\|f - \tilde{f}\|_\infty}{\|f\|_\infty}.$$

Somit kann ganz analog zur Auslöschung bei der Summenbildung $\kappa_{\mathrm{rel}} \gg 1$ auftreten (nämlich wenn $|\int_a^b f(x)\,dx| \ll \int_a^b \|f\|_\infty\,dx$).

10.2 Die Trapezregel

Die gängige Strategie zur näherungsweisen Berechnung von schung bei der Summenbildung

$$\int_a^b f(x)\,dx$$

lässt sich folgendermaßen umreißen:

1. Man unterteile $[a, b]$ in Teilintervalle $[t_{k-1}, t_k]$, z. B. mit $t_j = a + jh$, $j = 0, \ldots, n, h = \frac{b-a}{n}$.
2. Approximiere f auf jedem Intervall $[t_{k-1}, t_k]$ durch eine *einfach* zu integrierende Funktion g_k, und verwende

$$\sum_{k=1}^n \int_{t_{k-1}}^{t_k} g_k(x)\,dx \approx \sum_{k=1}^n \int_{t_{k-1}}^{t_k} f(x)\,dx = \int_a^b f(x)\,dx \qquad (10.4)$$

als Näherung für das exakte Integral.

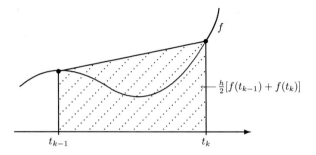

Abb. 10.1 Trapezregel

Als einführendes Beispiel betrachten wir die sogenannte *Trapezregel*. Dabei wählt man in (10.4) speziell

$$g_k(x) = \frac{x - t_{k-1}}{h} f(t_k) + \frac{t_k - x}{h} f(t_{k-1}), \tag{10.5}$$

d. h. die lineare Interpolation von f an den Intervallenden von $[t_{k-1}, t_k]$. Folglich ist $\int_{t_{k-1}}^{t_k} g_k(x)\, dx$ gerade die Fläche

$$\frac{h}{2}[f(t_{k-1}) + f(t_k)] \tag{10.6}$$

des durch den Graphen von $g_k(x)$ definierten Trapezes (vgl. Abb. 10.1).
Dies liefert die

summierte Trapezregel

$$T(h) = h\left[\frac{1}{2}f(a) + f(t_1) + \cdots + f(t_{n-1}) + \frac{1}{2}f(b)\right] \tag{10.7}$$

als Näherung für $\int_a^b f(x)\, dx$.
Für den Verfahrensfehler der Teilintegrale gilt folgende Darstellung:

Lemma 10.1

Sei $f \in C^2([t_{k-1}, t_k])$. Dann gilt:

$$\frac{h}{2}[f(t_{k-1}) + f(t_k)] = \int_{t_{k-1}}^{t_k} f(x)\,dx + \frac{f''(\xi_k)}{12}h^3 \quad \text{für ein } \xi_k \in [t_{k-1}, t_k].$$

Beweis. Aus Satz 8.22 folgt mit g_k wie in (10.5)

$$f(x) - g_k(x) = f(x) - P(f|t_{k-1}, t_k)(x) = (x - t_{k-1})(x - t_k)\frac{f''(\xi)}{2},$$

mit einem ξ, für das $\min\{x, t_{k-1}\} \le \xi \le \max\{x, t_k\}$ gilt. Beachte, dass $\xi = \xi_x$ von x abhängt. Integration liefert

$$\int_{t_{k-1}}^{t_k} f(x)\,dx = \frac{h}{2}[f(t_{k-1}) + f(t_k)] + \frac{1}{2}\int_{t_{k-1}}^{t_k}(x - t_{k-1})(x - t_k)f''(\xi_x)\,dx. \quad (10.8)$$

Sei

$$c := \frac{\frac{1}{2}\int_{t_{k-1}}^{t_k}(x - t_{k-1})(x - t_k)f''(\xi_x)\,dx}{\frac{1}{2}\int_{t_{k-1}}^{t_k}(x - t_{k-1})(x - t_k)\,dx} = \frac{\int_{t_{k-1}}^{t_k}(x - t_{k-1})(x - t_k)f''(\xi_x)\,dx}{-\frac{1}{6}h^3}.$$

Weil $(x - t_{k-1})(x - t_k)$ für $x \in [t_{k-1}, t_k]$ ein festes Vorzeichen hat, gilt

$$\min_{x \in [t_{k-1}, t_k]} f''(x) \le c \le \max_{x \in [t_{k-1}, t_k]} f''(x).$$

Aufgrund des Zwischenwertsatzes muss

$$c = f''(\xi_k) \quad \text{für ein} \xi_k \in [t_{k-1}, t_k]$$

gelten. Einsetzen in (10.8) bestätigt die Behauptung. $\qquad\square$

Für den Verfahrensfehler von $T(h)$ ergibt sich damit die Abschätzung

$$\left|T(h) - \int_a^b f(x)\,dx\right| = \left|\sum_{k=1}^{n}\frac{f''(\xi_k)}{12}h^3\right| \le \frac{h^3}{12}\sum_{k=1}^{n}|f''(\xi_k)| \le \frac{h^3}{12}n \max_{x \in [a,b]}|f''(x)|.$$

Mit $nh = b - a$ ergibt sich insgesamt die *Fehlerschranke* ergibt sich insgesamt die

$$\left| T(h) - \int_a^b f(x)\, dx \right| \le \frac{h^2}{12} (b - a) \max_{x \in [a,b]} \left| f''(x) \right|. \qquad (10.9)$$

Ebenfalls gilt für den Fehler in Abhängigkeit von der Schrittweite h

$$E(h) := T(h) - \int_a^b f(x)\, dx = \sum_{k=1}^{n} \frac{f''(\xi_k)}{12} h^3 = \frac{h^2}{12} \sum_{k=1}^{n} h f''(\xi_k)$$

für ein $\xi_k \in [t_{k-1}, t_k]$, $k = 1, \dots, n$. Für jede stetige Funktion $g \in C([a, b])$ ist die sogenannte Riemann-Summe $h \sum_{k=1}^{n} g(\xi_k)$ (mit $\xi_k \in [t_{k-1}, t_k]$) eine Annäherung des Integrals von g und es gilt $\lim_{h \to 0} h \sum_{k=1}^{n} g(\xi_k) = \int_a^b g(x)\, dx$. Wir verwenden dieses Resultat für $g = f''$ und somit erhält man wegen

$$\lim_{h \to 0} \frac{E(h)}{h^2} = \frac{1}{12} \int_a^b f''(x)\, dx = \frac{1}{12} \left(f'(b) - f'(a) \right)$$

die *Fehlerschätzung*

$$E(h) \approx \hat{E}(h) := \frac{h^2}{12} \left(f'(b) - f'(a) \right). \qquad (10.10)$$

Die Fehlerschätzung $\hat{E}(h)$ in (10.10) liefert allerdings *keine* strikte Schranke für den Diskretisierungsfehler und bietet somit eine etwas weniger zuverlässige aber in der Praxis in der Regel sehr gute quantitative Aussage. Eine schlechte Schätzung erhält man z. B., wenn $f'(a) = f'(b)$, also $\hat{E}(h) = 0$ ist, aber $E(h)$ „groß" ist. Wenn aber beispielsweise die dritte Ableitung von f existiert und beschränkt ist, gibt $\hat{E}(h)$ im folgenden Sinne tatsächlich zuverlässigen Aufschluß über den wirklichen Fehler. Es gilt nämlich

$$\left| \hat{E}(h) - E(h) \right| \le h^3 \frac{b - a}{12} \max_{x \in [a,b]} \left| f'''(x) \right|. \qquad (10.11)$$

Der Schätzwert gibt also unter obiger Annahme den wirklichen Fehler bis auf einen Restterm der Ordnung h^3 wieder. Man sieht (10.11) folgendermaßen ein. Wegen $\max_{x \in [t_{k-1}, t_k]} |f''(x) - f''(\xi_k)| \le h \max_{x \in [a,b]} |f'''(x)|$ gilt nämlich

Tab. 10.1 Trapezregel

n	$T(h)$	$\lvert E(h)\rvert = \lvert T(h) - I\rvert$	$\lvert \hat{E}(h)\rvert = \frac{h^2}{12}\lvert f'\left(\frac{\pi}{2}\right) - f'(0)\rvert$
4	4.396928	1.57e−02	1.59e−02
8	4.385239	3.97e−03	3.98e−03
16	4.382268	9.95e−04	9.96e−04
32	4.381523	2.49e−04	2.49e−04

$$\lvert \hat{E}(h) - E(h)\rvert = \left\lvert \frac{h^2}{12} \sum_{k=1}^{n} \left(\int_{t_{k-1}}^{t_k} f''(x)\,dx - h f''(\xi_k) \right) \right\rvert$$

$$= \left\lvert \frac{h^2}{12} \sum_{k=1}^{n} \int_{t_{k-1}}^{t_k} (f''(x) - f''(\xi_k))\,dx \right\rvert$$

$$\leq \frac{h^2}{12} \sum_{k=1}^{n} \int_{t_{k-1}}^{t_k} \lvert f''(x) - f''(\xi_k)\rvert\,dx$$

$$\leq h^3 \frac{b-a}{12} \max_{x \in [a,b]} \lvert f'''(x)\rvert.$$

Beispiel 10.2 Zur näherungsweisen Berechnung von

$$I = \int_0^{\pi/2} x\cos x + e^x\,dx = \frac{\pi}{2} + e^{\frac{1}{2}\pi} - 2$$

mit der summierten Trapezregel ergeben sich die in Tab. 10.1 angegebenen Näherungswerte, Verfahrensfehler und Fehlerschätzungen (10.10). △

Matlab-Demo 10.3 (Summierte Trapezregel) In diesem Matlabexperiment wird, für mehrere mehrere Beispielfunktionen f, die summierte Trapezregel $T(h)$ zur Approximation des Integrals $I = \int_0^1 f(x)\,dx$ eingesetzt. Der Fehler $\lvert I - T(h)\rvert$ wird gezeigt und die Fehlerreduktion bei Verdopplung der Anzahl der Teilintervalle wird berechnet.

10.3 Interpolatorische Quadratur

Die (summierte) Trapezregel ist ein Spezialfall der folgenden allgemeinen Vorgehensweise. Für ein typisches Teilintervall $[t_{k-1}, t_k]$ in (10.4) stehe der Einfachheit halber im Folgenden $[c, d]$. Seien nun

$$x_0, \ldots, x_m \in [c, d] \tag{10.12}$$

paarweise verschiedene Punkte. Als Näherung für f (d. h. g_k in (10.4)) verwendet man das *Interpolationspolynom* $P(f|x_0, \dots, x_m)$ *zu den Stützstellen* x_j. Als Näherung für $\int_c^d f(x)\,dx$ erhält man dann die *interpolatorische Quadraturformel* (zu den Stützstellen $x_0, \dots, x_m$)

$$I_m(f) = \int_c^d P(f|x_0, \dots, x_m)(x)\,dx, \tag{10.13}$$

wobei das Integral eines Polynoms einfach zu berechnen ist. Obiges Beispiel der Trapezregel ist von diesem Typ ($m = 1$, $x_0 = c$, $x_1 = d$).

Satz 10.4
Sei $I_m(f)$ durch (10.13) definiert. Für jedes Polynom $Q \in \Pi_m$ gilt

$$I_m(Q) = \int_c^d Q(x)\,dx.$$

Man sagt, die Quadraturformel ist exakt vom Grade m.

Beweis. Sei $Q \in \Pi_m$. Wegen der Eindeutigkeit der Polynominterpolation gilt

$$P(Q|x_0, \dots, x_m)(x) = Q(x),$$

und deshalb

$$I_m(Q) = \int_c^d P(Q|x_0, \dots, x_m)(x)\,dx = \int_c^d Q(x)\,dx \ .$$

$\square$

Wie wir später sehen werden, ist der Exaktheitsgrad ein wesentliches Qualitätsmerkmal einer Quadraturformel.

In der Form (10.13) ist die Quadraturformel noch nicht praktisch anwendbar. Für die Konstruktion konkreter Formeln ist folgendes Resultat nützlich.

Lemma 10.5

$I_m(f)$ *aus* (10.13) *hat die Form*

$$I_m(f) = h \sum_{j=0}^{m} c_j f(x_j), \qquad (10.14)$$

wobei $h := d - c$ *und die Gewichte* c_j *durch*

$$c_j = \frac{1}{h} \int_c^d \prod_{\substack{k=0 \\ k \neq j}}^{m} \frac{x - x_k}{x_j - x_k} \, dx = \frac{1}{h} \int_c^d \ell_{jm}(x) \, dx \qquad (10.15)$$

gegeben sind. Die Polynome ℓ_{jm} $(0 \leq j \leq m)$ *sind die Lagrange-Fundamentalpolynome zu den Stützstellen* $x_0, \ldots, x_m$.

Beweis. (10.14) und (10.15) folgen sofort aus der Darstellung (8.8) des Lagrange-Interpolationspolynoms. □

Die Quadraturformel (10.14) ist eindeutig definiert, hängt aber (nur) noch von der Wahl der Stützstellen $x_0, \ldots, x_m$ ab. In den nächsten zwei Abschnitten werden zwei wichtige Möglichkeiten für die Wahl dieser Stützstellen behandelt.

Folgendes Resultat zeigt, dass, falls eine allgemeine Quadraturformel der Form $\hat{I}_m(f) = \sum_{j=0}^{m} w_j f(x_j)$, mit Stützstellen wie in (10.12) und Gewichten $w_j \in \mathbb{R}$, den Exaktheitsgrad (mindestens) m hat, diese Formel mit der interpolatorischen Quadraturformel (zu den Stützstellen $x_0, \ldots, x_m$ wie in (10.12)) übereinstimmt.

Lemma 10.6

Sei $\hat{I}_m(f) = \sum_{j=0}^{m} w_j f(x_j)$ *eine Quadraturformel mit* $\hat{I}_m(Q) = \int_c^d Q(x) \, dx$ *für alle* $Q \in \Pi_m$. *Dann gilt*

$$w_j = h c_j, \quad \text{mit } c_j \text{ aus (10.15)}, \text{für alle } j = 0, \ldots, n.$$

Beweis. Wir wählen $Q = \ell_{im} \in \Pi_m$, das i-te Lagrange-Fundamentalpolynom. Wegen $\ell_{im}(x_j) = \delta_{ij}$ erhält man

$$w_i = \sum_{j=0}^{m} w_j \ell_{im}(x_j) = \hat{I}_m(\ell_{im}) = \int_c^d \ell_{im}(x) \, dx = h c_i.$$

□

Tab. 10.2 Newton-Cotes-Formeln

m		μ_j	c_j	Ex.Gr.	$I_m(f) - \int_c^d f(x)\,dx$
0	Mittelpkt.regel	$\frac{1}{2}$	1	1	$-\frac{1}{24}h^3 f^{(2)}(\xi)$
1	Trapezregel	$0, 1$	$\frac{1}{2}, \frac{1}{2}$	1	$\frac{1}{12}h^3 f^{(2)}(\xi)$
2	Simpson-Regel	$0, \frac{1}{2}, 1$	$\frac{1}{6}, \frac{4}{6}, \frac{1}{6}$	3	$\frac{1}{90}(\frac{1}{2}h)^5 f^{(4)}(\xi)$
3	$\frac{3}{8}$-Regel	$0, \frac{1}{3}, \frac{2}{3}, 1$	$\frac{1}{8}, \frac{3}{8}, \frac{3}{8}, \frac{1}{8}$	3	$\frac{3}{80}(\frac{1}{3}h)^5 f^{(4)}(\xi)$
4	Milne-Regel	$0, \frac{1}{4}, \frac{1}{2}, \frac{3}{4}, 1$	$\frac{7}{90}, \frac{32}{90}, \frac{12}{90}, \frac{32}{90}, \frac{7}{90}$	5	$\frac{8}{945}(\frac{1}{4}h)^7 f^{(6)}(\xi)$

10.3.1 Newton-Cotes-Formeln

Wählt man im Interpolationspolynom in (10.13) (also in (10.14)) *äquidistante* Stützstellen x_j,

$$x_0 = c + \frac{1}{2}h =: c + \mu_0 h, \quad \text{wenn } m = 0,$$
$$x_j = c + \frac{j}{m}h =: c + \mu_j h, \quad j = 0, \dots, m, \quad \text{wenn } m > 0,$$

(10.16)

erhält man die *Newton-Cotes-Formeln*. Man kann dann (10.14) in der Form

$$I_m(f) = h \sum_{j=0}^{m} c_j f(c + \mu_j h)$$

(10.17)

mit *normierten* Stützstellen μ_j und Gewichten c_j schreiben, die jetzt unabhängig vom speziellen Intervall $[c, d]$ sind. Tab. 10.2 enthält einige gängige Beispiele.

Verfahrensfehler

In der letzten Spalte in Tab. 10.2 werden Fehlerdarstellungen für die Newton-Cotes-Formeln (auf einem Teilintervall $[c, d]$) gezeigt. Das Resultat für die Trapezregel wurde in Lemma 10.1 bewiesen. Mit ähnlichen Argumenten wie im Beweis von Lemma 10.1 können die Verfahrensfehlerdarstellungen für ungerades $m = 3, 5, \dots$ hergeleitet werden. Bei den Ergebnissen für gerades $m = 0, 2, 4, \dots$ ist die h-Potenz im Restglied (siehe letzte Spalte) dieselbe wie für $m + 1$. Die zusätzliche h-Potenz für gerades m lässt sich wie folgt aus einer Symmetrie Eigenschaft erklären. Wegen Satz 10.4 gilt $I_m(Q) = \int_c^d Q(x)\,dx$ für alle $Q \in \Pi_m$. Sei, für gerades m, $\hat{x} := x_{\frac{1}{2}m}$ die Stützstelle in der Mitte des Intervalls $[c, d]$. Für $\hat{Q}(x) := (x - \hat{x})^{m+1} \in \Pi_{m+1}$ gilt, wegen der Symmetrie der Stützstellen und Gewichte, $I_m(\hat{Q}) = 0$. Weil auch $\int_c^d \hat{Q}(x)\,dx = 0$ gilt, schließt man $I_m(Q) = \int_c^d Q(x)\,dx$ für alle $Q \in \Pi_{m+1}$ und somit ist für gerades m der Exaktheitsgrad sogar (mindestens) $m + 1$, siehe die vorletzte Spalte in Tab. 10.2. Diese Erhöhung des Exaktheitsgrades führt auf eine Erhöhung der h-Potenz im Restglied. Wir erläutern dies für den Fall $m = 0$. Die Mittelpunktsregel $I_0(f) = hf(x_0)$, $x_0 = \frac{1}{2}(c + d)$, hat den Exaktheitsgrad 1. Wir definieren die lineare Funktion $Q(x) = f(x_0) + (x - x_0)f'(x_0)$ (Hermite-Interpolation) mit der Eigenschaft $I_0(Q) = hf(x_0)$. Wir verwenden die Fehlerdarstellung der Hermite-Interpolation, siehe Bemerkung 8.36, und erhalten

$$
I_0(f) - \int_c^d f(x)\,dx = hf(x_0) - \int_c^d f(x)\,dx = I_0(Q) - \int_c^d f(x)\,dx
$$

$$
= \int_c^d Q(x) - f(x)\,dx = -\int_c^d (x - x_0)^2 \frac{1}{2} f''(\xi_x)\,dx.
$$

Mit ähnlichen Argumenten wie im Beweis von Lemma 10.1 (siehe auch Übung 10.1) kann man das letzte Integral umformen und somit ergibt sich

$$
I_0(f) - \int_c^d f(x)\,dx = -\frac{1}{2} f''(\xi) \int_c^d (x - x_0)^2\,dx = -\frac{1}{24} h^3 f''(\xi),
$$

für ein $\xi \in [c, d]$, also die Fehlerdarstellung für die Mittelpunktsregel.

Summierte Newton-Cotes-Formeln
Wie bei der Trapezregel kann man für jede Newton-Cotes-Formel eine zugehörige *summierte* (oder *wiederholte*) Regel herleiten. Als Beispiel behandeln wir die summierte Simpson-Regel. Anwendung der Simpson-Regel auf jedem Teilintervall $[c, d] = [t_{k-1}, t_k]$, $t_k = a + kh$, $k = 0, \ldots, n$, $h = \frac{b-a}{n}$ ergibt die summierte Simpson-Regel

$$
S(h) = \frac{h}{6} \left[f(t_0) + 4f\left(\frac{t_0 + t_1}{2}\right) + 2f(t_1) + 4f\left(\frac{t_1 + t_2}{2}\right) + \right.
$$
$$
\left. 2f(t_2) + \ldots + 2f(t_{n-1}) + 4f\left(\frac{t_{n-1} + t_n}{2}\right) + f(t_n) \right], \tag{10.18}
$$

und für den Fehler $E(h) = \int_a^b f(x)\,dx - S(h)$:

$$
E(h) = \sum_{k=1}^n \frac{1}{90}\left(\frac{1}{2}h\right)^5 f^{(4)}(\xi_k) = \frac{h^4}{2880} \sum_{k=1}^n h f^{(4)}(\xi_k), \quad \xi_k \in [t_{k-1}, t_k].
$$

Es gilt, wegen $nh = b - a$,

Tab. 10.3 Simpson-Regel

n	$S(h)$	$|E(h)|$	$\frac{h^4}{2880}|f^{(3)}(\frac{\pi}{2}) - f^{(3)}(0)|$
4	4.381343022	6.93e−05	6.92e−05
8	4.381278035	4.33e−06	4.33e−06
16	4.381273978	2.70e−07	2.70e−07
32	4.381273725	1.69e−08	1.69e−08

$$|E(h)| \leq \frac{h^4}{2880}(b - a)\|f^{(4)}\|_\infty \,,$$

$$E(h) \approx \frac{h^4}{2880} \int_a^b f^{(4)}(x)\, dx = \frac{h^4}{2880}\left(f^{(3)}(b) - f^{(3)}(a)\right). \tag{10.19}$$

Für die Schätzung gelten analoge Bemerkungen wie für die summierte Trapezregel. Der Schätzwert gibt den tatsächlichen Fehler bis auf einen Term der Ordnung $\mathcal{O}(h^5)$ an, falls die fünfte Ableitung von f existiert und beschränkt ist.

Man beachte, dass beim Aufsummieren der einzelnen Teilintegrale, $\int_a^b f(x)\, dx$ $= \sum_{k=1}^n \int_{t_{k-1}}^{t_k} f(x)\, dx$, im Fehler eine h-Potenz verloren geht.

Beispiel 10.7 Für das Integral in Beispiel 10.2 ergeben sich die Resultate wie in Tab. 10.3.

Man beachte, dass die summierte Simpson-Regel für gegebenes n etwa doppelt so viele Funktionsauswertungen benötigt wie die summierte Trapezregel, allerdings aufgrund des höheren Exaktheitsgrades einen quadratisch kleineren Fehler – die doppelte Anzahl korrekter Stellen – bietet.   △

Matlab-Demo 10.8 (Summierte Trapez- und Simpson-Regel) In diesem Matlab-experiment werden, für mehrere Beispielfunktionen f (wie in Matlabdemo 10.3), die summierte Trapezregel $T(h)$ und die summierte Simpson-Regel $S(h)$ zur Approximation des Integrals $I = \int_0^1 f(x)\, dx$ verglichen. Die Fehler $|I - T(h)|$ und $|I - S(h)|$ werden gezeigt. Es wird bestätigt, dass für hinreichend oft differenzierbare Funktionen die summierte Simpson-Regel effizienter als die summierte Trapezregel ist. Falls die Funktion f „nicht glatt" ist (z. B. $f(x) = \sqrt{x}$), ist die summierte Simpson-Regel nicht immer effizienter als die summierte Trapezregel.

10.3.2 Gauß-Quadratur

Wie bereits bei den Newton-Cotes-Formeln gezeigt wurde ist der Exaktheitsgrad ein wesentliches Qualitätsmerkmal einer Quadraturformel. In Abschn. 10.3.1 wurden in der allgemeinen interpolatorischen Quadraturformel (10.14) *äquidistante* Stützstellen gewählt. Es liegt nun das folgende Ziel auf der Hand:

> Für festes $m \in \mathbb{N}$, wähle die Stützstellen $x_0, \ldots, x_m$, so dass die interpolatorische Quadraturformel
>
> $$h \sum_{j=0}^{m} c_j f(x_j) = \int_c^d P(f|x_0, \ldots, x_m)(x) dx \qquad (10.20)$$
>
> (mit c_j wie in (10.15)) einen möglichst hohen Exaktheitsgrad $n \geq m$ hat, d.h.
>
> $$\int_c^d Q(x) \, dx = h \sum_{j=0}^{m} c_j Q(x_j), \quad \forall \, Q \in \Pi_n. \qquad (10.21)$$

Der Exaktheitsgrad der Newton-Cotes-Formeln $I_m(f)$ ist entweder m oder $m + 1$ siehe Tab. 10.2. Es zeigt sich, dass man dies verbessern kann. Allerdings sieht man leicht, dass man mit einer Formel des Typs (10.20) *höchstens* den Exaktheitsgrad $2m + 1$ realisieren kann. Würde nämlich (10.21) für $n \geq 2m + 2$ gelten, ergäbe sich für $Q(x) := \prod_{i=0}^{m}(x - x_i)^2 \in \Pi_{2m+2}$

$$0 < \int_c^d Q(x) dx = h \sum_{j=0}^{m} c_j Q(x_j) = 0,$$

also ein Widerspruch.

Dass man jedoch (10.21) für $n = 2m + 1$ realisieren kann, also einen im Verhältnis zu den Funktionsauswertungen *doppelten* Exaktheitsgrad erreichen kann, deutet folgende Heuristik an. Für $n = 2m + 1$ kann man, wenn man für Q jeweils $n + 1 = 2m + 2$ Basispolynome für den $(n+1)$-dimensionalen Raum Π_n einsetzt, die Bedingungen (10.21) als ein System von $2m + 2$ Gleichungen formulieren. Betrachtet man die $m + 1$ Stützstellen x_j sowie die $m + 1$ Gewichte c_j, $j = 0, \ldots, m$, als insgesamt $2m + 2$ Freiheitsgrade, so stehen für besagte $2m + 2$ Gleichungen genau $2m + 2$ Unbekannte zur Verfügung. Obwohl dies noch keine Lösbarkeit impliziert (die Gleichungen sind nichtlinear in den x_j), so hält dies doch die Möglichkeit offen.

Dass es dann tatsächlich funktioniert, zeigen die Gaußschen Quadraturformeln, die eine Verdopplung des Exaktheitsgrades im Vergleich zu den verwendeten Stützstellen bzw. den Newton-Cotes-Formeln erlauben.

Satz 10.9
Sei $m \geq 0$. *Es existieren Stützstellen* $x_0, \ldots, x_m \in (c, d)$, *so dass mit*
$h = d - c$ *für die interpolatorische Quadraturformel*

$$I_m(f) = h \sum_{j=0}^{m} c_j f(x_j) := \int_c^d P(f | x_0, \ldots, x_m)(x)\, dx \qquad (10.22)$$

gilt

$$I_m(Q) = \int_c^d Q(x)\, dx \quad \text{für alle} \quad Q \in \Pi_{2m+1}. \qquad (10.23)$$

Die Gewichte c_j (*siehe* (10.15)) *sind positiv. Ferner existiert ein* $\xi \in [c, d]$, *so dass gilt*

$$\left| I_m(f) - \int_c^d f(x)\, dx \right| = \frac{((m+1)!)^4}{((2m+2)!)^3 (2m+3)} h^{2m+3} \left| f^{(2m+2)}(\xi) \right|. \qquad (10.24)$$

Beweis. Einen Beweis findet man z. B. in [HH].

Die Gauß-Formel ist also exakt vom Grade $2m + 1$. Im Vergleich mit den Newton-Cotes-Formeln ist hier entsprechend auch der Exponent der h-Potenz in der Fehlerschranke etwa um einen Faktor 2 größer. Zudem wird die Fehlerkonstante mit wachsendem m sehr schnell sehr klein (siehe Tab. 10.5). Dies macht diese Quadratur-Methode sehr attraktiv, wenn die entsprechenden (höheren) Ableitungen der Integranden existieren und nicht allzu gross sind.

Wie können die Gauß-Quadratur Stützstellen bestimmt werden?
Satz 10.9 liefert nur eine *Existenz*aussage für Stützstellen. Er ist ein Spezialfall eines allgemeineren Resultats für die näherungsweise Berechnung von Integralen der Form

$$\int_c^d f(x)\, \omega(x)\, dx,$$

wobei hier ω eine feste auf (c, d) gegebene *positive Gewichtsfunktion* ist. Konstruktive Methoden zur Bestimmung der Stützstellen x_j (und Gewichte c_j) hängen eng mit sogenannten *Orthogonalpolynomen* bezüglich der Gewichtsfunktion ω zusammen. Orthogonalpolynome bilden gerade polynomiale Basisfunktionen, die bezüglich des Skalarproduktes $(f, g)_\omega := \int_c^d f(x) g(x)\, \omega(x)\, dx$, $f, g \in C([c, d])$, orthogonal sind. Man kann zeigen, dass derartige Orthogonalpolynome stets reelle paarweise verschiedene Nullstellen in $[c, d]$ haben. *Diese Nullstellen des Orthogonalpolynoms vom Grade* $m + 1$ *sind gerade die Stützstellen* x_j *in der Gauß-Quadraturformel*

Tab. 10.4 Stützstellen und Gewichte der Gauß-Quadratur

m	x_j	c_j
0	0	1
1	$-\frac{1}{3}\sqrt{3}, \ \frac{1}{3}\sqrt{3}$	$\frac{1}{2}, \ \frac{1}{2}$
2	$-\frac{1}{5}\sqrt{15}, \ 0, \ \frac{1}{5}\sqrt{15}$	$\frac{5}{18}, \ \frac{8}{18}, \ \frac{5}{18}$
3	$\pm\sqrt{\frac{3}{7} + \frac{2}{7}\sqrt{\frac{6}{5}}}$	$\frac{18-\sqrt{30}}{72}, \ \frac{18-\sqrt{30}}{72}$
	$\pm\sqrt{\frac{3}{7} - \frac{2}{7}\sqrt{\frac{6}{5}}}$	$\frac{18+\sqrt{30}}{72}, \ \frac{18+\sqrt{30}}{72}$

$h \sum_{j=0}^{m} c_j f(x_j)$ für das Integral $\int_c^d f(x)\omega(x)\,dx$. Speziell für $[c, d] = [-1, 1]$ und $\omega(x) = 1$ sind die Stützstellen bei der Gauß-Quadratur als die *Nullstellen des sogenannten Legendre-Polynoms vom Grade $m + 1$* charakterisiert. Diese Nullstellen können für allgemeines m zwar nicht durch eine geschlossene Formel angegeben werden, jedoch über eine numerische Methode approximiert werden. Es gibt natürlich Tabellen mit diesen Werten für entsprechend standardisierte Intervalle (vgl. [HH]). Die Stützstellen und Gewichte für das Intervall $[c, d] = [-1, 1]$ und $m = 0, 1, 2, 3$ werden in Tab. 10.4 gezeigt. Für ein allgemeines Intervall $[c, d] \neq [-1, 1]$ kann man die Stützstellen über eine geeignete Transformation aus denen des Intervalls $[-1, 1]$ berechnen, wie in Abschn. 10.5.1 erklärt wird.

Ein gewisser Nachteil der Gauß-Formeln liegt allerdings darin, dass man bei einer Steigerung des Grades einen kompletten Satz neuer Funktionsauswertungen benötigt, da die Nullstellen des nächst höheren Orthogonalpolynoms unterschiedlich sind.

Man kann die Charakterisierung der Stützstellen über die Legendre-Polynome umgehen und sie direkt mit Hilfe der Eigenschaft (10.23) bestimmen, also das entsprechende Gleichungssystem lösen. Diese Methode wird anhand des folgenden Beispiels illustriert.

Beispiel 10.10 Es sei $[c, d] = [-1, 1]$ und $m = 1$. Die Gauß-Quadraturformel

$$I_1(f) = 2(c_0 f(x_0) + c_1 f(x_1))$$

muss für $p \in \Pi_3$ exakt sein, d. h.

$$\int_{-1}^{1} p(x)\,dx = 2(c_0 p(x_0) + c_1 p(x_1)), \text{ für } p(x) = x^k, \ k = 0, 1, 2, 3,$$

Aus

$$\int_{-1}^{1} x^k\,dx = 2(c_0 x_0^k + c_1 x_1^k), \quad k = 0, 1, 2, 3,$$

erhält man die Gleichungen

$$2 = 2(c_0 + c_1),$$
$$0 = 2(c_0 x_0 + c_1 x_1),$$
$$\frac{2}{3} = 2(c_0 x_0^2 + c_1 x_1^2),$$
$$0 = 2(c_0 x_0^3 + c_1 x_1^3).$$

Aus Symmetriegründen muss $c_1 = c_0$ und $x_1 = -x_0$ gelten. Man kann das Gleichungssystem entsprechend vereinfachen und erhält die zwei Lösungen:

$$c_0 = c_1 = \frac{1}{2}, \quad x_0 = -\frac{1}{3}\sqrt{3}, \quad x_1 = \frac{1}{3}\sqrt{3},$$
$$c_0 = c_1 = \frac{1}{2}, \quad x_0 = \frac{1}{3}\sqrt{3}, \quad x_1 = -\frac{1}{3}\sqrt{3}. \tag{10.25}$$

Dies führt auf die Gauß-Quadraturformel:

$$I_1(f) = f\left(-\frac{1}{3}\sqrt{3}\right) + f\left(\frac{1}{3}\sqrt{3}\right).$$

Daraus erhält man auch eine Formel für ein beliebiges Intervall $[c, d]$, siehe Beispiel 10.17. △

Was steckt hinter der hohen Fehlerordnung?
Wir deuten nun kurz den Grund dieser hohen Fehlerordnung für den speziellen Fall $\omega(x) = 1$ an (die Argumentation ist im allgemeinen Fall gleich) und nehmen an, $P_{m+1}(x)$ sei das $(m + 1)$-te Orthogonalpolynom, d.h.,

$$(P_{m+1}, Q) := \int_c^d P_{m+1}(x)Q(x)\,dx = 0 \quad \text{für alle} \quad Q \in \Pi_m. \tag{10.26}$$

Wir können P_{m+1} so normieren, dass der führende Koeffizient gleich Eins ist, P_{m+1} also die Form

$$P_{m+1}(x) = (x - x_0)\cdots(x - x_m)$$

hat, wobei, wie oben erwähnt wurde, die x_j gerade die paarweise verschiedenen Nullstellen von P_{m+1} in $[c, d]$ sind. Sei $Q \in \Pi_{2m+1}$ beliebig. Mit Polynomdivision kann man zeigen, dass eine Faktorisierung

$$Q = P_{m+1}Q_1 + Q_2, \quad \text{mit } Q_1, Q_2 \in \Pi_m$$

existiert. Weil P_{m+1} die Nullstellen $x_0, \ldots, x_m$ hat, hat das Produktpolynom $P_{m+1}Q_1$ an diesen Stützstellen den Wert Null, also $I_m(P_{m+1}Q_1) = h \sum_{j=0}^m c_j (P_{m+1}Q_1)(x_j) = 0$. Hieraus und mit Hilfe von (10.26) und Satz 10.4 erhält man

$$\int_c^d Q(x)\,dx = \int_c^d P_{m+1}(x)Q_1(x)\,dx + \int_c^d Q_2(x)\,dx$$

$$= \int_c^d Q_2(x)\,dx = I_m(Q_2)$$

$$= I_m(P_{m+1}Q_1) + I_m(Q_2) = I_m(Q).$$

Damit ist gezeigt, dass diese Quadraturformel den maximalen Exaktheitsgrad $2m+1$ hat. Um die Fehlerdarstellung (10.24) zu erläutern, wählen wir ein spezielles $Q \in \Pi_{2m+1}$, nämlich ein Hermite-Interpolationspolynom, so dass

$$Q(x_j) = f(x_j), \quad Q'(x_j) = f'(x_j), \quad 0 \le j \le m.$$

Hierfür gilt die Fehlerdarstellung (vgl. (8.46), Bemerkung 8.36)

$$f(x) - Q(x) = (x-x_0)^2 \dots (x-x_m)^2 \frac{f^{(2m+2)}(\xi_x)}{(2m+2)!} = P_{m+1}(x)^2 \frac{f^{(2m+2)}(\xi_x)}{(2m+2)!}.$$

Weil f und Q an den Stützstellen übereinstimmen, gilt $P(f|x_0,\dots,x_m) = P(Q|x_0,\dots,x_m)$, und erhält

$$\int_c^d f(x)\,dx - I_m(f) = \int_c^d f(x)\,dx - \int_c^d P(f|x_0,\dots,x_m)(x)\,dx$$

$$= \int_c^d f(x)\,dx - \int_c^d P(Q|x_0,\dots,x_m)(x)\,dx$$

$$= \int_c^d f(x)\,dx - \int_c^d Q(x)\,dx = \int_c^d f(x) - Q(x)\,dx$$

$$= \frac{f^{(2m+2)}(\xi)}{(2m+2)!} \int_c^d P_{m+1}(x)^2\,dx,$$

wobei wir im letzten Schritt Argumente wie im Beweis von Lemma 10.1 verwendet haben, um den im Integral auftretenden Faktor $f^{(2m+1)}(\xi_x)$ in den vor dem Integral stehenden Term $f^{(2m+1)}(\xi)$ umzuformen. Aus Eigenschaften des Orthogonalpolynoms P_{m+1} kann man dann die Beziehung (10.24) herleiten.

Stabilität

Bei Newton-Cotes-Formeln höherer Ordnung ergeben sich schließlich Gewichte c_j mit wechselnden Vorzeichen. Bei der Gauß-Quadratur dahingegen sind für beliebiges m die Gewichte immer positiv (Satz 10.9). Dass diese Gewichte c_j tatsächlich positiv sind, ergibt sich aus der Exaktheit vom Grade $2m+1$ durch Anwendung auf das spezielle Polynom $q_k(x) := \prod_{i=0, i \ne k}^m (x-x_i)^2 \in \Pi_{2m} \subset \Pi_{2m+1}$, denn

$$0 < \int_c^d q_k(x)dx = h \sum_{j=0}^m c_j q_k(x_j) = hc_k q_k(x_k),$$

Tab. 10.5 $C_{k,h}$

h	$k = 2$	$k = 4$	$k = 8$
4	2.4e−01	1.5e−04	2.9e−13
2	7.4e−03	2.9e−07	2.2e−18
1	2.3e−04	5.6e−10	1.7e−23
0.5	7.2e−06	1.1e−12	1.3e−28

und $q_k(x_k) > 0$. Die Eigenschaft, dass die Gewichte alle positiv sind, ist relevant für die Stabilität des Quadraturverfahrens. Um dies zu erläutern betrachten wir den Fall, wobei die vorliegende Funktion f auf dem Teilintervall $[c, d]$ ein festes Vorzeichen hat. In der Gauß-Quadraturformel $I_m(f) = h \sum_{j=0}^{m} c_j f(x_j)$ haben alle Summanden dasselbe Vorzeichen und deshalb treten *keine Auslöschungseffekte* auf. Falls $\tilde{f}$ ein gestörter Integrand ist, so gilt wegen $\sum_{j=0}^{m} c_j = 1$,

$$|I_m(f) - I_m(\tilde{f})| \leq h \sum_{j=0}^{m} c_j \max_{0 \leq j \leq m} |f(x_j) - \tilde{f}(x_j)| \leq h \|f - \tilde{f}\|_\infty.$$

Man stellt also fest, dass der entsprechende (absolute) Fehler in der Quadraturformel maximal von derselben Großenordnung ist wie der wegen der (absoluten) Kondition des Problems unvermeidbare Fehler, siehe (10.3). Das Quadraturverfahren ist also in diesem Sinne stabil.

Numerische Tests

Wir untersuchen nun den in der Fehlerformel auftretenden Faktor

$$C_{k,h} := \frac{(k!)^4}{((2k)!)^3 (2k + 1)} h^{2k+1}$$

($k = m + 1$), siehe (10.24). Für glatte Funktionen (d.h., $|f^{(2k)}|$ wird nicht allzu groß, wenn k größer wird) wird die Qualität der Gauß-Quadratur im Wesentlichen durch den Faktor $C_{k,h}$ bestimmt. In Tab. 10.5 werden einige Werte für diesen Faktor aufgelistet.

Sei $I_{k,n} \approx \int_a^b f(x)\, dx = I(f)$ die summierte Gauß-Quadraturformel, wobei $[a, b]$ in n Teilintervalle mit Länge $\frac{b-a}{n} = h$ unterteilt wird und auf jedem Teilintervall eine Gauß-Quadratur mit k Stützstellen angewandt wird. Sowohl für $I_{2k,n}$ als auch für $I_{k,2n}$ wird die Anzahl der Funktionsauswertungen etwa verdoppelt im Vergleich zu $I_{k,n}$. In Tab. 10.5 kann man sehen, dass man $|I - I_{2k,n}| \ll |I - I_{k,2n}|$ erwarten darf. Daher wird in der Praxis bei der (summierten) Gauß -Quadratur n in der Regel klein gewählt, oft sogar $n = 1$.

Beispiel 10.11 Die Gauß-Quadratur mit $[c, d] = [0, \frac{\pi}{2}]$ (d.h. $n = 1$ in (10.4)) für das Integral in Beispiel 10.2 ergibt die Resultate in Tab. 10.6.

Tab. 10.6 Gauß -Quadratur

m	I_m	$|I_m - I|$
1	4.3690643196	1.22e−03
2	4.3813023502	2.86e−05
3	4.3812734352	2.73e−07
4	4.3812737083	5.18e−10

Man sieht, dass in diesem Beispiel die Genauigkeit der Gauß-Quadratur mit 5 Funktionswerten ($m = 4$; $k = 5$) besser ist als die der Simpson-Regel angewandt auf $n = 32$ Teilintervalle (vgl. Tab. 10.3), wobei insgesamt 65 Funktionswerte benötigt werden. Für Probleme mit glattem Integranden ist die Gauß-Quadratur daher oft sehr gut geeignet, wenn eine hohe Genauigkeit erforderlich ist.   △

Matlab-Demo 10.12 (Gauß-Quadratur) In diesem Matlabexperiment wird, für mehrere mehrere Beispielfunktionen f, zur Approximation des Integrals $I = \int_0^1 f(x)\,dx$ die Gauß-Quadratur mit 4 Stützstellen (also 4 f-Auswertungen) auf dem Gesamtintervall mit der summierten Simpson-Regel $S(2^{-5})$ (65 f-Auswertungen auf dem Gesamtintervall) verglichen. Die entsprechenden Approximationsfehler werden berechnet. Es wird bestätigt, dass für „glatte" Funktionen die Gauß-Quadratur (viel) effizienter als die summierte Simpson-Regel ist.

10.4   Extrapolation und Romberg-Quadratur*

Das Prinzip der *Extrapolation* liefert eine besonders effiziente Methode zur Genauigkeitsverbesserung. Im Falle der numerischen Integration lässt sich dieses Prinzip z. B. im Zusammenhang mit der summierten Trapezregel verwenden. Zu berechnen sei das Integral

$$I = \int_a^b f(x)\,dx.$$

Die summierte Trapezregel (10.7) liefert eine Approximation der Ordnung h^2 (siehe (10.9)). Die wesentliche Grundlage für den Erfolg von Extrapolationstechniken bildet eine sogenannte *asymptotische Entwicklung* des Diskretisierungsfehlers. Im Falle der Trapezsumme $T(h)$ kann man diesen Fehler genauer in folgender Reihenentwicklung beschreiben, wenn f genügend glatt ist: Für $f \in C^{2p+2}([a, b])$ gilt (siehe [SB])

$$T(h) - I = c_1 h^2 + c_2 h^4 + c_3 h^6 + \cdots + c_p h^{2p} + R(h) \qquad (10.27)$$

mit $R(h) = \mathcal{O}(h^{2p+2})$. Wichtig für die folgende Argumentation ist keinesfalls die Kenntnis der Koeffizienten c_k, sondern lediglich die Tatsache, dass die Koeffizienten

c_k *nicht* von h abhängen. Dann ergibt sich nämlich

$$T\left(\tfrac{1}{2}h\right) - I = c_1\tfrac{1}{4}h^2 + \hat{c}_2 h^4 + \ldots + \hat{c}_p h^{2p} + \mathcal{O}(h^{2p+2})\,, \qquad (10.28)$$

mit Koeffizienten $\hat{c}_j := c_j(\tfrac{1}{2})^{2j}$, $j = 2, \ldots, p$. Multipliziert man (10.28) mit $\tfrac{4}{3}$ und subtrahiert dann $\tfrac{1}{3}$-mal (10.27), so erhält man für

$$T_1(h) := \tfrac{4}{3}T\left(\tfrac{1}{2}h\right) - \tfrac{1}{3}T(h) \qquad (10.29)$$

die Fehlerdarstellung

$$T_1(h) - I = \tilde{c}_1 h^4 + \cdots + \tilde{c}_{p-1} h^{2p} + \mathcal{O}(h^{2p+2})\,, \qquad (10.30)$$

mit Koeffienten $\tilde{c}_j := \tfrac{4}{3}\hat{c}_{j+1} - \tfrac{1}{3}c_{j+1}$, $j = 1, \ldots, p-1$. Man kann also die Trapez-summe auf einem Gitter der Schrittweite $\tfrac{1}{2}h$ mit einer Trapezsumme zur Schrittweite h kombinieren, um eine Genauigkeit der Ordnung h^4 zu bekommen. Da in der Trapezsumme bei Halbierung der Schrittweite die Anzahl der Funktionsauswertungen nur verdoppelt wird, ist die dadurch erreichte Quadrierung des Fehlerverhaltens (von $\sim h^2$ auf $\sim h^4$) eine sehr effiziente Genauigkeitssteigerung.

Man kann diese Idee systematisch weitertreiben. Aus (10.30) ergibt sich

$$T_1\left(\tfrac{1}{2}h\right) - I = \tilde{c}_1\tfrac{1}{16}h^4 + \tilde{c}_2\tfrac{1}{64}h^6 + \ldots + \mathcal{O}(h^{2p+2}),$$

und damit

$$\tfrac{16}{15}\left(T_1\left(\tfrac{1}{2}h\right) - I\right) - \tfrac{1}{15}\left(T_1(h) - I\right) = \frac{16T_1\left(\tfrac{1}{2}h\right) - T_1(h)}{15} - I$$
$$= d_1 h^6 + d_2 h^8 + \ldots + \mathcal{O}(h^{2p+2})\,.$$

Man erkennt, dass der Fehler der Quadraturformel

$$T_2(h) := \tfrac{16}{15}T_1\left(\tfrac{1}{2}h\right) - \tfrac{1}{15}T_1(h) \qquad (10.31)$$

eine Größenordnung $\mathcal{O}(h^6)$ hat.

Bemerkung 10.13 Die verbesserten Annäherungen $T_1(h)$ und $T_2(h)$ kann man auch systematisch über die in Abschn. 5.4 behandelte Fehlerschätzungs-methode für skalare Folgen herleiten. Sei dazu für festes h, $T_{i,0} := T(2^{-i}h)$, $i = 0, 1, \ldots$, also eine skalare Folge mit Grenzwert $\lim_{i \to \infty} T_{i,0} = I$. Der Fehler sei, wie in Abschn. 5.4, mit $e_{i,0} := I - T_{i,0}$ bezeichnet. Wegen $\lim_{i \to \infty} \frac{e_{i+1,0}}{e_{i,0}} = \tfrac{1}{4} =: A$ konvergiert diese Folge linear gegen I und aus Lemma 5.36 ergibt sich die Fehlerschätzung $\tilde{e}_{i,0} = \frac{A}{1-A}(T_{i,0} - T_{i-1,0}) = \tfrac{1}{3}(T_{i,0} - T_{i-1,0})$ und somit eine genauere Approximation

$$T_{i,1} := T_{i,0} + \tilde{e}_{i,0} = \tfrac{4}{3}T_{i,0} - \tfrac{1}{3}T_{i-1,0},$$

Tab. 10.7 Extrapolation

n	$T(h)$	$T_1(h) = \frac{4}{3}T(h) - \frac{1}{3}T(2h)$	$|T_1(h) - I|$
4	4.39692773	–	–
8	4.38523920	4.38134302	6.93e−05
16	4.38226833	4.38127803	4.33e−06
32	4.38152257	4.38127398	2.70e−07

wie in (10.29). Für den Fehler $e_{i,1} := I - T_{i,1}$ in $T_{i,1}$ gilt $\lim_{i\to\infty} \frac{e_{i+1,1}}{e_{i,1}} = 2^{-4}$, und

somit wegen Lemma 5.36 die Fehlerschätzung $\tilde{e}_{i,1} = \frac{2^{-4}}{1-2^{-4}}(T_{i,1} - T_{i-1,1})$ und die genauere Approximation

$$T_{i,2} := T_{i,1} + \tilde{e}_{i,1} = \frac{16}{15}T_{i,1} - \frac{1}{15}T_{i-1,1},$$

wie in (10.31). △

Beispiel 10.14 Sei $I = \int_0^{\pi/2} x \cos x + e^x\, dx = \frac{\pi}{2} + e^{\frac{1}{2}\pi} - 2$ und $T(h)$ die zugehörige Trapezsumme (vgl. Beispiel 10.2). Die Extrapolation angewandt auf die Trapezsumme liefert die Resultate in Tab. 10.7. Es gilt $T_1(h) = S(2h)$, wobei $S(\cdot)$ die summierte Simpson-Regel aus (10.18) ist. Deshalb stimmen die Resultate in der dritten und vierten Spalte mit denen in der zweiten und dritten Spalte von Tab. 10.3 überein. △

Die Systematik dieser Genauigkeitssteigerungen, d. h., die Systematik der rekursiven Kombination bereits ermittelter Formeln kann man auch aus folgender Interpretation der Näherungsformel $T_1(h) := \frac{4}{3}T(\frac{1}{2}h) - \frac{1}{3}T(h)$ erschließen. Die Funktion (der Variabele h) auf der rechten Seite in (10.27) ist nicht nur für Werte $h = \frac{b-a}{n}$, $n \in \mathbb{N}$, definiert, sondern für beliebiges $y \in [0, b - a]$. Sei

$$g(y) := I + c_1 y + c_2 y^2 + \ldots + c_p y^p + R(y^{\frac{1}{2}}), \tag{10.32}$$

also $g(h^2) = T(h)$ für $h = \frac{b-a}{n}$, vgl. (10.27). Die Funktion $y \to g(y)$ ist für betragsmäßig kleine y-Werte etwa ein Polynom. Den Wert $g(0) = I$ kann man via Polynominterpolation annähern. Wir wählen für ein festes $h = \frac{b-a}{n}$ Interpolations-Stützstellen $y_i := (2^{-i}h)^2$, $i = 0, 1, \ldots$. An diesen Stützstellen gilt $g(y_i) = g\big((2^{-i}h)^2\big) = T(2^{-i}h)$. Bestimmt man konkret das lineare Interpolationspolynom der Funktion g zu den Punkten $\big(y_0, g(y_0)\big) = \big(h^2, g(h^2)\big)$ und $\big(y_1, g(y_1)\big) = \big((\frac{1}{2}h)^2, g((\frac{1}{2}h)^2)\big)$, so ergibt sich

$$P(g \mid h^2, (\tfrac{1}{2}h)^2)(y) = T(h) + \frac{T(\frac{1}{2}h) - T(h)}{\frac{1}{4}h^2 - h^2}(y - h^2).$$

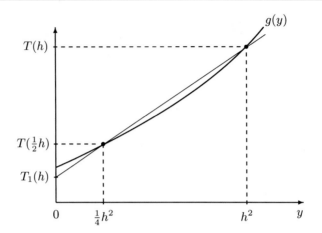

Abb. 10.2 Extrapolation

Da man $I = g(0)$ annähern will, *extrapoliert* man an der Stelle $y = 0$, d. h.

$$P(g \mid h^2, (\tfrac{1}{2}h)^2)(0) = T(h) + \tfrac{4}{3}\big(T(\tfrac{1}{2}h) - T(h)\big) = T_1(h), \qquad (10.33)$$

d. h., man erhält genau die vorhin durch Kombination der Trapezsummen gewonnene Näherung vierter Ordnung (s. Abb. 10.2).

Die Näherung $T_2(h)$ lässt sich wie $T_1(h)$ ebenfalls über *Extrapolation* erklären (vgl. (10.33)): Es gilt

$$P(g \mid h^2, (\tfrac{1}{2}h)^2, (\tfrac{1}{4}h)^2)(0) = T_2(h), \qquad (10.34)$$

d. h. $T_2(h)$ bekommt man durch Auswertung an der Stelle $y = 0$ des *quadratischen* Interpolationspolynoms der Funktion $y \to g(y)$ an den Stützstellen h^2, $\big(\tfrac{1}{2}h\big)^2$, $\big(\tfrac{1}{4}h\big)^2$.

Dies legt folgende allgemeine Vorgehensweise nahe. Mit der Bezeichnung

$$T_{i,0} := T(2^{-i}h), \quad i = 0, 1, 2, \ldots,$$

wobei h eine feste Anfangsschrittweite ist, soll das Interpolationspolynom $P(g \mid h^2, \ldots, (2^{-k}h)^2)$ vom Grad k an der Stelle $y = 0$ ausgewertet werden. *Dies ist eine klassische Anwendung des Neville-Aitken-Schemas* (8.24). Um den Wert

$$P(g \mid h^2, \ldots, (2^{-k}h)^2)(0) =: T_{k,k}$$

zu berechnen, liefert (8.23) (mit der Bezeichnung $T_{i,k}$ an Stelle von $P_{i,k}$) die Rekursion

$$T(h) \quad = T_{0,0}$$
$$\searrow$$
$$T(2^{-1}h) = T_{1,0} \rightarrow T_{1,1}$$
$$\searrow \qquad \searrow$$
$$T(2^{-2}h) = T_{2,0} \rightarrow T_{2,1} \rightarrow T_{2,2}$$
$$\searrow \qquad \searrow \qquad \searrow$$
$$T(2^{-3}h) = T_{3,0} \rightarrow T_{3,1} \rightarrow T_{3,2} \rightarrow T_{3,3}$$
$$\vdots \qquad \vdots \qquad \vdots \qquad \vdots \qquad \vdots \quad \ddots$$

Abb. 10.3 Romberg-Schema

$$T_{i,j} = \frac{4^j T_{i,j-1} - T_{i-1,j-1}}{4^j - 1}, \quad 1 \le j \le i \le p.$$

Hieraus ergibt sich das *Romberg-Schema* in Abb. 10.3.

Beim Übergang von der $(j-1)$-ten Spalte $T_{i,j-1}$ auf die j-te Spalte $T_{i,j}$ in diesem Schema wird der Term $c_j h^{2j}$ aus der Fehlerentwicklung (10.27) eliminiert. Deshalb werden (nur) Werte $1 \le j \le i \le p$ betrachtet. In der ersten Spalte stehen die Werte, welche die summierte Trapezregel für die Schrittweite $2^{-i}h$ $(i = 0, 1, 2, \ldots)$ liefert. Jede andere Spalte des Romberg-Schemas entsteht durch Linearkombination der Werte der vorangehenden Spalte. Diese Linearkombinationen sind so angelegt, dass der Fehler in $T_{i,j}$ von der Ordnung h^{2j+2} ist. Diese Methode zur Annäherung des Integrals I wird *Romberg-Quadratur* genannt.

Beispiel 10.15 Sei $I = \int_0^{\pi/2} x \cos x + e^x \, dx = \frac{\pi}{2} + e^{\frac{1}{2}\pi} - 2$, wie in Beispiel 10.2, und $T_{i,0} = T(2^{-i}h)$, wobei $T(\cdot)$ die summierte Trapezregel ist. Für die Anfangsschrittweite $h = \frac{1}{4}\frac{\pi}{2}$ ergibt das Romberg-Schema die Werte in Tab. 10.8.

In Tab. 10.9 sieht man, dass $|I - T_{i,j}| \sim (2^{-i}h)^{2j+2}$ gilt, also je höher j ist, desto schneller ist die Konvergenz für zunehmendes i. △

Matlab-Demo 10.16 (Romberg-Quadratur) In diesem Matlabexperiment wird, für mehrere Beispielfunktionen f, ausgehend von der summierten Trapezregel zur Approximation des Integrals $I = \int_0^1 f(x) \, dx$ ein entsprechendes Romberg-Schema berechnet.

An den Stützstellen $(2^{-i}h)^2$, $i = 0, 1, \ldots$, hat man die Auswertungen $g((2^{-i}h)^2)$ $= T(2^{-i}h) = T(h_i)$, mit $h_i = 2^{-i}h = \frac{b-a}{2^i n}$. Man kann auch andere Folgen von Stützstellen der Form $(\frac{b-a}{n_i})^2$, $n_i \in \mathbb{N}$, verwenden. Insbesondere die etwas kompliziertere *Bulirsch-Folge* reduziert nochmals die benötigte Anzahl der Funktionsauswertungen gegenüber der Romberg-Folge, siehe etwa [SB].

Tab. 10.8 Romberg-Schema

i	$T_{i,0}$	$T_{i,1}$	$T_{i,2}$	$T_{i,3}$
0	4.396927734684			
1	4.385239200472	4.381343022401		
2	4.382268326301	4.381278034910	4.381273702411	
3	4.381522565173	4.381273978130	4.381273706768	4.381273707762

Tab. 10.9 Fehler im Romberg-Schema

i		$|I - T_{i,j}|$		
0	1.57e−02			
1	3.97e−03	6.93e−05		
2	9.95e−04	4.33e−06	5.35e−09	
3	2.49e−04	2.70e−07	8.22e−11	1.42e−12

Extrapolation als allgemeines Konzept

Das Prinzip der Extrapolation ist allgemein und kann auch für andere Fragestellungen genutzt werden. Sei J eine unbekannte *skalare* Größe, die man numerisch annähern will (z. B. $J = I$). Wir nehmen an, dass dazu eine numerische Methode $N(h)$ zur Verfügung steht, mit $h > 0$ ein Diskretisierungs-Parameter (oft eine Schrittweite, z. B. $N(h) = T(h)$). Weiter sei angenommen, dass eine asymptotische Entwicklung der Form

$$N(h) = J + c_1 h^q + c_2 h^{2q} + \ldots + c_p h^{pq} + R(h), \tag{10.35}$$

mit $R(h) = \mathcal{O}(h^{(p+1)q})$ $(h \downarrow 0)$, und mit $q \in (0, \infty)$, $p \geq 1$, $c_j \in \mathbb{R}$ existiert. Für die Extrapolation wird die *Existenz* einer solchen Entwicklung vorausgesetzt, und man benötigt die konkreten Werte der Größen p und q (z. B. $q = 2$, $p \leq m$, wenn $f \in C^{2m+2}([a, b])$ in (10.27)). Die Werte der Koeffizienten $c_1, \ldots, c_p$ werden jedoch nicht benötigt.

Sei $g(y) = J + c_1 y + c_2 y^2 + \ldots + c_p y^p + R(y^{\frac{1}{q}})$. Wir wählen eine Folge h_i, $i = 0, 1, \ldots$, mit $0 < h_i \leq h$ für alle i, und nehmen an, dass die Werte $N_{i,0} := N(h_i)$, $i = 0, \ldots, k$, berechnet worden sind. Wegen $N(h_i) = g(h_i^q)$ betrachten wir das Interpolationspolynom

$$P(g \mid y_0, \ldots, y_k) \in \Pi_k, \quad y_i := h_i^q, \quad i = 0, \ldots, k. \tag{10.36}$$

Der Wert der Extrapolation $N_{k,k} := P(g \mid y_0, \ldots, y_k)(0)$ liefert eine neue Näherung für die gesuchte Größe J. Dieser Wert $N_{k,k}$ kann einfach über den Neville-Aitken-Algorithmus 8.24 ausgehend von den Werten $N_{i,0}$, $0 \leq i \leq k$, berechnet werden.

10.5 Zweidimensionale Integrale

In diesem Abschnitt sollen einige einfache numerische Ansätze zur Berechnung zweidimensionaler Integrale vorgestellt werden. Wir beschränken uns auf einige wichtige Grundprinzipien aus diesem Bereich. Für eine ausführlichere Darstellung wird auf [HH] und [U], Teil 2, verwiesen.

10.5.1 Transformation von Integralen

Wir betrachten zunächst die Transformation eines eindimensionalen Integrals der Form

$$\int_c^d f(x)\,dx.$$

Sei

$$I_1 = [a, b], \quad I_2 = [c, d]$$

und

$$\psi : I_1 \to I_2$$

eine stetig differenzierbare bijektive Abbildung. Daraus folgt

$$\psi'(x) \geq 0 \text{ für alle } x \in I_1, \quad \psi(a) = c, \ \psi(b) = d \tag{10.37}$$

oder

$$\psi'(x) \leq 0 \text{ für alle } x \in I_1, \quad \psi(a) = d, \ \psi(b) = c. \tag{10.38}$$

Im Fall von (10.37) ergibt sich

$$\int_a^b f(\psi(x))\,\psi'(x)\,dx \overset{y=\psi(x)}{=} \int_{\psi(a)}^{\psi(b)} f(y)\,dy = \int_c^d f(y)\,dy$$

und im Fall (10.38)

$$-\int_a^b f(\psi(x))\,\psi'(x)\,dx \overset{y=\psi(x)}{=} -\int_{\psi(a)}^{\psi(b)} f(y)\,dy = -\int_d^c f(y)\,dy = \int_c^d f(y)\,dy.$$

Also gilt, für stetiges $f : I_2 \to \mathbb{R}$, die Transformationsformel

$$\int_{I_1} f(\psi(x))\,\left|\psi'(x)\right|\,dx = \int_{I_2} f(y)\,dy. \tag{10.39}$$

Falls ψ *affin* ist, d.h., $\psi = \hat{\psi}$ mit

$$\hat{\psi} : [a, b] \to [c, d], \quad \hat{\psi}(x) = \frac{x-a}{b-a}d + \frac{b-x}{b-a}c\,, \tag{10.40}$$

ergibt sich folgender Spezialfall:

$$\frac{d-c}{b-a} \int_a^b f(\hat{\psi}(x)) \, dx = \frac{d-c}{b-a} \int_a^b f\left(\frac{x-a}{b-a}d + \frac{b-x}{b-a}c\right) dx$$

$$= \int_c^d f(y) \, dy. \tag{10.41}$$

Wenn

$$Q_m(g; I_1) = (b-a) \sum_{j=0}^{m} c_j g(x_j)$$

eine Quadraturformel zur Annäherung von $\int_a^b g(x) \, dx$ ist, kann man nun einfach eine entsprechende Quadraturformel für das Intervall $I_2 = [c, d]$ herleiten:

$$\int_c^d f(y) \, dy = \frac{d-c}{b-a} \int_a^b f(\hat{\psi}(x)) \, dx \approx (d-c) \sum_{j=0}^{m} c_j f(\hat{\psi}(x_j)),$$

also insgesamt:

$$Q_m(g; I_1) = (b-a) \sum_{j=0}^{m} c_j g(x_j)$$

$$Q_m(f; I_2) = (d-c) \sum_{j=0}^{m} \hat{c}_j f(\hat{x}_j), \quad \text{mit} \tag{10.42}$$

$$\hat{c}_j = c_j, \ \hat{x}_j = \hat{\psi}(x_j) = \frac{x_j - a}{b-a}d + \frac{b - x_j}{b-a}c.$$

Beispiel 10.17 Gauß-Quadraturformeln (vgl. Abschn. 10.3.2) werden oft für das Intervall $[-1, 1]$ spezifiziert, z. B. die Gauß-Quadraturformel mit zwei Stützstellen

$$\int_{-1}^{1} g(x) \, dx \approx 2\left[\frac{1}{2}g\left(-\frac{1}{3}\sqrt{3}\right) + \frac{1}{2}g\left(\frac{1}{3}\sqrt{3}\right)\right]$$

aus Beispiel 10.10. Mit Hilfe von (10.42) ergibt sich die entsprechende Formel für ein beliebiges Intervall $[c, d]$

$$\int_c^d f(x)\,dx \approx \frac{h}{2}\left[f\left(c + (\frac{1}{2} - \frac{\sqrt{3}}{6})h\right) + f\left(c + (\frac{1}{2} + \frac{\sqrt{3}}{6})h\right)\right], \quad h := d - c.$$

Analog kann man für die Gauß-Quadratur mit 4 Stützstellen

$$\int_{-1}^1 g(x)\,dx \approx 2\sum_{j=0}^3 c_j g(x_j),$$

mit c_j und x_j wie in Tab. 10.4, eine Formel für ein beliebiges Intervall $[c, d]$ herleiten. $\triangle$

Sei $Q_m(g; [-1, 1])$ eine Quadraturformel mit Exaktheitsgrad M. Sei $p(x)$ ein Polynom vom Grad $k \le M$ und $\hat{\psi}$ eine affine Transformation wie in (10.40), dann ist $p(\hat{\psi}(x))$ auch ein Polynom vom Grad k. Daraus folgt, dass die transformierte Formel $Q_m(f; I_2)$ in (10.42) Exaktheitsgrad M hat. In diesem Sinne bleibt bei einer *affinen* Transformation die Genauigkeit der Quadraturformel erhalten. Nicht-affine Transformationen werden den Genauigkeitsgrad *nicht* erhalten.

Wir betrachten nun die Transformation eines zweidimensionalen Integrals

$$\iint_B f(x, y)\,dx\,dy, \quad B \subset \mathbb{R}^2.$$

Seien $B_1, B_2 \subset \mathbb{R}^2$ und $\psi : B_1 \to B_2$ eine stetig differenzierbare bijektive Abbildung mit Jacobi-Matrix

$$J(x, y) = \begin{pmatrix} \frac{\partial \psi_1}{\partial x}(x, y) & \frac{\partial \psi_1}{\partial y}(x, y) \\ \frac{\partial \psi_2}{\partial x}(x, y) & \frac{\partial \psi_2}{\partial y}(x, y) \end{pmatrix}.$$

Es gilt folgende Verallgemeinerung von (10.39):

Satz 10.18 *Falls* $\det J(x, y) \ne 0$ *für alle* $(x, y) \in B_1$, *so gilt für jede stetige Funktion* $f : B_2 \to \mathbb{R}$

$$\iint_{B_1} f(\psi(x, y)) \,|\det J(x, y)|\,dx\,dy = \iint_{B_2} f(\tilde{x}, \tilde{y})\,d\tilde{x}\,d\tilde{y}.$$

Für den Spezialfall, dass ψ *affin* ist,

$$\psi(x, y) = A\begin{pmatrix} x \\ y \end{pmatrix} + b, \quad A \in \mathbb{R}^{2\times2}, \quad \det(A) \ne 0, \quad b \in \mathbb{R}^2,$$

ergibt sich daraus die Transformationsformel

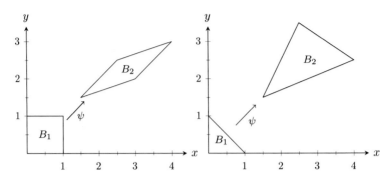

Abb. 10.4 Affine Transformation

$$\left|\det A\right| \iint_{B_1} f\left(A\begin{pmatrix} x \\ y \end{pmatrix} + b\right) dx\, dy = \iint_{B_2} f(\tilde{x}, \tilde{y})\, d\tilde{x}\, d\tilde{y}. \qquad (10.43)$$

Mit Hilfe dieser Transformationsformel kann man, wie im eindimensionalen Fall, eine Quadraturformel für einen Standardbereich (z. B. Einheitsquadrat, Einheitsdreieck) in eine Formel für einen affin-äquivalenten Bereich überführen.

Bemerkung 10.19 Sei $\mathrm{vol}(B_i)$, $i = 1, 2$, der Flächeninhalt von B_i, und sei $f(x, y) = 1$ für alle $(x, y) \in \mathbb{R}^2$. Aus (10.43) schließt man die Formel

$$\left|\det A\right| = \frac{\mathrm{vol}(B_2)}{\mathrm{vol}(B_1)}. \qquad (10.44)$$

$\triangle$

Es gibt unter Anderem folgenden wichtigen Unterschied zwischen ein- und mehrdimensionaler Integration: Zwei Intervalle $[a, b]$ und $[c, d]$ lassen sich stets durch affine Transformationen ineinander abbilden. Hingegen ist es *meistens nicht möglich, einfache Gebiete in $\mathbb{R}^n$, $n \geq 2$, durch eine affine Transformation ineinander zu überführen.*

Beispiel 10.20 Sei $B_1 = [0, 1] \times [0, 1]$ das Einheitsquadrat. Jede affine Abbildung bildet B_1 auf ein *Parallelogramm* ab. Eine affine Abbildung von B_1 auf den Einheitskreis $S = \{(x, y)\mid (x^2 + y^2) \leq 1\}$ ist also nicht möglich. $\triangle$

Beispiel 10.21 Sei B_2 das Parallelogramm in Abb. 10.4. Die Abbildung

$$\psi(x, y) = A\begin{pmatrix} x \\ y \end{pmatrix} + b = \begin{pmatrix} 1\frac{1}{2} & 1 \\ \frac{1}{2} & 1 \end{pmatrix} \begin{pmatrix} x \\ y \end{pmatrix} + \begin{pmatrix} 1\frac{1}{2} \\ 1\frac{1}{2} \end{pmatrix}$$

bildet das Einheitsquadrat auf B_2 ab. Wegen Bemerkung 10.19 gilt $\mathrm{vol}(B_2) = \frac{1}{2}|\det A| = 1$.

Sei B_2 nun das Dreieck in Abb. 10.4. Die Abbildung

$$\psi(x, y) = A\begin{pmatrix} x \\ y \end{pmatrix} + b = \begin{pmatrix} 2\frac{1}{2} & 1 \\ 1 & 2 \end{pmatrix}\begin{pmatrix} x \\ y \end{pmatrix} + \begin{pmatrix} 1\frac{1}{2} \\ 1\frac{1}{2} \end{pmatrix}$$

bildet das Einheitsdreieck auf B_2 ab. Wegen Bemerkung 10.19 gilt $\mathrm{vol}(B_2) = \frac{1}{2}|\det A| = 2$. $\triangle$

In den nächsten beiden Abschnitten werden Quadraturformeln für das Einheitsquadrat und das Einheitsdreieck diskutiert. Über die Transformationsformel (10.43) erhält man dann einfach Quadraturformeln für affin-äquivalente Bereiche.

10.5.2 Integration über dem Einheitsquadrat

Wir betrachten das Integral

$$\int_0^1 \int_0^1 f(x, y)\, dx\, dy. \tag{10.45}$$

Für den Produktbereich $[0, 1] \times [0, 1]$ kann man Integrationsformeln basierend auf eindimensionalen Formeln herleiten. Sei

$$Q_m(g) = \sum_{j=0}^m c_j g(x_j) \tag{10.46}$$

eine Quadraturformel für das eindimensionale Integral $\int_0^1 g(x)\, dx$. Das eindimensionale innere Teilintegral in (10.45) wird mit

$$F(y) = \int_0^1 f(x, y)\, dx$$

bezeichnet. Anwendung der Quadraturformel (10.46) zur Berechnung des Integrals (10.45) liefert eine Produktregel $Q_m^{(2)}(f)$:

$$\int_0^1 \int_0^1 f(x, y)\, dx\, dy = \int_0^1 F(y)\, dy \approx \sum_{j=0}^m c_j F(x_j)$$

$$= \sum_{j=0}^m c_j \int_0^1 f(x, x_j)\, dx \approx \sum_{j=0}^m c_j \sum_{i=0}^m c_i f(x_i, x_j)$$

$$= \sum_{i,j=0}^m c_i c_j f(x_i, x_j) =: Q_m^{(2)}(f).$$

Bemerkung 10.22 Bei der Produktintegration muss nicht ein und dieselbe Quadraturformel in beiden Integrationsrichtungen verwendet werden. Fehlerschätzungen für die Produktregel ergeben sich aus den Fehlerschätzungen der verwendeten eindimensionalen Quadraturformeln (siehe z. B. [HH]). Falls die Formel (10.46) Exaktheitsgrad M hat, ergibt sich, dass die Produktformel $Q_m^{(2)}$ für alle Polynome

$$p \in \text{span}\{\, x^{k_1} y^{k_2} \mid 0 \le k_1, k_2 \le M \,\}$$

exakt ist. $\triangle$

Beispiel 10.23 Sei

$$Q_1(g) = \tfrac{1}{2}\, g(x_0) + \tfrac{1}{2}\, g(x_1), \quad x_0 := \tfrac{1}{2} - \tfrac{\sqrt{3}}{6}, \quad x_1 := \tfrac{1}{2} + \tfrac{\sqrt{3}}{6},$$

die eindimensionale Gauß-Quadraturformel mit zwei Stützstellen für das Intervall $[0, 1]$ wie in Beispiel 10.17. Daraus ergibt sich die Produktregel

$$Q_1^{(2)}(f) = \tfrac{1}{4} f\,(x_0, x_0) + \tfrac{1}{4} f\,(x_0, x_1) + \tfrac{1}{4} f\,(x_1, x_0) + \tfrac{1}{4} f\,(x_1, x_1)$$

für den Bereich $[0, 1] \times [0, 1]$. Diese Formel ist exakt für alle Linearkombinationen von Polynomen $x^{k_1} y^{k_2}$, $0 \le k_1, k_2 \le 3$. $\triangle$

10.5.3 Integration über dem Einheitsdreieck

Während sich bei Rechtecken für alle Dimensionen in natürlicher Weise Produktregeln wie im vorigen Abschnitt ergeben, ist die Situation beim Dreieck (bzw. beim Simplex) anders. Für Dreiecke ist es zweckmäßig, von den Monomen $1, x, y, x^2, xy, y^2$ usw. auszugehen und die Frage nach solchen Quadraturformeln zu stellen, die alle Monome der Form $x^{k_1} y^{k_2}$, $0 \le k_1 + k_2 \le M$ exakt integrieren. Wir sagen dann, eine solche Formel habe den Exaktheitsgrad M.

Wir beschränken uns hier auf einige typische Beispiele:

$$\text{(i)} \quad Q(f) = \tfrac{1}{2} f(\tfrac{1}{3}, \tfrac{1}{3})$$

$$\text{(ii)} \quad Q(f) = \tfrac{1}{6}\big[f(0,0) + f(1,0) + f(0,1) \big]$$

$$\text{(iii)} \quad Q(f) = \tfrac{1}{6}\big[f(\tfrac{1}{2},0) + f(0,\tfrac{1}{2}) + f(\tfrac{1}{2},\tfrac{1}{2}) \big]$$

$$\text{(iv)} \quad Q(f) = \tfrac{1}{6}\big[f(\tfrac{1}{6},\tfrac{1}{6}) + f(\tfrac{2}{3},\tfrac{1}{6}) + f(\tfrac{1}{6},\tfrac{2}{3}) \big].$$

Man rechnet einfach nach, dass die Monome $1, x, y$ durch die Formeln in (i), (ii) exakt integriert werden (Exaktheitsgrad 1) und dass die Monome $1, x, y, xy, x^2, y^2$ durch die Formeln in (iii), (iv) exakt integriert werden (Exaktheitsgrad 2).

Sei T ein beliebiges Dreieck, das in kleinere Dreiecke unterteilt ist (vgl. Abb. 10.5). Die Transformationsformel 10.43 wiederholt angewandt auf eine der Formeln (i)–(iv) ergibt eine zusammengesetzte Quadraturformel für T.

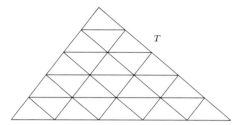

Abb. 10.5 Unterteilung eines Dreiecks

Kompliziertere Gebiete kann man durch geeignet gewählte Parallelogramme und Dreiecke möglichst gut ausschöpfen. Zum Verfahrensfehler kommt dann noch der Fehler hinzu, der durch die Approximation des Gebiets entsteht.

10.6 Zusammenfassung

Wir fassen die wichtigsten Ergebnisse dieses Kapitels zusammen. In diesem Kapitel haben wir drei *Verfahrensklassen* zur Approximation eindimensionaler Integrale kennengelernt, nämlich die (summierten) Newton-Cotes-Formeln, die (summierte) Gauß-Quadratur und die Romberg-Quadratur.

Die Newton-Cotes-Formeln und Gauß-Quadratur sind *interpolatorische* Quadraturformeln. Diese basieren auf der Integration (auf einem Intervall $[c, d]$) des Lagrange-Interpolationspolynoms $P(f|x_0, \ldots, x_m)$, mit Stützstellen $x_i \in [c, d]$. Falls diese Stützstellen äquidistant gewählt werden, ergeben sich die *Newton-Cotes-Formeln*. Eine *summierte Newton-Cotes-Formel* zur Approximation von $\int_a^b f(x)\, dx$ entsteht durch wiederholte Anwendung einer Newton-Cotes-Methode auf Teilintervalle $[t_{k-1}, t_k]$ von $[a, b]$. Die *Trapezregel* ist die Newton-Cotes-Formel mit $m = 1$. Bei der Trapezregel wird ein Integral $\int_{t_{k-1}}^{t_k} f(x)\, dx$ durch die Fläche des durch die lineare Interpolation zu den Stützstellen $(t_{k-1}, f(t_{k-1})$, $(t_k, f(t_k))$ definierten Trapezes approximiert (Abb. 10.1).

Die *Gauß-Quadratur* ist eine interpolatorische Quadraturmethode $I_m(f) = \int_c^d P(f|x_0, \ldots, x_m)(x)\, dx$, wobei die Stützstellen $x_i \in [c, d]$ so gewählt werden, dass die Methode den maximalen Exaktheitsgrad $2m + 1$ hat. Diese Stützstellen sind die Nullstellen der sogenannten Legendre-Orthogonalpolynome.

Die *Romberg-Quadratur* ist eine spezielle *Extrapolationsmethode*. Ausgangspunkt ist eine Reihenentwicklung (in Abhängigkeit der Schrittweite h) für den Fehler einer summierten Quadraturmethode, wie zum Beispiel der summierten Trapezregel $T(h)$ in (10.27). Anhand geeigneter Linearkombinationen bereits berechneter Auswertungen $T_{i,0} := T(2^{-i}h)$, $i = 0, 1, \ldots$, können bessere Approximationen $T_{i,1}$ bestimmt werden. Geeignete Linearkombinationen von $T_{i,1}$, $i = 1, 2, \ldots$ liefern noch bessere Approximationen $T_{i,2}$, usw.. Solche geeignete Linearkombinationen können mit dem Neville-Aitken-Schema sehr effizient bestimmt werden.

Bei der Bestimmung von ein- und zweidimensionalen Integralen sind *affine Transformationen* bequeme Hilfsmittel. Zwei beliebige Intervalle $[a, b]$ und $[c, d]$ lassen sich immer durch eine affine Transformation ineinander abbilden. Für diese affine Abbildung gilt eine *Integral-Transformationsformel* (10.41), mit der man aus einer Quadraturformel für das Intervall $[a, b]$ eine entsprechende Formel für das Intervall $[c, d]$ herleiten kann. Jedes Parallelogramm kann mit einer affinen Transformation auf das Einheitsquadrat in $\mathbb{R}^2$ abgebildet werden. Quadraturformeln zur Annäherung eines zweidimensionalen Integrals über einem Parallelogramm können mit dieser affinen Abbildung aus Quadraturformeln für das Einheitsquadrat konstruiert werden. Weil das Einheitsquadrat $[0, 1] \times [0, 1]$ ein Produktbereich ist, können *Quadraturformeln für das Einheitsquadrat aus Produkten von eindimensionalen (interpolatorischen) Quadraturformeln für das Einheitsintervall konstruiert werden.* Jedes Dreieck kann mit einer affinen Transformation auf das Einheitsdreieck in $\mathbb{R}^2$ abgebildet werden. Quadraturformeln zur Annäherung eines zweidimensionalen Integrals über einem Dreieck können mit dieser affinen Abbildung aus Quadraturformeln für das Einheitsdreieck konstruiert werden. Einige Beispiele von *Quadraturformeln für das Einheitsdreieck* werden in Abschn. 10.5.3 behandelt.

Bemerkungen zu den allgemeinen Begriffen und Konzepten:

- *Kondition.* Die absolute Kondition des Problems der Auswertung des Funktionals $L(f) = \int_a^b f x)\, dx$ ist gut. Die relative Kondition kann beliebig schlecht sein.

- *Herleitung von Quadraturformeln basierend auf Interpolationspolynomen.* Newton-Cotes- und Gauß-Formeln sind Beispiele interpolatorischer Quadratur. Dabei wird eine Quadraturformel über Integration des Lagrange-Interpolationspolynoms $P(f|x_0, \dots, x_m)$ konstruiert. Der Verfahrensfehler einer Quadraturformel ergibt sich aus Integration des Interpolationsfehlers.

- *Fehleranalyse der (summierten) Newton-Cotes-Methoden.* Die Newton-Cotes-Formel mit $m + 1$ Stützstellen $x_0, \dots, x_m$ hat für ungerades m den Exaktheitsgrad m und für gerades m, wegen einer Symmetrie-Eigenschaft, sogar den Exaktheitsgrad $m + 1$. Der Fehler bei dieser Methode (letzte Spalte in Tab. 10.2) ist für ungerades m von der Ordnung h^{m+2} und für gerades m von der Ordnung h^{m+3}, wobei $h = d - c$ bzw. bei summierten Regeln $h = \frac{b-a}{n}$ die Länge des Intergrationsintervalls ist. Beim Fehler in der summierten Variante der Methode geht eine h-Potenz verloren. Für den Verfahrensfehler der summierten Variante gibt es nicht nur eine obere Schranke der Form $ch^{m+1}\|f^{(m+1)}\|_\infty$ (m ungerade) bzw. $ch^{m+2}\|f^{(m+2)}\|_\infty$ (m gerade), sondern auch eine Fehlerschätzung (wie zum Beispiel für die Simpson-Regel in (10.19)).

- *Gauß-Quadratur.* Der maximale Exaktheitsgrad einer interpolatorischen Quadraturformel mit $m + 1$ Stützstellen ist $2m + 1$. Dieser maximale Exaktheitsgrad wird von den Gauß-Quadraturformeln erreicht. Dazu müssen die Stützstellen als die Nullstellen der Legendre-Orthogonalpolynome gewählt werden. Bei der Gauß-Quadratur sind die Gewichte c_j positiv. Diese Eigenschaft hat günstige Auswirkungen auf die Stabilität der Quadraturformel. Für den Verfahrensfehler der Gauß-Quadratur (ohne Wiederholung) gibt es eine obere Schranke der Form $ch^{2m+3}\|f^{(2m+2)}\|_\infty$, siehe Satz 10.9. Bei der numerischen Integration einer sehr glatten Funktion (d. h., höhere Ableitungen bleiben beschränkt) mit der Gauß-Methode kann oft ohne Wiederholung (d. h., mit $n = 1$, $h = \frac{b-a}{n} = b - a$) und mit nur wenigen Stützstellen eine sehr hohe Genauigkeit erreicht werden.

- *Das allgemeine Prinzip der Extrapolation.* Sei J eine unbekannte skalare Größe, die man numerisch mit einer Methode $N(h)$ annähert, wobei $h > 0$ ein Diskretisierungsparameter ist (oft eine Schrittweite). Ein Beispiel dafür ist die Annäherung eines eindimensionalen Integrals $J = I = \int_a^b f(x)\,dx$ mit der summierten Trapezregel $N(h) = T(h)$. Weiter sei angenommen, dass für den Fehler eine asymptotische Entwicklung wie in (10.35) existiert. Bei der Extrapolation wird ausgehend von Auswertungen $N(h_i)$, $i = 0, \ldots, k$, über ein sehr einfaches Neville-Aitken-Schema eine viel genauere Annäherung berechnet. Die Romberg-Quadratur ist die Anwendung dieses Interpolationsprinzips mit einer geometrischen Folge $h_i = 2^{-i}h$, $i = 0, 1, 2, \ldots$.
- *Transformation von Integralen.* In höheren Dimensionen ($\mathbb{R}^n$, $n \geq 2$) ist es meistens *nicht* möglich, einfache Gebiete durch eine affine Transformation ineinander zu überführen. Falls es aber eine affine Abbildung zwischen Gebieten B_1 und B_2 gibt, kann man mit der affinen Transformationsformel (10.43) aus einer Quadraturformel für das Gebiet B_1 eine entsprechende Formel für B_2 herleiten.

10.7 Übungen

Übung 10.1 Seien $f, g : [a, b] \to \mathbb{R}$ stetig mit $g(x) \geq 0$ für $x \in [a, b]$ sowie $\psi : [a, b] \to [a, b]$ gegeben. Zeigen Sie: Es existiert ein $\xi \in [a, b]$, so dass gilt:

$$\int_a^b f(\psi(x))g(x)\,dx = f(\xi) \int_a^b g(x)\,dx$$

(Hinweis: Mittelwertsatz).

Übung 10.2 Es seien $f \in C^1([a, b])$, $t_k = a + kh$, $k = 0, 1, 2, \ldots, n$, $h = \frac{b-a}{n}$ (s. Abschn. 10.2).

a) Zeigen Sie, dass

$$hf(t_{k-1}) = \int_{t_{k-1}}^{t_k} f(x)\,dx - \frac{1}{2}h^2 f'(\xi_k) \quad \text{für ein} \quad \xi_k \in [t_{k-1}, t_k]$$

gilt.

b) Zeigen Sie, dass für die summierte Rechteckregel $R(h) = h \sum_{k=1}^n f(t_{k-1})$ gilt

$$\left| R(h) - \int_a^b f(x)\,dx \right| \leq \frac{h}{2}(b - a) \max_{x \in [a,b]} |f'(x)| .$$

Übung 10.3 Sei $[a, b]$ unterteilt in Teilintervalle wie in (10.4), und sei

$$M(h) = h \sum_{k=1}^n f\left(\frac{t_{k-1} + t_k}{2}\right)$$

die summierte Mittelpunktsregel. Beweisen Sie, dass für den Verfahrensfehler $E(h) := M(h) - \int_a^b f(x)\,dx$ Folgendes gilt ($f \in C^2([a,b])$, $f'(a) \neq f'(b)$):

$$|E(h)| \leq \frac{h^2}{24}(b-a) \max_{x \in [a,b]} |f''(x)|$$

und

$$\lim_{h \to 0} \frac{24 E(h)}{h^2(f'(b) - f'(a))} = 1.$$

Übung 10.4 Es seien $f \in C^6([a,b])$, $t_k = a + kh$, $k = 0, 1, \ldots, n$, $h = \frac{b-a}{n}$. Sei $m(h)$ das Resultat der summierten Milne-Regel (d.h. wende die Milne-Regel auf jedes Teilintervall $[t_{k-1}, t_k]$ an und summiere auf), und $E(h)$ der entsprechende Diskretisierungsfehler mit

$$m(h) = \int_a^b f(x)\,dx + E(h).$$

a) Geben Sie eine Formel für $m(h)$ an.
b) Zeigen Sie, dass

$$|E(h)| \leq \frac{h^6(b-a)}{1935360} \max_{x \in [a,b]} |f^{(6)}(x)|$$

gilt.

Übung 10.5 Man betrachte die Newton-Cotes-Formeln (10.17) und zeige:

a) Die Gewichte c_j für die Newton-Cotes-Formel $I_m(f)$, $m \geq 1$, sind durch

$$c_j = \frac{1}{m} \int_0^m \prod_{\substack{k=0 \\ k \neq j}}^{m} \frac{s-k}{j-k}\,ds$$

gegeben.
b) Diese Gewichte sind symmetrisch, d.h.,

$$c_k = c_{m-k}, \quad k = 0, \ldots, m.$$

c) Sie lassen sich auch über folgende Momentenbedingungen bestimmen:

$$\sum_{k=0}^{m} c_k k^i = \frac{m^{i+1}}{i+1}, \quad i = 0, \ldots, m.$$

Übung 10.6 Es sei eine Quadraturformel mit der Darstellung

$$I_2(f) = \alpha f(0) + \beta f(\frac{1}{2}) + \gamma f(1)$$

für die Annäherung von $\int_0^1 f(x)\,dx$ gegeben. Bestimmen Sie die Konstanten α, β, γ so, dass der Exaktheitsgrad dieser Formel so hoch wie möglich ist.

Übung 10.7 Bestimmen Sie vier Näherungen T_i, $i = 0, 1, 2, 3$, für

$$I = \int_0^1 \frac{1}{1+x}\,dx$$

mit der summierten Trapezregel zu den Schrittweiten $h_i = 2^{-i-1}$. Verbessern Sie die gewonnenen Werte mit Hilfe eines Romberg-Schemas. Vergleichen Sie die Ergebnisse mit dem exakten Wert $I = \ln 2$.

Übung 10.8 Bestimmen Sie die Näherungen T_i, $i = 0, 1, 2, 3, 4, 5$ für

$$I = \int_0^1 x^{\frac{3}{2}}\,dx$$

mit der summierten Trapezregel zu den Schrittweiten $h_i = 2^{-i}$. Verbessern Sie die gewonnenen Werte mit Hilfe eines Romberg-Schemas. Vergleichen Sie die Ergebnisse mit dem exakten Wert $I = \frac{2}{5}$. Erklären Sie, weshalb die Ergebnisse viel schlechter sind als die in Beispiel 10.15.

Übung 10.9 Es seien f genügend glatt und für festes x

$$J := f'(x),$$

$$N(h) := \frac{f(x + \frac{1}{2}h) - f(x - \frac{1}{2}h)}{h}.$$

Man zeige, dass eine Entwicklung wie in (10.35) existiert. Man entwerfe ein Extrapolationsschema wie das Romberg-Schema.

Übung 10.10 Leiten Sie das Romberg-Schema in Abb. 10.3 über das Neville-Aitken-Schema 8.24 her.

Übung 10.11 Es sei die Gauß-Quadraturformel

$$I_2(f) = 2 \sum_{i=0}^{2} c_i f(x_i) \tag{10.47}$$

mit $c_0 = c_2 = \frac{5}{18}$, $c_1 = \frac{8}{18}$, $-x_0 = x_2 = \sqrt{\frac{3}{5}}$, $x_1 = 0$ zur Annäherung von $\int_{-1}^1 f(x)\,dx$ gegeben.

a) Zeigen Sie, dass

$$\int_{-1}^{1} x^k \, dx = I_2(x^k) \quad \text{für} \quad k = 0, 1, \ldots, 5,$$

gilt, d. h. $I_2(f)$ ist mindestens exakt vom Grade 5.

b) Bestimmen Sie die entsprechende 3-Punkt-Gauß -Quadraturformel zur Annäherung von $\int_6^7 f(x) \, dx$.

c) Geben Sie die auf (10.47) basierende Produktregel $I_2^{(2)}(f)$ zur Annäherung des Integrals

$$\int_{-1}^{1} \int_{-1}^{1} f(x, y) \, dx \, dy$$

an. Für welche k_1, k_2 gilt

$$\int_{-1}^{1} \int_{-1}^{1} x^{k_1} y^{k_2} \, dx \, dy = I_2^{(2)}(x^{k_1} y^{k_2}) \quad ?$$

Übung 10.12 Sei B das Parallelogramm mit Eckpunkten $(1, 1), (3, 4), (2, 3), (4, 6)$.

a) Bestimmen Sie eine affine Transformation, die das Einheitsquadrat auf B abbildet.

b) Bestimmen Sie für die Gauß -Quadraturformel $I_1^{(2)}(f)$ aus Beispiel 10.23 zur Annäherung von

$$\int_0^1 \int_0^1 f(x, y) \, dx \, dy$$

die entsprechende Gauß -Quadraturformel $\tilde{I}_1^{(2)}(f)$ zur Annäherung von

$$\iint_B f(x, y) \, dx \, dy.$$

c) Für welche k_1, k_2 gilt

$$\iint_B x^{k_1} y^{k_2} \, dx \, dy = \tilde{I}_1^{(2)}(x^{k_1} y^{k_2}) \quad ?$$

Übung 10.13 Es sei $f : B \to \mathbb{R}$ ein glatte Funktion auf einem konvexen Gebiet $B \subset \mathbb{R}^2$. Beweisen Sie

$$\iint_B f \, dx \, dy = |B| f(x_S, y_S) + \mathcal{O}(|B| \operatorname{diam}(B)^2),$$

wobei (x_S, y_S) den Schwerpunkt, $|B|$ den Flächeninhalt und

$$\operatorname{diam}(B) = \sup_{(x,y),(z,w) \in B} \|(x, y) - (z, w)\|_2$$

den Durchmesser von B bezeichnen.

Hinweis: Für den Schwerpunkt gilt $\iint_B x_S - x \, dx \, dy = \iint_B y_S - y \, dx \, dy = 0$.

Gewöhnliche Differentialgleichungen

11.1 Einleitung

11.1.1 Problemstellung und Beispiele

In diesem Kapitel geht es um die numerische Behandlung gewöhnlicher Differentialgleichungen, welche die „zeitliche" Änderung einer oder mehrerer Zustandsgrößen
charakterisieren. Man kann damit *dynamische Systeme* beschreiben, die beispielsweise in der Mechanik ebenso wie bei chemischen Reaktionen auftreten oder auch
die Ausbreitung von Epidemien modellieren.
Im einfachsten Fall lautet die Problemstellung wie folgt:

Gesucht wird eine Funktion $y : [t_0, T] \to \mathbb{R}$ einer (Zeit-)Variablen t, die der
Gleichung

$$y'(t) = f(t, y(t)), \quad t \in [t_0, T], \tag{11.1}$$

und der Anfangsbedingung

$$y(t_0) = y^0 \tag{11.2}$$

genügen soll.

Da in (11.1) nur die *erste* Ableitung nach *einer* Variablen auftritt, spricht man von
einer *gewöhnlichen Differentialgleichung erster Ordnung*. Die Aufgabe, eine Funktion zu bestimmen, die (11.1) und (11.2) erfüllt, heißt *Anfangswertproblem*.

© Der/die Autor(en), exklusiv lizenziert an Springer-Verlag GmbH, DE,
ein Teil von Springer Nature 2022
W. Dahmen und A. Reusken, *Numerik für Ingenieure und Naturwissenschaftler*,
https://doi.org/10.1007/978-3-662-65181-0_11

Beispiel 11.1 Gesucht wird eine Funktion $y(t)$, $t \geq 0$, für die

$$y' = 2ty^2 \quad (t \geq 0) \quad \text{und} \quad y(0) = 1$$

gilt. Wir werden sehen (Satz 11.10), dass für diese Aufgabe eine eindeutige Lösung existiert. Durch Einsetzen kann man einfach nachprüfen, dass $y(t) = (1 - t^2)^{-1}$ die Lösung ist. Offensichtlich existiert die Lösung nur für $t \in [0, 1)$. $\triangle$

Allgemeiner hat man mit *Systemen von* n *gewöhnlichen Differentialgleichungen erster Ordnung*

$$y_1'(t) = f_1(t, y_1(t), \dots, y_n(t))$$

$$\vdots$$

$$y_n'(t) = f_n(t, y_1(t), \dots, y_n(t))$$

zu tun, wobei $y_i(t)$, $i = 1, \dots, n$, eine reelle Funktion in einer (Zeit-)Variablen $t \in [t_0, T]$ ist. Es resultiert ein Anfangswertproblem, falls die gesuchte Lösung dieses Systems den Anfangsbedingungen

$$y_i(t_0) = y_i^0, \quad i = 1, \dots, n,$$

genügen soll. Setzt man

$$y(t) := \begin{pmatrix} y_1(t) \\ \vdots \\ y_n(t) \end{pmatrix}, \quad f(t, y) := \begin{pmatrix} f_1(t, y_1(t), \dots, y_n(t)) \\ \vdots \\ f_n(t, y_1(t), \dots, y_n(t)) \end{pmatrix}, \, y^0 := \begin{pmatrix} y_1^0 \\ \vdots \\ y_n^0 \end{pmatrix},$$

kann dieses Anfangswertproblem wieder kompakt in der Form

$$y'(t) = f(t, y(t)), \quad t \in [t_0, T],$$
$$y(t_0) = y^0 \tag{11.3}$$

geschrieben werden.

Beispiel 11.2 Gesucht werden Funktionen $y_1(t)$, $y_2(t)$, $t \geq 0$, für die

$$\begin{pmatrix} y_1' \\ y_2' \end{pmatrix} = \begin{pmatrix} \frac{1}{2}y_1 - y_2 \\ 2y_1 - 2y_2 + 3\sin t \end{pmatrix} \quad (t \geq 0) \quad \text{und} \quad \begin{pmatrix} y_1(0) \\ y_2(0) \end{pmatrix} = \begin{pmatrix} 2 \\ 1 \end{pmatrix}$$

gilt. Man kann zeigen (vgl. Satz 11.10), dass für diese Aufgabe eine eindeutige Lösung existiert. Durch Einsetzen kann man einfach nachprüfen, dass

$$\begin{pmatrix} y_1(t) \\ y_2(t) \end{pmatrix} = \begin{pmatrix} 2\cos t \\ \cos t + 2\sin t \end{pmatrix}$$

die Lösung ist.   △

Wir werden nun kurz einige einfache Anwendungsbeispiele skizzieren, die zu Aufgaben obigen Typs führen.

Beispiel 11.3 Ein sehr einfaches Räuber-Beute-Modell stammt von Lottka und Volterra. Es seien $y_1(t)$ die Beute-Population und $y_2(t)$ die Räuber-Population zum Zeitpunkt $t \geq 0$. Die Lottka-Volterra-Gleichung ist

$$\begin{aligned} y_1' &= c_1 y_1 (1 - d_1 y_2), \quad y_1(0) = y_1^0, \\ y_2' &= c_2 y_2 (d_2 y_1 - 1), \quad y_2(0) = y_2^0, \end{aligned} \tag{11.4}$$

mit positiven Konstanten c_1, c_2, d_1, d_2.   △

Beispiel 11.4 Chemische Reaktionsprozesse werden oft mit gewöhnlichen Differentialgleichungen modelliert. Ein Standardmodell lautet wie folgt. Seien $S_1, \ldots, S_n$ chemische Stoffe, die bei konstanter Temperatur in einem abgeschlossenen System miteinander reagieren. Die i-te Reaktion wird durch

$$\sum_{j=1}^{n} a_{ij} S_j \xrightarrow{k_i} \sum_{j=1}^{n} b_{ij} S_j$$

beschrieben, wobei a_{ij}, b_{ij} die stöchiometrischen Koeffizienten sind und k_i die Reaktionsgeschwindigkeitskonstante ist. Als Beispiel betrachten wir die chemische Pyrolyse (aus SW). Das Reaktionsschema der beteiligten Komponenten $S_1, \ldots, S_6$ lautet

$$S_1 \xrightarrow{k_1} S_2 + S_3$$

$$S_2 + S_3 \xrightarrow{k_2} S_5$$

$$S_1 + S_3 \xrightarrow{k_3} S_4$$

$$S_4 \xrightarrow{k_4} S_3 + S_6.$$

Es sei $y_i(t)$ die Konzentration der Komponente S_i zum Zeitpunkt $t \geq 0$. Das zugehörige System gewöhnlicher Differentialgleichungen, das die Dynamik dieses Reaktionsprozesses beschreibt, ist gegeben durch

$$y_1' = -k_1 y_1 - k_3 y_1 y_3$$
$$y_2' = k_1 y_1 - k_2 y_2 y_3$$
$$y_3' = k_1 y_1 - k_2 y_2 y_3 - k_3 y_1 y_3 + k_4 y_4$$
$$y_4' = k_3 y_1 y_3 - k_4 y_4 \qquad\qquad\qquad (11.5)$$
$$y_5' = k_2 y_2 y_3$$
$$y_6' = k_4 y_4.$$

Die Anfangsbedingungen sind gegeben durch $y_1(0) = 1.8 \cdot 10^{-3}$, $y_i(0) = 0$ für $i = 2, \ldots, 6$, und die Reaktionsgeschwindigkeitskonstanten sind

$$k_1 = 7.9 \cdot 10^{-10}, \ k_2 = 1.1 \cdot 10^9, \ k_3 = 1.1 \cdot 10^7, \ k_4 = 1.1 \cdot 10^3.$$

Diese Konstanten k_i sind von sehr unterschiedlicher Größenordnung. Dadurch treten in diesem System (wie in vielen anderen Reaktionssystemen) Reaktionen in stark unterschiedlichen Zeitskalen auf. Ein derartiges *steifes* System muss man in der Numerik mit Vorsicht behandeln, siehe Abschn. 11.9. △

Im folgenden Beispiel wird gezeigt, wie durch Diskretisierung der Wärmeleitungsgleichung ein großes System gewöhnlicher Differentialgleichungen entsteht.

Beispiel 11.5 Gegeben sei die Temperaturverteilung T eines Stabs der Länge ℓ zur Zeit $t = 0$. An beiden Enden des Stabs werde für Zeiten $t > 0$ die Temperatur vorgegeben, und zwar sei sie dort auf Null geregelt. Die Entwicklung der Temperatur $T(x, t)$ an der Stelle x des Stabes zur Zeit t ergibt sich als Lösung der Anfangsrandwertaufgabe

$$\frac{\partial T}{\partial t} = \kappa \frac{\partial^2 T}{\partial x^2}, \quad t > 0, \quad x \in (0, \ell). \qquad (11.6)$$

Die Anfangswerte seien $T(x, 0) = \Phi(x)$. Die Randwerte sind $T(0, t) = T(\ell, t) = 0$. Die Gl. (11.6) ist ein Beispiel einer *partiellen* Differentialgleichung, da in dieser Gleichung die Ableitungen der gesuchten Funktion nach *verschiedenen* Variablen vorkommen. Mit Hilfe der sogenannten *Linien-Methode* kann man die gesuchte Lösung $T(x, t)$ anhand eines *Systems gewöhnlicher Differentialgleichungen* erster Ordnung annähern.

Die Linien-Methode funktioniert folgendermaßen. Man diskretisiere, wie in Beispiel 3.6, zunächst die 2. Ableitung nach der Ortsvariablen x, d. h.

$$\kappa \frac{\partial^2 T(x, t)}{\partial x^2} \approx \frac{\kappa}{h_x^2} \left(T(x + h_x, t) - 2T(x, t) + T(x - h_x, t) \right),$$

mit $h_x = \frac{\ell}{n_x}$, und $n_x \in \mathbb{N}$. Statt (11.6) für alle $x \in (0, \ell)$ zu verlangen, sucht man für jeden Orts-Gitterpunkt $x_j = j h_x$ Funktionen

$$y_j(t) \approx T(x_j, t), \quad j = 1, 2, \ldots, n_x - 1, \qquad (11.7)$$

die nur noch von der Zeit abhängen und das im Ort diskretisierte Näherungsproblem von $n_x - 1$ gekoppelten gewöhnlichen Differentialgleichungen

$$y_j' = \frac{\kappa}{h_x^2}(y_{j+1} - 2y_j + y_{j-1}), \quad j = 1, \ldots, n_x - 1, \tag{11.8}$$

erfüllen. Unbekannt sind lediglich die Funktionen zu den inneren Gitterpunkten $x_1, \ldots, x_{n_x-1}$, da aufgrund der gegebenen Randwerte $y_0(t) = y_{n_x}(t) = 0$ für $t > 0$ gilt. (11.8) lässt sich, mit $y := (y_1, y_2, \ldots, y_{n_x-1})^T$, als

$$y' = f(t, y) = Ay \tag{11.9}$$

schreiben, wobei A die Tridiagonalmatrix

$$A = -\frac{\kappa}{h_x^2}\begin{pmatrix} 2 & -1 & & & \\ -1 & 2 & -1 & & \emptyset \\ & \ddots & \ddots & \ddots & \\ \emptyset & & -1 & 2 & -1 \\ & & & -1 & 2 \end{pmatrix} \in \mathbb{R}^{(n_x-1)\times(n_x-1)} \tag{11.10}$$

ist. Die Anfangsbedingungen (vgl. (11.3)) sind durch

$$y(0) = y^0 = \begin{pmatrix} \Phi(x_1) \\ \vdots \\ \Phi(x_{n_x-1}) \end{pmatrix}$$

gegeben. Der Begriff Linien-Methode reflektiert hier die Bestimmung der Funktionen $y_j(t)$, $j = 1, \ldots, n_x - 1$, entlang den zur Zeitachse parallelen Linien durch die Orts-Gitterpunkte x_j. Mit Hilfe numerischer Verfahren zur Lösung dieses Anfangswertproblems – also über eine nachfolgende Diskretisierung in der Zeit t – erhalten wir insgesamt ein numerisches Verfahren zur Behandlung von partiellen Differentialgleichungen eines solchen Typs. △

Wir wollen uns zunächst wieder den gewöhnlichen Differentialgleichungen zuwenden. Allgemeiner spricht man von einer *gewöhnlichen Differentialgleichung m-ter Ordnung*, falls in der Differentialgleichung Ableitungen der gesuchten Funktion bis zur Ordnung m vorkommen.

Beispiel 11.6 Das mathematische Pendel in Beispiel 1.2 wird durch die gewöhnliche Differentialgleichung zweiter Ordnung

$$\phi''(t) = -\frac{g}{\ell}\sin(\phi(t)), \quad t \geq 0,$$

und die Anfangsbedingungen

$$\phi(0) = \phi_0, \quad \phi'(0) = 0,$$

charakterisiert. Die Parameter g, ℓ und ϕ_0 bezeichnen die Fallbeschleunigung, die Pendellänge und die Anfangsauslenkung (vgl. Abb. 1.2). $\qquad\qquad\triangle$

Allgemein nennt man das Problem der Bestimmung einer skalaren Funktion $y(t)$, so dass

$$
\begin{aligned}
y^{(m)} &= g(t, y, y', \ldots, y^{(m-1)}) , \quad t \in [t_0, T] , \\
y(t_0) &= z_0, \quad y'(t_0) = z_1, \quad \ldots, \quad y^{(m-1)}(t_0) = z_{m-1},
\end{aligned}
\tag{11.11}
$$

gilt, eine *Anfangswertaufgabe m-ter Ordnung*.

11.1.2 Orientierung: Strategien, Konzepte, Methoden

Wir werden zunächst einige für die Aufgaben (11.3) und (11.11) relevante (theoretische) Grundlagen sammeln. Im folgenden Abschn. 11.2 wird gezeigt, dass man ein Anfangswertproblem m-ter Ordnung wie in (11.11) als ein *System* von m Differentialgleichungen *erster* Ordnung mit entsprechenden Anfangsbedingungen (wie in (11.3)) umformulieren kann. Es reicht deshalb, numerische Verfahren für den einheitlichen Standardaufgabentyp des Anfangswertproblems (11.3) zu entwickeln, welches der zentrale Gegenstand dieses Kapitels ist. Im Weiteren beschränken wir uns auf die Aufgabe (11.3). *Existenz und Eindeutigkeit* einer Lösung dieser Aufgabe folgt aus dem *Satz von Picard-Lindelöf* (in Abschn. 11.3). Auch wird die *Kondition* dieser Aufgabe, insbesondere die Empfindlichkeit der Lösung $y(t)$ bezüglich Störungen in der Anfangsbedingung y^0, untersucht.

In diesem Kapitel wird ein Reihe numerischer Verfahren zur Approximation der Lösung des Anfangswertproblems (11.3) behandelt. Das allereinfachste numerische Verfahren (das sogenannte Euler-Verfahren) verwendet, für ein fest gewähltes $n \in \mathbb{N}$, ein Gitter $t_j := t_0 + jh$, $j = 0, \ldots, n$, mit $h := (T - t_0)/n$ (später werden wir allgemeiner unterschiedliche Zeitschrittweiten $h_j = t_{j+1} - t_j$ zulassen). Die Ableitung $y'(t_j)$ wird durch eine Differenz $(y(t_{j+1}) - y(t_j))/h$ approximiert und daraus ergibt sich ausgehend von der Anfangsbedingung y^0 aus (11.3) das Euler-Verfahren

$$y^{j+1} := y^j + hf(t_j, y^j), \quad j = 0, \ldots, n-1, \tag{11.12}$$

für die Näherungen $y^j \approx y(t_j)$, $j = 1, \ldots, n$. Dieses Verfahren ist ein Beispiel eines *Einschrittverfahrens:* Um die neue Näherung y^{j+1} zum Zeitpunkt t_{j+1} zu bestimmen, wird nur die Näherung y^j zum vorigen Zeitpunkt t_j benötigt. Einige Varianten dieser sehr einfachen Methode, wie zum Beispiel das verbesserte Euler-Verfahren und die Trapezmethode, werden vorgestellt. Weil, wie wir zeigen werden, die Approximationsgüte dieser einfachen Verfahren ziemlich gering ist, werden andere Verfahren behandelt, mit denen (bei derselben Schrittweite h) eine viel höhere Genauigkeit erzielt werden kann. Wir werden folgende zwei Verfahrenklassen behandeln:

- *Runge-Kutta-Einschrittverfahren.* Diese bilden eine umfangreiche Klasse von Verfahren, welche auch die einfache Euler-Methode (11.12) enthält. Verfahren aus dieser Klasse werden bei vielen Anwendungsproblemen eingesetzt und bieten insbesondere eine bequeme Möglichkeit, die jeweilige Schrittweite $h = h_j$ an das Verhalten der Lösung anzupassen.
- *Lineare Mehrschrittverfahren.* Eine Alternative zu den Runge-Kutta-Verfahren bieten die linearen Mehrschrittverfahren, wobei man in jedem Schritt nicht nur auf *eine* (wie beim Einschrittverfahren), sondern auf *mehrere* vorher berechnete Näherungen zurückgreift. Auch diese Methoden bilden eine umfangreiche Klasse und wir werden einige für die Praxis wichtige konkrete Beispiele aus dieser Klasse (die sogenannten Adams-Bashforth-Verfahren, Adams-Moulton-Verfahren und Rückwärtsdifferenzenmethoden) vorstellen. Außerdem werden wir Vor- und Nachteile dieser Verfahren im Vergleich zu den Runge-Kutta-Verfahren diskutieren.

Bei all diesen Verfahren gibt es sogenannte *explizite* und *implizite* Varianten. Der Unterschied zwischen diesen beiden Varianten ist folgender. Bei einem expliziten Verfahren, wie zum Beispiel dem Euler-Verfahren in (11.12), kann man die neue Näherung y^{j+1} durch einfaches Einsetzen von (aus den vorigen Zeitschritten) bereits bekannten Näherungen bestimmen. Bei einem impliziten Verfahren hingegen erfordert die Berechnung der neuen Näherung y^{j+1} die Lösung einer Gleichung oder eines Gleichungssystems. Ein einfaches Beispiel einer impliziten Methode ist das implizite Euler-Verfahren, wobei in (11.12) der Term $f(t_j, y^j)$ durch $f(t_{j+1}, y^{j+1})$ ersetzt wird. Diesen Nachteil impliziter Verfahren, dass die Bestimmung der neuen Näherung wesentlich mehr Rechenaufwand erfordert, muss man, wie wir erklären werden, für bestimmte Problemklassen in Kauf nehmen. Die wichtigste Problemklasse, für die implizite Methoden im Allgemeinen besser geeignet sind als explizite Methoden, ist die der sogenannten *steifen* Probleme. Das in Beispiel 11.4 formulierte Modell eines chemischen Reaktionsprozesses ist ein steifes Problem. Wir werden diese Problemklasse genauer untersuchen und insbesondere erklären, welche implizite Verfahren für solche steifen Probleme gut geeignet sind.

Das Anfangswertproblem (11.3) beschreibt einen dynamischen Prozess, nämlich die Entwicklung der gesuchten Lösung $y(t)$ in der Zeit ($t \in [t_0, T]$). Wegen dieser Dynamik ist die Fehleranalyse numerischer Verfahren zur Lösung von (11.3) etwas komplizierter als die Fehleranalyse der meisten in den vorigen Kapiteln untersuchten Methoden. Man muss nämlich die aus der Dynamik des Prozesses entstehende *Fehlerakkumulation* kontrollieren. In dieser Fehleranalyse werden folgende Begriffe und Konzepte verwendet:

- *Konsistenz- und Konvergenzordnung.* Die Konvergenzordnung eines Verfahrens gibt an, wie der Verfahrensfehler $e_h := \max_{j=0,\dots,n} \| y(t_j) - y^j \|$ von der Schrittweite h abhängt. Für das Euler-Verfahren (11.12) zum Beispiel werden wir die scharfe Schranke $e_h \leq ch$ herleiten, und wegen der Potenz $p = 1$ in der Schranke ch^p ist die Konvergenzordnung dieses Verfahrens Eins. Wir werden sehen, dass dieser *globaler Fehler* e_h durch eine *Akkumulation von lokalen Fehlern* ensteht. Dieser lokale Fehler ist im Wesentlichen der Verfahrensfehler in einem Zeitschritt $t_j \rightarrow t_{j+1}$, dessen Größe mit der sogenannten Konsistenzordnung gemessen wird. Die Konsistenzordnung eines numerischen Verfahrens zur Lösung von (11.3) lässt sich relativ einfach bestimmen. Für *Einschrittverfahren* werden wir folgenden fundamentalen Zusammenhang zwischen Konsistenz und Konvergenz zeigen: „Konsistenz der Ordnung $p \Rightarrow$ Konvergenz der Ordnung p".

- *Nullstabilität bei linearen Mehrschrittverfahren.* Die Analyse der Konvergenzordnung ist bei linearen *Mehr*schrittverfahren delikater als bei den *Ein*schrittverfahren. Es gilt im Allgemeinen nicht mehr der direkte Zusammenhang „Konsistenzordnung $p \Rightarrow$ Konvergenzordnung p". Um bei einem linearen Mehrschrittverfahren instabile Anteile der numerischen Lösung zu vermeiden, muss das Verfahren *nullstabil* sein. Dieser Begriff wird in Abschn. 11.8.5 erklärt. Falls ein lineares Mehrschrittverfahren die Nullstabilitäts-Eigenschaft hat, gilt wieder der Zusammenhang: „Konsistenzordnung $p \Rightarrow$ Konvergenzordnung p".

- *Stabilität von Verfahren für steife Probleme.* Bei den steifen Problemen treten sehr unterschiedliche Zeitskalen auf, siehe Beispiel 11.4, und dementsprechend hat die kontinuierliche Lösung ein „kompliziertes" Abklingverhalten. Wie oben bereits erwähnt, sind für eine genaue Approximation dieses Abklingverhaltens die *impliziten* Varianten der Ein- und Mehrschrittverfahren viel besser geeignet als die expliziten Methoden. Um diese Eigenschaft genauer analysieren zu können, wird ein weiterer Stabilitätsbegriff (die sogenannte *A-Stabilität*) eingeführt, den wir in Abschn. 11.9.3 behandeln werden.

Es wird sich herausstellen, dass numerische Verfahren zur Lösung der allgemeinen Problemstellung (11.3) für Systeme genauso arbeiten wie für skalare Gleichungen. Der technischen Einfachheit halber werden wir uns öfter, insbesondere bei der Herleitung und Analyse der Methoden, auf den skalaren Fall ($n = 1$, d. h. (11.1), (11.2)) beschränken.

11.2   Reduktion auf ein System 1. Ordnung

Um nicht für jedes einzelne Problem einen eigenen Typ von Verfahren entwickeln zu müssen, ist es günstig, Anfangswertprobleme auf eine einheitliche Form zu bringen. In diesem Abschnitt wird gezeigt, wie man das *skalare* Anfangswertproblem *m-ter Ordnung* (11.11) in ein äquivalentes *System erster Ordnung* der Form (11.3) umformulieren kann. Setzt man

$$y_1(t) := y(t)$$
$$y_2(t) := y'(t) = y_1'(t)$$
$$y_3(t) := y''(t) = y_2'(t)$$
$$\vdots$$
$$y_m(t) := y^{(m-1)}(t) = y_{m-1}'(t),$$

so folgt aus (11.11)

$$y_m'(t) = g(t, y_1, y_2, \ldots, y_m), \quad t \in [t_0, T],$$

$$y_1(t_0) = z_0, \quad y_2(t_0) = z_1, \quad \ldots, \quad y_m(t_0) = z_{m-1}.$$

Man kann dies in

$$\left.\begin{array}{l} y_1'(t) = y_2(t) \\ y_2'(t) = y_3(t) \\ \qquad \vdots \\ y_{m-1}'(t) = y_m(t) \\ y_m'(t) = g(t, y_1(t), \ldots, y_m(t)) \end{array}\right\} \quad \text{für } t \in [t_0, T]$$

mit den Anfangsbedingungen

$$y_1(t_0) = z_0, \quad \ldots, \quad y_m(t_0) = z_{m-1}$$

zusammenfassen. Man erhält also ein *System* von m Differentialgleichungen erster Ordnung wie in (11.3).

Beispiel 11.7 Beim mathematischen Pendel in Beispiel 11.6 ergibt sich durch ein solches Vorgehen das System

$$y'(t) = \begin{pmatrix} y_1'(t) \\ y_2'(t) \end{pmatrix} = f(t, y) = \begin{pmatrix} y_2(t) \\ -\frac{g}{\ell} \sin(y_1(t)) \end{pmatrix}, \quad t \geq 0,$$

mit der Anfangsbedingung

$$y(0) = y^0 = \begin{pmatrix} \phi_0 \\ 0 \end{pmatrix}.$$

$\triangle$

Beispiel 11.8 Die gewöhnliche Differentialgleichung dritter Ordnung

$$y''' = -2y'' + \dot{y}' + y^2 - e^t, \quad t \in [0, T],$$

mit den Anfangsbedingungen

$$y(0) = 1, \quad y'(0) = 0, \quad y''(0) = 0,$$

ergibt über die Definitionen

$$y_1(t) := y(t), \quad y_2(t) := y'(t), \quad y_3(t) := y''(t),$$

das äquivalente System erster Ordnung

$$\begin{pmatrix} y_1' \\ y_2' \\ y_3' \end{pmatrix} = \begin{pmatrix} y_2 \\ y_3 \\ -2y_3 + y_2 + y_1^2 - e^t \end{pmatrix}, \quad t \in [0, T],$$

mit den Anfangsbedingungen

$$(y_1(0), y_2(0), y_3(0)) = (1, 0, 0).$$

△

11.3   Einige theoretische Grundlagen

Wir sammeln zunächst einige theoretische Fakten und Hinweise, die man für einen sinnvollen Gebrauch numerischer Verfahren benötigt. Die wesentliche Leitlinie bietet der Begriff des *korrekt* oder *sachgemäß gestellten Problems*, welches auf Hadamard zurück geht. Ein Problem heißt korrekt gestellt, falls 1.) eine Lösung existiert, 2.) diese Lösung eindeutig ist und 3.) diese Lösung *stetig* von den gegebenen Daten abhängt.

Nach dem *Satz von Peano* existiert bereits unter sehr schwachen Anforderungen an die rechte Seite f, nämlich Stetigkeit in t und y, eine Lösung, zumindest für kleine Zeitintervalle. Beispiel 11.1 deutet jedoch schon an, dass auch für glattes f der Bereich, auf dem eine Lösung existiert, i. A. begrenzt ist. Punkt 1.) im Sinne lokaler Lösbarkeit ist also weitgehend gesichert. Die Frage der Eindeutigkeit 2.) ist etwas delikater, wie folgendes Beispiel zeigt.

Beispiel 11.9 Betrachte das Anfangswertproblem

$$y' = 2\sqrt{|y|}, \quad (t \geq 0), \quad y(0) = 0. \tag{11.13}$$

Offensichtlich ist sowohl $y \equiv 0$ als auch $y(t) := t^2$ Lösung von (11.13).   △

Wenn keine Eindeutigkeit vorliegt, kann man schwerlich erwarten, dass ein numerisches Schema sinnvolle Resultate liefert.

Unter etwas stärkeren Voraussetzungen an f gilt allerdings der folgende *Existenz-und Eindeutigkeitssatz* von *Picard-Lindelöf*, der die Forderung 2.) sichert, vgl. z. B. [SB].

Satz 11.10
Es seien $T > t_0$, $\mathcal{U}$ *eine Umgebung des Anfangsvektors* $y^0 \in \mathbb{R}^n$, *und*
$f : [t_0, T] \times \mathcal{U} \to \mathbb{R}^n$ *eine Funktion, für die Folgendes gilt:*

- f *ist stetig in* (t, y) *auf* $[t_0, T] \times \mathcal{U}$.
- f *ist Lipschitz-stetig in* y, *d. h., es existiert eine Konstante* L, *so dass*

$$\|f(t, y) - f(t, z)\| \le L\|y - z\| \text{ für alle } t \in [t_0, T], y, z \in \mathcal{U} \qquad (11.14)$$

(*wobei* $\| \cdot \|$ *eine beliebige feste Norm auf* $\mathbb{R}^n$ *ist*).

Dann existiert eine eindeutige Lösung y *von* (11.3) *in einer Umgebung von*
t_0 (*die von* T *und* L *abhängt*).

Man beachte, dass die Funktion $f(t, y) = 2\sqrt{|y|}$ aus Beispiel 11.9 in einer Umgebung von 0 *nicht* Lipschitz-stetig in y ist, also die Voraussetzungen des Satzes 11.10 nicht erfüllt.

Beispiel 11.11 Wir wählen zunächst $\| \cdot \| = \| \cdot \|_\infty$, die Maximumnorm. Für das Wärmeleitungsproblem aus Beispiel 11.5 erhält man mit (11.9)

$$\|f(t, y) - f(t, z)\|_\infty = \|Ay - Az\|_\infty = \|A(y - z)\|_\infty \le \|A\|_\infty \|y - z\|_\infty.$$

Also gilt (11.14) mit $L = \|A\|_\infty$ für alle t, y, z.

Für das mathematische Pendel aus Beispiel 11.7 ergibt sich mit $c := -g/\ell$

$$
\begin{aligned}
\|f(t, y) - f(t, z)\|_\infty &= \left\| \begin{pmatrix} y_2 \\ c \sin y_1 \end{pmatrix} - \begin{pmatrix} z_2 \\ c \sin z_1 \end{pmatrix} \right\|_\infty \\
&= \left\| \begin{pmatrix} y_2 - z_2 \\ c \cos(\xi)(y_1 - z_1) \end{pmatrix} \right\|_\infty \\
&= \max\{|y_2 - z_2|, |c| \, |\cos(\xi)| \, |y_1 - z_1|\} \\
&\le \max\{1, |c|\} \|y - z\|_\infty,
\end{aligned}
$$

also gilt (11.14) mit $L = \max\{1, \frac{g}{\ell}\}$ für alle t, y, z.

Für $f(t, y) = 2ty^2$ und $y^0 = 1$ aus Beispiel 11.1 gilt

$$|f(t, y) - f(t, z)| = 2t \left| y^2 - z^2 \right| \le 2T \, |y + z| \, |y - z| \text{ für } t \in [0, T].$$

Für $t \in [0, T]$ und y, z aus der Umgebung $B(y^0, r) = \{x \in \mathbb{R} \mid |x - 1| \le r\}$ erhält man hieraus, wegen $|y + z| \le |y| + |z| \le 2(r + 1)$,

$$|f(t, y) - f(t, z)| \le L \, |y - z|, \quad L := 4T(r + 1).$$

Es sei bemerkt, dass in diesem Fall (vgl. Beispiel 11.1) die Lösung nur für $t \in [0, 1)$ existiert, obwohl eine Lipschitz-Eigenschaft für jedes Intervall $[0, T]$ gilt.   △

Forderung 3.) nach der Korrektgestelltheit ist natürlich für numerische Zwecke besonders essentiell. Schon die aufgrund von Rundung unumgänglichen Datenfehler sollten die Qualität einer Näherungslösung nicht gefährden. Im vorliegenden Zusammenhang betrachten wir den einfachsten Fall, dass unter „Daten" lediglich die Anfangswerte y^0 (und nicht etwa die Form der rechten Seite f der Differentialgleichung) verstanden werden. Unter welchen Umständen die Lösung dann grundsätzlich mit numerischen Methoden näherungsweise ermittelt werden kann, zeigt das folgende Ergebnis (vgl. [SB]). Es besagt, dass bereits unter den Voraussetzungen von Satz 11.10 die Lösung nicht nur (lokal) existiert und eindeutig ist, sondern auch *stetig* von den Anfangsbedingungen abhängt.

Satz 11.12
Die Funktion f erfülle (11.14) *(bzgl. einer Umgebung $\mathcal{U}$ von $y^0, z^0 \in \mathbb{R}^n$).*
Es seien $y(t), z(t)$ Lösungen von (11.3) *bezüglich der Anfangsdaten $y^0, z^0 \in$*
$\mathbb{R}^n$*. Dann gilt für alle t aus einer Umgebung von t_0 die Abschätzung*

$$\|y(t) - z(t)\| \le e^{L|t - t_0|} \|y^0 - z^0\|. \tag{11.15}$$

Wir können den Begriff der Korrektgestelltheit im bisher verfolgten Kontext der Kondition interpretieren. Die eindeutige Lösbarkeit besagt, dass die Zuordnung $S : y^0 \to S(y^0)(t) := y(t)$ zumindest in einer Umgebung von t_0 eine wohldefinierte Abbildung ist. Die Lösung des Anfangswertproblems ist dann gerade die *Auswertung* dieses *Lösungsoperators* S an der Stelle y^0. Die Abschätzung (11.15) quantifiziert dann die *absolute Kondition* des Lösungsoperators S – sprich des Anfangswertproblems (11.3) – bezüglich Störungen in den Anfangsdaten. Für längere Integrationsintervalle $[t_0, T]$ wird diese Abschätzung allerdings exponentiell schlechter, d. h., die Lösungen können auch bei kleineren Störungen in den Anfangsdaten y^0 für große $|t - t_0|$ erheblich variieren. Dass die Abschätzung (11.15) die Bestmögliche ist, sieht man an folgendem

Beispiel 11.13 Wir betrachten die skalaren Probleme ($n = 1$)

$$y' = Ly, \quad y(t_0) = y^0, \qquad z' = Lz, \quad z(t_0) = z^0, \quad \text{mit } L > 0,$$

wobei sich die Lösungen für $t \geq t_0$ als

$$y(t) = y^0 e^{L|t-t_0|}, \quad z(t) = z^0 e^{L|t-t_0|}$$

exakt angeben lassen. Wegen $f(t, y) - f(t, z) = L(y - z)$ ist die Lipschitzkonstante in (11.14) genau L. Es gilt

$$y(t) - z(t) = e^{L|t-t_0|}(y^0 - z^0),$$

d. h., es gilt Gleichheit in (11.15). Wegen

$$\frac{|y(t) - z(t)|}{|y(t)|} = \frac{e^{L|t-t_0|} |y^0 - z^0|}{|y^0| e^{L|t-t_0|}} = \frac{|y^0 - z^0|}{|y^0|}$$

ist in diesem Beispiel die *relative* Kondition für alle Werte von y^0 und L gut, während die absolute Kondition für $L \gg 1$ schlecht ist. △

Im allgemeinen Fall erhält man, unter den Voraussetzungen wie in Satz 11.12, für die relative Kondition die Abschätzung

$$\frac{\|y(t) - z(t)\|}{\|y(t)\|} \leq \frac{\|y^0\|}{\|y(t)\|} e^{L|t-t_0|} \frac{\|y^0 - z^0\|}{\|y^0\|} =: \kappa_{\text{rel}}(t) \frac{\|y^0 - z^0\|}{\|y^0\|}. \tag{11.16}$$

Die relative Konditionszahl drückt also das Verhältnis von $e^{L|t-t_0|}$ zum Wachstum der Lösung, $\|y(t)\| / \|y^0\|$, aus. Man beachte, dass wegen $L > 0$ der Faktor $e^{L|t-t_0|}$ immer ein exponentielles Wachstum hat.

Allerdings bietet (11.15) eine erhebliche Überschätzung für Probleme des Typs $y' = -Ly, y(0) = y^0 \neq 0$ für $L > 0$, wobei die Lösung $y(t) = y^0 e^{-Lt}$ exponentiell abklingt.

Wir werden im Folgenden stets von den Voraussetzungen in Satz 11.10 ausgehen, so dass Anfangswertprobleme in geeigneten Umgebungen $[t_0, T] \times \mathcal{U}$, mit $y^0 \in \mathcal{U}$, stets korrekt gestellt sind.

Einige Hintergründe

Satz 11.10 ist im Wesentlichen eine Konsequenz des Banachschen Fixpunktsatzes 5.22. Dies beruht auf folgender Beobachtung, welche auch in weiteren Betrachtungen häufig verwendet wird.

Bemerkung 11.14
Die Funktion y löst die *Differential*gleichung $y'(t) = f(t, y(t))$, $t \in [t_0, T]$, $y(t_0) = y^0$ genau dann, wenn sie die *Integral*gleichung

$$y(t) = y^0 + \int_{t_0}^t f(s, y(s))\, ds, \quad t \in [t_0, T], \tag{11.17}$$

löst.

Falls f eine Vektorfunktion ist, wird bei $\int f\, ds$ jede Komponente von f integriert.

Beweis Differenziert man (11.17), sieht man sofort, dass y die Differentialgleichung löst. Außerdem gilt $y(t_0) = y^0 + \int_{t_0}^{t_0} f(s, y(s))\, ds = y^0$. Umgekehrt gilt für die Lösung des Anfangswertproblems

$$\int_{t_0}^t f(s, y(s))\, ds = \int_{t_0}^t y'(s)\, ds = y(t) - y(t_0) = y(t) - y^0$$

und damit (11.17). $\qquad\qquad\qquad\qquad\qquad\qquad\qquad\qquad\qquad\qquad\qquad\square$

Wir nehmen an, dass für ein $\bar{t}$, mit $t_0 < \bar{t} \le T$, die Funktion $f : [t_0, \bar{t}\,] \times \mathbb{R}^n \to \mathbb{R}^n$, stetig ist, und definieren für $v \in C([t_0, \bar{t}\,])$ die Abbildung

$$\Phi : v \to \Phi(v)(t) := y^0 + \int_{t_0}^t f(s, v(s))\, ds, \quad t \in [t_0, \bar{t}\,]. \tag{11.18}$$

Es sei X der Raum $C([t_0, \bar{t}\,])$ mit der Norm $\| \cdot \|_\infty$. Dieser normierte Raum ist vollständig (weil wir hier den Fixpunktsatz auf einen *unendlich* dimensionalen Raum anwenden wollen, ist dies nicht automatisch der Fall). Wegen Bemerkung 11.14 ist die Lösung y des Anfangswertproblems gerade ein *Fixpunkt* von Φ. Um dessen Existenz und Eindeutigkeit aus Satz 5.22 schließen zu können, muss man Selbstabbildung und Kontraktion von Φ zeigen. Die Funktion $t \to \Phi(v)(t)$ ist stetig auf $[t_0, \bar{t}\,]$, also ist $\Phi : X \to X$ eine Selbstabbildung. Nun zur Kontraktion:

$$\| \Phi(v) - \Phi(w) \|_\infty = \max_{t \in [t_0, \bar{t}\,]} \| \Phi(v)(t) - \Phi(w)(t) \|$$

$$= \max_{t \in [t_0, \bar{t}\,]} \left\| \int_{t_0}^t f(s, v(s)) - f(s, w(s))\, ds \right\|$$

$$\le \int_{t_0}^{\bar{t}} \| f(s, v(s)) - f(s, w(s)) \|\, ds$$

$$\le \int_{t_0}^{\bar{t}} L \max_{s \in [t_0, \bar{t}\,]} \| v(s) - w(s) \|\, ds$$

$$= (\bar{t} - t_0) L \| v - w \|_\infty,$$

wobei wir die Lipschitz-Stetigkeit von f bzgl. y benutzt haben. Für hinreichend kleines $\bar{t} - t_0$ ist $\bar{L} := (\bar{t} - t_0)L < 1$, d. h., Φ ist auf diesem Intervall eine Kontraktion. Somit erhält man als Konsequenz des Banachschen Fixpunktsatzes eine eindeutige Lösung auf $[t_0, \bar{t}\,]$. Falls f auf einem größeren Intervall Lipschitz-stetig ist, kann man das Argument mit dem neuen Anfangswert $y(\bar{t})$ wiederholen.

Das Kernargument für die stetige Abhängigkeit der Lösung von den Anfangsdaten (Satz 11.12) beruht auf einer Methode, um implizite Ungleichungen „aufzulösen", die häufig als *Gronwall-Lemma* oder *Gronwall-Abschätzung* bezeichnet wird. Dies ist das *Ungleichungs-Analogon* zu folgendem einfachen Sachverhalt:

$$v(t) = C + \int_{t_0}^{t} u(s)v(s)\,ds \quad \Longrightarrow \quad v(t) = Ce^{\int_{t_0}^{t} u(s)\,ds}. \tag{11.19}$$

Wegen Bemerkung 11.14 (mit $f(t, v(t)) := u(t)v(t)$) erfüllt die Lösung der linken Seite von (11.19) das *lineare* Anfangswertproblem $v' = uv$, $v(t_0) = C$, dessen Lösung sich, wie man nachrechnen kann, als die rechte Seite von (11.19) herausstellt. Das Ungleichungs-Analogon lautet nun wie folgt, vgl. [SB] oder Übung 11.3:

Lemma 11.15
Für jedes $C \geq 0$ und beliebiges stückweise stetiges $v(t) \geq 0$, $u(t) \geq 0$ für $t \geq t_0$, impliziert

$$v(t) \leq C + \int_{t_0}^{t} u(s)v(s)\,ds, \quad t \geq t_0, \tag{11.20}$$

die Ungleichung

$$v(t) \leq Ce^{\int_{t_0}^{t} u(s)\,ds}, \quad t \geq t_0. \tag{11.21}$$

Damit ergibt sich ein einfacher Beweis von Satz 11.12 wie folgt. Wegen Bemerkung 11.14 gilt für die Lösungen y, z zu den Anfangsbedingungen y^0 bzw. z^0,

$$y(t) - z(t) = y^0 - z^0 + \int_{t_0}^{t} f(s, y(s)) - f(s, z(s))\,ds$$

und somit aufgrund der Lipschitz-Eigenschaft von f

$$\|y(t) - z(t)\| \leq \|y^0 - z^0\| + \int_{t_0}^{t} \|f(s, y(s)) - f(s, z(s))\|\,ds$$

$$\leq \|y^0 - z^0\| + \int_{t_0}^{t} L\|y(s) - z(s)\|\,ds.$$

Die Abschätzung (11.15) folgt nun sofort aus Lemma 11.15 mit $C := \|y^0 - z^0\|$, $v(t) := \|y(t) - z(t)\|$ und $u(t) := L$.

11.4   Einfache Einschrittverfahren

Das vielleicht einfachste numerische Verfahren zur näherungsweisen Lösung von
(11.1), (11.2) beruht auf folgender Idee. Aus der Differentialgleichung $y'(t) = f(t, y(t))$, $t \in [t_0, T]$, folgt, dass, für den skalaren Fall, $f(t_0, y^0)$ die Steigung des
Graphen der Lösung y an der Stelle t_0 angibt. Man versucht jetzt, $y(t)$ dadurch
anzunähern, dass man einen Schritt $h > 0$ entlang der Tangente mit Steigung
$f(t_0, y^0)$ vorangeht, d. h., man verwendet

$$y^1 = y^0 + hf(t_0, y^0)$$

als Näherung für $y(t_1)$, $t_1 := t_0 + h$. Betrachtet man jetzt die vorliegende Differentialgleichung $\tilde{y}'(t) = f(t, \tilde{y}(t))$ mit einem anderen Anfangswert, nämlich $\tilde{y}(t_1) = y^1$
(wegen der anderen Anfangsbedingung verwenden wir die Notation $\tilde{y}$ statt y), dann
ist $f(t_1, y^1)$ die Steigung des Graphen der Lösung $\tilde{y}$ an der Stelle t_1. Verwendet man
die Tangente an der Stelle $(t_1, \tilde{y}(t_1))$ ergibt sich

$$y^2 = y^1 + hf(t_1, y^1)$$

als Näherung für $\tilde{y}(t_2) \approx y(t_2)$, $t_2 := t_1 + h$, siehe Abb. 11.1.
  Dies führt auf das folgende sogenannte (explizite) Euler-Verfahren zur Lösung
des skalaren Problems (11.1), (11.2):

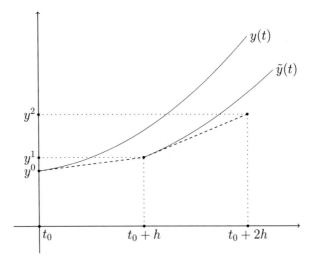

Abb. 11.1 Euler-Verfahren

Algorithmus 11.16 (Euler-Verfahren)
Gegeben: Schrittweite $h = \frac{T - t_0}{n}$ mit $n \in \mathbb{N}$. Berechne für $j = 0, \ldots, n - 1$:

$$t_{j+1} = t_j + h$$
$$y^{j+1} = y^j + hf(t_j, y^j).$$

Das Euler-Verfahren zur Lösung des *Systems* (11.3) ist identisch mit Algorithmus 11.16. In diesem Fall sind natürlich y^j und $f(t_j, y^j)$ Vektoren in $\mathbb{R}^n$. Wir benutzen hochgestellte Iterationsindizes, um eine Verwechslung mit den Komponenten-Indizes bei vektorwertigem y zu vermeiden.

Die Wahl einer konstanten *Schrittweite* $h = (T - t_0)/n$ *ist nicht entscheidend für die Verwendbarkeit der Methode.* Ein Vorteil des durch das Euler-Verfahren repräsentierten Verfahrenstyps liegt gerade in der flexiblen Anpassung der Schrittweite, d. h., $h = h_j$ kann in jedem Zeitschritt variieren.

Man erwartet, dass diese einfache Methode keine sehr genauen Ergebnisse liefert. Bevor entsprechende Fehlerbetrachtungen präziser formuliert werden, seien einige Möglichkeiten aufgezeigt, die zunächst intuitiv eine Verbesserung bringen sollten.

Ein Herleitungsprinzip
Eine wichtige Methode, Verfahren zur Lösung der Anfangswertaufgabe (11.1), (11.2) herzuleiten, beruht auf der bereits benutzten Umformung der Differentialgleichung in eine *Integralgleichung*. Aufgrund der Wichtigkeit geben wir die offensichtliche formale Anpassung von Bemerkung 11.14 in folgender Form nochmals an.

Bemerkung 11.17 Es sei ein festes $(t_j, y^j) \in \mathbb{R}^2$, mit $t_j \in [t_0, T), y^j \in \mathcal{U}$, gegeben, zum Beispiel (t_0, y^0) die Anfangswerte oder $y^j \approx y(t_j)$ eine bereits berechnete Annäherung an einer Stelle $t_j \in (t_0, T)$. Wir nehmen diese Daten als (künstliche) *Anfangsbedingung* und betrachten das Anfangswertproblem

$$\tilde{y}' = f(t, \tilde{y}) \quad \text{für } t \in [t_j, T], \quad \tilde{y}(t_j) = y^j. \tag{11.22}$$

Die Lösung $\tilde{y}$ ist auch Lösung der Integralgleichung (siehe Bemerkung 11.14)

$$\tilde{y}(t) = y^j + \int_{t_j}^{t} f(s, \tilde{y}(s))\, ds, \quad t \in [t_j, T]. \tag{11.23}$$

Insbesondere gilt für $t = t_{j+1} > t_j$:

$$\tilde{y}(t_{j+1}) = y^j + \int_{t_j}^{t_{j+1}} f(s, \tilde{y}(s))\, ds. \tag{11.24}$$

$$\triangle$$

Eine Näherung für $\tilde{y}(t_{j+1})$ (also auch für die gesuchte Lösung $y(t_{j+1})$) von (11.1), (11.2)) ergibt sich nun, wenn man das Integral in (11.24) durch eine *Quadraturformel* ersetzt (vgl. Kap. 10). Das Euler-Verfahren erhält man dann über

$$\tilde{y}(t_{j+1}) = y^j + \int_{t_j}^{t_{j+1}} f(s, \tilde{y}(s))\, ds \approx y^j + \int_{t_j}^{t_{j+1}} f(t_j, y^j)\, ds =: y^{j+1},$$

d. h., die Funktion $s \to g(s) := f(s, \tilde{y}(s))$, $s \in [t_j, t_{j+1}]$, wird durch die Konstante $g(t_j)$ ersetzt. Dies entspricht der sogenannten *Rechteckregel* bei der numerischen Integration. Statt der Rechteckregel kann man auch die Mittelpunktsregel

$$\int_{t_j}^{t_{j+1}} g(s)\, ds \approx h g\left(t_j + \frac{h}{2}\right) \tag{11.25}$$

verwenden. Die Mittelpunktsregel ist eine genauere Quadraturformel als die dem Euler-Verfahren zugrundeliegende Rechteckregel. Natürlich ist bei Anwendung von (11.25) in (11.24) der Wert

$$g\left(t_j + \frac{h}{2}\right) = f\left(t_j + \frac{h}{2}, \tilde{y}\left(t_j + \frac{h}{2}\right)\right) \tag{11.26}$$

nicht bekannt. Diesen Wert kann man aber durch $f\left(t_j + \frac{h}{2}, y^{j+\frac{1}{2}}\right)$ mit $y^{j+\frac{1}{2}} := y^j + \frac{h}{2} f(t_j, y^j)$ (Euler-Schritt mit halber Schrittweite) annähern. Dies führt auf den folgenden Algorithmus

---

Algorithmus 11.18 (Verbessertes Euler-Verfahren)
Gegeben: Schrittweite $h = \frac{T - t_0}{n}$ mit $n \in \mathbb{N}$. Berechne für $j = 0, \dots, n-1$:

$$t_{j+1} = t_j + h$$
$$y^{j+\frac{1}{2}} = y^j + \frac{h}{2} f(t_j, y^j)$$
$$y^{j+1} = y^j + h f\left(t_j + \frac{h}{2}, y^{j+\frac{1}{2}}\right).$$

Das verbesserte Euler-Verfahren wird wegen der Approximation (11.25) auch *Mittelpunktsregel* genannt. Eine Variante dieser Methode wird in Bemerkung 11.20 behandelt. Wie beim Euler-Verfahren ändern sich die Formeln des verbesserten Euler-Verfahrens nicht, wenn man die Methode zur Lösung eines Systems, wie in (11.3), einsetzt.

Falls man das Integral in (11.24) über die Trapezmethode

$$\int_{t_j}^{t_{j+1}} g(s)\,ds \approx \frac{h}{2}(g(t_j) + g(t_{j+1}))$$

annähert, ergibt sich die folgende Methode:

Algorithmus 11.19 (Trapezmethode)
Gegeben: Schrittweite $h = \frac{T-t_0}{n}$ mit $n \in \mathbb{N}$. Berechne für $j = 0, \ldots, n-1$:

$$t_{j+1} = t_j + h$$
$$y^{j+1} = y^j + \frac{h}{2}(f(t_j, y^j) + f(t_{j+1}, y^{j+1})). \qquad (11.27)$$

Auch hier ändern sich die Formeln nicht, wenn man die Trapezmethode auf ein System von Differentialgleichungen anwendet. Wenn f Lipschitz-stetig in y und h hinreichend klein ist, hat die Gl. (11.27) eine eindeutige Lösung y^{j+1} (siehe Bemerkung 11.24).

Die Trapezmethode ist ein Beispiel einer *impliziten* Methode: Der neu zu berechnende Wert y^{j+1} tritt in der rechten Seite in (11.27) auf und wird „implizit" über die Gleichung definiert. Ein Schritt dieses Verfahrens erfordert also die Lösung einer skalaren Gleichung ($n = 1$), bzw. eines Gleichungssystems ($n > 1$). Wir werden später sehen, dass man diesen Nachteil bei gewissen Problemtypen in Kauf nehmen muss. Ein weiteres einfaches Beispiel einer impliziten Methode ist das *implizite Euler-Verfahren*:

$$y^{j+1} := y^j + hf(t_{j+1}, y^{j+1}), \quad j = 0, \ldots, n-1.$$

Bemerkung 11.20 Die verbesserte Euler-Methode und Mittelpunktsregel sind explizite Verfahren. Hierzu gibt es folgende entsprechende implizite Variante, die, wie wir in Abschn. 11.6.3 sehen werden, zur Klasse der impliziten Runge-Kutta-Verfahren gehört. Zur Annäherung des unbekannten Wertes $\tilde{y}(t_j + \frac{h}{2})$ in (11.26) kann man z so bestimmen, dass

$$z = y^j + \frac{h}{2}f(t_j + \frac{h}{2}, z) \qquad (11.28)$$

gilt (implizites Euler-Verfahren mit Schrittweite $\frac{h}{2}$), und

$$y^{j+1} := y^j + hf(t_j + \frac{h}{2}, z) \tag{11.29}$$

setzen. Wenn f Lipschitz-stetig in y ist, existiert, für hinreichend kleines h, ein eindeutiges z, das (11.28) löst.

Aus $y^{j+1} - y^j = hf(t_j + \frac{h}{2}, z) = 2z - 2y^j$ folgt $z = \frac{1}{2}(y^j + y^{j+1})$ und somit kann man diese Methode auch in der Form

$$y^{j+1} = y^j + hf\left(t_j + \frac{h}{2}, \frac{1}{2}(y^j + y^{j+1})\right) \tag{11.30}$$

darstellen. Die Methode (11.28)–(11.29) (oder (11.30)) heißt die *implizite Mittelpunktsregel*. △

In den folgenden zwei Beispielen wird die Genauigkeit dieser einfachen Einschrittverfahren illustriert. Eine theoretische Untermauerung der beobachteten Abhängigkeit des Fehlers von der Schrittweite h erfolgt in Abschn. 11.5.

Beispiel 11.21 Wir betrachten das skalare Anfangswertproblem

$$y'(t) = y(t) - 2\sin t, \quad t \in [0, 4],$$
$$y(0) = 1.$$

Man rechnet einfach nach, dass $y(t) = \sin t + \cos t$ die Lösung dieses Problems ist. Zur numerischen Berechnung dieser Lösung verwenden wir das Euler-Verfahren, das verbesserte Euler-Verfahren und die Trapezmethode.

- Euler-Verfahren:

$$\begin{aligned}
y^{j+1} &= y^j + hf(t_j, y^j) \\
&= y^j + h(y^j - 2\sin t_j) = (1 + h)y^j - 2h\sin t_j
\end{aligned}$$

- Verbessertes Euler-Verfahren:

$$y^{j+\frac{1}{2}} = y^j + \frac{h}{2}f(t_j, y^j) = (1 + \frac{h}{2})y^j - h\sin t_j$$

$$y^{j+1} = y^j + hf(t_j + \frac{h}{2}, y^{j+\frac{1}{2}})$$

$$= y^j + h(y^{j+\frac{1}{2}} - 2\sin(t_j + \frac{h}{2}))$$

$$= (1 + h + \frac{1}{2}h^2)y^j - 2h\sin(t_j + \frac{h}{2}) - h^2\sin t_j.$$

Tab. 11.1 Explizites Euler-Verfahren

h	$\|y^{1/h} - y(1)\|$	$\|y^{2/h} - y(2)\|$	$\|y^{4/h} - y(4)\|$
2^{-4}	0.0647	0.2271	1.5101
2^{-5}	0.0332	0.1176	0.8063
2^{-6}	0.0168	0.0599	0.4170
2^{-7}	0.0085	0.0302	0.2121

Tab. 11.2 Verbessertes Euler-Verfahren

h	$\|y^{1/h} - y(1)\|$	$\|y^{2/h} - y(2)\|$	$\|y^{4/h} - y(4)\|$
2^{-4}	0.001155	0.003824	0.025969
2^{-5}	0.000294	0.000973	0.006606
2^{-6}	0.000074	0.000245	0.001665
2^{-7}	0.000019	0.000062	0.000418

Tab. 11.3 Trapezmethode

h	$\|y^{1/h} - y(1)\|$	$\|y^{2/h} - y(2)\|$	$\|y^{4/h} - y(4)\|$
2^{-4}	0.0002739	0.0002956	0.0002493
2^{-5}	0.0000685	0.0000740	0.0000618
2^{-6}	0.0000171	0.0000185	0.0000154
2^{-7}	0.0000043	0.0000046	0.0000039

- Trapezmethode:

$$y^{j+1} = y^j + \frac{h}{2}(f(t_j, y^j) + f(t_{j+1}, y^{j+1}))$$

$$= y^j + \frac{h}{2}(y^j + y^{j+1} - 2\sin t_j - 2\sin t_{j+1})$$

$$= (1 + \frac{h}{2})y^j + \frac{h}{2}y^{j+1} - h(\sin t_j + \sin t_{j+1}).$$

In diesem einfachen Fall kann man die implizite Gleichung für y^{j+1} in eine explizite umschreiben (für $h \neq 2$):

$$(1 - \frac{h}{2})y^{j+1} = (1 + \frac{h}{2})y^j - h(\sin t_j + \sin t_{j+1}),$$

$$y^{j+1} = \frac{1 + \frac{h}{2}}{1 - \frac{h}{2}}y^j - \frac{h}{1 - \frac{h}{2}}(\sin t_j + \sin t_{j+1}).$$

In den Tab. 11.1, 11.2 und 11.3 sind einige Ergebnisse zusammengestellt, die mit diesen Methoden erzielt werden.

Diese Ergebnisse zeigen, dass der Fehler beim Euler-Verfahren proportional zu h und beim verbesserten Euler-Verfahren sowie der Trapezmethode proportional zu

Tab. 11.4 Verbessertes Euler-Verfahren für ein System

h	$\|y^{1/h} - y(1)\|_\infty$	$\|y^{2/h} - y(2)\|_\infty$	$\|y^{4/h} - y(4)\|_\infty$
2^{-4}	0.000749	0.002048	0.001140
2^{-5}	0.000188	0.000507	0.000289
2^{-6}	0.000047	0.000126	0.000073
2^{-7}	0.000012	0.000031	0.000018

h^2 ist (siehe Abschn. 11.5). Für zunehmendes j nimmt beim Euler- und verbesserten Euler-Verfahren auch der Fehler $|y^j - y(t_j)|$ zu, während bei der Trapezmethode kein monotones Verhalten vorliegt. $\triangle$

Beispiel 11.22 Die oben diskutierten Verfahren können, wie schon bemerkt wurde, unmittelbar zur Lösung von Systemen eingesetzt werden. Zum Beispiel ergibt sich für das verbesserte Euler-Verfahren, angewandt auf das System aus Beispiel 11.2 mit $t \in [0, T]$, die Methode

$$\begin{pmatrix} y_1^0 \\ y_2^0 \end{pmatrix} = \begin{pmatrix} 2 \\ 1 \end{pmatrix}; \quad h := \frac{T}{n}, \ n \in \mathbb{N}; \quad \text{für } j = 0, 1, \ldots, n - 1:$$

$$\begin{pmatrix} y_1^{j+\frac{1}{2}} \\ y_2^{j+\frac{1}{2}} \end{pmatrix} = \begin{pmatrix} y_1^j \\ y_2^j \end{pmatrix} + \frac{h}{2} \begin{pmatrix} \frac{1}{2}y_1^j - y_2^j \\ 2y_1^j - 2y_2^j + 3\sin(jh) \end{pmatrix},$$

$$\begin{pmatrix} y_1^{j+1} \\ y_2^{j+1} \end{pmatrix} = \begin{pmatrix} y_1^j \\ y_2^j \end{pmatrix} + h \begin{pmatrix} \frac{1}{2}y_1^{j+\frac{1}{2}} - y_2^{j+\frac{1}{2}} \\ 2y_1^{j+\frac{1}{2}} - 2y_2^{j+\frac{1}{2}} + 3\sin((j + \frac{1}{2})h) \end{pmatrix}.$$

In Tab. 11.4 sind für $T = 1, 2, 4$ die Fehler

$$\|y^n - y(T)\|_\infty = \max\{|y_1^n - y_1(T)|, |y_2^n - y_2(T)|\}$$

für einige h-Werte dargestellt. Diese Ergebnisse zeigen ein Fehlerverhalten proportional zu h^2 (wie in Tab. 11.2). $\triangle$

Matlab-Demo 11.23 (Simulation eines Räuber-Beute-Modells) In diesem Matlabexperiment wird das Räuber-Beute-Modell aus Beispiel 11.3 mit dem verbesserten Euler-Verfahren diskretisiert. Die Parameter c_1, d_1, c_2, d_2 in dem Modell (11.4) und die Schrittweite h des verbesserten Euler-Verfahrens können variiert werden. Die numerisch berechnete Lösung wird geplottet.

Einschrittverfahren (ESV)
Bei allen bisher benutzten Verfahren hat man eine eindeutige Vorschrift

$$\Psi_f : (t_j, y^j, h_j) \to y^{j+1}. \tag{11.31}$$

Da diese Verfahren zur Berechnung der Näherung y^{j+1} an der Stelle $t_{j+1} = t_j + h_j$ einzig den bekannten Näherungswert y^j an der Stützstelle t_j verwenden, heißen sie *Einschrittverfahren* (ESV). Bei der Euler- und verbesserten Euler-Methode wird diese Vorschrift durch eine explizit bekannte Funktion (z. B. $\Psi_f(t_j, y^j, h_j) = y^j + h_j f(t_j, y^j)$) gegeben, und man kann y^{j+1} durch einfaches Einsetzen (von t_j, y^j, h_j) in diese Funktion bestimmen. Daher heißen solche Verfahren *explizit*. Bei der Trapezmethode (11.27) und impliziten Mittelpunktsregel (11.28), (11.29) wird die eindeutige Vorschrift Ψ_f *nicht* durch eine explizite Funktion beschrieben. Diese Verfahren heißen *implizit*. Man beachte, dass es für ein Verfahren mit Vorschrift $y^{j+1} = \Psi_f(t_j, y^j, h_j)$ verschiedene Darstellungen (mit demselben Ergebnis) geben kann, siehe z. B. (11.28)–(11.29) und (11.30).

Bemerkung 11.24 Wir erläutern die Definition der Vorschrift Ψ_f anhand der Trapezmethode. Es seien, für festes j, die (bereits berechnete) Annäherung (t_j, y^j), mit $t_j \in [t_0, T)$, $y^j \in \mathcal{U}$, und die Schrittweite h_j gegeben. Anwendung des Banach-schen Fixpunktsatzes zeigt, dass, für $h_j > 0$ hinreichend klein, das Fixpunktproblem $z = y^j + \frac{1}{2} h_j (f(t_j, y^j) + f(t_j + h_j, z))$ in einer Umgebung von y^j genau eine Lösung z^* hat. Man definiert $\Psi_f(t_j, y^j, h_j) := z^*$. $\triangle$

Für die Fehlerbetrachtungen in Abschn. 11.5 ist es bequemer, das durch Ψ_f beschriebene ESV in eine etwas andere Form zu bringen:

$$y^{j+1} = \Psi_f(t_j, y^j, h_j) = y^j + h_j \left(\frac{\Psi_f(t_j, y^j, h_j) - y^j}{h_j} \right)$$
$$=: y^j + h_j \Phi_f \left(t_j, y^j, h_j \right). \tag{11.32}$$

Die Abbildung Φ_f heißt *Verfahrens-* oder *Inkrement-Vorschrift*. Diese einheitliche Notation der Inkrement-Vorschrift verbirgt einen subtilen (aber wichtigen) Unterschied zwischen expliziten und impliziten Methoden:

Bei expliziten Verfahren kann Φ_f durch eine explizit bekannte Funktion beschrieben werden, und man kann $\Phi_f \left(t_j, y^j, h_j \right)$ durch einfaches Einsetzen von (t_j, y^j, h_j) in diese Funktion bestimmen. Bei impliziten Verfahren, hingegen, wird Φ_f *nicht* durch eine explizite Funktion beschrieben, sondern steht für eine *Vorschrift*, deren Ausführung die Lösung von Gleichungssystemen verlangt (siehe Bemerkung 11.24).

11.5   Fehlerbetrachtungen für Einschrittverfahren

Die Wahl eines Verfahrens hängt natürlich davon ab, mit welchem Aufwand es Näherungslösungen mit gewünschter Genauigkeit liefert. In diesem Abschnitt wird eine Fehleranalyse für Einschrittverfahren skizziert. Dabei spielen die Begriffe *Konsistenz* und *Konvergenz* eine entscheidende Rolle. Diese Begriffe werden zunächst eingeführt, und im Hauptsatz 11.27 wird ein wichtiger Zusammenhang zwischen Konsistenz und Konvergenz bei Einschrittverfahren formuliert.

Globaler Diskretisierungsfehler und Konvergenz
Die Aufgabe, das Anfangswertproblem (11.3) zu lösen, liegt darin, Näherungswerte y^j an den Stellen t_j, $j = 0, \ldots, n$, zu ermitteln, wobei $t_n = T$ das gesamte Integrationsintervall ausfüllt. Die Güte der Näherungen hängt natürlich von der Schrittweite h ab. Für kleineres h braucht man demnach mehr Schritte, um T zu erreichen. Es ist oft bequem, die Folge $\{y^j\}_{j=0}^n$ als Funktion auf dem Gitter $\mathcal{G}_h = \{t_0, \ldots, t_n\}$ zu betrachten. Dabei ist *nicht* notwendig, dass die Schrittweiten $h_j = t_{j+1} - t_j$ konstant sind. Wir unterdrücken dies zugunsten einfacherer Notation bisweilen. Die entsprechende Gitterfunktion auf $\mathcal{G}_h$ wird mit $y_h(\cdot)$ notiert: $y_h(t_j) = y^j$, $j = 0, \ldots, n$.

Man fragt sich also, ob und wie schnell bei kleiner werdender Schrittweite die errechneten Näherungen $y^j = y_h(t_j)$ die exakte Lösung $y(t_j)$ approximieren. Dazu wird der *globale* Diskretisierungsfehler $e_h(t_j) = y(t_j) - y_h(t_j)$, $j = 0, \ldots, n$, betrachtet. Man ist letztlich am Verhalten von

$$\|e_h\|_\infty := \max_{j=0,\ldots,n} \|e_h(t_j)\| \tag{11.33}$$

für $h \to 0$ interessiert. Im Falle variierender Schrittweite h_j ist mit $h \to 0$ die Konvergenz $h_{\max} \to 0$, mit $h_{\max} := \max_{0 \le j \le n-1} h_j$, gemeint. Beachte, dass $h_{\max} \to 0$ impliziert $n \to \infty$. Um diese Konvergenz quantifizieren zu können, benutzen wir wieder den Begriff der *Konvergenz(ordnung)* eines Verfahrens:

Ein Verfahren heißt *konvergent* von der Ordnung $p \in \mathbb{N}$, falls

$$\|e_h\|_\infty = \mathcal{O}(h^p), \quad h \to 0, \tag{11.34}$$

gilt.

Der *globale* Fehler $e_h(t_j)$ entsteht durch eine Akkumulation von *lokalen* Fehlern in den Teilintervallen $[t_i, t_{i+1}], i = 0, \ldots, j-1$. Um diese Fehlerakkumulation präziser beschreiben zu können, braucht man den sogenannten lokalen Abbruchfehler:

11.5.1 Lokaler Abbruchfehler und Konsistenz

Der lokale Abbruchfehler misst, wie sehr der durch das numerische Verfahren bestimmte Wert nach *einem* Schritt von der exakten Lösung abweicht. Man findet in der Literatur bisweilen zumindest formal leicht unterschiedliche Definitionen. Wir schlagen hier eine Formulierung vor, die die lokale Natur dieses Begriffs unterstreicht und die verschiedenen Varianten abdeckt. Wir verwenden dazu Lösungen zu „lokalen" Anfangswertproblemen, wobei die „Anfangspunkte" (t_a, y^a) in einer zulässigen Umgebung der globalen Lösung von (11.3) liegen. Dazu bietet sich folgende Schreibweise an: $y(t; t_a, y^a)$ bezeichnet die Lösung des Anfangswertproblems $y'(t) = f(t, y(t))$, $y(t_a) = y^a$, die nach unseren Voraussetzungen zumindest für $t \in [t_a, t_a + h]$ existieren möge.

Es sei $y(t; t_a, y^a)$ die Lösung des Problems

$$y'(t) = f(t, y), \quad t \in [t_a, t_a + h], \quad y(t_a) = y^a, \tag{11.35}$$

und

$$y_h(t_a + h; t_a, y^a) = \Psi_f(t_a, y^a, h) = y^a + h\Phi_f(t_a, y^a, h) \tag{11.36}$$

das Resultat, das das Einschrittverfahren nach einem Schritt zum Startwert (t_a, y^a) liefert. Dann heißt die Differenz der Werte

$$\delta(t_a, y^a, h) = y(t_a + h; t_a, y^a) - y_h(t_a + h; t_a, y^a) \tag{11.37}$$

der *lokale Abbruchfehler* (im Intervall $[t_a, t_a + h]$).

Für den skalaren Fall wird dieser lokale Abbruchfehler in Abb. 11.2 illustriert. Ausgehend von der globalen Lösung $y(t) = y(t; t_0, y^0)$ des betrachteten Anfangswertproblems $y' = f(t, y)$, $y(t_0) = y^0$, wählt man oft

$$(t_a, y^a) = (t_j, y(t_j)), \tag{11.38}$$

also einen Punkt des Lösungsgraphen zu einem Gitterpunkt des Zeitintervalls, so dass für $t_{j+1} = t_j + h$ aufgrund der Eindeutigkeit $y(t + h; t_j, y(t_j)) = y(t_{j+1})$ gilt und (11.37) die Form

$$\begin{aligned} \delta_{j,h} &:= \delta(t_j, y(t_j), h) = y\big(t_{j+1}; t_j, y(t_j)\big) - y_h\big((t_{j+1}; t_j, y(t_j)\big) \\ &= y(t_{j+1}) - y(t_j) - h\Phi_f\big(t_j, y(t_j), h\big) \end{aligned} \tag{11.39}$$

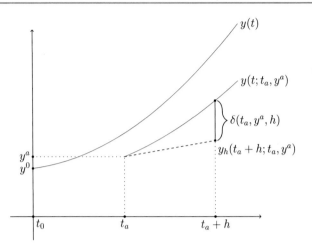

Abb. 11.2 Lokaler Abbruchfehler

annimmt. Der lokale Abbruchfehler ist also für die Wahl (11.38) die Differenz zwischen dem exakten Wert $y(t_{j+1})$ und dem berechneten Wert, falls an der Stelle t_j *vom exakten Wert* $y(t_j)$ *(der globalen Lösung) ausgegangen wird.*
Eine ebenfalls in der Literatur häufig anzutreffende Variante ist die Wahl

$$(t_a, y^a) = (t_j, y^j), \tag{11.40}$$

d. h., als Referenzpunkt wird ein Punkt der diskreten Näherungslösung gewählt. (11.36) nimmt dann die Form

$$\tilde{\delta}_{j,h} := \delta(t_j, y^j, h) := y(t_{j+1}; t_j, y^j) - y^{j+1}$$
$$= y(t_{j+1}; t_j, y^j) - y^j - h\Phi_f(t_j, y^j, h) \tag{11.41}$$

an. Für das Euler-Verfahren angewandt auf eine skalare Gleichung sind $\delta_{2,h}$ und $\tilde{\delta}_{2,h}$ in Abb. 11.3 dargestellt.
Welche Variante man nun benutzt, wird sich letztlich als unwesentlich erweisen. Für eine theoretische Konvergenzanalyse (wie in Beispiel 11.28) ist die Größe $\delta_{j,h}$ sehr bequem, während für Schätzungen des lokalen Abbruchfehlers in der Praxis (siehe (11.77) und Abschn. 11.7) die Größe $\tilde{\delta}_{j,h}$ besser geeignet ist.
Unter dem *Konsistenzfehler* versteht man nun die Größe

$$\tau(t_a, y^a, h) := \frac{\delta(t_a, y^a, h)}{h} = \frac{y(t_a + h; t_a, y^a) - y_h(t_a + h; t_a, y^a)}{h}, \tag{11.42}$$

bzw. im Fall (11.38) die Kurzschreibweise

$$\tau_{j,h} = \frac{\delta_{j,h}}{h} = \frac{y(t_{j+1}) - y_h\big(t_{j+1}; t_j, y(t_j)\big)}{h}.$$

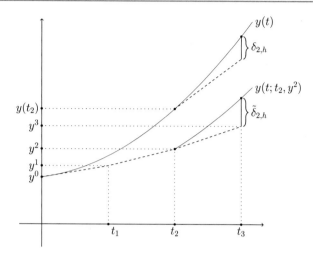

Abb. 11.3 Lokale Abbruchfehler $\delta_{j,h}$ und $\tilde{\delta}_{j,h}$

Der folgende Begriff der *Konsistenz(ordnung)* als Maß für die Größe des lokalen Abbruchfehlers stellt ein wesentliches Qualifikationskriterium eines Verfahrens dar.

> Ein ESV heißt konsistent von der Ordnung $p \in \mathbb{N}$ (oder hat Konsistenzordnung p), falls
>
> $$\|\tau(t_a, y^a, h)\| \le Ch^p = \mathcal{O}(h^p), \quad h \to 0, \tag{11.43}$$
>
> für alle Punkte (t_a, y^a) in einer Umgebung des Lösungsgraphen $\{(t, y(t)) \mid t \in [t_0, T]\}$ von (11.3) gilt. Die Konstante C in dem $\mathcal{O}$-Term in (11.43) soll dabei unabhängig von (t_a, y^a) (aus dieser Umgebung) sein.

Das Verfahren (11.36) heißt *konsistent,* falls in (11.43) $p \ge 1$ gilt.

Der Konsistenzbegriff beschreibt das Verhalten eines Verfahrens über den Abgleich mit *beliebigen* lokalen Lösungen, ist also nicht an (11.38) gebunden, solange man sich in einer zulässigen Umgebung bewegt. Dies ist für (11.38) trivialerweise gewährleistet und gilt unter geeigneten Voraussetzungen auch für (11.40). Mit dieser Formulierung des Konsistenzbegriffs kann man sich dann der jeweils bequemeren Variante bedienen.

Bestimmung der Konsistenzordnung
Aufgrund der Wichtigkeit des Begriffs der Konsistenzordnung skizzieren wir nun eine *allgemeine Strategie* für *explizite* Einschrittverfahren, die es einerseits erlaubt, die Konsistenzordnung zu überprüfen, und andererseits Hinweise zur Realisierung höherer Konsistenzordnungen gibt. Das zentrale Hilfsmittel ist wieder einmal die

Taylorentwicklung. Dazu betrachten wir für festes (t_a, y^a), $\Phi_f(t_a, y^a, h) =: \Phi(h)$ als Funktion der Schrittweite h. Entwickelt man nun $\tilde{y}(t_a + h) := y(t_a + h; t_a, y^a)$ und $\Phi(h)$ gemäß Taylor nach der Variablen h um $h = 0$

$$\tilde{y}(t_a + h) = \tilde{y}(t_a) + h\tilde{y}'(t_a) + \frac{h^2}{2}\tilde{y}''(t_a) + \cdots + \frac{h^p}{p!}\tilde{y}^{(p)}(t_a) + \mathcal{O}(h^{p+1}),$$

$$\Phi(h) = \Phi(0) + h\Phi'(0) + \cdots + \frac{h^{p-1}}{(p-1)!}\Phi^{(p-1)}(0) + \mathcal{O}(h^p),$$

so erhält man unter Berücksichtigung von $\tilde{y}(t_a) = y^a$ für den Konsistenzfehler

$$
\begin{aligned}
\tau(t_a, y^a, h) &= \frac{\tilde{y}(t_a + h) - y_h(t_a + h; t_a, y^a)}{h} \\
&= \frac{\tilde{y}(t_a + h) - y^a - h\Phi(h)}{h} = \frac{\tilde{y}(t_a + h) - \tilde{y}(t_a)}{h} - \Phi(h) \\
&= \big(\tilde{y}'(t_a) - \Phi(0)\big) + \frac{h}{2}\big(\tilde{y}''(t_a) - 2\Phi'(0)\big) + \frac{h^2}{3!}\big(\tilde{y}'''(t_a) - 3\Phi''(0)\big) \\
&\quad + \cdots + \frac{h^{p-1}}{p!}\big(\tilde{y}^{(p)}(t_a) - p\Phi^{(p-1)}(0)\big) + \mathcal{O}(h^p).
\end{aligned}
$$

Bei Konsistenz der Ordnung p muss demnach

$$\tilde{y}^{(j)}(t_a) = j\Phi^{(j-1)}(0), \quad j = 1, \ldots, p, \tag{11.44}$$

gelten. Andererseits gilt wegen $\tilde{y}'(t) = f(t, \tilde{y}(t))$ auch $\tilde{y}^{(j)}(t) = \frac{d^{j-1}}{dt^{j-1}}f(t, \tilde{y}(t))$, so dass sich folgendes Kriterium ergibt.

Das Verfahren (11.32) hat die Konsistenzordnung (mindestens) $p \geq 1$, falls

$$\frac{d^j}{dt^j}f(t, \tilde{y}(t))|_{t=t_a} = (j+1)\Phi_f^{(j)}(t_a, y^a, 0), \quad j = 0, \ldots, p-1, \tag{11.45}$$

gilt.

Wir werden dieses Kriterium anhand einiger einfacher Beispiele illustrieren.

Beispiel 11.25 Für den Fall einer skalaren Gleichung betrachten wir zwei einfache Methoden:

(a) *Euler-Verfahren:* Wegen $\Phi_f(t, v, h) = f(t, v)$ folgt $\Phi(h) = \Phi_f(t_a, y^a, h) = f(t_a, y^a)$ und deshalb $f(t_a, y^a) = \Phi(0)$, aber im Allgemeinen gilt

$$0 = \Phi'(0) \neq \frac{d}{dt} f(t, \tilde{y}(t))|_{t=t_a}.$$

Folglich ist (11.45) lediglich für $p = 1$ erfüllt, d. h., das Euler-Verfahren hat die Konsistenzordnung $p = 1$.

(b) *Verbessertes Euler-Verfahren:* Gemäß Algorithmus 11.18 lautet hier die Verfahrensvorschrift

$$\Phi(h) = \Phi_f(t_a, y^a, h) = f\left(t_a + \frac{h}{2}, y^a + \frac{h}{2} f(t_a, y^a)\right).$$

Mit Hilfe der Kettenregel erhält man

$$\Phi(0) = f(t_a, y^a),$$
$$\Phi'(0) = \frac{1}{2} \frac{\partial f}{\partial t}(t_a, y^a) + \frac{1}{2} \frac{\partial f}{\partial y}(t_a, y^a) f(t_a, y^a). \tag{11.46}$$

Ebenso folgt andererseits auch

$$\frac{d}{dt} f(t, \tilde{y}(t))|_{t=t_a} = \frac{\partial f}{\partial t}(t_a, y^a) + \frac{\partial f}{\partial y}(t_a, y^a) f(t_a, y^a). \tag{11.47}$$

Aus (11.46) und (11.47) folgt nun sofort, dass (11.45) für $p = 2$ erfüllt ist. Das verbesserte Euler-Verfahren hat somit Konsistenzordnung (mindestens) $p = 2$ und verdient in diesem Sinne seinen Namen.

In beiden Fällen sieht man, dass es nicht auf die spezielle Wahl von (t_a, y^a) ankommt, sondern nur davon Gebrauch gemacht wird, dass die kontinuierliche Größe das jeweilige lokale Anfangswertproblem löst. $\triangle$

Das Kriterium (11.45) ist auch für implizite Einschrittverfahren gültig, aber schwieriger zu handhaben, weil bei impliziten Verfahren für die Verfahrens-Vorschrift Φ_f keine explizit bekannte Funktion zur Verfügung steht. Bei der Konsistenzanalyse impliziter Verfahren ist der Ausgangspunkt die Definition des lokalen Abbruchfehlers in (11.37)

$$\delta(t_a, y^a, h) = y(t_a + h; t_a, y^a) - y_h(t_a + h; t_a, y^a).$$

Über einen direkten Vergleich der beiden Terme in der Differenz kann man dann die Konsistenzordnung bestimmen. Als Beispiel wird eine mögliche Vorgehensweise für die Trapezmethode behandelt:

Beispiel 11.26 Wir betrachten die Trapezmethode (11.27) und führen die kürzeren Notationen $\tilde{y}(t) := y(t; t_a, y^a)$, $y_h(t) := y_h(t; t_a, y^a)$, $\delta := \delta(t_a, y^a, h) = \tilde{y}(t_a + h) - y_h(t_a + h)$, ein. Mittels Taylorentwicklung und $\tilde{y}(t_a) = y^a$ ergibt sich

$$
\begin{aligned}
\delta &= \tilde{y}(t_a + h) - y_h(t_a + h) \\
&= \tilde{y}(t_a + h) - y^a - \frac{h}{2}\Big(f(t_a, y^a) + f(t_a + h, y_h(t_a + h))\Big) \\
&= \tilde{y}(t_a + h) - \tilde{y}(t_a) - \frac{h}{2}\Big(f(t_a, \tilde{y}(t_a)) + f(t_a + h, \tilde{y}(t_a + h) - \delta)\Big) \\
&= \tilde{y}(t_a + h) - \tilde{y}(t_a) - \frac{h}{2}\Big(f(t_a, \tilde{y}(t_a)) + f(t_a + h, \tilde{y}(t_a + h))\Big) \\
&\quad + \frac{h}{2}\frac{\partial f}{\partial y}(t_a + h, \xi)\,\delta \\
&= h\tilde{y}'(t_a) + \frac{1}{2}h^2\tilde{y}''(t_a) + \mathcal{O}(h^3) - \frac{h}{2}\big(\tilde{y}'(t_a) + \tilde{y}'(t_a + h)\big) + \frac{h}{2}\frac{\partial f}{\partial y}(t_a + h, \xi)\,\delta \\
&= h\tilde{y}'(t_a) + \frac{1}{2}h^2\tilde{y}''(t_a) + \mathcal{O}(h^3) - \frac{h}{2}\big(2\tilde{y}'(t_a) + h\tilde{y}''(t_a) + \mathcal{O}(h^2)\big) \\
&\quad + \frac{h}{2}\frac{\partial f}{\partial y}(t_a + h, \xi)\,\delta,
\end{aligned}
$$

und somit

$$
\delta = \mathcal{O}(h^3) + \frac{1}{2}h\frac{\partial f}{\partial y}(t_a + h, \xi)\,\delta.
$$

Hieraus folgt

$$
\big(1 - \mathcal{O}(h)\big)\delta = \mathcal{O}(h^3)\,,
$$

und deshalb (für h hinreichend klein)

$$
|\tau(t_a, y^a, h)| = \frac{|\delta|}{h} \le c\,h^2.
$$

Die Trapezmethode hat somit die Konsistenzordnung (mindestens) 2.   △

11.5.2 Zusammenhang zwischen Konsistenz und Konvergenz

Eigentlich ist man natürlich an der Abschätzung des *globalen* Diskretisierungsfehlers (11.33) interessiert. Dass es sich in diesem Zusammenhang lohnt, den lokalen Abbruchfehler bzw. den Konsistenzfehler zu betrachten, besagt der folgende Hauptsatz. Ein Beweis dieses Satzes kann unter Anderem in [SB] gefunden werden. Als Startwert im ESV (11.32) wählen wir $y^0 := y(t_0)$ und somit $e_h(t_0) = 0$.

Satz 11.27

Falls $f(t, y)$ und $\Phi_f(t, y, h)$ je eine Lipschitzbedingung bzgl. y (wie in (11.14)) erfüllen, so gilt für das ESV (11.32) folgende Abschätzung:

$$\|e_h\|_\infty = \max_{j=1,\dots,n} \|y(t_j) - y^j\| \le e^{\bar{L}(T-t_0)} \sum_{i=0}^{n-1} \|\delta_{i,h}\|, \qquad (11.48)$$

wobei $\bar{L}$ die Lipschitzkonstante für die Verfahrensvorschrift Φ_f ist. Falls das ESV Konsistenzordnung p hat, folgt daraus für den globalen Diskretisierungsfehler e_h:

$$\|e_h\|_\infty \le (T - t_0)e^{\bar{L}(T-t_0)} \max_{i=0,\dots,n-1} \|\tau_{i,h}\| \le ch^p. \qquad (11.49)$$

Eine kompakte Formulierung dieses Resultats lautet:
Konsistenz der Ordnung p $\Rightarrow$ Konvergenz der Ordnung p.

Die Kernaussage (11.48) dieses Satzes besagt, dass der globale Diskretisierungsfehler schlimmstenfalls in der Größenordnung aller aufsummierten lokalen Abbruchfehler $\|\delta_{i,h}\|$ liegt. Aufgrund der Definition des Konsistenzfehlers und wegen $\sum_{i=0}^{n-1} h_i = t_n - t_0 = T - t_0$ gilt

$$\sum_{i=0}^{n-1} \|\delta_{i,h}\| = \sum_{i=0}^{n-1} h_i \|\tau_{i,h}\| \le (T - t_0) \max_{i=0,\dots,n-1} \|\tau_{i,h}\|.$$

Somit folgt aus (11.48) tatsächlich die erste Ungleichung in (11.49). Die zweite Ungleichung in (11.49) folgt sofort aus der Definition der Konsistenzordnung (11.43). Beachte dass der Zusammenhang zwischen Konsistenz und Konvergenz mit wachsendem Integrationsintervall $[t_0, T]$ schwächer wird. Mit Satz 11.27 und den Resultaten in Beispiel 11.25 bezüglich der Konsistenzordnung lassen sich nun auch die numerischen Resultate aus Beispiel 11.21 erklären.

Die Bedeutung des obigen Konvergenzsatzes für den Anwender liegt darin, dass sich eine Sicherung einer gewünschten Genauigkeit der numerischen Lösung im gesamten Integrationsintervall auf eine im Allgemeinen viel einfachere, da lokale, Konsistenzbetrachtung reduzieren lässt. Letztere beruht etwa, wie oben angedeutet, auf Methoden wie Taylorentwicklung.

Es sei allerdings jetzt schon darauf hingewiesen, dass bei einer später zu betrachtenden Verfahrensklasse der Zusammenhang zwischen Konsistenz und Konvergenz nicht mehr so einfach ist. Dies betrifft insbesondere die folgende Rolle der Stabilität.

Stabilität der Diskretisierungsmethode

Wie oben bereits erwähnt wurde, ist eine Kernaussage in Satz 11.27, dass bei ESV der globale Diskretisierungsfehler höchstens in der Größenordnung aller aufsummierten lokalen Abbruchfehler $\|\delta_{i,h}\|$ liegt. Diese kontrollierte Fehlerfortpflanzung beim ESV $y^{j+1} = y^j + h_j \Phi_f(t_j, y^j, h_j)$ gilt nicht nur für den lokalen Abbruchfehler, sondern auch für Fehler in den Daten (d. h., $y(t_0)$) und für Fehler, die bei der Durchführung der Vorschrift $\Phi_f(t_j, y^j, h_j)$ auftreten können. Zur Verdeutlichung dieser wichtigen *Stabilitätseigenschaft der kontrollierten Fehlerfortpflanzung* wollen wir die Beweisidee für die Abschätzung (11.48) kurz skizzieren. Nach Definition des lokalen Abbruchfehlers (11.39) gilt

$$y(t_{j+1}) = y(t_j) + h_j \Phi_f(t_j, y(t_j), h_j) + \delta_{j,h}.$$

Subtrahiert man davon

$$y^{j+1} = y^j + h_j \Phi_f(t_j, y^j, h_j), \tag{11.50}$$

ergibt sich aufgrund der Lipschitzbedingung von Φ_f

$$\|y(t_{j+1}) - y^{j+1}\|$$
$$\leq \|y(t_j) - y^j\| + h_j \|\Phi_f(t_j, y(t_j), h_j) - \Phi_f(t_j, y^j, h_j)\| + \|\delta_{j,h}\|$$
$$\leq \|y(t_j) - y^j\| + \bar{L} h_j \|y(t_j) - y^j\| + \|\delta_{j,h}\|. \tag{11.51}$$

Mit den Bezeichnungen $e_j := \|e_h(t_j)\| = \|y(t_j) - y^j\|$, $d_j := \|\delta_{j,h}\|$, $b_j := \bar{L} h_j$, erkennt man die rekursive Darstellung der Ungleichung (11.51) anhand von

$$e_{j+1} \leq (1 + b_j) e_j + d_j, \quad j = 0, 1, \dots, n - 1. \tag{11.52}$$

Wie man daraus eine explizite Ungleichung für die Fehler e_j erhält, soll zunächst anhand eines einfacheren Spezialfalls illustriert werden.

Beispiel 11.28 Wir betrachten das skalare Anfangswertproblem

$$y'(t) = \lambda y(t) + g(t), \quad t \in [0, T],$$
$$y(0) = y^0, \tag{11.53}$$

wobei $\lambda \neq 0$ eine vorgegebene Konstante und $g \in C^1([0, T])$ eine bekannte Funktion ist. Es wird das entsprechende Euler-Verfahren

$$y^{j+1} = y^j + h \left(\lambda y^j + g(t_j) \right), \quad j = 0, 1, 2, \dots, n - 1, \tag{11.54}$$

mit konstanter Schrittweite $h := \frac{T}{n}$ untersucht. Für den lokalen Abbruchfehler des Euler-Verfahrens gilt

$$\delta_{j,h} = y(t_{j+1}) - y(t_j) - h f(t_j, y(t_j)), \quad j = 0, \dots, n - 1,$$

und damit

$$y(t_{j+1}) = y(t_j) + h\left(\lambda y(t_j) + g(t_j)\right) + \delta_{j,h}. \tag{11.55}$$

Subtrahiert man wie oben im allgemeinen Fall (11.54) von (11.55), dann ergibt sich für den globalen Diskretisierungsfehler $e_h(t_j) := y(t_j) - y^j$

$$e_h(t_{j+1}) = (1 + h\lambda)e_h(t_j) + \delta_{j,h}, \quad j = 0, 1, \ldots, n-1,$$

also eine ganz ähnliche Rekursion wie (11.52). Daraus folgt

$$e_h(t_1) = (1 + h\lambda)e_h(t_0) + \delta_{0,h} = \delta_{0,h}$$
$$e_h(t_2) = (1 + h\lambda)e_h(t_1) + \delta_{1,h} = (1 + h\lambda)\delta_{0,h} + \delta_{1,h}$$
$$e_h(t_3) = (1 + h\lambda)e_h(t_2) + \delta_{2,h} = (1 + h\lambda)^2\delta_{0,h} + (1 + h\lambda)\delta_{1,h} + \delta_{2,h}$$
$$\vdots$$

$$e_h(t_n) = \sum_{i=0}^{n-1}(1 + h\lambda)^i\delta_{n-1-i,h}. \tag{11.56}$$

Die Identität (11.56) zeigt, dass der globale Diskretisierungsfehler im Endzeitpunkt, $e_h(t_n) = y(T) - y^n$, eine gewichtete Summe der lokalen Abbruchfehlern $\delta_{j,h}$ in den Teilintervallen $[t_j, t_{j+1}]$, $j = 0, \ldots, n-1$, ist. Die Gewichte $(1+h\lambda)^i$ können größer Eins sein, und für den Fall $\lambda > 0$ ergibt sich (für festes $h > 0$) $\lim_{i \to \infty}(1+h\lambda)^i = \infty$. Da aber $0 \leq i \leq n$ und $nh = T$ gilt, kann man wie folgt eine gleichmäßige Schranke (für $h \downarrow 0$, also $n = \frac{T}{h} \to \infty$) für diese Gewichte zeigen. Mit Hilfe der Ungleichung $\ln(1 + x) \leq x$ für alle $x > -1$ erhält man

$$|1 + h\lambda|^i \leq (1 + h|\lambda|)^n = e^{n\ln(1+h|\lambda|)} \leq e^{nh|\lambda|} = e^{T|\lambda|} \text{ für } 0 \leq i \leq n.$$

Für den globalen Diskretisierungsfehler in (11.56) ergibt sich wegen $|\delta_{j,h}| \leq ch^2$ (vgl. Beispiel 11.25):

$$e_n = |e_h(t_n)| \leq \sum_{i=0}^{n-1}|1 + h\lambda|^i\left|\delta_{n-1-i,h}\right|$$

$$\leq e^{T|\lambda|}\sum_{i=0}^{n-1}ch^2 = e^{T|\lambda|}nch^2 = e^{T|\lambda|}cTh =: Mh.$$

Dies bestätigt die Konvergenz des Euler-Verfahrens von der Ordnung $p = 1$. $\triangle$

Im obigen allgemeinen Fall (11.52) geht man zunächst ähnlich vor, indem man die Ungleichungskette sukzessive einsetzt, $e_0 = \|y(t_0) - y^0\| = 0$ berücksichtigt, und

$$e_{j+1} \le e_j + d_j + b_j e_j$$
$$\le e_{j-1} + d_{j-1} + b_{j-1} e_{j-1} + d_j + b_j e_j$$
$$\vdots \qquad\qquad\qquad\qquad\qquad (11.57)$$
$$\le e_0 + \sum_{i=0}^{j} d_i + \sum_{i=0}^{j} b_i e_i = \sum_{i=0}^{j} d_i + \sum_{i=0}^{j} h_i \bar{L} e_i,$$

erhält. Dies ist immer noch eine rekursive Ungleichung, jedoch nun von einer Form, die an (11.20) erinnert. Definiert man

$$C := \sum_{i=0}^{n-1} d_i, \quad u(s) := \bar{L}, \quad v(s)\big|_{[t_j, t_{j+1})} := e_j, \quad j = 0, \dots, n-1,$$

so sind v, u stückweise konstante nichtnegative Funktionen auf $[t_0, t_{n+1})$. Es sei j mit $1 \le j \le n$ fest. Für $t \in [t_j, t_{j+1})$ folgt aus (11.57) und wegen u, v positiv und stückweise konstant:

$$v(t) = v(t_j) = e_j \le C + \sum_{i=0}^{j-1} h_i u(t_i) v(t_i) = C + \int_{t_0}^{t_j} u(s) v(s) \, ds$$
$$\le C + \int_{t_0}^{t} u(s) v(s) \, ds.$$

Die Voraussetzungen des Gronwall-Lemmas sind erfüllt und es ergibt sich

$$v(t) \le C e^{\int_{t_0}^{t} u(s) \, ds} \quad \text{für alle } t \in [t_0, t_{n+1}),$$

und somit, wegen $\int_{t_0}^{t_j} u(s) \, ds = (t_j - t_0)\bar{L} \le \bar{L}(T - t_0)$,

$$e_j = v(t_j) \le \Big(\sum_{i=0}^{n-1} d_i \Big) e^{\bar{L}(t_j - t_0)} \le \Big(\sum_{i=0}^{n-1} \|\delta_{i,h}\| \Big) e^{\bar{L}(T - t_0)}, \quad \text{für } j = 1, \dots, n,$$

woraus unmittelbar die Ungleichung (11.48) folgt. $\qquad \square$

Matlab-Demo 11.29 (Fehlerfortpflanzung) Wir betrachten ein skalares Anfangswertproblem wie in (11.53). Zur Diskretisierung dieses Problems werden das Euler-Verfahren und die Trapezmethode verwendet. Im Matlabexperiment können der Parameter λ und der Endzeitpunkt T im Problem (11.53) variiert werden. Man beobachtet wie der Fehler am Endzeitpunkt $|y^n - y(T)|$ von λ, T und von der Schrittweite h abhängt.

Aufgrund der Analogie der Abschätzungen (11.48) und (11.15) sollte es nicht verwundern, dass in beiden Fällen das Gronwall-Lemma zum Einsatz kommt. Wie oben bereits angedeutet wurde, kann man auch andere als die verfahrensbedingten lokalen Abbruchfehler mit in Betracht ziehen. Es seien $\tilde{y}^0$ der Startwert des ESV (ggf. $\tilde{y}^0 \neq y(t_0)$) und

$$\tilde{y}^{j+1} = \tilde{y}^j + h_j \Phi_f(t_j, \tilde{y}^j, h_j) + r_j, \quad j = 0, 1, \ldots, n-1, \qquad (11.58)$$

wobei r_j der bei der Auswertung von $\Phi_f(t_j, \tilde{y}^j, h_j)$ auftretende Fehler ist. Dieser Fehler kann Rundungseffekte enthalten, aber auch zum Beispiel Fehler, die bei einem impliziten Verfahren entstehen, wenn die in der Vorschrift $\Phi_f(t_j, \tilde{y}^j, h_j)$ auftretenden (nichtlinearen) Gleichungssysteme nur näherungs-weise gelöst werden. Obige Argumentation bleibt dann völlig unverändert, wobei lediglich $d_j = \|\delta_{j,h}\|$ durch $d_j := \|\delta_{j,h} - r_j\|$ und $C = \sum_{i=0}^{n-1} d_i$ durch $C = e_0 + \sum_{i=0}^{n-1} d_i$ (mit $e_0 = \|y(t_0) - \tilde{y}^0\|$) ersetzt wird. Statt (11.48) ergibt sich dann die Abschätzung

$$\max_{j=0,\ldots,n} \|y(t_j) - \tilde{y}^j\| \leq \left(\|y(t_0) - \tilde{y}^0\| + \sum_{i=0}^{n-1} (\|\delta_{i,h}\| + \|r_i\|) \right) e^{\bar{L}(T-t_0)}. \qquad (11.59)$$

Dieses Resultat zeigt die kontrollierte Fehlerfortpflanzung (nämlich höchstens in Größenordnung der Aufsummierung) sowohl von Konsistenzfehlern ($\|\delta_{j,h}\|$), als auch von anderen Störungen ($\|y(t_0) - \tilde{y}^0\|$ und $\|r_j\|$). In diesem Sinne ist jedes ESV, das die Voraussetzungen in Satz 11.27 erfüllt, stabil:

Stabilität von Einschrittverfahren

Datenfehler (d.h., $\|y(t_0) - \tilde{y}^0\|$), Konsistenzfehler und Störungen bei der Auswertung der Verfahrensvorschrift $\Phi_f(t_j, y^j, h_j)$ werden kontrolliert (höchstens aufsummiert). $\qquad (11.60)$

Bemerkung 11.30 Dieser Stabilitätsbegriff weist starke Ähnlichkeit mit unserem elementaren Stabilitätsbegriff (für Algorithmen) auf, der sich auf die Rundungsfehlerfortpflanzung im Verlauf eines Algorithmus bezieht. Man sollte aber folgende zwei Punkte beachten. Erstens handelt es sich bei (11.59) um Fehlerfortpflanzung im *absoluten* Sinne. Der Verstärkungsfaktor entspricht dem bei der absoluten Kondition in Satz 11.12. Zweitens kann man streng genommen bei (11.58) nicht von einem *Algorithmus* sprechen, weil nicht konkret angegeben wird, wie die Vorschrift $\Phi_f(t_j, \tilde{y}^j, h_j)$ ausgewertet wird. Deshalb ist die Stabilität in (11.60) eine Eigenschaft der Einschritt-*Diskretisierungsmethode* (statt eines „Algorithmus").

Betrachten wir beispielsweise ein lineares System von Differentialgleichungen $y' = Ay$, $t \in [t_0, T]$, $y(t_0) = y^0$, mit einer regulären Matrix $A \in \mathbb{R}^{n \times n}$. Die implizite Euler-Diskretisierungsmethode zur numerischen Lösung dieses Problems hat die Form $y^{j+1} = y^j + hAy^{j+1}$, $j = 0, \ldots, n - 1$. Zur Realisierung dieser Diskretisierungsmethode könnte man folgende Algorithmen verwenden:

Algorithmus 1. Berechne für $j = 0, \ldots, n - 1$:

$$t_{j+1} = t_j + h$$

Löse $(I - hA)z = y^j$ mit Gauß-Elimination mit Pivotisierung

$$y^{j+1} = z.$$

Algorithmus 2. Berechne für $j = 0, \ldots, n - 1$:

$$t_{j+1} = t_j + h$$

Löse $(I - hA)z = y^j$ mit Gauß-Elimination ohne Pivotisierung

$$y^{j+1} = z.$$

In beiden Fällen ist die Diskretisierungsmethode das implizite Euler-Verfahren, welches die Stabilitätseigenschaft (11.59) (kontrollierte Fehlerfortpflanzung) hat. Im Algorithmus 2 kann beim Lösen der Gleichungssysteme eine nicht akzeptable Rundungsfehlerverstärkung auftreten. Somit ist der Algorithmus 2 trotz der kontrollierten Fehlerfortpflanzung in der Diskretisierungsmethode im Allgemeinen *nicht stabil*. Der Algorithmus 1 hingegen kann als *stabil* eingestuft werden.   △

Wir werden bei den Mehrschrittverfahren (in Abschn. 11.8.5) einem zu (11.60) ähnlichen Stabilitätsbegriff begegnen.

Bemerkung 11.31 In Abschn. 11.6 werden Einschrittverfahren *höherer Ordnung* behandelt. Ähnlich wie bei den Quadraturverfahren in Kap. 10 sind diese Methoden in der Regel effizienter, weil sie im Vergleich zu den Verfahren niedriger Ordnung mit (viel) weniger Auswertungen der rechten Seite f auskommen. Es gibt aber noch einen weiteren Grund für die praktische Bedeutung von Verfahren höherer Ordnung, der direkt mit der Eigenschaft (11.59), dass sich die lokalen Abbruchfehler und die Rundungsfehler im Wesentlichen aufsummieren, zusammenhängt. Bei einer Methode höherer Ordnung werden signifikant weniger Teilintervalle (d. h., ein kleineres n) benötigt um eine gewünschte Zielgenauigkeit zu erreichen, wodurch das Aufsummieren der lokalen Fehler einen geringeren Effekt hat. Um diesen Effekt genauer zu erklären, betrachten wir ein Verfahren der Ordnung p (d. h., $\|\delta_{j,h}\| = \mathcal{O}(h^{p+1})$). Der Einfachheit halber sei $T - t_0 = 1$, und $h_j = h$ für alle $j = 0, \ldots, n - 1$. Aus (11.59) wissen wir, dass sich die lokalen Abbruchfehler und die Rundungsfehler im Wesentlichen aufsummieren. Bei einer Maschinengenauigkeit eps $\sim 10^{-m}$ sind die Rundungsfehler in einem Zeitschritt (mindestens) von der

Ordnung 10^{-m} und stellt sich bei den $n = h^{-1}$ Schritten ein Fehler e der Ordnung

$$e \sim h^{-1}\left(h^{p+1} + 10^{-m}\right) = h^{p} + h^{-1}10^{-m} \tag{11.61}$$

ein. Die Funktion $h \to h^{p} + h^{-1}10^{-m}$ nimmt ihr Minimum an der Stelle $h = h_{\mathrm{opt}} = (\frac{1}{p}10^{-m})^{\frac{1}{p+1}}$ an. Dieser h_{opt}-Wert ist eine monoton wachsende Funktion von p mit Grenzwert $h_{\mathrm{opt}} = 1$ für $p \to \infty$. Man verwendet somit für zunehmendes p weniger Teilintervalle um einen minimalen Fehler zu erhalten. Setzt man diesen optimalen Wert in (11.61) ein, ergibt sich *bestenfalls* ein Gesamtfehler der Ordnung

$$e \sim 10^{-\frac{mp}{p+1}}. \tag{11.62}$$

Nehmen wir zum Beispiel $m = 8$ (einfache Genauigkeit) an, ergibt sich für $p = 1, 3, 7$ jeweils ein Gesamtfehler der Ordnung $e \sim 10^{-4}, 10^{-6}, 10^{-7}$. Mit einem Verfahren der Ordnung $p = 1$ kann man bestenfalls, nämlich für $h = h_{\mathrm{opt}} = 10^{-4}$, eine Genauigkeit $e \sim 10^{-4}$ erreichen; bei kleinerer Schrittweite als 10^{-4} dominieren die Rundungsfehler.

Fazit: Verfahren niedriger Ordnung wie das Euler-Verfahren oder das verbesserte Euler-Verfahren sind für Anwendungen, die bei längeren Zeitintervallen hohe Genauigkeit verlangen, nicht geeignet. Hier kommen vielmehr Verfahren der Ordnung vier bis acht und sogar höher zum Einsatz. △

11.5.3 Extrapolation

Wie bei der Quadratur bietet sich auch bei Einschrittverfahren die Möglichkeit, die Ordnung durch Extrapolation zu steigern. Für viele Verfahren kann man (unter der *Annahme, dass die Lösung hinreichend glatt ist*), zeigen, dass der globale Diskretisierungsfehler eine asymptotische Entwicklung in Potenzen der Schrittweite hat. Bei sogenannten „symmetrischen" Verfahren enthält diese Entwicklung nur gerade Potenzen der Schrittweite. Zum Beispiel gilt für die Trapezmethode

$$y^{j+1} = y^{j} + \frac{h}{2}(f(t_j, y^j) + f(t_{j+1}, y^{j+1})), \quad j = 0, \dots, n-1,$$

wie auch für die implizite Mittelpunktsregel

$$y^{j+1} = y^{j} + hf\left(t_j + \frac{h}{2}, \frac{1}{2}(y^j + y^{j+1})\right) \quad j = 0, \dots, n-1,$$

eine Fehlerentwicklung der Form

$$y_h(T) - y(T) = c_1 h^2 + c_2 h^4 + \cdots + c_p h^{2p} + R(h) \quad \text{mit} \quad R(h) = \mathcal{O}(h^{2p+2}).$$

Zu einer (groben) Schrittweite h und einer Folge $h_i = 2^{-i}h$, $i = 0, 1, 2, \ldots,$
berechne man die Werte

$$T_{i,0} = y_{h_i}(T), \quad i = 0, 1, \ldots, p.$$

Die Rekursion

$$T_{i,j} = \frac{4^j T_{i,j-1} - T_{i-1,j-1}}{4^j - 1}, \quad 1 \le j \le i \le p,$$

liefert über das übliche Extrapolationstableau (vgl. Abb. 10.3) Näherungen höherer
Ordnung, vgl. Abschn. 10.4. Die Werte $T_{i,j}$ haben (bei hinreichend glatter rechten
Seite f) die Ordnung $2(j + 1)$. Wie in Abschn. 10.4 erklärt, könnte man auch eine
andere Schrittweitenfolge als $h_i = 2^{-i}h$ verwenden.

11.6   Runge-Kutta-Einschrittverfahren

Eine wichtige Klasse von Einschrittverfahren, die höhere Ordnungen realisieren,
bilden die sogenannten *Runge-Kutta (RK)-Verfahren*. Wie beim verbesserten Euler-
Verfahren besteht die Idee darin, das Integral in der Lösungsdarstellung (11.23) gut
zu approximieren. Man sucht also eine Quadratur-Formel der Form

$$\int_{t_j}^{t_{j+1}} f(s, y(s))ds \approx h \sum_{i=1}^{m} \gamma_i k_i,$$

wobei γ_i geeignete Gewichte sind und

$$k_i = f(s_i, \hat{y}_i), \quad i = 1, \ldots, m, \tag{11.63}$$

entsprechende f-Auswertungen (eine Art von „Hilfsrichtungen") sind. Dies führt
zu den *m-stufigen* RK-Verfahren der Form

$$y^{j+1} = y^j + h \sum_{i=1}^{m} \gamma_i k_i, \quad j = 0, \ldots, n-1. \tag{11.64}$$

Für $m = 1$, $\gamma_1 = 1$, $k_1 = f(t_j, y^j)$ ergibt sich das (explizite) Euler-Verfahren als
einfachstes Beispiel. Die Wahl

$$m = 2, \quad \gamma_1 = 0, \quad \gamma_2 = 1, \quad k_2 = f(t_j + \frac{h_j}{2}, y^j + \frac{h_j}{2} f(t_j, y^j))$$

identifiziert das verbesserte Euler-Verfahren als 2-stufiges RK-Verfahren.
   Im Allgemeinen geht es also unter Anderem um Folgendes: Zu gegebenem m
konstruiere geeignete „Hilfsrichtungen" k_i so, dass

- eine möglichst hohe Konsistenzordnung p erreicht wird;
- die resultierende Verfahrensvorschrift $\Phi_f = \sum_{i=1}^{m} \gamma_i k_i$ eine Lipschitzbedingung bzgl. y erfüllt.

Satz 11.27 sichert dann, dass das resultierende Verfahren die Konvergenzordnung p hat.

Das sogenannte *klassische RK-Verfahren* ist ein typisches, immer noch häufig benutztes Verfahren zur Lösung des Anfangswertproblems (11.3).

Algorithmus 11.32 (Klassisches Runge-Kutta-Verfahren)
Gegeben: Schrittweiten $(h_j)_{0 \le j \le n-1}$ mit $\sum_{j=0}^{n-1} h_j = T - t_0$.
Berechne für $j = 0, \ldots, n-1$:

$$t_{j+1} = t_j + h \ (h = h_j)$$

$$k_1 = f(t_j, y^j)$$

$$k_2 = f\left(t_j + \frac{h}{2}, y^j + \frac{h}{2} k_1\right)$$

$$k_3 = f\left(t_j + \frac{h}{2}, y^j + \frac{h}{2} k_2\right)$$

$$k_4 = f\left(t_j + h, y^j + h k_3\right)$$

$$y^{j+1} = y^j + \frac{h}{6} (k_1 + 2k_2 + 2k_3 + k_4) \ .$$

Das klassische RK-Verfahren hat die Konsistenzordnung $p = 4$. Bei diesem Verfahren wird die Vorschrift $\Psi_f : (t_j, y^j, h_j) \to y^{j+1}$ durch eine explizit bekannte (aber im Vergleich zum Euler-Verfahren relativ komplizierte) Funktion beschrieben. Die Methode ist somit explizit: Einsetzen von (t_j, y^j, h_j) liefert y^{j+1}. Für den skalaren Fall (d. h., $y \in \mathbb{R}$) ist diese Methode in Abb. 11.4 graphisch dargestellt.
Man könnte zum Nachweis der Konsistenzordnung des klassischen RK-Verfahrens die Aussage (11.45) verifizieren. Da dies im Prinzip einfach, jedoch aufgrund der wiederholten Anwendung der Kettenregel technisch aufwendig ist, wollen wir hier auf einen Beweis verzichten. Wir begnügen uns zur Erläuterung mit der Konsistenzuntersuchung für folgenden konkreten Fall.

Beispiel 11.33 Es sei $y(t) = y^0 e^{\lambda(t-t_0)}, \lambda \in \mathbb{R}, t \in [t_0, T]$, die Lösung des skalaren Problems

$$y' = \lambda y, \quad y(t_0) = y^0. \tag{11.65}$$

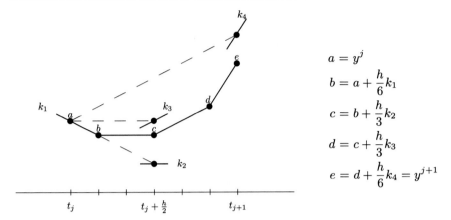

$$a = y^j$$

$$b = a + \frac{h}{6}k_1$$

$$c = b + \frac{h}{3}k_2$$

$$d = c + \frac{h}{3}k_3$$

$$e = d + \frac{h}{6}k_4 = y^{j+1}$$

Abb. 11.4 Klassisches Runge-Kutta-Verfahren

Wir vergleichen nochmals jeweils einen Schritt der bisher betrachteten expliziten Verfahren, wobei für y^j der exakte Wert $y^j = y(t_j)$ genommen wird.

Euler-Verfahren:

$$y^{j+1} = y^j + h\lambda y^j = (1 + h\lambda)y(t_j). \tag{11.66}$$

Verbessertes Euler-Verfahren:

$$y^{j+1} = y^j + h\big(\lambda\big(y^j + \frac{h}{2}\lambda y^j\big)\big) = \big(1 + h\lambda + \frac{(h\lambda)^2}{2}\big)y(t_j). \tag{11.67}$$

Klassisches Runge-Kutta-Verfahren:

$$k_1 = \lambda y^j = \lambda y(t_j)$$

$$k_2 = \lambda\big(y^j + \frac{h}{2}\lambda y^j\big) = \big(\lambda + \frac{h}{2}\lambda^2\big)y(t_j)$$

$$k_3 = \lambda\big(y^j + \frac{h}{2}\big(\lambda + \frac{h}{2}\lambda^2\big)y^j\big) = \big(\lambda + \frac{h}{2}\lambda^2 + \frac{h^2}{4}\lambda^3\big)y(t_j)$$

$$k_4 = \lambda\big(y^j + h\big(\lambda + \frac{h}{2}\lambda^2 + \frac{h^2}{4}\lambda^3\big)y^j\big)$$

$$= \big(\lambda + h\lambda^2 + \frac{h^2}{2}\lambda^3 + \frac{h^3}{4}\lambda^4\big)y(t_j)$$

also

$$y^{j+1} = y(t_j) + \frac{h}{6}\bigg(\lambda y(t_j) + 2\big(\lambda + \frac{h}{2}\lambda^2\big)y(t_j) + 2\big(\lambda + \frac{h}{2}\lambda^2 + \frac{h^2}{4}\lambda^3\big)y(t_j)$$

$$+ \big(\lambda + h\lambda^2 + \frac{h^2}{2}\lambda^3 + \frac{h^3}{4}\lambda^4\big)y(t_j)\bigg),$$

d. h.

$$y^{j+1} = \left(1 + h\lambda + \frac{(h\lambda)^2}{2} + \frac{(h\lambda)^3}{6} + \frac{(h\lambda)^4}{24}\right) y(t_j).\qquad (11.68)$$

Wegen $y(t_{j+1}) = y^0 e^{\lambda(t_{j+1}-t_0)} = e^{\lambda h} y(t_j)$ und

$$e^{\lambda h} = 1 + \lambda h + \frac{(\lambda h)^2}{2} + \ldots = \sum_{k=0}^{\infty} \frac{(\lambda h)^k}{k!}$$

erhält man für den lokalen Abbruchfehler $\delta_{j,h} = y(t_{j+1}) - y^{j+1}$ (vgl. (11.39)) des Euler-Verfahrens:

$$\delta_{j,h} = y(t_j)\left(\frac{(\lambda h)^2}{2} + \frac{(\lambda h)^3}{3!} + \ldots\right) = \mathcal{O}(h^2),$$

des verbesserten Euler-Verfahrens:

$$\delta_{j,h} = y(t_j)\left(\frac{(\lambda h)^3}{3!} + \frac{(\lambda h)^4}{4!} + \ldots\right) = \mathcal{O}(h^3),$$

und des klassischen Runge-Kutta-Verfahrens:

$$\delta_{j,h} = y(t_j)\left(\frac{(\lambda h)^5}{5!} + \frac{(\lambda h)^6}{6!} + \ldots\right) = \mathcal{O}(h^5).$$

Das klassische Runge-Kutta-Verfahren hat damit in diesem Beispiel eine Konsistenzordnung $p = 4$. Wegen Satz 11.27 ist die Methode konvergent mit der Ordnung $p = 4$. △

Matlab-Demo 11.34 (Klassisches Runge-Kutta-Verfahren) In diesem Matlabexperiment wenden wir das klassische Runge-Kutta Verfahren zur Lösung des Anfangswertproblems aus Beispiel 11.21 auf dem Zeitintervall $[0, T]$ an. Die Länge des Zeitintervalls T und die Schrittweite h können variiert werden und der Fehler am Endzeitpunkt $|y^n - y(T)|$ wird gezeigt. Die Genauigkeit dieses Verfahrens wird mit der des verbesserten Euler-Verfahrens verglichen.

Die (verbesserte) Euler-Methode und das klassische RK-Verfahren sind Spezialfälle der folgenden Klasse:

Algorithmus 11.35 (m-stufige Runge-Kutta-Verfahren)
Gegeben: Gewichte α_i, γ_i, $1 \leq i \leq m$ und $\beta_{i,\ell}$, $1 \leq i, \ell \leq m$;
Schrittweiten $(h_j)_{0 \leq j \leq n-1}$ mit $\sum_{j=0}^{n-1} h_j = T - t_0$.
Berechne für $j = 0, \ldots, n-1$:

$$t_{j+1} = t_j + h \quad (h := h_j)$$

$$k_i = f\left(t_j + \alpha_i h, y^j + h \sum_{\ell=1}^{m} \beta_{i,\ell} k_\ell\right), \quad i = 1, \ldots, m, \qquad (11.69)$$

$$y^{j+1} = y^j + h \sum_{\ell=1}^{m} \gamma_\ell k_\ell . \qquad (11.70)$$

Die Gewichte sind dabei so zu wählen, dass das Verfahren möglichst hohe Genauigkeit, etwa im Sinne von Beispiel 11.33, hat. Üblicherweise ordnet man die Gewichte in einer Tabelle an, dem sogenannten *Butcher-Tableau*:

$$
\begin{array}{c|ccc}
\alpha_1 & \beta_{1,1} & \cdots & \beta_{1,m} \\
\alpha_2 & \beta_{2,1} & & \beta_{2,m} \\
\vdots & \vdots & & \vdots \\
\alpha_m & \beta_{m,1} & & \beta_{m,m} \\
\hline
& \gamma_1 & \cdots & \gamma_m
\end{array}
\qquad (11.71)
$$

Da die k_i in (11.69) in der Regel von allen übrigen k_ℓ, $\ell = 1, \ldots, m$, abhängen, ist (11.69) als (im Allgemeinen nichtlineares) Gleichungssystem zu verstehen. Die k_i müssen dann näherungsweise mit Hilfe von iterativen Verfahren ermittelt werden. Die Vorschrift $\Psi_f : (t_j, y^j, h_j) \to y^{j+1}$ wird in diesem Fall nicht durch eine explizit bekannte Funktion, sondern lediglich implizit beschrieben und das RK-Verfahren ist *implizit*. Aufgrund dieses erhöhten Aufwandes zur Berechnung der k_i aus (11.69) kommen solche Verfahren nur bei Problemen zur Anwendung, die den Einsatz solcher impliziter Verfahren erforderlich machen.

Bemerkung 11.36 Die RK-Verfahren werden oft in folgender zu (11.69) und (11.70) äquivalenter Form dargestellt (siehe Übung 11.12):

$$u_\ell = y^j + h \sum_{s=1}^{m} \beta_{\ell,s} f(t_j + \alpha_s h, u_s), \quad \ell = 1, \ldots, m, \qquad (11.72)$$

$$y^{j+1} = y^j + h \sum_{\ell=1}^{m} \gamma_\ell f(t_j + \alpha_\ell h, u_\ell), \quad j = 0, \ldots, n-1. \qquad (11.73)$$

$\triangle$

11.6.1 Explizite RK-Verfahren

Die Lösung von Gleichungssystemen in (11.69) (oder (11.72)) entfällt, falls die k_i nur von $k_1, \ldots, k_{i-1}$ abhängen, d. h., wenn

$$\beta_{i,\ell} = 0, \quad \ell = i, i+1, \ldots, m$$

gilt. Man spricht in diesem Fall von *expliziten* RK-Verfahren. Das entsprechende Butcher-Tableau sieht dann folgendermaßen aus:

Gewichte eines expliziten RK-Verfahrens

$$
\begin{array}{c|ccccc}
\alpha_1 & & & & & \\
\alpha_2 & \beta_{2,1} & & & & \\
\vdots & \beta_{3,1} & \beta_{3,2} & & & \\
\vdots & \vdots & & \ddots & & \\
\alpha_m & \beta_{m,1} & \cdots & \cdots & \beta_{m,m-1} & \\
\hline
& \gamma_1 & \gamma_2 & \cdots & \cdots & \gamma_m
\end{array}
\tag{11.74}
$$

Das Euler-Verfahren, das verbesserte Euler-Verfahren und das klassische RK-Verfahren sind explizite RK-Verfahren. Die entsprechenden Butcher-Tableaus sind:

Euler-Verfahren: m = 1

$$
\begin{array}{c|c}
0 & \\
\hline
& 1
\end{array}
$$

verbessertes Euler-Verfahren: m = 2

$$
\begin{array}{c|cc}
0 & & \\
\frac{1}{2} & \frac{1}{2} & \\
\hline
& 0 & 1
\end{array}
$$

klassisches RK-Verfahren: m = 4

$$
\begin{array}{c|cccc}
0 & & & & \\
\frac{1}{2} & \frac{1}{2} & & & \\
\frac{1}{2} & 0 & \frac{1}{2} & & \\
1 & 0 & 0 & 1 & \\
\hline
& \frac{1}{6} & \frac{1}{3} & \frac{1}{3} & \frac{1}{6}
\end{array}
$$

Tab. 11.5 RKF45-Verfahren

$$
\begin{array}{c|cccccc}
0 \\
\frac{1}{4} & \frac{1}{4} \\
\frac{3}{8} & \frac{3}{32} & \frac{9}{32} \\
\frac{12}{13} & \frac{1932}{2197} & \frac{-7200}{2197} & \frac{7296}{2197} \\
1 & \frac{439}{216} & -8 & \frac{3680}{513} & \frac{-845}{4104} \\[4pt]
\hline
\frac{1}{2} & -\frac{8}{27} & 2 & -\frac{3544}{2565} & \frac{1859}{4104} & -\frac{11}{40} & & \text{nur bei RK5} \\[4pt]
\text{(a)} & \frac{25}{216} & 0 & \frac{1408}{2565} & \frac{2197}{4104} & -\frac{1}{5} & & \gamma_i \ \text{bei RK4} \\[4pt]
\text{(b)} & \frac{16}{135} & 0 & \frac{6656}{12825} & \frac{28561}{56430} & -\frac{9}{50} & \frac{2}{55} & \tilde{\gamma}_i \ \text{bei RK5}
\end{array}
$$

(11.75)

Eingebettete RK-Verfahren

Besonders geeignet für Zwecke der Fehlerschätzung sind sogenannte *eingebettete* RK-Verfahren. Hierbei kann man einen Parametersatz ergänzen und dadurch die Ordnung einer Näherung erhöhen. In Tab. 11.5 wird ein Beispiel eines „eingebetteten" Runge-Kutta-Fehlberg-Verfahrens dargestellt.

Der obere Teil dieser Tabelle bis zur ersten Linie zusammen mit den Gewichten $\gamma_1, \ldots, \gamma_5$ in *(a)* ist ein RK-Verfahren der Ordnung 4, hat also die gleiche Genauigkeit wie das klassische RK-Verfahren. Durch zusätzliche Berechnung eines k_6 (unter Beibehaltung von $k_1, \ldots, k_5$) und Verwendung der $\tilde{\gamma}_1, \ldots, \tilde{\gamma}_6$ aus Zeile *(b)* ergibt sich ein Verfahren fünfter Ordnung, also höherer Genauigkeit. Es sei y^j eine bereits berechnete Näherung der Lösung $y(t_j)$. Mit dem RK-Verfahren der Ordnung 4 wird ein neuer Wert

$$
y^{j+1} = y^j + h \sum_{\ell=1}^{5} \gamma_\ell k_\ell \tag{11.76}
$$

berechnet, wobei die Parameter α_i, $\beta_{i,\ell}$, γ_ℓ den Werten in Tab. 11.5 entsprechen. Im Anschluss daran kann man mit nur *einer* zusätzlichen Funktionsauswertung den neuen Wert

$$
\bar{y}^{j+1} = y^j + h \sum_{\ell=1}^{6} \tilde{\gamma}_\ell k_\ell
$$

mit der Methode fünfter Ordnung berechnen. Damit ergibt sich als Schätzwert des lokalen Abbruchfehlers $\tilde{\delta}_{j,h}$ (gemäß (11.41)) der Methode (11.76) vierter Ordnung

$$
\tilde{\delta}_{j,h} = y(t_{j+1}; t_j, y^j) - y^{j+1} \approx \bar{y}^{j+1} - y^{j+1}. \tag{11.77}
$$

Hierbei ist $y(t; t_j, y^j)$ die Lösung des Problems $y'(t) = f(t, y)$, $y(t_j) = y^j$ (vgl. (11.41)). Diese Möglichkeit einer einfachen Schätzung des lokalen Abbruchfehlers wird zur Schrittweitensteuerung (siehe Abschn. 11.7) benutzt.

Stetige Runge-Kutta-Verfahren

Oft ist man nicht nur an den berechneten Annäherungen $y^j = y_h(t_j)$ zu den diskreten Zeitpunkten t_j, $j = 0, \ldots, n$, interessiert, sondern möchte auch Annäherungswerte für t-Werte zwischen diesen diskreten Zeitpunkten haben. Einfache lineare Interpolation der Werte (t_j, y^j), (t_{j+1}, y^{j+1}) liefert sofort eine Annäherung $y_h(t)$ für $t \in [t_j, t_{j+1}]$, wobei man dann aber keine hohe Genauigkeit erwarten darf. Bei den *stetigen* expliziten Runge-Kutta-Verfahren werden Näherungswerte $y_h(t)$ für jedes $t \in [t_0, T]$ geliefert. Diese Verfahren sind gerade so konstruiert, dass man im Vergleich zu den Standard-RK-Verfahren nur wenig zusätzlichen Aufwand braucht und eine, von der Stufenzahl abhängige, hohe Genauigkeit gleichmäßig in $t \in [t_0, T]$ erreichen kann. Die Grundstruktur der sogenannten stetigen RK-Verfahren lässt sich einfach erklären. In diesen RK-Verfahren hängen die Koeffizienten $\gamma_1, \ldots, \gamma_m$ von einem Parameter $\theta \in [0, 1]$ ab, und statt (11.70) setzt man

$$y^{j+\theta} := y^j + h \sum_{\ell=1}^{m} \gamma_\ell(\theta) k_\ell, \quad \theta \in [0, 1], \tag{11.78}$$

als Approximation für $y(t_j + \theta h)$. Die Richtungen k_i werden wie in (11.69) durch θ-*unabhängige* Gleichungen bestimmt:

$$k_i = f(t_j + \alpha_i h, y^j + h \sum_{\ell=1}^{i-1} \beta_{i,\ell} k_\ell), \quad i = 1, \ldots, m.$$

Das Butcher-Tableau hat die Form

$$
\begin{array}{c|ccccc}
\alpha_1 & & & & \\
\alpha_2 & \beta_{2,1} & & & \\
\vdots & \beta_{3,1} & \beta_{3,2} & & \\
\vdots & \vdots & & \ddots & \\
\alpha_m & \beta_{m,1} & \cdots & \cdots & \beta_{m,m-1} \\
\hline
& \gamma_1(\theta) & \gamma_2(\theta) & \cdots & \cdots & \gamma_m(\theta)
\end{array}
$$

Man wählt die Koeffizienten α_i, $\gamma_i(\theta)$ ($1 \le i \le m$) und $\beta_{i,j}$ ($1 \le j < i \le m$) so, dass die Konsistenzordnung gleichmäßig in $\theta \in [0, 1]$ möglichst hoch ist. In einem Zeitschritt $t_j \to t_{j+1}$ können die Richtungen $k_1, \ldots, k_m$ (unabhängig von θ) anhand der Koeffizienten α_i, $\beta_{i,j}$ bestimmt werden. Anschließend kann man sehr einfach über (11.78) für jedes $t = t_j + \theta h \in [t_j, t_{j+1}]$ einen Näherungswert $y^{j+\theta} \approx y(t_j + \theta h)$ berechnen. Diese Technik ist ein Beispiel einer Methode mit „dense output": Die Diskretisierungsmethode kann zu *jedem* $t \in [t_0, T]$ eine Annäherung liefern.

Tab. 11.6 RK-Verfahren von Heun und zugehörige stetige Erweiterung

$$
\begin{array}{c|ccc}
0 & & & \\
\frac{1}{3} & \frac{1}{3} & & \\
\frac{2}{3} & 0 & \frac{2}{3} & \\
\hline
 & \frac{1}{4} & 0 & \frac{3}{4}
\end{array}
\qquad
\begin{array}{c|ccc}
0 & & & \\
\frac{1}{3} & \frac{1}{3} & & \\
\frac{2}{3} & 0 & \frac{2}{3} & \\
\hline
 & \gamma_1(\theta) & \gamma_2(\theta) & \gamma_3(\theta)
\end{array}
\qquad
\begin{aligned}
\gamma_1(\theta) &:= 1\tfrac{1}{2}\theta^3 - 2\tfrac{1}{4}\theta^2 + \theta \\
\gamma_2(\theta) &:= 3\theta^2(1 - \theta) \\
\gamma_3(\theta) &:= \tfrac{3}{4}\theta^2(2\theta - 1)
\end{aligned}
$$

Beispiel 11.37 Das 3-stufige Runge-Kutta-Verfahren von Heun in Tab. 11.6 (links) hat Konsistenzordnung 3. Dieses Verfahren hat eine stetige Erweiterung mit Konsistenzordnung 2 gleichmäßig in $\theta \in [0, 1]$. $\qquad \triangle$

11.6.2 Analyse expliziter RK-Verfahren

Prinzipiell ist eine hohe Genauigkeit über explizite RK-Verfahren realisierbar. Die Überprüfung kann mit Hilfe der Bedingungen (11.45) geschehen. Dies verlangt aber die Bestimmung immer höherer Ableitungen der rechten Seite f und Φ_f. Eine geschickte „Organisation" geeigneter Ordnungsbedingungen hat sich zu einer eigenen Theorie entwickelt, auf die wir hier nicht näher eingehen können. Wir begnügen uns deshalb mit einigen elementaren Bemerkungen zwecks besserer Orientierung. Wie beim Beispiel des klassischen RK-Verfahrens ist die Anwendung auf folgendes Testproblem instruktiv:

$$ y' = \lambda y, \quad t \in [t_0, T], \quad y(t_0) = y^0, \tag{11.79} $$

mit einem Parameter $\lambda \in \mathbb{R}$.

Bemerkung 11.38 Für ein explizites m-stufiges RK-Verfahren angewandt auf (11.79) ergibt sich die Rekursion (mit ggf. $h = h_j$)

$$ y^{j+1} = g(\lambda h)y^j, \quad j = 0, 1, \ldots, n - 1, \tag{11.80} $$

wobei $g(z)$ ein Polynom vom Grade höchstens m ist. $\qquad \triangle$

Beweis Per Induktion zeigt man leicht, dass im Schritt $y^j \to y^{j+1}$ die Beziehung $k_i = \lambda y^j q_{i-1}(h\lambda)$ für ein Polynom q_{i-1} vom Grade höchstens $i - 1$ gilt. Für $i = 1$ ist $k_1 = f(t_j + \alpha_1 h, y^j) = \lambda y^j = \lambda y^j q_0(h\lambda)$, mit $q_0(x) = 1$. Annahme: Die

Behauptung gelte für $i \geq 1$. Nach Definition gilt dann

$$
k_{i+1} = f(t_j + \alpha_{i+1}h, y^j + h \sum_{\ell=1}^{i} \beta_{i+1,\ell}k_\ell)
$$

$$
= \lambda \left(y^j + h \sum_{\ell=1}^{i} \beta_{i+1,\ell} \underbrace{k_\ell}_{=\lambda y^j q_{\ell-1}(h\lambda)} \right)
$$

$$
= \lambda y^j \left(1 + h\lambda \sum_{\ell=1}^{i} \beta_{i+1,\ell}q_{\ell-1}(h\lambda) \right) =: \lambda y^j q_i(h\lambda).
$$

Also ergibt sich

$$
y^{j+1} = y^j + h \sum_{\ell=1}^{m} \gamma_\ell k_\ell = y^j \left(1 + h\lambda \sum_{\ell=1}^{m} \gamma_\ell q_{\ell-1}(h\lambda) \right) =: y^j g(h\lambda),
$$

mit $g \in \Pi_m$. $\qquad\qquad\qquad\qquad\qquad\qquad\qquad\qquad\qquad\qquad\qquad\qquad$ $\square$

Das Polynom g aus (11.80) wird häufig *Stabilitätsfunktion* genannt. Dieser Begriff rührt daher, dass offensichtlich das Wachstumsverhalten der y^j durch den Wert von $|g(h\lambda)|$ bestimmt ist. Je nach dem, ob für eine gegebene Schrittweite h der Wert $|g(h\lambda)|$ größer oder kleiner als eins ist, wachsen bzw. fallen die Werte y^j exponentiell und es ist natürlich sicher zu stellen, dass dieses Verhalten dem der exakten Lösung entspricht. Der Begriff Stabilitätsfunktion ist also nicht mit dem bisher verwendeten Stabilitätsbegriff zu verwechseln. Die Stabilitätsfunktion wird bei der Analyse von Einschrittverfahren für steife Systeme in Abschn. 11.9 eine zentrale Rolle spielen. Bei den Beispielen des Euler-Verfahrens, des verbesserten Euler-Verfahrens und des klassischen RK-Verfahrens hatten wir die jeweilige Stabilitätsfunktion schon in (11.66), (11.67) und (11.68) als Taylor-Polynome vom Grade 1, 2 bzw. 4 identifiziert. Die Tatsache, dass bei expliziten RK-Verfahren die Stabilitätsfunktion ein Polynom ist, deutet bereits die wesentliche Beschränkung dieses Verfahrenstyps an. Wenn nämlich $\lambda < 0$ gilt, klingt die Lösung $y(t) = y^0 e^{\lambda(t-t_0)}$ für $t \geq t_0$ schnell ab. Dieses exponentielle Abklingen wird durch polynomiale Faktoren $g(\lambda h)$ schlecht wiedergegeben, es sei denn, $|\lambda h|$ ist klein. Bei betragsmäßig großem negativen λ bedeutet dies eine oft inakzeptabel kleine Schrittweite. Dies ist kein Widerspruch zum Konvergenzsatz 11.27, der ein *asymptotisches Resultat* (für $h \to 0$) liefert.

Hinsichtlich der Konsistenzordnung ergibt sich ferner sofort folgende Konsequenz.

Bemerkung 11.39 Die Konsistenzordnung eines m-stufigen expliziten RK-Verfahrens ist höchstens $p \leq m$. Falls $p = m$ gilt, muss

$$
g(z) = \sum_{k=0}^{m} \frac{z^k}{k!} \tag{11.81}
$$

gelten.   △

Beweis Wir betrachten das Testproblem (11.79). Hierfür ist, wegen Bemerkung 11.38, der lokale Abbruchfehler gegeben durch

$$
\begin{aligned}
\delta_{j,h} &= y(t_{j+1}) - g(h\lambda)y(t_j) \\
&= y^0 e^{\lambda(t_j+h-t_0)} - g(h\lambda)y^0 e^{\lambda(t_j-t_0)} \\
&= y^0 e^{\lambda(t_j-t_0)}\left(e^{\lambda h} - g(h\lambda)\right)
\end{aligned}
$$

$$
= y^0 e^{\lambda(t_j-t_0)}\left(\sum_{k=0}^{m} \frac{(h\lambda)^k}{k!} - g(h\lambda)\right) \tag{11.82}
$$

$$
+ y^0 e^{\lambda(t_j-t_0)}\frac{(h\lambda)^{m+1}}{(m+1)!} + \mathcal{O}(h^{m+2}), \tag{11.83}
$$

wobei g ein Polynom vom Grade höchstens m ist. Somit ist $\|\delta_{j,h}\| = \mathcal{O}(h^{m+1})$, genau dann wenn (11.81) gilt. Außerdem ist, für $y^0 \neq 0$, $\|\delta_{j,h}\| = \mathcal{O}(h^{m+2})$ nicht möglich, weil der Faktor vor dem Term h^{m+1} in (11.83) ungleich Null ist.   □

Bei expliziten RK-Verfahren lässt sich allerdings bei m Stufen für $m \geq 8$ (nur) maximal die Ordnung $p = m - 2$ erreichen. Einige im Verhältnis zur Stufe m höchstmöglich erreichbaren Ordnungen $p(m)$ sind in folgender Tabelle angegeben.

m	1	2	3	4	5	6	7	8	$m \geq 9$
$p(m)$	1	2	3	4	4	5	6	6	$\leq m - 2$

Die Verfahren werden aber sehr kompliziert und die Vorteile der hohen Ordnung werden zum Teil durch die benötigte hohe Anzahl der Funktionsauswertungen wieder aufgehoben. Explizite m-stufige RK-Verfahren mit $4 \leq m \leq 7$ werden in der Praxis jedoch häufig verwendet.

Konvergenz expliziter RK-Verfahren
Aufgrund von Satz 11.27 muss nur noch sichergestellt werden, dass die Verfahrensvorschrift eines expliziten RK-Verfahrens eine Lipschitzbedingung bzgl. y erfüllt.

Bemerkung 11.40 Falls $f(t, y)$ eine Lipschitzbedingung bzgl. y erfüllt, so genügt auch die Verfahrensvorschrift $\Phi_f(t, y, h) = \sum_{i=1}^{m} \gamma_i k_i(t, y, h)$ eines m-stufigen expliziten RK-Verfahrens einer Lipschitzbedingung bzgl. y. *Das Verfahren konvergiert dann mit der Konsistenzordnung.*   △

Beweis Es gilt $\|k_1(t, v, h) - k_1(t, w, h)\| = \|f(t + \alpha_1 h, v) - f(t + \alpha_1 h, w)\| \le L\|v - w\|$. Unter der Annahme, dass die k_i, $i < r$, eine Lipschitzbedingung mit Konstanten L_i erfüllen ($L_1 = L$), gilt

$$\|k_r(t, v, h) - k_r(t, w, h)\| = \|f(t + \alpha_r h, v + h \sum_{\ell=1}^{r-1} \beta_{r,\ell} k_\ell(t, v, h)) -$$

$$f(t + \alpha_r h, w + h \sum_{\ell=1}^{r-1} \beta_{r,\ell} k_\ell(t, w, h))\|$$

$$\le L\left(\|v - w\| + h \sum_{\ell=1}^{r-1} |\beta_{r,\ell}| L_\ell \|v - w\|\right)$$

$$\le L_r \|v - w\|,$$

mit $L_r := L\left(1 + h \sum_{\ell=1}^{r-1} |\beta_{r,\ell}| L_\ell\right)$, woraus die Behauptung folgt. $\qquad\square$

11.6.3 Implizite RK-Verfahren*

Bei impliziten RK-Verfahren ist die Frage, wie man die Koeffizienten wählen soll um eine hohe Konsistenzordnung zu erreichen, im Vergleich zu den expliziten RK-Verfahren einfacher zu beantworten. Beispielsweise gilt folgendes Ergebnis, das man z. B. in [SW], Abschn. 6.1, findet.

Satz 11.41
Die Funktion f erfülle eine Lipschitzbedingung bzgl. y. Wählt man zu paarweise verschiedenen $\alpha_i \in [0, 1]$, $i = 1, \ldots, m$, die Parameter $\gamma_i \ne 0$, $\beta_{j,i}$, $1 \le i, j \le m$, so dass für $r \ge m + 1$ die Bedingungen

$$\sum_{i=1}^{m} \gamma_i \alpha_i^{k-1} = \frac{1}{k}, \quad k = 1, \ldots, r, \tag{11.84}$$

sowie

$$\sum_{i=1}^{m} \beta_{j,i} \alpha_i^{k-1} = \frac{\alpha_j^k}{k}, \quad 1 \le j, k \le m, \tag{11.85}$$

gelten, dann ist das zugehörige RK-Verfahren konsistent von der Ordnung $p = r$.

Die Bedingungen (11.84) haben folgende einfache Interpretation. Die Quadraturformel

$$\sum_{i=1}^{m} \gamma_i g(\alpha_i) \approx \int_0^1 g(s)\,ds \qquad (11.86)$$

ist exakt vom Grade $r - 1$ genau dann, wenn die Gl. (11.84) erfüllt sind. Setzt man nämlich $g(s) = s^{k-1}$, $1 \le k \le r$, ein, ergibt sich gerade (11.84). Um ein hohes r zu erreichen, wählt man die Stützstellen α_i und Gewichte γ_i wie in einer Gauß-Quadraturformel, so dass die Methode (11.86) den maximalen Exaktheitsgrad $2m - 1$ hat. Die Bedingungen (11.84) sind in diesem Fall für $r = 2m$ erfüllt. Mit diesen Werten für die Stützstellen α_i bilden die Bedingungen (11.85) ein eindeutig lösbares lineares Gleichungssystem für die Koeffizienten $(\beta_{j,i})_{1 \le j, i \le m}$. Dieses Gleichungssystem definiert also die Werte für diese Koeffizienten $\beta_{j,i}$. Die resultierende implizite RK-Methode, ein sogenanntes *RK-Gauß-Verfahren*, hat die Konsistenzordnung $2m$. Man kann zeigen, dass dies die *maximale Konsistenzordnung* für ein m-stufiges RK-Verfahren ist.

Beispiel 11.42 Die RK-Gauß-Verfahren für $m = 1$ (mit Konsistenzordnung 2) und $m = 2$ (mit Konsistenzordnung 4) sind gegeben durch:

$$
\begin{array}{c|c}
\frac{1}{2} & \frac{1}{2} \\
\hline
 & 1
\end{array}
\qquad
\begin{array}{c|cc}
\frac{1}{2} - \frac{\sqrt{3}}{6} & \frac{1}{4} & \frac{1}{4} - \frac{\sqrt{3}}{6} \\
\frac{1}{2} + \frac{\sqrt{3}}{6} & \frac{1}{4} + \frac{\sqrt{3}}{6} & \frac{1}{4} \\
\hline
 & \frac{1}{2} & \frac{1}{2}
\end{array}
\qquad (11.87)
$$

Das obige einstufige RK-Gauß-Verfahren stimmt mit der in Bemerkung 11.20 behandelten impliziten Mittelpunktsregel überein. Für $m = 2$ sind die Gewichte und Stützstellen der Gauß-Quadratur (mit zwei Stützstellen) für das Intervall $[0, 1]$ gegeben durch $\gamma_1 = \gamma_2 = \frac{1}{2}$, $\alpha_1 = \frac{1}{2} - \frac{\sqrt{3}}{6}$, $\alpha_2 = \frac{1}{2} + \frac{\sqrt{3}}{6}$, siehe Beispiel 10.17. Die Koeffizienten $(\beta_{i,j})_{1 \le i,j \le 2}$ im Butcher-Tableau in (11.87) sind die (eindeutige) Lösung des Gleichungssystems

$$
\begin{pmatrix} 1 & 1 & 0 & 0 \\ \alpha_1 & \alpha_2 & 0 & 0 \\ 0 & 0 & 1 & 1 \\ 0 & 0 & \alpha_1 & \alpha_2 \end{pmatrix}
\begin{pmatrix} \beta_{1,1} \\ \beta_{1,2} \\ \beta_{2,1} \\ \beta_{2,2} \end{pmatrix}
=
\begin{pmatrix} \alpha_1 \\ \frac{1}{2}\alpha_1^2 \\ \alpha_2 \\ \frac{1}{2}\alpha_2^2 \end{pmatrix},
$$

siehe (11.85).   △

Die Berechnung der k_i ist wie gesagt aufwendig. Für das Anfangswertproblem (11.3) mit einer Funktion $y : [t_0, T] \to \mathbb{R}^n$ muss bei einem RK-Gauß-Verfahren in jedem Zeitschritt das nichtlineare Gleichungssystem der Dimension $mn \times mn$ in (11.69) (oder (11.72)) gelöst werden. Deshalb sucht man nach modifizierten RK-Verfahren, die immer noch die günstigen Stabilitäts-Eigenschaften impliziter RK-Verfahren haben, jedoch den Aufwand nach Möglichkeit reduzieren. Eine Verfahrensklasse mit reduziertem Aufwand sind die *SDIRK-Methoden,* bei denen $\beta_{i,\ell} = 0$ für $\ell > i$ und $\beta_{i,i} = \eta$ gesetzt wird. Dann muss man in (11.69) nacheinander m nichtlineare Gleichungssysteme der Dimension (nur) $n \times n$ lösen. Diese Methoden haben jedoch nur die maximale Konsistenzordnung $m + 1$. Ausführliche Darstellungen solcher Methoden findet man in [HW].

Bemerkung 11.43 In Bemerkung 11.38 wurde das Verhalten expliziter RK-Verfahren angewandt auf das wichtige Testproblem (11.79)

$$y' = \lambda y, \quad t \in [t_0, T], \quad y(t_0) = y^0,$$

untersucht und gezeigt, dass die Stabilitätsfunktion g in (11.80) ein Polynom vom Grade höchstens m ist. Wie sieht die Stabilitätsfunktion eines impliziten RK-Verfahrens aus? Um diese Frage zu beantworten, führen wie die Bezeichnungen $\mathbf{k} = (k_1, \ldots, k_m)^T, \boldsymbol{\gamma} := (\gamma_1, \ldots, \gamma_m)^T, B := (\beta_{i,j})_{1 \le i,j \le m}, \mathbf{1} := (1, \ldots, 1)^T$ ein. Wegen $f(t, y) = \lambda y$ ist (ggf. mit $h = h_j$)

$$\mathbf{k} = \lambda \mathbf{1} y^j + h\lambda B\mathbf{k},$$

und somit

$$(I - h\lambda B)\mathbf{k} = \lambda \mathbf{1} y^j.$$

Dieses System ist eindeutig lösbar genau dann, wenn $\det(I - h\lambda B) \neq 0$. Wenn das der Fall ist, so ergibt sich

$$\mathbf{k} = \lambda(I - h\lambda B)^{-1}\mathbf{1} y^j.$$

Daraus folgt

$$y^{j+1} = y^j + h\boldsymbol{\gamma}^T \mathbf{k} = y^j + h\lambda\boldsymbol{\gamma}^T (I - h\lambda B)^{-1}\mathbf{1} y^j$$
$$= \left(1 + h\lambda\boldsymbol{\gamma}^T (I - h\lambda B)^{-1}\mathbf{1}\right)y^j =: g(h\lambda)y^j. \tag{11.88}$$

Die Stabilitätsfunktion $g(z) = 1 + z\boldsymbol{\gamma}^T (I - zB)^{-1}\mathbf{1}$ ist in diesem Fall eine *rationale* Funktion in $z = h\lambda$, also ein Quotient zweier Polynome (siehe Übung 11.16). Im expliziten Fall ergab sich lediglich ein Polynom. Da die exakte Lösung $y(t_{j+1}) = y^0 e^{\lambda(t_{j+1} - t_0)} = e^{h\lambda}y(t_j)$ erfüllt, sollte $g(h\lambda)$ den Faktor $e^{h\lambda}$ möglichst gut wiedergeben. Wenn nun $\lambda < 0$ und $|\lambda| \gg 1$ gilt, ergibt sich ein schnelles Abklingen der exakten Lösung. Für betragsmäßig große Argumente $h\lambda$ kann dieses Abklingen durch ein Polynom schlecht abgebildet werden, während eine rationale Funktion dies besser ermöglicht. Ein explizites Verfahren würde in einem solchen Fall sehr kleine Schrittweiten h benötigen, damit $|h\lambda|$ klein genug ist, während beim impliziten Verfahren das Abklingen noch für größere Werte von h ermöglicht wird. Wir werden diesen Punkt im Zusammenhang mit *steifen Problemen* (Abschn. 11.9) wieder aufgreifen. $\triangle$

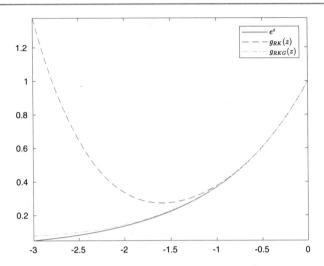

Abb. 11.5 Stabilitätsfunktionen g_{RK} und g_{RKG} des klassischen RK-Verfahrens und des zweistufigen RK-Gauß-Verfahrens

Beispiel 11.44 Wir betrachten das RK-Gauß-Verfahren mit $m = 2$ (und Konsistenzordnung 4) aus Beispiel 11.42. Eine einfache Rechnung (siehe Übung 11.17) zeigt, dass in diesem Fall die Stabilitätsfunktion durch

$$g_{RKG}(z) = 1 + z\boldsymbol{\gamma}^T (I - zB)^{-1}\mathbf{1} = \frac{1 + \frac{1}{2}z + \frac{1}{12}z^2}{1 - \frac{1}{2}z + \frac{1}{12}z^2} \qquad (11.89)$$

gegeben ist. In Abb. 11.5 werden diese Stabilitätsfunktion, die Stabilitätsfunktion

$$g_{RK}(z) = 1 + z + \frac{z^2}{2} + \frac{z^3}{6} + \frac{z^4}{24}$$

des klassischen RK-Verfahrens und die Funktion $z \mapsto e^z$ für $z \in [-3, 0]$ gezeigt. Für beide Methoden ist die Konsistensordnung 4. Die beiden Stabilitätsfunktionen haben als Approximation der Funktion $z \mapsto e^z$ eine vergleichbare Qualität in der Nähe von $z = 0$. Für $z \ll -1$ ist die Approximationsqualität der Funktion g_{RKG} aber viel besser. Insbesondere gilt $0 \leq g_{RKG}(z) \leq 1$ für alle $z \leq 0$ (siehe Übung 11.18). Diese Stabilitätseigenschaft wird in Abschn. 11.9 ausführlicher behandelt.   △

Praktische Gesichtspunkte
Wir schließen diesen Abschnitt mit einigen kurzen Bemerkungen zur Lösung des Gleichungssystems (11.69) im Falle impliziter Verfahren. Es ist bequem, vom RK-Verfahren in der Form (11.72)–(11.73) auszugehen. Wir nehmen der Einfachheit halber an, dass die Koeffizienten-Matrix $B := (\beta_{i,\ell})_{i,\ell=1}^{m}$ invertierbar ist, und betrachten

den skalaren Fall $n = 1$ (d. h., $y^j \in \mathbb{R}$). Setzt man

$$\mathbf{u} = (u_1, \ldots, u_m)^T, \quad \mathbf{1} = (1, \ldots, 1)^T, \quad F(t_j, \mathbf{u}) = \begin{pmatrix} f(t_j + \alpha_1 h, u_1) \\ \vdots \\ f(t_j + \alpha_m h, u_m) \end{pmatrix},$$

so erhält man die Darstellung

$$\mathbf{u} = y^j \mathbf{1} + hBF(t_j, \mathbf{u}) \tag{11.90}$$

$$y^{j+1} = y^j + h\boldsymbol{\gamma}^T F(t_j, \mathbf{u}). \tag{11.91}$$

Zur Bestimmung von $\mathbf{u}$ muss das $m \times m$ (bzw. im vektoriellen Fall $mn \times mn$) Gleichungssystem (11.90)

$$G(\mathbf{u}) := \mathbf{u} - y^j \mathbf{1} - hBF(t_j, \mathbf{u}) = 0 \tag{11.92}$$

gelöst werden. Wenn $\mathbf{u}$ berechnet ist, kann die F-Auswertung in (11.91) vermieden werden: Aus $hBF(t_j, \mathbf{u}) = \mathbf{u} - y^j \mathbf{1}$ ergibt sich $F(t_j, \mathbf{u}) = h^{-1}B^{-1}(\mathbf{u} - y^j \mathbf{1})$, woraus

$$y^{j+1} = y^j + \boldsymbol{\gamma}^T B^{-1}(\mathbf{u} - y^j \mathbf{1}) =: y^j + \mathbf{d}^T(\mathbf{u} - y^j \mathbf{1})$$

folgt. Den Vektor $\mathbf{d} = B^{-T}\boldsymbol{\gamma}$ kann man aus den Koeffizienten des RK-Verfahrens einfach berechnen.

Wegen der Struktur des nichtlinearen Problems (11.92) liegt eine Fixpunkt-Iteration $\mathbf{u}^{k+1} = \Phi_j(\mathbf{u}^k)$, mit $\Phi_j(\mathbf{u}) = y^j \mathbf{1} + hBF(t_j, \mathbf{u})$, auf der Hand. Diese Methode wird aber in der Praxis *nicht* eingesetzt. Der Grund dafür ist Folgender. In Abschn. 11.9 werden wir sehen, dass implizite Verfahren bei Problemen verwendet werden, wobei typischerweise die Lipschitz-Konstante L der Funktion f (bzgl. der Variable y) sehr groß ist. Daraus folgt, wegen

$$\|\Phi(\mathbf{u}) - \Phi(\mathbf{v})\| \leq h\|B\|\|F(t_j, \mathbf{u}) - F(t_j, \mathbf{v})\| \leq h\|B\|L\|\mathbf{u} - \mathbf{v}\|,$$

dass man nur für extrem kleine h-Werte Konvergenz der Fixpunkt-Iteration erwarten darf, weil für eine Kontraktionseigenschaft $h\|B\|L < 1$ gelten soll.

In der Praxis werden zur Lösung des Problems (11.92) häufig Newton-Techniken eingesetzt. Die Jacobi-Matrix zu (11.92) hat die Form

$$J(\mathbf{u}) = \left(\frac{\partial G_i(\mathbf{u})}{\partial u_r}\right)_{i,r=1}^m = \left(\delta_{i,r} - h\beta_{i,r}\frac{\partial}{\partial y}f(t_j + \alpha_r h, u_r)\right)_{i,r=1}^m.$$

Ersetzt man $\frac{\partial}{\partial y}f(t_j + \alpha_r h, u_r)$ durch $\frac{\partial}{\partial y}f(t_j, y^j)$, erhält man ein *vereinfachtes* Newton-Verfahren, bei dem eine LR-Zerlegung der Jacobi-Matrix nur einmal pro Zeitschritt berechnet werden muss. Detaillierte Untersuchungen dieser und anderer aufwandseffizienter Varianten findet man in [HW].

11.7   Schrittweitensteuerung bei Einschrittverfahren

In der Praxis wird es darum gehen, eine gewünschte Genauigkeit mit *möglichst wenigen* Integrationsschritten zu realisieren. Man kann dies erreichen, indem man den lokalen Abbruchfehler im Laufe der Rechnung kontrolliert und die *Schrittweite h dementsprechend anpasst*, also *adaptiv* verändert. Ein wesentlicher Vorteil der Einschrittverfahren (im Vergleich zu den in Abschn. 11.8 behandelten Mehrschrittverfahren) liegt in der strukturbedingt leichten Implementierung effektiver *Schrittweitensteuerung*. Das Vorgehen zur Schrittweitensteuerung lässt sich folgendermaßen skizzieren.

Für ein gegebenes Integrationsintervall $[t_0, T]$ und $y_h(T) = y^n$ sei eine *Gesamtfehlertoleranz* für $\|y(T) - y_h(T)\|$ vorgegeben, die wir als $(T - t_0)\epsilon$ bezeichnen, d. h.,

$$\|y(T) - y_h(T)\| \leq (T - t_0)\epsilon . \tag{11.93}$$

Aufgrund der Abschätzung (11.48) setzt man als *Ansatz* für die Schrittweitensteuerung *die Annahme* voraus, dass die Summe aller lokalen Abbruchfehler $\|\tilde{\delta}_{j,h}\|$ (gemäß (11.40)–(11.41)), $j = 0, \ldots, n - 1$, eine sinnvolle Schätzung für den bis $t_n = T$ akkumulierten globalen Fehler ist, d. h.

$$\|y(T) - y_h(T)\| \leq \sum_{j=0}^{n-1} \|\tilde{\delta}_{j,h}\| , \tag{11.94}$$

wobei wir die von $T - t_0$ abhängige zusätzliche Konstante in (11.48) der Einfachheit halber vernachlässigen. Ausgehend vom bereits berechneten Wert y^j soll eine lokale Schrittweite $h = h_j$ bestimmt werden, so dass für den lokalen Abbruchfehler im Intervall $[t_j, t_j + h]$

$$\|\tilde{\delta}_{j,h}\| \leq (t_{j+1} - t_j)\epsilon \tag{11.95}$$

gilt, weil daraus

$$\sum_{j=0}^{n-1} \|\tilde{\delta}_{j,h}\| \leq \sum_{j=0}^{n-1} (t_{j+1} - t_j)\epsilon = (T - t_0)\epsilon,$$

folgt, und somit (wegen (11.94)) die Fehlerschranke (11.93) gilt. Deshalb wird oft folgendes Kriterium zur Steuerung der Schrittweite benutzt: Die momentane Schrittweite $h = h_j = t_{j+1} - t_j$ soll einerseits so gewählt werden, dass der lokale Fehler $\|\tilde{\delta}_{j,h}\|$ im Schritt $j \to j + 1$ (etwa) höchstens $h_j\epsilon$ ist, andererseits sollte diese Spannweite h_j möglichst groß gewählt werden.

Eine Methode zur Schrittweitensteuerung hat folgende Struktur:

a) Verwende ein Verfahren zur *Schätzung des lokalen Fehlers*.
b) Anhand der Schätzung $s(h) \approx \|\tilde{\delta}_{j,h}\|$ des lokalen Fehlers wird $h = h_j$ gewählt, so dass (11.95) näherungsweise erfüllt ist, d. h. $s(h_j) \lesssim h_j \epsilon$.

Wir erläutern nun mögliche Techniken zur Realisierung der Punkte a) und b).

ad a) *Schätzung des lokalen Abbruchfehlers.* Es wird der lokale Abbruchfehler $\tilde{\delta}_{j,h} = \delta(t_j, y^j, h)$ aus (11.41) und nicht die Größe $\delta_{j,h} = \delta(t_j, y(t_j), h)$ aus (11.39) verwendet, weil $\tilde{\delta}_{j,h}$ den bereits berechneten Wert y^j statt des unbekannten Wertes $y(t_j)$ enthält. Zur Annäherung von $\tilde{\delta}_{j,h}$ (und damit $\|\tilde{\delta}_{j,h}\|$) kann man zum Beispiel folgende Strategien verwenden:

(i) Ausgehend von t_j und y^j berechne

- einen Schritt mit der Schrittweite h. Das Resultat wird mit y^{j+1} bezeichnet.
- zwei Schritte mit der Schrittweite $\frac{h}{2}$. Das (genauere) Resultat wird mit $\hat{y}^{j+1}$ bezeichnet.

Falls die verwendete Diskretisierungsmethode Konsistenzordnung p hat, also der lokale Abbruchfehler $\tilde{y}(t_{j+1}) - y^{j+1}$ (mit $\tilde{y}(t_{j+1}) := y(t_{j+1}; t_j, y^j)$) in (11.41) proportional zu h^{p+1} ist, so ergibt sich

$$\tilde{y}(t_{j+1}) - y^{j+1} \doteq c(t_j)h^{p+1},$$

$$\tilde{y}(t_{j+1}) - \hat{y}^{j+1} \doteq 2c(t_j)\left(\frac{h}{2}\right)^{p+1}. \tag{11.96}$$

Das Resultat (11.96) wird in Übung 11.19 hergeleitet. Beachte, dass $\tilde{y}(t_{j+1}) - \hat{y}^{j+1}$ der lokale Abbruchfehler im genaueren Resultat $\hat{y}^{j+1}$ ist. Hiermit erhält man (wie in einem Extrapolationsschritt)

$$\hat{y}^{j+1} - y^{j+1} \doteq c(t_j)h^{p+1}(1 - 2^{-p}) = 2c(t_j)\left(\frac{h}{2}\right)^{p+1}\left(2^p - 1\right)$$

$$\doteq (2^p - 1)\left(\tilde{y}(t_{j+1}) - \hat{y}^{j+1}\right),$$

also den Schätzer

$$s(h) := \frac{1}{2^p - 1}\|\hat{y}^{j+1} - y^{j+1}\| \approx \|\tilde{y}(t_{j+1}) - \hat{y}^{j+1}\|$$

für die Norm des lokalen Abbruchfehlers $\tilde{\delta}_{j,h}$ der genaueren Annäherung $\hat{y}^{j+1}$.

(ii) Eingebettete RK-Verfahren liefern zwei Ergebnisse, deren Differenz als Schätzer dienen kann (vgl. (11.77)).

ad b) *Anpassung der lokalen Schrittweite.* Das Flussdiagramm in Abb. 11.6 zeigt eine typische Strategie zur Schrittweitensteuerung bei ESV. Dabei wird bei der Änderung der Zeitschrittweite ein Kriterium verwendet, das folgenden Hintergrund hat. Es sei $h = h_j$ die aktuelle Zeitschrittweite zum Zeitpunkt t_j, für die man, zum Beispiel mit den unter a) beschriebenen Methoden, eine Schätzung $s(h)$ der Größe des lokalen Abbruchfehlers berechnet hat. Für eine Methode mit Konsistenzordnung p gilt $\|\tilde{\delta}_{j,h}\| \approx s(h) \approx ch^{p+1}$ (mit c unabhängig von h). Es sei $q(h) := \frac{s(h)}{\epsilon h}$, wobei ϵ die vorgegebene Toleranz wie in (11.93) ist. Falls $q(h) \leq 1$ ist, wird der Zeitschritt mit Schrittweite h akzeptiert; man geht zum Zeitpunkt $t_{j+1} = t_j + h$ über und es soll eine neue Zeitschrittweite $h_{\text{neu}} = h_{j+1}$ gewählt werden. Im Fall $q(h) > 1$ soll eine kleinere Zeitschrittweite h_{neu} gewählt werden, um damit den Zeitschritt ab t_j neu zu berechnen. In beiden Fällen wählt man, wegen der Zielvorgabe $\|\tilde{\delta}_{j,h}\| \lesssim \epsilon h_{\text{neu}}$, die Zeitschrittweite h_{neu} so, dass

$$\frac{ch_{\text{neu}}^{p+1}}{\epsilon h_{\text{neu}}} \approx 1$$

gilt. Wegen

$$1 \approx \frac{ch_{\text{neu}}^{p+1}}{\epsilon h_{\text{neu}}} = \frac{ch^{p+1}}{\epsilon h}\left(\frac{h_{\text{neu}}}{h}\right)^p \approx \frac{s(h)}{\epsilon h}\left(\frac{h_{\text{neu}}}{h}\right)^p = q(h)\left(\frac{h_{\text{neu}}}{h}\right)^p,$$

ergibt sich

$$h_{\text{neu}} \approx q(h)^{-\frac{1}{p}} h.$$

In der Praxis fügt man noch Sicherheitsfaktoren $\alpha_{\max} \in [1.5, 2]$ und $\alpha_{\min} \in [0.2, 0.5]$ hinzu, die zu große Schrittweitenänderungen vermeiden:

$$\text{Falls } q(h) \leq 1 \longrightarrow h_{\text{neu}} = \min\left\{\alpha_{\max}, q(h)^{-\frac{1}{p}}\right\} h,$$

$$\text{Falls } q(h) > 1 \longrightarrow h_{\text{neu}} = \max\left\{\alpha_{\min}, q(h)^{-\frac{1}{p}}\right\} h.$$

Außerdem werden vorab eine minimale und maximale Schrittweite $h_{\min}$ bzw. $h_{\max}$ festgelegt. Dieses Verfahren zur Schrittweitensteuerung wird in Abb. 11.6 dargestellt.

Beispiel 11.45 Wir betrachten die Van der Pol-Gleichung

$$y''(t) = 8(1 - y(t)^2)\, y'(t) - y(t), \qquad t \in [0, 30], \tag{11.97}$$

$$y(0) = 2, \qquad y'(0) = 0.$$

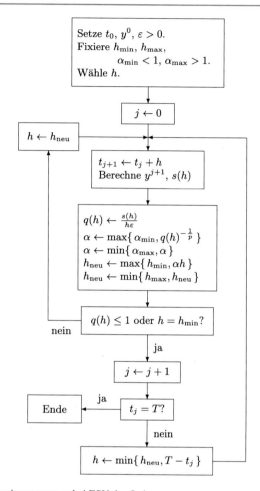

Abb. 11.6 Schrittweitensteuerung bei ESV der Ordnung p

Dieses Anfangswertproblem 2. Ordnung lässt sich, mit $y_1 = y$, $y_2 = y'$, als System 1. Ordnung

$$\begin{pmatrix} y_1'(t) \\ y_2'(t) \end{pmatrix} = \begin{pmatrix} y_2(t) \\ 8(1 - y_1(t)^2)\, y_2(t) - y_1(t) \end{pmatrix}, \quad t \in [0, 30],$$

mit dem Anfangswert

$$\begin{pmatrix} y_1(0) \\ y_2(0) \end{pmatrix} = \begin{pmatrix} 2 \\ 0 \end{pmatrix}$$

formulieren. Das Problem wird mit einem RKF45-Verfahren gelöst, wobei eine adaptive Schrittweitensteuerung wie in (ii) verwendet wird. Die berechneten Näherungen $y^j \approx y(t_j)$ sind in Abb. 11.7 dargestellt. In Abb. 11.8 werden die Schrittweiten $h = h_j = t_{j+1} - t_j$ gezeigt. $\triangle$

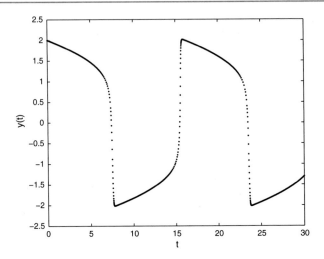

Abb. 11.7 Numerische Lösung der Van der Pol-Gleichung

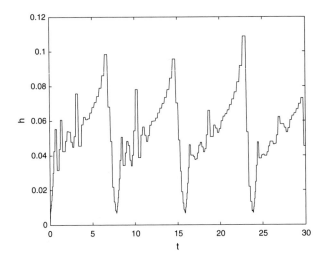

Abb. 11.8 Schrittweiten $h = h_j = t_{j+1} - t_j$

Matlab-Demo 11.46 (Eingebettetes Runge-Kutta-Verfahren) In diesem Matlab-experiment wird die Van der Pol-Gleichung aus Beispiel 11.45 (mit einem Parameter $\mu > 0$ anstelle des Faktors 8 in (11.97)) numerisch gelöst. Dazu wird die Matlab-Routine ODE45 verwendet. Diese Routine basiert auf einem eingebetteten RK-Verfahren, mit einem RK-Verfahren 4-ter Ordnung eingebettet in einem RK-

Verfahren 5-ter Ordnung. Pro Zeitschritt werden 6 f-Auswertungen berechnet. Das Verfahren ähnelt dem Runge-Kutta-Fehlberg-Verfahren RKF45 aus Tab. 11.5.

11.8 Mehrschrittverfahren

11.8.1 Allgemeine lineare Mehrschrittverfahren

Eine einfache Alternative, höhere Konsistenzordnung bei relativ wenigen Funktionsauswertungen zu realisieren, bieten *Mehrschrittverfahren*. Hierbei greift man in jedem Schritt nicht nur auf eine, sondern auf mehrere vorher berechnete Näherungen zurück. Dabei erweist sich die zwischenzeitliche Änderung der Schrittweite jedoch als schwieriger. Wir beschränken uns daher auf den Fall konstanter Schrittweite $h = \frac{T-t_0}{n}, n \in \mathbb{N}$.

Seien k Startwerte $y^0, \ldots, y^{k-1}$ gegeben. Die allgemeine Vorschrift eines k-*Schrittverfahrens* ($1 \le k < n$) lautet

$$\Psi_f : \left(t_{j+k-1}, y^j, y^{j+1}, \ldots, y^{j+k-1}, h \right) \to y^{j+k}, \quad j = 0, \ldots, n-k.$$

Am häufigsten verwendet man *lineare Mehrschrittverfahren*. Diese haben die Form

$$\sum_{\ell=0}^{k} a_\ell y^{j+\ell} = h \sum_{\ell=0}^{k} b_\ell f(t_{j+\ell}, y^{j+\ell}), \quad j = 0, \ldots, n-k, \tag{11.98}$$

wobei die a_ℓ, b_ℓ mit $a_k \neq 0$ fest gewählte Koeffizienten sind und stets

$$t_j = t_0 + jh, \quad j = 0, \ldots, n,$$

mit konstanter Schrittweite $h = \frac{T-t_0}{n}$ angenommen wird.

Beachte:
Um über (11.98) schrittweise Näherungen für die Lösung von (11.3) zu ermitteln, benötigt man k *Startwerte* $y^0, \ldots, y^{k-1}$. Diese Startwerte werden in der Regel mit einem Einschrittverfahren (z. B. RK-Verfahren) berechnet.

Ohne Beschränkung der Allgemeinheit kann man den führenden Koeffizienten auf

$$a_k = 1$$

normieren. Damit ergibt sich folgender Algorithmus:

Algorithmus 11.47 (Lineares k-Schrittverfahren)
Gegeben: Schrittweite $h = \frac{T-t_0}{n}$ mit $n \in \mathbb{N}$, Koeffizienten a_ℓ $(0 \leq \ell \leq k-1)$, b_ℓ $(0 \leq \ell \leq k)$, Startwerte $y^0, \ldots, y^{k-1}$.
Berechne für $j = 0, \ldots, n-k$:

$$y^{j+k} = -\sum_{\ell=0}^{k-1} a_\ell y^{j+\ell} + h \sum_{\ell=0}^{k} b_\ell f(t_{j+\ell}, y^{j+\ell}), \qquad (11.99)$$

oder äquivalent

$$y^{j+k} - h b_k f(t_{j+k}, y^{j+k}) = \sum_{\ell=0}^{k-1} \left(-a_\ell y^{j+\ell} + h b_\ell f(t_{j+\ell}, y^{j+\ell}) \right).$$

Ist hierbei $b_k \neq 0$, so verlangt (11.99) die Lösung eines (i. A. nichtlinearen) Gleichungssystems in dem unbekannten Vektor y^{j+k}. In diesem Fall ist das Verfahren also *implizit*. Falls $b_k = 0$, dann ist das Verfahren *explizit*, und y^{j+k} ergibt sich über (11.99) durch Einsetzen der vorher bestimmten Werte $y^{j+\ell}$, $\ell = 0, \ldots, k-1$.
Die Formel (11.99) enthält folgende wichtige Spezialfälle:

• **Adams-Bashforth-Verfahren** (siehe Abschn. 11.8.2):

$$a_0 = a_1 = \ldots = a_{k-2} = 0, \quad a_{k-1} = -1, \quad b_k = 0,$$

also

$$y^{j+k} = y^{j+k-1} + h \sum_{\ell=0}^{k-1} b_\ell f(t_{j+\ell}, y^{j+\ell}).$$

• **Adams-Moulton-Verfahren** (siehe Abschn. 11.8.3)

$$a_0 = a_1 = \ldots = a_{k-2} = 0, \quad a_{k-1} = -1, \quad b_k \neq 0,$$

also

$$y^{j+k} = y^{j+k-1} + h \sum_{\ell=0}^{k} b_\ell f(t_{j+\ell}, y^{j+\ell}).$$

• **Rückwärtsdifferenzenmethoden** (siehe Abschn. 11.9.4)

$$b_0 = b_1 = \ldots = b_{k-1} = 0, \quad b_k \neq 0,$$

also

$$y^{j+k} = -\sum_{\ell=0}^{k-1} a_\ell y^{j+\ell} + hb_k f(t_{j+k}, y^{j+k}).$$

Konsistenz

Der lokale Abbruchfehler (im Intervall $[t_{j+k-1}, t_{j+k}]$) ist definiert durch

$$\delta_{j+k-1,h} := y(t_{j+k}) - y_h(t_{j+k}),$$

wobei $y_h(t_{j+k})$ das Resultat des linearen Mehrschrittverfahrens (11.99) mit $y^{j+\ell} = y(t_{j+\ell})$, $\ell = 0, \ldots, k-1$, ist. Bei *expliziten* Verfahren ergibt sich dieser Fehler, wie bei den Einschrittverfahren, durch Einsetzen der exakten Lösung $y(t)$ in das Verfahren:

$$
\begin{aligned}
\delta_{j+k-1,h} &:= y(t_{j+k}) - y_h(t_{j+k}) \\
&= y(t_{j+k}) - \sum_{\ell=0}^{k-1} \left(-a_\ell y(t_{j+\ell}) + hb_\ell f(t_{j+\ell}, y(t_{j+\ell})) \right).
\end{aligned}
\tag{11.100}
$$

Unter dem Konsistenzfehler $\tau_{j+k-1,h}$ versteht man wieder $\delta_{j+k-1,h}/h$. Wie bei ESV ist die *Konsistenzordnung* p durch

$$\|\tau_{j,h}\| = \mathcal{O}(h^p), \quad h \to 0, \quad j = k-1, \ldots, n-1, \tag{11.101}$$

definiert. Das Verfahren heißt erneut *konsistent*, falls $p \geq 1$ gilt.

Im Gegensatz zu RK-Verfahren kann man für lineare Mehrschrittverfahren sehr einfache Konsistenzbedingungen formulieren. Ein typisches Ergebnis lautet folgendermaßen.

Satz 11.48

Das lineare Mehrschrittverfahren (11.98) *ist konsistent von der Ordnung p genau dann, wenn die folgenden $p + 1$ Bedingungen erfüllt sind:*

$$\sum_{\ell=0}^{k} a_\ell = 0,$$

$$\sum_{\ell=0}^{k} \ell a_\ell - b_\ell = 0, \tag{11.102}$$

$$\sum_{\ell=0}^{k} \left(\ell^\nu a_l - \nu \ell^{\nu-1} b_\ell \right) = 0, \quad \nu = 2, \ldots, p.$$

Dieses Standardresultat ist relativ leicht mit Hilfe der Taylorentwicklung verifizierbar und findet sich in jedem Lehrbuch über die Numerik von Anfangswertproblemen, z. B. [SW].

Bemerkung 11.49 Gibt man die $b_0, \ldots, b_k$ und $a_k = 1$ in (11.102) vor, ist (11.102) ein lineares Gleichungssystem in den Unbekannten $a_0, \ldots, a_{k-1}$ mit einer Vandermonde-Matrix als Systemmatrix. Man kann also sofort $p = k - 1$ realisieren. Betrachtet man auch die $b_0, \ldots, b_k$ als Freiheitsgrade, ergibt sich mit (11.102) ein lineares Gleichungssystem in den $2k + 1$ Unbekannten $a_0, \ldots, a_{k-1}, b_0, \ldots, b_k$. Man kann dieses Gleichungssystem mit der Hermite-Interpolation in Zusammenhang bringen und schließen, dass es eindeutig lösbar ist. Damit folgt aus (11.102) Folgendes: △

> Für ein lineares k-Schrittverfahren ist die (hohe) Konsistenzordnung $p = 2k$ relativ einfach realisierbar. Wir werden jedoch später sehen, dass man diesen Rahmen aus Stabilitätsgründen nicht ausschöpfen kann.

11.8.2 Adams-Bashforth-Verfahren

Diese Klasse von linearen Mehrschrittverfahren beruht auf der Diskretisierung der Integralgleichung (siehe Bemerkung 11.14)

$$y(t_{j+k}) = y(t_{j+k-1}) + \int_{t_{j+k-1}}^{t_{j+k}} f(s, y(s))\, ds \tag{11.103}$$

an den Stützstellen $t_{j+k-1}, t_{j+k-2}, \ldots, t_j$ mit Hilfe von Newton-Cotes-Formeln (vgl. Abschn. 10.3). Es sei bemerkt, dass man nicht die üblichen Formeln aus Tab. 10.2 verwenden kann, da die Stützstellen $t_{j+k-2}, \ldots, t_j$ *außerhalb* des Integrationsintervalls $[t_{j+k-1}, t_{j+k}]$ liegen.

Das Verfahren lautet:

> **Algorithmus 11.50 (k-Schritt-Adams-Bashforth-Formel)**
> Gegeben: Schrittweite $h = \frac{T - t_0}{n}$ mit $n \in \mathbb{N}$, Koeffizienten $b_{k,\ell}$ $(0 \le \ell \le k - 1)$, Startwerte $y^0, \ldots, y^{k-1}$.
> Berechne für $j = 0, \ldots, n - k$:
>
> $$y^{j+k} = y^{j+k-1} + h \sum_{\ell=0}^{k-1} b_{k,\ell} f(t_{j+\ell}, y^{j+\ell}). \tag{11.104}$$

Für $k = 1, \ldots, 5$ werden die Koeffizienten in Tab. 11.7 angegeben.

Tab. 11.7 Adams-Bashforth-Formeln

k	ℓ	0	1	2	3	4	Konsistenzordnung
1	$b_{1,\ell}$	1					1
2	$2\,b_{2,\ell}$	−1	3				2
3	$12\,b_{3,\ell}$	5	−16	23			3
4	$24\,b_{4,\ell}$	−9	37	−59	55		4
5	$720\,b_{5,\ell}$	251	−1274	2616	−2774	1901	5

Beispiel 11.51 Zur Illustration wird der Fall $k = 2$ untersucht. Das Integral

$$\int_{t_{j+1}}^{t_{j+2}} f(s, y(s))\, ds =: \int_{t_{j+1}}^{t_{j+2}} g(s)\, ds =: I(g)$$

wird mit Hilfe der Newton-Cotes-Formel zu den Stützstellen t_{j+1}, t_j angenähert. Es sei

$$P(g|t_j, t_{j+1})(s) = \frac{t_{j+1} - s}{h} g(t_j) + \frac{s - t_j}{h} g(t_{j+1})$$

das lineare Interpolationspolynom von g an den Stützstellen t_j, t_{j+1}. Die entsprechende Newton-Cotes-Quadraturformel $I_1(g) \approx I(g)$ erhält man über (vgl. (10.13))

$$I_1(g) = \int_{t_{j+1}}^{t_{j+2}} P(g|t_j, t_{j+1})(s)\, ds$$

$$= g(t_j) \int_{t_{j+1}}^{t_{j+2}} \frac{t_{j+1} - s}{h}\, ds + g(t_{j+1}) \int_{t_{j+1}}^{t_{j+2}} \frac{s - t_j}{h}\, ds$$

$$= -\frac{1}{2} h g(t_j) + \frac{3}{2} h g(t_{j+1}).$$

Offensichtlich wird das Integral $\int_{t_{j+1}}^{t_{j+2}} f(s, y(s))\, ds$ in (11.103) durch die Näherung

$$h\left(-\frac{1}{2} f(t_j, y(t_j)) + \frac{3}{2} f(t_{j+1}, y(t_{j+1})) \right)$$

ersetzt, also (vgl. Tab. 11.7) $b_{2,0} = -\frac{1}{2}$, $b_{2,1} = \frac{3}{2}$. Aus der Formel

$$g(s) - P(g|t_j, t_{j+1})(s) = (s - t_j)(s - t_{j+1}) \frac{g''(\xi_s)}{2}$$

für den Interpolationsfehler ergibt sich (mit einem Argument wie im Beweis von Lemma 10.1)

$$I(g) - I_1(g) = \frac{g''(\xi)}{2} \int_{t_{j+1}}^{t_{j+2}} (s - t_j)(s - t_{j+1})\, ds = \frac{5}{12} h^3 g''(\xi), \quad \xi \in [t_j, t_{j+2}].$$

Daraus erhält man für den lokalen Abbruchfehler das Resultat

$$
\begin{aligned}
\delta_{j+1,h} &= y(t_{j+2}) - y(t_{j+1}) - h \sum_{\ell=0}^{1} b_{2,\ell} f(t_{j+\ell}, y(t_{j+\ell})) \\
&= \int_{t_{j+1}}^{t_{j+2}} y'(s)\, ds - I_1(g) \\
&= \int_{t_{j+1}}^{t_{j+2}} f(s, y(s))\, ds - I_1(g) \\
&= I(g) - I_1(g) = \frac{5}{12} h^3 g''(\xi),
\end{aligned}
$$

woraus folgt, dass diese Methode die Konsistenzordnung 2 hat. Man kann diese Konsistenzordnung auch mit Hilfe von Satz 11.48 nachweisen. Durch Einsetzen ergibt sich, dass $a_0 = 0$, $a_1 = -1$, $a_2 = 1$, $b_0 = -\frac{1}{2}$, $b_1 = \frac{3}{2}$, $b_2 = 0$ die Gl. (11.102) für $k = p = 2$ erfüllen.   △

Man beachte, dass die Adams-Bashforth-Formeln explizit sind. Eine weitere offensichtliche Eigenschaft dieser Methoden ist folgende:

> Pro Integrationsschritt ist nur *eine einzige Funktionsauswertung* $f(t_{j+k-1}, y^{j+k-1})$ erforderlich, da die vorhergehenden Werte $f(t_{j+k-2}, y^{j+k-2}), \ldots, f(t_j, y^j)$ bereits berechnet wurden.

Jede Änderung der Schrittweite erfordert die Berechnung zusätzlicher Punkte der Lösungskurve, die nicht in das durch die alte Schrittweite bestimmte Raster fallen. *Deshalb ist eine Schrittweitenänderung bei einem Mehrschrittverfahren viel schwieriger durchzuführen als bei einem Einschrittverfahren.*

11.8.3 Adams-Moulton-Verfahren

Zur näherungsweisen Berechnung des Integrals in (11.103) soll zusätzlich zu den bekannten Werten der Funktion $f(s, y(s))$ an den Stellen $t_j, \ldots, t_{j+k-1}$ auch noch der unbekannte Wert $f(t_{j+k}, y^{j+k})$ an der Stützstelle t_{j+k} mitverwendet werden. Das führt zu

Algorithmus 11.52 (k-Schritt-Adams-Moulton-Formel)
Gegeben: Schrittweite $h = \frac{T-t_0}{n}$ mit $n \in \mathbb{N}$, Koeffizienten
$b_{k,\ell}$ $(0 \leq \ell \leq k)$, Startwerte $y^0, \ldots, y^{k-1}$.
Berechne für $j = 0, \ldots, n - k$:

$$y^{j+k} = y^{j+k-1} + h \sum_{\ell=0}^{k} b_{k,\ell} f(t_{j+\ell}, y^{j+\ell}).$$

(11.105)

Für $k = 1, \ldots, 4$ sind die Koeffizienten in Tab. 11.8 dargestellt.

Beispiel 11.53 Dies wird für den Fall $k = 1$ konkret verifiziert. Das Integral

$$\int_{t_j}^{t_{j+1}} f(s, y(s)) \, ds =: \int_{t_j}^{t_{j+1}} g(s) \, ds =: I(g)$$

wird mit Hilfe der Newton-Cotes-Formel zu den Stützstellen t_j, t_{j+1} angenähert.
Diese Newton-Cotes-Formel ist gerade die Trapezmethode (vgl. Tab. 10.2):

$$I_1(g) = \frac{1}{2} h \left(g(t_j) + g(t_{j+1}) \right).$$

Offensichtlich wird das Integral $\int_{t_j}^{t_{j+1}} f(s, y(s)) \, ds$ in (11.103) durch die Annäherung

$$h \left(\frac{1}{2} f(t_j, y(t_j)) + \frac{1}{2} f(t_{j+1}, y(t_{j+1})) \right)$$

ersetzt, also (vgl. Tab. 11.8) $b_{1,0} = b_{1,1} = \frac{1}{2}$.
Mit Hilfe von

$$I(g) - I_1(g) = -\frac{1}{12} h^3 g''(\xi)$$

ergibt sich, wie in Beispiel 11.26, für den lokalen Abbruchfehler

$$\delta_{j,h} = \mathcal{O}(h^3).$$

Tab. 11.8 Adams-Moulton-Formeln

k	ℓ	0	1	2	3	4	Konsistenzordnung
1	$2b_{1,\ell}$	1	1				2
2	$12b_{2,\ell}$	-1	8	5			3
3	$24b_{3,\ell}$	1	-5	19	9		4
4	$720b_{4,\ell}$	-19	106	-264	646	251	5

Diese Methode hat damit die Konsistenzordnung 2. Man kann dieses Konsistenzresultat auch mit Hilfe von Satz 11.48 nachweisen. Durch Einsetzen ergibt sich, dass die Werte $a_0 = -1$, $a_1 = 1$, $b_0 = b_1 = \frac{1}{2}$ die Gl. (11.102) für $k = 1$, $p = 2$ lösen. $\triangle$

Aufgrund des Exaktheitsgrades der verwendeten Quadraturformeln kann man Folgendes schließen.

Bemerkung 11.54
Die k-Schritt-Adams-Bashforth-Verfahren haben die Ordnung $p = k$ und die k-Schritt-Adams-Moulton-Verfahren die Ordnung $p = k + 1$.

Die Adams-Moulton-Formeln sind *implizit*. In Abschn. 11.9 wird erklärt, dass der Gebrauch solcher impliziter Verfahren für manche wichtigen Problemklassen unumgänglich ist.

11.8.4 Prädiktor-Korrektor-Verfahren

Es seien $y^0, y^1, \ldots, y^j$ die bereits berechneten Näherungen für $t_0, t_1, \ldots t_j$. Bei der Verwendung impliziter Verfahren muss der nächste Wert y^{j+1} i. A. iterativ bestimmt werden. Einen Startwert kann man mit Hilfe eines *expliziten* Verfahrens – des Prädiktors - ermitteln. Dieser Wert wird dann beispielsweise mit einer Fixpunktiteration für das implizite Verfahren korrigiert. Häufig kombiniert man Verfahren vom Adams-Bashforth- und Adams-Moulton-Typ. Die Methode zur Berechnung von y^{j+1} hat in diesem Fall folgende Struktur:

- *Prädiktor:* Bestimme einen Startwert $y^{j+1,0}$ mit Hilfe eines k_1-Schritt-Adams-Bashforth-Verfahrens:

$$y^{j+1,0} = y^j + h \sum_{m=0}^{k_1-1} b_{k_1,k_1-1-m} f(t_{j-m}, y^{j-m}).$$

- *Korrektor:* In einem k_2-Schritt-Adams-Moulton-Verfahren wird y^{j+1} iterativ über $M + 1$ Iterationen einer Fixpunktiteration angenähert:

Für $i = 0, 1, 2, \ldots, M$:

$$y^{j+1,i+1} = y^j + h b_{k_2,k_2} f(t_{j+1}, y^{j+1,i}) + h \sum_{m=0}^{k_2-1} b_{k_2,k_2-1-m} f(t_{j-m}, y^{j-m});$$

$$y^{j+1} := y^{j+1,M+1}$$

Für dieses Prädiktor-Korrektor-Verfahren gilt folgendes Konsistenzresultat (aus [SW]): Die Methode hat die Konsistenzordnung

$$p = \min\{k_1 + 1 + M, k_2 + 1\}.$$

Deswegen wählt man in der Praxis häufig $k_2 = k_1$ und $M = 0$ (also nur *eine* Iteration der Fixpunktiteration im Korrektor).

Beispiel 11.55 Für den Fall $k_1 = k_2 = 3$, $M = 0$ ergibt sich das (explizite) Prädiktor-Korrektor-Verfahren (ABM3)

$$y^{j+1,0} = y^j + \frac{h}{12}\Big(23 f(t_j, y^j) - 16 f(t_{j-1}, y^{j-1}) + 5 f(t_{j-2}, y^{j-2})\Big)$$

$$y^{j+1,1} = y^j + \frac{h}{24}\Big(9 f(t_{j+1}, y^{j+1,0}) + 19 f(t_j, y^j)$$

$$- 5 f(t_{j-1}, y^{j-1}) + f(t_{j-2}, y^{j-2})\Big) \qquad (11.106)$$

$$y^{j+1} := y^{j+1,1}.$$

$\triangle$

Beispiel 11.56 Wir betrachten das skalare Anfangswertproblem

$$y' = \lambda y - (\lambda + 1)e^{-t}, \quad t \in [0, 2], \quad y(0) = 1,$$

mit einer Konstante $\lambda < 0$. Die Lösung dieses Problems ist $y(t) = e^{-t}$ (unabhängig von λ). Auf dieses Problem wird das 4-Schritt-Adams-Bashforth-Verfahren (AB4) und das Prädiktor-Korrektor-Verfahren (ABM3) aus Beispiel 11.55 angewandt. Beide Methoden haben die Konsistenzordnung 4. Die Startwerte y^1, y^2, y^3 werden mit dem klassischen Runge-Kutta-Verfahren berechnet. Die resultierenden Fehler $|y_h(2) - y(2)| = |y^{2/h} - e^{-2}|$ sind in Tab. 11.9 für einige Schrittweiten h und $\lambda \in \{-2, -20\}$ aufgelistet.

In dieser Tabelle kann man sehen, dass für $\lambda = -2$ bei Halbierung von h der Fehler etwa mit einem Faktor 16 reduziert wird, was einer Konvergenzordnung von

Tab. 11.9 AB4 und ABM3 Verfahren

h	$\lambda = -2$, $|y^{2/h} - e^{-2}|$		$\lambda = -20$, $|y^{2/h} - e^{-2}|$	
	AB4	ABM3	AB4	ABM3
2^{-3}	1.17e−05	8.93e−06	1.40e+07	2.40e−01
2^{-4}	6.69e−07	5.04e−07	3.31e+09	6.10e−07
2^{-5}	4.03e−08	2.99e−08	8.85e+07	2.57e−08
2^{-6}	2.48e−09	1.82e−09	4.38e−07	1.36e−09
2^{-7}	1.53e−10	1.13e−10	9.36e−12	7.91e−11

4 entspricht. Im Fall $\lambda = -2$ sind die Fehler beim ABM3-Verfahren und beim AB4-Verfahren von der gleichen Größenordnung, während der Aufwand bei der ABM3-Methode etwa doppelt so hoch ist. Das AB4-Verfahren ist daher effizienter. Für $\lambda = -20$ stellen sich nun bei AB4 für die Schrittweiten $h = 2^{-3}, 2^{-4}, 2^{-5}$ und bei ABM3 für die Schrittweite $h = 2^{-3}$ enorm große Fehler ein. Wir werden dies später als *Stabilitätsprobleme* besser verstehen. Man sieht ferner, dass im Falle $\lambda = -20$ die Stabilität des ABM3-Verfahrens besser ist als die des AB4-Verfahrens. Die Erklärung für die hier auftretende Instabilität wird in Abschn. 11.9 gegeben. $\triangle$

Die Kombination einer k-Schritt-Adams-Bashforth-Methode (mit Konsistenzordnung k) mit einer k-Schritt-Adams-Moulton-Methode (mit Konsistenzordnung $k + 1$), wobei nur eine Iteration der Fixpunktiteration im Korrektor (d. h. $M = 0$) berechnet wird, hat folgende Eigenschaften:

- Die Konsistenzordnung ist $k + 1$.
- Es sind zwei Funktionsauswertungen pro Integrationsschritt erforderlich.
- Die Methode hat wesentlich bessere Stabilitätseigenschaften (vgl. Beispiel 11.56) als die $(k + 1)$-Schritt-Adams-Bashforth-Methode.

Matlab-Demo 11.57 (Prädiktor-Korrektor-Verfahren) In diesem Matlabexperiment betrachten wir ein Anfangswertproblem ähnlich zum Problem in Beispiel 11.56 und vergleichen die Genauigkeit des ABM3-Prädiktor-Korrektor-Verfahrens (siehe Beispiel 11.55) mit der des 3-Schritt-Adams-Bashforth-Verfahrens und des 3-Schritt-Adams-Moulton-Verfahrens.

11.8.5 Konvergenz von linearen Mehrschrittverfahren*

Einschrittverfahren sind für den Spezialfall $k = 1$ natürlich formal in der Klasse der Mehrschrittverfahren enthalten. Für eine Schrittzahl $k > 1$ stellt sich jedoch ein wesentliches Unterscheidungsmerkmal ein.

Im Gegensatz zu ESV impliziert die Konsistenz bei k-Schrittverfahren für $k > 1$ noch *nicht* die Konvergenz.

Folgendes Beispiel illustriert dies.

Beispiel 11.58 Wir betrachten das Anfangswertproblem aus Beispiel 11.21

$$y'(t) = y(t) - 2\sin t, \quad t \in [0, 4],$$
$$y(0) = 1,$$

mit Lösung $y(t) = \sin t + \cos t$. Zur numerischen Berechnung dieser Lösung verwenden wir das lineare 2-Schrittverfahren

$$y^{j+2} = -4y^{j+1} + 5y^j + h\big(4f(t_{j+1}, y^{j+1}) + 2f(t_j, y^j)\big). \tag{11.107}$$

Diese Methode hat die Konsistenzordnung 3 (vgl. Übung 11.22). Ausgehend von $y^0 = 1$, $y^1 = \sin h + \cos h$ wird für einige h-Werte die Folge $y^2, \ldots, y^n, n := 4/h$, berechnet. Einige Ergebnisse sind in Tab. 11.10 aufgelistet.

Die Resultate deuten an, dass keine Konvergenz auftritt, obwohl die Methode die Konsistenzordnung 3 hat. Man beobachtet sogar ein sehr starkes Wachsen des Fehlers, wenn die Schrittweite h kleiner wird. $\triangle$

In diesem Beispiel sieht man, dass kleine Störungen (wie Konsistenzfehler, Rundungsfehler) unkontrolliert wachsen und somit einen sehr großen globalen Fehler bewirken können. Lineare Mehrschrittverfahren besitzen also nicht automatisch die Stabilitätseigenschaft von ESV im Sinne von (11.60). Die in der Methode (11.107) auftretende Instabilität kann man wie folgt erklären. Wir betrachten die Aufgabe

$$y'(t) = 0 \quad \text{für } t \in [0, T], \quad y(0) = 1, \tag{11.108}$$

mit Lösung $y(t) = 1$. Die Methode (11.107) hierauf angewandt ergibt folgende homogene Differenzengleichung:

$$y^{j+2} + 4y^{j+1} - 5y^j = 0, \quad j = 0, 1, \ldots. \tag{11.109}$$

Mit dem Ansatz $y^j = z^j = (z)^j$ (z zur Potenz von j, beachte die Notation!) erhält man

$$z^{j+2} + 4z^{j+1} - 5z^j = z^j(z^2 + 4z - 5) = 0, \quad j = 0, 1, \ldots,$$
$$\Leftrightarrow z = 0 \text{ oder } z = 1 \text{ oder } z = -5.$$

Tab. 11.10 2-Schrittverfahren (11.107)

h	$|y^{1/h} - y(1)|$	$|y^{2/h} - y(2)|$	$|y^{4/h} - y(4)|$
2^{-2}	0.0094	2.87	3.3e+5
2^{-3}	0.286	6.1e+4	2.7e+15
2^{-4}	6.4e+3	5.4e+14	3.7e+36

Also ist $y^j = z_0^j = (z_0)^j$ für $z_0 \in \{1, -5\}$ eine Lösung von (11.109). Wegen der Linearität der Differenzengleichung ist dann auch

$$y^j = \alpha \, 1^j + \beta(-5)^j = \alpha + \beta(-5)^j$$

eine Lösung von (11.109) für beliebiges $\alpha, \beta \in \mathbb{R}$. Es seien jetzt Startwerte $y^0 = 1$, $y^1 = 1 + \delta$ mit einer Störung $\delta \neq 0$ gegeben. Diese Anfangswerte legen die Parameter α, β eindeutig fest. Somit ergibt sich die Lösung

$$y^j = (1 + \frac{\delta}{6}) - \frac{\delta}{6}(-5)^j , \quad j = 0, 1, \dots . \tag{11.110}$$

Man sieht, dass *eine kleine Störung* $\delta \neq 0$ *im Startwert* y^1 (wegen $\left|(-5)^j\right| = e^{j \ln 5}$) *zu einem exponentiellen Wachstum führt.*

Wir werden für allgemeine lineare Mehrschrittverfahren eine Bedingung herleiten, die diesen exponentiellen Wachstum nicht zulässt. Dazu definieren wir für ein gegebenes lineares Mehrschrittverfahren das zugehörige sogenannte ρ-*Polynom*

$$\rho(z) = \sum_{\ell=0}^{k} a_\ell z^\ell,$$

das dieselben a_ℓ-Koeffizienten wie das lineare Mehrschrittverfahren hat. Wir betrachten nun erneut die Testgleichung (11.108). Wegen $f(t, y) = 0$ gilt für die im linearen k-Schrittverfahren (11.99) berechneten Näherungen $y^k, y^{k+1}, \dots$, mit (gestörten) Startwerten $y^j = \tilde{y}^j := 1 + \delta_j, \ j = 0, \dots, k-1$,

$$a_0 y^j + a_1 y^{j+1} + \cdots + a_k y^{j+k} = 0, \quad j = 0, 1, \dots . \tag{11.111}$$

Es sei nun $z_0 \neq 0$ eine Nullstelle des ρ-Polynoms, d. h., $\rho(z_0) = 0$. Mit dem Ansatz $y^j = z_0^j = (z_0)^j$ erhält man

$$a_0 z_0^{j+0} + a_1 z_0^{j+1} + \cdots + a_k z_0^{j+k} = z_0^j \rho(z_0) = 0,$$

d. h., die Folge

$$y^j = z_0^j = (z_0)^j$$

löst (11.111). Falls z_0 eine mehrfache Nullstelle ist, also auch $\rho'(z_0) = 0$ gilt, ist die Folge $y^j = (j+1)z_0^j$ ebenfalls Lösung von (11.111) (siehe Übung 11.20). Diese Folgen $y^j = z_0^j, y^j = (j+1)z_0^j$ erfüllen im Allgemeinen nicht die Anfangsbedingungen $y^j = \tilde{y}^j, \ j = 0, \dots, k-1$. Man kann aber zeigen, dass eine *geeignete* Linearkombination solcher Lösungen (wie im Fall $k = 2$ in (11.110)) sowohl (11.111) löst als auch den Startbedingungen $y^j = \tilde{y}^j, \ j = 0, \dots, k-1$, genügt und somit mit der im linearen k-Schrittverfahren (11.99) berechneten Näherungslösung übereinstimmt. Falls für eine einfache Nullstelle $|z_0| > 1$ oder für eine mehrfache Nullstelle

$|z_0| \geq 1$ gilt, werden *instabile Anteile der Näherungslösung erzeugt.* Dies motiviert folgende Bedingung, die somit derartig instabile Lösungen ausschließt.

▶ **Definition 11.59** *Das Verfahren* (11.99) *heißt* nullstabil, *falls die* Wurzelbedingung *gilt:*
Ist $\rho(z_0) = 0$ *für ein* $z_0 \in \mathbb{C}$, *dann gilt*

$$|z_0| \leq 1 ,$$

und darüberhinaus, falls z_0 *eine mehrfache Nullstelle ist,*

$$|z_0| < 1.$$

Bei einem linearen ESV hat man stets $\rho(z) = z - 1$, d. h., $z_0 = 1$ ist die einzige Nullstelle von ρ und diese Nullstelle ist einfach. Die Wurzelbedingung ist somit immer erfüllt und lineare ESV sind immer nullstabil im Sinne von Definition 11.59.

Bei Adams-Bashforth- und Adams-Moulton-Verfahren hat man $\rho(z) = z^k - z^{k-1} = z^{k-1}(z - 1)$, also eine einfache Nullstelle $z_0 = 1$ und eine $(k - 1)$-fache Nullstelle $z_0 = 0$. Also ist auch für diese Methoden die Wurzelbedingung immer erfüllt, *die Adams-Verfahren sind also nullstabil.*

Aus Satz 11.27 folgt, dass konsistente lineare 1-Schrittverfahren stets konvergent sind. Folgender Hauptsatz aus der Analyse numerischer Verfahren für gewöhnliche Differentialgleichungen ist eine Verallgemeinerung des obigen Resultats.

Satz 11.60
Ein konsistentes Mehrschrittverfahren ist genau dann konvergent, wenn es nullstabil ist. Im Falle von Konvergenz gilt

$$Konvergenzordnung = Konsistenzordnung.$$

Bemerkung 11.62 Bei einem k-Schritt-Verfahren werden die k Startwerte $y^0, \ldots, y^{k-1}$ üblicherweise mit einem ESV bestimmt. Dies muss eine hinreichend hohe Ordnung haben, um die Genauigkeit der Folgerechnung mit dem k-Schritt-Verfahren zu gewährleisten. △

Bemerkung 11.63 Lineare Mehrschrittverfahren, für die die Wurzelbedingung erfüllt ist, haben die gleiche Stabilitätseigenschaft, die bei ESV automatisch gegeben ist, vgl. (11.60): Fehler in den Startwerten ($\|y(t_0) - \tilde{y}^0\|$, $\|y(t_i) - y^i\|$, $i = 1, \ldots, k - 1$), Konsistenzfehler und Störungen bei der Durchführung der Methode werden kontrolliert. △

Bei linearen Mehrschrittverfahren ist die (hohe) Konsistenzordnung $p = 2k$ im Prinzip realisierbar, siehe Bemerkung 11.49. Folgendes Resultat von Dahlquist erklärt, weshalb jedoch (aus Stabilitätsgründen) lineare k-Schrittverfahren mit Konsistenzordnung $p \geq k + 3$ nie verwendet werden.

Satz 11.63 (1. Dahlquistschranke)
Für jedes lineare nullstabile k-Schrittverfahren mit Konsistenzordnung p gilt:

$$p \leq k + 2 \quad \textit{für } k \textit{ gerade},$$
$$p \leq k + 1 \quad \textit{für } k \textit{ ungerade}.$$

Diese Schranken sind scharf.

Einen Beweis dieses Satzes findet man zum Beispiel in [SW]. Die Adams-Moulton-k-Schrittverfahren sind nullstabil und haben die Konsistenzordnung $p = k+1$. Diese Verfahren haben somit in der Klasse der nullstabilen linearen Mehrschrittverfahren (fast) die maximale Konsistenzordnung.

Die Verfahren vom Adams-Typ erfüllen die Voraussetzungen von Satz 11.60. Dies scheint im Widerspruch zu den Werten in der vorletzten Spalte in Tab. 11.9 zu stehen. Hier ist zu beachten, dass Satz 11.60 ebenso wie Satz 11.27 *asymptotische* Aussagen machen, nach denen der Fehler letztendlich beliebig klein wird, *sofern die Schrittweite hinreichend klein ist,* vgl. (11.34): $\|e_h\|_\infty = \mathcal{O}(h^p)$ für $h \to 0$. Diesen Effekt sieht man auch in Tab. 11.9. Die „hinreichend kleine" Schrittweite kann dabei sowohl im Hinblick auf Rechenaufwand als auch Rundungseffekte im praktisch irrelevanten Bereich liegen. Ferner zeigen die beiden Verfahrenstypen AB4 und ABM3 quantitativ unterschiedliches Verhalten bei $\lambda = -20$, das sich weder aus der Konsistenz noch über die Wurzelbedingung erklären lässt. Insofern sind die Sätze 11.27 und 11.60 zwar grundsätzlich sehr wichtig, aber für praktische Belange alleine nicht ausreichend. Dies trifft insbesondere für eine wichtige Problemklasse (zu der das Problem aus Beispiel 11.56 mit $\lambda = -20$ gehört) zu, die im folgenden Abschnitt untersucht wird.

11.9 Steife Systeme

11.9.1 Einleitung

Steifen Systemen von Differentialgleichungen begegnet man bei Prozessen mit stark unterschiedlichen Abklingzeiten. Beispiele sind Diffusions- und Wärmeleitungsvorgänge oder auch chemische Reaktionen. Um dies etwas präziser fassen zu können, betrachten wir zunächst das lineare System

$$z' = Az + b, \quad t \in [0, T], \quad z(0) = z^0, \tag{11.112}$$

wobei $A \in \mathbb{R}^{n \times n}$ und $b \in \mathbb{R}^n$ nicht von t abhängen. Ist insbesondere A diagonalisierbar, d. h., existiert eine Matrix V mit $V^{-1}AV = \Lambda = \mathrm{diag}(\lambda_1, \ldots, \lambda_n)$, so erhält man aus

$$V^{-1}z' = V^{-1}AVV^{-1}z + V^{-1}b$$

mit

$$y = V^{-1}z, \quad c = V^{-1}b,$$

das System

$$y' = \Lambda y + c \tag{11.113}$$

von *entkoppelten* skalaren Gleichungen der Form

$$y_i' = \lambda_i y_i + c_i, \quad i = 1, \ldots, n. \tag{11.114}$$

Die Lösung dieser skalaren Gleichung ist, für $\lambda_i \neq 0$, gegeben durch

$$y_i(t) = \hat{c}_i e^{\lambda_i t} - \frac{c_i}{\lambda_i}, \tag{11.115}$$

wobei die Konstante $\hat{c}_i \in \mathbb{R}$ durch die Anfangsbedingung festgelegt wird. Das Problem (11.112) bezeichnet man als *steif*, falls die Lösungskomponenten in (11.115) für wachsendes t *abklingen*, dies jedoch mit *sehr unterschiedlicher Geschwindigkeit*. Dies bedeutet für die Eigenwerte $\lambda_j \in \mathbb{C}$, $j = 1, \ldots, n$, dass

$$\mathrm{Re}(\lambda_j) < 0, \quad j = 1, \ldots, n, \quad \text{und} \quad \max_{k,j} \frac{\mathrm{Re}(\lambda_k)}{\mathrm{Re}(\lambda_j)} \gg 1. \tag{11.116}$$

Beispiel 11.64 Das Wärmeleitungsproblem aus Beispiel 11.5 ergibt ein System von $n_x - 1$ gekoppelten gewöhnlichen Differentialgleichungen, das sich als

$$y' = Ay \tag{11.117}$$

schreiben lässt. Hierbei ist A die symmetrische Tridiagonalmatrix aus (11.10). Weil A symmetrisch ist, existiert eine Matrix V mit

$$V^{-1}AV = \mathrm{diag}(\lambda_1, \ldots, \lambda_{n_x-1}).$$

Nun lassen sich die Eigenwerte λ_j von A explizit angeben:

$$\lambda_j = -\frac{4\kappa}{h_x^2} \sin^2\left(\frac{j\pi}{2n_x}\right), \quad j = 1, 2, \ldots, n_x - 1.$$

Daraus folgt, dass $\lambda_j < 0$, $j = 1, \ldots, n_x - 1$, und

$$\max_{k,j} \frac{\lambda_k}{\lambda_j} = \frac{\lambda_{n_x-1}}{\lambda_1} = \frac{\sin^2(\frac{1}{2}\pi - \frac{\pi}{2n_x})}{\sin^2(\frac{\pi}{2n_x})} \approx \frac{1}{(\frac{\pi}{2n_x})^2} = \frac{4}{\pi^2}n_x^2,$$

also ist das System (11.117) für $n_x \gg 1$ steif. $\triangle$

Beispiel 11.65 Chemische Reaktionsprozesse, bei denen die Reaktionsgeschwindigkeitskonstanten stark unterschiedliche Größenordnungen haben, führen auf ein steifes System gewöhnlicher Differentialgleichungen. In Beispiel 11.4 ist dies gerade der Fall. Die Jacobi-Matrix der Funktion $f : \mathbb{R}^6 \to \mathbb{R}^6$ des Modells $y'(t) = f(y)$ in (11.5) hat für $t = 0$ die Eigenwerte

$$\sigma\big(f'(y(0))\big) = \{\, 0, -2.1 \cdot 10^4, -7.5 \cdot 10^{-10} \pm i\, 9.1 \cdot 10^{-4} \,\},$$

wobei der Eigenwert 0 dreifach vorliegt. Man stellt fest, dass die Realteile der drei nicht-Null-Eigenwerte negativ sind und deren Quotienten die Größenordnung 10^{14} haben können. $\triangle$

Wie man im folgenden einfachen Beispiel sehen kann, sind zur Diskretisierung steifer Probleme *explizite* Methoden in der Regel ungeeignet.

Beispiel 11.66 Betrachte für $t \in [0, T]$:

$$y_1' = -100y_1, \quad y_1(0) = 1$$
$$y_2' = -2y_2 + y_1, \quad y_2(0) = 1.$$

Offensichtlich fällt

$$y_1(t) = e^{-100t}$$

sehr schnell ab, während die Lösung

$$y_2(t) = -\frac{1}{98}e^{-100t} + \frac{99}{98}e^{-2t} \quad \text{von} \quad y_2' = -2y_2 + e^{-100t}$$

sehr viel langsamer abklingt. Bis $t = 0.01$ klingt der Einschwingterm y_1 um den Faktor $\frac{1}{e}$ ab, bei $t = 0.1$ ist er um rund 4 Zehnerpotenzen reduziert. Für größere t spielt die Komponente $y_1(t)$ praktisch keine Rolle mehr. Dennoch beeinflusst dieser Term die Rechnung erheblich! Wendet man nämlich das einfache Euler-Verfahren auf das Problem

$$y_1' = -100y_1, \quad y_1(0) = 1, \tag{11.118}$$

an, erhält man die Rekursion

$$y_1^{j+1} = y_1^j - 100\,h y_1^j = (1 - 100\,h)y_1^j.$$

Für $h = \frac{1}{200}$ folgt

$$y_1^{j+1} = \frac{1}{2}y_1^j = 2^{-j-1}.$$

Für $j = 20$, also bei $t_{20} = \frac{1}{10}$, ergibt sich der Wert

$$\left| y_1^{20} \right| = 2^{-20} < 10^{-6}.$$

Rechnet man dann mit $h = \frac{1}{2}$ weiter, um y_2 angemessen zu integrieren, erhält man aber als Vorfaktor $1 - 100h = -49$, also

$$y_1^{j+1} = -49y_1^j,$$

was zu einem explosionsartigen Anwachsen der Iterierten im Verlauf der weiteren Rechnung führt. △

Das Phänomen aus Beispiel 11.66 lässt sich folgendermaßen erklären. Die Anwendung eines *expliziten Einschrittverfahrens* auf das Problem

$$y' = \lambda y, \quad t \in [0, T], \quad \text{mit } \lambda < 0, \tag{11.119}$$

führt auf eine Rekursion der Form

$$y^{j+1} = g(h\lambda)\, y^j, \quad j = 0, 1, \ldots, \tag{11.120}$$

wobei die *Stabilitätsfunktion* g vom Verfahren abhängt. In Beispiel 11.33 hatten wir bereits folgende Fälle identifiziert:

$$g(x) = 1 + x \qquad \text{Euler-Verfahren,}$$

$$g(x) = 1 + x + \frac{x^2}{2} \qquad \text{verb. Euler-Verfahren,}$$

$$g(x) = 1 + x + \frac{x^2}{2} + \frac{x^3}{6} + \frac{x^4}{24} \qquad \text{klassisches RK-Verfahren,}$$

d. h., $g(x)$ ist in diesen Beispielen gerade eine abgebrochene Potenzreihe von e^x, also ein *Polynom*. In Bemerkung 11.38 wird gezeigt, dass die Stabilitätsfunktion eines m-stufigen expliziten RK-Verfahrens ein *Polynom* m-ten Grades in $h\lambda$ ist.

Die Problematik in Beispiel 11.66 liegt nun in folgendem Sachverhalt. Es gilt $e^x \to 0$ für $x \to -\infty$, jedoch $p(x) \to \pm\infty$, $x \to -\infty$, für jedes Polynom p (abgesehen vom Nullpolynom). Daher lässt sich die Funktion e^x, $x < 0$ nur für kleine Argumente $|x|$ durch ein Polynom approximieren. Für den konkreten Fall der Stabilitätsfunktion des klassischen RK-Verfahrens wird dies in Abb. 11.5 illustriert. Um (11.119) mit einem expliziten Einschrittverfahren angemessen behandeln zu können, muss $|x| = |\lambda h|$ also klein sein. Für großes $|\lambda|$ müsste demnach eine extrem kleine Schrittweite h gewählt werden. Daraus folgt:

Explizite ESV sind zur Behandlung steifer Probleme ungeeignet. Diese Aussage gilt ebenso für explizite Mehrschrittverfahren.

Offensichtlich ist es bei steifen Problemen nicht so wichtig, alle Komponenten, insbesondere die sehr schnell abklingenden, mit hoher Genauigkeit zu approximieren, sondern grundsätzlich dieses Abklingverhalten überhaupt wiederzugeben. Entscheidend ist also, möglichst unterschiedlich abklingende Komponenten (d. h., $\lambda < 0$) mit akzeptablen Schrittweiten so behandeln zu können, dass für große Bereiche von $h\lambda$ *Dämpfung* eintritt. Dass hierzu *implizite* Verfahren besser geeignet sind, deuten bereits Bemerkung 11.43 und Beispiel 11.44 an, die besagen, dass die Stabilitätsfunktion bei einem impliziten RK-Verfahren stets eine *rationale Funktion,* also ein Quotient von Polynomen, ist. Rationale Funktionen können das gewünschte Abklingverhalten auch für betragsgroße Argumente besser wiedergeben (siehe Abb. 11.5). Dieses bessere Stabilitätsverhalten impliziter Methoden lässt sich bereits beim einfachsten impliziten Einschrittverfahren, nämlich dem impliziten Euler-Verfahren, erkennen.

Beispiel 11.67 1) Das *implizite Euler-Verfahren*

$$y^{j+1} = y^j + hf(t_{j+1}, y^{j+1}),$$

angewandt auf (11.119), ergibt

$$y^{j+1} = y^j + h\lambda y^{j+1},$$

d. h.

$$y^{j+1} = \frac{1}{1 - h\lambda} y^j, \quad g(x) = \frac{1}{1 - x}.$$

Wegen $\lambda < 0$ folgt daraus, dass für alle $h > 0$ $\left|y^{j+1}\right| < \left|y^j\right|$ gilt. Es liegt also Dämpfung für alle $h\lambda \in (-\infty, 0)$ vor.

2) Die *Trapez-Methode*

$$y^{j+1} = y^j + \frac{h}{2}\left(f(t_j, y^j) + f(t_{j+1}, y^{j+1})\right),$$

angewandt auf (11.119), ergibt

$$y^{j+1} = y^j + \frac{h\lambda}{2}(y^j + y^{j+1}),$$

d. h.

$$y^{j+1} = \frac{1 + \frac{h\lambda}{2}}{1 - \frac{h\lambda}{2}} y^j, \quad g(x) = \frac{1 + \frac{1}{2}x}{1 - \frac{1}{2}x}.$$

Also gilt auch bei der Trapezmethode $\left|y^{j+1}\right| < \left|y^j\right|$ für alle $h\lambda \in (-\infty, 0)$.

Allerdings sieht man, dass die Dämpfung beim impliziten Euler-Verfahren für betragsgroße Werte für $h\lambda$ sehr viel stärker als bei der Trapezmethode ist. Bei letzterem Verfahren nähert man sich der Stabilitätsgrenze $\lim_{x \to -\infty} g(x) = 1$. $\quad\triangle$

11.9.2 Stabilitätsintervalle

Um Dämpfungseigenschaften von Verfahren für steife Probleme genauer beschreiben zu können, werden sogenannte Stabilitätsintervalle (sowie allgemeiner auch Stabilitätsgebiete in der komplexen Ebene, siehe Abschn. 11.9.3) definiert. Wir behandeln diese Intervalle zuerst für *Ein*schrittverfahren.

Allgemein ergibt sich bei Einschrittverfahren, angewandt auf (11.119), eine Rekursion

$$y^{j+1} = g(h\lambda)y^j, \tag{11.121}$$

wobei $g(x)$ die Stabilitätsfunktion des Verfahrens ist. Nach obigen Überlegungen soll

$$|g(x)| < 1$$

für möglichst große Bereiche von negativem x gelten. Dies führt zu folgender Definition.

▶ **Definition 11.68** *Gegeben sei ein ESV mit zugehöriger Stabilitätsfunktion g wie in (11.121). Das Intervall $I = (-a, 0)$ mit maximalem $a > 0$, so dass*

$$x \in I \quad \Longrightarrow \quad |g(x)| < 1 \tag{11.122}$$

gilt, heißt das Stabilitätsintervall *des Verfahrens.*

Die Größe dieses Intervalls ist ein Maß für die Stabilität des Verfahrens bei Anwendung auf steife Systeme. Um das Modellproblem (11.119) für sehr unterschiedliche negative λ-Werte mit akzeptablen Schrittweiten h stabil lösen zu können, *soll das Stabilitätsintervall möglichst groß sein*. Einige Stabilitätsintervalle sind in Tab. 11.11 gegeben.

Bei linearen *Mehr*schrittverfahren angewandt auf das Testproblem (11.119) kann man sich ebenfalls die Frage stellen, für welches Intervall von $h\lambda$-Werten Dämpfung auftritt. Die Charakterisierung dieses Stabilitätsintervalls ist jetzt aber komplizierter als bei ESV, weil die einfache Beziehung (11.121) nicht mehr gültig ist. Wir behandeln die Grundidee des Stabilitätsintervalls bei linearen Mehrschrittverfahren anhand des Beispiels des Adams-Bashforth-Verfahrens mit $k = 2$, d. h.

$$y^{j+2} = y^{j+1} + h\left(\tfrac{3}{2}f(t_{j+1}, y^{j+1}) - \tfrac{1}{2}f(t_j, y_j)\right), \quad j = 0, 1, 2, \ldots, \tag{11.123}$$

Tab. 11.11 Stabilitätsintervalle

Verfahren	Stabilitätsintervall
Euler-Verfahren	$(-2, 0)$
Verb. Euler-Verfahren	$(-2, 0)$
klassisches RK-Verfahren	$(-2.78, 0)$
2-Schritt-Adams-Bashforth	$(-1, 0)$
3-Schritt-Adams-Bashforth	$(-0.55, 0)$
4-Schritt-Adams-Bashforth	$(-0.3, 0)$
2-Schritt-Adams-Moulton	$(-6.0, 0)$
3-Schritt-Adams-Moulton	$(-3.0, 0)$
Implizites Euler-Verfahren	$(-\infty, 0)$
Trapezmethode	$(-\infty, 0)$
RK-Gauß-Verfahren	$(-\infty, 0)$

mit vorgegebenen Startwerten y^0, y^1. Wie bei der Stabilitätsanalyse für Einschritt-verfahren wird die Methode in (11.123) auf das Modellproblem (11.119) angewandt. Daraus ergibt sich:

$$y^{j+2} - y^{j+1} - h\left(\tfrac{3}{2}\lambda y^{j+1} - \tfrac{1}{2}\lambda y^j\right) = 0, \quad j = 0, 1, 2, \ldots. \tag{11.124}$$

Die allgemeine Lösung dieser homogenen Differenzengleichung bestimmt man, wie in Abschn. 11.8.5 (vgl. (11.109)), mit dem Potenzansatz $y^j = z^j = (z)^j$ für ein $z \in \mathbb{R}$ (beachte die Notation). In einem allgemeineren Rahmen, siehe Abschn. 11.9.3, wird in diesem Ansatz $z \in \mathbb{C}$ genommen. Nach Substitution in (11.124) und Division durch z^j erhält man für z folgende quadratische Gleichung

$$z^2 - (1 + \tfrac{3}{2}h\lambda)z + \tfrac{1}{2}h\lambda = 0. \tag{11.125}$$

Die Gl. (11.125) bezeichnet man als die *charakteristische Gleichung* der entspre-chenden Differenzengleichung (11.124). Die zwei Nullstellen der quadratischen Gl. (11.125) werden mit z_1, z_2 bezeichnet. Man kann einfach zeigen, dass, falls $z_1 \neq z_2$ gilt,

$$y^j = \alpha(z_1)^j + \beta(z_2)^j \tag{11.126}$$

die allgemeine Lösung der Gl. (11.124) ist, wobei die Konstanten α, β sich aus den zwei bekannten Startwerten y^0 und y^1 ergeben. Um das Abklingverhalten der exakten Lösung $y(t) = ce^{\lambda t}$ ($\lambda < 0$) des Problems (11.119) überhaupt wiedergeben zu können, muss die Lösung y^j, $j = 0, 1, \ldots$, der Differenzengleichung (11.124) für zunehmendes j zumindest abklingen. Aufgrund der Darstellung (11.126) tritt dieses Abklingen genau dann auf, wenn

$$|z_i| < 1 \quad \text{für } i = 1, 2$$

gilt. Es sei bemerkt, dass die Nullstellen z_1, z_2 der Gl. (11.125) von dem Wert $h\lambda$ abhängen. Wie bei der Analyse der Einschrittverfahren wird das $h\lambda$ in (11.125) durch die Variable $x < 0$ ersetzt. Es seien nun $z_1(x)$, $z_2(x)$ die Nullstellen der Gl. (11.125):

$$z^2 - \left(1 + \tfrac{3}{2}x\right)z + \tfrac{1}{2}x = 0. \tag{11.127}$$

Das Intervall $I = (-a, 0)$ mit maximalem $a > 0$, so dass

$$x \in I \implies |z_i(x)| < 1, \quad i = 1, 2 \tag{11.128}$$

gilt, heißt das *Stabilitätsintervall* des Verfahrens.

Nun zeigen wir, wie man in diesem einfachen Beispiel das Stabilitätsintervall I berechnen kann. Die zwei Nulstellen der Gl. (11.127) sind

$$z_1(x) = \tfrac{1}{2}\left(1 + \tfrac{3}{2}x - \sqrt{1 + x + \tfrac{9}{4}x^2}\right), \ z_2(x) = \tfrac{1}{2}\left(1 + \tfrac{3}{2}x + \sqrt{1 + x + \tfrac{9}{4}x^2}\right).$$

Für $x \in [-2, 0]$ werden die Funktionen $x \to z_i(x)$, $i = 1, 2$ in Abb. 11.9 gezeigt. Man stellt fest, dass das größte Interval $I = (-a, 0)$, für das (11.128) gilt, das Intervall $I = (-1, 0)$ ist.

Auch für andere Mehrschrittverfahren können, mit ähnlichen Methoden, die entsprechenden Stabilitätsintervalle bestimmt werden. Einige Resultate findet man in Tab. 11.11. Das Ergebnis $I = (-\infty, 0)$ für das zweistufige Runge-Kutta-Gauß-Verfahren folgt aus (11.89) und Übung 11.18.

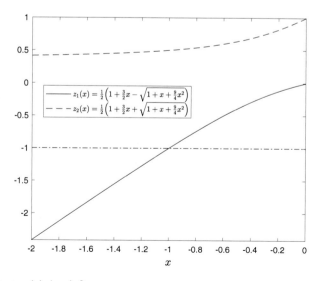

Abb. 11.9 $x \to z_i(x), i = 1, 2$

Die Ergebnisse in Tab. 11.11 zeigen, dass einige (aber nicht alle!) implizite Verfahren das maximale Stabilitätsintervall $(-\infty, 0)$ haben. Für die expliziten Verfahren gilt stets eine Stabilitätsbedingung $|h\lambda| < c$, wobei $-c$ die linke Grenze des Stabilitätsintervalls ist. Die (explizite) ABM3-Prädiktor-Korrektor-Methode vierter Ordnung hat ein Stabilitätsintervall, das größer ist als das der 3-Schritt-Adams-Bashforth-Prädiktor-Methode, aber kleiner als das der 3-Schritt-Adams-Moulton-Korrektor-Methode. Mit diesen Resultaten lässt sich das Instabilitätsphänomen aus Beispiel 11.56 (für $\lambda = -20$) erklären.

Zur Lösung eines steifen Systems könnte man während des Einschwingvorgangs ein Verfahren hoher Genauigkeit mit kleinen Schrittweiten verwenden und anschließend auf ein implizites Verfahren mit größerer Schrittweite wechseln.

11.9.3 Stabilitätsgebiete: A-Stabilität*

Eine Linearisierung eines Systems gewöhnlicher Differentialgleichungen wird im Allgemeinen nicht nur *reelle* Eigenwerte haben. Bei schwingungsfähigen Systemen wird man Lösungskomponenten der Form $e^{\lambda t}$ antreffen, wobei λ *komplex* ist. Deshalb müssen bei der Stabilitätsanalyse von Ein- oder Mehrschrittverfahren im Allgemeinen nicht nur Stabilitätsintervalle, sondern sogar *Stabilitätsgebiete* in der komplexen Ebene bestimmt werden. Man lässt im Modellproblem (11.119) $\lambda \in \mathbb{C}^- := \{\lambda \in \mathbb{C} \mid \operatorname{Re}(\lambda) < 0\}$, also auch komplexe λ-Werte, zu. Die Variable $h\lambda$ in der Funktion g in (11.121) kann dann komplexe Werte (mit negativem Realteil) annehmen. Statt des Intervalls I, das bei einem Einschrittverfahren über die Bedingung (11.122) charakterisiert ist, wird dann das *Stabilitätsgebiet*

$$S := \{x \in \mathbb{C}^- \mid |g(x)| < 1\} \tag{11.129}$$

als ein Maß für die Stabilität der Methode verwendet. Zum Beispiel gilt für das explizite Euler-Verfahren, wobei $g(x) = 1 + x$, $S = \{x \in \mathbb{C}^- \mid |x - (-1)| < 1\}$, und für das implizite Euler-Verfahren, wobei $g(x) = \frac{1}{1-x}$ (vgl. Beispiel 11.67), erhält man $S = \{z \in \mathbb{C}^- \mid |z - 1| > 1\}$ (vgl. Abb. 11.10).

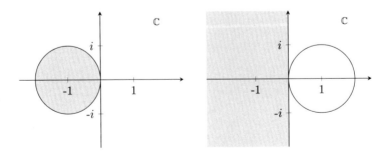

Abb. 11.10 Stabilitätsgebiete: explizites (links) und implizites (rechts) Euler-Verfahren

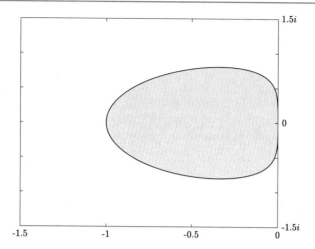

Abb. 11.11 Stabilitätsgebiet des Adams-Bashforth 2-Schrittverfahrens

Für das oben untersuchte Adams-Bashforth-Mehrschrittverfahren lässt sich das Stabilitätsintervall, wie in (11.128), auf das Stabilitätsgebiet

$$S = \{x \in \mathbb{C}^- \mid |z_i(x)| < 1 \text{ für } i = 1, 2\} \qquad (11.130)$$

verallgemeinern. Dieses Stabilitätsgebiet wird in Abb. 11.11 gezeigt. Für die graphische Darstellung mehrerer Stabilitätsgebiete wird auf [HH] verwiesen.

Quantitative Stabilitätsbegriffe: Die Lösung $y(t) = c\, e^{\lambda t}$ des kontinuierlichen Testproblems $y' = \lambda y$ klingt für *jedes* $\lambda \in \mathbb{C}^-$ ab. Vor diesem Hintergrund wäre es natürlich wünschenswert, wenn das numerische Verfahren als Stabilitätsgebiet die gesamte linke komplexe Halbebene hätte:

$$S = \mathbb{C}^-,$$

wobei S das Stabilitätsgebiet wie in (11.129) (Einschrittverfahren) oder (11.130) (Mehrschrittverfahren) ist. Verfahren mit dieser Eigenschaft nennt man *A-stabil*. Einige Bemerkungen zu diesem Stabilitätsbegriff:

- Explizite Ein- oder Mehrschrittverfahren sind niemals *A*-stabil.
- Das implizite Euler-Verfahren und die Trapez-Methode sind *A*-stabile Verfahren.
- Die RK-Gauß-Verfahren sind *A*-stabil.
- Für lineare Mehrschrittverfahren ist die Forderung der *A*-Stabilität wegen des folgenden berühmten Ergebnisses von Dahlquist sehr einschränkend:

2. Dahlquistschranke Ein A-stabiles lineares Mehrschrittverfahren hat höchstens die Konsistenzordnung $p = 2$.

Bei vielen Problemen wird nicht benötigt, dass das Stabilitätsgebiet die gesamte linke komplexe Halbebene umfasst. Man nennt ein Verfahren $A(\alpha)$-*stabil*, (mit $\alpha \in (0, \frac{\pi}{2}]$) wenn das Stabilitätsgebiet einen um die reelle Achse symmetrischen Sektor der linken komplexen Halbebene mit Innenwinkel 2α am Ursprung einschließt:

$$\{ x \in \mathbb{C}^- \mid |\arg(x) - \pi| < \alpha \} \subset S.$$

A-Stabilität stimmt also mit $A(\frac{\pi}{2})$-Stabilität überein. Selbst für Winkel α, die nahe an $\pi/2$ sind, kann man $A(\alpha)$-stabile lineare Mehrschrittverfahren beliebig hoher Ordnung finden.

Dennoch ist das Kriterium der $A(\alpha)$-Stabilität alleine nicht maßgebend. Das A-stabile implizite Euler-Verfahren hat uneingeschränkte Dämpfung für $|h\lambda| \to \infty$, während die Stabilitätsfunktion der A-stabilen Trapez-Methode betragsmäßig gegen Eins strebt, also die Dämpfung letztlich verliert, was sich in Verbindung mit Rundungseffekten durchaus stark auswirken kann. Entsprechende weitere Unterscheidungsmerkmale bieten Begriffe wie L-Stabilität, die $\lim_{x \to -\infty} g(x) = 0$ verlangt. Für weitere Analyse dieser (und weiterer) Stabilitätsbegriffe wird auf die Literatur verwiesen, sieh z. B. [HNW, SW].

11.9.4 Rückwärtsdifferenzenmethoden

Die Klasse der Rückwärtsdifferenzenmethoden, die kurz BDF-Methoden (backward differentiation formula) genannt werden, ist für steife Systeme recht bedeutungsvoll. Diese Mehrschrittmethoden haben die Form (vgl. (11.98)):

Algorithmus 11.69 (k-Schritt-BDF-Methode)
Gegeben: Schrittweite $h = \frac{T - t_0}{n}$ mit $n \in \mathbb{N}$, Koeffizienten a_ℓ $(0 \le \ell \le k)$, Startwerte $y^0, \dots, y^{k-1}$.
Berechne für $j = 0, 1, \dots, n - k$:

$$\sum_{\ell=0}^{k} a_\ell y^{j+\ell} = h f(t_{j+k}, y^{j+k}).$$

Diese Methode ist also implizit. Einige konkrete Fälle sind in Tab. 11.12 zusammengestellt.

Tab. 11.12 Rückwärtsdifferenzenmethoden

Methode	Ordnung	$A(\alpha)$-Stabilität
impl. Euler-Verf.: $y^{j+1} - y^j = hf(t_{j+1}, y^{j+1})$	1	$\alpha = \frac{\pi}{2}$
BDF2: $\frac{3}{2}y^{j+2} - 2y^{j+1} + \frac{1}{2}y^j = hf(t_{j+2}, y^{j+2})$	2	$\alpha = \frac{\pi}{2}$
BDF3: $\frac{11}{6}y^{j+3} - 3y^{j+2} + \frac{3}{2}y^{j+1} - \frac{1}{3}y^j =$ $hf(t_{j+3}, y^{j+3})$	3	$\alpha = 0.96 \cdot \frac{\pi}{2}$
BDF4: $\frac{25}{12}y^{j+4} - 4y^{j+3} + 3y^{j+2} - \frac{4}{3}y^{j+1} + \frac{1}{4}y^j =$ $hf(t_{j+4}, y^{j+4})$	4	$\alpha = 0.82 \cdot \frac{\pi}{2}$

Der Name dieser Methoden erklärt sich daraus, dass die linke Seite der BDF-Formeln in Tab. 11.12 das h-fache einer numerischen Differentiationsformel für die erste Ableitung von $y(t)$ an der Stelle t_{j+k} ist. Wie bei den Adams-Methoden werden die BDF-Formeln aus Interpolationsformeln konstruiert. Es sei $p_k \in \Pi_k$ das Lagrange-Interpolationspolynom, das die Werte

$$(t_j, y^j), \ (t_{j+1}, y^{j+1}), \ \ldots, (t_{j+k}, y^{j+k}),$$

interpoliert, also

$$p_k(t) = P(y|t_j, \ldots, t_{j+k})(t) = \sum_{m=0}^{k} y^{j+m} \ell_{m,k}(t),$$

wobei $(\ell_{m,k})_{0 \le m \le k}$ die Lagrange-Fundamentalpolynome zu den Stützstellen $t_j, \ldots, t_{j+k}$, bezeichnen. Die k-Schritt-BDF-Methode wird über den Ansatz

$$p_k'(t_{j+k}) = f(t_{j+k}, y^{j+k})$$

hergeleitet.

Beispiel 11.70 Das Interpolationspolynom für $k = 2$ ist

$$p_2(t) = y^j \frac{(t - t_{j+1})(t - t_{j+2})}{2h^2} + y^{j+1} \frac{(t - t_j)(t - t_{j+2})}{-h^2} + y^{j+2} \frac{(t - t_j)(t - t_{j+1})}{2h^2}.$$

Wegen $p_2'(t_{j+2}) = \left(\frac{1}{2}y^j - 2y^{j+1} + \frac{3}{2}y^{j+2}\right)/h$ ergibt sich die BDF2 Methode

$$\frac{3}{2}y^{j+2} - 2y^{j+1} + \frac{1}{2}y^j = hf(t_{j+2}, y^{j+2}), \quad j = 0, 1, \ldots, n - 2.$$

$\triangle$

Diese Methoden sind für steife Systeme gut geeignet. Für $k = 1, 2$ sind sie A-stabil und für $k = 3, 4, 5, 6$ enthalten sie immer noch das maximale Stabilitätsintervall $(-\infty, 0)$, verlieren allerdings zunehmend an Stabilität in der Nähe der imaginären Achse. BDF-k-Schrittverfahren mit $k \geq 7$ werden nie verwendet, weil diese nicht nullstabil und deshalb nicht konvergent sind.

Beispiel 11.71 Wir betrachten das diskrete Wärmeleitungsproblem (11.9) aus Beispiel 11.5 mit $\kappa = 1, \ell = 1$, Anfangswert $\Phi(x) = \sin(\pi x)$ und Schrittweite $h_x = \frac{1}{60}$. Für die extremen Eigenwerte der Matrix A in (11.10) gilt (vgl. Beispiel 11.64)

$$\lambda_1 = -9.87, \qquad \lambda_{n_x-1} = -14.390.$$

Das System ist offensichtlich sehr steif. Weil keine komplexen Eigenwerte auftreten, sind $A(\alpha)$-stabile Verfahren mit $\alpha < \frac{\pi}{2}$ verwendbar. Da bei der Diskretisierung der zweiten Ableitung nach der Raumvariablen in Beispiel 11.5 ein Fehler der Ordnung h_x^2 auftritt, nehmen wir das BDF2-Verfahren (mit der Konsistenzordnung 2) und wählen die Zeitschrittweite h gleich der Ortsschrittweite h_x, d. h. $h = h_x = \frac{1}{60}$. Für das BDF2-Verfahren

$$\frac{3}{2}y^{j+2} - 2y^{j+1} + \frac{1}{2}y^j = hAy^{j+2}, \qquad j = 0, 1, 2, \ldots$$

benötigt man Anfangsdaten y^0, y^1. Den Anfangswert y^0 erhält man aus Φ. Wir verwenden die Trapez-Methode zur Berechnung von y^1. In jedem Schritt des BDF2-Verfahrens muss das Tridiagonal-System

$$\left(\frac{3}{2}I - hA\right)y^{j+2} = 2y^{j+1} - \frac{1}{2}y^j$$

gelöst werden. Die berechneten Resultate $y^j \approx T(jh, x) = T(\frac{j}{60}, x)$, $j = 1, 2, \ldots, 24$, sind in Abb. 11.12 dargestellt.

Das verbesserte Euler-Verfahren hat, wie das BDF2-Verfahren, Konsistenzordnung 2. Wählt man bei diesem Verfahren die Zeitschrittweite h gleich der Ortsschrittweite $h_x = \frac{1}{60}$, dann ist das Verfahren *instabil* und zur Berechnung der Lösung völlig ungeeignet. Das verbesserte Euler-Verfahren ist erst stabil, wenn $|h\lambda_{n_x-1}(A)| < 2$ (vgl. Tab. 11.11), d. h. $h < 1.39 \cdot 10^{-4}$, gilt. In Abb. 11.13 werden die berechneten Lösungen für die Zeitschrittweiten $h = 1.38 \cdot 10^{-4}$ und $h = 1.40 \cdot 10^{-4}$ gezeigt. Die Instabilität der Methode im Falle $h > 1.39 \cdot 10^{-4}$ ist deutlich erkennbar. $\triangle$

Matlab-Demo 11.72 (BDF-Verfahren) Wir betrachten das diskrete Wärmeleitungsproblem (11.9) auf dem Zeitintervall $[0, 1]$, siehe auch Beispiel 11.71. In diesem Matlabexperiment stehen zur Lösung dieses steifen Anfangswertproblems die BDF2- und BDF3-Verfahren und das klassische Runge-Kutta-Verfahren zur Verfügung. Für die Bestimmung der Startwerte y^1 (in den BDF2- und BDF3-Verfahren)

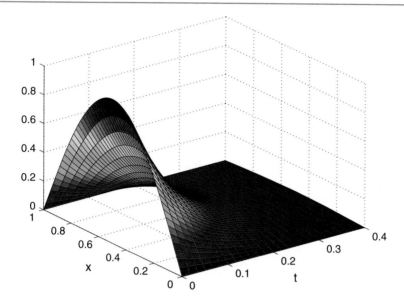

Abb. 11.12 Numerische Lösung des Wärmeleitungsproblems mit dem BDF2-Verfahren und Zeitschrittweite $1/60$

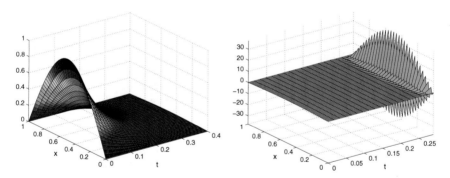

Abb. 11.13 Numerische Lösung des Wärmeleitungsproblems mit dem verbesserten Euler-Verfahren, mit Zeitschrittweite $h = 1.38 \, 10^{-4}$ (links) und $h = 1.40 \, 10^{-4}$ (rechts)

und y^2 (im BDF3-Verfahren) kann das implizite Euler-Verfahren oder die Trapezmethode eingesetzt werden. Es wird gezeigt wie der Fehler am Endzeitpunkt $\|y^n - y(1)\|_\infty$ von der Zeitschrittweite $h = 1/n$ abhängt.

Matlab-Demo 11.73 (Steife Systeme) Wir betrachten ein Modell einer chemischen Reaktion wie in Beispiel 11.4. Zur numerischen Lösung dieses steifen Systems gewöhnlicher Differentialgleichungen werden die Matlab-Routinen ODE45 und ODE23TB verwendet. Die explizite ODE45-Methode basiert auf einem eingebetteten Runge-Kutta-Verfahren. Die implizite ODE23TB-Diskretisierungsmethode basiert auf einer Variante des BDF2-Verfahrens.

11.10 Zusammenfassung

Wir fassen die wichtigsten Ergebnisse dieses Kapitels zusammen und greifen dabei
auf Abschn. 11.1.2 zurück.

Über eine einfache Transformation kann man ein skalares Anfangsproblem m-ter
Ordnung in ein äquivalentes System erster Ordnung umformulieren. Deshalb können die in diesem Kapitel behandelten Methoden zur Diskretisierung von Systemen
gewöhnlicher Differentialgleichungen *erster* Ordnung auch für skalare Differentialgleichungen *höherer* Ordnung eingesetzt werden.

Das explizite/implizite Euler-Verfahren, die Trapezmethode und das verbesserte
Euler-Verfahren sind Beispiele *einfacher Einschrittverfahren niedriger Ordnung.*
Diese sind aufgrund der niedrigen Ordnung für die meisten praktischen Belange
ungeeignet. In Zusammenhang mit der Diskretisierung zeitabhängiger partieller Differentialgleichungen wird aber aufgrund der immensen Komplexität solcher Probleme oft auf solchen einfache Zeitschrittverfahren zurückgegriffen.

Die relativ einfache und effiziente Steuerung der Schrittweitenwahl ist eine Stärke
der *Ein*schrittverfahren. Unter schwachen Vorgaben an die Verfahrens-Vorschrift
sind Einschrittverfahren zudem stets stabil im Sinne von (11.60).

Die *Runge-Kutta-Verfahren* bilden eine umfangreiche Klasse von Einschrittverfahren, die man keineswegs auf das „klassische" RK-Verfahren eingeschränkt sehen
sollte. Einige Orientierungspunkte lassen sich folgendermaßen formulieren:

- die RK-Verfahren bieten im Prinzip die Realisierung höherer Ordnung. Am wei-
  testen verbreitet sind dabei in der Praxis *explizite* RK-Verfahren.
- Mit wachsender Ordnung werden die RK-Verfahren jedoch zunehmend komplizierter. Der Rechenaufwand wird dann relativ hoch. Man braucht pro Schritt bei
  einem expliziten RK-Verfahren p-ter Ordnung mindestens p Funktionsauswertungen.
- Als Einschrittverfahren bieten RK-Verfahren die Möglichkeit, die jeweilige
  Schrittweite an das Verhalten der Lösung bequem anzupassen. Eine effiziente
  Schätzung der lokalen Abbruchfehler kann insbesondere mit Hilfe der eingebetteten RK-Verfahren geschehen (vgl. RKF45).

Der Rahmen der *linearen Mehrschrittverfahren* bietet im Vergleich zu ESV eine
sehr effiziente Möglichkeit, hohe Ordnung zu realisieren. Prominente Beispiele sind
die Adams-Bashforth-(explizit), Adams-Moulton-(implizit) und Rückwärtsdifferenzenmethoden (implizit). In einem Adams-Bashforth-Verfahren braucht man zum
Beispiel nur *eine* Funktionsauswertung pro Integrationsschritt, *un*abhängig von der
Ordnung des Verfahrens. Allerdings muss man beim Entwurf solcher Verfahren auf
die Stabilität achten, die nicht mehr automatisch gewährleistet ist. Zudem benötigt
man bei einem k-Schritt-Verfahren neben dem Anfangswert y^0 weitere Startwerte
$y^1, \ldots, y^{k-1}$, die mit einem ESV hinreichend hoher Ordnung bestimmt werden
können. Die Anpassung der jeweiligen Schrittweite an das Verhalten der Lösung ist
aufwendig. Jede Änderung der Schrittweite erfordert die Berechnung der zusätzli-

chen Punkte der Lösungskurve, die nicht in das durch die alte Schrittweite bestimmte Raster fallen.

Die bei steifen Problemen oft beobachteten quantitativ besseren Stabilitätseigenschaften impliziter Verfahren können zugunsten einer Aufwandverringerung durch *Prädiktor-Korrektor-Verfahren* zumindest teilweise bewahrt werden. Oft wird ein k-Schritt-Adams-Bashforth-Verfahren (Prädiktor) mit einem k-Schritt-Adams-Moulton-Verfahren (Korrektor) kombiniert, wobei nur eine (Fixpunkt-)Iteration im Korrektorschritt ausgeführt wird. In diesem Fall braucht man lediglich zwei Funktionsauswertungen pro Prädiktor-Korrektor-Integrationsschritt. Ein Prädiktor-Korrektor-Verfahren ist explizit, hat jedoch bei der Anwendung auf steife Probleme im Allgemeinen bessere Stabilitätseigenschaften (d. h., ein größeres Stabilitätsintervall) als das entsprechende (explizite) Prädiktor-Verfahren.

Die *Rückwärtsdifferenzenmethoden* (k-Schritt-BDF-Methoden) sind implizit, verbinden aber zumindest für $k \leq 6$ die in diesem Rahmen möglichen Effizienz- und Ordnungsvorteile von linearen Mehrschrittverfahren mit einer sehr guten Verwendbarkeit bei *steifen* Systemen. Zwar erfüllen sie den stärksten Stabilitätsbegriff (A-Stabilität) nur für $k \leq 2$, haben aber auch für höhere Ordnung bis zu $k \leq 6$ immer noch für viele Anwendungen akzeptable Stabilitätsbereiche, die insbesondere die gesamte negative reelle Halbachse enthalten.

Einige Bemerkungen zu den mehr allgemeinen Begriffen und Konzepten:

- *Der Satz von Picard-Lindelöf* ist ein fundamentaler Satz aus der Theorie gewöhnlicher Differentialgleichungen. Kurzgefasst ist die Aussage dieses Satzes, dass, falls im Anfangswertproblem $y' = f(t, y)$, $y(t_0) = y^0$ die Funktion f stetig in (t, y) und Lipschitz-stetig bzgl. y ist, eine lokal eindeutige Lösung des Anfangswertproblems existiert.
- *Formulierung einer gewöhnlichen Differentialgleichung als Integralgleichung.* Eine gewöhnliche Differentialgleichung kann man in eine Integralgleichung umformulieren (siehe Bemerkung 11.14). Diese äquivalente Problemformulierung ist grundlegend im Beweis des Satzes von Picard-Lindelöf und in der Herleitung vieler numerischer Verfahren.
- *Konsistenz- und Konvergenz von Einschrittverfahren.* Die Konsistenz(ordnung) basiert auf dem lokalen Abbruchfehler, der misst, wie sehr der durch das numerische Verfahren gelieferte Wert nach *einem* Schritt von der exakten Lösung abweicht. Die Konsistenzordnung eines Einschrittverfahrens kan im Wesentlichen über eine Taylorentwicklung bestimmt werden. Bei Einschrittverfahren gibt es einen einfachen Zusammenhang zwischen Konsistenz und Konvergenz (siehe Satz 11.27): Falls $f(t, y)$ und die Verfahrensvorschrift $\Phi_f(t, y, h)$ eine Lipschitzbedingung bzgl. y erfüllen, gilt „*Konsistenzordnung $p \Rightarrow$ Konvergenzordnung p*".
- *Adaptivität*. Bei einem adaptiven Diskretisierungsverfahren wird der lokale Abbruchfehler geschätzt und anhand dieser Schätzung die lokale Schrittweite angepasst. Das Ziel dabei ist, mit möglichst wenig Integrationsschritten (oder f-Auswertungen) eine gewünschte Genauigkeit (am Endzeitpunkt) zu realisieren.

Die *eingebetteten Runge-Kutta-Verfahren* bieten eine effiziente Möglichkeit den lokalen Abbruchfehler zu schätzen.

• *Konsistenz, Nullstabilität und Konvergenz bei linearen Mehrschrittverfahren.* Bei linearen Mehrschrittverfahren impliziert die Konsistenz des Verfahrens im Allgemeinen nicht die Konvergenz. Um instabile Anteile der numerischen Lösung zu vermeiden, muss das Verfahren nullstabil sein. Diese Nullstabilität basiert auf einer Eigenschaft der Nullstellen des ρ-Polynoms des linearen Mehrschrittverfahrens (siehe Definition 11.49). Es gilt folgender Zusammenhang (siehe Satz 11.60): Ein konsistentes Mehrschrittverfahren ist genau dann konvergent, wenn es nullstabil ist. Im Falle der Konvergenz gilt, dass Konvergenzordnung und Konsistenzordnung übereinstimmen.

• *1. Dahlquistschranke.* Bei linearen k-Schrittverfahren ist die Konsistenzordnung $p = 2k$ realisierbar. Dahlquist hat allerdings gezeigt (siehe Satz 11.63): Für jedes nullstabile k-Schrittverfahren mit Konsistenzordnung p gilt $p \leq k + 2$ (falls k gerade) oder $p \leq k + 1$ (falls k ungerade).

• *Steife Systeme.* Solche Probleme treten zum Beispiel bei chemischen Reaktionen, oszillierenden mechanischen Systemen und Diffusionsprozessen auf. Der Einsatz *expliziter Verfahren ist bei solchen Anwendungen nicht sinnvoll.* Um Dämpfungseigenschaften von Verfahren für steife Probleme genauer beschreiben zu können, werden *Stabilitätsintervalle und Stabitätsgebiete* definiert. Diese Begriffe quantifizieren das Wachstumsverhalten des Verfahrens bei Anwendung auf das Testproblem $y' = \lambda y$, mit $\lambda \in \mathbb{R}$, $\lambda < 0$ (Stabilitätsintervalle) oder $\lambda \in \mathbb{C}$, $\mathrm{Re}(\lambda) < 0$ (Stabitätsgebiete). Eine Methode heißt *A-stabil*, falls das Stabilitätsgebiet die gesamte komplexe linke Halbebene umfasst. A-stabile implizite Methoden niedriger Ordnung sind beispielsweise das implizite Euler-Verfahren (= BDF1), die Trapezmethode und BDF2. Falls die Abklingraten $\lambda \in \mathbb{C}^-$ der Lösungskomponenten $e^{\lambda t}$ des (linearisierten) kontinuierlichen Problems nicht allzu nahe an der imaginären Achse liegen, sind BDF-Verfahren höherer Ordnung (bis $p = 6$) gut geeignet, um hohe Genauigkeit zu realisieren. Falls diese Abklingraten $\lambda \in \mathbb{C}^-$ bis sehr nahe an die imaginäre Achse reichen und man außerdem eine sehr hohe Genauigkeit haben möchte, kann man auf *A*-stabile implizite RK-Verfahren höherer Ordnung (RK-Gauß-Verfahren) zurückgreifen.

• *2. Dahlquistschranke.* A-stabile lineare k-Schrittverfahren haben höchstens Konsistenzordnung 2.

11.11 Übungen

Übung 11.1 Zeigen Sie, dass für das System aus Beispiel 11.2 die Lipschitz-Bedingung

$$\|f(t, y) - f(t, z)\|_\infty \leq 4\|y - z\|_\infty \quad \text{für alle } y, z \in \mathbb{R}^2$$

bezüglich der Maximumnorm gilt.

Übung 11.2 Formulieren Sie die gewöhnliche Differentialgleichung vierter Ordnung

$$y^{(4)} = -2ty^{(3)} + (y^{(2)})^2 + \sin(y^{(1)}) + e^{-t}, \quad t \geq 0$$

mit Anfangsbedingungen

$$y(0) = 1, \quad y^{(1)}(0) = 1, \quad y^{(2)}(0) = 0, \quad y^{(3)}(0) = 0$$

als ein äquivalentes System erster Ordnung um.

Übung 11.3 Es seien die Funktionen u, v und die Konstante C wie in Lemma 11.15. Wir nehmen an, dass $C > 0$ gilt. Es sei $g(t)$, $t \geq t_0$, über die Beziehung

$$C + \int_{t_0}^{t} u(s)v(s)\, ds = g(t)C e^{\int_{t_0}^{t} u(s)\, ds}, \quad t \geq t_0,$$

definiert.

a) Zeigen Sie, dass g differenzierbar ist und verwenden Sie (11.20), um herzuleiten, dass $g'(t) \leq 0$ für $t \geq t_0$ gilt.
b) Zeigen Sie: $g(t_0) = 1$, $g(t) \leq 1$ für $t \geq t_0$.
c) Verwenden Sie das Resultat aus b), um die Ungleichung (11.21) zu zeigen.
d) Zeigen Sie, dass die Aussage in Lemma 11.15 auch für $C = 0$ korrekt ist. (Hinweis: betrachten Sie die Folge $C_n = \frac{1}{n}$, $n = 1, 2, \ldots$ und verwenden Sie, dass die Aussage für $C = C_n$ korrekt ist).

Übung 11.4 Formulieren Sie die Trapezmethode angewandt auf das System in Beispiel 11.5. Wie hoch ist etwa der Rechenaufwand pro Integrationsschritt bei dieser Methode?

Übung 11.5 Zeigen Sie, dass für den lokalen Abbruchfehler $\delta_{j,h}$ des impliziten Euler-Verfahrens $\delta_{j,h} = \mathcal{O}(h^2)$ gilt. Was ist die Konsistenzordnung dieses Verfahrens?

Übung 11.6 Sei g eine skalare Funktion auf $[0, T]$. Wir betrachten das skalare Anfangswertproblem

$$\begin{aligned} y'(t) &= \lambda y(t) + g(t), \quad t \in [0, T], \quad \lambda < 0, \\ y(0) &= y^0, \end{aligned}$$

und das entsprechende implizite Euler-Verfahren

$$y^{j+1} = y^j + h(\lambda y^{j+1} + g(t_{j+1})).$$

Für den lokalen Abbruchfehler dieses Verfahrens gilt $|\delta_{j,h}| \leq c\, h^2$ (vgl. Übung 11.5).

a) Zeigen Sie, dass für den lokalen Abbruchfehler $\delta_{j,h}$ folgende Beziehung gilt:

$$y(t_{j+1}) = \frac{1}{1-h\lambda}\bigl(y(t_j) - hg(t_{j+1})\bigr) + \delta_{j,h}$$

b) Zeigen Sie, dass für den Fehler $e_j := y(t_j) - y^j$ die Rekursion

$$e_{j+1} = \frac{1}{1-h\lambda}e_j + \delta_{j,h}, \quad j = 0, 1, \ldots, n-1,$$
$$e_0 = 0$$

gilt, wobei $n = \frac{T}{h}$.

c) Zeigen Sie, dass $|e_n| \le c\,Th$ gilt.

Übung 11.7 Gegeben sei das Anfangswertproblem

$$y'''(t) + y'(t) = ty(t), \quad t \ge 2,$$
$$y(2) = 0, \quad y'(2) = 1, \quad y''(2) = 2.$$

a) Transformieren Sie dieses Problem auf ein System gewöhnlicher Differentialgleichungen erster Ordnung.

b) Bestimmen Sie approximativ die Lösung des transformierten Systems an der Stelle $t = 2.5$ mit einem Schritt des *impliziten* Euler-Verfahrens.

Übung 11.8 Bestimmen Sie Näherungen für $y(1)$ und $y'(1)$ für die Lösung y des Anfangswertproblems

$$y''(t) + ty'(t) + 2y(t) = 0, \quad t \ge 0, \quad y(0) = 1, \quad y'(0) = 1.$$

Formen Sie dazu die Differentialgleichung in ein System erster Ordnung um und approximieren Sie dieses mit dem expliziten Euler-Verfahren zur Schrittweite $h = \frac{1}{2}$.

Übung 11.9 Gegeben sei die Differentialgleichung

$$y''(t) + \frac{2}{1+t}y'(t) - y(t) = t, \quad t \ge 0,$$

und die Anfangswerte $y(0) = 1$ und $y'(0) = 0$. Bestimmen Sie mit Hilfe des verbesserten Euler-Verfahrens für Systeme erster Ordnung zur Schrittweite $h = 1$ eine Näherung für $y(1)$ und $y'(1)$.

Übung 11.10 Betrachten Sie das Anfangswertproblem

$$y'(t) = y(t)^2, \quad 0 \le t \le 0.3, \quad y(0) = -4.$$

Bestimmen Sie Näherungen für $y(0.1)$, $y(0.2)$ und $y(0.3)$ mit dem

1. expliziten Euler-Verfahren,
2. klassischen Runge-Kutta-Verfahren,

jeweils zur Schrittweite $h = 0.1$, und vergleichen Sie diese mit den exakten Werten.

Übung 11.11 Um zum Anfangswertproblem

$$y'(t) = f(t, y(t)), \quad t \in [t_0, T], \quad y(t_0) = y^0 \in \mathbb{R}^n,$$

einen Schritt des impliziten Euler-Verfahrens auszuführen, muss die Gleichung

$$y^1 = y^0 + hf(t_0 + h, y^1)$$

gelöst werden. Zeigen Sie, dass für jede hinreichend kleine Schrittweite $h > 0$ eine eindeutige Lösung y^1 in der Nähe von y^0 existiert, falls f Lipschitz-stetig bzgl. der Variablen y ist.

Übung 11.12 Zeigen Sie, dass die Darstellungen in (11.69)–(11.70) und (11.72)–(11.73) äquivalent sind.

Übung 11.13 Wir betrachten das zweistufige Runge-Kutta-Verfahren

$$k_1 = f(t_j, y^j)$$
$$k_2 = f(t_j + ah, y^j + ahk_1)$$
$$y^{j+1} = y^j + h(c_1 k_1 + c_2 k_2).$$

Man berechne die Konstanten a, c_1, c_2 so, dass die entsprechende Konsistenzordnung maximal ist.

Übung 11.14 Zeigen Sie, dass das einstufige RK-Gauß-Verfahren mit der Mittelpunktsregel (11.28)–(11.29) übereinstimmt.

Übung 11.15 Zeigen Sie, dass die Trapezmethode ein einstufiges RK-Verfahren ist, und geben Sie das zugehörige Butcher-Tableau an.

Übung 11.16 Für $z \in \{ y \in \mathbb{C} \mid \det(I - yB) \neq 0 \}$ sei

$$g(z) = 1 + z\boldsymbol{\gamma}^T (I - zB)^{-1}\mathbf{1} =: 1 + z\boldsymbol{\gamma}^T \mathbf{w},$$

mit $\mathbf{w} = (I - zB)^{-1}\mathbf{1} \in \mathbb{R}^m$, die Stabilitätsfunktion eines impliziten RK-Verfahrens, vgl. (11.88).

a) Beweisen Sie, dass $1 + z\boldsymbol{\gamma}^T \mathbf{w}$ und 1 die einzigen Eigenwerte der Matrix $I + z\mathbf{w}\boldsymbol{\gamma}^T$ sind. (Hinweis: $\mathbf{w}\boldsymbol{\gamma}^T$ hat Rang 1.)

b) Beweisen Sie, dass $g(z) = \det(I + z\mathbf{w}\boldsymbol{\gamma}^T)$ gilt. (Hinweis: $\det(A) = \prod_{\lambda \in \sigma(A)} \lambda$.)

c) Zeigen Sie, dass

$$g(z) = \frac{\det(I - zB + z\mathbf{1}\gamma^T)}{\det(I - zB)}$$

gilt. Hieraus folgt, dass $g(z)$ eine rationale Funktion in z ist.

Übung 11.17 Zeigen Sie, dass das zweistufige RK-Gauss-Verfahren eine Stabilitätsfunktion wie in (11.89) hat.

Übung 11.18 Zeigen Sie, dass für die Stabilitätsfunktion $g_{RKG}(z) = \frac{1+\frac{1}{2}z+\frac{1}{12}z^2}{1-\frac{1}{2}z+\frac{1}{12}z^2}$ des Runge-Kutta-Gauß-Verfahrens (siehe (11.89)) Folgendes gilt:

a) $0 \le g_{RKG}(z) \le 1$ für alle $z \in (-\infty, 0]$.
b) $|g_{RKG}(z)| \le 1$ für alle $z \in \mathbb{C}$ mit $\mathrm{Re}(z) \le 0$.

Übung 11.19 In dieser Übung wird das Resultat (11.96) hergeleitet. Es sei

$$y^{j+1} = y^j + h\Phi_f(t_j, y^j, h), \quad j = 0, 1, \dots$$

ein Einschrittverfahren (siehe (11.32)) mit $h = h_j$ und mit Konsistenzordnung p. Für den lokalen Abbrichfehler $\tilde{\delta}_{j,h}$ gilt

$$\tilde{y}(t_{j+1}) - y^{j+1} \doteq c(t_j)h^{p+1}, \quad \tilde{y}(t_{j+1}) := y(t_{j+1}; t_j, y^j).$$

Zwei Schritte dieses Verfahrens mit Schrittweite $\frac{1}{2}h$ ergeben:

$$\hat{y}^{j+\frac{1}{2}} := y^j + \tfrac{1}{2}h\Phi_f(t_j, y^j, \tfrac{1}{2}h), \quad \hat{y}^{j+1} := \hat{y}^{j+\frac{1}{2}} + \tfrac{1}{2}h\Phi_f(t_{j+\frac{1}{2}}, \hat{y}^{j+\frac{1}{2}}, \tfrac{1}{2}h).$$

Der lokale Fehler $\tilde{y}(t_{j+1}) - \hat{y}^{j+1}$ in (11.96) wird als

$$\tilde{y}(t_{j+1}) - \hat{y}^{j+1} = \left(\tilde{y}(t_{j+1}) - \tilde{\tilde{y}}(t_{j+1})\right) + \left(\tilde{\tilde{y}}(t_{j+1}) - \hat{y}^{j+1}\right),$$

mit $\tilde{\tilde{y}}(t_{j+1}) := y(t_{j+1}; t_{j+\frac{1}{2}}, \hat{y}^{j+\frac{1}{2}})$ zerlegt.

a) Zeigen Sie, dass $\tilde{\tilde{y}}(t_{j+1}) - \hat{y}^{j+1} \doteq c(t_j)\left(\frac{h}{2}\right)^{p+1}$ gilt.
b) Leiten Sie die Beziehung

$$\tilde{y}(t_{j+1}) - \tilde{\tilde{y}}(t_{j+1}) = \tilde{y}(t_{j+\frac{1}{2}}) - \hat{y}^{j+\frac{1}{2}} + \int_{t_{j+\frac{1}{2}}}^{t_{j+1}} f(s, \tilde{y}(s)) - f(s, \tilde{\tilde{y}}(s))\, ds$$

her.
c) Zeigen Sie: $\int_{t_{j+\frac{1}{2}}}^{t_{j+1}} f(s, \tilde{y}(s)) - f(s, \tilde{\tilde{y}}(s))\, ds = \mathcal{O}(h^{p+2})$.

d) Zeigen Sie, dass $\tilde{y}(t_{j+\frac{1}{2}}) - \hat{y}^{j+\frac{1}{2}} \doteq c(t_j) \left(\frac{h}{2}\right)^{p+1}$ gilt.

e) Leiten Sie das Resultat in (11.96) her.

Übung 11.20 Es sei z_0 eine mehrfache Nullstelle des ρ-Polynoms $\rho(z) = \sum_{\ell=0}^{k} a_\ell z^\ell$, d. h., $\rho(z_0) = \rho'(z_0) = 0$. Zeigen Sie, dass die Folge $y^j := (j+1)(z_0)^j$ $(j = 0, 1, \ldots)$ eine Lösung der Differenzengleichung (11.111) ist.

Übung 11.21 Zeigen Sie, dass für die Adams-Bashforth- und Adams-Moulton-Verfahren die Wurzelbedingung (vgl. Definition 11.60) erfüllt ist.

Übung 11.22 Wir betrachten die 2-Schrittmethode

$$y^{j+2} = -4y^{j+1} + 5y^j + h(4f(t_{j+1}, y^{j+1}) + 2f(t_j, y^j)), \quad j = 0, 1, \ldots,$$

mit Startwerten y^0, y^1.

a) Zeigen Sie, dass dieses Verfahren die Konsistenzordnung 3 hat.

b) Zeigen Sie, dass für dieses Verfahren die Wurzelbedingung (vgl. Definition 11.60) nicht erfüllt ist.

Übung 11.23 Entscheiden Sie, ob für folgendes lineares 2-Schrittverfahren die Wurzelbedingung erfüllt ist, und bestimmen Sie die Konsistenzordnung:

$$y^{j+2} = y^j + \frac{h}{3}\left(f(t_j, y^j) + 4f(t_{j+1}, y^{j+1}) + f(t_{j+2}, y^{j+2})\right), \quad j = 0, 1, \ldots,$$

mit Startwerten y^0, y^1.

Übung 11.24 Bestimmen Sie alle linearen 2-Schrittverfahren mit Konsistenzordnung 4.

Übung 11.25 Gegeben sei das Anfangswertproblem

$$y'(t) = -200y(t), \quad t \geq 0, \quad y(0) = 5.$$

Bestimmen Sie eine maximale obere Schranke $h_{\max}$, so dass das explizite Euler-Verfahren für alle Schrittweiten $0 < h < h_{\max}$ eine streng monoton fallende Folge von Näherungslösungen liefert.

Übung 11.26 Die Stromstärke $I(t)$ eines Stromkreises mit Induktivität L und Widerstand R genügt der Differentialgleichung $LI'(t) + RI(t) = U$, in Abhängigkeit der Zeit $t \geq 0$. Für konstante Spannung U und den Anfangswert $I(0) = I_0$ ist die Lösung durch

$$I(t) = I_0 e^{-\frac{R}{L}t} + \frac{U}{R}\left(1 - e^{-\frac{R}{L}t}\right)$$

gegeben. Wir verwenden ein Euler-Verfahren mit dem Startwert $y_0 = I_0$ und der Schrittweite h. Die Annäherung zum Zeitpunkt $t_j = jh$ wird mit I_j bezeichnet.

a) Zeigen Sie, dass das *explizite* Euler-Verfahren die diskrete Lösung

$$I_j = \left(1 - h\frac{R}{L}\right)^j I_0 + \left(1 - \left(1 - h\frac{R}{L}\right)^j\right)\frac{U}{R}$$

liefert.

b) Zeigen Sie, dass das *implizite* Euler-Verfahren die diskrete Lösung

$$I_j = \left(1 + h\frac{R}{L}\right)^{-j} I_0 + \left(1 - \left(1 + h\frac{R}{L}\right)^{-j}\right)\frac{U}{R}$$

liefert.

c) Wie muss die Schrittweite h gewählt werden, damit die Approximationen I_j, $j = 0, 1, \ldots$, jeweils (für das explizite und das implizite Verfahren) zumindest qualitativ das Verhalten der exakten Lösungen $I(t_j)$ wiedergeben?

Übung 11.27 Lösen Sie die Anfangswertaufgabe

$$y'(t) = \frac{y(t) - 2}{2t^2 - t}, \quad y(1) = 1$$

auf dem Intervall $[1, 3]$ mit dem folgenden Verfahren:

Schritt a) Bestimmung der Startwerte mit dem klassischen RK-Verfahren,
Schritt b) Prädiktor: Adams-Bashforth, $k = 3$,
Schritt c) Korrektor: Adams-Moulton, $k = 3$,

für verschiedene Schrittweiten ($h = \frac{1}{2}, \frac{1}{8}, \frac{1}{32}$) und verschiedene Anzahl von Iterationen beim Korrektor-Verfahren. Vergleichen Sie die Ergebnisse mit der exakten Lösung.

Übung 11.28 Ein Beispiel für ein lineares Mehrschrittverfahren ist folgende Variante der Mittelpunktsregel

$$y^{j+2} = y^j + 2hf(t_{j+1}, y^{j+1}), \quad j = 0, 1, \ldots.$$

a) Bestimmen Sie die Konsistenzordnung dieses Verfahrens.
b) Bestimmen Sie das Stabilitätsintervall dieses Verfahrens.

Übung 11.29 Zeigen Sie, dass die BDF2-Methode

a) die Konsistenzordnung 2 hat,
b) das Stabilitätsintervall $(-\infty, 0)$ hat.

Übung 11.30 Wir betrachten die partielle Differentialgleichung

$$u_t(x, t) = u_{xx}(x, t) + 3\pi \sin(3\pi x), \quad \text{für } x \in [0, 1], \ t > 0,$$
$$u(0, t) = u(1, t) = 0, \quad \text{für } t > 0,$$
$$u(x, 0) = \sin(\pi x), \quad \text{für } x \in (0, 1).$$

a) Rechnen Sie nach, dass die exakte Lösung

$$u(x, t) = e^{-\pi^2 t} \sin(\pi x) + \frac{1}{3\pi}(1 - e^{-9\pi^2 t}) \sin(3\pi x), \quad x \in [0, 1], \ t > 0,$$

ist.

b) Diskretisieren Sie die Ortskoordinate x so wie in Beispiel 11.5, um ein System gewöhnlicher Differentialgleichungen

$$y'(t) = Ay(t) + b, \quad y(t), \ b \in \mathbb{R}^{n_x - 1}, \ A \in \mathbb{R}^{(n_x - 1) \times (n_x - 1)},$$

zu erhalten.

c) Lösen Sie das System numerisch bis zum Zeitpunkt $t = 0.5$ mit Hilfe des BDF3-Verfahrens. Wählen Sie dabei mehrere Werte für n_x und für die Zeitschrittweite. Verwenden Sie das implizite Euler-Verfahren und das BDF2-Verfahren, um die beiden Startwerte zu berechnen. Vergleichen Sie die berechnete Annäherung zum Zeitpunkt $t = 0.5$ mit der exakten Lösung.

Literatur

[BDHN]   J. Becker, H.-J. Dreyer, W. Haacke, R. Nabert. *Numerische Mathematik für Ingenieure*. Teubner, 1985.

[BKOS]   M. de Berg, M. van Kreveld, M. Overmars, O. Schwarzkopf. *Computational Geometry*. 2. Aufl., Springer, 2000.

[deB1]   C. de Boor. *A Practical Guide to Splines*. Springer, 1978.

[deB2]   C. de Boor. *Splinefunktionen*. Lecture Notes in Mathematics, ETH Zürich, Birkhäuser, 1990.

[deB3]   C. de Boor. *Splines as linear combinations of B-splines, a survey*. In *Approximation Theory II*, G.G. Lorentz, C.K. Chui, L.L. Schumaker, Eds., Academic Press, New York, 1976.

[Br]   D. Braess. *Finite Elemente*. 5. Aufl., Springer, 2013.

[De]   P. Deuflhard. *Newton Methods for Nonlinear Problems*. Springer, 2004.

[DH]   P. Deuflhard, A. Hohmann. *Numerische Mathematik 1*. 5. Aufl., De Gruyter Lehrbuch, 1991.

[DL]   R. A. DeVore, G. G. Lorentz. *Constructive Approximation*. Grundlehren der mathematischen Wissenschaften 303, A Series of Comprehensive Studies in Mathematics, Springer, 1993.

[GL]   G. H. Golub, C. F. van Loan. *Matrix Computations*. 3. Aufl., Oxford University Press, 1996.

[Ha1]   W. Hackbusch. *Iterative Solution of Large Sparse Systems of Equations*. Springer, 1994.

[Ha2]   W. Hackbusch. *Hierarchische Matrizen*. Springer, 2009.

[Ha3]   W. Hackbusch. *Tensor Spaces and Numerical Tensor Calculus*. Springer, 2012.

[HNW]   E. Hairer, S.P. Norsett, G. Wanner. *Solving Ordinary Differential Equations I*. Springer, 1993.

[HW]   E. Hairer, G. Wanner. *Solving Ordinary Differential Equations II*. Springer, 1996.

[HH]   G. Hämmerlin, K.-H. Hoffmann. *Numerische Mathematik*. 4. Aufl., Springer, 1994.

[Han]   P. C. Hansen. *Discrete Inverse Problems: Insight and Algorithms*. SIAM, 2010.

[Hi]   N.J. Higham. *Accuracy and Stability of Numerical Algorithms*. 2. Aufl. SIAM, 2002.

[Ke]   C. T. Kelley. *Iterative Methods for Optimization*. SIAM, 1999.

[P]   M.J.D. Powell. *Approximation Theory and Methods*. Cambridge University Press, 1981.

[Saad]   Y. Saad. *Iterative Methods for Sparse Linear Systems*. 2. Aufl., SIAM, 2003.

[S]   H. R. Schwarz. *Numerische Mathematik*. Teubner, 1982.

© Springer-Verlag GmbH Deutschland, ein Teil von Springer Nature 2022
W. Dahmen und A. Reusken, *Numerik für Ingenieure und Naturwissenschaftler*,
https://doi.org/10.1007/978-3-662-65181-0

[SB] J. Stoer, R. Bulirsch. *Einführung in die Numerische Mathematik I*. 3. Aufl., Springer, 1983.

[SW] K. Strehmel, R. Weiner. *Numerik Gewöhnlicher Differentialgleichungen*. Teubner, 1995.

[U] C. Überhuber. *Computer-Numerik*, Teil 1 und 2. Springer, 1995.

Stichwortverzeichnis

© Springer-Verlag GmbH Deutschland, ein Teil von Springer Nature 2022
W. Dahmen und A. Reusken, *Numerik für Ingenieure und Naturwissenschaftler*,
https://doi.org/10.1007/978-3-662-65181-0

639

Printed in the United States
by Baker & Taylor Publisher Services